奈米檢測技術

Advanced Nano-Scale Inspection Technology

國家實驗研究院
儀器科技研究中心

序

PREFACE

奈米科技為二十一世紀最重要的技術領域之一，從民生消費產業到高科技前瞻研究，都可見奈米科技相關的應用，而奈米檢測對奈米科技發展扮演著關鍵性角色。

奈米特性的應用廣泛且多樣，奈米檢測之重要性也與日俱增，亦使得奈米檢測產值潛力無窮。緣此本中心傾力精心規劃出版－「奈米檢測技術」一書，邀集產、學界六十餘位專家學者共同執筆。全書共九章、六百餘頁，內容以整體奈米科技及國內的學術研發現況為開端，依檢測作用源分類，介紹各種檢測方法、儀器設備、關鍵技術與檢測實例等，最後以前瞻奈米檢測技術展望未來發展與應用。

牛頓曾經說：「如果說我看得比別人遠些，那是因為我站在巨人的肩膀上。」人類知識隨著時間流動而爆增，各專業領域尖如針、繁如沙，而整合型工具書能讓我們以最快的方式擁有跨領域的技術知識，並理解其他學者的研究成果。藉此，我們能夠實現不同領域的技術交流、學習與合作，不斷成長與創新。眾所咸知，完成一本好的工具書實屬不易，往往需要眾多專家學者的支持，並慷慨傾囊貢獻一生專業經驗，才能成就一本深入淺出、內容豐富的優秀著作。在此謹對所有參與策劃、撰稿與審稿的學者專家特致謝忱，感謝所有委員與作者無私奉獻。

希冀「奈米檢測技術」專書的出版，可繼「真空技術與應用」、「微機電系統技術與應用」、「光機電系統整合概論」及「光學元件精密製造與檢測」等書後，於我國奈米科技發展之際，為厚植奈米研發實力盡一份心力。科技發展日新月異，本書內容若有未盡完善或疏漏之處，冀望讀者先進不吝指正。

國家實驗研究院儀器科技研究中心主任

蔡定平 謹誌

中華民國九十八年四月一日

諮詢委員

COUNSEL COMMITTEE

吳茂昆 中央研究院物理研究所特聘研究員兼所長 (院士)

施　敏 國立交通大學特聘講座教授 (院士)

陳建人 國立清華大學動力機械學系兼任副教授

彭宗平 國立清華大學材料科學工程學系教授暨元智大學校長

齊正中 國立清華大學物理系暨奈微與材料科技中心教授

蔡定平 國立臺灣大學物理研究所特聘教授暨國家實驗研究院儀器科技研究中心主任

蘇炎坤 國立成功大學微電子工程研究所講座教授暨崑山科技大學校長

(按姓名筆劃序)

編審委員

EDITING COMMITTEE

作者

AUTHORS

方維倫　美國卡內基美隆大學機械工程博士＼國立清華大學動力機械工程學系暨奈米工程與微系統研究所教授

牛　寰　國立清華大學原子科學博士＼國立清華大學原子科學技術發展中心二等核能技師

王俊凱　美國哈佛大學應用物理博士＼國立臺灣大學凝態科學研究中心暨中央研究院原子與分子科學研究所研究員

王榮輝　國立臺灣大學化學博士＼東京工業大學資源化學研究所博士後研究員

白世璽　國立清華大學物理博士＼國家實驗研究院儀器科技研究中心副研究員

白偉武　美國馬利蘭大學物理博士＼國立臺灣大學凝態科學中心副研究員

余岳仲　美國北德州大學物理博士＼中央研究院物理研究所副研究員

吳坤益　國立清華大學材料科學與工程博士＼工業技術研究院材料與化工研究所研究員

吳泰伯　美國西北大學材料科學博士＼國立清華大學材料科學工程學系教授兼奈微與材料科技中心主任

李志甫　國立臺灣大學化工博士＼國家同步輻射研究中心研究員

李信義　國立清華大學材料博士＼國家同步輻射研究中心副研究員

李超煌　國立臺灣大學電機工程博士＼中央研究院應用科學研究中心副研究員兼國立臺灣大學臨床醫學研究所暨國立陽明大學生醫光電工程研究所副教授

杜正恭　美國普渡大學材料博士＼國立清華大學材料科學工程學系教授

林弘萍　國立臺灣大學化學博士＼國立成功大學化學系副教授

林永昇　國立陽明大學醫學工程博士＼國家實驗研究院儀器科技研究中心副研究員

林宇軒　國立臺灣大學物理碩士＼國家實驗研究院儀器科技研究中心助理研究員

林更青　美國密西根州立大學物理博士＼天主教輔仁大學物理學系副教授

林明瑜　美國新澤西州立大學生物醫學碩士＼國家實驗研究院儀器科技研究中心副研究員

林浩雄　國立臺灣大學電機工程博士＼國立臺灣大學電機系及電子工程研究所教授

林滄浪　美國麻省理工學院核工博士＼國立清華大學工程與系統科學系教授

林麗瓊　美國哈佛大學應用物理博士＼國立臺灣大學凝態科學研究中心研究員

林鶴南　美國布朗大學物理博士＼國立清華大學材料科學與工程學系教授

柯志忠　國立清華大學材料科學與工程學系博士候選人＼國家實驗研究院儀器科技研究中心副研究員

洪紹剛 國立臺灣大學電機工程博士 \ 國立交通大學機械工程系助理教授
凌永健 美國佛羅里達州立大學化學博士 \ 國立清華大學化學系暨奈米工程與微系統研究所教授
馬遠榮 英國諾丁漢大學物理博士 \ 國立東華大學物理學系教授
高甫仁 美國康乃爾大學物理博士 \ 國立陽明大學生醫光電研究所教授兼所長
張　立 英國牛津大學冶金與材料科學博士 \ 國立交通大學材料科學與工程學系教授
張茂男 國立中央大學電機博士 \ 國家奈米元件實驗室研究員兼奈米量測技術組組長
張烈錚 英國 Warwick 大學物理博士 \ 國立清華大學原子科學技術發展中心助理研究員
張嘉升 美國亞利桑那州立大學物理博士 \ 中央研究院物理研究所研究員
許志偉 國立臺灣師範大學化學碩士 \ 曾任國立臺灣大學凝態科學研究中心研究助理
許智祐 國立清華大學工學博士 \ 中央研究院物理研究所博士後研究員
陳東和 法國凡爾賽大學材料博士 \ 國立故宮博物院助理研究員
陳映伃 國立臺灣大學化學學士 \ 中央研究院應用科學研究中心專任助理
陳柏荔 國立清華大學動力機械博士 \ 國家實驗研究院儀器科技研究中心副研究員
陳貴賢 美國哈佛大學應用科學博士 \ 中央研究院原子與分子科學研究所研究員
陳聖元 國立清華大學物理博士 \ 勝華科技股份有限公司研發部高級工程師
陳銘宇 國立清華大學材料科學與工程博士 \ 臺灣積體電路製造股份有限公司主任工程師
陳顯禎 美國加州大學洛杉磯分校機械工程博士 \ 國立成功大學工程科學系副教授
曾永華 美國德州理工大學電機工程博士 \ 國立成功大學電機工程學系講座教授暨研發長
湯茂竹 國立清華大學物理博士 \ 國家同步輻射研究中心研究員
黃炳照 國立成功大學化工博士 \ 國立臺灣科技大學化工系教授
黃振昌 美國史丹佛大學材料科學與工程博士 \ 國立清華大學材料科學與工程學系教授
楊志文 國立臺灣大學物理博士 \ 中央研究院物理研究所博士後研究員
楊哲人 英國劍橋大學材料科學博士 \ 國立臺灣大學材料科學與工程學系教授兼系主任
楊肇嘉 國立臺灣大學物理碩士 \ 國家實驗研究院儀器科技研究中心助理研究員
楊德明 國防醫學院生命科學博士 \ 台北榮民總醫院教研部副研究員暨國立陽明大學生醫光電研究所助理教授
董成淵 美國伊利諾大學香檳分校物理博士 \ 國立臺灣大學物理所副教授
虞邦英 國立臺灣大學材料科學與工程博士 \ 中央研究院應用科學研究中心博士後研究員

達哈瓦 (Sandip Dhara) PhD, Birla Institute of Technology and Science (BITS) \ Scientific Officer, Materials Science Division, Indira Gandhi Centre for Atomic Research

鄒慶福 國立清華大學動力機械博士 \ 逢甲大學自動控制工程學系副教授

廖奕翰 美國芝加哥大學化學博士 \ 國立交通大學應用化學系助理教授

劉全璞 英國劍橋大學博士 \ 國立成功大學材料科學及工程學系副教授暨研發處建教合作組組長

劉志毅 國立臺灣大學物理博士 \ 國立成功大學創新卓越研究中心研究助理教授

潘漢昌 國立臺灣科技大學機械博士 \ 昱晶能源科技股份有限公司開發組資深工程師

蔡枝松 國立臺灣大學化學博士 \ 工業技術研究院材料與化工研究所研究員

蔡欣昌 國立清華大學動力機械博士 \ 八陽光電股份有限公司研發經理

蔡哲正 美國加州理工學院博士 \ 國立清華大學材料工程學系教授

鄭俊彥 國立清華大學物理博士 \ 國立清華大學原子科學技術發展中心三等核能技師

蕭健男 國立臺灣大學材料科學與工程博士 \ 國家實驗研究院儀器科技研究中心先進薄膜技術應用組研究員兼組長

薛景中 美國凱斯西儲大學材料科學與工程博士 \ 中央研究院應用科學研究中心助研究員暨國立臺灣大學材料科學與工程學系助理教授

魏培坤 國立臺灣大學電機工程博士 \ 中央研究院應用科學研究中心研究員

羅大倫 國立清華大學化學博士 \ 國立清華大學化學系博士後研究員

蘇健穎 國立中正大學物理碩士 \ 國家實驗研究院儀器科技研究中心副研究員

蘇維彬 國立清華大學物理博士 \ 中央研究院物理研究所副研究員

(按姓名筆劃序)

目錄

CONTENTS

第一章　奈米科技概論

1.1 前言

「奈米科技」成爲今日科研的顯學其實有點偶然，在 90 年代以後隨著冷戰的結束，也結束了國防工業競爭的時代，各國的研究重點逐漸往高齡化社會相關方向走，尤其是各國國會議員年齡多在七十歲以上，自然而然研究經費大量投注在「生物醫學」方面，造成其他基礎與應用科學研究的邊緣化。在各方尋找新研究目標之際，「奈米科技」脫穎而出，因爲它可以涵蓋物理、化學、材料、電子等從基礎到應用科學，成爲各界都可接受的標的，進而成爲當今各國實用科學研究的旗艦計畫。

隨著美國在 2000 年推出 NNI (National Nanotechnology Initiative) 之後，各國相繼跟進，台灣在 2002 年也正式成立「奈米國家型計畫辦公室」【中央研究院 吳茂昆與李定國、工業技術研究院 劉仲明】，每年平均投入約 30 億元的預算極力推動奈米科技發展，這不包括中研院與各大學相關教授與行政資源。2008 年更以優異的成果繼續推動第二期「奈米國家型計畫」，期望將奈米科技從基礎與應用科學逐漸與我國產業結合，造就台灣下一階段的工業發展[1-3]。

因爲奈米科技在定義上並沒有清楚的界線，所以各種科研領域的人才都可投入，成爲百家爭鳴的現象，造就了當今奈米的風潮，這是始料未及的。事實上，連「奈米科技」的定義都相當多元，不同專業的學者所看到的奈米的面相是不同的，對一般民眾而言，則更搞不懂「奈米是蝦米」了！舉我這個大學唸電機系、研究所在應用物理所、現在被國科會列在自然處化學組的「我」爲例，以我的認知，「奈米科技是合成與製作奈米 (千分之一微米) 尺度的材料與結構，以呈現新材料特性及特殊的元件功能的一個學門」。這樣的定義讓幾近半數的自然科學家也列爲奈米學者，都可以在奈米的鍋裡分到一碗粥，但是要在激烈競爭的科研叢林中展露頭角、甚至攻佔山頭是不容易的。很難得的是第一期國家型奈米計畫執行下來，台灣的確有多項另人刮目相看的研究成果，我國學術界、教育界對奈米科技的參與更是領先國際。長遠來看，這樣的動力一定會在不久的將來開創屬於我們的園地，造就更多台灣製造的「世界第一」。

第一章作者爲陳貴賢先生與林麗瓊女士。

1.2 奈米材料之特性

奈米材料的種類繁多，幾乎所有材料都可以找到奈米的型式，所以不勝枚舉。若從結構上來區分，可以概分為二維 (量子井)、一維 (量子線)、零維 (量子點) 三類。從物理的觀點，由一般三維材料到奈米材料的狀態密度 (density of state, DOS) 變化很大，所以物理性質也就不同，新的特性就可能出現。但是要達到低維度材料並非容易，科學家一直到 1980 年代發展出分子束磊晶術 (molecular beam epitaxy, MBE) 才有效控制薄層材料成長達到量子井的目的，從而發現許多前所未有的物理現象。至於量子點與量子線則在 1990 年代之後才陸續開發出來，因為各種材料的量子半徑 (Bohr radius) 不同，其所需量子線與量子點的直徑也有所差異，所以一直到奈米科技的發展才獲得有效掌控，隨之許多新的現象陸續被發現中。

事實上，以上以三、二、一、零維來區分材料種類是很粗淺的，例如將穩定的金顆粒的直徑降低到一臨界點就呈現高活性的觸媒特性(4)，將零維的量子點混在三維的材料中可以呈現特殊光學與磁學上的性質；將零維的量子點包夾在一維的奈米線 (nanowires) 中可以展現新的電子傳輸現象(5)；將水置入奈米的孔洞中冷卻到 −85°C 可以得到「超冷水」，研究前所未有的水特性(6)；控制量子點的排列可以得到光子晶體 (photonic crystal) 與聲子晶體 (phononic crystal)，成為聲光控制的元件(7)；將觸媒顆粒分布在一維材料表面可以有效提升其催化特性，並藉由一維奈米線達到電子傳輸效果(8)；將 p 型與 n 型一維高分子混合可有效提高介面比例，進而提升有機太陽電池的效率(9)；將奈米金屬顆粒混摻到上述材料中以形成一維與零維複合材料，可將電漿子 (plasmon) 引入而有機會提升太陽電池的效率(10)。上述種種現象都不是低維度量子效應可以涵蓋，而是奈米材料所呈現的新元件功能。

從化學家的角度看來，奈米科技打破傳統無塵室高真空半導體製程的做法，在燒杯攪拌中合成神奇的奈米材料，的確令人振奮。無論是量子點或是奈米線材，其表面積比傳統粉體提高百萬倍以上，所以化學活性大為不同，在化學、生物偵測、表面吸附、觸媒反應等都有效提升，帶來無限的可能性。例如將化學反應侷限在奈米孔洞 (mesoporous) 或奈米管 (nanotubes) 內可以讓反應在可操控的環境下，得到不同於傳統反應的結果，這也開啓了另一個新的研究領域。尤其是許多催化、觸媒反應都發生在表面上，高表面積奈米材料帶來許多新的可能，在光觸媒、太陽電池、燃料電池、光電化學、超級電容、熱電材料、甚至超導體等的應用上有突破性的發展，這為當前迫切的能源議題帶來新的契機，讓奈米科技提供能源的新方向。

燒杯中合成奈米材料可提供奈米電子元件 (nanoelectronics) 的應用，甚至讓大家夢想以單分子當電子元件 (molecular electronics) 的可能性【中央研究院 陶雨台】，讓化學家與科技新貴的距離拉近許多。然而，將電子元件縮小到奈米或是單分子大小並沒有解決所有問題，如何控制這些奈米元件在預定的地方發揮特殊功能，甚至大規模製造成為有用的的電子電路才是眞正的挑戰，目前並沒有好的解決辦法。

從基礎理論計算的觀點看來，因爲奈米系統所牽涉的原子數量較少，讓量子計算可以有發揮的空間，尤其是奈米碳管 (carbon nanotube, CNT) 與石墨烯 (graphene) 等材料可在數十顆原子內模擬，成爲理論學家的天堂，許多新的現象因而被預測出來。但是，大多數的奈米材料的原子數目在數萬以上，遠超乎量子計算的能力範圍，這仍然是當今理論學家的一大缺憾。所以，以各種逼近的方法得到近似的結果成爲必要的替代方案，許多新的奈米現象在理論上獲得合理的印證。

除了基礎物理、化學特性之外，電子元件的奈米化也成爲重要課題，一方面從早期點一八 (180 nm 線寬) 到點一三 (130 nm)、點零九 (90 nm)、點零六五 (65 nm) 等製程，每一階段都代表一個新的製程技術，其背後所帶來的商業、經濟利益無窮，這也是台灣半導體工業的主體，對於台灣社會的影響可想而知[11]。雖然有部分學者不願將傳統微米、次微米技術逐步微小至 100 nm 以下方法列爲奈米科技，因爲他們認爲「由上而下 (top-down)」雕刻式的方法不會帶來革命性的新科技！事實上，這條路所遭遇的挑戰困難重重，人類對於更高密度的記憶體或更高功能的 CPU 的需求永無止境，更窄線寬的科技就成爲時勢所趨，在 100 nm 線寬以下許多新的問題逐漸浮現，新的現象與新的方法自然產生，這都會成爲奈米科技的重要一環。當然，其他「由下而上 (bottom-up)」成長組裝的方法是否能提供更有效的解決方案則成爲另一議題。

從另一個角度看來，由下而上的奈米科技所擅長的不見得是主流半導體科技的領域，許多有機、高分子半導體物質乃至仿生奈米科技可以深入功能性生物體的研究，開拓了全新的領域。簡單、廉價的奈米材料能否成爲有用的太陽電池元件？奈米觸媒能否提供新的能量轉換方法而降低地球的負擔？奈米科技能否有助於解開各種生物體的奧秘？經由對於生物體內的各種功能性結構的了解，進而偵測、控制、甚至創造新功能性結構來防範各種疾病都成爲可能，這些都成爲當今奈米科技發展的重點。

1.3 奈米材料之結構

從結構的觀點看來，奈米材料有許多特殊之處，因爲在材料奈米化後其比表面積相對增大，相對之下表面能 (surface energy) 就比內能 (internal energy) 來得重要，這也影響其結構性質。尤其是在單一或少數幾層原子在一平整基板上時，可以觀察到厚度的量子現象[12,13]，將某些原子灑在特定平整基板上時，這些原子會自動形成特殊二維結構的原子團[14,15]，這與三度空間的 C_{60}、C_{70}、C_{80} 等巴克球 (Bucky ball) 類似，具有特定的結構與特殊的電子特性，有助於對基礎物性進一步的了解。

1.3.1 奈米管

在諸多奈米材料中，奈米管與奈米線同屬一維奈米材料，具有許多新奇的特性。以最知名的奈米碳管爲例，單壁碳管 (SWCNT) 具有最高的彈性模數 (elastic modulus > 1 TPa)、子彈型 (ballistic) 電子傳輸特性 (大於 10^9 A/cm^2)、室溫下高過鑽石的熱傳導係數 (3000 W/m·K)，加上奈米碳管質量輕、在高溫下穩定的特性，使其成爲新世代材料的寵兒，各式各樣奈米碳管的應用被提出：運動器材、航太材料、電子元件、感應器、奈米機械元件、透明導電薄膜 (transparent conductive films, TCF)、可撓式電子元件、STM 與 AFM 探針、燃料電池電極、超級電容電極、鋰電池電極、場發射顯示器、X 光產生器、高電流傳導電軸、EMI 屏蔽層、散熱層、濾水器、高強度纖維及防彈裝備等，奈米碳管相關產品的商品化成爲奈米科技發展的試金石。在國內，將奈米碳管直接成長在碳布上，再將奈米白金顆粒分散於表面就可以提升氫燃料電池的效率【清華大學 蔡春鴻、中央研究院 陳貴賢】，將特殊酵素固定於碳管表面也可以將血糖氧化作爲生物燃料電池。

除了奈米碳管之外，其他管狀奈米材料也如雨後春筍般出現，ZnO 奈米管成爲簡易可得的材料【成功大學 吳季珍】，TiO_2 奈米管成爲染料敏化太陽電池 (DSSC) 的新電極【交通大學 李遠鵬與刁維光、成功大學 黃肇瑞】，GaN 奈米管作成的奈米溫度計【清華大學 周立人與陳力俊】等，因爲奈米管具有連續性電子傳導路徑及高表面積的特性，成爲許多新能源應用上的選擇，加上其製程較薄膜半導體的眞空製程簡單，有可能成爲廉價、高效能、實用的的能源材料。

最令人興奮的就是組成石墨的石墨烯繼奈米碳管之後成爲新的研究焦點。因爲結構穩定、簡單，石墨烯成爲最容易達成的室溫二維電子元件，甚至有許多新的磁性、電子自旋、量子計算等特性正在開發中。石墨烯也成爲理論物理學家與實驗學者間最近的距離。

1.3.2 奈米線

奈米線是最簡單的一維奈米材料，藉由各種生長機制形成，因爲具有連續性電子傳導路徑及高表面積的特性，加上在小直徑奈米線出現子彈型量子傳輸現象，奈米線成爲熱門的研究題目。因爲不同材料、能隙選擇，加上半導體材料 p 型或 n 型摻雜等，其變化林林種種，如何確立幾種有效的應用成爲當務之急。奈米線光電特性的測量也成爲一大考驗，在電性測量上，四點測量法成爲必需的可靠方法【清華大學 林志忠】。在光電特性上，螢光光譜與光電流測量可以得到異於薄膜的特性【台灣大學 林麗瓊】，也顯現奈米線的優勢所在。將奈米線作爲太陽電池電極，與有機分子或高分子材料合成奈米太陽電池成爲研究上的趨勢【台灣大學 林唯芳與陳俊維】，將半導體奈米線應用在光電化學上，可以利用陽光將水分解成氫與氧【中央研究院 陳貴賢】，也是當前研究的重點之一。至於利用 ZnO、Al_2O_3 等奈米線、奈米柱作爲觸媒的載體，以加強觸媒的轉換效率【台灣大學 林麗瓊與蘇意涵、清華大學 葉君棣】，也成爲有效的方向[16]。

1.3.3 量子點與量子井

在所有奈米結構材料中，量子井 (quantum wells) 是 1980 年代 MBE 發展之後的產物，透過 MBE 對薄膜材料的掌控，科學家方能製造出三明治型的量子井結構，進而發展出量子井光電元件。如今量子井光電元件已經廣泛應用在我們日常生活中，高亮度雷射筆、雷射 DVD 讀寫頭等都屬這一類型。

至於零維的量子點 (quantum dots) 結構也有相當歷史，透過各種材料成長過程中將其粒徑控制到定限度－波耳半徑 (Bohr radius) 以下，這些奈米點自然會呈現量子效應，就半導體量子點而言，其能隙隨粒徑縮小而變大，這種藍移 (blue shift) 的現象成爲調控能隙的有效手段，這在太陽電池等需要較寬吸收光譜的應用上有其優勢。同時，量子點因爲維度從三度空間縮減爲零度空間，其狀態密度發生急遽變化成爲接近單一分子的型式，所以光譜線寬變窄，也變得更穩定，不會輕易隨著溫度等變化而飄移，這也就成爲量子點材料的最大賣點。量子點光源可以在特殊條件下成爲單一光子光源，因爲每次只放出一光子，它成爲光通訊上重要的工具【中央大學 徐子民】，藉由單光子光源可以防止竊聽，是當前資訊保密上重要的一環。

1.3.4 奈米孔洞材料

孔洞型材料在奈米科技中有其重要性，因爲透過製程可以有效調控孔洞大小、疏密及排列方向，其表面積可以提升千、萬倍以上。加上表面官能基修飾後，這些奈米孔洞材料可以作爲分子辨識、催化反應、充塡其他光電材料，或是作爲其他材料成長的基板，在分子篩與催化反應上已經被廣泛使用【台灣大學 鄭淑芬與牟中原】。進一步利用這些奈米孔洞作爲侷限空間來研究化學反應以及新的物理現象等【台灣大學 牟中原、MIT 陳守信】，可以進入一個前所未有的環境來作基礎研究。

這些孔洞性材料的另一特點是可以塡充其他有機、無機材料後將原模去除成爲新的奈米孔洞材料，如此一來，不同導電性、親疏水性、酸鹼性、離子交換等特性的孔洞材料皆可合成【中央研究院 劉尚斌】，所以成爲廣泛應用的一種材料技術。

1.3.5 奈米複合物

除了上述二維量子井、一維奈米線、零維量子點等奈米材料之外，將這些奈米材料與其他塊材混合成爲奈米複合材料 (nanocomposite) 可以有效提升其特性。將奈米碳管混合到高分子材料中可以提升其強度、導電度、熱傳導度等。在航太方面，少量的奈米碳管 (< 5%) 與鋁合金複合材料可以提升其強度一倍以上，也因此可以減輕飛機 20% 以上的重量，對於節約能源將是一大貢獻。RuO_2、PANI 等電容材料與奈米碳管的複合材料可以提升其電容量，更可以透過奈米碳管的高導電度而提升電容器的輸出功率【清華大學 黃金花、中央研究院 陳貴賢】，這解決了許多應用上的難題。將奈米碳管與其他材料混合並不容易，因爲材料的親疏水性不同，造成不易分散的問題，但是透過特殊的促進劑可以有效解決奈米碳管的分散問題，讓碳管的應用大爲提升【中興大學 林寬鉅】。

其他奈米線、奈米顆粒材料的複合材料也逐漸在開發中，尤其是奈米金、銀的顆粒具有表面電漿子 (surface plasmon) 的光吸收功能，能否被用來提升太陽電池的效率成爲大家競爭的標的【台灣大學 王俊凱】。

1.4 製備技術

除了以傳統半導體蝕刻 (lithography) 的方法達到奈米尺寸之外，最重要的就是利用化學合成的方法製造各式各樣的奈米材料，常見的合成方法包括化學氣相沉積 (CVD)、物理氣相沉積 (PVD)、脈衝雷射濺鍍法 (PLD)、觸媒成長法 (VLS、VS)、水熱法 (hydrothermal)、凝膠法 (sol-gel)、自組裝法 (self-assembly)、噴霧裂解法 (spray pyrolysis) 及電化學法 (electrochemical deposition) 等，這些合成方法擺脫傳統半導體製程昂貴的高真空要求，給人在燒杯中合成奈米材料的印象。雖然各種合成方法都可以生產某種奈米材料，但是要生產選擇性成分、具有一定粗細、形狀、表面晶格排列等，以顯現特殊功能就是各家競逐的目標。

雖然奈米材料的合成不困難，但是要掌控到一定程度以滿足應用需求並不容易，以奈米碳管爲例，至今沒人有辦法成長特定旋度 (chirality) 的單壁碳管，所以只好尋求替代方案，從成長的碳管中透過篩中程序來篩選某些旋度的碳管【台灣大學 黃炯源與林麗瓊】。許多奈米觸媒顆粒也是如此，如何控白金顆粒大小、表面方向成爲燃料電池轉換效率的一大瓶頸。至於合成後的奈米材料如何固定在特定位置以發揮其功能則是更大的考驗，許多奈米材料本身是小的，但是接點卻比元件本身大出十倍以上，讓人質疑所謂「奈米化」的眞正意義。當然，我們可以辯解這是初步階段證明其可行性而已，將來的工作可以留給工程人員來解決！

從另一個出發點來看，較昂貴的製程包括以分子束磊晶 (MBE) 來成長特殊晶體【清

華大學 洪銘輝與郭瑞年】、以原子層磊晶 (ALD) 來控制表面或介面的磊晶層，都可以提供特殊的奈米結構材料，這必須從成本效益來評估，許多特殊結構材料必須要使用昂貴的儀器方能著手，對一些新進人員沒有充分研究資源者只能望洋興嘆罷了！

1.5 應用領域

遠在奈米科技發展之前許多觸媒、合金材料都已經是奈米級了，如今如雨後春筍般的奈米材料更廣泛被引用到各種領域，相信不久將來能有更多如奈米碳管之類的標竿型材料被商品化。但是在大家一致叫好的同時也應該留意其負面的問題，並非所有奈米材料都對人無害，甚至如大家最熟悉的奈米碳管，其對細胞的毒性研究至今仍在爭議中。2008 年英國皇家科學院對奈米科技提出質疑，因爲奈米碳管可能與石綿類似，對肺可能會造成無法恢復的傷害[17,18]。因爲奈米材料天生細微的結構，讓它很容易滲透人體表皮而進入細胞內，所以其危險性相對一般物質高。至於林林種種奈米材料的毒性如何？這必須經過一段相當嚴謹的研究才有答案。所有研究工作者必須採取有效防護措施，將危險性降到最低。

至於有人認爲奈米科技必須因爲其危險性而喊卡，這就反應過度了。難道我們該因爲複製人的道德爭議或是生物武器的爭議而要求將所有生物科技研究全面喊停嗎？在成千上萬的奈米材料中，必定有些少數對人體有害，但我們不能忽略大多數無害的材料，只要我們學會如何防護或是停止使用該材料即可。事實上，生物體的運作大多數是體內奈米元件的運轉，對人體無害的奈米材料與元件早就存在我們的體內了，至於科學家探索的新奈米元件會帶來人類的「利」或「害」，這是科學家的道德問題而非奈米科技本身的問題。在此，就當前的奈米應用科技做個淺介。

1.5.1 奈米元件

隨著時代的進步，越來越多的資訊及更快的元件被發展出來，元件的奈米化是一個趨勢，雖然目前 90 nm、65 nm 線寬的技術才開始進入奈米階段，但是許多周邊的議題已經與奈米、量子脫不了關係。這些奈米元件 (nanoscale devices) 不僅線寬在數十奈米以內，其介電層厚度則在數奈米以內【清華大學 郭瑞年】，成爲材料成長上的一大挑戰，各種不同材料選擇、防原子滲透層、防電子遷移技術【清華大學 陳力俊、廖建能】等也都是重要議題。

當然，一般對奈米科技的期盼是將數奈米的碳管或奈米線作成電晶體，雖然在學術論文上看到類似結構元件被報導，但是距離實際應用還太遠，一般情形是用盡各種手段之後才製作出一個元件，而且其接點尺寸遠超過碳管十倍以上，甚至多數奈米碳管的旋度並不清楚，這與半導體製程大量、可靠的重複性製程相距十年以上。相較之下，建立在先進蝕刻技術的一些奈米元件、單電子電晶體等已經被證實可行【中央研究院 陳啓東、中央大學 李佩雯】，一些直接成長的氮化物奈米線元件也被大規模製造出來【台灣大學 林麗瓊與陳瑞山】。

1.5.2 磁性元件

隨著巨磁阻 (GMR、TMR) 等技術的發展【2007 年諾貝爾物理獎】，磁性元件 (magnetics) 早就進入了奈米時代【台灣大學 張慶瑞】，因爲越小的磁性結構其磁阻變化越明顯，所以奈米磁性元件、磁性超薄模【台灣大學 林敏聰、成功大學 黃榮俊】等具有相當大的發展潛力。在自旋電子元件 (spintronics) 的概念被提出之後，磁性隨機記憶體 (MRAM)、自旋場發射電晶體 (SFET)、自旋發光二極體 (spin LED) 等元件逐漸被實現，進一步甚至可以直接操控自旋電子，與量子計算 (quantum information) 結合【台灣大學 朱時宜、成功大學 張爲民】，其發展空間可期。

1.5.3 光電元件

許多量子井的發光二極體、雷射等早就引進奈米結構來提升其發光效率，隨者 III-V 族氮化物半導體的發展【交通大學 王興中、中山大學 杜立偉】，高亮度藍光、白光材料也引進量子點來提升其亮度【台灣大學 楊志忠】，因爲我國在光電工業的強大基礎，這方面的人才與發展是可預期的。將近場光學奈米結構鍍在平面光碟上可以達到超解析結構 (super-resolution optical near-field structure, super-RENS)，這種近場光碟片奈米結構可以提升光碟的儲存密度數十倍以上【台灣大學 蔡定平】，成爲下一代的光碟片[19]。利用靜電力顯微術 (electrostatic force microscopy) 可以將平面基板表面局部布置靜電荷而作爲超高密度的記憶體【清華大學 果尚志】，這是建立在原子力顯微術的一種新方法。另一主題是有關光電學 (photonics) 方面，因爲光子晶體 (photonics crystal) 的發展提供對光訊號的操控，爲光電元件的發展帶來新的突破【台灣大學 林清富】，同時發展矽材料的發光體，可能進一步帶來光電工業的發展。

1.5.4 生醫應用

從尺寸大小的觀點看來，奈米科技與生物科技的結合是自然的事，因爲許多生物的基本元件都在奈米的範圍，也是奈米科技發揮的最佳領域。透過高解析光學顯微術解開果蠅的神經系統架構【清華大學 江安世】，甚至藉由觀察蠅腦內的神經變性情形來研究阿茲海默症等的病因，在醫學上會有極大貢獻[20]。將功能化奈米粒材料作爲生物檢測與分析或是藥物傳送可能逐漸成爲可行【師範大學 陳家俊】，奈米顯影劑【台灣大學 牟中原、清華大學 范龍生】與奈米磁粒子【師範大學 洪姮娥、成功大學 吳昭良】可以有效提升檢測的靈敏度，及早發現潛在的疾病。

利用表面電漿子共振 (surface plasmon resonance, SPR) 作爲生物檢測已經被 Biacore、Texas Instruments、IBIS 和 GWC Technologies 等公司商品化，但是同樣利用 SPR 的表面增益拉曼光譜 (surface enhanced Raman scattering, SERS) 則仍在萌芽階段，尤其是 SERS 的基本原理與實驗控制一直無法一致，成爲當前奈米科技的一大挑戰。透過在特殊奈米孔洞陣列基板內成長銀奈米粒子可提升其靈敏度【台灣大學 王俊凱、中央研究院 王玉麟】，可能對 SERS 的研究有突破式的貢獻。

另一方面，奈米鑽石可作爲生物偵測的利器【中央研究院 張煥正】，因爲鑽石對生物體無害，又因爲其摻雜氮後可發出穩定的螢光，可以作爲生物標靶追蹤的工具【中央研究院 范文祥、東華大學 鄭嘉良】，將奈米鑽石顆粒功能化後可以與人體的特定抗體結合，因爲其表面積極大，可以有效縮短檢驗所需的時間，也可提升檢測的可靠度【中央研究院 韓肇中】[21]。

1.5.5 奈米材料其他應用

在新能源方面，奈米材料提供了絕好的機會，除了前面介紹奈米碳管的能源應用之外，將 C_{60} 等相關衍生物應用於有機太陽電池【台灣大學 王立義】，可以有效提升電子的捕捉效率，將高分子太陽電池提升到 5% 以上，利用奈米結構異質接面高分子設計新一代太陽電池也可有效提升其效率【交通大學 韋光華】。將熱電材料作成奈米線將可以提升其熱電轉換效率【中央研究院 陳洋元】，將氧化物燃料電池的氧化物觸媒奈米化也可以有效提升其效率【成功大學 方冠榮】。

1.6 結論

奈米科技的發展已十餘年，從研究的角度看來，這是個百花齊放、多采多姿的學術園地；從經濟的角度看來，奈米科技的工業應用仍在萌芽階段，從上述的介紹可知，到處是機會，但也都是挑戰。在奈米科技發展過程中的一大關鍵就是檢測技術，因爲奈米結構材料細微，必須有特殊解析度才能觀察其形貌；加上其特性新穎，常常不是傳統科技可以預測的，所以奈米檢測成爲奈米科技發展的重要一環。

過去國科會奈米國家型計畫在檢測方面投入大量資源，在電子顯微鏡方面幾乎各研究單位都擁有不錯的掃描式電子顯微鏡 (SEM)，也重點式在北中南架設高解析穿透電子顯微鏡 (HRTEM)【清華大學 陳福榮與周立人、成功大學 劉全樸】，甚至將 TEM、EELS、tomography、holography、Lorentz lens 結合的 STEM【台灣大學 陳正弦】，以及將檢測與製程結合的 dual beam FIB【中央研究院 王玉麟、成功大學】。在光學檢測方面，目前各主要研究機構都擁有拉曼光譜儀、FTIR、UV-Vis 吸收穿透光譜儀等，與太陽能研究相關的實驗室也都架設模擬太陽光源 (solar simulator) 測量太陽能轉換效率，但是唯一的缺憾是國內相關單位應該設法架設一個與國際 (美、日、歐、中) 等國可以接軌的太陽能轉換效率檢測程序，或許標檢局或工研院量測中心可以積極介入。在生物應用方面，特殊的共軛焦光學顯微鏡 (confocal microscope)、雙光子光學顯微鏡 (two-photon microscope) 也逐漸建立起來【台灣大學 黃玲瓏、中央研究院 陳培菱、清華大學 江安世】，甚至自我研發的奈米超音波影像技術也獨步全球【台灣大學 孫啓光】。在國家同步輻射中心更架設各種 X 光繞射、吸收、光電子能譜等先進設備供國人使用，在本書都將詳細介紹，盼望年輕學者能容易了解檢測技術現況，進而有效利用現有資源，成爲踩在巨人肩上的那一位科學家。

參考文獻

1. 李世光, 吳政忠等, 奈米科技交響曲, 台灣大學出版 (2004).
2. 川合知二主編, 圖解奈米應用技術, 工研院奈米科技研發中心出版 (2005).
3. 丁志明等, 奈米科技—基礎、應用與實作, 高立圖書 (2005).
4. 牟中原, 萬本儒, 「神奇奈米金 變身顚覆科學傳統」, 莊錦華編, 「邁向卓越深耕關懷：台大科學家的研究故事」, 國立臺灣大學出版中心, 127-146 (2004).
5. 陳貴賢, 林麗瓊, 鴻儒生, 黃柏仁等, 具有光波長鐲擇性之金屬奈米顆粒鑲嵌的介電奈米線, 中研院重要研究成果專刊 (2007).
6. 2008 NSSA Clifford G. Shull Prize.
7. 楊志中, 物理雙月刊, **23** (6), 647 (2001).
8. 陳貴賢, 科學人, **6**, 54 (2007).

9. 林惟芳, 新穎有機無機奈米摻合材料在醫學、光學及光電元件的應用, 第四屆經濟部奈米產業科技菁英獎 (2008).
10. 王俊凱等, 工業材料, **261**, 156 (2008).
11. 陳啓東, 電子月刊, **102,** 140 (2004).
12. 蘇維彬, 張嘉升, 鄭天佐, 物理雙月刊, **25** (5), 670 (2003).
13. 張嘉升, 奈米銀結構在鉛量子島上之自組有序成長, 中央研究院週報, 1049 期 (2005).
14. 王玉麟, 表面奇異原子團晶格：一個完美有序的奈米結構陣列, 第一屆有庠科技論文獎 (2003).
15. 賴明佑, 王玉麟, 物理雙月刊, **21** (4), 425 (1999).
16. 蘇意涵 (北一女中)：2008 年「英特爾最佳青年科學家獎」.
17. C. Poland, R. Duffin, I. Kinloch, A. Maynard, W. Wallace, A. Seaton, V. Stone, S. Brown, MacNee, and K. Donaldson, *Nature Nanotechnology*, **3**, 423 (2008).
18. A. Takagi, *et al., J. Toxicol. Sci.*, **33**, 105 (2008).
19. 劉威志, 林威志, 蔡定平, 物理雙月刊, **23** (2), 335 (2001).
20. 江安世, 從果蠅之小 見生命之大, 科學人, **6**, 72 (2007).
21. 張煥正, 范文祥, 韓肇中, 奈米鑽石新生命, 中央研究院週報 1064 期 (2006).

第二章　奈米檢測簡介

2.1 概述

眼見爲憑。看得到、摸得到的東西總是較容易使人信服。人類可以經由眼睛所接受到的訊息來判斷人的高、矮、胖、瘦，以及建築物的豪華或簡陋。當物體縮小至眼睛無法直接觀察到的微米尺度，如：細胞，尙可藉由如光學顯微鏡等工具，解析細胞的結構。若是物體繼續微小化至奈米尺度，如：病毒、DNA 的大小或晶格的排列，則超過了一般檢測工具之量測極限。由於奈米材料的蓬勃發展，檢測這些材料特性的工具益發具有舉足輕重的地位。本章將專注於以這些工具檢測奈米材料之特性，作一概略之說明。

所謂檢測 (量測) 指的是以各式方法，針對特製的材料或結構進行物理特性的計算測定。而物理性質則泛指材料或結構所延伸產生之光學、力學、電學、熱學、磁學等之交互作用。因此顧名思義，「奈米檢測」即量測奈米尺級的這些物理特性的方法，亦即約莫「介觀」的範疇。

奈米材料特性之檢測方法主要可分爲探測源及監測項，探測源的目的在於與受測物作用並激發其物性。現今常用之探測源如：光子、X 光、離子、電子、原子、中子等，其可激發受測物產生二次效應，而此效應可能是能量、溫度、質量、時間、角度、相位等等之函數。如以光子束作爲探測源，受測物可能產生光子訊號，就如常見之螢光 (PL)、拉曼 (Raman) 光譜或 X 光繞射 (XRD)；亦可能產生電子訊號，這時分析之技術就爲 X 光吸收光譜 (XAS) 或 X 光光電子光譜 (XPS) 等技術。相反的若以電子作爲探測源，則產生之電子訊號，其分析方法最爲熟知的如：掃描式 (SEM) 或穿透式 (TEM) 電子顯微鏡；而分析產生之光子訊號，則爲能量分散光譜 (EDS) 技術等。在奈米材料的分析領域中，表面特性是相當重要之訊息，當然不能漏掉能擷取大量表面特性之掃描探針顯微術 (SPM)，其包括了掃描穿遂顯微術 (STM) 及原子力顯微術 (AFM) 等。

綜合以上所述，可知奈米檢測技術主要是由探測源與受測物間之交戶作用，並分析其產生之二次訊息，可能包括了材料之表面結構、機械及光電等特性。本章針對這些檢測項目作一簡單介紹，在往後的章節再針對個別檢測技術之原理及其應用作詳細解說。

第 2.1 節作者爲陳聖元先生。

2.2 奈米尺寸與計量單位

「奈米」一詞來自英文 nanometer 的音譯，前置的 nano 在希臘原文中代表侏儒的意思，計量單位則表示十億分之一 (10^{-9})，而「奈米」的定義即為十億分之一公尺 (10^{-9} m)。顯然奈米尺寸極為渺小而無法單純以肉眼判別，但是可以推想奈米 (nanometer) 與公尺 (meter) 的比例，就如同乒乓球之於地球尺寸比例的懸殊差異。奈米科技為處理原子、分子等級微小物質的科學，除了製程技術方面的演進之外，更需要經由先進、嚴謹的檢測技術方面的驗證。有鑑於此，國際度量衡委員會 (Comité International des Poids et Mesures, CIPM) 為了建立國際間奈米計量標準的一致性，決議成立奈米計量工作小組，以進一步完成奈米計量國際比對事宜。比對活動包含線距標準 (pitch standards)、階高標準 (step height standards)、標準尺以及線寬標準 (line-width standards) 等項目，分別由德國聯邦物理技術研究院 (Physikalisch-Technische Bundesanstalt, PTB)、瑞士聯邦計量檢驗局 (Das Bundesamt für Metrologie, METAS)、丹麥基本計量研究院 (Danish Fundamental Metrology, DFM) 及美國國家標準與技術研究院 (National Institute of Standards and Technology, NIST) 等國家標準研究機構主辦。比對活動的目的除了建立奈米計量標準促使國際間檢測結果的一致性，並促進各國標準組織品質系統與技術能力的提升，使量測追溯國際單位制中公尺的定義 (International System of Units, SI)。

國際度量衡局 (International Bureau of Weight and Measures, BIPM) 定義計量學 (metrology) 為一門涵蓋科學與技術領域的量測科學，包含各個量測不確定度 (measurement uncertainty) 評估下的實驗與理論判定。計量學的應用領域極為廣泛，主要分為三方面：(一) 計量單位、單位系統的建立、量測方法的發展、計量標準的實現與使用端標準追溯的落實；(二) 量測科學於生產製造的應用，確保量測儀器的適用性、準確性以及品質穩定性；(三) 因應衛生保健、公共安全、環境保護、消費者權益和公平交易等議題所產生的計量需求。而計量學的核心概念為可追溯性 (traceability)，即透過追溯鏈的比對活動使得量測結果與參考標準具有關聯性，而此參考標準通常為國家標準或國際標準，追溯鏈的每一個環節具有量測不確定度 (measurement uncertainty) 評估。可追溯性可藉由持續的系統校正 (calibration) 建立，使得參考標準傳遞至量測系統。

奈米計量的追溯，除了製程技術最常使用的量測數據，如線距、線寬、階高、深寬比、膜厚、表面粗糙度、粒徑、晶界尺寸等，隨著奈米科技的蓬勃發展，奈米元件的特性與功能已日漸發展成形，奈米元件的電性、磁性、力學、熱學與光學性質等多項檢測需求逐步崛起。由奈米科技所帶動的檢測技術與量測標準需求面可預期將會是廣泛的，包含微機電產業、半導體產業、顯示器產業、精密加工產業與生物科技產業等。奈米科技的發展，需進一步經由檢測技術與量測標準進行定性、定量的鑑定，以確保產品的品質與功能。對於產業國際化的趨勢，採用共同的國際單位制 (SI units)，遵循一致的標準，對於品牌與信譽的基礎建立，其重要性則顯而易見。

第 2.2 節作者為蘇健穎先生。

2.3 檢測項目

2.3.1 尺寸、外觀、粒徑、膜厚及力學特性

由於奈米科技的快速發展，反應在奈米檢測的需求也越來越高，目前在奈米科技、製程或材料研究中常見的檢測項目包括尺寸、外觀、粒徑、膜厚及力學特性等，該如何定義奈米材料的尺寸、形貌、表面積和微結構，如何評估薄膜厚度與表面的粗糙度，尤其當晶片的尺寸越來越小，儲存密度越來越高，粒子粒徑縮小到奈米尺寸時，奈米元件已不再遵循一般電子學的規律，物質會因爲量子效應與表面效應，將展現不同於巨觀材料的物理或化學特性，此時如何評估奈米元件的性質，這些都是奈米檢測研究中面臨的重要問題，也顯示奈米檢測於奈米科技研究中的重要地位。

分析奈米材料尺寸、外觀結構、奈米顆粒粒徑的主要技術和方法包括穿透式電子顯微鏡 (TEM) 和高解析度電子顯微鏡 (HREM)、掃描穿隧式顯微鏡 (STM) 及原子力顯微鏡 (AFM)。高解析度的掃描電子顯微鏡可用來分析奈米微粒顆粒度和其分布，除此之外尚有 X 光繞射儀 (XRD)、拉曼光譜儀 (RS)、穆斯堡爾光譜儀、表面積測試儀、Zeta 電位儀以及奈米粒子粒徑分布儀等。對於薄膜研究方式則包含可檢測膜厚、基質、粗糙度及密度的 X 光反射法，用於量測膜厚、光學常數、電介質常數、混合比和排列密度的橢偏儀膜厚量測法，以及用於評估膜厚及鍍膜和基板的楊氏係數 (Young's modulus) 雷射超音波檢測等。

此外，對於有限原子構成的奈米結構，由此結構凝聚而成的多晶材料所依循的規律是否與巨觀材料的特性一致，而現有的材料力學行爲理論是否適用於奈米結構材料，這是研究奈米材料力學特性時必須解決的問題。舉例來說，目前即使運用相同製作方法所產生的樣本，其硬度與粒徑關係也會出現差異情形，其原因主要來自材料中的孔洞與微裂紋，這樣的缺陷對材料的強度與硬度有很大的影響，會造成測量誤差並增加實驗規律結論的困難性。另外，對於奈米顆粒粒徑的檢測，現在一般使用穿透電子顯微鏡或 X 光繞射的技術來評估平均粒徑，此種量測方法存在一定的誤差，實際上奈米顆粒尺寸呈現一個分布且硬度是隨機量測而得，這會對於硬度的數據造成分散。此外，多種的樣本製作方法也會使得奈米材料的降伏強度 (yield strength) 產生差異性，其硬度和粒徑的關係也就遵循不一樣的規律。因此要徹底了解奈米材料硬度、降伏強度與粒徑之間的眞正關係，必須採用同一種製作方法，維持相同的結構緻密度，並進行多種不同的材料實驗，在獲得系統性的結果後，才能找出反應奈米材料力學特性的眞實規律[(1)]。

2.3.2 機械特性

當材料結構尺度趨近奈米等級，其特性會發生重大改變，目前對於奈米材料物理、

第 2.3.1 及 2.3.2 節作者爲陳柏荔女士。

化學、電性等方面特性之研究，皆有相當程度的探討。其中，從奈米材料應用的角度來看，其機械特性佔有非常重要且根本的地位，由於材料結構屬於奈米尺寸，不再適用傳統的機械方法來進行測試，需要採用奈米機械特性分析，經過驗證得知材料眞實的機械性質後，方能將這些奈米材料應用於半導體製程模組之開發乃至生醫工程之推展當中。因此，如何建立與深入學習奈米材料機械特性分析的基礎理論，是眼前相當重要且受重視的問題。

利用穿透式電子顯微鏡或原子力顯微鏡分析技術研究奈米材料的機械特性，結果指出奈米碳管擁有極佳的機械性質，如高彈性模數、高彈性應變及高支撐破裂應變等，相較於傳統常規塊材，其剛度和強度特性以倍數成長，此點與理論研究結果相同。而奈米複合材料在增加其強度、韌性、耐磨性、抗老化性、耐壓性、緻密性及防水性上具有重大的突破。以奈米微粒壓製而成的奈米陶瓷材料也具有良好的韌性與延展性[2]。此外，由於半導體製程元件的線寬縮小而層數增加，如何檢測奈米薄膜的機械特性，關係未來半導體和奈米元件的效能及使用期限。而薄膜強度、應力應變行爲、界面強度、內應力、應力遷移等因素，是影響多層金屬薄膜結構穩定性的重要因素，需要進一步瞭解的機械性質包括薄膜強度、應力應變行爲、界面強度、內應力、應力遷移等。目前學術研究單位或相關產業常用奈米壓痕技術進行檢測分析，可應用於量測奈米尺寸材料的機械性質，包括其彈性係數、硬度、剛性、破斷韌性、摩擦係數、附著性及耐磨耗特性。另外如 X 光反射法、橢偏儀膜厚量測法及雷射超音波檢測，可用於量測膜厚、楊氏係數、粗糙度及排列密度等[3]。

就因爲材料尺寸縮小至奈米範圍內，往往產生從未發現的物理性質，對於奈米材料機械特性之量測與瞭解也因此有著迫切的需要。目前已有多數實驗和理論探討材料巨觀時的機械行爲，如何證明奈米材料與巨觀塊材的機械特性有所不同，則需仰賴檢測技術的提升，對奈米材料做深度的探討，並嘗試研究新穎且適用於奈米範圍的高準度實驗，以獲得材料眞實的機械行爲。

2.3.3 光學特性

在微奈米尺度下元件的材料與結構，其呈現出的新穎光學性質往往是科學家們感興趣與關注的。光學所帶來的資訊包羅萬象，往往與其他的物理性質一併作用，如電、磁或是熱等，彼此相生而不可劃分。也因此，我們可藉由被測物經光學方法探測後，得知其輪廓、光學性質及其他諸多的材料特性。其快速而多元的檢測優點，幫助我們了解原理及確定成果。

傳統光學顯微鏡爲最早的檢測方法，但礙於光學繞射極限的先天限制，光學解析度受限於光源波長，因此發展至十七世紀便約莫停擺。但是人類追求檢測微小物體的決心亙古未變，在持續發展各式光學 (電磁學) 理論的同時，計算機、材料科學、精密加工與

第 2.3.3 節作者爲林宇軒先生。

電子工程相繼開發，各類先進光源並應運而生，人類以創意嘗試突破自然極限，終於成就出當今繁榮的奈米光學檢測技術。

雷射光源的出現搭配高速個人電腦演化出了共焦光學檢測技術，低波長光源的檢測技術如 X 光干涉幫助科學界分析材料晶格，掃描探針顯微術的發明助長了近場光學的實現，奈米光化學檢測方法在生醫領域貢獻非凡，非線性光源更是將檢測技術推向多元。隨著奈米科技的同步演進，相應而解的光學檢測方法亦汩汩而生。近來，奈米科技有明顯朝向光電領域發展的趨勢，由此可以窺見光學檢測的潛能與需求。

2.3.4 表面結構

隨著物體尺寸的變小，物體的表面積與體積的比值就愈大，所以相較以往研究材料時是以表面效應可忽略的塊材來做探討，奈米材料的表面特性變成很重要的影響因素。在奈米尺寸等級下，一般以前傳統的分析方法將不適用，因爲奈米尺寸下材料的物性和化性將會和普通材料有所不同。比如金的顆粒大小在 5 nm 時熔點會有大幅下降的情形發生[4]；荷葉之所以能出淤泥而不染，是因爲它的表面有奈米級結構而能使污泥無法黏附[5]。而在奈米等級的元件下，量子效應也會漸漸出現，開始會出現電子穿隧的現象，這在半導體製程上將會有一嶄新的研究。

碳六十 (C_{60}) 是奈米材料中最著名的結構，碳六十是 1985 年由英國化學家 Harold Walter Kroto 等人從碳蒸汽中發現的。他們以質譜儀分析得到的結果，發現這是一個由六十個碳原子組成的碳原子簇結構。隨後又證明出碳六十是一種球形三十二面體結構，且爲中空球狀的對稱分子。碳六十爲鑽石和石墨外的第三種碳結構物質，這項發現也讓 Kroto 獲得 1996 年諾貝爾化學獎[6]。

1991 年，日本物理學家飯島澄男用碳電弧放電法生產碳六十時，發現一種條狀的碳結構物，經由高解析的 TEM 發現它是一種中空的管狀物，管子的半徑只有幾奈米大小，非常細長，可以作爲一典型的一維量子材料。因此這對於簡化理論研究非常有幫助，理論也預測這種材料具有高導熱性、高導電性、高強度，又具有高柔韌性，能夠拉伸，是一種理想的強力纖維材料，因此被稱爲超級纖維。

隨著掃描探針顯微術的發展，人們也觀察到 Si(111) 切面的表面結構。傳統上，矽原子會以四個共價鍵和周圍的矽原子緊密的連結在一起，但在樣品最表面處的矽原子因爲缺了一側的矽原子，因而會出現一個沒和其他原子連結的「懸浮鍵 (dangling bond)」發生。這種情形在表面科學裡成了一個有趣的現象，因爲懸浮鍵的分布造成表面電子結構會發生差異，所以在用 STM (掃描穿隧顯微鏡) 觀測時，會得到不同的訊號影像。

由表面科學演變而來的奈米科技，各國也莫不輕忽它所帶來的商機，世界各國都提出了奈米科技的發展計畫。奈米科學除了碳纖維的研究外，還有作爲藥物的研究，以及

第 2.3.4 及 2.3.5 節作者爲楊肇嘉先生。

生物晶片，還有各式各樣的奈米塗料以奈米電子製程的研發。對工業、商業、民生、軍事的發展都漸漸的出現影響力，因此吸引了許多研究人員的投入，相信未來我們的生活將會有更多和現在不一樣的面貌。

2.3.5 電性

有關奈米檢測的電性部分，我們從幾個主要的量測儀器開始介紹起。既然是量測樣品的電性，所以這些儀器也是利用各種機制的電子訊號來成像，除此之外，電性量測也包括量測樣品表面的電性分布，此方面的研究在半導體領域的發展有很大的貢獻。

1. 掃描穿隧式顯微鏡 (scanning tunneling microscope, STM)[7]

STM 是 1982 年由 Binning 和 Rohrer 發明的，兩人隨即在 1986 以此發明而獲得諾貝爾物理獎。STM 運用了量子物理的電子穿隧效應，也是一種電性的量測方式。

在古典理論中，一個粒子是無法移動到位能比粒子的總能量還高的區域。然而在量子理論中，粒子的運動狀態是由波函數來表示，粒子有一定的機率可以穿過高位能的區域，而形成穿隧效應。在 STM 的運用裡，用一金屬探針靠近樣品，當樣品和探針間給一個偏壓時，假如探針和樣品的距離夠近 (約幾奈米以內的距離)，電子有機會穿過探針與樣品間的眞空帶而形成穿隧電流。而穿隧電流的大小對探針與樣品間距離有著很敏感的關係 (探針和樣品的距離增加 1 Å，穿隧電流衰減約 10 倍)，所以利用穿隧電流來偵測樣品表面的高低起伏時，可以得到很高的解析度。

而利用穿隧電流的偵測方式，與其說是量測樣品表面的形貌，不如說是量測樣品表面的電性分布。因在樣品形貌的轉折處，幾何形狀較尖銳，會有尖端放電的效應，導致量測到的訊號會較強，所以此項技術可以用來量測樣品的表面電子區態密度 (local density of states, LDOS)。

STM 的發展使得人們可以大大提升對奈米世界的研究能力，利用 STM 讓人們也可以在樣品上移動原子，而有所謂的原子操控術，發展至今，STM 仍然在奈米科學上扮演著相當重要的角色。

2. 原子力顯微鏡 (atomic force microscope, AFM)

由於 STM 只能掃描樣品表面能導電的材料 (因需給偏壓)，所以在 STM 發明後不久，人們又開發出可以掃描非導電材料的原子力顯微鏡。和 STM 一樣，利用一根探針來接近樣品後進行掃描，但當探針接近樣品後，探針會受到原子的交互作用，我們藉由探針所受到的原子力來成像，因而可以得到樣品表面的形貌。原子力顯鏡依照應用的不同，又發展出各種的顯微技術，電性的掃描探針顯微術分爲接觸式的導電式原子力顯微鏡 (conductive atomic force microscope, CAFM)、掃描電容顯微鏡 (scanning capacitance microscope, SCM)、掃描電阻顯微鏡 (scanning resistor microscope, SRM) 以及非接觸式的靜電力顯微鏡 (electrostatic force microscope, EFM)。

(a) 導電式原子力顯微鏡：利用探針在樣品表面掃描時，施加一偏壓，並接收探針和樣品流通的電流，可以量測樣品導電性的影像。
(b) 掃描電容顯微鏡：在半導體樣品或探針上施加一 1000 Hz 的交流偏壓，使探針和樣品之間發生電場的改變，因而產生電荷載子在兩端的累積或空乏，形成一種移動式電容板。而電荷載子的移動方式和探針及樣品的介電層 (氧化層) 有關，因而量測載子的移動影像，可知介電材料的性質。
(c) 掃描電阻顯微鏡：掃描電容顯微鏡的量測易受光擾效應和介電層的厚度控制不易的影響，而無法量測精準的影像。因此掃描電阻顯微術則將導電探針貫穿氧化層，讓探針直接量測材料背面間電極的電阻，可以得到定量的精準度，但卻是一種破壞性檢測，所以探針必須選用較硬的鑽石針頭。
(d) 靜電力顯微鏡：探針上為一帶有特定電荷的針頭，使探針在掃描有電荷分布的樣品時，而受到吸力或排斥力，利用此靜電力來做回饋，可得樣品表面電荷分布的影像。

2.3.6 磁性

磁性材料的介觀性質 (mesoscopic properties) 與習知的巨觀性質有著迥然不同的差異，例如量子點結構個別磁域所產生的量子穿隧效應與超順磁現象等。生活中，奈米材料其實已廣泛應用，像電器產品的 IC 晶片、資訊儲存媒體、光通訊元件、自潔抗菌抗刮痕塗料及鍍膜等。而自然界裡也發現磁性奈米粒子存在生物體內，如蜜蜂、蝴蝶、候鳥、螞蟻、螃蟹甚至水中的鮭魚、海龜等，藉由地球磁場的導引辨識方向，而有自行回歸的本事，宛如生物羅盤一般神奇。

奈米材料、奈米元件與生醫感測元件之磁場與磁矩的檢測需求，傳統的量測方法常已不敷使用。隨著奈米科技的發展，陸續開發出多項先進奈米檢測技術，以合於研究發展與品質檢驗的需求。以下分別介紹其中主要的檢測技術。

1. 磁力顯微術 (magnetic force microscopy, MFM)

1987 年由 Martin、Williams、Wickramasinghe 等人所發明，為掃描探針顯微術的功能分支，掃描過程經由即時量測探針與樣品表面的磁性交互作用力，取得空間中磁域分布的情形，如圖 2.1 所示。磁性奈米元件的尺寸不斷縮小，具有奈米級空間解析度的磁力顯微術應運而生。一般磁力顯微術的解析度可小至 30 nm，而目前為止最佳解析度則為 18 nm。

第 2.3.6 節作者為蘇健穎先生。

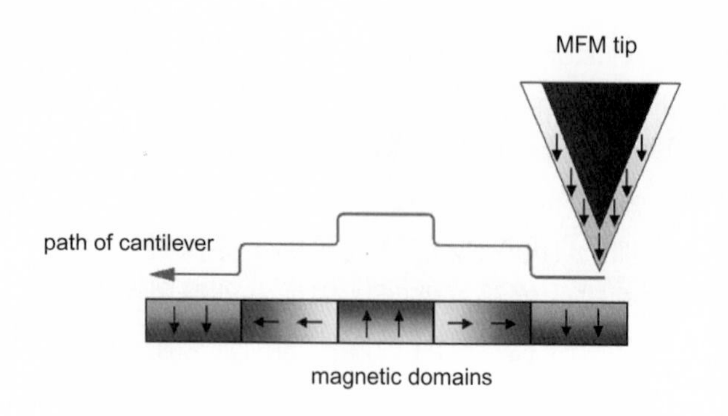

圖 2.1
磁力顯微術基本原理示意圖。具特定磁化方向之磁性探針經由二次掃描機制 (表面形貌掃描／固定距離磁作用力掃描) 取得磁域分布的資訊。

2. 核磁共振力顯微儀 (magnetic resonance force microscopy, MRFM)

1993 年由 IBM 研究團隊發展的技術，使用類似原子力顯微儀的懸臂探針，唯獨不同的是橫跨懸臂上的 RF 線圈會反轉原子自旋而產生磁共振，進而由雷射感測懸臂微小振動頻率的變化，檢測探針與核磁之間的磁性作用力。系統最佳解析度為 25 nm，遠較最佳的典型核磁共振造影設備高 40 倍以上。

3. 偏極分析掃描電子顯微鏡 (scanning electron microscope with polarization analysis, SEMPA)

此新技術經由電子束入射樣品表面產生二次電子，此二次電子的自旋方向與樣品磁化方向有關，進而取得表面磁區的影像。解析度可達 10 nm，可以同時獲得表面起伏的資訊與磁區分布的影像。另外掃描電子顯微鏡快速成像的特性，有助於即時觀察薄膜成長與磁域變化的過程。

4. 自旋偏極掃描穿隧顯微術 (spin-polarized scanning tunneling microscopy, SPSTM)

起源於德國 Hamburg University，系統使用極為尖銳的探針，鍍上一層磁性薄膜，進行侷域性的區域掃描。當樣品表面的電子自旋方向與磁性探針的磁化方向一致時，此位置產生穿隧電流的機會增高，稱之為穿遂磁阻效應 (tunnel magnetoresistance, TMR)。主要應用於鐵磁性材料與反磁性材料磁域界面以及磁性奈米粒子電流與熱效應的研究。

5. 超導量子干涉磁量儀 (superconducting quantum interference device, SQUID)

由兩個約瑟芬超導電流環所組成，是一種能夠偵測極低磁場的感測器。使用約瑟芬穿隧效應 (Josephen tunneling) 的原理感應產生整數倍的電子對，評估磁場的變化情形。目前已廣泛應用於各項研究開發，主要量測材料的磁性變化。由於高溫超導體的問世，使得 SQUID 能改以液態氮冷卻，節省不少成本花費。雖然靈敏度不及低溫 SQUID，不過對於大多數的應用仍足以勝任。

2.3.7 能量

研究奈米材料之能帶結構及其鍵結，可利用一穩定的入射波源，如電子束、X 光、單色光光源、同步輻射光源等各種不同激發源，照射於材料試片上，其入射波源能量除了部分可能被試片所吸收而放出熱量外，必然依各種不同之物理機制釋放出能量，當選用不同的偵測技術，量測材料受激後所釋放出的光子、電子等能量或角度，即可解析其能帶結構與其鍵結。

如光激螢光光譜分析術 (photoluminescence, PL) 為利用光子照射試片，而使其原子內部的電子受激後躍遷到較高能階，再經由再復合 (recombination) 過程輻射出光子，最後由分光儀 (spectrometer) 及光偵測器，分析受測材料的螢光光譜，便能得知能隙大小。相類似的技術如陰極螢光光譜分析術 (cathodoluminescence, CL)，則是經由加速電子束來撞擊材料，而後感測其放射光子的螢光光譜及影像。拉曼光譜顯微術 (Raman spectromicroscopy) 雖然與螢光光譜分析術有極類似的架構，但由於其激發機制屬於光子與分子間之散射過程，不同於螢光光譜，所以拉曼光譜可以顯示分子結構的訊息。

而利用電子束作激發源，如歐傑電子能譜分析術 (Auger electron spectroscopy)[8]，則以一具有足夠能量之入射電子，將試片表面原子之內層軌域電子撞擊而逃離原子，而此內層軌域電子離開後所產生的空缺，由一外層軌域電子填入，並釋放出能量，完全供作原子內其他內層電子脫離原子束縛，此脫離束縛之電子即為所謂的歐傑電子，當量測歐傑電子的特性動能後，即可分析試片表面元素成分或其化學態。

X 光因為所具能量遠大於可見光，可供分析內層電子的微結構，當受激原子釋出光電子 (photoelectron) 後，可由光電子的動能分析，得到檢測材料的鍵結能量或成分，如 X 光光電子光譜法 (X-ray photoelectron spectrometry, XPS)，此類技術為研究薄膜或塊材表面之能帶結構的重要方法之一。同步輻射 (synchrotron radiation) 光源因涵蓋紅外線、可見光、紫外線及 X 光等不同能量之連續頻譜，且為完全的線性偏振光，如果利用同步輻射光電子光譜儀，則可選用不同的能量光源，進行各頻譜範圍之電子能態解析[9, 10]。

2.3.8 量子效應

當材料尺寸縮小至奈米尺度時，材料本身的特性便不同於巨觀 (macroscopic) 世界的性質，而適用於微觀尺度 (microscopic) 下之原子分子的量子效應，通常使它變得非常重要且具有更多的複雜性，所以介於巨觀與微觀之間的介觀 (mesoscopic) 奈米結構，很顯然地，已無法用古典物理及量子物理理論來描述所有奈米結構材料的性質與行為。

而奈米尺寸接近或小於所探討之物理性質的特徵長度 (characteristic length) 或相關長度 (correlation length) 時，如光波波長、激子 (exciton) 半徑、傳導電子之平均自由徑 (mean free path)、穿透深度 (penetration depth) 及物質波波長：德布羅意波長 (de Broglie

---

第 2.3.7 及 2.3.8 節作者為白世璽先生。

wavelength) 等，由於晶體週期性的邊界條件已不存在，並且因系統表面的原子密度會隨著尺寸變小而增大，進而導致奈米材料在聲、光、電、磁、熱、力學等不同特性上，發生變化或完全改變 (如圖 2.2 所示)，即所謂的小尺寸效應 (small size effect)。對於檢測奈米材料所產生的小尺寸效應，可以依照欲探討之物理性質變化，選擇如前述之適當的檢測技術進行測量與驗證。

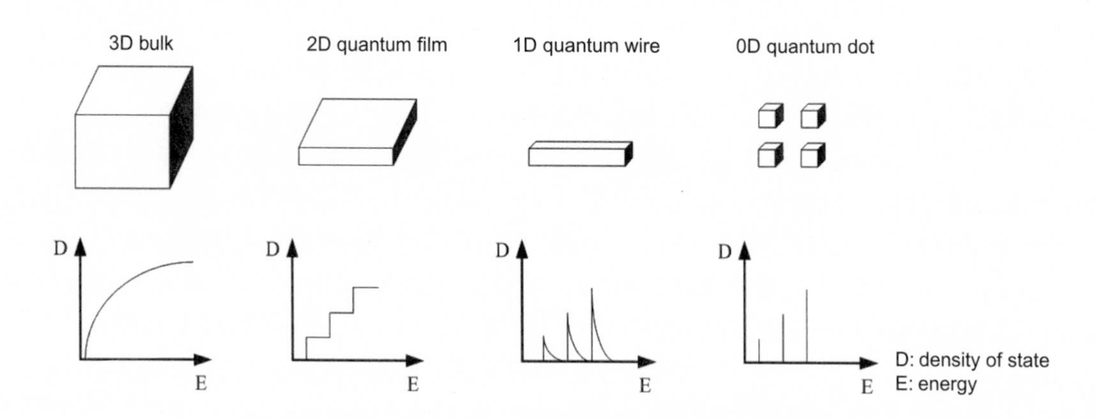

圖 2.2 相同材料的尺寸變化，由三維塊材、二維量子井、一維量子線及零維量子點，其能態密度隨能量的變化情形由連續曲線變成不連續。

量子侷限效應 (quantum confinement effect)[11-14] 乃因奈米材料之粒徑小於塊材 (bulk materials) 中之激子半徑，使得巨觀世界中的連續能階不再連續，呈現離散分析，亦即能階之間出現能隙 (energy gap)。量子尺寸效應 (quantum size effect) 則是由於小尺寸材料，如超晶格 (superlattice)、二維 (2 dimensional) 量子井 (quantum well)、一維量子線 (quantum wire)、零維量子點 (quantum dot) 等奈米結構材料，其能階狀態密度 (density of state) 隨能階大小變化關係，相對於塊材的連續曲線呈現相當大的差異，根據理論計算的結果，將變成折線或分離線，亦即能隙變寬現象，如此結果將導致奈米結構材料在光學性質上產生不同的差異性。量子干涉效應 (quantum interference effect)[15] 是因電子於奈米空間下，電子波因干涉效應而產生新的能態。上述量子效應皆與材料能階變化及其微結構有關，可參考前述章節進行奈米材料之量子效應檢測，如 X 光繞射及各種顯微技術等。

另外，量子穿隧效應 (quantum tunneling effect) 及庫倫屏蔽效應 (Coulomb blockage effect) 亦因材料系統的尺寸變小，而對奈米材料的電性有不同的變化，亦可藉由合適的儀器及技術進行探測與研究。

2.3.9 生物醫學

奈米生醫檢測是目前極熱門之研究領域，它是物理、化學、生物及工程等方面跨領域之結合，其應用面極廣，從學術研究至臨床檢驗、治療及預防等皆有其應用之處。從奈米技術應用於生物醫學檢測所衍生之產品面，可將其分爲檢測試劑、檢測元件及檢測儀器等三項[16]。下文簡略介紹各產品面之概況。

檢測試劑是奈米檢測所需之輔助工具，其最重要的例子首推奈米粒子，例如：奈米微脂體、奈米金、奈米磁性粒子、奈米半導體粒子 (量子點)、奈米碳管以及奈米碳粒子如奈米鑽石等。藉由利用表面修飾技術得以讓奈米粒子直接標定生物分子，以提高生醫檢測靈敏度。例如以免疫球蛋白修飾之量子點，可運用於標定癌細胞所產生之蛋白質，再以特定波長激發量子點後，即可在螢光顯微鏡下觀察活體標定之結果，不需破壞細胞或是犧牲生物體。除導向追蹤外，基因序列鑑定、藥物與疫苗傳輸、細胞及活體醫學檢測、疾病檢測及治療皆有廣大應用。

典型之檢測元件即是生物晶片。除了較廣爲人知的 DNA 或蛋白質微陣列晶片外，處理型晶片將以往在實驗室的工作搬到微小晶片上實現，因此被稱爲微實驗室晶片 (lab-on-a-chip, LOC) 或微全分析系統 (micro total analysis system, μTAS)。此系統提供一整套自動化流程，從樣品取樣、處理、離心到試劑依序注入反應，最後整合後端感測元件，在一個數公分見方的晶片上，其後端感測元件可爲機械式、光學式或電子式。雖然處理型晶片發展較未成熟，但其功能較全面，未來極可能主導生物晶片之應用。生物晶片是高度技術整合之平台，其訴求重點爲：少量樣品、快速檢測、高靈敏度及專一性、便宜製程及完全自動化。生物晶片之市場從基因定序開始，目前已延伸至檢驗蛋白質表現及功能、藥物篩選、菌種檢測、血糖等臨床檢測。

檢測儀器之發展是推動奈米生醫研究之最大功臣。目前奈米生醫檢測儀器應用原理不外是檢測光子束、X 光、離子束、電子束、作用力等，這些檢測技術詳細內容在後續章節將有完整介紹。在二十世紀八十年代，掃描穿遂式顯微鏡 (STM) 及原子力顯微鏡 (AFM) 的發明，正式讓人們的觀察視野深入到奈米層次，核酸及蛋白質等生物分子開始可被清楚觀察，甚至對於細胞形貌有更深一層的認識。除了型態上的觀察，分子間之交互作用、蛋白質功能及反應機制、病毒致病原理機轉等研究，皆可在此技術支援下而獲得更清楚之瞭解。核磁共振造影 (MRI) 是現今生醫影像最強勢之技術，除傳統生物個體之三維空間影像外，該技術目前已可偵測分子級之影像。MRI 可與奈米檢測試劑做結合，其功能不再侷限於影像之觀察，此類嶄新技術可應用於學術研究、腫瘤標定及追蹤、臨床診斷與治療。

第 2.3.9 節作者爲林永昇先生及林明瑜女士。

2.4 檢測與奈米科技發展關係

猶如渺小人類亦能影響浩瀚世界，奈米科技所牽涉之尺度縱然極其微小，卻也將大大改變人類未來的生活。人類藉由控制奈米尺度的材料特性，來控制巨觀的物質現象，我們無法想像未來的世界，科技將受益於此，而變得如何多元、嶄新與充滿創意？

然而，奈米科技交會於「上至下」與「下往上」的尺度界面，其迥新的特性，往往超乎傳統物理所能想像。因此，隨著加工技術或是化學合成的製程方法快速演進，而逐漸交互逼近這塊科技處女地時，我們也驟然發現，如無強而有力的檢測 (量測) 技術作爲背後的支持，便無法徹底了解這尺度的眞正物理意涵，就好似手握鐵鍬欲挖礦產，卻未妥備探光，縱能鑿出坑洞，也不明成果。

其實在傳統產業，製程與檢測向來就已缺一不可，而這觀念對於極其新穎的奈米科技更是顯著。由於奈米科技乃頂尖而先進之領域，自然存在偌多的未知，而這份未知即其價值所在，必須被理解並納入人類的知識範疇，才能自由地被應用，形成科技產物。在趨向奈米尺度的方法發展上，製程技術受益於半導體工業和化學工業而進步迅捷，儀器開發者則竭力於檢測技術上追趕以做平衡，兩者若任一稍有遲滯，無論學術研究或是工業發展皆必因之而延宕，其間的重要關係不可言喻。

隨著微奈米製程技術發展有年，檢測技術也相當成熟，並且不斷改進與創新。舉例而言：當我們想了解樣品的光學特性時，有共焦顯微鏡、表面電漿共振術、近場光學顯微儀及光譜儀等諸多儀器可以幫助檢測；當我們欲知道材料晶格間的關係，則能藉由 X 光干涉或同步輻射光繞射來獲得；當我們需要明白奈米級的結構輪廓，可使用電子顯微術、掃描探針顯微術或是光干涉儀具等；當我們需要清楚受測材料的成分組成時，則可檢視電子束能譜或繞射進行分析。除此之外，尚有數之不盡的方法幫助科學家們進行奈米檢測，以使研究順利無礙。

若說製程是幫助我們製作成品的手段，檢測便是幫助我們看見、進而理解的方法。有人形容檢測爲研究之母，可謂再貼切不過。奈米科技如今正逢開發階段，其間蘊含的科技潛能深不可測，甚至攸關國家未來的繁榮。因此，製程技術領先群倫的我國，亦應將奈米檢測技術視爲重點研發及教育的項目，才可在激烈的科技競賽當中，佔有一片寬廣地域。

參考文獻

1. 張立德, 牟季美, 奈米材料和奈米結構, 滄海書局 (2002).
2. 盧永坤, 奈米科技概論, 滄海書局 (2005).
3. 財團法人工業技術研究院量測技術發展中心, 奈米科技與檢測技術, 全華科技圖書公司 (2003).
4. S. Deki, K. Sayo, T. Fujita, A. Yamada, and S. Hayashi, *Journal of Material Chemistry*, **8**, 637 (1998).
5. W. Barthlott and C. Neinhuis, *Planta*, **202**, 1 (1997).

第 2.4 節作者爲林宇軒先生。

6. 馬遠榮, 奈米科技, 商周出版 (2004).
7. C. J. Chen, *Introduction to Scanning Tunneling Microscopy*, USA: Oxford University Press (1993).
8. M. Thommpson, M. D. Baker, A. Christies, and J. F. Tyson, *Auger Electron Spectroscopy*, Chichester: John Wiley & Sons (1985).
9. 羅吉宗等, 奈米科技導論, 全華科技圖書股份有限公司 (2003).
10. 郭正次, 朝春光, 奈米結構材料科學, 全華科技圖書股份有限公司 (2004).
11. D. W. Bahnemann, *Israel J. Chem.*, **33**, 115 (1993).
12. M. A. Andeson, S. Yamazaki-Nishida, and S. Cervera-Marrch, *Photocatalytic Purification and Treatment of Water and Air,* ed. by D. Oillis and D. F. Al-Ekabi, New York: Elsevier Science Pub. (1993).
13. W. P. Halperin, *Rev. of Modern Phys.*, **58**, 832 (1986).
14. R. Kubo, *J. Phys. Soc. Jpn.*, **17**, 975 (1962).
15. M. F. Crommie, C. P. Lutz, and D. M. Eigler, *Science*, **258**, 218 (1993).
16. 陳家俊編著, 奈米生醫之技術地圖, 國科會科資中心 (2004).

第三章　光子束檢測技術

3.1 概述

光學與顯微技術的應用源遠流長，在科技的發展上扮演了極爲重要的角色，對現今社會的影響更是與日俱增。在新近光電科技的刺激與對光的本質更深入的了解之下，使得顯「微」科技 (microscopy) 已進一步邁向顯「奈」科技 (nanoscopy)，這樣的進展對以生醫與奈米科技爲發展重點的現今尤顯得影響重大。

3.1.1 光的本質－波動與粒子的雙重性(1)

牛頓 (Issac Newton) 是最早提出光的「粒子性」之代表人物。他認爲光的直線傳播、偏振現象等特性可以用粒子說解釋，並於 1675 年於其所著之 Optiks 敘述此一假說。他認爲光是從光源發出的一種物質微粒，在均勻介質中以一定的速度傳播。但顯然地粒子說在解釋爲何光可同時發生反射和折射，以及幾束光相遇後可彼此毫不妨礙地繼續向前傳播等現象時，難以自圓其說。

另一方面，海更斯 (Christiaan Huygens) 則是光波動說的代表人物。「粒子說」的困境皆可輕易透過「光波動」的模型有效解決，例如波動可同時發生反射與折射、波動能夠自由地互相穿過而不影響彼此。光波動說藉由許多干涉與繞射之研究，在十九世紀大放異彩，而馬克斯威爾 (James Maxwell) 和赫茲 (Heinrich Hertz) 更分別在電磁理論和實驗上嚴謹地證實了光的波動性。一直到發現光電效應 (photoelectric effect) 這一現象時，才使光波動說面臨了本質上的困難。

突破性的發展則在 1905 年藉由愛因斯坦 (Albert Einstein) 提出的光電效應理論而實現。愛因斯坦利用「光子 (photon)」的概念解釋了光電效應，並確立了光具波動與粒子的雙重性。而最近光學顯微術的發展亦開始自光強度的量測之外，引進光子計數爲基礎的成像模式。

第 3.1 節作者爲高甫仁先生。

3.1.2 基於光學波動性質之光學顯微鏡

光學顯微鏡做為一重要之研究工具與主題已不需贅述，而光學顯微鏡配合新近發展的各種光電科技，如雷射、影像技術與高性能的偵測器，更衍生出多種功能強大、極富巧思的成像模式，如圖 3.1 所示。

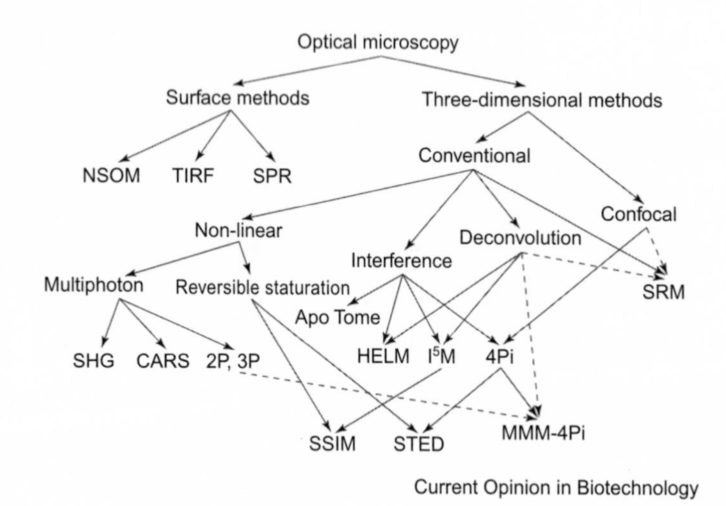

圖 3.1
多模態的光學顯微鏡與其相互關聯性，有些新穎的方法則是結合了一種以上的技術[3]。

這些光學顯微鏡的成像模式與理論皆基於光的波動性質。其中令人矚目的新穎技巧包括共軛焦成像 (如圖 3.2)[4]、多光子激發 (multi-photon excitation)、結構化照明 (structured illumination)[5]、受激發射損耗術 (stimulated emission depletion, STED)[6] 等。圖 3.1 所示之多種光學顯微模式正是目前應用之主流。

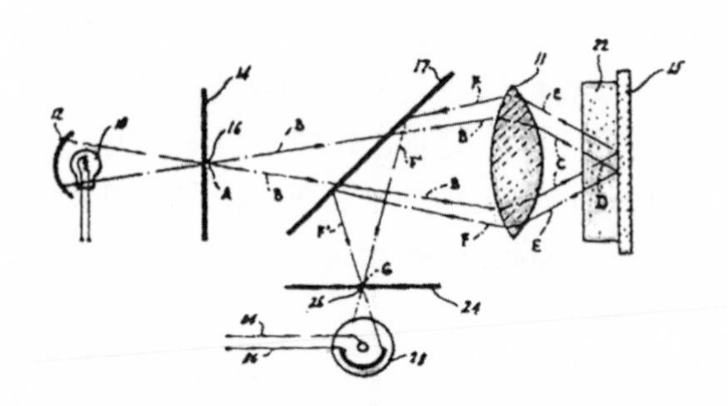

圖 3.2
共焦掃描顯微的原理[4]。

3.1.3 影像技術鳥瞰

達成奈米等級解析度的顯微技術所在多有，如穿透式電子顯微術 (TEM)、掃描式穿隧顯微術 (STM)、掃描式電子顯微術 (SEM) 及原子力顯微術 (AFM) 等，這些技術早已達成原子或分子等級的解析度，但高能粒子束應用於顯微術極易造成活體樣品或細胞的破壞。在生命科學上的應用，光學顯微術往往是考量空間解析度與非侵入性之下的最佳選擇。此外，以光束爲基礎的檢測技術與觀察，更具有大量、快速且成本較低的優勢。圖 3.3 所示即爲生物醫學上常用的的影像模式就其解析度、深度與時間解析等之比較，其中的光學影像模式，包括生物螢光、光學同調斷層掃描、全反射式螢光顯微鏡、全像術及可見光螢光顯微鏡，涵蓋了 0.5 μm－0.5 cm 的橫向空間解析度，10 nm－1 cm 的深度以及 1 ms－10^4 s 的時間解析。極寬廣的動態範圍，加上較爲低廉的成本，光學影像仍是最廣爲使用的研究工具。

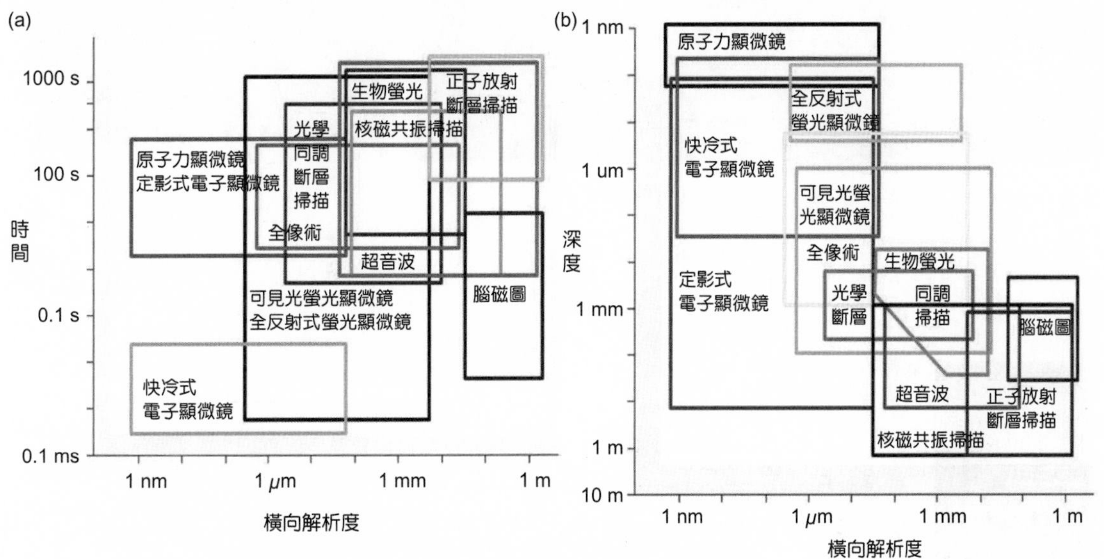

圖 3.3 各種生物醫學影像模式在空間及時間上取像特性的比較[7]。

3.1.4 突破繞射極限的光學顯微技術

過去十年光學顯微技術日新月異的發展，已有效地挑戰了 Ernst Abbe 逾百年前發現的繞射極限。這些新穎有趣且深具潛力之技術，摘要說明如下。

(1) 4Pi 全立體角顯微術與 STED 共焦顯微術

4Pi (4π) 全立體角顯微術是由 Max-Planck Institute 的 Stefan Hell 所發展，藉著干涉儀式的顯微聚焦架設，他將共焦顯微鏡的軸向解析度改進到 7 倍之多。

一般使用物鏡都是以單向聚焦，如圖 3.4(a) 所示，這樣聚焦模式的軸向解析度，遠不如使用全立體角式的雙向聚焦模式，如圖 3.4(b) 所示。在實驗架構上，如圖 3.4(c) 所示，將一道入射光源分成軸向兩邊同時聚焦在同一點上，使之可以得到近於 4π 的入射角度，激發後再一起回到偵測器。由圖 3.4(d) 中可以看出，與共焦顯微鏡的軸向解析度相比，確有過人之處。

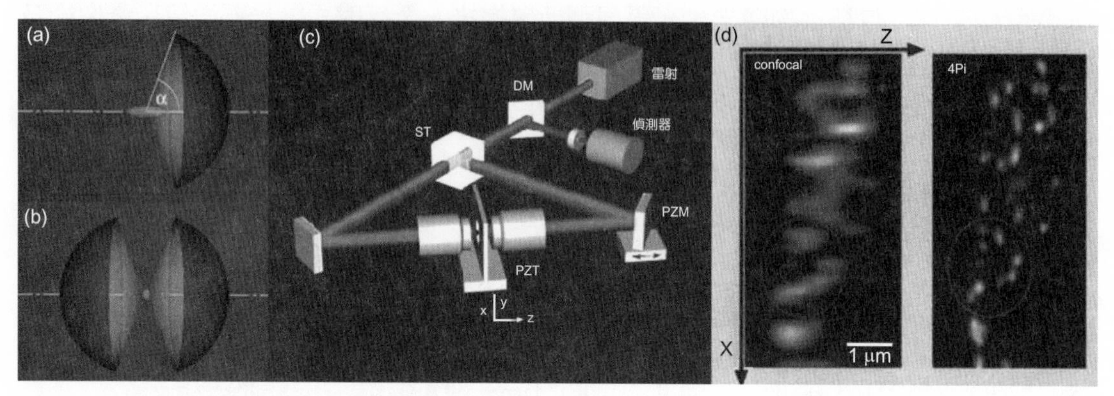

圖 3.4 4Pi 共焦顯微鏡原理、架構與軸向解析度比較[8]。

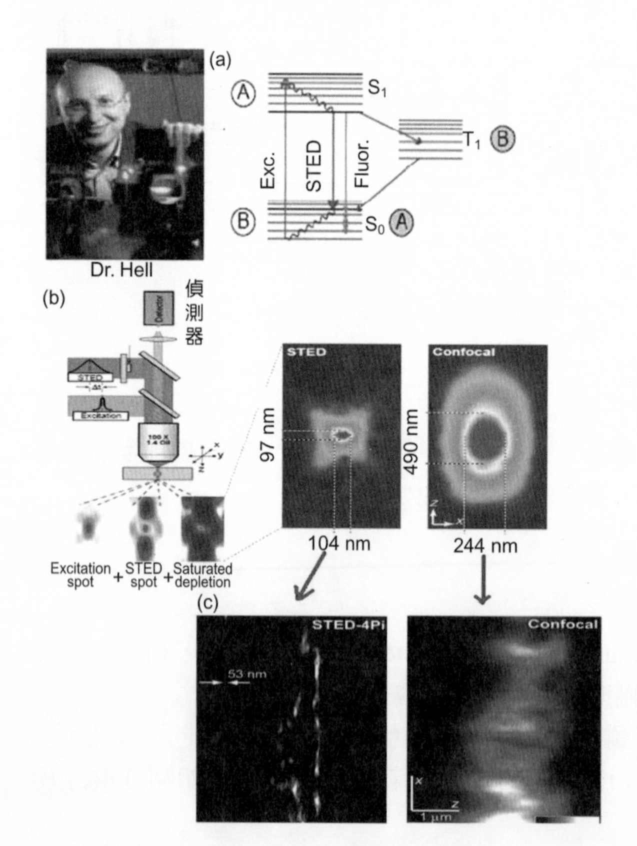

圖 3.5
STED 顯微術的 (a) 成像原理與 (b) 架設，使用兩道不同波長雷射 (excitation 和 STED) 同時入射，並由同一偵測器接收。(c) 共軛焦顯微術成像[6]。Dr. Stefan W. Hell 爲此方法之發明者。

另外 Stefan Hell 也發展了受激發射損耗顯微術 (stimulated emission depletion (STED) microscopy) 的技術，如圖 3.4 所示，可將橫向空間解析度提高至少 5 倍之多。此法之優點可充分應用於改進螢光顯微術的解析度。他亦成功地將 4Pi 全立體角共焦顯微術與激發放射耗乏顯微術結合，使光學顯微術達到前所未見的高解析度。自此，顯「微」術已可稱爲顯「奈」術，如圖 3.5 所示。

(2) 光敏定位顯微術

這是由 Eric Betzig 等人所發展的新顯微技術。光敏定位顯微術 (photoactivated localization microscopy, PALM) 是一種可以用來做單分子影像的技術，其所依賴的就是藉由統計方法精準地對螢光分子的發光位置定位，可達到將近 20 nm 的超高空間解析力。它的工作原理爲先收集一定區域內的光子束，如圖 3.6(a) 所示，一次僅對幾顆分子的光強進行統計分析，如圖 3.6(b) 所示，並據以推算螢光分子的發光位置，如圖 3.6(c) 所示的發光位置。經由一系列統計運算，最後總和爲一張影像圖片，圖 3.6(d) 所示。

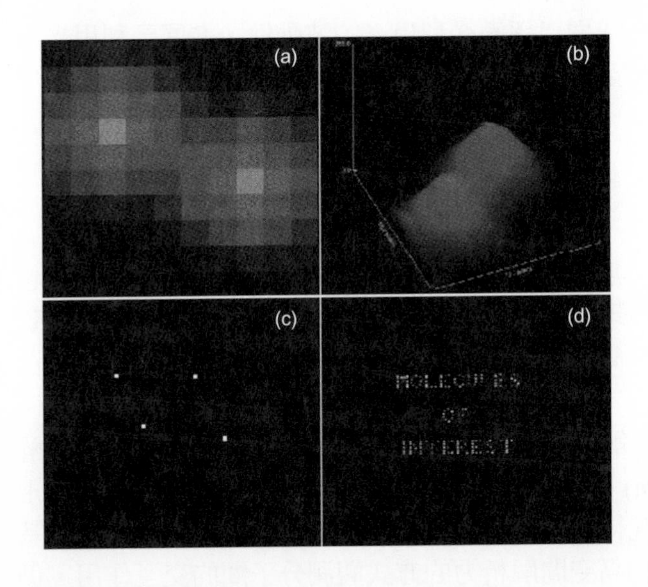

圖 3.6
光敏定位顯微術 (PALM) 的成像圖[9]。

(3) 隨機光學重建顯微術

隨機光學重建顯微術 (stochastic optical reconstruction microscopy, STORM) 的運作原理是藉由特定波長隨機「開啓 (switch-on)」螢光分子，再由另一波長激發且「關閉 (switch-off)」 此一螢光分子。因在探測範圍內僅讓一個螢光分子被激發，如此便可以類似 PALM 的方式，極精確地定位此一分子之位置，如圖 3.7 所示。

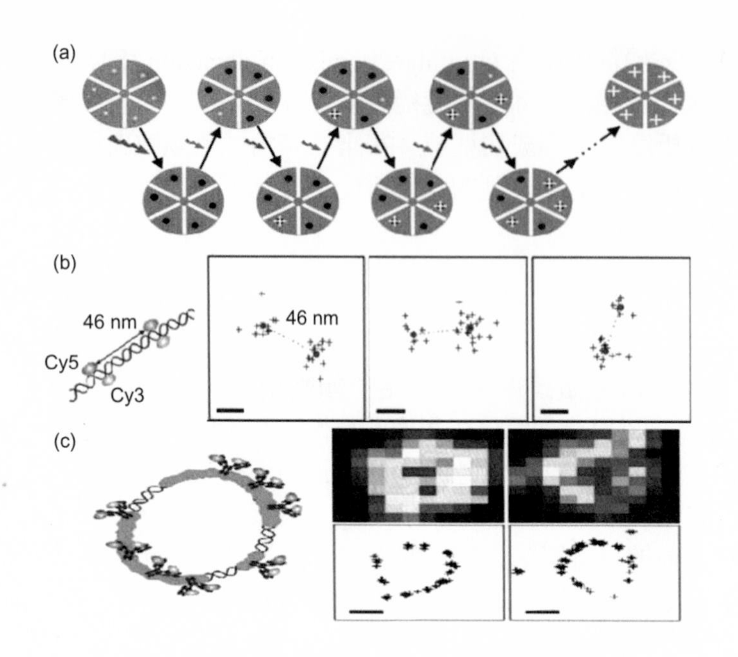

圖 3.7
隨機光學重建顯微術 (STORM) 成像原理與影像示意[11]。

上述的新發展，也顯示了光學顯微成像已逐漸從利用光的波動性，進展至利用光的粒子性與伴隨而至的統計特性。影響所及，已足使顯「微」鏡更名而為顯「奈」鏡。

3.1.5 從空間解析到時間解析

超高空間解析光學顯微術的進展，無疑已開啓了一新的里程碑，但達成空間上的超解析並非毫無代價或限制。在測不準原理的規範下，超解析的達成往往需大幅犧牲可資利用的光子數，如此一來，光子統計造成的誤差 (Poisson fluctuation)、螢光分子的光漂白效應與光源強度等便成為影響的因素。

另一方面，目前已達成之最佳空間解析度為 20 nm 左右。但此一解析度仍遠低於解析分子交互作用的關鍵距離 (1－10 nm)。一般咸認為分子間交互作用係透過分子偶極矩的近場電場為之，其作用強度約略為凡得瓦爾力，並與分子間距離的六次方成反比。基於以上認知可明顯看出，若欲直接以超高空間解析力的方式觀測分子間的交互作用，仍是目前技術所未及的。但若利用螢光生命期的量測方式，即利用在時間軸的量測並應用偶極－偶極交互作用 (dipole-dipole coupling) 的模型，間接推算分子間的距離與交互作用的強度，則可「觀測」(或推測) 分子動力學。這樣的想法即是藉時間解析成像量測螢光生命期進而推知分子間交互作用的基礎。

在時間解析成像中並不嘗試改善光學顯微術的點擴散函數 (亦即解析度)，它是藉偵測螢光分子發光生命期的變化，用以推測分子間作用的強度與距離。時間解析顯微成像 (time-resolved microscopy/spectroscopy) 已成為最近快速發展且極為重要之主題，其具體之技術則爲 FLIM/FRET (fluorescence lifetime imaging microscopy/fluorescence resonance energy transfer)。螢光衰減之時間常數反映了螢光分子之間或與周遭環境的交互作用，即螢光共振能量轉移 (FRET) 效應。如圖 3.8 所示，產生螢光共振能量轉移效應需滿足四項條件：

1. 施體 (donor) 的放光頻譜與受體 (acceptor) 吸收頻譜重疊大於 30%。
2. 二個交互作用螢光分子的距離須在 1－10 nm 之間。
3. 施體與受體的偶極矩在相互平行的方向上。
4. 施體的螢光放射具有高的量子效率。

它的特點是如此轉移的效率與分子間距離的六次方成反比，因此對分子間距離的細微變化極爲敏銳。

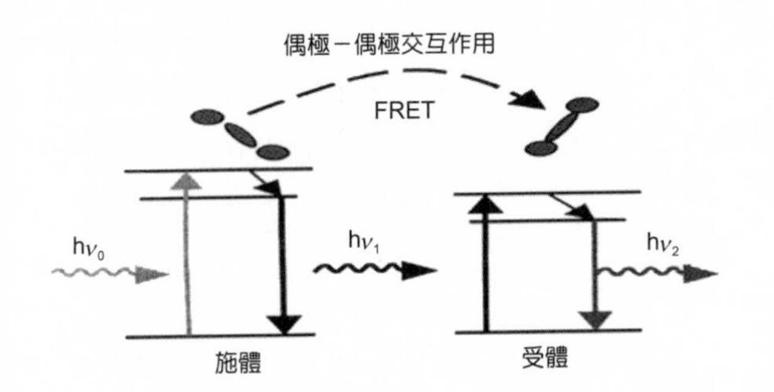

圖 3.8
螢光共振能量轉移示意圖。

3.1.6 結語

國內在光學顯微技術的進展上，在過去十餘年，已累積了相當不錯的成果。較爲人知的有汪治平博士與李超煌博士首先發展了差動共焦顯微術[13]，范文祥博士與蔡定平博士分別發展與應用光纖掃針式的近場顯微術[14,15]，筆者則首度在國內開發了雙光子、二倍頻、射頻光致電流顯微術與 FLIM/FRET 顯微術[16]，孫啓光博士發展了二倍頻與三倍頻的成像方式[17]，王俊凱博士發展了一高光譜解析度的拉曼光譜技術[18]，廖奕翰博士首先完成國內第一套相干反史托克拉曼散射 (CARS) 顯微術，董成淵博士利用雙光子激發與二倍頻對比，觀測了不少生醫樣品[19]。陳顯禎博士則在表面電漿共振效應的顯微術應用上有相當的進展[20]。在新模態顯微術於細胞生物學的應用上，則有林奇宏博士[21]與楊德明博士[22]不遺餘力的努力。

整體而言，國內對光學顯微技術已不僅純然地被動接受商業化的系統。能進行特定成像模式的開發，且針對切合主題的應用已相當普遍。本章即收錄了部分上述學者多年來的努力成果。我們期望這些精練的知識與經驗，能發揮火炬傳遞與承先啓後的效果，讓台灣的科技發展繼續邁向下一個里程碑。

3.2 差動共焦顯微術

3.2.1 基本原理

差動共焦顯微術 (differential confocal microscopy, DCM) 能夠利用一般的顯微物鏡，在離開樣本表面數百微米的高度偵測，而得到樣本表面僅數奈米的高低差異。與光學干涉術不同，DCM 不需利用光的時間同調性，因此對光源特性的要求及系統的複雜度都簡易許多，其量測速度也較快。DCM 的工作原理是基於共焦顯微術所具有的光學切片能力，圖 3.9 爲共焦顯微術的示意圖，訊號光來自光束經高數值孔徑的物鏡聚焦後，在焦點處的被測物所發出的螢光、反射光或散射光，來自聚焦區之外的光線則被光偵測器前的空間濾波器 (由圖中的集光透鏡與針孔組成) 擋住。因此光偵測器只會量到高度在焦平面附近的影像，在聚焦區外的背景光不會被偵測到，此特性即稱爲光學切片能力。圖 3.9 方框中的曲線顯示共焦顯微術的縱向反應曲線。由繞射理論可以推導出該縱向反應曲線爲一 sinc^2 函數[23]，此曲線的極大值所對應的縱向位置即爲探測用物鏡的焦平面。雖然在焦平面處可得到最大的訊號強度，但在該處訊號強度對被測物位移的斜率卻爲零，表示在該位置共焦訊號對被測物的位移不敏感。

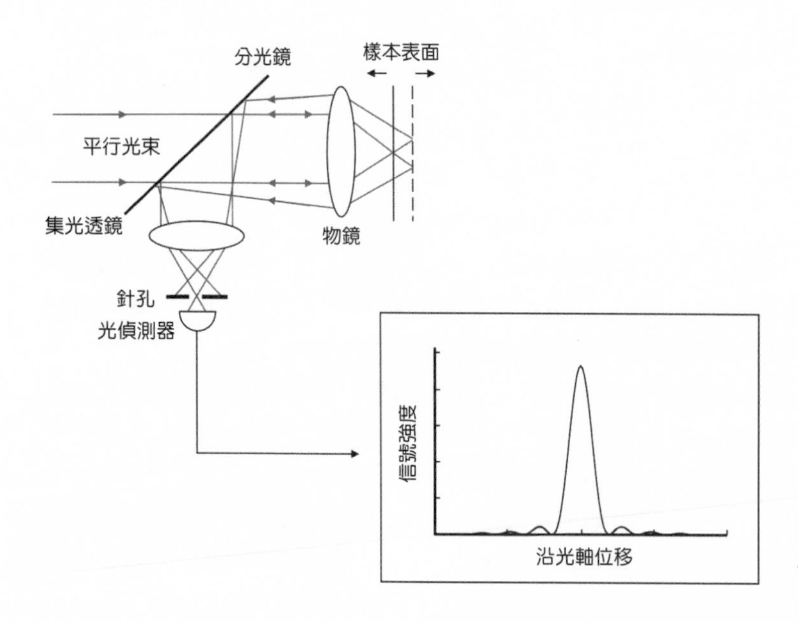

圖 3.9
共焦顯微術原理示意圖。

在 DCM 中，不再將被測樣本置於縱向反應曲線的極大值處，而改將被測樣本置於縱向反應曲線的斜線部分。在這個區域，光訊號大小的改變對於高度的微小差異極爲敏感，因而能大幅提高縱向解析度[24]。舉例來說，如果線性區的斜率爲 1.0 μm^{-1} (對共焦

第 3.2 節作者爲李超煌先生。

顯微術而言這是很典型的數字)，高度只要有 10 nm 的變化，就會導致訊號大小 1% 的改變，而這是很容易與雜訊分辨的，因此差動共焦顯微術能輕易地達到奈米級的縱向解析度。在此量測方式中，縱向解析度的極限是由訊號的不準度，也就是雜訊的大小所限制。以線性區斜率 1.0 μm^{-1} 的情形而言，如果量測時雜訊為 0.1%，則縱向解析度大約就是 1 nm。

由於在線性斜率區中，樣本表面的高度變化直接對應不同大小的訊號，因此不需使用閉迴路控制系統做表面高度的定位；只要在掃描前先對樣本做縱向掃描，得到縱向反應曲線線性區的斜率，再將二維掃描得到的訊號大小除以此斜率值，就能直接獲得三度空間高度變化的立體影像。上述 DCM 的原理已分別獲得我國和美國的發明專利[25]。值得注意的是，這個利用強度改變的線性區做高靈敏度量測的概念也可以應用到橫向解析度的提升上，使遠場光學顯微技術的橫向解析度能夠突破繞射極限的限制[26]。

由 DCM 的原理可以知道，將樣本表面放置在任何具有空間有限分布之縱向反應曲線線性區，即可獲得相當高的縱向解析度。所以在目前的操作上，也應用廣視野光學切片顯微術 (widefield optical sectioning microscopy)[27] 所提供的縱向反應曲線線性區，達成具有奈米縱向解析度的廣視野顯微術，我們將此技術命名為「非干涉式廣視野光學測繪術 (non-interferometric widefield optical profilometry, NIWOP)」。接下來將詳細介紹 DCM 與 NIWOP 的技術特徵與應用實例。

3.2.2 技術規格與特徵

(1) 基本差動共焦顯微鏡系統[24]

圖 3.10 為基本的 DCM 系統示意圖，用一功率穩定 (擾動低於 ±0.1%) 的氦氖雷射當作光源，光源所發出的光束先經由擴束鏡擴大後，再以高數值孔徑的顯微物鏡聚焦至被測物表面。被測樣本置於一由壓電晶體所驅動的兩軸移動平台上，先將被測物與物鏡的距離調整到接近物鏡的焦距，再以另一個壓電晶體驅動的移動器將物鏡沿光軸方向微調，使被測物表面位於共焦顯微術縱向反應曲線的線性斜率區。接下來以兩軸移動平台進行被測物表面的二維掃描。光偵測器測得的訊號經由類比／數位轉換器輸入電腦中，電腦將訊號大小對 X-Y 座標作圖而得到三度空間高度變化的立體影像。以圖 3.10 的系統為例，使用數值孔徑 0.85 的顯微物鏡，DCM 系統能提供高達 2 nm 的縱向解析度，同時具有將近 800 nm 的動態範圍；若改用數值孔徑 0.40 的顯微物鏡，動態範圍可長達 3 μm 以上，而縱向解析度為 12 nm[24]。

圖 3.11 的樣本是蝕刻在 InGaAs 上的 H 形凹槽，用接觸式表面測繪器 (Veeco Instruments, Dektak 3030) 測量到其深度僅 70 nm，這樣微小的高度差在光學顯微鏡中是完全無法分辨的。然而利用差動共焦顯微鏡則可以很清楚地觀察到凹槽的形狀，而且其

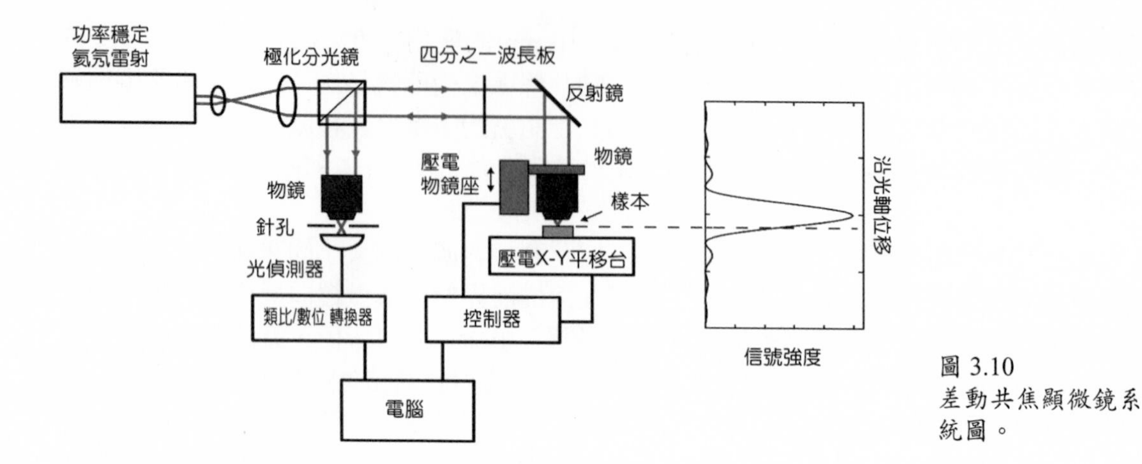

圖 3.10
差動共焦顯微鏡系統圖。

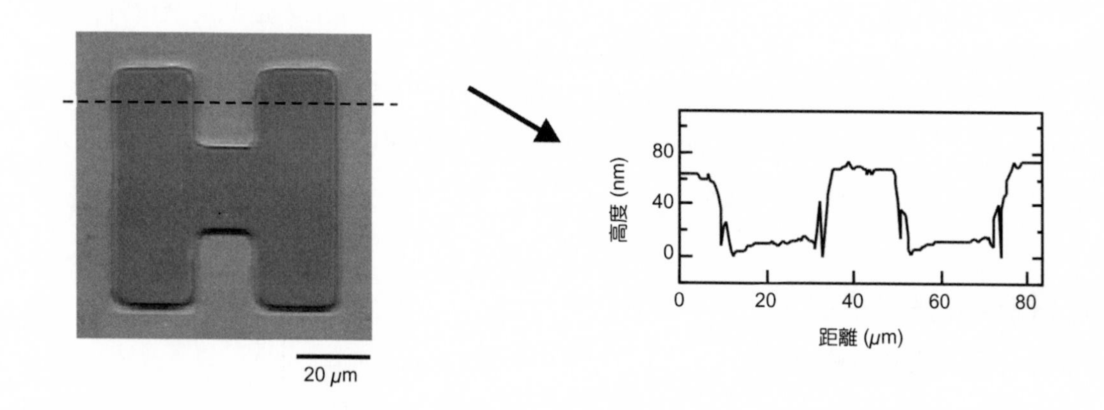

圖 3.11 以差動共焦顯微鏡掃描獲得的 H 形凹槽影像。此 H 形凹槽是蝕刻在 InGaAs 表面，深度僅 70 nm[24]。

深度測量的結果也與接觸式表面測繪器得到的結果相同，對這個樣本的測量展現了差動共焦顯微鏡的高縱向解析能力。

(2) 雙掃描差動共焦顯微術[28]

差動共焦顯微術直接以訊號的強度來對應樣本表面的高度變化，因此樣本表面的局部特性，例如表面的反射率變化以及局部的傾斜角，都會影響訊號的大小，導致不正確的高度測量。為了消除這些偽訊號，我們發展了一個簡單的雙掃描方法，以得到表面正確的高度變化[28]。其工作原理簡述如下：

在顯微技術中，所測量之強度訊號 $I(x, y)$ 和樣本的表面拓樸 $z(x, y)$ 之間存在一項固定的關係，以最簡單的數學形式可以表示爲：

$$I(x,y,z) = A(x,y)F[gz(x,y)] \tag{3.1}$$

其中，$A(x, y)$ 可涵括樣本表面特性 (例如反射率與局部傾斜) 的影響，F 爲測量系統對樣本表面高度變化的反應，而 g 爲測量時訊號與高度之間的比例常數。對於差動共焦顯微術而言，公式 (3.1) 可表示爲：

$$I(x,y,z) = A(x,y)\mathrm{sinc}^2[gz(x,y)] \tag{3.2}$$

其中，z 爲焦平面與樣本表面之間的距離，$g = 4\pi\sin^2(\alpha/2)/\lambda$，$\sin(\alpha)$ 爲物鏡的數值孔徑，λ 爲測量光的波長。

在高解析度量測中，測量的高度變化通常遠小於其量測系統的動態範圍。因此可以將公式 (3.1) 對一任意選取的參考平面 z_0 展開：

$$I(x,y,z) \approx A(x,y)\{F(gz) + gF'(gz)[z(x,y) - z_0]\} \tag{3.3}$$

其中 F' 代表函數 F 對 z 軸的導函數。當對樣本做兩次掃描，並在第一次及第二次掃描間加入固定的高度位移量 Δz，則表面拓樸 $z(x, y)$ 與兩次掃描所得之光訊號強度 $I_1(x, y)$ 及 $I_2(x, y)$ 之間的關係爲：

$$z(x,y) - z_0 = \frac{I_1(x,y) - A(x,y)F(gz_0)}{gA(x,y)F'(gz_0)} = a(x,y)I_1(x,y) + b \tag{3.4}$$

以及

$$z(x,y) + \Delta z - z_0 = a(x,y)I_2(x,y) + b \tag{3.5}$$

其中，$a(x,y) = [gA(x,y)F'(gz_0)]^{-1}$ 仍然與樣本表面特性 $A(x,y)$ 有關，但 $b = -F(gz_0)/[gF'(gz_0)]$ 則是與樣本表面特性無關的常數，可以在系統校正過程中決定。解聯立方程組 (3.4) 與 (3.5)，可以同時得到 $z(x,y)$ 與 $A(x,y)$。

利用以上的影像處理法，雙掃描差動共焦顯微術能在短時間內，同時得到表面拓樸及光學特性的資料。圖 3.12 中的樣本是在熔融石英玻璃 (fused silica) 表面鍍上厚度約 200 nm 的鋁質條紋[28]，鋁及熔融石英玻璃的表面反射率分別約爲 80% 及 4%，左上角之插圖爲一般的光學顯微鏡下的影像。由於反射率差異很大，只能看到鋁質的部分，而圖中的十字符號及實線則分別爲雙掃描差動共焦顯微系統及原子力顯微鏡所得到的剖面圖。在這一類由不同材料構成的樣本中，雙掃描差動共焦顯微術仍能得到具有奈米縱向精確度的量測結果。

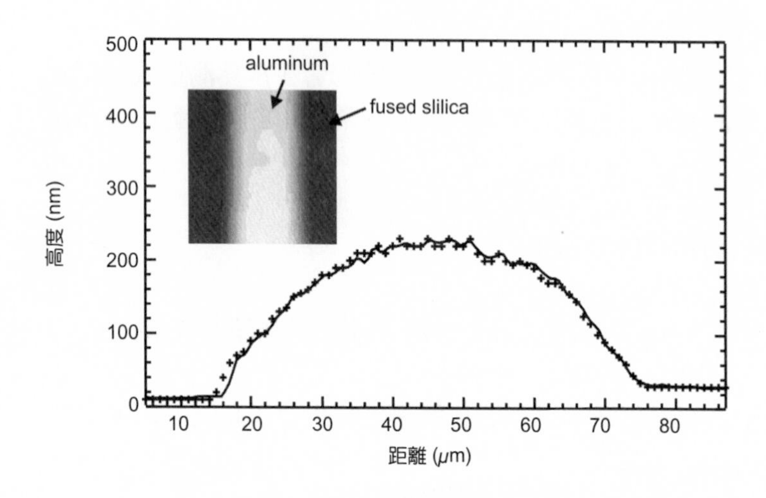

圖 3.12
在熔融石英玻璃上所鍍的鋁質細條狀紋路剖面圖。左上角之插圖爲一般光學顯微鏡下的影像。實線：原子力顯微鏡所量得的斷面輪廓；十字符號：雙掃描差動共焦顯微鏡量到的數據[28]。

(3) 非干涉式廣視野光學測繪術[29]

在基本的 DCM 系統中，必須進行橫向二維掃描才能得到三維影像，取像時間長，較不利於進行大面積的動態觀測。由 DCM 原理的說明可知，凡是能夠產生光學切片影像的技術，都可利用同樣的原理達到奈米級的縱向解析度。接下來就介紹以廣視野光學切片顯微術結合 DCM 原理的非干涉式廣視野光學測繪術。

廣視野光學切片顯微術是由英國牛津大學 Tony Wilson 教授等人在 1997 年所提出的[27]。其原理是將單一空間頻率之柵狀圖樣投影到樣本上，由於此柵狀圖樣只在樣本置於成像系統焦平面時才能清楚成像，而當樣本遠離焦平面時即變得模糊。因此如果利用訊號處理的方式挑選出含有清晰的柵狀圖樣的影像，則被選出的部分將如同共焦顯微術一般，具有光學切片的能力，其原理詳細說明如下。

考慮將一維柵狀圖樣 $S(t_0,w_0) = 1 + m\cos(\nu t_0 + \phi_0)$ 投影在焦平面上，其中 m 爲調變深度 (modulation depth)，而 ϕ_0 爲任意之空間相位，$\nu = g\lambda/\mathrm{NA}$ 爲柵狀圖樣之歸一化空間頻率，g 爲柵狀圖樣投影在樣本表面之真實空間頻率，λ 爲光源之波長，NA 爲物鏡的數值孔徑。當所使用的光源不具空間同調性時，若透過一平面鏡反射並將柵狀圖樣成像在成像面 (t,w) 上，則可將此影像強度表示爲：

$$I(t,w) = I_0 + I_c\cos\phi_0 + I_s\sin\phi_0 \tag{3.6}$$

其中 I_0 爲當 $S = 1$ 時在成像面上的影像強度，即爲一般顯微鏡所得到的明視野 (bright

field) 影像。光學座標 (t,w) 與眞實空間座標 (x,y) 之間的轉換公式可以表示爲：

$$t=\left(\frac{2\pi}{\lambda}\right)xn\sin\alpha$$
$$w=\left(\frac{2\pi}{\lambda}\right)yn\sin\alpha \tag{3.7}$$

其中 n 爲環境折射係數，而 $n\sin\alpha=\mathrm{NA}$。將柵狀圖樣沿垂直光軸方向移動到 $\phi_0=0$、$2\pi/3$ 及 $4\pi/3$，並分別記錄其光學影像強度 I_1、I_2 及 I_3，如圖 3.13(a) 所示。將此三張影像代入零差探測原理 (homodyne detection principle) 運算[30]：

$$I_p=\left[(I_1-I_2)^2+(I_1-I_3)^2+(I_2-I_3)^2\right]^{1/2} \tag{3.8}$$

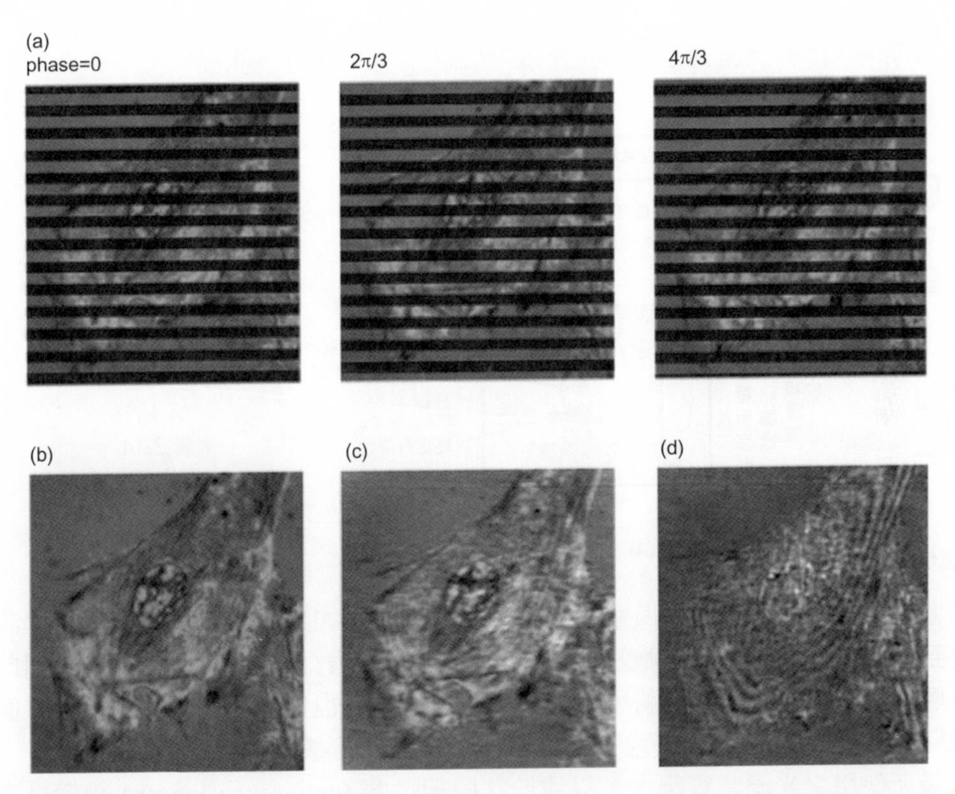

圖 3.13 (a) 在廣視野切片顯微術的縱向反應曲線線性區中三張不同空間相位的柵狀圖樣影像。(b) 明視野影像。(c) 爲 (a) 中的三張影像經過零差探測原理處理後之光學切片影像。(d) 經透明樣本表面形貌校正模型處理後的樣本地貌圖。在 (d) 中，灰階由暗到亮代表 0–350 nm 的高度變化。

即可將柵狀圖樣去除並獲得隱藏在柵狀圖樣下的光學切片影像 I_p，如圖 3.13(c) 所示。此外，如果將 I_1、I_2 以及 I_3 相加起來，即為明視野影像 I_0，圖 3.13(b) 所示。

利用廣視野光學切片顯微術的縱向反應曲線線性區，同樣可獲得具有奈米縱向解析度的廣視野差動共焦顯微術，我們將此技術命名為「非干涉式廣視野光學測繪術 (NIWOP)」。圖 3.14 即是一個 NIWOP 系統之架設，可建構在一般的正立式光學顯微鏡上[29,31]。為了達到較高的訊雜比，我們使用一 14 位元 CCD 攝影機擷取廣視野影像。此 CCD 攝影機之感光晶片操作在 –60°C 以降低暗電流與熱雜訊。待測樣本則放置於一閉迴路壓電晶體升降台上，其最小精確移動量為 10 nm，且線性度可達 0.1%。照射光路上並裝有可電腦控制更換濾鏡組的旋轉輪，如此之設計使得 NIWOP 不但可量測樣本表面形貌，亦可快速切換量測螢光標定物的訊號 (切換時間約 1 秒鐘)。所有操作步驟皆以一部個人電腦透過自行編寫之自動控制程式，並配合 CCD 攝影機之控制軟體進行操控與影像擷取。為了進行活細胞的實驗，整套 NIWOP 系統除了光源部分外皆裝進具有恆溫控制功能的細胞培養箱中，以避免在實驗過程中環境的溫度變化對細胞的活性造成影響，或改變物鏡的焦平面和細胞表面間的距離。

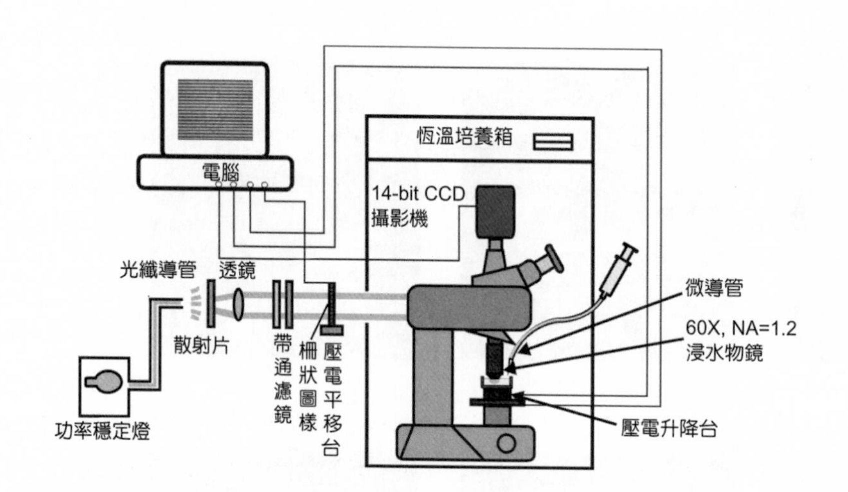

圖 3.14
NIWOP 系統架設圖。

(4) 在透明樣本上的測量與校正[31]

早期的 DCM 技術僅用來做單一表面的地形量測。如果要將此高精密度光學測量技術應用到生物樣本，例如活細胞的量測上，由於細胞質對可見光的吸收不大，因此在反射式成像的條件下，反射訊號將不只來自細胞膜表面，也包含了細胞質與基板界面之間的多重反射訊號。因此需另外發展在透明樣本上的表面形貌校正方法。

假設所使用之光源頻寬夠大，以致於其同調長度 (coherence length) 小於樣本之厚度，在不考慮干涉的情況下，則明視野反射影像所之訊號可以表示為 (參見圖 3.15)：

$$I_A = I_0 R_{Aes} \tag{3.9}$$

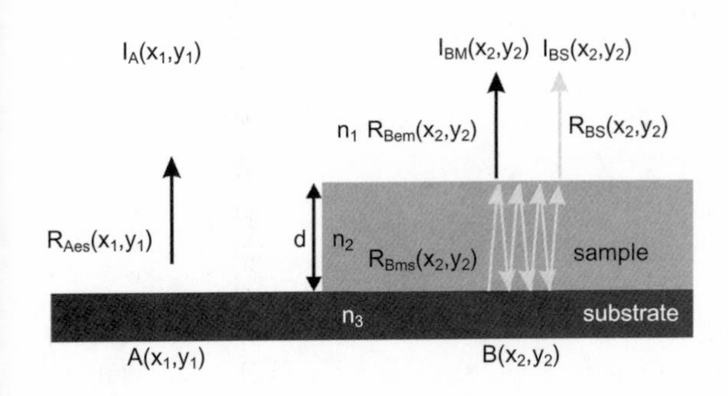

圖 3.15
透明樣本表面形貌校正模型示意圖。

$$I_B = I_{Bm} + I_{Bs} = I_0(R_{Bem} + R_{Bs}) = I_0\left[R_{Bem} + \frac{R_{Bms}(1-R_{Bem})^2}{1-R_{Bem}R_{Bms}}\right] \tag{3.10}$$

其中 I_A 與 I_B 分別爲圖 3.15 中 A、B 兩個位置所量測到的訊號。R_{Aes} 爲在 A 基板表面之反射率，R_{Bem} 爲在 B 點的透明樣本表面之反射率，R_{Bms} 爲在 B 點透明樣本與基板界面之反射率。根據 Fresnel 反射公式：

$$\begin{aligned} R_{Aes} &= \left(\frac{n_3 - n_1}{n_3 + n_1}\right)^2 \\ R_{Bem} &= \left(\frac{n_2 - n_1}{n_2 + n_1}\right)^2 \\ R_{Bms} &= \left(\frac{n_3 - n_2}{n_3 + n_2}\right)^2 \end{aligned} \tag{3.11}$$

其中 n_1 與 n_3 在環境與基板材質都確定時爲已知參數。將 B 點與 A 點上所量測到之訊號相除可以得到：

$$\frac{I_B}{I_A} = \frac{R_{Bem}(n_2) + \dfrac{R_{Bms}(n_2)\left[1 - R_{Bem}(n_2)\right]^2}{1 - R_{Bem}(n_2)R_{Bms}(n_2)}}{R_{Aes}} \tag{3.12}$$

公式 (3.12) 中只有一個未知數 n_2，因此可直接解出樣本在寬頻光源照射下的等效折射係數分布 $n_2(x,y)$。

若將樣本置於線性區，則在 A 點上的訊號可以表示爲：

$$I_{NA} = I_0 R_{Aes} \sigma Z_s \tag{3.13}$$

而在 B 點所量測到的訊號可以表示爲：

$$I_{NB} = I_0 R_{Bem} \sigma Z_m + I_0 R_{Bs} \sigma Z'_s \tag{3.14}$$

其中等號右邊第一項爲透明樣本表面反射訊號，而第二項則爲入射光經過透明樣本表面與基板界面之多重反射訊號的疊加結果。σ 爲歸一化之線性區斜率，可由量測縱向反應曲線時獲得。R_{Bs} 爲光源在樣本表面與樣本／基板界面之間的多重反射之總和反射率：

$$R_{Bs} = \frac{R_{Bms}(1 - R_{Bem})^2}{1 - R_{Bem} R_{Bms}} \tag{3.15}$$

Z_m 爲樣本表面在線性區的位置，可表示爲：

$$Z_m(d) = Z_s + d \tag{3.16}$$

其中，d 爲樣本之厚度，Z_s 爲基板所在線性區的位置。另外在公式 (3.14) 中，Z' 爲考慮透明樣本的折射係數修正後基板所在線性區的高度，可表示爲：

$$Z'_s(d) = Z_s + d\left(1 - \frac{n_1}{n_2}\right) \tag{3.17}$$

最後將公式 (3.15) 至公式 (3.17) 代入公式 (3.14)，在 n_1 和 n_3 已知的前提下即可求出樣本在任一個位置的厚度 d，如此即可由反射影像的強度計算出透明樣本的表面形貌[31]。

上述的透明樣本校正模型是在使用寬頻光源的情況下導出。如果使用窄頻光，則 NIWOP 測量與影像校正更可以求出透明薄膜樣本的任一位置在該光波波長的折射係數與其厚度。然而，使用窄頻光的模型需考慮干涉效應，其算式更爲繁複；本文中不再敘述。有興趣的讀者可參閱參考文獻 32。在該工作中，驗證了此技術在薄膜厚度量測的準確度可達 ±1.1 nm，折射係數的誤差值則約爲 0.1%。

3.2.3 應用與實例

以解析度而言，DCM 和 NIWOP 並不能提供類似原子力顯微術的奈米等級三度空間解析度。然而，由於這一系列的技術是使用光波在遠場進行量測，對樣本表面的施力遠小於探針式的顯微技術，因此更適合在柔軟的樣本表面進行高解析度的量測。在本節中要介紹以 DCM 和 NIWOP 技術來研究生物細胞膜的力學特性，例如彈性或彎曲剛性等。以下就分別敘述以 DCM 量測細胞膜黏彈性 (viscoelasticity)、人造微脂球薄膜彎曲剛性，以及利用 NIWOP 觀測細胞膜運動和胞內肌動蛋白微絲 (actin filament) 動態變化等工作。

(1) DCM 在生物薄膜量測上的應用[33,34]

在有核細胞中，細胞膜的黏彈性主要是由胞內骨架 (cytoskeleton) 的結構所決定，而胞內骨架的結構又與細胞內部生化反應有密切的關聯[35]。由於細胞膜的柔軟特性，以及細胞本身僅數十微米的大小，量測細胞膜的黏彈性並非一件簡單的工作。困難之一在於如何控制形變在線性範圍內，俾能以簡單的線性力學模型加以分析，同時又維持夠高的訊雜比。傳統的細胞探針技術 (cell poking) 造成的形變量太大，不易達到這個要求[36]。而 DCM 的高縱向解析度、非接觸性測量，以及快速反應的特性，使它非常適合用來作活細胞的觀測。加上 DCM 與螢光顯微技術完全能互相配合，除了量測形態變化以外，同時也可以測量被螢光染料標示的胞內物質的濃度變化。

我們以活的纖維母細胞爲樣本，使用光壓來造成細胞微小的形變，同時用差動共焦顯微術測量胞膜的形變量。圖 3.16 爲整個量測系統的架構圖，我們用一部氬離子雷射爲光源，以其波長 458 nm 的光束作爲差動共焦顯微術的探測光，波長 514 nm 的光束作施力光。根據反射率的測量，在活的纖維母細胞表面，0.3－1.0 mW 的 514 nm 雷射光約可產生 50－180 fN (femtonewtons) 的力。以週期性施力所造成細胞形變的頻率響應，可計算出細胞的彈性常數與阻尼係數分別爲 $(2.1 \pm 0.47)\times10^{-7}$ N/m 與 $(4.4 \pm 0.23)\times10^{-8}$ N·s/m[33]。也發現在 200 fN 以下，彈性常數都不會隨施力的大小改變，確認細胞形變是在線性範圍之內。

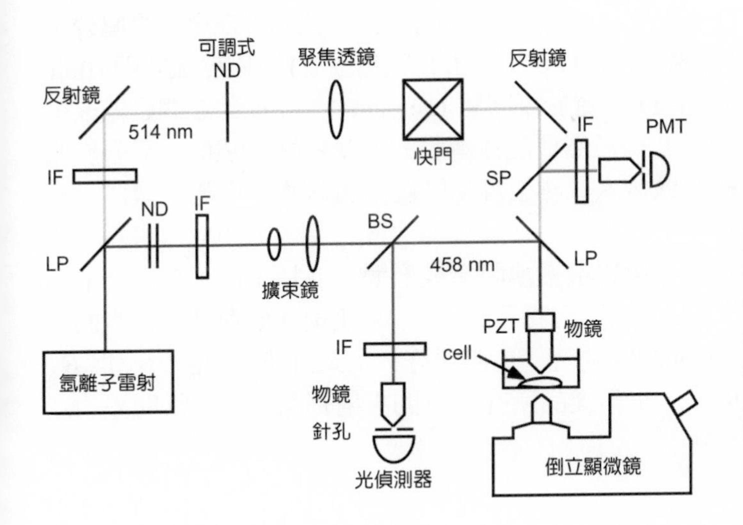

圖 3.16
量測細胞黏彈性的實驗架構圖。BS 代表分光鏡、IF 代表干涉式濾光鏡、LP 代表通過長波長光的分光鏡、ND 代表衰減濾鏡、PMT 代表光電倍增管、PZT 代表壓電晶體驅動的移動器、SP 代表通過短波長光的分光鏡。

如上文中提到的，DCM 也能配合螢光顯微術作胞內生化物質的觀測。用染料 Calcium Orange™ 標定纖維母細胞中的鈣離子，同時以 DCM 量測細胞受外力變形時，胞內鈣離子濃度的變化。鈣離子是胞內骨架之結合蛋白質 (binding protein) 的重要調節體，其濃度的變化與肌動蛋白微絲的結構也有密切的關聯。圖 3.17 為測量的結果：實線是正常的細胞鈣離子濃度隨細胞形變量的變化，而虛線是經過 cytochalasin D 解散肌動蛋白微絲結構的細胞鈣離子濃度。很明顯的，細胞受壓時，肌動蛋白微絲結構的變形會引發胞內鈣離子濃度的上升，而當肌動蛋白微絲結構被解散之後，此壓力傳遞的路徑受阻，因而胞內鈣離子濃度沒有很大的改變。這個實驗結果指出細胞除了以生化方式傳遞外界的力學刺激訊息外，胞內骨架的形變也是訊息傳遞的重要路徑。

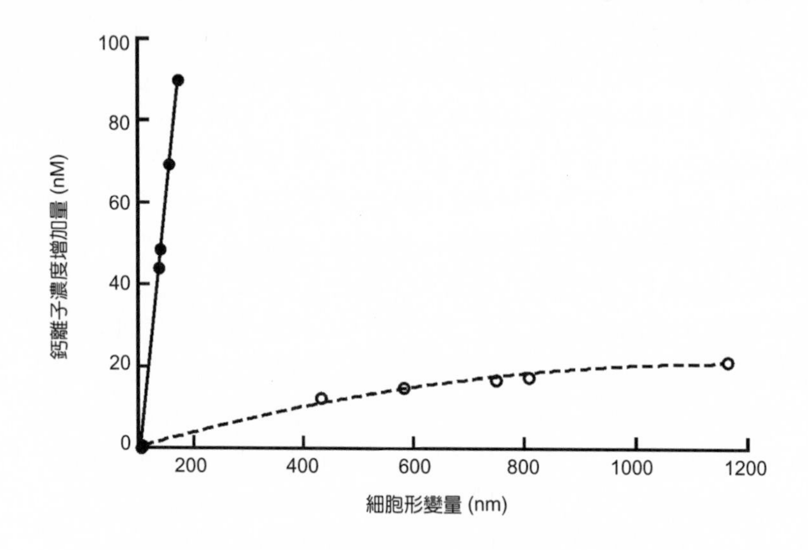

圖 3.17
纖維母細胞受外力變形時，胞內鈣離子濃度的變化。實心點與實線代表正常細胞的反應，而空心點與虛線是經過 cytochalasin D 解散部分肌動蛋白微絲結構後，細胞的反應[33]。

除了在活細胞上的量測以外，也可利用類似的概念，以雷射光束反射時對樣品表面施加的微弱光壓造成脂質泡囊 (lipid vesicle) 薄膜次微米的形變，再用 DCM 在水溶液中測量此微小形變以推算其力學特性。在此以 DPPC 脂質泡囊作為樣品，DPPC 雙層分子薄膜隨溫度變化有明顯的相變化：在高溫 (> 41.6 °C，主相變化溫度) 時處於流體態 (fluid state)，低溫 (< 34.7 °C，前相變化溫度) 時處於凝膠態 (gel state)，而在此之間是波紋態 (ripple state)[37]。這些不同的分子排列狀態必然會改變薄膜的力學特性。然而，受限於脂質泡囊缺乏內部的彈性支撐，一般的機械式量測很容易破壞泡囊薄膜，而無法量測到相變化前後的力學特性。

利用光子在薄膜表面反射造成的光壓對泡囊薄膜造成形變，並以 DCM 量測此形變量的大小。圖 3.18 是一顆直徑 15 μm 的脂質泡囊受到 40 mW 雷射光照射時所產生的形變，以 DCM 量到的形變量約為 600 nm[34]。由光子的動量守恆可以計算光力的大小為 $F_{opt} = 2Rnp/c$，其中，R 為樣品的反射率，n 為樣品所在介質的折射係數，p 為雷射光的功率，c 爲光在眞空中的速度。我們量測到 DPPC 薄膜在水溶液中的反射率爲 0.015%，因此 40 mW 雷射光所施的力約爲 53 fN。

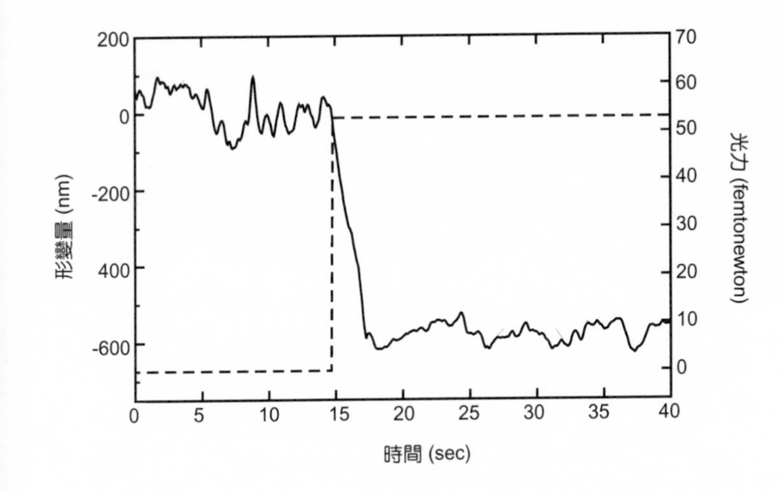

圖 3.18
以 DCM 量測一顆直徑 15 μm 的脂質泡囊受到 40 mW 雷射光照射時所產生的形變[34]。

基於圖 3.18 的測量可以計算出脂質泡囊薄膜的力學特性之一：彎曲剛性 (bending rigidity)，其步驟如下。首先，一個連續曲面 Ω 的自由能 (free energy) E 可以下式表示：

$$E = \frac{\kappa}{2}\int_{\Omega}(c_1 + c_2)^2\, dA + \bar{\kappa}\int_{\Omega} c_1 c_2 dA \tag{3.18}$$

其中，κ 是彎曲剛性，c_1 與 c_2 是曲面的主曲率，而 $\bar{\kappa}$ 是高斯剛性[38]。對一個封閉曲面而言，$\int_{\Omega} c_1 c_2 dA = 4\pi$，因此自由能的變化量只與彎曲剛性 κ 及兩個主曲率有關。在施加光力之前，脂質泡囊表面近似一球面，故自由能爲 $E = 8\pi\kappa + \bar{\kappa}\int_{\Omega} c_1 c_2 dA$。而當脂質泡囊受到一微小力量由正上方施壓時，其表面成爲一個扁球面 (oblate spheroid)。扁球面的兩個主曲率 c_{ob1}、c_{ob2} 在一般微分幾何的課本中都可以找得到。因此，在形變之後自由能的變化可以下式表示：

$$\Delta E = \frac{\kappa}{2}\int_{\Omega}(c_{ob1} + c_{ob2})^2\, dA - 8\pi\kappa \tag{3.19}$$

在形變過程中唯一的外力就是光力 F_{opt}，因此光力沿形變方向作的功 $W = F_{opt} \times d$ (其中 d 是形變量) 必然等於 ΔE，於是由公式 (3.19) 就能決定彎曲剛性 κ 之值。詳細計算過程可參見參考文獻 34。以上的方法與薄膜本身的分子排列形式無關，因此能決定各種狀態下薄膜的彎曲剛性。

圖 3.19 是量測在不同溫度下 DPPC 脂質泡囊薄膜的彎曲剛性，圖中也標示出參考文獻 39 的數據作爲比較。在流體態的結果與參考文獻 39 中以脂質泡囊形狀的頻譜分析所得到結果相近，而在波紋態與凝膠態則是首次量到彎曲剛性隨溫度的變化：從流體態到凝膠態，彎曲剛性增加了一個數量級。這個結果驗證了雙層油脂分子薄膜在流體態與凝膠態時，其分子層間的關連 (coupling) 都屬於可忽略的程度[40]。因此過去在流體態建立的力學模型在凝膠態大多也能適用。另一個有趣的現象是，在主相變化 (main transition) 溫度 T_m 與前相變化 (pre-transition) 溫度 T_p 都發現彎曲剛性有明顯降低。這個觀測符合前相變化的分子鏈熔解模型 (chain-melting model)[41]。對了解雙層油脂分子薄膜前相變化的機制來說這是一項重要的量測結果。

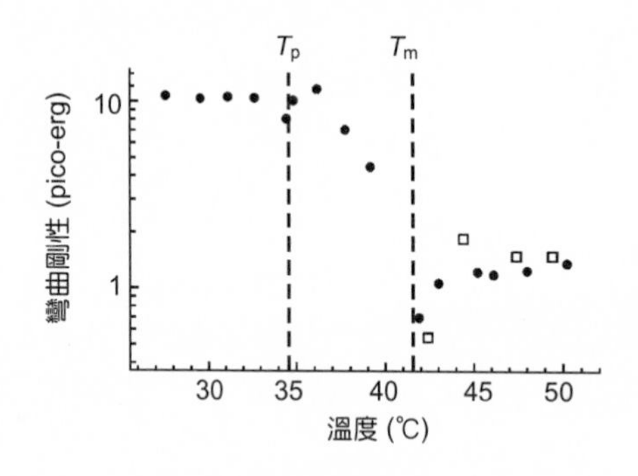

圖 3.19
在不同溫度下 DPPC 脂質泡囊薄膜的彎曲剛性。T_m 是主相變化溫度，T_p 是前相變化溫度[34]。方格爲參考文獻 39 中的數據。

(2) NIWOP 在細胞膜動態上的觀測[31, 42]

在以下的細胞表面動態觀測中，選用纖維母細胞 (fibroblast) 作爲實驗樣本。由於此類細胞具有相當高的活動力，其爬行速度每小時可達數十微米，並且也是細胞研究中常用以建立力學模型的樣本細胞，因此非常適合用來作爲細胞膜動態的研究。

我們將含有纖維母細胞的培養皿置於 NIWOP 系統之垂直升降樣本載台，並將培養皿底表面移動至縱向反應曲線線性區中，以 10 frame/min 之取像速度紀錄細胞膜隨時間的動態變化。在觀測時培養皿中的培養液需先更換爲透明的 DMEM 培養液，以提高光學訊號的訊雜比。爲了避免細胞內複雜的胞器 (organelle) 或是細胞核等物質的多重反射造成表面形貌校正上的誤差，只選擇觀察細胞質組成成分較均勻之細胞邊緣，或是細胞片狀僞足 (lamellipodium) 的區域，事實上這些區域也是細胞膜動態最豐富的部分。圖 3.20(b) 爲細胞邊緣區域明視野影像，此影像之對比主要來自於細胞膜表面不均勻的反射率，無法由此影像獲得細胞膜表面形貌的訊息。圖 3.20(c) 爲當樣本置於線性區時之 NIWOP 影像，此時影像對比爲細胞膜表面反射率與形貌的乘積結果，由此圖可以隱約觀察出細胞表面有波紋狀出現。圖 3.20(d) 爲利用透明樣本表面形貌校正模型將表面反射率去除後之三維表面形貌，可以清楚發現細胞表面的波紋 (ripple) 結構，此波紋結構高度約爲 100－300 nm，因此難以使用一般光學顯微鏡觀察與定量分析。由連續觀測 (圖

3.21) 可發現，細胞波紋結構由細胞邊緣以約 1.3 μm/h 的速度向內傳播，其高度變化約在 200－300 nm 之間[31]。由於此細胞已經完全攤平於培養皿底部，因此這種同心圓狀的細胞膜運動是相當令人感到好奇的現象，猜測其必定與細胞膜下方之肌動蛋白微絲 (actin filament) 所組成的細胞膜皮層 (cortex) 結構有關。

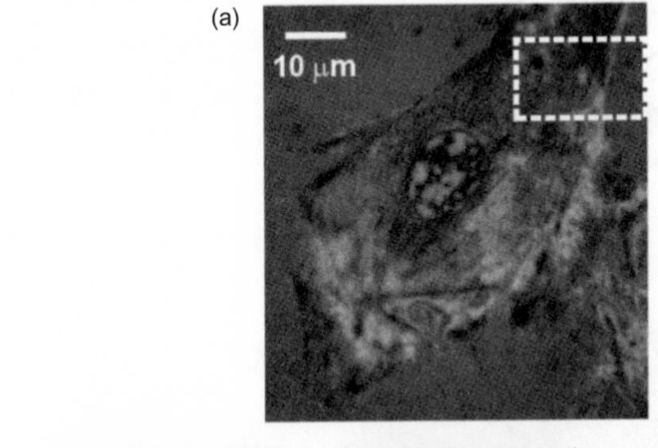

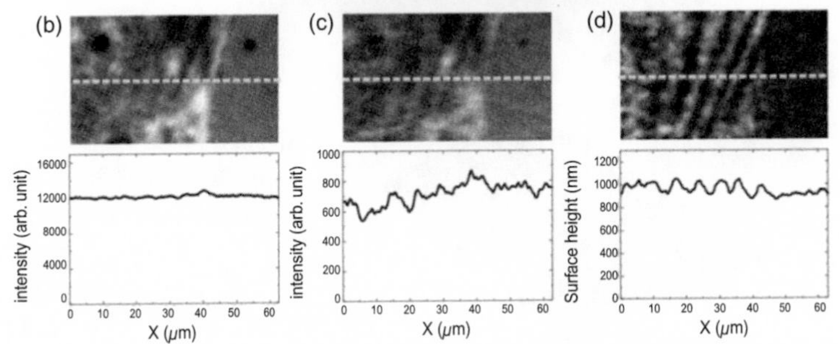

圖 3.20
NIWOP 之細胞膜表面形貌測繪結果。(a) 纖維母細胞之明視野影像。(b) 為 (a) 圖虛線方框區域之放大圖與其剖面圖。(c) 為 NIWOP 影像與其剖面圖。(d) 為經透明樣品表面形貌校正模型校正之後的三維形貌圖與其剖面圖。

為了進一步瞭解細胞膜上的波紋與細胞膜皮層之間的關聯性，我們在實驗中加入一種可以阻止肌動蛋白微絲增長的藥物 cytochalasin D，以觀察其肌動蛋白微絲與胞膜動態變化之對應關係。圖 3.22 為 cytochalasin D 作用後的結果。當加入 20 μM cytochalasin D 10 分鐘後，如圖 3.22(a) 所示，發現細胞表面形貌變得雜亂，並出現多處劇烈的隆起結構，其平均高度比未加藥前要高出許多，推測是因為 cytochalasin D 將肌動蛋白微絲所組成之細胞骨架溶解之後，細胞突然失去邊緣的限制力量，細胞膜向內彈回而產生之劇烈隆起。細胞波紋在此時並不具有特定之傳播方向，而原本長而清楚之細胞波紋亦隨著細胞膜皮層的崩解而消失。再經過 10 分鐘之後，如圖 3.22(b) 所示，失去支撐的細胞膜開始坍塌而變得平坦，此時亦伴隨著細胞邊緣的收縮現象。再經過 10 分鐘後細胞型態與表面的形貌則不再有明顯的變化，如圖 3.22(c) 所示。由這個實驗可以間接證實，細胞膜波紋結構與其底下之肌動蛋白微絲組成結構有非常緊密的關係。透過這個實驗也示範了 NIWOP 在活細胞表面形貌的超高解析能力，並且驗證了其在活細胞動態研究上的應用性[31]。

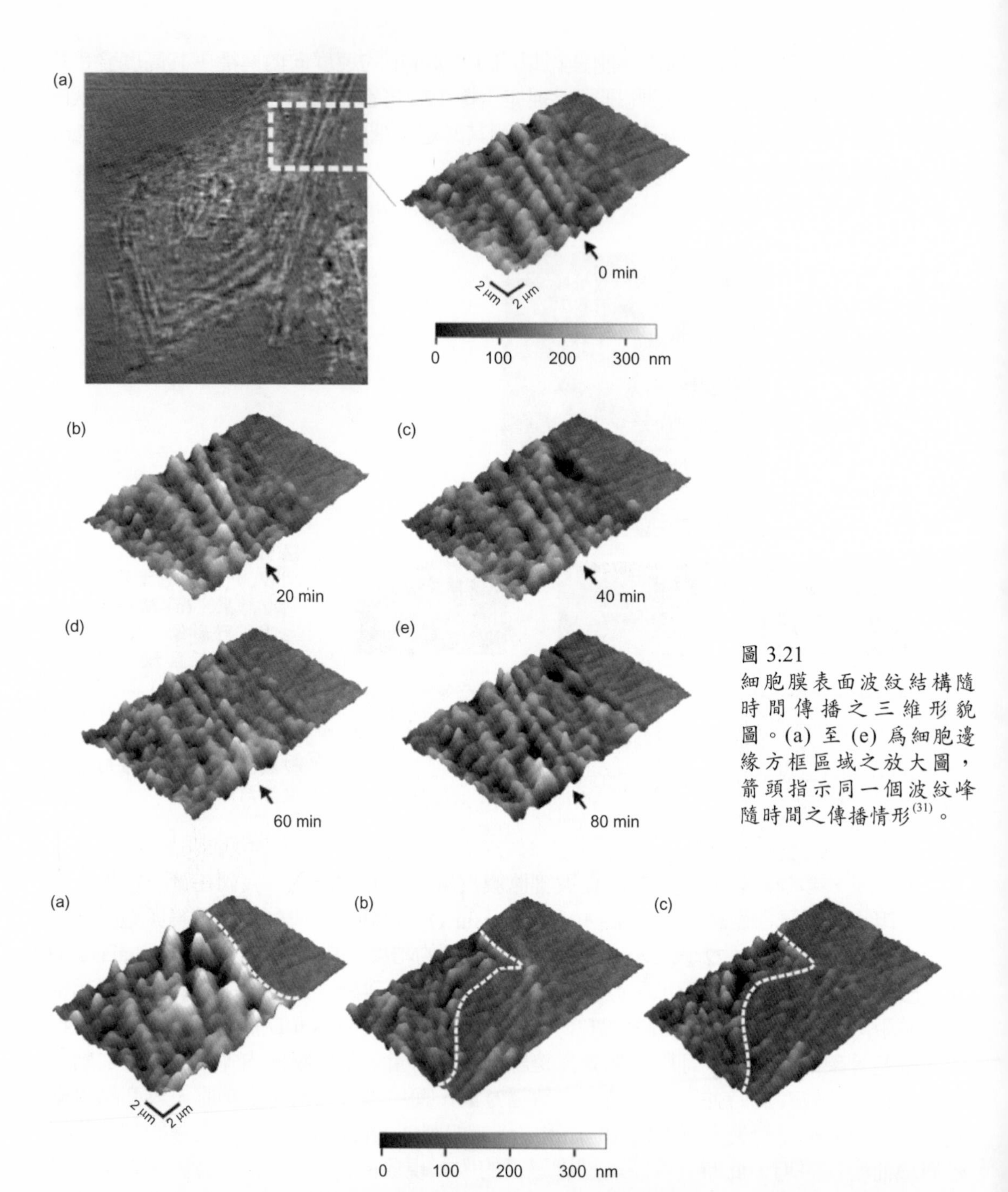

圖 3.21
細胞膜表面波紋結構隨時間傳播之三維形貌圖。(a) 至 (e) 爲細胞邊緣方框區域之放大圖，箭頭指示同一個波紋峰隨時間之傳播情形[31]。

圖 3.22 與圖 3.20 同一細胞同一區域之細胞膜表面形貌。每一張影像之時間間隔爲 10 分鐘。(a) 在加入 20 μM cytochalasin D 10 分鐘後之影像。可發現細胞膜出現多處劇烈的高度變化。(b) 再經過 10 分鐘後，細胞邊緣開始收縮，而細胞膜波紋變得較爲散亂而且高度變化相較於 (a) 圖較爲平緩。(c) 再經過 10 分鐘後，細胞的型態與細胞膜表面形貌並沒有明顯的變化[31]。

我們也利用基因轉染 (transfection) 的方式將帶有綠螢光蛋白的肌動蛋白基因送入細胞內，使其自行產生會發螢光的肌動蛋白，希望藉由 NIWOP 與螢光顯微術的結合，以達到同步觀察細胞波紋與肌動蛋白骨架動態間的對應關係，如圖 3.23 所示。爲了更清楚的觀察細胞波紋與肌動蛋白之間的關聯性，取出圖 3.23 中白色方框的區域並放大觀察。此區域應該屬於此細胞之片狀僞足，因此可以預期在其上有相當豐富的細胞膜動態。圖 3.24 即爲連續觀測的細胞膜表面形貌與相對應之肌動蛋白分布螢光影像，可以觀察到此細胞波紋結構高度約爲 300－400 nm，並且由細胞中心以 2 μm/h 的速度向細胞邊緣傳播。由圖 3.24(a) 可以發現，在此時細胞膜表面已出現細胞波紋結構，但在其所對應之螢光影像並無類似之波紋結構產生，直到 30 分鐘後螢光訊號才出現相似之結構，如圖 3.24(b) 所示，接著此肌動蛋白形成之同心圓結構亦會隨著細胞膜波紋向細胞邊緣傳播，如圖 3.24(c) 與圖 3.24(d) 所示。由此實驗觀測結果，可以得到以下的結論：細胞膜波紋結構在產生初期並不需要肌動蛋白微絲的支撐，而是需經過一段時間之後，肌動蛋白的分布才形成相似的同心圓結構並隨之傳播。

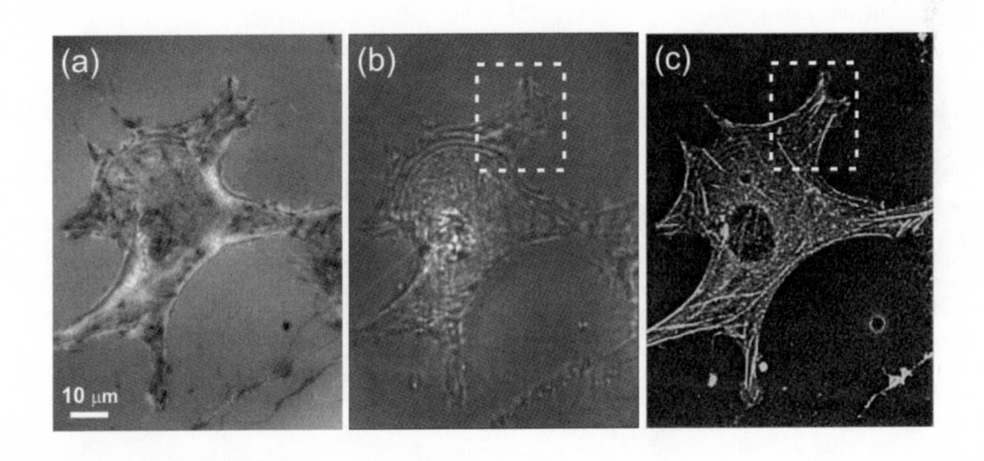

圖 3.23 (a) 纖維母細胞明視野影像。(b) NIWOP 量測之表面形貌圖。(c) 透過綠螢光標定之肌動蛋白分布螢光影像，影像曝光時間爲 30 秒。

在此實驗過程中亦加入 cytochalasin D 並同步觀察此藥物對於細胞膜表面形貌與肌動蛋白微絲之作用。由圖 3.25(a) 可以發現當加入 20 μM cytochalasin D 30 分鐘之後，肌動蛋白微絲已部分溶解並不再形成同心圓結構，但是細胞膜表面仍能維持住原有的波紋結構。而再經過 20 分鐘後，如圖 3.25(b) 所示，肌動蛋白微絲已完全溶解，而且肌動蛋白開始向內聚集，細胞膜表面波紋結構此時才完全消失。這個實驗再次證明細胞膜本身會產生自發性的曲率分布，無需肌動蛋白骨架的協助。由細胞膜部分區域之劇烈變化與肌動蛋白微絲溶解的動態觀測，可以證實細胞膜動態與肌動蛋白微絲結構確實皆受到 cytochalasin D 的作用與影響。

利用 NIWOP 的奈米級表面測繪能力，可觀察到此細胞膜波紋結構，並且能夠定量分析細胞膜的形貌與動態變化。此類觀察對於更詳細的細胞力學模型的建立將有很大的幫助。

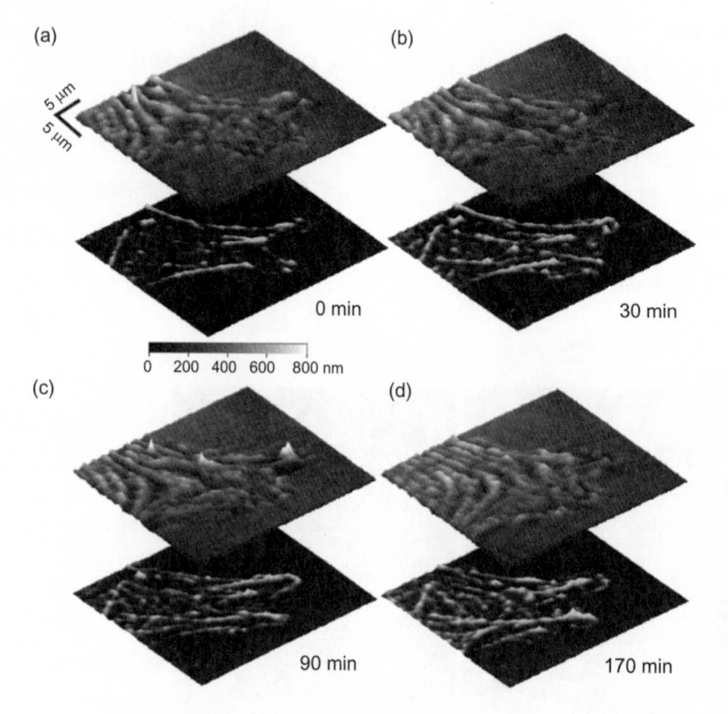

圖 3.24
纖維母細胞之片狀偽足表面形貌與底下之肌動蛋白隨時間之動態關係。上方爲細胞膜表面形貌，下方爲相對應之肌動蛋白螢光訊號[42]。

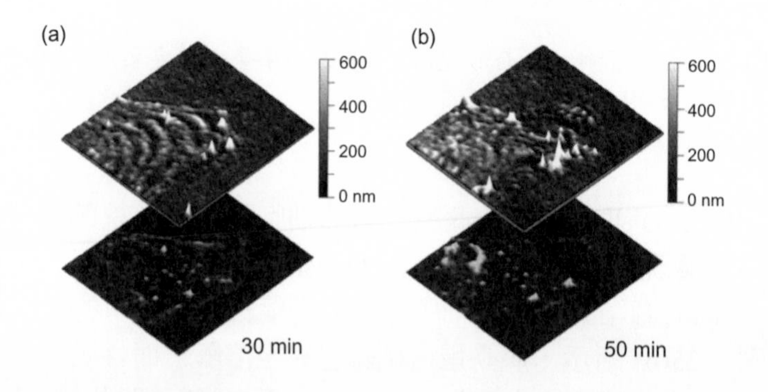

圖 3.25
加入 20 μM cytochalasin D 之後細胞膜表面形貌與其下之肌動蛋白隨時間的變化。(a) 與 (b) 分別爲加入藥物後 30 分鐘與 50 分鐘後細胞膜與肌動蛋白之分布變化。我們可看到當肌動蛋白微絲被溶解後細胞膜上出現許多小突起 (membrane spike)，表示細胞膜動態比較劇烈[42]。

3.2.4 結語

本文從儀器架構與應用的觀點詳細闡述了差動共焦顯微術，並且介紹更進一步發展的非干涉式廣視野光學測繪術。此套技術使用一般光學顯微鏡的物鏡爲探頭，在遠場就可以量測到樣本表面奈米級的高度變化，與光學干涉術相較，由於測量過程不需進行縱方向閉迴路掃描，其操作與校正都更爲簡便，測量速度也更快，因此更適合動態現象的分析。本文主要敘述了如何使用正確的物理模型，描述在光學切片顯微術縱向反應曲線的線性區中，樣本表面高度與訊號強度的關係，因而能夠由強度量測計算出表面形貌變化，移除了反射率不均勻的效應。而對於比較複雜的透明樣本，也提出了正確的高度運算程序，因而使得此類技術得以應用於生物薄膜的表面形貌定量觀測。

整體而言，差動共焦顯微術與非干涉式廣視野光學測繪術的主要優點有：非接觸性檢測、縱向解析度高、線性可測量範圍大、測量速度快與工作距離長等。特別是非干涉式廣視野光學測繪術，可以利用桌上型光學顯微鏡的架構改裝，以 CCD 攝影機直接作二維成像，省略了橫向掃描的動作，因此對一般實驗室的研究與生產線上的快速檢測而言，是很方便採用的技術。

除了本文中所介紹的工作之外，我們也驗證了此種具有奈米縱向解析度的光學顯微術，基於地形的奈米級高度變化就能獲得高訊雜比的影像，再配合遞迴演算的影像處理程序提升其橫向解析度，就能達到突破繞射極限的遠場光學影像[43,44]。此一發展主要是仰賴現代電腦的高運算速度，而它的高橫向解析度使我們有能力在不用螢光標定的條件下，也能清楚觀測活細胞型態的微細改變[45]。這僅是提出了一個結合高解析度光學技術與其他領域的技術，而得到新穎觀測結果的實例。以目前奈米科技在各個領域造成的廣泛影響，相信本文所介紹的高解析度遠場光學量測技術，必能發展出更多的應用，在奈米科技的進步上扮演相當重要的角色。

3.3 表面電漿子共振顯微術

表面電漿子共振顯微術 (surface plasmon resonance microscopy) 主要是利用表面電漿子 (surface plasmons, SPs) 將局部電磁場強化以及本身共振的高靈敏感測特性，設計出嶄新的顯微鏡來即時擷取活體細胞膜影像。文中首先介紹表面電漿子強化之內全反射螢光顯微鏡的理論與設計原理，並用來觀測螢光增強後的動態細胞膜血栓調節蛋白 (thrombomodulin) 影像。藉由操控螢光分子與表面電漿子間的奈米間距，可有效地提升螢光亮度十倍以上，並有助於螢光的發光穩定度 (photostability)。另外，文中也如內全反射稜鏡耦合方式所產生的漸逝場 (evanescent field) 去激發表面電漿子，來研發表面電漿子共振相位影像顯微鏡。其可在不需要任何標定的情形下直接對活體細胞膜觀測，且結合了

第 3.3 節作者爲陳顯禎先生。

共光程移相干涉術 (common-path phase-shift interferometry)，使得在相位量測上可以提供一長時間穩定且高解析之相位資訊。相信藉由結合這兩個嶄新的表面電漿子共振顯微術，對活體細胞膜與生物分子間的交互作用觀察有很大助益。最後，也介紹利用超快雷射 (ultrafast laser) 來激發表面電漿子的顯微成像技術。

3.3.1 引言

傳統廣視野 (wide field) 光學顯微術、掃描式共軛焦光學顯微術 (confocal scanning optical microscopy) 或多光子螢光顯微術 (multiphoton fluorescence microscopy) 可使空間解析度約半個入射波長以上的螢光分子 (fluorophore) 被解析出來。多光子螢光顯微術由 Denk 等人在 1990 年提出，其利用超快雷射 (ultrafast laser) 激發螢光分子而達到三維成像[(46)]。相較於傳統的單光子激發，雙光子激發時，分子必須同時吸收兩個波長爲一倍的光子，才可由基態躍遷到激發態，如此螢光被激發的機率變小，激發體積只有焦點附近光子密度較高處才會被激發[(47)]。一般單點掃描式雙光子螢光顯微鏡的優點包括只有焦點附近的螢光才會被激發、對活體生物的光破壞 (photodamage) 少，以及長波長雷射激發於生物組織中不容易被散射及吸收。這些優點使得雙光子螢光顯微術在觀測活體細胞或組織影像時有極大的潛力。雖然最近掃描式探針顯微 (scanning probe microscopy) 技術如原子力顯微鏡 (atomic force microscope)、近場掃描式光學顯微鏡 (near-field scanning optical microscope) 等均已有所發展，並可提供奈米等級的空間解析度以打破傳統光學上繞射極限 (diffraction limit) 的限制，但這些方法並非都適用於活體細胞之觀測[(48)]。

由實驗的證據顯示，大部分生物分子互相作用於細胞膜上或是其附近，這些作用情形是完全相異於生物分子在水溶液中。爲了更清楚觀測活體細胞與基材間分子的作用情形，我們必須利用可壓抑背景螢光雜訊干擾的顯微技術[(49)]。內全反射螢光顯微術 (total internal reflection fluorescence microscopy, TIRFM) 是以一大於臨界角之入射光源產生漸逝場 (evanescent field)，並利用漸逝波激發液固界面上 (100 nm 內) 之螢光分子。利用漸逝波激發鄰近或位於活體細胞膜上之螢光分子，產生的影像將具有低背景螢光雜訊，且能消除聚焦外所產生之螢光。由於全反射螢光顯微術有較小的光破壞與光漂白 (photobleaching) 現象，所以非常適合於觀測活體細胞。且全反射螢光顯微術相較於共軛焦掃描系統具備更薄的廣視野垂直光切片，而在訊雜比及取像速度上亦有明顯的改善[(50,51)]。雖然共軛焦顯微鏡可以產生 3D 影像，但全反射螢光顯微術卻易與其他顯微術相配合[(52)]。因此，全反射螢光顯微術已廣泛應用於生化相關之研究如細胞－基材 (cell-substrate) 間的接觸區域[(53)]、蛋白質動態表現[(54)]、胞吞作用 (endocytosis)、胞吐作用 (exocytosis)[(55)] 以及細胞膜相關的光致感動器 (photosensitizers) 等[(56)]。一些關於全反射螢光顯微鏡實驗架構與影像處理技術的改善已出現在相關文獻中。但在擷取生物分子交互作用於活體細胞膜上之動態影像時，此螢光訊號仍需要被增強。由此可見，即使有了容易被偵測的分子螢光訊號，降低偵測極限仍是必要的[57]。

由最近文獻可發現，爲了研發更有效率的螢光免疫偵測技術，已利用金屬表面與金屬顆粒來增強螢光訊號[58-61]。利用金屬奈米顆粒散射診斷細胞的技術已早在之前研究裡已提到[62-63]。由於金屬表面或奈米顆粒上的表面電漿子 (surface plasmons, SPs) 或是粒子電漿子 (particle plasmons, PPs) 可增強螢光分子周圍的電場，因而增強了被偵測的螢光訊號[61]。表面電漿子是金屬表面自由電子共振所產生的，利用衰逝全反射 (attenuated total reflection, ATR) 技術可被入射光所激發。表面電漿子共振 (surface plasmon resonance, SPR) 是當一入射 P-wave 偏振漸逝波的相速相同於表面電漿子的相速時產生的現象，此現象亦伴隨大量的電場強化[64]。由文獻可知相較於表面電漿子，金屬奈米顆粒或次波長金屬結構上的局部表面電漿子電場至少可增強 10 倍[65]，然而活體細胞不易吸附或生長在如此的奈米結構上。在 Kretschmann 表面電漿子組態中，採用衰逝全反射的方式來激發表面電漿子，其中金屬薄膜鍍在稜鏡底部表面[66]。螢光分子與表面電漿子在極短距離 (小於 10 nm) 互相作用時，螢光強度會隨距離的四次方被表面電漿子焠滅 (quenching) 衰減，相對地會減少螢光的生命期 (lifetime)，激發的能量部分會以熱的形式消散在金屬薄膜中[67-69]。另外，由於螢光和表面電漿子的動量可能相等，所以放射的螢光可以有效率的耦合回金屬的表面電漿子中，並在表面電漿子共振角附近向稜鏡端放射出來，此現象稱爲表面電漿子耦合放射 (surface plasmon coupled emission)[70]，可用偶極理論來預測螢光放射現象[71]。因此透過金屬薄膜或顆粒在基材上的改質與金屬／螢光分子間距的調控，電漿子效應會促使螢光發光量子效率 (quantum yield) 與光穩定度 (photostability) 提升[57,72,73]。

之前關於表面電漿子增強螢光 (surface plasmon enhanced fluorescence) 量測技術的研究，多侷限在單點偵測方面的應用。本文首先著重於利用表面電漿子增強螢光技術來獲得即時的活體細胞膜上生物分子的影像。血栓調節蛋白 (thrombomodulin) 是細胞膜上的醣蛋白 (glycoprotein)，並具有抗凝血 (anticoagulant) 作用[74]。最近研究顯示血栓調節蛋白在血管外的活性與細胞吸附上扮演非常重要的角色[75,76]。利用綠螢光蛋白 (green fluorescent protein, GFP) 轉染在活體細胞膜上的血栓調節蛋白來研究預防癌症形成將是一個細胞生物學上的重要議題[77]。因此使用表面電漿子增強螢光技術於血栓調節蛋白和膠原蛋白改質表面間交互作用的動態影像擷取。實驗上顯示，相較於傳統全反射螢光顯微鏡而言，利用表面電漿子增強螢光技術於活體細胞膜血栓調節蛋白上，可獲得十倍螢光訊號的增強。

表面電漿子除了上述螢光增強與光穩定度提升外，利用表面電漿子共振對金屬表面上之奈米膜層介電常數或厚度變化非常靈敏特性來設計的感測器[64,78]，因其具有快速、靈敏度高、動態分析、無須對待測分子做任何的標記及定性和定量生物分子交互作用之優點，自 1992 年來便被廣泛地應用在生物分子診斷或奈米膜層分析的領域上[66]。根據理論及文獻上的研究分析，表面電漿子共振感測器在各種耦合及量測方式中，對於檢測物之折射率解析度以稜鏡耦合方式量測表面電漿子共振之相位變化具有最高靈敏度[66]。因此，本文另一主題爲利用干涉影像技術來量測二維表面電漿子共振造成光相位變化。由於相位影像很容易受到環境的影響以及其他因素，以至於無法得到非常穩定的相位資訊來長時間分析生物分子交互作用。可利用共光程移相干涉術 (common-path phase-shift interferometry) 克服相位因爲環境改變、機械震動以及光源擾動等等所造成之漂移的情形，發展出可長時間獲得穩定高解析度的表面電漿子相位影像技術[79]。

表面電漿子相位影像系統大致上可以分爲兩方面應用，一爲提供大量平行篩檢能力之多點微陣列檢測以取代傳統螢光標定之檢測方式，可提供快速之生物分子動力學資訊。另一即爲發展高靈敏度之顯微鏡，其可用於動態觀察活體細胞之爬行動作，而不需對細胞本身做額外的標定，可提供高靈敏度及貼附動態資訊。文中提供利用上述表面電漿子相位影像技術應用於 DNA 微陣列檢測以及活體細胞於生化表面貼附之顯微影像。最後，介紹利用超快雷射來激發表面電漿子的顯微成像機制。

3.3.2 電漿子效應

電漿子所形成的局域性近場強化效應依其激發型態可分爲表面電漿子及粒子電漿子，表面電漿子可透過單一界面之電磁場理論分析其近場特性，進而推展至多層界面的 Fresnel 方程式及色散關係式 (dispersion relation)。再者，可藉由分析粒子電漿子激發以及特定奈米金屬粒子界面、奈米粒子間的電磁強化效應以瞭解粒子電漿子特性。根據此二電漿子效應分析將可作爲之後研究奈米電漿子之生物感測技術設計分析的理論基礎。

(1) 表面電漿子

當電磁波於介質內傳播時其物理特性會受到電磁波及介質的交互作用影響而改變其特性，表面電漿子便爲電磁波與介質系統耦合作用造成於金屬 (介質 **1**，ε_1) 與介電質 (介質 **2**，ε_2) 界面的金屬之自由電子產生電荷密度的同調擾動，其縱向模態振盪頻率主要是由色散關係 $\omega(k_x)$ 的水平波向量 k_x 所影響，而且此金屬界面上自由電荷局域於垂直界面 z 方向上 Thomas-Fermi 屏敝長度內的振盪幅度約爲 1 Å，並且同時存在縱向模態與橫向模態的電磁場。然而此典型表面波之振盪在 $z = 0$ 時有最大値，而消逝於 $|z| \to \infty$ 處，即可解釋其對介質表面特性有非常高的靈敏度。

當共振條件達成時，亦即入射電場爲零，可得 P-wave 偏振光共振條件爲

$$\frac{k_{z1}}{\varepsilon_1} + \frac{k_{z2}}{\varepsilon_2} = 0 \tag{3.20}$$

由於 k_{z1}、k_{z2} 均大於零，故當其中一種介質的介電常數小於零，則共振條件便有機

會能夠被滿足，將會於此界面處產生共振的現象。由公式 (3.20) 及 $k_i^2 = k_x^2 + k_{zi}^2$、$k_i = (\omega/c)^2\varepsilon_i$，$i = 1, 2$ 且 $k_x = k_{x1} = k_{x2}$，可得表面電漿子於兩半無窮空間色散關係：

$$k_x = \frac{\omega}{c}\left(\frac{\varepsilon_1\varepsilon_2}{\varepsilon_1 + \varepsilon_2}\right)^{\frac{1}{2}} \tag{3.21}$$

由色散關係式，且因金屬介電常數為複數：$\varepsilon_1 = \varepsilon'_1 + i\varepsilon''_1$，並且 ε_2 為實數，若 $\varepsilon''_1 << |\varepsilon'_1|$，則其 $k_x = k'_x + ik''_x$，其中

$$k'_x = \frac{\omega}{c}\left(\frac{\varepsilon'_1\varepsilon_2}{\varepsilon'_1 + \varepsilon_2}\right)^{\frac{1}{2}} \tag{3.22}$$

$$k''_x = \frac{\omega}{c}\left(\frac{\varepsilon'_1\varepsilon_2}{\varepsilon'_1 + \varepsilon_2}\right)^{\frac{3}{2}} \frac{\varepsilon''_1}{2(\varepsilon'_1)^2} \tag{3.23}$$

其實部部分表電磁場在空間中的傳遞，然而若要形成表面電漿子，則此項需為實數，並且 $\varepsilon'_1 < 0$、$\varepsilon_2 < -\varepsilon'_1$，此為存在表面電漿子現象之必要條件。虛部部分則表示電磁場在介質間的阻尼效應。

入射光可以稜鏡或光柵耦合增加入射光之波向量，以稜鏡耦合而言，當光先進入一介電質稜鏡 (介質 **0**，ε_0)，其介電常數 $\varepsilon_0 > \varepsilon_2$，入射光在其表面的水平波向量為

$$k_x^l = \sqrt{\varepsilon_0}\,\frac{\omega}{c}\sin\theta_0 \tag{3.24}$$

此時 θ_0 為大於全反射臨界角的入射角度。若當入射光的平行界面的波向量分量 (k'_x) 與表面電漿子的波向量實部 (k'_x) 匹配時，亦即 $k_x^l = k'_x$，大部分的入射光能量將激發表面電漿子，並且同時將局域性界面上的近場電場強化，稱為表面電漿子共振現象。

利用稜鏡耦合的 Kretschmann 表面電漿子共振組態 (ATR 方式)，基本結構包括有稜鏡 (ε_0)、金屬薄膜 (ε_1，d) 及固定了感興趣的分析物之探針的介電質層 (ε_2)。由 Fresnel 方程式推算顯示最小反射光強 (表面電漿子的最大吸收) 只會發生於 P-wave。這反射光譜相對應於分子濃度及生物材料的厚度。由 Fresnel 方程式計算出三層結構的 P-wave 的反射率如下：

$$R \equiv \left|r_{012}^p\right|^2 = \left|\frac{r_{01}^p + r_{12}^p \exp\left(2ik_{z1}d\right)}{1 + r_{01}^p r_{12}^p \exp\left(2ik_{z1}d\right)}\right|^2 \tag{3.25}$$

其中，d 爲金膜厚度，而 P-wave 的反射係數爲

$$r_{ik}^{p} = \left(\frac{k_{zi}}{\varepsilon_i} - \frac{k_{zk}}{\varepsilon_k}\right) \Big/ \left(\frac{k_{zi}}{\varepsilon_i} + \frac{k_{zk}}{\varepsilon_k}\right) \tag{3.26}$$

並且，$r_{012}^{p} = \mathrm{Re}\left(r_{012}^{p}\right) + \mathrm{Im}\left(r_{012}^{p}\right)$。因此，反射光的相位給出如下：

$$\phi = \tan^{-1}(r_{012}^{p}) = \tan^{-1}\left(\frac{\mathrm{Im}\,(r_{012}^{p})}{\mathrm{Re}\,(r_{012}^{p})}\right) \tag{3.27}$$

表面電漿子在 z 方向之波向量 k_{zi} 爲虛數，在垂直界面方向上，使得表面電漿子電磁場的振幅呈現 $\exp(-|k_{zi}||z|)$ 衰減且其膚深 (skin depth) 可表示爲 $\mathbf{z} = 1/|k_{zi}|$，假設波長爲 630 nm，並在金和空氣介質之界面，其深度距離分別爲 29 nm、313.9 nm，而在銀和空氣介質之界面，其深度距離則分別爲 23.2 nm、408.5 nm。同樣地，在 x 方向上表面電漿子強度沿著水平表面呈現 $\exp(-2k_x''x)$ 衰減且傳遞距離爲 $L_i=(2k_x'')^{-1}$。

另外，光波與粗糙金屬表面交互作用時，使得其波向量增加將可激發於金屬界面之表面電漿子，其中又以金屬層表面的繞射光柵來激發表面電漿子爲常見的架構。當 P-wave 偏振光入射到一週期起伏表面的繞射光柵時，光波將被繞射於不同的繞射角度。若繞射光的波向量於水平界面分量與表面電漿子之波向量匹配時，則可激發於金屬層界面之表面電漿子，故此即爲光柵耦合之共振條件，藉由不同階數的繞射光來改變入射光的波向量以達成共振條件。而繞射光柵之金屬層界面激發表面電漿子造成界面的近場強化，且根據能量守恆其電磁強化爲[64]

$$T^{el} = \left|\frac{E}{E_0^{+}}\right|^2 = \frac{2|\varepsilon_1'|^2 \cos\theta(1-R_g)}{\varepsilon_1''(|\varepsilon_1'|-1)^{1/2}} \tag{3.28}$$

其中，R_g 爲反射率，θ 爲入射角，而且電磁強化最大值發生於最佳耦合情況，即 $R_g = 0$ 時。

(2) 粒子電漿子

表面電漿子不只能夠在平滑介質表面上被激發，在一曲面介質表面仍然能夠激發表面電漿子，諸如球體表面或圓柱表面，這種在局部區域上所產生的表面電漿子即爲粒子電漿子。由上述中可知於平面介質激發表面電漿子，兩介質之介電常數需滿足

$\varepsilon_1'(\omega)=-\varepsilon_2$ ，其中 $\varepsilon_1'(\omega)$ 爲金屬介電常數之實部，ε_2 爲周圍環境之介電常數，ω 爲入射光之頻率，所以表面電漿子僅存在單一特徵模態。不同於表面電漿子之粒子電漿子卻可存在無限多的表面模態，如一粒徑遠小於入射光波長之金屬球體粒子，可以近似爲準靜止 (quasi-static) 之電偶極振盪子而得其共振條件爲[60]

$$\varepsilon_1(\omega_l)=-\varepsilon_2\frac{l+1}{l} \qquad l=1,2,3\cdots \tag{3.29}$$

其中，$\varepsilon_1(\omega_l)$ 爲金屬球體粒子之介電常數，ε_2 爲嵌入此金屬球體粒子之介電質的介電常數，對於第 l 階的表面模態之極化會隨與球體表面距離的增加呈現 r^{l-1} 的關係降低，其中 $l=1$ 爲均勻模態或稱 Frohlich 模態，對於整個球體其振幅爲定值，且使得 $\varepsilon_1(\omega_F)=-2\varepsilon_2$，並決定此金屬奈米球體粒子之吸收光譜特性，且 ω_F 爲共振吸收頻率並低於其餘模態 ($l=2, 3,\ldots$) 頻率；而當 $l\to\infty$ 即愈高階模態，則其模態愈侷限於球體表面並使得 $\varepsilon_1(\omega_s)=-\varepsilon_2$，其中且其頻率將收斂於 ω_s。

當光源與奈米粒子交互作用時，其光學特性會受到粒子尺寸、粒子形狀、粒子和粒子間耦合 (interparticle coupling) 作用以及粒子和基材間 (gap mode) 作用影響，達到不同之近場電磁場的強化效應[80,81]。

3.3.3 表面電漿子強化之螢光顯微術

利用內全反射螢光顯微鏡來觀測活體細胞和生化表面間的互相作用，不僅可改善影像的訊雜比，對細胞功能與膜蛋白也能有進一步的了解。對於更動態的生化分子影像，增強螢光訊號與維持螢光的發光穩定度是必須的。本章節是以由銀奈米薄膜所提供的表面電漿子來增強螢光訊號，故稱爲表面電漿子增強螢光顯微術。實驗上已成功用此表面電漿子增強螢光顯微鏡來觀測動態的活體細胞膜血栓調節蛋白，相較於傳統內全反射螢光顯微鏡能有十倍的螢光增強效果。

(1) 光學架構

圖 3.26(a) 爲稜鏡耦合表面電漿子增強螢光顯微鏡之光學架構圖。利用衰逝全反射方法來激發表面電漿子進而增強局部電場與增加螢光的訊雜比。以 473 nm 的雷射作爲光源，經由偏振片使其 P-wave 偏振後聚焦於基材上。利用稜鏡耦合式的衰逝全反射來激發銀膜與水溶液間的表面電漿子。螢光由物鏡收光經濾光鏡成像於 CCD 照相機上。實驗上藉由比較表面電漿子和漸逝波所激發的螢光強度不同，可解釋綠螢光轉染的活體細胞膜蛋白與金屬薄膜基材間的作用情形。

(2) 細胞培養

圖 3.26(b) 是製作傳統內全反射螢光顯微架構下的試片改質，先將空白試片上經由浸泡方式依序形成單分子自我聚集層與單層膠原蛋白，使活體細胞能吸附於改質後的表面。圖 3.26(c) 是表面電漿子增強螢光顯微架構下的試片改質，因爲比傳統內全反射螢光顯微架構下的試片多了一層銀薄膜，所以選用的單分子自我聚集層亦有所不同，但均選用膠原蛋白作爲細胞吸附表面時的吸附分子，因爲膠原蛋白較一般聚合物分子的生物適應性好，尤其在基材爲銀薄膜時，更能突顯對細胞吸附能力的增加。

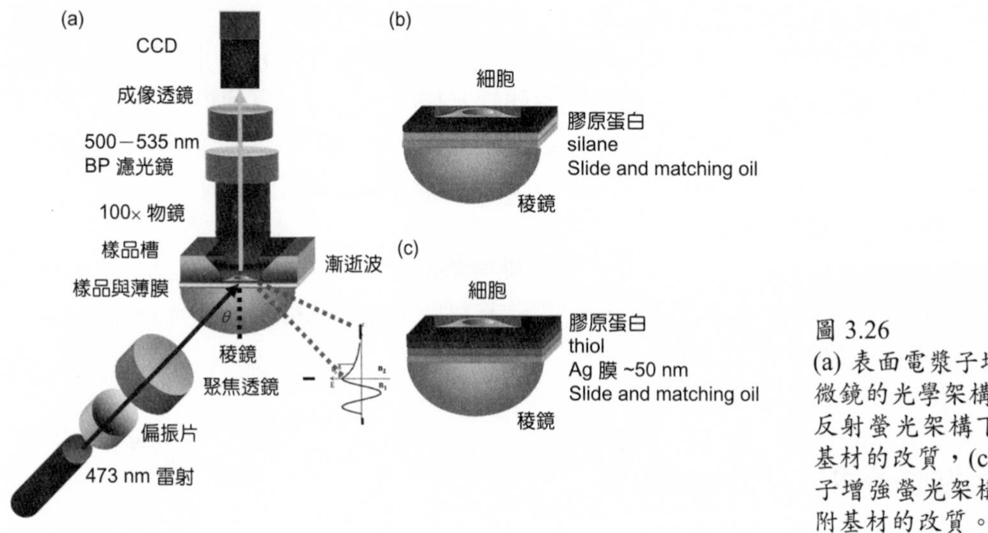

圖 3.26
(a) 表面電漿子增強螢光顯微鏡的光學架構，(b) 內全反射螢光架構下細胞吸附基材的改質，(c) 表面電漿子增強螢光架構下細胞吸附基材的改質。

(3) 結果與討論

圖 3.27 (a) 與 (b) 分別爲利用表面電漿子增強螢光和傳統內全反射螢光顯微鏡來觀測標有綠螢光蛋白的人類黑色素瘤細胞 (melanoma) 膜血栓調節蛋白影像。由圖 3.27(c) 之表面電漿子強化前後的訊號可知，表面電漿子增強螢光架構下螢光訊號比傳統內全反射螢光顯微鏡強十倍。圖 3.28 是利用表面電漿子增強螢光顯微鏡來觀測活體細胞貼近、吸附、爬行在有膠原蛋白改質的銀薄膜基材表面上。從理論模擬可知，相較於傳統全反射螢光顯微鏡，表面電漿子增強螢光顯微鏡在膠原蛋白與水溶液界面上約有二十倍的螢光增強效果。最近相關的研究顯示鄰近金屬表面的螢光強度會被焠滅，這起因於螢光分子將非放射性共振能量 (non-radiative resonance energy) 轉換至金屬薄膜上以其他的形式消散掉。由於共振能量轉換和生物分子距離金屬表面之遠近有關，故螢光焠滅效率爲此距離的函數。換句話說，隨螢光分子遠離金屬表面，焠滅效率就會下降[82]。在表面電漿子增強螢光顯微架構下，非吸收介電層的膠原蛋白與自我單分子聚集層都是降低螢光焠滅效率的中間層。實驗結果顯示在表面電漿子增強螢光與焠滅作用降低螢光兩機制相互抵消下，螢光訊號與影像擷取速度可有十倍的增加。

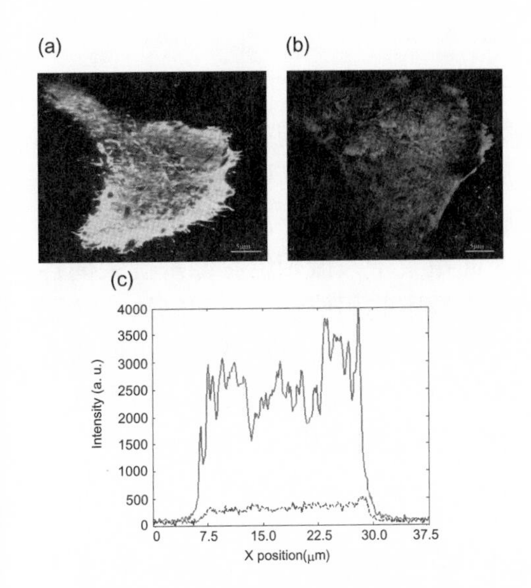

圖 3.27
(a) 利用表面電漿子增強螢光和 (b) 傳統內全反射螢光顯微鏡來觀測標有綠螢光蛋白的人類黑色素瘤細胞膜血栓調節蛋白。(c) 由增強的螢光訊號可知，表面電漿子增強螢光架構下的螢光訊號比傳統內全反射螢光顯微鏡增強 10 倍。

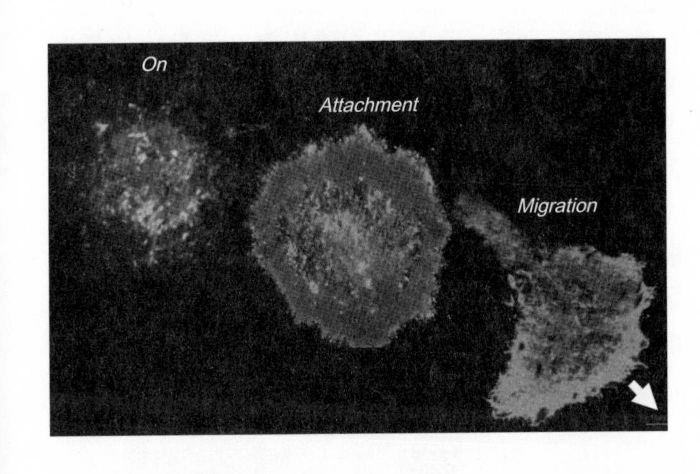

圖 3.28
細胞貼近、吸附、爬行於有銀膜改質的基材表面上。

螢光偵測目前主要受限於本身的量子效率與光致穩定度[57]。螢光強度除了與表面電漿子強度有關，也受生物分子與金屬互相作用下的焠滅效應所影響[68]。而實驗上中間層可降低遠離金屬表面極短距離下強烈的螢光焠滅作用。螢光顯微鏡主要的議題除了增加螢光本身的量子效率外，更需要在螢光分子尚未光漂白前收集更多的螢光光子。表面電漿子增強的螢光雖會因螢光焠滅而降低螢光量子效率，但也同時縮短其生命期與螢光放射，進而增加螢光分子的穩定度。相較於直接增加雷射功率來增強螢光強度方式，利用表面電漿子強化機制，其螢光分子在與金屬表面適當距離時，其放射衰減率 (raditive decay rate) 會上升，並導致螢光強度的增加與生命期的縮短。實驗結果顯示鄰近金屬表面 5 nm 以上可增強十倍的細胞影像螢光強度。與傳統使用漸逝波的方式相比，利用表面電漿子可增強活體細胞觀測時的螢光強度與改善影像擷取速度，並利用金屬改質表面來增加光穩定度。

3.3.4 表面電漿子相位顯微術

表面電漿子相位影像系統不僅可以快速的提供大量的生物分子動力學資訊，且不需另外對於待測分子做額外的螢光標定動作，將可以應用於多點微陣列檢測以及用於觀察活體細胞表面之爬行動作。為了增加系統之量測靈敏度，在此利用干涉方式量測並搭配稜鏡耦合以取代傳統之強度量測方式。然而一般的表面電漿子共振相位影像系統架構容易受到環境以及其他因素的影響，以至於無法得到非常穩定的相位資訊，而無法長時間地量測生物分子交互作用，因此研發一套可長時間獲得穩定相位資訊以及高解析度的量測方法是必要的[83-85]。在此利用共光程移相干涉術克服了相位因為環境改變、機械震動以及光源擾動等等所造成之漂移的問題，以獲得相當可靠且高靈敏之相位資訊。

(1) 光學架構

表面電漿子共振相位影像系統架構如圖 3.29 所示，由一波長為 632.8 nm He-Ne 雷射作為入射光源，之後經過透光軸與入射面有一夾角之線性偏振片，藉此調整入射 P-wave 與 S-wave 之分量，並經空間濾波器產生一平面光束，再通過一雙折變之液晶相位延遲器，此時快軸平行入射面方向，慢軸垂直入射面，可由外加電壓控制慢軸之相位延遲，達到 S-wave 參考光相位調變。經由高折射係數之 SF-11 (n = 1.778) 稜鏡耦合並在內全反射的條件下激發表面電漿子，此稜鏡與一折射係數相同之載玻片與匹配溶液相耦合，並於其上鍍有 47.5 nm 金薄膜，而後再將待側樣本置於其上。激發表面電漿子共振後之反射光，透過成像透鏡與一線性偏振片將 P-wave 與 S-wave 干涉之後成像於 CCD 照相機上以取得影像資訊。其中以一分光鏡將光通過一線性偏振片使得只有 P-wave 通過，再由一聚焦透鏡將光收斂至光感測器，並由此偵測共振角之角度位置。

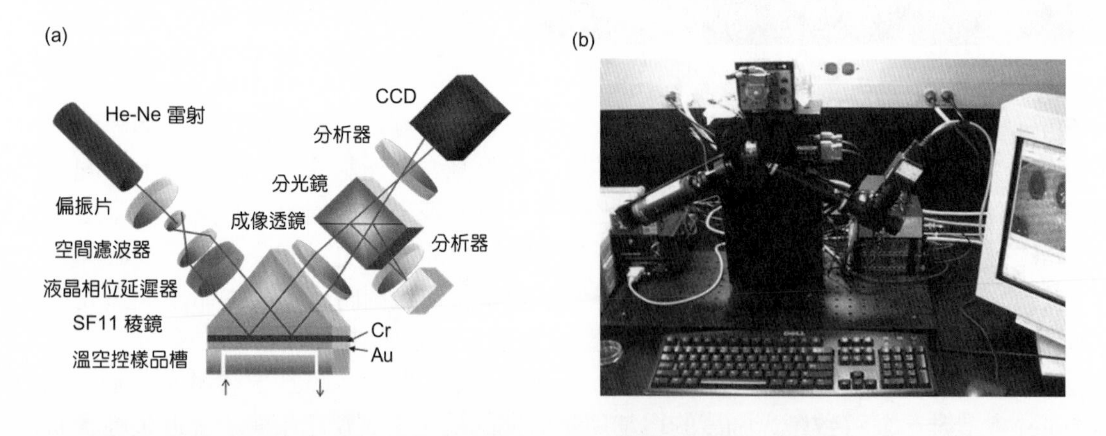

圖 3.29 (a) 共光程移相干涉影像系統示意圖，(b) 實體圖。

此系統同時包含 P-wave 與 S-wave，由於僅有 P-wave 能夠激發 SPR 而 S-wave 不會之特性，再搭配一向列型液晶相位延遲器，可以實現共光程之移相干涉。一線性偏振之入射光進液晶可將其在快軸與慢軸上分爲兩相互垂直分量，再經由電壓控制慢軸之相位延遲。此時利用此五步移相相位重建演算法取得高解析度之相位資訊[86]，藉由控制 S-wave 五步相位延遲量 $\delta+0$、$\delta+(1/2)\pi$、$\delta+\pi$、$\delta+(3/2)\pi$、$\delta+2\pi$，其中 δ 爲初始相位。之後再將兩偏振光形成干涉後由 CCD 取得影像，此時可以獲得五張干涉影像 I_0、I_1、I_2、I_3、I_4，再由以下式子獲得空間平面之相位資訊：

$$\phi(x,y)=\tan^{-1}\left[\frac{2(I_2-I_4)}{2I_3-I_5-I_1}\right] \tag{3.30}$$

之後再經由二維相位解纏繞演算法將可獲得相位解纏繞，以獲得連續之二維空間平面相位分布資訊[87]。此系統在經過校正及測試之後，可以獲得於四個小時的長時間量測下具有 $2.5\times10^{-4}\pi$ 的相位穩定度以及具有可偵測 2×10^{-7} 之折射係數變化量的高靈敏度[79]。

(2) 實驗結果與討論

首先針對 DNA 微陣列之量測作說明。取 SF-11 之玻璃基材，以濺鍍方式鍍上 47.5 nm 之金膜後將其浸泡在 1 mM $HS(CH_2)_{15}(COOH)$ 溶液中 12 小時，於表面形成單一自我聚合層。再以 EDC (*N*-(3-dimethylaminopropyl)-*N*'-ethylcarbodimide hydrochloride, 2 mM)

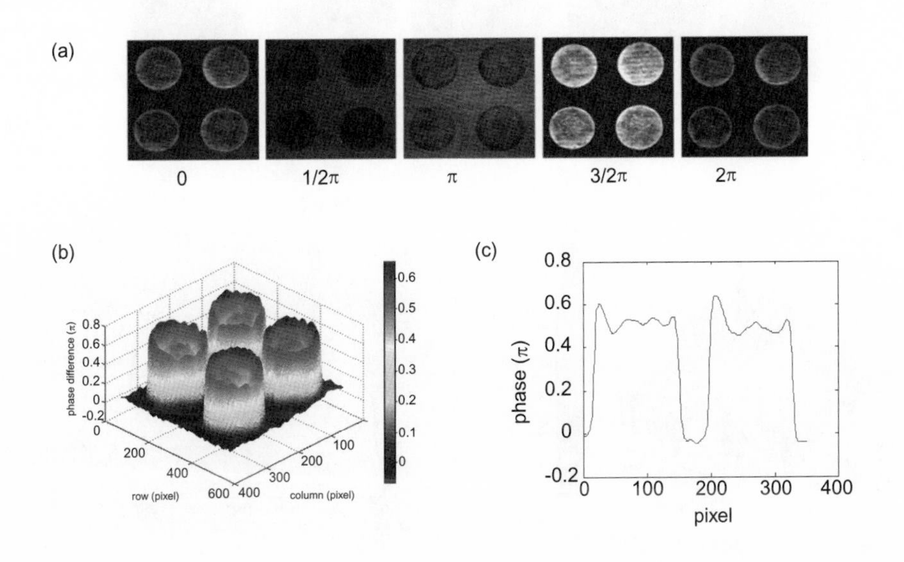

圖 3.30 (a) 15-mer ssDNA 於共振角時由 CCD 所擷取之五步干涉影像，(b) 相位重建後所獲得之空間平面相位資訊，(c) 其截面圖。

與 MES (2-(*N*-morpholino) ethanesulfonic acid, 5 mM) 浸泡 6 個小時對表面進行改質之動作。再來將 15-mer ssDNA (5'-CATCCGTGTGGTAAC-3') 溶於 PBS (10 mM、100 mM NaCl) 中，將 DNA 點於晶片表面後再以固定化溶液 (methanol) 將表面剩餘端固定。圖 3.30(a) 顯示 DNA 固定在表面上於 SPR 共振角所取得之五步干涉影像，每個 DNA 點的直徑約 200 μm，點與點之間的距離約 500 μm。再將此五張影像做相位重建之後可以獲得圖 3.30(b) 之空間相位圖，並且可由圖 3.30(c) 之截面看出具有 DNA 與沒有 DNA 之點所造成之相位差將近於 0.5π。因此利用此 SPR 相位影像系統可以在生物分子之量測同時獲得具有大量平行篩檢以及相當高之靈敏度偵測。

至於利用 SPR 觀察細胞於表面貼附的量測情形。首先也是在 SF-11 之玻璃基材上製鍍 47.5 nm 之金薄膜後，以 1 mM $HS(CH_2)_{15}(COOH)$ 以及 2 mM EDC 與 NHS (*N*-hydroxysuccinimide, 5 mM) 對表面進行改質後，於表面覆蓋上一層膠原蛋白以供細胞貼附之用。圖 3.31(a) 為所獲得之黑色素瘤 (melanoma) 細胞貼附表面之 SPR 五步干涉影像，影像的大小約為 56×56 μm^2。圖 3.31(b) 為經由相位重建之後所獲得之空間平面相位資訊，圖 3.31(c) 為截面圖。可以觀察到細胞外圍與中心部分於表面貼附的差異，並且不需要對細胞做額外的標定動作，因此可以在不影響活體細胞的情形下長時間觀測細胞爬行的動作。

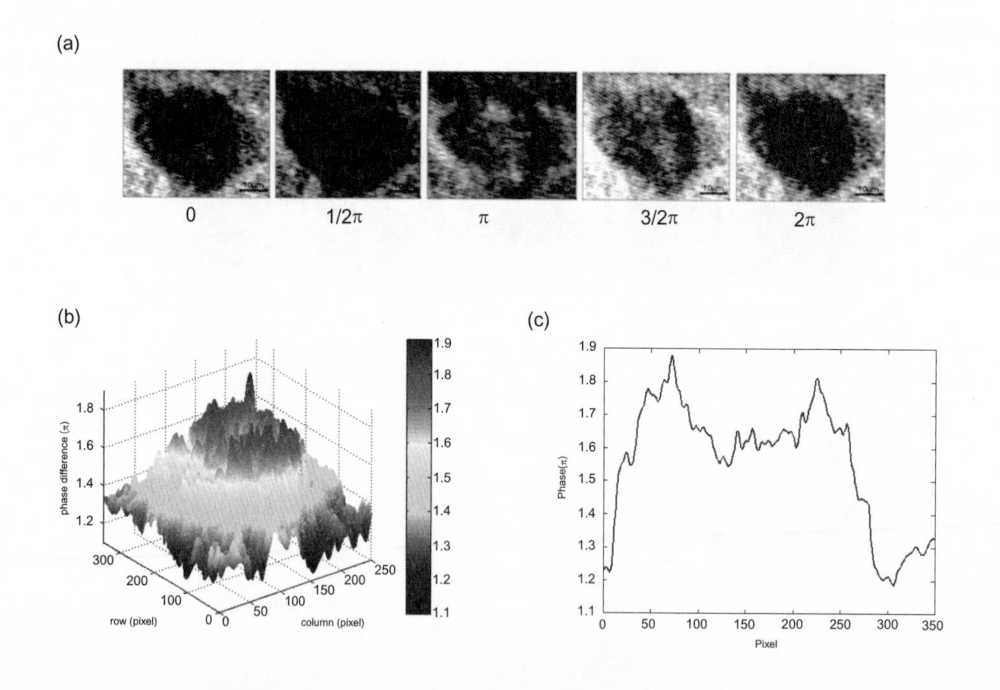

圖 3.31 (a) 人類黑色素瘤細胞於共振角時由 CCD 所擷取之五步干涉影像，(b) 相位重建之後所獲得之細胞於表面貼附的相位資訊，(c) 其截面圖。

3.3.5 表面電漿子增強雙光子螢光顯微術

相較於利用漸逝場的單光子激發螢光，漸逝場的雙光子激發螢光仍具有低背景螢光雜訊與較薄的廣視野垂直光切片 (optical section)。在漸逝場的單光子激發螢光時，沿漸逝波傳播方向的散射現象會越來越嚴重，使有效探測深度 (effective probe depth) 增加。在成像上，由於沿漸逝波傳播方向的螢光激發體積增加，所以生物螢光分子影像是由原有區域受限的漸逝場激發螢光和散射光所激發的螢光去做疊加而成。故沿漸逝波傳播方向的背景螢光會增加而導致訊雜比變小。在實驗上雖然可將入射角操作在遠大於臨界角的區域使散射光所激發的螢光減少，但改善並不顯著。漸逝場的雙光子激發螢光所用的入射光波長雖為單光子激發的兩倍而使漸逝波的探測深度加深，但由於雙光子螢光強度與入射光強度的二次方成正比，所以激發相同螢光分子時，漸逝場的雙光子激發螢光之有效探測深度和單光子相似。且由於漸逝場雙光子所激發的螢光體積受限於此種多光子的非線性過程與漸逝場的空間非均質性，所以使散射光區域的光子密度不足而減少激發聚焦外雙光子螢光的機率，而在廣視野成像上達到優於漸逝場單光子激發螢光的低背景螢光雜訊。受益於非線性效應的不只是成像上的高訊雜比，由於大多數螢光分子的雙光子螢光激發光譜 (excitation spectra) 比單光子寬，所以固定入射光波長後，可同時激發多種螢光。但在擷取活體細胞膜上生物分子交互相作用之動態影像時，此漸逝場的雙光子激發螢光訊號仍需要被增強，使分子螢光訊號容易被偵測並改善偵測極限[88,89]。因此，可利用金屬表面或奈米顆粒上的表面電漿子或是粒子電漿子來增強螢光分子周圍的電場，因而增強了被偵測的雙光子螢光訊號[90]。

圖 3.32 為稜鏡耦合表面電漿子增強雙光子螢光顯微鏡之光學架構圖。其利用衰逝全反射方法來激發表面電漿子進而增強局部電場與增加螢光的訊雜比，並可同時比較漸逝場的單光子與雙光子所激發的螢光影像。分別以 473 nm 的雷射與 915 nm 的鎖模 Ti: sapphire 雷射作為光源，經由偏振片使其 P-wave 偏振後經物鏡聚焦於基材上。利用稜鏡

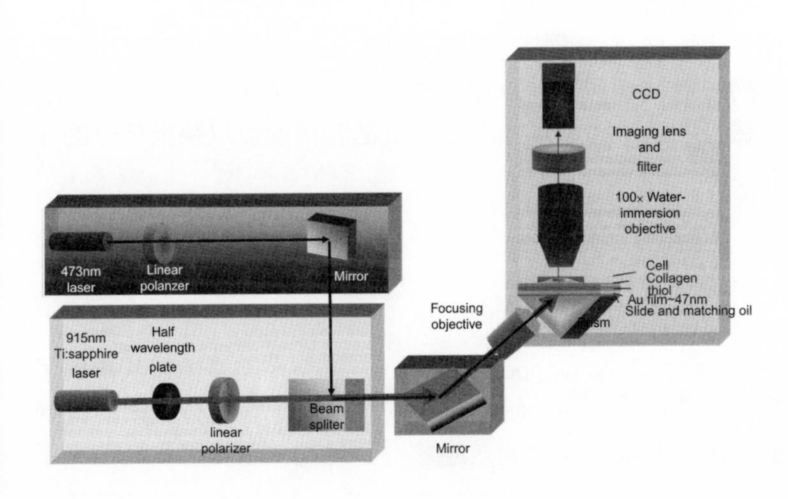

圖 3.32
稜鏡耦合表面電漿子增強雙光子螢光顯微鏡之光學架構圖。

耦合式的衰逝全反射來激發螢光訊號，可更有效地從收到的訊號中濾除激發光源。螢光由物鏡收光經濾光鏡成像於 CCD 照相機上。實驗上可藉由比較表面電漿子增強的雙光子螢光與漸逝波所激發的雙光子、單光子螢光強度不同，解釋綠螢光轉染的活體細胞膜蛋白與基材間的作用情形。

3.3.6 結論

本文首先介紹藉由表面電漿子增強螢光顯微術來觀測螢光增強後的動態細胞膜血栓調節蛋白影像。這個技術在未來於觀測細胞基材間分子互相作用之影像上，除了可結合其他顯微術，如共軛焦或多光子光學顯微術外，如何能增強縱向解析度進而減少偵測體積，使細胞與基材間所胞吐出少量蛋白質的影像能動態被擷取，乃是此項技術未來發展的重點。除此之外，本文也研發出表面電漿子共振相位影像系統，其可在不需要螢光標定的情形下直接對活體細胞觀測，並結合了共光程移相干涉術，使得在相位量測上可以提供一長時間穩定且高解析之相位資訊。此系統主要利用了稜鏡耦合的方式來激發表面電漿子，然此方式有一些問題急須克服，如需要額外的匹配溶液耦合以及側向空間解析度不佳。因此，未來可利用奈米結構方式來直接激發表面電漿子以取代稜鏡耦合方式[91]，達到正向觀測以提升空間解析度，甚至獲得突破光學繞射極限之顯微影像，相信此對未來生物分子的直接觀察相當具有發展潛力。另外，利用表面電漿子強化之內全反射雙光子螢光顯微術，其可更有效率地用來觀測活體細胞膜影像。

3.4 非線性光學－多光子顯微術

多光子顯微術 (multiphoton microscopy, MPM) 爲非線性光學的應用範疇之一，由於使用近紅外線作爲激發的光源，也因爲這光源的特性使得其能在生物組織中有著獨特的優點。多光子顯微術搭配適合的平台後，便可將以往在體外進行的實驗移植到活體的層次來進行，在活體中進行的實驗及觀測，才能以最貼近眞實活體情況並以奈米尺寸的條件來了解及透視奇妙生物體的世界。

3.4.1 歷史沿革

非線性光學的發展始於 1931 年時 Maria Gopper-Mayer 在他的博士論文中首次提出了物質同時和兩顆光子交互作用的可能性[92]，卻在缺乏適合的激發光源下而久久未能得到證實，一直到了雷射技術發展之後，非線性光學的效應才得到驗證。至於將非線性光學

第 3.4 節作者爲董成淵先生。

運用於顯微影像中者則爲 Colin J. Sheppared 等人[93]。1990 年 Denk 等人使用飛秒脈衝雷射 (femtosecond laser) 加上快速掃描系統[94]，成功的運用了非線性光學的特性在生物體上形成了非破壞性的光學自然生物切片，也因爲近紅外光光源較不易被生物體所散射而得到了較高的穿透性，更能有效的對生物樣品做深度的掃描，再經由電腦軟體將每一個切片重新組合，進而得到完整而容易觀測的生物三維影像。

3.4.2 基本原理

若由光的粒子學說來解釋，電子之所以會躍遷，是因爲光子與電子的交換作用，而將能量傳遞給電子，使得電子得以躍遷到較高的能階，再因爲穩定的基本要求，電子再度降回基態，放出了相當於所處能階差的能量，也同時轉換成了另一顆挾帶這能量的光子，將能量傳送出去。而若將入射光子能量換成原來的一半，也就是頻率變爲原來的一半時，這個用作激發的光子將無法將電子激發到第一個激發能階上，因爲這光子所挾帶之能量尚不足符合這能階的差値。所以若能用最短時間，幾乎是同時，讓電子一次吸收兩顆光子，將有較高的機率來激發該電子，使之能躍遷到激發態，再從激發能階掉落基態，送出光子，完成激發的程序，如圖 3.33 所示。

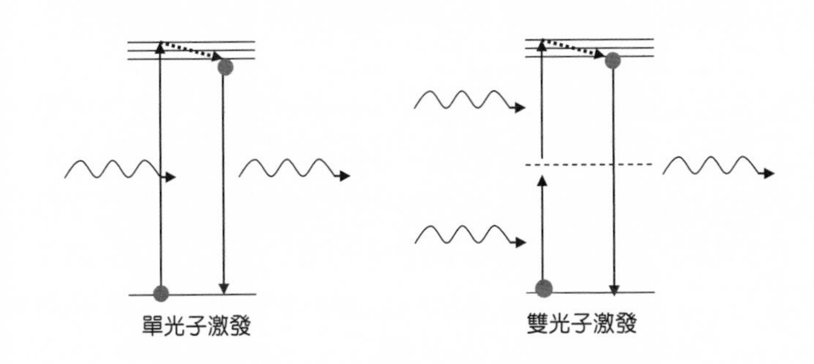

圖 3.33
螢光激發示意圖。

在一連串計算後，可以得到公式 (3.31)：

$$R_{ng}^{(2)} = \frac{P_n^{(2)}(t)}{t} = \left| \sum_m \frac{\mu_{nm}\mu_{mg}E^2}{\hbar(\omega_{mg} - \omega)} \right|^2 2\pi\rho_f(\omega_{ng} = 2\omega) = \sigma_{ng}^{(2)}(\omega) I^2 \tag{3.31}$$

其中，R_{ng} 爲電子被激發的機率，其與激發光源的強度平方成正比，也就是說被激發的發生處在光子數最多的地方，也就是光被聚集的焦點處，故雙光子激發僅發生在物鏡的焦點，若是有光破壞的產生亦只有焦點處，這對於活體實驗時有相當程度的重要性，可以降低因光破壞而對生物體所造成的傷害。另一個在生物組織中，結合多光子顯微術而具特定性的應用爲倍頻訊號。倍頻是物質中電子與光子的交互作用，並無涉及電子的能階躍遷，其基本原理在於電子受光源電場的影響後發生所謂的極化現象，公式 (3.32) 爲極化的多項式，其中有非線性的項次。

$$P=\chi^{(1)}E+\chi^{(2)}E^2+\chi^{(3)}E^3+\ldots \tag{3.32}$$

就古典理論來說，倍頻機制可由分子之極化說起，分子之電子雲分布常態下會呈現均勻的狀態，但若有外加電場的誘發之下，會產生一個與外加電場方向相關的極化現象，也就是極化所產生的電偶極矩正比於電場的強度：

$$P=\chi^{(1)}E \tag{3.33}$$

在高強度的光源尚未開發出來之前，分子的極化現象僅止於線性的範疇，二倍頻、三倍頻甚至更高倍頻的現象只有理論，卻沒有在現實生活中呈現。在 1917 年，愛因斯坦提出了將受激所引發的放射來進行放大作用的觀念，事隔三十幾年後，美國哥倫比亞大學的湯恩斯 (Charles Hard Townes) 於 1954 年將這觀念實現，雷射終於問世。隨著時間的變遷，雷射也不斷的演進，所能進行的科學工作也就更多了，效能也提升了。隨著雷射技術的進步，先前討論的分子極化，便可以繼續討論下去。

在高強度雷射尚未問世之前的極化方程式，因爲電場強度太小而遭忽略，如今再度將原方程式完整寫出，如公式 (3.32) 所列。當激發光源到達一定程度後，非線性項次即被突顯出來，才發覺原來是如此美妙。但二倍頻產生的條件有先天性的限制，只發生於具有非中心對稱分子排列的物質，自然界中有許多晶體都有這樣的結構，但在生物體中卻只有特殊的組織才有，諸如膠原蛋白、肌肉纖維等。基於如此單一性的特質，故使用於生物體觀察時，更具免染色即可以標定及辨識特定物質的特性。

3.4.3 多光子顯微鏡的解析度

理想的成像要求爲物面與像面點點對應，當來自物體的光在另一端成像之品質，其變化在於點狀不能成點狀像所引起，所以系統成像後的品質被定義成以解析度來表示，這些現象係由點擴函數 (point spread function, PSF) 來描述。至於多光子顯微術的解析度可分爲兩部分來探討，分別爲徑向解析度及軸向解析度。其近似表示式爲：

徑向解析度：$$r_{xy}\approx\frac{0.7\lambda_{em}}{\mathrm{NA}} \tag{3.34}$$

$$軸向解析度：\quad r_z \approx \frac{2.3\lambda_{em} n}{(\mathrm{NA})^2} \tag{3.35}$$

其中，r_{xy} 為成像焦點平面與焦點的徑向距離，r_z 為與成像焦點之軸向距離，NA 為數值孔徑 (numerical aperture)，n 為折射率，λ_{em} 為激發光源的波長。

3.4.4 應用與實例

(1) 皮膚醫學

當 MPM 作用在皮膚時，由於在皮膚的結構中從表皮往內部大略分為表皮層與眞皮層，其中表皮層為角質層分部的位置，而眞皮層中包含了大量的膠原蛋白、彈力纖維及血管，其中膠原蛋白在皮膚中扮演著鷹架的角色，其使得皮膚能有彈性及豐腴。但人們發現，隨著時間的消逝，年輕人的皮膚與老年人的皮膚似乎與歲月存在關聯性，於是我們使用 MPM 來觀察膠原蛋白 (二倍頻) 與彈力纖維 (自發螢光)。我們以二十歲、四十歲及七十歲的皮膚樣本作為比較的標的，從這些樣本中可看到膠原蛋白與彈力纖維隨著年紀的消長，年輕的皮膚中明顯有著較多的膠原蛋白，而年長的皮膚卻有著較多的彈性纖維，這些彈性纖維正是皺紋產生的主要因素。基於這樣的關係，我們找出了一個用來定義老化程度的數值與方式[95]，這個數值是經由膠原蛋白與彈力纖維的比值來定義老化，當這個數值越往負值走時，表示老化的程度越嚴重，如圖 3.34 所示。但這樣的數值只是老化的程度，不直接代表年紀，因為皮膚的老化不僅僅是歲月，尚有物理性與化學性的老化，所以皮膚老化並非年紀大的人才會有，過度的傷害皮膚亦會加速老化的發生。

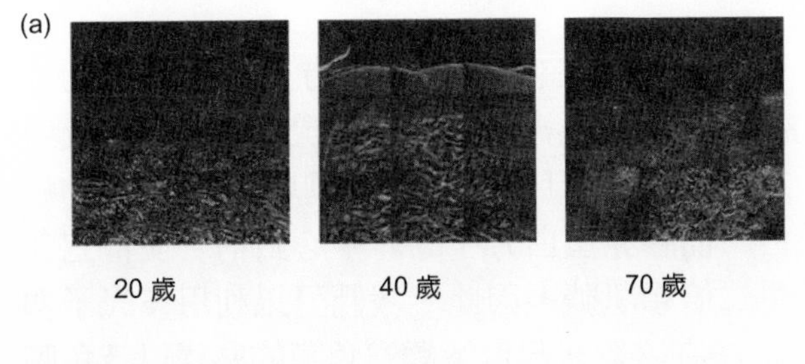

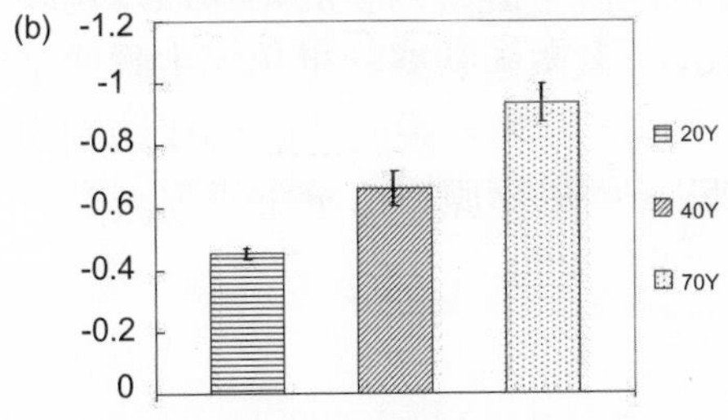

圖 3.34
(a) 由 MPM 在皮膚樣品上所取得的影像，隨著年紀的增長，老化的程度亦趨明顯，膠原蛋白與彈力纖維此消彼長的程度也益加顯著。(b) 對應於上圖皮膚樣品，老化指數明顯指出，越往負指數走，則老化程度越加嚴重。

此外，膠原蛋白的消長也同樣發生在皮膚癌病變的樣品中。我們將基底細胞癌的樣品以 MPM 來偵測，發現自發螢光與二倍頻的訊號亦存在一個穩定的指向性，當這個比值越往正值走時，表示癌細胞發展得越旺盛，反之則為正常，如圖 3.35 所示。

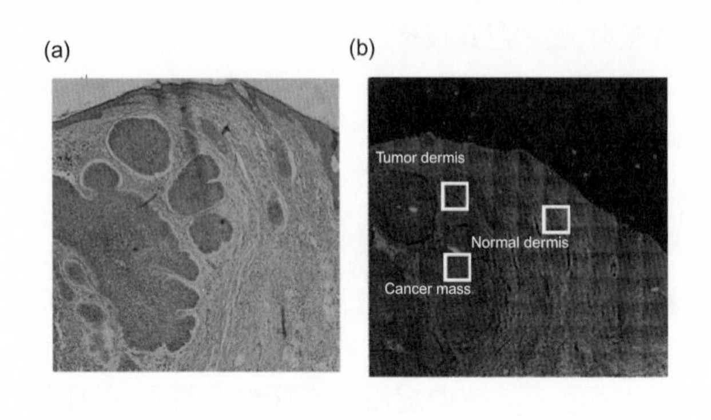

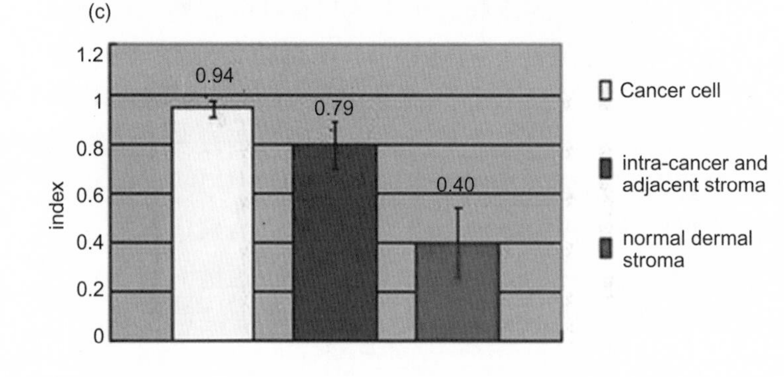

圖 3.35
(a) 病理切片，(b) 皮膚癌的 MPM 顯像，兩者比對可以得知，較深色部分為癌細胞所在。(c) 將癌細胞分部的量化指數，當檢測到癌細胞時，則該指數往正向逼近。

(2) 眼科醫學

眼角膜是由膠原蛋白所組成的組織，由於膠原蛋白的特殊排列方式，眼角膜的透光性可以達到 90%，使得眼睛能有效率的接收外來的光線成像。但這樣高透光、低反射的特性卻使我們很難用傳統的光學技術，在不標定、切片的情形下，即時檢查角膜的病變。由於眼角膜的主要組成成分為膠原蛋白，而膠原蛋白分子的非中心對稱，使得它在滿足示線性光學的條件時，可有效率的產生二倍頻訊號，因此，我們可以利用多光子顯微術 MPM，在不切片、不標定的情況下，直接在次微米尺度下觀察角膜的結構以及角膜病變所引起的結構變化，如圖 3.36 所示。我們使用多光子顯微術觀察圓錐角膜中膠原蛋白纖維排列的變異[96]，圓錐角膜是一種結構性的角膜疾病，圓錐角膜的實際形成機制尚不清楚，不過一般相信與遺傳或是屈光手術併發症有關。由於膠原蛋白纖維排列紊亂，在角膜表面會產生圓錐狀的突起，進而影響角膜聚焦功能及視力。

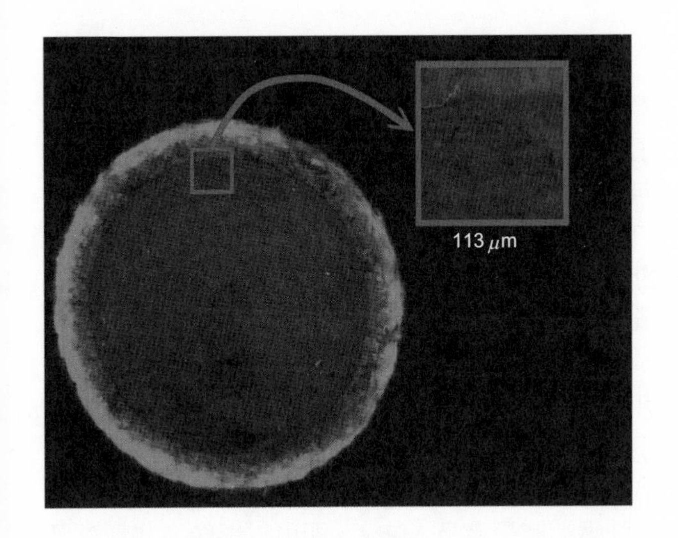

圖 3.36
GFP 老鼠的眼球影像，以 MPM 檢測後，無需以染劑標定即可以二倍頻訊號及自發螢光來進行觀察，在圖中裡，可看到膠原蛋白排列整齊及眼角膜的表皮細胞。

角膜分布於眼睛的最外層，暴露在外且伴隨而來的是外在環境的種種影響，其中以生物感染的情況最爲常見。臨床上角膜感染的診斷，主要是倚靠抹片、實驗室培養來確認所感染的病原體，再針對特定感染病原投藥。然而角膜感染治療的時效性至爲重要，因此，如果我們可以即時的檢測出所感染病原，將可以更有效的治療，減少因感染造成的視力損失。於是將帶有黴菌感染過的角膜部分組織取樣後置於 MPM 顯微鏡下，發現屬於膠原蛋白所特有的二倍頻伴隨著來自於黴菌的自發螢光同時出現，於是我們可以直接由影像來判斷究竟引發感染的是那一株黴菌。這樣的技術若是可以應用在臨床診斷時提供快速及正確的判斷，將有效縮減治療時所需的反應時間並同時降低對病患的傷害，如圖 3.37 所示。

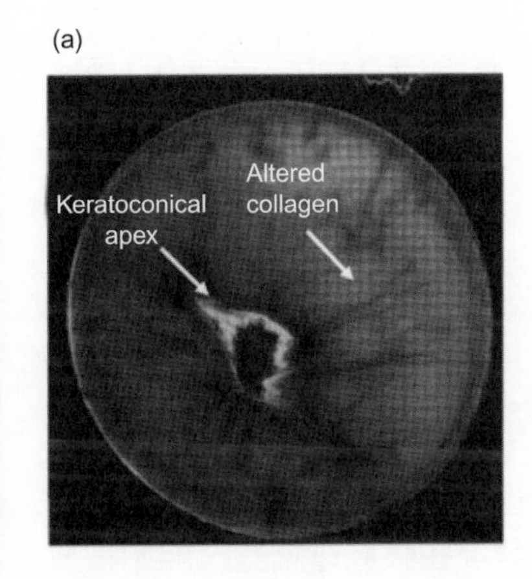

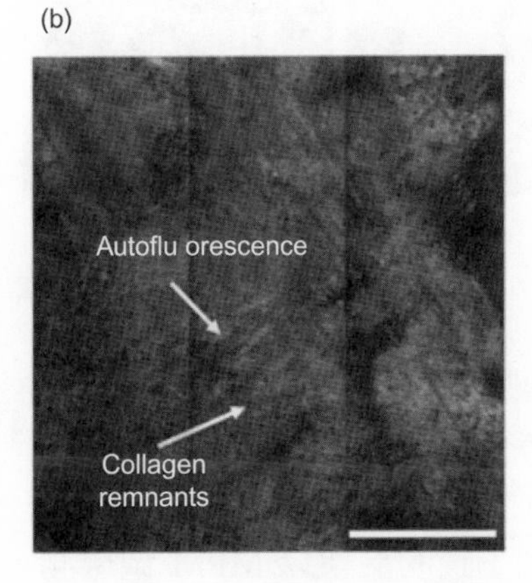

圖 3.37
(a) 圓錐性角膜病變的影像，其中的一個不完整的部分顯示出病變的所在，經由 MPM 可以達到快速的檢測及了解結構上的改變。(b) 灰色處爲黴菌感染及發展的部分，黑色爲原來正常角膜的部分，由於感染的原故，造成無法透光影響視力。

(3) 肝臟學

肝臟像是座化學工廠般地設置於人體中，其除了合成蛋白質、參與代謝及轉化藥物外，尚有分解來自外來與自身的毒性物質等功能。這些功能的運作是不分晝夜，無論假日，肝臟持續的工作著，加上肝臟並無神經分布，所以甘苦無人知。當然，肝臟也會有超載、負荷過度的情況發生，由於沒有神經分布，所以在臨床上的觀察多以抽血來間接檢測，而血液中用以檢測肝臟發炎程度的物質是 GOT 與 GPT。但這指數雖然與肝臟發炎有直接關係，但在血液中卻不見得是相關性極高的數值，且也沒有辦法得知肝臟的運作機制，對於肝臟疾病的形成與肝臟功能的運作無法了解。要了解肝臟的運作方式及疾病的發生機制才能在治療上得到最大的效用，活體觀察是唯一解開謎題的方法。於是，我們發展了一套可以在老鼠身上進行活體肝臟功能觀測的平台及模型[97]，並結合 MPM 造就了即時觀測的契機。我們針對肝臟的代謝進行實驗，當我們將標定代謝作用的螢光物質 6-CFDA 注射入老鼠的血液裡，再結合肝臟活體平台及 MPM，即可以影像方式觀察肝臟代謝的過程，如圖 3.38 所示。

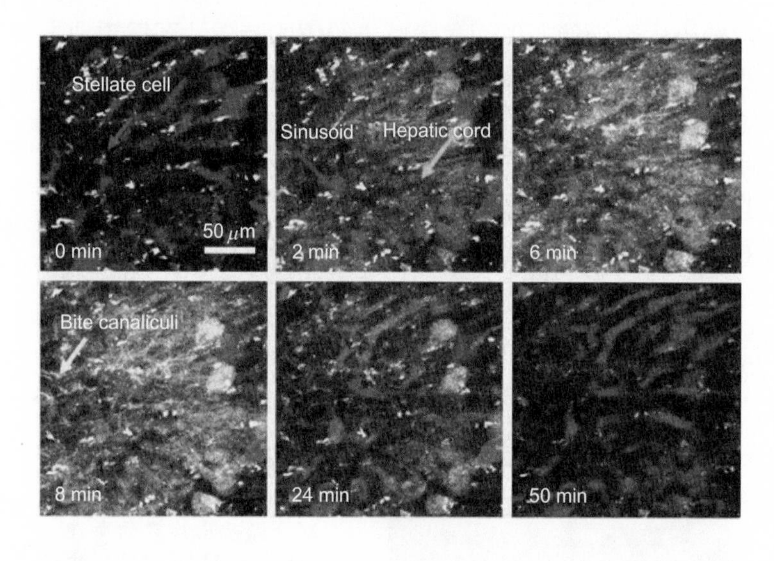

圖 3.38
在活體的肝臟代謝過程，我們將 6-CFDA 注入血液後，再由 MPM 來觀察由肝臟代謝出綠色的螢光，整個過程差不多在六十分鐘內完成。

(4) 組織工程學

組織工程是現今十分熱門的學科，對於人體組織再造及重建扮演著舉足輕重的角色，當人體的組織受到損害後，有些組織可以由人類再造，但有些重要的組織卻不再重生，亦有可能只能復原一部分，這時組織工程就提供了一管道，可以讓人體重新正常運作。我們曾對用來作爲細胞生長的支架以 MPM 做檢測，發現在膠原母細胞一開始被放置於支架裡培養時，並沒有膠原蛋白產生，且支架與未加入細胞時一樣，沒有變形或受力。在一段時間後，可以經由 MPM 所得到的影像中看到，膠原蛋白被生成，且支架因爲受力而產生形變，這樣的訊息提供了細胞生長及組織再造時所需面對的問題，經由 MPM 可以在不影響甚至是非侵入細胞生長的環境中來進行觀測，使得因爲觀察時所外加的因素降低。且因爲 MPM 的特性，能夠對這些材料及支架作三維架構的顯影，使得我們可以清晰的以三維空間來建構及了解組織工程的形態，協助組織工程能更有效的設計與觀察實驗，如圖 3.39 所示。

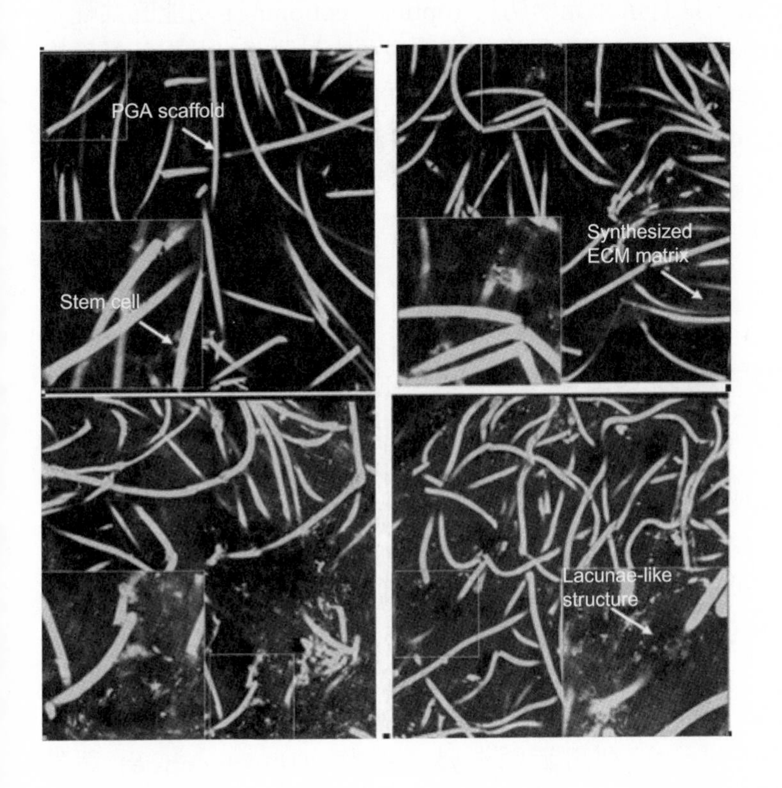

圖 3.39
在上半部左邊這張圖爲綠色螢光的支架及幹細胞，在經過一段時間的發展後，細胞逐漸長出膠原蛋白並因爲壓力而撐開了支架。

3.4.5 結論

多光子顯微術以其高穿透性、低破壞性、自然光學切片及三維建構[98]，成功的在生理學及病理學上做出貢獻，結合螢光及倍頻訊號的使用，讓生物組織的特性發揮的淋漓盡致，藉此技術所觀察到的顯像與研究結果，更使得生醫影像及分析進入另一個層次。直接以影像的方式使得我們能採用最直覺的方式來理解生物組織，加速各領域的專家學者進入生醫領域的腳步。當然，長久以來生物實驗的觀察皆採用體外培養或事後採樣的方法，日後將運用體外實驗所得之生理學及病理學上經驗來作爲活體研究的基礎。現實的環境之中，沙盤推演不斷的重複演練爲了是不能有錯。生命不能重複所以珍貴，卻往往經不起看似輕微的一擊，活體研究才能眞正的降低未考量之未知變因所造成的錯誤。活體研究以最貼近眞實環境的方法來了解環境，而不操控環境，才能眞正了解並解開藏於生物體的謎。

3.5 螢光光譜分析術

螢光光譜分析術 (photoluminance) 在光譜顯微技術中佔了舉足輕重的地位。本文從光激發發光 (photo-luminescence, PL) 原理介紹開始，到各種螢光光譜在不同物體量測目的上的種類分述，最後根據不同應用與目的逐一敘述在生物醫學上的研究應用，其中概括三大類：一般螢光光譜、具有螢光光學切片 (optical sectioning) 功能的共軛焦 (confocal) 及光切片 (light sheet) 照明，以及奈米尺度的實質或藉由量測螢光共振能量轉換 (fluorescence resonance energy transfer, FRET) 得知蛋白質交互作用的螢光生命期影像顯微術 (fluorescence lifetime imaging microscopy, FLIM)，都作了詳細的說明。

3.5.1 基本原理

光具有物質 (光子，photon) 與波動的雙重性質。以光的電磁輻射特性與光子性質而言，光之光譜 (spectra) 範圍包括紫外光 (UV, 200－400 nm)、可見光 (400－700 nm)、近紅外光 (near-IR, 700－2500 nm)、中紅外光 (mid-IR, 2500－5000 nm) 與遠紅外光 (far-IR, 5000－10^6 nm)[99]。

相較於如鎢絲燈所利用的熱輻射發光 (incandescence)，無熱發光 (luminescence) 不需要熱能就可以發出不同波長的光線。無熱發光或稱光發散 (light emission) 或冷光，其涵蓋範圍非常之廣，以發光型式與原理可略分為：(1) 化學冷光 (chemiluminescence)、生物冷光 (bioluminescence)，(2) 電磁發光、機械發光，(3) 光激發發光等。光激發發光是本節主要敘述的技術主軸。

藉由光子以高能方式激發 (photo-excitation) 被測物 (如螢光物質) 而導致發光，稱之為「光激發發光 (PL)」，可利用範圍主要是螢光 (fluorescence) 與磷光 (phosphorescence)。在只有短短的 10 ns 左右的 PL 過程中，牽涉到能量的吸收 (absorption) 與發散 (emission) [100]。螢光是 PL 中最廣泛被用到的發光型式，以螢光燈為光源者產生之螢光，稱為「螢光激發螢光」，以雷射光為光源者產生之螢光，則通稱為「光激發螢光」。

光激發螢光運用在半導體的檢測或量測上，已行之多年，特別是奈米等級材料，如量子點 (quantum dots, QDs)[101]。在生醫研究範疇下，無熱發光 (生物或化學之冷光或光激發螢光等) 的應用則包括分子遺傳診斷、細胞生物學等，例如：(1) 染色體突變或斷裂之檢測、(2) 特有蛋白質 (如只有癌細胞表現) 表現及位置之偵測、(3) 活細胞或活體內離子多寡之動態量測、(4) 蛋白質交互作用的動態情形等，皆可以用各種不同的螢光光譜顯微術來顯現。

如圖 3.40 所示，Aleksander Jabłoński 的能階圖可以解釋螢光與磷光的發光原理[102]。基本上，螢光樣品均有與特定螢光分子鍵結之部分，高能量短波長的光照射到樣品時，

第 3.5 節作者為楊德明先生。

其內螢光分子之電子被一定能量之入射光激發後，由低能階狀態躍遷至高能階，電子在高能階狀態下，會先掉落至一個亞穩態，再由亞穩態回到原來的低能階狀態而釋放出能量較低、波長較長之光子。發散的光子其生命期 (lifetime) 在 $10^{-9}-10^{-7}$ 秒內 (奈秒範圍) 者，稱爲螢光現象。螢光的應用現在已經非常普遍而生活化，舉凡螢光筆、螢光燈、螢光棒、螢光粉末或是在衣服上的螢光染料等皆是。能發螢光的物質可略分爲化學與生物兩大類，分述如下。

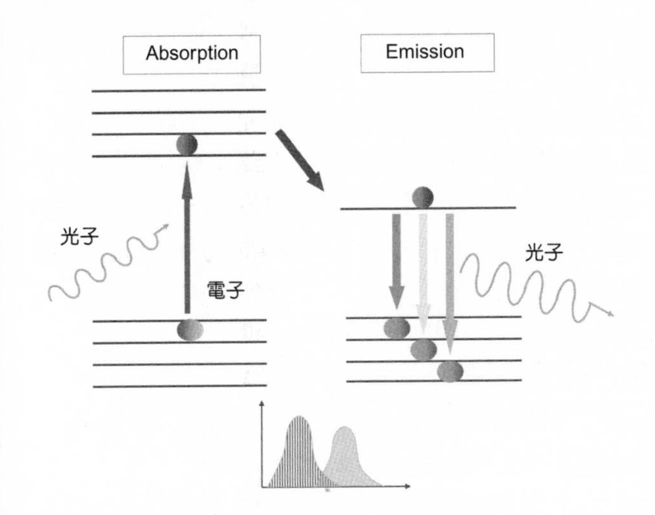

圖 3.40
一個典型的螢光發生時之電子能態變化過程，吸收光子躍遷至高能階狀態再落到一個亞穩態，從亞穩態落回原來的低能階時，會釋放出螢光的光子，激發的過程往往是一個短波長的光子釋放出一個長波長的光子[118]。

(1) 化學螢光發光團 (chemical fluorescence chromophores)

早期物理化學家發現一些自然界會發光的物質，並探討其特性及可利用之螢光光譜範圍。近幾年分子探針的蓬勃開發，強而不易被激發光 (如雷射) 傷害、導致快速褪卻的螢光探針相繼商業化，最有名的例子是涵蓋廣泛光譜的 Alexa Fluor 系列、Cy 染劑系列以及 Texas Red 等。免疫螢光染色的策略是：以免疫球蛋白 (來自兔子或大鼠的一級抗體) 準確抓住有興趣之蛋白，再利用事先已以化學鍵結方式將綠 (FITC) 或紅 (TRITC) 光物質結合的、能辨認不同種類動物 (如兔子或大鼠) 的抗體 (二級)，最後以螢光顯微鏡顯示特殊蛋白在細胞內位置表現的情形。今日最常用到的螢光範圍是分別帶有紅 (TRITC、TMR、Texas Red 等)、綠 (FITC)、藍 (DAPI) 三色的螢光物質。化學離子探針可偵測細胞內鈣、鈉、鉀、氫等離子，甚至自由基 (free radicals, reactive oxygen species, ROS)[103] 、重金屬離子亦被廣泛的開發與應用。

(2) 生物螢光蛋白 (biological fluorescence protein, FP)

事實上許多蛋白質兼具吸收光譜與光激發螢光之特性，如 NAD(P)H、flavin、elastin、collagen 等，特別是在活體組織內，常造成所謂自體螢光 (autofluorescence)。

最主要是因爲其內具有特殊能發螢光的結構，如苯環 (aromatic) 之蛋白質 (tryptophan、tyrosine、phenylalanine)，與 DNA 中的 thymine 等[104]。自體螢光無專一性，因此應用上受限。

普林斯頓大學科學家下村修 (Osamu Shimomura) 和 Frank Johnson 於 1962 年在華盛頓州做海洋生物取樣調查時，發現水母 (*Aequorea victoria*) 能發出生物冷光 (bioluminescence) 的關鍵，與名爲 Aequorin 的蛋白質有關，此蛋白質能與鈣離子 (Ca^{2+}) 產生交互作用，發出藍光。純化 Aequorin 蛋白的過程中，伴隨發現了另一個特別蛋白質，其能在藍光 (470 nm) 照射下，發出高強度綠螢光，因此被命名爲綠色螢光蛋白 (green fluorescent protein, GFP)[105]。

GFP 的基因在 30 年後的 1992 年被科學家 Douglas Prasher 選殖出，至今 GFP 被廣泛應用在細胞生物學、分子生物學、甚至生物科技的領域中，GFP 可作爲生物探針，或報導基因 (reporter gene)。如以基因重組方式，將 GFP 的基因與想要研究的另一個蛋白的基因前面或後面銜接，最後轉譯成綠色螢光標的融合蛋白 (fusion protein)，在各種細胞、組織，甚至動物個體中，追蹤標的蛋白在次細胞表現位置、組織或個體內動態變化。生物醫學上，重要之致病基因產物，也可以透過與 GFP 基因融合，應用在螢光顯微鏡術，以了解該基因產物在活細胞內的位置、活性，甚至於功能及致病機轉等[106]。

GFP 蛋白分子爲由 238 個氨基酸組成，其所以會發光是因爲位於該蛋白 3D 結構中心的三個氨基酸組成的發光團結構 (第 65 到第 67：Ser-Tyr-Gly)，而周圍的摺版構造形成圓柱狀 (cylindrical) 的保護結構，使該蛋白具極佳的穩定性並能持久耐強光照射。近幾年，也有科學家利用其對氫離子 (pH，酸鹼度)[107]或氧化還原 (redox) 狀態的變化[108]，使 GFP 的應用又跨向「生物感應器」的範疇。

近幾年來，Roger Tsien、Atsushi Miyawaki 等分子生物學家努力的創造了數種 GFP 相關、不同發光波段、更亮更耐久的變異蛋白，如加強型綠螢光蛋白 (EGFP)、藍光 FP (BGP)、靛光 FP (CFP)、黃光 FP (YFP、Venus 等) 等，再加上科學家鍥而不捨的自廣大的海洋深底探尋具有能發更長波段螢光的生物，如珊瑚，結果找到並純化出了紅色 FP (DsRed、mRFP 等)。如圖 3.41 所示[109]，至今至少有數十種不同光譜的 FP 可以被利用，且仍有更多的 FP 持續被創造出來，如日本北海道大學教授永井健治 (Takeharu Nagai) 最新的深藍 (deep blue) 蛋白。在這眾多的螢光蛋白 (FP) 中，有一些蛋白因爲激發光光譜 (excitation spectrum) 與螢光光譜 (emission spectrum) 的互相重疊，而可以成對的使用在探測兩物質間是否有結合或交互作用的工具，將螢光的應用推至奈米的尺度 (如以下敘述的 FRET)。

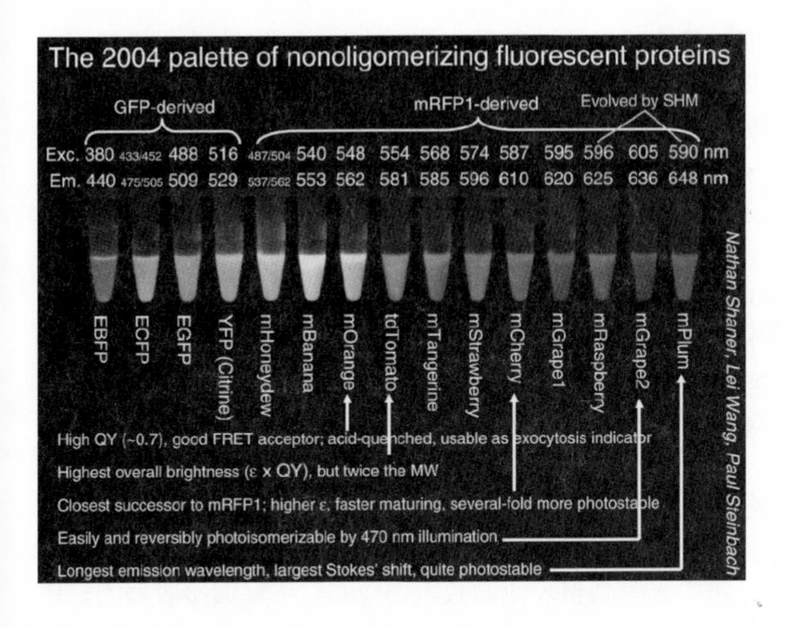

圖 3.41
以綠螢光蛋白 (GFP) 為首的不同色螢光蛋白例子[109]。

3.5.1.1 螢光顯微術 (fluorescence microscopy)

光學顯微鏡自 Robert Hooke 於 1665 年發明以來，歷經 17 世紀初發展 (1590 年 Jansen 父子、1611 年 Kepler)，在這長達 300 年的演進下，現代顯微鏡術的發展已趨於多樣化。而無論是微生物、植物、動物細胞，或者是病理組織切片、型態學上的研究等，生物醫學相關知識的累積豐富，包括對於生物樣本的染色處理技術，使得我們對內部次細胞構造與型態，如內質網、粒線體、分泌泡、高爾基體、細胞骨架等，有更進一步的瞭解。

螢光顯微鏡配備有能集中相當能量的激發光源 (一般為汞弧燈)，而非一般之鹵素燈照明，加上相對應之特殊濾鏡，使得該儀器具有探測特定物質之特性[102]。因此在照明光路上，螢光顯微鏡與一般可見光顯微鏡不同。事實上螢光顯微鏡早在 1904 就已經被發明出來了，大約過了將近 30 年後，1941 年 Coons 首先以螢光染劑結合特殊抗體去探測細胞表面特殊抗原之存在，這才開啓了免疫螢光的標的方法，螢光顯微鏡也才逐漸被大量應用在解析細胞內特定蛋白質的量與空間位置分布情形。

光學顯微鏡與光譜學 (spectroscopy) 在研究或檢測儀器發展史上，一直是平行且時而相輔相成。從螢光光譜方面之知識，帶動螢光顯微鏡之生物應用，到目前熱門的拉曼光譜顯微鏡、共軛焦光譜顯微鏡等都是相當實際的佐證。

3.5.1.2 螢光光學切片

所謂螢光光學切片 (fluorescent optical section) 係指能將待測螢光樣品之內部螢光分布

情形，以類似斷層掃描方式擷取，最後可以三維重組方式立體呈現[110]。在生物醫學研究上時常會有光學切片的需求，特別是當遇到研究需要知道兩種有興趣蛋白分子在細胞內相對位置時，而一般螢光顯微鏡無法辨認它們是否在細胞膜或細胞核時，而能夠做到光學切片的共軛焦顯微術 (confocal microscopy)、擇面光照 (selective plane illumination) 或雙光子雷射激發照明 (two-photon excitation, 2PE) 都是可以提供解決方案的檢測平台[110]。

(1) 共軛焦雷射掃描顯微術 (confocal laser scanning microscopy, CLSM)

螢光共軛焦雷射掃描顯微術 CLSM 應用了早自 1955 年由 Marvin Minsky 所提出搭配針孔 (pinhole) 的雷射點掃描 (laser point scanning) 概念[111]。經過將近三十年之久的演進與發展，1982 年德國蔡司公司 (Zeiss) 首先將其商品化。如今至少有十幾家廠商生產不同型式的共軛焦顯微平台，分別在工業或生醫上提供使用者應用。共軛焦顯微鏡已是全世界各大學或研究單位中不可或缺的重要儀器之一。

CLSM 是在感光接收器 (通常是光電倍增放大管 (photomultiplier tube, PMT)) 的前端架上一個光圈大小適當的針孔，藉由光學調整，使顯微鏡物鏡的對焦點與接收器的對焦點形成共軛焦 (con-focal)，如圖 3.42 所示。針孔的作用是讓其他焦點的影像被排除，因此透過該針孔，只有共軛焦的影像訊號得以傳入，因此達到螢光光學切面之效果，研究者可以像斷層掃描一般對單一細胞或一段組織切片，做螢光影像的雷射光學切片，如圖 3.42(b) 所示。必須注意的是，在不同焦平面但同一光軸的物體仍然被激發光照射到，因此在做三度空間雷射點掃描 (3 dimensional laser point scanning) 時，要小心被測物是否可能因過度重複打擊而失去螢光訊號，而下述的光切片 (light sheet) 照明架構可以突破此限制。

(2) 轉輪共軛焦顯微術 (spinning disk confocal microscopy, SDCM)

早在 1884 年，Paul Nipkow 提出透過微針孔陣列轉輪方式 (Nipkow disk/microlense)[111]，一次擷取完整畫面影像，大大縮短影像擷取時間，且同樣可以達到共軛焦影像的效果，如圖 3.42(c) 所示。在 CLSM 平台上，要擷取清晰且高解析的影像，往往必須將掃描速度放慢，然而如果觀測的物體具有較快速的動態變化，掃描速度趕不上時，CLSM 將無法有效獲得所要觀測到的影像。藉由轉輪內成列的針孔旋轉，加上搭配 CCD 的面擷取，研究者將可以縮短擷取時間，甚至可以達到即時 (real-time, video rate) 影像的獲得，此為 SDCM 最大的特色。

(3) 擇面光照顯微術 (selective plane illumination microscopy, SPIM)

德國光學物理專家 Ernst H. K. Stelzer 於 1994 提出跳脫傳統光學顯微激發光路徑之方式，將入射激發光改置於垂直觀測軸 (Z) 方向[113]，當時稱此架構為 theta 顯微術[114]。隨後其研究群繼續發展此類顯微術，搭配圓柱鏡 (cylindrical lens) 之運用，將入射光從雷射光單點掃描改變成光切片 (light sheet) 垂直照明型式，即所謂擇面光照顯微術 (SPIM)，如圖

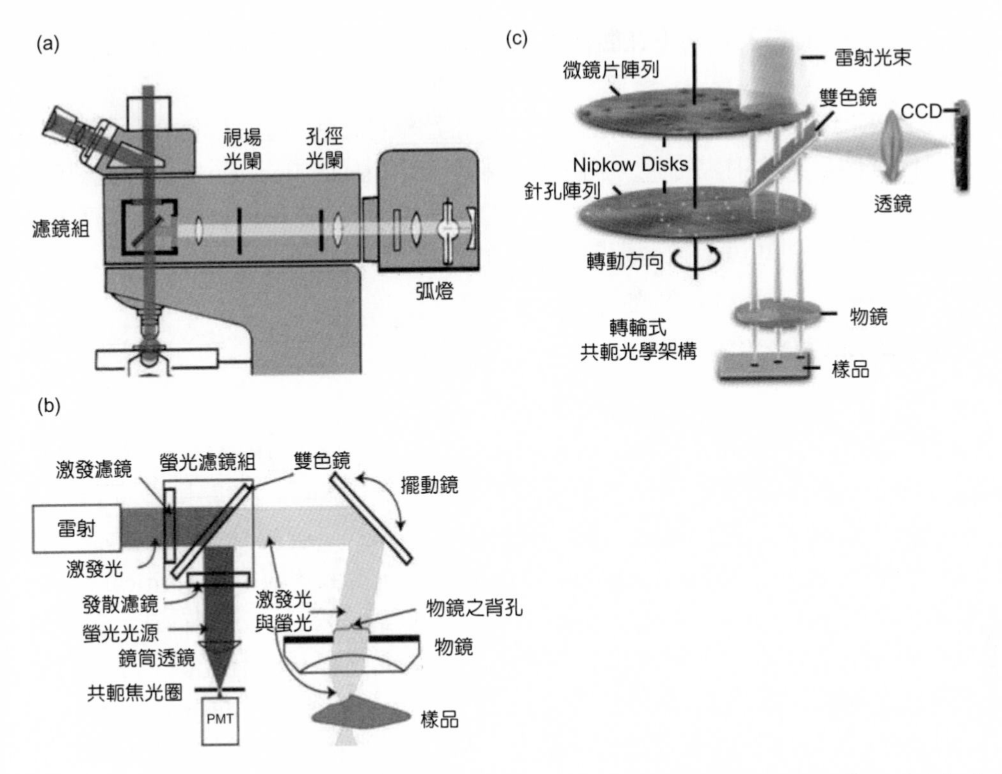

圖 3.42 不同種類螢光顯微鏡設備的光學架構，(a) 一般螢光顯微鏡、(b) 針孔式共軛焦顯微鏡、(c) 轉輪式共軛焦顯微鏡[102,110]。

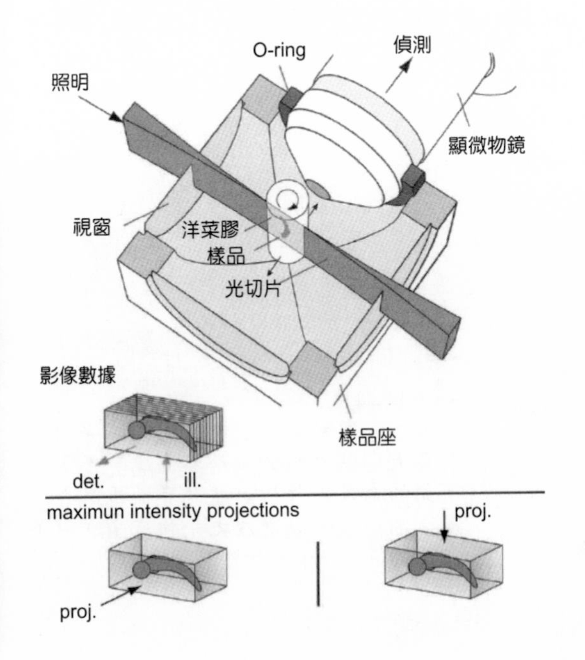

圖 3.43
SPIM 設備的架構[115]。

3.43 所示[115]。由於 SPIM 的入射光不在觀測軸上，對於上述共軛焦掃描的限制提供了可能的解決方案。

此外，光切片也出現在共軛焦顯微術的搭配應用上，德國蔡司公司將光切片應用在雷射光源上，取代其傳統的雷射點掃描，而成爲雷射線掃描 (laser line scan)，在影像接受器方面，搭配線掃描而使用特製的線接收方式 CCD，在維持相對解析度下，大大減少了掃描所需時間，也開啓了共軛焦顯微術走向快速多維影像世界的另一個契機。

3.5.1.3 高解析螢光影像 (奈米等級)[116]

(1) 全反射螢光顯微術 (total internal reflection fluorescent microscopy, TIRFM)

全反射是一個很早就被發現的現象，然而將其運用在螢光照明的策略則是近幾年之內的事。其原理爲：當光由一密介質進入另一個折射率不同的疏介質時，在界面會產生反射與折射。若根據 Snell 定律 (Snell’s law)，當入射角的角度到達臨界角 (critical angle) 時，會產生所謂全反射 (total internal reflection) 作用，即折射之穿透光不再存在。然而實際上在第二個介質中的界面處，仍能滲出殘存微弱的入射光可作爲激發光源，由於該光的能量隨著與界面距離越遠越弱 (非線性的衰減)，因此被稱之爲漸逝波 (evanescent wave) 或漸逝場 (evanescent field)。在此漸逝波的照明下，只有位於界面 30－300 nm 距離的物體才會被激發，因此造成絕佳的 Z 軸解析度，如圖 3.44 所示[117]。該儀器唯一的缺點爲：不具有超過 500 nm 的光學切面能力，無法如共軛焦顯微術能深入活細胞或組織探究深層螢光特性。簡言之，只能觀測工業材料或生物醫學樣品的表面螢光動態。

由 Fresnel 方程式 (Fresnel’s equation)，可以知道光在全反射的情況下，在第二個介質中的穿透光強度與界面的距離呈指數衰減的關係，即

$$I(z) = I(o)e^{-z/d} \tag{3.36}$$

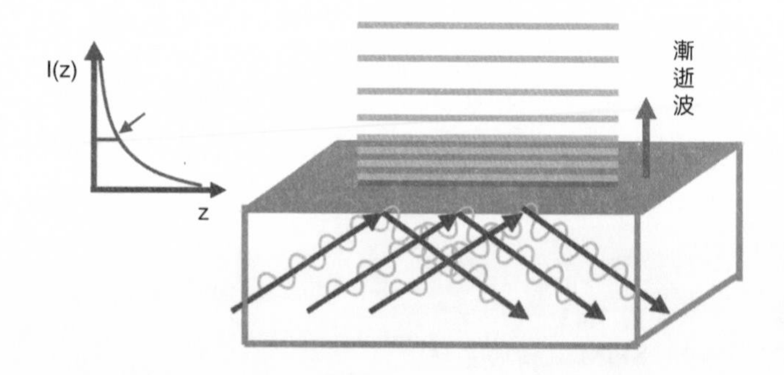

圖 3.44
光由密介質到疏介質時，當入射光的入射角大於臨界角時，於界面處會產成生所謂的全反射作用，並於界面處疏介質產生漸逝波，漸逝波之光強度 $I(z)$ 隨著穿透的深度 (z) 成指數衰減[118]。

其中，$I(o)$ 是入射光在界面的強度，$I(z)$ 是光在第二個介質中的強度，z 為在第二個介質中垂直界面的距離，d 為衰減長度 (decay length)，其關係式如下：

$$d = \frac{\lambda_0}{4\pi}\left[n_1^2 \sin^2\theta - n_2^2\right]^{-1/2} \tag{3.37}$$

其中，λ_0 為入射光波長，θ 為入射角，n_1、n_2 分別為第一與第二個介質的折射率。由方程式 (3.37) 可知，在入射角大於臨界角時，入射角的不同會造成有效衰減長度的不同。以 488 nm 的藍光雷射為例，對於一個折射係數為 1.33 的細胞而言，若蓋玻片折射係數為 1.5，在入射角為 68° 的情況下，其衰減長度約為 97 nm[118]。

因為全反射螢光顯微鏡只激發樣品表面處於全反射界面極淺的一個表面範圍內，且能避免激發其他區域的螢光團，因此可得到清楚且極為表層的表面螢光影像，這和一般的螢光顯微鏡觀察到整個樣品的螢光訊息是截然不同的，與共軛焦顯微鏡光學切片的道理有異曲同工之處。此外，理論上一般以燈絲為光源之弧光燈，也可以作為全反射螢光顯微鏡之光源，不過實際上要將這些不同調光的光束調整成相同之適當角度並且仍保有足夠的強度，是相當困難的，因此一如共軛焦顯微鏡技術，全反射式螢光顯微鏡通常是以雷射為光源。但是全反射螢光顯微鏡是完全相容於標準螢光、明視野 (bright field)、暗視野或位相差顯微鏡技術，因此可以快速切換於各種不同的照明方式中。

(2) 奈米鏡

自從 1884 年 Ernst Abbe 綜合 Rayleigh 條件提出：光學顯微鏡放大影像的主要極限是源自光本身的波動性質，導致光學解析力達不到奈米尺度。這個光學解析的重大極限，長久以來一直被認為是不可能解決的難題[116]。另一方面科學家於 1931 年發展電子顯微鏡 (electron microscopy, EM)，雖然電子顯微鏡 EM 的奈米解析度絕佳，但卻不能以「活生生」的方式觀測生命，加上繁瑣的生物樣品製備過程，包括破壞細胞完整性而將細胞超薄切片 (只有 50 nm 的厚度，為的是能被穿透式 EM 的電子束穿過成像)，或將樣品做真空鍍膜 (掃描式 EM 必備過程)，使得 EM 也有其應用上的限制。

德國光學專家 Stefan W. Hell 是嘗試建立一套能夠超越上述光學解析極限的理論架構的科學家之一。早先 Hell 在 Stelzer 的實驗室裡，於 1992 年提出特殊的 4Pi 共軛焦顯微術概念[119]，該技術利用兩個相同的物鏡對焦在同一待測物體上，使光學顯微解析往準奈米的程度前進[120-123]，之後 4Pi 顯微術也因具實用價值而被商品化發展 (德國萊卡公司)。再經過幾年的理論與實際光學架構修正，Hell 於 1994 年自己又思考開發出另一套「受激發射之螢光損耗 (stimulated emission depletion, STED)」的策略概念[124]，藉由儀器架構 (包括與 4Pi 整合) 與實驗測試，其被測物的激發光尺度可以小至一定程度，圖 3.45 所示，該儀器 (STED 顯微術) 使物體的放大尺度下探至奈米等級。經由十年餘的發展與更新，

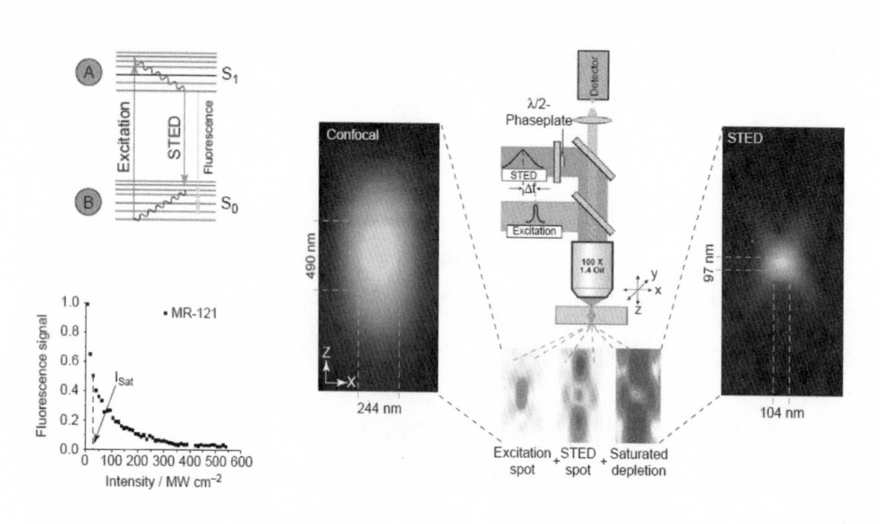

圖 3.45
激發誘導之螢光消滅 (STED) 顯微術架構圖[127]。

科學家已能擷取到小至 30 nm 的螢光分子影像[125-129]。更甚者，目前此儀器已能從活生生的生物醫學樣本中，以即時方式擷取[130]，使研究者能瞭解到奈米尺度上、生物醫學分子的動態變化[131]。

(3) 螢光共振能量轉換 (fluorescence resonance energy transfer, FRET)

螢光共振能量轉換 (FRET) 的現象最早來自德國物理學家 Foster 所提出之理論[132]，FRET 的概念爲：在 A 與 B 二個螢光發光團之間 (或一分子中的 A 與 B 兩個不同部位)，如果 A 與 B 空間位置非常相近 (約 10 nm)，且兩物質的偏振 (polarization) 位相相同，再加上 A 的螢光光譜剛好落在 B 的激發光譜中，此時 FRET 現象可能發生。因此，當給予激發 A，所產生的 A 的螢光，足以作爲 B 的激發光源時，就可以獲得 B 的螢光，此時 A 的螢光反而下降，因此可以利用比值影像技術 (ratiometric imaging, F_B/F_A)，進而證實了 A 與 B 的確有交互作用。

近年來奈米尺度的 FRET 概念被應用在單分子內的綠螢光融合蛋白中，1997 年美國加州大學聖地牙哥分校的 Roger Tsien 實驗室團隊，在兩個不同的 GFP (CFP 與YFP 或 BFP 與 GFP 爲 FRET 配對) 基因中間，加進調鈣素 (calmodulin, CaM) 與 CaM 結合蛋白片段 (M13，只有在 CaM 於有鈣離子的狀態下才會與 M13 結合)，創造了第一個能在活細胞內偵測鈣離子的蛋白：cameleon[133]。至今已有數十種以此策略啓發而建構的生物感測蛋白誕生，包括能偵測特殊蛋白，如 caspase 3、cAMP、IP3、tyrosine kinase、ATP (check) 等在細胞內含量的增減，以瞭解細胞處在何種狀態下[134]。

此外，利用能偵測 FRET 反應的策略，科學家能瞭解活細胞內蛋白之間交互作用 (分子間 FRET)，包括以一般螢光顯微術或共軛焦顯微術去探測「螢光強度基準的 FRET (fluorescent intensity-based FRET)」[135]。具時間解析能力的顯微術 (time-resolved fluorescent microscopy, TRFM) 是以量測物質之螢光生命期 (fluorescent lifetime) 爲標的的螢光生命期顯微術 (fluorescence lifetime imaging microscopy, FLIM)，藉由時間解析尺度下所探測的是「螢光生命期基準的 FRET (fluorescent lifetime-based FRET)」[135]，主要的核心策略是：時間解析單光子計數 (time resolved single photon counting, TCSPC)[136]。TCSPC 的關鍵技術在於極快的時間間隔 (通常在數十個 ns 範圍) 之內，一次只擷取一個光子訊號，也因爲 TCSPC 技術是個典型的「光子統計學」，因此每一個像素 (pixel) 所含有的影像訊號，需要累積足夠的光子數目，才足以代表該類物質的螢光衰減特性 (即螢光生命期數值)。此外，要能有如此快而短暫時間擷取光子影像，三個關鍵技術需要指出：(1) 具光學切片能力的雙光子雷射 (2PE laser)；或半導體脈衝雷射 (pulse laser)，可搭配共軛焦顯微鏡既有的雷射掃描部分；(2) 高靈敏影像訊號接收器 (如下文會提及的光電倍增管等)；(3) 儀器同步的問題 (通常是 TCSPC 與相關訊號卡的連結)。

軟體程式必須將擷取到的細胞樣品內各部位每一個像素點，計算出其生命期衰減的常數數值 (τ) 的生命期數值，再決定數值的高低標，以特殊顏色圖版標示出，呈現出生命期的影像圖譜。由於每種螢光物質在固定環境下具有一定的生命期衰減常數，以 FLIM 來偵測 FRET 現象的發生，相對於螢光強度策略上，FLIM-FRET 是比較容易辨到的。通常要做 FLIM-FRET 的實驗時，必須先針對標的蛋白 (待測樣品) 接上綠螢光蛋白 (EGFP, 作爲 FRET donor) 之基因，另一待測蛋白之基因接上紅螢光蛋白 (mRFP, 作爲 FRET acceptor) 之基因[137]，兩融合基因要在待測模式細胞內表現，之後借助 FLIM 儀器取得生命期螢光影像。因此如果兩蛋白發生結合等交互作用，則 EGFP 的螢光生命期將因爲傳授給 mRFP 螢光能量而衰減，常數數值會降低。藉由取得降低程度不同，判斷是否發生 FRET 的現象，證明該兩類蛋白質在活生命系統內的直接交互作用。

3.5.2 技術規格與特徵

螢光顯微鏡的整體系統架構可大致分成六部分，如圖 3.46 所示，即 (1) 光源：一般螢光弧燈或數種雷射最爲常見；(2) 顯微鏡主體：研究級倒立式 (inverted) 或正立式 (upright) 顯微鏡；(3) 濾鏡組或光譜儀；(4) 影像擷取記錄器：通常高速與高靈敏度的 CCD、PMT 或 APD 感測器是必須的；(5) 影像擷取軟體：CCD 感測器影像訊號的快速擷取與影像處理與運算之軟體，軟體控制是全套系統的靈魂，影像分析是系統的另一大課題，目前已有商業化的套裝軟體，亦有人以 LabView 搭配 MetLab 兼具硬體控制與軟體影像分析功能。(6) 其他相關配件：如電腦與儲存裝置 (如大容量硬碟)、防震平台、顯微操作組合等[138]。

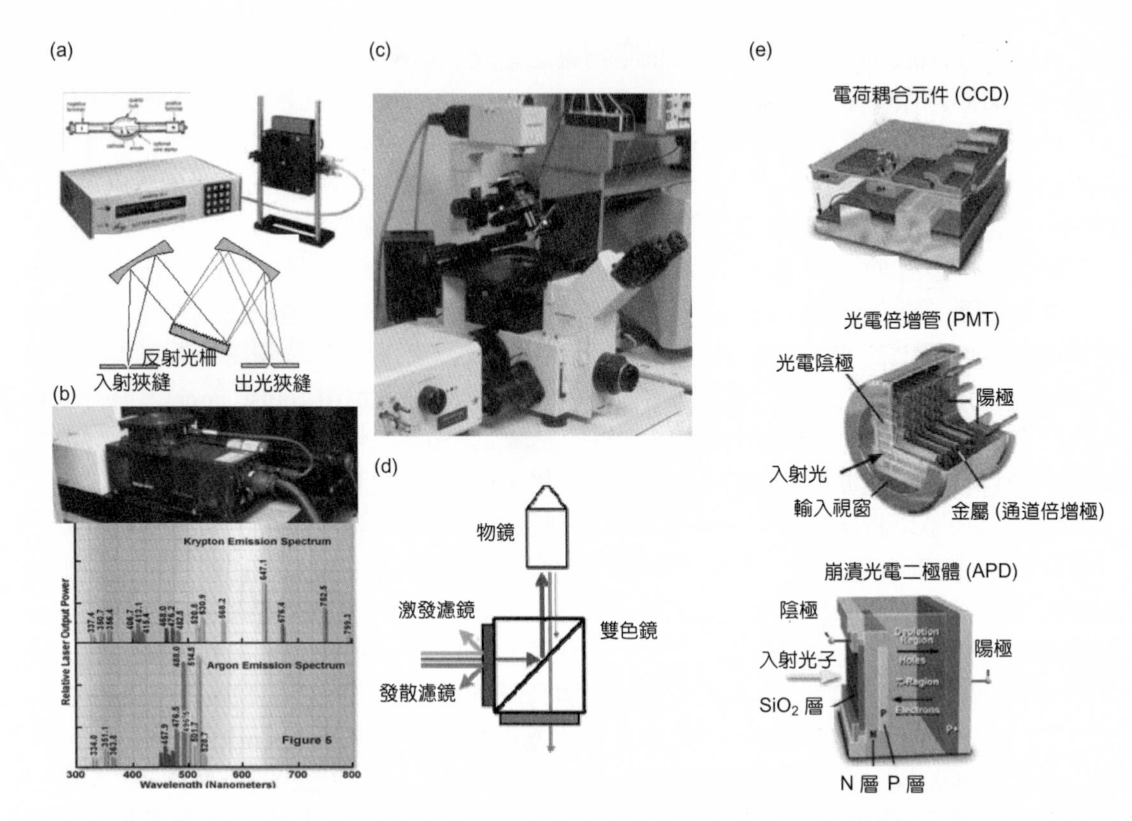

圖 3.46 螢光顯微術設備架構。(a) 光源一：汞弧及濾鏡轉輪之外觀。轉輪可裝滿約六組不同之濾鏡，多數軟體可以在一個影像擷取循環中，選擇至少兩組以上之濾鏡。(b) 光源二：氬氣離子雷射之外觀圖及兩種最常用的雷射可見光光譜：氪 (krypton) 與氬 (argon) 離子雷射。氪最常用在 568 nm 當作紅色螢光之光源，在 410 nm 也有些許突波。氬則最常用到的是 488 nm 作爲綠色螢光光源。(c) 倒立式之生物型螢光顯微鏡平台 (含 Z 軸步進器)。(d) 一個典型的螢光顯微濾鏡組的結構與工作原理[138]。(e) CCD、PMT、APD 之結構剖面圖[112]。

3.5.2.1 光激發光源

光源的規格與特徵包括：波長範圍、瓦數、頻率、光纖、控制、轉換時差等。若搭配雷射掃描平台 (如共軛焦)，儀器還要有相容的雷射掃描器 (laser scanner 或 galvo mirror scanner)，以達到雷射點或線掃描 (出光前多加一組圓柱鏡)。此外，雙光子時間解析－螢光生命期平台，則需搭配 TCSPC 卡及適當之 PMT 或 APD。

(1) 螢光弧燈 (arc lamp)

螢光燈作爲激發螢光來源，需具備高能量密度及廣泛的波長範圍。汞弧燈 (mercury arc lamp) 或氙弧燈 (xenon arc lamp) 最爲常見，如圖 3.46(a) 所示。這兩類燈的光譜皆爲涵蓋各種可見光波長範圍。由於一般的弧燈通常沒有相對特別的波長控制器，因此要給予特定的光波長時，必須搭配下述的裝置，如：可調式聲光調控濾鏡 (acoustic optical tunable filter, AOTF)、單光儀 (monochromator) 或螢光濾鏡轉輪 (filter wheel)。近幾年來多種光源已被開發且商品化，如金屬燈 (metal halide)、LED 燈等，主要的兩大優勢是：較佳或高功率的聚光能力以及較長的使用壽命 (如將一般弧燈的數百小時提升至 LED 的數萬小時)。

(2) 雷射光

可見光波段雷射、雙光子雷射或超快雷射可作爲時間解析之用。通常雷射 (laser) 具有單一波長，且爲能量較大之光源，相較上述螢光燈，雷射的價格昂貴。使用者可以既有的不同光波長之雷射搭配濾鏡設備來應用在樣品檢測上，如圖 3.46(b) 所示，例如利用共軛焦雷射掃描顯微鏡 CLSM、全反射螢光顯微鏡 TIRFM 等平台的雷射。離子雷射如鈍氣族之多線譜氬離子雷射 (multi-line argon，含 458、488、514 nm)、krypton (568 nm)、helium-neon G 與 R (532、632 nm) 或是波長爲 532 nm 的綠光 Nd/YAG 雷射等，廣泛被用來作爲生物顯微螢光激光來源。近幾年來，體積較小、價格較便宜的半導體雷射開發的迅速與多樣，將儀器帶向微型化的世界，其他如發 405 或 440 nm 光之半導體雷射也提供重要的應用。

(3) 光波段選擇

・螢光濾鏡轉輪

傳統需要用到少數螢光激發波段時，濾鏡轉輪被大量廣泛應用。轉輪可裝滿約六組不同之濾鏡，多數軟體可以在一個影像擷取循環中，選擇至少兩組以上之濾鏡。一般來說，轉輪的設計有 6 到 8 個固定波段可以選擇，但在光譜顯微研究上，彈性上略嫌不足。

・單光儀

單光儀之運作原理是利用電壓調控光柵的方式，精確選擇所要之特定波長。單光儀具有比上述轉輪更多選擇不同波段激發光源的彈性，單光儀也廣泛應用在需要做快速切換的研究實驗上。

・可調式聲光調控濾鏡 (AOTF)

透過半導體元件 AOTF (或 acousto-optic modulators, AOM)，多 (連續) 光波段可快速的被精確選出。其重要性日益增加，如在雷射整合系統 (laser combiner) 中，負責輸出各個波長之光的輸出與關閉。其應用近幾年來已被應用在螢光燈上，以取代上述的濾鏡轉輪或單光儀，其選光較單光儀更精確。

3.5.2.2 顯微放大裝置

倒立或正立螢光顯微鏡的規格與特徵包括無限遠成像、可見光選項，如明視野 (bright field, BF)、位相差 (phase contrast, PH)、干涉式 (differential interferes contrast, DIC) 等方式成像；Z 軸電控是利用馬達或壓電陶瓷馬達 (piezo motor) 進行操縱，如圖 3.46(c) 所示。

3.5.2.3 螢光濾鏡 (fluorescence filter) 或光譜儀

(1) 濾鏡組

若顯微鏡已有螢光光源，基本上應該具有藍、綠、紅三組搭配的濾鏡組 (filter cube sets)，如圖 3.46(d) 所示。一個完整的單一濾鏡組分別都包含有三大部分：激發光濾鏡 (exciter)、雙色鏡 (dichroic mirror, DM) 以及發散鏡 (emitter，或稱 bean splitter 或 barrier)，是指可控制發射 (emission) 波段的濾鏡。例如能讓紅光 (通常是大於 600 nm 的光) 光訊號讀出的濾鏡組，在多重波段的激發光源中，只讓較短波長、但能量較高的綠光 (通常是約在 530 到 570 nm 左右的波段) 通過，螢光分子因被激發光源之能量撞擊而產生的發射波段，只被該濾鏡組所選擇通過。然而在做活細胞實驗時，有時需要同時 (或即時) 能看到兩組螢光隨時間的變化並將這兩種光訊號分別儲存，此時就必須考慮使用多層鍍膜的雙波長 (dual) 或三波長 (triple) 濾鏡組。這類濾鏡組通常具有能允許同時可看兩種或三種不同波段螢光訊號之功能。

(2) 光譜儀

上述濾鏡組是一次只讓一定波段的光 (激發光或發散光) 通過。而光譜儀則具有較大的彈性。如可將發散光接收波段固定、在激光端做激光光譜掃描，找尋最適當的激光端高峰。反之亦可以固定激光波段，在發散端之後、訊號接受端之前架設光譜儀，取得完整的發散光譜，以深入瞭解待測螢光物質的光譜特性。通常光譜接收器搭配的是 PMT 或者 APD，亦有連結 CCD 的架構出現，得到的會是光譜影像。

3.5.2.4 影像訊號擷取記錄器 (CCD、PMT 或 APD 等)

主要的性能指標有：(1) 量子效率 (quantum efficiency, QE) 表示記錄器接收入射光子並產生原始載流子的效率，(2) 總漏電流為暗電流、光電流與雜訊之總和。記錄器將光子訊號放大並轉換成電及數位訊號，感光度、像素大小、解析度 (像素數目) 都是個別 CCD 的規格特徵。讀出率 (readout rate) 是另一個重要參數，譬如每秒 30 個張數 (frames) 的規格，算是傳輸快的。

常用影像訊號擷取記錄器的使用至少有三大類選擇：(1) 以快速、高敏感 (低照度)、寬廣的動態範圍 (dynamic range，通常具有 12 bit，也就是訊號強弱範圍在 0 與 2^{12} 之間) 的電荷耦合元件 (solid state imager device, CCD)；(2) 搭配雷射點掃描之光電倍增管 (photomultiplier tube, PMT)；(3) 崩潰光電二極體 (avalanche photodiode, APD)，如圖 3.46(d) 所示。

(1) 電荷耦合元件

電荷耦合元件 (CCD) 屬於半導體固態影像元件的一種，可視爲一組可以進行「光電轉換」的元件。其感光晶片的二維結構是由一群緊密排列的光電二極管陣列所組成，最小組成單位是被稱爲像素 (pixel) 的小方格，又稱爲具儲存電荷能力之電位井 (potential well)，當光通過鏡頭聚焦形成影像時，CCD 利用光電效應 (photoelectric effect)，將形成影像的光子之光訊號轉換成電荷形式之電訊號 (電壓)，在該半導體層中二極管陣列下接近矽表面的電位井儲存電荷後，再以時序脈衝將電荷依序傳送到另一電位井，直到 CCD 的輸出端爲止。這些電訊號經由數位類比轉換器 (digital/analog converter, D/A converter) 數位化儲存於可攜式記憶卡 (如 compact flash 或 smart media 等) 或電腦硬碟後，方便影像的紀錄、編輯處理及各種分析。代表影像之光量愈大，釋放出之電子數量便愈多，電訊號亦愈強，像素的強度顯示則會愈大。

研究級 CCD 通常擁有眞空低溫處理的環境，亦即所謂冷卻式 (cooled) CCD，以提升訊雜比 (signal to noise ratio, SN 值)、增加元件敏感度 (sensitivity)，即使在極低照度下也能夠偵測出微弱螢光訊號。常見的冷卻方式有：使用特製散熱環 (multi-stage Peltier type cooler) 的熱電冷卻器 (thermoelectric cooler)，也有水冷或液態氮氣冷卻方式。冷卻規格通常是低於室溫約 30 度，也就是說相對於外界降低 30 度 (若室溫爲 25 °C，即約 –5 °C)、或直接指明能將 CCD 冷卻於攝氏某度數 (如 –15 °C 或 –30 °C)。其他透過增加訊號數據來增加 SN 值的方法有：提升量子效率 (QE)，例如特殊超高靈敏、多層薄型背照明式 (back-illuminated/thinned) 或前照明式 (front-illuminated) 的電子倍增式 CCD (electron multiplier CCD, EM-CCD)，QE 通常可能高達 80% 以上。

(2) 光電倍增管

PMT 利用電子次級發射的倍增放大作用，使用一個受到光照就發射電子的光敏陰極，再繼之以一系列附加電極或電子倍增器電極，每一極的電勢都逐漸增大，因而能把前一電極發出的電子吸過來。其長久以來被應用於共軛焦顯微鏡之整合系統中，以測量弱光強度。

(3) 崩潰光電二極體 (APD)

APD 屬於光電二極體 (photodiode) 以及半導體光檢測器的一種，其原理類似光電倍增管，利用光生成電流。以矽－鍺爲材料的 P-N 極，加上反向偏差電壓特定值 (稱爲崩潰電壓)，則電子在被加速後足以游離 (ionize) 原子衝出電子，其連鎖的游離現象，稱爲崩

潰效應 (avalanche effect)，有如雪崩的內部放大增倍的作用，可在 APD 中獲得大約 100－1000 倍 (或更高) 的內部電流增益 (internal gain)，使光電流增大產生，增加偵測靈敏度。一般來說，反向電壓越高，增益就越大。但它同時也增加了額外的雜訊 (noise)，所以也有限制。為獲得更高的增益 (10^5-10^6)，某些 APD 可以工作在反向電壓超出擊穿電壓的區域。此時，必須對 APD 的信號電流加以限制並迅速將其清為零，可利用各種主動或被動的電流清零技術，如 Geiger 式，此法特別適用於對單光子計數 (single photon counting, SPC)，只要暗計數率足夠低。APD 的靈敏度高於其他半導體光電二極管，如上述之 PMT。

APD 早期主要應用於激光測距機及長距離光纖通信上，近幾年來開始被用於正電子斷層攝影和粒子物理等領域，此外 APD 陣列的被商業化，加大其可應用的範圍。而有些以 TCSPC 為策略的螢光平台，特別是使用單光子計數 SPC 之 FLIM 的儀器架構中，APD 也被用來作為記錄器。

3.5.3 螢光激發系統分類

以下各類螢光激發系統在奈米工業半導體材料[101] 或次微米等級生物醫學上，各有其特殊應用。

3.5.3.1 分子醫學檢測

染色體基因核型 (genotyping) 的研究，包括：螢光原位雜交顯微術 (fluorescence *in situ* hybridization, FISH)、光譜 FISH (spectral FISH, S-FISH)、複合 FISH (multiplex FISH, M-FISH)、光譜核型分析 (spectral karyotyping, SKY)。藉由 SKY 技術，每一對染色體具有特別光譜之螢光，經過頻譜影像分析系統協助進行染色體異常的鑑別診斷。由染色體結構異常可由螢光顏色變化看出，如經與正常比對可知，某幾號染色體發生轉位變異的現象[139]。

3.5.3.2 光學切片－共軛焦螢光譜顯微術 (confocal microscopy)

(1) 雷射掃描共軛焦顯微術 (CLSM)

現今雷射掃描共軛焦顯微術 (CLSM) 已是接近成熟的產品。如世界有名的 Zeiss、Leica、Olympus 與 Nikon 等四大顯微鏡廠家皆有完整的產品線。商品化特徵是完整的整合系統，具備足夠功能的軟硬體設備。軟體程式上，必須具備穩定的硬體操控及光學微調校，以極強大的影像重組與分析能力。硬體方面，含有各類波長的雷射光源，以及雷射整合器內對雷射強弱或波長的選擇 (如 AOTF)、電動的三維 XYZ 顯微平台、針孔大小的調整、雷射的掃描模式、PMT 電壓的調校等。

(2) 轉輪式共軛焦顯微術 (SDCM)

相較於雷射掃描共軛焦顯微術 (CLSM)，轉輪式共軛焦顯微術 (SDCM) 是發展較晚期的機種。SDCM 整體系統的解析力與共軛切片效果，取決於物鏡放大倍率及數值孔徑 (NA)，而敏感度則另取決於影像接收器 CCD 的等級與效能。激發光源則雷射或一般螢光皆有人搭配過。轉輪部分，目前唯有一家日本製造商使用兩組微轉輪，其他則僅使用一組。此外，針孔的大小無法彈性調整，共軛焦調節性實質受限於物鏡之選擇。

(3) 光切片照明與擇面光照顯微術 (SPIM)

光切片概念商品化的最佳代表應屬 Zeiss LSM5 系列中的 LIVE，其利用了雷射光切片、線掃描以及線 CCD 影像接收等整合技術，依不同物鏡放大倍率或等級與光波長，搭配適當光柵大小 (相對於針孔大小)，以達到共軛焦切片目的。除上述較為特殊之設計與設備，其他部分包括顯微放大平台、雷射整合器等皆與上述 CLSM 雷同。因此與其他顯微術之整合甚為容易。

SPIM 目前仍被定位在客製化儀器，尚未有商品化型式出現。最主要原因是樣品載台位向相對於顯微放大端、螢光接收源的獨特性，以及樣品製備的特異性。特殊製備的 3D 生物樣品，載台可以長時間讓樣品持續被記錄與觀察，影像端多使用常見科學級 CCD，要求規格至少能傳輸 10 megapixel per frame/sec，動態範圍通常 10 到 12 bit。

3.5.3.3 高解析奈米影像

(1) 全反射螢光顯微術 (TIRFM)[117]

依光之入射路徑，全反射顯微鏡一般略可分成稜鏡式 (prism type) 與物鏡式 (objective type) 兩類。在稜鏡式方面，用一個正立顯微鏡與稜鏡產生全反射為典型例子，而倒立顯微鏡使用稜鏡式的架構則有許多類型，如圖 3.47 所示[118]。物鏡式全反射顯微鏡目前一般只見於倒立顯微鏡的架構上。

物鏡式全反射顯微鏡在架構上比稜鏡式更為簡單，而且操作較為方便自如[118]，其改變入射光對物鏡中心的徑向距離，使原本應從物鏡中心通過的入射光，改由物鏡之鏡頭邊緣通過。由於通常其所使用之物鏡是高折射係數與高數值孔徑 (numerical aperture, NA) 的油鏡，且是複式鏡片組，會使入射光在表面的界面上產生一個大角度的全反射。另外，在物鏡上加上合適的高折射係數油及蓋玻片後，會使全反射作用發生於蓋玻片與樣品接觸的界面上。物鏡式全反射螢光顯微鏡即是以此一全反射作用在樣品與蓋玻片界面處所產生的消散波，激發樣品在極其表面之區域 (約是 100 nm 左右的範圍) 內的螢光物質，再同時以高數值孔徑之同一油鏡來收集螢光顯微鏡影像。這個方法可有效地去除掉出現在如圖 3.51(b) 中所示一般螢光顯微鏡的結構中之螢光背景雜訊，專注於樣品表面僅 100 nm 左右深度的物件研究。

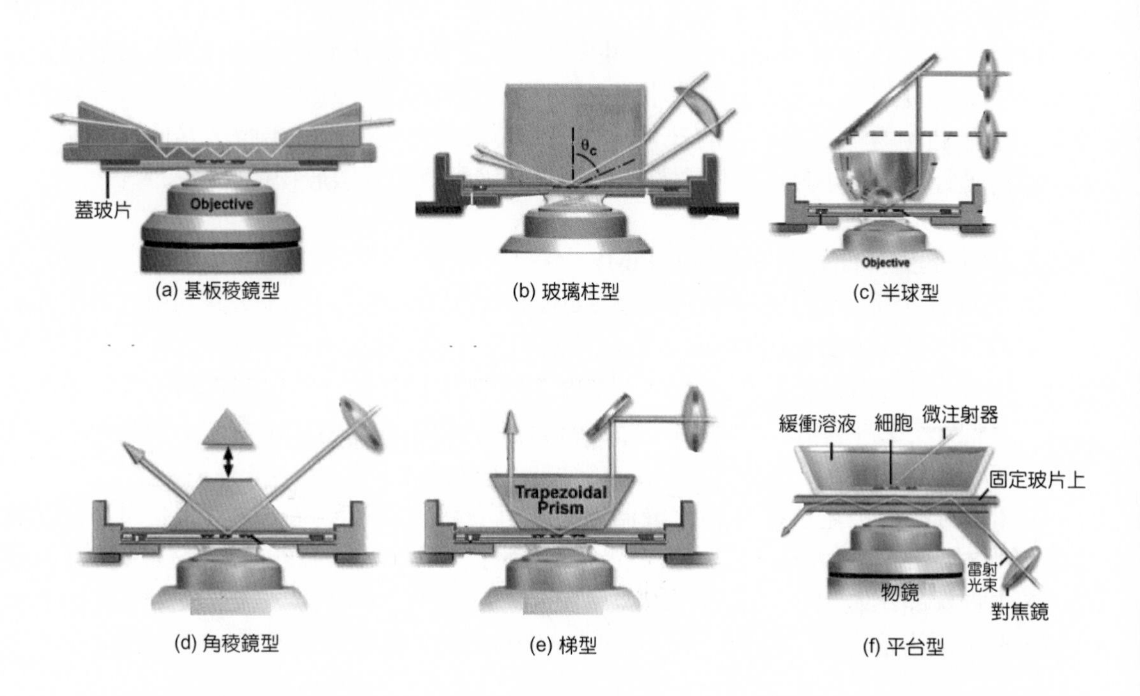

圖 3.47 架構在倒立式顯微鏡上的六種稜鏡式全反射顯微鏡：(a) 基板稜鏡型 (substrate/prism)，(b) 玻璃柱型 (glass cube)，(c) 半球型 (hemispherical)，(d) 角稜鏡型 (prism apex)，(e) 梯型 (trapezoidal)，(f) 平台型 (substage)。(本圖源自於 Olympus America, Inc. Website)[118]。

綜合而言，物鏡型 TIRFM 依賴高數值孔徑 (NA=1.45) 之物鏡以及能調整雷射入射位置的聚光鏡的特殊平台。可用來當作物鏡式全反射顯微鏡的物鏡，其物鏡的數值孔徑值必須大於或等於 1.40。目前市面上有兩個規格，一個是超高數值孔徑 (NA=1.65) 的 100 倍油鏡，但必須使用特殊的高折射係數油 (n=1.78) 及石英蓋玻片，來搭配此特殊物鏡；另一個是高數值孔徑 (NA=1.45) 的 60 倍油鏡，可直接適用一般的玻片及高折射係數油。倒立顯微鏡主體平台具有入射光之出入埠口，且可搭配能將入射光聚焦成一平行光的聚光鏡及特殊物鏡的顯微鏡，其餘配備皆與一般活細胞螢光顯微鏡雷同。

(2) 奈米鏡 (STED microscopy)[127]

STED 顯微術是繼 4Pi 顯微術後，Hell 博士所提出最強的理論機台。藉由主動外加一高能雷射激發光源，將光發散部分消退 (stimulated emission depletion)[114]，縮小了激發光點的大小，使得物體影像解析力下探奈米等級，如圖 3.45 所示。因此，該設備主要的關鍵為激發光源部分[124-127]。

(3) 時間解析螢光顯微術 (TRFM)

如前文敘述，TRFM-FLIM 可提供偵測分子間螢光共振能量轉換 FRET 現象之平台，如圖 3.48 所示。此類儀器多半採雙光子雷射，最主要的理由為：兼具「光學切片影像擷取」與「生命期影像擷取」之雙重功能。TCSPC 裝置是該儀器的心臟，藉由極短時間內接收到任意時間點出現的光子，可快速且於短暫時間內擷取光子影像。

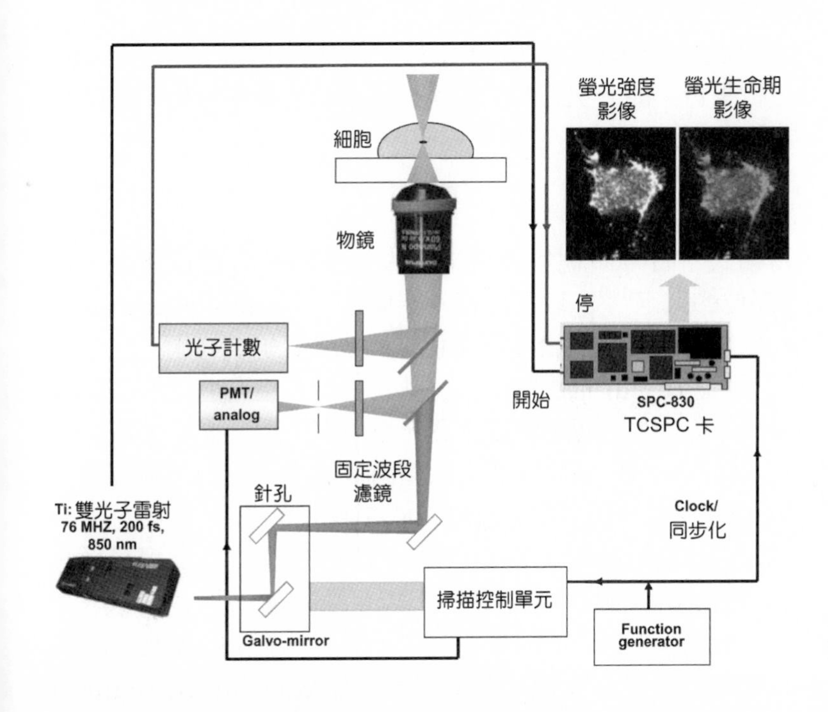

圖 3.48
2PE-FLIM 之設備圖[144]。

3.5.4 應用與實例

關於光激發光譜在奈米材料 (如量子點) 之研究已有專文敘述[101]，而有關在生物醫學材料領域的應用詳述如下。

(1) 螢光原位雜交顯微術 (FISH)

臨床醫學的應用上，除了免疫螢光分析法 (immuno-fluorescence assay, IFA) 用在病原的診斷試驗或 SARS 臨床診斷的開發等外，最普遍而常見的螢光顯微術應用實例則應屬「螢光原位雜交 (FISH)」[139]。藉由將特殊遺傳基因序列的部分標的上螢光標籤當作核酸探針，如果樣本核酸序列與其有高度相似性，而產生雜交 (hybridization)，可以經由螢光顯微鏡直接觀測到，並應用在染色體上的特殊遺傳疾病的基因定位。該項檢測普遍列於大型醫院或醫學中心婦產科的醫學檢驗項目中，例如產前用來判別胎兒的染色體是否正常。

FISH 在細胞遺傳學技術的演進上，屬於較爲進階的工具之一，傳統的染色體變異研究，是將每一對染色體做 banding 染色，透過型態學上的鑑定去判斷是否異常 (染色體核型分析 (karyotyping))。光譜元素的加入之後，擴大了這類遺傳分析的應用面，也將單色的 FISH、可見光的染色體核型分析帶入多色的螢光顯微世界，如光譜 FISH (S-FISH)、複合 FISH (M-FISH) 等，是以 FISH 衍生的相關技術；而光譜核型分析 (SKY) 則是將染色體核型分析 (karyotyping) 搭配螢光顯微鏡來精進的技術。

此外，人類基因組在臨床疾病上的診斷還需要更多工具，如基因組微陣列 (genomic microarrays) 及大量化工作及分析平台，能一次整體評估所有基因組變異的分析，雖已非架構在螢光顯微鏡上，但仍屬「螢光激發發光」之應用實例。

(2) 共軛焦螢光顯微術

無論是雷射點掃描或是轉輪式平台，共軛焦顯微術被大量應用在生醫研究上，包括細胞內不同蛋白在不同空間部位的鑑定[106]，以及細胞外結構蛋白 (extracellular matrix, ECM) 與其他相關成分的立體 3D 結構呈現。配合免疫染色技術或螢光標的技術，此類研究工具使科學家得以不僅窺探已固定 (fixed) 細胞的內部狀態，更可以在細胞還活著的時候觀測，記錄相關蛋白在其內的功能活性。搭配多重激發光波段與發散光光譜，新一代商業化的共軛焦顯微機種，可以同時 (一次) 讓同一個生命體內多達 5 種不同蛋白質因子空間位置相關的呈現，如圖 3.49 所示[106]。最主要的關鍵在於在發散光譜端 (激發光雷射源已可由 AOTF 控制，倒不是最主要關鍵) 使用具有能分辨窄波段的濾鏡，因此可以從傳統紅 (R)、藍 (B)、綠 (G) 三光波段範圍更細分爲遠／深紅、紅、黃、綠、藍五段。

此外，共軛焦顯微鏡最近發展到了對於活體 (實驗動物、甚至人體) 的探測，眼科方面，早已有眼用之共軛焦的醫療儀器，而光纖式共軛焦螢光顯微鏡 (fibred confocal fluorescence microscopy) 之開發，從小動物分子影像 (molecular imaging) 前進到醫學應用之領域，並結合醫療內視鏡技術，目前已應用在人體幾個器官的影像上，包括肺臟、胃及各種腸道等，嘗試著推展其基礎醫學研究、臨床診斷，甚至治療之應用，儼然將是生醫光電儀器的明日之星[139]。此外，奈米生醫材料這幾年來的開發也帶給螢光顯微研究領域新的契機，像是量子點的發明與活用，頗有取代傳統螢光標的分子的架勢，然而由於其材料來源非自然元素 (半導體奈米晶體)，因此應用在人體的臨床試驗上，尚有安全的疑慮。

(3) 擇面光照顯微術 (SPIM)

擇面光照顯微術 (SPIM) 最特別的是在於其可擷取物體影像的範圍在 mm 之間 (如圖 3.50 中果蠅的腸子)，是一般 CLSM 不能辦到的，加上絕佳的切片能力，使用高倍物鏡時，其解析度更不輸一般 CLSM[140]。

著名的 SPIM 應用實例有：(1) 剛孵化的斑馬魚的 4D 完整心臟跳動活體觀測 (以 GFP 轉殖使心臟呈現綠螢光)[114]，(2) 細胞骨架之微小管在形成 MTOC 時的 3D 動態不穩定性

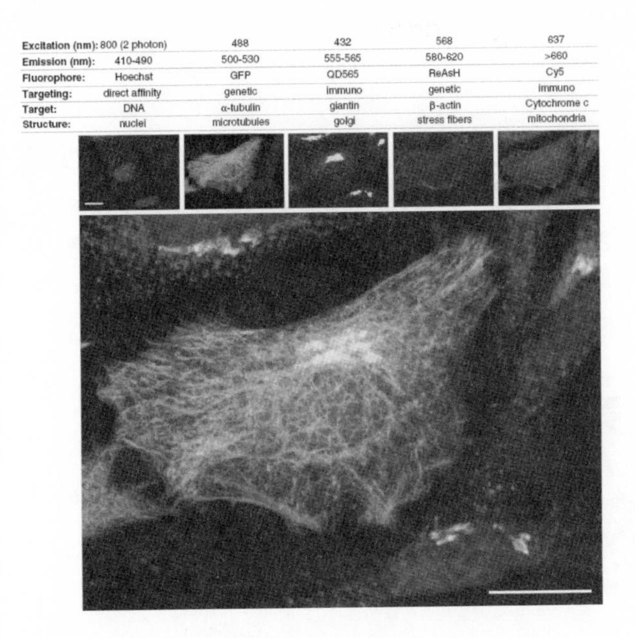

Excitation (nm):	800 (2 photon)	488	432	568	637
Emission (nm):	410-490	500-530	555-565	580-620	>660
Fluorophore:	Hoechst	GFP	QD565	ReAsH	Cy5
Targeting:	direct affinity	genetic	immuno	genetic	immuno
Target:	DNA	α-tubulin	giantin	β-actin	Cytochrome c
Structure:	nuclei	microtubules	golgi	stress fibers	mitochondria

圖 3.49
在一個細胞內，同時呈現五種不同蛋白或其他因子影像分布之圖例[106]。

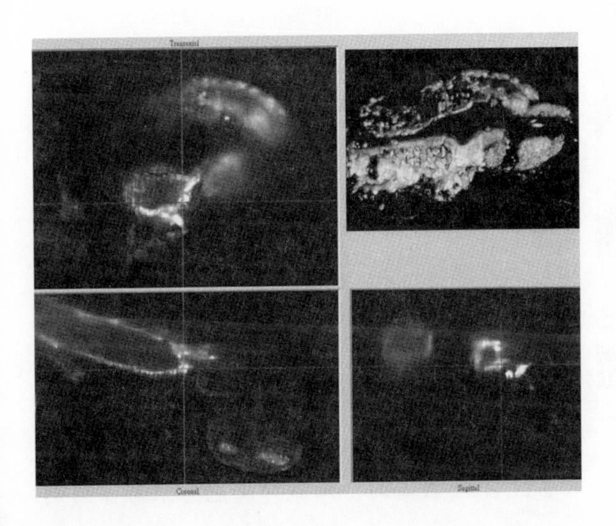

圖 3.50
果蠅 (*Drosophila*) 腸道之 3D SPIM 活離體組織 (*ex vivo*) 之生物影像。(楊德明等未發表之影像數據)

量測[141,142]，(3) 腎上皮細胞 (Madin-Darby canine kidney, MDCK) 的 3D 培養，(4) 胰島細胞之 3D 培養。

(4) 全反射螢光顯微術 (TIRFM)

全反射螢光顯微術 (TIRFM) 被廣泛用在各個與細胞膜有關之生物反應課題上，如細胞胞吐 (exocytosys，圖 3.51)[118]、細胞內吞 (endocytosis)、細胞骨架 (cytoskeleton) 及相關蛋白、細胞膜受氣與離子管道 (membrane receptor-channel)，甚至於單分子感應 (single molecular detection, SMD)。近幾年來雙光 (dual color) TIRFM 亦被開發出。

(5) 奈米鏡 (STED microscopy)

STED 目前已被應用在生物膜相關之反應課題上，如上述的細胞胞吐以及在半導體上的研究也已被提出[128]。在胞吐的部分，透過影像再澄清化 (反卷積, deconvolution)，已能即時觀測，並追蹤奈米尺度的分泌泡在細胞內的軌跡，如圖 3.52 所示[130]。目前該研究群也已結合 FLIM 相關設備，爲奈米鏡的應用開拓更寬廣的領域。

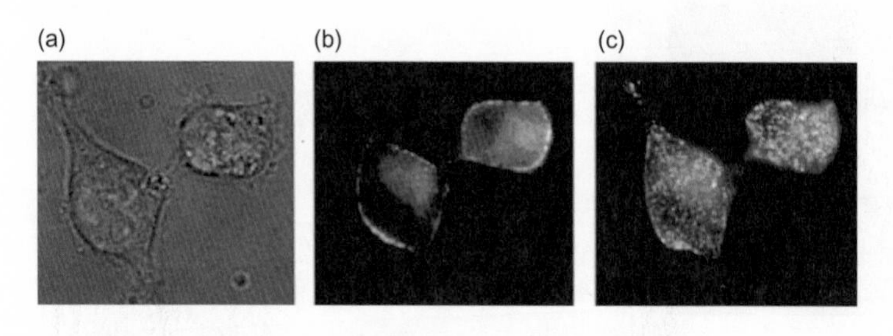

圖 3.51
老鼠腎上腺細胞分泌泡在：(a) 明視野下的影像；(b) 垂直入射螢光顯微鏡下的影像；(c) 全反射式螢光顯微鏡下的影像[118]。

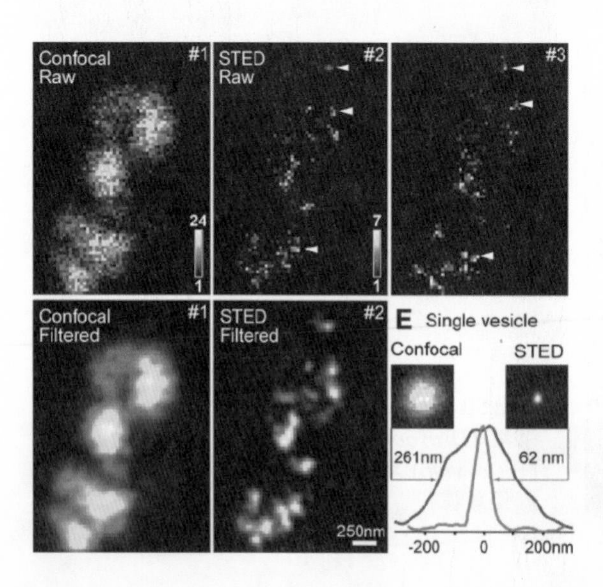

圖 3.52
STED 顯微術的活細胞分泌泡奈米影像圖例[130]。

(6) 時間解析／螢光生命期影像顯微術 (TRFM/FLIM) 與螢光共振能量轉換 (FRET)

TRFM-FRET 被廣泛用在細胞內各個蛋白質間交互作用上的機制探索課題上，如圖 3.53 所示的胞吐蛋白研究[143]，或細胞膜受器蛋白與刺激物間的結合檢測，都是可以發揮 FLIM-FRET 功能的課題。此外，因爲 FLIM 的高敏感特質，使得該儀器也可以針對一些自體螢光作研究 (如 NADH 等)。

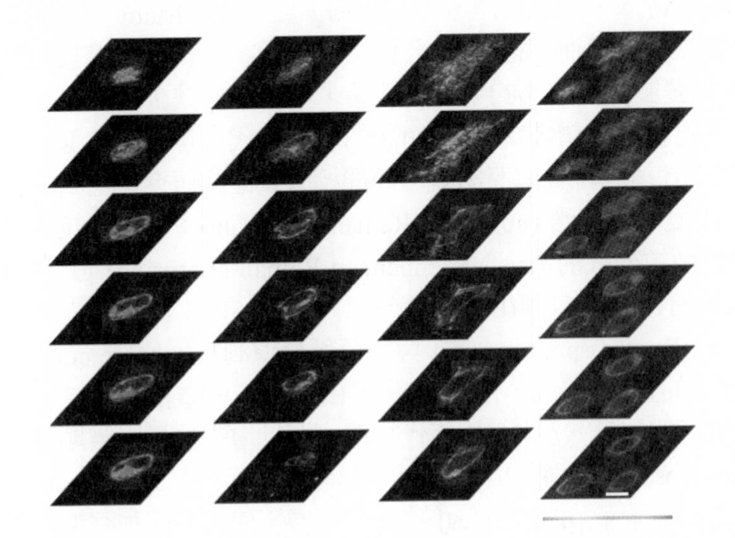

圖 3.53
多維 FLIM 細胞影像圖譜[144]。

3.5.5 結語

由本文可得知，光激發發光儀器無論在工業奈米量測上或生物醫學研究上，都有依不同功能分類而深入的應用。除了 SPIM 尙未有商品化的產品出現之外，事實上許多其他平台皆已商品化，共軛焦雷射掃描顯微鏡在全球四大顯微鏡廠中，已是其商品之主力；STED 已於 2008 年初由 Leica 正式商品化。限於篇幅，其他在本文未介紹的反卷積與光柵 (apotome) 顯微術，可數值化模擬回推或產生共焦影像效果，也在生醫研究市場佔有一席之地。舉凡一般螢光光譜具備分析物質特性之能力，到特殊不同方式的光學切片可蒐集不同蛋白質交互作用情形，以及奈米等級解析的光學解析與檢測蛋白質作用，各方面均指出螢光光譜分析術是一強而有力的顯微平台工具。

3.6 拉曼光譜顯微術

3.6.1 歷史

拉曼光譜技術的發展源自於拉曼效應 (Raman effect) 的發現。圖 3.54 展示拉曼光譜技術的發展歷史。首先 Smekal 在 1923 年預測此效應[145]，但直到 1928 年此效應才由印度科學家 Raman 及 Krishnan 觀察到[146]，蘇俄科學家 Landsberg 及 Mandelstam 亦於同時間觀察到此效應。Raman 因爲觀察此效應而獲得 1930 年的諾貝爾獎，所以此效應被稱爲拉曼效應。Placzek 於 1930 年代發展拉曼效應的半古典理論，然而由於缺少高強度且單波長的光源與靈敏的偵測器，使得拉曼光譜技術在 1940 及 1950 年代並無太多的進展。直到 1960 年代雷射光源的發明，才增強拉曼效應訊號，而開始有廣泛的研究與應用。在 1965 年也第一次觀察到非線性拉曼散射效應 (nonlinear Raman scattering)；另一個拉曼光譜技術發展的里程碑是表面加強型拉曼散射 (surface-enhanced Raman scattering) 於 1974 年被發現，而使得拉曼光譜技術有機會可以應用於微量分析。於 1980 年代，傅立葉轉換拉曼光譜技術 (Fourier-transorm Raman spectroscopy) 與電荷耦合偵測器 (charge coupled device) 的發展增進拉曼光譜技術的實用性。於 1990 年代，由於共焦顯微技術的結合，使得拉曼光譜技術的空間解析度能夠提升。於 2000 年代初期，探針增強拉曼光譜顯微技術 (tip-enhanced Raman spectromicroscopy) 經實驗證明其空間解析度可達到 20 nm (1 nm = 10^{-9} m)。最近由於奈米製程技術與電漿子 (plasmonics) 技術的發展，使得表面加強型拉曼散射效應的穩定度大大提升，而能夠應用於微量化學及生醫的檢測。

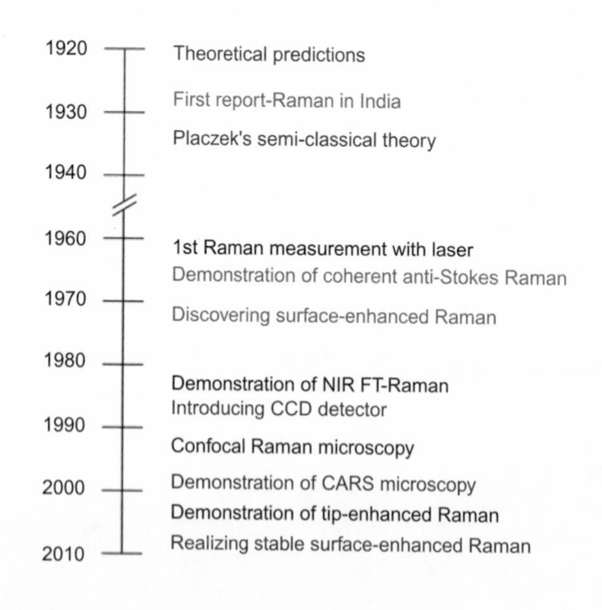

圖 3.54
拉曼光譜技術的發展歷史。

第 3.6 節作者爲蔡枝松先生及王俊凱先生。

本文介紹拉曼光譜顯微技術。首先將簡要敘述拉曼散射的基本原理，然後說明三種拉曼光譜顯微術：共焦拉曼光譜顯微術 (confocal Raman microspectroscopy)、掃描式近場拉曼光譜顯微術 (scanning near-field Raman spectromicroscopy) 及探針增強拉曼光譜顯微術，並舉例說明這些技術的應用。

3.6.2 基本原理

當光波照射到氣態分子或凝態 (液態與固態) 物質時會產生光散射現象。大部分散射的波長 (光子能量) 與原激發光的波長 (光子能量) 相同。此種因彈性碰撞而產生的光散射現象稱作雷利散射 (Rayleigh scattering)。除此之外，有少部分散射光的波長 (光子能量) 與激發光的波長 (光子能量) 不同，而主要是激發光與分子或物質進行非彈性碰撞所產生的螢光 (photoluminescence) 及拉曼散射 (Raman scattering)。要瞭解這兩種光散射機制，首先需認識分子或物質內電子由於與原子核及其他電子之間的庫倫作用 (Coulomb interaction) 而形成原子間具束縛性 (binding) 的鍵結電子 (valence electron) 及其所相對應的許多電子能階。除此之外，由鍵結電子所產生之原子間的束縛力也促成許多分子間振動能階 (vibrational state) 的產生，其振動能量與牽涉該振動的原子質量及束縛力有關。基於上述對分子及物質的認識，螢光乃透過分子或物質內電子的能階躍遷 (electronic transition) 後，由居於高能量激發態能階 (excited state) 的電子等待特定時間後再經由自發放射 (spontaneous emission) 回到低能量基態電子能階 (ground state)；而拉曼散射乃分子或物質內的基態電子在經入射光激發後，即刻回到基態電子能階中的另一個振動能階。特別值得一提的是，後者的產生無需經由電子能階間的躍遷。圖 3.55 展示分子或物質內電子及振動能階與雷利散射、螢光及拉曼散射的過程。

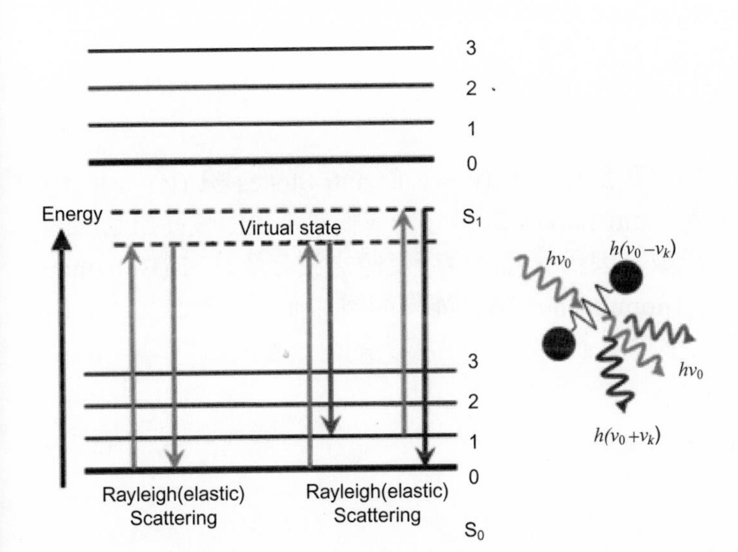

圖 3.55
激發光在與分子或物質碰撞之後產生雷利及拉曼散射的示意圖，$h\nu_0$ 爲激發光源的光子能量，$h\nu_k$ 爲分子振動的能量。

拉曼散射具有以下幾個特性。第一，拉曼散射光譜常呈現成對的出現，而和入射光的光子能量 ($h\nu_L$) 間有 $h\nu = h\nu_L \pm h\nu_k$ 的關係。 ν_k 爲某一振動模式 (vibrational mode) 的頻率，h 爲 Planck 常數。其中，當拉曼散射的光子能量低於入射光的光子能量時，其譜線稱爲 Stokes 線；當拉曼散射的光子能量高於入射光的光子能量時，其譜線稱爲 anti-Stokes 線。前者乃因居於最低振動能階的基態電子經入射光子的激發而回到基態中較高能量的振動能階；而後者乃因居於較高能量的基態電子經入射光子的激發而回到基態中最低振動能階的振動能階，如圖 3.55 所示[147]。

而且拉曼散射光具有極化的特性，此與上述分子或物質內原子的排列方式以及入射光的極化特性和觀察方向有關。與拉曼散射光譜相似的是紅外線吸收光譜。後者乃是反應分子內原子與原子間振動能的吸收，通常來自有永久偶極距 (permanent dipole) 的鍵結；而拉曼散射是由鍵結的偶極距隨振動所產生的變化所引起。因爲起源不同，其選擇定則 (selection rule) 亦不同。因此，具有紅外線吸收特性的振動模式常無法產生拉曼散射訊號；反之，具有拉曼散射特性的振動模式常無法產生紅外線吸收訊號[147]。描述拉曼散射光譜所得到之振動能階單位與紅外線吸收光譜的單位相同，常以波長的倒數 (波數，wavenumber，cm^{-1}) 爲單位。

從古典電磁學可以描述拉曼散射效應 (Placzek's derivation)。爲了方便說明起見，在此僅就等方向性 (isotropic) 的分子或物質爲例說明。當一個等方向性的分子或物質置於電場 **E** 時，將被誘發一個偶極矩 **μ**。**E** 和 **μ** 的方向均指向同一方向，且具有以下關係：$\boldsymbol{\mu} = \alpha \mathbf{E}$，而 α 爲極化率。如果電場是由頻率 ν_0 之電磁波所產生，則電場可以表示爲 $\mathbf{E} = \mathbf{E}_0 \cos(2\pi\nu_0 t)$，$|\mathbf{E}_0|$ 爲電場之振幅。物質之極化率將會隨其組成的振動 (頻率 ν_k) 而有小幅的調變：$\alpha = \alpha_0 + \Delta\alpha\cos(2\pi\nu_k t)$ (α_0 爲極化率的直流量，$\Delta\alpha$ 爲極化率最大改變量)。因此誘發偶極矩隨時間的變化可以下式表示：

$$\begin{aligned}\boldsymbol{\mu} &= \alpha(t)\,\mathbf{E}_0 \cos 2\pi\nu_0 t \\ &= \alpha_0 \mathbf{E}_0 \cos 2\pi\nu_0 t + \frac{1}{2}(\Delta\alpha)\,\mathbf{E}_0 \left[\cos 2\pi(\nu_0 + \nu_k)\,t + \cos 2\pi(\nu_0 - \nu_k)\,t\right]\end{aligned} \tag{3.38}$$

公式 (3.38) 的等號右邊三項分別對應雷利散射 ($\nu = \nu_0$)、anti-Stokes 線 ($\nu = \nu_0 + \nu_k$) 及 Stokes 線 ($\nu = \nu_0 - \nu_k$)。如上所述，anti-Stokes 線是分子或物質系統由較高振動能階躍遷至較低振動能階所產生之散射現象。因爲根據溫度所反應之波茲曼分布 (Boltzman distribution)，各振動能階上的總數 (population) 隨著能階的增加而成指數減少，anti-Stokes 線的強度相對於 Stokes 線通常小很多。拉曼散射強度大約可以表示爲[148]

$$I_R \propto C\nu_0^4 \sigma(\nu_0) I_0 \exp(-E_i / kT) \tag{3.39}$$

其中，$\sigma(v_0)$ 爲拉曼散射截面積 (Raman cross section)，I_0 爲入射光強度，C 爲分析物的濃度，$\exp(-E_i/kT)$ 爲能階 i 的波茲曼因子 (Boltzmann factor)。拉曼散射截面積通常非常小 (約爲 10^{-29} cm^2)，因此拉曼訊號很難被測量到。受惠於雷射光源及高靈敏偵測器的開發，加上高性能光學元件 (如濾光片)，現在已可以快速有效的測量到拉曼散射光譜。

拉曼散射光譜技術有非破壞性、幾乎不需要特別的樣品製備、可直接測定氣體、液體和固體樣品等特色。當結合顯微技術時，則成爲應用廣泛的拉曼光譜顯微技術 (Raman spectromicroscopy)。對於分子或物質的化學組成及結構辨識已被證實是極爲有效的分析技術。拉曼光譜顯微技術現在已被廣泛應用於固態物質 (聚合物、半導體材料)、生物、藥物，甚至藝術品、法庭辦案等等的微區檢測。但傳統顯微技術有繞射極限的限制 (Abbe 準則)，難以分辨在波長二分之一以下微區內待測物質的拉曼散射訊號[149]。爲能夠檢驗極小範圍內待測物質的拉曼光譜，拉曼光譜儀結合不同顯微技術，已有機會探測解析比波長二分之一小的微區範圍所激發的拉曼散射訊號。

3.6.3 共焦拉曼光譜顯微術

共焦顯微鏡是 Minsky 在 1955 年爲解開神祕的人類神經系統結構所發明[150]。傳統廣視野光學顯微鏡 (wide-field optical microscope) 照射大區域的樣品，會產生大量的散

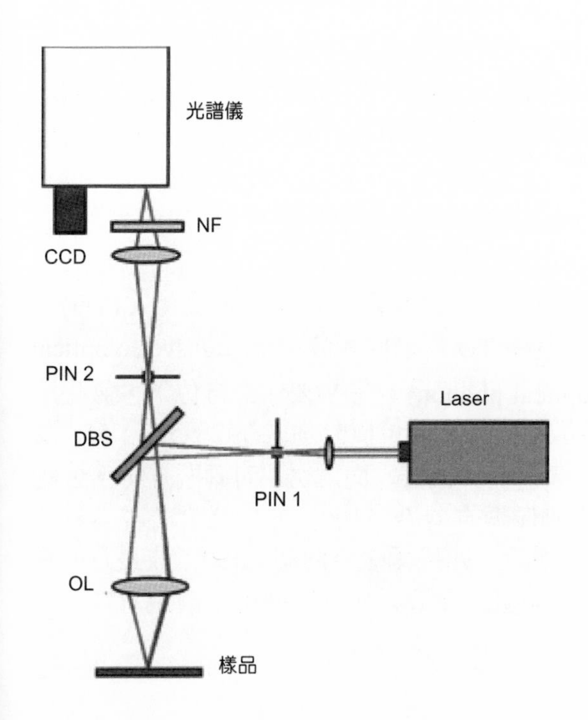

圖 3.56
共焦拉曼光譜顯微鏡的示意圖。OL 是物鏡，DBS 是雙色分光鏡片，NF 是凹口濾光片，PIN 1 與 PIN 2 是針孔。

射光，而共焦顯微鏡可以克服來自焦平面以外的光線引起影像背景強度過強的問題。如圖 3.56 所示，利用針孔 (pinhole) 擋板得到一個點光源用於激發樣品。此點光源通過物鏡聚焦到樣品上，當樣品某定點位置在焦點上，那麼反射光通過原物鏡應當匯聚回到針孔位置，就是所謂的共聚焦，簡稱爲共焦。在反射光的光路上加上一塊雙色分光鏡片 (dichroic beamsplitter)，將透鏡所收集的散射光直接穿過此分光鏡片而聚焦成像在另一個針孔上，最後到達針孔後的光偵測器。因此雷射光聚焦到樣品的範圍將放大成像在此針孔的位置上。若針孔的孔徑小於該成像範圍，則針孔將選取比雷射光聚焦在樣品的範圍更小區域的散射光來穿過針孔，而爲光偵測器所偵測。如此就能夠將不在焦點的其他散射光 (不能聚焦到針孔上) 擋住。然後再透過移動放置樣品的載物台，就可以對樣品進行三維掃描而得到三維光學影像。在 1969 年時，Davidovits 和 Egger 利用雷射源發展了第一台符合理想的共焦顯微鏡[151]。

共焦拉曼光譜顯微技術則是在反射光通過針孔擋板到光偵測器之前，加上高性能濾光片如陷波濾光片 (notch filter) 或邊緣濾波器 (edge filter)，將以入射光波長爲中心的幾個奈米波長範圍內的雷利散射光有效的濾除，而讓該波長範圍之外的光訊號順利通過。再將其引進光譜儀 (spectrometer) 而後導入多頻道光偵測器 (如電荷耦合元件照相機) 或單頻道光子倍增管 (photo-multiplier tube, PMT) 來量測，即可以得到被激發點的拉曼光譜。若將每一激發點得到的光譜中的特定拉曼散射波峰強度作爲對應影像點的強度來掃描雷射聚焦點，則可以得到特定拉曼散射波峰的拉曼散射影像圖。其解析度可達到約 200 nm。將奈米尺度的樣品適當散布，使得在雷射光束聚焦點內只有單一奈米樣品，則可以確定所得的拉曼散射訊號爲此單一奈米樣品的貢獻。利用奈米樣品的振動光譜測量結果，可分析材料的組成成分、單一奈米材料內的不純物質、晶格內部的對稱性、表面或界面的電子能階及振動能階的關係。以下介紹三個共焦拉曼光譜顯微技術應用實例來說明這種技術在奈米科技的應用。

Lagugne-Labarthet 等[152] 利用共焦拉曼光譜顯微鏡測量單一氮化鎵 (GaN) 奈米線的偏振 (polarized) 拉曼光譜影像，如圖 3.57 所示。因爲氮化鎵具有 C_{6v}^4 對稱的六方晶系纖鋅礦 (hexagonal wurtzite) 結構，其拉曼散射光譜可能出現六個譜線位置：A_1(TO)、A_1(LO)、E_1(TO)、E_1(LO)、E_2(low)、E_2(high)。其中 TO 爲橫向光波聲子 (transverse optical phonon)，LO 爲縱向光波聲子 (longitudinal optical phonon)。在 $Y(ZZ)\bar{Y}$ 方位下，氮化鎵的 E_2(low)、A_1(TO)、E_1(TO) 及 E_2(high) 拉曼散射光譜波峰位置分別爲 142、530、558 及 568 cm^{-1}。其中 $Y(ZZ)\bar{Y}$ 表示激發光從 Y 方向入射而其偏振方向爲 Z，而偏振方向爲 Z 的拉曼散射訊號由 $\bar{Y}$ 方向收集。其中當入射光的偏振方向沿〈100〉方向激發時較容易激發出 A_1(TO) 的拉曼散射光譜波峰，如圖 3.57 所示，如果偏振方向與〈100〉成長方向垂直則較容易激發 E_2(high) 拉曼散射。由此共焦偏振拉曼散射光譜影像可以清楚得知一維氮化鎵奈米線的晶格相及成長的晶格方向。

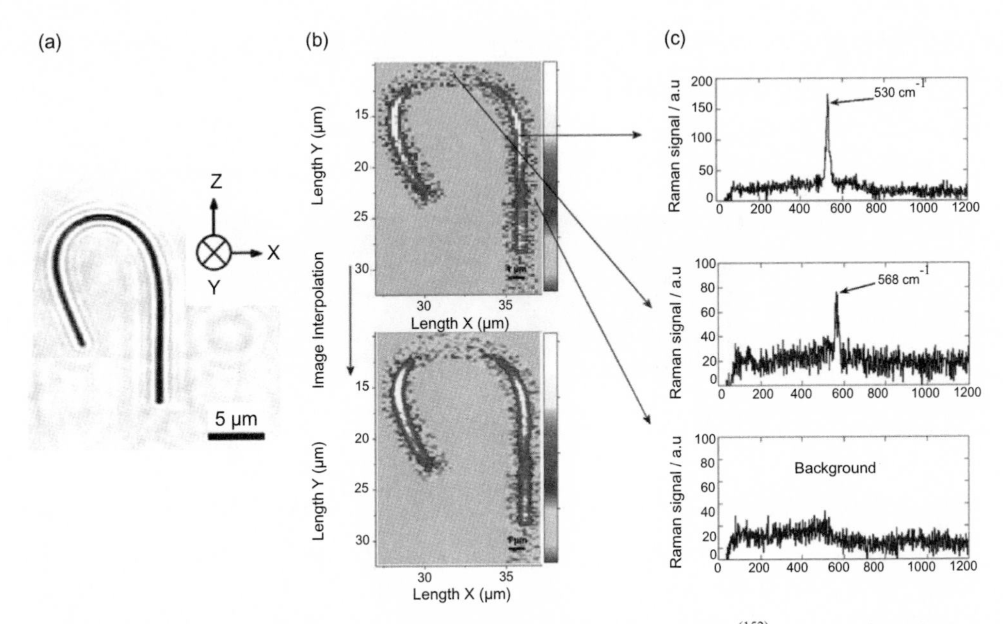

圖 3.57 在Y(ZZ)$\bar{Y}$ 方位下所取得之單一氮化鎵奈米線的偏振拉曼光譜[152]。(a) 光學影像圖。(b) 兩圖為累積 509 至 532 cm^{-1} 間的拉曼光譜所得到之共焦偏振拉曼光譜影像，空間解析度為 200－300 nm。(c) 不同區域的拉曼光譜。

另一個例子是 Cronion 等利用共焦拉曼光譜顯微鏡測量單一奈米碳管 (carbon nanotube) 的微區拉曼光譜，如圖 3.58 所示[153]。他們比較在不同振動模態 (RBM、D band、G band、G' band) 在扯斷前、扯斷後及扯斷一週後的拉曼光譜譜線位置時，發現扯斷後的 D band、G band 及 G' band 都有明顯往低頻移動現象。並且在扯斷一週後，這些譜線會有往高頻移動現象，但是無法回復成原先扯斷前的譜線位置。然而徑向呼吸模式 (radial breathing mode, RBM) 卻無上述的現象。表示扯斷所造成的應變 (strain) 對於碳原子間的振動影響較大。再者，此一應變所形成的高能量狀態會隨時間部分恢復成較低能量狀態。

在測量混合材料中的結晶態及非結晶態時，拉曼散射光譜分析經常可以比 X 光分析更有效。當材料失去晶格周期結構，X 光繞射的波峰會明顯變寬，但很難得知不同晶格周期的影響及單一晶格內變化的影響。對拉曼散射而言，長距離的晶格周期結構的變動對晶格周期間的振動模式 (lattice mode) 及移動與轉動混合模式 (librational mode) 有比較顯著的影響。再者對於局限在小範圍的晶格變化 (單一晶格內或鄰近晶格間的鍵結)，拉曼散射的波峰變化也會提供比較有效的訊息[153]。另外在有機或無機聚合物中，可能在次微米範圍內形成結晶態及非結晶態的區塊交錯分布。分析利用共焦拉曼散射光譜所測得次微米範圍內聚合物的拉曼光譜，可以得到分析結晶態材料與非結晶態材料相對波峰曲線所含的面積比例，而獲得次微米範圍內之結晶態材料與非結晶態材料的成分比率。圖 3.59 為 Bunsell 等利用拉曼光譜顯微鏡測量聚醯胺纖維 (polyamide fiber) 所得到的偏極化微區拉曼散射光譜[154]。他們利用三條曲線波峰曲線近似擬合 (fitting) 方法分析纖維中結晶態材料與非結晶態材料成分比率。

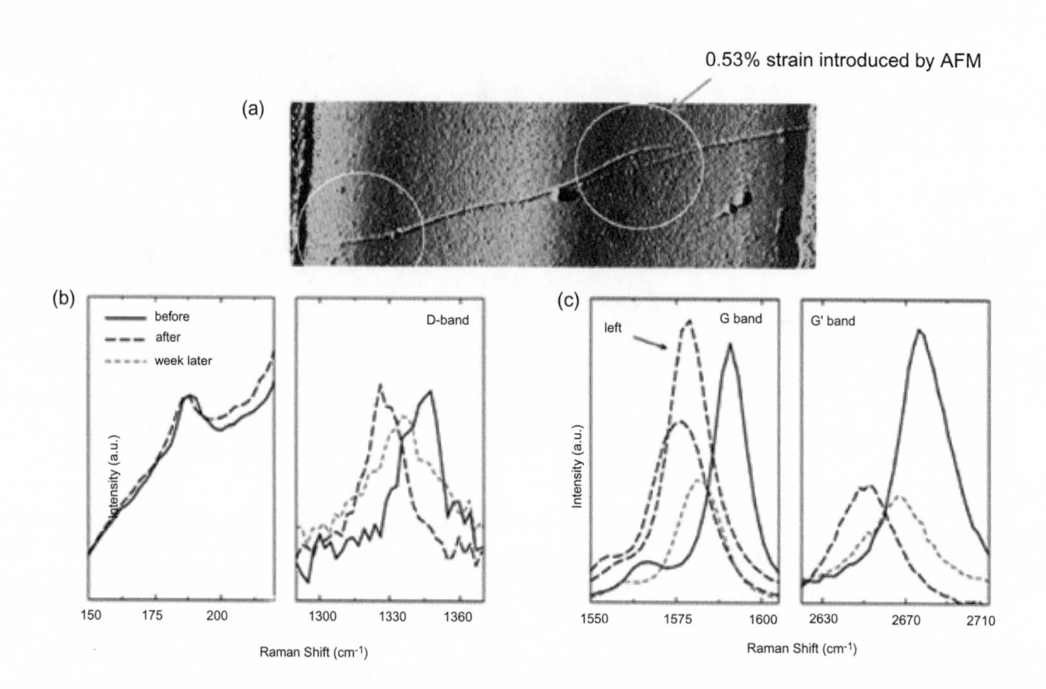

圖 3.58 (a) 以原子力顯微鏡掃描單一奈米碳管的影像圖[153]。圓圈是共焦顯微鏡的探測區域。右邊圓圈爲以原子力顯微鏡針尖扯斷奈米碳管的區域。(b) 與 (c) 爲不同振動模態 (RBM、D band、G band、G' band) 在扯斷前、扯斷後及扯斷一週後的拉曼光譜譜線位置。

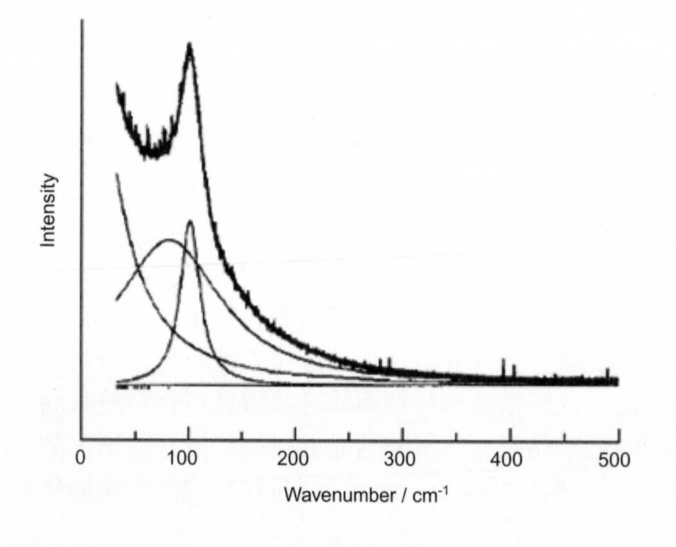

圖 3.59
聚醯胺纖維的偏極化拉曼散射光譜[154]。其中三個曲線近似擬合曲線分別爲雷利散射、非結晶態及結晶態的拉曼散射光譜。

3.6.4 掃描近場拉曼光譜顯微術

因爲共焦拉曼光譜顯微技術的空間解析度約爲 200 nm，因此只能得到該範圍內樣品的平均拉曼光譜。當材料爲不同奈米尺度材料的混合物時，就很難由所測量得的拉曼光譜來分辨不同材料。爲改善光學顯微技術的空間解析度，英國的 Synge 及美國的 O' Keefe 分別在 1928 年及 1956 年提出利用孔徑遠小於波長的點光源，於遠小一個波長距離的近場範圍來進行超越繞射極限的光學量測[155]。但受限於當時的工程技術，這個近場光學量測的概念無法實現。直到 1972 年，Ash 與 Nichols 利用微波進行掃描式近場顯微實驗，證實掃描近場顯微技術 (scanning near-field optical microscopy, SNOM) 可以得到波長的六十分之一的光學空間解析度[156]。但因爲奈米尺度距離控制及製作奈米尺度導光孔洞的技術未成熟，可見光波長的近場顯微技術未能實現。直到 1986 年瑞士 IBM 研究中心的 Pohl 從 Binnig 及 Rohrer 製作的電子掃描穿隧顯微鏡 (scanning tunneling microscope, STM)[157] 中，瞭解到壓電材料可用於奈米尺度的探針控制，近場光學顯微鏡才得以利用該技術製作成功。1992 年 Betzig 及 Vaez-Iravani 分別提出以剪力顯微鏡 (shear force microscope) 的技術作爲近場光學顯微儀光學探針的高度回饋，獲得穩定可重複的近場光學影像[158,159]。目前近場光學顯微鏡控制奈米孔徑探針與待測物表面奈米尺度之距離的方法，主要是利用剪力原子力顯微鏡與操控原子力顯微鏡探針原理相同的方法設計而成[160,161]。

近場光學顯微技術與拉曼散射光譜技術的結合，將可以開啓於奈米尺度下應用拉曼散射光譜技術的機會。因激發及收光方式的不同可區分爲激發式 (emission mode) 及收集式 (collection mode) 掃描近場拉曼光譜顯微鏡 (scanning near-field Raman spectromicroscope)。前者以雷射通過具奈米孔徑的光纖前端來激發樣品，再以物鏡收集樣品的拉曼散射光訊號；後者則以雷射通過物鏡來激發樣品，再以具奈米孔徑的光纖前端來收集樣品的拉曼散射光訊號。如果待測物爲透明或半透明，則可以將掃描式近場光學顯微鏡置於倒立式顯微鏡的上方，結合成穿透式近場掃描近場拉曼光譜顯微系統，如圖 3.60 所示。如爲不透明樣品，則在探針的斜向同側以物鏡收集樣品的拉曼散射光。此時在同側的物鏡必須使用長焦距的物鏡，而其收集散射光的立體角較小。

在收集式掃描近場拉曼光譜顯微鏡的基本架構上，如圖 3.60 所示，光纖探針架設在音叉 (tuning fork) 上，藉由光纖探針尖端與樣品表面的作用力所改變的音叉頻率來作爲回饋控制訊號。樣品被放置在以壓電材料推進的三軸掃描系統，可以同時得到剪力影像及近場光譜影像。將物鏡收集的散射光在導入單光儀前以凹口濾光片 (notch filter) 將激發雷射的雷利散射光濾除，則光偵測器測得的即是由樣品被雷射光照射後所發出的拉曼散射光。若光偵測器爲單頻道 (如崩潰光二極體 (avalanche photodiode, APD))，則可以窄頻濾波片 (band pass filter) 來選擇某一拉曼譜線，而掃描得到該拉曼譜線的拉曼光譜影像圖。若光偵測器具多通道偵測特性 (如電荷耦合元件照相機)，藉由與光譜儀的結合，則可以

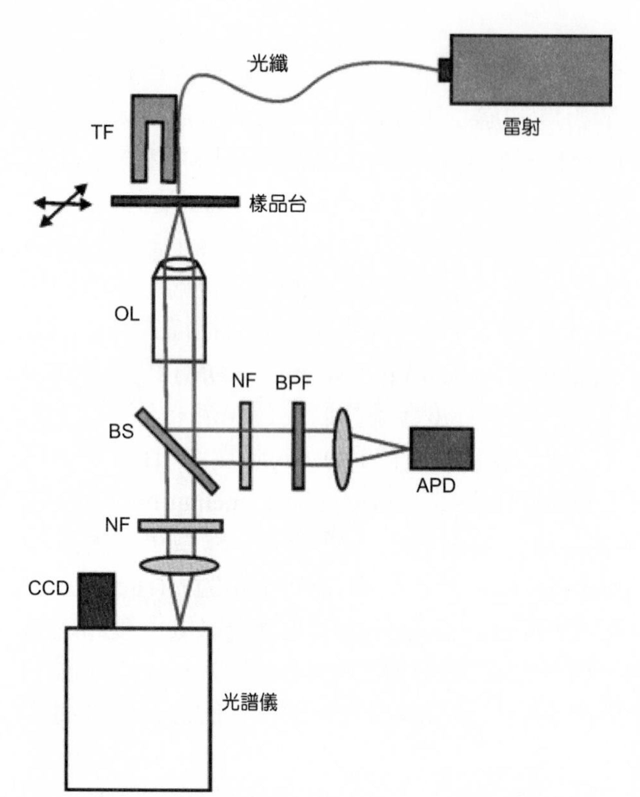

圖 3.60
掃描近場拉曼光譜顯微鏡示意圖。TF 是音叉，OL 是物鏡，BS 是分光鏡片，NF 是凹口濾光片，BPF 是窄頻濾波片。

掃描系統選定某一樣品定點，而得到該定點的拉曼光譜。因爲此光譜顯微系統的空間解析度只受限於光纖探針尖端的孔徑大小，可以進行奈米尺度上樣品物的拉曼光譜分布研究。以下介紹一個實例來說明掃描近場拉曼光譜顯微技術在奈米科技的應用。

半導體材料的結晶態與非結晶態在晶格中或晶格界面上的局部應力可以利用局部區域的拉曼散射光譜分析得到。當拉曼散射光譜波峰中心位置比結晶態的頻率高時，材料受到壓縮應力。當波峰中心位置比結晶態的頻率低時，材料受到拉長應力。利用材料的晶格與拉曼散射光譜波峰中心位置的關係，就可有藉由拉曼光譜測得材料內的應力分布。其中半導體材料矽晶格中或其材料界面的應力因爲與載子遷移率 (carrier mobility) 密切相關[162-164]，所以常利用拉曼光譜顯微技術來檢測積體電路製程中所產生的缺陷。譬如矽 (100) 方向的單軸應力 σ 與拉曼波峰位置在 521 cm^{-1} 的光波聲子 (optical phonon) 的位移量 ($\Delta\omega$) 關係式可用下式表示[165]：

$$\sigma(\text{MPa}) = -434 \cdot \Delta\omega(\text{cm}^{-1}) \tag{3.40}$$

爲分析矽晶面 (001) 刮痕的應力變化，Smith 等使用有孔洞掃描近場拉曼光譜顯微鏡測量矽晶面 (001) 刮痕的拉曼散射光譜[166]。圖 3.61(a) 爲在 521 cm^{-1} 附近的拉曼波峰與相對的擠壓應力沿垂直於刮痕方向所掃描測得的變化圖；圖 3.61(b) 爲相對應的剪力原子力顯微影像。由於所測得的訊號極弱，每一個近場拉曼影像圖需量測 9 小時，故有孔洞掃描近場拉曼光譜顯微鏡在實用上有相當大的限制。

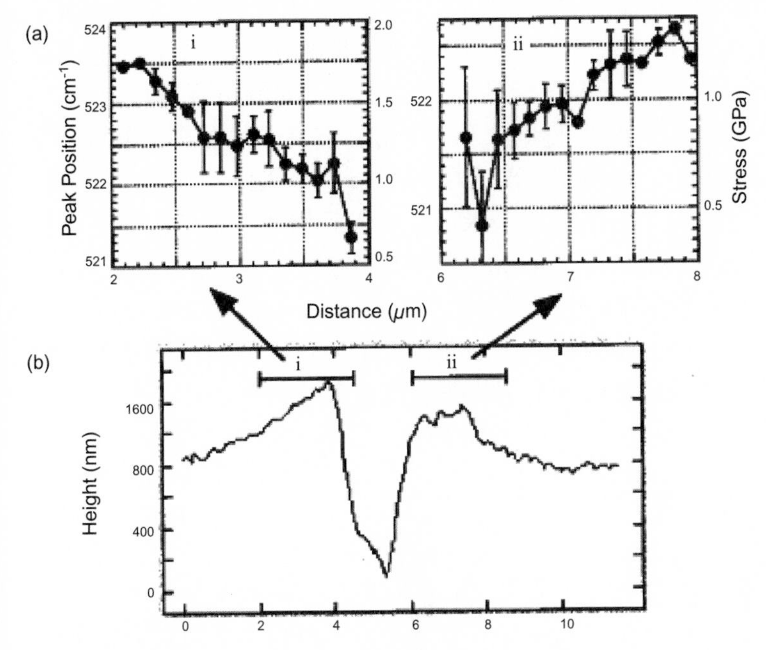

圖 3.61
(a) 掃描近場拉曼光譜顯微技術測得在刮痕的兩邊受擠壓矽材料的應力分布，(b) 通過刮痕截面剪力原子力掃描線[166]。

3.6.5 探針增強拉曼光譜顯微術

利用奈米孔洞導出點光源的掃描式近場光譜顯微鏡，其空間解析度很難比 50 nm 好，通常只達到 100 nm。其原因有兩個：(1) 當探針孔徑大小比截止半徑 (cut-off diameter, $0.6\lambda/n$) 小時，光的衰減會很嚴重。這就是所謂波導光纖的截止效應 (cut-off effect)。爲了維持足夠清楚的影像，訊雜比不能太差，故孔徑不能無限制的縮小。(2) 光場會穿透進包覆光纖外的金屬薄膜 (skin-depth effect) 約 25 nm。因此即使孔徑無限小，光纖出口端的光場分布範圍仍約有 50 nm，使得該技術的空間解析度受限於此數字，而無法再進一步縮小。這兩個因素影響了孔洞式掃描近場光學顯微鏡的發展及應用。再者，當奈米孔洞的孔徑越小，孔洞可通過的光線越小，且大部分的能量轉爲熱，而難以激發足夠的拉曼光譜訊號。

爲改善近場掃描光譜顯微系統空間解析度的限制，有許多方法被提出來。1985 年 Wessel 研究附著於探針尖端的奈米銀粒子在雷射光激發之下的局部電漿子共振的近場相關理論，證實可做爲開發無孔洞探針近場掃描式光譜顯微系統的基礎[167]。1994 年 Zenhausern 與 Wickramasinghe 展示利用干涉法去除背景光線的影響[168]，而得到 3 nm 的空間解析度。說明利用無孔洞奈米探針來進行光譜顯微量測可以得到小於 10 nm 的空間解析度。有關散射式掃描近場光學顯微鏡的原理及其最新發展可參閱作者於科儀新知的著作[169]。

圖 3.62 綜合比較傳統光學顯微鏡、孔洞式掃描近場光譜顯微鏡及散射式掃描近場光譜顯微鏡。說明光束受繞射極限的限制而無法聚焦到小於約波長的二分之一的範圍，而孔洞式掃描近場顯微鏡可以檢測約波長十分之一的範圍。最後，散射式掃描近場顯微鏡的空間解析度則受限於探針尖端的近場與樣品的作用，其空間解析度可以小於 10 nm。奈米級的金屬探針尖端在適當波長的光波照射下，會引發電漿子共振或避雷針效應 (lightning rod effect) 而在尖端誘發形成加強型局部光場的分布[170]。因此若利用此加強型局部光場來進行拉曼光譜的測量，將可一舉解決奈米級拉曼光譜檢測所遭遇的問題：突破繞射極限與增強拉曼散射訊號。Zenobi 等於 2000 年成功的展示利用蒸鍍銀的探針在散射式掃描近場顯微鏡的架構下，進行探針增強拉曼散射 (tip-enhanced Raman scattering) 實驗[171]。Novotny 於 2003 年發表利用金探針尖端的增強光場測得個別單壁奈米碳管 (single-wall carbon nanotube) 的拉曼散射影像，其空間解析度達 25 nm[172,173]。

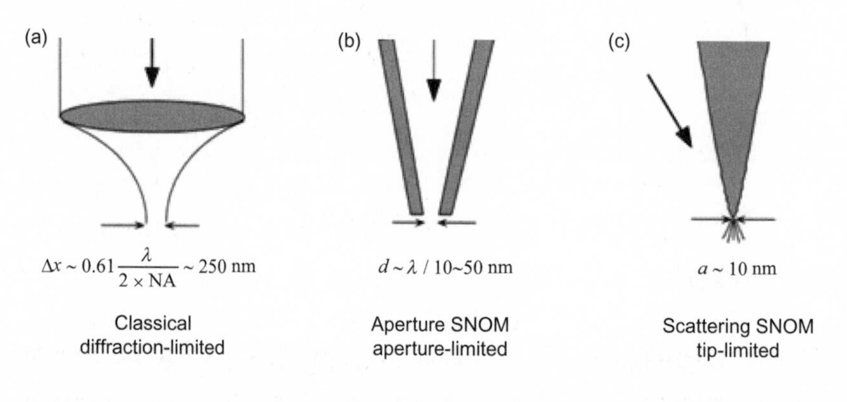

圖 3.62
(a) 傳統光學顯微鏡、(b) 孔洞式掃描近場光譜顯微鏡及 (c) 散射式掃描近場光譜顯微鏡的比較。

圖 3.63 爲兩種探針增強拉曼光譜顯微鏡 (tip-enhanced Raman spectromicroscope) 的基本結構圖。第一種是正向照射式。雷射光束導引入一個倒立式光學顯微鏡，經由雙色分光鏡片 (dichroic beamsplitter) 反射入大數值孔徑值 (numerical aperture) 的物鏡，透過樣品將雷射光聚焦到鍍有奈米金或銀薄膜的奈米級探針針尖上。而拉曼散射訊號由同一物鏡循反方向收集再傳導通過雙色分光鏡片。此雙色分光鏡片反射短波長的雷射光，而穿透長波長的拉曼散射訊號。然後此拉曼散射訊號可導引至一光譜儀來得到其光譜，或者可導引通過一個窄頻濾波片選取某一拉曼波峰，再導引聚焦至一光子計數型崩潰光電二極體 (photon counting avalanche photodiode, PC-APD)，來記錄所收集之極微量的拉曼散射光

子。如此樣品位置隨著奈米級樣品移動平台的移動，可以同時得到樣品的拉曼散射影像與接觸式的原子力顯微影像。此一設計的好處是整個架構可以建立在一個商用的倒立式光學顯微鏡上。然而卻有兩個缺點：(1) 在此一架構下，樣品須能讓雷射光及拉曼散射訊號通過，而大大限制可檢測的樣品種類。(2) 根據理論計算，在此一照射下，一般聚焦的線性偏振極化雷射光束無法產生沿探針軸方向的光場，而無法在針尖引發強近場。爲解決此一問題，就提出以高度聚焦的放射狀偏振極化 (radially polarized) 雷射光束來照射針尖，而能在聚焦點產生沿探針軸方向的光場[174]。因此需用一特殊裝置來產生放射狀偏振極化雷射光束。

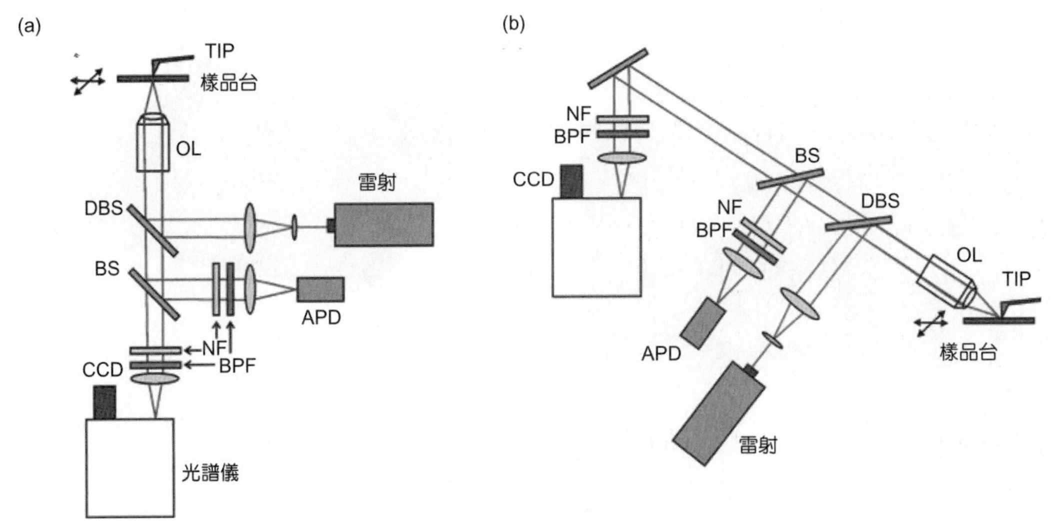

圖 3.63 探針增強拉曼光譜顯微鏡的 (a) 正向照射式及 (b) 側向照射式架構圖。OL 是物鏡，BS 是分光鏡片，DBS 是雙色分光鏡片，NF 是凹口濾光片，BPF 是窄頻濾波片。

第二種結構是側向照射式，如圖 3.63 所示[175,176]。雷射光束由探針的側邊經一物鏡聚焦照射針尖，而拉曼散射訊號由同一物鏡循反方向收集。此一設計的好處是任何樣品皆可適用。且可以利用一般線性偏振極化雷射光束以 p 極化方式入射照射針尖，就能夠產生沿探針軸方向的光場。其缺點是需要自行建構光學架構。而且因爲探針附近空間狹窄，無法使用大數值孔徑值的物鏡，而使得拉曼散射訊號的收集較差。最後在實驗考量上，根據表面加強型拉曼散射的原理，在強近場的作用下，拉曼散射強度約略與近場強度的四次方成正比[148]。所以由探針尖端近場激發的拉曼散射訊號，足以與雷射光聚焦點的遠場拉曼散射訊號區別。以下介紹兩個探針增強拉曼光譜顯微技術應用實例來說明這種技術在奈米科技的應用。

Novotny 及其研究群使用正向照射式探針增強拉曼光譜顯微技術觀察單一奈米碳管

的拉曼光譜影像[172]。而且測得拉曼訊號的增強倍率達四個數量級。由剪力顯微影像及拉曼散射影像的比較可知，探針增強拉曼光譜顯微技術可以獲得對比更清晰的奈米顯微影像。從單一條奈米碳管之拉曼散射影像圖，如圖 3.64 所示，所得的碳管寬度與由剪力顯微影像所得的值相當。其最近的研究成果更將空間解析度改進至 14 nm[173]。由於碳管寬度遠小於此數值，所以此數值乃反應探針增強拉曼光譜顯微技術的空間解析度。再者由放大的單一奈米碳管 G mode 拉曼散射影像，如圖 3.64 所示，可知碳管不同位置的 G' mode 拉曼波峰也有所不同。這顯示單一條奈米碳管不同位置的材料相異性。證明探針增強拉曼光譜顯微技術在奈米材料的化性及物性的分析，將能扮演重要角色。

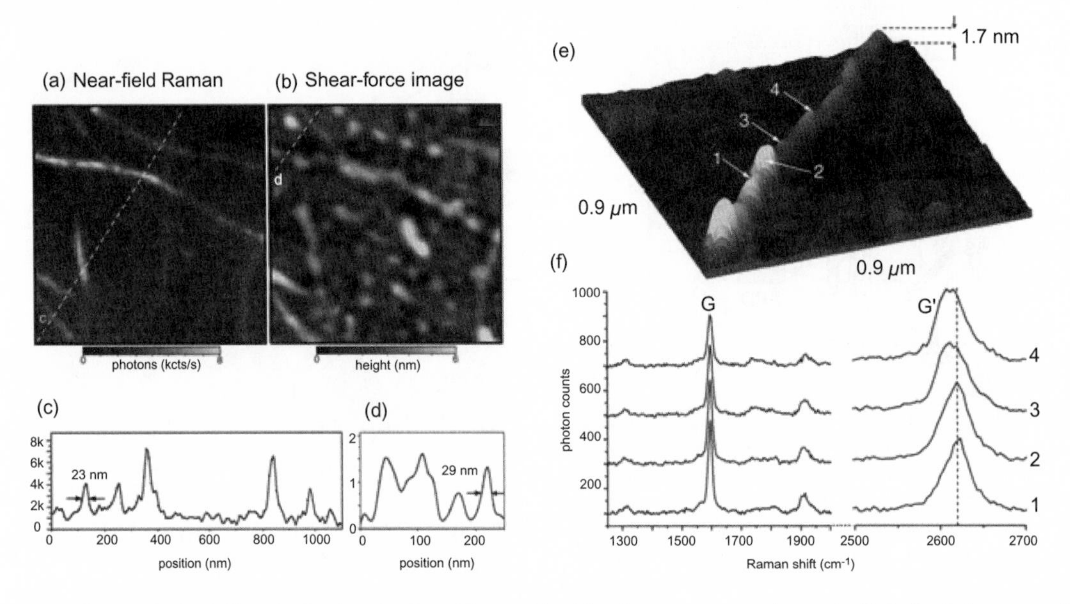

圖 3.64 單一條奈米碳管以探針增強拉曼光譜顯微鏡測得選取 G mode 的 (a) 拉曼散射影像及 (b) 剪力顯微影像；(c) 及 (d) 爲虛線所相對的輪廓圖。(e) 放大的單一奈米碳管 G mode 拉曼散射影像，(f) 四點不同位置的拉曼光譜[170]。

如前所述，拉曼光譜可以檢測半導體材料內所受的應力。若能擷取拉曼散射訊號的範圍至奈米尺度，將可大大有助於研發高密度大型集體電路。Kawata 與其研究群利用側向照射式探針增強拉曼光譜顯微技術測量在 $Si_{1-x}Ge_x$ ($x = 0.25$) 上磊晶生長 Si (30 nm) 樣品的拉曼光譜[177]。在適當的偏振拉曼實驗架構下，將可以大大消減由 $Si_{1-x}Ge_x$ 底層所貢獻的背景訊號，而能凸顯出受應力的上層 Si 的拉曼光譜。他們也利用此一技術測得上層 Si 不同位置的拉曼光譜，而能得到應力的分布圖。

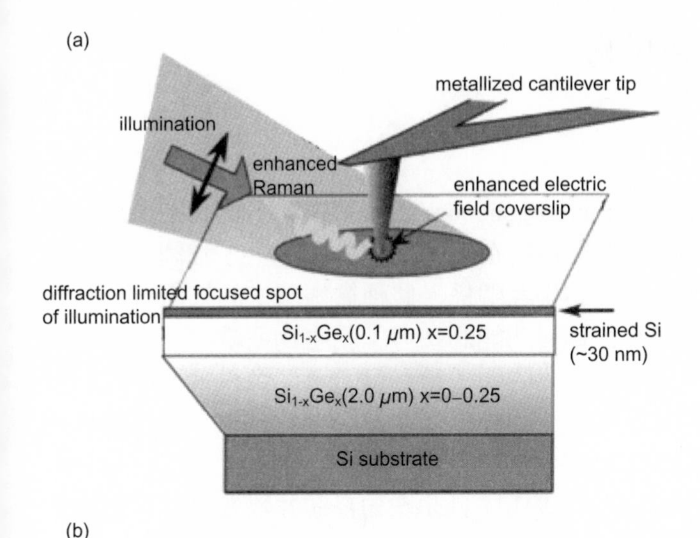

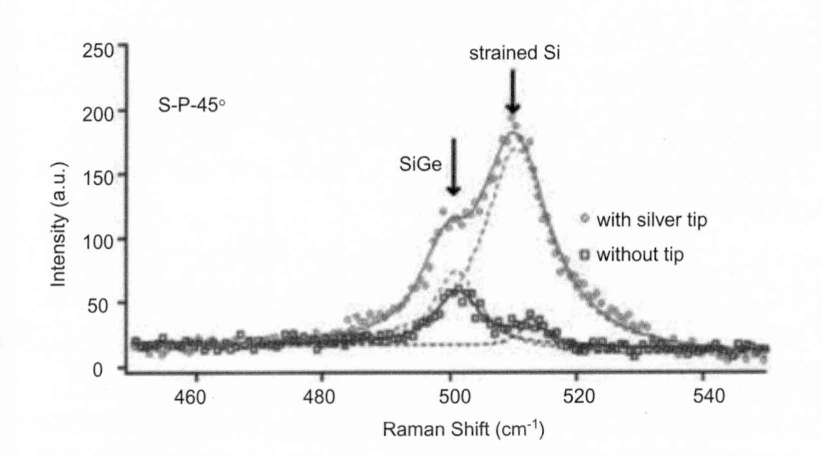

圖 3.65
側向照射式探針增強拉曼光譜顯微技術在 $Si_{1-x}Ge_x$ (x = 0.25) 上磊晶生長 Si (30 nm) 樣品的拉曼光譜[177]。

3.6.6 結論

本文介紹結合三種顯微技術與拉曼光譜技術，可以延伸拉曼光譜技術在非破壞性樣品及幾乎不需要樣品製備之下辨識物質化學組成及結構的優點至奈米尺度，已被證實爲極有效的分析技術。共焦拉曼光譜顯微技術達到兩百奈米的空間解析度，已被廣泛應用於含碳材料、生物、藥物、聚合物、半導體材料、固態物質，甚至藝術品、法庭辦案等等的微區檢測。有孔洞式掃描近場拉曼光譜顯微技術達到一百奈米的空間解析度，但因爲其空間解析度不夠高且拉曼訊號太弱，實用性不大。探針增強拉曼光譜顯微技術利用金屬探針前端的近場加強效應，一舉改進空間解析度至約十奈米且放大拉曼散射訊號。隨著新的光學、光譜方法或物理機制的引用，可預見拉曼光譜顯微技術將有更進一步的發展與應用，及其在奈米材料的化學組成及結構分析應用上扮演關鍵角色。

作者感謝提供本文中實驗結果圖形的各個作者及期刊。

3.7 同調反史托克拉曼散射顯微術

3.7.1 前言

對一個組成成分在空間上分布非均勻 (heterogeneous) 的複雜系統，例如複合成分的材料或是生物組織，量測其化學成分或是物理特性在空間上的分布提供了我們對此系統的最基本了解，例如成分、結構與功能之間的相互關係。此種微觀層次的知識就材料而言，可用於預測材料巨觀的性質，作爲改善材料功能的參考；就生物系統而言，可幫助我們從基本原理了解生物系統之運作原理。各式的顯微鏡影像隨著影像模式或形成訊號機制的不同，在廣義上可以被認爲是某一種量測的物理量在空間上的分布，或用數學式表示爲 Image $\equiv I(x, y)$，其中 I 爲某種與物質物理或化學特性相關的訊號，而 x、y 分別爲空間的座標。因此各式各樣的顯微鏡技術便成爲探討非均勻系統其物質特性在微觀尺度分布不可或缺的工具。

目前絕大多數應用於奈米科學研究的顯微鏡技術偏重於物質結構或物理性質上的檢測分析，較少能夠直接得到奈米物質的化學特性。由於分子的官能基 (functional group) 具有特徵的共振頻率 (resonance frequency)，就如同指紋一般，可用於辨識分子結構。因此化學家常用的分子振動光譜技術 (vibrational spectroscopy)，包括拉曼散射光譜 (Raman scattering spectroscopy) 或是紅外光光譜 (infrared spectroscopy) 技術，長久以來已被廣泛應用於分析巨觀樣品的化學成分。若是將此分子振動光譜量測與光學顯微鏡技術結合，便成爲一個可提供空間不同位置的光譜或是化學專一性 (chemical specificity) 影像的顯微鏡影像技術。

事實上，結合紅外光譜技術的紅外光顯微鏡 (infrared microscopy) 已常被應用於分析各式的樣品，包括高分子材料甚至生物組織，但是受限於由電磁波波長決定之繞射極限 (diffraction limit)，紅外光譜顯微鏡只能提供約 10 μm 左右之空間解析度；此外水分子在紅外光譜域有很強的吸收，也限制了適用的樣品。拉曼光譜顯微鏡技術利用波長爲可見光之雷射爲激發光源，可得到次微米空間解析度的化學影像 (chemical image)。然而，拉曼散射來自於光子與分子間之非彈性碰撞 (inelastic scattering)，發生之機率極低。一般而言，需要較長之量測時間或使用較高功率之激發光源以得到適當訊雜比 (signal-to-noise ratio) 之影像。此外，由於螢光與拉曼散射均出現在相同的波長範圍，因此拉曼散射光譜也不適用於背景螢光較強之樣品。以上缺點均嚴重限制其應用範圍。

在此將介紹一個新的振動光譜影像技術－「同調反史托克拉曼散射顯微技術 (coherent anti-Stokes Raman scattering microscopy, CARS microscopy)」。此技術主要是利用雷射光與物質間透過非線性光學 (nonlinear optical) 過程產生的「同調反史托克拉曼散射」訊號來形成影像。由於「同調反史托克拉曼散射」 基本上是分子振動光譜訊號，因此可針對特定化學成分之官能基 (functional group) 形成具有化學專一性之影像。此外，

第 3.7 節作者爲廖奕翰先生。

同調反史托克拉曼散射顯微技術還具有許多其他優點：

(1) 由於同調 (coherent) 及共振 (resonant) 兩個放大機制，同調反史托克拉曼散射訊號產生之效率遠大於傳統拉曼散射過程，有較高的訊雜比，可將形成影像的時間減少約三到四個數量級，由數小時減少至數秒。

(2) 由於同調反史托克拉曼散射爲一種多光子 (multi-photon) 誘發之非線性光學過程，只有在聚焦之焦點處才有足夠的激發強度產生此非線性光學訊號。因此如同其他多光子影像技術，例如「雙光子誘發螢光顯微技術 (two-photon excited fluorescence microscopy)」可做光學斷層 (optical sectioning) 掃描或形成次微米 (sub-micron) 空間解析度之三維影像。

(3) 由於同調反史托克拉曼散射顯微影像技術使用近紅外光爲激發光源，相較於其他較高光子能量之短波長輻射光源，對樣品的破壞性較低，其較長之激發光波長也大大減少在非均勻樣品中之散射，相較於另一種三維成像技術－雷射掃描共焦顯微鏡 (laser scanning confocal microscopy) 可量測厚度較大之樣品。

(4) 許多材料或生物系統之成分在可見光激發之下可產生非常強的單光子誘發自體螢光 (auto-fluorescence)，由於波長範圍與拉曼散射重疊，嚴重干擾傳統拉曼散射光譜之量測。而反史托克拉曼散射訊號之波長較激發光源之波長爲短，因此可輕易與背景螢光訊號分開。

(5) 同調反史托克拉曼散射顯微影像技術結合上述三維解析以及光譜量測之能力，可量測樣品「內部」之性質。雖然解析度約在數百奈米尺度，但與主要用於量測物質「表面」性質之奈米解析度的掃描探針式顯微技術例如原子力顯微鏡 (atomic force microscope) 或掃描穿隧式顯微鏡 (scanning tunneling microscope) 具有互補之特性。

第一個同調反史托克拉曼散射的光譜研究首見於 1965 年，從此以後同調反史托克拉曼散射顯微鏡光譜技術便成爲一個廣泛應用於凝態以及氣態之化學光譜分析技術。後來一直到 1982 年，Duncan 等人才首先將同調反史托克拉曼散射光譜技術與掃描式光學顯微技術結合，開發了第一個利用同調反史托克拉曼散射訊號形成影像之非線性光學顯微技術[178]。然而同調反史托克拉曼散射光學顯微技術眞正引起注意卻又經過了相當長的時間，直到 1999 年哈佛大學化學系的研究團隊將其進一步改進，並廣泛應用於生物系統上[179]。其中最大的變革在於利用高數值孔徑 (numerical aperture, NA) 的物鏡將兩道共線 (collinear) 行進的雷射光束高度聚焦到次微米的尺度，來產生同調反史托克拉曼散射訊號。此種作法除了大大提高訊號產生的效率之外，也提高影像之解析度。再加上雷射技術的進步，光源選擇更多，使此一最新的光學影像技術之應用更加普及。雖然同調反史托克拉曼散射影像技術在過去數年有許多的開發與改進[180,181]，也逐漸受到重視，然而大多數的應用仍然集中在生物系統，例如：細胞[182]、脂質微胞[183]、生物組織等[184]，應用在材料科學上的研究仍然相當少，是一個相對上較未開發的領域。由於同調反史托克拉曼散射影像技術具有上述許多優點，未來在材料科學應極具發展潛力。

本文將先介紹同調反史托克拉曼散射影像技術之基本原理以及其建置儀器設備之技術規格，最後則利用一些實例介紹其工作原理以及應用。

3.7.2 基本原理

同調反史托克拉曼散射是利用雷射光與物質間透過非線性光學過程產生的反史托克拉曼散射訊號。爲求完整起見，我們首先介紹「拉曼散射」。

拉曼效應 (Raman effect) 是由印度科學家拉曼 (C. V. Raman) 於 1928 年發現。拉曼發現光和物質交互作用後，可發生能量交換，使入射光與散射光之間的能量產生差異，亦即入射的光子和物質分子發生所謂非彈性碰撞 (inelastic collision)。若使用能階的觀念來描述，當入射光子碰撞物質分子時，會使物質分子由基態 (ground state) 躍升到一較高能量的虛擬能態 (virtual state)。當返回基態時，若散射出的光子頻率和入射光子頻率相同時，即入射光子與物質分子之間沒有產生能量交換，此時稱爲雷利散射 (Rayleigh scattering)，如圖 3.66 所示。

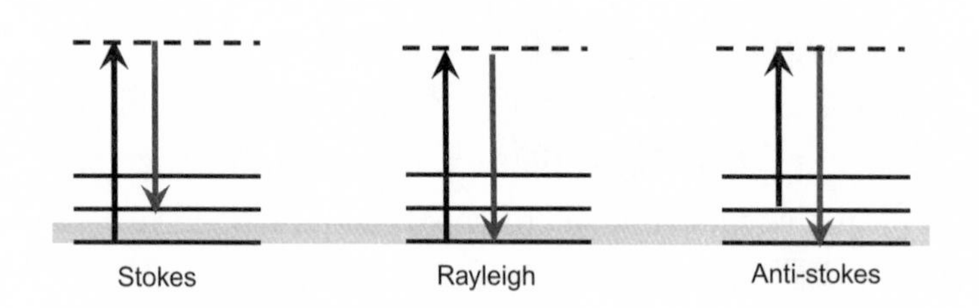

圖 3.66
三種不同光子散射過程之躍遷能階圖。

若分子返回較高的振動能階時，此時散射光子和入射光子之間的能量會相差 ΔE，即散射光子的頻率較入射光子的爲低，此時所得的拉曼散射稱爲史托克譜線 (Stokes line)，如圖 3.66(a) 所示。而分子也可能由較高的振動能階被激發後再返回基態，此時所產生的散射光子的能量較入射光子之能量多 ΔE，此時所得的拉曼散射稱爲反史托克譜線 (anti-Stokes line)，如圖 3.66(b) 所示。入射光子與物質分子產生能量交換而造成入射光子與散射光子之間的頻率變化，稱爲拉曼位移 (Raman shift)，一般以波數 (wavenumber, cm^{-1}) 表示。由於常溫下，根據波茲曼分布 (Boltzmann distribution)，大部分的物質分子是處於電子基態之振動基態，也因此史托克譜線的強度會明顯大於反史托克譜線。由圖 3.66 可知拉曼位移和物質分子的振動能階有直接的關係，因此透過拉曼散射光譜，可以得到等同於分子振動光譜的訊息，可以用來偵測分子結構的組成與變化及定量分析。一般來說，振動能階躍遷的能量範圍以波數表示的話，大約分布在 10－4000 cm^{-1}。

而同調反史托克拉曼散射是一個牽涉到三道雷射光 (爲討論方便其對應之「電場

(electric field)」之振幅以及「波向量 (wave vector)」分別用 E_{pump}、E_{Stokes}、E_{probe} 及 $\mathbf{k}_{pump}$、$\mathbf{k}_{Stokes}$、$\mathbf{k}_{probe}$ 代表；而其頻率分別爲 ω_{pump}、ω_{Stokes} 及 ω_{probe}) 與物質透過所謂「四波混頻 (four wave mixing)」作用的非線性光學過程，其能階躍遷之過程如圖 3.67(a) 所示。在此作用下誘發的「三階非線性極化 (third-order nonlinear polarization)」可以表示爲[185,186]：

$$P^{(3)} = \chi^{(3)} \cdot E_{pump} E_{probe} E^*_{Stokes} \tag{3.41}$$

其中 $P^{(3)}$ 是在波向量滿足相位匹配 (phase match) 條件下之產生同調反史托克拉曼散射訊號之輻射源項。而同調反史托克拉曼散射訊號的大小與此非線性極化 ($P^{(3)}$) 之平方成正比。由圖 3.67(a) 之能階關係圖可知 $P^{(3)}$ 的頻率必須滿足此關係：$\omega_{AS} = \omega_{pump} + \omega_{probe} - \omega_{Stokes}$。因此「同調反史托克拉曼散射」訊號之波長短於激發光源之波長，與傳統拉曼訊號 (或是螢光訊號) 較激發光波長爲長之情況有所不同。實務上，E_{pump} 與 E_{probe} 可由同一道雷射產生，此情況下 $\omega_{pump} = \omega_{probe}$，因此 $\omega_{AS} = 2\omega_{pump} - \omega_{Stokes}$，如圖 3.67(b) 所示。

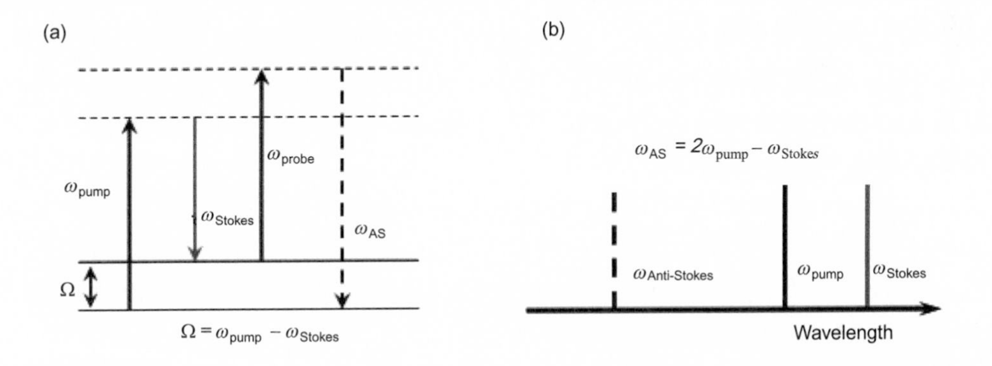

圖 3.67 (a) 同調反史托克拉曼散射之四波混頻 (four wave mixing) 過程之能階示意圖；(b) 同調反史托克拉曼散射訊號與「pump 光束」及「Stokes 光束」在波長軸之表示。

此「三階非線性極化」$P^{(3)}$ 分別有來自共振 (resonant) 與非共振 (non-resonant) 兩個部分的貢獻，可表示爲：

$$P^{(3)} = P^{(3)nr} + \sum_r P^{(3)r} = (\chi^{(3)nr} + \sum_r \chi^{(3)r}) \cdot E_{pump} E_{probe} E^*_{Stokes} \tag{3.42}$$

其中 $P^{(3)nr}$ 與 $P^{(3)r}$ 分別爲「非共振極化項」與「共振極化項」，而 $\chi^{(3)nr}$ 與 $\chi^{(3)r}$ 分別爲「非共振極化率」與「共振極化率」，與物質之性質相關。

當 E_{pump} 與 E_{Stokes} 之差頻 $\omega_{pump} - \omega_{Stokes}$ 與某個分子官能基的特徵頻率或拉曼偏移 (Ramans shift) 相同時，即 $\Omega = \omega_{pump} - \omega_{Stokes}$，「共振極化項」$P^{(3)r}$ 受到所謂共振放大效應(resonance enhancement) 而增強。由於此差頻 $\omega_{pump} - \omega_{Stokes}$ 與其他分子官能基的特徵頻率不同，無共振放大效應，因此產生的背景訊號較低。所以我們稱「同調反史托克拉曼散射」訊號與特定分子振動之間具有專一性 (specificity)，可用於形成具有化學專一性 (chemically specific，嚴格講是與「官能基」具有專一性) 之影像。此外，由於各個分子振動極化 (polarization) 是「同調 (coherent)」的被產生，各成分向量經同調加總 (coherent superposition) 後進一步放大訊號。由於以上兩個訊號放大的機制，「同調反史托克拉曼散射」訊號產生之效率遠大於傳統的拉曼散射過程。

另一個「非共振極化項」$P^{(3)nr}$ 之大小與激發光源頻率無關 (亦即「非共振」)，因此同調反史托克拉曼散射訊號存在一個不受激發光源頻率影響的背景訊號。此背景訊號會降低同調反史托克拉曼散射影像之反差 (contrast)。因此許多研究的主題均在於消除或減少此非共振項造成的背景訊號[187]。

在此可以附帶說明的是，「表面增強拉曼散射 (surface-enhanced Raman scattering, SRES)」也常用於增強分子拉曼訊號。其原理是利用金屬奈米粒子 (一般是使用銀或金奈米粒) 或是奈米粒子團聚 (aggregate) 中之自由電子 (free electrons) 受光激發後產生集體且同調之振動 (collective coherent oscillation)，稱之爲表面電漿 (surface plasmon)。這些帶電粒子之集體振動集中於金屬奈米粒子表面附近，在金屬奈米粒子表面產生放大 (相較於激發光而言) 的電場，因此可增強吸附於金屬奈米粒子表面的分子之拉曼散射訊號。由以上說明可知，「表面增強拉曼散射」需有金屬粒子存在，且待測分子必須吸附在 (或至少是非常接近) 金屬表面。反之，同調反史托克拉曼散射是透過非線性光學過程增強反史托克拉曼訊號，無須借助金屬粒子。

接著我們討論同調反史托克拉曼散射訊號之特徵光譜形狀。在此只考慮 n 個相同的分子振動，其特徵頻率爲 Ω。上面「三階非線性極化」表示式中之 $\chi^{(3)} = \chi^{(3)nr} + \sum_r \chi^{(3)r}$ 與激發光源頻率之關係式可表示爲：

$$\chi^{(3)}(\Omega, \omega_{pump}, \omega_{Stokes}) = \chi^{(3)nr} + \sum_r \chi^{(3)r} = \chi^{(3)nr} + \frac{nA_R}{\Omega - (\omega_{pump} - \omega_{Stokes}) - i\Gamma_R} \quad (3.43)$$

其中，n 爲分子振動子 (oscillator) 之數目，A_R 與拉曼散射效率成正比，Γ_R 爲該分子振動對應之拉曼譜線的光譜寬度，i 代表虛數。由於同調反史托克拉曼散射訊號正比於「三階非線性極化」的平方，因此

$$I_{CARS} \propto \left|\chi^{(3)}\right|^2 = \left(\chi^{(3)nr} + \sum_r \chi^{(3)r}\right)^2 = (\chi^{(3)nr})^2 + \frac{2nA_R\chi^{(3)nr}\delta}{\delta^2 + \Gamma_R^2} + \frac{n^2A_R^2}{\delta^2 + \Gamma_R^2} \quad (3.44)$$

其中 $\Omega-(\omega_{pump}-\omega_{Stokes})$ 已改用另一符號 δ 表示，描述激發光之差頻與分子特徵頻率之差別，稱爲「失諧 (de-tuning)」。圖 3.68 爲同調反史托克拉曼散射訊號 ICARS 各個成分項與「失諧」之間的關係。其中，$(\chi^{(3)nr})^2$ 項爲非共振項，與頻率無關，只貢獻一個背景值，在此略去不表示於在圖 3.68 中。而 $n^2A_R^2/(\delta^2+\Gamma_R^2)$ 爲共振項，以細實線表示在圖 3.68 中，爲典型拉曼譜線的「勞倫茲 (Lorentzian)」波形。由於 δ 在分母，當「失諧」δ 較小時 (也就是所謂「共振」時)，此項貢獻較大。而 $2nA_R\chi^{(3)nr}\delta/(\delta^2+\Gamma_R^2)$ 稱爲「發散 (dispersive)」項，在圖 3.68 中以粗灰線表示。共振項、發散項與非共振項之總和即爲同調反史托克拉曼散射光譜。如圖 3.68 中之粗黑線表示，由於發散項之特徵形狀，使同調反史托克拉曼散射光譜與傳統「拉曼散射」光譜之譜線形狀有所差異，中心位置也有差別。

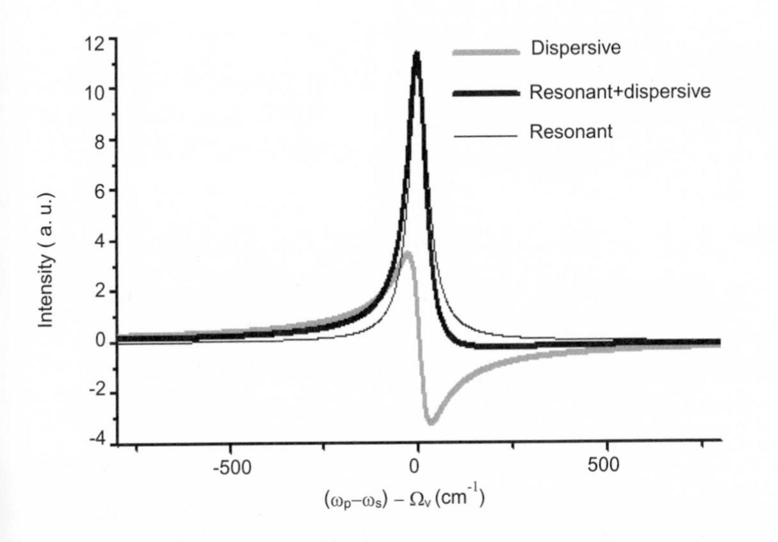

圖 3.68
同調反史托克拉曼散射光譜之各個成分項，共振項、發散項、總成之光譜分別用細實線、粗灰線、粗實線表示。Ω_v 爲分子振動之特徵頻率。

3.7.3 技術規格

目前同調反史托克拉曼散射顯微鏡並無商品化的系統，完全需要自行建構。本實驗室自行建立的系統如圖 3.69 所示，整個影像系統包含雷射光源、光學顯微鏡、掃描器、偵測器及其他光機附屬零件，將分別介紹如下。

在雷射光源的部分，雖然原則上要產生同調反史托克拉曼散射顯微鏡訊號需要三個不同波長的光源 (爲討論方便其頻率分別稱爲 ω_{pump}、ω_{Stokes} 及 ω_{probe})，而且其中至少一個光源的頻率 (ω_{pump} 或 ω_{Stokes}) 必須可調整，以使 ω_{pump} 與 ω_{Stokes} 之差頻 $\omega_{diff}=\omega_{pump}-\omega_{Stokes}$ 與待

測之分子振動產生共振。實務上，ω_{probe} 可以與 ω_{pump} 相同，使用同一個光源，因此只需兩種不同波長的光源。本實驗室所建立的系統所使用的光源分別爲 Nd:vanadate 雷射 (1064 nm、76 MHz、7 ps) 以及波長可調的光參共振器 (optical parametric oscillator, OPO、775－975 nm、5 ps)，其中前者做爲所謂「Stokes 光束」而後者做爲「pump 光束」。此兩套光源的頻率差可涵蓋振動頻率從約 1000 到 3500 cm^{-1} 的分子振動。

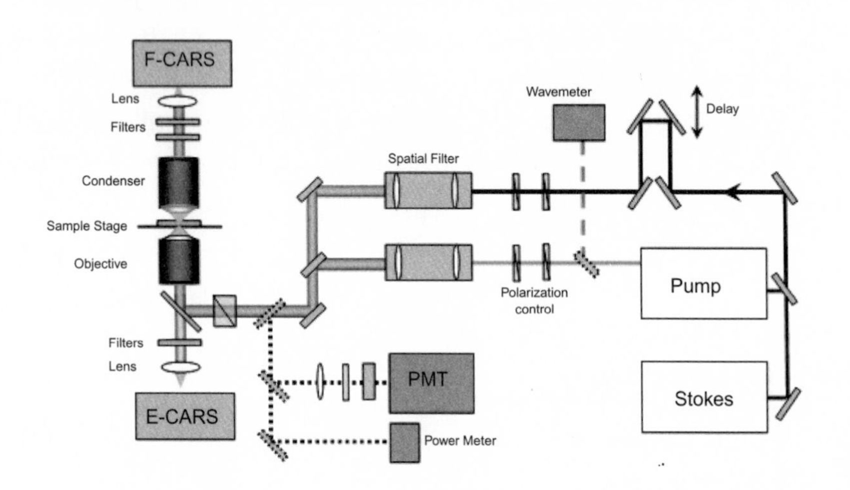

圖 3.69 同調反史托克拉曼散射顯微鏡系統之示意圖。

Nd:vanadate 雷射在經過分光鏡後，一部分用做 Stokes 光束，一部分用來激發光參共振器，以產生波長可調的 pump 光束。要產生同調反史托克拉曼散射訊號，pump 光束與 Stokes 光束之脈衝在空間以及時間上必須重合。由於光參共振器是以 Nd:vanadate 雷射當做激發光源，兩台光源的脈衝頻率 (repetition rate) 完全相同，只要調整光程差，便能使兩道光束之脈衝在時間上重合。另一種方法是使用兩套獨立的光源，例如兩套超快雷射系統，在此情況則必須使兩台光源間的脈衝頻率同步 (synchronized)。接著 pump 光束經過一個光程調整，目的使其和 Stokes 光束的脈衝得以在時間上達到最佳的疊合。然後 pump 光束和 Stokes 光束分別通過一個二分之一位相差板 (half-wave plate) 與偏極板 (polarizer)，除了可以個別調整兩道光束的極化方向外並可調整功率大小。接著兩道光束再各自通過一個空間濾波器 (spatial filter) 以得到較好的光束品質，以及適當的光束大小。接著利用一個雙色分光鏡 (dichroic mirror) 將兩道光束重合，使其共線 (collinear) 前進。最後，合併的光束經由另一片雙色分光鏡導入倒立式 (inverted) 顯微鏡中，利用高數值孔徑值 (numerical aperture, NA) 的物鏡聚焦至樣品上。向前及向後傳導的光束分別經由顯微鏡的聚光鏡 (condenser) 以及物鏡收集後，再各自以適當的濾鏡過濾掉激發光，只讓同調反史托克拉曼散射顯微鏡訊號通過，最後用光電倍增管 (photomultiplier, PMT) 偵測訊號。樣品的掃描是利用三軸移動平台 (scanning stage) 進行。最後，電腦將每個位置讀取之同調反史托克拉曼散射訊號組合成影像。

掃描式顯微鏡系統除了使用三軸移動平台外，也可使用掃描器 (galvono scanner) 掃描光束，此方法可大大提高影像產生的速度，但是較適用於訊號較大的樣品。使用三軸移動平台雖然掃描速度較慢，但可方便與鎖模放大器 (lock-in amplifier) 或光子計數 (photon counting) 技術結合，提高訊雜比，對於訊號較小的樣品特別有用。

上述系統使用脈衝寬度約幾個皮秒 (pico-second) 的激發光源，好處是有較窄的光譜寬度，可非常有效率地針對單一特定分子振動產生對應的同調反史托克拉曼散射訊號。缺點是若需量測多種分子振動或得到振動光譜，則需調整波長，較耗費時間。解決方式是將「Stokes 光束」換成寬頻光源，涵蓋多個分子振動的光譜範圍，再將偵測器更換成光譜儀 (spectrometer)，如此便可同時得到同調反史托克拉曼散射光譜，此技術稱爲「多工」同調反史托克拉曼散射顯微術 (multiplex CARS microscopy)。「多工」同調反史托克拉曼散射過程之能階躍遷如圖 3.70 所示。

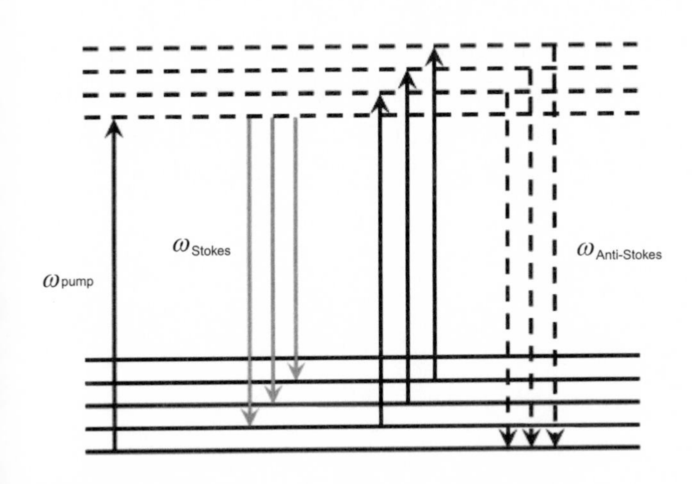

圖 3.70
「多工」同調反史托克拉曼散射 (multiplex CARS) 之能階圖。

產生「多工」同調反史托克拉曼散射所需之寬頻光源可利用一台超短脈衝雷射，例如商品化的飛秒紅寶石雷射 (Ti:sapphire laser)，其中心波長可在 700 nm 到 950 nm 間調整，頻寬大約爲幾百個波數 (cm^{-1})。此時，兩組雷射其中一組之共振腔 (cavity) 長度需透過回饋 (feedback) 裝置隨時調整，使其脈衝頻率 (repetition rate) 與另一組雷射隨時完全相同，以達到同步。目前商品化的同步系統可以將兩組脈衝雷射的脈衝頻率的差別控制在小於 1 Hz。

另一種方式則是將超短脈衝雷射聚焦到光纖，利用非線性光學作用產生非常寬頻的白光脈衝 (white light continuum)，頻寬可輕易超過 3000 cm^{-1}。此種裝置產生的 pump 光束與 Stokes 光束其脈衝頻率自然同步，但是由於介質的折射率爲頻率的函數，也就是所謂色散差 (dispersion)，頻寬非常寬的白光脈衝通過介質後，不同頻率的成分行進速度也

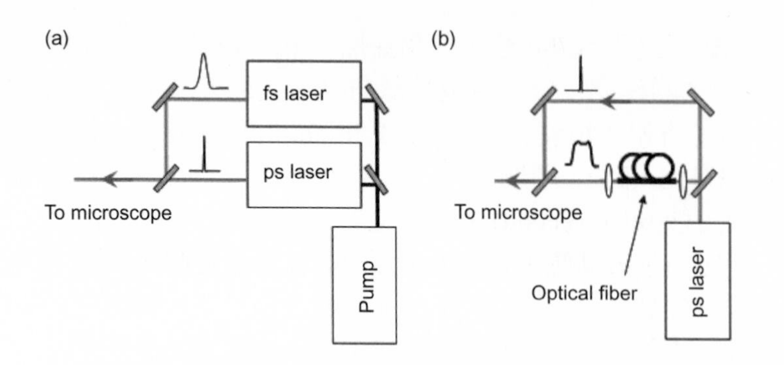

圖 3.71
「多工」同調反史托克拉曼散射顯微鏡系統之激發光源示意圖。(a) 利用兩道同步 (synchronized) 的脈衝雷射作爲激發光源；(b) 利用單一雷射結合光纖作爲激發光源。

不同，須另外加以校正。已有人利用具有負的色散的光子晶體光纖 (photonic crystal fiber) 結合超短脈衝紅寶石雷射產生超寬頻白光脈衝。在選擇適當的光纖長度後，可使正及負的色散差相抵消[188]。以上兩種裝置的簡單示意圖如圖 3.71 所示。

圖 3.72 爲我們利用短脈衝雷射聚焦到光子晶體光纖所產生的超寬頻白光脈衝再經由非線性晶體 (nonlinear crystal) 產生二倍頻 (second harmonic generation) 後所測得的光譜。由於實驗所需，只由 1100 到 1500 nm 光譜之白光產生二倍頻。實際之光譜範圍由 500 nm 到 1700 nm 以上。以上之白光光源與激發光源 (1064 nm) 同步，經結合後所產生的同調反史托克拉曼散射光譜可同時涵蓋絕大多數材料或是生物系統中官能基振動之拉曼位移 (Raman shift)，應用範圍極廣。

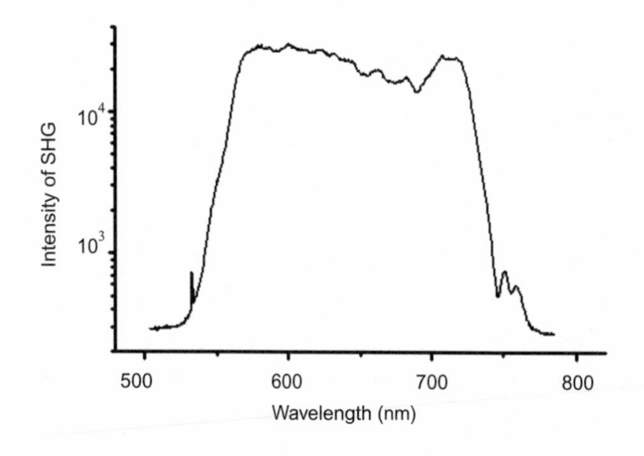

圖 3.72
利用光子光纖所產生超寬頻白光脈衝 (white light continuum) 之二倍頻 (second harmonic generation) 光譜圖。

3.7.4 應用與實例

同調反史托克拉曼散射顯微技術可應用各種材料或生物系統的分析檢測。聚苯乙烯是常見的高分子材料，微米或奈米尺度的聚苯乙烯小球可用於各式顯微鏡系統的鑑定。

以下將利用聚苯乙烯 (polystyrene) 爲例，說明利用此影像技術成像之使用實例。

欲利用同調反史托克拉曼散射顯微鏡影像技術形成具化學專一性之影像，首先必須選擇待測物之特定的官能基。圖 3.73(a) 是利用 532 nm 的雷射爲激發光源所得到聚苯乙烯之拉曼光譜，內圖爲聚苯乙烯之分子表示式。其中，拉曼位移在 3054 cm^{-1} 位置的譜線爲苯環上之 C-H 振動頻率。在此例子中，聚苯乙烯之苯環上 C-H 振動官能基爲背景物質所沒有，且訊號較強容易觀察，所以我們將產生對應此振動官能基之同調反史托克拉曼散射訊號，並利用此訊號形成聚苯乙烯小球之同調反史托克拉曼散射影像。圖 3.73(b) 爲聚苯乙烯微米尺度小球之同調反史托克拉曼散射顯微鏡影像。實驗中，我們將 pump 光束與 Stokes 光束之波長分別設於 803 nm 與 1064 nm，產生與苯環上之 C-H 振動共振之同調反史托克拉曼散射顯微鏡訊號，使用的雷射功率約爲 20 mW。

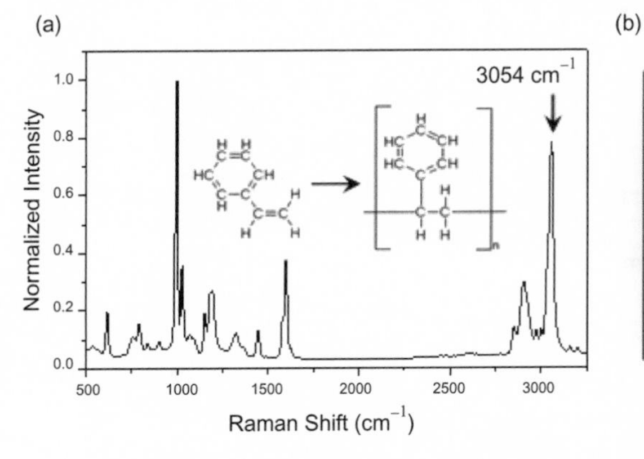

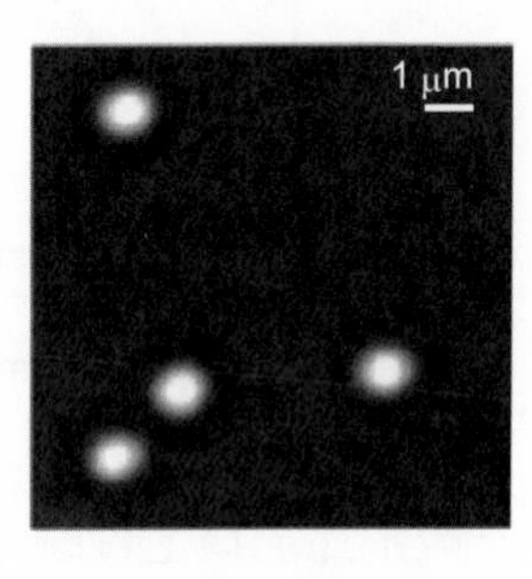

圖 3.73
(a) 利用 532 nm 綠光雷射爲激發光源產生之聚苯乙烯拉曼光譜；(b) 與聚苯乙烯苯環上之 C-H 振動共振之同調反史托克拉曼散射影像。

對訊號進行光譜分析可驗證所得訊號是否確實由同調反史托克拉曼散射過程產生，其結果如圖 3.74(a)。如預期的，光譜分析顯示訊號之波長爲 645 nm，正符合 $\omega_{\text{CARS}} = 2\omega_{\text{pump}} - \omega_{\text{Stokes}}$ 之關係式。此外，爲產生同調反史托克拉曼散射過程，pump 光束與 Stokes 光束之脈衝 (pulse) 須在時間上重合。圖 3.74(b) 爲記錄同調反史托克拉曼散射訊號所得到的 pump 光束和 Stokes 光束之「互相關函數 (cross-correlation function)」。其中 Stokes 光束之相對光程改變已轉換表示爲相對時間差。此結果顯示，只有當 pump 光束和 Stokes 光束在時間軸上完全重合時，才可得到最大的同調反史托克拉曼散射顯微鏡訊號。「互相關函數」的寬度爲兩個脈衝「卷積 (convolution)」之結果與兩個脈衝之寬度相關，實驗結果與所使用之激發光脈衝寬度相吻合。我們可進一步驗證同調反史托克拉曼散射訊號強度與激發光源功率之關係式。由於 $\omega_{\text{pump}} = \omega_{\text{probe}}$，「同調反史托克拉曼散射顯微鏡」的過程是由兩個 ω_{pump} 以及一個 ω_{Stokes} 光子同時與分子官能基的振動子 (vibrational oscillator) 交互作用而產生，必須符合以下關係式 $I_{\text{CARS}} = I_{\text{pump}}^2 \cdot I_{\text{Stokes}}$。圖 3.74(c) 與 (d) 的結果的確如預期的顯示同調反史托克拉曼散射訊號強度與 pump 光束的功率平方成正比，而與

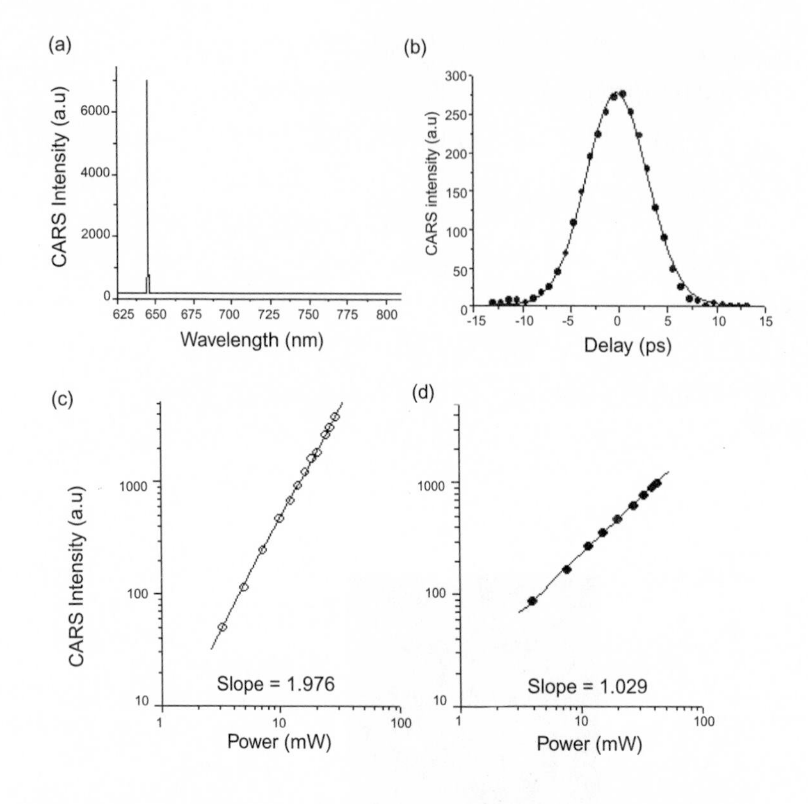

圖 3.74
(a) 聚苯乙烯之同調反史托克拉曼散射訊號之放射光譜 (emission spectrum)；(b)「pump 光束」和「Stokes 光束」脈衝間的「互相關函數」；(c) 同調反史托克拉曼散射訊號強度與「pump 光束」以及與「Stokes 光束」的功率之關係圖。

Stokes 光束的功率一次方成正比。以上實驗的結果均證明了上述所得到之訊號的確由同調反史托克拉曼散射過程產生。

空間解析度 (spatial resolution) 爲光學顯微鏡最重要的參數之一。當兩個點靠近到短於某個距離以下時，光學顯微鏡便無法分辨是否爲兩個點，這個最短距離稱爲解析度。實驗上可測量「點分散函數 (point-spread-function, PSF)」的半高寬來決定一個光學系統的解析度。實務上，可用一個點光源 (大小尺度遠小於波長之光源) 在光學系統中形成的影像來代表「點分散函數」。值得注意的是，偵測極限 (detection limit) 或靈敏度 (sensitivity) 與「解析度」偶爾會被誤用。可以偵測到單一奈米粒子或單一分子是表示該系統之靈敏度非常高或偵測極限極低，但並不等同於該系統具有分子級或奈米尺度的空間解析度。在此，我們利用一個聚苯乙烯小球的影像決定同調反史托克拉曼散射顯微鏡的空間解析度。圖 3.75 爲單一聚苯乙烯小球同調反史托克拉曼散射之影像截面圖。同調反史托克拉曼散射影像以及掃描平面之示意圖表示於圖 3.75 之內圖。雖然該聚苯乙烯小球之直徑大小嚴格而言並不符合點光源的條件，但是將掃描平面移至接近邊緣處 (如圖 3.75 之內圖)，該球之截面可遠小於波長，滿足點光源的要求。我們利用高斯函數 (Gaussian function) 擬合 (fitting) 實驗結果來決定截面圖之半高寬，其結果顯示本系統之空間解析度約爲 370 nm，與文獻中多光子顯微鏡系統之解析度相當，達到繞射極限 (diffraction limit) 之理論限制。

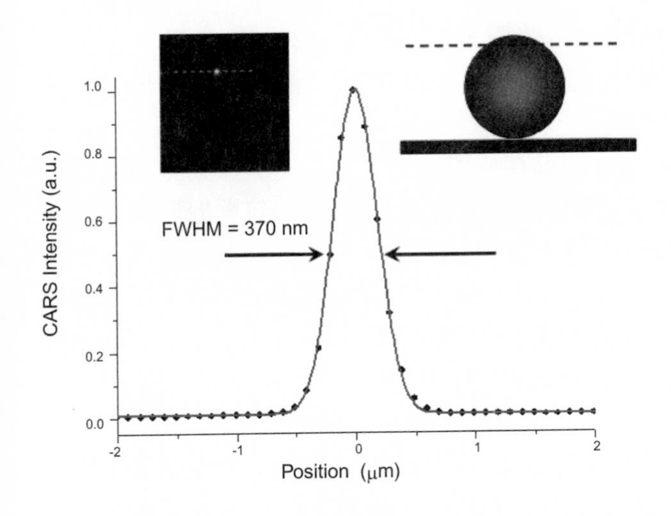

圖 3.75
單一聚苯乙烯小球「同調反史托克拉曼散射」影像之截面圖。左上角之內圖爲單一聚苯乙烯小球之影像，虛線爲截面圖之位置。右上角之內圖爲影像掃描面之示意圖。

同調反史托克拉曼散射顯微鏡除了提供具有化學專一性之影像外，更重要的是可以在次微米的空間尺度得到分子振動光譜。且由於「同調」以及「共振」兩種放大機制，使同調反史托克拉曼散射產生之效率遠大於傳統拉曼散射。以下將介紹如何利用同調反史托克拉曼散技術得到分子官能基振動光譜。由於使用窄頻的皮秒雷射爲光源，所以必須掃描 pump 光束或是 Stokes 光束之波長。此方法雖然較耗時，但由於皮秒雷射的頻寬 (bandwidth) 較窄，可以得到較佳之光譜解析度。

本實驗是將光參共振器亦即 pump 光束之波長逐步掃描，並同時紀錄同調反史托克拉曼散射之訊號。圖 3.76 之光譜爲對聚苯乙烯中 C-H 官能基振動之量測結果，與自發拉曼散射之結果吻合。如在前面原理部分所討論的，同調反史托克拉曼散射光譜是由共振項、發散項與非共振項加總而得。由於發散項之特徵形狀，使同調反史托克拉曼散射

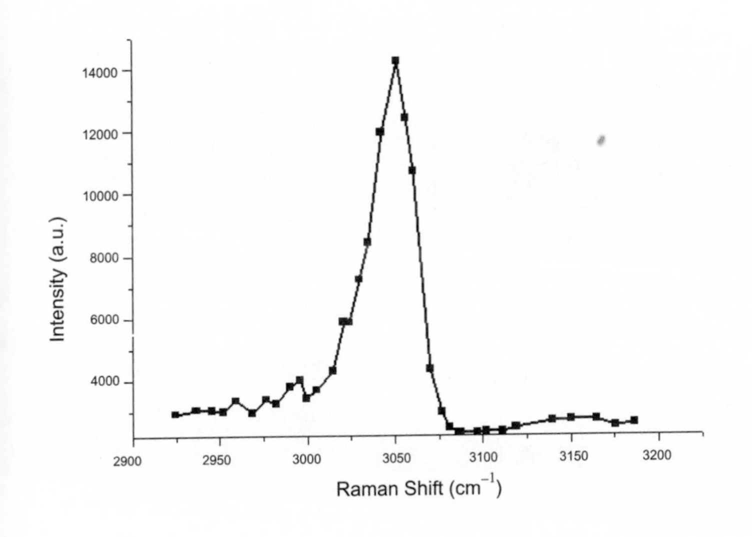

圖 3.76
苯乙烯苯環上之 C-H 振動官能基的同調反史托克拉曼散射光譜。

光譜與傳統「拉曼散射」光譜之譜線形狀有所差異，中心位置也有差別。此外，由圖 3.73(a) 也可知在此光譜範圍內仍有其他分子振動譜線，使圖 3.76 顯示之光譜形狀與圖 3.68 依據單一光譜線計算之結果有些許不同。

同調反史托克拉曼散射影像技術最大的特點在於可由官能基的特徵振動光譜清楚分辨複合材料中不同的化學成分，提供具有化學專一性之影像。我們將包埋於聚二甲基矽氧烷 (polydimethyl siloxane, PDMS) 中的聚苯乙烯小球爲例子，說明如何利用同調反史托克拉曼散射影像技術來形成具有化學專一性之影像。圖 3.77(a) 爲聚苯乙烯與聚二甲基矽氧烷之拉曼光譜圖，結果顯示聚苯乙烯與聚二甲基矽氧烷分別在在 3054 cm^{-1} 以及 2982 cm^{-1} 各有一特徵之拉曼譜線。圖 3.77(b) 爲將 pump 光束之波長調至 803 nm 以及 808 nm 所得到之兩張同調反史托克拉曼散射影像。此結果顯示，當 pump 光束之波長設定於 803 nm 時，pump 光束與 Stokes 光束之頻率差只符合聚苯乙烯之官能振動的特徵頻率，因此只有在聚苯乙烯所在之位置可得到同調反史托克拉曼散射訊號，如圖 3.77(b) 上圖。同理當 pump 光束之波長設定於 808 nm 時，只有在聚二甲基矽氧烷所在之位置可得到同調反史托克拉曼散射訊號，如圖 3.77(b) 下圖。圖 3.77 之影像是由移動平台所得，成像速度較慢。如果使用光學掃描器，成像的時間可快至每秒一張。以上之結果清楚顯示同調反史托克拉曼散射影像技術可以產生複合材料中各成分具有化學專一性之影像，對於材料之分析有極大之應用。

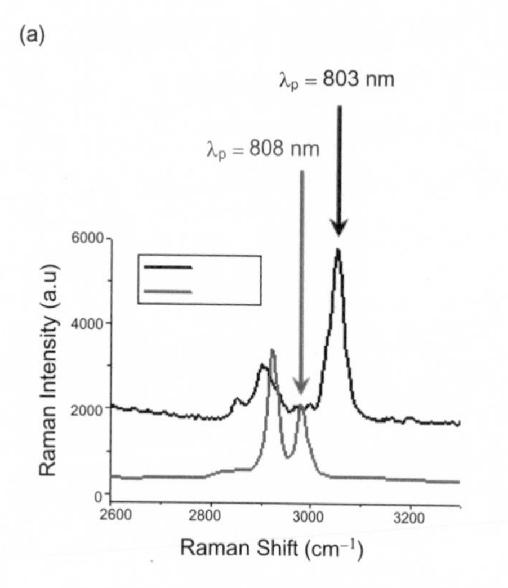

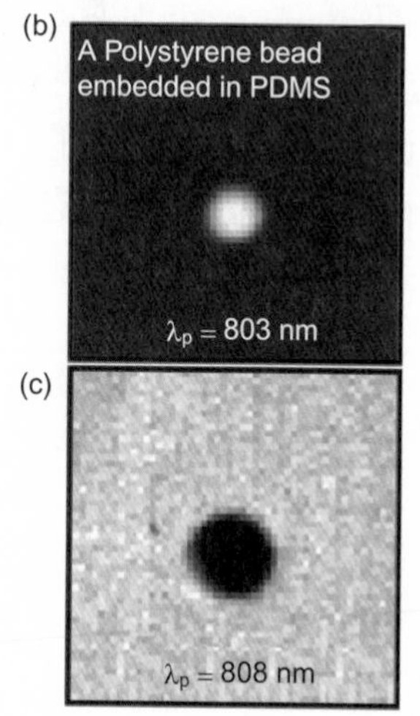

圖 3.77
聚苯乙烯與聚二甲基矽氧烷之拉曼光譜圖 (a) 以及將雷射調至分別與聚苯乙烯 (b) 與聚二甲基矽氧烷 (c) 特定官能基共振獲得之化學專一影像。

同調反史托克拉曼散射爲一種多光子 (multi-photon) 誘發之非線性光學過程，只有在聚焦之焦點處才有足夠的激發強度產生此非線性光學訊號，這種特性使得此影像技術可做所謂光學斷層 (optical sectioning)，形成空間解析度達微米級之「三維」且具化學專一性之影像。圖 3.78 爲利用同調反史托克拉曼散射顯微鏡對一約 40 μm 大小之多孔性 (porous) 材料成像之結果。每一張圖是在不同深度 (間隔 2 μm) 做斷層掃描所得之結果，將這些圖重組之後可以得到三維之影像。

同調反史托克拉曼散射顯微鏡系統使用兩道脈衝光束爲激發光源，照射在適當的樣品時可同時誘發多種非線性光學過程。除了前面討論的同調反史托克拉曼散射之外還包括二倍頻 (second harmonic generation, SHG)、合頻 (sum frequency generation, SFG) 以及雙光子激發螢光 (two-photon excited fluorescence) 等。圖 3.79 爲兩個頻率分別爲 ω_1 及 ω_2 的激發光源所產生之非線性光學過程之能階示意圖。圖 3.80 爲將波長分別爲 816.6 nm 以及 1064 nm 的兩道光束聚焦在豬的皮膚之眞皮層所得到的放射光譜圖。圖中很明顯觀察到四個較窄的譜線，波長分別爲 408 nm、462 nm、532 nm 與 663 nm，經由與圖 3.79 的能階躍遷圖做比較，可知其分別來自於 816.6 nm 光束的二倍頻、816.6 nm 與 1064 nm 光束之合頻、1064 nm 光束的二倍頻以及 816.6 nm 與 1064 nm 光束共同產生之同調反史托克拉曼散射。此外尙有一個波峰約在 550 nm 的較寬頻的光譜，來自於雙光子激發螢光。

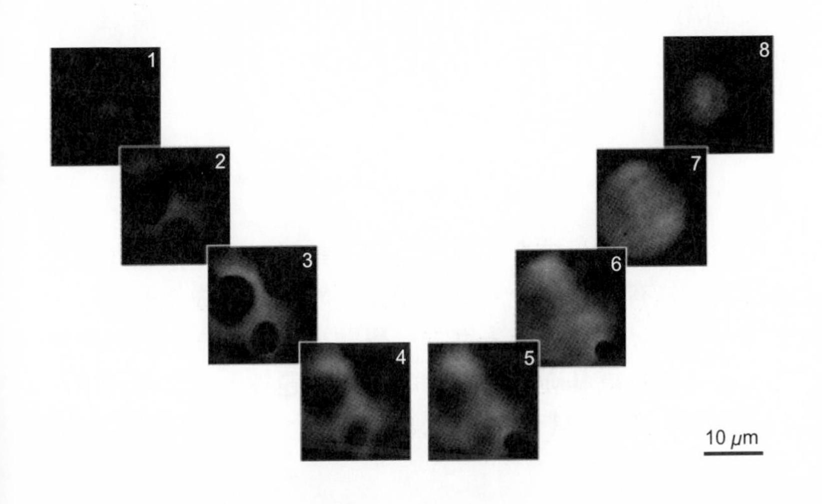

圖 3.78
多孔性材料之光學斷層「同調反史托克拉曼散射」影像。

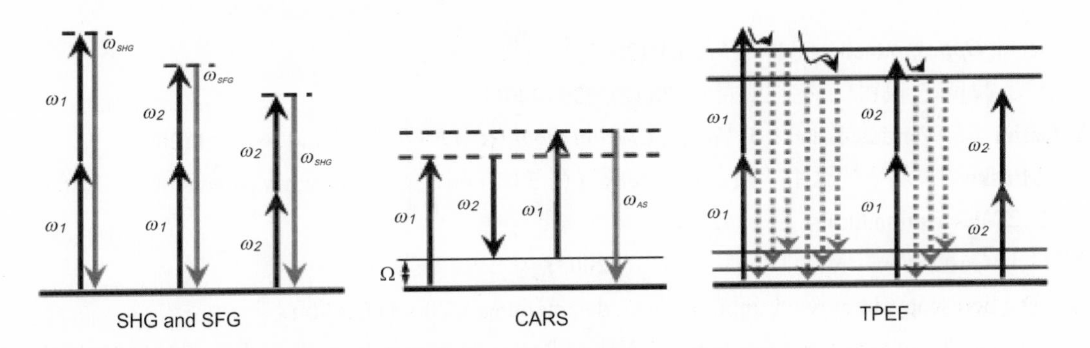

圖 3.79 兩道同步且重合之脈衝雷射所誘發之多光子躍遷過程示意圖。

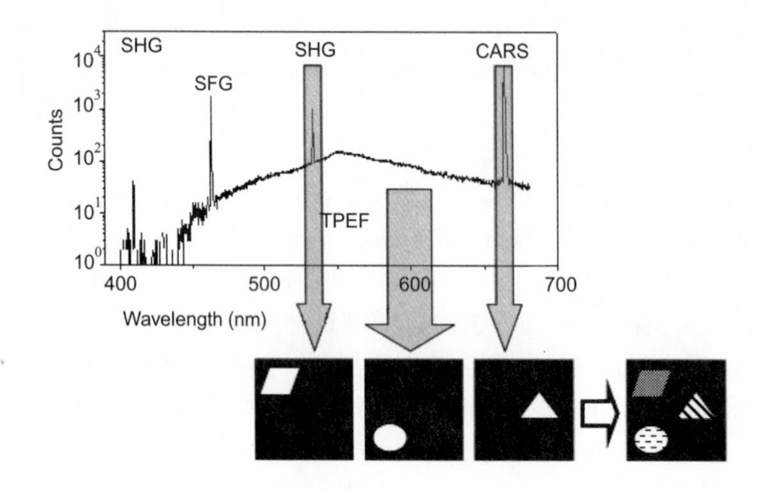

圖 3.80
利用兩道同步且重合之脈衝光源 (816.7 nm 及 1064 nm) 聚焦到樣品上產生之多光子誘發放射光譜圖以及多模式影像之產生原理示意圖。

由於這些非線性光學過程形成之機制不同，也具有不同的選擇律 (selection rule)，如圖 3.80 下方之原理示意圖所示，若用個別的非線性光學訊號分別形成影像後再重組，可得到所謂多模式 (multi-modality) 的影像，可分別探測樣品中不同成分在空間中之分布。

3.7.5 結語

同調反史托克拉曼散射顯微鏡影像技術是結合「超快雷射光譜學」及「共焦顯微技術」所衍生之新一代顯微成像技術，具有無須染色、具化學鑑別能力、高成像解析度、低樣品破壞性、可三維動態影像等優點，爲目前最先進之光學顯微成像技術之一。同調反史托克拉曼散射顯微技術之開發除本身爲基礎學術研究之重要課題外，未來亦可結合工程技術，開發成材料分析及醫學檢測儀器，具有極大之發展潛力。

參考文獻

1. E. Hecht, *Optics,* 4th ed., Addison Wesley (2002).
2. 王義閔, 魏良安, 高甫仁, 物理雙月刊, **23** (2), 329 (2001).
3. Y. Garini, B. J Vermolen, and I. T. Young, *Current Opinion in Biotechnology*, **16** (1), 3 (2005).
4. M. Minsky, “共焦系統應用於顯微鏡”, 美國專利 3,013,467 號, http://www.patentstorm.us/patents/5452125-description.html
5. M. G. L. Gustafsson, *PNAS*, **102** (37), 13081 (2005).
6. STED-Microscopy, http://www.mpibpc.gwdg.de/abteilungen/200/STED.htm
7. R. Y. Tsien, “Imagining Imaging's Future”, *Nature Review of Molecular Cell Biology*, SS16 (2003).

8. S. W. Hell, MPI BPC/Department of NanoBiophotonics, http://www.mpibpc.gwdg.de/groups/hell/
9. G. H. Patterson, E. Betzig, J. Lippincott-Schwartz, and H. F. Hess, "Developing Photoactivated Localization Microscopy (PALM)", *4th IEEE International Symposium*, **12** (15), 940 (2007).
10. M. J. Rust, M. Bates, and X. Zhuang, *Nature Methods*, **3** (10), 793 (2006).
11. E. Betzig, *Science*, **313**, 1642 (2006).
12. P. N. Prasad, *Introduction to Biophotonics*, John Wiley & Sons (2003).
13. C.-H. Lee and J. Wang, *Optics Communications*, **135**, 233 (1997).
14. J. D. White, J. H. Hsu, C. F. Wang, Y. C. Chen, J. C. Hsiang, S. C. Su, W. Y. Sun, and W. S. Fann, *Chiness Journal of Chemistry*, **49**, 669 (2002).
15. W. C. Liu, C. Y. Wen, K. H. Chen, W. C. Lin, and D. P. Tsai, *Appl. Phys. Lett.*, **78**, 685 (2001).
16. F. J. Kao, S. L. Huang, and P. C. Cheng, *et al.*, *SPIE Photonics Taiwan*, **4082**, 119, (2000).
17. C.-K. Sun, C.-C. Chen, S.-W. Chu, T.-H. Tsai, Y.-C. Chen, and B.-L. Lin, *Optics Letters*, **28**, 2488 (2003).
18. M. M. Dvoynenko and J.-K. Wang, *Optics Letters*, **32**, 3552 (2007).
19. S. W. Teng, H. Y. Tan, J. L. Peng, H. H. Lin, K. H. Kim, W. Lo, Y. Sun, W. C. Lin, S. J. Lin, S. H. Jee, P. T. C. So, and C. Y. Dong, *Investigative Ophthalmology & Visual Science*, **47**, 1216 (2006).
20. S.-J. Chen, F. C. Chien, G. Y. Lin, and K. C. Lee, *Optics Letters*, **29** (12), 1390 (2004).
21. S.-W. Chu, S.-P. Tai, C.-L. Ho, C.-H. Lin, and C.-K. Sun. *Microscopy Research And Technique*, **66** (4), 193 (2005).
22. Y.-F. Chang, H.-C. Teng, S.-Y. Cheng, C.-T. Wang, S.-H. Chiou, L.-S. Kao, F.-J. Kao, A. Chiou, and D.-M. Yang, "Orai1-STIM1 formed Store-Operated Ca^{2+} Channels (SOCs) as the Molecular Components needed for Pb^{2+} Entry in Living Cells", *Toxicology and Applied Pharmacology* (2008; In Press).
23. T. Wilson, *Confocal Microscopy*, London: Academic Press (1990).
24. C.-H. Lee and J. Wang, *Opt. Commun.*, **135**, 233 (1997).
25. 汪治平, 李超煌, 中華民國專利 082212 號, US Patent 5,804,813.
26. A. Small, I. Ilev, V. Chernomordik, and A. Gandjbakhche, *Opt. Express*, **14**, 3193 (2006).
27. M. A. A. Neil, R. Juskaitis, and T. Wilson, *Opt. Lett.*, **22**, 1905 (1997).
28. C.-W. Tsai, C.-H. Lee, and J. Wang, *Opt. Lett.*, **24**, 1732 (1999).
29. C.-H. Lee, H.-Y. Mong, and W.-C. Lin, *Opt. Lett.*, **27**, 1773 (2002).
30. A. B. Carlson, *Communication Systems*, New York: McGraw-Hill (1988).
31. C.-C. Wang, J.-Y. Lin, and C.-H. Lee, *Opt. Express*, **13**, 10665 (2005).
32. C.-C. Wang, J.-Y. Lin, H.-J. Jian, and C.-H. Lee, *Appl. Opt.*, **46**, 7460 (2007).
33. C.-H. Lee, C.-L. Guo, and J. Wang, *Opt. Lett.*, **23**, 307 (1998).
34. C.-H. Lee, W.-C. Lin, and J. Wang, *Phys. Rev. E*, **64**, 020901(R) (2001).

35. B. Alberts, A. Johnson, J. Lewis, M. Raff, K. Roberts, and P. Walter, *Molecular Biology of the Cell*, 4th ed., New York: Garland Science (2002).
36. N. O. Petersen, W. B. McConnaughey, and E. L. Elson, *Proc. Natl. Acad. Sci. U.S.A.*, **79**, 5327 (1982).
37. T. Heimburg, *Biochim. Biophys. Acta*, **1415**, 147 (1998).
38. W. Helfrich, *Z. Naturforsch*, **28c**, 693 (1973).
39. L. Fernandez-Puente, I. Bivas, M. D. Mitov, and P. Meleard, *Europhys. Lett.*, **28**, 181 (1994).
40. E. A. Evans, *Biophys. J*, **14**, 923 (1974).
41. T. Heimburg, *Biophys. J*, **78**, 1154 (2000).
42. C.-C. Wang, J.-Y. Lin, H.-C. Chen, and C.-H. Lee, *Opt. Lett.*, **31**, 2873 (2006).
43. C.-H. Lee, H.-Y. Chiang, and H.-Y. Mong, *Opt. Lett.*, **28**, 1772 (2003).
44. S.-W. Huang, H.-Y. Mong, and C.-H. Lee, *Microsc. Res. Tech.*, **65**, 180 (2004).
45. T.-H. Hsu, W.-Y. Liao, P.-C. Yang, C.-C. Wang, J.-L. Xiao, and C.-H. Lee, *Opt. Express*, **15**, 76 (2007).
46. W. Denk, J. H. Strickler, and W. W. Webb, *Science*, **248**, 73 (1990).
47. D. W. Piston, *Trends in Cell Biology*, **9**, 66 (1999).
48. J. B. Pawley ed., *Handbook of Biological Confocal Microscopy*, 3rd ed., Springer (2006).
49. D. Axelrod, *Traffic*, **2**, 764 (2001).
50. J. A. Steyer and W. Almers, *Nat. Rev. Mol. Cell Biol.*, **2**, 268 (2001).
51. H. Schneckenburger, *Curr. Opin. Biotechnol.*, **16**, 13 (2005).
52. D. Toomre and D. J. Manstein, *Trends Cell Biol.*, **11**, 298 (2001).
53. G. A. Truskey, J. S. Burmeister, E. Grapa, and W. M. Reichert, *J. Cell Sci.*, **103**, 491 (1992).
54. S. E. Sund and D. Axelrod, *Biophys. J.*, **79**, 1655 (2000).
55. W. J. Betz, F. Mao, and C. B. Smith, *Curr. Opin. Neurobiol*, **6**, 365(1996).
56. R. Sailer, W. S. Strauss, H. Emmert, K. Stock, R. Steiner, and H. Schneckenburger, *Photochem. Photobiol*, **71**, 460 (2000).
57. K. Aslan, I. Gryczynski, J. Malicka, E. Matveeva, J. R. Lakowicz, and C. D. Geddes, *Curr. Opin. Biotechnol*, **16**, 55 (2005).
58. K. Tawa and W. Knoll, *Nucleic Acids Res.*, **32**, 2372 (2004).
59. F. Yu, B. Persson, S. Lofas, and W. Knoll, *Anal. Chem.*, **76**, 6765 (2004).
60. E. Matveeva, Z. Gryczynski, J. Malicka, I. Gryczynski, and J. R. Lakowicz, *Anal. Biochem.*, **334**, 303 (2004).
61. O. Stranik, H. M. McEvoy, C. McDonagh, and B. D. MacCraith, *Sens. Actuators B*, **107**, 148 (2005).
62. G. Raschke, S. Kowarik, T. Franzl, C. So1nnichsen, T. A. Klar, J. Feldmann, A. Nichtl, and K. Ku1rzinger, *Nano Lett.*, **3**, 935 (2003).
63. I. H. El-Sayed, X. Huang, and M. A. El-Sayed, *Nano Lett.*, **5**, 829 (2005).
64. H. Raether, *Surface Plasmons on Smooth and Rough Surfaces and on Gratings*, Springer (1988).

65. S.-J. Chen, F. C. Chien, G. Y. Lin, and K. C. Lee, *Opt. Lett.*, **29**, 1390 (2004).
66. J. Homola, S. S. Yee, and G. Gauglitz, *Sens. Actuators B*, **54**, 3 (1999).
67. M. Ohtsu ed., *Progress in Nano-Electro-Optics I: Basics and Theory of Near-field Optics*, Springer (2003).
68. H. Knobloch, H. Brunner, A. Leitner, F. Aussenegg, and W. Knoll, *J. Chem. Phys.*, **98**, 10093 (1993).
69. P. Anger, P. Bharadwaj, and L. Novotny, *Phys. Rev. Lett.*, **96**, 113002 (2006).
70. J. Enderlein and T. Ruckstuhl, *Opt. Express*, **13**, 8855 (2005).
71. T. Liebermann and W. Knoll, *Colloids Surf. A*, **171**, 115 (2000).
72. C. D. Geddes and J. R. Lakowicz, *J. Fluor.*, **12**, 121 (2002).
73. J. R. Lakowicz, *Anal. Biochem.*, **298**, 1 (2001).
74. Y. Tezuka, S. Yonezawa, I. Maruyama, Y. Matsushita, T. Shimizu, H. Obama, M. Sagara, K. Shirao, C. Kusano, and S. Natsugoe, *Cancer Res.*, **55**, 196 (1995).
75. M. C. Boffa, B. Burke, and C. C. Haudenschild, *J. Histochem. Cytochem.*, **35**, 1267 (1987).
76. H. C. Huang, G. Y. Shi, S. J. Jiang, C. S. Shi, C. M. Wu, H. Y. Yang, and H. L. Wu, *J. Biol. Chem.*, **278**, 46750 (2003).
77. Y. Zhang, H. W. Guettler, J. Chen, O. Wilhelm, Y. Deng, F. Qiu, K. Nakagawa, M. Klevesath, S. Wilhelm, H. Böhrer, M. Nakagawa, H. Graeff, E. Martin, D. M. Stern, R. D. Rosenberg, R. Ziegler, and P. P. Nawroth, *J. Clin. Invest.*, **101**, 1301 (1998).
78. B. Liedberg, C. Nylander, and I. Lundsr, *Sensor and Actuators B*, **4**, 299 (1983).
79. Y.-D. Su, S.-J. Chen, and T.-L. Yeh, *Optics Letters*, **30**, 1488 (2005).
80. U. Kreibig and M. Vollmer, *Optical Properties of Metal Clusters*, Springer-Verlag (1995).
81. K. L. Kelly, E. Coronado, L. L. Zhao, and G. C. Schatz, *J. Phys. Chem. B*, **107**, 668 (2005).
82. S. Ekgasit, F. Yu, and W. Knoll, *Langmuir*, **21**, 4077 (2005).
83. A. V. Kabashin and P. I. Nikitin, *Opt. Commun.*, **150**, 5 (1998).
84. P. I. Nikitin, A. N. Grigorenko, A. A. Beloglazov, M. V. Valeiko, A. I. Savchuk, O. A. Savchuk, G. Steiner, C. Kuhne, A. Huebner, and R. Salzer, *Sensor and Actuators A*, **85**, 189 (2000).
85. A. G. Notcovich, V. Zhuk, and S. G. Lipson, *Applied Physics Letters*, **76**, 1665 (2000).
86. P. Hariharan, B. F. Oreb, and T. Eiju, *Applied Optics*, **26**, 2504 (1987).
87. J. J. Chyou, S. J. Chen, and Y. K. Chen, *Applied Optics*, **43**, 5655 (2004).
88. M. Oheim and F. Schapper, *J. of Physics D*, **38**, R185 (2005).
89. F. Schapper, J. T. Goncalves, and M. Oheim, *Eur. Biophys. J.*, **32**, 635 (2003).
90. H. Kano and S. Kawata, *Optics letters*, **21**, 1848 (1996).
91. Y.-D. Su, C.-Y. Lin, L.-Y. Yu, C.-W. Chang, and S.-J. Chen, *Proc. SPIE*, **6450**, 64500K (2007).
92. M. Goppert-Mayer, *Ann. Phys.*, **9**, 273 (1931).
93. C. J. Sheppard and R. Kompfner, *Appl. Optics*, **17**, 2879 (1978)

94. W. Denk, J. H. Stickler, and W. W. Webb, *Science*, **248**, 73 (1990).
95. M. Dewhist, J. F. Gross, D. Sim, P. Arnold, and D. Boyer, *Biorheology*, **21**, 539 (1984).
96. S. Strieth, *Cancer*, **110**, 117 (2004).
97. Y. Liu and C. Y. Dong, *Journal of Biomedical Optics*, **2** (1), 1 (2007).
98. Peter T. C. So and C. Y. Dong, *Annu. Rev. Biomed. Eng.*, **2**, 399 (2000).
99. P. N. Parsad, *Introduction to biophotonics*, New Jersey: Wiley, 13 (2003).
100. P. N. Parsad, *Introduction to biophotonics*, New Jersey: Wiley, 110 (2003).
101. 謝嘉民, 賴一凡, 林永昌, 枋志堯, 奈米通訊, **12** (2), 28 (2005).
102. J. W. Lichtman and J. -A. Conchello, *Nature Methods*, **910**, 910 (2005).
103. A. Gomes, E. Fernandes, and J. L. F. C. Lima, *J Biochem. Biophys. Method*, **65**, 45 (2005).
104. P. N. Parsad, *Introduction to biophotonics*, New Jersey: Wiley, 159 (2003).
105. R. Y. Tsien, *Ann. Rev. Biochem.*, **67**, 509 (1998).
106. B. N. G. Giepmans, S. R. Adams, M. H. Ellisman, and R. Y. Tsien, *Science*, **300**, 217 (2006).
107. G. guerrero and E. Y. Isacoff, *Curr. Opin. Neurobiol*, **11**, 601 (2001).
108. G. T. Hanson, R. Aggeler, D. Oglesbee, M. Cannon, R. A. Capaldi, R. Y. Tsien, and S. J. Remington, *J Biol. Chem.*, **279**, 13044 (2004).
109. R. Y. Tsien, *FEBS Lett*, **579**, 927 (2005).
110. J. W. Lichtman and J. -A. Conchello, *Nature Methods*, **910**, 920 (2005).
111. J. Pawley, *Handbook of Biological Confocal Microscopy*, 3rd ed., New York: Plenum (1996).
112. http://micro.magnet.fsu.edu
113. E. H. K. Stelzer and S. Lindek, *Optics Commun.*, **111**, 536 (1994).
114. J. E. N. Jonkman, J. Swoger, H. Kress, A. Rohrbach, and E. H. K. Stelzer, *Methods in Enzymology,* **360**, 416 (2003).
115. J. Huisken, J. Swoger, F. D. Bene, J. Wittbrodt, and E. H. K. Stelzer, *Science*, **305**, 1007 (2004).
116. Y. Garini, B. J. Vermolen, and I. T. Young, *Curr. Opin. Biotech.*, **16**, 3 (2005).
117. D. Axelord, *Methods in Enzymology*, **361**, 1 (2003).
118. 楊德明, 林夏玉, 蔡定平, 科儀新知, **24** (5), 67 (2003).
119. S. W. Hell and E. H. K. Stelzer, *Opt. Comm.*, **93**, 277 (1992).
120. M. Schrader, K. Bahlmann, G. Giese, and S. W. Hell, *Biophs. J*, **75**, 1659 (1998).
121. A. Egner, S. Jakobs, and S. W. Hell, *Proc. Natl. Acad. Sci.*, **99**, 3370 (2002).
122. A. Egner, S. Verrier, A. Goroshkov, H. -D. Soling, and S. W. Hell, *J Struc. Biol.*, **147**, 70 (2004).
123. A. Egner and S. W. Hell, *Trend Cell Biol.*, **15**, 207 (2005).
124. S. W. Hell and J. Wichmann, *Opt. Lett.*, **19**, 780 (1994).
125. T. A. Klar, S. Jakobs, M. Dyba, A. Egner, and S. W. Hell, *Proc. Natl. Acad. Sci.*, **97**, 8206 (2000).
126. S. W. Hell, *Nature Biotech.*, **21**, 1347 (2003).

127. S. W. Hell, M. Dyba, and S. Jakobs, *Curr. Opin. Neurobiol*, **14**, 599 (2004).
128. V. Westphal, J. Seeger, T. Salditt, and S. W. Hell, *J Phys. B At Mol. Opt. Phys.*, **38**, S695 (2005).
129. K. I. Willig, S. O. Rizzoli, V. Westphal, R. Jahn, and S. W. Hell, *Nature*, **440**, 935 (2006).
130. V. Westphal, S. O. Rizzoli, M. A. Lauterbach, D. Kamin, R. Jahn, and S. W. Hell, *Science express*, **10**, 1126 (2008).
131. R. Peters, *Trends Mol Medicine*, **12**, 83 (2006).
132. T. Forster, *Naturwissenschaften*, **6**, 166 (1946).
133. A. Miyawaki, J. Llopis, R. Heim, J. M. McCaffery, J. A. Adams, M. Ikura, and R. Y. Tsien, *Nature*, **388**, 882 (1997).
134. 楊德明, 內分泌暨糖尿病學會會訊, 17 (2), 9 (2004).
135. Y. Chen, J. D. Mills, and A. Periasamy, *Differentiation*, **71**, 528 (2003).
136. V. K. Ramanujan, J. -H. Zhang, E. Biener, and B. Herman, *J Biomed Opt.*, **10**, 051407 (2005).
137. M. Peter, S. M. Ameer-Beg, M. K. Y. Hughes, M. D. Keppler, S. Prag, M. Marsh, B. Vojnovis, and T. Ng, *Biophy. J*, **88**, 1224 (2005).
138. 楊德明, 戚謹文, 科儀新知, **24** (2), 56 (2002).
139. 楊德明, 科學月刊, **450**, 432 (2007).
140. C. Engelbrecht and E. H. K. Stelzer, *Opt. Lett.*, **31**, 1477 (2006).
141. P. K. Keller, F. Pampaloni, and E. H. K. Stelzer, *Curr. Opin. Cell Biol.*, **18**, 117 (2006).
142. P. K. Keller, F. Pampaloni, and E. H. K. Stelzer, *Nature Method*, **4**, 843 (2007).
143. J. -D. Lee, Y. -F. Chang, F. -J. Kao, L. -S. Kao, C. -C. Lin, A. -C. Lu, B. -C. Shyyu, S. -H. Chiou, and D. -M. Yang, *Microsco. Res. Tech.*, **71**, 26 (2008).
144. J. -D. Lee, P. -C. Huang, Y. -C. Lin, L. -S. Kao, C. -C. Huang, F. -J. Kao, C. -C. Lin, and D. -M. Yang, *Micro Microana,* In press (2008).
145. A. Smekal, *Naturwiss*, **11**, 873 (1923).
146. C. V. Raman and K. S.Krishnan, *Nature,* **121**, 501 (1928).
147. G. Herzberg, *Infrared and Raman Spectra of Polyatomic Molecules*, New York: Van Nostrand Reinhold (1945).
148. R. L. Ferraro, *Introductory Raman Spectroscopy*, New York: Academic Press (1994).
149. M. Born and E. Wolf, *Principles of Optics*, New York: Cambridge University Press (1997).
150. M. Minsky, *Scanning*, **10**, 128 (1988).
151. P. Davidovits and M. D. Egger, *Nature*, **223**, 831 (1969).
152. P. J. Pauzauskie, D. Talaga, K. Seo, P. Yang, and F. Lagugné-Labarthet, *J. Am. Chem. Soc.*, **127**, 17146 (2005).
153. S. B. Cronion *et al., Phys. Rev. Lett.*, **93**, 167401 (2004).
154. J.-M. Herrera-Ramirez, Ph. Colomban, and A. Bunsell, *J. Raman Spectrosc.*, **35**, 1063 (2004).

155. E. H. Synge, *Philos. Mag.*, **6**, 356 (1928).
156. E. A. Ash and G. Nicholls, *Nature*, **237**, 510 (1972).
157. G. Binning, H. Rohrer, C. Gerber, and E. Weibel, *Phys. Rev. Lett.*, **49**, 57 (1982).
158. R. Toledo-Crow, P. C. Yang, Y. Chen, and M. Vaez-Iravani, *Appl. Phys. Lett.*, **60**, 2957 (1992).
159. E. Betzig, P. L. Finn, and J. S. Weiner, *Appl. Phys. Lett.*, **60**, 2484 (1992).
160. D. W. Pohl, W. Denk, and M. Lanz, *Appl. Phys. Lett.*, **44**, 651 (1984).
161. A. Lewis, M. Issacson, A. Haratounian, and A. Murray, *Ultramicroscopy*, **13**, 227 (1984).
162. P. M. Zeitzoff, J. A. Hutchby, and H. R. Huff, *Int. J. High-Speed Elect. Sys.*, **12**, 267 (2002).
163. I. Åberg *et al., Dig. of 2004 Symp. on VLSI Technol.*, 52 (2004).
164. I. G. Wolf, H. E. Maes, and S. K. Jones, *J. Appl. Phys.*, **79**, 7148 (1996).
165. I. G. Wolf, *J. Raman Spectrosc.*, **30**, 877 (1999).
166. S. Webster, D. N. Batchelder, and D. A. Smith, *Appl. Phys. Lett.*, **72**, 1478 (1998).
167. J. Wessel, *J. Opt. Soc. Am. B*, **2**, 1538 (1985).
168. F. Zenhausern, M. P. O' Boyle, and H. K. Wickramansinghe, *Appl. Phys. Lett.*, **65**, 1623 (1994).
169. 朱仁佑, 汪天仁, 張祐嘉, 葉吉田, 王俊凱, 科儀新知, **29** (5), 35 (2008).
170. L. Novotny and B. Hecht, *Principles of Nano-opics*, New York: Cambridge University Press (2006).
171. R. Stöckle, Y. D. Suh, V. Deckert, and R. Zenobi, *Chem. Phys. Lett.*, **318**, 131 (2000).
172. A. Hartschuh, E. J. Sanchez, X. S. Xie, and L. Novotny, *Phys. Rev. Lett.*, **90**, 95503 (2003).
173. N. Anderson, A. Hartschuh, S. Cronin, and L. Novotny, *J. Am. Chem. Soc.*, **127**, 2533 (2005).
174. N. Hayazawa, Y. Saito, and S. Kawata, *Appl. Phys. Lett.*, **85**, 6239 (2004).
175. B. Pettinger, B. Ren, G. Picardi, R. Schuster, and G. Ertl, *Phys. Rev. Lett.*, **92**, 096101 (2004).
176. J. Steidtner and B. Pettinger, *Phys. Rev. Lett.*, **100**, 236101 (2008).
177. N. Hayazawa, M. Motohashi, Y. Saito, H. Ishitobi, A. Ono, T. Ichimura, P. Verma, and S. Kawata, *J. Raman Spectrosc.*, **38**, 684 (2007).
178. M. D. Duncan, J. Reintjes, and T. J. Manuccia, *Optics Letters*, **7**, 350 (1982).
179. A. Zumbusch, G. R. Holtom, and X. S. Xie, *Physical Review Letters*, **82**, 4142 (1999).
180. N. Dudovich, D. Oron, and Y. Silberberg, *Nature*, **418**, 512 (2002).
181. J. X. Cheng, A. Volkmer, L. D. Book, and X. S. Xie, *Journal of Physical Chemistry B*, **105**, 1277 (2001).
182. H. Kano and H. Hamaguchi, *Optics Express*, **14**, 2798 (2006).
183. X. L. Nan, A. M. Tonary, A. Stolow, X. S. Xie, and J. P. Pezacki, *ChemBioChem*, **7**, 1895 (2006).
184. C. L. Evans, E. O. Potma, M. Puoris'haag, D. Cote, C. P. Lin, and X. S. Xie, *Proceedings of the National Academy of Sciences of the United States of America*, **102**, 16807 (2005).
185. J. X. Cheng and X. S. Xie, *Journal of Physical Chemistry B*, **108**, 827 (2004).
186. A. Volkmer, *Journal of Physics D-Applied Physics*, **38**, R59 (2005).

187. J. X. Cheng, L. D. Book, and X. S. Xie, *Optics Letters*, **26**, 1341 (2001).
188. H. Kano and H. Hamaguchi, *Journal of Raman Spectroscopy*, **37**, 411 (2006).

第四章　X 光檢測技術

4.1 概述

自從 1895 年德國實驗物理學家侖琴 (W. C. Röntgen) 教授發現 X 光，至今一百多年來利用 X 光所發展出來之各項檢測分析技術對於材料科技研究發展一直有不可或缺的貢獻，而在進入二十一世紀奈米科技世代之際，相關檢測分析技術亦有歷久彌新的發展，成爲奈米材料結構與組成檢驗的重要工具，相關技術內容將在本章各節中介紹。

首先是有關利用 X 光繞射 (X-ray diffraction, XRD) 現象來分析材料之晶體結構的原理與應用技術 (第 4.2 節)，此項技術係 X 光檢測技術的基礎。其次是有關 X 光吸收光譜之分析技術 (第 4.3 節)，利用此項技術不僅可以檢測材料之組成，還可分析出其中原子局部分布之精細結構。接著介紹的是 X 光光電子光譜法 (第 4.4 節)，此項技術是利用 X 光被材料吸收後所激發出之光電子的能譜來檢測其中原子組成與化學鍵態。第 4.5 節則是有關小角度 X 光散射技術的介紹，此項技術可用來分析材料中的微粒結構，包括尺度與分布。利用材料照射 X 光後所產生之螢光的分析技術是在第 4.6 節中介紹，經由螢光光譜分析可獲得材料之化學組成資訊，尤其在本節中還會介紹利用 X 光之全反射所得螢光來分析材料表面組成之技術。此種 X 光全反射現象亦可用來分析材料之表面結構 (第 4.7 節)，包括超微薄膜厚度及其與基板間界面結構。最後是有關 X 光微光束的應用技術，對於材料之微小區域的結構與組成分析是一項利器。

在上述的各項分析技術中，相關原理與理論推導都已相當完整與確立，不過以往常受限於傳統 X 光機台之解析能力，而無法被廣泛應用，但在配合我國同步輻射之先進光源的實施下，這些技術得以充分發揮，可用來獲取材料奈米結構之精確資訊，因此值得研究學者多加利用。

第 4.1 節作者爲吳泰伯先生。

4.2 X 光繞射分析術

4.2.1 基本原理

當單一電子受到入射 X 光的作用而產生震盪，由於此持續加速、減速的電子可以產生電磁波，當此電磁波與激發之 X 光同頻率則稱爲契合散射 (coherent scattering)。此散射光束之強度 (I) 與觀測點及震盪軸之夾角 (α) 有關。因此自由電子之散射能力是角度的函數。將電子考慮爲一圓球電荷分布來計算單一電子之契合散射，也可以得到散射能力是角度的函數。以下的散射因子皆以單一電子散射的振幅作標準化。省略此因子並不會影響下列討論的進行，因此單一電子散射的振幅本文不再進一步討論，請參考文獻 1、2。

接下來考慮 X 光對原子的契合散射。由於原子內不是只有單一的電子，所以相對於單一電子散射，可以定義原子散射因子 (atomic form factor)：

$$\text{原子散射因子} = \frac{\text{原子散射的振幅}}{\text{單一電子散射的振幅}} \tag{4.1}$$

假設原子 j 內的電荷密度 ($\rho_j(\mathbf{r})$) 爲以原子核爲中心點之球狀對稱分布，欲計算電荷分布中一小塊體積 (dV) 於平面 P 之散射振幅，如圖 4.1 所示。假設 $\mathbf{s}_0$ 與 $\mathbf{s}$ 分別爲入射與出射 X 光波之單位向量。由圖 4.1 中可以得到由電荷中心點 (O) 與 dV 所散射之路徑差爲 $R - (x_1 + x_2)$。因 $x_1 = \mathbf{s}_0 \cdot \mathbf{r}$、$x_2 = R - \mathbf{s} \cdot \mathbf{r}$，所以路徑差爲 $(\mathbf{s} - \mathbf{s}_0) \cdot \mathbf{r}$。故標準化之微分原子散射因子 ($df_j$) 爲此兩散射波之和成波，可表示爲：

$$df_j = \exp\left(\frac{2\pi i[(\mathbf{s} - \mathbf{s}_0) \cdot \mathbf{r}]}{\lambda}\right) \rho_j(\mathbf{r}) dV \tag{4.2}$$

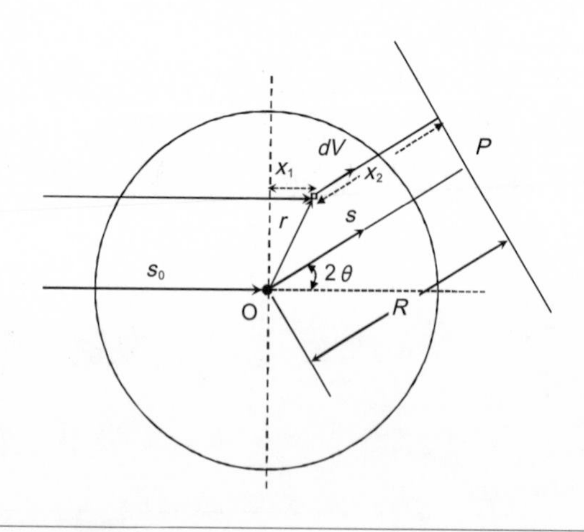

圖 4.1
推導原子散射因子之示意圖。原子核坐落於 O 點，P 平面代表量測散射強度之平面。

第 4.2 節作者爲蔡哲正先生。

其中，定義 $(\mathbf{s}-\mathbf{s}_0)/\lambda=\Delta\mathbf{k}$ 。令 α 爲 $\mathbf{r}$ 與 $(\mathbf{s}-\mathbf{s}_0)$ 的夾角，則 $\Delta\mathbf{k}\cdot\mathbf{r}=\Delta kr\cos\alpha$ 。又因入射 $\mathbf{s}_0$ 與出射 $\mathbf{s}$ 波之夾角爲 2θ，由圖 4.2 可得 $|\mathbf{s}-\mathbf{s}_0|=2\sin\theta$，故 $\Delta k=2\sin\theta/\lambda$。將公式 (4.2) 作球形積分便可得原子散射因子如公式 (4.3) 所列，球形積分的積分元素爲 $dV=2\pi r^2drd(\cos\alpha)$。

$$f_j(\Delta k)=\int df_j=\int_{r=0}^{r=\infty}\int_{\alpha=0}^{\alpha=\pi}\exp(2\pi\Delta kr\cos\alpha)\rho_j(\mathbf{r})2\pi r^2drd(\cos\alpha) \tag{4.3}$$

對 α 積分後可得原子散射因子爲：

$$f_j(\Delta k)=\int_{r=0}^{r=\infty}4\pi r^2\frac{\sin 2\pi\Delta kr}{2\pi\Delta kr}\rho_j(\mathbf{r})dr \tag{4.4}$$

其中，原子散射因子爲 θ 的函數。當 $\theta\to 0$ 時，也就是 $\Delta k\to 0$ 時，$\sin 2\pi\Delta kr/2\pi\Delta kr\to 1$ ，上述式子的積分爲該原子之總電子數，也就是原子序 Z。如果考慮電子吸收 X 光子而激發出去，使散射之電子數減少，可以複數原子散射因子形式將此異常散射之現象包含進去。各元素之原子散射因子皆可由 International Table for X-Ray Crystallography 查表取得。

由於晶體可以以單位晶胞於空間中複製而形成，因此要計算晶體最後之散射強度，可以將單位晶胞中所有原子之散射合成振幅做爲一基本單位，亦即結構因子，再計算所有晶體中的單位晶胞之散射合成振幅。結構因子的定義爲：

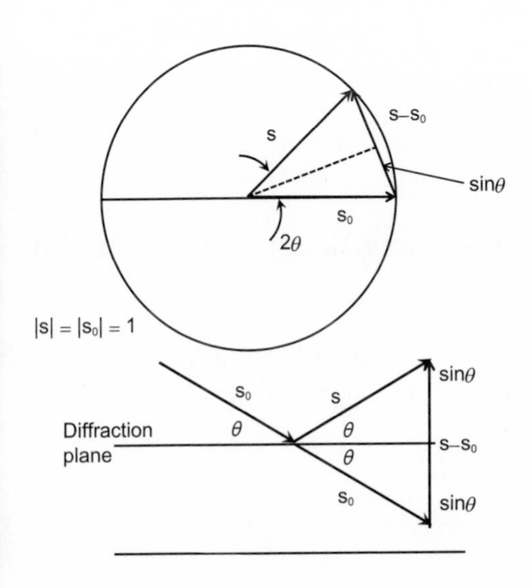

圖 4.2
評估 $|\mathbf{s}-\mathbf{s}_0|$ 的幾何關係圖。

$$\text{結構因子} = \frac{\text{單位晶包中所有原子散射的合成振幅}}{\text{單一電子散射的振幅}} \tag{4.5}$$

將單位晶胞中之第 n 個原子的電子分布密度以 $\rho_n(\mathbf{r}-\mathbf{r}_n)$ 來代表。因此單位晶胞中之電子分布密度為：

$$\rho(\mathbf{r}) = \sum_n \rho_n(\mathbf{r}-\mathbf{r}_n) \tag{4.6}$$

所以結構因子為：

$$\begin{aligned} F(\Delta k) &= \sum_n \int \exp(2\pi i \Delta\mathbf{k}\cdot\mathbf{r})\rho(\mathbf{r}-\mathbf{r}_n)dV \\ &= \sum_n \exp(2\pi i \Delta\mathbf{k}\cdot\mathbf{r}_n)\int \exp(2\pi i \Delta\mathbf{k}\cdot(\mathbf{r}-\mathbf{r}_n))\rho(\mathbf{r}-\mathbf{r}_n)dV \end{aligned} \tag{4.7}$$

其中，公式 (4.7) 最右邊之積分項為第 n 個原子之原子散射因子。故公式 (4.7) 可表示為：

$$F(\Delta k) = \sum_n \exp(2\pi i \Delta\mathbf{k}\cdot\mathbf{r}_n) f_n \tag{4.8}$$

假設晶體沿三個基本軸方向 ($\mathbf{a}_1$、$\mathbf{a}_2$、$\mathbf{a}_3$) 分別有 N_1、N_2、N_3 個單位晶胞。所有單位晶胞的位置可以晶胞原點在晶體中之位置向量 $\mathbf{r}_m$ 來表示，$\mathbf{r}_m = n_1\mathbf{a}_1 + n_2\mathbf{a}_2 + n_3\mathbf{a}_3$，其中 n_1、n_2、n_3 為整數，則相同的整個晶體之合成振幅為：

$$A(\Delta k) = \sum_{n_1=0}^{N_1}\sum_{n_2=0}^{N_2}\sum_{n_3=0}^{N_3} F(\Delta k)\exp(2\pi i \Delta\mathbf{k}\cdot(n_1\mathbf{a}_1 + n_2\mathbf{a}_2 + n_3\mathbf{a}_3)) \tag{4.9}$$

$$A(\Delta k) = F(\Delta k)\sum_{n_1=0}^{N_1}\sum_{n_2=0}^{N_2}\sum_{n_3=0}^{N_3} \exp(2\pi i n_1 \Delta\mathbf{k}\cdot\mathbf{a}_1)\exp(2\pi i n_2 \Delta\mathbf{k}\cdot\mathbf{a}_2)\exp(2\pi i n_3 \Delta\mathbf{k}\cdot\mathbf{a}_3) \tag{4.10}$$

$$A(\Delta k) = F(\Delta k)\frac{1-\exp(2\pi i N_1 \Delta\mathbf{k}\cdot\mathbf{a}_1)}{1-\exp(2\pi i \Delta\mathbf{k}\cdot\mathbf{a}_1)} \times \frac{1-\exp(2\pi i N_2 \Delta\mathbf{k}\cdot\mathbf{a}_2)}{1-\exp(2\pi i \Delta\mathbf{k}\cdot\mathbf{a}_2)} \times \frac{1-\exp(2\pi i N_3 \Delta\mathbf{k}\cdot\mathbf{a}_3)}{1-\exp(2\pi i \Delta\mathbf{k}\cdot\mathbf{a}_3)} \tag{4.11}$$

因此 X 光的強度為：

$$I(\Delta k)=\left|F(\Delta k)\right|^2\frac{\sin^2(\pi N_1\Delta\mathbf{k}\cdot\mathbf{a}_1)}{\sin^2(\pi\Delta\mathbf{k}\cdot\mathbf{a}_1)}\times\frac{\sin^2(\pi N_2\Delta\mathbf{k}\cdot\mathbf{a}_2)}{\sin^2(\pi\Delta\mathbf{k}\cdot\mathbf{a}_2)}\times\frac{\sin^2(\pi N_1\Delta\mathbf{k}\cdot\mathbf{a}_3)}{\sin^2(\pi\Delta\mathbf{k}\cdot\mathbf{a}_3)}\tag{4.12}$$

其中 $\prod_{i=1}^{3}\frac{\sin^2(\pi N_i\Delta\mathbf{k}\cdot\mathbf{a}_i)}{\sin^2(\pi\Delta\mathbf{k}\cdot\mathbf{a}_i)}$ 爲干涉函數 (interference function)。

因結構因子是對單一電子散射振幅標準化後所得的值，所以上述方程式還需乘上單一電子散射強度才是眞正的強度，但在下列的應用上，此常數並不會影響討論，所以就省略掉。

4.2.2 影響 X 光繞射峰的因素

除了 X 光的強度外，X 光繞射應用於奈米檢測主要是討論繞射峰的寬度或半高寬。造成 X 光繞射峰的半高寬擴張的因素有三個：(1) 試片中的晶粒大小所造成之擴張、(2) 晶粒本身或晶粒間有應變分布所造成之擴張、(3) 儀器本身所造成之擴張。以下分別針對此三因素對繞射峰的半高寬的影響做基本原理介紹。

(1) 晶粒尺寸擴張 (crystalline size broadening)

計算 X 光繞射時，繞射峰的位置 (布拉格角，θ_B) 可以由布拉格定律 $2d\sin\theta_B=\lambda$ 來求得，其中 d 是晶格面與面的距離，λ 是入射 X 光的波長。布拉格定律事實上等同於繞射條件 $(\mathbf{s}-\mathbf{s}_0)/\lambda$ 的向量剛好等於被測晶體的倒晶格 (**G**)，也就是 $\Delta\mathbf{k}=\mathbf{G}$。如果被測物之晶粒小時，則繞射條件稍微偏離布拉格角時的繞射強度不會等於 0。假設 $(\mathbf{s}-\mathbf{s}_0)/\lambda\neq\mathbf{G}$，而是有一偏離量。將偏離量定義爲 $(\ell_1/|\mathbf{b}_1|)\mathbf{b}_1+(\ell_2/|\mathbf{b}_2|)\mathbf{b}_2+(\ell_3/|\mathbf{b}_3|)\mathbf{b}_3$，其中 $\mathbf{b}_1$、$\mathbf{b}_2$、$\mathbf{b}_3$ 爲倒置晶格向量，ℓ_1、ℓ_2、ℓ_3 爲繞射向量沿 $\mathbf{b}_1$、$\mathbf{b}_2$、$\mathbf{b}_3$ 方向的偏移量。倒置晶格向量與晶格基本向量 $\mathbf{a}_1$、$\mathbf{a}_2$、$\mathbf{a}_3$ 間的關係爲 $\mathbf{a}_i\cdot\mathbf{b}_j=\delta_{ij}$，$i=j\rightarrow\delta_{ij}=1$、$i\neq j\rightarrow\delta_{ij}=0$。而 $1/|\mathbf{b}_1|$ 等於垂直於 $\mathbf{b}_1$ 之晶格面的間距 d_{100}，相同的 $1/|\mathbf{b}_2|=d_{010}$、$1/|\mathbf{b}_3|=d_{001}$，如果定義晶體單位晶胞之三個基本向量互相垂直 (正交)，則 $d_{100}=|\mathbf{a}_1|$、$d_{010}=|\mathbf{a}_2|$、$d_{001}=|\mathbf{a}_3|$。所以 $\Delta\mathbf{k}=\mathbf{G}+\ell_1d_{100}\mathbf{b}_1+\ell_2d_{010}\mathbf{b}_2+\ell_3d_{001}\mathbf{b}_3$。將 $\Delta\mathbf{k}$ 帶入公式 (4.12) 可得：

$$\begin{aligned}I(\Delta k)&=\left|F(\Delta k)\right|^2\frac{\sin^2(\pi N_1\ell_1d_{100})}{\sin^2(\pi\ell_1d_{100})}\times\frac{\sin^2(\pi N_2\ell_2d_{010})}{\sin^2(\pi\ell_2d_{010})}\times\frac{\sin^2(\pi N_3\ell_3d_{001})}{\sin^2(\pi\ell_3d_{001})}\\&=\left|F(\Delta k)\right|^2I_1(\ell_1)I_2(\ell_2)I_3(\ell_3)\end{aligned}\tag{4.13}$$

在沒偏離時，$I_1(0)=N_1^2$、$I_2(0)=N_2^2$、$I_3(0)=N_3^2$。

假設欲尋找某一軸之半高寬，如 $I_1(\ell_1')=N_1^2/2$，因 ℓ_1' 通常很小，$\sin^2(\pi\ell_1'\mathrm{d}_{100})\approx(\pi\ell_1'\mathrm{d}_{100})^2$，所以

$$\frac{\sin^2(\pi N_1 \ell'_1 d_{100})}{(\pi \ell'_1 d_{100})^2} = \frac{N_1^2}{2} \rightarrow (\pi N_1 \ell'_1 d_{100}) = \sqrt{2}\sin(\pi N_1 \ell'_1 d_{100}) \tag{4.14}$$

此方程式只能用圖解，可以得到 $(\pi N_1 \ell'_1 d_{100}) = 1.392$，故 $\ell'_1 = 1.392/(\pi N_1 d_{100}) = 0.443/(N_1 d_{100}) = 0.443/L$。$L$ 爲沿垂直於 (100) 面方向 ($\mathbf{b}_1$) 之晶粒尺寸，再來將 Δk 換成一般 X 光繞射所使用之 θ，因爲 $\Delta k = 2\sin\theta/\lambda$，所以 $d\Delta k = 2\ell'_1 = 2\cos\theta d\theta / \lambda \rightarrow d\theta = 0.886\lambda / 2L\cos\theta$，令 B 爲使用 2θ 爲橫軸時之半高寬，則 $B = d(2\theta) = 0.886\lambda / (L\cos\theta)$。此爲著名之施瑞爾關係式，可用來快速評估試片晶粒大小。總結，繞射峰之半高寬隨晶粒尺寸變小時而增加。

(2) 應變擴張 (strain broadening)

均勻的應變施於晶體上，會產生晶體晶格常數的改變，導致布拉格角的偏移。假設應變爲 ε，那麼面與面之間的間距也會由 d_0 變成 $d_0(1+\varepsilon)$。使用勞厄繞射條件 $\Delta\mathbf{k} = \mathbf{G}$，看沿垂直於繞射平面的方向 (也就是 $\Delta\mathbf{k}$ 的方向)，又因 ε 值很小，可寫出式子 $\Delta k = G = 1/[d_0(1+\varepsilon)] \approx (1-\varepsilon)/d_0$，所以 $d\Delta k \approx -d\varepsilon/d_0$，因 $G \approx 1/d_0$，式子成爲 $d\Delta k \approx -Gd\varepsilon$。注意應變所造成之偏移是正比於 G。將 k 的關係式改爲 θ，可得 $d\theta = -(\tan\theta)d\varepsilon$。均勻應變只是造成繞射峰偏移，而非擴張。一般而言，晶體中之應變可以不是均勻的而有一定連續分布，此分布可以一平均應變平方 $\langle\varepsilon^2\rangle$ 來代表。後面再討論應變分布與繞射峰形的連結。

(3) 儀器擴張 (instrument broadening)

對於晶粒大且無缺陷之試片，X 光繞射所產生之繞射峰會集中在一極小之繞射角度內。但儀器本身有許多造成繞射峰擴張的因素，包括光束本身有不同波長之寬度、路徑中有許多提升解析度所放置之狹縫、試片本身表面的粗糙度、試片的穿透度，以及儀器失校等，會使得最後出來之繞射峰呈一非對稱之儀器函數。上述各種因素有其函數，其總合成之效果爲儀器函數，於數學上是將各因素函數進行卷積 (convolution) 之結果。下文將進一步說明卷積理論。

4.2.3 卷積理論

最後繞射峰的擴張 (於繞射角度的分布) 是晶粒尺寸擴張、應變擴張與儀器擴張之組合，也就是進行卷積的運作。考慮一儀器函數 $f(x)$ 與一試片函數 $g(x)$，最後形成之繞射線形爲 $h(\chi)$。卷積的步驟如下：先將儀器函數 $f(x)$ 做翻轉成 $f(-x)$，再來相較於 $g(x)$ 爲準將 $f(-x)$ 位移一個量 χ ($f(-x) \rightarrow f(\chi-x)$)，再將 $f(\chi-x)$ 與 $g(x)$ 相成後對 x 做積分即可得繞射線形。卷積的公式爲：

$$\int_{-\infty}^{\infty} f(\chi - x)g(x)dx = f(x) * g(x) = h(\chi) \tag{4.15}$$

卷積的運算符號可以“ * ”來代表。圖 4.3 爲一說明卷積運作之簡易範例。圖 4.3 中最左邊爲假設的兩個欲進行卷積的函數 $f(x)$ 與 $g(x)$。經過卷積的步驟後得到最右下角之 $h(\chi)$。圖中只取 5 個 χ 值，對此例是足夠的。

接下來我們可以看一下兩個重要 X 光繞射峰線形函數－高斯函數 (Gaussian) 與勞倫茲函數 (Lorentzian) 之卷積的情形。圖 4.4 爲兩個函數之比較，其中高斯函數的寬度設爲 $10\sqrt{\ln 2}$ ，而勞倫茲函數寬度設爲 10。此兩繞射峰線形函數所產生之半高寬實際上是相同的。而主要差異在於繞射峰線形的尾巴，高斯函數下降快速而勞倫茲函數下降緩慢。高斯函數的形式爲 $G(\theta) = I_0\exp(-a^2\theta^2)$，寬度是以其最高強度的 $1/e$ 所對應之寬度的一半爲準 ($B = 1/a$)。一般繞射線形定義之半高寬正比於 B (FWHM $= 2\sqrt{\ln 2}\,B$)。假設兩高斯函數 f 和 g 之寬度爲 B_f 及 B_g，此兩函數卷積的結果爲 h，那麼 h 爲高斯函數。如果其寬度爲 B_h，則三個寬度間的關係爲 $B_f^2 + B_g^2 = B_h^2$。勞倫茲函數的形式爲 $L(\theta) = I_0/(1+a^2\theta^2)$，寬度定義爲 ($B = 1/a$)，若 f 和 g 之寬度爲 B_f 及 B_g，將此兩函數卷積的結果得到函數 h，則 h 仍爲勞倫茲函數，寬度爲 B_h，三個寬度間的關係爲 $B_f + B_g = B_h$。

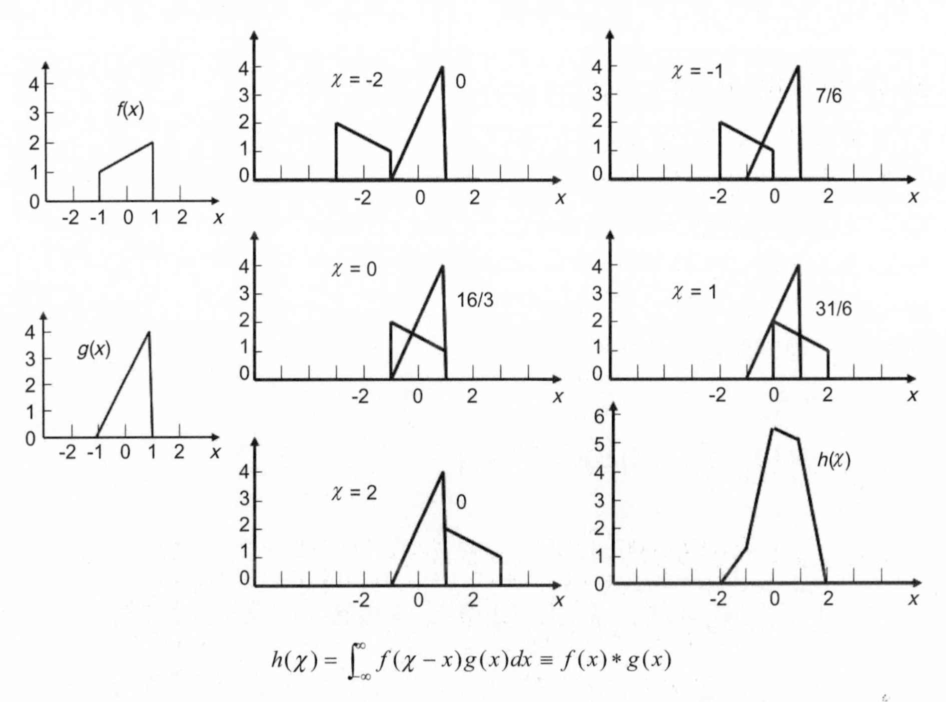

圖 4.3 卷積過程之簡易範例。每一個相對 χ 位移量的重疊面積內兩函數相乘後之積分值，即爲該 χ 值所對應之 $h(\chi)$ 的值。

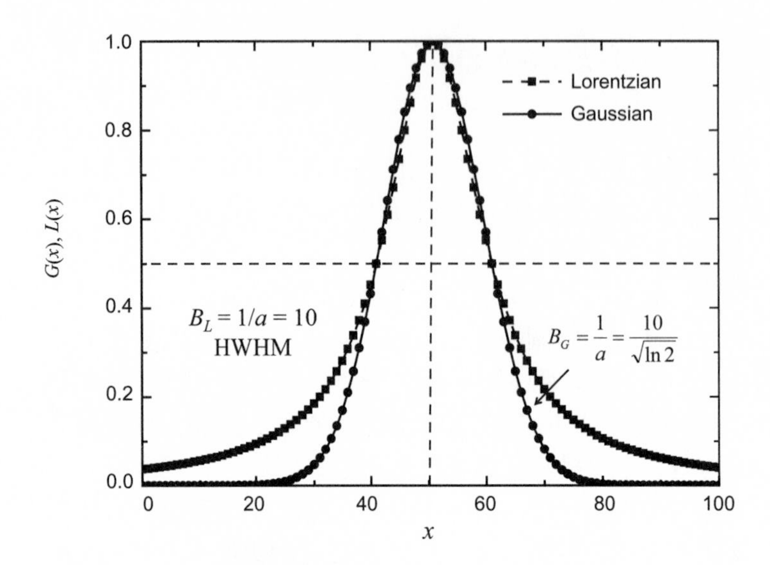

圖 4.4
高斯函數與勞倫茲函數的比較圖。高斯函數定義之寬度與傳統定義之半高寬的一半 (半高半寬) 的比值爲 $1/\sqrt{\ln 2}$。相同傳統寬度的勞倫茲函數的尾巴下降遠比高斯函數緩慢。

(1) 傅立葉轉換與反卷積運算

爲了要去除儀器因素對最後繞射峰形造成之擴張，數學上可以進行反卷積 (deconvolution) 運算。也稱爲 Stoke 修正。其理論如下：假設儀器擴張的函數爲 $f(k)$ (請注意 k 是 θ 的函數) 而眞正試片的擴張函數爲 $g(k)$，$g(k)$ 包含應變擴張與晶粒大小擴張兩因素，另外眞正量測到繞射峰的線形爲 $h(K)$，由於上述三個函數符合是離散並在有限區間內具非零的數值，因此可進行離散傅立葉轉換而得：

$$f(k)=\sum_{n}F(n)\exp\left(\frac{-2\pi ink}{l}\right) \tag{4.17}$$

$$g(k)=\sum_{n'}G(n')\exp\left(\frac{-2\pi in'k}{l}\right) \tag{4.18}$$

$$h(K)=\sum_{n''}H(n'')\exp\left(\frac{-2\pi in''K}{l}\right) \tag{4.19}$$

其中 l 爲傅立葉級數之 k 空間之間距由 $-l/2$ 至 $l/2$。上述傅立葉轉換以週期 l 重複在 k 空間中。現在只取一周期並使 $f(k)$ 與 $g(k)$ 在 $-l/2$ 與 $l/2$ 時爲零。此三個函數卷積：

$$h(K)=\int_{-\infty}^{\infty}f(K-k)g(k)dk \tag{4.20}$$

其中，函數 $f(k)$ 與 $g(k)$ 在 $-l/2$ 至 $l/2$ 區間以外為 0。可以將上式的積分由正負無限大改為 $-l/2$ 至 $l/2$ 區間的積分：

$$h(K)=\int_{-l/2}^{l/2}\sum_{n}F(n)\exp\left[\frac{-2\pi in(K-k)}{l}\right]\sum_{n'}G(n')\exp\left(\frac{-2\pi in'k}{l}\right)dk \tag{4.21}$$

$$h(K)=\sum_{n}\sum_{n'}F(n)G(n')\exp\left(\frac{-2\pi inK}{l}\right)\int_{-l/2}^{+l/2}\exp\left[\frac{-2\pi i(n-n')k}{l}\right]dk \tag{4.22}$$

上式右邊項的積分具正交性質。也就是當 $n=n'$ 時，積分值為 l，當 $n\neq n'$ 時，積分值為 0。所以

$$h(K)=l\sum_{n}F(n)G(n)\exp\left(\frac{-2\pi inK}{l}\right)=\sum_{n''}H(n'')\exp\left(\frac{-2\pi in''K}{l}\right) \tag{4.23}$$

因此可以推出 $lF(n)G(n)=H(n)$。此關係式說明了兩函數於眞實空間之卷積等於兩函數於 k 空間 (傅立葉轉換) 的相乘。由於眞實空間與 k 空間互為彼此之傅立葉轉換，故反之亦然。此為卷積理論之重要結果。既然得到上述式子，那麼反卷積的步驟如下。一般 X 光光源之儀器擴張的效應使 $K\alpha_1$ 與 $K\alpha_2$ 兩波長之繞射峰會重疊，因此儀器擴張函數與最後求得之繞射峰函數有必要進行雷青格修正法 (Rachinger correction)[2]。雷青格修正法在此不詳述，請參閱文獻。如果使用光源能有效隔離 $K\alpha_1$ 與 $K\alpha_2$ 兩波長，例如使用單波過濾器，使光源只有 $K\alpha_1$，則不必修正。之後，將儀器擴張的函數與繞射峰函數作離散傅立葉轉換而得到一組傅立葉係數 $\{F(n)\}$ 與 $\{H(n)\}$，再來將所對應之 n 相除，$\{G(n)\}=\{H(n)\}/(l\,F(n))$，之後以所得之傅立葉係數 $\{G(n)\}$ 進行反傅立葉轉換而求得眞正試片的擴張函數 $g(k)$。進行反卷積的步驟還有其他問題略為說明如下。第一個問題是如何取得儀器擴張函數？一般是使用一個完美的試片來求得，因完美試片使應變擴張與晶粒大小擴張兩因素減至最小 (晶粒大且無應變分布)，所以繞射峰函數幾乎就是儀器擴張函數。完美試片的化學成分、形狀、密度、試片粗糙度、透明度等都與待測試片越相似越好。多晶的試片可以將試片高溫退火而獲得。退火過程使晶粒變大且消除應變分布。另外，若 $f(k)$、$g(k)$ 及 $h(K)$ 都是對稱且坐落於區間的中心，那麼傅立葉係數 $\{F(n)\}$ 與 $\{H(n)\}$ 全為實數，大部分情形並非如此，所以傅立葉轉換所得之傅立葉係數 $\{F(n)\}$ 與 $\{H(n)\}$ 為複數，故

$$G_r(n)+iG_i(n)=\frac{1}{l}\frac{H_r(n)+iH_i(n)}{F_r(n)+iF_i(n)} \tag{4.24}$$

$$G_r(n)=\frac{1}{l}\frac{H_r(n)F_r(n)+H_i(n)F_i(n)}{F_n^2(n)+F_i^2(n)} \tag{4.25}$$

$$G_i(n)=\frac{1}{l}\frac{H_i(n)F_r(n)-H_r(n)F_i(n)}{F_n^2(n)+F_i^2(n)} \tag{4.26}$$

由於 $g(k)$ 爲實數，可以由複數之 $\{G(n)\}$ 來重組：

$$\begin{aligned} g(k) &= \mathrm{Re}\left\{\sum_n (G_r(n)+iG_i(n))\exp\left(\frac{-2\pi ink}{l}\right)\right\} \\ &= \sum_n G_r(n)\cos\left(\frac{2\pi nk}{l}\right)+G_i(n)\sin\left(\frac{2\pi nk}{l}\right) \end{aligned} \tag{4.27}$$

最後，反卷積的步驟還有一個問題，就是雜訊的問題。有時需要考慮使用過濾函數。一般高斯函數繞射峰的強度下降快，其切斷 l 或 n 較小。

(2) 晶粒大小與應力分布

一般試片所得之繞射峰線形，實際上上述三種擴張因素都存在。其中儀器本身的擴張可藉由反卷積的步驟將其去除，去除後剩下之線形的擴張因子只剩下晶粒大小擴張與應力分布擴張。原則上，只要知道其中一個擴張函數，另一個擴張函數可以反卷積而得到，例如以穿透式電子顯微鏡來估計晶粒大小的分布，那麼應力分布函數就可以求得。一般我們是兩個函數都不知道，重點成爲如何同時求得兩者的分布函數。由上述晶粒大小擴張與應力分布擴張理論中，我們可以發現兩者之差異，晶粒大小擴張與 G 或 Δk 無關，而應力分布擴張與 G 或 Δk 成正比。所以假設實驗上可以獲得一組繞射峰之半高寬的變化，不同繞射峰坐落在不同 G 或 Δk 的位置，將半高寬對 Δk 的變化以外插至 $\Delta k = 0$ 處，所對應之半高寬主要是晶粒大小擴張函數的半高寬。如此平均晶粒大小就可評估出來。此方法可以用於量取奈米粉末之平均晶粒大小，同時也可以求得奈米粉末之應力分布。此方法爲一簡易的方式，稱爲威廉森霍爾法 (Williamson-Hall)。另一個更嚴謹的方法爲瓦倫－艾弗巴赫法 (Warren-Averbach)，將在文章後段再介紹。此處，我們先聚焦於威廉森霍爾法。

① 威廉森霍爾法

我們需要對繞射峰的形狀做假設：

$$I(\ell)=\frac{\sin^2(\pi\ell Na)}{\sin^2(\pi\ell a)}*\frac{1}{G}\exp\left(-\frac{\ell^2}{\ell_G^2}\right) \tag{4.28}$$

方程式右邊第一項爲繞射理論之晶粒大小擴張項，第二項爲應力擴張項，因此繞射峰爲此兩項之卷積。此處假設應力擴張爲高斯函數，也就是晶粒大小與應變沒有關係，這不是一嚴謹的選擇，因一般而言，大的晶粒應變較小。再來假設應變分布函數 $\rho(\varepsilon)$ 爲高斯函數 $\rho(\varepsilon)d\varepsilon=\exp(-\varepsilon^2/\langle\varepsilon^2\rangle)d\varepsilon$。可以將其連結至繞射峰形應力擴張項的寬度。因 $\Delta k\approx G_0(1-\varepsilon)$，$\ell=G_0-\Delta k\approx G_0\varepsilon$ ，所以 $\varepsilon\approx\ell/G_0\approx\ell/G$。故原來之高斯應變分布函數，可以改寫爲以 ℓ 爲變數之分布：

$$\begin{aligned}\rho(\ell)d\ell&=\exp\left(-\frac{(\ell/G)^2}{\langle\varepsilon^2\rangle}\right)d(\ell/G)\\&=\frac{1}{G}\exp\left(-\frac{\ell^2}{G^2\langle\varepsilon^2\rangle}\right)d\ell=\frac{1}{G}\exp\left(-\frac{\ell^2}{\ell_G^2}\right)d\ell\end{aligned} \tag{4.29}$$

也就是 $\ell_G=G\sqrt{<\varepsilon^2>}$ 。

方程式 (4.28) 並無簡易之分析形態。所以可以假設晶粒大小的擴張可以近似一具有特徵寬度爲 $1/(\sqrt{\pi}Na)$ 之高斯分布函數 $N^2\exp[-(\pi Na)^2\ell^2/\pi]$ 。事實上此近似所能使用的條件爲當應變擴張的效應比晶粒大小擴張的效應大很多時。此時方程式 (4.28) 可以寫爲

$$I(\ell)\approx N^2\exp\left[-\frac{(\pi Na)^2\ell^2}{\pi}\right]*\frac{1}{G}\exp\left(-\frac{\ell^2}{\ell_G^2}\right) \tag{4.30}$$

也就是單純兩高斯函數的卷積。所以卷積後

$$I(\ell)\approx\frac{N^2}{G}\exp\left(-\frac{\ell^2}{B_G^2}\right) \tag{4.31}$$

因此 $B_G^2=(1/\sqrt{\pi}Na)^2+\ell_G^2=(1/\pi L^2)+G^2\langle\varepsilon^2\rangle$ 。B_G 的式子裡所使用的單位是長度的倒數，也就是繞射峰在 k 空間所對應之寬度 $d\Delta k$。一般繞射峰定義半高寬 (FWHM) 與這裡使用之高斯函數寬度不同，因此需要將繞射峰所對應之半高寬寬度 $d\Delta k$ 除以 2 再除以 $\sqrt{\ln 2}$，就可得 B_G。此方程式告訴我們將不同繞射峰所對應之 G^2 與寬度平方作圖。而後做直線之曲線擬合，此直線之斜率爲 $\langle\varepsilon^2\rangle$，而其交點於 $G^2=0$ 處爲 $1/\pi L^2$，如圖 4.5 所示。

相同的，若應變分布函數 $\rho(\varepsilon)$ 爲勞侖茲函數，

$$\rho(\varepsilon)d\varepsilon = \frac{1}{1+\frac{\varepsilon^2}{\sqrt{\langle \varepsilon^2 \rangle}}}d\varepsilon$$
$$= \frac{1}{G}\left(1+\frac{\ell^2}{G^2\sqrt{\langle \varepsilon^2 \rangle}}\right)^{-1}d\ell = \rho(\ell)d\ell = \frac{1}{G}\left(1+\frac{\ell^2}{\ell_L^2}\right)^{-1}d\ell \tag{4.32}$$

相同的也就是勞侖茲應變分布之寬度 $\ell_G = G\sqrt{\langle \varepsilon^2 \rangle}$ 。

同樣的近似晶粒大小的擴張爲一具有特徵寬度 0.443/Na 之勞倫茲函數 $N^2\left[1+\frac{(Na)^2\ell^2}{0.443^2}\right]^{-1}$ 。此時繞射峰強度的方程式可以寫爲：

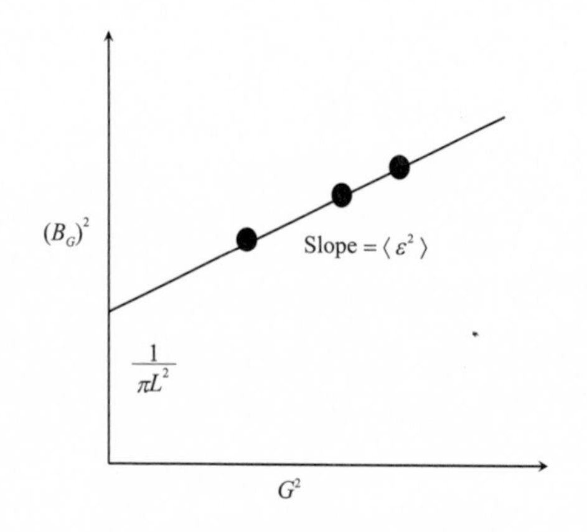

圖 4.5 假設晶粒大小擴張與應力擴張因子皆爲高斯函數，威廉森霍爾法可以倒晶格向量的平方值對繞射峰寬度的平方值作圖得一直線。

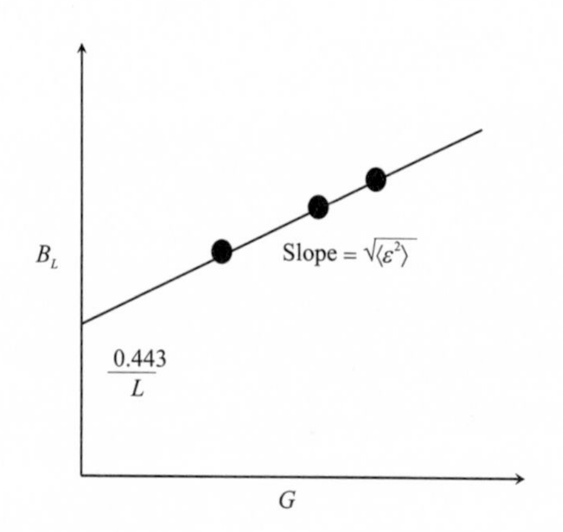

圖 4.6 假設晶粒大小擴張與應力擴張因子皆爲勞侖茲函數，威廉森霍爾法可以倒晶格向量值對繞射峰的寬度作圖得一直線。

$$I(\ell) = N^2\left[1+\frac{(Na)^2\ell^2}{0.443^2}\right]^{-1} * \frac{1}{G}\left(1+\frac{\ell^2}{\ell_L^2}\right)^{-1} \tag{4.33}$$

此時爲單純兩勞倫茲函數的卷積。所以卷積後 $I(\ell) \approx \frac{N^2}{G}\left(1+\frac{\ell^2}{B_L^2}\right)^{-1}$ 。寬度的關係爲：

$$B_L = \frac{0.443}{Na} + \ell_G = \frac{0.443}{L} + G\sqrt{\langle \varepsilon^2 \rangle} \tag{4.34}$$

同樣地將不同繞射峰所對應之 G 與寬度作圖。同樣使用半高半寬 (HWHM)。以直線擬合，此直線之斜率爲 $\sqrt{\langle\varepsilon^2\rangle}$，而其交點於 $G = 0$ 處爲 $0.443/L$。如圖 4.6 所示。若以半高寬 (FWHM)，直線之斜率爲 $2\sqrt{\langle\varepsilon^2\rangle}$，而交點於 $G = 0$ 處爲 $0.886/L$。

通常由於晶體的彈性常數與晶粒形狀具備非等向性的特質，因此可造成 B_G^2 對 G^2 或 B_L 對 G 作圖時，實驗點無法落在一直線上，此時儘量採用同一方向上之一組繞射面如 (110)、(220)、(330) 或 (200)、(400)、(600)。此外得注意是否有其他繞射面與欲觀察之繞射面具相同之繞射峰位置。例如系統若爲立方晶系，(330) 繞射峰並不能使用，因其他面有相同之繞射峰位置如 (114)，相同地，(600) 繞射峰與 (244) 繞射峰的位置相同亦不適合使用。如此一來可以減小非等向性的效應。但如此所得之晶粒大小是此組繞射面之法線方向上之大小。

有些材料系統其彈性常數於不同晶粒方向差異非常大時，應變分布會變得非常不均勻，有時可以將寬度乘上彈性常數 (E) 來對 G 作圖來修正非等向性所造成的差異。往往可以看到 EB_L 對 G 更符合一直線[3]。

② 瓦倫－艾弗巴赫法 (Warren-Averbach)

此法是一個由繞射的基本理論所推導出的關係。由於過程繁瑣，很多文獻也已介紹[2, 3]，這裡就省略過程，直接由其如何獲得試片晶粒大小及應變分布談起。首先瓦倫－艾弗巴赫推導出下列之關係式[3]：

$$\frac{P(2\theta)}{KN} = \sum_{n=-\infty}^{\infty} A_n \cos(2\pi nh) + B_n \sin(2\pi nh) \tag{4.35}$$

其中，$A_n \equiv (N_n/N_a)\,\langle\cos(2\pi l Z_n)\rangle$，$B_n \equiv (-N_n/N_a)\,\langle\cos(2\pi l Z_n)\rangle$。緊接下來將所有變數定義清楚：$P$ 爲量測到的強度，N 爲整個系統之單位晶胞數目，K 爲一繞射常數，爲角度的函數，包含勞倫茲極化因子、結構因子、吸收係數、波長等，l 爲繞射序列，上述爲 $(00l)$ 的繞射峰，N_n 爲沿 $(00l)$ 晶胞欄中具有第 n 個鄰近晶胞的晶胞數目，N_a 爲所有沿 $(00l)$ 晶格欄 (column) 之平均晶格數，h 爲倒晶格向量 $\mathbf{b}_3$ 之連續變數 ($\Delta k = 0\mathbf{b}_1 + 0\mathbf{b}_2 + h\mathbf{b}_3$)，$Z_n$ 爲沿 $\mathbf{a}_3$ 兩個相鄰爲 n 個晶胞數的距離，考慮晶體有應變分布，所以 Z_n 也有相對應的分布，其分布也可定義一平均距離平方值 $\langle Z_n^2\rangle$，此分布與晶體內之應變分布相關可寫爲 $\langle Z_n^2\rangle = n^2\langle\varepsilon^2\rangle$。方程式 (4.35) 就如同對 $(00l)$ 的繞射峰線形作傅立葉轉換，其中 cosine 轉換項的係數包含了晶粒大小的因子 $A^D \equiv N_n/N_a$ 與應變因子 $A^\varepsilon \equiv \langle\cos(2\pi l Z_n)\rangle$。亦即 $A_n = A^D A^\varepsilon$。當 lZ_n 很小時，

$$\langle\cos(2\pi l Z_n)\rangle \approx \langle 1-(2\pi l Z_n)^2/2\rangle \approx 1-2\pi^2 l^2\langle Z_n^2\rangle \tag{4.36}$$

所以

$$\ln\langle\cos(2\pi l Z_n)\rangle \approx -2\pi^2 l^2\langle Z_n^2\rangle \tag{4.37}$$

對 cosine 轉換項的係數取對數可得：

$$\ln A_n \approx \ln A^D - 2\pi^2 l^2\langle Z_n^2\rangle = \ln A^D - 2\pi^2 l^2 n^2\langle \varepsilon_n^2\rangle \tag{4.38}$$

故以 $\ln A^D$ 對 l^2 作圖，如圖 4.7 所示，可以一直線擬合圖中的點，其中直線於 $l^2 = 0$ 的交點為 $\ln A^D$，而直線之斜率為 $-2\pi^2 n^2\langle\varepsilon_n^2\rangle$。不同的 n 斜率可以不同，代表不同長度尺寸的平均應變平方值不同。取不同 n 值所對應的 $A^D(n)$ 如圖 4.8(a)，其中 n 很小時的切線交於 $A^D = 0$ 時所得為 N_a，也就是 $\langle n\rangle$。圖 4.8(a) 將 n 軸乘上 (00l) 繞射面之間距 d 即可轉成 $A^D(L)$ 對 L 值的圖，$L = nd$ (圖 4.8(b))。L 很小時的切線交於 $A^D(L) = 0$ 時所得試片平均晶粒大小 $\langle D\rangle$。圖 4.9 為瓦倫－艾弗巴赫方法的示意圖，其中 G 等效於 h，而 L 等效於 n。由此圖事實上可以進一步求得所有晶粒之晶格欄之長度 (晶格數) 分布函數 $P(L)$，其中 D 為晶格欄之長度，$D = id$，i 為正整數。當然進行此計算需知道試片晶粒之晶格欄長度的分布模式。如圖 4.10 所示。薄膜柱狀晶粒的情形下，因柱狀晶粒高度差不多，所以晶格欄的分布 $P(D)$ 集中於其柱狀晶粒高度的平均值，而大於或小於此平均值高度的晶格欄很快減少，如圖 4.10(a) 所示，如果試片為圓球形晶粒，那麼晶格欄的分布從小到大都有，且晶格欄長度小的多，而大的少，因此 $P(D)$ 分布為持續下降。當然下降的情形會隨圓球形晶粒大小的分布而變化，如圖 4.10(b) 所示，其中兩分布曲線代表兩種晶粒大小的分布。如果試片中的晶粒是由各式各樣的形狀組成，一般 $P(D)$ 為對數正態 (log-normal) 分布[4]，

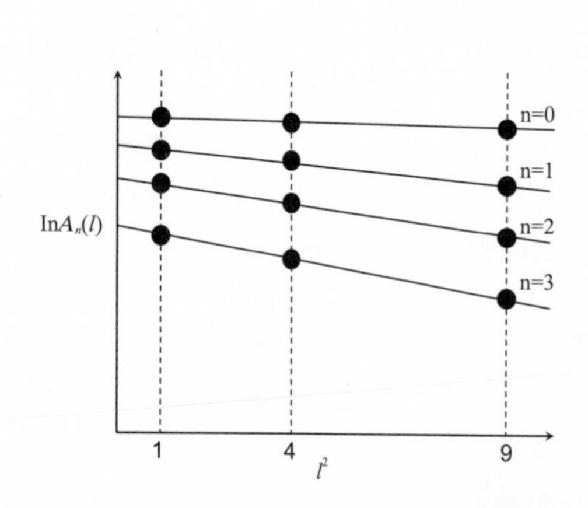

圖 4.7 瓦倫－艾弗巴赫法可以得到 l^2 對 $\ln A_n(l)$ 的圖。如 (001)、(002) 系列的繞射峰，l^2 值為 1、4。也可以用於 (011)、(022) 系列的繞射峰，則 l^2 值為 2、8。此外，針對不同之 n 值其 $\ln A_n(l)$ 不同。

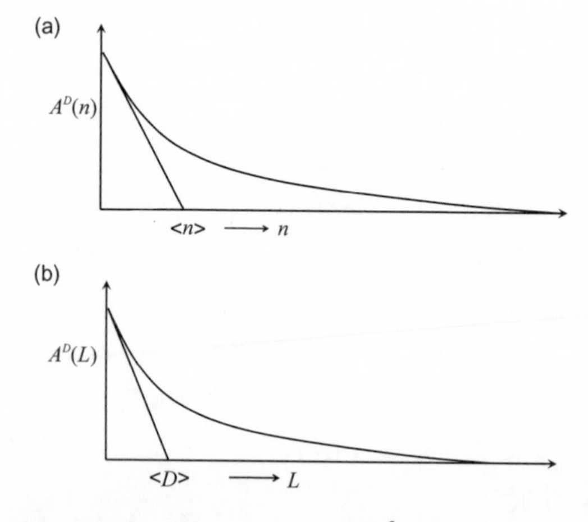

圖 4.8 將圖 4.7 中不同 n 值於 $l^2 = 0$ 時之 $\ln A_n$ 值 (A^D) 對此 n 值所得的圖 (a)。事實上 n 值可換成長度 L，如圖 (b)。而此圖於 n 很小時的切線可得平均 n 值 ($\langle n\rangle$) 或平均晶粒大小($\langle D\rangle$)。

也就是

$$P(D) = [(2\pi)^{1/2} D\sigma]^{-1} \exp\left[\frac{-(\ln D / D_0)^2}{2\sigma^2}\right] \tag{4.39}$$

其中，D_0 爲中間值 (median)，σ 爲分布之變異 (variance)，而平均晶格欄長度爲 $\langle D\rangle = D_0 \exp(\sigma^2/2)$，此分布如圖 4.10(c) 所示。因此經由 $A^D(L) = (1/\langle D\rangle)\int_L^\infty (D-L)P(D)dD$ 的方程式，L 值與 $A^D(L)$ 的圖可以曲線擬合方式來求得晶格欄之長度分布函數，擬合的變數爲 D_0 與 σ。事實上 L 與 D 值同爲長度單位，區分只是因爲變數需要不同而設定之。若不考慮晶粒分布的模型，則晶格欄的分布 $P(L)$ 可以直接由 $A^D(L)$ 對 L 的二次微分求得參考分布[5]：

$$P(L) \propto L \frac{d^2 A^D(L)}{dL^2} \tag{4.40}$$

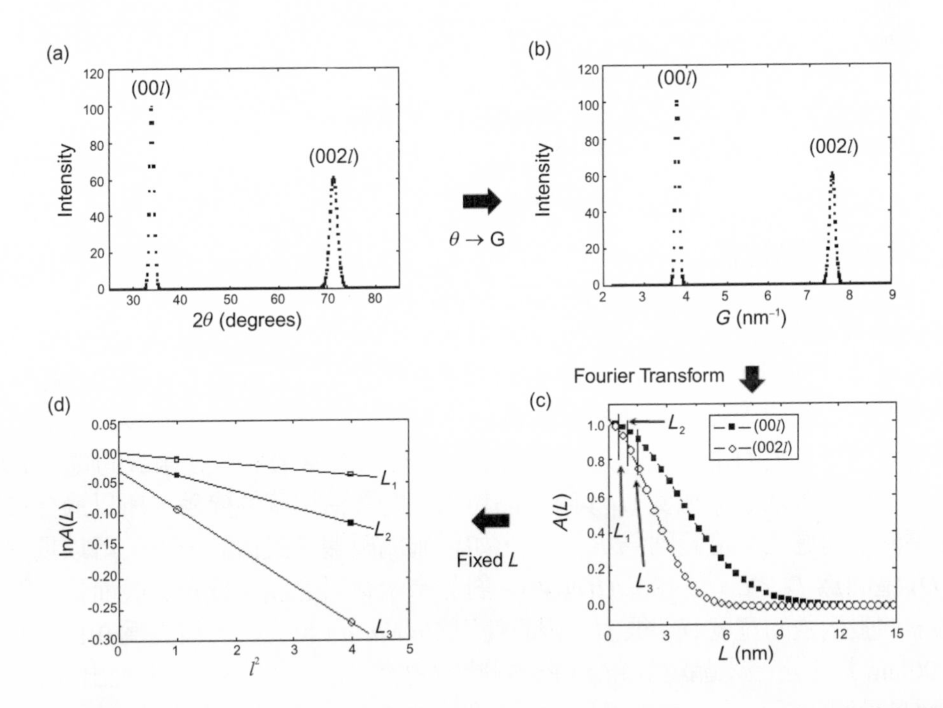

圖 4.9 瓦倫－艾弗巴赫方法的步驟圖，其中 G 等效於 h，而 L 等效於 n。(a) 圖爲一般繞射圖，只看 (00l) 與 (002l) 的繞射峰，將 (a) 圖的橫軸由 2θ 值轉成 G (=$2\sin\theta/\lambda$) 值，可得 (b) 圖。分別對 (00l) 與 (002l) 的繞射峰進行傅立葉轉換，轉換過程須將繞射峰的峰尖位置平移成 $G = 0$ 再進行，且轉換後的值需標準化 (將 $L = 0$ 的值定爲 1)。圖 (c) 爲上述兩繞射峰之傅立葉轉換結果。圖 (c) 中於不同固定之 L 值下可取得相對應之 (00l) 與 (002l) 的 $A(L)$ 值，即可得到圖 (d)。也就是圖 4.7，只是以長度來取代 n 值。

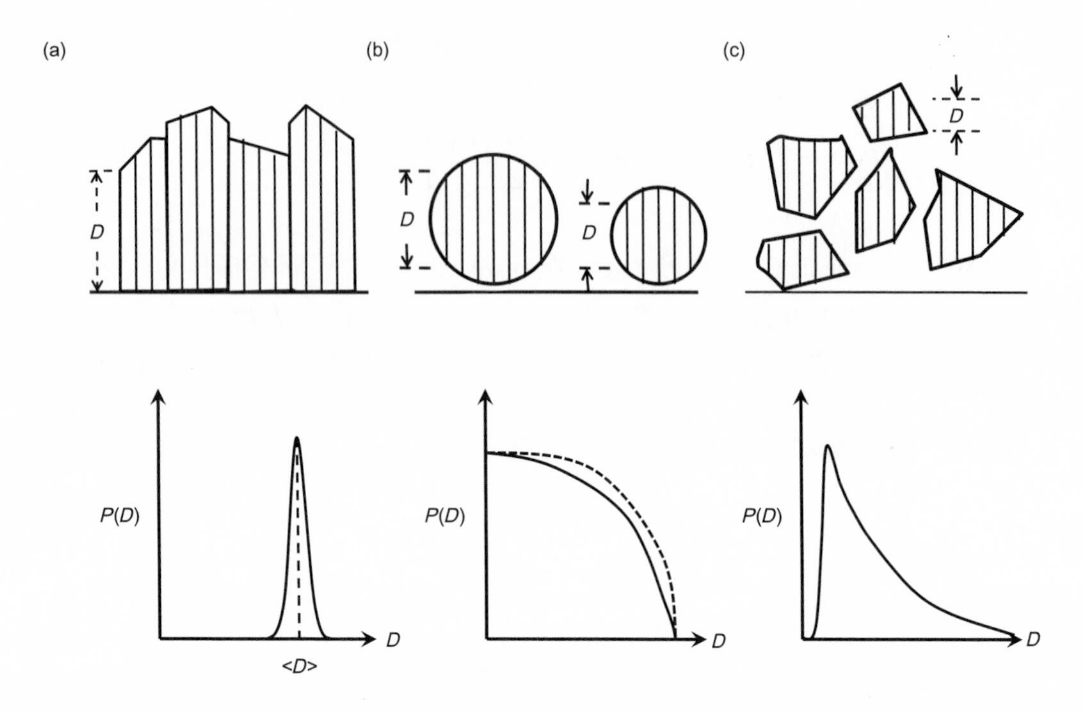

圖 4.10 三種晶粒型態之晶格欄長度的分布模式。(a) 於薄膜成長常見之柱狀晶粒、(b) 不同大小之圓球形晶粒，以及 (c) 不同形狀不同大小之晶粒。

4.2.4 技術規格與特徵

欲利用 X 光繞射峰之線形分析來進行實驗，一般光源並沒有限制，不管是管光源、旋轉陽極光源，或同步輻射光源皆可，在光源強度不受太大影響下，單光性越佳越好，整個儀器擴張函數之寬度越小越好。我們可以很快速的評估一下，假設欲分析之試片除了儀器擴張因子外僅有晶粒大小之擴張因子。另外假設當儀器擴張函數的寬度 (B_i) 大於等於晶粒大小擴張函數的寬度 (B_D) 時，晶粒大小的評估準確性變差，所以適合量測之晶粒大小區間所對應之寬度範圍爲 $B_D > B_i$，如以施瑞爾關係式估計一下，可以量測之晶粒大小 (D) 區間爲 $D < L = 0.886\lambda/(B_i\cos\theta)$。對於奈米材料之晶粒分布一般而言問題不大，除非儀器擴張函數的寬度 (B_i) 很大。假設使用 Cu $K\alpha_1$ 的 X 光源，波長爲 0.15059 nm，欲量測 100 nm 以下之奈米晶粒分布，在一般繞射角度 $20° < 2\theta < 80°$，可推出 $0.078° < B_i < 0.1°$。這是量測此類系統之儀器擴張函數的寬度要求。

4.2.5 應用與實例

晶粒大小的分析可應用於球磨奈米金屬顆粒、合成奈米顆粒、奈米薄膜等的分析。

一般球磨過程，若符合威廉森霍爾法，可以看到如圖 4.11 所示的情形：(1) 隨球磨時間增加，威廉森霍爾圖中的點所擬合的線的斜率會增加，(2) 圖中的點所擬合的線與縱軸的交點會上升。實際的實驗例子請參考如 Pradhan 等人探討球磨鈮金屬 (Nb)[6]、Lucks 等人探討球磨鉬金屬 (Mo)[4]，金屬顆粒的平均顆粒大小與應變隨球磨時間。另外 Gesenhues 也探討 TiO_2 氧化物顆粒球磨的狀況[7]。

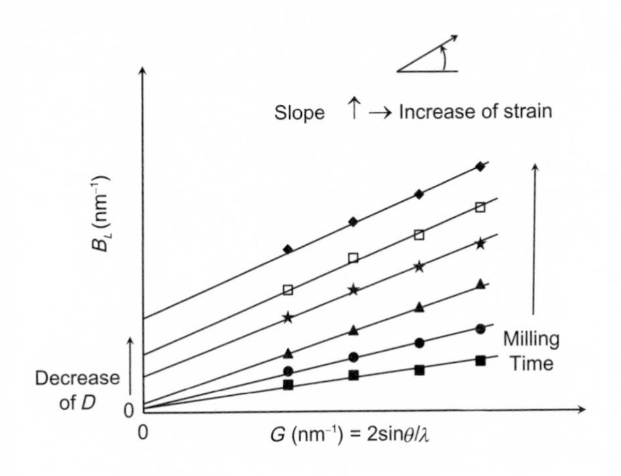

圖 4.11
球磨之奈米粉末過程，威廉森霍爾圖的演變示意圖。一般球磨過程隨時間增加，晶粒越來越小而應變越來越大，因此線的交點越來越高，而斜率越來越大。

合成奈米顆粒一般應變非常小，所以若威廉森霍爾法適用，可以看到如圖 4.12(a) 所示。X.-D. Zhou 與 W. Huebner 也探討 CeO_2 奈米粉末退火過程，發現晶粒小時 (< 5 nm) 線形擴張主要來自晶粒尺寸效應，且晶粒晶格常數較大源自於大量的氧空缺，退火後晶粒大時，線形擴張主要來自應變效應，晶格常數變小，氧空缺也大量減少[8]。Derlet 等人同樣利用繞射峰線形分析來討論與比較奈米顆粒之原子模型，做爲未來探討奈米顆粒內原子結構的比較方式[9]。Yagi 等人利用繞射峰線形分析來輔助探討奈米金顆粒組成之材料的潛變行爲[10]。Ascarelli 等人也利用繞射峰線形分析的方法來判斷奈米顆粒的形成機制究竟爲聚結 (coalescence) 或奧斯特瓦爾德成熟 (Ostwald ripening) 的機制[11]。Borchert 等人也比較了使用穿透式電子顯微鏡、小角度 X 光散射、X 光繞射 (使用修正過之施瑞爾關係式) 等方法對合成奈米 $CoPt_3$ 所定出之晶粒大小，發現結果相近[12]。Fitzsimmons 等人也使用繞射峰線形分析來決定鈀奈米粉末大小[13]。

若具高度紋理 (highly textured) 的薄膜可利用威廉森霍爾法來求得晶粒的應變，一般而言，若膜厚夠大，晶粒尺寸效應可以很小，所得如圖 4.12(b) 所示。Boulle 等人使用瓦倫－艾弗巴赫方法探討 $SrBi_2Nb_2O_9/SrTiO_3$ 磊晶層之疊差平均距離[14]。

Scardi 與 Leoni 比較了全繞射圖形擬合 (whole-powder-pattern fitting) 與上述兩種傳統方法之比較，發現全繞射圖形擬合的結果與穿透式電子顯微鏡接近，而傳統方法似乎高估了晶粒大小的因子，使所得之平均晶粒大小比穿透式電子顯微鏡小約 20% [15]。

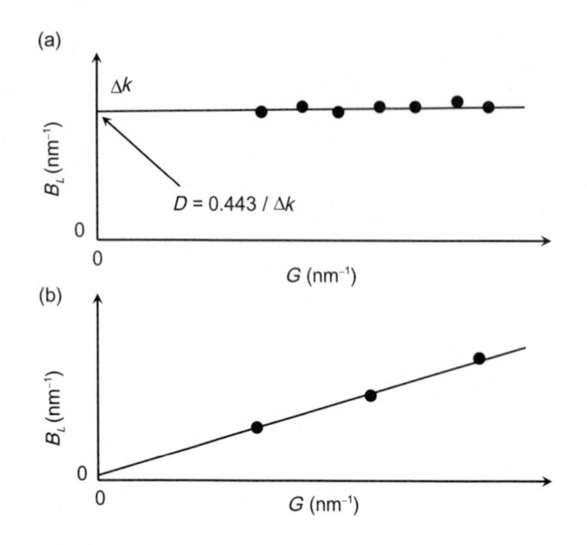

圖 4.12
(a) 爲一般合成的奈米粉末之威廉森霍爾法的示意圖。因合成的方法一般不產生應變，所以威廉森霍爾法的擬合線會接近水平，而此線的交點可以用來快速評估合成奈米粉末的平均粒徑。(b) 爲一般薄膜成長之柱狀晶粒，成長過程因柱狀晶粒彼此擠壓會產生應變，若柱狀晶粒長度過大，則威廉森霍爾法的擬合線的交點接近 0，而斜率可以用來評估應變大小。

4.2.6 結語

X 光繞射應用於奈米粉末粒徑的分析，雖然所得之分布不見得與穿透式電子顯微鏡相同，但其偵測之奈米粒徑之數量龐大，不會只是得到局部區域分布之情形。使用威廉森霍爾法可以快速獲得奈米粉末或奈米晶粒之平均粒徑，與平均應變。如果我們對晶粒形狀與分布有一定的了解，使用瓦倫－艾弗巴赫的方法更能求得試片晶格欄分布與微應變的細微資訊，作爲一製程上絕對或相對分析不失爲一相對簡便可靠的方式。

4.3 X 光吸收光譜分析術

4.3.1 基本原理

一般而言，較高能量的 X 光具有較強之穿透力，因此物質對於 X 光的吸收係數大致上隨著 X 光能量的提高而遞減。但是當 X 光的能量大到足以將物質中某一特定元素原子的內層電子激發時，便會在吸收光譜 (吸收係數對入射能量所作之圖) 中造成突然的躍升，發生躍升的能量稱爲吸收邊緣 (absorption edge)，其值隨元素種類及電子所處的能階而異。若被激發的電子原先處於 1*s* 軌域，亦即所謂的 *K* 層電子，則對應的激發能量稱爲 *K* 邊緣；至於 2*s*、$2p_{1/2}$、$2p_{3/2}$ 軌域電子的激發能量分別稱爲 L_1、L_2、L_3 邊緣；另有 M_{1-5}、N_{1-7} 等邊緣對應於更外層的電子激發能量。

圖 4.13 爲 $LiCoO_2$ 粉末樣品的 Co *K* 邊緣全幅吸收光譜圖，在相對於吸收邊緣能量 –200 eV 至 –30 eV 的區域稱爲吸收前緣區，除非有吸收邊緣能量相近的元素並存，通常

第 4.3 節作者爲李志甫先生及黃炳照先生。

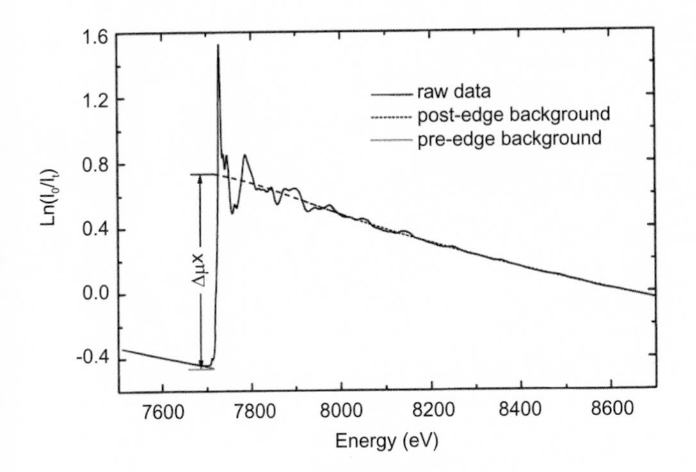

圖 4.13
$LiCoO_2$ 粉末樣品於室溫下量測所得之 Co K 邊緣 X 光吸收光譜。

吸收前緣區的譜圖特徵皆呈現單調的平滑趨勢。自吸收邊緣 –30 eV 至 +40 eV 的區域內經常可見到一些明顯的吸收峰或肩狀突起，這些譜圖特徵統稱爲 X 光吸收近邊緣結構 (X-ray absorption near edge structure, XANES)，常起源於內層電子躍遷至較高能階，此類躍遷對於圍繞吸收原子的第一配位層之對稱性相當敏感，因此 XANES 可反映晶位的對稱性。至於吸收邊緣的位置 (通常是取吸收光譜躍升段的反曲點能量) 則深受吸收原子的氧化價數所影響，一般而言，愈高的氧化狀態會使吸收邊緣往高能量偏移，不過實際的化學偏移量仍會因配位基的種類及其陰電性而異。另外，吸收曲線上的主峰 (俗稱「白線 (white line)」) 強度亦常被用來判斷吸收原子 d 軌域之電子填滿程度。由此可知，XANES 主要提供了吸收原子的電子結構訊息。

在略高於吸收邊緣 10－40 eV 的區域內，即使內層電子被游離成光電子，此類低動能的光電子受周遭原子散射的作用極強，使得多重散射成爲主要的效應，雖然局部原子結構亦可由此區域的光譜特徵得之，然而在計算上相當繁雜且費時。因此即便 XANES 的理論計算在近年內已有長足進展[16]，目前於大多數的實際應用中，仍選用一系列已知價數或配位狀態的標準品作爲參考，再和待測樣品進行比對，亦即多屬定性的趨勢觀察而少有定量計算。

自吸收邊緣以上 40 eV 一直延伸至 1 keV 範圍內的吸收光譜，經常存在許多強弱不等的振盪，此類振盪稱爲延伸 X 光吸收精細結構 (extended X-ray absorption fine structure, EXAFS)。當中心吸收原子 A 的內層電子因吸收 X 光而被游離時，此種光電子將帶著 $E - E_0$ 的動能遠離原子核 (E 爲入射光子能量，而 E_0 爲吸收邊緣能量)，形成一向外行進的光電子波，其波長爲：

$$\lambda_e = \frac{h}{p} = \frac{h}{\sqrt{2m(E - E_0)}} \tag{4.41}$$

其中，h 爲蒲朗克常數，p 爲電子動量，m 爲其質量。當吸收原子周圍有其他原子 B 存在時，會將向外行進的光電子波予以背向散射，假設 A、B 兩原子相距 R，則向外行進與背向散射的光電子波之間存在 $2R$ 的路程差，此一路程差將導致彼此的相位差爲：

$$2\pi\left(\frac{2R}{\lambda_e}\right)=2R\left(\frac{2\pi}{\lambda_e}\right)=2R\sqrt{\frac{8\pi^2 m(E-E_0)}{h^2}}=2kR \tag{4.42}$$

其中 k 稱爲光電子波向量，常以 Å^{-1} 爲單位。若電子動能的單位爲 eV，則

$$k=0.5123\sqrt{E-E_0} \tag{4.43}$$

向外行進與背向散射的光電子波兩者之間的相位差會隨著原子間距離及入射光子能量而變化，並產生建設性 (同相) 或破壞性 (反相) 干涉，但因光電子之產生與 X 光吸收直接相關，光電子波的干涉現象最終造成吸收曲線的振盪，此即 EXAFS，各振盪的高點對應於光電子波之建設性干涉，而振盪的低點則對應於破壞性干涉。

基於詳細的理論推導並假設光電子波僅有單一散射的情形存在，EXAFS 函數與物質結構參數間的關係如下：

$$\chi(k)=\sum_j\frac{S_0^2N_jF_j(k)}{kR_j^2}\exp\left(\frac{-2R_j}{\lambda(k)}\right)\exp(-2\sigma_j^2k^2)\sin\left[2kR_j+\delta_{ij}(k)\right] \tag{4.44}$$

其中，$F_j(k)$ 爲第 j 配位層的原子對光電子波背向散射的振幅函數；N_j 爲第 j 配位層中含有的原子個數，或稱配位數；R_j 爲第 j 配位層原子與中心原子間之平均距離，亦即鍵距或配位半徑；S_0^2 爲振幅減小因子，用以反映吸收過程中的多重激發效應；$\delta_{ij}(k)$ 爲由中心原子 i 和背向散射原子 j 之電位造成光電子波的相位偏移；$\lambda(k)$ 爲光電子的平均自由路徑，用以考慮非彈性散射以及內層電洞半衰期效應；σ_j^2 爲 Debye-Waller 因子，亦即第 j 配位層原子排列的雜亂度，爲該層所有原子與中心原子間之個別距離減去平均距離的平方和，或稱爲均方相對位移 (mean square relative displacement)。

公式 (4.44) 中的 Σ_j 表示 EXAFS 包含了吸收原子周圍不同距離之配位層原子的貢獻，如欲進行詳細的數據分析，首先必須將實驗所測得之吸收係數依據下式轉換成 χ：

$$\chi\equiv\frac{\mu-\mu_0}{\mu_0}=\frac{\mu x-\mu_0 x}{\mu_0 x} \tag{4.45}$$

其中，μ 爲吸收係數，x 爲樣品厚度，而 μ_0 爲假想獨立原子 (周圍無其他原子存在時) 之吸收係數，亦即去除 EXAFS 振盪後的平滑背景曲線。數學上經常利用分段的三次多項式擬合出 EXAFS 區段內的平滑背景，並外插至吸收邊緣；而吸收前緣區的背景則常以一直線進行適配，兩段背景在吸收邊緣處的高度差 $\Delta\mu x$ 稱爲躍升梯度，如圖 4.13 所示。公式 (4.45) 中的分母常以 $\Delta\mu x$ 取代之，因此僅需將吸收係數之實驗觀測值減去平滑背景即可分離出 EXAFS 振盪，再除以吸收邊緣處的躍升梯度，所得即爲 EXAFS 函數 χ。如此是將同一光譜圖中的兩個特徵量相除而進行正規化處理，因此 χ 實際上是以單一原子爲基礎，與實驗時的樣品用量及其濃度無關，而完全取決於吸收原子周圍的原子排列情形。

由公式 (4.44) 中的 $\exp(-2\sigma_j^2k^2)$ 項可以得知 EXAFS 振幅會隨 k 值的增大而迅速衰減，因此常將 $\chi(k)$ 乘以 k^n 進行加權運算，以使整個數據範圍內的振幅維持大致相當的水平，圖 4.14 所示即爲 k^3 加權運算的效果。下一處理步驟則是將加權後的 $\chi(k)$ 數據由 k 空間經傅立葉變換至 R 空間，如此可將公式 (4.44) 中不同鍵距的配位原子層貢獻依照 R 的大小順序排開，如圖 4.15(a) 所示。必須留意的是，若進行傅立葉變換時不做光電子波相位偏移的修正，則圖 4.15(a) 中各峰位置將較實際鍵距短約 0.3－0.5 Å。

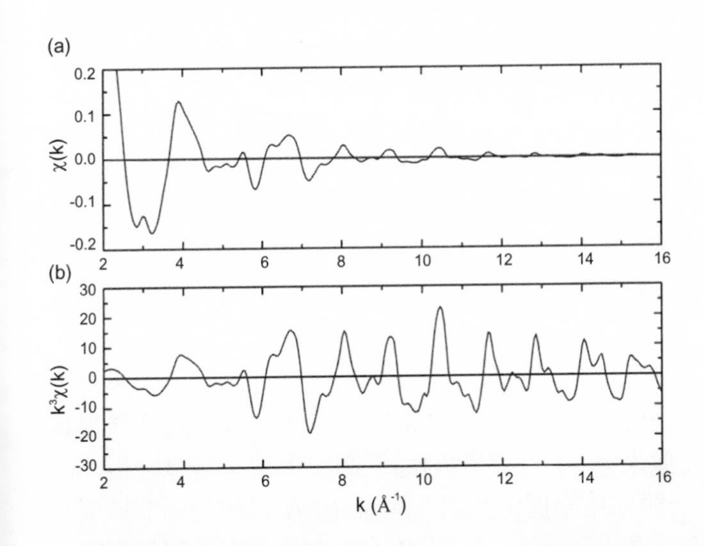

圖 4.14
$LiCoO_2$ 之 EXAFS 函數在 (a) 未加權之前以及 (b) k^3 加權運算後之全貌。

利用傅立葉變換將各配位層原子的貢獻予以分離之後，吾人便可直接在 R 空間或將對應於某一配位層貢獻之尖峰予以反傅立葉變換回到 k 空間詳細地求解參數。一般先由已知結構 (R_j 及 N_j) 且其化學環境與待測樣品相近的標準品將公式 (4.44) 中的 $F_j(k)$ 及 $\delta_{ij}(k)$ 萃取出，再假設相同原子配對的 $\delta_{ij}(k)$ 及 $F_j(k)$ 於類似系統之間可以互相轉移，並代回公式 (4.44) 將待測樣品的結構參數求出。在上述交相代入的過程中，吾人同時假設標準品與待測樣品具有相同的 S_0^2 及 $\lambda(k)$。由於 EXAFS 的理論計算軟體已發展得相當完備[17]，以致現今許多研究人員在進行數據分析時皆改採理論模型，以取代眞實的標準品，亦即

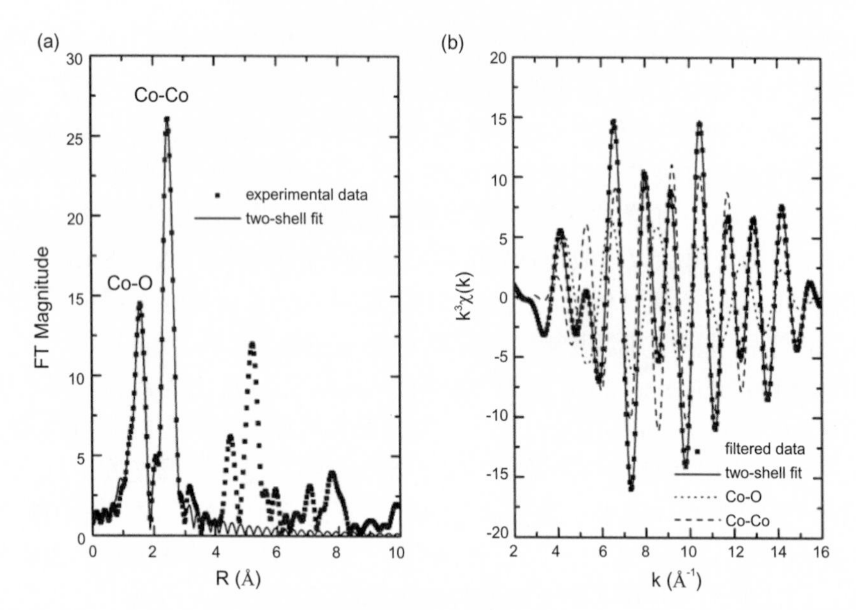

圖 4.15 (a) $LiCoO_2$ 之 EXAFS 函數經 k^3 加權及傅立葉變換 (取 $\Delta k = 3.65 - 15.1$ Å^{-1} 區間) 後所得之原子徑向分布函數，以及 Co 原子最鄰近之 O 配位層和 Co 配位層二者貢獻之電腦擬合結果。(b) 取 $\Delta R = 1.0 - 3.0$ Å 區間內之數據進行反傅立葉變換回到 k 空間，並繪出 O 配位層和 Co 配位層二者個別的貢獻及其總和。

任何原子配對的 $F_j(k)$ 和 $\delta_{ij}(k)$ 甚至 $\lambda(k)$ 皆針對預先設定的結構直接由理論計算出來，再於擬合實驗所取得之 EXAFS 數據時將待測樣品的結構參數適配出。由於理論模型可基於眞實的標準品結構而建立，抑或出自個人的憑空想像，甚至將完全不互溶的兩種元素的原子置於同一晶格內，因此具有非常大的彈性，並且可以免除標準品不易製備或根本不存在的窘境。

雖然經由上述的數據分析步驟，可以提供以吸收原子爲中心之鄰近原子排列訊息，不過由公式 (4.44) 可知，一旦原子間距離拉長時，EXAFS 振盪的頻率會提高且振幅會減小，將愈難與雜訊區分，加以存在愈來愈多的多重散射路徑需要考慮，倍增分析的困難度。因此在實際應用上，EXAFS 一般僅用來提供距吸收原子 10 Å 以內的局部結構，亦即爲短程有序的結構探測工具。正因爲此種特性，使得 X 光吸收光譜對於樣品形態幾乎無所限制，不論是晶型或非晶型固體、液體、氣體，甚至兩相間的界面，皆可加以量測，應用範圍十分廣泛。尤其當樣品含有多種元素時，可調節入射光子能量至各組成元素之吸收邊緣附近進行掃描而逐一偵測，發揮其元素選擇性之探測功能。

總之，藉由 EXAFS 數據的分析，主要可得知樣品中某一特定吸收原子鄰近的原子排列情形，如周圍各配位層的原子種類 (由 F_j 隨 k 的變化趨勢加以判斷，原子序的準確度達 ±4)、原子個數 (N_j，正比於該配位層的 EXAFS 振幅大小，誤差達 ±15%)、鍵距 (R_j，主要反映於該配位層的 EXAFS 振盪頻率大小，誤差度一般小於 1%)，以及排列的雜

亂度 (σ_j^2，其值主要影響 EXAFS 振幅隨 k 增加而衰減的速度)。其中 N_j 由於與其他參數之間具有高度的關聯性，亦即皆對 EXAFS 振幅大小有不同的影響方式，以致所得 N_j 數值的不確定性遠高於 R_j。另外，原子排列的雜亂度主要來自兩方面的貢獻：樣品結晶性的優劣以及原子在晶格位置上的熱振動。前者爲樣品本身的特性，不易改變，但是吾人若在較低的溫度下擷取光譜，則可因原子熱振動減緩而降低結構的亂度，使得在 k 值較高的區間內亦可觀測到較大的 EXAFS 振幅，有助於提升數據品質。

4.3.2 技術規格與特徵

傳統的 X 光產生器如密封管或旋轉陽極，除了陽極靶材的特徵螢光之外，其連續背景光譜強度甚低，非常不適合做爲需要進行能量掃描的 X 光吸收光譜實驗用之光源。即便目前市面上仍有一些商品化的 X 光吸收光譜儀，不過基於光源強度 (直接影響到實驗時間長短) 及能量解析度 (與數據品質有關) 的雙重考量，實在無法和利用同步輻射光源進行的實驗成效相比擬。同步輻射因具有高強度的連續能譜及優異的準直性，無疑是 X 光吸收光譜的理想光源，是以 X 光吸收光譜經常與同步輻射聯想在一起。

此一技術的核心元件爲單光器，一般是將兩片平行的單晶安裝於一轉角器上，依據晶體繞射的布拉格定律 (Bragg's law) $n\lambda = 2d\sin\theta$，當同步加速器放射出之光束與晶體表面的夾角爲 θ 時，便可選取對應的單光波長 (λ) 與能量 ($E = hc/\lambda$)，因此進行能量掃描時僅需轉動晶體以逐步改變 θ 角即可。採用兩片晶體而非單獨一片的主要目的是使單光器上、下游的光束保持平行，如此樣品便不必因能量改變而大幅移動位置以遷就光束的方向。再者，高諧音光子 (亦即布拉格定律中的 $n > 1$ 時) 可藉著將兩晶體間的平行度略微調差 (detune) 而加以剔除。高諧音光子亦常利用光學鏡子濾掉，此乃因高諧音光子能量較高，不易在鏡面上進行全反射。另外，具有曲面的光學鏡子甚至有將光束進一步準直或聚焦的功能。

典型的 X 光吸收光譜實驗裝置如圖 4.16 所示，最簡單的測量方式是採用穿透模式，其中入射光及穿透光的強度分別利用位於樣品前後的兩個偵測器測量而得。常用的偵測器爲氣體游離腔，當光束通過時，會將充塡於內部的氣體予以游離，而產生的電子由一施加高電壓的極板收集，所得之電流再經放大成爲強度訊號。在此一測量模式下，穿透光的強度 I_t 與入射光的強度 I_0 有如下關係：

$$I_t = I_0\, e^{-\mu x} \quad 或 \quad \mu x = \ln\left(\frac{I_0}{I_t}\right) \tag{4.46}$$

穿透模式一般用於高濃度且較薄的樣品，而在製備時最適宜的樣品用量爲使吸收邊緣處的躍升梯度 $\Delta\mu x$ 接近 1.0。當樣品濃度極低或厚度極小以致 $\Delta\mu x < 0.1$ 時，宜改採螢光模

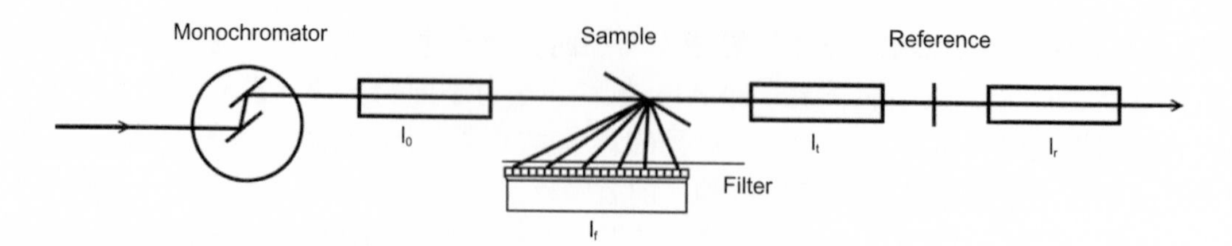

圖 4.16 典型的 X 光吸收光譜實驗配置圖。

式。螢光是因原子的內層電子受到激發離去而產生電洞，再由外層電子掉落內層軌域填補時釋放出次級 X 光，螢光的強度正比於入射 X 光被吸收的程度，因此螢光模式下的吸收係數爲：

$$\mu_f x = \frac{I_f}{I_0} \tag{4.47}$$

測量螢光時經常令樣品表面與入射 X 光方向呈 45° 角，而偵測器窗口法向量則與入射光束方向呈 90° 擺設。有時會在偵測器窗口之前置一過濾片，其組成元素的吸收邊緣介於待測樣品放出的特徵螢光與入射 X 光能量之間，如此可將由空氣或樣品散射而來的光子 (其能量與入射 X 光相近) 有效濾掉，以降低光譜的背景。

另外，如欲探測樣品表面的原子或電子結構，則可採用電子逸出偵測模式，由於電子在物質內部的穿透力遠小於螢光，因此所測得的電子大都來自於極表層的原子，而爲探測表面結構的方式之一。當待測樣品具有非常平滑的表面 (如薄膜樣品) 時，如果 X 光能以掠角 (低於全反射臨界角的情形) 入射並進行能量的掃描，而於樣品上方設置螢光偵測器，則所得的吸收光譜將可反映約 30 Å 厚之表層結構，成爲表面 X 光吸收光譜的另一種實驗方法。不過有時採取較低入射角度 (不一定要低於全反射臨界角) 的考量，單純是希望增加樣品的厚度 (對入射光束而言)，以提高螢光訊號的強度，或是配合同步輻射的偏振性質，針對具有方向性的樣品，如薄膜或單晶等，量取其中某一特定方向的電子／原子結構。

最後附帶一提的是，在 I_t 游離腔的下游處經常另置一參考游離腔 I_r，而於兩者之間放一標準金屬箔，該標準品之吸收係數，$\ln(I_t/I_r)$，可與待測樣品同時量測，如此便能針對每組光譜數據進行能量校正。

4.3.3 應用與實例

對於奈米尺度的樣品而言，由於表面原子佔全部原子的比率顯著增加，以致由

EXAFS 分析所得之結構參數經常可見到下列的一些變化趨勢：(1) 平均配位數降低，此乃因位於表面的原子其周圍的原子個數會較內部原子的配位數小，且當樣品尺寸愈小時，其平均配位數便愈小，此一關係使得 EXAFS 成爲量測奈米晶粒大小的方法之一[18]，唯其較靈敏及適用的範圍大約是小於 30 Å 之晶粒，可視爲利用 X 光繞射峰增寬量測粒徑方法之向下延伸。(2) 由於晶粒的減小，表面自由能會相對提高，造成晶格的收縮而使鍵距縮短[19]，唯此類變化通常不大 (小於 0.05 Å)，較難與實際粒徑之間建立明確的關聯性。(3) Debye-Waller 因子 (σ^2) 增大，因爲小晶粒一般較不易形成完整的晶格且表面原子的排列亂度通常亦較大。

本節將以雙金屬奈米顆粒爲例，說明如何利用 X 光吸收光譜得知兩種組成元素在顆粒內部的分布情形及其形成合金的程度，主要是藉由相互比較同類原子及異類原子間的配位數而加以判斷[20]。首先定義 P_{observed} 及 R_{observed} 二參數如下：

$$P_{\text{observed}} = \frac{N_{\text{A-B}}}{\sum N_{\text{A-}i}} = \frac{N_{\text{A-B}}}{N_{\text{A-A}} + N_{\text{A-B}}} \tag{4.48}$$

$$R_{\text{observed}} = \frac{N_{\text{B-A}}}{\sum N_{\text{B-}i}} = \frac{N_{\text{B-A}}}{N_{\text{B-B}} + N_{\text{B-A}}} \tag{4.49}$$

其中，$N_{\text{A-B}}$ 表示吸收原子 A 周圍第一配位層中含有散射原子 B 的數目，而 $\Sigma N_{\text{A-}i}$ 則爲吸收原子 A 周圍第一配位層中含有的原子 (包括 A 及 B) 總數；至於 $N_{\text{B-A}}$ 表示吸收原子 B 周圍第一配位層中含有散射原子 A 的數目，而 $\Sigma N_{\text{B-}i}$ 則爲吸收原子 B 周圍第一配位層中含有的原子 (包括 A 及 B) 總數。對於一完美的合金樣品而言，其組成元素乃任意分布 (使用下標「random」表示)，若 A 與 B 原子之總比例爲 1：1，則 P_{random} 及 R_{random} 二參數值皆爲 0.5，亦即不論是以 A 原子或以 B 原子爲中心，鄰近爲同類原子或異類原子的機率相等 ($N_{\text{A-A}} = N_{\text{A-B}}$；$N_{\text{B-B}} = N_{\text{B-A}}$)。當 A 與 B 之原子總比例爲 1：2 時，完美的合金樣品應有 $N_{\text{A-B}} = 2N_{\text{A-A}}$ 及 $N_{\text{B-B}} = 2N_{\text{B-A}}$ 的關係存在，如此 P_{random} 及 R_{random} 二參數值將分別爲 0.667 及 0.333。吾人僅需由分析 EXAFS 數據所得之 P_{observed} 及 R_{observed} 二參數各別除以對應於已知元素總組成的 P_{random} 及 R_{random} 二數值，即可獲知原子 A 與原子 B 在雙金屬奈米顆粒中形成合金的程度：

$$J_{\text{A}} = \frac{P_{\text{observed}}}{P_{\text{random}}} \times 100\% \tag{4.50}$$

$$J_{\text{B}} = \frac{R_{\text{observed}}}{R_{\text{random}}} \times 100\% \tag{4.51}$$

事實上，J_A 與 J_B 值可視爲異類原子彼此間形成鍵結機率之一種指標，當其值大於 100% 時表示形成異類原子間鍵結 (吸收原子鄰近爲異類原子) 的機率甚至高於完美的合金樣品，若 J_A 或 J_B 值小於 100% 時表示其對應的組成元素呈現某種程度的聚集現象。藉由實驗所得之 ΣN_{A-i}、ΣN_{B-i}、J_A、J_B 等數值，吾人將可推測出雙金屬奈米顆粒之結構模型。圖 4.17 所示爲七種較具代表性的結構模型，其中 A、B 原子比例皆爲 1：1。在第一種模型中，$J_A = J_B = 0$，此意謂著異類原子間的鍵結完全不存在 ($N_{A-B} = N_{B-A} = 0$)，亦即 A、B 兩類原子皆未參與合金的形成，而是以各自分離的狀態存在。在此情況下，如果 $N_{A-A} = N_{B-B}$，則表示原子 A 與原子 B 所形成的顆粒尺寸相當；若 $N_{A-A} > N_{B-B}$，則表示原子 A 形成的顆粒尺寸大於原子 B 形成的顆粒，反之亦然。另外，吾人亦可基於形成合金的程度來探討金屬間交互作用的強弱。第一種模型中，同類原子 A 之間的交互作用 (H_{A-A}) 與同類原子 B 之間的交互作用 (H_{B-B}) 均遠大於異類原子 A、B 間的交互作用 (H_{A-B})，後者甚至完全不存在。在第二種模型中，$J_A = J_B = 100\%$，表示所有的 A、B 兩類原子全部參與合金的形成而獲致完美的合金化奈米顆粒；在此種條件之下，同類原子間的交互作用將會等於異類原子間的交互作用 ($H_{A-A} = H_{B-B} = H_{A-B}$)。

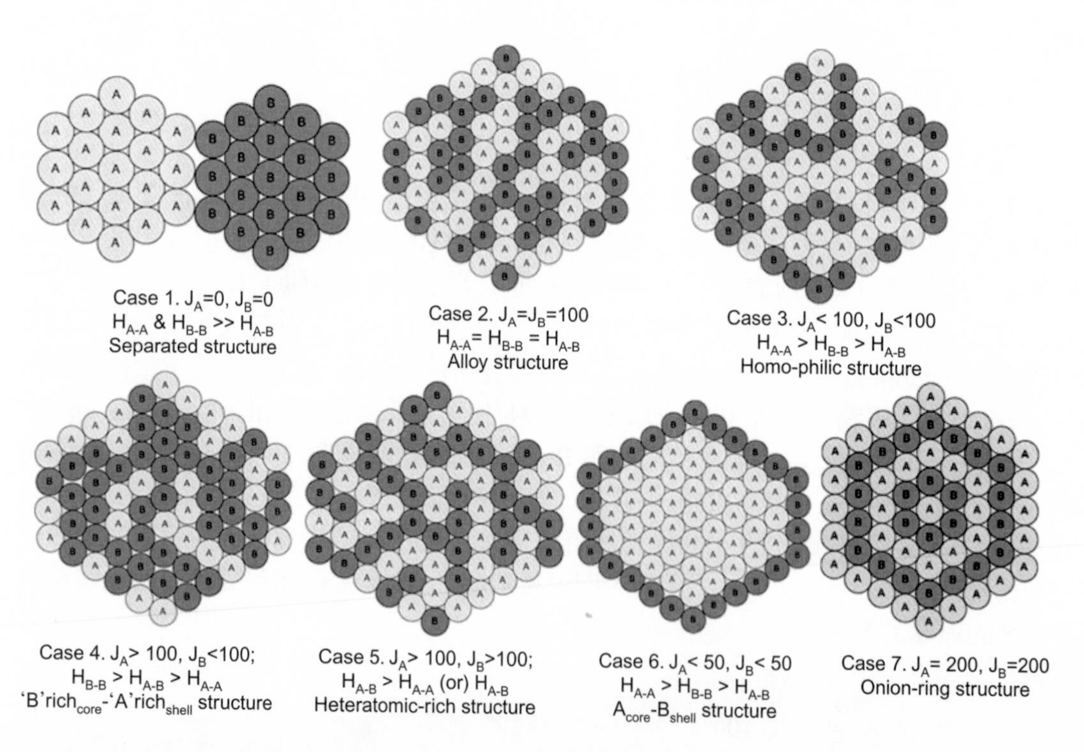

圖 4.17 不同合金程度之雙金屬奈米顆粒結構模型示意圖。

在第三種模型中，$J_A < 100\%$ 且 $J_B < 100\%$，表示 A、B 兩類原子具有各自聚集而不形成合金的傾向，當此種傾向愈強時，J_A 及 J_B 值將愈小。值得一提的是，若 $J_A < J_B$，表示 A 類原子聚集的程度較 B 類原子明顯，有可能形成核－殼結構，其中內核區將富含 A 原子，而外殼區則富含 B 原子，果眞如此的話，應該會有 $\Sigma N_{A-i} > \Sigma N_{B-i}$ 的關係存在，此乃因內核區原子周圍配位數會大於外殼區 (靠近表面) 原子的平均配位數；至於原子間交互作用的強弱順序則爲 $H_{A-A} > H_{B-B} > H_{A-B}$。反之，若雙金屬奈米顆粒的 $J_B < J_A$ (且二者皆小於 100%)，則可能形成內核區富含 B 原子而外殼區富含 A 原子之核－殼結構，在此情形下，$\Sigma N_{B-i} > \Sigma N_{A-i}$ 且 $H_{B-B} > H_{A-A} > H_{A-B}$。

在第四種模型之中，$J_A > 100\%$ 而 $J_B < 100\%$，表示 A 類原子較喜好和 B 類原子形成鍵結，而 B 類原子亦較喜好和 B 類原子鍵結，使得 A 類原子的分布情形較 B 類原子均勻，易言之，A 類原子的聚集現象相對而言較不明顯，以致 $H_{B-B} > H_{A-B} > H_{A-A}$。此種型態的雙金屬奈米顆粒亦具有內核區富含 B 原子而外殼區富含 A 原子之核－殼結構，與前面第三種模型相類似，然而第四種模型中的 A 類原子分散性較佳，顯示 J_A 可以有效定量描述 A 類原子的分散程度，而此種分散程度無法單獨由配位數得知。假使 $J_A < 100\%$ 而 $J_B > 100\%$，則情況恰好與上述相反，亦即 B 類原子的分散度優於 A 類原子，如此將形成內核區富含 A 原子而外殼區富含 B 原子之核－殼結構，且 $H_{A-A} > H_{A-B} > H_{B-B}$。

第五種模型中之 $J_A > 100\%$ 且 $J_B > 100\%$，顯示 A、B 兩類原子的分散性皆有所改善，可以預期的是，異類原子間的交互作用強度將高於同類原子間的交互作用，因此 $H_{A-B} > H_{A-A}$ 且 $H_{A-B} > H_{B-B}$。第六種模型雖然亦爲核－殼結構，但 A、B 兩類原子各自聚集的傾向十分強烈 (或許由於彼此不互溶)，以致內核區與外殼區形成壁壘分明的狀態，亦即皆由其中單獨一類原子構成，此種情形之下，$J_A < 50\%$ 且 $J_B < 50\%$；如果 A 類原子完全位於內核區，則 $\Sigma N_{A-i} > \Sigma N_{B-i}$ 且 ΣN_{A-i} 值應與塊材樣品的配位數十分接近，同時 $H_{A-A} > H_{B-B} > H_{A-B}$。反之，若內核區完全由 B 類原子構成，則 $\Sigma N_{B-i} > \Sigma N_{A-i}$ 且 $H_{B-B} > H_{A-A} > H_{A-B}$。

在第七種模型之中，A 類原子的周圍全爲 B 類原子，而 B 類原子的周圍全爲 A 類原子，亦即中心吸收原子最鄰近之第一配位層所含全爲異類原子，則 $J_A = J_B = 200\%$，此種結構狀似洋蔥圈，其中一層全爲 A 類原子，而相鄰層全爲 B 類原子，依此順序層層交替堆疊而成。

近年來能源問題日趨嚴重，加以環保意識高漲，使得燃料電池的研發受到普遍重視；在數種燃料電池分類之中，質子交換膜燃料電池乃是可攜帶型或移動式電源的最佳抉擇。不論選用重組製程所得之氫氣或直接以甲醇爲進料，陽極上的鉑觸媒皆無法避免遭受 CO 的毒害，由於要移除強烈吸附於 Pt 表面上的 CO 相當不易，因此發展出許多二元或三元合金觸媒以加快此速率決定步驟的進行，其中 Pt-Ru 雙金屬觸媒便展現了相當不錯的催化活性。一般認爲在 Pt 觸媒中添加 Ru 而造就出來的促進效應主要來自兩方面：(1) 吸附於 Pt 原子上的 CO 分子可藉由吸附於鄰近之 Ru 原子上的含氧物種進行氧化性移除；(2) 當 Pt 原子周圍有 Ru 原子存在時，Pt-CO 的鍵結強度將會減弱而有助於 CO

的脫附。無論是何種機制，Pt-Ru 雙金屬觸媒的奈米結構及合金程度甚至於表面組成對最終的催化性能皆具有舉足輕重的影響力。

吾人選用兩種商用 Pt-Ru/C 觸媒進行 X 光吸收光譜分析[21]，分別由 Johnson Matthey 公司與 E-TEK 公司所提供，以下分別簡稱為 J-M 樣品與 E-T 樣品，二者皆含有 20 wt% Pt 及 10 wt% Ru (Pt 與 Ru 之原子比例為 1:1)。為能相互比較起見，另取兩種僅含單一金屬的觸媒 (20 wt% Pt/C 及 10 wt% Ru/C) 一併測試。圖 4.18 所示為剛收到各商用觸媒時的狀態下所量測之 XANES 光譜，其中另繪出一些標準品的參考光譜。一般而言，在 Pt L_3 邊緣處的「白線」強度可反映 Pt 原子之 5*d* 電子軌域的佔有率，而此一特性又會受到氧化狀態所影響，因此愈強的白線通常表示愈高的氧化程度。依據此論點，由於各樣品的白線強度介於 Pt 金屬箔與 PtO_2 (後者的白線頂點在正規化的吸收光譜刻度中略高於 2.0，並未繪於圖中) 之間，可知所有觸媒樣品中的 Pt 原子皆處於部分氧化的狀態。有趣的是，Pt/C 觸媒上的 Pt 原子氧化程度高於雙金屬觸媒，而其中 J-M 樣品的 Pt 氧化度又高於 E-T 樣品，可能是因為 Pt/C 觸媒表面並無 Ru 原子存在，以致有為數眾多的表面 Pt 原子被空氣氧化。至於雙金屬觸媒的大部分表面也許是由 Ru 原子所佔據，而表面氧化層的生成可防止內部原子進一步氧化，因此 Pt 的平均氧化程度較低。基於相同推論，J-M 樣品表面的 Pt 原子比例應略高於 E-T 樣品 (假設二樣品具有相近的粒徑大小)。

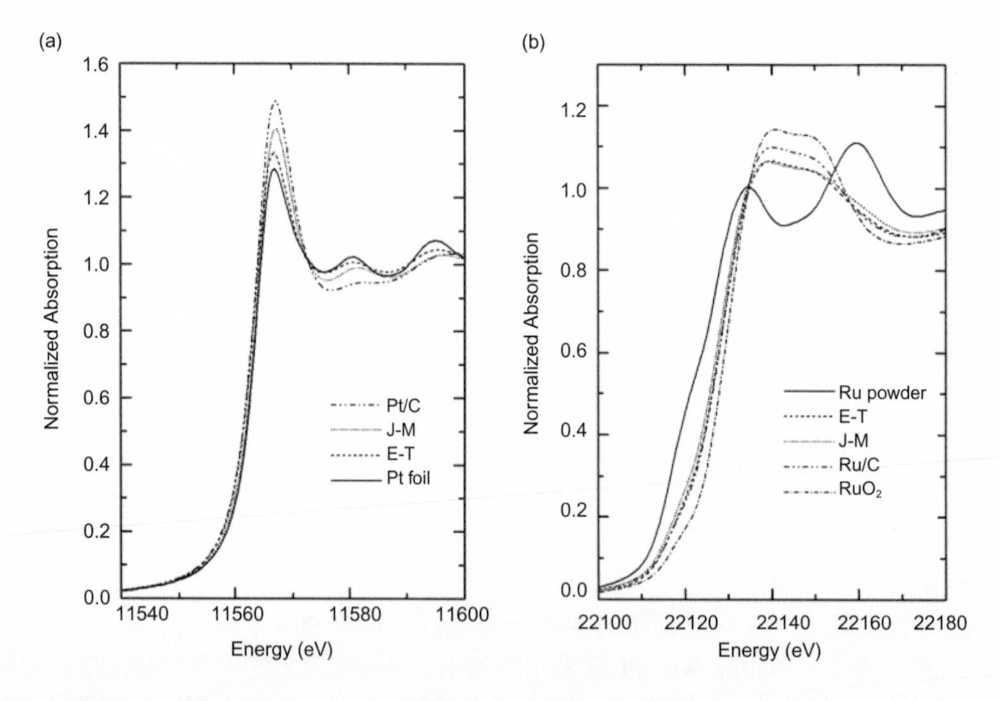

圖 4.18 各種樣品在收到時的狀態下分別量測位於 (a) Pt L_3 邊緣及 (b) Ru *K* 邊緣之 XANES 光譜。

由 Ru K 吸收邊緣的化學偏移 (參見圖 4.18(b)) 可知 Ru/C 及兩種 Pt-Ru/C 觸媒上的 Ru 原子之平均氧化數皆接近 +3，此一證據或許暗示大多數的 Ru 原子位於 Pt-Ru 奈米顆粒的表層 (未受到 Pt 原子的保護)，致使 Ru 原子之平均氧化數與單一金屬的 Ru/C 觸媒相近。不過在仔細觀察之下，仍可發現 E-T 樣品中的 Ru 原子平均氧化數略高於 J-M 樣品，似乎顯示 E-T 樣品表面的 Ru 原子比例高於 J-M 樣品。

將觸媒粉末置入臨場反應腔，並於室溫下通入純氫氣處理一小時後，所觀測到的光譜特徵顯示觸媒中的 Pt 及 Ru 原子皆已完全還原至零價金屬狀態，包括 Pt L_3 邊緣處的「白線」強度降低及 Ru K 邊緣位置往低能量方向移動，幾乎與零價金屬標準品的光譜重疊。還原狀態下的觸媒樣品之 EXAFS 數據先經 k^3 加權處理再進行傅立葉變換所得之原子徑向分布函數示於圖 4.19，而詳細的電腦擬合結果如表 4.1 所列。除了 Pt/C 觸媒仍可觀測到金屬與氧之間的鍵結外，其他所有樣品皆僅有金屬－金屬鍵結存在，亦間接證實了觸媒的完全還原，至於 Pt/C 觸媒上的 Pt-O 鍵結則可能源自於零價 Pt 原子與碳黑載體表面上之含氧官能基間的交互作用。必須強調的是，雙金屬觸媒的 Pt L_3 邊緣及 Ru K 邊緣 EXAFS 數據乃是聯立進行擬合，其間並將異類原子間的鍵距 (如 $R_{Pt\text{-}Ru}$ 及 $R_{Ru\text{-}Pt}$) 強制設定成相同；而對於原子比例為 1:1 的 Pt-Ru 雙金屬奈米顆粒，異類原子間的配位數 (如 $N_{Pt\text{-}Ru}$ 及 $N_{Ru\text{-}Pt}$) 亦強制相同。事實上，不論兩種金屬原子的分散程度如何，以上的強制關係永遠成立。

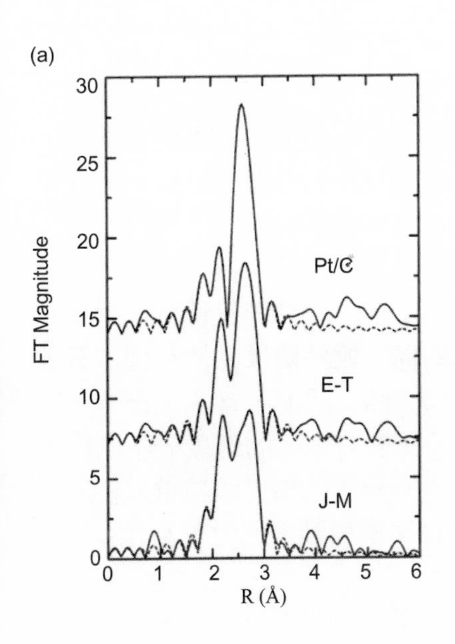

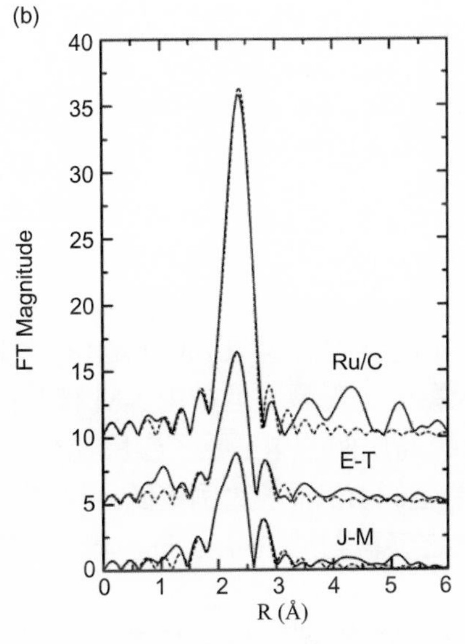

圖 4.19 室溫通氫還原後之單一金屬及雙金屬觸媒於 (a) Pt L_3 邊緣及 (b) Ru K 邊緣之 EXAFS 數據經 k^3 加權及傅立葉變換 (取 Δk = 3－14 $Å^{-1}$ 區間) 所得之結果；實線與虛線分別表示實驗數據與電腦擬合。

表 4.1 各種觸媒 EXAFS 數據之電腦擬合結果。

樣品	鍵結	N	R (Å)	σ^2 (Å)	r-factor (%)
J-M	Pt-Pt	6.5	2.74	0.0057	0.11
	Pt-Ru	2.8	2.70	0.0054	
	Ru-Pt	2.8	2.70	0.0058	0.73
	Ru-Ru	4.1	2.65	0.0062	
E-T	Pt-Pt	7.5	2.74	0.0057	0.07
	Pt-Ru	2.0	2.70	0.0057	
	Ru-Pt	2.0	2.70	0.0057	0.59
	Ru-Ru	5.0	2.65	0.0062	
Pt/C	Pt-Pt	8.3	2.75	0.0062	0.07
	Pt-O	1.0	2.21	0.0034	
Ru/C	Ru-Ru	10.0	2.67	0.0060	0.23

假設雙金屬奈米顆粒中 Pt 爲 A 類原子，而 Ru 爲 B 類原子，對於 J-M 樣品而言，$\Sigma N_{\text{Pt}-i} = 9.3$ 而 $\Sigma N_{\text{Ru}-i} = 6.9$，依據公式 (4.48) 與公式 (4.49) 的定義，可得 $P_{\text{observed}} = 0.30$ 及 $R_{\text{observed}} = 0.41$，最後得到 $J_{\text{Pt}} = 60\%$ 及 $J_{\text{Ru}} = 81\%$。至於 E-T 樣品的 $\Sigma N_{\text{Pt}-i} = 9.5$ 而 $\Sigma N_{\text{Ru}-i} = 7.0$，其 $P_{\text{observed}} = 0.21$ 及 $R_{\text{observed}} = 0.29$，最後得到 $J_{\text{Pt}} = 42\%$ 及 $J_{\text{Ru}} = 57\%$。此兩種商用雙金屬觸媒的結構參數皆顯示 $\Sigma N_{\text{Pt}-i} > \Sigma N_{\text{Ru}-i}$ 且 $J_{\text{Ru}} > J_{\text{Pt}}$，符合圖 4.17 中的第三種結構模型，亦即顆粒內部富含 Pt 原子而外層富含 Ru 原子的核－殼結構。雖然兩樣品皆有相當高比例的 Ru 原子聚集在奈米顆粒的表層，但是由 J-M 樣品的 J_{Ru} 值大於 E-T 樣品之事實，可以推知在 J-M 樣品中有較高比例的 Ru 原子參與合金，因此表層聚集的現象較不明顯；然而在 E-T 樣品中參與合金的 Ru 原子比例較低，以致在表層聚集的情形較嚴重。總之，由 EXAFS 數據分析而得之參數對於 Pt-Ru 雙金屬奈米顆粒之結構判定與由 XANES 光譜特徵推測的結果相符。

前面曾經提到 J-M 樣品的 $\Sigma N_{\text{Pt}-i} = 9.3$ 而 $\Sigma N_{\text{Ru}-i} = 6.9$，對於原子比例爲 1:1 的雙金屬奈米顆粒，加權平均後的第一層配位數爲 8.1，此值對應的粒徑大小約爲 20 Å (基於最密堆積結構之假設)；至於 E-T 樣品的雙金屬奈米顆粒尺寸亦與 J-M 樣品十分接近。

Nashner 等人曾利用分子簇合體 $\text{PtRu}_5\text{C(CO)}_{16}$ 爲前驅物，經由還原性縮合反應在碳載體上製備出 Pt-Ru 奈米顆粒[22]，當 Pt-Ru 奈米顆粒形成之初，Pt 原子喜好存在內核區，不過經過 400 °C 的氫氣處理後，奈米顆粒的核－殼結構發生倒轉[23]，使得 Pt 原子向顆粒表面遷移。基本上在熱力學的穩定相中，具有較低表面能的元素傾向聚集於表面，而 Pt 原子的表面能稍低於 Ru 原子[24]，因此上述顆粒核－殼結構倒轉的情形乃是可以預期的。至於吾人所研究的 J-M 樣品與 E-T 樣品皆具有內核富含 Pt 而外殼富含 Ru 之結構，顯然並未達到平衡狀態。雖亦曾嘗試將氫氣處理溫度提高至 350 °C，但核－殼倒轉的情節始終未曾發生，除了雙金屬觸媒的顆粒略微增大之外，異類原子間之鍵結亦有所增加，顯示 Pt 及 Ru 原子參與合金的比例提高[21]，可視爲最終核－殼倒轉前的過渡狀態。然而對於粒徑將近 20 Å 的 J-M 樣品與 E-T 樣品，完全的核－殼倒轉或許需要更高的溫度及更長的時間。

雖然 J-M 樣品與 E-T 樣品皆具有內核富含 Pt 而外殼富含 Ru 之結構，但是相對而言，J-M 樣品中的 Pt 及 Ru 原子的分散情形較佳，亦即合金化的程度較高，因此顆粒表層聚集 Ru 原子的現象較不明顯；然而在 E-T 樣品中參與合金的 Ru 原子比例偏低，以致在顆粒表層聚集的情形較嚴重。圖 4.20 所示爲使用 J-M 樣品與 E-T 樣品進行電化學測試分析的結果[20]，由圖 4.20(a) 可知在 J-M 樣品上的 CO 氧化起始電位較低，因此其對於氧化反應具有較佳的催化能力，而做爲甲醇燃料電池的陽極時亦能產生較高的電流。吾人固然可由 J-M 樣品具較高合金化程度的觀點解釋其較高的電催化活性，但是眾所周知催化反應乃屬於一種表面現象，而 J-M 樣品的顆粒表面具有較 E-T 樣品更多的 Pt 原子 (咸認爲眞正的催化活性中心)，因此藉由提高 Pt-Ru 雙金屬奈米顆粒的合金程度或直接利用化學置換的方法[25]，將奈米顆粒表面的部分 Ru 原子以 Pt 原子取代，進行表面組成的修飾以創造出爲數更多的表面 Pt 原子，應可獲致類似的功效而提高相關反應之催化活性。

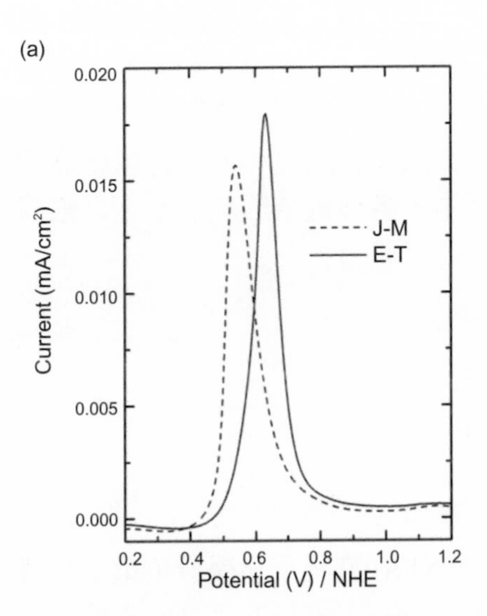

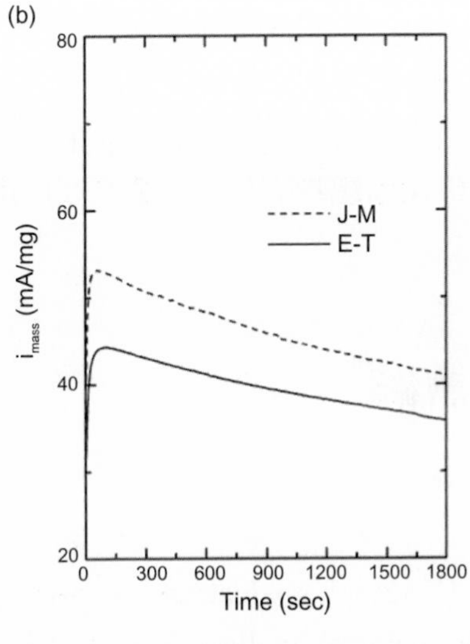

圖 4.20
J-M 樣品與 E-T 樣品對於甲醇氧化反應之催化活性比較：(a) 於 0.5 M 硫酸溶液中所記錄得之 CO 剝除伏安圖 (觸媒樣品所製成的電極先於 0.1 伏特的電位下吸附一氧化碳 15 分鐘後再予以剝除)；(b) 於 15% 甲醇 + 0.5 M 硫酸溶液中及 0.5 伏特 (相對於標準氫電極) 恆定電位下之精密計時電流分析結果。

利用化學置換法針對奈米顆粒表面組成進行修飾的同時，亦會改變 Pt 原子與 Ru 原子之總組成比例，吾人甚至可以由同一樣品之 X 光吸收光譜分別在 Pt L_3 邊緣與 Ru K 邊緣處的躍升梯度 ($\Delta\mu x$) 比值，求得該樣品所含 Pt 與 Ru 之原子比例，如欲進一步電腦擬合 EXAFS 數據時，則異類原子間的配位數僅需改用如下的強制關係即可：

$$\frac{N_{\text{Pt-Ru}}}{X_{\text{Ru}}} = \frac{N_{\text{Ru-Pt}}}{X_{\text{Pt}}} \tag{4.52}$$

其中，X_{Pt} 及 X_{Ru} 分別為樣品中 Pt 與 Ru 之原子百分比，至於其他的分析步驟一如前述。事實上，以吸收邊緣處的躍升梯度決定樣品中特定元素含量的方法與傳統 X 光螢光分析術的原理類似，並已成功地運用於薄膜樣品之組成及厚度的量測上[26]。

4.3.4 結語

得力於同步輻射的高強度連續能量光譜，X 光吸收光譜術現已普及成為一項強有力的材料分析技術。其中 X 光吸收近邊緣結構 (XANES) 可反映吸收原子的電子性質，例如氧化價數及 d 軌域的電子佔有率，並可分辨吸收原子所處之晶位對稱性；而延伸 X 光吸收精細結構 (EXAFS) 則提供了吸收原子鄰近之局部原子結構，包括各配位層的原子種類、個數、與中心吸收原子間的鍵距及其排列的雜亂程度等。由於待測樣品可以是晶型或非晶型固體，甚至為液體或氣體，因此應用範圍十分廣泛。尤其是各元素的吸收邊緣能量少有重疊，可調節入射光子能量至待測元素的吸收邊緣附近進行掃描以分別偵測，非常適於量測含有多種元素的樣品系統。本節主要是以 Pt-Ru 雙金屬奈米顆粒為例，說明如何借助 X 光吸收光譜實驗數據推導出結構模型及表面組成，成功地闡釋不同的商用 Pt-Ru/C 觸媒電催化活性之差異。再者，由於 X 光吸收光譜相當容易在臨場條件下攝取，有助於提供觸媒樣品在進行催化反應期間的即時結構訊息，以便和催化行為建立關聯性，甚至用來追蹤分析由前驅物製備奈米顆粒的過程中，各種鍵結形成或斷裂之細節[27,28]。

4.4 X 光光電子光譜術

4.4.1 簡介

X 光光電子光譜術 (X-ray photoelectron spectroscopy, XPS) 亦稱為化學分析電子光譜 (electron spectroscopy for chemical analysis, ESCA)，為目前應用最廣泛的表面分析技術之

第 4.4 節作者為薛景中及王榮輝先生。

一。基於 A. Einstein 所發現的光電效應，它的發展由 K. Siegbahn 於 1960 年代開始。光電效應是一種樣品表面在光輻射下放射出游離電子的過程：經由光子和原子內電子的能量轉移，光子的能量傳遞到電子上，使其脫離原子核的束縛而游離出。藉由量測游離電子的能量，我們則可得知樣品的原子種類。使用光電效應分析樣品的技術，通稱爲光電子光譜學。

取決於使用不同能量範圍的光源，光電子光譜被分成不同的種類。實務上，我們大多只使用能量介於 10 eV 到 10^5 eV 的光源，如果光源的能量低於 10 eV，光子所具有的能量不足以激發電子使其游離；如果能量太高，受激發的將是原子核而不是電子。因此，適宜使用的光源唯有紫外光與 X 光，其所對應的光電子光譜則稱爲紫外光光電子光譜 (ultra-violet photoelectron spectroscopy, UPS) 與 X 光光電子光譜 (X-ray photoelectron spectroscopy, XPS)。由於紫外光的能量較低，只能激發原子電子軌域中，最不受原子核束縛的外層電子，而這些電子多屬於化學鍵結中的價層電子，其電子能階較無法反應原子核之種類而無原子鑑別特性，因此 UPS 只適用於研究化學鍵的鍵結狀態與表面的功函數 (work function)，對於化學成分的分析，則較不適用。

反之，具有高能量的 X 光光子可以穿透到原子內層，經由能量轉移，進而激發內層電子。游離出來的電子，其所攜能量與特定的原子內電子軌域之束縛能相關，可經比對用以鑑別原子種類，因此 XPS 可以用來分析樣品的元素組成。此外，雖然原子內層電子的束縛能主要受原子核的影響，但外層電子的鍵結環境，也會造成束縛能的些微改變並造成光譜上峰值的位移。此差異稱爲化學位移，經由分析元素峰值的化學位移，我們可以得到該元素化學狀態的資訊。除了定性上的分辨元素種類及鍵結環境外，經由對圖譜峰值的積分，樣品的化學組成亦可進一步地進行定量分析。

由於所放出光電子動能約在數 eV 至 keV 等級，在固體中的平均自由徑極小 (約數奈米)，雖然在光子的穿透範圍內都會有光電子的產生，但只有在距表面幾奈米範圍內所產生的光電子，能夠在經歷非彈性碰撞前離開樣品，並被偵測器所量測及紀錄。換言之，光譜峰值中的數據代表的是自距表面的數奈米範圍內所游離出的光電子，而其他由深層產生之光電子則大多經歷非彈性散射而喪失了部分能量，產生峰值下之背景。因此，光電子光譜具有極高的表面靈敏度。

4.4.2 束縛能

束縛能 (bindind energy) 的定義爲：將電子從原子內，移除到無限遠的距離所需要的能量；此能量主要受原子的電子組態所影響。換言之，電子的束縛能可作爲鑑別元素的本徵特性。在 XPS 中，經由量測電子的束縛能，即便在週期表上相鄰的元素，也可以輕易的分辨。在只單純考慮靜電作用力 (庫倫力) 的條件下，相同軌域的束縛能約與原子序的平方成正比關係，如圖 4.21 所示。圖 4.22 則爲週期表上第二、三、四週期及第一過渡

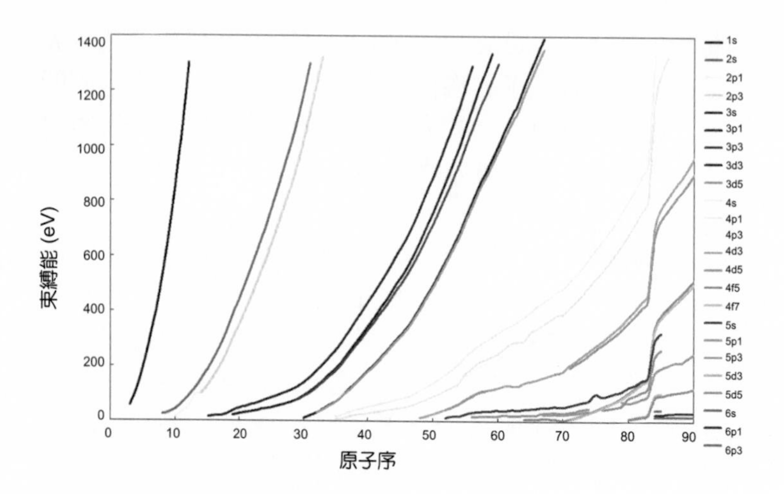

圖 4.21
元素的束縛能。

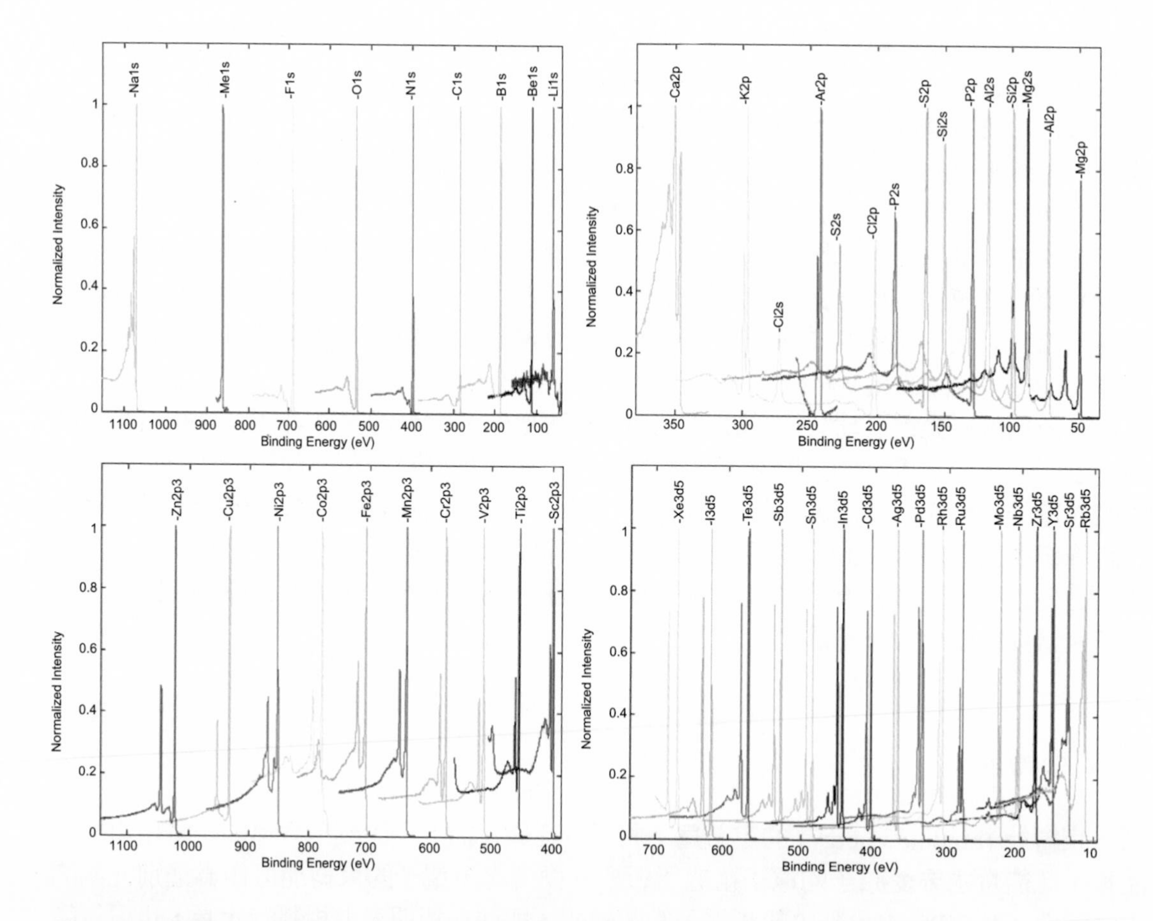

圖 4.22 元素的 XPS 光譜可以輕易的分辨在周期表上相鄰的元素。(圖譜資料取自 Multipak)

的元素，其代表性的 XPS 放射圖譜，由圖譜可知：不同元素在不同能階，即使是週期表上相鄰的元素，XPS 也可以清楚的分辨；而若是遇到主要放射峰重疊的狀況 (例如：Ti $2p_3$ = 454 eV、In $3d_3$ = 452 eV)，我們則可選擇偵測該元素其他能階軌域的放射峰以避免重疊，而得以分析元素組成。例如：Ti $2s$ = 561 eV、In $3p_3$ = 665 eV。

對於角量子數 (l) 不為 0 的電子軌域 (p, d, f)，其角量子數與自旋量子數 (m_s) 相互耦合的結果，會造成能量上的些微差異，所以在這些軌域的束縛能上，我們可以觀測到自旋－軌域雙重峰 (spin-orbital doublet) 的存在。以 $2p$ 軌域為例，在角量子數為 1、自旋量子數為 1/2 的條件下，電子狀態可以有 $j_- = l - m_s = 1/2$ 與 $j_+ = l + m_s = 3/2$ 二種，在光譜上可標示為 $2p_1$ 與 $2p_3$，或 $2p_{1/2}$ 與 $2p_{3/2}$。其強度比為 $(2j_-+1):(2j_++1)$，故光譜上 $2p_1:2p_3$ 之兩放射峰的積分比值為 1：2。同理得知，對於 d 與 f 軌域，我們會觀察到強度比為 2：3 的 $3d_3:3d_5$ 及 3：4 的 $4f_5:4f_7$ 的分裂峰圖譜。此種關係也有助於在多峰能譜中進行定量分析。

由於 XPS 具有極高的表面靈敏度，以及可輕易分辨出周期表上除了氫、氦以外的全部元素，即使是矽單晶表面上有機自組織單層膜上的官能基 (其厚度為單原子層)，亦也可以清楚地經由分析表面元素組成而分辨。圖 4.23 為使用 XPS 分析表面單層膜的範例，單層膜的厚度約 2 nm，且表面除了碳元素之外，其餘元素均只有單原子層。在不同的圖譜分析中，圖 4.23(a) 為表面含溴 (-Br) 的矽單晶表面，其組成為 O、C、Br、Si 等元素；而由圖 4.23(b) 的 XPS 圖譜中可發現 Br $3p$ 及 $3d$ 的特徵峰消失，取而代之的是 N $1s$ 特徵峰出現，因此我們可以確認表面的溴完全被氨基 ($-NH_2$) 取代。圖 4.23(c)、(d) 則分別展示了將溴取代為磺酸基 ($-SO_3H$) 及有機酸鈉 (-COONa) 後，矽單晶表面的分析圖譜。

由於原子所處的化學環境會影響其價電子的能量，連帶也會略為改變其內層的電子組態。因此，束縛能的確切數值會因原子所處的化學環境不同而有所變化。藉由考慮氧化數、周圍元素的電負度、形式電荷，我們可以定性的預期，束縛能的化學位移。而根據所測得的束縛能變化，我們亦可進一步推論該元素的鍵結狀態。此種靈敏的化學分析能力也就是光電子能譜被稱為化學分析光譜的原因。

(1) 氧化數

圖 4.24(a) 以矽與二氧化矽為例，其氧化數依序為 0 與 +4，且量測到的束縛能依序為 99.7 與 103 eV。由於高氧化數的原子具有較少的電子，其遮蔽效應較弱，導致其電子與原子核的連結較為緊密，進而提高其束縛能。同樣，圖 4.24(b) 比較鋁與氧化鋁圖譜，氧化數分別為 0 與 +3，我們可觀察到分別出現在 73 與 80 eV，屬於鋁與氧化鋁的特徵峰。利用此一特性並對照標準圖譜，我們則可分辨測定元素的氧化數。

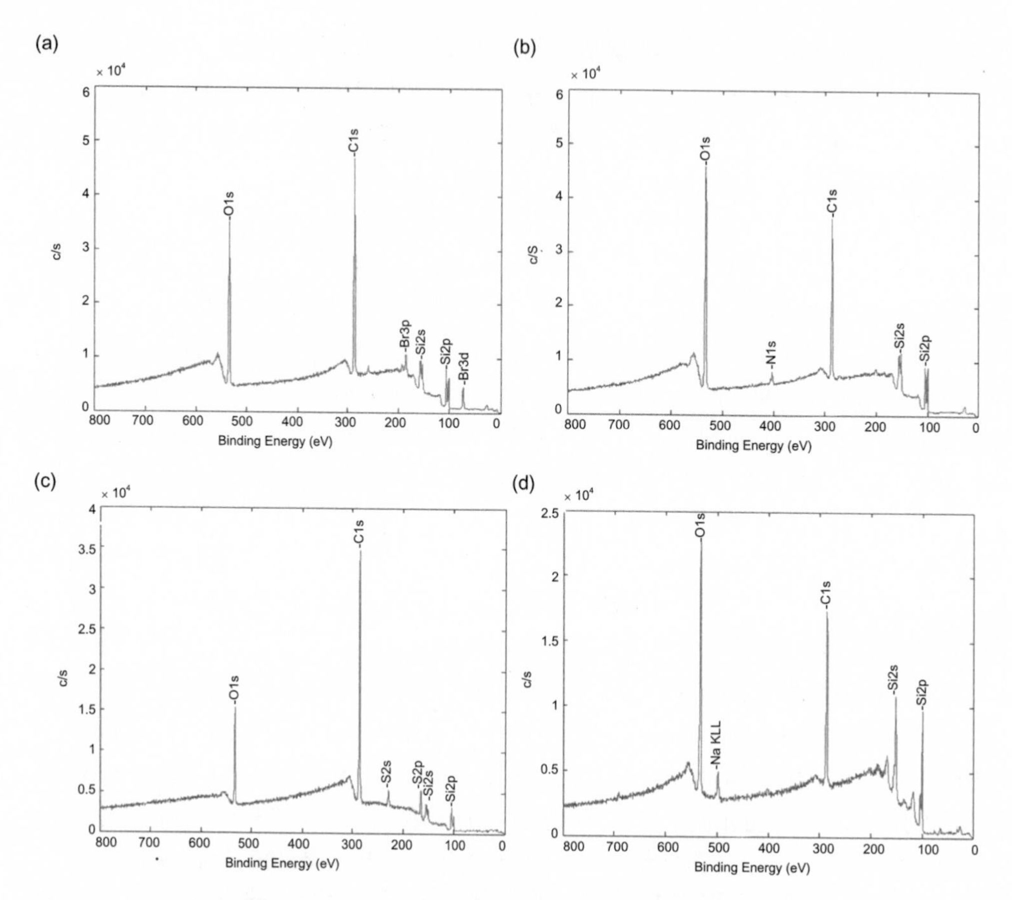

圖 4.23 矽晶片表面的有機自組織單層膜 XPS 光譜。由 (a) 到 (d) 之量測分析可得知分別爲溴 (-Br)、胺 ($-NH_2$)、磺酸 ($-SO_3H$) 與有機酸鈉 (-COONa) 的表面組成。

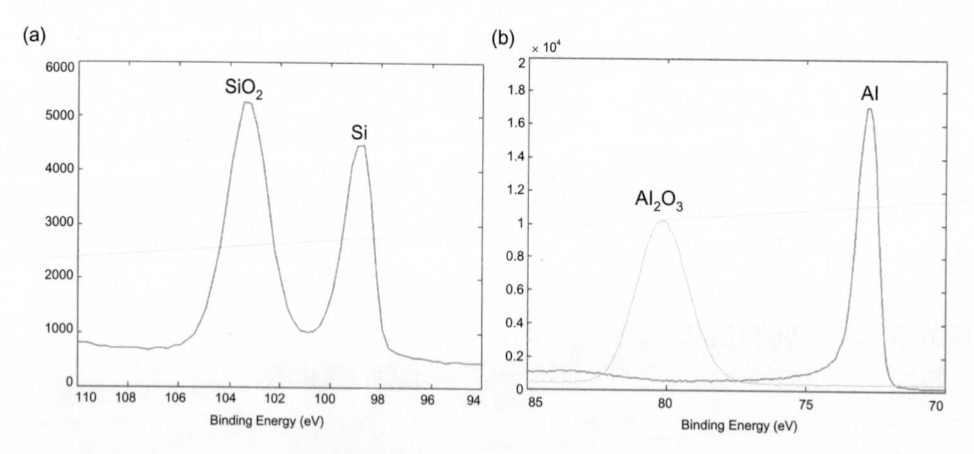

圖 4.24 (a) 矽晶片表面與 (b) 鋁與氧化鋁的 XPS 光譜。

(2) 環境電負度

當不同的原子形成共價鍵結時，化學鍵上的電子分布會受到二個原子間相對電負度的影響而改變，並形成具有極性的化學鍵，使得電子趨向聚集在高電負度的原子周圍。換言之，高電負度的原子上的電子密度會較高，而電子間的排斥力會導致束縛能略爲降低。反之，對於低電負度的原子而言，其電子密度較低且束縛能較高。圖 4.25(a) 以 PET 爲例，我們分別在 285.3、287.0 與 289.4 eV 觀察到面積比爲 6：2：2 的 C 1*s* 特徵峰，依序爲來自苯環 (C-C*-C)、烷類 (C-C*-O) 與酸基 (O=C*-O) 上的碳原子；顯而易見的，隨著周圍的氧原子增加，其束縛能越高。在氧化錫的奈米顆粒，其內部爲 Sn-O-Sn 之鍵結，但其表面上必有重組成 (reconstruct) 的 Sn-O-H 基團，以及被這些表面氫氧基 (-OH) 所吸附的水分子 (H-O-H)，由於氧周圍原子的電負度不同，其 O 1*s* 特徵峰依序出現在 530.6、531.9 與 533.2 eV。值得注意的是，在氧化錫中，隨著表面積與體積比的不同 (粒徑大小的差異)，這些特徵峰的相對強度也會改變。

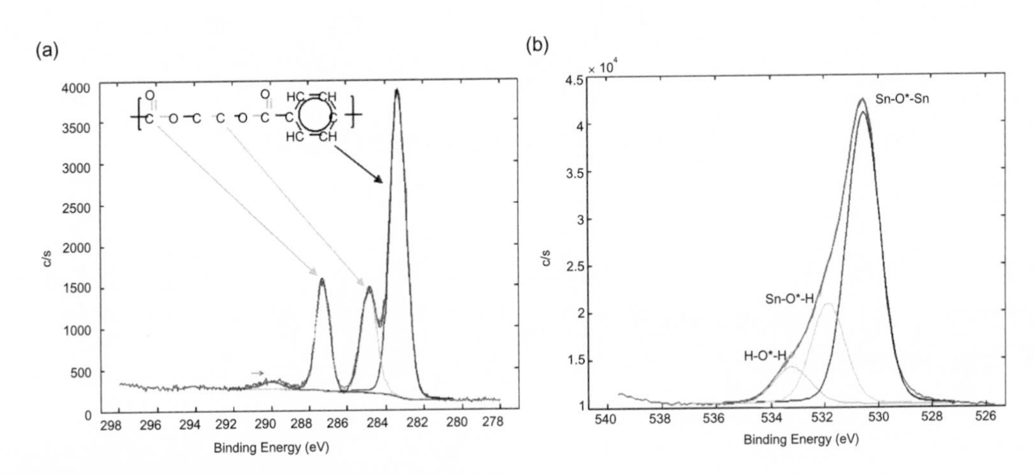

圖 4.25 (a) PET 與 (b) 氧化錫的 XPS 光譜。

(3) 形式電荷

形式電荷是基於共價鍵中，考慮共用電子對之均等共用及孤對電子，計算原子所具有的總價電子數，如果總價電子數多於元素自由態所具有的電子數，則定義爲該原子具有一負值的形式電荷。以偶氮 $(N=N=N)^-$ 爲例，如圖 4.26(a) 所示，外側的氮原子具有二個共價鍵及二組孤對電子，總計 6 個價電子。由於氮屬於 5A 族，自由態僅具有 5 個電子，所以外側的二個氮原子各具有 –1 的形式電荷。對於中心的氮原子，其有四個共價鍵，故其價電子數爲 4，具有 +1 的形式電荷，而此兩種不同形式的氮原子，其特徵峰亦在圖譜上不同能量的位置出現。類似的情況也發生在氨類化合物與銨鹽之間，如圖

4.26(b) 所示。對於氨類化合物，氮具有三個共價鍵與一個孤對電子，其形式電荷為 0；而銨鹽具有四個共價鍵，其形式電荷為 +1，所以在圖譜上同樣也可發現分屬不同形式的 N 1*s* 特徵峰。相似於氧化數對束縛能的影響，形式電荷為正值，會使特徵峰位置往高束縛能的方向移動，而負值的形式電荷則使峰值偏移至低束縛能。

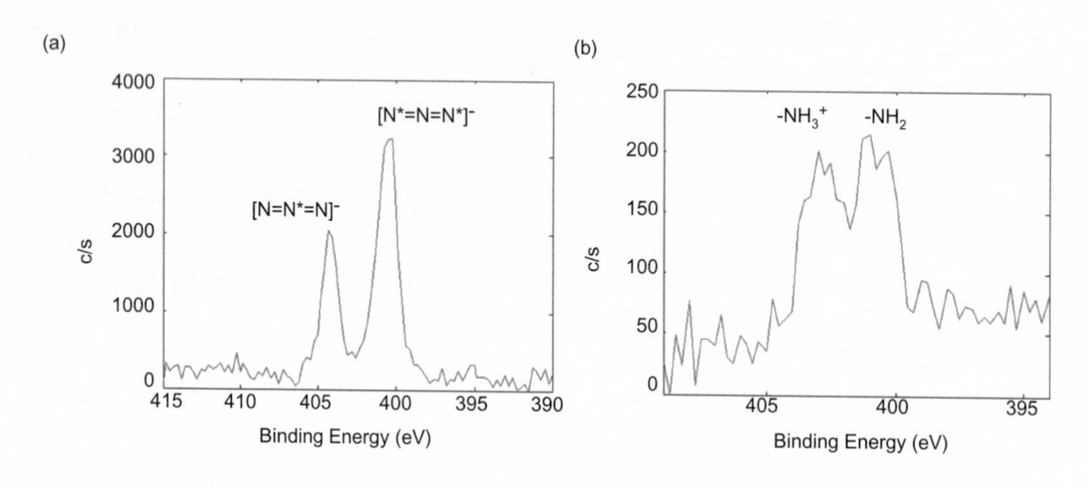

圖 4.26 含有 (a) 偶氮基 ($-N_3$) 與 (b) 胺基 ($-NH_2/-NH_3^+$) 之自組織單層膜的 XPS 光譜。

經由分析自組織單層膜表面的化學組成與元素能量位移，我們可以研究基材表面上之有機酸 ($-SO_3H$ 層) 與有機鹼 ($-NH_2$ 層) 在不同 pH 值下的酸鹼反應，如圖 4.27 所示，並與在稀釋溶液中的酸鹼特性進行比較。由於在表面上，官能基之間的間距為奈米等級，

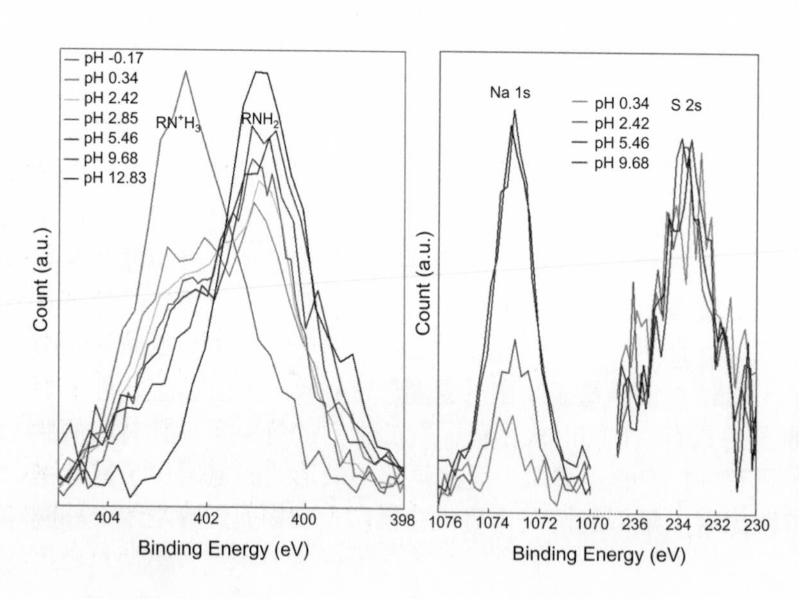

圖 4.27
經不同 pH 處理過之含胺與含磺酸之自組織單層膜的 XPS 光譜。

在某個官能基解離帶電後，由於其靜電作用力，會抑制附近的官能基解離。因此，當有機的官能基被限制在表面時，其酸鹼性會明顯的降低，而平衡常數約比溶液態低 10 個數量級，如圖 4.28 所示。

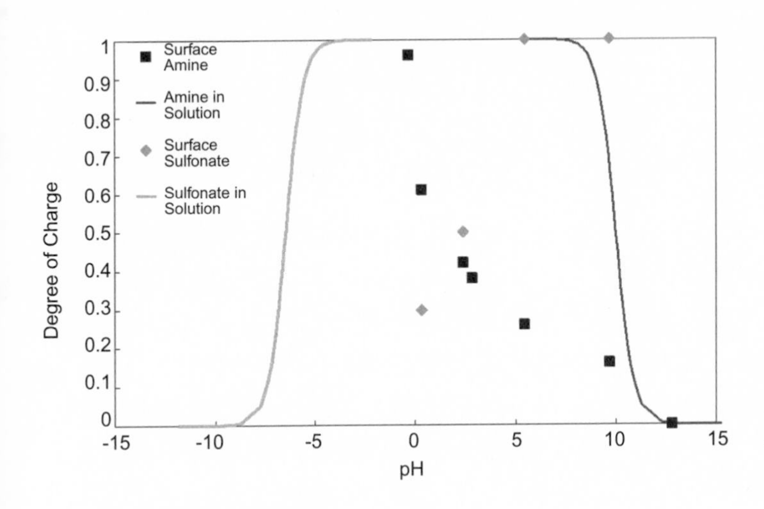

圖 4.28
經由 XPS 分析所得到之固體表面上有機官能基於不同 pH 值下的帶電狀況。

4.4.3 光電子的動能

電子光譜是一種電子能量分布的光譜，實際上，我們無法直接量測到電子的束縛能，但此一數值可藉由偵測游離光電子的動能而計算出。考慮當原子被單頻率、能量為 $h\nu$ 的光照射，並放出帶有能量為 E_{kin} 的光電子；由於光子與電子間的能量會完全轉移，所以根據能量守衡，我們可以得到 $h\nu + E_{tot}^{i} = E_{kin} + E_{tot}^{f}(k)$ ，其中 E_{tot}^{i} 是原子在基態的能量， $E_{tot}^{f}(k)$ 為失去電子 k 之後激發態原子的能量。在 XPS 中，電子 k 的束縛能 (將電子移動到指定的參考狀態所需的能量) 則可被定義為： $E_{B}^{V}(k) = E_{tot}^{f}(k) - E_{tot}^{i}$ ，換言之，$h\nu = E_{kin} + E_{B}^{V}(k)$。對於氣態樣品而言，我們使用眞空能級 (vacuum level) 作為參考狀態；對於固態的樣品而言，通常使用其費米能級 (Fermi level) 作為參考狀態。

對於固態的樣品而言，測量樣品與光譜儀必定有共同接地的電路連接，如圖 4.29 所示。對於具導電性質的金屬樣品而言，其結果是光譜儀與樣品的能級必定達到熱力學上的平衡，因此可視兩者的費米能級為相同。在光電子由樣品游離到光譜儀的過程中，由於樣品與光譜儀具有不同的功函數 (眞空能級與費米能級的差值)，光電子會感受到額外的位能，且此一能量等於光譜儀的功函數 (Φ_{spec}) 與樣品的功函數 (Φ_{s}) 的差額。換言之，在樣品表面動能為 $E_{k,s}$ 的電子，在光譜儀所分析到的動能變為 $E_{k,spec}$，其關係式為：$E_{k,spec} + \Phi_{spec} = E_{k,s} + \Phi_{s}$，而光譜儀的功函數可測量得知。因此，使用費米能級作為參考點，金屬樣品內原子的束縛能可以用 $E_{B}^{V}(k) = h\nu - E_{k,s} - \Phi_{s} = h\nu - E_{k,spec} - \Phi_{spec}$ 求得。

對於不導電的樣品，因為能隙中費米能級的不確定性，以及樣品失去光電子後表面

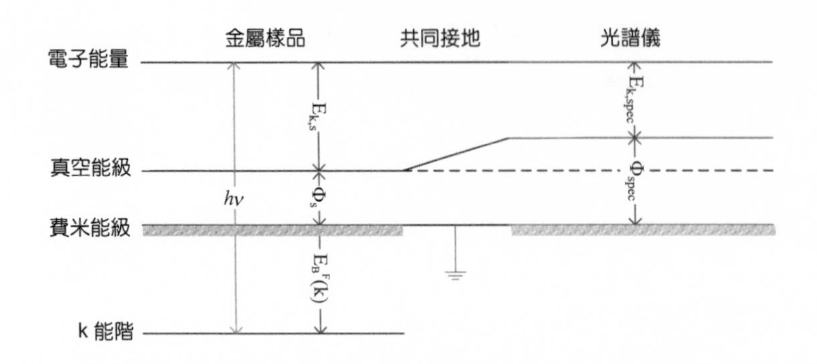

圖 4.29
XPS 中金屬樣品與光譜儀的能階關係。

電荷的產生，光電子動能與束縛能間的關係較為複雜。由於這些因素會影響束縛能的量測並有一線性移動，通常我們會在樣品中加入已知的參考元素，並以該元素的特徵峰能量值，校正所測得的數值。最普遍的作法是在樣品表面鍍上極薄的導電材料 (如碳、金等)，做為內部標準。需注意的是，這個做為參考的導電層必須有足夠的成膜性，若形成不連續的導電層，絕緣的樣品會在不同的區域有不同的電荷，所測得的數據會不可靠。近年來，隨著儀器的發展，低能量的淹沒式電子槍 (electron flood gun) 也被用來消除表面電荷。根據樣品內已知元素的特徵峰位置，或使用表面物理吸附層 (多為碳、氧) 的束縛能，我們也可以校正所測得的束縛能。

4.4.4 儀器特徵

由於光電子的動能極低，易與殘餘氣體原子發生交互作用而失去能量，此外殘餘氣體在表面的吸附也會影響光電子能譜的靈敏度，所以光電子光譜儀需要在超高真空 ($< 1 \times 10^{-6}$ Pa) 下操作。為達到此真空要求，系統多採用先以渦輪分子幫浦進行預抽，再以離子捕捉幫浦作為後繼；為增加其真空度，有時候也會採用鈦昇華幫浦。在硬體上，X 光光電子光譜儀可以分為 X 光光源、聚焦透鏡組、電子能量分析器與電子計數器等部分，如圖 4.30 所示，以下逐一討論。

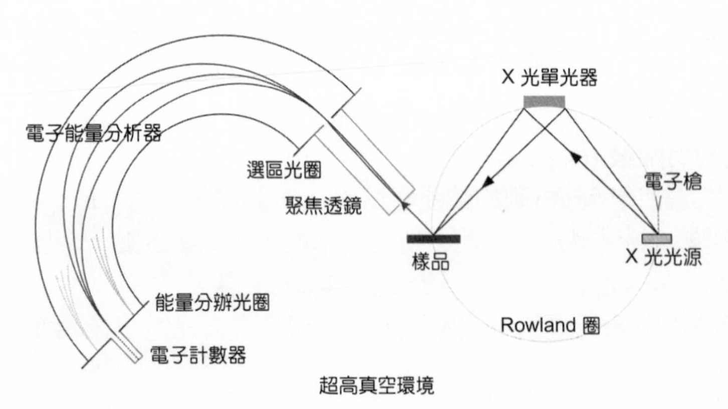

圖 4.30
XPS 系統架構。

(1) X 光光源

同步輻射系統具有高亮度，且可以自由調整輸出的單頻 X 光能量，爲最理想的 X 光光源。但由於同步輻射造價昂貴，且佔地幅廣，所以大多研究機構無法負擔而另以一般的 X 光光源取代之。對於一般的光譜儀，其光源均採用高能量電子束轟擊靶材，當靶材金屬原子之內層電子被電子束游離後，在回到基態的過程中，便會產生靶材元素特徵的 X 光。

目前常用的靶材爲鎂或鋁金屬，雖然這些金屬所產生的輻射爲能量低於 1500 eV 的軟 X 光，但由於其光子能量分布多在其 $K\alpha$ 能帶，且來自電子固體中減速所產生的白光輻射 (bremsstrahlung) 較少，這些軟 X 光的光子能量較其他高能量的硬 X 光 (如銅) 具一單調性質，較適合用於量測。以鋁與鎂的 $K\alpha$ X 光爲例，其半高寬依次約在 1.0 eV 與 0.8 eV，而鉻與銅之半高寬則大於 2 eV。

對於高能量解析度的光譜而言，軟 X 光的能量仍不夠純淨時，我們可以使用 X 光單光器來近一步純化能量。相似於可見光單光器所使用的光柵，我們使用一個安裝在 Rowland 圈上、彎曲的 Bragg 繞射晶體進行分光的動作。不同能量的 X 光具有不同的波長，因此在特定的晶體上，其繞射角度不同，則不同能量的 X 光會被分散在不同的位置上。經由限制光電子的來源區域，我們可以擷取到到單頻 X 光的光電子光譜。

近年來，ULVAC-PHI 設計了一個掃描式的單頻 X 光源，如圖 4.31 所示。使用高度聚焦的電子束掃描鋁靶，隨著空間上掃描的位置不同，在經過單光器繞射後，所產生的 X 光便會聚焦在樣品上不同的位置。使用這個方式，光譜的空間解析度是由光源的大小決定；考慮高能量電子在固體中的散射激發範圍 (excitation volume)，其光點約在數個微米 (μm)，故光譜的空間解析度受限在 μm 等級，如圖 4.32 所示。

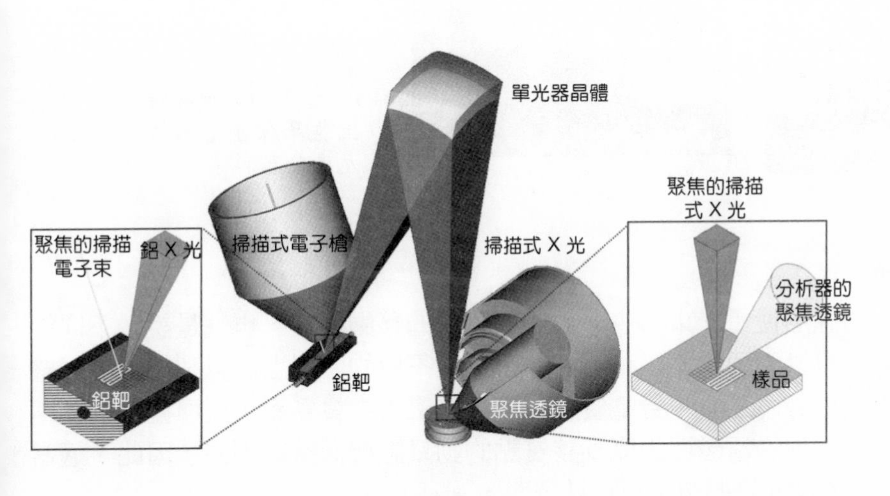

圖 4.31
掃描式 X 光光源 (翻印自 ULVAC-PHI 提供之資料)。

(2) 聚焦透鏡

傳統上，由於沒有適當的聚焦元件，XPS 的光源是照射在整個樣品上，且這個表面都會有光電子的放射。為了要能有效的收集所產生的光電子，我們使用一組電磁透鏡，將來自樣品表面發散的光電子聚焦。部分的透鏡前端會加上一個電子減速器，使得進入後端能量分析器的電子具有固定的動能。隨著改變減速器的強度，我們可以在不改變分析器與計數器設定的情況下，對整個光譜進行掃描。由於能量分析器的解析度與電子能量成反比，使用減速器的另一個好處在於降低光電子的動能，並得到較佳的能量解析度。

同時，在進入能量分析器前，安裝的選區光圈可以被用來限制訊號的來源範圍。雖然我們可以使用這個光圈來增加光譜的空間解析度，但是來自樣品其他區域的光電子都會被過濾掉，使得訊號的強度偏低。為了避免浪費產生的光電子並有效增加其空間解析度，掃描式的微聚焦 X 光光源為較佳的選擇。由於光點是在樣品上掃描，在聚焦透鏡前端增加一個掃描線路，可使得光源的位置與偵測器的分析位置保持同步；此外，在聚焦透鏡後端不需要使用選區光圈來增加空間解析度。這個系統的優點在於不會有光電子被浪費掉，而所使用光源功率約比傳統光源小一個數量級，故光源的壽命較長。此外，相較於傳統移動樣品台的機械掃描，電子式的掃描具有更好的再現性，因此更適合用在高空間解析度的光譜上，如圖 4.32 所示。

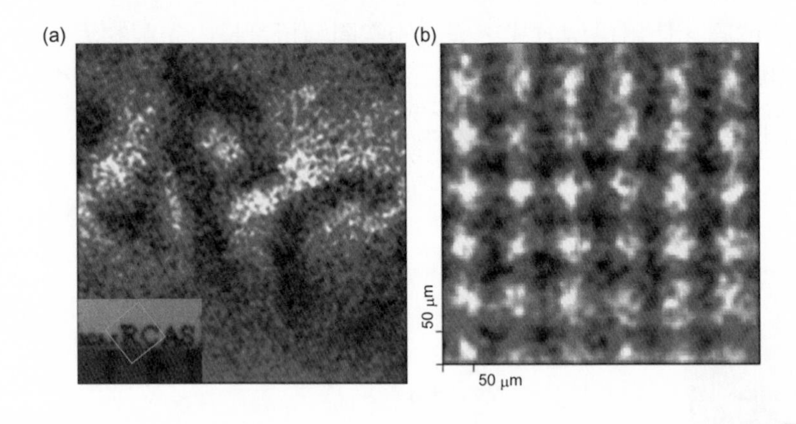

圖 4.32
(a) 雷射印表機碳粉，(b) 玻璃上氮單原子層的掃描式 XPS 元素分布影像。

(3) 電子能量分析器

能量分析器的作用在於使電子束產生一個能量分散的移動路徑，也就是說，不同能量的電子，在分析器中會以不同的路徑移動，並聚焦在不同的位置上，以利於我們根據能量計算電子數目。由於勞倫茲力，帶電質點在電場或磁場中會受到干擾而偏折行進路線，且其偏折的角度受外加的電磁場強度及該質點的動量影響而有所不同。因此，適當的外加電場或磁場後，不同能量的電子可以被分離。

實務操作上，磁場的控制較爲困難，所以絕大多數的能量分析器都是運用改變靜電場的方式。常用的分析器架構可以分成柱狀反射分析器 (cylindrical mirror analyzer, CMA) 及同心半球形分析器 (concentric hemispherical analyzer, CHA) 二大類。CMA 的優點在於可較有效的收集游離出的光電子，其固體接受角 (solid angle) 約爲 CHA 的 100 倍，但缺點爲因工作距離較短，而使得能量解析度較差。在 XPS 中，我們需要高能量解析度來分辨化學狀態，且角度解析光譜需要較大的工作距離，所以常用的爲半球形分析器。

半球形分析器的設計爲二個同心的半球，並在二片半球上給予不同的電壓，形成一個球型的電容結構，所以又被稱爲球形電容分析器 (spherical capacitor analyzer, SCA)。當帶電的粒子在這個電容腔體內移動時，其移動路徑受電場控制，只有特定能量的電子，才能穿過電容的中心與光圈，並進入電子計數器。顯而易見的，分析器的解析度受到二片半球上的電壓差影響，這個電壓差被稱爲穿透能 (pass energy)。

當穿透能高時，半球上的電壓差較大，所以可穿透過的電子能量範圍較大，其能量解析度較差，但由於有較多的電子可經計數器收集，其訊號較強；相反的，使用小範圍的穿透能時，能量解析度較佳，但訊號較弱。因此，穿透能的作用與在能量分散平面上的能量選擇光圈相似。圖 4.33 爲使用不同穿透能所得的 Ag $3d_5$ XPS 圖譜，隨著增加穿透能，訊號強度增加，但所得特徵峰之半高寬亦隨之增加。圖 4.33 同時比較了不同的 X 光功率，隨著入射功率增加並固定其穿透能，所得光譜之強度明顯增加，但半高寬不會明顯改變。

對於特定的能量分析器而言，其分辨率 $E_0/\Delta E$ 是固定的 (對於 CHA 而言，其數値爲 $2R_0/s$，其中 E_0 爲穿透能，ΔE 爲能量差，R_0 爲球的直徑，s 爲光圈大小)。如果不使用減速器，E_0 必須隨著所分析的能量 E 而增加，且 ΔE 也會跟著能量改變，造成在高能量端進入計數器的電子較多。因此，對於一個 $N(E)$ 的光譜輸入，其輸出訊號會變爲 $EN(E)$，所以光譜以 $N(E)/E$ 爲縱軸單位。對於有減速器設計的系統而言，因爲進入分析器的電子

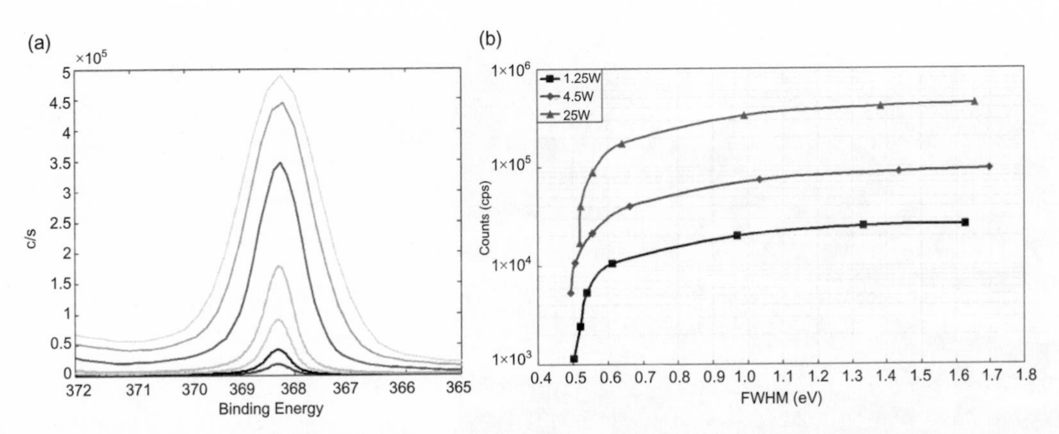

圖 4.33 (a) 使用不同穿透能所得的 Ag $3d_5$ XPS 圖譜，以及 (b) 其對訊號強度與半高寬的影響。使用之穿透能 (a) 由下而上、(b) 由左至右爲 2.95、5.85、11.75、23.5、58.7、93.9 與 117.4 eV。

有固定的能量，所以 E_0 是固定的，所得到的圖譜縱軸是原始的 $N(E)$，且具有固定的能量解析度。

(4) 電子計數器

電子計數器的設計多類似於光電倍增管，其目的在於有效率的放大電子訊號。傳統的電子放大器採用加了偏壓的柱狀結構，且內壁塗有提高二次電子放射的材料，當光電子進入時，經碰撞可激發大量的二次電子，且這些二次電子被電場加速後，重新撞擊內壁並產生更多的二次電子，目前的硬體的訊號放大倍率約在 10^8 左右 (即一個光電子可以產生 10^8 個電子)。爲了要能更有效率的收集訊號，在能量分散平面上，多頻道偵測器已經被廣泛的應用，讓系統可以在同時間收集數個不同能量的訊號強度。

爲了得到更高的能量解析度，有些機台使用 CCD 陣列的方式，可以在相同的空間上使用更多的頻道，但是其缺點是訊號放大能力較差，所以訊雜比較傳統的電子放大器爲低。使用二維的 CCD 陣列，可以將光電子能量與不同角度的訊號來源，分散在相垂直的軸上，所以可以平行的收集具有不同起飛角 (takeoff angle，偵測器與樣品平面的夾角) 的光電子，以快速的進行具有次奈米解析度的薄膜分析 (見第 7.3 節)。

(5) 其他輔助工具

除了上述必須的部分之外，爲了增加系統的應用範圍，大多數的系統也會安裝淹沒式電子槍 (electron flood gun)，產生一個大範圍的低能量電子束，用以中和絕緣樣品表面失去光電子後產生的正電。對於聚焦式的光源而言，除了使用低能量電子槍來中和表面所蓄積正電荷外，常輔以另一個低能量的離子束，來中和因氣體流動而在表面產生的負電。

圖 4.34
XPS 系統照片 (ULVAC-PHI VersaProbe 5000)。

較高階的設備，如圖 4.34 所示，通常裝有一個或更多的高能量離子槍，用以清理樣品表面的物理吸附汙染，甚至緩慢的移除樣品表面原子，以進行縱深分析。常用的離子槍為 Ar^+ 系統，其加速電壓多在 5 kV 以下，為了增加低能量時的離子流，部分的離子槍前端裝有減速器，操作上便可產生大流量的高能量離子，並由減速器降低其能量控制所需的範圍 (500 V 或更低)。新式的儀器設備還可裝設如碳 60 等離子簇來源，其優點是對樣品的破壞較少。對於一些較特殊的應用，也可以安裝應用如 Ga^+、Cs^+、O_2^+ 等離子槍。

4.4.5 光譜特徵

雖然 XPS 的理論相當直接，可得知樣品表面數奈米範圍內的化學組成與元素鍵結狀態，但實際取得的光譜還有許多特徵需要討論。這些特徵中，如光電子放射與歐傑電子放射等，是屬於 XPS 的本徵特性，會隨著圖譜量測時一併被偵測到；其他的特徵則可能只有在特定的條件下，受限於樣品的物理化學特性，以及儀器本身的影響，才能被觀察到。

在 XPS 中，光譜上的雜訊通常不是來自儀器本身，而是來自時間上隨機計算單電子的結果。任何偵測器頻道上累計值的標準差為其數值的平方根，所以光譜的訊雜比與計數時間的平方根成一正比關係。

(1) 光電子放射

最強的光電子放射峰通常具有較佳的對稱性，且其半高寬較小。在高束縛能端的低強度放射，由於其動能較低，能量損失較為嚴重，通常對稱性較差，且其半高寬約比低束縛能之放射峰大 1 至 4 eV。對於絕緣體而言，其半高寬約比導電樣品大 0.5 eV。

(2) 歐傑 (Auger) 電子放射

當原子游離出光電子後，該原子會進入激發態，隨著其鬆弛，其多餘能量則可以 X 光或歐傑電子的方式被釋放。在 XPS 中，常見的歐傑電子放射為 KLL、LMM、MNN 與 NOO。由於歐傑電子的動能為原子不同能階的差值，故具有固定的數值，不受入射光子能量的影響；而 XPS 光譜的橫軸為表示入射光子能量與偵測到游離電子動能的差，也就是其束縛能。在使用不同能量的光子入射時，由於特定元素殼層的歐傑電子帶有固定的動能，所以經計算所對應的束縛能也會有所差異，進而導致其歐傑電子的放射峰會出現在圖譜上不同的位置。若分析樣品所需的元素特徵峰與歐傑電子放射峰重疊時，我們可以選擇使用不同的入射光子能量，使其歐傑電子峰出現在不同束縛能的位置，而可避開圖譜重疊的問題。以銀金屬為例，如圖 4.35 所示，其 MNN 歐傑電子之動能為 358 eV，

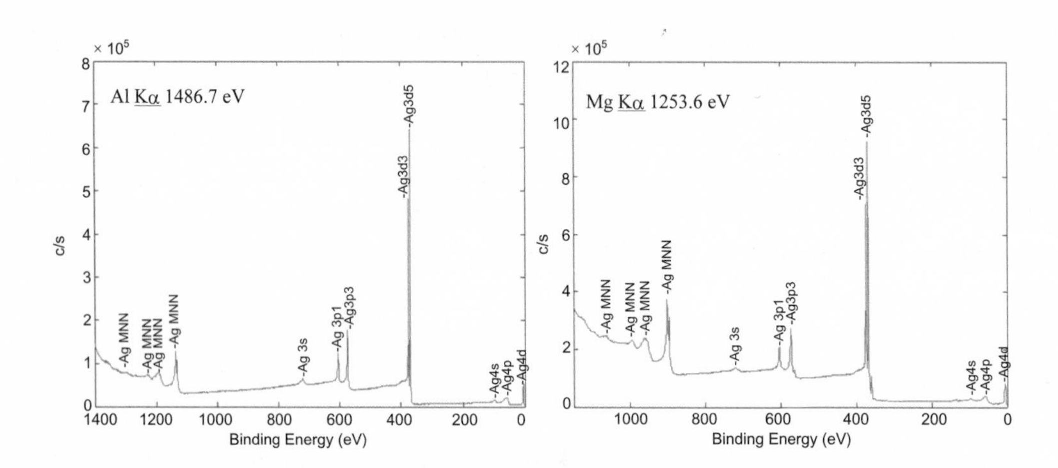

圖 4.35 使用不同 X 光光源所得之 Ag 圖譜，由於 MNN 歐傑電子的動能是固定的，所以隨著 X 光能量不同，其放射峰出現在不同束縛能的位置。

所以在鋁光源下，其放射峰出現在束縛能爲 1129 eV 的位置；使用鎂光源時，其鋒值爲 896 eV，而其兩者的不同來自於入射光子能量的差異。

(3) 附屬 X 光線 (satellites)

使用非單光的光源時，除了主要的 $K\alpha_1$ 放射之外，其他能量較高的次要 X 光 (如 $K\beta$ 等) 也會進入系統，並產生光電子。由於次要的 X 光能量較高，所激發的光電子具有較高的動能，所以對於每一個元素特徵的光電子放射峰，一組附屬的放射峰會出現在較低束縛能的位置上。這些附屬的放射峰會隨著所使用的 X 光來源的金屬，而有固定的位移與強度分布。圖 4.36 爲使用非單光的鎂 X 光分析氮元素的結果。除了由鎂 $K\alpha_1$ 所激發的

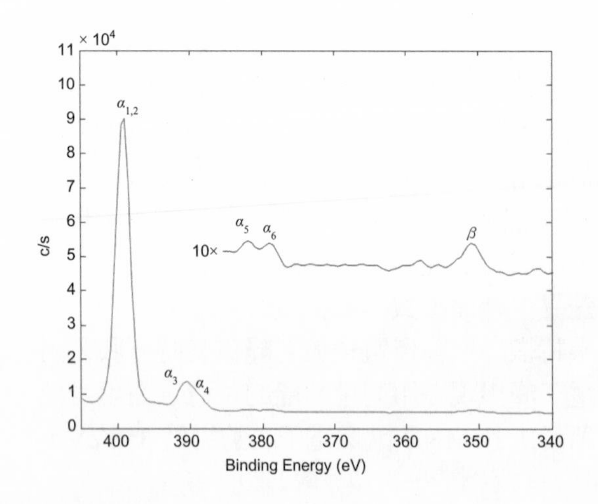

圖 4.36
使用非單光之鎂 X 光所得之氮元素圖譜，來自主要的 $K\alpha_1$ 以外之光電子放射峰 (附屬 X 光線) 也會被觀測到。

主要光電子放射峰，來自其他狀態的鎂 X 光放射峰亦可被觀測到。其理論位移與相對強度列於表 4.2 中。

表 4.2 非單光 X 光光源之能量分布與相對強度。

	$\alpha_{1,2}$	α_3	α_4	α_5	α_6	β
Mg X 光位移 (eV)	0	8.4	10.1	17.6	20.6	48.7
Mg X 光相對強度	100	8.0	4.1	0.6	0.5	0.5
Al X 光位移 (eV)	0	9.8	11.8	20.1	23.4	69.7
Al X 光相對強度	100	6.4	3.2	0.4	0.3	0.6

(4) X 光鬼線 (ghost lines)

類似於附屬 X 光線，如果未使用單光器分離的 X 光來源，或 X 光靶材混有異種原子，例如含有鎂的鋁靶，實際入射到測量樣品表面的 X 光，可能就不只是所預期的 X 光，而是混有鎂 X 光的鋁 X 光。此外，若在樣品內發生 X 光螢光的現象，用來激發表面光電子的 X 光會具有混合入射 X 光與螢光的能量，由這些 X 光所引致的光電子放射峰通稱為 X 光鬼線。在光譜上，鬼線的特徵為一系列強度較弱的放射峰，且其位置為元素特徵的放射峰平移後的結果。

(5) 重新改組線 (shake-up lines)

光電子的產生過程不一定會產生在基態的離子，亦有生成激發態離子的機率。由於激發態離子的能量較基態離子為高，所以此過程所放射的光電子有較低的動能，因而所測得的束縛能較高。在光譜上，所產生的重新改組線相較於該元素原有的特徵峰，會出現在高數個 eV 的位置，其能量差異可由該元素離子的基態與激發態間的能量差計算而得知。以石墨為例，如圖 4.37 所示，歸因於 π^* 狀態之發射線，出現在比特徵峰高約 6.6 eV 的位置上。

對於順磁性的樣品而言，其重新改組線之強度可與元素的特徵峰相近。在過渡元素中，重新改組線的出現，可以用來確認該元素之電子組態為順磁性；反之，若無重新改組線，該元素可能為金屬態或其他為逆磁性之氧化態。以 Cu^{2+} 為例，如圖 4.38 所示，由於其氧化數不同，其 $2p_3$ 之束縛能為 938 eV，較金屬銅的 932 eV 略高。而具順磁性的 Cu^{2+} (電子組態為 $3d^9$)，除了主要的 $2p_3$ 與 $2p_1$ 放射峰外，在 945 與 948 eV 處，我們亦可以清楚的觀察到屬於 $3p_1$ 的重新改組線。

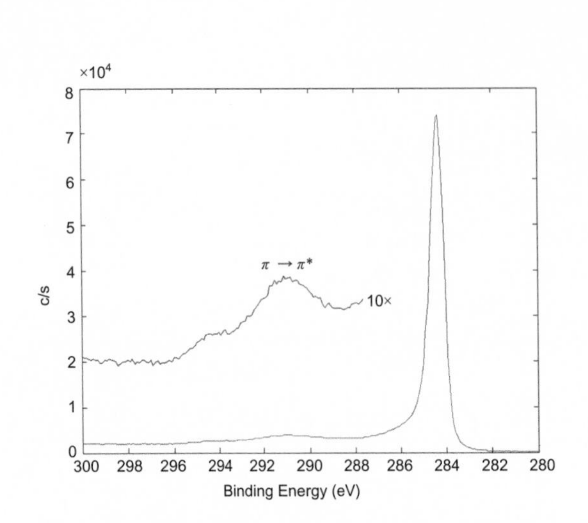

圖 4.37 石墨的 XPS 圖譜，由於其具有 π 電子，所以可以觀測到來自 π* 的重新改組線。

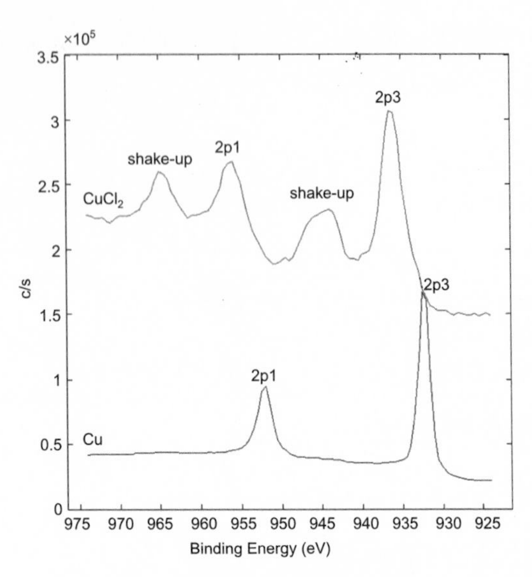

圖 4.38 銅金屬與氯化銅的 XPS 圖譜，在順磁性的 $CuCl_2$ 中，我們可以觀測到極強的重新改組線。

(6) 多重分裂線 (multiplet splitting)

與重新改組線類似，除了前述的激發態以外，若最終的離子具有多種不同的能階，其特徵峰會分裂。例如順磁性的樣品，其原子具有不爲 0 的自旋量子數，當其失去內層電子時，其最終狀態可以有多種不同的電子組態。由於不同的最終電子組態具有不同的能量，所測得的束縛能也會所不同。以二價的銅原子爲例，如圖 4.39 所示，其具有 $3d^9$ 的電子組態，由於有一個未配對的電子，其總自旋量子數可爲 ±1/2。考慮內層電子的游離，若所失去的電子與未配對的電子有相同的自旋量子數，最終狀態之總自旋量子數爲 0，且原子處於單重態；若被遊離的電子與未配對電子有不同的自旋量子數，最終狀態之自旋量子數爲 1，處於三重態。因此，在 $CuCl_2$ 中，我們可以觀測到其 3*s* 放射峰的分裂。

(7) 能量損失線

在游離光電子離開樣品的過程中，有可能會與其他原子的電子發生交互作用，並失去部分的能量，這個過程，會在比特徵束縛能略大的位置，產生微弱的訊號。在金屬樣品中，由於電子海的特性，光電子特別容易激發電漿子 (plasmon，導電帶電子的群組震動)，並失去動能，其結果則導致在光譜上產生固定間距的放射峰。以鈉金屬爲例，如圖 4.40 所示，除了在 1072 eV 的 1*s* 主要放射峰之外，約每 6 eV，我們會週期性的觀測到一個相關於能量損失的放射峰。

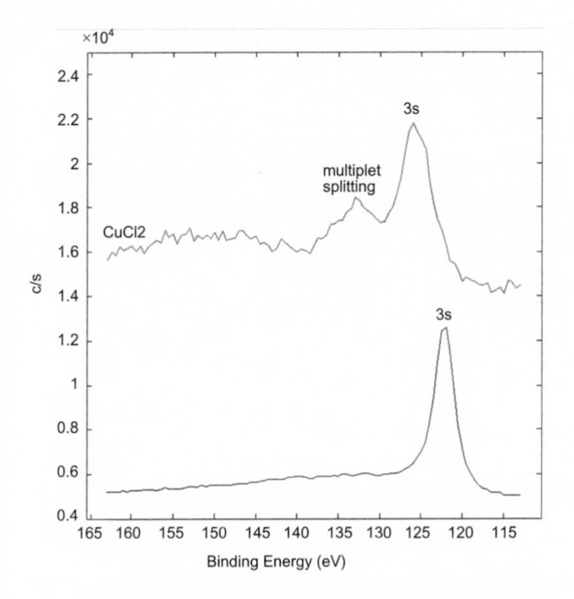

圖 4.39 銅金屬與氯化銅的 XPS 圖譜，由於 Cu^{2+} 的最終狀態可能爲單重態或三重態，所以我們可以觀測到其多重分裂線。

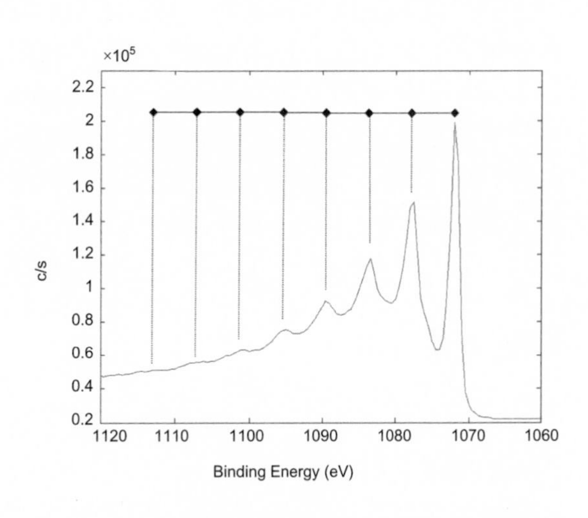

圖 4.40 鈉金屬的 XPS 光譜，我們可以觀察到因爲激發電漿子所造成的一系列能量損失線。

(8) 價帶 (valance band) 光譜

在束縛能接近 0 的位置上，光電子來自費米能級附近，屬於化學鍵分子軌域上價電子的放射，而不屬於特定的原子。這個區域的圖譜提供了費米能級附近的電子狀態密度 (density of state, DoS) 資訊，定量的描述需要配合相關的理論計算 (例如使用密度函數理論 (density function theory) 對空間結構進行最佳化，並計算出其 DoS)，因此常用的方式爲對照已知的標準光譜來判斷。在定性的分析上，我們可以根據在費米能級附近 (束縛

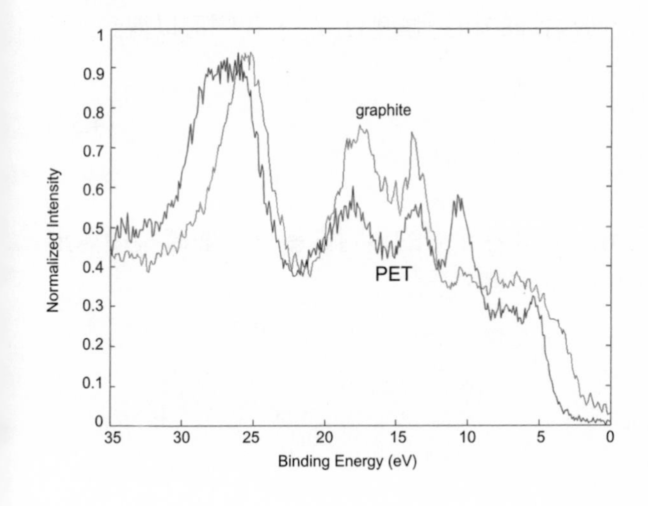

圖 4.41
石墨與 PET 的價帶光譜。

能 ~0) 的放射強度，即其電子 (軌域) 分布，來分辨導電體與絕緣體。圖 4.41 爲 HOPG 與 PET 的光譜，由於 HOPG 的 π 電子是非定域性 (delocalized) 的，所以其價帶延伸到費米能級附近；相反的，由於 PET 的 π 電子被限制在單體的苯環上，所以其價帶離費米能級約 4 eV，爲絕緣體。在 DoS 的分析上，XPS 受限於 X 光的能量分布 (約 0.5 eV)，所以能量解析度受到先天的限制，不易分析其細微結構，所以常用的方法爲 UPS；使用 He 或 Ne 等原子的紫外光放射，我們可以獲得能量在 20－70 eV 之間的光源，且其能量分布可在 0.05－0.01 eV 以內，進而得到更高解析度的圖譜。

4.4.6 定量分析

考慮指定元素的光電子的放射強度，我們可以求得其相對含量。其放射強度受下列因素影響：光電子產生機率 (σ)、電子在固體中移動的平均自由徑 (λ)、光譜儀對不同動能電子的訊號放大特徵 (T)、樣品的表面平整度與均一性，以及激發電漿子所造成的能量損失峰等。由於 X 光的穿透深度 (~μm) 遠大於電子的平均自由徑 (~nm)，在 XPS 訊號放射區的 X 光強度不會隨深度改變而有顯著的改變。因此，單位光子可生成的光電子 k，其強度可表示爲 $P_{pe} = \sigma^k Nt$，其中 N 是單位體積中的原子數，t 爲厚度。屬於元素本徵特性的光電子發生機率 (σ)，可以用實測的方式或由理論計算取得。

根據 Beer 定律，光電子在離開固體前，未發生任何碰撞的數量，隨著光電子產生的深度 x，以 $\exp(-x/\lambda)$ 的關係減少。因此，單位面積內產生可偵測光電子的原子數量約爲 $N\lambda$；而單位光子於單位面積內能產生之光電子 k 的強度爲 $P_d = \sigma^k N\lambda$。對於低能量的光電子而言，其平均自由徑大致只受其動能所控制，而不論所穿透的固體之化學組成爲何。因此，對於特定的元素，λ 可以被簡化的視爲其本徵特性，且可以對樣品進行絕對定量。

對於大部分的化學分析而言，我們所需要的是元素的相對含量，對於元素 A 與 B 而言，其數值可以表示爲 n_A/n_B。經由比較兩者放射峰的相對強度 (I_A/I_B)，我們可以得到：

$$\frac{n_A}{n_B} = \frac{I_A}{I_B} \times \frac{\sigma_B}{\sigma_A} \times \frac{\lambda_B}{\lambda_A} \times \frac{T_B}{T_A} \tag{4.53}$$

而實際操作上，經由量測標準樣品，我們可以計算各元素的相對靈敏度，並直接換算出元素的相對含量。

4.4.7 縱深資訊

XPS 具有極高的深度解析度，其訊號來源深度在 nm 等級。目前共有四種方法可以得到樣品內，縱深元素分布的資訊。下面討論的前二種方法是利用所得圖譜的本徵特性，所以只能提供有限的資訊，一般較不常被應用。第三種方式是經由分析不同偵測角度的資訊，以取得超高解析度 (~0.1 nm) 深度的資訊。而第四種方式是經由緩慢的移除樣品表面原子層，並分析新暴露的表面組成，由於這些新暴露的表面，原本是在樣品的表面以下，所以我們可以得到較深層的縱深資訊。

(1) 能量損失峰

能量損失峰的出現，表示所偵測到的電子在離開樣品之前，穿透了相當厚度的樣品，換言之，其原子必不存在於樣品表面的最外層。反過來說，如果該元素沒有相關的能量損失峰，其原子必定在樣品的最外層表面。經由分析不同元素特徵峰的能量損失，我們可以推得其深度分布資訊。

(2) 放射峰強度分布

一般而言，能量低於 100 eV 的電子較容易被固體所散射，所以訊號強度會比高能量的放射峰為低。其訊號衰減狀況，可以使用 Beer 定律來定量分析該電子所穿透的固體深度。經由分析同一元素中不同放射峰的相對訊號強度，並比較其標準值，我們則可求得該元素的深度分布。

(3) 角度解析

由於光電子的逃脫深度極淺，我們實際偵測到的取樣範圍取決於電子的起飛角度，也就是樣品表面與偵測器間的角度。考慮相同元素的光電子具有固定的逃脫深度，在小角度時，所測得的訊號必定來自較淺的樣品深度，如圖 4.42 所示；而在大角度時，偵測到的光電子則是來自樣品表面的較深處。根據在不同起飛角度所取得的圖譜，我們可以推估元素的相對深度分布狀況。實務上，因為不同的元素有不同的束縛能，所以其光電子的動能不同，造成每個元素的光電子逃脫深度也有所不同，因此，我們無法直接取得深度的資訊。目前的作法是考慮不同的深度分布模型，並採用計算的方式，算出各模型的圖譜，並與實際取得的資訊對照。在持續修正模型後，我們則可推論元素的深度分布，如圖 4.43 所示。

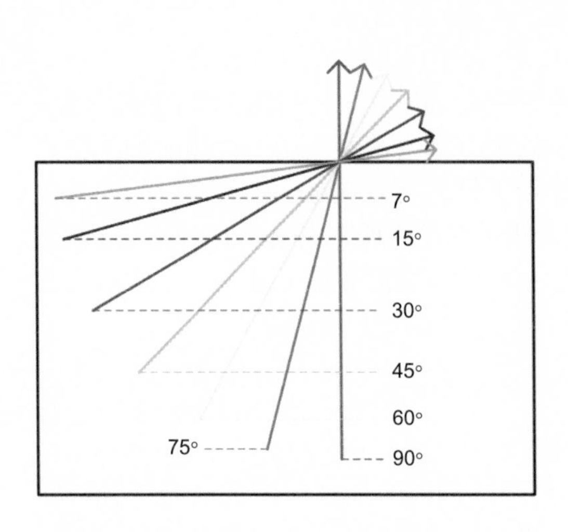

圖 4.42 不同起飛角下，訊號來源深度的示意圖。

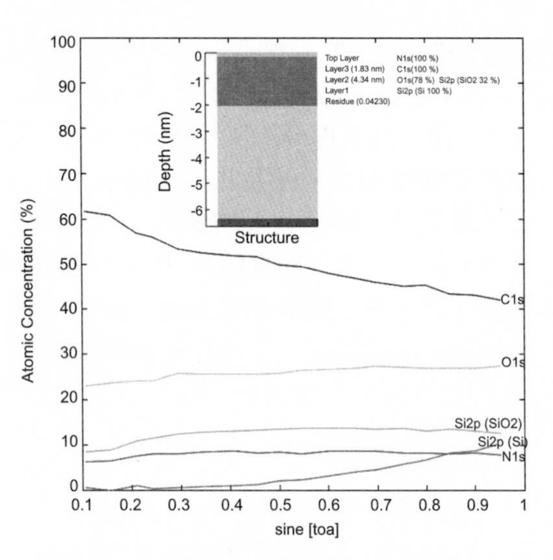

圖 4.43 使用角度解析研究矽晶片上含氮之自組織單層膜的次奈米結構。

(4) 表面濺射

使用離子濺射，樣品的表面原子層可以被有控制的移除，經由分析新暴露的表面，我們可以得到樣品的縱深資訊。被移除的物質，可以使用二次離子質譜儀 (SIMS) 分析，所以在 XPS 中這個技術可與 SIMS 有一互補性質。由於二次離子的產生是一個複雜的過程，樣品的移除速率與所使用的離子、樣品本身的組成等等皆有相對應的關係，因此，正如在 SIMS 中，濺射時間大多不能直接換算成分析的深度。在實際運用上，我們可針對不同的樣品，使用已知厚度的標準品，製作校正曲線。此外，使用離子束移除表面物質時，因爲樣品的表面必定會被破壞，且不同元素被移除的速率亦不盡相同，所以濺射法常常會造成化學組成的改變。在濺射的過程中，材料內的原子也會受到擾動，而形成化學環境的變化。因此，在濺射條件的選取上，必須格外小心，以免得到錯誤的資訊。

濺射所使用的離子可以分爲單原子離子與離子簇，而目前最廣泛使用的是單原子的氬氣離子 (Ar^+)，其入射能量通常在 0.5－5 kV 之間。一般而言，高能量的離子具有較高的濺射速率，所以可以在較短的時間完成樣品的分析。然而，高能量離子的穿透深度較深，所以對表面結構的破壞較爲嚴重。在以離子鍵與金屬鍵等強鍵結爲主的陶瓷與金屬材料上，這樣的結構破壞尚可接受，且可以得到有意義的結果；對於鍵結較弱的材料，如有機軟物質、複合材料等以凡得瓦爾力爲主的材料，單原子離子的濺射方式，通常無法得到可靠的結果。

近年來，離子簇的濺射方式逐漸的被應用在 SIMS 與 XPS 等表面分析技術。常用的離子簇包括碳簇化合物 (C_{60})、金－鍺合金等。以 C_{60} 爲例，其動能多在 10－40 kV 之間，其單原子之平均動能約在 0.17－0.67 kV 之間。在碰撞的過程中，由於碳簇本身的崩潰會消耗大量的能量，其實際入射能量遠較單原子離子為低。因此，使用碳簇離子作為濺射源時，離子的穿透深度遠較單原子離子為低，對表面造成的化學傷害也較小，可被應用在分析有機電子元件與奈米複合材料上。圖 4.44 為使用 C_{60}^{+} 離子分析在 ITO 玻璃上有機電洞傳輸薄膜 (PEDOT:PSS) 的結果，由此我們可得知測量樣品在不同深度 (濺射時間) 的化學組成。在有機層中，我們也可以確認硫的化學狀態沒有受離子濺射改變 (PEDOT 中噻吩 (thiophene) 基團與 PSS 中磺酸基團，由於其周圍高電負度的氧原子數量不同，其束縛能分別為 164 eV 與 168 eV)。對於摻雜有氧化矽的奈米複合材料，我們也可以確認氧化矽是均勻的分布在有機層中。

雖然離子簇濺射對化學結構的傷害較小，但是這些離子容易以固體的方式沉積在樣品表面，造成其濺射速率會隨時間有非線性遞減的現象，所以濺射時間無法直接換算成深度資訊。最近，混合低能量單原子離子與高能量離子簇的共濺射方式也已經開始被採用，利用高能量的離子簇來移除表面，以避免過度的化學結構傷害；而同步濺射的低能量單原子離子，則用來改善因離子簇所造成的過度沉積與分子的交聯。使用這樣的方式，我們可以對總厚度達數百奈米的有機光電元件，進行解析度為奈米等級的縱深分析。

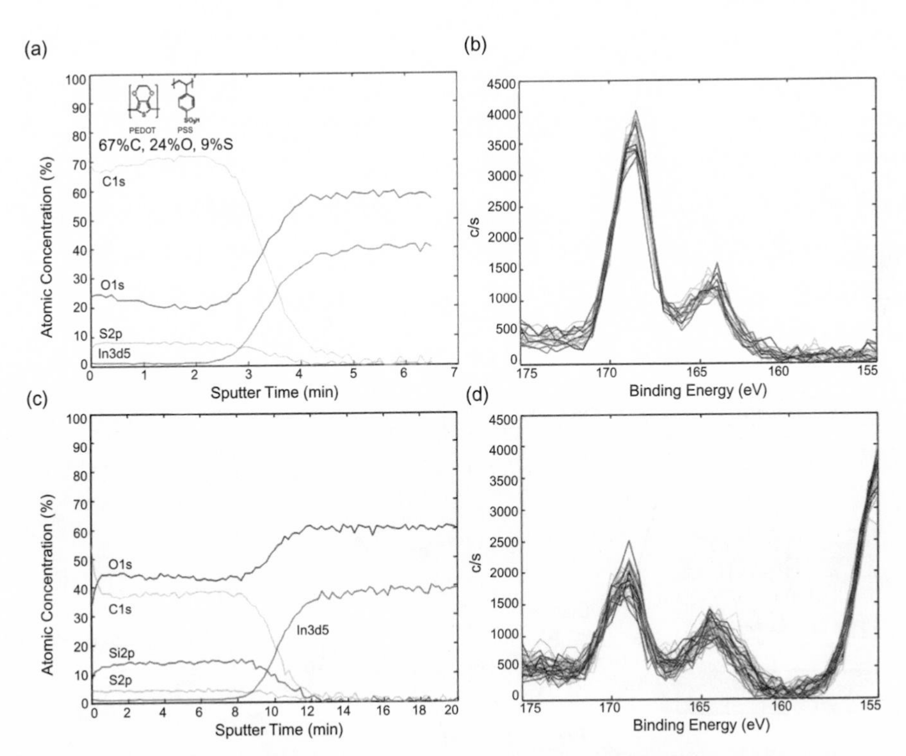

圖 4.44 (a) PEDOT:PSS 薄膜的縱深分析。(b) 不同深度下，PEDOT:PSS 薄膜的 S 2*p* 光譜。(c) 摻有二氧化矽奈米點的 PEDOT:PSS 薄膜之縱深分析。(d) 不同深度下，摻有二氧化矽奈米點的 PEDOT:PSS 薄膜之 S 2*p* 光譜；160 eV 以下之放射峰為 Si 2*s*。

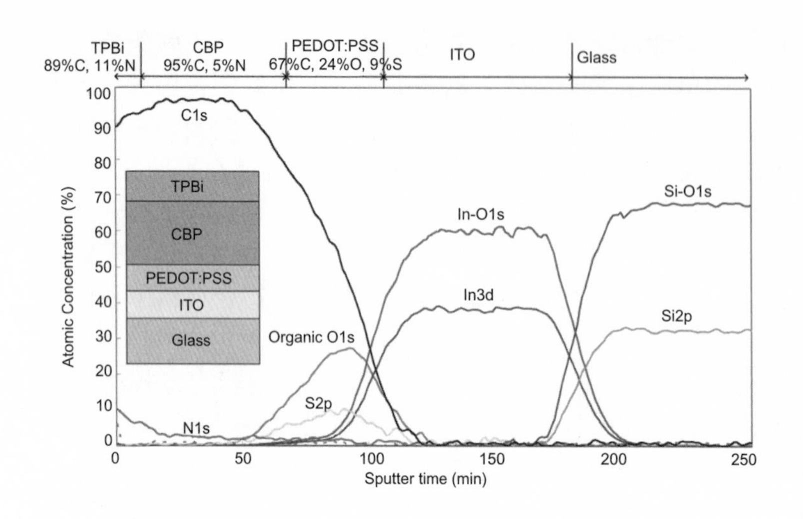

圖 4.45
有機發光二極體的縱深分析，化學組成不同的各有機層可以被清楚的分辨。

圖 4.45 為使用離子濺射法，分析有機發光二極體的表面組成結構。在樣品表面上，我們可以偵測到 36 nm 厚、化學組成為 89% 碳與 11% 氮的 TPBi 電子傳輸層。在 20 至 70 分鐘內，觀察到 40 nm 厚、化學組成為 95% 碳與 5% 氮的 CBP 發光主體材料；在 70 至 106 分鐘內為 35 nm 厚、化學組成為 67% 碳、24% 氧、9% 硫的 PEDOT:PSS 電洞傳輸層；在 106 到 200 分鐘內為 125 nm 厚的銦錫氧化物透明電極；以及離子濺射 200 分鐘以上，得到為玻璃基材的結果。經由這樣的分析，我們可以確認元件的結構，並根據濺射標準樣品所得之濺射速率，將濺射時間換算成分析深度。但須要注意的是，不同的材料有不同的濺射速率，因此對於複雜的系統而言，必須針對每一層的結構，分別換算。

圖 4.46 使用相似的方法，分析倒置式高分子太陽能電池。相似於對有機發光二極體的分析，我們可以從前 80 分鐘的數據得知表面最上層為經空氣氧化成氧化鋁的鋁電極

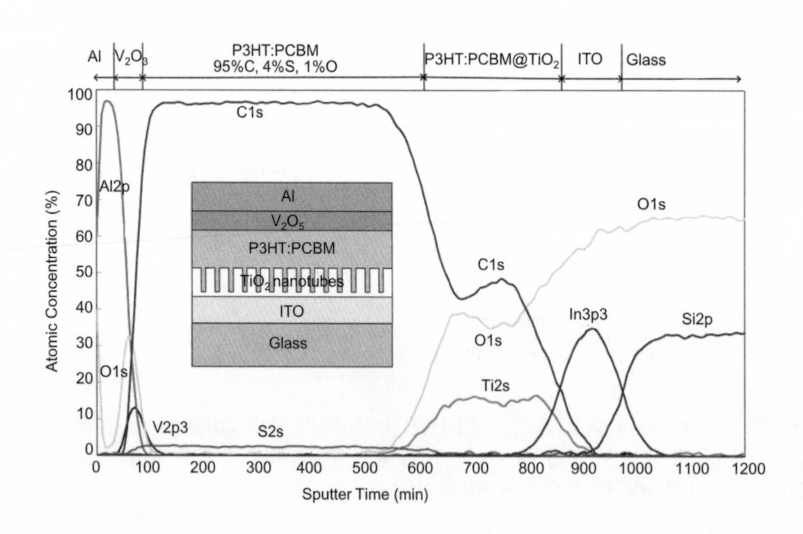

圖 4.46
倒置式高分子太陽能電池的縱深分析。

(50 nm 厚) 與氧化釩阻隔層 (10 nm 厚)；在 80 至 610 分鐘之間，厚度約 200 nm 且均勻分布的 P3HT:PCBM 層；在 610 到 860 分鐘之間，經由其化學組成，我們可以確認 P3HT:PCBM 確有滲入二氧化鈦之垂直奈米管陣列，且奈米管中 PCBM 之濃度較高；經由超過 860 分鐘的離子濺射後，同樣可觀察到 150 nm 厚的銦錫氧化物與玻璃基材。

4.4.8 結語

使用光電效應並分析從固體表面游離出的光電子，其有效訊號來源深度多在樣品最頂層表面以下的數奈米間；而使用 XPS 分析，可以在不破壞樣品的情況下，提供解析度優於奈米的表面資訊。配合離子濺射，對於數百奈米厚的薄膜，XPS 同樣也可以提供解析度在奈米等級的元素縱深分布資訊。對於周期表上的每個元素 (除了 H 與 He 以外)，XPS 均可以解析，且其定量準確度可達 0.1%。同時，根據其化學位移，我們更可以進一步了解該元素的鍵結狀況及化學環境。

4.5 小角度 X 光散射分析術

4.5.1 基本原理

在奈米科技的發展上，瞭解微結構的變化與調控這些微結構爲最重要的項目之一，許多研究都需要發展具不同特性的微結構，才能具有所需要的物理、化學、光電特性。例如在奈米尺度下的化學反應、基因治療用的 DNA／脂質混合粒子、燃料電池用的 Nafion 薄膜、有機發光分子薄膜等，其奈米至次微米尺度結構對其應用都有極大的影響。在奈米至次微米尺度的結構特性研究中，常用的研究方法包括 X 光及中子散射、電子顯微鏡及原子力顯微鏡等等。許多研究需作動態隨時間變化的量測，或是需要量測在溶液中的懸浮粒子，則必須利用散射方法進行研究。小角度散射可以量測約 1 nm 至 100 nm 的結構，國內因同步輻射研究中心建有高性能的小角度 X 光散射實驗站，提供國內用戶進行奈米結構的量測研究。在應用上以高分子材料、奈米材料、複合材料及生物材料的研究爲主，涵蓋奈米科技、生物科技及能源科技等近年日益重要的研究領域。因小角度 X 光散射在國內使用上較便利，本文將以介紹小角度 X 光散射技術爲主，中子散射技術和 X 光散射技術很類似，但在儀器設備及特性卻有相當大的差異。

X 光散射主要爲和電子作用，物質的電子密度越高則散射越強，因此原子序高的原子散射較強，即對重元素的量測較靈敏。中子則是和原子核作用，其作用和原子序或原子大小無特定關係，但對某些特定的元素有相當差異的散射作用，例如對氫和氫的同

第 4.5 節作者爲林滄浪先生。

位素氘的散射差異很大，此特性特別適合用於含氫的物質研究，如生物材料及高分子材料，可以用氘取代氫即可造成散射對比 (contrast variation)，以提高偵測的靈敏度或是用以量測特定部位的結構。雖然 X 光散射沒有類似的方法，但是利用同步輻射 X 光源，可以進行共振散射 (resonant scattering/anomalous scattering)，可以針對特定元素進行散射量測。

單一電子對非偏振 (unpolarized) X 光的散射可表示為：

$$\frac{d\sigma}{d\Omega} = r_0^2 \left(\frac{1+\cos\theta^2}{2} \right) \tag{4.54}$$

其中，$d\sigma/d\Omega$ 為散射到 $d\Omega$ 空間角的散射截面，散射角 θ 為散射方向與入射方向的夾角，r_0 為古典電子半徑，等於 2.82×10^{-15} m。對於小角度散射而言，一般散射角都在很小的範圍 (例如 5° 以內)，因此公式 (4.54) 可近似為：

$$\frac{d\sigma}{d\Omega} \approx r_0^2 \tag{4.55}$$

對單一原子的散射則要依此原子的電子雲 (電子密度分布) 將來自不同位置的散射相加，因此原則上散射會隨散射角變化，其變化會反應出電子雲的密度分布及原子大小，代表原子的形狀因子 (atomic form factor)。對小角度散射而言，只看小角度範圍內的散射，在小角度的範圍，單原子的散射大致可近似為定值，不太隨散射角變化。此因所看的是約 1 nm 以上的結構，對大小幾 Å 的原子而言，其形狀因子的變化影響會出現在較大的散射角度。因此單一原子的小角度範圍的散射可表示為：

$$\frac{d\sigma}{d\Omega} \approx b^2 \tag{4.56}$$

其中，$b = Zr_0$，Z 為原子的原子序。b 稱為原子的 X 光散射長度 (scattering length)，因其單位為長度。散射的基本原理為來自不同位置的散射波會相互干涉，如圖 4.47 所示，入射的平面波經兩個在不同位置的散射點散射，如圖 4.47 所示其路徑差為 B 段長度減去 A 段長度，路徑差可表示為：

$$B - A = \hat{\mathbf{k}}_f \cdot \mathbf{r} - \hat{\mathbf{k}}_i \cdot \mathbf{r} = (\hat{\mathbf{k}}_f - \hat{\mathbf{k}}_i) \cdot \mathbf{r} \tag{4.57}$$

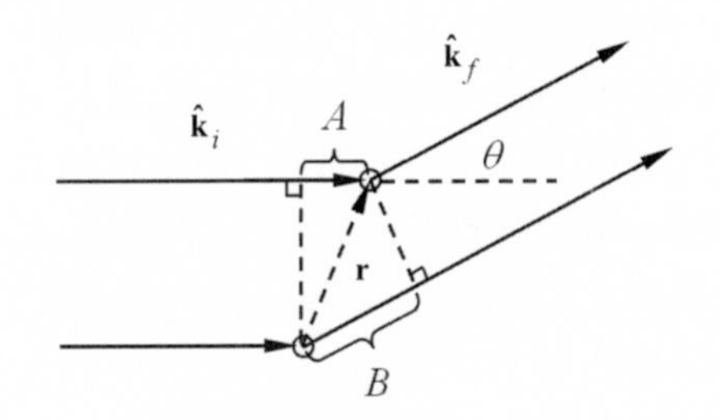

圖 4.47 兩個不同位置散射點的散射波的干涉作用示意圖。

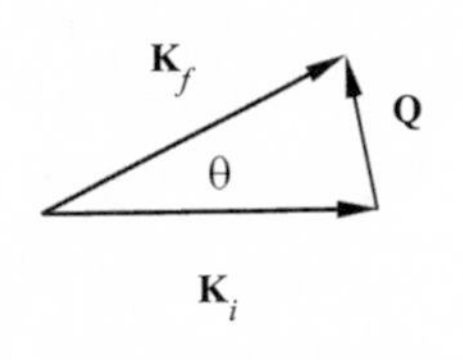

圖 4.48 散射向量 **Q** 和入射波向量 **K** 及散射波向量 $\mathbf{K}_f$ 的關係圖。

其中，$\hat{\mathbf{k}}_i$ 與 $\hat{\mathbf{k}}_f$ 分別爲入射波向量 $\mathbf{K}_i$ 與散射波向量 $\mathbf{K}_f$ 的單位向量。散射波彼此的相位差 $\Delta\phi$ 爲路徑差除以波長 λ 再乘上 2π，$\Delta\phi$ 可以表示爲：

$$\Delta\phi = \frac{2\pi}{\lambda}(\hat{\mathbf{k}}_f - \hat{\mathbf{k}}_i)\cdot\mathbf{r} = \left(\frac{2\pi}{\lambda}\hat{\mathbf{k}}_f - \frac{2\pi}{\lambda}\hat{\mathbf{k}}_i\right)\cdot\mathbf{r} = (\mathbf{K}_f - \mathbf{K}_i)\cdot\mathbf{r} \equiv \mathbf{Q}\cdot\mathbf{r} \tag{4.58}$$

如圖 4.48 所示，定義散射向量 **Q** 爲：

$$\mathbf{Q} \equiv \mathbf{K}_f - \mathbf{K}_i \tag{4.59}$$

將公式 (4.59) 每項乘以 $\hbar$ 可得 $\hbar\mathbf{Q} \equiv \hbar\mathbf{K}_f - \hbar\mathbf{K}_i$，因動量等於 $\hbar\mathbf{K}$，所以 $\hbar\mathbf{Q}$ 代表動量的改變量 (momentum transfer)。Q 的大小可由圖 4.48 以及 $K_f \cong K_i = 2\pi/\lambda$ 得出：

$$Q = \frac{4\pi}{\lambda}\sin\left(\frac{\theta}{2}\right) \tag{4.60}$$

由此可見相位差或干涉作用完全由散射點的相對位置決定，即是希望從散射結果得知散射點的相對位置 (結構)，而且要注意所探測的是在和 **Q** 垂直方向上的結構變化。對小角度散射而言，因主要看散射角很小的範圍，所以 **Q** 大致爲垂直入射光束的方向。

當樣品由許多原子組成時，各原子的散射波正比於 $b_i \cdot e^{-i\mathbf{Q}\cdot\mathbf{r}_i}$，$b_i$ 爲第 i 個原子的散射長度，$\mathbf{r}_i$ 爲該原子的位置向量，每單位樣品體積 V 散射到單位空間角的機率正比於散射波的總強度 (各原子的散射波總和的平方)，可表示爲：

$$I(Q) \equiv \frac{d\Sigma}{d\Omega}(Q) = \frac{1}{V}\left|\sum_i b_i \cdot e^{-i\mathbf{Q}\cdot\mathbf{r}_i}\right|^2 \tag{4.61}$$

散射強度爲各散射波相加後總散射波的絕對值平方。因 Q 和散射角 θ 有一對一的關係，小角度散射量測散射機率隨散射角 θ 的變化，但一般將量到的結果轉表成 Q 的函數，其優點爲和使用的波長無關，用不同 X 光波長量到的結果都可畫在一起比較。而且對於有規則性的結構，如間距 d 的多層膜，所產生的第一個繞射峰會出現在相位差 2π 的位置 (建設性干涉)，即 $Qd = 2\pi$，因此從實驗量到的散射峰位置的 Q 值，利用 $d = 2\pi/Q$ 的關係式即可很快估算出 d 值。也可由此式看出越大的結構尺度 (即 d 越大)，其產生的散射干涉會出現在 Q 越小的區域，即 θ 越小的區域，因此大尺度的結構量測，主要落在小角度範圍的散射，所以稱爲小角度散射。

因小角度散射重點在量測大於原子尺度的結構變化，可以將物質看成連續分布，可將公式 (4.61) 的疊加變成用積分表示爲：

$$I(Q) = \frac{1}{V}\left| \int_V \rho(\mathbf{r}) \cdot e^{-i\mathbf{Q}\cdot\mathbf{r}} \right|^2 \tag{4.62}$$

此處 $\rho(\mathbf{r})$ 爲在位置 $\mathbf{r}$ 處的散射長度密度 (scattering length density)，即單位體積內的總散射長度，等於單位體積的原子數目乘上原子的散射長度。因此只要知道材料的組成即可估算其 $\rho(\mathbf{r})$ 值。如果奈米粒子或高分子是溶在溶液中，則散射強度是由粒子的散射長度密度 $\rho_p(\mathbf{r})$ 和溶液散射長度密度 $\rho_s(\mathbf{r})$ 的差決定，即是將公式 (4.62) 中的 $\rho(\mathbf{r})$ 以散射對比 $\Delta\rho(\mathbf{r})$ 取代，公式 (4.62) 可改成：

$$I(Q) = \frac{1}{V}\left| \int_V \Delta\rho(\mathbf{r}) \cdot e^{-i\mathbf{Q}\cdot\mathbf{r}} \right|^2 \tag{4.63}$$

其中，$\Delta\rho(\mathbf{r})$ 爲：

$$\Delta\rho(\mathbf{r}) \equiv \rho_p(\mathbf{r}) - \rho_s(\mathbf{r}) \tag{4.64}$$

最簡單的例子爲溶液中有 N 個大小相同、材質均勻的奈米粒子，且粒子濃度相當稀，彼此幾乎無作用力，則總散射強度爲各粒子的散射強度的總和，此時公式 (4.63) 可表示爲：

$$I(Q) = \frac{N}{V}\left| \int_{V_p} \Delta\rho(\mathbf{r}) \cdot e^{-i\mathbf{Q}\cdot\mathbf{r}} \right|^2 \tag{4.65}$$

上式可簡化爲：

$$I(Q) = n_p P(Q) \tag{4.66}$$

此處 n_p 為粒子密度 (單位元樣品體積內的奈米粒子數目，$n_p \equiv V/N$)，$P(Q)$ 稱為粒子的形狀因子，定義為：

$$P(Q) = \left| \int_{V_p} \Delta\rho(\mathbf{r}) \cdot e^{-i\mathbf{Q}\cdot\mathbf{r}} \right|^2 \tag{4.67}$$

對圓球形粒子，依公式 (4.67) 可求得：

$$P(Q) = (\Delta\rho)^2 V_p^2 \left[\frac{3 j_1(QR)}{QR} \right]^2 \tag{4.68}$$

此處 $j_1(QR)$ 為 spherical Bessel function，可表示為：

$$j_1(QR) = \frac{\sin(QR) - (QR)\cos(QR)}{(QR)^2} \tag{4.69}$$

由公式 (4.66) 及公式 (4.68) 可得到在零度角的散射強度 $I(0)$ 為：

$$I(0) = n_p (\Delta\rho)^2 V_p^2 \tag{4.70}$$

由此可見散射強度正比於粒子的濃度、散射對比平方及粒子體積平方，亦即和粒徑的 6 次方成正比，因此大粒子的散射會比小粒子強很多，若有大小不同的粒子混合在一起，則小粒子將較不易被測到。由散射強度隨 Q 的的變化可求出粒子的半徑 R，散射強度 $I(0)$ 可用以估算 n_p 或用以求 $\Delta\rho$ 。

圖 4.49 為圓球形粒子的散強度 $I(Q)$ 隨 QR 的變化，此處以 $I(0) = 1$ 作圖。由公式 (4.68) 可看出對圓球形粒子 $I(Q)$ 只和散射向量和粒子半徑乘積 QR 有關，因此不管粒徑大小，都可以圖 4.49 表示，圖 4.50 縱軸以對數作圖，可以清楚看到干涉峰強度的變化。首先可看出散射強度從 $Q = 0$ 隨 Q 增加而下降，第一個零點出現在 $Q = 4.493/R$，散射強度過了第一個零點以後就弱了很多，因此並不易量至第 2 個干涉峰包以上。因實際上粒子多少會有一定的粒徑分布，且量測系統也有一定的解析度，使得量得的散射曲線的零點變成凹點，粒徑分布大則凹點也會變得較不明顯。當粒子越大則主要的散射強度分布會落在較小的 Q 範圍，即較小的散射角範圍。因此得依樣品的粒徑尺度，設定所需要的量測範圍。實際量測因直射的入射 X 光有一定的光束大小 (一般約 mm 級)，也會打到偵檢

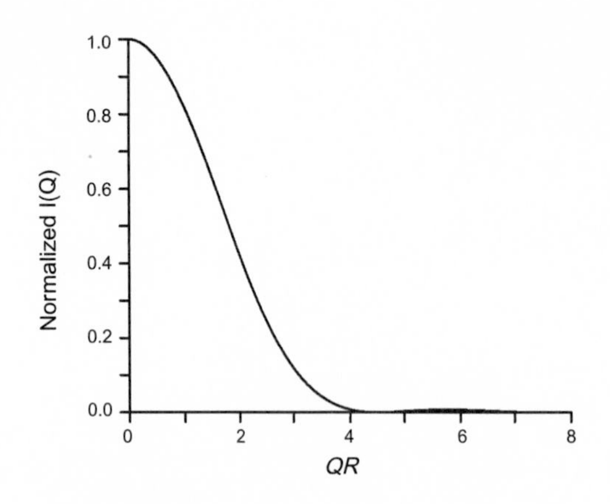

圖 4.49 圓球形粒子的散強度隨散射向量和粒子半徑乘積的變化，此處以 $I(0) = 1$ 作圖。

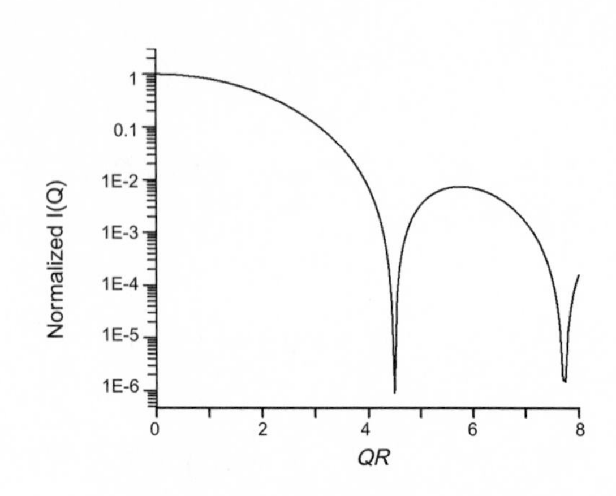

圖 4.50 圓球形粒子的散強度 (以對數座標表示) 隨散射向量和粒子半徑乘積的變化，此處以 $I(0) = 1$ 作圖。

器，需放置一小塊金屬擋片在偵檢器中間以阻擋高強度的直射 X 光，避免打壞偵檢器，因此量測上能量到的最小散射角或 Q 值會受到限制，也限制了能量到的最大粒徑。實驗上可經由調整準直系統 (collimation system) 及偵檢器離樣品的距離，改變可以量到的最小 Q 值。

近年有些研究發展在奈米粒子上再包覆一層不同材質的球殼層，以改變其光電或觸媒特性，此類具核心－球殼 (core-shell) 構造的圓形粒子其散射強度分布可由公式 (4.67) 求得：

$$I(Q) = n_p \left\{ (\rho_1 - \rho_2) \frac{4}{3} \pi R_1^3 \left[\frac{3 j_1(QR_1)}{QR_1} \right] + (\rho_2 - \rho_s) \frac{4}{3} \pi R_2^3 \left[\frac{3 j_1(QR_2)}{QR_2} \right] \right\}^2 \tag{4.71}$$

此處 ρ_1 及 ρ_2 分別為核心及球殼層的散射長度密度，R_1 及 R_2 分別為核心及球殼的半徑。如果是空心的球殼粒子，如圖 4.51 所示，其第二個峰包的強度會比均勻圓球粒子時的第二個峰包的強度高 (相對於 $I(0)$ 值)，亦即會較明顯，這也是純球殼粒子的一項特徵。

除了圓球形粒子，橢圓粒子也很常見，橢圓粒子的形狀因子可由公式 (4.67) 求得。但因橢圓粒子不是球狀對稱，尚需考慮其在空間擺置方向，如圖 4.52 所示，設其對稱軸的軸向和散射向量 $\mathbf{Q}$ 的夾角為 α，若是橢圓粒子在樣品中的方向分布為均向 (isotropic)，則需對各擺置方向的散射強度貢獻作積分。對均向的橢圓粒子系統，其散射強度可表示為：

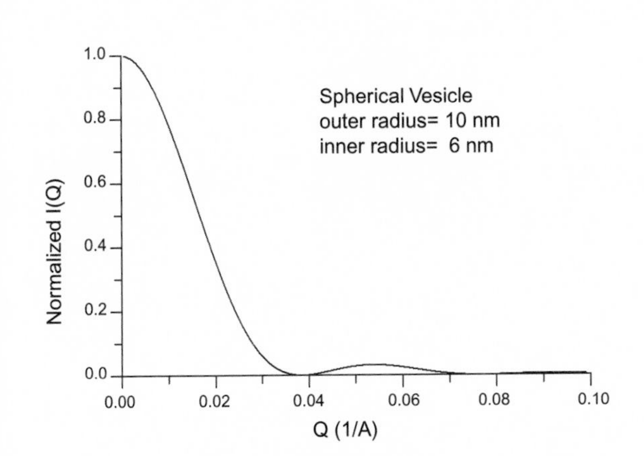

圖 4.51 純球殼粒子的歸一化散射曲線，此處是以外徑 10 nm、內徑 6 nm 之中空球殼作計算。

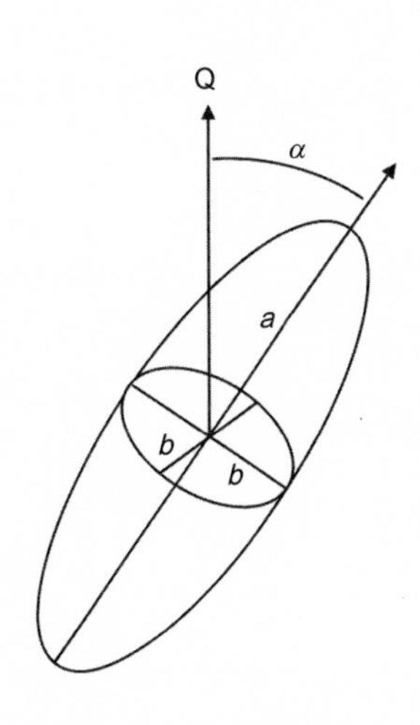

圖 4.52 橢圓粒子的對稱軸方向和散射向量 **Q** 的關係圖。

$$I(Q) = n_p \int_0^1 d\mu \left| F(Q,\mu) \right|^2 \tag{4.72}$$

$$F(Q,\mu) = (\Delta\rho)\left(\frac{4}{3}\pi ab^2\right)\frac{3j_1(u)}{u} \tag{4.73}$$

$$u = Q\,[a^2\mu^2 + b^2(1-\mu^2)]^{\frac{1}{2}} \tag{4.74}$$

其中，a 爲橢圓粒子對稱軸的半軸長，b 爲橢圓粒子垂直對稱軸的中心圓形橫截面的半徑，$\mu = \cos\alpha$ ，計算公式 (4.72) 的積分可利用數值方法完成。此式子可通用於長橢球 ($a > b$) 的計算，也可用於扁橢球 ($a < b$) 的計算。越偏離球形時，散射強度從 $Q = 0$ 隨 Q 增加而下降的速度會較低，如圖 4.53 及圖 4.54 所示。此兩圖是以不同軸長比值的橢圓粒子的形狀因數隨 QR_g 的變化作圖，且以具相同 R_g 的橢圓粒子作比較，R_g 爲粒子的旋轉半徑 (radius of gyration)，具相同 R_g 的粒子在 $Q = 0$ 附近的 $I(Q)$ 變化相同，但是粒子形狀不同，在 Q 較大處仍會有差別，如圖 4.54 所示。如圖 4.52 的橢圓粒子的 R_g 值等於 $\sqrt{(a^2+2b^2)/5}$ 。

另一類常遇到的奈米粒子爲圓柱形棒狀粒子 (rod-like particle) 或盤狀粒子 (disc-like particle)，當各粒子的對稱軸擺置方向爲各方向均等時，其散射強度分布可由下列公式求得：

$$I(Q) = n_p \int_0^1 \mathrm{d}\mu \left| F_{cyl}(Q,\mu) \right|^2 \tag{4.75}$$

$$F_{cyl}(Q,\mu) = \Delta\rho\pi R^2 L \left(\frac{2\,J_1(v)}{v} \cdot \frac{\sin w}{w} \right) \tag{4.76}$$

$$v = QR\,(1-\mu^2)^{\frac{1}{2}} \tag{4.77}$$

$$w = \frac{1}{2} QL\mu \tag{4.78}$$

此處 $J_1(v)$ 爲 first-order Bessel function，R 爲棒狀粒子半徑，L 爲粒子長度。上述式子也可用於計算圓盤狀的粒子，R 爲圓盤的半徑，L 爲圓盤的厚度，但此時 $R >> L$。棒狀粒子的散射曲線在中段的部分反應出橫截面的大小尺度，即和 R 有關，而和長度 L 無關，此因棒狀粒子具有 R 和 L 兩個尺度，當 $L >> R$，較大的尺度 L 主要影響 Q 較小的區域，Q 較大的區域則主要和較小的尺度即 R 有關。棒狀粒子的散射曲線在中段的部分可近似成：

$$I(Q) \approx n_p (\Delta\rho)^2 V_p (\pi R^2) \frac{\pi}{Q} e^{-\frac{Q^2 R_C^2}{2}} \text{，} \frac{2\pi}{L} < Q < \frac{\pi}{R} \tag{4.79}$$

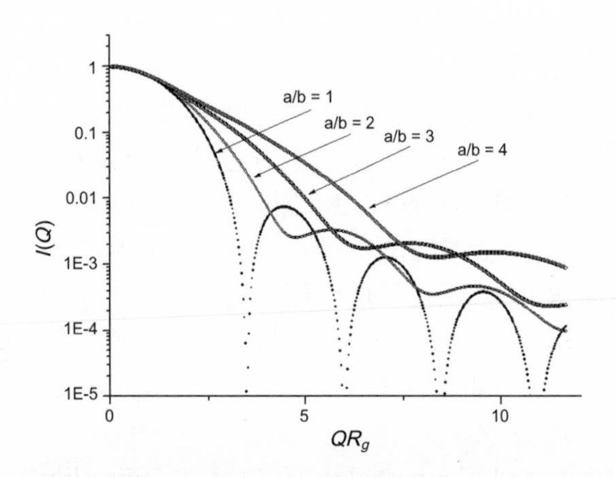

圖 4.53 不同軸長比值的橢圓粒子的形狀因數隨 QR_g 的變化，縱軸以對數作圖。

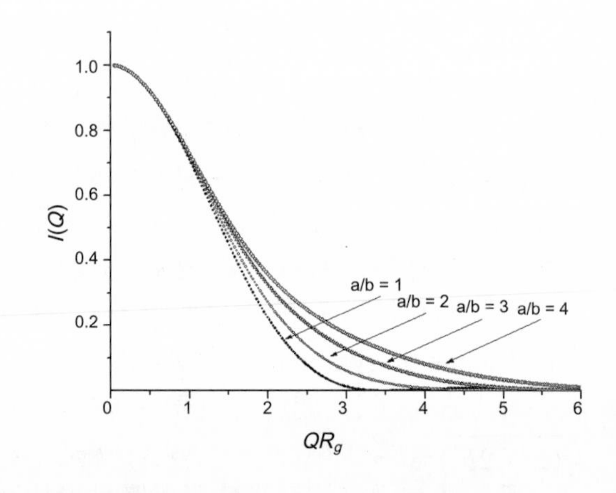

圖 4.54 不同軸長比值的橢圓粒子的形狀因數隨 QR_g 的變化，縱軸以線性作圖。

其中，$R_c = R/\sqrt{2}$，R_c 爲棒狀粒子圓形橫截面的旋轉半徑。在此中段的散射強度分布有 Q^{-1} 的變化，此爲棒狀粒子的特徵，若以 $I(Q)\cdot Q$ 隨 Q^2 的變化作圖，則此中段的數據呈一直線，而其斜率爲 $-R_c^2/2$，因此可很容易的求出其半徑大小。由公式 (4.79) 也可看出只要粒子在樣品中的總體積量 n_pV_p (或總質量) 不變，即使對不同的粒子長度，此中段區域的散射強度都不受影響，和粒子的長度無關，但和棒狀粒子的粗細 (橫截面大小) 有關。因此由此中段區域的散射分不出粒子的長短，唯一只可大致由符合此中段近似公式起點的 Q 值，依 $Q = 2\pi/L$ 粗略估其 L 值。圖 4.55 爲不同長度的棒狀粒子的散射圖形比較，此處以半徑 0.5 nm、長度 2.5 nm 的棒狀粒子的零度角散射強度歸一化成 1.0 作圖，其他不同長度的粒子的散射強度則是相對於 2.5 nm 長度的粒子的散射強度。此處是以總樣品體積相同的情況下作比較，可看出零度角散射強度會正比於粒子長度，但中段區域的散射強度及變化則幾乎完全重疊相同。圖 4.56 爲不同長度的棒狀粒子的散射圖形比較，此處三個例子皆以零度角散射強度歸一化成 1.0 作圖，即 $I(0) = 1.0$。以 $\ln(I(Q)\cdot Q)$ 對 Q^2 作圖，在 $2\pi/L < Q < \pi/R$ 的中段區域會大致符合一直線，棒狀粒子的半徑相同則此直線段的斜率相同。

對圓盤狀的粒子，其中段的散射曲線則反應出厚度的尺度大小，因此時厚度爲較小的尺度，且在此中段區域，散射強度可近似爲：

$$I(Q) \approx n_p\,(\Delta\rho)^2\,V_p\,T\,\frac{2\pi}{Q^2}\,e^{-Q^2R_t^2}\;,\;\frac{\pi}{R} < Q < \frac{2\pi}{T} \tag{4.80}$$

其中 $R_t = T/\sqrt{12}$，R_t 爲圓盤粒子沿厚度方向的旋轉半徑。在此中段的散射強度分布有 Q^{-2}

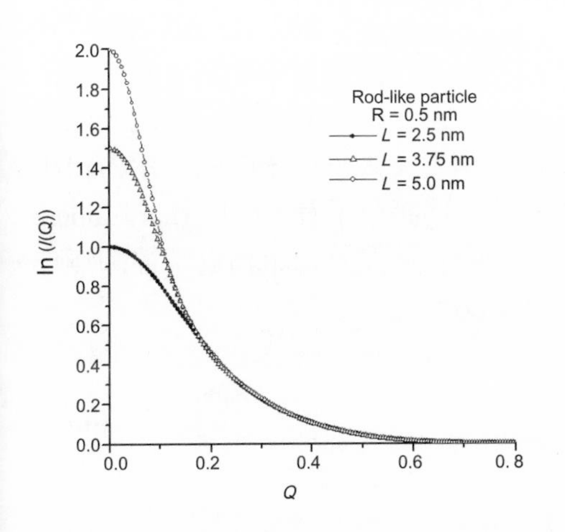

圖 4.55 半徑相同但長度不同的圓柱形棒狀粒子的散射圖形比較。

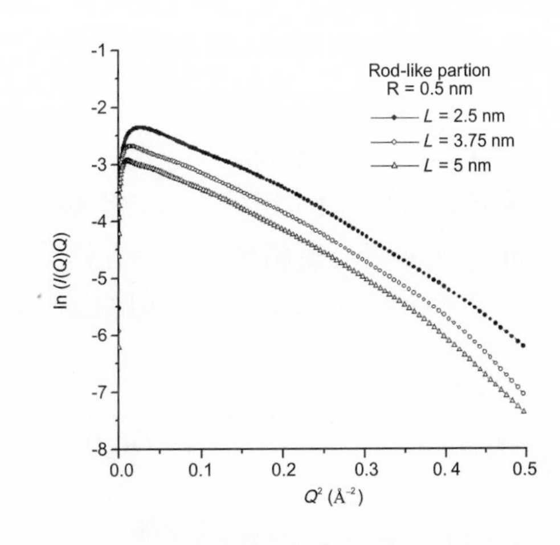

圖 4.56 不同長度的棒狀粒子的散射圖形比較。

的變化，此爲圓盤粒子的特徵，若以 $I(Q) \cdot Q^2$ 隨 Q^2 的變化作圖，則此中段的數據呈一直線，而其斜率爲 $-R_t^2$，因此可很容易的以斜率求出其厚度。和棒狀粒子的情形相似，由公式 (4.80) 也可看出只要粒子在樣品中的總體積量 $n_p V_p$ (或總質量) 不變，即使對不同半徑的圓盤粒子，此中段區域的散射強度都一樣，但和圓盤粒子的厚度有關。因此由此中段區域的散射分不出圓盤粒子的半徑大小，唯一只可大致由符合此中段近似公式起點的 Q 值，依 $Q = \pi / R$ 粗略估其 R 值。

當粒子的大小有一定的分布時，就得依粒子的分布加總散射。若已知特定的粒徑分布形態，如單一高斯分布，就相當容易處理。若要從量到的散射結果反推粒徑分布，則可用一些如的最大熵法 (maximum entropy method) 或間接轉換法 (indirect transform method) 之類的數值方法[35,36]。

另外尙須考慮粒子濃度較高時，或是粒子間有相互作用力時，如溶液中帶有電荷的粒子，此時粒子與粒子間的相對位置將不再是完全隨機，而是有一定的排列分布，各粒子的散射波會相互產生一定的干涉，因此必須考慮此項因素。對粒徑相同的圓形粒子系統，散射強度分布可表示爲：

$$I(Q) = n_p P(Q) S(Q) \tag{4.81}$$

此處 $S(Q)$ 稱爲粒子間的結構因子 (inter-particle structure factor) 或只簡稱結構因子， 可表示爲：

$$S(Q) = \frac{1}{N_p} \left\langle \left| \sum_{i=1}^{N_p} \sum_{i'=1}^{N_p} e^{i\mathbf{Q} \cdot (\mathbf{R}_i - \mathbf{R}_{i'})} \right| \right\rangle \tag{4.82}$$

結構因數 $S(Q)$ 爲各粒子的散射波相互干涉的結果，反應出粒子間的排列結構，式中的括號 $\langle\ \rangle$ 代表各種分布狀況的時間平均 (ensemble average)。上述式中的 $\mathbf{R}_i$ 爲第 i 個粒子之位置向量，N_p 爲樣品中的總粒子數。如果溶液中粒子數的密度不大且粒子間的作用力很小可忽略時，$S(Q) \approx 1$，可使分析變得較簡單。最簡單的情形爲將粒子看成硬球 (hard shpere model)，即佔有一定體積，只有在碰到時才有作用力，中心點彼此相距超過直徑即無作用力，由 Percus-Yevick 的公式可解出此類硬球模型的 $S(Q)$：

$$S_{HS}(Q) = \frac{1}{1 - D(Q)} \tag{4.83}$$

$$D(Q) = -\frac{24\phi}{K^6} \{\alpha_0 K^3 (\sin K - K \cos K) + \beta_0 K^2 [2K \sin K - (K^2 - 2)\cos K - 2] + \gamma[(4K^3 - 24K)\sin K - (K^4 - 12K^2 + 24)\cos K + 24]\} \tag{4.84}$$

$$\alpha_0 = \frac{(1+2\phi)^2}{(1-\phi)^4} \tag{4.85}$$

$$\beta_0 = \frac{-6\phi(1+0.5\phi)^2}{(1-\phi)^4} \tag{4.86}$$

$$\gamma = 0.5\phi\alpha_0 \tag{4.87}$$

$$K = Q\sigma \tag{4.88}$$

由上述式子可看出，硬球模型的 $S(Q)$ 只和粒子在樣品中的體積分率 ϕ ($\phi = n_p V_p$) 以及粒徑 σ 有關，當體積分率 ϕ 較大時，粒子較密集，相近粒子的會呈現較規則的排列。如圖 4.57 以 $\phi = 0.20$ 時的 $S(Q)$ 會有規則性的峰值出現，但 Q 值很大的區域，$S(Q)$ 的波動趨小，逐漸趨近 1.0。因 $S(Q)$ 的出現會使實驗量得的散射曲線 $I(Q)$ 的形狀受到影響，甚至如圖 4.57 的例子有寬的繞射峰出現，因此研究上不能只考慮粒子的形狀因子，尙需注意是否得考慮 $S(Q)$ 項的影響。實驗時可準備不同粒子濃度的樣品，比較量到的結果，即可大致知道 $S(Q)$ 項的影響程度。較複雜的情況爲粒子帶有電荷，彼此有庫倫斥力，且溶液中有電解質，此時可用如 mean spherical approximation (MSA) 或 rescaled MSA 理論[41] 求 $S(Q)$。有些時候，粒子會聚集連結成鬆散的團狀 (cluster) 結構，結構呈現 fractal structure，則由散射曲線可以很容易量得其 fractal dimension，可使用描述 fractal structure 的 $S(Q)$ 擬合整個散射曲線[42]。

在分析小角度散射數據時，除了整段數據依形狀因數及結構因子的模型作擬合外，在 $S(Q) \approx 1$ 的狀況時，Q 很小區域的 $I(Q)$ 可近似成：

$$I(Q) \approx I(0) \cdot e^{-\frac{1}{3}Q^2 R_g^2} \quad Q < R_g^{-1} \tag{4.89}$$

$$R_g^2 \equiv \frac{\int_{V_p} r^2 \Delta\rho(\mathbf{r})\, d\mathbf{r}}{\int_{V_p} \Delta\rho(\mathbf{r})\, d\mathbf{r}} \tag{4.90}$$

公式 (4.89) 稱爲 Guinier 近似方法。對均質的圓球粒子，旋轉半徑和粒子半徑的關係可由公式 (4.90) 求得 $R_g = \sqrt{3/5}\, R$。由公式 (4.89) 可看出以 $\ln(I(Q))$ 對 Q^2 作圖，在 $Q < R_g^{-1}$ 的範圍內可以得到一直線，直線的斜率爲 $-R_g^2/3$，可以快速的求出 R_g 值，亦即可算得粒子半徑 R。當粒徑有較寬的分布時，由此法求得的 R_g 值所算得的粒子半徑 R 並非依數量平均

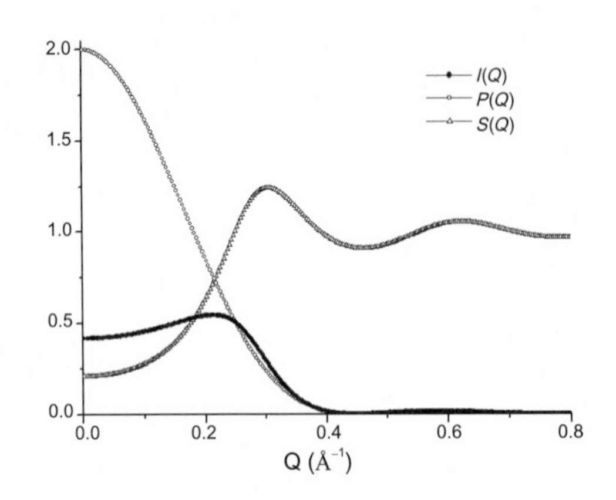

圖 4.57 以半徑 1 nm 的圓球粒子，體積分率爲 0.20，P(0) = 2.0 時的P(Q)、S(Q) 及 I(Q)，此處 S(Q) 爲使用 Percus-Yevick 的硬球模型計算。

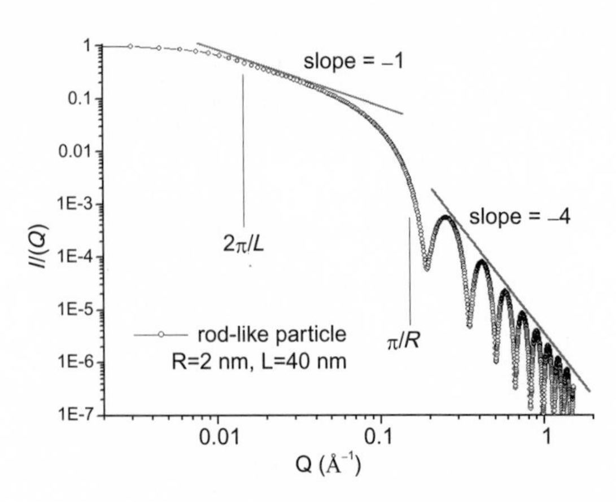

圖 4.58 以半徑 2 nm、長 40 nm 圓柱棒狀粒子的散射強度分布，以雙對數作圖，在 Q 很大的區域，$I(Q)$ 隨 Q 會有 Q^{-4} 變化。

或體積量平均得到的平均粒徑，此因散射強度正比於徑粒子體積平方，上述得到的粒徑 R 即是以散射強度爲權重，亦即是以 V_p^2 爲權重算得的結果，因此不見得會和其他方法如電子顯微鏡得到的結果完全一致。

有些奈米材料有不規則的形狀，如單一蛋白質分子或數個黏在一起的蛋白質分子，此時可用所謂距離分布函數 (distance distribution function) $p(r)$ 來表示其結構，在 $S(Q) \approx 1$ 的狀況時，散射強度可表示爲：

$$I(Q) = n_p \int_{V_p} \gamma(\mathbf{r}) \cdot e^{-i\mathbf{Q}\cdot\mathbf{r}} \, d\mathbf{r} \tag{4.91}$$

$$\gamma(\mathbf{r}) \equiv \int_{V_p} \Delta\rho(\mathbf{r}_i)\Delta\rho(\mathbf{r}_i + \mathbf{r}) \, d\mathbf{r}_i \tag{4.92}$$

$\gamma(\mathbf{r})$ 可稱爲粒子的徑向分布函數 (radial distribution function) 或是粒子的散射密度關連函數 (density-density correlation function)，且 $p(\mathbf{r}) = r^2\gamma(\mathbf{r})$。另外尚有一些特殊的方法可建構不規則形狀的粒子模型，從擬合實驗數據修正模型得到正確的粒子結構。

小角度散射量得的散射強度分布在 Q 較大的區域常呈現隨 Q 會有 Q^{-4} 的變化，如圖 4.58 所示，稱爲 Porod 定律：

$$I(Q)\big|_{Q\to\infty} \approx \frac{2\pi}{Q^4}(\Delta\rho)^2 \, S \tag{4.93}$$

其中， S 爲單位樣品體積內粒子的總表面積，對圓球粒子 $S = n_p(4\pi R^2)$ 。因此以 $I(Q)Q^4$ 對 Q 作圖，在 Q 較大的區域會是定値，可用以求出 S，總表積在多孔性材料或是觸媒粒子的研究都是一項重要有用之參數。實際應用此定律時得小心且準確的扣除背景値，才能得到準確的 S 値。另外尙需注意公式 (4.93) 只適用於粒子表面爲平整有明確界面的情形，對粗糙表面則尙需對公式 (4.93) 作修正。

實驗量到的散射強度 (計數) 要修正背景値、偵檢器效率等等才能得到絕對散射強度 (微分散射截面)，知道絕散射強度可用以估算 $n_p(\Delta\rho)^2V_p^2$ 其中的一項參數，亦是很有用的資訊。面積式偵檢器的每一偵測點 (pixel) 量到的計數 $I_{s,i}$ 需經修正爲：

$$I_{s,i}^{\mathrm{o}} = T_s\left[\frac{1}{T_s}\left(\frac{I_{s,i}}{M_s}-\frac{I_{b,i}}{M_b}\right)-\frac{1}{T_e}\left(\frac{I_{e,i}}{M_e}-\frac{I_{b,i}}{M_b}\right)\right] \tag{4.94}$$

其中， M 爲監測器量到的計數，正比於入射的 X 光量，T_s 及 T_e 分別爲樣品 (含樣品盒) 及樣品盒的穿透率，下標 s 代表樣品量測，下標 b 代表背景量測，下標 e 代表只放空的樣品盒量測。每個樣品都得量其穿透率 T_s，每次實驗對每一不同設定 (準直系統或偵檢器距離變動) 都需量一次放置空樣品盒的散射強度分布，及量一次背景計數 (關掉入射 X 光)，另外尙需有近期測試量得的偵檢器效率分布資料，以得到絕對散射強度，絕對散射強度可由下式求得：

$$I_{s,i}^{\mathrm{o}} = \Phi\, T_s\, A\, t_s \left(\frac{d\Sigma}{d\Omega}\right)_{s,i} (\Delta\Omega_i)\,\varepsilon_i \tag{4.95}$$

其中， Φ 爲入射 X 光通率，t_s 爲樣品厚度，A 爲樣品受 X 光照射的面積 (即入射 X 光束截面積)，$\Delta\Omega_i$ 爲偵檢器第 i 個偵測點的偵測張角，ε_i 爲偵檢器第 i 個偵測點的偵檢效率。一般常用比較法決定絕對散射強度，即用一已知絕對散射強度 $(d\Sigma/d\Omega)_{s,i}$ 的標準樣品亦作一次量測，同樣經公式 (4.94) 的修正得到其 $I_{s,i}^{\mathrm{o}}$ 値，將待測樣品量到的 $I_{s,i}^{\mathrm{o}}$ 與標準樣品量到的散射計數値相比，即可推得待測樣品的絕對散射強度。若是均向散射的樣品，則可對同屬 $\theta \sim \theta + \Delta\theta$ 的數據作積分平均 (radial average) 得到 $I(Q)$。

4.5.2 技術規格與特徵

小角度 X 光散射儀主要可分爲使用 X 光管或轉靶式 X 光機作爲 X 光源，以及使用同步輻射 X 光源的小角度 X 光散射實驗站。首先介紹使用 X 光機作光源的小角度 X 光散射儀。小角度 X 光散射儀用的 X 光機功率一般約在 3－12 仟瓦之間，因點光源用較細的燈絲，不能承受太高功率。圖 4.59 爲小角度 X 光散射實驗系統示意圖，小角度 X 光散射一般需用三組針孔作準直，前兩組 (第一及第二組) 作爲準直用，針孔大小一般設約 1 mm，第三組針孔擺置的位置離第二組針孔不遠，貼近樣品，其針孔大小要剛好比在該位置的 X 光束的直徑略大一點點，避免擋到入射的 X 光，防止針孔邊又造成散射，但是可以遮蔽從第二組針孔邊緣漫散出的 X 光，避免這些雜散 X 光到達偵檢器，增加背景 X 光量。另外也有些小角度 X 光散射儀使用聚焦系統，可以縮小整套儀器的尺寸。

如前述，在二維偵檢器前需放置一塊重金屬片，以擋住直射的 X 光，金屬片的大小要剛好足夠擋到直射的 X 光即可，太大則會影響到可量到的最小散射角度。最大可量到的散射角由偵檢器的大小和其與樣品的距離決定，可量到的最小散射角度或最小散射向量 Q_{min}，以及最大可量到的散射角或最大散射向量 Q_{max}，可藉由設定準直系統 (針孔大小或兩組針孔的距離，以及擋片的大小) 或改變偵檢器與樣品的距離作調整改變。有時要量較大的散射向量範圍，必須分別在一次距離較近、一次距離較遠作量測。需要量測的散射向量範圍要依粒子的大小設定，對圓形粒子要量測的範圍大致約爲 $Q_{min} \le 0.5/R$ 及 $Q_{max} \ge 5/R$，所以大致維持 Q_{max} 和 Q_{min} 比值 10 倍。若是較不易量時也可稍放寬條件，例如用稍微鬆一點的條件，只要求 $Q_{min} \le 1/R$ 即可，會稍微增加不準度，但一般情形也應足夠。Q_{min} 可利用使用的圓形擋片 (beam stop) 的直徑 d_s 及偵檢器與樣品的距離 L_d，由 $Q_{min} = (4\pi/\lambda)\sin((\tan^{-1}(0.5d_s/L_d))/2)$ 估算。但實驗上眞正可用的數據範圍會比上述算得的 Q_{min} 稍大些，因一般用圓形擋片的大小只剛好夠擋住直射的 X 光束，但 X 光束強度分布在光束邊緣仍有裙帶，超出擋片，對弱散射的樣品能達到的最小 Q 值會有影響，但對強散射的樣品影響較小。另外偵檢器的解析度也會有影響。

圖 4.60 爲國立清華大學工程與系統科學系所裝設之小角度 X 光散射儀，使用轉靶式 18 kW Rigaku X 光機，兩側出光，爲點光源設計。射出的 X 光用單晶石墨片經布拉格繞射濾除其他波長 X 光，只用較強的銅 $K\alpha$ X 光譜線 (波長 1.54 Å)，然後經第一個針孔，其後經高度透 X 光的麥拉 (Mylar) 薄膜反射部分 X 光到上方的 X 光偵檢器，以檢知入射的 X 光強度，再經第二及第三組針孔到達樣品，散射光由二維偵檢器偵測，可以測得散射到不同方位的 X 光強度。此處用的是充氣的二維多絲比例偵檢器 (two-dimensional multi-wire position sensitive proportional counter)，其優點爲低散射強度區也可準確量測，但計數率 (counting rate) 較受限，若使用 CCD 的 X 光偵檢器則可承受較高的計數率。爲減少 X 光強度因空氣的吸收及散射所造成的衰減，除了樣品位置，前後段之 X 光路徑皆是在眞空管路中，必要時樣品腔也可抽眞空，樣品座有控溫系統以保持樣品在設定溫度進行量測。一般操作條件下，到達樣品處的入射 X 光強度約每秒 10^6 個光子。一般樣品約需 10 分鐘至 1 小時的量測，X 光的總計數至少要達到 10 萬；理想爲 1 百萬，以 Q 分成 100 點估算，每一點的計數誤差約 1%，這只是平均估算，實際上因在 Q 較大的區域散射弱，要量得準確較費時。本台小角度 X 光散射儀可以量測的 Q 值範圍約 0.01－0.4 Å^{-1}，以繞射峰的公式 $d = 2\pi/Q$ 估算，可量測 1.5 nm 至 60 nm 的結構尺度，對粒徑的量測較準

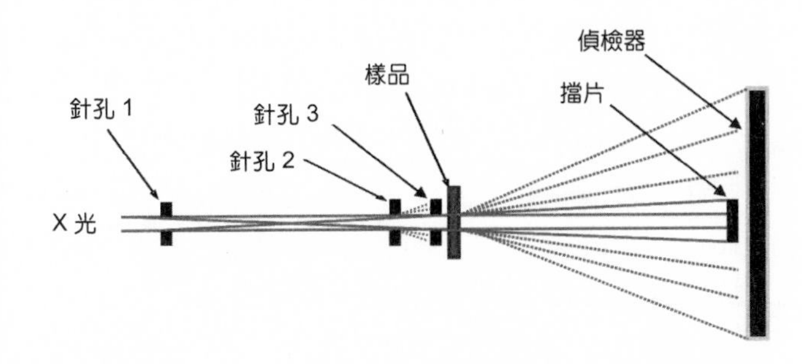

圖 4.59
小角度 X 光散射實驗系統示意圖。

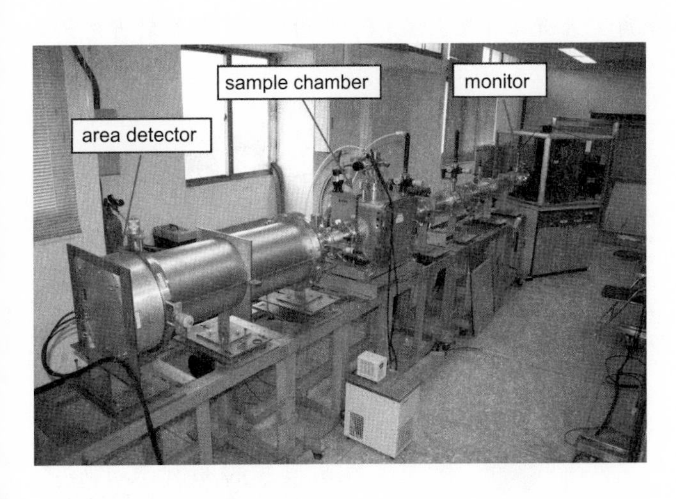

圖 4.60
國立清華大學工程與系統科學系之小角度 X 光散射儀。

確，可量測的範圍約在 2 nm 至 20 nm 直徑。適合量測的樣品厚度，對有機材料或溶液約爲 1 mm，金屬材料則厚度以吸收係數的倒數最適合，一般得相當薄。

圖 4.61 及圖 4.62 爲國家同步輻射研究中心之 BL17B3 光束線及裝在該光束線的小角度 X 光散射實驗站之配置圖，X 光源來自增頻磁鐵段，提供連續頻譜 X 光 (5－14 keV)，可選用稍高能量的 X 光波長，如 10 keV X 光，以增加對樣品的穿透率。實驗配置上類似一般 X 光機的系統，主要的差別爲使用聚焦系統，增加 X 光束的強度，及加裝設同時可量廣角繞射的一維偵檢器。因使用雙組高解析度的晶體作單波長濾波，具有高的能量解析度 ($\Delta E/E \sim 2 \times 10^{-4}$)，且因 X 光頻譜爲連續，可進行共振散射。同步輻射的小角度 X 光散射儀的 X 光強度比 X 光機的散射儀要高百倍以上，對一般樣品，每個樣品的量測時間可縮短到幾分鐘或更短。因此可進行快速動態變化的臨場量測研究 (*in situ* time-resolved measurement)。原本用一般 X 光機散射儀，因樣品太稀薄或散射對比太弱而無法量測的樣品，因其高強度，就可用同步輻射的小角度 X 光散射儀進行量測研究。同步輻射的小角度 X 光散射儀的量測範圍比一般 X 光機的系統要較大一些，Q 值範圍約 0.004－5.5 Å^{-1} (包括廣角繞射的部分)。

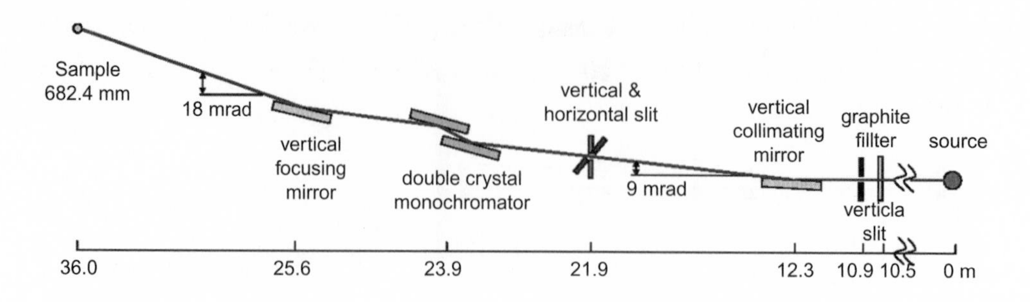

圖 4.61 國家同步輻射研究中心之 BL17B3 小角度 X 光束線配置圖。(資料由國家同步輻射研究中心提供)

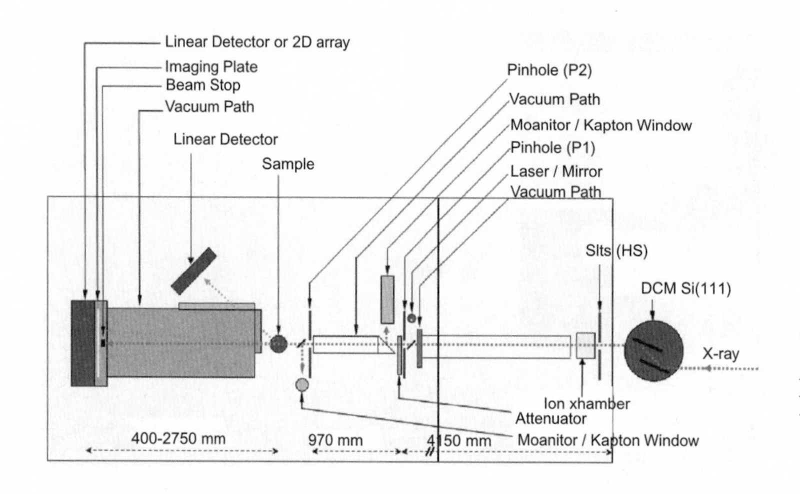

圖 4.62 國家同步輻射研究中心之 BL17B3 小角度 X 光實驗站之詳細配置圖。(資料由國家同步輻射研究中心提供)

4.5.3 應用與實例

小角度 X 光散射可應用在奈米科技、生物科技、能源科技等應用科技的發展，應用領域涵蓋物理、化學、材料、生物、醫藥、地質、考古、環保、電子等基礎與應用科學。在國內目前以高分子材料的研究最多，其次爲各式的奈米材料研究，近年則生物材料的研究也日漸增多，如蛋白質分子在水溶液中的折疊變化研究、蛋白質分子與細胞膜的作用研究等等，能源材料的研究也是近年日益受到重視的領域，如儲氫分子材料、燃料電池質子交換膜、高分子太陽能電池的奈微米結構研究。藥物輸送、界面科學 (化妝品及清潔劑等) 及生物醫學等領域都是未來國內可大力借助小角度散射進行研究的領域。國內近幾年小角度散射的用戶數目成長相當快速，也都有很好的研究成果，應用上相當容易找到相關的研究論文作爲新用戶研究分析的參考。研究上除了粒徑、粒子結構形貌量測，也可研究粒子間的交互作用及排列。以下我們只簡單以液相中合成鉑奈米觸媒粒子的研究作爲小角度 X 光散射量測分析的介紹例子[51]，利用 polyol 製程可以合成奈米級的金屬粒子。圖 4.63 及 圖 4.64 為實驗量到的小角度散射結果，製程中加入聚乙烯吡咯烷酮 (polyvinyl pyrrolidone, PVP) 作保護劑，濃度分別為 1.0 mg/mL 及 4.0 mg/mL，所加入的鉑離子 ($PtCl_4$) 濃度固定為 PVP 濃度的十分之一。圖 4.64 以 $\ln(I(Q)Q)$ 對 Q^2 作圖，中段數據呈直線，因此可看出粒子呈棒狀，由其斜率可求出棒狀粒子的半徑為 9.8 ± 0.2 Å，粒子的長度分布此處用 Shultz 分布模型計算，如圖 4.63 經擬合實驗數據可得到粒子的平均粒子長度為 60 ± 5 Å，粒子長度的分散度 (polydispersity) 為 50%。由圖 4.63 可看出實際可用之實驗數據約從 $Q = 0.012$ Å^{-1} 開始，分析時得先刪除 $Q < 0.012$ Å^{-1} 部分的數據，如前述因會放置大小約數毫米的圓形擋片在偵檢器中心處，以擋住直射的入射 X 光，擋片會限制所能量到的最小 Q 值。

目前同步輻射研究中心鄭有舜博士正負責在 BL23A 光束線建造新的小角度散射實驗站，取代原來在 BL17B3 的實驗站，此一新的光束線依小角度 X 光散射的專用需求設計，具有高光子通量、高能量解析、低射束散度及緩聚焦等特性。光束線使用 1.5 GeV 電子儲存環內一米長的超導增頻磁鐵 IASW6 作為輻射光源，其出光可在 5－23 keV 能量範圍區間提供 $10^{12}-10^{13}$ photons/s/0.1%bw 的光子通量。光學系統特色為裝設兩套單頻器，一套為高能量解析度 ($\Delta E/E \sim 2\times10^{-4}$)，但光子通量較低，使用高解析度雙單晶 (Si-111) 單頻器 (doublecrystal monochromator, DCM) 及另一套高光子通量，但能量解析度

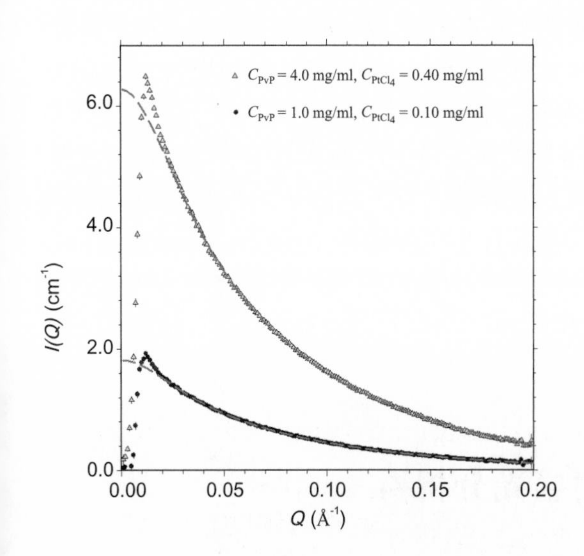

圖 4.63 鉑奈米粒子的小角度散射實驗量測結果，粒子的長度分布此處用 Shultz 分布模型計算，經擬合實驗數據可得到粒子的半徑為 9.8 ± 0.2 Å，平均粒子長度為 60 ± 5 Å，粒子長度的分散度 (polydispersity) 為 50%，圖中的虛線為擬合得到的散射曲線。

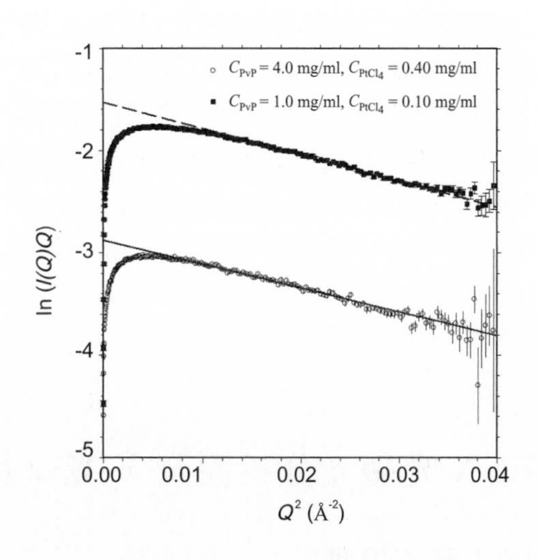

圖 4.64 鉑奈米粒子的小角度散射實驗量測結果，以 ln $(I(Q)Q)$ 對 Q^2 作圖，中段數據呈直線，因此可看出粒子呈棒狀，由其斜率可求出棒狀粒子的半徑為 9.8 ± 0.2 Å。

較低 ($\Delta E/E \sim 0.01$) 的雙多層膜單頻器 (double multilayer monochromator, DMM)。高解析度雙單晶單頻器可在 5－23 keV 範圍內提供光子通量約 10^9－10^{10} 光子／秒的高能量解析光束，適用於需有數 eV 能量解析光束線之共振散射量測。雙多層膜單頻器則可提供 6－15 keV 能量範圍、高光子通量 (10^{10}－10^{11} 光子／秒) 的 X 光束，適用於快速動態 (次秒級) 結構變化的量測。

4.5.4 結語

世界各國近年皆大力興建新一代的同步輻射光源及中子源設施，這些設施的建造與其科學應用研究已成為各國高科技發展能力的重要指標。國內的同步輻射研究中心亦正開始興建 3 GeV 的新一代同步輻射光源設施，未來國內將擁有一座領先全球的同步輻射光源，將可供建造數十條各種新式光束線，為跨領域科學研究提供前所未有的研究機會。因規畫使用超導插件磁鐵，可用的 X 光波段可達 100 keV，可提供更高的穿透能力，也可進行共能吸收能量較高元素的共振散射量測，較高 X 光能量也可降低對樣品材料的輻射損傷，另外也可利用其高同調性進行如 X-ray Photon Correlation Spectroscopy (XPCS) 的量測，未來將可建造更高性能的小角度散射儀供國內用戶使用。除了小角度 X 光散射，亦有許多研究常需用小角度中子散射，中子和 X 光各有其特長，為互相輔助之研究工具，散射原理相同，實驗方法也類似。中子對輕元素的散射比 X 好，因此特別適用於含氫之軟物質研究。也可以利用氫和其同位素氘散射機率的大差異，以氘置換氫增強散射對比，可用以解出複雜結構中的各部分結構。且中子對物質的穿透力強，對較厚樣品的研究也沒問題，因此研究上若有需要，可考慮同時用 X 光也用中子作小角度散射研究。除了穿透式的小角度散射量測，近年來掠角小角度散射 (grazing-incident small-angle scattering) 的研究也漸增加，可用以觀察薄膜表面上沿膜面的結構變化。垂直膜面的結構則可用反射率 (reflectivity) 量測進行研究。

4.6 X 光螢光分析術及 X 光全反射螢光分析術

4.6.1 基本原理[52,53]

X 光 (又稱 X 射線) 為波長 (0.01 至 12 nm) 約介於深紫外線與 γ 射線之間的電磁輻射，能量範圍為 0.11 至 100 keV。X 光因為具有短波長特性，對於固態樣品具有良好的穿透性，可以深入物體的內部，得到結構與成分相關的資訊。

X 光螢光 (X-ray fluorescence, XRF) 的產生原理如圖 4.65 所示，當以能量 (E) 高於原

第 4.6 節作者為凌永健先生及羅大倫先生。

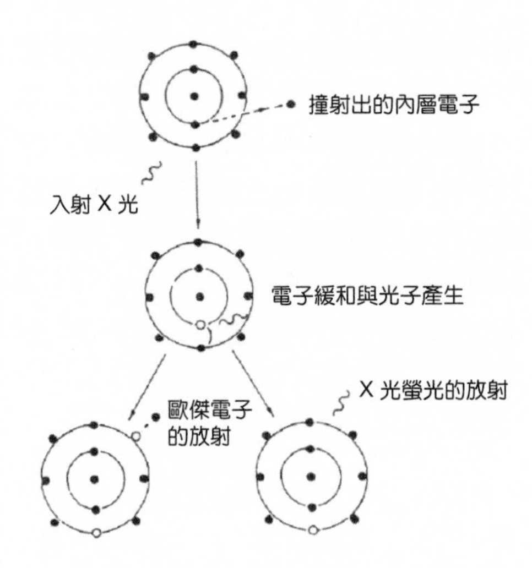

圖 4.65
X 光螢光產生原理示意圖。

子內層電子結合能 (Φ) 的 X 光照射樣品時，X 光光子與樣品組成的原子相互作用，位於原子內層軌域的電子獲得足夠能量後，會以具有 (E – Φ) 能量之光電子型式離開原子，內層軌域因此出現一個空洞，導致整個原子處於不穩定的激發態。位於原子外層軌域較高能階的電子，在於激發態原子的 $10^{-12}-10^{-16}$ 秒壽命期內，會自發地躍遷至較低能階的內層軌域，填補內層軌域的空洞，促使激發態原子回到穩定的基態，整個過程稱爲電子弛豫 (electron relaxation)。有兩種不同發生的途徑：一爲非輻射躍遷，當外層軌域電子填補內層軌域空洞時，所釋出的能量同時驅離出外層軌域的另一個電子，發射出歐傑 (Auger) 電子；另一途徑爲輻射躍遷，即外層軌域電子填補內層軌域空洞時，所釋出的能量以輻射型式發射出，稱爲 X 光螢光，其能量等於兩能階之間的能量差。此能量因元素的不同而不同，相對應的譜線稱爲該元素的特徵譜線 (characteristic lines)。摩斯萊 (Moseley) 於 1913 年證實波長 λ 和元素原子序 Z 的關係如下列之摩斯萊定律所述：

$$\frac{1}{\lambda}=K(Z-\sigma)^2 \tag{4.96}$$

其中，K 爲與躍遷能階之量子數有關之常數，σ 爲遮蔽常數 (screening constant)，其值通常小於 1。發射出之 X 光螢光的能量 (E)，可利用光子能量與波長之關係式得知：

$$E=\frac{12.4}{\lambda} \tag{4.97}$$

其中，λ 的單位爲埃 (Å)，E 的單位爲仟伏特 (keV)。

量子力學中提及原子中的每一電子態，即每一能階軌域，皆可用 4 個量子數予以定義，包括主量子數 (*n*)、角量子數 (*l*)、磁量子數 (*m*) 與旋量子數 (*s*)。鮑立不相容原理 (Pauli exclusion principle) 指出一原子內沒有任何兩個電子會有相同組合的量子數，因此隨著電子數目的增加，會有更多的軌域加入，電子只能在特定的兩能階之間躍遷。圖 4.66 爲常見的產生 X 光之電子躍遷能階圖，*K* 系列譜線爲高能階的電子躍遷回到在 *K* 殼的空洞時所產生，*L* 系列譜線則是高能階電子躍遷回到在 *L* 殼的空洞時所產生。因此同一原子，其 *K* 系列螢光的能量較 *L* 系列螢光的能量爲高。值得一提的是 α、β 及 γ 系列譜線，雖然理論上能產生多條譜線，實際上進行 X 光螢光之分析時，則受限於光譜儀的解析度，一般只能觀察到單一譜線。

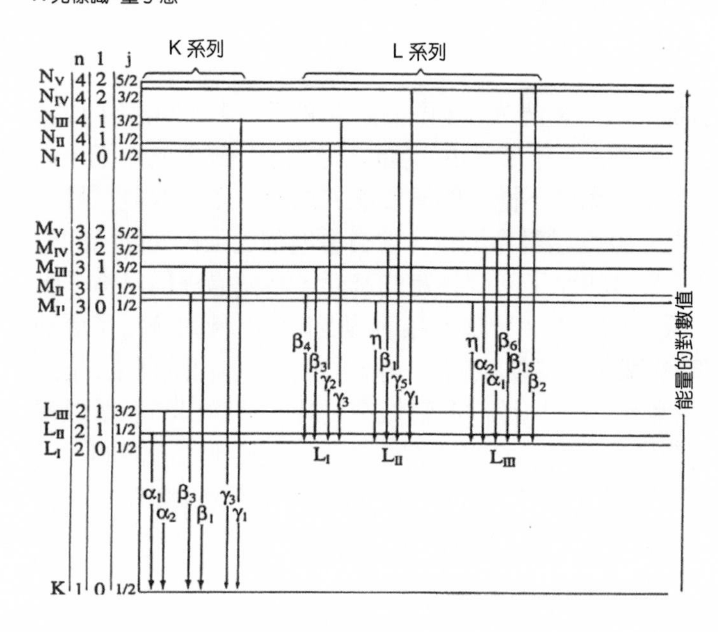

圖 4.66
X 光螢光產生相對應之電子躍遷能階圖。

4.6.2 技術規格與特徵[52,53]

常見的 X 光螢光儀的架構圖如圖 4.67 所示，包括 X 光源、能量分析器及偵檢器。表 4.3 所列爲常見的 X 光源和特性。電子／X 光源爲目前應用最廣的 X 光源，由一穩定的高電壓產生器 (40－100 kV) 和 X 光管所組成，X 光管則由產生加速電子之陰極熱燈絲 (通常爲鎢)、撞濺產生 X 光的陽極金屬靶材 (常見的有鎢、鉻和錸靶材) 和冷卻陽極用之裝置所組成。

表 4.3 常見的 X 光源和特性。

X 光源	特性
電子	微區分析者，配合 ED 系統。
電子／X 光	最常用者，配合 ED[a] 或 WD[b] 系統。
電子／X 光／螢光	配合次靶材 EDX 系統。
γ 射線	配合低價位及攜帶式之 ND[c] 或次靶 ED 系統；^{56}Fe、^{57}Co、^{241}Am、^{109}Cd、^{153}Gd 輻射源；強度弱但穩定性高、短小且價位低。
γ 射線／X 光	同上
質子	非常高強度
同步輻射	非常高強度

[a]ED：能量分散式 (energy dispersive)；
[b]WD：波長分散式 (wavelength dispersive)；
[c]ND：非分散式 (non dispersive)。

能量分析器的功能，主要是將來自樣品的多色光束分開爲個別的單色光束，以方便偵檢器測定待測元素的特徵譜線和強度。依分散原理之不同，X 光螢光儀有波長分散式 X 光螢光儀 (wavelength dispersive XRF, WD-XRF)、能量分散式 X 光螢光儀 (energy dispersive XRF, ED-XRF) 及非分散式 X 光螢光儀 (non-dispersive XRF, ND-XRF) 三種。波長分散式分析器的結構比較複雜，如圖 4.68 所示。樣品經入射 X 光照射，產生的多色螢光經光平行器 (通常爲多層緊鄰之金屬片，僅讓平行光束通過) 對準照射一分光晶體，彈性碰撞單晶中的原子，產生散射現象。利用下述之布拉格 (Bragg) 定律，描述螢光之波長 (λ)、晶格間距 (d)、繞射程度 (n) 與繞射角度 (θ) 之關係爲：

$$n\lambda = 2d\sin\theta \tag{4.98}$$

以取得譜圖。實際操作上，如圖 4.68 中之單晶固定於一可精密控制轉動角度的角度器 (goniometer) 上 (即晶體支架)，另一光平行器和偵檢器則固定於另一角度器，以兩倍於角度器的轉速旋轉，即單晶角度儀轉動 θ 時，偵檢器角度器需同時旋轉 2θ，以偵測特定波長的螢光。因此選用適當的單晶，再藉由二角度器的適當轉動，依布拉格定律，可以把多色螢光的各個單色光組成，分別在不同的角度散射出，再由適當的偵檢器偵測，在已知 n、d 和 θ 的前題之下，利用公式 (4.98) 可輕易的算出 λ，強度可由偵檢器上讀數讀出。

能量分散式 X 光螢光儀的結構較波長分散式簡單，分析器和偵檢器在同一元件上，

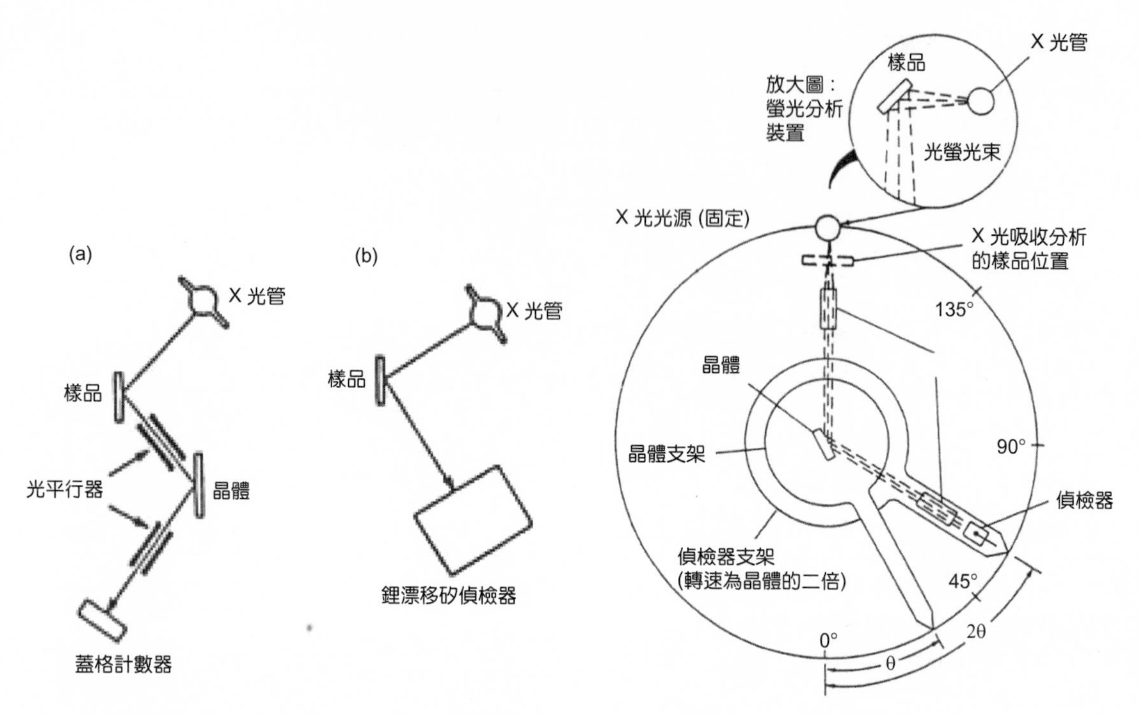

圖 4.67　X 光螢光儀示意圖，(a) 能量分散式 X 光螢光分析，(b) 波長分散式 X 光螢光分析。

圖 4.68 波長分散式能量分析器之結構示意圖。

偵檢器和樣品極爲接近，因此來自樣品的螢光多可被偵測到。和波長分散式相比，可以使用較弱的 X 光管 (0.5－1.0 kW)，可以同時偵測到所有的螢光信號，分析速度較快，價格較便宜，解析度則較差。

非分散式能量分析器通常應用於例行分析特定樣品中的特定元素，其原理爲使用一對濾片達到能量解析的目的，其中一片的吸收緣波長略低於待測元素的螢光波長，另一片則略高，應用此種裝置，使通過二濾片之螢光強度和樣品中待測元素的量成正比關係，可進行例行的定量工作。

當樣品受到 X 光照射時，如圖 4.65 所示，產生 X 光螢光和歐傑電子相互競爭現象。每一激發態原子在回到基態所能釋出的螢光光子數目，與螢光光子和歐傑電子總合的比值，稱爲 X 光螢光產率 (fluorescence yield)。圖 4.69 所示爲螢光產率與原子序的關係，螢光產率會隨著原子序的遞增而提高，*K* 系列的螢光產率大於 *L* 系列，*L* 系列的螢光產率則大於 *M* 系列。實際應用 X 光螢光分析時，需同時考量激發率與螢光效率，即對原子序介於 20－50 的元素，採用 *K* 系列螢光分析，因其可同時提供夠高的激發率與螢光產率；對原子序大於 50 的較重元素，*L* 系列較適合 (雖然從圖 4.69 中得知，*K* 系列螢光產率足夠高，但其激發率太小，*K* 系列並不合適)。X 光螢光的產生原理指出可以測定的

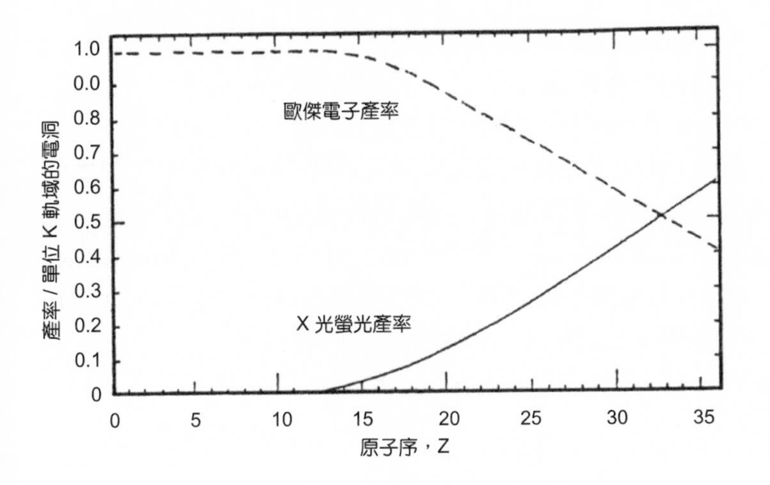

圖 4.69
X 光螢光產率與原子序的關係。

最輕元素爲鈹 ($Z = 4$)，但受限於 X 光螢光儀的感度限制，一般可以分析的元素多從鈉 ($Z = 11$) 到鈾 ($Z = 92$)。實際分析時，原子序小於 20 的元素螢光產率低，多不常用 X 光螢光法進行分析。

X 光螢光法進行分析時，常有基質效應 (matrix effect)，即 X 光螢光強度會受樣品化學組成和物理狀態的差異之影響。除了如來自樣品中待測元素發射出的螢光外，還包括來自樣品基質元素發射出的 X 光，以及入射 X 光經樣品承載器 (sample support) 散射後的 X 光所導致的背景雜訊。爲減少背景雜訊，提高波峰對背景比，即訊雜比 (S/N)，1971 年 Yoneda 和 Horicachi 研究顯示利用適當的前處理，將樣品的表面變得非常光滑，並使用平滑的樣品承載器，以達到光學上平滑 (optically flat) 之要求等級，再將入射 X 光的角度調整至以全反射方式照射樣品，可以有效減少背景雜訊，成爲全反射 X 光螢光分析法 (total reflection X-ray fluorescence, TRXRF) 的發展依據。

TRXRF 基本原理與傳統 XRF 的最大差異在於入射 X 光的入射角度，XRF 之入射角一般介於 30° 至 45°，入射之 X 光穿透樣品之深度介於數微米至數百微米之間，TRXRF 之入射角則小於臨界角 (critical angle)，入射 X 光僅能穿透樣品表面數個奈米的深度，如以鉬 (Mo) 爲目標靶的 X 光照射矽 (Si) 時，在全反射的狀況下，穿透深度小於 50 Å。因此測得的信號，幾乎完全來自位於表面的待測物，只有部分來自樣品基質所發射的螢光和全反射回來的入射 X 光，故具有極佳的訊雜比，爲 TRXRF 具有高靈敏度的原因之一。另一原因，則是由於入射之 X 光經平滑的樣品承載器全反射後，會再次照射到待測物上，即 TRXRF 儀器實際上照射待測物兩次，故在入射之 X 光越強所測得信號越高的前題之下，TRXRF 所測的信號會較 XRF 測得者爲高。TRXRF 除具有 XRF 之優點外，尚具有表面分析能力和低偵測極限等優點。實際應用時，需克服樣品平坦度和不易製備定量標準品等限制。

目前市售 X 光螢光儀的公司有 Brucker AXS、Jordan Valley Semiconductors、

PANalytical、Oxford、Rigaku、Shimadzu、Ametek、Thermo Fisher Scientific 等，表 4.4 所列為 X 光螢光儀廠商資訊[54-61]。目前最普遍的 XRF 之一，首推手持式 XRF，可以攜帶到現場直接對樣品進行分析。使用傳統的桌上型 (落地型) XRF 分析，雖然可以得到比較可靠的結果，但需將樣品運送回實驗室，進行前處理後，才可以上機進行分析，成本較高、時間較長。對於無法運回實驗室的樣品 (珍貴的、或受管制或體積大)，或是需馬上知道結果的樣品 (狀況急迫)，或是無法製備的樣品 (珍貴的或危險性高) 等，手持式 XRF 的分析結果，可靠度雖然較低，仍不失為最佳的選擇，如近年來廣泛用於歐盟的 RoHS (危害物質禁用法令) 規範下的電子電機產品之檢驗，為篩選分析的利器之一。

表 4.4 X 光螢光儀廠商資訊。

廠商	產品 (以能量分析器及功能分類)
Brucker AXS[54]	XRF, TRXRF, EDXRF, WDXRF, μXRF
Jordan Valley Semiconductors[55]	XRF
PANalytical[56]	XRF, EDXRF, WDXRF
Oxford[57]	XRF, EDXRF, hhXRF
Rigaku[58]	WDXRF
Shimadzu[59]	XRF, EDXRF, μEDXRF
Ametek[60]	μEDXRF
Thermo Fisher Scientific[61]	hhXRF

μXRF：微區 XRF (microXRF，分析區域可小至半徑為 30 μm)，
hhXRF：手持式 XRF (hand held XRF)。

除此之外，XRF 教學網站[62] 提供分別針對學生和教師的教材，涵蓋 XRF 簡介、市售 XRF 的發展、樣品製備 (包括重要性、固體、液體、設備與圖示)。教材中提出樣品製備的良窳對譜線強度及元素濃度的關係非常關鍵，會受到諸如樣品表面粗糙度、粒子形狀、粒子大小、均勻性、粒子分布、礦化等因素之影響，選擇適當的樣品製備方法，主要著眼於再現性、準確度、簡單性、成本、時間等因素，最好先參考文獻中相關的製備方法。教材中的應用及實例涵蓋藝術品及古董、化學製程 (鍍槽)、塗層及薄膜 (包括塗層重量及組成，紙張、塑膠、矽、攝影底片、金屬塗層、擋板塗層)、化妝品、環境樣品 (土壤、空氣、水、飛灰)、食品、鑑識科學 (玻璃、塗漆、金屬、爆裂物、土壤、組織)、金屬及礦砂、礦物 (礦石、進料、渣滓、水泥、黏土、煤)、石油及石化用品 (油、餾出物、磨損金屬、觸媒毒物、添加劑)、藥物、塑膠聚合物和橡膠 (修飾劑、添加劑、觸媒、色料)、其他 (農業、爐渣、玻璃、陶瓷) 等，內容相當完整。

4.6.3 應用與實例

氧化鐵是自然界中磁鐵礦主要之組成物，其中又以 γ-Fe_2O_3 與 Fe_3O_4 具有強的鐵磁性與亞鐵磁性性質。當粒子尺寸小到一定的臨界值 (< 30 nm) 時，即進入超順磁狀態 (super paramagnetic state)，磁性奈米粒子 (magnetic nanoparticles) 只受外加磁場 (大約 2000 G) 的影響，因此可藉由施加磁場，有效捕捉磁性奈米粒子，外加磁場一旦去除，淨磁矩為零，磁性奈米粒子可即刻回到懸浮的狀態[63]。針對不同之應用需求，修飾不同種功能性物質於磁性奈米粒子之表面，可分別製備出對於重金屬、細菌及去氧核醣核酸等具有專一性之磁性奈米粒子。近年來，磁性奈米粒子已廣泛的應用於分析化學或生醫領域中[64]。一般最常見的方式是於磁性奈米粒子表面包覆富含 -COOH 官能基之材料，例如氧化矽或聚苯乙烯。由於表面修飾官能基的良莠，對磁性奈米粒子的應用環境具直接影響。Bruce 應用平均粒徑約 5 nm 且表面以葡萄聚醣修飾的超順磁奈米粒子 Fe_3O_4，於生物體內的傳輸過程，將磁性粒子注射進入大鼠體內後，收集大鼠的血液與肝臟，經均質與冷凍乾燥後，以 XRF 分析樣品內鐵的濃度，與電子自旋光譜儀的定量結果比對[65]。利用 XRF 具有靈敏且不易受干擾之特性，可以簡便快速地分析樣品內的元素含量，減少來自複雜的前處理步驟所導入的汙染與誤差。

X 光的折射率非常接近 1，聚焦方式目前主要利用反射 (掠角入射 (grazing incidence, GI) 之弧形鏡面或多層膜反射鏡面) 或繞射 (波帶環片) 方式。由於一般旋轉靶型式之 X 光光源的聚焦能力有限 (10－20 μm)，對於尺寸小於微米尺度的樣品，需要結合妥適的取樣或分散處理程序，才能得到具有代表性的分析數據。因此產生結合雷射剝蝕法進行表面剝蝕後，以 X 光螢光分析剝蝕掉之樣品的構想。Quentmeier 研究團隊利用 Nd:YAG 雷射脈衝聚焦於樣品表面，分析合金與陶瓷材料，樣品經剝蝕並濺鍍於石英或樹脂玻璃表面[66]。依樣品濃度調整雷射取樣區域、剝蝕條件，結合雷射剝蝕法，不需任何複雜的前處理步驟，即可以快速分析固態樣品表面特定微區域內的組成。

隨著半導體元件製程進入奈米尺度，目前廣泛使用的接觸式分析技術 (如 VPD-ICP-MS 與 SIMS) 可能會扭曲分析區域的代表性，且容易受到基質效應與表面粗糙度的影響。另一方面，隨著晶圓直徑變大至 300 mm，破壞性的取樣分析不適用於大量的例行分析監測。結合 XRF 與掠角入射或全反射技術，X 光螢光可用在淺層 (shallow layer) 分析，因此相當適合多層薄膜製程的即時或線上分析需求。以半導體製程為例，當電晶體體積縮小，閘極介電層變得越來越薄。以 65 nm 線寬而言，閘極氧化層厚度僅約 0.7－1.2 nm，超淺層分析技術愈形重要[67,68]。Schwenke 研究團隊結合低能量氬離子束進行表面剝蝕，利用 TRXRF 得到良好解析的元素縱深分布圖[69]。Klockenkämper 進一步結合微天平與多光束干涉儀，分析矽晶圓表面植入摻雜 (25 keV，濃度 1×10^{16} cm^{-2}) 的鈷離子時，可以達到小於 3 nm 的縱深解析度。進一步分析螢光強度與薄膜厚度的關聯性，TRXRF 可進行非破壞性的薄膜厚度測量，但是這些方法大多仍需利用標準品得到相對濃度[70]。分析類似量子井結構的多層薄膜，若無標準品可用，可以利用螢光強度與光源、偵測器效率、薄膜厚度等系統基本參數值的交互作用模型[71]，Kolbe 提出結合同步輻射光束與矽鋰漂移偵測器的方式，不需用標準品，即可分析多層薄膜的厚度[72]。

另一個應用的例子則是在巨磁阻 (giant magnetoresistance, GMR) 元件的研究，巨磁阻現象指由兩層磁性物質夾著金屬層的結構材料，在微弱的外加磁場下，電阻會呈現顯著的變化。利用對外加磁場的敏感性，巨磁阻結構應用在磁碟讀寫的磁頭，可以將所記錄的磁性訊號，以不同的電流大小 (阻值差異) 讀出。當記錄訊號的磁區縮小時 (資料儲存密度增加)，儘管磁場改變很小，但仍可藉由高靈敏度的巨磁阻磁頭獲得足夠的電流變化。Awaji 應用 X 光掠角 (GIXRF) 分析自旋閥 (spin valve) 式[73] 巨磁阻結構磁頭的多層薄膜結構，於 390 °C 退火三小時前後的差異，GMR 作用區的 CoFe/Cu/CoFe 厚度均僅 2 nm，以角度分散式 GIXRF 觀察不同元素的螢光強度對應掠角的變化關係，成功解析出建構出薄膜的分布深度。結果顯示在過度退火後，薄膜接面間的平均距離將增加，此即意指介面間的粗糙度會增加。利用 GIXRF 進行非破壞性的薄膜接面粗糙度分析，可以避免接觸式分析或樣品預處理 (切割或研磨) 導入的偏差[74]。

4.6.4 結語

X 光螢光法具有：(1) 譜線簡單，干擾少，不受待測元素的化學鍵結影響，容易校正基質吸收和元素激發效應，定性和定量分析容易；(2) 分析元素範圍廣，主要是中和高原子序元素，靈敏度高，分析濃度範圍廣，從微量組成到主要組成元素皆可；(3) 對樣品前處理要求不高，儀器自動化分析容易，操作簡便，可以同時分析多種元素，分析速度快，分析結果可靠度高；(4) 為非破壞性分析，樣品可以再進行其他分析等優點。在材料分析的應用領域非常廣泛，可預期的，利用 X 光螢光法的表面分析及容易分析之特性，結合其他分析工具，可以提供相佐資料。

文獻 75 為筆者實驗室使用飛行時間式二次離子質譜儀 (TOF-SIMS) 研究的漢朝官印，必須用破壞性的手段，從青銅獅上四部位及官印上一部位採取樣本，如圖 4.70 所示。中國青銅器是一種含銅鋅錫鉛及其他元素的合金，TOF-SIMS 研究這兩物件表皮及深部的重要元素分布，結果顯示主體成分為銅與鋅，表皮的抗腐蝕成分主要為高比例的鎳。表皮上高比例的金成分則符合古代漢朝在金屬器物鍍金的「鎏金」作法。這些獨特的結果顯示 TOF-SIMS 有潛力作為研究中國古代官印的工具，TOF-SIMS 結果與 XRF 結果相比，建立關係式後，後續可以用 XRF 對其他同類型漢朝官印進行非破壞性分析。X 光螢光分析儀及 X 光全反射螢光分析儀未來應用於奈米材料及製程的分析，有很大的研發空間。

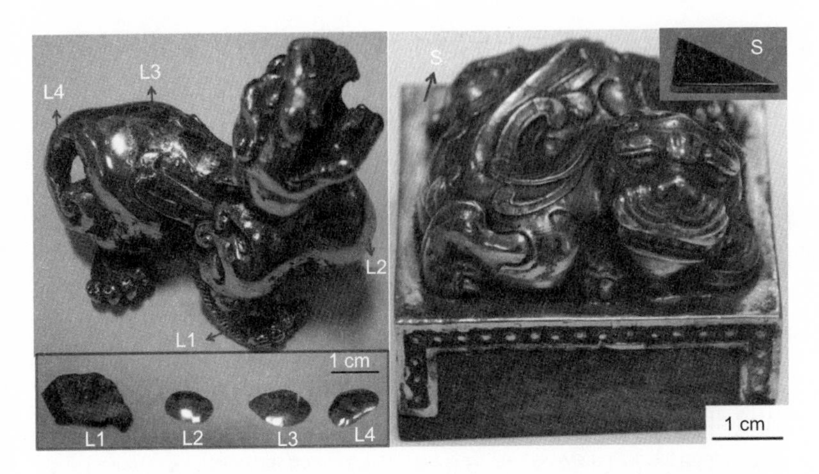

圖 4.70
漢代青銅獅與官印圖 (私人收藏家提供)。官印爲玉製，雕刻四字印，上方印鈕爲無角盤龍。從青銅獅上四位置 (L1、L2、L3 及 L4)，及官印上一圖示位置採取樣本。

4.7 X 光反射率量測法

4.7.1 前言

奈米薄膜 (nano film) 泛指尺度在奈米級的單層或多層膜，或由奈米級晶粒所構成之薄膜，這些奈米薄膜的厚度大約在幾奈米到數百奈米之間，與一般薄膜相較，奈米薄膜具有許多特別的性質，諸如具有龐磁阻效應 (colossal magnetoresistance effect)、巨霍爾效應 (giant Hall effect)、超導性及可見光發射等特殊效應。奈米薄膜材料的特性，就如同塊材一樣深受材料成分及微結構的影響。此外，不同於塊材，奈米薄膜的特性與基板之交互作用有很大影響，諸如磊晶成長、從優取向、內應力以及緩衝層的作用等，皆起因於基板與薄膜在製作過程中的交互作用而產生的影響因素，這些因素不僅影響顯著，有時甚至成爲控制奈米薄膜特性的主要角色，影響薄膜使用甚巨，這亦是目前奈米薄膜研究的主要方向。

由於奈米薄膜材料所展現性質，係受到製程、顯微結構、結晶方向、厚度、雜質以及界面等因素的影響，即使是相同的成分，所表現的性質也有很大的差異。所以奈米薄膜的形態 (morphology) 和其界面結構會大大的影響其特性及應用，因此對於薄膜內部的形態、界面層等特徵已廣爲世人所注意，而測量這些參數更是現代科技的必要過程。通常對於塊狀 (bulk) 結構的研究，係以 X 光繞射爲最常用的工具，但對於奈米級薄膜材料其表面及界面結構特徵之鑑定，X 光反射率 (X-ray reflectivity) 的量測已被證實爲一種非常有效的工具。

X 光反射率顧名思義即爲 X 光照射於薄膜樣品時會由薄膜表面產生反射，測量反射 X 光之強度隨著入射角度變化情形。X 光之所以會產生反射，是因爲大部分材料對於 X 光的折射率會略小於 1 (空氣的折射率等於 1)，而當 X 光經由空氣進入材料內部時，由於是由高折射率介質進入低折射率介質，故當 X 光若以一非常小的入射角進入材料表面

第 4.7 節作者爲李信義先生。

時，會被材料表面完全反射，產生全反射，其反射率為 1，也就是反射光強度與入射光強度是一樣的。一般而言，入射角度在全反射臨界角 (θ_c) 以上時，X 光的反射率會開始下降得很迅速。在理想的情況下，一個完美平整和很陡峭的界面，表層上沒有其他堆積層或吸收層時，X 光反射率從全反射臨界角以上開始急劇下降，其反射率衰減的幅度基本上是與散射波向量 q ($q = 4\pi\sin\theta/\lambda$) 的 –4 次方成正比的關係，此處 θ 為入射 X 光與被測樣品表面的夾角，λ 為入射 X 光波長。若表面或界面具有一些粗糙度時，X 光反射率則下降得更快。

如果所測樣品基板上有一層薄膜時，其 X 光反射率曲線就會呈現所謂的 Kiessig 干涉條紋 (interference fringe)。若當樣品為多層薄膜時，X 光沿著每一界面反射和入射之 X 光產生干涉，而使反射率強度曲線呈現多重週期，因此所測樣品之詳細的電子密度分布、薄膜厚度、界面及表層粗糙度等皆可以從 X 光反射率曲線上獲得[76-88]。X 光反射率對於所測樣品之形態並未有特別限制，不論是多晶、單晶或非晶質材料，甚至於液態材料皆可測量。一般而言，利用傳統 X 光光源，此種方法非常適合於薄膜厚度在 1 nm－100 nm 之間，而且由於入射之 X 光波長大約為 0.1 nm，故所測樣品厚度的準確度可達 0.1 nm，是目前決定薄膜厚度最準確的方法之一。所以 X 光反射率是用來測量奈米薄膜厚度、電子密度及其表面和界面粗糙度等結構參數的最有利工具。

另一方面，由於同步輻射技術的發展與應用，使人們能獲得具有極佳平行性與高強度的 X 光光源 (比起實驗室光源其強度至少高出 4－5 個數量級)，以及其波長的多重選擇性，使得在進行 X 光反射率之測量時，更能精確地控制光源之入射角，亦能輕易改變入射 X 光波長，而獲得更清晰的訊號，進而提高測量結果的準確性，利用同步輻射高強度的 X 光光源及其高解析度，可量測的薄膜厚度的範圍就更為寬廣，大約在 1 nm－1000 nm 之間。因此 X 光反射率已成為分析奈米級薄膜材料不可或缺的工具。以下就針對 X 光反射率量測之原理與應用，作一簡單的介紹。

4.7.2 基本原理

X 光是一種電磁波，而當電磁波通過兩相異介質的界面時，會因為與兩介質內帶電粒子不同的交互作用，而發生折射現象。對大部分材料而言，其對於 X 光電磁輻射的折射率 (n, index of refraction) 可表示如下[89,90]：

$$n = 1 - \delta - i\beta \tag{4.99}$$

$$\delta = \frac{\lambda^2 e^2}{2\pi mc^2} \sum Nafa(0) = \frac{\rho_e r_e \lambda^2}{2\pi} \tag{4.100}$$

$$\beta = \frac{\lambda\mu}{4\pi} \tag{4.101}$$

其中，λ 爲入射 X 光波長，e 爲電子電量，m 爲電子質量，c 爲光速，Na 爲材料內部單位體積所含原子數目，$fa(0)$ 則爲該原子的散射因子，μ 爲材料對 X 光線吸收係數，ρ_e 爲電子密度，r_e 爲古典電子半徑，其值爲 2.813×10^{-6} nm。因爲大部分材料對於 X 光的折射率會略小於 1 (空氣的折射率)，而當 X 光經由空氣進入材料內部時，由於是由高折射率介質進入低折射率介質，故 X 光若以一非常小的入射角進入材料表面時，會被材料表面完全反射 (total external reflection)。材料對 X 光的全反射臨界角 (θ_c，critical angle) 可以由 Snell's 折射定律求得：

$$\theta_c(n) = \sqrt{2\delta} = \lambda\sqrt{\frac{\rho_e r_r}{\pi}} \tag{4.102}$$

故當 X 光進入材料表面的入射角小於全反射臨界角時，會產生全反射。

爲簡化起見，首先暫不考慮材料對 X 光的吸收，當入射 X 光與介質表面的夾角正好達到一臨界角時，折射光將會平行介質表面行進，若入射 X 光與材料表面的夾角小於此一臨界角，此時入射光將不會進入材料內部，在界面上就完全被反射出來。當考慮材料對 X 光的吸收時，入射角即使小於臨界角，X 光仍會稍微穿透材料表面，X 光入射角 (θ) 與對材料的穿透深度 (D) 之間的關係可表示如下[91,92]：

$$D(\theta) = \frac{\lambda}{4\pi}\left[\frac{\sqrt{(\theta^2-\theta_c^2)+4\beta}+\theta_c^2-\theta^2}{2}\right]^{-1/2} \tag{4.103}$$

由上式可知，在入射角 (θ) 小於臨界角時，X 光只能穿透材料表層約數奈米的深度。而當入射角逐漸增大，達到全反射臨界角時，其穿透深度則顯著地增加，若 X 光入射角繼續增大，此時的穿透深度則會趨近於 $\sin\theta/\mu$ ($\theta >> \theta_c$)[92]。所以在作 X 光反射率量測時，當入射角改變時，由於穿透的深度不同，材料內部產生訊號的區域也就不一樣。所以，改變 X 光的入射角，就可以分析材料在距離表面不同深度下的成分差異或界面變化。

基本上 X 光在照射多層薄膜樣品時，在每個界面的地方均有四個電磁波，如圖 4.71 所示，在界面 j (j–1 與 j 層間) 的地方，分別有兩個入射波，即 $E_{j-1,j}^T$ 及 $E_{j,j+1}^T$，和兩個反射波，即 $E_{j-1,j}^R$ 及 $E_{j,j+1}^R$。而表面的 X 光反射率 (R) 即可表示如下：

$$R = \frac{I_{0,1}^R}{I_{0,1}^T} = \frac{\left|E_{0,1}^R\right|^2}{\left|E_{0,1}^T\right|^2} = R_{0,1} \cdot R_{0,1}^* \tag{4.104}$$

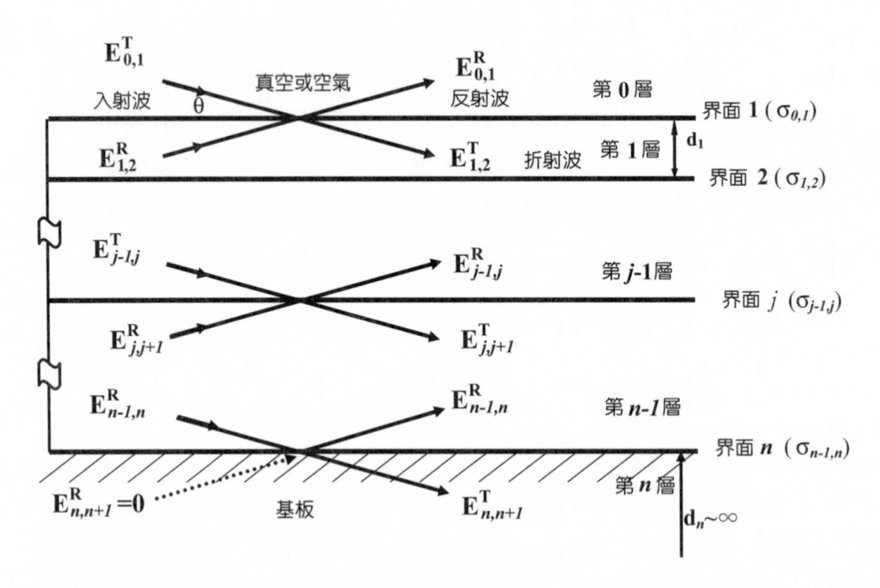

圖 4.71 多層薄膜的 X 光反射及折射示意圖。

對於一個多層 (n 層) 薄膜的 X 光反射率的原理，可以使用 Parratt 於 1954 年利用 Maxwell 方程式所導出的公式，在一理想而沒有粗糙度的界面層，其第 $n-1$ 及 n 層的電場反射波振幅 ($R_{n-1,n}$)，是與理想界面層的第 n 及 $n+1$ 層的電場反射波振幅 ($R_{n,n+1}$) 相關，因此在界面第 $n-1$ 及 n 層的反射率，可以表示成如下的遞歸公式 (recursive formula)(76-84, 93-96)：

$$R_{n-1,n} = a_{n-1,n}^4 \left(\frac{R_{n,n+1} + F_{n-1,n}}{1 + R_{n,n+1} F_{n-1,n}} \right) \tag{4.105}$$

此處 a_n 乃與 X 光穿過厚度爲 d_n 之第 n 層的相位因子有關，a_n 可以表示如下：

$$a_n = \exp\left(\frac{-i f_n d_n \pi}{\lambda} \right) \tag{4.106}$$

$$F_{n-1,n} = \frac{f_{n-1} - f_n}{f_{n-1} - f_n} \tag{4.107}$$

對於第 n 層其臨界角為 $\theta_c(n)$，則 f_n 可以表示為：

$$f_n = \sqrt{\theta^2 - \theta_c^2(n)} \tag{4.108}$$

考慮物質對於 X 光會有吸收，故應加以修正，則使用一複數加入 f_n，使得 f_n 成為：

$$f_n = A_n - iB_n \tag{4.109}$$

$$A_n = \frac{1}{\sqrt{2}}\sqrt{(\theta^2 - \theta_c^2(n))^2 + 4\beta_n^2} + \sqrt{\theta^2 - \theta_c^2(n)} \tag{4.110}$$

$$B_n = \frac{1}{\sqrt{2}}\sqrt{(\theta^2 - \theta_c^2(n))^2 + 4\beta_n^2} - \sqrt{\theta^2 - \theta_c^2(n)} \tag{4.111}$$

$$\beta_n = \frac{\lambda\mu_n}{4\pi} \tag{4.112}$$

$$\theta_c(n) = \sqrt{\frac{\rho_e(n)e^2\lambda^2}{\pi m_e c^2}} \approx 3\times10^{-16}\lambda\rho_e(n)^{1/2} \tag{4.113}$$

其中，μ_n 為薄膜第 n 層的線性吸收係數 (linear absorption coefficient)，$\theta_c(n)$ 則為第 n 層的 X 光全反射臨界角，λ 為入射的 X 光波長，單位為 nm。$\rho_e(n)$ 代表第 n 層的電子密度，單位採用 electrons/cm^3，而 θ 則為 X 光的入射角。以上的公式已經成功的應用於從基材至薄膜表面的每一理想陡峭的界面[76-84, 93-96]。

但是實際的薄膜樣品表面及界面並不是理想陡峭的，它通常具有某種粗糙程度而且電子密度也會有梯度的分布。這種電子密度不均勻分布及表面、界面粗糙度會大大的影響 X 光反射率之強度及形狀。它的影響一般係使用一高斯 (Gaussian)[77-79,87,94-100] 函數來考慮，因此公式 (4.107) 則被修正為：

$$F'_{j-1,j} = \frac{f_{n-1} - f_n}{f_{n-1} + f_n}\exp\left[-\frac{1}{2}(\sigma_{n-1,n}^2 q^2)\right] \tag{4.114}$$

其中，$q = 4\pi\sin\theta/\lambda$，乃是所謂的散射向量 (scattering vector)，而 $\sigma_{n-1,n}$ 為位於第 n–1 及 n

層界面粗糙度的均方根值 (root-mean-square value)。因此最後反射率的遞歸公式 (4.105) 被修正為：

$$R'_{n-1,n}=a^4_{n-1,n}\left(\frac{R'_{n,n+1}+F'_{n-1,n}}{1+R'_{n,n+1}F'_{n-1,n}}\right) \tag{4.115}$$

因為基材 (第 n 層) 相當厚，比起薄膜而言，其厚度 (d_n) 可以視為半無限大 (semi-infinite)，因為 d_n 趨近無窮大，則 a_n 會趨近 0。所以它沒有提供反射波 (reflected wave)，亦即 $R'_{n,n+1}=0$，而且最上層介質是空氣或真空，因此該層厚度可視為零 (即 $d_0=0$)，所以 a_0 會等於 1，因而可以使用 $R'_{n,n+1}=0$ 及 $a_0=1$ 做為邊界條件來解上述之遞歸方程式 (4.115)。理論計算的 X 光反射率強度係為 $R'_{0,1}$ 及其共軛複數 $R'^{*}_{0,1}$ 的乘積，此值可做為與實際量測到的 X 光反射率數據比較。

4.7.3 實驗方法

由於 X 光反射率需要較高解析度的入射光，一般而言，入射的 X 光在到達樣品之前會有分光器，選擇所需要的能量。圖 4.72 為一典型 X 光反射率的實驗配置示意圖。光源的類別可以有傳統的 X 光機 (≤ 3 kW) 或旋轉陽極靶之 X 光產生器 (≥ 12 kW)，甚至是同步輻射光。而入射光分光器可以用機械式狹縫系統 (mechanical slit system)、單晶分光器 (single-crystal monochromator)、單槽分光器 (single-channel monochromator) 或雙槽分光器 (double-channel monochromator)。而反射光分析器則同樣可以用機械式狹縫系統、單晶分光器或單槽分光器。至於偵檢器則可使用高速閃爍偵檢器 (high-speed scintillation counter) 或 Xe 比例計數器 (Xe proportional counter)。若為較高解析度的反射率實驗，其入射光分光器及反射光分析器則可採用雙晶體分光器 (double-crystal monochromator) 以提高解析度。

圖 4.73 所示為國家同步輻射研究中心 X 光實驗室之 X 光反射率的實驗配置示意圖[96]。本裝置係採用旋轉陽極靶 (18 kW) 之 X 光產生器為入射光源，使用銅靶，並配合鍺單晶 Ge(111) 為入射光的分光器，如圖示在樣品與偵檢器之間另有兩組 (S_4 及 S_5) 相距甚遠的狹縫 (距離為 590 mm) 以消除 $K\alpha_2$ 輻射的污染。因此在繞射平面的波向量解析度可達 0.015 nm^{-1}，此裝置可以量測的薄膜厚度在 1 nm－150 nm 之間。

入射光的監視 (monitor) 及反射光的偵檢器是使用 NaI 的閃爍偵檢器，入射光的偵檢器位置與入射光成 90°，於偵檢器之前放置一片塑膠膜 (Kapton)，如此大概可接收約有 0.05% 的散射光，以做為實驗時，X 光由於電源不穩或其他因素而造成入射光有擾動時的歸一校正用。

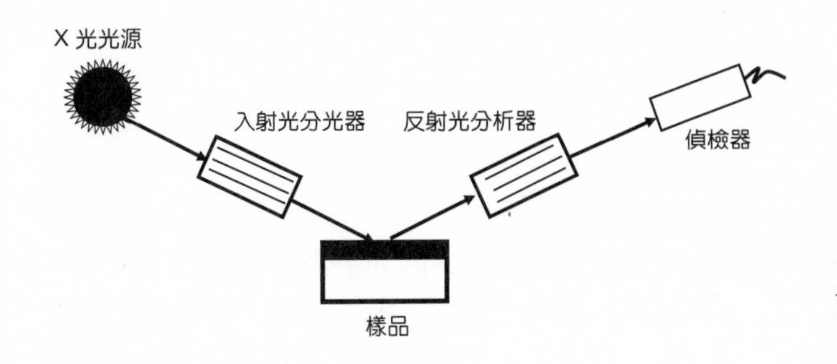

圖 4.72
典型 X 光反射率的實驗配置示意圖。

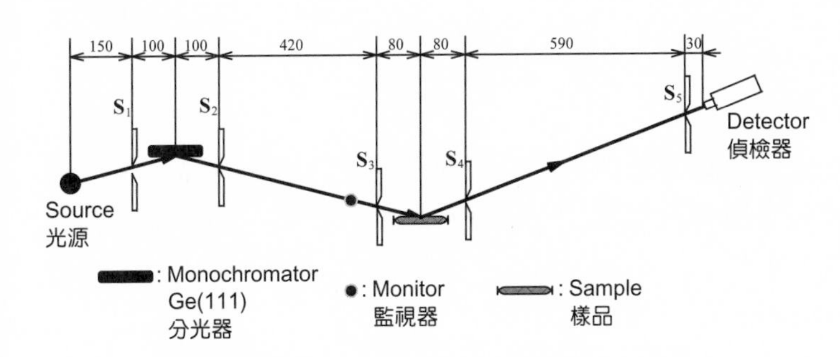

圖 4.73
國家同步輻射研究中心 X 光實驗室之 X 光反射率的實驗配置示意圖。

X 光平面反射率 (specular reflectivity) 的量測係使用一系列的「θ–2θ」掃描，在掃描間，樣品位置之準確度，係使用固定之 2θ 角轉動樣品，以核對其校準度，這個過程可以確保樣品校準精確度在 0.01° 以內。對於每一反射點 $(\theta, 2\theta)$ 的數據，它的背景值是以測量其入射角偏離 $\Delta\theta$ 時所測的反射率強度爲依據，因此最後實際量到的反射率強度表示如下：

$$I(2\theta) = I(\theta,2\theta) - \frac{1}{2}\left[I(\theta+\Delta\theta,2\theta) + I(\theta-\Delta\theta,2\theta)\right] \quad (4.116)$$

一般在分析反射率實驗數據時係利用上述 Parratt 方程式，按照所測樣品材料及層數，建立模式 (model) 撰寫成模擬程式。基本上模式參數的考慮係由每一層的粗糙度、電子密度、厚度及線性吸收係數所組成。至於儀器解析度則根據使用光源配置及狹縫之設定，利用一高斯函數加入模式一併考慮。再利用實驗所得數據與理論計算的 X 光反射率強度做比較，模擬最佳化的擬合度 (best fit) 是由最小之 χ^2 值所決定，χ^2 值係由實驗數據強度與利用參數模擬所得強度兩者差之平方和再除以自由度的數目而決定 (自由度的數目等於模擬點數減去模擬參數)。如此由模擬最佳化參數，即可得到薄膜厚度、密度及表面與界面的粗糙度等訊息。

4.7.4 程式模擬

如上所述，影響 X 光反射率的因素，大致可以歸爲兩類：一爲材料參數，諸如材料之厚度、密度、對 X 光之吸收程度、基板類別、表面及界面粗糙度等；另一影響因素則爲實驗儀器參數，諸如使用光源波長、強度、發散度、狹縫配置等實驗因子。以下就利用上述 Parratt 方程式，建立電腦模式模擬這兩類別參數對 X 光反射率強度的影響。

4.7.4.1 材料參數

(1) 基板表面情形

圖 4.74 爲利用上述之推導公式，模擬矽基板上不同表面粗糙度其理論計算之 X 光反射率曲線。由圖上可明顯看出表面粗糙度對於全反射臨界角並沒有影響，當表層具有一些粗糙度時，X 光反射率則下降得很快。

(2) 薄膜厚度

圖 4.75 爲模擬矽基板上生長一層厚度分別爲 5 nm、10 nm、30 nm 及 50 nm 的 Ta_2O_5 薄膜，其理論計算之 X 光反射率曲線。由圖上可明顯看出厚度對於全反射臨界角並沒有影響，而其 Kiessig 干涉條紋振幅卻隨著厚度之增加而略爲降低，但對干涉條紋之週期則

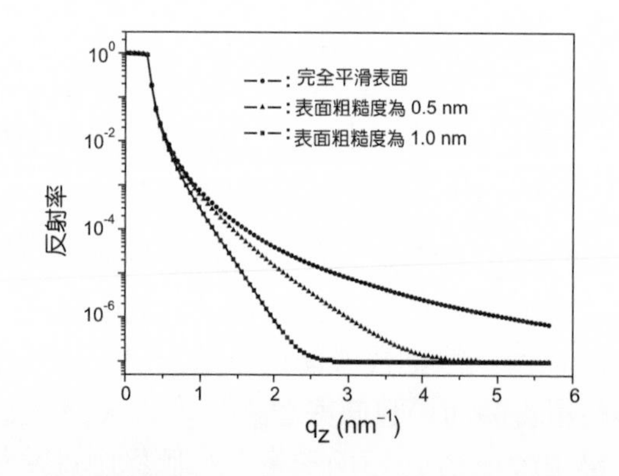

圖 4.74 矽基板上具有不同表面粗糙度之理論計算 X 光反射率曲線。

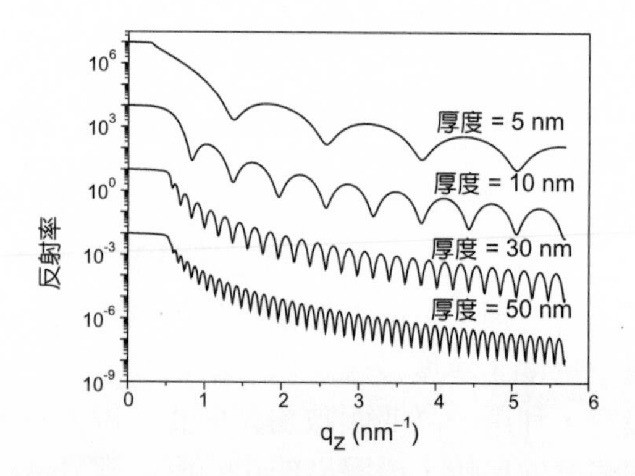

圖 4.75 矽基板上生長一層厚度分別爲 5 nm、10 nm、30 nm 及 50 nm 厚的 Ta_2O_5 薄膜，其理論計算之 X 光反射率曲線。

有顯著的影響，厚度越厚其干涉條紋之週期就越密。

(3) 表面粗糙度

圖 4.76 為矽基板上生長一層厚度為 20 nm 的 Ta_2O_5 薄膜，但其具有不同表面粗糙度之理論模擬計算的 X 光反射率曲線。圖上顯示表面粗糙度對全反射臨界角與干涉條紋之週期並沒有影響，但其反射率曲線之干涉條紋振幅則隨著薄膜表面粗糙度的增加而明顯下降。

(4) 界面粗糙度

圖 4.77 為矽基板上生長一層厚度為 20 nm 的 Ta_2O_5 薄膜，但其具有不同界面粗糙度之理論模擬計算的 X 光反射率曲線。圖上顯示界面粗糙度對全反射臨界角與干涉條紋之週期並沒有影響，但其反射率曲線之干涉條紋振幅則隨著界面粗糙度的增加而顯著下降。

(5) 表面粗糙度及界面粗糙度

圖 4.78 為矽基板上生長一層厚度為 20 nm 的 Ta_2O_5 薄膜，但其具有不同表面粗糙度及界面粗糙度之理論模擬計算的 X 光反射率曲線。圖上顯示粗糙度對全反射臨界角與干涉條紋之週期並沒有影響，但其平均之反射率強度則隨著表面粗糙度及界面粗糙度的增加而急遽下降。

(6) 密度

圖 4.79 為矽晶基板上分別生長一層厚度均為 10 nm 的白金 (Pt)、鈷 (Co) 或鈦 (Ti) 薄

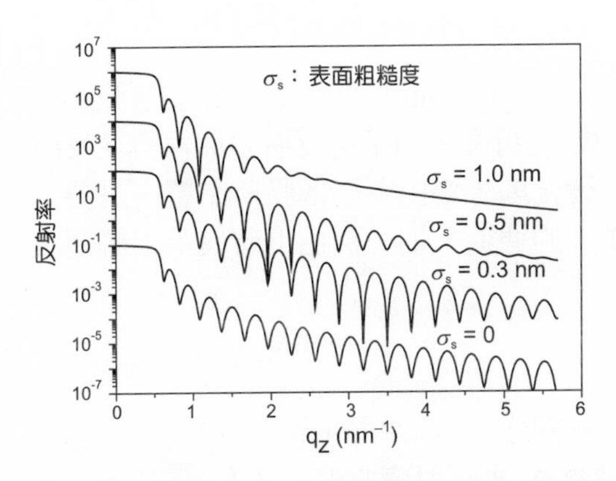

圖 4.76 矽基板上生長一層厚度為 20 nm 的 Ta_2O_5 薄膜，但其具有不同表面粗糙度之理論模擬計算的 X 光反射率曲線。

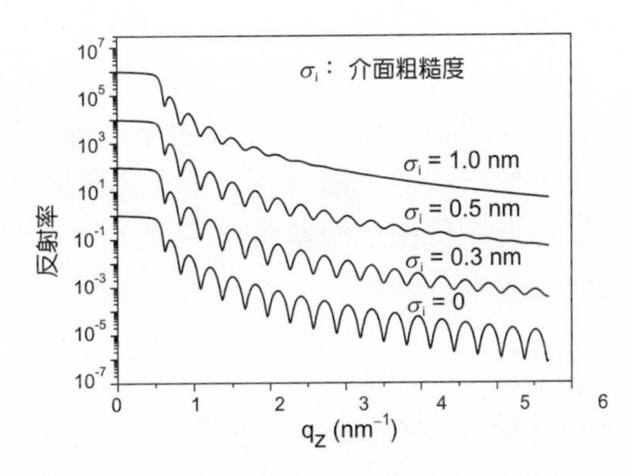

圖 4.77 矽基板上生長一層厚度為 20 nm 的 Ta_2O_5 薄膜，但其具有不同界面粗糙度之理論模擬計算的 X 光反射率曲線。

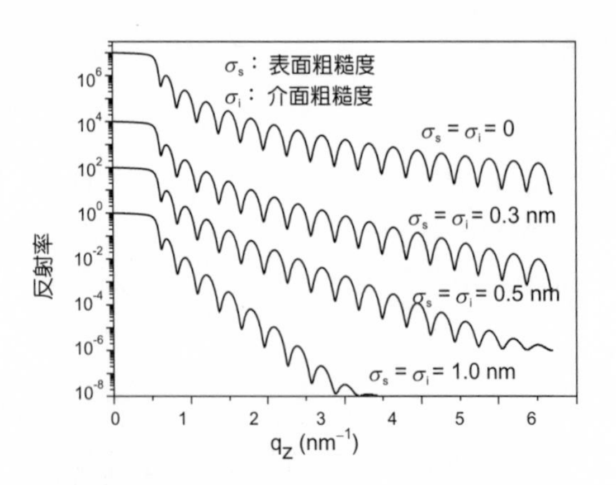

圖 4.78 矽基板上生長一層厚度爲 20 nm 的 Ta_2O_5 薄膜，但其具有不同表面粗糙度及界面粗糙度之理論模擬計算的 X 光反射率曲線。

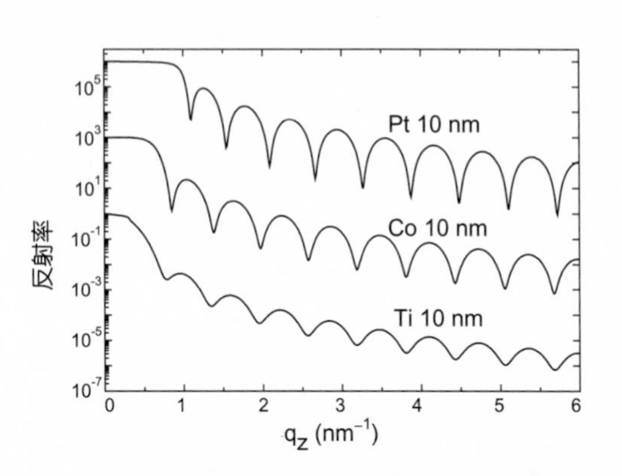

圖 4.79 矽晶基板上分別生長一層厚度均爲 10 nm 的白金 (Pt)、鈷 (Co) 或鈦 (Ti) 薄膜之理論模擬計算的 X 光反射率曲線。

膜之理論模擬計算的 X 光反射率曲線。由此圖可知薄膜密度越大，其反射率曲線之全反射臨界角與干涉條紋振幅越大。

(7) 基板

圖 4.80 爲基板分別爲矽 (Si)、氧化鋁 (Al_2O_3)、砷化鎵 (GaAs) 及鐵 (Fe)，生長一層厚度爲 10 nm 的 Ta_2O_5 薄膜，其理論計算之 X 光反射率曲線。由圖上可知不同基板對全反射臨界角與干涉條紋之週期沒有影響，但干涉條紋之振幅則隨著基板與薄膜密度間之差異變大而增加。

(8) 雙層膜

圖 4.81 爲矽基板上生長一層厚度 10 nm 鈷 (Co) 及 100 nm 厚的白金 (Pt) 雙層膜與單層薄膜，其理論計算之 X 光反射率曲線比較。由圖上特徵可知平均反射率曲線與全反射臨界角主要取決於上層薄膜，而干涉條紋振幅之變化則主要由下層薄膜所影響。主要干涉條紋之週期係由上層薄膜所造成，另外兩個額外的週期，則分別由下層與上下層薄膜疊加所造成。

(9) 超晶格膜或多層膜

圖 4.82 爲矽基板上分別生長 5、15、30 個週期之 Ta_2O_5/Pt 超晶格薄膜 (其每層之 Ta_2O_5 厚皆爲 0.3 nm，Pt 厚爲 4 nm)，其理論計算之 X 光反射率曲線。基本上超晶格 (多層薄) 布拉格峰 (Bragg peak) 的位置係由 Ta_2O_5 與 Pt 單層厚度之和所決定，與層數無關，布拉格峰的半高寬 (full width at full maximum, FWHM) 係隨著薄膜總厚度的增加而變窄，布拉格峰間厚度干涉條紋的數目隨著週期數的增加而增多。

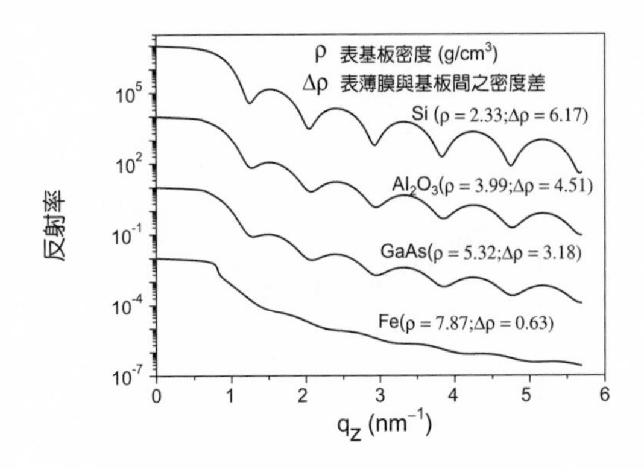

圖 4.80 基板分別為矽、氧化鋁 (Al_2O_3)、砷化鎵 (GaAs) 及鐵，生長一層厚度為 10 nm 的 Ta_2O_5 薄膜，其理論計算之 X 光反射率曲線。

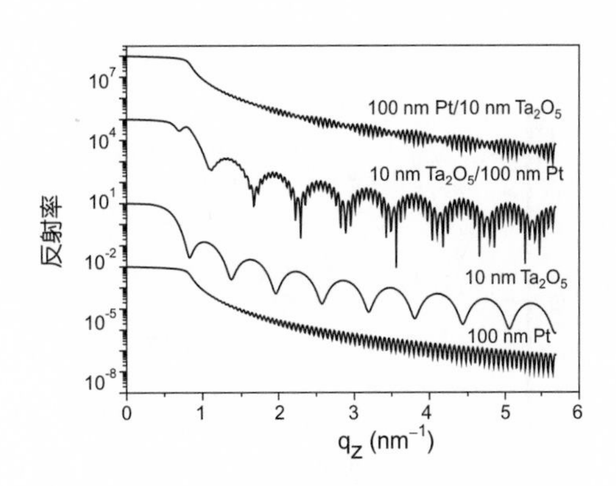

圖 4.81 矽基板上生長一層厚度 10 nm 鈷 (Co) 及 100 nm 厚的白金 (Pt) 薄膜與單層薄膜，其理論計算之 X 光反射率曲線。

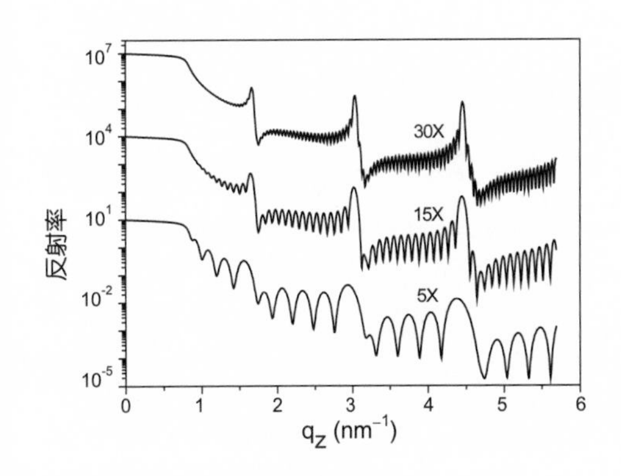

圖 4.82
矽基板上分別生長 5、15、30 個週期之 Ta_2O_5/Pt 超晶格薄膜 (每層之 Ta_2O_5 厚為 0.3 nm，Pt 厚為 4 nm)，其理論計算之 X 光反射率曲線。

4.7.4.2 實驗儀器參數

(1) 光源波長

圖 4.83 為矽基板上生長一層厚度為 10 nm 的 Ta_2O_5 薄膜，分別利用四種不同波長之理論計算 X 光反射率曲線。基本而言，反射率曲線之全反射臨界角與波長成反比，波長對干涉條紋之振幅並沒有顯著影響，但其週期則隨所用波長之減短而變密。

(2) 解析度

圖 4.84 為矽基板上生長一層不同厚度的 Ta_2O_5 薄膜，使用不同光源發散度 (或解析度) 之理論計算 X 光反射率曲線。由圖上特徵可知光源發散度對 X 光反射率曲線的全反射臨界角與干涉條紋之週期並沒有影響，但隨所用光源發散度之增加，其干涉條紋之振幅卻會下降，這一影響尤其以厚膜為劇。

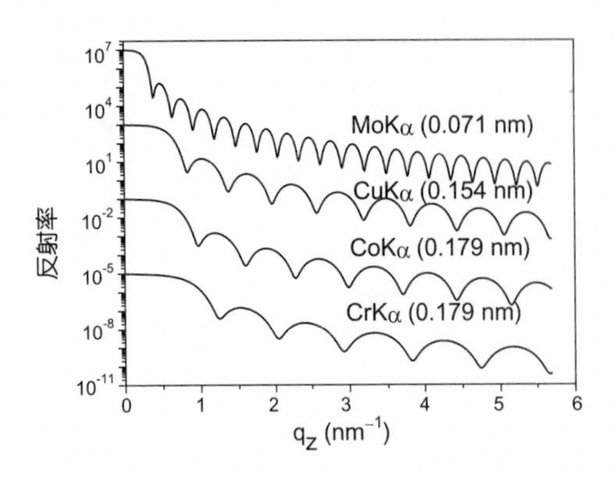

圖 4.83 矽基板上生長一層厚度爲 10 nm 的 Ta_2O_5 薄膜，分別利用四種不同波長之理論計算 X 光反射率曲線。

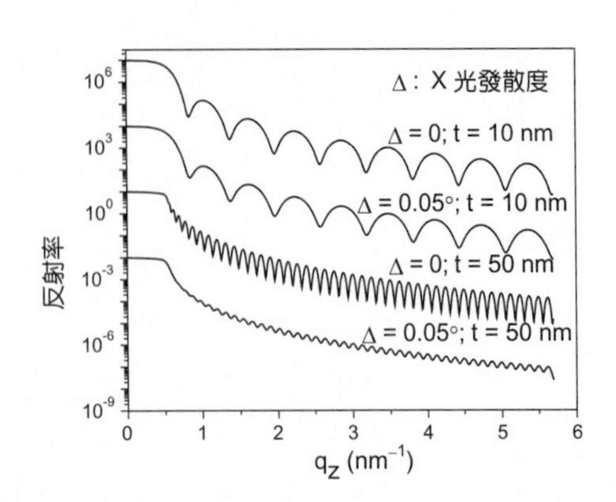

圖 4.84 矽基板上生長一層不同厚度的 Ta_2O_5 薄膜，使用不同光源發散度之理論計算 X 光反射率曲線。

4.7.5 應用實例

(1) Ta_2O_5 薄膜濺鍍於 Si 晶基板上之 X 光反射率量測

本研究係利用臨場同步輻射 X 光反射率量測，研究磁控濺鍍 Ta_2O_5 薄膜於 Si 晶基板上結構與表面行貌之變化[101-103]。圖 4.85 爲 Ta_2O_5 薄膜濺鍍於 Si 晶基板上，基板溫度分別爲 150 °C 及 670 °C，不同濺鍍時間的 X 光反射率曲線與程式模擬曲線[103]。基板溫度 150 °C 所得爲非晶形 Ta_2O_5 薄膜，而 670 °C 則爲晶形的 Ta_2O_5 薄膜。由圖上可明顯看出，X 光反射率曲線干涉條紋的週期很明顯與濺鍍時間大致成反比。定性而言，這些干涉條紋係由於在界面區域有電子密度改變，使得 X 光產生散射而造成。而結晶形 Ta_2O_5 的反射率曲線下降的幅度較大，顯示表面粗糙度隨厚度增長而變大。

經利用前述 Parratt 的公式，建立模式分析所得之最佳化結構參數值如表 4.5 所列。由表 4.5 可知，此模擬所得的最佳參數值之標準差：厚度 ≤ 2%、密度 ≤ 4% 及粗糙度 ≤ 7%。模擬程式矽基板厚度設定爲無限大，理論之矽基板塊材密度 (bulk density) 爲 2.311 g/cm^3，理論之 Ta_2O_5 塊材密度爲 8.327 g/cm^3。由電腦模擬結果顯示，薄膜密度均低於理論的密度值，尤其以非晶形 Ta_2O_5 薄膜的密度更低，其密度最大僅達 4.3 g/cm^3 左右，遠低於理論的密度 (8.3 g/cm^3)，這表示濺鍍薄膜存在著許多缺陷，顯示出非晶形的 Ta_2O_5 薄膜品質較差，內部可能有許多缺陷並且結構較鬆散；而結晶形的 Ta_2O_5 薄膜厚度鍍到約 70 nm 時就會較接近理論的密度。由厚度與濺鍍時間之關係得知非晶形薄膜的沉積速率約爲 0.00625 nm/s，而晶形薄膜的沉積速率約爲 0.00425 nm/s，此乃基板高溫時，到達樣品的原子有較小的黏著性與較高的移動性 (mobility)，原子較容易被再濺鍍出來，因此形成晶形薄膜的成長速率較低[103,104]。

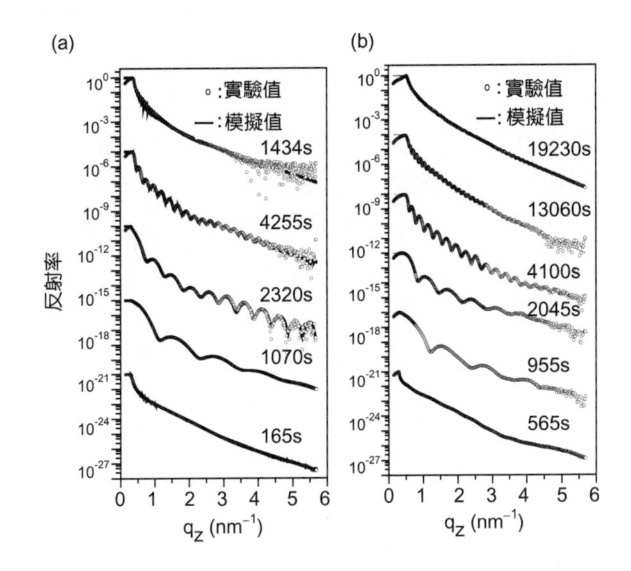

圖 4.85
Ta_2O_5 薄膜濺鍍於 Si 晶基板上，基板溫度分別爲 (a) 150 °C 及 (b) 670 °C，不同濺鍍時間的 X 光反射率曲線與程式模擬曲線(103)。

表 4.5 磁控濺鍍 Ta_2O_5 薄膜於矽基板上，不同濺鍍時間，其模擬實驗反射率曲線所得的最佳參數值。

樣品	濺鍍時間 (秒)	厚度 (nm)	密度 (g/cm^3)	粗糙度 (nm)		AFM (nm)
				界面	表面	表面
非晶型	165	0.94	3.5	0.02	0.37	—
	1070	5.74	3.86	0.01	0.36	—
	2320	12.8	4.11	0.03	0.36	—
	4255	26.1	4.25	0.12	0.38	—
	4915	28.8	4.27	0.18	0.41	—
	6735	40.9	4.29	0.28	0.44	—
	14345	87.1	4.3	0.78	0.87	0.81
結晶型	565	2.96	4.02	0.31	0.56	—
	955	5.01	4.49	0.22	0.46	—
	2045	11.2	5.55	0.51	0.72	—
	4100	20.9	6.8	0.96	1.32	—
	7500	39.2	7.75	1.14	1.78	—
	13060	68.3	8.18	1.19	2.20	—
	19230	100.5	8.27	1.21	2.30	1.99

另外，薄膜的粗糙度隨濺鍍時間之增加而變大，尤以結晶形的 Ta_2O_5 薄膜更為明顯。由模擬的粗糙度演化可得知結晶形的 Ta_2O_5 薄膜初期係以島狀物聚集的方式成長，隨著膜厚的增加這些島狀物會慢慢地結合在一起，形成完整的表面，因而使得其表面粗糙度變小。但當薄膜繼續成長時 (膜厚 ≥ 80 nm)，隨後沉積的 Ta_2O_5 粒子到表面後形成結晶狀而會找到最適合的位置，並以化學鍵的形式形成鍵結，這個因素使得粒子在表面的擴散能力受到限制，而無法遂行有效的擴散，所以便形成一顆顆結晶型的晶粒。而且當晶粒成長後，外來粒子在晶粒表面擴散時，會受到晶粒與晶粒間的晶界的阻礙而無法越過到另外一個晶粒上，所以使得結晶型 Ta_2O_5 薄膜越來越粗糙。表 4.5 之最右一欄係利用原子力顯微鏡 (AFM) 所量得薄膜表面粗糙度值，與反射率曲線所得的最佳參數值比較還算吻合。

(2) 磁控濺鍍鐵電超晶格薄膜結構特徵研究

本實驗係利用 X 光反射率與高解析度 X 光繞射技術，研究磁控濺鍍鐵電超晶格薄膜之結構特徵。圖 4.86 為磁控濺鍍 $Ba_{0.48}Sr_{0.52}TiO_3/LaNiO_3$ (BST/LNO) 鐵電超晶格薄膜於鈦酸鍶 ($SrTiO_3$) 基板上，基板溫度為 450 °C，不同疊層厚度及週期之 X 光反射率與模擬實驗曲線[105]。經利用前述 Parratt 的公式，建立模式分析所得之最佳化結構參數值如表 4.6 所列。由表 4.6 可知，此模擬所得的最佳參數值之標準差：厚度 ≤ 2%、密度 ≤ 4% 及粗糙度 ≤ 6%。模擬程式鈦酸鍶基板厚度設定為無限大，理論之鈦酸鍶基板塊材密度為 5.118 g/cm^3，理論之 BST 塊材密度為 6.123 g/cm^3，而 LNO 塊材密度則為 7.086 g/cm^3。表 4.6 的最右一欄係利用原子力顯微鏡 (AFM) 所量得薄膜表面粗糙度值，以供與反射率曲線所得的最佳參數值比較參考。由 X 光反射率之曲線亦可明顯看到幾個超晶格繞射峰，這表示濺鍍薄膜沿著垂直於基板表面有週期性的成分變化，顯示確實具有超晶格結構。由電腦模擬結果顯示：模擬所得 BST 及 LNO 之密度均略小於塊材理論值，此乃高溫濺

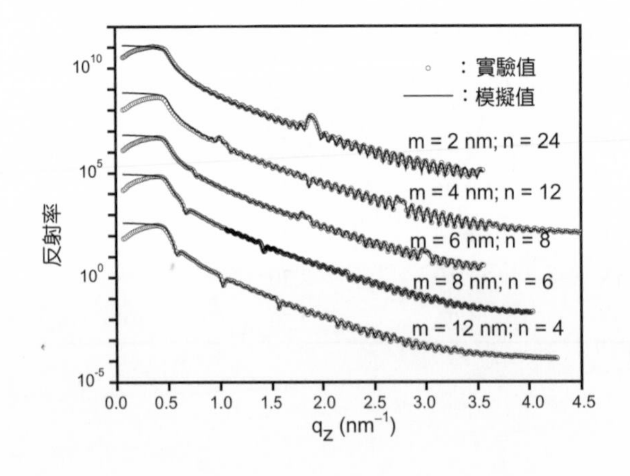

圖 4.86
磁控濺鍍 $(BST_m/LNO_m)_n$ 鐵電超晶格薄膜於鈦酸鍶 ($SrTiO_3$) 基板上，不同疊層厚度 (m；單位為 nm) 及週期 (n) 之 X 光反射率與模擬實驗曲線[104]。

鍍時薄膜會有缺陷所造成，這種現象也發生在其他材料系統[106,107]。而且界面粗糙度大約維持在定值 (0.78－0.82 nm)，此結果也影響了超晶格薄膜的鐵電特性[106]。另外在超晶格調變尺度增加，其表面粗糙度也是增加，此與 AFM 量測結果是一致的。

表 4.6 磁控濺鍍 $Ba_{0.48}Sr_{0.52}TiO_3/LaNiO_3$ (BST/LNO) 鐵電超晶格薄膜於鈦酸鍶 ($SrTiO_3$) 基板上，不同疊層厚度及週期，其模擬實驗反射率曲線所得的最佳參數值。

樣品 $(BST_m/LNO_m)_n$*	厚度 (nm)		密度 (g/cm^3)		粗糙度 (nm)			AFM (nm)
	LNO	BST	LNO	BST	LNO/基板	界面	表面	表面
$(BST_2/LNO_2)_{24}$	1.71	1.69	6.805	6.113	0.31	0.78	0.66	0.61
$(BST_4/LNO_4)_{12}$	3.48	3.47	6.944	6.061	0.34	0.81	0.67	0.59
$(BST_6/LNO_6)_8$	5.3	5.36	6.944	5.98	0.41	0.79	0.68	0.66
$(BST_8/LNO_8)_6$	7.15	7.02	6.805	6.113	0.35	0.82	0.70	0.68
$(BST_{12}/LNO_{12})_4$	10.66	10.4	6.944	6.061	0.32	0.81	0.74	0.71

*m 表每一疊層厚度，單位爲 nm；n 爲重複週期數。

4.7.6 結語

由以上的分析顯示 X 光反射率量測應用於奈米薄膜結構特性之鑑定是一項很好的工具，可提供一種正確、非破壞性的方法，而且可以臨場研究薄膜成長之表面及界面的形貌變化，以評估薄膜厚度、密度及表面與界面的粗糙度等訊息。由於 X 光反射率對於所測樣品之形態，並未有特別限制，不論是多晶、單晶或非晶質材料，甚至於液態材料皆可測量。所以 X 光反射率量測技術是目前用來測量奈米薄膜厚度、電子密度及其表層和界面粗糙度等參數的有利工具。

4.8 X 光微聚焦光束技術

4.8.1 前言

X 光，特別是能量 10 keV、波長 0.1 nm 左右的 X 光，由於波長短、穿透力強，長久以來被認爲是可以作爲高空間解析力、非破壞性、臨場的偵測光源。特別是當 X 光光

第 4.8 節作者爲湯茂竹先生及陳東和先生。

束被強聚焦至微米，甚至奈米之後，現有的 X 光實驗技術，例如繞射 (diffraction)、吸收光譜學 (absorption spectroscopy)、影像學 (imaging) 等將可以被直接推進到偵測微、奈米尺度的不均勻材料，並應用於偵測微小、稀薄的樣品系統。

但是 X 光的聚焦光學卻是近十幾年來才逐漸發展出來的。如圖 4.87 所示，X 光光學的發展過程牽涉到兩個主要技術瓶頸：(一) 如何突破製作高效能的 X 光聚焦光學元件，(二) 如何產生高亮度的 X 光光源。因爲 X 光的波長短，X 光光學元件的製作相較於可見光與電子的光學元件困難許多。製造繞射極限 (diffraction-limit) 且近乎苛求的原子量級的完美 X 光光學元件，即便是寫作本文的此時，仍遙不可及。但是製作數十奈米的 X 光聚焦光學元件的技術在過去十年間有極大的進步，目前已經能夠將波長 0.1 nm 的 X 光聚焦至 25 nm 以下，而數奈米甚至 1 nm 的聚焦被預期將在 10 年內會達成。另一方面，X 光的強穿透性使得 X 光光學元件的光學效能低，必須要有足夠明亮的光源以彌補光學元件的損失，並使得實驗在合理的時間之內完成。第三代同步輻射 (synchrotron radiation) 光源的產生，則提供了比傳統 X 光產生機高出 6 至 10 個數量級的光源亮度，彌補了光源需求的缺口。

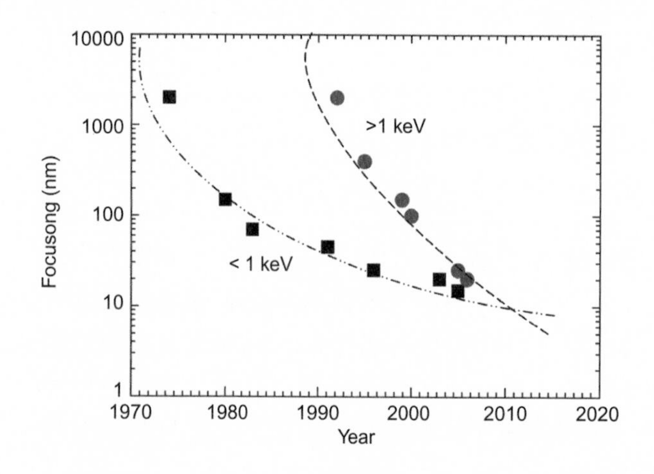

圖 4.87
X 光聚焦光學元件之進程。方形與圓形的點分別表示能量小於 1 keV 的軟 X 光與能量大於 1 keV 的硬 X 光。隨著技術發展的趨勢，或許 10 年內聚焦點將進入 10 nm 的範疇。

本文將簡介以 X 光微聚焦光束作爲實驗利器的發展與應用。首先闡述 X 光光源，特別是同步輻射光源的光學特性。其次將介紹數種發展中的 X 光聚焦光學元件，包括反射式元件 (如全反射鏡、毛細管)、折射式元件 (如複合折射鏡)，或繞射式元件 (如波帶片)。這數種元件在 X 光聚焦光學的發展上互有領先，而在實際應用上互有優缺點，在許多場合裡則是相互輔助的。在應用上，X 光微聚焦光束已經與傳統的 X 光實驗技術結合，並且發展出多種新的實驗技術，這些技術大致可以分爲兩類：第一類稱爲微區分析技術 (μ-analysis)，包括微區 X 光螢光光譜 (μ-XRF)、微區 X 光吸收光譜 (μ-XAS)、微區 X 光繞射 (μ-XRD) 及微區 X 光結晶學 (μ-crystallography) 等技術；第二類稱爲 X 光顯微

學 (X-ray microscopy)，包括穿透式 X 光顯微學 (transmission X-ray microscopy, TXM)、掃描穿透式 X 光顯微學 (scanning transmission X-ray microscopy, STXM)，本文將簡介這幾種技術之優缺點及其應用。本文之最後，我們將簡介同調 X 光繞射影像學 (coherent X-ray diffrative imaging, CDXI)，其爲目前發展最爲快速的 X 光技術之一，相信在 X 光自由電子雷射 (X-ray free electron laser) 出光之後的數年之間，將會革命性地改變我們對於材料科學研究的看法。

現今的 X 光聚焦技術早已超過微米而向數十奈米邁進，但因爲進入次微米的聚焦曾經是數十年技術突破的瓶頸，多數文獻已習慣將小於微米的聚焦稱之爲 X 光微聚焦光束 (X-ray micro-beam)，類似於電子顯微鏡的空間解析力雖然早已經超過 1 Å (0.1 nm) 了，我們仍慣稱電子顯「微」鏡，而不稱爲顯「奈」鏡。本文所指的 X 光微聚焦光束事實上是在數百至數十奈米之間，是廣義的奈米級範圍。

4.8.2 X 光光源

過去十年來，X 光光源品質的大幅提升是造成 X 光微聚焦光束實驗技術長足進步的最重要因素之一。特別是第三代同步輻射光源的發展，提供了高亮度、穩定、能量可調的 X 光光源，在硬 X 光波段的光源亮度幾乎是傳統 X 光光源的 6 至 10 個數量級，高亮度的光源對於低效率的 X 光光學元件的重要性不言可喻。

同步輻射 X 光光源的產生[108]是當被加速至近乎光速的電子遭遇到垂直於行進方向的磁場作用時，磁場對電子產生的勞倫茲力牽引著電子偏轉，電子在沿著切線方向放射出薄片狀且水平偏極化的電磁波輻射。而所產生的輻射，因爲是第一次在同步輻射加速器上被觀察到，故稱爲同步輻射。同步輻射光源的頻譜寬廣且連續，準直性佳，水平偏振，具時間脈衝結構。此外，在加速器的局部長直段 (straight section) 加入被稱作插入元件 (insertion device) 的週期排列的磁鐵陣列，利用局部磁鐵的強磁場，或磁鐵間的同調相干性，可以增加輻射的總光通量，提升輻射能量，製造偏極化光源，或是增加光源的亮度等。圖 4.88 爲我國規劃中的第二座同步輻射光源「台灣光子源 (Taiwan Photon Source)」的部分頻譜圖。圖中包括了三種主要的同步輻射 X 光光源，分別由偏轉磁鐵 (bending magnet)、超導增頻磁鐵 (superconducting wiggler, SW 4.8) 及聚頻磁鐵 (undulator, CU 1.8) 所產生，後二者即是所謂的插入元件。

光通量 (photon flux, F) 是最常用來描述同步輻射光源特性的特徵，常用的光通量單位爲 photons/sec/0.1% bandwidth，表示每秒鐘在 0.1% 的能量頻寬 (bandwidth) 時的光子數。亮度 (brilliance, B) 則是另一個經常被用來表示光源特性的特徵，常用的表示單位爲 photons/sec/mm^2/mrad^2/0.1% bandwidth，亦即每秒鐘在 0.1% 的能量頻寬、單位光源面積、單位光源立體角，所放射出的光子數。光源面積與光源立體角的乘積即所謂的放射度 (emittance)，定義了光源在相空間 (phase space) 的分布。亮度的物理意義其實是光通

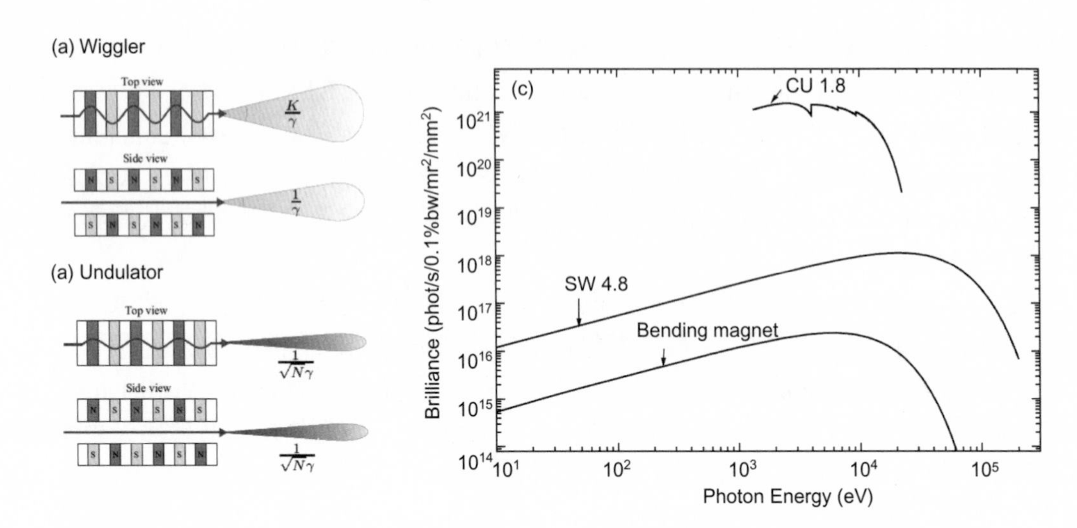

圖 4.88 常使用於同步輻射加速器上的兩種插件元件：(a) 增頻磁鐵 及 (b) 聚頻磁鐵的磁鐵陣列示意圖與張角[108]。(c) 我國第二座同步輻射光源，台灣光子源的亮度對於能量的譜圖。

量在相空間中的密度，相同數量的光子由小而準直的光點發出將具有較高的亮度，這和一般的經驗是符合的。最新的同步輻射加速器，由於電子槍與加速器磁格技術的進步，大幅地將光源的放射度縮小，光源大小與光源準直度都大大地縮小，因此光源的亮度得到了很好的提升。

X 光聚焦光學元件所能被照射的光通量由元件的數值孔徑 (numerical aperture, NA) 決定，通常只在光源相空間中佔有很小的面積。因此光源亮度的增加對於 X 光聚焦元件的效能是呈線性提高的。此外，在光源相空間中可以定義出一個特別的區域，在該區域中的光具有完全的空間同調性 (spatial coherence)，此同調區域在同步輻射光源相空間中只佔很小的部分。同調光通量 F_c、亮度 B 及波長 λ 的關係爲：$F_c = (\lambda/2)^2 B$ [109]。同步輻射光源不是一個非常同調的光源，在波長爲 0.1 nm 時，同調光通量 F_c 即便在現今最明亮的同步輻射設施如日本的 SPring-8 等，小於總光通量的 0.1%。

4.8.3 X 光聚焦光學元件

光學元件的聚焦可視爲入射光通過光學元件後，所引起的相位偏移在聚焦點處同相 (in-phase) 相干的作用[110]。X 光的聚焦光學元件依據不同的聚焦原理，主要可分成三類：反射式 (reflection)、折射式 (refraction) 及繞射式 (diffraction)。反射式與折射式的 X 光光學元件應用了物質在 X 光波段的折射率 (refractive index) 小於 1 的特性，繞射式 X 光元件則應用了光束經過聚焦元件之後光程差之同調疊加的效應。本節將簡述三種 X 光聚焦光學元件的原理。當光通過聚焦元件之後，如果光束的相位仍可被有效地保持，聚焦元件通常也都是放大或成像的元件。因此，聚焦元件的發展也意味著成像能力，或者說是顯微能力的進步。本章的最後我們將簡介 X 光微聚焦光束線與 X 光顯微光束線的光學元件組成。

X 光對於物質的折射率可以表示成：$n = 1 - \delta + i\beta$。δ 與 β 的物理意義可以由假設 X 光通過折射率 n 的物質時，其電場振動改變可以表爲：

$$e^{inkz} = e^{i(1-\delta)kz} e^{-\beta kz} \tag{4.117}$$

其中，實數 δ 造成 X 光在物質內相速度 (phase velocity) 的變化，是所謂的折射項；虛數 β 與光在物質中的吸收有關，是所謂的吸收項。在 X 光波段，δ 與 β 數量級約在 10^{-5} – 10^{-6} 之間。事實上，δ、β 與物質的原子序 Z 與波長 λ 有關，可近乎表爲：$\delta \propto Z\lambda^2$ 、$\beta \propto Z^{3\text{-}4}\lambda^4$ (111)。

由於物質對於 X 光的折射率小於 1，所以物質對於 X 光 ($n < 1$) 的光學特性與對於可見光 ($n > 1$) 的光學特性有許多有趣的對比。例如，對於可見光於言，物質相對於空氣是光密介質，而對於 X 光而言，物質相對於空氣則是光稀介質，所以 X 光由空氣入射於物質時，當入射角小於某臨界角 (critical angle, θ_c) 時，入射的 X 光將被物質全反射回空氣，如圖 4.89 所示。臨界角 θ_c 與 δ 的關係爲 $\theta_c = \sqrt{2\delta}$ ，與物質原子序 Z、波長 λ 皆有關，在 0.1 nm 的波長，臨界角約爲 0.5°。

4.8.3.1 反射式聚焦元件

X 光在臨界角以下可以被全反射，這個現象與可見光學的鏡面反射類似。假設光源近似點光源，大小爲 S，反射鏡面是完美橢圓面鏡的一段，如圖 4.90 所示，光源至鏡面距離爲 p，鏡面至聚焦點距離爲 q，則理論聚焦大小可以近似表爲 $S' = S(q/p)$，q/p 稱爲聚焦比例。在聚焦比例不大 ($q/p \approx 1$) 時，橢圓面鏡近似於圓面鏡 (toroidal)。水平與垂直方向的聚焦可以使用兩面圓面鏡在兩方向上分別聚焦，叫作 K-B 鏡組 (Kirkpatrick-Baez pair)(112)。圓面鏡可對水平與垂直方向一次聚焦，雙圓面鏡在 $q/p \approx 0.5$ 時會有最小的鏡面像差 (spherical aberration)(113)。

當 $q/p << 1$，光點將被強聚焦。強聚焦的要求使鏡面曲率偏離圓面鏡的不對稱性增加，鏡面像差所造成的散焦效應抵銷了聚焦作用，使聚焦點大小停留在約 100 μm，這時候製作完美橢圓面鏡就有實際的需要。橢圓面鏡可依圓面鏡近似展開(114,115)，製作完美的橢圓面鏡即是消除展開式的高次項。現今有幾個發展方向，例如採用研磨法，是結合前級的圓面鏡研磨，加上厚度控制鍍膜法 (plasma chemical vaporization machining)，將所需要的厚度梯度蒸鍍在鏡面上，所遺留下的粗糙表面利用所謂的彈性 (elastic emission machining) 法可以近乎一個個移除鏡面的原子，所形成的鏡面截距誤差 (slope error) 低於

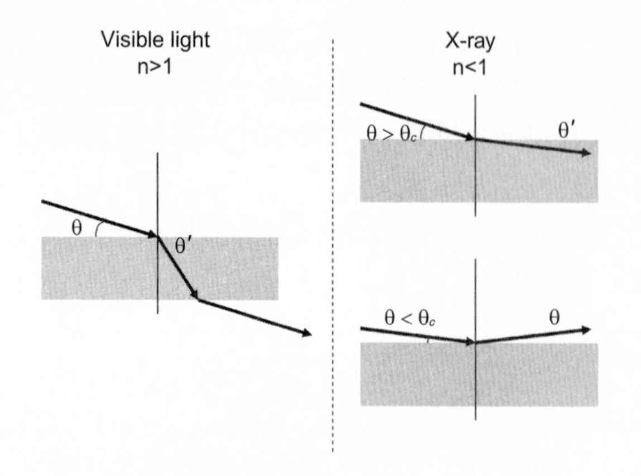

圖 4.89
(a) 在可見光波段，物質的折射率大於 1，由空氣射入物質的一束光將以大於入射的角度偏折 ($\theta' > \theta$)。(b) 在 X 光波段，物質對於 X 光的折射率小於1，空氣相對於物質在X光的波段是光密，因此當由空氣端入射的一束 X光在物質內的偏折小小於入射角 ($\theta' < \theta$)。(c) 當入射角小於臨界角 θ_c 時，物質對於入射的 X 光產生全反射，其效果類似光學反射鏡。

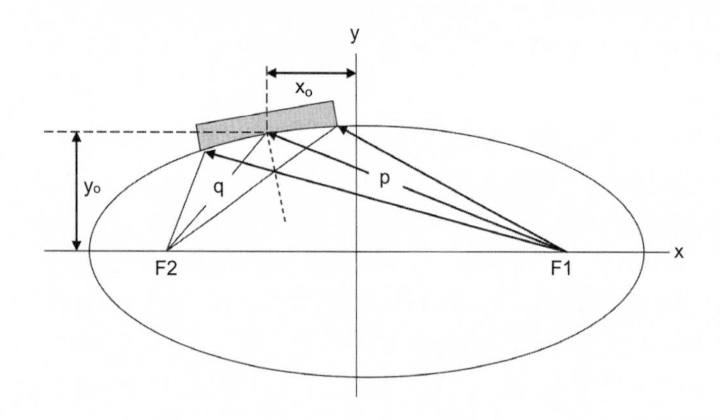

圖 4.90
完美的反射鏡面是橢圓面鏡的一段。光源至鏡面距離爲 p，鏡面至聚焦點距離爲 q。

10^{-7}，已近乎繞射極限[116]，該技術目前的鏡面長度已可達 40 cm，可將 X 光點聚焦到 30 nm 以下。利用機械外力不對稱地彎曲鏡面則是最早將 X 光反射鏡推進至 1 μm 的聚焦的方法，不對稱機械力的施加方式可以直接施以不對稱力矩[117,118] 或在垂直於鏡面與光軸的方向上依照所計算的慣性矩 (initial moment) 切割出特定的鏡體形狀[119]，後者的機制與製作簡單，目前仍常被使用於數微米的聚焦系統上。X 光反射鏡相較於其他聚焦元件具有聚光效益高、壽命長、能量無關等優點，唯實際應用上鏡面反射對於光束線振動或移動有放大作用，光源穩定度所造成的影響較其他聚焦元件爲大，對於整個系統包括光學元件、樣品與偵測器的穩定度要求較高。

另一個應用 X 光全反射原理的原件是所謂的漸促毛細管 (tapered capillary)。90 年代中，漸促毛細管的原理成功地被應用來產生次微米的光點[120]。當 X 光進入毛細管中，小於臨界入射角的 X 光在毛細管中被全反射，如圖 4.91 所示，如果管徑是由入口至出口逐漸變細的，被多次全反射的 X 光在出口處就將是一個聚焦的光點，光點大小約爲出口處之開口大小。漸促毛細管的聚焦比例取決於毛細管出入口大小之比例，由於 X 光全反射臨界角在 0.5° 以下，強聚焦的毛細管意味著毛細管的長度隨著聚焦比例近乎成正比增加，實際應用上，漸促毛細管已不被當作強聚焦的光學元件，但是作爲前級聚焦元件 (primary focal component)，例如作爲 X 光顯微鏡的前級聚焦鏡 (condenser)，則是一個很好的選擇。此外，將多束漸促毛細管捆成一束的毛細管簇則可被應用作爲低亮度光源 (例如傳統 X 光產生機) 的聚焦元件[121]，實際使用上對於提高照射在樣品的光通量密度較反射鏡方便許多，且已經有了商業化產品。

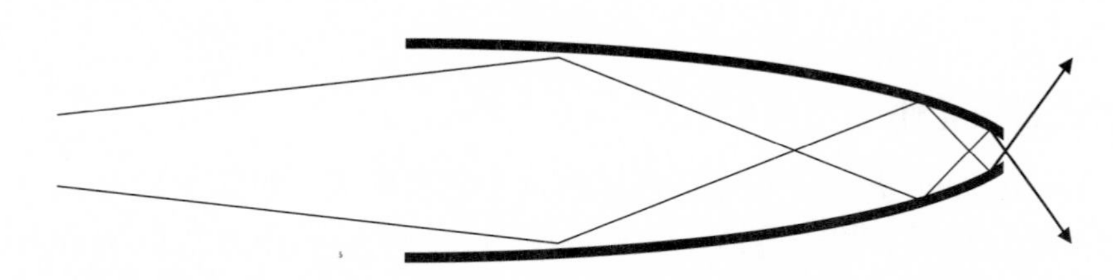

圖 4.91 漸促毛細管應用 X 光在毛細管內所產生的多次全反射，當毛細管的內管徑逐漸縮小，聚焦效應因此產生。強聚焦的漸促毛細管，毛細管出口處通常也是聚焦點。

4.8.3.2 折射式聚焦元件

物質對於 X 光的折射率小於 1 ($n \approx 1 - \delta < 1$)，因此 X 光的折射行爲與可見光 ($n > 1$) 的折射行爲有一個簡單的對應關係：可見光聚焦鏡是凸透鏡，而對於 X 光則是凹透鏡。但是由於 $\delta \approx 10^{-5} - 10^{-6}$，亦即 X 光被折射的程度是很小的，單一片的透鏡對於 X 光的焦距可以用 $f \approx R / 2\delta$ 表示，R 爲透鏡的曲率半徑，焦距在數公里之外，實際應用上是不可能的。串聯多個凹透鏡則可以將焦距 ($f \approx R/2N\delta$ ，N 爲透鏡數) 拉近至 1 公尺以內，如圖 4.92 所示，而簡單的串聯方式則是在低吸收係數的材料 (Be) 上，以機械方式[122] 或蝕刻 (lithography) 方式[123] 製造成複合透鏡列 (compound refractive lens, CRL)，後者並且可

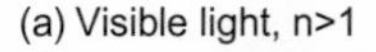

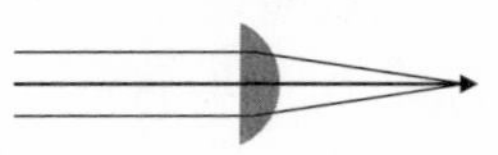

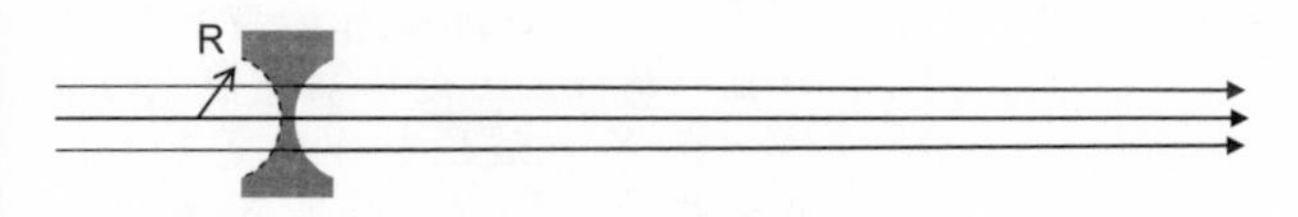

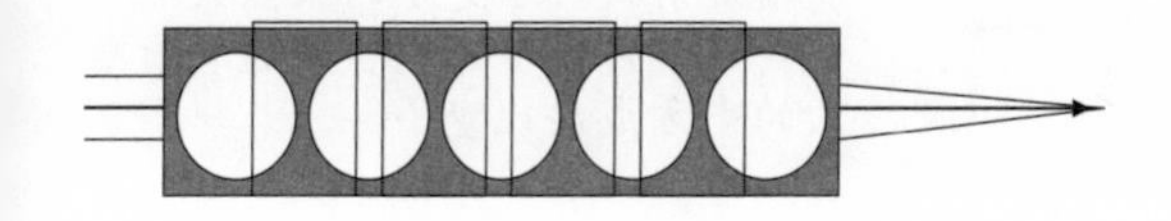

圖 4.92
(a) 在可見光波段，凸透鏡被使用作爲折射聚焦鏡。(b) 在 X 光波段，折射聚焦鏡則是凹透鏡。(c) 單一片凹透鏡的微弱聚焦可以經由串聯多個透鏡而線性地加強。

製造每一個透鏡各別不同的曲率，有效地消除鏡面像差。應用蝕刻方式所製成的複合透鏡列目前已經可以達到 30 nm 以下的聚焦點。複合透鏡列最小的理論聚焦大小受限於材料的繞射極限與吸引係數，鑽石複合透鏡列被認爲有可能可以達到小於 5 nm 的聚焦點[124]。此外，CRL 的吸收係數限制了可使用的 X 光能量，一般使用在高能量的範圍 (> 20 keV)。數個研究方向試圖將折射元件的繞射極限向下推伸[124]，例如結合背向動力繞射與複合透鏡列的幾何原理已在實驗上被證實可以產生比單獨使用複合透鏡列更小的焦距[125]。

4.8.3.3 繞射式聚焦元件

波帶片 (zone plate) 是由一組不同間隔的同心圓所構成，如圖 4.93 所示，元件的光學設計使得相鄰兩圈同心圓一爲透光、一爲不透光，稱爲振幅波帶片 (amplitude zone plate)，或使得 X 光通過不同厚度的相鄰兩圈同心圓後產生 180° 的相位差，稱作相位波帶片 (phase zone plate)。同心圓的間隔隨著同心圓的半徑增加而減少，使得各透光圈所透過的光到達焦點處的光程差剛好爲整數波長，形成建設性干涉，光強度因而增加形成聚焦作用。根據波帶片成像原理[126]，當波帶片的數值孔徑 (numerical aperture, NA = $m\lambda/(2dr_n)$) 遠小於 1 (在 X 光能量範圍內普遍符合的)，波帶片的放大公式與折射式光學透鏡相同，可以直接代入幾何光學公式，其中，dr_n 爲最外圈波帶間寬，λ 爲入射光波長，m = 1、3、5…爲繞射階次，通常使用 $m = 1$。第 m 階繞射的最大聚焦點大小 $d_m = 1.22dr_n/m$，與最外圈波帶間寬 dr_n、繞射階次 m 直接相關，因此如何製造出極精細的最外圈波帶寬決定了最後的聚焦大小。此外，波帶片的厚度必須足以使用 X 光產生 180° 的相位差 ($\Delta t = \lambda/2\delta$)，對 8 keV 能量的 X 光，使用金元素所製作的波帶片，波帶片的深寬比 (aspect ratio)

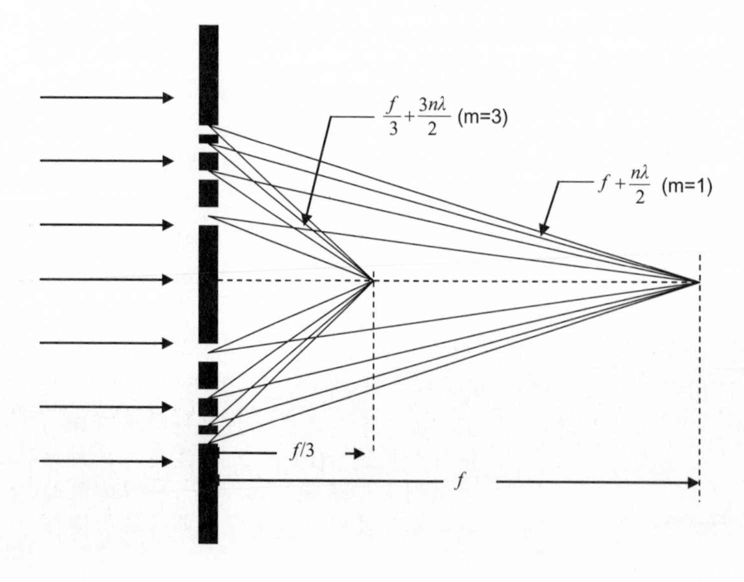

圖 4.93
波帶片是由一組不同間隔的同心圓所構成。相位波帶片的理論繞射效益約爲 $4/\pi^2$，是振幅波帶片的 4 倍。在 X 光波段製作高寬深比的波帶片是困難的，因此 X 光的波帶片主要是相位波帶片。波帶片的高階繞射提供了更小的聚焦大小，但是波帶片的繞射效益則隨繞射階次的平方成反比變小。

最優化的條件約為 18，這個條件在高能量的 X 光形成了製作高品質波帶片的技術瓶頸。寫作本文的此時，在 X 光波段利用波帶片所能產生的最小聚焦約為 30 nm[127]。使用高階繞射 (m = 3、5⋯) 在理論上與實際上可以產生更小的聚焦點[128]，實際應用上，高階繞射意味著更短的工作距離 (第 m 階繞射焦距 $f_m = 2rdr_n/(m\lambda)$)，且繞射效率 ($\propto 1/(m\pi)^2$) 隨平方繞射階次變小。此外，波帶片聚焦點大小的理論極限還受到波長的影響，當最外圈波帶寬與波長相當時，駐波效應在相鄰波帶間產生漏波現象[129,130]，限制了波帶片在 X 光波段理論極限的最小聚焦約為 5 nm。

4.8.4 微聚焦同步輻射光束線

聚焦元件通常也都是放大或成像的元件，因此，聚焦元件的發展也意味著成像與顯微能力的進步。微聚焦 X 光光學元件的一大貢獻則是促進了同步輻射顯微鏡的快速發展。相較於其他顯微鏡，X 光顯微鏡具有多樣的成像對比機制、快速成像、簡易的樣品

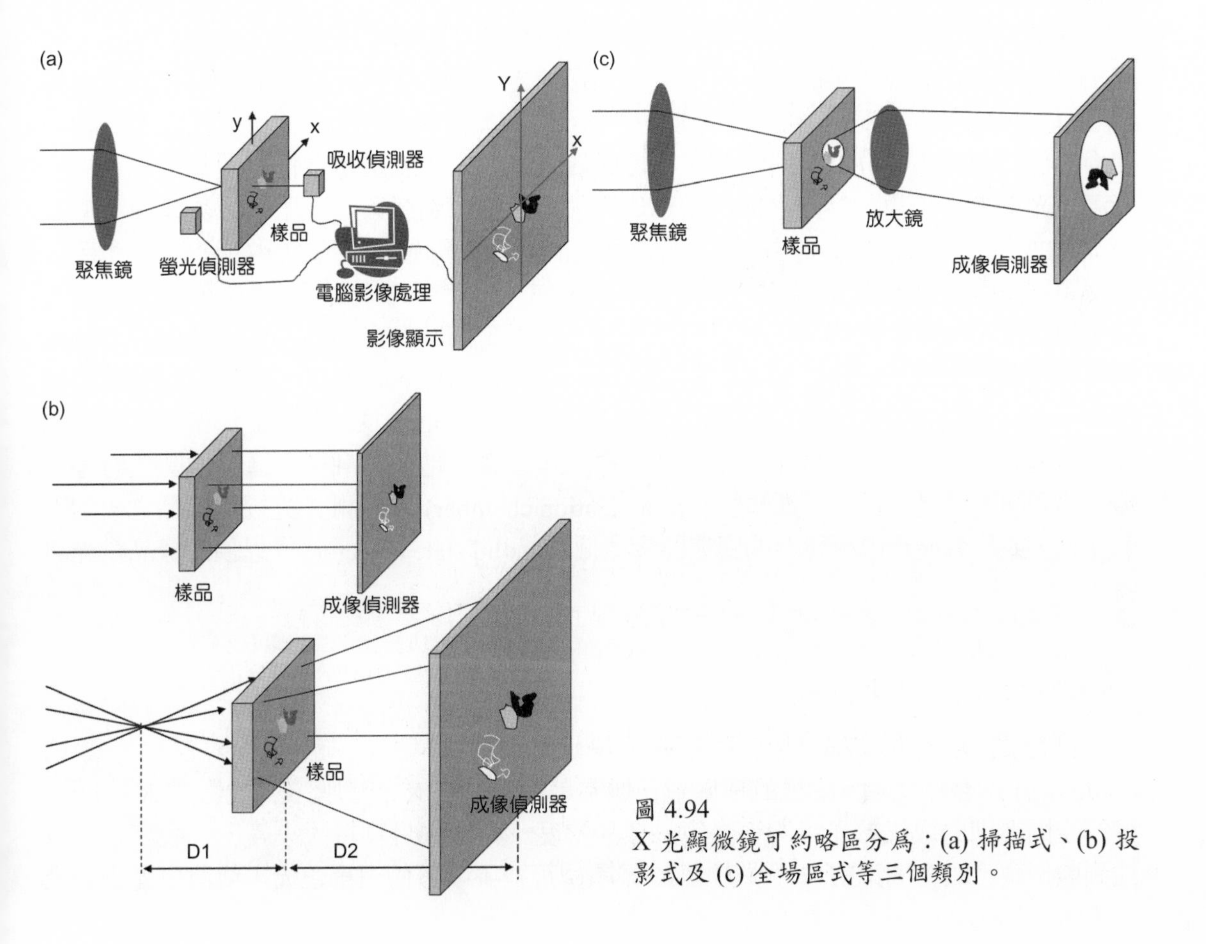

圖 4.94
X 光顯微鏡可約略區分為：(a) 掃描式、(b) 投影式及 (c) 全場區式等三個類別。

製備與樣品環境、三維立體影像等優勢。X 光顯微鏡依據所使用光學元件的方式可約略區分為：掃描式 (scanning)、投影式 (projection) 及全場區式 (full-field) 等三個類別，如圖 4.94 所示。微聚焦光束的應用，通常可被歸類於其中一種顯微鏡的光學組成，介紹 X 光顯微鏡的光學組成對於掌握微聚焦光束在實際的應用上是有幫助的。

4.8.4.1 掃描式 X 光顯微鏡

X 光微聚焦光束已經與傳統的 X 光實驗技術結合發展出多種新的實驗技術。當相對地掃描聚焦光束與樣品的位置，X 光微聚焦光束的技術就形成了所謂掃描式 X 光顯微學 (scanning X-ray microscopy)，對於微量、區域的樣品系統，提供了過去所沒有的空間解析。為文的此時，具備 30 nm 空間解析力的掃描式硬 X 光顯微鏡已分別在美國的 APS 與歐洲的 ESRF 建造完成。顯微鏡的空間解析力取決於光點大小，以及光點與樣品相對的最小移動精度。以目前的機械精度而論，30 nm 以上的聚焦光點，聚焦大小是解析力的瓶頸，30 nm 以下的聚焦光點，機械的振動、光學元件的熱負載、樣品與光學元件間的穩定度則決定了最後的解析力。

掃描式 X 光顯微鏡將光源聚焦到近乎聚焦光學元件的繞射極限 (diffraction limit)，並且相對地掃描樣品與光源的位置而成像。微聚焦光束線的光學元件組成與一般的同步輻射 X 光光束線大致相同，由於微聚焦的光學元件的光接收角度小，光學元件在光源相空間中所佔的面積小，亮度高的光源，如聚頻磁鐵光源，通常被選擇作為微聚焦光束線的光源。光束線的光學設計則是使得微聚焦元件可以接收到最大的光子。以美國同步輻射光源 APS (Advanced Photon Source) 新近建造的奈米分析光束線為例，如圖 4.95 所示，由聚頻磁鐵所發射出的 X 光經過兩面水平鏡聚焦，聚焦鏡的焦點設計在於水平狹縫組入口，配合水平狹縫組使得出了狹縫組之後的光源近乎圓狀點光源的光束，光束的下游經過雙晶體單色光器 (double crystal monochromator, DCM) 分光之後，單色的 X 光被微波帶片 (micro zone plate, MZP) 所聚焦，聚焦大小約為 30 nm，樣品位於微波帶片焦點處，樣品座具有垂直於光束的兩維移動功能，樣品座垂直於地面的軸則可進行微區繞射等實驗。偵測器可以是一具離子氣體腔 (gas ionization chamber) 以量測 X 光經過樣品之後的吸收光譜，或是具能量解析能力的固態能量偵檢器 (solid state detector) 等以偵測樣品螢光訊號。

4.8.4.2 投影式 X 光顯微鏡

投影式 X 光顯微鏡具有大面積、快速成像等優點，一般的放射醫學影像術 (radiology) 即屬於此類。主要的成像對比機制是樣品對於 X 光的吸收。投影式 X 光顯微鏡的空間鑑別力取決於光束的準直度、樣品厚度、顯像底片顆粒大小等，一般來說可以達到數個微米的空間鑑別力。投影式 X 光顯微鏡並不限於使用單色光，使用白光光源進

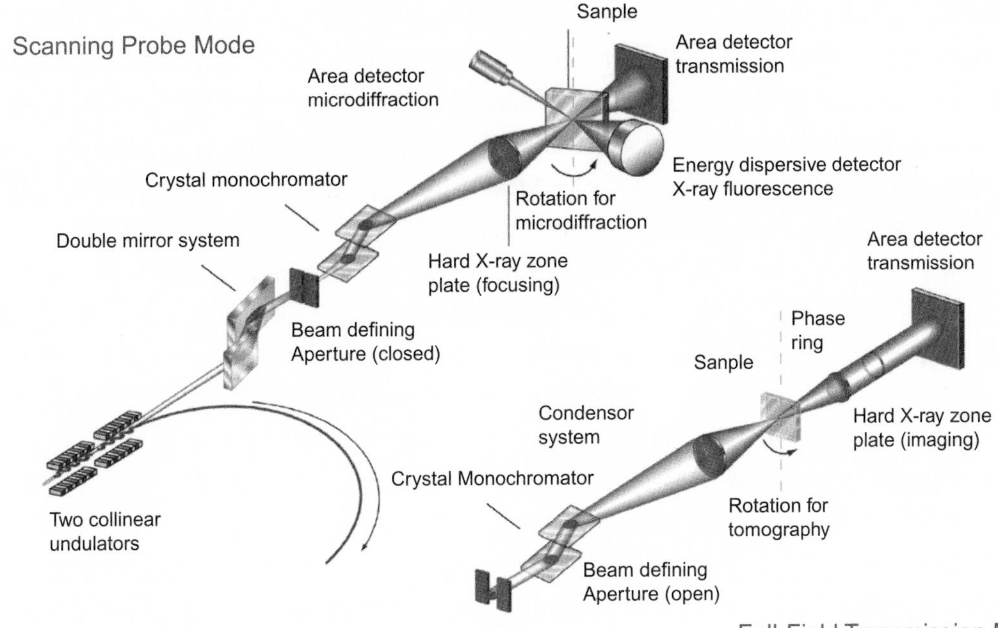

圖片來源：美國能源部亞岡國家實驗室。

圖 4.95 美國奈米材料中心 (Center for Nanoscale Materials) 與亞岡國家實驗室 (Argonne National Laboratory) 之同步輻射設施 Advanced Photon Source 共同建造的奈米檢測光束線示意圖。該光束線可以快速地在掃描式與全場式運轉模式間切換，充份發揮兩種量測技術之優點，是奈米檢測光束線主流發展方向之一。

行快速追蹤樣品動態變化 (msec) 是很方便的[131]。此外，X 光在樣品邊際因樣品厚薄變化所產生的折射率差，可以強化在樣品邊際的相位對比成像，對於如生物細胞或組織切片等輕物質的成像是重要的。微聚焦光束的使用則可以有效地增加放大倍率，如圖 4.95 所示，利用簡單的幾何關係可以計算由於微聚焦光束的使用，影像的放大倍率增加了 D_2/D_1 倍，可以達到次微米以下的空間解析力與三維立體成像。

4.8.4.3 全場穿透式 X 光顯微鏡

全場穿透式 X 光顯微鏡 (簡稱穿透式 X 光顯微鏡) 的光學原理與全場式可見光光學顯微鏡類似：入射 X 光經過聚焦元件聚焦以增加光通量密度後照射於樣品，X 光經過樣品吸收之後由物鏡放大並成像於二維面積偵測器。全場式顯微鏡的空間鑑別力由物鏡決定。全場式穿透 X 光顯微鏡的成像並不需要同調性光源，在偵測器上一次成像，成像時間短，並且可以改變入射 X 光能量以強化樣品中特定元素的成像，容易重建三維立體影像。一般來說，X 光顯微鏡的樣品製備較電子顯微鏡簡單許多，樣品通常無需染色或脫水，依樣品的密度，樣品厚度可以厚至數十微米。

圖 4.96 為 2005 年在我國國家同步輻射研究中心 (NSRRC) 所建造的全場式穿透 X 光顯微鏡的光學示意圖[132]。顯微鏡所使用的光源產生自一座不對稱三極超導移頻磁鐵 (superconducting wavelength shifter)。超導移頻磁鐵所產生的 X 光被反射式初級曲面聚焦鏡 (focusing mirror) 在水平與垂直方向聚焦於面積偵測器。雙晶體單色光器 (double crystal monochromator) 的兩片完美鍺單晶選取 7－11 keV 的單色 X 光。X 光的次級聚焦是由一組漸促的石英毛細管所完成，入射的 X 光在毛細管管壁內產生一次全反射而聚焦於樣品處，聚焦率約為 10 倍。毛細管出口處的金球與光圈將入射光定義成圓錐型入射，避免直射光直接打在物鏡所造成的損壞，並且作為相位對比成像的光源。入射光經過樣品吸收與散射後被微波帶片 (micro-zone-plate) 放大，波帶片最外圈之寬度為 50 nm、焦距約 3 cm、物距約 132 cm，配合 20 倍光學放大鏡，總放大倍率約 880 倍。當使用微波帶片的第三階繞射時，空間鑑別力更可提高至 30 nm[128]。在微波帶片的背聚焦平面 (back focal plane) 上放置的金環，使透過金環的直射 X 光有一個 90° 或 270° 相位移，此相位移與通過樣品後所產生的高階散射光同調干涉後，可記錄下 X 光通過物質後所產生的相位移，亦即相位對比 (phase contrast)[133]。X 光顯微鏡上的樣品可以在垂直於入射光的光軸作大角度旋轉，利用傅立葉合成法 (Fourier synthesis) 將可重建電腦三維立體影像與電腦斷層掃描[134]。

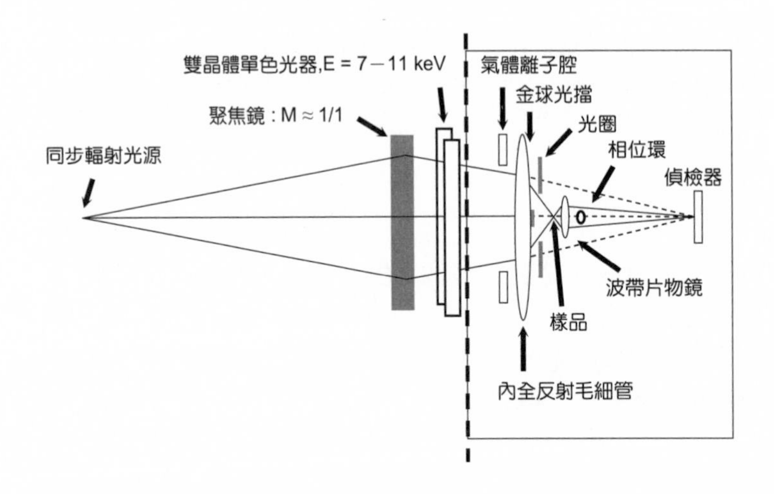

圖 4.96
國家同步輻射研究中心全場式穿透 X 光顯微鏡的光學示意圖。

4.8.5 X 光微聚焦光束之應用

X 光實驗技術經過百多年的發展，約略可分為三大類：X 光光譜學 (X-ray spectroscopy)、X 光繞射／散射 (X-ray diffraction/scattering) 及 X 光影像學／顯微學 (X-ray imaging/microscopy)。X 光微聚焦光束結合傳統的 X 光實驗技術，已經發展出新的實驗技術，大大地帶動以上三類實驗技術在微量、區域、空間鑑別率的長足發展，並提供多樣的偵測機制。例如結合 X 光光譜學的微區 X 光螢光光譜 (μ-XRF) 與微區 X 光吸收光譜

(μ-XAS)，直接量測樣品對於 X 光的吸收，量測樣品吸收 X 光之後所產生的螢光光譜、樣品吸收 X 光後所放射之光電子能譜等。因爲樣品吸收 X 光後所產生的螢光光譜與樣品的組成元素的化學組態有關，所以微聚焦光束技術提供了不均勻樣品中特定元素及其化學態在空間中的分布。又例如微聚焦光束技術結合繞射技術的微區 X 光繞射 (μ-XRD)，已經被應用在量測多晶樣品 (polycrystalline) 的晶相、晶軸方向分布等。以上這些技術當配合樣品與光束相對位置的掃描能力，將大大地增加對於不均勻樣品在空間上分布的多樣偵測能力，形同掃描式顯微鏡。但是由於文獻發展的先後，一般亦將以上的技術統稱爲 X 光微區分析 (X-ray micro-analysis)，本節將舉例介紹微區 X 光吸收光譜 (X-ray absorption spectroscopy, XAS)、微區 X 光繞射 (X-ray micro-diffraction) 在奈米級材料系統之應用。此外，X 光微聚焦光束技術的進步同時促進了全場式 X 光顯微鏡的長足發展，我們將在下文介紹全場式 X 光顯微鏡在半導體元件製程技術的應用。

4.8.5.1 微區 X 光吸收光譜

X 光吸收光譜 (XAS) 是同步輻射近年最被廣泛應用的 X 光實驗技術之一。X 光吸收光譜的量測提供了材料的元素組成、特定元素的化學組態、相鄰元素的鍵長、配位等結構訊息，應用範圍涵蓋物理、化學、生物、材料等。由於 X 光微聚焦光束技術的發展，現有的 X 光吸收光譜技術更被推進到應用於次微米，甚至奈米級的研究領域，例如半導體奈米元件、環境保護、生物醫學、能源、考古與文化遺產[135-139]等。相關的研究領域隨著聚焦光點的縮小還在持續成長中。

微區 X 光吸收光譜實驗站的光學組成與光束線設計是掃描式的 (請參見第 4.1 節)。實驗站的偵測系統通常是一組可以量測 X 光吸收率的偵測器，例如氣體游離腔 (ionization chamber)、Lytle 偵測器，或是可以量測螢光且具能量解析力的固態偵測器 (solid state detector)。爲了增強偵測極限 (detection limit)，多元 (multi-element) 或百元 (hundred-element) 固態偵測器已經被廣泛地應用在微區 X 光吸收光譜實驗站上[140]，某些實驗站亦安裝偵測光電子的偵測系統，唯受限於光電子的脫逃半徑，光電子的量測通常是針對表面且處於超高眞空的樣品系統。在許多已存在或興建中的微區 X 光吸收光譜實驗站，同時安裝了多種的偵測器來同時量測樣品的不同訊息。

量測樣品吸收 X 光後所放出的螢光光譜是微區 X 光吸收光譜術最常使用的量測技術。X 光於照射樣品後所產生的螢光，相較於電子照射後所產生的螢光，有許多的優勢，例如，X 光比電子有較高的螢光產生截面[141]，X 光螢光光譜的訊雜比低且容易定量，X 光的輻射損傷 (radiation damage) 較電子低，X 光穿透厚的樣品，樣品通常不必要切割、染色等繁複的樣品準備，並且可同時測量多於 10 個元素，當掃描入射光能量時則可以量測樣品中特定元素之化學態等。微聚焦光束的使用並且提高了偵測濃度的上限，如圖 4.97 所示，對於重元素 ($Z > 40$)，現今的偵檢靈敏度 (detection sensitivity) 已可達到 1 ppm (particle per million)。

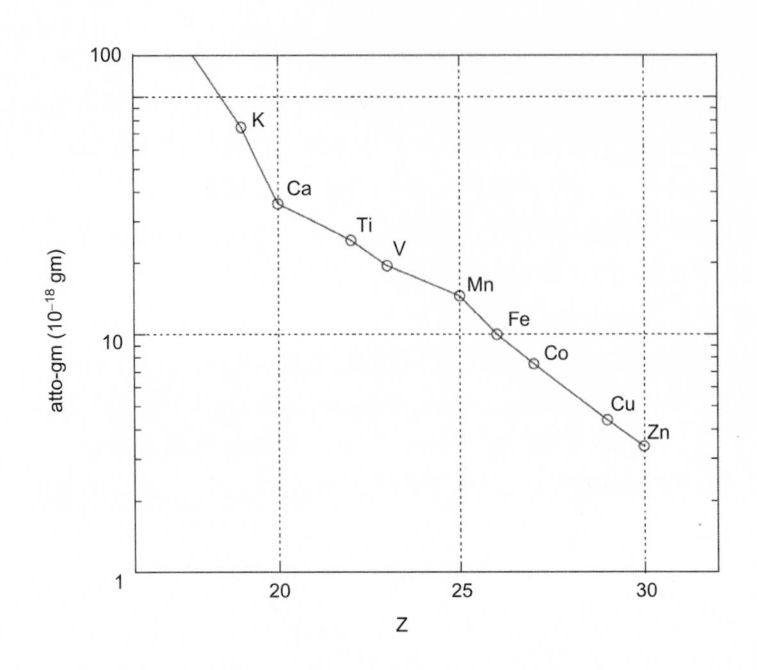

圖 4.97
Advanced Photon Source 的奈米分析光束線在入射光能量 10 keV、光點大小 0.2 × 0.2 μm^2、量測時間 1 秒下，對於過渡元素的量測極限。

應用實例：磁性半導體 GaN:Mn

對半導體量子結構之電子自旋自由度的研究持續增加，主要是可以利用其操控或儲存古典或量子資訊。將半導體及磁性儲存觀念結合之磁性半導體，具有體積更小、傳輸速度更快、需求電力更少之特性，可預期為未來量子電腦之重要元件。

摻有錳的氮化鎵 (GaN) 是幾種較常被研究的半導體自旋電子材料之一，原因在於其特殊的磁性特質，可以有較高的鐵磁性溫度 (居里溫度)。不過，過去一直未能了解的機制之一，乃所摻入的錳為與鎵形成 (Ga,Mn)N 合金，抑或是錳僅在氮化鎵中形成一些團簇而造成磁性特質。為了探究此一課題，有必要對錳在氮化鎵上的分布情形、區域結構特性以及氧化態等進行分析，而微區 X 光螢光分析 (μ-XRF) 及微區 X 光吸收近邊緣結構光譜 (μ-XANES) 正可以提供上述之訊息。

Martinez-Criado 等人即利用 μ-XRF 及 μ-XANES 對摻有不同濃度 (0.07%－13.7%) 的錳之氮化鎵進行分析[142]。當錳濃度較低時 (~0.07－2.34%)，鎵及錳元素分布均勻；而當錳濃度較高時 (~13.7%)，即可偵測到數個微米大小的鎵及錳的團簇。圖 4.98 為摻錳氮化鎵材料局部之鎵與錳 μ-XRF 元素影像分布圖。圖中紅色、綠色及藍色分別代表鎵的 $K\alpha$、錳的 $K\alpha$ 螢光以及非彈性 (康普頓) 散射訊號。剖面曲線圖為對應影像中虛線位置之鎵 $K\alpha$ 與錳 $K\alpha$ 的 XRF 強度變化。由影像圖中可得知鎵及錳之團簇分布具有高度的空間相關性[142]。

另一方面，錳在氮化鎵中的價數主要有零價、正二價和正三價 (Mn^0、Mn^{2+} 及 Mn^{3+})，而其在鐵磁性中，在不同條件下扮演之角色，乃為科學家探究對象之一。透過 μ-XANES 分析，可以獲得不同氧化態錳之分布[143]。從實驗的結果得知，氮化鎵中錳的濃度不同，錳的氧化態分布亦不同。圖 4.99 為摻入不同濃度之錳的 K 邊緣 XANES 光譜圖。當錳的濃度較低時，主要為 Mn^{2+} 及 Mn^{3+} 的均勻混合形式，而當摻有高濃度的錳時，錳的氧化態以二價為主，零價次之，三價錳則甚少出現。圖 4.100 為含高濃度錳之氮化鎵中錳氧化態 (Mn^{0}、Mn^{2+} 及 Mn^{3+}) 之分布影像圖。對氮化鎵中錳的濃度、元素與氧化態分布情形的理解，有助於揭開此磁性半導體材料之電子自旋機制。

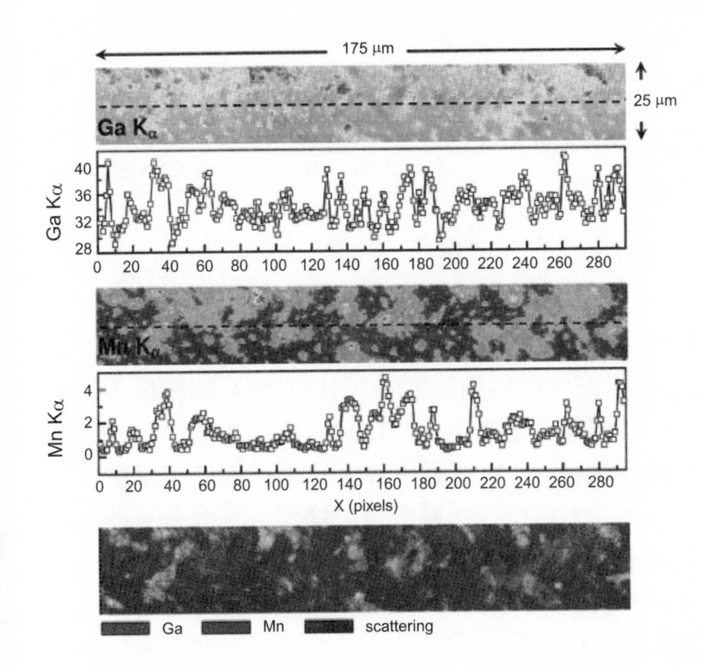

圖 4.98
摻錳氮化鎵 (錳 ~13.7%) 樣品中之鎵與錳的分布。圖中之剖面曲線圖為元素影像圖中對應虛線位置之鎵 $K\alpha$ 與錳 $K\alpha$ 的 XRF 強度變化。最下面之影像為鎵與錳的空間分布關係圖[142]。

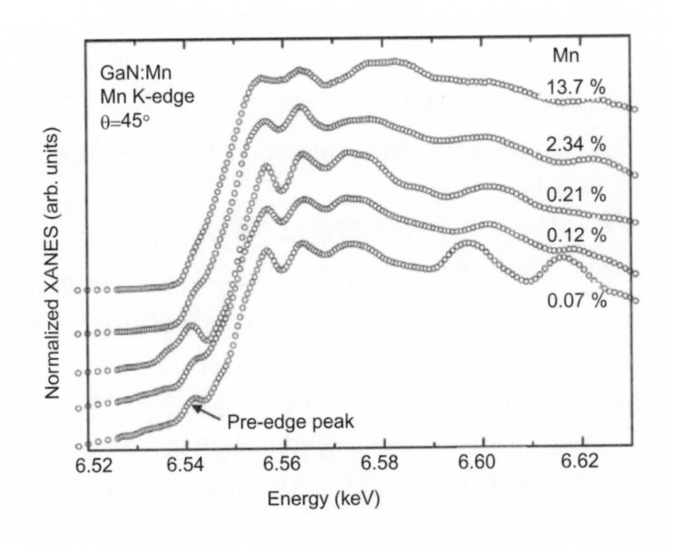

圖 4.99
氮化鎵中摻有不同濃度之錳的 K 邊緣 XANES 光譜圖[142]。

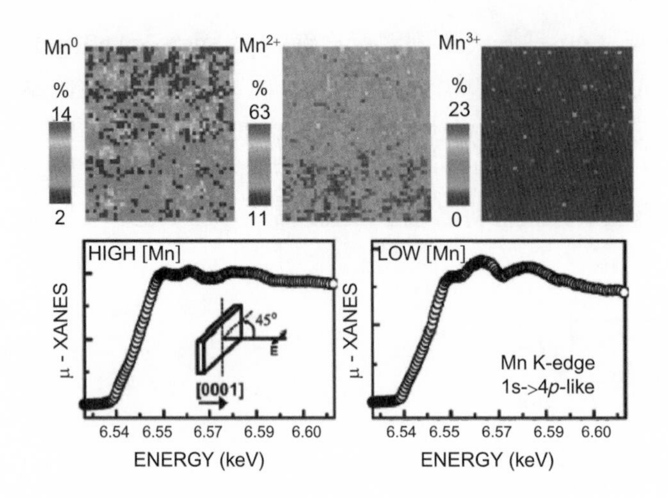

圖 4.100
(a) 含高濃度錳之氮化鎵中錳氧化態 (Mn^0、Mn^{2+} 及 Mn^{3+}) 之分布影像圖。(b) 及 (c) 典型的不同區域 (高濃度與低濃度錳) 之 μ-XANES 光譜 [143]。

4.8.5.2 微區 X 光繞射

X 光的波長約在原子大小的數量級，所以以 X 光為光源所進行的繞射實驗是決定單晶結構最有效且最強大的工具，例如上個世紀生命科學最大的成就，DNA 的結構，就是由 X 光繞射數據所解出的。當 X 光光束被聚焦到微米以下且可以與樣品相對地掃描時，不均勻、多晶、多相的樣品結構，就可以藉由結合 X 光微聚焦光束與繞射的技術解答出來，此技術常被稱為微區 X 光繞射。事實上，常見的材料多是不均勻，且含有不同晶相或不同晶軸方向分布的，例如使用於太空梭的陶瓷隔熱片、可口可樂的鋁瓶等。外力所造成的應變場 (strain field) 分布與多數材料的機械、光電、化學、電磁性質等息息相關。應變場分布的量測與所使用工具的尺度有關，例如一個材料經過不同的熱處理過程後，在巨觀的量測尺度下所無法查覺到的變化通常在量測尺度變小之後就無所遁形了，微區 X 光繞射提供一個小於微米尺度的量測工具，可以很精確地量測晶格因為應力所產生的晶格常數變化至 10^{-4}。X 光的高穿透率是 X 光技術的一大優點，相較於電子顯微鏡在樣品製作過程中所引入的人為破壞，X 光技術使樣品處於更近於眞實的狀況。此外，在微小尺度或低維度系統，例如薄膜、奈米線傳導線、量子線等材料的應變場多是區域性的，理論的建立，例如邊域與邊域之間的彈性 (elastic) 或塑性 (plastic) 應變分布與關連，都還需要具有微米區域分辨能力的量測工具支持。

光束線與實驗站的聚焦光學為掃描式，聚焦光束具備垂直於樣品的兩維掃描能力。此外，因為繞射必須使得樣品具有對於微聚焦光束旋轉的自由度，所以高精密的繞射儀是不可或缺的，微區 X 光繞射的繞射儀的精密度遠高於傳統 X 光繞射實驗的繞射儀，繞射儀的精密度是現今微區 X 光繞射技術的瓶頸，單一軸的旋轉精密度 (sphere error) 通常只有 1 μm 以上。為了克服機械上的瓶頸，某些新建的實驗站為特定樣品系統所設計的繞射儀將旋轉軸改變為較精密 (30 nm) 的移動軸的組合，某些實驗站則改用白光或多色光作為光源並且結合大面積的電荷耦合偵測器 (CCD)，可以一次照射就產生足夠多的繞射點，由所謂的勞厄繞射圖樣 (Laue diffraction pattern) 決定晶體的晶相、晶軸方向等參數。

X 光對於材料的高穿透率可以偵測深層的物質結構，是 X 光的重要特點之一，但是對三維分布的多晶樣品，如何區分出繞射點是由於 X 光路徑上哪一個特定的晶體所產生，則限制了微區 X 光繞射在三維多晶系統的應用。這個問題在引進勞厄繞射的實驗技術後得到解決[144]。如圖 4.101 所示，一束未經過分光的多色 (polychromatic) X 光通過樣品後，所產生的繞射圖樣事實上是包括了在 X 光路徑上所經過的所有個別小晶體所產生者，這些繞射點同時在面積偵測器上顯現，我們因此無法區分出個別晶體所產生的繞射點。一個很簡單的解決辦法是利用一條直徑約 50 μm 的重金屬細線，通常是金線或鉑線，當金屬線沿著樣品表面移動時，個別的小晶體因爲金屬線的遮擋，在偵測器上屬於該晶體的某一個繞射點將因此消失或出現，透過計算將可以復原產生繞射晶體的深度，X 光光束與樣品的相對掃描則給了另外兩維的分布，所以三維多晶的分布就可以因此被呈現出來。圖 4.102 所使用的材料是經過熱滾壓 (200 °C) 的多晶鋁合金 (Al with 1% Fe, Si)，X 光路徑上的多個小晶體所產生的繞射點包含在單一張的勞厄繞射圖樣上，透過方向矩陣運算與擬合[145]，微區 X 光繞射技術將光徑上個別晶體的方向 (orientation)、定碼 (indexing)、應變張量 (strain tensor) 等解析出來。圖 4.102(d) 爲深入 80 μm 的晶粒 (grain) 大小分布與沿著 (111) 方向的極軸圖 (polar figure) 相對角度的分布。

當金屬線與樣品的距離遠小於線與偵測器的距離時，深度分布的解析力由金屬線所能移動的最小精度與微聚焦 X 光光束的大小所決定，現今的技術已可以達到數百奈米的解析力，但是因爲三維掃描所需要的實驗時間長，高亮度的 X 光源是非常必要的，在實際應用上解析力與掃描範圍是必須同時考慮的。本方法的一個特點是使用了多色 X 光，光源通常來自於未經過分光的聚頻磁鐵 (undulator)，多色光的使用使得掃描金屬線時有足夠多的繞射點以供辨認出個別的來源晶體，因爲本方法的成功，新設計的微聚焦 X 光光束線多會將多色光的應用設計進去，以擴大應用的範圍。

4.8.5.3 穿透式 X 光顯微鏡

穿透式 X 光顯微鏡 (transmission X-ray microscope, TXM) 的工作原理與光學顯微鏡類似，穿透式 X 光顯微鏡的成像在偵檢器上一次成像，相較於掃描式顯微鏡，成像時間大大地減少。此外穿透式顯微鏡並不需要光源同調性，相反地高同調性光源所形成的同調光斑 (speckle) 對於高頻的成像是不利的，也限制了成像的解析力。穿透式 X 光顯微鏡的空間解析力由作爲放大鏡的微波帶片的最外圈寬度所決定，現今的技術可以製作使用在 8 keV 能量 X 光近乎完美的 50 nm 波帶片，理論空間解析力約爲 60 nm，製作 30 nm 的波帶片技術也在逐步開發[146]。

穿透式 X 光顯微鏡具有多樣的成像機制，最常使用且最直接的機制是利用物質對於 X 光吸收的成像。特定元素對於 X 光的吸收在大部分的情況下由 X 光折射係數的虛數部 β 表現，約與 X 光波長的三至四次方成正比，但當入射 X 光能量高於元素的特定吸收能

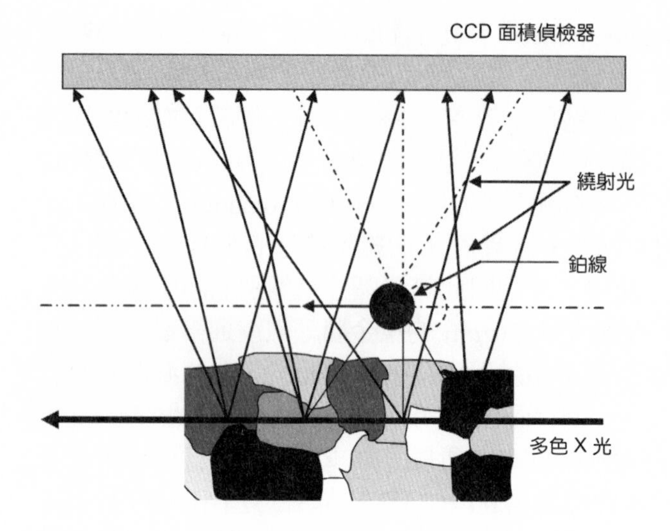

圖 4.101
多色 X 光穿過多晶材料後所產生的勞厄繞射圖樣，事實上疊加了 X 光路徑上所有小晶體的個別繞射圖樣。

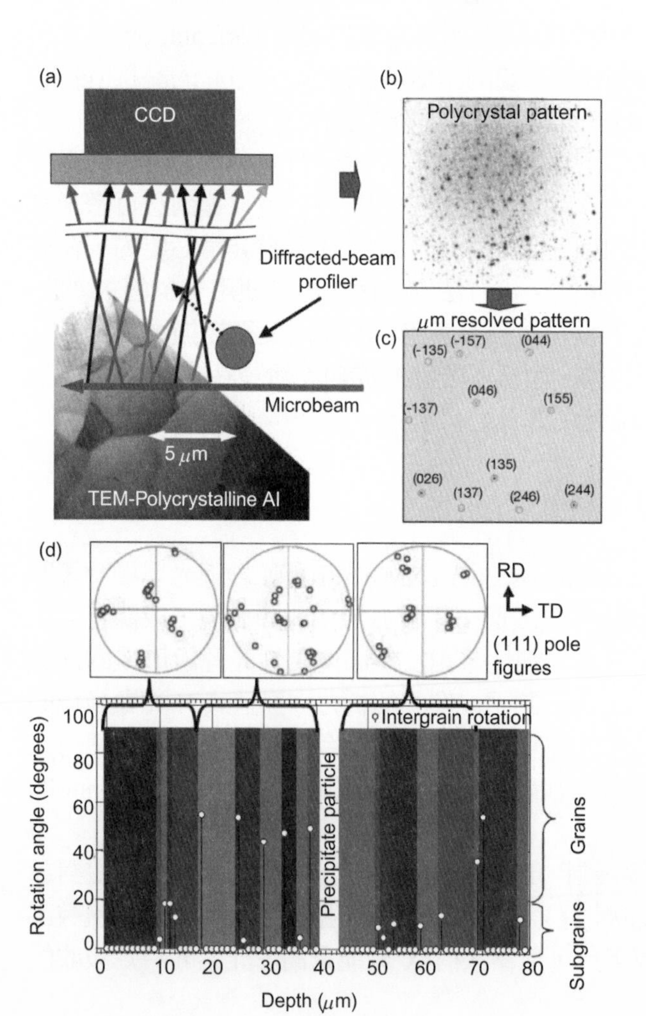

圖 4.102
(a)－(c) 微區 X 光繞射的技術將光徑上個別晶體的方向、定碼、應變張量等解析出來。(d) 經過熱滾壓 (200 °C) 的多晶鋁合金 (Al with 1% Fe, Si) 深入 80 μm 的晶粒大小分布與沿著 (111) 方向的極軸圖相對角度的分布[145]。

量，元素中內層電子吸收 X 光躍遷至高能階的機率大增，造成 X 光被大量吸收，這個非尋常 (anomalous) 吸收效應對不同元素具有獨特性，實驗上比較吸收能量前後的成像將可以解析特定元素空間分布，我們稱此種成像機制爲元素對比 (elemental contrast) 機制[147]。

元素對於 X 光的吸收與原子序的三至四次方成正比，對於輕的元素，在高能量的 X 光照射之下幾乎是透明的，因此吸收對比機制對於生物或高分子聚合物等以碳元素爲主的樣品系統的成像，在穿透式 X 光顯微鏡幾乎無用武之地。但是因爲 X 光穿透物質後不只是被吸收，X 光的相位也同時被遲延，由折射係數的實數部 δ 表現，δ 與原子序的關係是一次方成正比，記錄 X 被物質所遲延的相位的成像機制稱爲相位對比 (phase contrast) 機制，這對於輕物質的成像的重要性遠高於重的物質。δ 與 β 的比值通常被用來評估相位對比的重要性，例如在能量 8－11 keV 之間，對於銅元素，此值約爲 10－15，而在相同能量區間的塑膠，δ 與 β 的比值約爲 500。一般的穿透式 X 光顯微鏡無法記錄 X 光經過物質後所產生的相位移。同步輻射中心的穿透式 X 光顯微鏡具備相位對比成像機制[133]，基本原理類似光學顯微鏡常用的 Zernike 相位對比成像法[148]，是在傅氏空間 (Fourier space) 中將零階直射光做一個相位轉變。實際作法的是在作爲物鏡的波帶片的背聚焦平面 (back focal plane) 放置一個大小與入射光大小相同的金環，而金環厚度恰恰使透過金環的直射 X 光有一個 90° 或 –90° 相位移，此相位移與樣品產生的高階散射光同調干涉後，將因此記錄下 X 光經過物質後所產生的相位移。Zernike 相位對比成像事實上混合了吸收與相位的訊息，欲得到單純的相位訊息可利用所謂的強度傳輸方程式 (transport intensity equation)[149]，該方程式聯結了影像在不同光徑上的強度與相位訊息，透過在不同散焦 (defcusing) 位置的成像加上電腦迭代法 (iteration algorithm)，將可以得到純粹的相位影像。

X 光顯微鏡的三維成像與醫院的電腦斷層掃描術 (computed tomography) 原理完全相同。顯微鏡上的樣品可以在垂直於入射光光軸上作大角度旋轉，面積偵測器記錄下各個角度的影像，因此記錄下光路徑上物質吸收的總和，當收集足夠大的角度範圍與足夠小的角度差，利用傅立葉合成法 (Fourier synthesis) 將可重建電腦三維立體影像。

由於 X 光的高穿透率，穿透式 X 光顯微鏡具備高解析力、快速、穩定、臨場、即時、非破壞、具元素鑑別力等優點，是偵測次微米至數十奈米材料結構的理想工具[150]。我國同步輻射中心的穿透式 X 光顯微鏡的使用能量範圍特別設計在 7－11 keV，涵蓋半導體工業所常用的重要金屬元素的特性吸收能量，包括 Fe、Cu、Zn、Ga、Ge、As、Ta、W、Au、Hg 及 Pb 等的特性吸收能量皆包含於此範圍內。圖 4.103 顯示連接多層架構的鎢插鞘 (tungsten plug) 製作過程所常見的缺陷[147]，在半導體 IC 工業所謂的 key-hole 缺陷，此缺陷將減低插鞘的導電性，嚴重時會令元件停止工作，是半導體 IC 工業製程上經常必須面對的問題，穿透式 X 光顯微鏡提供了一個非破壞性檢測的技術。爲了增加成像之對比，樣品基材的矽單晶被研磨至約 100 μm。樣品座提供 0－360° 的轉動機制，因爲樣品爲片狀，過高的角度使得樣品幾乎完全吸收了 X 光，在實驗上我們只在 –70－70°

(樣品對 X 光的吸收率大於 15%) 之間以每 1° 的區間轉動樣品。圖 4.103 中的成像是在鎢的特性能量吸收邊 (約 10.1 keV) 之前 (9.5 keV) 與之後 (10.5 keV) 所收集的兩組成像相減以加強鎢元素的影像重建。圖中所示的 key-hole 內徑平均約 75 nm、外徑約 350 nm、成像解析力約小於 60 nm，放大倍率 840 倍。

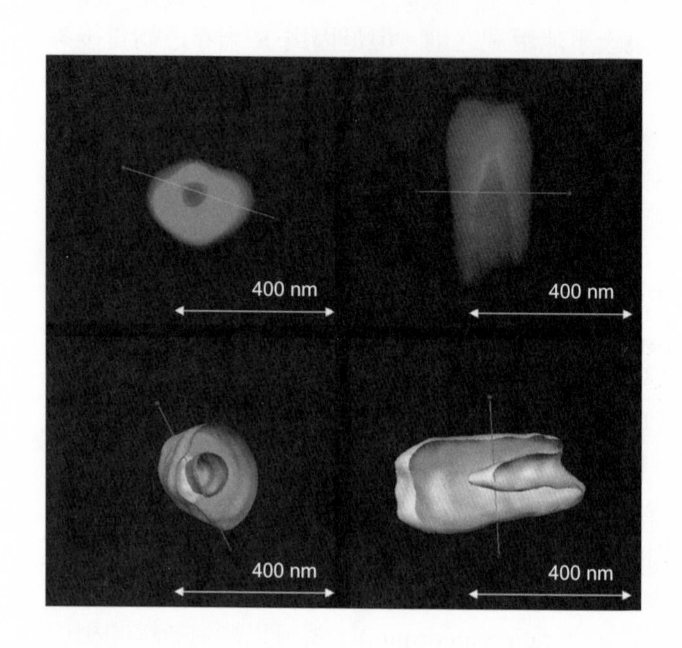

圖 4.103
非尋常吸收效應對不同元素具有獨特性，爲穿透式 X 光顯微鏡提供了對特定元素的成像對比機制。

4.8.6 結語

X 光微聚焦光束的實驗技術在過去十年之間有極快速的發展，應用的範圍幾乎涵蓋了以原子所建構的材料世界的所有研究領域。隨著聚焦光學元件的不斷進步與更明亮的 X 光光源的建造，可預見的，X 光微聚焦光束的實驗技術將朝著更好的空間解析力、更微量的樣品系統、更多樣的樣品環境、更快速的量測時間等方向發展。例如，30 nm 的空間解析力應該在兩年內可以達成，十年之內應可以達到數奈米的空間解析力。而現今新設計的光束線與實驗站則朝向結合數種不同的量測技術同時或分時地進行微區繞射、微區螢光分析，並且可以很快速地切換掃描式與全場式量測。樣品的製備則漸趨標準化，樣品座的設計可以滿足多種不同量測技術，甚至同一個樣品座也可以使用於光學顯微鏡、電子顯微鏡、紅外線顯微鏡等。對於生物樣品所需的低溫環境 (~100 K)，對於磁性樣品所需的低溫 (< 10 K) 與高磁場環境 (> 1 Tesla) 環境、地球科學樣品的高壓 (> 100 GPa) 與高溫 (> 2000 K) 環境等條件的建置也逐漸被考慮在新實驗站的設計裡。此外，次皮秒 (sub-pico second) 的時間解析力可資研究物質的動力或靜力過程，次皮秒光源的產生是透過在同步輻射加速器中引入飛秒 (femto second) 光學雷射與加速器中電子的交互作用所產生的，材料的動態反應通常由另一組高強度雷射驅動樣品而產生，X 光則作爲偵測的角色。這一類型具次皮秒時間解析力的雙光實驗已被實驗證實成功[151]，並被引入作爲 X 光微聚焦光束的實驗技術家族的一員。

同調 X 光光源的建造將在不久的將來對於 X 光科學與技術產生革命性的改變。當美國 Stanford 大學 (LCLS)、日本 SPring-8 (SCSC)、德國 DESY (TELSA) 的 X 光自由電子雷射 (X-ray free electron laser, XFEL) 陸續完成，在 X 光能量範圍產生比現今最明亮的同步輻射光源高出 10－12 個數量級的尖端亮度 (peak brilliance)，在這麼明亮的光源下，對於單一個蛋白質大分子的結構將可以直接成像[152]。同調 X 光繞射影像術 (coherent X-ray diffraction image, CXDI) 是因應同調光源的建造於近年來所產生在同步輻射光源應用上最重要的實驗技術之一。CXDI 的成像原理在 80 年代已經被實現在可見光光學上。在 X 光方面，實驗的實踐則是近年來才陸續完成[153-156]，並且被應用在諸如奈米元件、細胞結構、量子粒等研究領域上。此外，類似方法亦被應用在電子顯微鏡，並且成功地得出奈米碳管近乎原子解析力 (atomic resolution) 的結構[157]。CXDI 的理論空間解析力 (spatial resolution) 可以達到繞射極限 (diffraction limit)，即達到波長的解析力。因此，當入射光爲 X 光時，CXDI 理論上可以提供 1 Å 的空間解析力，是對於非結晶或非完美結晶物質具原子解析力的一個實驗利器。最近的實驗已經可以大面積、高解析地 (10 nm) 掃描樣品[158]。專屬且更簡易的同調 X 光光束線與實驗站將會是未來奈米偵測技術的另一個重要發展方向。

參考文獻

1. B. D. Cullity and S. R. Stock, *Elements of X-Ray Diffraction*, 3rd ed., New Jersey: Prentice-Hall Inc., Upper Saddle Rive (2001).
2. 許樹恩, 吳泰伯, X 光繞射原理與材料結構分析, 修訂版, 第十五章, 中國材料科學學會 (1996).
3. B. Fultz and J. Howe, *Transmission Electron Microscopy and Diffractometry of Materials*, Chapter 8, Berlin: Springer-Verlag (2002).
4. I. Lucks, P. Lamparter, and E. J. Mittemeijer, *J. Appl. Cryst.*, **37**, 300 (2004).
5. E. F. Bertaut, *Acta Cryst.*, **3**, 14 (1950).
6. S. K. Pradhan, T. Chakraborty, S. P. Sen Gupta, C. Suryanarayana, A. Frefer, and F. H. Frees, *Nanostructured Materials*, **5**, 5361 (1995).
7. U. Gesenhues, *J. Appl. Cryst.*, **38**, 749 (2005).
8. X.-D. Zhou and W. Huebner, *Appl. Phys. Lett.*, **79**, 3512 (2001).
9. P. M. Derlet, S. Van Petegem, and H. Van Swygenhoven, *Phys. Rev. B*, **71**, 024114 (2005).
10. N. Yagi, A. Rikukawa, H. Mizubayashi, and H. Tanimoto, *Phys. Rev. B*, **74**, 144105 (2006).
11. P. Ascarelli, V. Contini, and R. Giorgi, *J. Appl. Phys.*, **91**, 4556 (2002).

12. H. Borchert, E. V. Shevchenko, A. Robert, I. Mekis, A. Kornowski, G. Grübel, and H. Weller, *Langmuir*, **21**, 1931 (2005).
13. M. R. Fitzsimmons, J. A. Eastman, M. Müllerstach, and G. Wallner, *Phys. Rev. B*, **44**, 2452 (1991).
14. A. Boulle, C. Legrand, R. Guinebretiere, J. P. Mercurio, A. Dauger, *Thin Solid Film*, **391**, 42 (2001).
15. P. Scardi and M. Leoni, *J. Appl. Cryst.*, **39**, 24 (2006).
16. Y. Joly, *Phys. Rev. B.*, **63**, 125120 (2001).
17. S. I. Zabinsky, J. J. Rehr, A. Ankudinov, R. C. Albers, and M. J. Eller, *Phys. Rev. B*, **52**, 2995 (1995).
18. R. B. Greegor and F. W. Lytle, *J. Catal.*, **63**, 476 (1980).
19. J.-F. Lee, M.-T. Tang, W. C. Shih, and R. S. Liu, *Mater. Res. Bull.*, **37**, 555 (2002).
20. B.-J. Hwang, L. S. Sarma, J.-M. Chen, C.-H. Chen, S.-C. Shih, G.-R. Wang, D.-G. Liu, J.-F. Lee, and M.-T. Tang, *J. Am. Chem. Soc.*, **127**, 11140 (2005).
21. D.-G. Liu, J.-F. Lee, and M.-T. Tang, *J. Mol. Catal. A: Chem.*, **240**, 197 (2005).
22. M. S. Nashner, A. I. Frenkel, D. L. Adler, J. R. Shapley, and R. G. Nuzzo, *J. Am. Chem. Soc.*, **119**, 7760 (1997).
23. M. S. Nashner, A. I. Frenkel, D. Somerville, C. W. Hills, J. R. Shapley, and R. G. Nuzzo, *J. Am. Chem. Soc.*, **120**, 8093 (1998).
24. L.Vitos, A. V. Ruban, H. L. Skriver, and J. Kollár, *Surf. Sci.*, **411**, 186 (1998).
25. D. Y. Wang, C. H. Chen, H. C. Yen, Y. L. Lin, P. Y. Huang, B. J. Hwang, and C. C. Chen, *J. Am. Chem. Soc.*, **129**, 1538 (2007).
26. H. Y. Lee, T. B. Wu, and J.-F. Lee, *J. Appl. Phys.*, **80**, 2175 (1996).
27. B. J. Hwang, C.-H. Chen, L. S. Sarma, J.-M. Chen, G.-R. Wang, M.-T. Tang, D.-G. Liu, and J.-F. Lee, *J. Phys. Chem. B*, **110**, 6475 (2006).
28. L. S. Sarma, C. H. Chen, S. M. S. Kumar, G. R. Wang, S. C. Yen, D. G. Liu, H. S. Sheu, K. L. Yu, M. T. Tang, J. F. Lee, C. Bock, K. H. Chen, and B. J. Hwang, *Langmuir*, **23**, 5802 (2007).
29. D. P. Woodruff and T. A. Delchar, *Modern Techniques of Surface Science*, Cambridge Solid State Science Series, New York (1989).
30. L. C. Feldman and J. W. Mayer, *Fundamentals of Surface and Thin Film Analysis*, New Jersey: Prentice-Hall Inc. (1986).
31. J. C. Vickerman, *Surface Analysis: the Principal Techniques*, New York: John Wiley & Sons (1997).
32. J. F. Moulder, W. F. Stickle, P. E. Sobol, K. D. Bomben, *Handbook of X-ray Photoelectron Spectroscopy*, Japan: ULVAC-PHI, Inc. (1995).
33. O. Glatter and O. Kratky, *Small-Angle X-Ray Scattering*, New York: Academic Press (1981).
34. L. A. Feign and D. I. Svergun, *Structure Analysis by Small-Angle X-Ray and Neutron Scattering*, New York: Plenum Press (1987).
35. C.-S. Tsao and T.-L. Lin, *J. Appl. Cryst.*, **30**, 353 (1997).

36. T.-L. Lin and C.-S. Tsao, *J. Appl. Cryst.*, **29**, 170 (1996).
37. S. H. Chen and T. L. Lin, *Methods of Experimental Physics - Neutron Scattering in Condensed Matter Research*, eds. K. Sköld and D. L. Price, New York: Academic Press, **23B**, 489 (1987).
38. F. J. Balta-Calleja and C. G. Vonk, *X-ray Scattering of Synthetic Polymers*, New York: Elsevier (1989).
39. T. P. Russell, Small-Angle Scattering: *Synchrotron Radiation*, eds. G. S. Brown and D. E. Moncton, New York: North-Holland, 379 (1991).
40. P. Linder and Th. Zemb, eds., *Neutron, X-ray and Light Scattering*, Amsterdam: Elsevier (1991).
41. E. Y. Sheu, C.-F. Wu, and S.-H. Chen, *Phys. Rev. A*, **32**, 3807 (1985).
42. J.-M. Lin, *et al., J. Appl. Cryst.*, **40**, s540 (2007).
43. J. S. Higgins and H. C. Nenoit, *Polymers and Neutron Scattering*, Oxford: Oxford University Press (1994).
44. R.-J. Roe, *Methods of X-ray and Neutron Scattering in Polymer Science*, Oxford: Oxford University Press (2000).
45. U. Jeng, C.-H. Hsu, Y. S. Sun, Y. H. Lai, W. T. Chung, H. S. Sheu, H. Y. Lee, Y. F. Song, K. S. Liang, and T.-L. Lin, *Macromolecular Research*, **13**, 506 (2005).
46. Y.-H. Lai, Y.-S. Sun, U.-S. Jeng, J.-M. Lin, T.-L. Lin, H.-S. Sheu, W.-T. Chuang, Y.-S. Huang, C.-H. Hsu, M.-T. Lee, H.-Y. Lee, K. S. Liang, A. Gabrielc, and Michel H. J. Koch, *J. Appl. Cryst.*, **39**, 871 (2006).
47. 林滄浪, 鄭有舜, 小角度 X 光散射儀 - 儀器總覽材料分析儀器, 新竹: 國科會精密儀器中心 (1998).
48. 鄭有舜, 物理雙月刊, **26** (2), 414 (2004).
49. 陳信龍, 鄭有舜, 科儀新知, **29** (2), 7 (2007).
50. 鄭有舜, 韋光華, 物理雙月刊, **30** (1), 33 (2008).
51. J.-M. Lin, *et al.*, *J. Appl. Cryst.*, **40**, s540-s543 (2007).
52. 凌永健, 科儀新知, **11** (4), 26 (1990).
53. 凌永健,「X 光螢光分析」於「材料分析」, 初版, 新竹: 中華民國材料學會, 471 (1998).
54. http://www.bruker-axs.de/x_ray_spectrometry.htm
55. http://www.jvsemi.com/products_overview.php
56. http://www.panalytical.com/
57. http://www.oxinst.com/wps/wcm/connect/Oxford+Instruments/Internet/Home
58. http://www.rigaku.com/xrf/
59. http://www.ssi.shimadzu.com/products/index.cfm
60. http://www.ametek.com/
61. http://www.thermo.com/com/cda/landingpage/0,10255,1177,00.html
62. http://www.learnxrf.com/

63. C. L. Chiang, C. S. Sung, T. F. Wu, C. Y. Chen, and C. Y. Hsu, *Journal of Chromatography B-Analytical Technologies in the Biomedical and Life Sciences*, **822** (1-2), 54 (2005).
64. H. W. Gu, K. M. Xu, C. J. Xu, and B. Xu, *Chemical Communications*, **9**, 941 (2006).
65. I. J. Bruce, J. Taylor, M. Todd, M. J. Davies, E. Borioni, C. Sangregorio, and T. Sen, *Journal of Magnetism and Magnetic Materials*, **284**, 145 (2004).
66. J. Spanke, A. von Bohlen, R. Klockenkamper, A. Quentmeier, and D. Klockow, *Journal of Analytical Atomic Spectrometry*, **15** (6), 673 (2000).
67. S. Pahlke, Spectrochimica *Acta Part B-Atomic Spectroscopy*, **58** (12), 2025 (2003).
68. D. Hellin, A. Delabie, R. L. Puurunen, P. Beaven, T. Conard, B. Brijs, S. De Gendt, and C. Vinckier, *Analytical Sciences*, **21** (7), 845 (2005).
69. H. Schwenke, J. Knoth, R. Gunther, G. Wiener, and R. Bormann, *Spectrochimica Acta Part B-Atomic Spectroscopy*, **52** (7), 795 (1997).
70. C. Fiorini, A. Gianoncelli, A. Longoni, and F. Zaraga, *X-Ray Spectrometry*, **31** (1), 92 (2002).
71. K. Nygard, K. Hamalainen, S. Manninen, P. Jalas, and J. P. Ruottinen, *X-Ray Spectrometry*, **33** (5), 354 (2004).
72. M. Kolbe, B. Beckhoff, M. Krumrey, and G. Ulm, *Applied Surface Science*, **252** (1), 49 (2005).
73. D. E. Heim, R. E. Fontana, C. Tsang, V.S. Speriosu, B. A. Gurney, and M. L. Williams, *IEEE Transactions on Magnetics*, **30** (2), 316 (1994).
74. N. Awaji, *Spectrochimica Acta Part B-Atomic Spectroscopy*, **59** (8), 1133 (2004).
75. Y. S. Yin, B. J. Chen, and Y. C. Ling, *Applied Surface Science*, in press (2008).
76. S. M. Heald, H. Chen, and J. M. Tranquada, *Phys. Rev. B*, **38**, 1016 (1988).
77. C. A. Lucas, P. D. Hatton, S. Bates, W. Ryan, S. Miles, and B. K. Tanner, *J. Appl. Phys*., **63**, 1936 (1988).
78. H. Chen and S. M. Heald, *J. Appl. Phys*., **66**, 1793 (1989).
79. R. A. Cowley and T. W. Ryan, *J. Phys. D*, **20**, 61 (1987).
80. I. Belaish, I. Entin, R. Goffer, D. Davidov, H. Selig, J. P. McCauley, Jr., N. Coustel, J. E. Fischer, and A. B. Smith III, *J. Appl. Phys*., **71** (10), 5248 (1992).
81. T. C. Huang, *Adv. X-Ray Anal*., **33**, 91 (1990).
82. A. H. Compton, *Pili. Mag*., **45**, 1121 (1923).
83. S. M. Heald and B. Nielsen, *J. Appl. Phys*., **72** (10), 4669 (1992).
84. S. K. Sinha, *Physica B*, **173**, 29 (1991).
85. M. G. LeBoite, A. Traverse, L. Nevot, B. Pardo, and J. Corno, *Nucl. Instr. and Meth. B*, **29**, 653 (1987).
86. X. L. Zhou and S. H. Chen, *Physics Reports*, **257**, 223 (1995).
87. I. M. Tidswell, B. M. Ocko, P. S. Pershan, S. R. Wasserman, G. M. Whitesides, and J. D. Axe, *Phys. Rev. B*, **41**, 1111 (1990).

88. H. Kiessig, *Ann. Physik.*, **10**, 715 (1931).
89. A. H. Compton, *Pili. Mag.*, **45**, 1121 (1923).
90. L. G. Parratt and C. F. Hempstead, *Phys. Rev.*, **94**, 1593 (1954).
91. W. C. Marra, P. Eisenberger, and A. Cho, *J. Appl. Phys.*, **50** (11), 6927 (1979).
92. M. F. Toney, T. C. Huang, S. Brennan, and Z. Rek, *J. Mater. Res.*, **3** (2), 351 (1988).
93. L. G. Parratt, *Phys. Rev.*, **95**, 359 (1954).
94. D. K. Bowen, N. Loxley, B. K. Tanner, M. L. Cooke, and M. A. Capano, *Mater. Res. Soc. Symp. Proc.*, **208**, 113 (1991).
95. D. K. Bowen and B. K. Tanner, *Nanotechnology*, **4**, 175 (1993).
96. H. Y. Lee and T. B. Wu, *J. Mater. Res.*, **12** (11), 3165 (1997).
97. P. Croce, *J. Opt.* (Paris) **10**, 141 (1988).
98. B. Vidal and P. Vincent, *Appl. Opt.*, **23**, 1794 (1984).
99. L. Névot and P. Croce, *Rev. Phys. Appl.*, **15**, 761 (1980).
100. A. Braslau, P. S. Pershan, G. Swislow, B. M. Ocka, and J. Als-Nielsen, *Phys. Rev. A*, **38**, 2457 (1988).
101. T. W. Huang, H. Y. Lee, Y. W. Hsieh, and C. H. Lee, *J. Crystal Growth*, **237-239**, 492 (2002).
102. C. H. Lee, T. W. Huang, H. Y. Lee, and Y. W. Hsieh, *Proc. of SPIE*, **4703**, 37 (2002).
103. H. Y. Lee, T. W. Huang, C. H. Lee, and Y. W. Hsieh, *J. Appl. Cryst.*, **41**, 356 (2008).
104. J. E. Mahan, *Physical Vapor Ddeposition of Thin Films*, New York: Wiley, 269 (2000).
105. H. Y. Lee, H.-J. Liu, K. F. Wu, C.-H. Lee, and Y. C. Liang, *Thin Solid Films*, **515** (3), 1102 (2006).
106. Y. C. Liang, T. B. Wu, H. Y. Lee, and Y. W. Hsieh, *J. Appl. Phys.*, **96**, 584 (2004).
107. M. Sugawara, M. Kondo, S. Yamazaki, and K. Nakajima, *Appl. Phys. Lett.*, **52**, 742 (1988).
108. J. Als-Nielson and D. McMorrow, *Elements of Modern X-ray Physics*, Chap. 2, Wiley (2001).
109. Q. Shen, *CHESS Technical Memo* 01-002, Cornell University (2001).
110. M. Born and E. Wolf, *Principles of Optics*, 7th ed.(expanded), Chap. 3, Cambridge University (2005).
111. J. Als-Nielson and D. McMorrow, *Elements of Modern X-ray Physics*, Chap. 3, Wiley (2001).
112. P. Kirkpatrick and A. V. Baez, *J. Opt. Soc. Am.*, **38**, 766 (1948).
113. A. A. MacDowell *et al.*, *J. Synchrotron Rad.*, **11**, 447 (2004).
114. E. Spiller, *Soft X-ray Optics*, Bellingham, WA: SPIE Optical Engineering Press (1994).
115. M. R. Howells, D. Cambie, R. M. Duarte, S. Irick, A. A. MacDowell, H. A. Padmore, T. R. Renner, S. Ray, and R. Sandler, *Opt. Eng.*, **39**, 2748 (2000).
116. K. Yamamura, K. Yamauchi, H. Miura, Y. Sano, A. Saito, K. Endo, A. Souvorov, M. Yabashi, K. Tamasaku, T. Ishikawa, and Y. Mori, *Rev. of Sci. Instrum.*, **74**, 4549 (2003).
117. M. Howells, D. Cambie, R. M. Durate, S. Irick, A. A. MacDowell, H. A. Padmore, T. R. Renner, S. Ray, and R. Sandler, *Opt. Eng.*, **39**, 2748 (2000).
118. A. A. MacDowell, R. S. Celestre, N. Tamura, R. Spolenak, B. Valek, W. L. Brown, J. C. Bravman, H.

A. Padmore, B. W. Batterman, and J. R. Patel, *Nucl. Instrum. Methods*, **A467-468**, 936 (2001).
119. P. J. Eng, M. Newville, M. L. Rivers, and S. R. Sutton, *SPIE*, **3449**, 145 (1998).
120. D. H. Bildeback, S. A. Hoffman, and D. J. Thiel, *Science*, **263**, 201 (1994).
121. F. A. Hofmann, C. A. Freinberg-Trufas, S. M. Owens, S. D. Padiyer, and C. A. MacDonald, *Nucl. Instrum. Methods*, **B133**, 145 (1997).
122. A. Snigirev, V. Kohm, I. Snigireva, and B. Lengeler, *Nature*, **384**, 49 (1996).
123. C. G. Schroer and B. Lengeler, *Phys. Rev. Lett.*, **94**, 054802 (2005).
124. K. Evans-Lutterodt, A. Stein, J. M. Ablett, N. Bozovic, A. Taylor, and D. M. Tennant, *Phys. Rev. Lett.*, **99**, 124801 (2007).
125. S.-L. Chang, M.-T. Tang and. S.-Y. Chang, private communication.
126. D. Attwood, *Soft X-rays and Extreme Ultraviolet Radiation*, Chap. 9, Cambridge University (1999).
127. US Patent 7268945, *Short wavelength metrology imaging system*.
128. G.-C. Yin, Y.-F. Song, M.-T. Tang, F.-R. Chen, K. S. Liang, F. W. Duewer, M. Feser, W. Yun, and H.-P. Shieh, *Appl. Phys. Lett.*, **89**, 221122 (2006).
129. F. Pfeiffer, C. David, J. F. van der Veen, and C. Bergemann, *Phys. Rev.*, **B73**, 245331 (2006).
130. H. C. Kang, *et al., Phys. Rev. Lett.*, **96**, 127401 (2006).
131. W. L. Tsai, Y. Hwu, C. H. Chen. L. W. Chang, J. H. Je, H. M. Lin, and G. Margaritondo, *Nature*, **417**, 139 (2002).
132. M.-T. Tang, *et al.*, in Proc. *8th Int. Conf. X-ray Microscopy* (eds S. Aoki, Y. Kagoshima and Y. Suzuki) 15 (IPAP, Tokyo, 2006).
133. G. Schneider, *Ultramicroscopy*, **75**, 85 (1998).
134. A. C. Kak and M. Slaney, *Principles of Computerized Tomographic Imaging*, IEEE Press (1988)
135. M. Grafe, *et al., J. Colloid Interface Sci.*, **321**, 1 (2008).
136. K. Kemner, *et al., Science*, **306**, 686 (2004).
137. C. J. Fahrni, *Current Opinions in Chemical Biology*, **11**, 121 (2007).
138. M. Uda, G. Demortier, and I. Nakai, *Synchrotron Radiation in Archaeological and Cultural Heritage Science,* Springer Netherlands (2005).
139. N. Salvado, *et al., J. Synch. Rad.*, **9**, 215 (2002)
140. P. Siddons, *et al., in AIP Conference Proceedings*, **705**, 953 (2003).
141. C. J. Sparks, Jr., *Synchrotron Radiation Research*, H. Winick and S. Doniach eds., Plenum Press (1980).
142. A. Somogyi, R. Tocoulou-Tachoueres, G. Martinez-Criado, A. Homs, J. Cauzid, P. Bleuet, and A. Simionovici , *J. Synchrotron Radiat.*, **12**, 208 (2005)
143. G. Martinez-Criado, A. Somogyi, S. Ramos, J. Campo, R. Tucoulou, M. Salome, J. Susini, and M. Stutzmann, *Appl. Phys. Lett.*, **87**, 061913 (2005).

144. B. C. Larsen, W. Yang, G. E. Ice, J. D. Budai, and J. Z. Tischler, *Nature*, **415**, 887 (2002).

145. J.-S. Chung and G. E. Ice, *J. Appl. Phys*., **86**, 5249 (1999).

146. K. Jefimovs, J. Vila-Comamala, Y. Pilvi, J. Raabe, M. Ritala, and C. David, *Phys. Rev. Lett*., **99**, 264801 (2007).

147. G.-C. Yin, M.-T. Tang, Y.-F. Song, F.-R. Chen, K. S. Liang, F. W. Duewer, W. Yun, C.-C. Ko, and H.-P. Shieh, *Appl. Phys. Lett*., **88**, 241115 (2006).

148. F. Zernike, *Z. Tech. Phys*., **16**, 454 (1935).

149. G.-C. Yin, F.-R. Chen, Y. Hwu, H.-P. Shieh, and K. S. Liang, *Appl. Phys. Lett*., **90**, 181118 (20078).

150. D. Attwood, *Nature*, **442**, 642 (2006).

151. S. L. Johnson, P. Beaud, C. J. Milne, F. S. Krasniqi, E. S. Zijlstra, M. E. Garcia, M. Kaiser, D. Grolimund, R. Abela, and G. Ingold, *Phys. Rev. Lett*., **100**, 155501 (2008).

152. R. Neutze, R. Wouts, D. Van der Spoel, E. Weckert, and J. Hajdu, *Nature*, **406**, 752 (2000).

153. J. Miao, P. Charalambous, J. Kirz, and D. Sayre, *Nature* (London), **400**, 342 (1999).

154. M. Pfeifer, G. J. Williams, I. A. Vartanyants, R. Harder, and I. K. Robinson, *Nature*, **442**, 63 (2006).

155. J. Miao, K. O. Hodgson, T. Ishikawa, C. A. Larabell, M. A. LeGros, and Y. Nishino, *Proc. Natl Acad. Sci*., **100**, 110 (2003)

156. I. A. Vartanyants, I. K. Robinson, J. D. Onken, M. A. Pfeifer, G. J. Williams, F. Pfeifer, H. Metzger, Z. Zhong, and G. Bauer, *Phys. Rev*., **B71**, 245302 (2005).

157. M. Zuo, I. Vartanyants, M. Gao, R. Zhang, and L. A. Nagahar, *Science*, **300**, 1419 (2003).

158. P. Thibault, M. Dierolf, A. Menzel, O. Bunk, C. David, and F. Pfeiffer, *Science*, **321**, 379 (2008).

第五章　離子束檢測技術

5.1 概述

奈米材料的物理、化學性質不同於微觀 (microscopic) 世界的原子與分子，也不同於宏觀 (macroscopic) 世界的塊材 (bulk materials)，而是介於兩者之間，屬於介觀 (mesoscopic) 世界。塊材經過特殊加工到達奈米尺寸 (0.1－100 nm) 時，保持同樣的化學組成，產生特異的量子尺寸效應、表面及界面效應、宏觀量子隧道效應等，顯現迥然不同的光學、電學、磁學、力學、熱學與化學性質等。爲克服傳統的塊材分析的侷限，有效且靈敏的微觀分析技術，束方法 (beam method) 因應而生，此類方法利用離子、電子、光子、中性粒子等與樣品在侷限空間 (spatially confined) 中的作用，監測釋出之離子、粒子、能量、輻射等參數，以得到樣品表面及內部的資訊。

1992 年諾貝爾物理獎得主 Joe Sucher 提及以往技術的進步，可以用石器、銅器時代等以爲代表，在原子物理方面，認爲我們才在離子時代 (ion age) 的第二波中間。隨著離子束 (ion beam) 的基礎科學及應用技術之創新研究，尤其是超高眞空系統、離子源、離子光學設計等的與時進步，國際標準組織 (ISO) 表面化學分析技術委員會 201 (ISO Technical Committee 201 on Surface Chemical Analysis) 訂定 ISO 標準，以及更多的標準品來源，促使離子束檢測技術成爲探討凝態物質 (condensed matter) 系統表面及界面的最新工具(1)。歐洲第六期架構計畫 (6th European Framework Programme, 2003－2007 年) 中強調研發束技術以因應材料科學中奈米技術的需求，以達到下列目標：(1) 改善分析特性到次 100 奈米 (sub-100 nm) 側向解析度 (lateral resolution) 及小於奈米尺度的縱深解析度 (depth resolution) 應用，(2) 建立量測追溯性 (measurement traceability)，以精進準確度及研究系統性誤差，進而達到量化性／追溯性／再現性／不確定度的量測，(3) 研發基於現代計量觀念的影像處理工具，以進行客觀／量化／追溯性的影像判定(2)。

本章所介紹的離子束檢測技術使用之分析術，包括二次離子質譜分析術 (secondary ion mass spectrometry, SIMS)、拉塞福背向散射分析術 (Rutherford backscattering spectrometry, RBS)、中能量離子散射分析術 (medium energy ion scattering, MEIS)，以及粒子誘發 X 光分析術 (particle induced X-ray emission, PIXE)，皆基於具有能量 (energetic)

第 5.1 節及第 5.2 節作者爲凌永健先生。

的荷電 (charged) 入射粒子撞擊樣品 (材料) 時，在原子和核子尺度發生的相互作用，入射粒子會逐漸緩慢減速，甚至偏離初始軌跡 (trajectory)，導致組成樣品中特性元素的二次 (帶荷) 粒子的濺射 (sputter) 或輻射 (radiation)，所產生的資訊，被特定偵測器偵測到，可以用以測定凝態物質的表面及界面之組成分子及元素種類、組成，以及縱深分布 (depth profile)，可提供多層結構 (multi-layer) 樣品各層之性質、厚度、位置及濃度梯度 (concentration gradient)，爲檢測奈米材料化學組成的利器。

SIMS、RBS、MEIS 及 PIXE 技術的差異說明如下：

(1) 入射粒子：SIMS 爲能量 0.2－40 keV 之 O_2^+、Cs^+ 或 Ga^+，RBS 爲能量 2－3 MeV 之 He^+，MEIS 爲能量 100 keV 之 H^+ 或 He^+，PIXE 爲能量 1－3 MeV 之荷電粒子束，後三項技術用較高能量之入射粒子，因此需用到加速器。依據置入能量機制 (mechanism of energy deposition)，入射能量約 keV 離子經過彈性碰撞 (elastic collisions) 屬於核子擋停 (nuclear stop)，其有效擋停效率 (effective stopping power) 爲數 keV/nm，若經過非彈性碰撞 (inelastic collisions) 時屬於電子擋停 (electronic stop)，其有效擋停效率爲十分之幾 keV/nm。

(2) 分析資訊：SIMS 提供濺射二次離子的質荷比，RBS 提供背向散射 α 粒子的能量，MEIS 提供散射 H^+ 或 He^+ 的角度及能量，PIXE 提供特性 X 光。SIMS 的基質效應顯著，需使用標準品進行定量分析。

(3) 界面分析：SIMS 利用入射離子撞濺樣品生成二次離子之現象，得到不同深度的組成資訊，屬於破壞性分析，其餘三種技術利用入射離子碰撞樣品衍生之現象，屬於非破壞性分析。如同一般表面及界面分析儀器，此四種儀器皆須在高眞空度下操作，價格因此較高，樣品多需送至專業實驗室，需由專業分析員進行分析服務，樣品不能污染眞空，最好是導電性良好。各項技術之基本原理、技術規格與特徵，以及應用於奈米科技領域實例等，請參閱第 5.2 節至第 5.5 節。

5.2 二次離子質譜分析術

5.2.1 基本原理

二次離子質譜分析術 (secondary ion mass spectrometry, SIMS) 利用 0.2－40 keV 能量的正 (負) 電荷粒子 (稱爲一次離子，primary ions)，在一定之入射角度下撞擊固態樣品 (材料) 表面，入射之一次離子在進入樣品後，會將能量逐漸轉移給遭碰撞之原子，位於樣品內部的組成原子在得到足夠能量後，會偏離原來所在位置，自由移動到其他位置，造成晶格破壞 (lattice damage)、離子植入 (ion implantation)、原子混合 (atomic mixing) 等表面組成 (composition) 改變，以及粗化 (roughing) 等表面型態 (morphology) 改變，樣品遭受破壞，類似現象會一再發生，直到入射離子的能量散失殆盡。

一次離子碰撞樣品誘導濺射出二次離子的現象，包括濺射 (sputter) 和離子化 (ionization) 兩種步驟。濺射又可分爲物理濺射和化學濺射兩種，前者使用鈍性一次離子 (常用者如氬離子) 以保持樣品原態，達到二次離子可以反映樣品化學組成之目的；後者使用活性離子 (常用者如氧離子、銫離子、鎵離子) 以改變樣品的化學型態，形成較具揮發性或穩定性的物種，達到提升或降低二次離子產率之目的。依據西格門 (Sigmund) 的連串碰撞模式 (collisional cascade model)(3)，二次離子的生成機制如圖 5.1 所示，主要是基於帶有能量的一次離子與固態樣品之間的多重作用，位於樣品表面深層的原子，在前述之連串碰撞過程中，有極高的機率以中性粒子、激態粒子或離子 (稱爲二次離子，secondary ions) 型態被撞離樣品表面，屬於破壞性分析技術。橫亙距離 (transverse distance) 決定可以達到之 x-y 側向解析度 (spatial resolution)，理論上，可以低至 4－8 nm，實際上已達到 20 nm；逃離深度 (escape depth) 定義爲濺射出原子所在的深度，即爲可以達到之 z 方向縱深解析度 (depth resolution)。測定二次離子的質荷比及數目可以提供樣品中的組成分 (原) 子及濃度。

Rol 推出的簡單模式(4)：

$$S = ck\left(\frac{\pi R^2 n_0}{\cos\varphi}\right)\left[\frac{M_1 M_2}{(M_1 + M_2)^2}\right]E_0 \tag{5.1}$$

其中，S 爲目標原子產率 (atoms/ion)，c 爲比例常數，k 爲表面原子束縛能負值的對數函數，R 爲碰撞半徑，n_0 爲單位體積內的原子數量，φ 爲樣品表面法線和入射離子間的夾角度，M_1、M_2 分別爲撞擊離子和目標原子的質量，E_0 爲撞擊離子的能量，$\pi R_2 n_0$ 爲離子在固體中的平均自由徑。上述之原子產率又稱濺射率 (sputtering yield) 爲單位時間內樣品的消耗率，或稱剝蝕率 (erosion rate)，係由下列四種參數決定，包括：(1) 入射離子的質量、能量及入射角度，在一般的設定範圍內，質量越大、能量越高、角度越小，濺射率越高；(2) 樣品的密度、晶體結構、溫度，一般而言，密度越高、晶體結構越高、溫度越

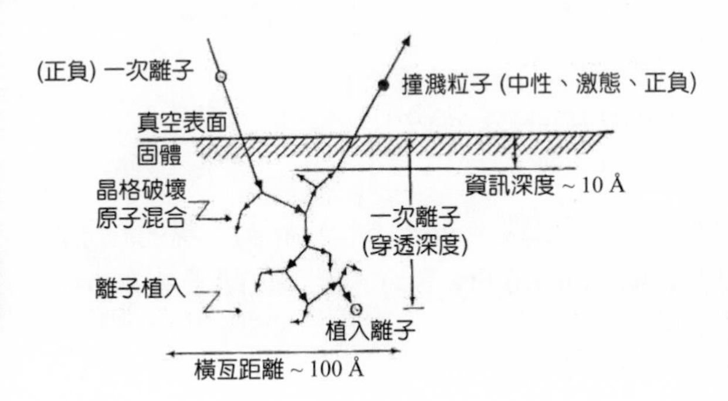

圖 5.1
二次離子的生成機制。

低，濺射率越低；(3) 樣品的表面束縛能，束縛能越高，濺射率越低；(4) 一次離子電流密度，密度越高，濺射率越高。

選用適當的濺射率爲有效利用有限之樣品以得到有用之組成資訊的重要因素之一。一般常從綜合考量儀器使用時間、目標偵測極限、目標縱深解析度及樣品消耗率等指標，如提高濺射率可減少儀器使用時間、可降低偵測極限 (對於導電性不良樣品，會有電荷累積之困擾)，但會導致縱深解析度變差 (不適用於多層薄膜結構樣品分析)，會增加樣品消耗率 (不適用於表面與薄膜分析) 等。除此之外，分析多層結構樣品時，需注意各層材質之濺射速率相同與否，降低掃描面積以提高濺射率之作法會惡化坑壁效應 (crater sidewall effect)，降低分析結果之品質。圖 5.2 爲使用 Kr^+ 一次離子對不同元素的濺射率，至多相差到 2 個級數之內[5]。一般在分析時爲降低不良之坑壁效應，多利用濺射區域之面積大於分析區域之面積，以確保來自分析區域所濺射出的二次離子會全部自樣品表面脫逃出，而得以進入質量分析器中。

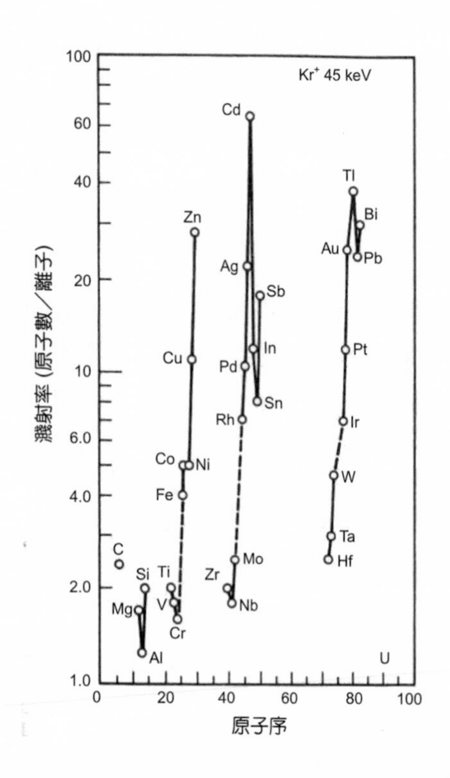

圖 5.2
Kr^+ 一次離子對不同元素的撞濺率[5]。

離子化率主要取決於樣品的表面化學性質 (工作函數，work function ϕ)、濺射粒子的游離能 (ionization potential, IP) 或電子親和力 (electron affinity, EA)。正、負離子產率 (n^+、n^-) 和 ϕ、IP、EA 之間的關係分別爲：

$$n^{+} = \frac{B\exp(\phi - \mathrm{IP})}{K} \tag{5.2}$$

$$n^{-} = \frac{\underline{B}\exp(\mathrm{EA} - \phi)}{\underline{K}} \tag{5.3}$$

其中，B、$\underline{B}$、K、$\underline{K}$ 皆爲比例常數。從樣品的表面化學性質而言，通常樣品的表面若存在有陰電性元素如氧，可以大幅提高正離子產率；同樣的，樣品的表面若存在有正電性元素如銫，可以大幅提高負離子產率。以濺射出粒子的 IP 或 EA 而言，IP 越低的元素，如 Na、Be、Al 等，失去電子產生正離子的產率越高；同樣的，EA 越高的元素，如 C、O、S 等，獲得電子產生負離子的產率越高。圖 5.3 爲二次正離子和二次負離子的相對產率[6]，顯現不同元素，在相同之儀器分析條件下，差異會高達 5 個級數。因此定量分析時，必須特別注意離子化率之差異。

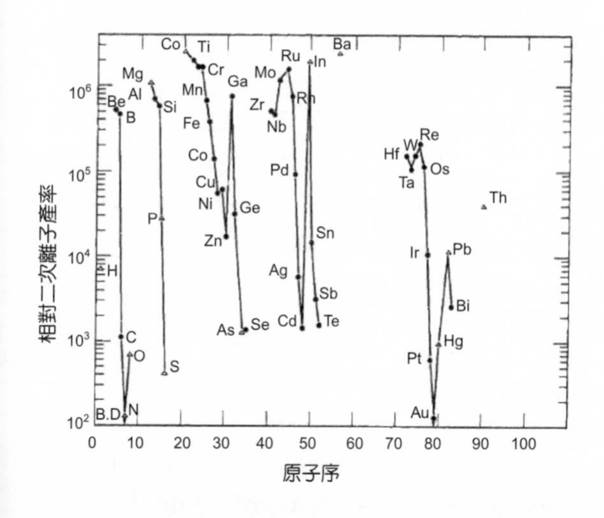

圖 5.3
二次正離子和二次負離子的相對產率[6]。

5.2.2 技術規格與特徵

二次離子質譜儀 (SIMS) 的技術規格，取決於儀器的設計與構造，主要由離子源、樣品室、質量分析器、偵測器、電腦控制及數值／影像處理等五部分組成，前四部分需維持在超高真空環境 (10^{-10} Torr 之下)。圖 5.4 爲國立清華大學貴重儀器中心的 SIMS，包括 CAMECA IMS-4f 及 ION-TOF TOF-SIMS IV。SIMS 分析技術依離子源的電流強度，可分爲動態二次離子質譜術 (dynamic SIMS, D-SIMS) 及靜態二次離子質譜術 (static SIMS, S-SIMS)。D-SIMS 的離子流強度約爲 ≥ 10^{-5} A/cm^2 (10^{17} primary ions/cm^2)、濺射率約 1 Å/s；S-SIMS 的離子流強度約爲 ≤ 10^{-9} A/cm^2 (10^{13} primary ions /cm^2)、僅須濺射約 10 個表面原子或分子 (相當於 1 cm^2 面積之單層原子或分子的 10%)。

(a)

(b)

圖 5.4 國立清華大學貴重儀器中心的 (a) IMS-4f SIMS，(b) TOF-SIMS IV。

離子源的種類和電流強度影響 SIMS 分析結果甚鉅，如高強度者適合進行快速縱深剖析分析及高感度微量分析，低強度者適合進行薄膜分析、表面、或淺接面分析。目前常用的離子源有三類，包括中空陰極雙電漿管 (hollow cathode duoplasmstron)、熱游離 (thermal ionization) 銫離子源，以及液態金屬離子槍 (liquid metal ion gun, LMIG)。中空陰極雙電漿管生成的離子源，如 Ar^+ 不會改變樣品表面組成，常用於 S-SIMS 定性分析；O_2^+ 和 O^- 會與樣品表面生成氧化物，改變表面工作函數，使用氧氾濫 (oxygen flooding) 即通入氧氣以覆蓋樣品表面，也可以達到提升二次正離子的產率之目的，常用於 D-SIMS 定量分析，效果較佳之 O_2^+ (絕緣體樣品除外) 比較普遍，經由化學濺射降低基質效應 (即相同種類、相同濃度的元素，在不同的基質中，會產生不同信號強度)，可以達到低偵測極限的要求。同樣的，對週期表右側的陰電性元素，如鹵素族及低工作函數金屬 Au 及 Pt，常使用銫離子 (Cs^+) 化學濺射，或銫氾濫，以降低基質效應，提高二次負離子的產率，達到低偵測極限的要求。LMIG 可以提供最高電流密度及最小探針尺度，在鎢探針表面覆以 Cs、Hg、Ga、In、Sn、Bi 或 Au，施以高電壓，液態金屬形成泰勒錐，在錐尖處小區生成 ~10^6 A/cm^2 離子，可以聚焦到 20 nm 且電流密度為 5 A/cm^2。高解析二次離子影像常使用具有高強度和高聚焦特性之 Ga^+，亦常作為飛行時間式 (time-of-flight, TOF) SIMS 儀器的一次離子源。近年來對有機基質包括生物樣品分析之需求，具有產率提升、基質破壞較低、分子縱深剖析分析特性之叢集離子 (cluster ions) 如 Au_3^+、C_{60}^+ 等，因應而生[7]。上述離子經過適當之離子鏡聚焦，可以縮小到非常小的半徑，適合做微觀影像分析，雖然可以分析到近乎 ~100 nm 直徑的樣品區域，但對於一般奈米材料，x-y 平面的側向解析度，仍然嫌不足。但 z 方向的縱深解析度可以低至 ~1 nm，足以彌補此缺陷。

SIMS 可依質量分析器 (mass analyzer) 分類，包括四級柱 (quadrupole)、雙聚焦扇型磁場式 (double-focusing magnetic sector) 與飛行時間式三種。四級柱質量分析器利用電場掃描以分離不同質荷比的低能量 (約數百 eV) 離子，具有低汲取電場和接地的樣品座，非常適合用於低能量離子束和高解析縱深剖析分析 (淺接面離子植入樣品) 應用，易於調整入射離子的角度，以得到最佳的濺射率。四級柱質量分析器構造簡單，儀器價格較使用其他類型質量分析器的 SIMS 便宜，可以快速得到質譜圖，特別適用於樣品組成變化較鉅之樣品，缺點則是低質量解析度 (≤ 1000)、二次離子穿透效率低、對高質量離子有質量歧視效應 (mass discrimination effect)。目前市售四級柱 SIMS 有：CAMECA(8)、Millbrook(9)、PHI(10) 等廠牌。雙聚焦扇型磁場質量分析器利用電場和磁場掃描，以分離不同質荷比的中能量 (約數十 keV) 離子，具有高質量解析度 (5000－10000) 和二次離子穿透效率佳 (對低質量離子 10－40%)。目前市售雙聚焦扇型磁場 SIMS 有：CAMECA、ASI(11) 等廠牌。飛行時間式質量分析器使用脈衝式一次離子，可以迅速掃描所有二次離子，質量解析度佳 (3000－10000)，穿透效率 ~10%，測定二次離子之質量沒有上限，多用於 S-SIMS 和表面分析，尤其是待測樣品量有限，可同時偵測無機物種、有機物種和高分子聚合物。缺點則是工作循環 (duty cycle) 低，縱深剖析分析需時較長。新設計之型機同時使用兩支離子槍，一支 (如銫離子) 用作濺射，另一支 (如鎵離子) 用作分析，可以克服此種困難。目前市售飛行時間式 SIMS 儀器有：IONTOF(12)、Millbrook、PHI 等廠牌。SIMS 廠商資訊可參考相關網頁(8-12)。

SIMS 分析技術依二次離子信號種類，包括一維 (1D-SIMS)、二維 (2D-SIMS) 及三維 (3D-SIMS) 三種。1D-SIMS 信號為表面質譜圖 (離子強度對質荷比) 或是 D-SIMS縱深剖析圖 (離子強度對深度)，2D-SIMS 信號為離子影像 (ion image；離子強度對 x-y)，3D-SIMS 為離子層圖 (ion tomography；離子強度對 x-y-z)，若將離子再分為不同質荷比，則可進入 4D-SIMS。SIMS 可以提供非常豐富的樣品組成資料，需要強大的電腦數值／影像處理能力。縱深定量分析一直為 SIMS 最常用的操作模式，近年來輔以化學計量處理的影像分析，能夠提供豐富的化學資訊，也逐漸普遍。圖 5.5 為各種 SIMS 圖譜示意圖。

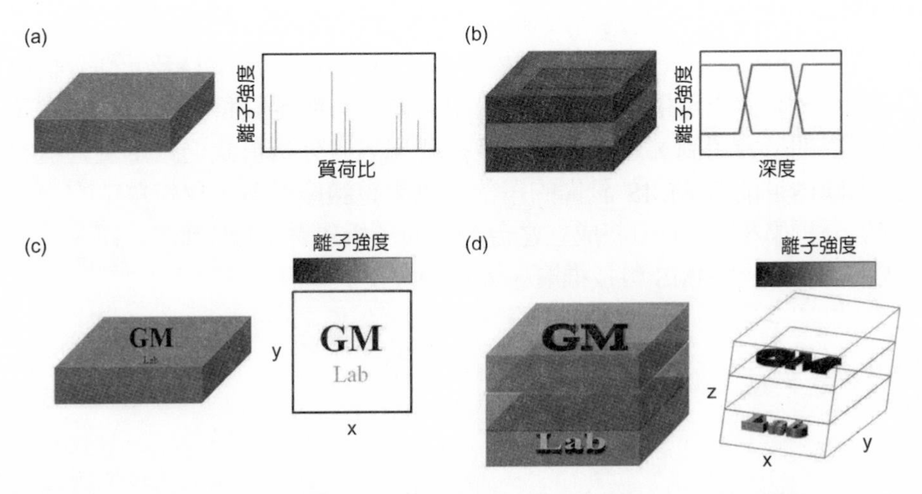

圖 5.5 各種 SIMS 圖譜示意圖，(a) 表面質譜圖，(b) 縱深剖析圖，(c) 離子影像圖，(d) 離子斷層圖。

SIMS 依影像方式分類，分爲非影像 (nonimaging)、顯微影像 (microscope imaging) 與掃描探針影像 (scanning probe imaging)。非影像式 SIMS 用於縱深分析一次離子在樣品表面濺射的全部區域，二次離子的精密位置不受侷限。顯微影像式 SIMS 用於測定表面濺射區域中二次離子的 *x-y* 分布，利用位於質量分析器和偵測器之間的離子光學系統，將二次離子以一對一關係傳送到二維偵測器，如攝影機 (video camera) 及微通道板 (microchannel plate) 等，以取得 *x-y* 函數的離子強度，主要由離子光學系統特性決定影像解析度，市售 SIMS 目前最佳可達 μm。掃描探針式 SIMS 使用聚焦一次離子束掃描樣品表面之特定區域，同步將產生之二次離子強度以 *x-y* 函數關係，呈現在顯示器(及儲存在電腦) 中，主要由一次離子束的聚焦半徑決定影像解析度，市售 SIMS 目前最佳可達 0.1 μm。國立清華大學貴重儀器中心 SIMS 常用的儀器設定條件，CAMECA IMS-4f 爲離子源： O_2^+ (Cs^+) 一次離子、5－15 keV 一次離子能量、10－200 nA 一次離子電流、2－10 Å/秒濺射速率、200×200－300×300 μm^2 濺射區域、直徑 60 mm 圓形分析區域、正 (負) 二次離子、 縱深剖析定量分析。ION-TOF TOF-SIMS IV 爲離子源 Ga^+(Au_3^+)、25 keV 一次離子能量、60 (0.1) nA 一次離子電流、2－10 Å/秒濺射速率、500×500 μm^2 濺射區域、100×100 μm^2 分析區域、正 (負) 二次離子、表面分析及影像分析。市售 SIMS 的特性可參考各廠商的相關網頁[8-12]。

5.2.3 應用與實例

第一次國際 SIMS 會議由 Benninghoven 教授於 1977 年在德國慕斯特大學召開，爾後每二年舉行一次，並出版論文專書集，最近數年改以期刊 (Applied Surface Science) 專輯方式刊出，提供 SIMS 研究者最廣和最新之參考資料。少數的中文 (繁體) SIMS 論文[13-21]，提供 SIMS 的入門簡介，爲有效利用 SIMS 分析 (包括定性分析、定量分析、縱深剖析分析、三維分析) 及深入 SIMS 領域的參考資料。SIMS 於材料及元件分析應用領域如表 5.1 所列[22]，從實際應用觀點來看，適用於傳統材料至高科技材料，非常廣泛，許多研究或分析部門皆會用到，可以探討許多基礎現象，分析模式仍以定量分析和縱深剖析分析爲主。國內目前有 SIMS 設備的單位，以半導體廠最多，學校單位次之，且有測試實驗室提供分析服務[23,24]，即將成立之台灣表面分析學會 (由台灣學、研、產單位之成員共同組成)，則致力於 SIMS 科技推廣、人材培育及標準訂定。

表 5.1 SIMS 應用於材料及元件領域。

材料／元件類別	矽半導體、III-V 族半導體、II-VI 族半導體等、薄膜晶體液晶顯示器 (TFT-LCD)、有機發光二極體 (OLED) 摻物 (dopant) 及雜質 (impurity) 縱深分布、薄膜組成及雜質、淺接面及超薄膜的超高縱深解析度分布、超低能量植入、閘氧化層、塊材分析 (如 Si 中的 B、C、N 及 O)、合成高分子、塗漆及沉積塗覆、生物高分子材料、藥物、玻璃、紙張、金屬、陶瓷、航太材料、汽車材料、軍事材料、太陽能電池、通訊材料等
公司部門	研究、發展、品質管制、偵錯分析、逆向工程
基礎現象	汙染、黏著、摩擦、濕潤、腐蝕、擴散、離析、細胞化學、生物匹配性等

國際標準組織 (ISO) 表面化學分析技術委員會 201 (ISO Technical Committee 201 on Surface Chemical Analysis) 迄今共訂定五種 SIMS 相關的 ISO 標準，如表 5.2 所列，使 SIMS 檢測技術成為探討凝態物質表面及界面的有力工具之一，以定量分析和縱深剖析分析為主。

1. ISO 14237:2000 二次離子質譜術－用均勻摻雜物質測定矽中硼原子濃度 (Secondary-ion mass spectrometry－Determination of boron atomic concentration in silicon using uniformly doped materials)：使用扇型磁場式或四極柱二次離子質譜儀測定矽中硼的縱深剖析。深度校正則以輪廓測定探針術 (stylus profilometry) 或光學干涉術 (optical interferometry) 進行。適用於矽濃度介於 1×10^{16} – 1×10^{20} atoms/cm^3 的單晶、多晶或非晶樣品。撞濺坑洞深度至少為 50 nm，光學干涉儀適用於 0.5 – 5 μm 坑洞深。
2. ISO 14606:2000 濺射深度剖析－用層狀膜系為參考物質的優化方法 (Sputter depth profiling－Optimization using layered system as reference materials)。
3. ISO 17560:2002 二次離子質譜術－測定矽中硼縱深剖析方法 (Secondary-ion mass spectrometry－Method for depth profiling of boron in silicon)：使用均勻摻雜物質 (即參考標準物質)，作為二次離子質譜術測定矽中硼原子濃度用。適用於矽濃度介於 1×10^{16} – 1×10^{20} atoms/cm^3 的單晶矽。
4. ISO 18114:2003 二次離子質譜術－用離子植入標準物質測定相對感度因子 (Secondary-ion mass spectrometry－Determination of relative sensitivity factors from ion-implanted reference materials)：使用離子植入標準物質，作為為二次離子質譜術測定相對感度因子用。適用於基質化學組成均勻，且植入劑量的最高濃度低於 1 原子 % 的樣品。
5. ISO 20341:2003 二次離子質譜術－用多重德他 (delta) 層標準物質估算縱深解析度參數方法 (Secondary-ion mass spectrometry－Method for estimating depth resolution parameters with multiple delta-layer reference materials)：使用多重德他 (delta) 層標準物質，用縱深剖析估算二次離子質譜儀的三種縱深解析度參數用。包括前緣衰減深度 (leading-

edge decay length)、尾緣衰減深度 (trailing-edge decay length) 和高氏增寬 (the Gaussian broadening)。不適用於化學和物理狀態會受到入射離子修飾，以及非處於穩定態的近表面區的德他 (delta) 層。

ISO 14237:2000 與 ISO 18114:2003 爲定量分析用，ISO 14606:2000、ISO 17560:2002 與ISO 20341:2003 爲縱深剖析分析用。值得注意的是，定量分析和縱深剖析分析皆受標準物質的影響甚鉅。

表 5.2 SIMS 相關之 ISO 標準。

ISO 14237:2000	二次離子質譜術－用均勻摻雜物質測定矽中硼原子濃度
ISO 14606:2000	濺射深度剖析－用層狀膜系爲參考物質的優化方法
ISO 17560:2002	二次離子質譜術－測定矽中硼縱深剖析方法
ISO 18114:2003	二次離子質譜術－用離子植入標準物質測定相對感度因子
ISO 20341:2003	二次離子質譜術－用多重德他 (delta) 層標準物質估算縱深解析度參數方法

本文所介紹的應用與實例以奈米科技及相關材料爲主，包括產品和相關製程，產品包括奈米碳管 (carbon nanotubes)、量子點 (quantum dots)、奈米粒子 (nanoparticle)、奈米網 (nanowebs) 等，共有五筆範例供參考。

(1) S-SIMS 測定電場結出奈米網[25]

電場結網將高分子溶液射出到電場中，以製備直徑 50－500 nm 高分子纖維組成之奈米網 (非編織型)，即電場結出奈米網 (electrospun nanowebs)，若使用功能性高分子或添加劑，可以調整奈米結構物質的表面組成，以應用於特定用途。測定此種奈米物質表面最外的單層分子組成，非常具有分析挑戰性。本論文使用 S-SIMS 以定性和定量分析由聚己內酯 (polycaprolactone, PCL) 單獨製備，或和溴化十六烷基三甲基銨 (cetyltrimethylammonium bromide, CTAB) 共同製備的奈米纖維的分子組成，探討可行性和限制性，特別是質譜圖之質量解析度和準確度的品質、表面富集的偵測，以及影像分析的可行性。使用配有 Ga^+ LMIG (離子劑量 3.7×10^{12} /cm^2) 的 TOF-SIMS IV (CAMECA/ION-TOF)，使用 S-SIMS 操作模式，分別測定 CTAB 和 PCL 標準溶液。從得到的質譜圖，如圖 5.6 所示，決定特徵離子分別爲 *m/z* 284 (CTAB) 及 *m/z* 115 (PCL)。圖 5.7 爲以 *m/z* 284

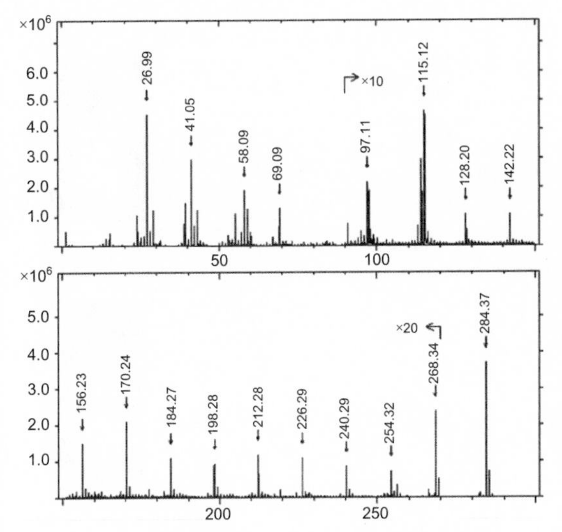

圖 5.6 電場結出奈米網之正離子質譜圖，用 Ga^+ 一次離子 S-SIMS 操作模式測定，由 15% (w/w) 聚己內酯／丙酮製備，鋁箔基材[25]。

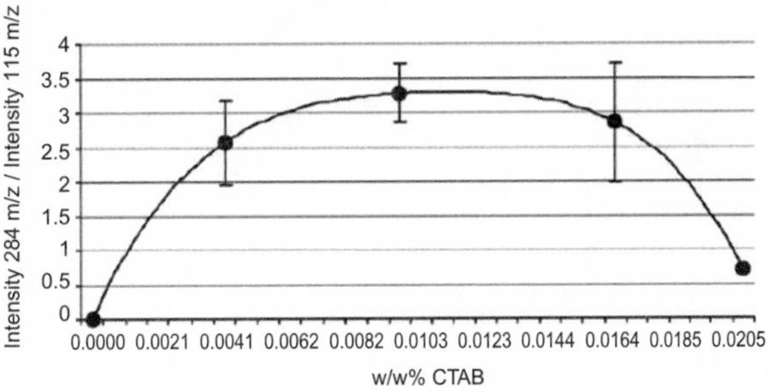

圖 5.7 以溴化十六烷基三甲基銨的 *m/z* 284 強度與 *m/z* 115 強度比值對 15% (w/w) 聚己內酯／丙酮中 CTAB 重量百分比作圖[25]。

強度與 *m/z* 115 強度比值對 CTAB 重量百分比作圖，顯示奈米網在低及高 CTAB 百分比時，表面有 CTAB 耗盡 (depletion) 的現象，高 CTAB 百分比時的耗盡現象可能和微胞的生成有關。

(2) TOF-SIMS 研究量子點中原子之分布[26]

以 TOF-SIMS 研究兩種不同摻雜錳的硫化鎘量子點 (Mn-doped CdS quantum dot) ，如圖 5.8 所示，A 方法製備錳在硫化鎘表面之量子點，B 方法則是製備錳均勻在硫化鎘中之量子點。透過 1,10-decanedithiol 將量子點透過自我組裝在金基材上生成單分子層，再以 TOF-SIMS (TOF-SIMS IV, ION-TOF GmbH, Munster, Germany) 分析，Ga^+ LMIG 爲一次離子源 250 eV、5 nA O_2^+ 爲濺射槍。圖 5.9 爲 TOF-SIMS 測定之縱深剖析圖和 3D-SIMS 圖，(a) 顯示錳富集在硫化鎘量子點表面，(b) 顯示錳均勻分布在硫化鎘量子點內部。

(3) 就地 (*in situ*) 加熱-TOF-SIMS 研究醋酸鋅二水合物的熱分解[27]

以 TOF-SIMS 研究醋酸鋅二水合物 $Zn(CH_3COO)_2 \cdot 2H_2O$ 生成氧化鋅奈米粒子的就地熱分解，在動態熱解程序下，每 25 °C 間隔，分別記錄 TOF-SIMS 正、負離子的質譜圖，同時在氧氛下 (每分鐘 20 mL) 控制加熱速率爲 5 °C/min，進行熱重分析。分別以掃描電子顯微鏡、穿透式電子顯微鏡及 X 光繞射分析觀察到近乎圓型、未聚集、分布範圍窄 (直徑約 50 nm) 的氧化鋅奈米粒子。就地加熱-TOF-SIMS 則是用以監測爲溫度函數的

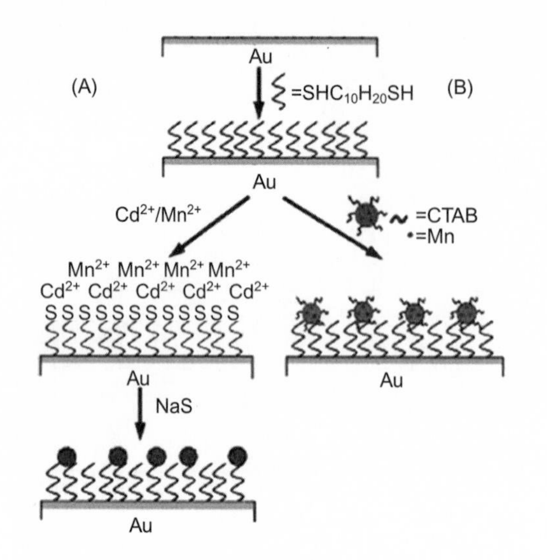

圖 5.8 量子點的製備步驟和建議之結構示意圖[26]。

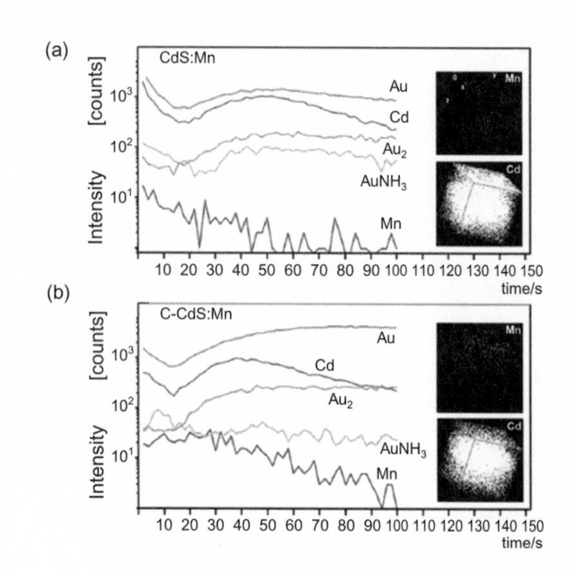

圖 5.9 TOF-SIMS 的縱深剖析圖和離子層圖，(a) CdS:Mn，(b) C-CdS:Mn[26]。

$^{64}Zn^{+}$ 和 $^{66}Zn^{+}$ 離子豐度，得到與熱重分析類似的熱分解溫度記錄圖，從實驗結果，提出氧化鋅奈米粒子可能的熱分解機制。

本論文用 TOF-SIMS (TOF-SIMS IV, ION-TOF GmbH, Munster, Germany) 分析，$^{69}Ga^{+}$ 液態金屬離子槍 (LMIG) 爲一次離子源 (2.5 pA 脈衝電流、30 ns 脈衝時寬、25 keV 操作電位、10 kV 後加速電位)，分析區域爲 200×200 μm^2，取得數據的時間爲 200 秒，使用脈衝泛流電子槍 (約 30 eV) 進行電荷補償，主腔的眞空控制在 10^{-7} 到 10^{-9} Torr 間 (1 Torr = 133.3 Pa)。測定正、負離子時，質量解析度 ($m/\Delta m$) 分別爲 4000 和 3000，質譜圖的校正離子分別爲 H^+ (m/z 1.007)、CH_3^+ (m/z 15.024)、$C_2H_5^+$ (m/z 29.044)、$^{64}Zn^+$ (m/z 63.927) 和 $^{66}Zn^+$ (m/z 65.924)，以及 C^+ (m/z 11.997)、CH^+ (m/z 13.005)、O^+ (m/z 15.988)、OH^+ (m/z 16.997) C_2H^+ (m/z 24.998)、C_3H^+ (m/z 36.952)、$^{64}ZnO^+$ (m/z 79.878) 和 $^{66}ZnO^+$ (m/z 81.872)。圖 5.10 中 (a) 和 (b) 曲線分別爲醋酸鋅二水合物於氧氛下，以 5 °C/min 的加熱速率，在 25－500 °C 的溫度範圍內，分析得到之熱重和熱重差溫度記錄圖，圖 5.11 爲用就地加熱-TOF-SIMS 在 25－300 °C 的溫度範圍內分析醋酸鋅二水合物，(a) 爲監測溫度函數 $^{64}Zn^+$ 和 $^{66}Zn^+$ 離子豐度所得到熱分解溫度記錄圖，(b) 爲其一次微分圖。圖 5.12 爲醋酸鋅二水合物加熱生成氧化鋅奈米粒子的機制。

(4) TOF-SIMS 監測碳奈米管柱上聚苯胺膜的生成反應[28]

本論文在多壁碳奈米管柱 (CNTs) 成功的製備聚苯胺 (PANI) 膜，主要使用苯胺官能基修飾碳奈米管柱得到 CNTs-$(NC_6H_6)_n$，再聚合苯胺得到 PANI/CNTs-$(NC_6H_6)_n$。用 TOF-SIMS 監測 $C_6H_6N^-$、$C_2H_3Cl_2^-$、C_8H^- 和 C_{10}^-，以了解聚苯胺膜和 CNTs-$(NC_6H_6)_n$ 的界面間

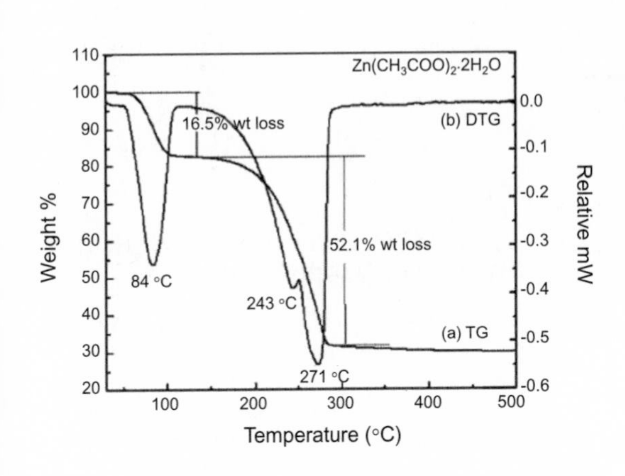

圖 5.10 醋酸鋅二水合物之 (a) 熱重，(b) 熱重差溫度記錄圖，於氧氣下以 5 °C /min 的加熱速率在 25–500 °C 的溫度範圍內分析[27]。

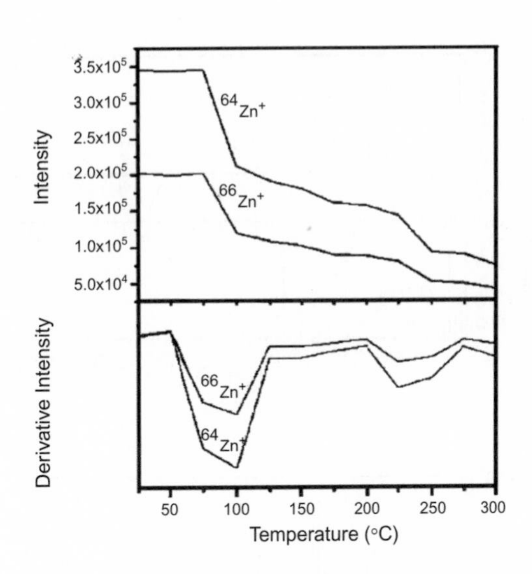

圖 5.11 就地加熱-TOF-SIMS 在 25–300 °C 的溫度範圍內分析醋酸鋅二水合物，(a) 監測 $^{64}Zn^{+}$ 和 $^{66}Zn^{+}$ 離子豐度爲溫度函數所得到熱分解溫度記錄圖，(b) 其一次微分圖[27]。

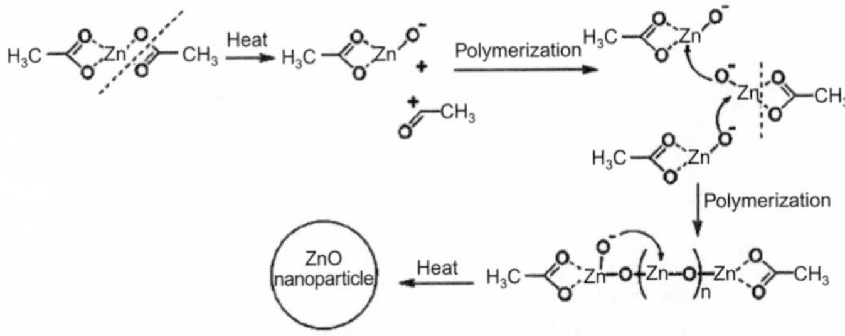

圖 5.12
醋酸鋅二水合物加熱生成氧化鋅奈米粒子的機制[27]。

變化，測得修飾有苯胺之 CNTs 的官能基爲 $C_6H_6N^-$，TOF-SIMS 離子影像顯示 $C_6H_6N^-$ 對於苯胺的聚合反應具有正面效應。以 TOF-SIMS (TOF-SIMS IV, ION-TOF GmbH, Munster, Germany) 分析 $^{69}Ga^{+}$ 液態金屬離子槍 (LMIG) 爲一次離子源，縱深剖析分析，區域爲 150×150 μm^2，撞濺離子槍爲 250 eV 的 Cs 離子槍。圖 5.13 爲表面官能化 CNTs (CNTs-$(NC_6H_6)_n$) 的質譜圖，圖 5.14 爲 CNTs-$(NC_6H_6)_n$ 聚合 30 min 後的質譜圖，圖 5.15 爲 CNTs-$(NC_6H_6)_n$ 聚合 30 min 後的縱深剖析圖，圖 5.16 爲 CN^- 離子影像，(a) 和 (b) 分別來自 CNTs-$(NC_6H_6)_n$ 和 PANI/CNTs-$(NC_6H_6)_n$，圖 5.17 爲 PANI/CNTs-$(NC_6H_6)_n$ 的掃描電子顯微鏡圖。

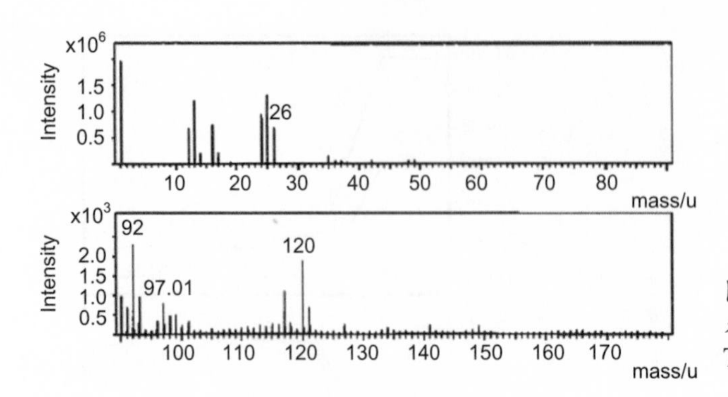

圖 5.13
表面官能化 CNTs (CNTs-$(NC_6H_6)_n$) 的 TOF-SIMS 質譜圖(28)。

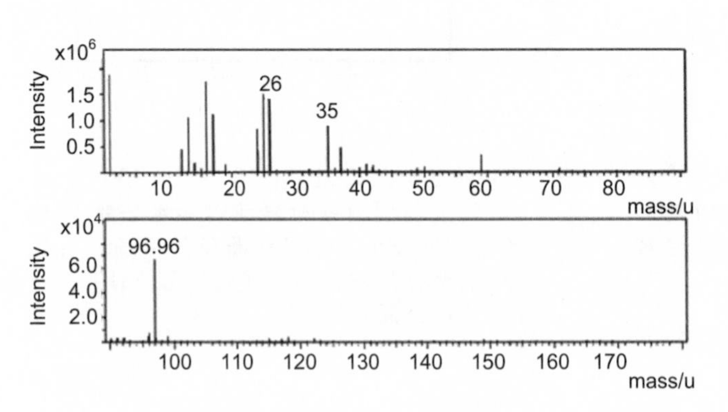

圖 5.14
CNTs-$(NC_6H_6)_n$) 聚合 30 min 後的 TOF-SIMS 質譜圖(28)。

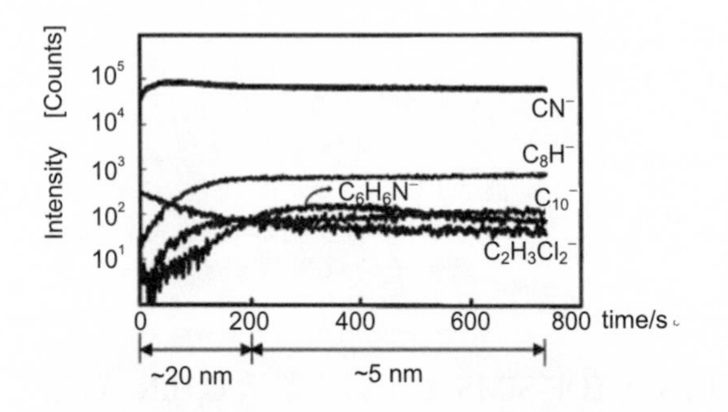

圖 5.15
CNTs-$(NC_6H_6)_n$) 聚合 30 min 後的 TOF-SIMS 縱深剖析圖(28)。

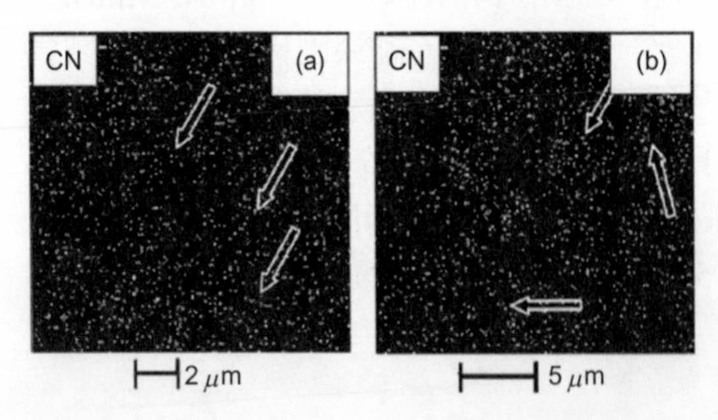

圖 5.16 CN^- 離子影像 (a) 和 (b) 分別來自 CNTs-$(NC_6H_6)_n$ 和 PANI/CNTs-$(NC_6H_6)_n$(28)。

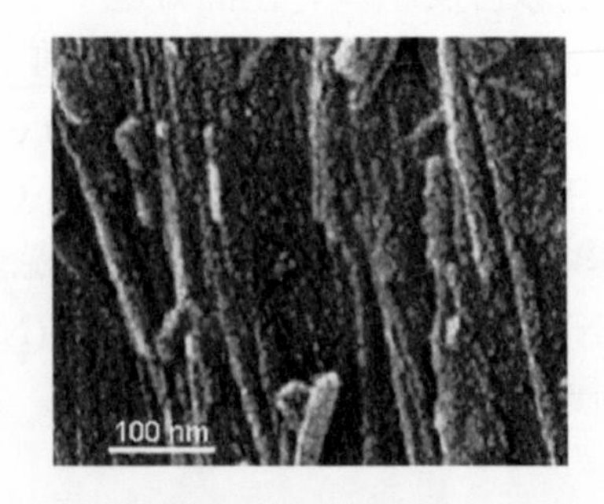

圖 5.17 PANI/CNTs-$(NC_6H_6)_n$ 的掃描電子顯微鏡圖(28)。

(5) TOF-SIMS 和金屬輔助 SIMS (MetA-SIMS) 分析柴油引擎排放的揮發性奈米粒子[29]

本論文利用 TOF-SIMS 和金屬輔助 SIMS (MetA-SIMS)，即用 TOF-SIMS 分析表面積覆有金屬的樣品，分析輕型柴油引擎在怠速和減速條件下所排放出的少量揮發性奈米粒子，測定成核物質 (nucleation materials) 如：> C35 碳氫化合物、氧化產物等，此類物質的揮發性比揮發性奈米粒子的主要組成物低，會控制揮發性奈米粒子的生成。TOF-SIMS 偵測到在怠速條件下揮發性奈米粒子中有含氧碳氫化合物，其相關強度會隨著粒子直徑變小而增加，導致含氧碳氫化合物作爲怠速條件下揮發性奈米粒子的成核物質。MetA-SIMS 偵測到在減速條件下揮發性奈米粒子中有 > C35 的高分子量碳氫化合物，結論測到之碳氫化合物源自潤滑油，在減速條件下扮演著揮發性奈米粒子的成核物質的角色。

TOF-SIMS 在超高眞空環境下操作，可以測到微量的低揮發性分子，MetA-SIMS 是唯一能對少量奈米粒子直接測定高分子量碳氫化合物的方法。本論文證實 TOF-SIMS 和 MetA-SIMS 爲分析揮發性奈米粒子的實用工具。本論文用 Electronics TFS-2100 (TRIFT II) 儀器，$^{69}Ga^{+}$ 液態金屬離子槍 (LMIG) 爲一次離子源 (600 pA 直流電流、13 ns 脈衝時寬、15 keV 操作電位)，離子劑量約爲 5×10^{11} primary ion/cm^2，低於 S-SIMS 極限。MetA-SIMS 用以分析 nano-MOUDI (多階衝擊器) 的三階所收集之樣品，使用金屬爲銀。圖 5.18 爲以 MetA-SIMS 在不同運轉條件下測得之質譜圖 (● 表示銀簇，× 表示汙染)，(a) 爲減速條件下成核模式粒子 10－18 nm，(b) 爲怠速條件下成核模式粒子 10－18 nm，(c) 爲矽晶圓上的新鮮潤滑油。

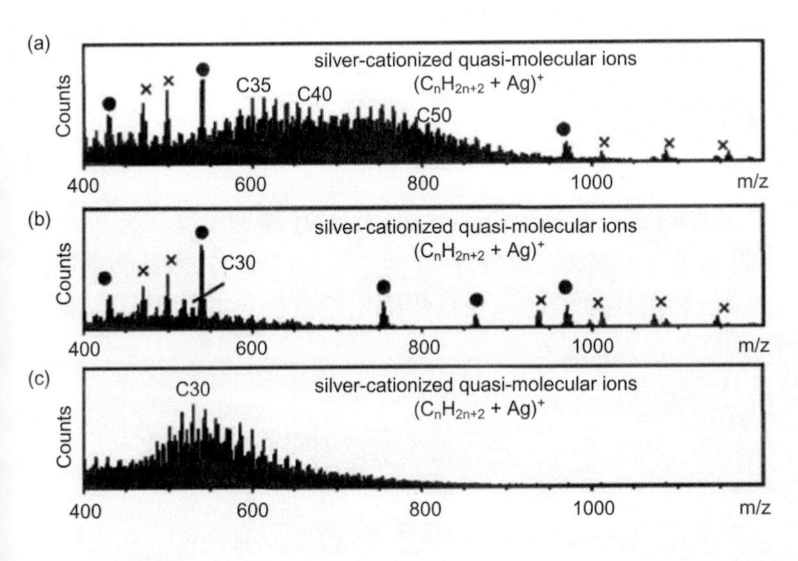

圖 5.18
MetA-SIMS 質譜圖 (● 表示銀簇，× 表示汙染)，(a) 減速條件下成核模式粒子10－18 nm，(b) 怠速條件下成核模式粒子 10－18 nm，(c) 矽晶圓上的新潤滑油[28]。

5.2.4 結語

二次離子質譜儀是表面及界面分析的不可或缺的工具，主要是因具有下述優點：

(1) 定性分析：可以分析有機物種和無機物種、可以區分質量相差低至 0.04 amu 的有機物 (假設分子量 200、質量解析度 5000)、可以偵測週期表上所有元素 (包括氫) 及其同位素，(2) 定量分析：摻雜物和不純物的感度佳 (ppm 或更低)、寬廣的線性濃度範圍 (高達 6 個級數)、化學計量和組成分析可用在某些應用；(3) 微區分析：表面分析深度低至 0.1 nm、縱深剖析分析的解析度低至 1 nm、離子影像分析區域小至 10 μm × 10 μm、離子層圖分析體積小至 0.01 μm^3。仍有些缺點：破壞性分析、樣品須能放置於高真空環境內、樣品要有相當的導電性。從分析觀點看來，利用二次離子質譜儀直接分析 100 nm 以下之 *x-y* 軸的樣品 (如量子點)，目前仍有困難，但樣品若經適當製備，則可利用 *z* 軸的 1 nm 縱深解析度，克服 *x-y* 解析度不足之問題 (如 TOF-SIMS 研究量子點中原子之分布[26])；除此之外，亦可利用表面分析低至 0.1 nm 深度的特性，以及同時分析有機物種和無機物種的能力，探討奈米材料或一般材料的表面特性，如 S-SIMS 測定電場結出奈米網 (electrospun nanowebs)[25] 及 TOF-SIMS 和金屬輔助 SIMS (MetA-SIMS) 分析柴油引擎排放的揮發性奈米粒子[29]。就地 (*in situ*) 熱-TOF-SIMS 研究醋酸鋅二水合物的熱分解[27] 和 TOF-SIMS 監測奈米管柱上聚苯胺膜的生成反應[28]，說明二次離子質譜儀可成功應用於奈米製程的分析 (註：1999 年第 12 屆國際 SIMS 研討會的大會演講題目即爲奈米科技的機會與挑戰)。筆者以爲，二次離子質譜儀用於奈米材料與製程的分析，方興未艾，在國內若能使標準件的取得更方便、建立一致性分析方法、推廣二次離子質譜術至奈米工業，未來朝向深耕於學術研究，結果於產業經濟，以相輔相成茁壯新興工業，應是值得努力的方向。

5.3 拉塞福背向散射分析術

拉塞福背向散射分析術 (Rutherford backscattering spectrometry) 是檢測樣品材料元素成分深度分布之有力工具，同時也是中能量離子散射分析術 (第 5.4 節) 作爲奈米檢測之技術基礎。本文將詳述其物理背景與工作原理，以及具體應用的實例，並探討其技術規格與相關特徵，例如彈性回彈偵測及溝渠效應等。

5.3.1 物理背景[31-36]

拉塞福背向散射分析技術源自於二十世紀初，以高速阿伐粒子入射物質，利用粒子散射的角度分布，探討原子內部結構的物理研究 (阿伐粒子即氦原子核，帶正二價電荷，靜止質量 4.002603 amu)。在 1906－1908 年間，拉塞福 (Ernest Rutherford) 以人工提煉的釙原子 (^{210}Po，polonium) 所放射出之能量爲 4.5 MeV 的阿伐粒子來撞擊雲母片，發現阿

第 5.3 節作者爲鄭俊彥先生。

伐粒子可以被物質散射，並且其散射角度絕大部分小於 2 度。在 1909－1913 年間，蓋格 (Hans Geiger) 與馬爾斯登 (Ernest Marsden) 進一步仔細量測拉塞福散射實驗中，阿伐粒子被各種厚度小於 1 μm 的金屬箔片散射之角度分布，以及各種物質阻擋阿伐粒子的能力，期望能確認原子內部帶電物質的分布。實驗結果歸納有三項：

(1) 幾乎所有的入射阿伐粒子直線穿透金屬箔片，阿伐粒子穿透箔片之後的速度會隨著箔片厚度增加而逐漸減慢。

(2) 一些入射阿伐粒子被金屬箔片散射，穿透之後其偏折角度約小於 2 度，隨著箔片厚度逐漸增加，散射偏折角度亦逐漸增加 (但仍遠小於 90 度)，同時，散射角分布則愈見發散。

(3) 以阿伐粒子入射金箔爲例，非常、非常少 (比例約 1:20000) 的入射阿伐粒子進行背向散射，即散射角度偏折大於 90 度。

由第一項結果可以得知金箔對阿伐粒子的阻擋能力 (stopping power)，即入射阿伐粒子之平均動能轉移與穿透路徑長度的關聯；由第二項結果則可得知前向散射角度與金箔厚度的關係。當阿伐粒子於金箔內進行小角度散射時，其散射角度爲 Poisson 分布的前提下，藉由統計關聯可以得到穿越已知金箔厚度時發生碰撞的金原子平均個數，因而反推原子大小爲 2×10^{-8} cm 左右，及平均每個金原子貢獻前向偏折角，約 1/200 度。這二項結果相應符合於原子內部電荷均勻分布模型的預測，即入射阿伐粒子與金箔內均勻分布的帶電物質持續進行碰撞而逐漸損失動能，以及入射阿伐粒子被金箔內一連串原子多重散射而產生小角度偏折。

第三項結果則顯現明確的背向散射事件，這否證了湯姆森 (Joseph John Thomson) 所提出的正負電荷均勻分布原子模型。直接由取樣數據統計，推知背向散射可能只來自於單一碰撞，顯示原子內部正電荷可能集中於 1×10^{-12} cm 大小的重核內。此外，實驗數據顯示：大角度背向散射之角度分布 (150 度－180 度) 與箔片厚度、箔片元素原子質量、箔片元素原子序及入射阿伐粒子速度之間的關聯完全符合，根據 1911 年拉塞福提出的原子有核之原子模型，所計算的單一碰撞彈性散射截面 (scattering cross section) 公式。這證實原子係由一位於原子中心，體積很小但質量佔原子總重 99.5% 的原子核，以及一群環繞原子核外圍軌道運行的電子所構成。這項實驗奠定了今日原子模型的雛型，伴隨著之後 1920－30 年代量子散射、1930－40 年代核分裂、1950 年代離子加速器、1960 年代半導體離子佈值等理論或技術發展，開啓了 1970 年代以後拉塞福背向散射分析技術之門。

5.3.2 實驗裝置[48]

類同於蓋格－馬爾斯登散射實驗的設計，拉塞福背向散射分析儀的裝置如圖 5.19 所示。離子源 (ion source) 游離氦氣產生阿伐粒子 (1－10 μA)，經過靜電式加速器 (electrostatic accelerator) 增加阿伐粒子的動能至 2－3 MeV。只有特定能量的阿伐粒子通

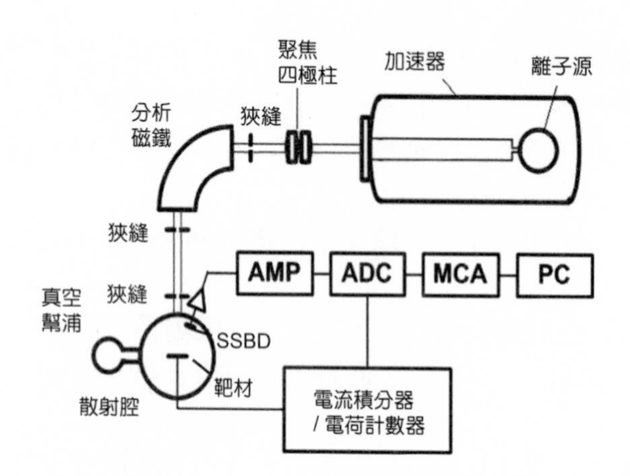

圖 5.19
拉塞福背向散射分析儀。

過分析磁鐵 (analytic magnet，磁場穩定度 0.1%)，再經雙狹縫 (double slit) 準直方向後 (發散角小於 0.005 度)，轟擊置於眞空腔 (vacuum chamber) 中央的靶材 (target，即待測樣品)，靶點大小約 1－3 mm^2。

置於散射角 160 度方向的矽晶表面勢壘偵測器 (silicon surface barrier detector, SSBD) 則是用來收集背向散射的阿伐粒子。阿伐粒子進入偵測器之後轉移動能，在空乏區內形成大量的電子－電洞對及形成電流訊號；電流訊號經前級放大器 (amplifier, AMP) 轉成電壓訊號之後，再放大、數位化，最後送至多頻道分析儀 (multi-channel analyzer, MCA) 逐步累計成散射能譜，由個人電腦擷取。

眞空腔內的眞空一般維持在 1×10^{-6} Torr 以下，避免影響入射或散射阿伐粒子的能量及方向，並減緩靶材及偵測器的表面污染沉積。待測靶材則置放於旋轉平移台座，可校準入射方向及上下移動位置。

入射阿伐粒子電流一般維持在 10－20 nA 左右，避免入射電流過大直接對靶材形成輻射破壞，及避免入射電流過小使能譜擷取時間過長。靶座周邊設置一高壓電網 (–200 V_{dc})，用來壓抑靶材被轟擊時二次游離電子的產生，使伴隨每次能譜擷取而固定收集的電荷計量之精確度能維持在 3% 以內。除了可供數值模擬作絕對計量比對之外，亦可進一步幫助不同樣品的背向散射能譜相互比對參照。伴隨每次能譜擷取，皆收集固定的入射電荷計量，供作絕對計量比對。

5.3.3 工作原理[37-44,47-53]

圖 5.20 爲一矽單晶片 (silicon wafer) 的拉塞福背向散射能譜，及其背向散射實驗示意圖。質量爲 M_1、動能爲 E_0 的阿伐粒子以凝視角 α 入射靶材表面，撞擊質量爲 M_2 的靶材原子，背向散射後沿凝視角 β 穿出射靶材表面，被偵測器收集，背向散射角爲 θ。如同蓋格－馬爾斯登的實驗結果，動能爲 2－3 MeV 的阿伐粒子進行拉塞福背向散射分析

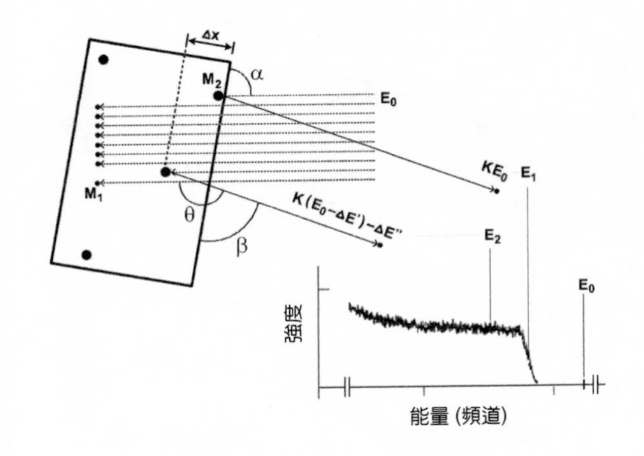

圖 5.20
矽單晶片的背向散射實驗示意圖，及其背向散射能譜。

時，絕大部分入射阿伐粒子會直線穿入靶材，在穿越路徑上與大量電子進行碰撞而損失能量，直至停留在靶材深處 (此即離子佈植)。只有非常小比例的入射阿伐粒子，有機會與靶材內元素的重原子核進行近接彈性碰撞而背向散射，再直線穿出靶材；背向散射的阿伐粒子離開靶材前，仍沿途與大量電子碰撞而損失能量。

所以圖 5.20 的背向散射能譜可以定性理解如下：

(1) 被靶材表面元素背向散射阿伐粒子的能量位置位於能譜分布的最高能量邊緣 (E_1)。
(2) 被靶材內部元素背向散射阿伐粒子的能量位置，因沿途損耗能量而向低能量區域分布 (E_2)。
(3) 若靶材元素沿縱深爲和緩連續分布，則其背向散射能譜分布亦呈和緩連續分布。
(4) 若靶材元素成分不只一種，則背向散射能譜是由各成分之能譜分布個別疊加而成。

在定量上，在靶材表面背向散射的阿伐粒子之動能 E_1，和入射阿伐粒子動能 E_0 滿足彈性碰撞關係式：$E_1 = K \cdot E_0$，其中，比例係數 K 稱爲運動學因子 (kinematic factor)。

$$K = \left(\frac{M_1 \cos\theta + \sqrt{M_2^2 - M_1^2 \sin^2\theta}}{M_1 + M_2} \right)^2 \tag{5.4}$$

$$\sin\theta_{\max} = \frac{M_2}{M_1} \quad , \text{if } M_2 < M_1$$

圖 5.21(b) 爲運動學因子對質量比 (M_1/M_2) 及散射角 (θ) 的作圖。至於由縱深 Δx 處背向散射的阿伐粒子之動能 E_2，考慮靶材造成的能量損耗之後，則可表達成下列這個關係式：

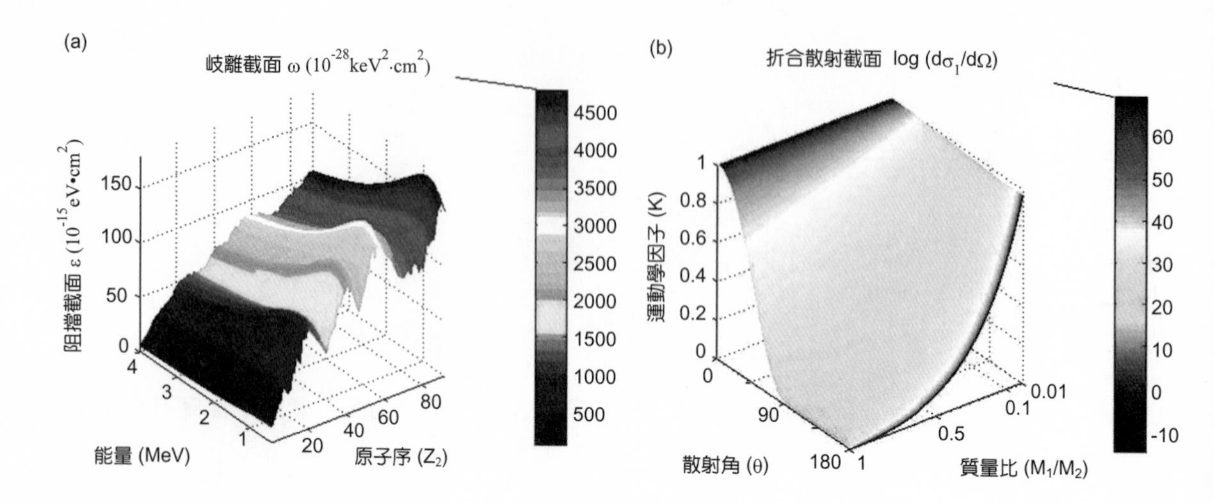

圖 5.21 (a) 阻擋截面與歧離截面對入射阿伐粒子動能及靶材元素原子序的關係。(b) 運動學因子及折合散射截面對質量比及阿伐粒子背向散射角的關係。

$$E_2 = K \cdot (E_0 - \Delta E') - \Delta E'' \tag{5.5}$$

$$\Delta E' = \int_0^{\Delta x/\sin\alpha} \left(\frac{\Delta E}{\Delta x}\right)_{\text{in}} dx$$

$$\Delta E'' = \int_0^{\Delta x/\sin\beta} \left(\frac{\Delta E}{\Delta x}\right)_{\text{out}} dx$$

其中，$\Delta E'$、$\Delta E''$ 分別爲阿伐粒子入射及穿出靶材時與大量電子碰撞的損失能量，$\Delta E/\Delta x$ 即爲靶材的阻擋能力 (stopping power) 或單位長度能量損耗 (energy loss per unit length)。設想一連串碰撞的動能轉移形成 Poisson 分布，因而統計上靶材的阻擋能力 ($\Delta E/\Delta x$) 正比於靶材組成的原子體積密度 (N)，即

$$\frac{\Delta E}{\Delta x} = N \cdot \varepsilon \tag{5.6}$$

其中，比例係數 ε 被稱作阻擋截面 (stopping cross section)，常用單位爲 eV·cm^2。

阻擋截面分爲兩部分：原子核阻擋截面與電子阻擋截面。對動能爲 0.01－10 MeV 的阿伐粒子而言，原子核阻擋截面遠遠小於電子阻擋截面 (約 1:2000－1:8000)。另外，由於動能爲 0.4－3 MeV 的阿伐粒子之速度大於波耳速度 (Bohr velocity，2.2×10^8 cm/s)，在這狀況之下，對阿伐粒子而言，化合物／混合物靶材的原子之鍵結電子處於緩衝靜止的狀態，對阻擋能力的貢獻很小 (adiabatic approximation)。這意味著靶材內的入射阿伐粒子

動能在 0.4－3 MeV 之間時，靶材的阻擋截面可以依成分比例，對各成分元素原子的阻擋截面作線性加成 (linearly additive)，此稱爲布拉格定則 (Bragg rule)。圖 5.21(a) 爲各種元素原子對動能爲 0.4－3 MeV 的阿伐粒子之電子阻擋截面。

伴隨著一連串的碰撞過程，阿伐粒子每次碰撞的動能損失會產生一定程度的統計變動，此稱爲能量歧離 (energy-loss straggling or energy straggling)。根據 Poisson 分布統計，單位長度靶材衍生的能量歧離 ($(\Delta E - \langle \Delta E \rangle)^2/\Delta x$) 正比於靶材組成的原子體積密度 ($N$)，即

$$\left(\frac{\Delta E - \langle \Delta E \rangle)^2}{\Delta x}\right) = N \cdot \varpi \tag{5.7}$$

其中，正比係數 ϖ 被稱作歧離截面 (straggling cross section)，常用單位爲 $eV^2 \cdot cm^2$。圖 5.21(a) 爲各種元素原子對動能爲 0.4－3 MeV 的阿伐粒子之電子歧離截面。

同樣地，單位厚度靶材背向散射能譜分布大小 ($\Delta Y/\Delta x$) 則是正比於入射阿伐粒子的數量 (Q_0)、靶材組成的原子體積密度 (N) 及偵測立體角 (Ω_d)，即

$$\frac{\Delta Y}{\Delta x} = Q_0 \cdot N \cdot \Omega_d \cdot \frac{d\sigma}{d\Omega} \tag{5.8}$$

其中，正比係數 $d\sigma/d\Omega$ 稱作微分散射截面 (differential scattering cross section)，常用單位爲 cm^2/sr。動能爲 0.4－3 MeV 的阿伐粒子之背向散射微分散射截面近似於理想的拉塞福微分散射截面，即

$$\left.\frac{d\sigma}{d\Omega}\right|_R = \sigma_R \cdot \frac{1}{\sin^4\theta} \frac{\left[\cos\theta + \sqrt{1-\left(\frac{M_1}{M_2}\right)^2 \sin^2\theta}]^2\right]^2}{\sqrt{1-\left(\frac{M_1}{M_2}\right)^2 \sin^2\theta}} \tag{5.9}$$

$$\sin\theta_{\max} = M_2 / M_1, \text{if } M_2 < M_1$$

$$\sigma_R = \left(\frac{Z_1 Z_2 e^2}{8\pi\varepsilon_0 \cdot E_0}\right)^2, \varepsilon_0 = 8.854 \times 10^{-12}\,\mathrm{F/m}$$

其中，σ_R 稱散射截面折合因子，圖 5.21(b) 爲折合拉塞福微分散射截面 ($\left.\frac{d(\sigma/\sigma_R)}{d\Omega}\right|_R$) 對質量比 ($M_1/M_2$) 及散射角 ($\theta$) 的作圖。

ε、ϖ、$d\sigma/d\Omega$ 皆爲單一原子的性質，可藉由原子模型及使用散射理論加以計算，再

與實驗量測各種元素靶材所得到的 $\Delta E/\Delta x$、$(\Delta E-\langle\Delta E\rangle)^2/\Delta x$、$\Delta Y/\Delta x$ 相互比對，最後可以得到最佳化的模型參數及一組相對應各種元素的 $\Delta E/\Delta x$、$(\Delta E-\langle\Delta E\rangle)^2/\Delta x$、$\Delta Y/\Delta x$ 之半經驗解析公式。這些都將被運用在拉塞福背向散射分析的數值模擬之上。

總而言之，背向散射阿伐粒子的能量係由待測靶材內被近接撞擊的特定原子的質量，與近接撞擊前後阿伐粒子經過途徑的成分及長度所決定。藉由前述半經驗解析公式進行數值模擬，定量分析背向散射阿伐粒子的能譜，便可決定待測靶材內的元素種類、組成與縱深分布。

5.3.4 參考實例

進行拉塞福背向散射分析時，會先分析一表面鍍有已知成分與膜厚的參考試片，用來確認儀器工作條件及散射實驗參數。圖 5.22(a) 爲一參考試片的拉塞福背向散射能譜，內附鍍膜結構的截面圖示，其第一層爲未知厚度的矽鎢均質化學沉積 (SiW_3)，第二層爲已知厚約 140 nm 的二氧化矽 (SiO_2)，底層爲矽單晶片。

能譜上分布高低不連續的邊緣位置，相對應於來自靶材表面及不同深度之界面背向散射阿伐粒子的能量位置。如圖 5.22(a) 能譜頻道上標示 P、Q 兩處，即是靶材表面元素鎢 (W) 與矽 (Si) 的能譜位置。已知入射阿伐粒子的能量 E_0，及鎢、矽的運動學因子 $K_W = K(M_H/M_W\ ,160°)$、$K_{Si} = K(M_H/M_{Si}\ ,160°)$，聯立解下列頻道－能量轉換 (channel-energy conversion) 方程：

$$K_W \cdot E_0 = AP+B$$

$$K_{Si} \cdot E_0 = AQ+B$$

即可確認能譜的頻道－能量轉換係數 A、B。

能譜的絕對尺度確定後，可進一步嘗試內插或外插靶材表面其他元素的能譜位置。例如，圖 5.22(a) 標示 R 處的微量能譜邊緣其對應 K 值的元素可反推爲氬。當然微量能譜邊緣 R 亦有可能來自靶材內某一深度之界面所含比氬重的其他元素，這必須參考靶材製程細節才能確認。又例，圖 5.22(a) 標示 S 處之對應 K 值的靶材表面元素可反推爲氧，但並未有任何實驗能譜邊緣與之恰好吻合，靶材內部界面所含氧元素的能譜邊緣則是遠低於標示 S 處。

參照靶材製程，先根據已知的靶材鍍膜結構，我們可以在能譜圖上初步依序標示來自於不同深度背向反彈的阿伐粒子的能量位置 E'_j (圖 5.22(a))，如：

• 來自表面：E'_{1Si}、E'_{1W}，

- 來自界面-1：E'_{2Si}、E'_{2W}、E'_{2O}，
- 來自界面-2：E'_{3Si}、E'_{3O}，
- 來自靶材深處：E'_{4Si}。

它們之間的相互次序為：$E'_{2W} < E'_{1W}$，$E'_{4Si} < E'_{3Si} < E'_{2Si} < E'_{1Si}$，$E'_{3O} < E'_{2O}$。根據散射截面及阻擋截面的半經驗解析公式，以前述推斷的靶材結構進行數值模擬，和實驗能譜反覆比對，得到最佳結果如表 5.3 所列。如果另外得知矽鎢化學沉積的體積密度，則可進一步推知厚度。

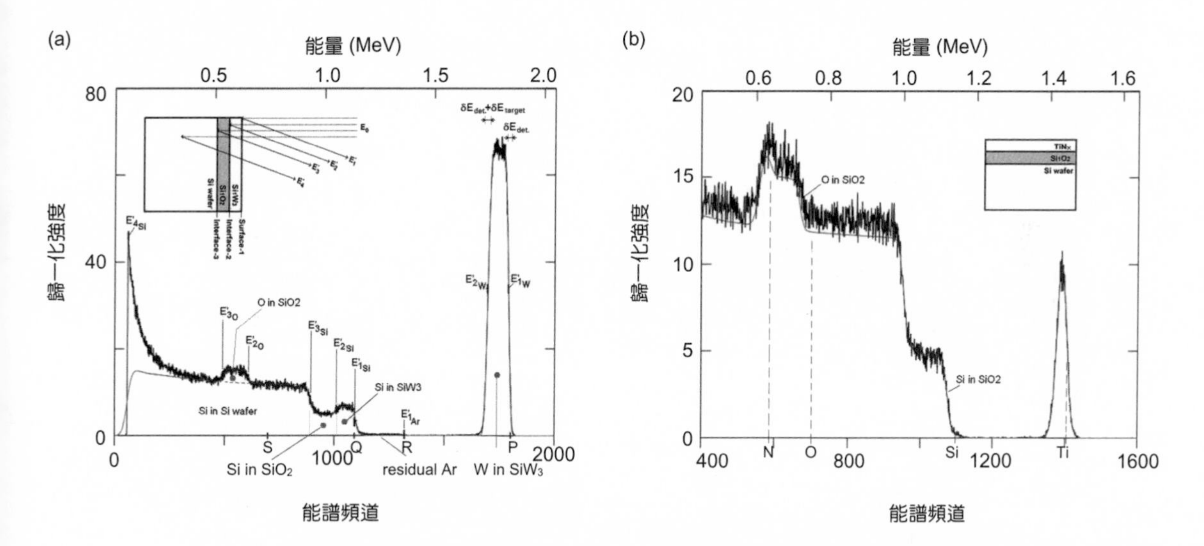

圖 5.22 (a) SiW_3/SiO_2/Si-wafer 參考試片的拉塞福背向散射能譜，能譜圖上依序標示有來自於不同深度背向反彈的阿伐粒子的能量位置。(b) TiN_x/SiO_2/Si-wafer 待測試片的拉塞福背向散射能譜，能譜圖上標示有靶材表面可能元素的能譜位置，插圖為深度截面圖示。

表 5.3 由數值模擬與實驗能譜反覆比對，得到參考試片的最佳結果。

層數	厚度 ($10^{15}/cm^2$)	組成			
		O	Si	Ar	W
#1	325	–	1.000	0.007	2.920
#2	140 nm	2.000	1.000	0.003	–
#3	Si-wafer	–	1.000	–	–

能量頻道 400 以下的低能量尾端滿足指數律型式，和數值模擬的拉塞福微分散射

截面之 E^{-2} 型式明顯相異，這意味要進一步作低能量多重散射修正才能吻合。能量頻道 80 以下能譜訊號主要是來自於偵測器漏電流的電子雜訊，依訊雜比 (signal-to-noise ratio) 的考量而被去除不計。根據數值模擬和實驗能譜的比對，原子計量比的精確度可至 1 ppm；面積密度或厚度，受阻擋截面的誤差影響，其準確度為 5%。至於縱深或厚度的解析能力，則由靶材以及偵測器材質的歧離截面限制，如同圖 5.22(a) 所標示之靶材及偵測器的能量歧離 (δE_{target}、δE_{det})，此時，其解析能力約為 50 nm。

如圖 5.22(a) 所示，則為另一待測試片的拉塞福背向散射能譜。第一層為未知厚度的鈦氮均質化學沉積 (TiN_x)，第二層為厚 140 nm 的二氧化矽 (SiO_2)，底層為矽單晶片。在校正過的能量頻道上，可以藉由運動學因子推算靶材表面成分元素的能譜邊緣，如圖 5.22(b) 所標示的 Ti、Si、O 及 N。再由半經驗的阻擋截面及散射截面進行數值模擬，其結果如表 5.4 所列。

表 5.4 由數值模擬圖 5.22(b) 所得的靶材表面成分元素結果。

層數	厚度	組成			
	($10^{15}/cm^2$)	N	O	Si	Ti
#1	105	1.000	–	–	1.000
#2	140 nm	–	2.000	1.000	–
#3	Si-wafer	–	–	1.000	–

5.3.5 能量鑑別

瞭解實際散射能譜的具體特徵之後，接下來我們根據 $K(M_1/M_2,\theta)$、$\varepsilon(Z_2, E_0)$、$\omega(Z_2, E_0)$ 及 $(d\sigma/\sigma R)/d\Omega(M_1/M_2,\theta)$，討論高解析散射實驗的要求與極限。提高偵測靈敏度 (sensitivity) 是高解析能譜的前提。由圖 5.21(b) 可知，於散射角 0－20 度及 160－180 度兩處方向較容易偵測到散射粒子。但由於 (1) 散射角 0－20 度的真實散射截面因屏蔽效應須向下修正，(2) 由圖 5.21(b) 觀察，發現散射角 0－20 度內幾乎沒有質量鑑別能力，(3) 由圖 5.21(b) 觀察 $\partial K/\partial(M_1/M_2)$，發現散射截面變動在散射角 0－20 度內比較劇烈。因此，若考慮只偵測散射阿伐粒子，一般不會採取前向散射偵測型態。

此外，考慮散射截面折合因子 σ_R ($\sigma_R = 0.0207312 Z_2^2/(E_0(\mathrm{MeV}))^2$ (bn))，發現：(a) 靶材元素原子序愈高愈容易被偵測 (例如參考圖 5.22(a)，表層鎢／矽的能譜面積差異之對比)；(b) 入射離子帶電價數愈高愈容易幫助偵測。(c) 入射離子動能愈低愈容易幫助偵測。若以拉塞福彈性散射截面為絕對計量參考標準，針對 (b) 與 (c)，拉塞福微分散射截面須考量下列修正：(b) 考慮入射離子進入靶材時，電子交換的機制及連帶的屏蔽效應；(c) 低入射離子動能 (E_0 < 100 keV) 原子鍵結電子的動態行為的影響。一般而言，根據散射截面關係式 $\Delta Y = Q_0 \cdot (N \cdot \Delta x) \cdot \Omega_d \cdot (d\sigma/d\Omega)$ 來估算，入射劑量 20 μC、2 MeV 阿伐粒子入射單層原子固態靶材時，單位立體角之各種微量元素的偵測極限 (detection limit) 約為 1－1000 ppm (重元素偵測比較靈敏)。高解析能譜的能量鑑別，因物理機制不同，分成質量鑑別 (mass resolution) 與深度鑑別 (depth resolution) 二項討論。

1. 質量鑑別即靶材元素解析能力。由圖 5.21(b) 可發現，雖然質量在 40 amu 以上的靶材元素有較大的運動學因子，能譜位置容易獨立位於高能譜區，而質量在 40 amu 以下的靶材元素則是能譜位置位於低能譜區，易與塊材深處能譜疊合在一起；但是根據斜率 $\partial K/\partial(M_1/M_2)$ 於散射角 160－180 度的行為，要區別兩質量相近的重元素，不若區別兩質量相近的輕元素來得容易。
2. 深度鑑別即靶材厚度解析能力。觀察圖 5.21(a) 可知：(i) 阿伐粒子動能愈低，阻擋截面愈大，而且阻擋截面變動也愈大；(ii) 靶材元素原子序愈大，阻擋截面相對愈大。若轉換成阻擋能力對穿越途徑長度的關係，$dE(x)/dx$ (即布拉格曲線，Bragg curve)，(i) 相當於阻擋能力沿著穿越途徑遞增，在入射離子射程的前半的阻擋能力變動相對和緩。因此，在射程的一半之內，動能阿伐粒子動能愈低，或靶材元素原子序愈大，靶材厚度解析能力 (正比於 $dE(x)/dx$) 則相對提升。然而，靶材厚度解析能力極限受制於靶材與偵測的歧離截面 ω。一般而言，根據阻擋截面關係式 $\Delta E = (N \cdot \Delta x) \cdot \varepsilon$ 來估算，2 MeV 阿伐粒子入射各種元素的固態靶材時，一般可分析的射程約 1－50 μm，而靶材的深度解析能力約為 2.5－50 nm (重元素靶材解析能力比較好)。

5.3.6 氫的偵測[15]

如果靶材元素質量 M_2 小於入射粒子質量 M_1，入射粒子散射角會有一運動學上限 θ_{max}，$\sin\theta_{max} = M_2/M_1$，$M_2 < M_1$。例如，偵測靶材內氫元素時，阿伐粒子散射角上限約為 14.5 度。因此，不可能以背向散射技術探測比入射粒子質量輕的元素。就散射能譜技術而言，這時必須嘗試採取前向偵測型態。

鑑於散射角 0－20 度的散射阿伐粒子幾乎沒有質量鑑別能力，這意味在前向散射能譜中，氫元素的偵測會帶有大量靶材內其他元素的偵測雜訊背景，因而嚴重影響偵測訊號的訊雜比。改善的方式如圖 5.23(a) 中 (a1) 所示，嘗試在矽晶表面勢壘偵測器前置放一已知厚度的鋁箔，利用鋁箔對氫原子與氦原子的阻擋截面之差異，阻擋前向散射的阿伐粒子，而只讓前向回彈 (forward recoil) 的氫原子通過，此種技術稱為彈性回彈偵測 (elastic recoil detection, ERD)。圖 5.23(a) 為矽玻璃表面二氧化矽層內氫元素的彈性回彈能譜，可以觀察靶材內氫元素的深度分布。

類同於背向散射能譜分析的工作原理，彈性回彈能譜亦考慮下列物理特徵：(1)

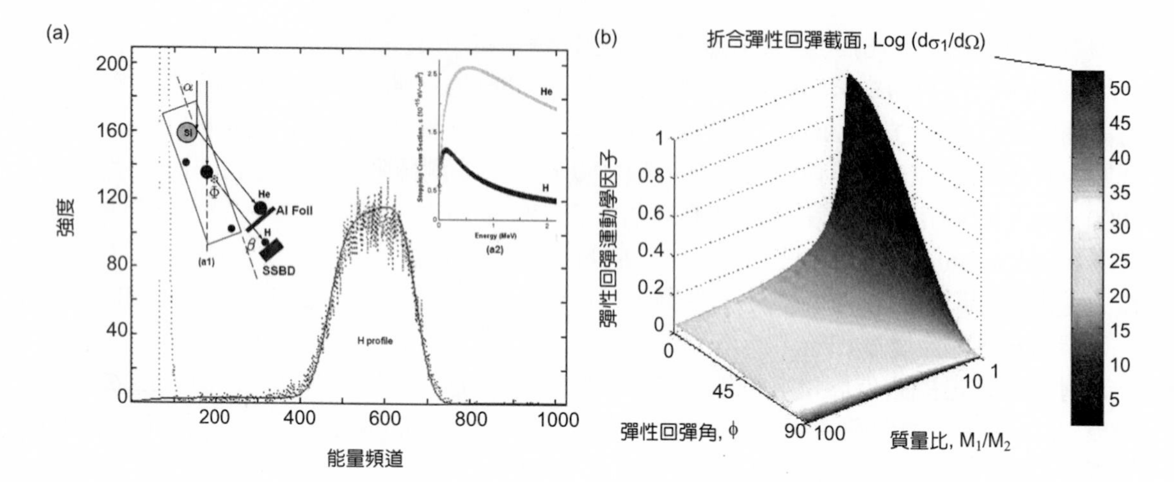

圖 5.23 (a) 矽玻璃表面二氧化矽層內氫元素的彈性回彈能譜，插圖 (a1) 爲氫原子彈性回彈偵測實驗示意圖，插圖 (a2) 爲鋁箔對氫原子與氦原子的阻擋截面。(b) 彈性回彈運動學因子及折合彈性回彈截面對質量比及彈性回彈角的關係。

入射、回彈粒子的阻擋截面 (ε_1、ε_H) 及歧離截面 (ϖ_1、ϖ_H)，(2) 拉塞福微分回彈截面 $\left.\frac{d\sigma_{\text{recoil}}}{d\Omega}\right|_R$ 與彈性回彈運動學因子 (Λ)，如圖 5.23(b) 所示。

$$\left.\frac{d\sigma_{\text{recoil}}}{d\Omega}\right|_R = \sigma_R \cdot \frac{1}{\cos^3 \Phi}\left(\frac{M_1 + M_2}{M_2}\right)^2 \tag{5.10}$$

$$\Lambda = 1 - K = \frac{4M_1M_2}{(M_1 + M_2)^2}\cos^2 \Phi \tag{5.11}$$

另外，彈性回彈能量關係如下，

$$E_{\text{H}} = \Lambda \cdot (E_0 - \Delta E') - \Delta E_{\text{H}}'' - \Delta E_{\text{H}}''' \tag{5.12}$$

$$\Delta E' = \int_0^{\Delta x/\sin\alpha} \left(\frac{\Delta E}{\Delta x}\right)_{\text{in}} dx$$

$$\Delta E_{\text{H}}'' = \int_0^{\Delta x/\sin\beta} \left(\frac{\Delta E}{\Delta x}\right)_{\text{H, out}} dx$$

$$\Delta E_{\text{H}}''' = \int_0^{\Delta x|_{\text{Al-foil}}} \left(\frac{\Delta E}{\Delta x}\right)_{\text{H, Al}} dx$$

其中，$\Delta E'$、$\Delta E_{\text{H}}''$、$\Delta E_{\text{H}}'''$ 別爲阿伐粒子入射、回彈粒子穿出靶材及回彈粒子穿過鋁箔時與大量電子碰撞的損失能量。同樣地，藉由半經驗的數值模擬分析標準厚度的聚亞醯胺膜 (kapton，$H_{10}C_{22}N_2O_5$)，先確認儀器工作條件及散射實驗參數，之後即可內插分析其他靶材標準厚度內氫含量約 25% 以下的靶材。

一般而言，入射劑量 20 μC、2 MeV 阿伐粒子入射單層原子固態靶材時，單位立體角之微量氫元素的偵測極限約為 1000 ppm (若以高價態重離子入射，偵測靈敏度可提升至 10 ppm) 。靶材氫元素的深度解析能力約為 80 nm，可分析的射程約 0.1－1 μm 。

5.3.7 溝渠效應[46-48]

如果靶材具有單晶結構，轉動靶材方位，將其晶軸方向與離子束入射方向對齊，此時大量入射粒子會穿入晶格排列之間隙渠道，直線行進至靶材深處。在這理想狀況下，只有靶材表層原子可能貢獻背向散射，使得背向散射粒子數目大量減少，遠小於非晶軸入射條件下靶材表面數百層原子仍可貢獻背向散射之結果。此種因靶材單晶結構而衍生的角度分布特徵稱為溝渠效應 (channeling effect)。

圖 5.24(b) 為以 4.11 MeV 、正二價碳離子束入射砷化鎵單晶片 ⟨100⟩ 方向 ±3 度的背向散射能譜。如同圖 5.24(c) 所示，我們可以辨認如下特徵：

(1) 單位解析能譜對低晶格指數晶軸傾斜角度之分布，如圖 5.24(d) 所示，和一般以高指數晶格方向入射而背向散射的粒子數相比 (設定為 1)，低晶格指數晶軸對齊離子束入射方向時，背向散射粒子數最少 (χ_{min})；晶軸傾斜角度微量增加時，排列於靶材表層原子後方的大量原子進駐入射軌道，迅速貢獻背向散射粒子數至最大值 (χ_{max})。隨著傾斜角度繼續增加，背向散射粒子數再逐漸遞減還原至 1。

(2) 偏離低晶格指數晶軸，或以高晶格指數晶軸對齊離子束入射方向時之背向散射能譜，如圖 5.24(e) 中之「random」，此即一般條件下的拉塞福背向散射能譜。

(3) 低晶格指數晶軸對齊離子束入射方向時之背向散射能譜，如圖 5.24(e) 中「aligned」。此時，離子束入射方向上的單位面積原子數大量減少，只剩下靶材表面數層原子可能參與背向散射，如圖 5.24(e) 中「surface peak」；大量穿入晶格間隙渠道的入射粒子，於靶材深處開始進行小角度散射而脫離渠道後，逐漸被內部原子背向散射，如圖 5.24(e) 中「de-channeling tail」。

在定量上，設想入射粒子沿靶材一特定晶軸方向排列的原子序列，進行小角度入射。此時，入射粒子能量為 E_0，入射粒子的物質波波長為 λ，靶材晶軸方向原子間距為 d，入射粒子與靶材原子的屏蔽半徑 (screening radius) 為 a，小角度入射特徵角為 ψ_c。在 $(\lambda/2\pi)/a << \psi_c < 1$ 的條件下，可以忽略不計量子效應，而以古典散射理論計算連續原子位能下，溝渠效應之特徵量：軸向半角 $\psi_{1/2}$ (axial half angle) 及相對最小值 χ_{min}，即此時，$\psi_c = \psi_1 \equiv \sqrt{2Z_1Z_2e^2/(d \cdot E_0)}$ ， $\psi_1 \lesssim a/d$ 或 $\psi_c = \psi_2 \equiv [\sqrt{3/2} \cdot \psi_1 \cdot (a/d)]^{1/2}$ ， $\psi_1 > a/d$ 。其中，N 為原子體積密度，FRS(ξ) 為溝渠效應臨界角函數，如圖 5.25(a) 所示，u_1 為一維晶格熱振動振幅 (one dimensional thermal vibration amplitude)。

$$\psi_{1/2} = 0.80 \cdot F_{\text{RS}}\left(\frac{1.20 \cdot u_1}{a}\right) \cdot \psi_c \tag{5.13}$$

$$\chi_{\min} = 18.8 \cdot N \cdot d \cdot u_1^{\,2} \cdot \left[1 + \frac{1}{\left(\dfrac{126 \cdot u_1}{d \cdot \psi_{1/2}}\right)^2}\right]^{\frac{1}{2}} \tag{5.14}$$

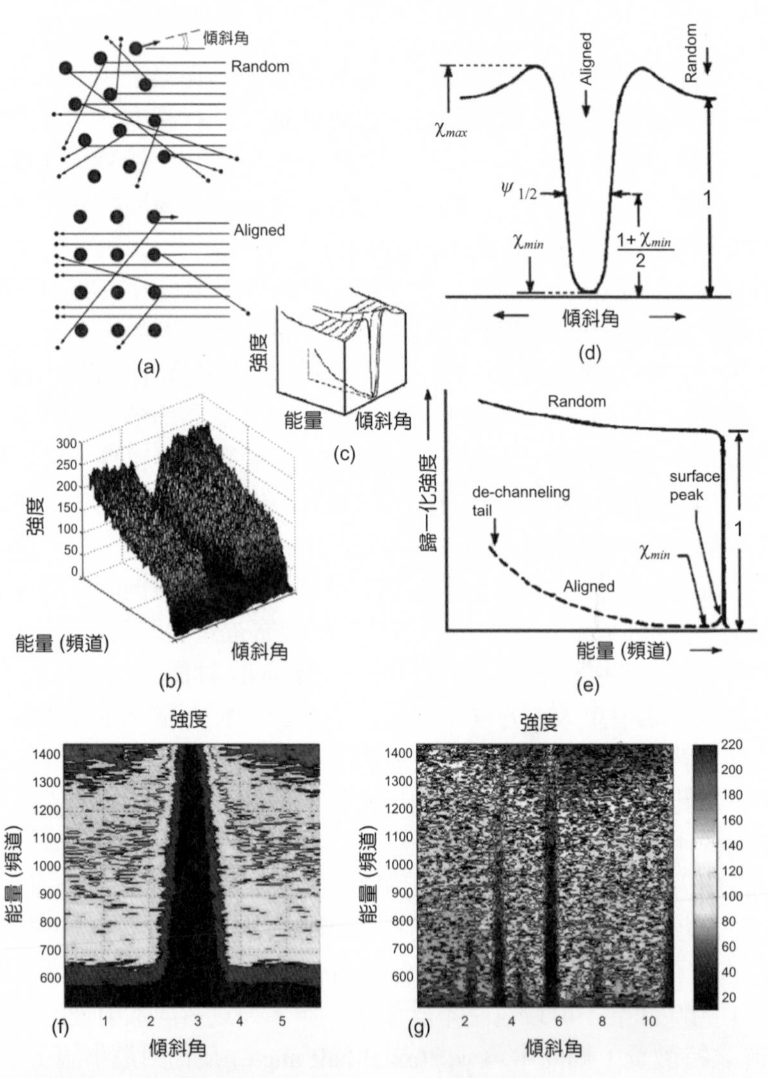

圖 5.24 (a) 溝渠效應示意圖。(b) 以 4.11 MeV、正二價碳離子束入射砷化鎵單晶片 〈100〉 方向 ±3 度的背向散射能譜。(c) 溝渠效應之背向散射能譜特徵。(d) 單位解析能譜對低晶格指數晶軸傾斜角度之分布。(e) 一般條件下的拉塞福背向散射能譜 ("random")，與低晶格指數晶軸對齊離子束入射方向時之背向散射能譜 ("aligned"，圖 (a))。(f) 低晶格指數晶軸 傾斜角度附近之背向散射能譜。(g) 未準直低高晶格指數晶軸傾斜角度附近之背向散射能譜。

$$F_{\mathrm{RS}}(\xi)=\left[\sum_{i=1}^{3}\alpha_i\cdot K_0(\beta_i,\xi)\right]^{\frac{1}{2}},\{\alpha_{\mathrm{i}}\}=\{0.1,0.55,0.35\},\{\beta_{\mathrm{i}}\}=\{6.0,1.2,0.3\}$$

$$u_1=12.1\cdot\left[\frac{\dfrac{\Phi(\theta_D/T)}{\theta_D/T}+\dfrac{1}{4}}{M_2\,(\mathrm{amu})\cdot\theta_D}\right]^{\frac{1}{2}}(\mathrm{\AA}),\ \Phi(x)=\frac{1}{x}\int_0^x\frac{\xi d\xi}{e^{\xi}-1}$$

上式中，K_0 爲第二種修正類型的貝色函數 (zero-order modified Bessel function of the second kind)，$\{\alpha_1\}$、$\{\beta_1\}$ 爲莫里哀屏蔽位能係數 (Molière indices of screening potential)，θ_{D} 爲晶格原子的德拜溫度 (Debye temperature)，$\Phi(x)$ 爲德拜函數 (Debye function)，如圖 5.25(b) 所示。另外，屏蔽半徑的選擇則視入射粒子游離狀態而定。若入射粒子爲完全游離狀態，屏蔽半徑爲湯馬士－費米屏蔽半徑 (Thomas-Fermi screening radius, a_{TF})。若入射粒子爲部分游離狀態，屏蔽半徑則爲林德哈德屏蔽半徑 (Lindhard screening radius, a_{Lin}) 或費爾索夫屏蔽半徑 (Firsov screening radius, a_{Fir})。

$$a_{\mathrm{TF}}=\left(\frac{9\pi^2}{128Z_2}\right)^{\frac{1}{3}}a_0=0.8853\cdot a_0\cdot Z_2^{-\frac{1}{3}}$$

$$a_{\mathrm{Lin}}=0.8853\cdot a_0\cdot\left(Z_1^{\frac{2}{3}}+Z_2^{\frac{2}{3}}\right)^{\frac{1}{2}}$$

$$a_{\mathrm{Fir}}=0.8853\cdot a_0\cdot\left(Z_1^{\frac{1}{2}}+Z_2^{\frac{1}{2}}\right)^{\frac{2}{3}}$$

其中，a_0 爲波耳半徑 (Bohr radius)，$a_0=h^2/m_0e^2=0.529\mathrm{\AA}$。

所以由圖 5.24(f) 得知軸向半角 $\psi_{1/2}$ 約 1.726° ，相對最小值 $\chi_{\min}$ 約 6.67×10^{-3}；可反推得砷化鎵單晶片晶格常數約 5.65 Å。圖 5.24(g) 則爲未準直低高晶格指數晶軸傾斜角度附近之背向散射能譜。溝渠效應－拉塞福背向散射分析 (c-RBS) 對晶軸傾斜角度及晶格常數分布異常靈敏。下文將以圖 5.26 爲例說明。

圖 5.26(a) 爲一組砷化鎵單晶片 (*p*-type (001) GaAs:Zn) 之 (001) 方向溝渠效應背向散射能譜。其中標示「random」之能譜來自尚未佈植的砷化鎵單晶片之一般非溝渠效應背向散射能譜。標示「virgin」之能譜來自尚未佈植的砷化鎵單晶片之 (001) 方向溝渠效應背向散射能譜。標示「as-implanted」之能譜來自錳離子佈植後的砷化鎵單晶片之 (001) 方向溝渠效應背向散射能譜。標示「IBIEC (ion beam induced epitaxial crystallization)」之能譜，爲砷化鎵單晶片經 80 keV 錳離子佈植後 (7.5×10^{15} ions/cm^2，range 46 nm)，以 2.5 MeV 氦離子修復晶格 (He^+、30 μA/cm^2、1.5 hr、280°C) 之 (001) 方向溝渠效應背向散射

能譜。我們發現：(1) 錳離子佈植後的砷化鎵單晶片之 de-channeling 效應顯著，顯示錳離子佈植區域 (標示 A、B) 幾乎為無晶相狀態 (amorphous)。(2)「virgin」能譜與「IBIEC」能譜在標示 C 能量以上近乎吻合顯示氦離子穿越晶片錳離子佈植區域時所損失的微小能量，可以轉移給晶格原子，使受損晶格再結晶。圖 5.26(b) 進一步以同步偵測錳元素的離子誘發特性 X 光 (PIXE) 與砷化鎵能譜比對溝渠效應之晶軸傾斜角度分布，發現有相似的結果，顯示錳元素於再結晶時進入替代晶格位置。

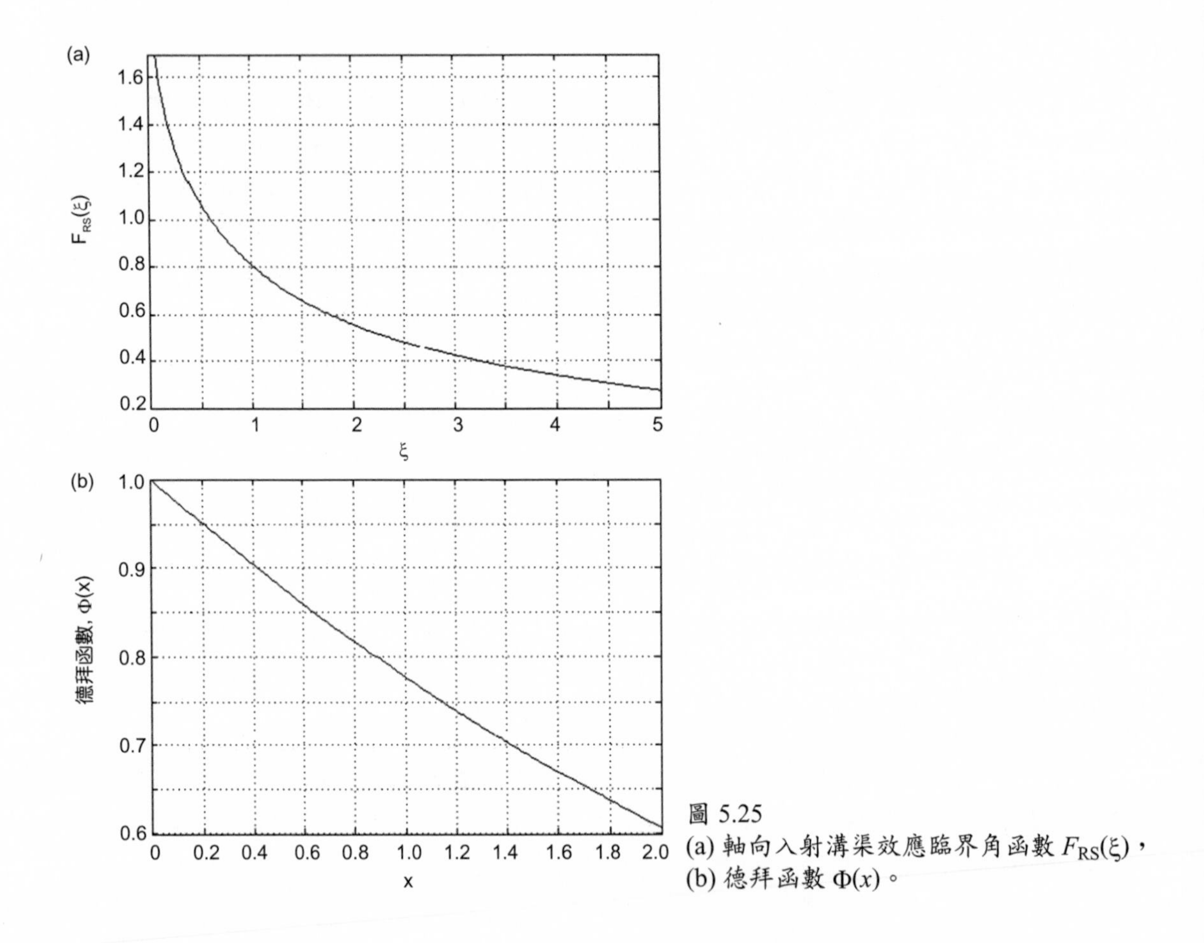

圖 5.25
(a) 軸向入射溝渠效應臨界角函數 $F_{RS}(\xi)$，
(b) 德拜函數 $\Phi(x)$。

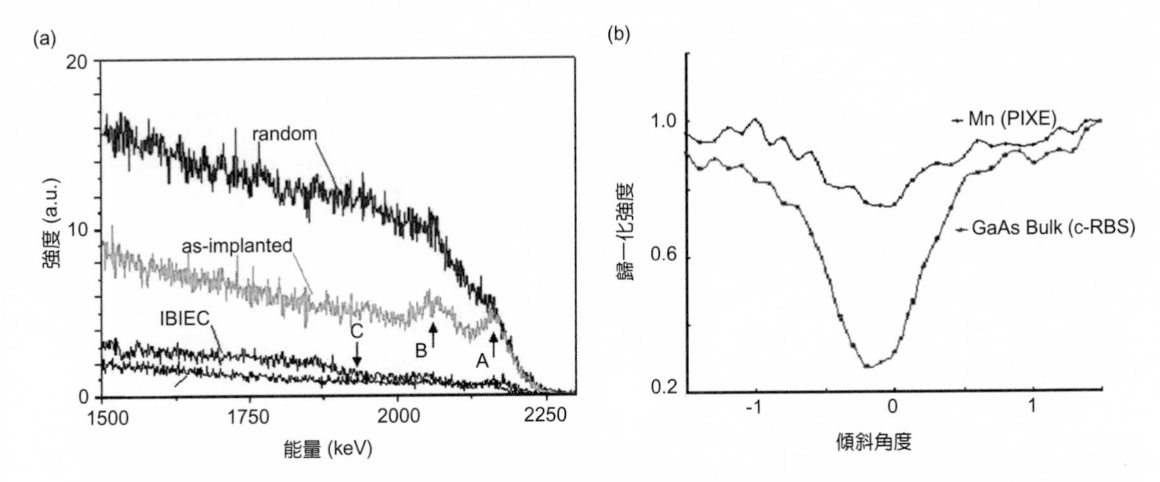

圖 5.26 (a) 砷化鎵單晶片之 (001) 方向溝渠效應背向散射能譜，(b) 同步偵測錳元素的離子誘發特性 X 射線 (PIXE) 與砷化鎵能譜比對之晶軸傾斜角度之分布。

5.3.8 結語

相關的高能量離子束檢測技術總結如表 5.5 所列，要達到奈米檢測技術的要求，傳統拉塞福背向散射分析術的改善方式有二法：

(1) 高解析拉塞福背向散射分析術 (high-resolution Rutherford backscsattering spectrometry, HRBS)

將入射粒子能量降至 500 keV 左右，同時將矽晶表面勢壘偵測器改成高解析一維偏向磁鐵 (能量解析能力 0.0015)；這時在 500 nm 的可分析範圍內，可以達到 2 nm 的厚度解析能力，可參考商用系統 High-Resolution RBS System (HRBS-V500、HRBS1000)、Advanced Product & Technologies Dept.、Machinery & Engineering Company 及 Kobe Steel, Ltd. 等。

(2) 中能量離子散射分析術 (medium energy ion-scattering spectroscopy, MEIS)

將入射氫離子能量降至 100 keV 左右，同時將矽晶表面勢壘偵測器改成高解析二維偏向電極板 (能量解析能力 0.0010)；應用溝渠效應於表面／界面附近數層原子，即遮蔽作用 (shadowing effect) 與阻滯作用 (blocking effect)，此時可以達到一層原子的解析能力 (詳見第 5.4 節)。

表 5.5 各式高能量離子束檢測技術比較[54]。

分析術	原子序 (Z)	原子解析能力 (atomic ppm)	厚度解析能力 (nm)	分析範圍 (μm)
RBS	4－94	1－1000	2.5－50	1－50
ERD	1－8	10－1000	2－80	0.1－1
HIBS	18－46	0.1－1	－	0.01－0.1
NRA	1－9	1－1000	5－500	1－10
PIXE	16－94	1－100	－	1－50

RBS: 拉塞福背向散射分析術 (Rutherford backscsattering spectrometry)
ERD: 彈性回彈偵測術 (elastic recoil detection)
HIBS: 重離子背向散射分析術 (heavy ion backscsattering spectrometry)
NRA: 核反應分析術 (nuclear reaction analysis)
PIXE: 離子誘發特性 X 光分析術 (particle induced X-ray emission)

5.4 中能量離子散射分析術

5.4.1 簡介

中能量離子散射分析術 (medium energy ion scattering, MEIS) 由於具有良好的深度解析度 (對矽而言約 0.3 nm)，雖然僅能分析約 20 nm 的深度，但目前已是分析奈米級薄膜不可或缺的工具之一。

中能量離子散射分析術早在 1974 年就已發展出來[55-58]，其原理與上節的拉塞福背向散射分析術 (Rutherford backscattering spectrometry, RBS) 一樣，但是它使用較低能量的離子爲入射粒子，目前普遍是使用 100 keV 的質子。當然其偵檢器亦由半導體偵檢器改爲用電場或磁場式的分析器解析散射回來的粒子能量。在早期這種電場或磁場式的分析器因爲配合的是一維偵檢器，所以一次僅能量測一個能量，要獲得一個完整的能譜將非常耗時，往往需一天才能完成一個樣品。現在發展的二維偵檢器，一次可量測一個範圍的能量，大大縮短量測時間至一個樣品僅需 23 小時。雖然此分析技術已發展三十幾年，但因設備龐大且價格昂貴，所以全世界也僅有少數的學術實驗室有此設備。近年來拜奈米科技之賜，奈米材料發展迅速，奈米級的分析工具也成爲奈米科技中不可或缺的一部分，因此中能量離子散射儀實驗室也漸漸增多。在國際間已有多間著名實驗室擁有此分析技術，例如英國的 Daresbury Lab 與 IBM 等[59-61]，從事各種尖端的材料研究。商業機台則有：荷蘭 High Voltage Euopa Corp. 的中能量離子散射儀，而日本 Kobe Steel Ltd. 的高

第 5.4 節作者爲牛寰先生。

解析度拉塞福背向散射儀雖非標準的中能量離子散射儀，但是亦具有類似的分析能力。

基本上中能量離子散射儀可應用於各式材料表面之超薄薄膜的分析，如微機電元件表面、奈米材料表面、生物界面 (biointerfaces) 等，其應用性極為廣泛。尤其對新世代閘極氧化層之分析研究更是一不可或缺的工具，對新世代超薄閘極氧化層 (ultra thin gate oxide) 其厚度將會限於 2－3 nm，這是一個極薄的厚度，極困難對其進行材料上的分析工作。雖然可對超薄閘極氧化層進行穿透式電子顯微鏡 (TEM) 分析，然而 TEM 分析僅能提供氧化層厚度均勻性及微觀結構，對於氧化膜成分及界面交互擴散程度，則無法提供適當的資訊。雖然亦可以 XPS (X-ray photoelectron spectrometry) 與橢圓儀 (spectroscopic ellipsometry, SE) 進行成分與厚度分析，然而，XPS 需先確定各元素的敏感度 (sensitivity factor)，且會因表面吸附物或是先濺鍍 (pre-sputter) 的效應而造成計量上的誤差，而橢圓儀所獲得的資訊又需經過大量的模擬與計算，算是一種間接的量測。因此在研究發展新世代超薄膜層，以中能量離子散射儀技術分析超薄層內元素縱深分布 (depth profile) 確是一不可或缺的技術。

5.4.2 基本原理

中能量離子散射分析術所使用的基本物理原理，與拉塞福背向散射分析術相同，讀者可參考上節所述，這裡就不再贅述了。僅針對若干特性作一些簡單的說明，例如為何使用 100 keV 的質子，又什麼是阻絕效應 (blocking effect) 等。

在第 5.3 節拉塞福背向散射分析術一文曾提到，在離子散射的實驗中可利用測量散射粒子的能量差，再配合能量損失率 (stopping power) 而推算出深度的資訊。所謂能量損失率是指一能量為 E 的入射粒子，於靶材內行走了 Δx 距離之後，能量降低 ΔE。當 $\Delta x \rightarrow 0$ 時，能量損失率 $\Delta E/\Delta x \rightarrow dE/dx$。一般來說能量損失率為入射能量、入射粒子及靶材原子種類的函數。然而，當樣品薄時，在分析時都將能量損失率視為定值，這個近似方式稱為表面近似。因為粒子的能量差愈大愈容易量測，當然深度解析度也就愈好。離子在物質中的能量損失可分為電子與核碰撞兩種，在中能量離子散射儀所使用粒子能量範圍主要是電子的能量損失，大概是核能量損失的 1000－10000 倍，利用可計算離子在物質中能量損失的軟體 (the stopping and range of ion in matter, SRIM)[62]，計算所得質子在矽中的能量損失率對質子能量的關係如圖 5.27 所示。其中質子在 100 keV 左右能量損失率最大，約為 13.11 eV/0.1 nm 左右，這也就是一般中能量離子散射儀選擇 100 keV 質子為入射束的原因。

質子進入樣品經碰撞後離開樣品進入偵檢器，在各階段質子能量分別變化的情形如圖 5.28 所示。質子進入樣品後，能量會隨著深度逐漸降低，而在發生與樣品原子近碰時，質子的方向與能量都會改變，能量改變的多寡則取決於被撞原子的質量。這時散射後往偵檢器方向前進的質子，在其路徑又會有能量損失。上述係散射質子能量依序降低的原因。由於入射粒子在路徑上的能量損失係一連串碰撞後的結果，也就是許多碰撞後的統計結果，談到統計當然就會有統計誤差，所以我們會看到粒子能量的分布亦會隨深度變差，也就是能峰 (peak) 變寬，這個現象稱爲能量分歧 (energy straggling)。這會降低量測能譜的能量解析度，這也是中能量離子散射儀深度解析度的先天限制。

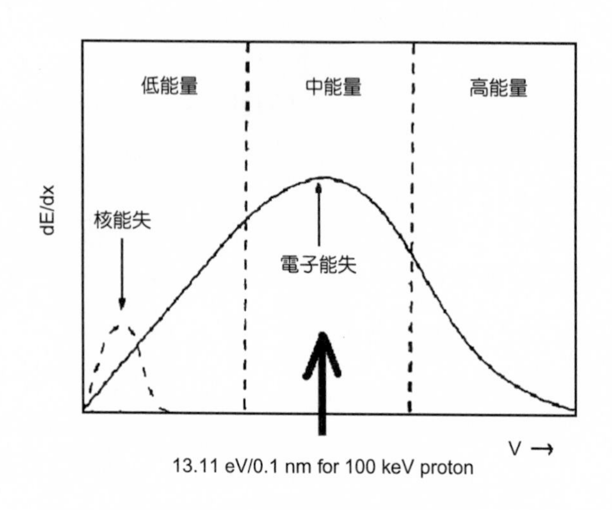

圖 5.27
質子在矽中的能量損失率對質子能量的關係圖，質子能量 100 keV 時能量損失率最大約 13.11 eV/0.1 nm。

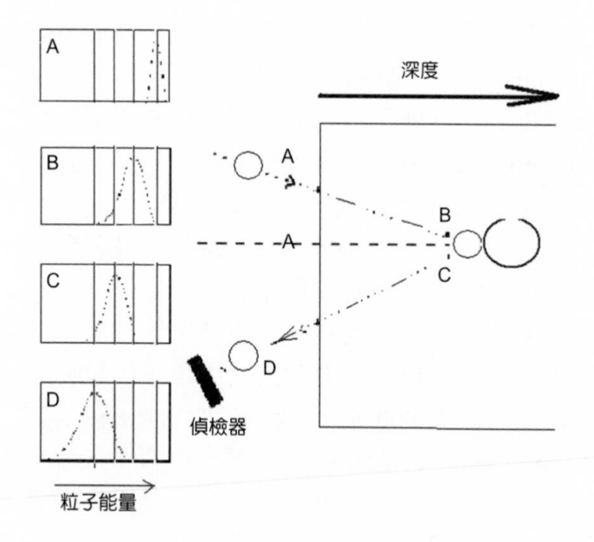

圖 5.28
入射粒子由開始到散射後進入偵檢器，在各階段質子能量分布變化的情形。

當入射粒子所進入的樣品有晶格結構時，後面的原子會因爲前面晶格原子的陰影效應 (shadowing effect) 而被屏蔽，所以會降低散射機率，同時也會造成入射粒子路徑被導向往晶格的中間。這種現象發生在粒子入射路徑稱之爲溝道效應 (channeling effect)；發生在散射之後的路徑，則稱爲阻塞效應 (blocking effect)，如圖 5.29 所示。

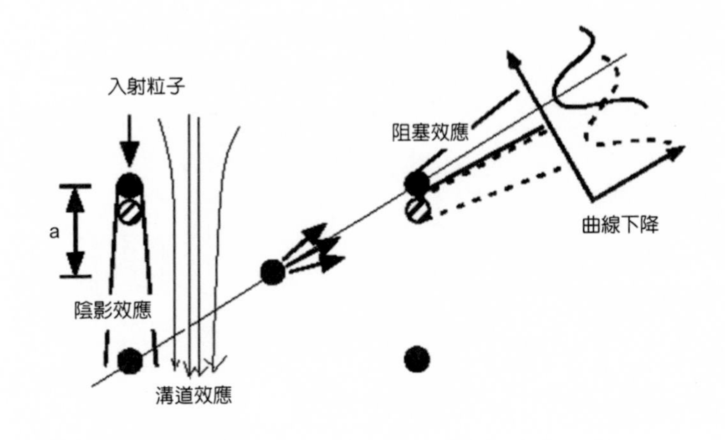

圖 5.29
陰影效應、溝道效應與阻塞效應的示意圖。

利用這些效應我們可以降低晶格基材的背景，例如矽基材上鍍氧化物，在進行 RBS 分析或 MEIS 分析時，因爲矽遠重於氧所以矽基材的訊號會變成氧元素的背景。由於所鍍的氧化物一般是非晶態，而矽基板是晶格結構，若善加利用上述溝道效應或阻礙效應，即可降低矽基材的訊號，進而突顯出氧元素的訊號。

要利用溝道效應的先決條件是入射粒子的方向必須與晶格方向平行，這是因爲若粒子束對準晶軸 (面)，則 RBS 能譜的訊號由於入射粒子與晶格原子只做小角度的散射，所以被後散射的機率減小而降低。因爲要精確改變入射粒子方向很不方便也不容易，這告訴我們必須將樣品置於可精確改變角度的定角器上，才能實現溝道效應的實驗。而要實現阻塞效應則必須能在不同角度量測散射後的粒子。傳統 RBS 分析使用半導體偵檢器，無法一次獲得角度分布資訊，必須分多次在不同角度進行量測，非常費時。MEIS 的偵測系統可以一次測量 20 度的角度分布範圍，所以非常適合阻塞效應的實現。

除了上述降低背景之外，我們亦可利用上述效應，探討樣品微結構的變化。這是因爲樣品薄膜若是具有與基材不同的晶格，其發生溝道效應或阻礙效應的角度會不同於基材的位置，利用此二角度的差異可判別其晶格差異。

由圖 5.29 陰影效應的示意圖，得知樣品表面的原子不會受到陰影效應，這會反應在能譜上有表面能峰 (surface peak)，我們可利用比較表面能峰的變化探討樣品表面結構的特性，圖 5.30 係利用此方法分析表面結構的示意圖。

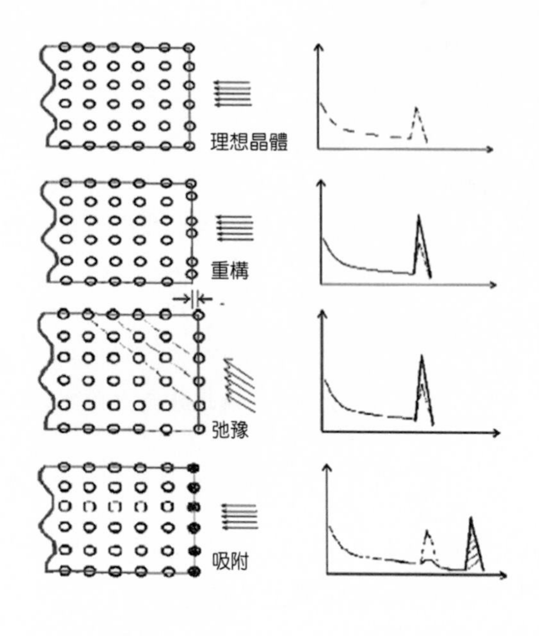

圖 5.30
以表面能峰探討樣品表面結構的方法。

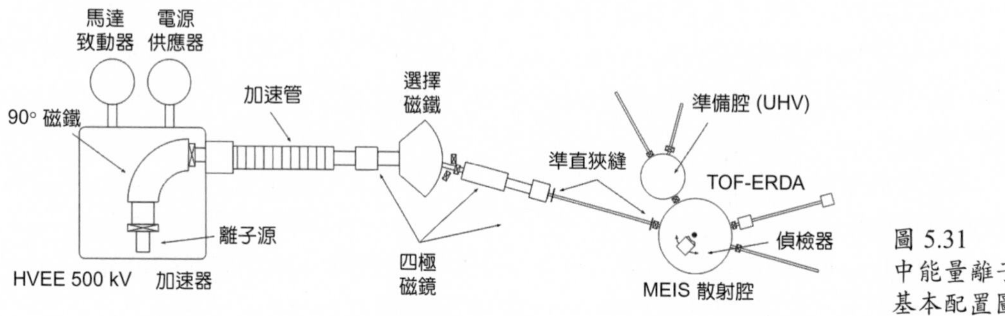

圖 5.31
中能量離子散射儀基本配置圖。

5.4.3 儀器設備

中能量離子散射儀需要很複雜的設備，主要包括一台非常穩定的加速器與複雜的偵測系統。中能量離子散射儀的基本配置如圖 5.31 所示。

(1) 加速器

一般使用 Cockroft and Walton 型式倍壓加速器，圖 5.32 是位於國立清華大學加速器實驗室 HVEE 500 kV 的離子佈植機，此型加速器可產生 20－500 keV 穩定的質子束，再經過磁鐵選擇所要的能量，一般中能量離子散射儀使用 100 keV 的質子束。由於中能量離子散射儀所使用的射束必須要有良好的平行度，所以上述產生的質子束會再經過兩組相距 1－2 公尺的狹縫 (slits)，這時質子束即可打進真空散射腔，進行散射實驗。

圖 5.32 國立清華大學加速器實驗室 HVEE 500 kV 的離子佈植機。

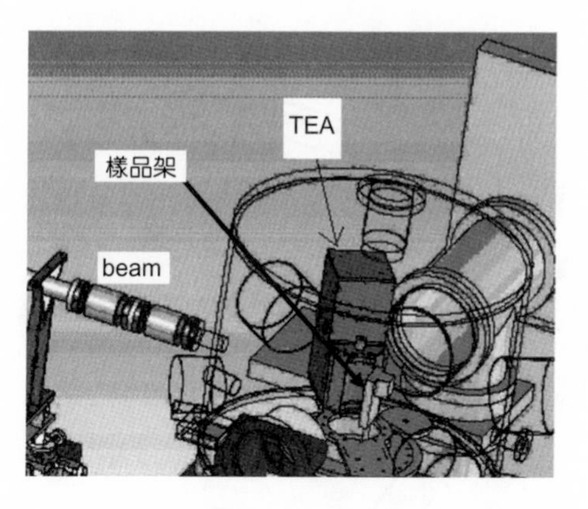

圖 5.33 中能量離子散射儀的散射腔透視圖。

(2) 真空散射腔

圖 5.33 為一典型中能量離子散射儀的散射腔透視圖，內有一轉盤承載靜電能量分析器 (toroidal electrostatic analyzer, TEA)，腔體中心則有一 3 軸旋轉的定角器，可旋轉樣品架。樣品可經由樣品傳送系統，送至定角器上的樣品架，樣品大小一般為 2 mm × 3 mm。為保持樣品表面的潔淨，散射腔真空度維持在 10^{-10} Torr 的程度。

(3) 粒子偵測系統

粒子偵測系統包括靜電式能量分析器、兩片微孔板與位置靈敏的電荷收集器。圖 5.34 為一典型中能量離子散射儀用的粒子偵測系統的示意圖。其中靜電式能量分析器是兩片「曲面 (toroidal)」形狀的平行電板，利用調整平行電板上的電壓分析散射粒子的能量，也就是量測平行電場方向的位移，但對於垂直電場方向則必須保持散射角度。由於一個離子的電量太少，無法被後續的電子儀表處理，所以必須先將其放大，將經過此分析器的粒子再經由兩片微孔板 (micro-channel plate) 放大，放大後的電子雲再經由 2 維位置靈敏的電荷收集器 (2D position sensitive charge collector) 收集，偵測其位置。通過 TEA 中心的粒子能量，可由 $V/0.06$ (keV) 估計，$\pm V$ 是加在平行電板的高壓，又平行電板的間距限制一次量測能量的範圍，量測能量的範圍可以 $0.01949 \times E_{pass}$ 表示，E_{pass} 即是通過中心的能量，例如 100 keV 的射束，加在平行電板的電壓要選擇 ±6 kV，而能量範圍約 2 keV。因此在進行實驗時，是一段一段的量測，無法像 RBS 一次就可獲得全能譜。也就是說 TEA 上的高壓需逐步增加，增加的次數與範圍則視實驗的條件而定，同時每次改變 TEA 上的高壓都要進行一次量測，最後再將各次所量測的結果組合成一完整的能譜。

微孔板是由許多細小的玻璃管所組成，當兩端加高電壓時，微孔板可作為電子放大器，市面上的夜視鏡即有部分是使用微孔板製作，當然 MEIS 所用的微孔板是較為精細的。經微孔板放大約 10^6 倍後的電子群，將由多陽極的收集器收集，如圖 5.35 所示。此

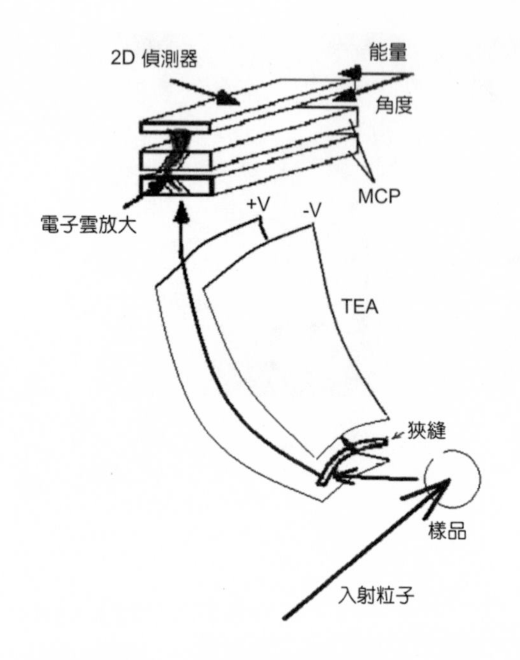

圖 5.34
中能量離子散射儀用的粒子偵測系統示意圖。

收集器係由兩組交錯的三角形金箔所組成，並配上電阻與電容，最後串出四個電極輸出於四個角落。藉由電荷敏感的放大器 (charged sensitive amplifier)，將四個訊號放大後，再以類比數位轉換器 (analog to digital converter, ADC) 將訊號數位化後送入電腦儲存。其中 X、Y 位置可由下式定出：

$$X = \frac{B + C}{A + B + C + D}$$
$$Y = \frac{A + B}{A + B + C + D} \tag{5.15}$$

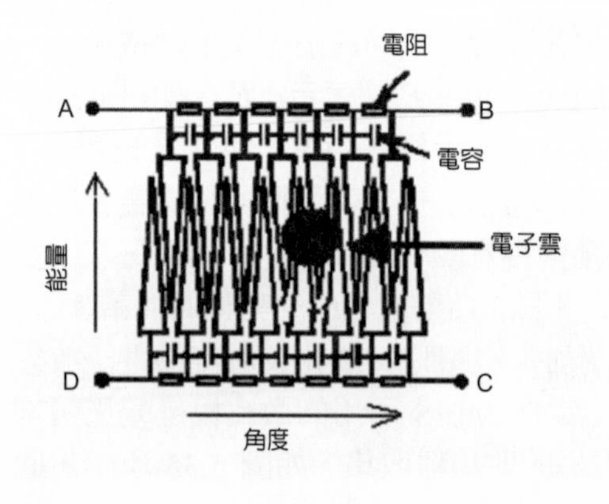

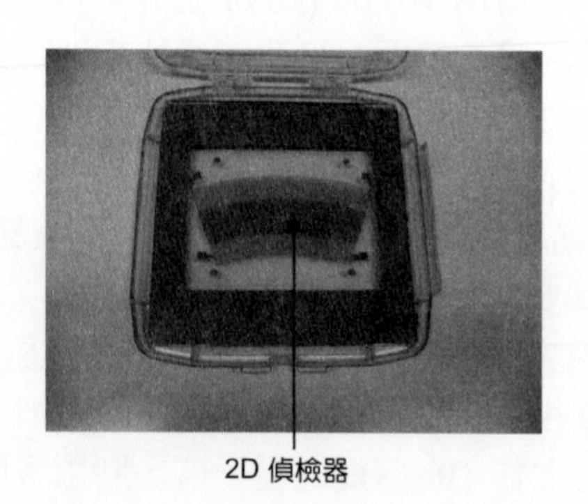

圖 5.35
二維位置靈敏多陽極的電荷收集器收集。

經由這一連串的處理，電腦內已儲存了一 2 維的影像，其中 X 維代表角度，Y 維則代表能量，一般 MEIS 儀器對 100 keV 的質子角度解析度約 0.1 度，能量解析度則約 110 eV。而實務上 MEIS 分析系統的能量解析度 (σ_s) 包括儀器解析度 (σ_1) 與先天物理解析度 (σ_2) 兩項貢獻，$\sigma_s^2 = \sigma_1^2 + \sigma_2^2$。$\sigma_1 = 110$ eV，σ_2 主要來源是粒子的能量分歧大約可估爲 120 eV，所以系統的總能量解析度約爲 160 eV。

5.4.4 應用實例

在文獻上以 MEIS 分析技術發表的論文爲數眾多，本節將以三個簡單典型的例子說明 MEIS 的用途。其中第一個例子是以一維偵檢器量測單純的矽晶片，此例是在清華大學加速器實驗室進行 MEIS 系統測試時作的研究。第二與第三個例子則是在美國羅格斯 (Rutgers) 大學所作的研究，是以二維偵檢器量測量子點材料及高介電係數 (high-*k*) 薄膜。

(1) 一維偵檢器的應用

MEIS 早期是使用一維偵檢器，一次僅能量測一個能量，不像現在的二維偵檢器，一次可量測約 2 keV 的範圍。這個例子是清華大學加速器實驗室在進行測試 MEIS 系統時的數據，如圖 5.36 所示。讀者所看的是經過多次改變 TEA 高壓，每次量一次角分布組合後的二維影像圖，其中 X 軸表散射角度，Y 軸係所加 TEA 的高壓，也就是特定的散射粒子的能量。散射粒子強度，此處以灰階 (明暗度) 表示。因爲這個樣品只是具有單純立方晶結構的矽晶片，由能量損失率的概念告訴我們，對相同材料，散射粒子能量越低表示越深層。而晶格結構會導致散射粒子有溝道效應與阻塞效應，所以可預期在某一特定角，散射的強度會非常弱。這也就是我們看到在散射角 125 度左右，有一條明顯垂直的暗帶的原因。而入射角係沿 ⟨100⟩ 方向射入，所以可判定此暗帶係 ⟨111⟩ 方向的晶軸。

(2) 砷化銦／砷化鎵 (InAs/GaAs) 量子點表面結構分析

零維奈米材料的量子點具有與實際原子相似的性質，可以稱它是人造原子或超原子，是廣爲大家研究的材料。本例嘗試利用 MEIS 分析其應變 (strain)，樣品是使用分子束磊晶器 (molecular beam epitaxy, MBE) 在 (100) 指向的砷化鎵晶片以傳統 Stranski-Krastanow 方式成長。在成長量子點的過程中，因爲 InAs (0.605) 和 GaAs (0.565 nm) 晶格常數的差異，會造成 InAs 覆蓋層的厚度存在一個臨界值 (1.7 ML)，當覆蓋層厚度大於該臨界值，量子點就自我組成。圖 5.37 爲樣品表面的原子力顯微鏡的照片，可清楚看到許多量子點分布在表面。由於此層非常薄 (小於 4 nm) 且有量子點分布，因此以傳統 XRD

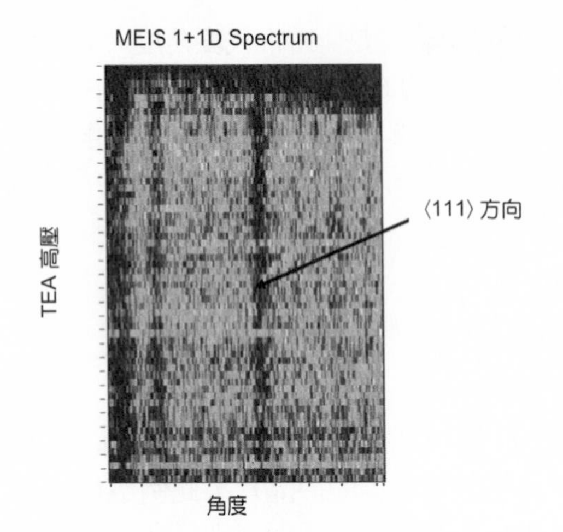

圖 5.36
一維偵檢器結果，樣品矽晶片，灰階表強度，X = 125 度散射角有 〈111〉 的阻塞效應。

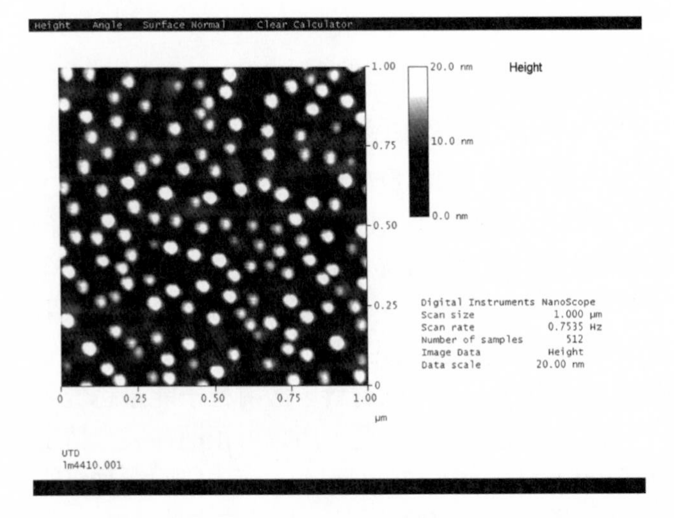

圖 5.37
砷化銦／砷化鎵 (InAs/GaAs) 量子點樣品表面的原子力顯微鏡的照片。

技術探測其結構變化非常困難。因為 MEIS 具超高的表面深度解析能力，可以由其散射粒子角度分布探討其結構變化，特舉此例說明。

圖 5.38(a) 是此樣品以 130 keV 質子束 MEIS 分析的 2D 數據，如上例 (一維偵檢器) X 軸表散射角度，Y 軸係所加 TEA 的高壓，也就是特定的散射粒子的能量，Z 軸以灰階表示散射粒子強度，只是此分析係以二維偵檢器進行，所以一次涵蓋 2 keV 的能量。可看出在散射角 125 度附近有一明顯的凹陷，也就是說強度明顯降低 (暗帶)。這表示此方向有晶格原子阻塞效應，我們可在此 2D 數據上沿此角度切出一條曲線 (沿垂直方向)，這條曲線就表示在此散射方向所量到的 RBS 能譜圖，如圖 5.38(b) 所示。依 RBS 原理可知 127、125.2、124.6 keV 各為 In、As 與 Ga 等原子在表面時相對應之能量。應證在圖 5.38(b) 相對應之能量處看到明顯的表面能峰，由於此樣品表面非均勻，所以此例並不

適合以其能峰面積推算元素比例。但若樣品表面是均勻的，則可由其能峰面積推算元素比例。圖 5.39(c) 則是選取 In 能量位置沿水平方向切出一條曲線 (此曲線稱為角度分布曲線)，以及基材位置的角度分布曲線。比較二曲線最低點，也就是阻塞效應發生處，可推斷 InAs 應變型式。該圖右下方示意圖說明，若是壓應變 (compression strain)，也就是上層晶格沿垂直方向拉長，則此層散射角度會大於基材的散射角度，所以可判定 InAs 層為壓應變，至於其大小則必須藉由軟體作計算分析。本實驗係筆者至 Rutgers 大學學習使用 MEIS 的結果，可惜時間短促與經驗不足未能收集足夠的數據，所以誤差太大。對類似樣品分析有興趣者可參考文獻 63。

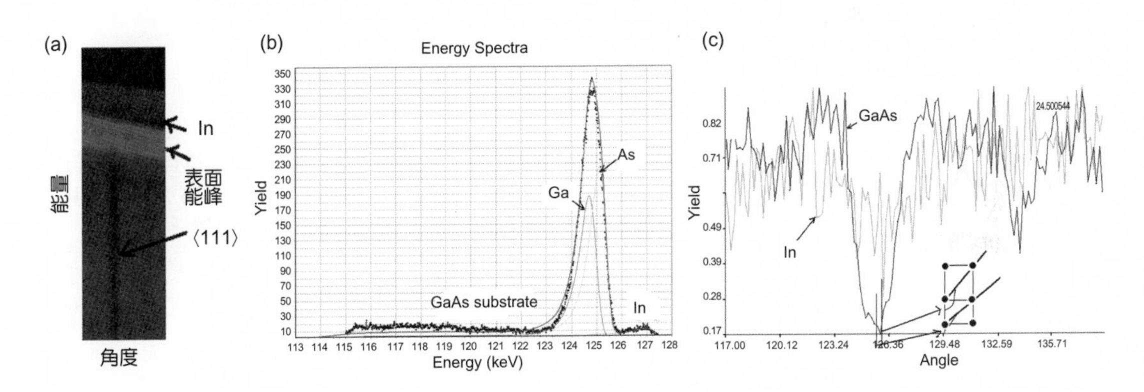

圖 5.38 (a) 砷化銦／砷化鎵 (InAs/GaAs) 量子點樣品的 MEIS 分析 2D 數據，(b) 在 125 度 ⟨111⟩ 方向散射方向所量到的 RBS 能譜圖，(c) In 元素與 GaAs 的角度分布曲線。

(3) 超薄閘極氧化層 HfO_2 分析

超薄閘極氧化層係目前半導體工業熱門的研究題材，這也是近年來使用 MEIS 分析技術最多的材料。特選本例希望讀者能更瞭解其分析能力，本例樣品與 TEM 分析為國內實驗室製作與分析，MEIS 係由 Rutgers 大學進行。圖 5.39(a) 為此樣品的結構圖，圖 5.39(b) 為 TEM 照片，可分辨各層厚度，圖 5.39(c) 及 (d) 為 MEIS 結果。比較 TEM 與 MEIS 結果，在深度的量測符合外。MEIS 結果更說出各層元素組成，其中 HfO_2 層的組成 O 較多，應該是 $HfO_{2.1}$，同時亦指出表面恐有 C 污染物，界面層則是 SiO_2 等資訊。

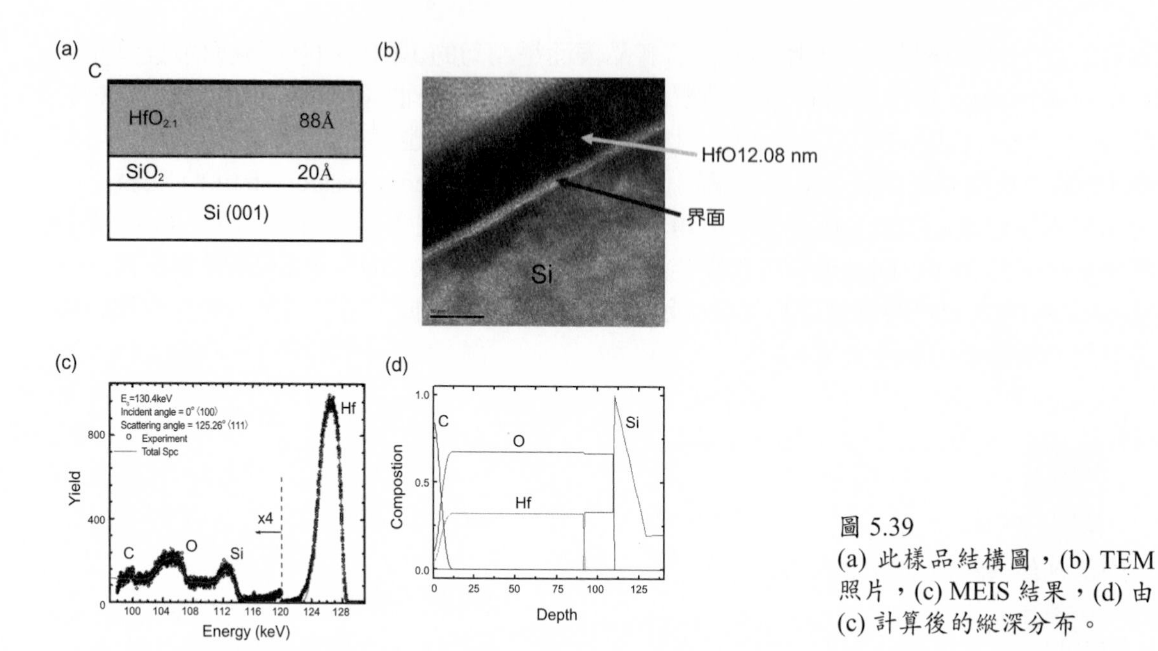

圖 5.39
(a) 此樣品結構圖，(b) TEM 照片，(c) MEIS 結果，(d) 由 (c) 計算後的縱深分布。

5.4.5 結語

MEIS 是一種非破壞的量測，因爲它具有超高的深度解析度約 0.3 nm，可以說是能夠以一層一層原子層的方式解析樣品表面，因此是目前表面與介面研究不可或缺的研究工具。但是它亦有一些不可必免的缺點，例如需要昂貴的加速器、複雜的量測設備，以及電子系統。除此之外，MEIS 亦無法直接提供樣品表面化學態的資訊，對於定量量測，不論是元素分布或是微結構變化，MEIS 都須經過複雜的校正手續與計算模擬等缺點。這也造成目前世界上並不普遍，以筆者所知世界上目前大概不會超過二十台 MEIS。比較有名的 MEIS 實驗室大都會提供相關資訊，有興趣的讀者可上網查詢、瞭解。

國立清華大學加速器實驗室亦在其 500 kV 離子佈植器上架設了一台 MEIS，目前硬體設備均已架設完成，期待能在不久的將來見到其順利運轉，並加入台灣奈米研究的行列。

5.5 粒子誘發 X 光分析術

粒子誘發 X 光 (particle induced X-ray emission, PIXE) 分析術係離子束分析技術中重要的分析術之一。PIXE 自 1976 年由 Johansson 等人提出後[64]，由於其獨特的優越性，廣受研究人員重視，而應用日益廣泛。直至今日，PIXE 已成爲一種重要的多元素微

第 5.5 節作者爲余岳仲先生與許智祐先生。

量分析技術，足以與 X 光螢光分析 (X-ray fluorescence, XRF) 以及拉塞福背向散射分析 (Rutherford backscattering spectrometry, RBS) 相互媲美。PIXE 可應用的研究領域相當廣泛，遍及材料科學、表面科學、環境科學、生物學、醫學、考古學、地質學以及鑑識科學等範疇，且隨著科學技術的不斷進步，PIXE 又衍生出許多相關的分析技術與方法，例如：外射束 (external beam) PIXE[65]、粒子誘發加馬射線分析術 (particle induced gamma-ray emission, PIGE)[66] 及掃描式質子顯微鏡 (scanning proton microscope, SPM)[67] 等。

PIXE 主要是利用高速運動的荷電粒子束 (能量通常為 2－3 MeV) 撞擊樣品，荷電粒子有一定的機率 (或是截面) 將樣品原子的內層電子游離，當原子內的電子 (尤其是內層電子) 被游離而留下一空穴時，可能會發生下列三種情形：

(1) 特徵 X 光 (characteristic X-ray)：其係由較高層殼的電子塡補此一空穴，而將多餘能量以 X 光的型式放出，此即特徵 X 光。
(2) 歐傑電子 (Auger electron)：其係由同樣是較高殼層的電子塡補此一空穴，但所獲得的能量轉移另一電子而使其游離，此一電子稱為歐傑電子。
(3) 克斯特－寇里格轉移 (Coster-Kronig transition)：在電子的殼層內除了 K 殼層外，因為角動量之不同，每一殼層又可細分為數個次殼層，而在較低之次殼層所產生之空穴，可以藉由克斯特－寇里格轉移而轉移至同一殼中較高之次殼層上。

因此，實驗上不論是量測特徵 X 光或歐傑電子，因其來源皆來自於原子能階間的躍遷，故此特徵 X 光或歐傑電子皆具有一特定的能量，而僅與原子的種類有關，因此根據所測得之能譜，即可進行靶材元素的定性和定量分析。

PIXE 在分析的應用上十分廣泛，尤其在微量分析上更有其他方法所無法比擬的優點，如下所列：

1. 所需的樣品十分少，一般而言僅需數個毫克 (mg) 便足以分析。
2. 對樣品內所有的成分，尤其是原子序 (Z) ≥ 13 的元素，皆可在一次測量下同時完成。
3. 具有非常高的靈敏度，一般可達百萬分之一 (ppm)。
4. 是非破壞性的分析方式，在許多貴重樣品的分析上十分重要。
5. 實驗上可將粒子束引至大氣環境中，樣品不一定要置在眞空靶室，對於古物樣品或生物體為研究對象時非常有利。
6. 粒子誘發 X 光的反應截面，隨原子種類的變化平緩，在定量及定性分析上較為容易。

5.5.1 基本原理

X 光的產生機制有兩種：一是由於原子的內層電子發生躍遷時，所釋放出來的射線，又稱為特徵 X 光；另一則是由於帶電粒子的速度發生改變而產生的輻射，亦稱為制動輻射 (bremsstrahlung)。此外，上述之制動輻射為一具有連續性波長的輻射線，而特徵 X 光則是依元素的不同會產生具有特定波長 (或能量) 的輻射線。

要了解特徵 X 光的特性與產生原因，首先必須先認識原子的結構。原子係由原子核與其外層電子所組成，在原子核中具有 Z 個質子與 N 個中子 (氫原子除外)，而在原子核外具有 Z 個電子分布在不同的殼層 (shell)，環繞原子核運動。在不同殼層的電子都有屬於本身的量子態，而每一電子的量子態均不相同，如圖 5.40 所示。當原子內殼層的電子受到外來的作用 (如：荷電粒子的撞擊等) 而產生的內殼層游離 (inner-shell ionization)，因而遺留下空缺。因此，較外殼層中的電子會躍遷至此一空缺中，而這樣的躍遷的動作，由於電子所帶有的能量發生改變，因而會伴隨 X 光或是歐傑電子產生。由於電子要由一個能階組態躍遷到另一個能階組態不是任意的，而必須滿足一定的選擇規則，詳見表 5.6 所列，方能發生電子的躍遷，且放出相對應能量的 X 光，此一 X 光隨著元素的不同而有特定的波長 (或能量)，亦稱爲特徵 X 光。

表 5.6 電子躍遷的選擇規則。

名稱	符號	代表意義	允許值	選擇規則
主量子數	n	電子運動軌道的大小	$1, 2, 3, \cdots, n$ $(K, L, M, \cdots)$	$\Delta n \neq 0$
角量子數	l	軌道的角動量	$0, 1, 2, \cdots (n-1)$ (s, p, d, f)	$\Delta l = \pm l$
磁量子數	m	角動量在磁場的方向	$0, \pm 1, \cdots, \pm l$	0.01–0.1
自旋量子數	s	自旋方向	$\pm 1/2$	1–10
內運動量子數	j	l 與 s 的向量和	$l \pm 1/2$ ($j \neq 0$, $\pm 1/2$)	$\Delta j = 0$ or ± 1

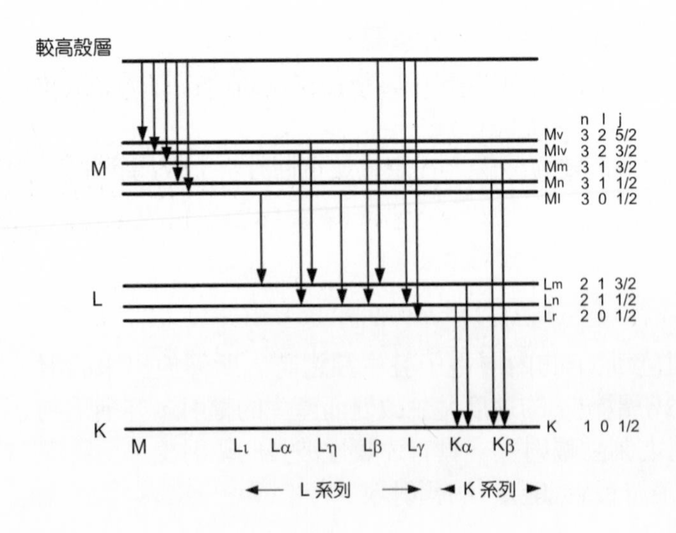

圖 5.40
X 光的能階示意圖。

靶材原子由於受到入射荷電粒子的作用，而使內殼層電子產生游離，誘發電子自發的躍遷而產生特徵 X 光。對於相同元素而言，當接受到相同的入射荷電粒子作用，是發生了哪一個殼層的游離？而每一殼層發生游離的機率又為何？對於不同的元素而言，游離的機率又將如何變化？而產生內殼層電子游離的機率與入射荷電粒子的能量又有何種關係？為了描述內殼層電子游離的機率，我們用微分內殼層電子游離截面 $d\sigma_I$ (the differential cross section) 來表示[68]，其為：

$$d\sigma_I = \left[(2\pi)^4 K_i K_f (\hbar v)^{-2}\right] \left|T_{n'n}\right|^2 d\Omega \tag{5.16}$$

其中，K_i 與 K_f 分別為碰撞前後相對移動動量 (momenta of the relative motion before and after collision)，v 為入射粒子的相對速度，$|T_{n'n}|$ 為轉移振幅 (transition amplitude)，$d\Omega$ 為入射粒子發生碰撞的微分立體角 (differential solid angle)。

一般而言，內殼層電子游離截面對於利用 PIXE 進行元素的定量分析是相當重要的，所以不同能量的荷電粒子對於不同元素的內殼層電子游離截面的估算，就相對地顯現出其重要性。當入射粒子的原子序 (Z_1) 遠小於靶材原子序 (Z_2) (即 $Z_1 << Z_2$) 和入射粒子速度遠大於靶材元素內層電子速度，在發生碰撞時，可以被當作是入射粒子與靶材原子內被游離電子間的庫侖散射 (Coulomb scattering)。由於其間的交互作用十分薄弱，在理論計算上皆是以微擾 (perturbation) 來計算內殼層電子游離的反應截面，因此為了計算上的便利，一般假設靶原子內不被游離的電子皆不受入射粒子所影響。

在過去的數十年間，有許多古典與量子的理論方法被提出來計算輕離子 (light ion) 所引發的內殼層電子游離截面。這些理論方法中，最常被提到的是由 Mezbacher 與 Lewis 在 1958 年所提出的平面波波恩近似模型 (plan wave Born approximation, PWBA)[69]，他們是以量子力學的方式來計算由質子和 α 粒子所產生的內殼層電子游離。在 1981 年，Brandt 與 Lapicki 精進了 PWBA 的計算，提出了 ECPSSR 理論模式[70]，其中包含能量損失、庫侖偏轉、穩定微擾態以及相對論等修正項，而在 ECPSSR 理論模式中，更將內殼層電子游離截面的計算推展至適用於各種荷電粒子。

平面波波恩近似模型係以平面波的方式來描述入射粒子，並假設靶材原子的內層電子係不受入射粒子影響[69]，所以其 K 層內殼層電子游離反應截面可表示為：

$$\sigma_{KI}^{\text{PWBA}} = \sigma_{0K}\theta_K^{-1} F_K\left(\frac{\eta_K}{\theta_K^2, \theta_K}\right) \tag{5.17}$$

$$\sigma_{0K} \equiv 8\pi\left(\frac{a_0 Z_1}{Z_{2K}^2}\right)^2 \tag{5.18}$$

$$Z_{2K} = Z_2 - 0.3 \tag{5.19}$$

$$\theta_K = \frac{U_K}{Z_{2K}^2 R_y} \tag{5.20}$$

$$\eta_K = \left(\frac{v_1}{Z_{2K} v_0} \right)^2 \tag{5.21}$$

其中，R_y 爲 Rydberg 常數，a_0 與 v_0 爲波耳半徑 (Bohr radius) 與速度，U_K 爲實驗觀察到的 K 層電子束縛能 (the observed K-shell binding energy)，v_1 爲入射粒子速度。Rice 等人提出了表列式的通用函數 (the universal function)，可用來計算 F_K 的數值[71]。

由於實驗的結果與平面波波恩近似模型的計算結果仍有差異，顯示出尙有一些修正因素需要加入考慮，因此 Brandt 和 Lapicki 精進 PWBA 的計算而提出了 ECPSSR 理論模式。基本上，ECPSSR 仍是一種平面波近似模型，但其考慮了入射粒子在靶材內的能量損失情形 (energy loss, E) 與庫侖偏轉 (Coulomb deflection, C)，對於靶材原子則考慮其因極化 (polarization) 與原子束縛效應 (binding effect) 所造成的穩定微擾態 (perturbed stationary state, PSS)，最後再加上考慮相對論效應 (relativistic effect, R) 的修正。所以，以 ECPSSR 理論模式來計算 K 層內殼層電子游離的反應截面，可表示爲：

$$\sigma_{KI}^{\text{ECPSSR}} = C_K \left[\frac{2dq_{0K}\xi_K}{Z_K(1+Z_K)} \right] f_K(Z_K)\, \sigma_K^{\text{PWBA}}\left(\xi_K^R / \varsigma_K, \varsigma_K \theta_K \right) \tag{5.22}$$

其中，

$$f_K(Z_K) = 2^{-9}(8)^{-1}\left[(9Z_K - 1)(1+Z_K)^9 + (9Z_K + 1)(1-Z_K)^9 \right] \tag{5.23}$$

$$Z_K^2 = 1 - \varsigma_K \Delta_K = 1 - \frac{4}{M \varsigma_K \theta_K} \left(\frac{\varsigma_K}{\xi_K} \right)^2 \tag{5.24}$$

$$\varsigma_K = 1 + \frac{2Z_1}{\theta_K Z_{2K}} \left[g(\xi_K, C_K) - \frac{2}{\theta_K \xi_K^3} I\left(\frac{C_K}{\xi_K} \right) \right] \tag{5.25}$$

而其中，$f_K(Z_K)$ 係用來計算能量損失的修正因子 (energy loss correction factor)，$\zeta_K \Delta_K$ 爲等效相對入射粒子能量損失 (the effective relative projectile energy loss)，M 爲質心系統

下的約化質量 (reduced mass)，C_K 爲庫侖偏轉常數，d 爲正面碰撞最近的一半距離 (the half distance of closest approach in a head-on collision)，q_{0K} 係爲由 $\hbar q_{0K} = U_K / v_1$ 所定義的最小動量轉移，ζ_K 爲考慮偏極化與原子束縛效應所造成的穩定微擾態理論，而參數 $\xi_K = 2\eta_K^{1/2} / \theta_K$，$C_K = 1.5$，$g(\xi_K, C_K)$ 與 $I(C_K / \xi_K)$ 可由 Basbas 等人所提出的表列式中獲得[72]。此外，$\xi_K^R = \xi_K \left[m_K^R(\xi_K) \right]^{1/2}$，其中 $m_K^R(\xi_K) \cong Y_K + \left(1 + 1.1 Y_K^2\right)^{1/2}$ 與 $Y_K = 0.4 Z_{2K}^2 (137)^{-2} \xi_K^{-1}$。上述式子中的參數，在 Brandt 和 Lapicki 的文章中有完整的定義[70]。

目前而言，在眾多關於入射粒子的內殼層電子游離截面理論模式中，以 ECPSSR 理論模式最能成功地預測實驗的結果，尤其是輕離子所引發的 K 層電子游離截面，ECPSSR 理論模式和實驗結果可達到 ±10% 以內的誤差。

5.5.2 儀器設備與量測

一般而言，PIXE 分析所選用的入射粒子係以質子 (亦即氫離子 (proton)) 爲主，而所使用的能量介於 2－3 MeV 之間。由於在這個能量區間，因質子撞擊而誘發 X 光的產生截面較大，且在此一能量區間，因制動輻射而導致的背景雜訊較小，可以獲得較佳的偵測靈敏度。當選用的入射粒子能量較高時，將會引起許多核反應 (尤其對於靶材中之輕元素)，而會使得背景雜訊的增加，不利於能譜分析；但若入射粒子能量較低 (< 100 keV)，不僅其因撞擊而誘發 X 光的產生截面較小外，入射粒子的穿透能力也較差，能分析的區域也會侷限於試片的淺表面部分 (亦即表面下奈米的區域)。

綜合上述，PIXE 分析需要在擁有 MeV 能量等級加速器的實驗室較適合進行。本文將以中央研究院物理研究所的 PIXE 設備爲例，介紹 PIXE 相關的儀器設備與其量測方法。中央研究院物理研究所的 NEC 9SDH-2 3 MV 串級靜電加速器其構造如圖 5.41 所

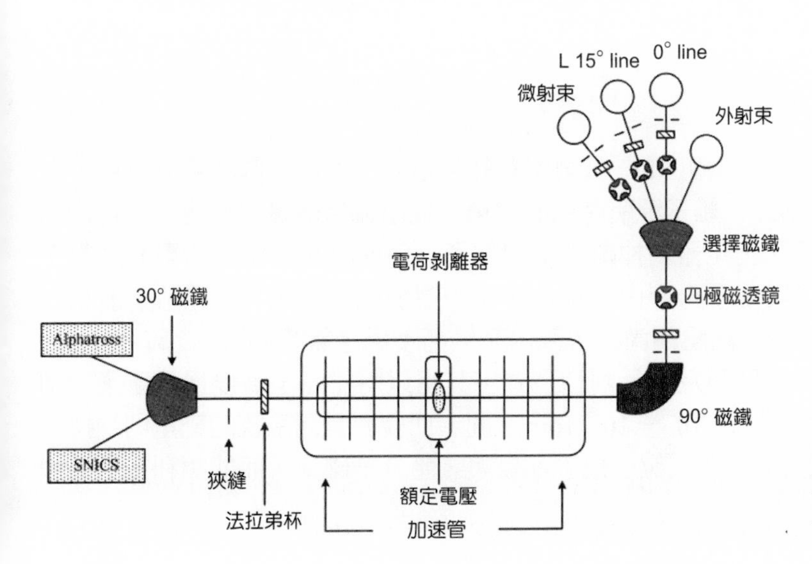

圖 5.41
NEC 9SDH-2 串級加速器的構造圖。

示，其各組件的功能茲簡述如下。

(1) 離子源

中央研究院物理所 3 MV 串級靜電加速器具有兩個負離子源，一為 SNICS (source of negative ions by cesium sputtering) 離子源：採用固體材料為陰極，可產生多種不同的陰離子 (其適用的元素範圍自氫至金)，如圖 5.42 所示；另一為 Alphatross (charge exchange RF ion source) 離子源：採用氣體材料為陰極，以產生氦三與氦四的陰離子為主，如圖 5.43 所示。

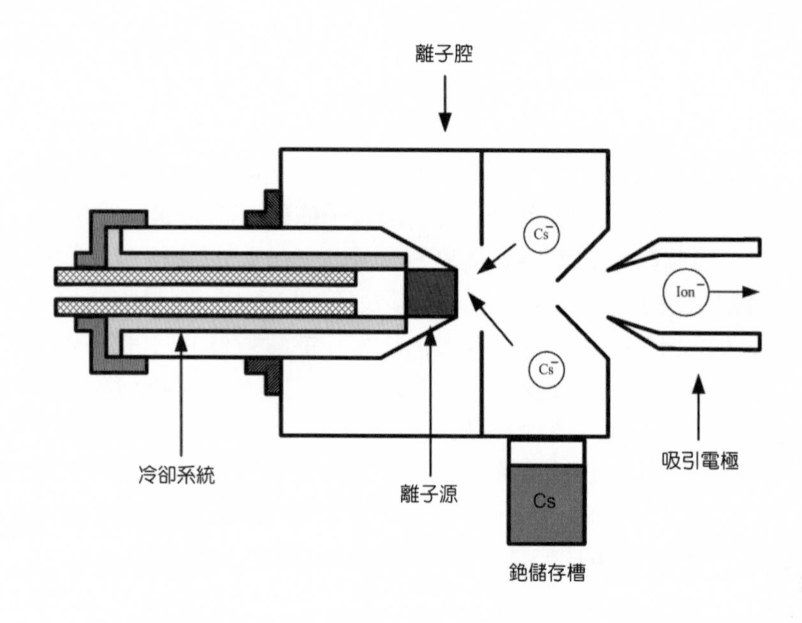

圖 5.42
SNICS 離子源的構造圖。

(2) 加速器本體

9SDH-2 串級靜電加速器係美國 NEC 公司所設計製造的加速器，其利用靜電場來加速荷電粒子，額定電壓為 3 MV。離子源所產生的射束，經由偏轉磁鐵偏折後，到達高電壓端處，藉由位於該處的電荷剝離器剝掉離子上的電子，而使該離子由帶負電的陰離子變成帶正電的陽離子，該等陽離子再經由高壓端向另一端加速，而成高速陽離子射束。加速管本體與高壓端通常置於一高壓鋼筒內，筒內充以高壓絕緣氣體 (六氟化硫，SF_6)。高壓端內的電荷剝離裝置具有碳膜及氮氣兩種型式，其用以將陰離子轉變為陽離子。加速器射束系統的眞空度的都維持在 $10^{-7}-10^{-8}$ Torr 之間，而裝置量測系統的靶室則維持在 ~ 10^{-7} Torr。在此高眞空度之下，帶電粒子幾乎不會與氣體分子碰撞，而能順利在電場中運動。

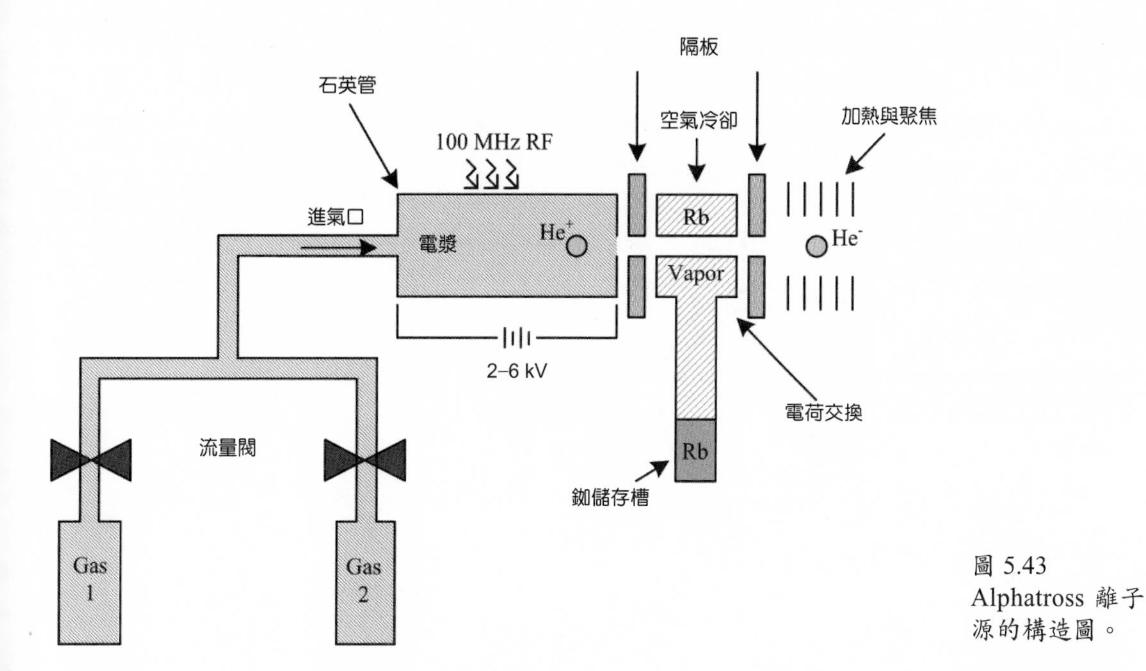

圖 5.43 Alphatross 離子源的構造圖。

離子的種類可以利用加速器的偏轉磁鐵來篩選，而離子的質荷比 (即質量與電荷的比值 (m/q)) 與磁場強度的關係可以由下式表示：

$$F = m\frac{v^2}{R} = qvB \tag{5.26}$$

其中，m 爲離子質量，v 爲離子速度，R 爲離子偏轉的曲率半徑，q 爲離子電荷量，B 爲磁場強度。所以在固定的曲率半徑時，不同質量的離子，只能通過具有特定磁場強度的分析磁鐵。90° 磁鐵後，裝置有一組的狹縫 (slit)，藉由狹縫的開口大小來限制入射離子曲率半徑與離子電流，以達到篩選入射離子的能量與種類的作用。通過 90° 磁鐵後的入射離子束，再經由選擇磁鐵 (switching magnet) 將離子束引入 0° 射束線，並利用四極磁鐵 (quadrupole) 和磁性操縱器 (magnetic steerer) 來進行離子束聚焦的動作，同時，使用位於四極磁鐵後的狹縫來校準與限制入射的離子束電流強度與射束面積，使離子束能準直進入靶室內，以便進行實驗的量測工作。

(3) 靶室

圖 5.44 爲 PIXE 分析所使用的靶室 (target chamber) 構造示意圖，當入射粒子由離子源產生，經加速管加速到達所需要的能量後，再藉由 90° 磁鐵篩選，開始進入靶室與待

測的樣品發生碰撞，進而產生誘發的 X 光來進行分析。如圖所示，在靶室的前方會安置兩組雙狹縫，藉以限制入射荷電粒子束的面積。一般而言，射束的面積可控制在大小約爲 1 mm^2 的面積內；但若藉由聚焦系統的輔助，則可將射束面積降低到微米 (micrometer) 或次微米 (sub-micron) 的等級 (如：微射束系統)。

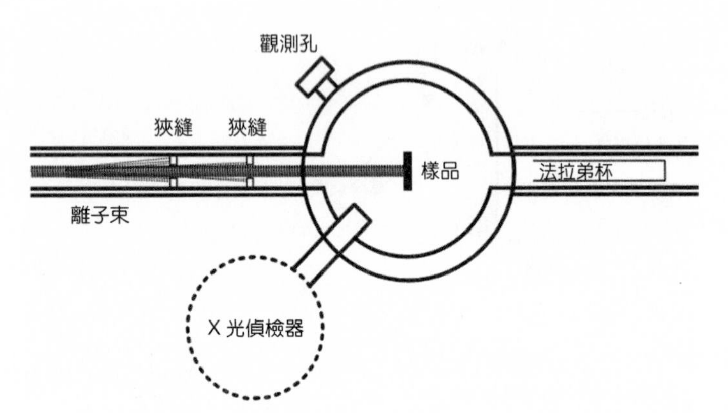

圖 5.44
PIXE 靶室構造示意圖。

此外，在靶室中最重要的儀器設備就是 X 光偵檢器 (X-ray detector)。一般 X 光偵檢器會被裝置於與入射粒子束夾角爲 135° 的地方，其係由於在此一角度，因制動輻射而造成的背景雜訊會最小，有利於能譜的分析，而常用的 X 光偵檢器分別有 Si(Li)、Ge(Li) 以及 HPGe (high-purity germanium) 偵檢器等。一般而言，只要是原子序大於鋁 (aluminum) 的元素都可以被測量到，但其偵檢的靈敏度和效率隨原子序的不同而有所不同。通常爲了抑制樣品主要元素的訊號，或是避免在量測時背景訊號過多而影響偵檢器的靈敏度，會在偵檢器的前方會放置吸收片 (absorber) 來濾掉不需要的訊號。吸收片的材質一般會以比樣品中主要元素的原子序少 1 到 2 的材料爲主，而吸收片的厚度則隨需要過濾訊號的強弱而有所調整，通常使用的吸收片厚度範圍從幾個微米到一至二百微米的厚度爲主。而靶室的後端裝置有法拉第杯 (Faraday cup)，用以量測入射粒子的電流強度。

在 PIXE 的分析中，爲了樣品分析的便利性 (尤其對於考古和生物樣本)，常會使用到外射束的設備，圖 5.45 爲外射束 PIXE 設備的示意圖。如圖 5.45 所示，入射粒子由射束管中被引出到大氣環境中，再與樣品發生碰撞，進而產生誘發的 X 光。爲了隔離眞空與大氣環境，在外射束的出口處會黏貼聚醯亞胺薄膜 (Kapton) 以防止眞空的洩漏，而常用的 Kapton 薄膜的厚度爲 7.6 mm 到 25 mm 不等。一般而言，能量爲 2－3 MeV 的質子束穿透過此一 Kapton 薄膜後，可在大氣環境下飛行約 11－13 cm 的距離。但由於 X 光訊號會因通過大氣環境而導致訊號的衰減，所以外射束的出口端與偵檢器相距樣品約 1－2 cm 之間爲最佳。

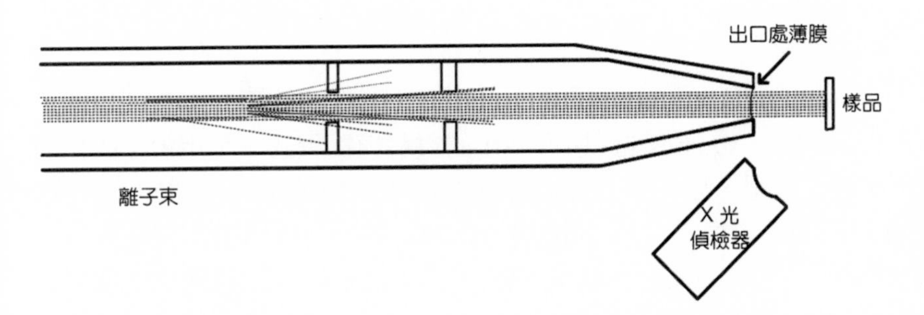

圖 5.45
外射束 PIXE 設備示意圖。

PIXE 分析所使用的 X 光偵檢系統其配置如圖 5.46 所示，偵檢所使用的偵檢器會直接連結於液態氮儲存桶，藉由液態氮的冷卻以降低電子雜訊的產生。此外，前置放大器 (preamplifier, PREAMP) 會與偵檢器直接連結，以降低訊雜比，而偵檢器操作時所需的高電壓 (一般為 –800－–1000V)，則由偏壓供應器來提供。當所產生的特徵 X 光被偵檢器偵測到，先由前置放大器將訊號放大，再傳送到放大器 (amplifier, AMP) 放大與整形後，藉由多頻道分析儀 (multi channel analyzer, MCA) 來收集與紀錄所有測量而得到的訊號，並連接至個人電腦作離線 (off-line) 分析，最後再藉由電腦模擬軟體 (如：GUPIX 等) 來分析量測的能譜。

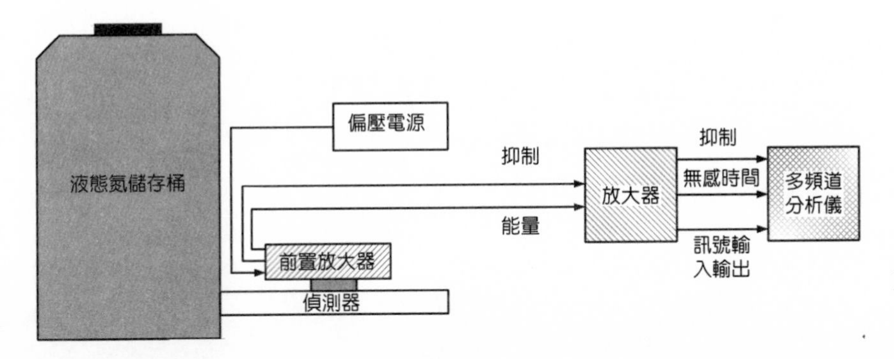

圖 5.46
X 光偵檢系統配置示意圖。

5.5.3 應用與實例

PIXE 為多元素的微量分析技術，可應用的範疇遍及材料科學、表面科學、環境科學、生物學、醫學、考古學、地質學與鑑識科學等領域，為一簡單卻十分實用的分析技術。但由於入射粒子誘發 X 光的反應機制相當複雜且需牽涉到很多的原子參數資料庫，在實際的分析上往往需要借助電腦模擬的方式，來分析樣品中的元素成分。因此，有許多從事 PIXE 研究的人員便發展出不同的電腦模擬程式，以便分析量測而得的能譜之用。以下就以當中最廣為使用的電腦程式 GUPIX (the Guelph GUPIX program)[73,74]，作一簡單的介紹。

(1) 電腦模擬程式

GUPIX 係加拿大 Guelph 大學 (University of Guelph) 的 Campbell 研究團隊利用非線性最小平方擬合 (non-linear least squares fit) 所發展出的電腦模擬程式，可用於 PIXE 能譜的分析。它能夠分析處理薄靶、厚靶以及多層膜靶材的 PIXE 能譜，早期的 GUPIX 程式係操作於 DOS 介面的電腦環境下，在 2005 年 GUPIX 的研究團隊推出視窗版本的 GUPIXWIN，以方便相關研究人員的使用。截至目前，已有超過 30 多個國家 120 個以上的實驗室使用 GUPIX 來分析 PIXE 的量測能譜。而 GUPIX 的分析方法如下列所述。

首先，GUPIX 係利用數位過濾器 (digital filter) 去除掉因制動輻射所造成的背景能譜。再藉由擬合 (fit) 的方式，擬合出能譜中各種元素的特徵 X 光能峰面積 (peak area)，而擬合的方法如下。

在 GUPIX 分析能譜中，X 光能峰之線形 (lineshape) 可用 $F(i)$ 以來表示，而 i 爲通道數 (channel number)，其爲：

$$F(i) = G(i) + D(i) + S(i) + TS(i) + E(i) \tag{5.27}$$

$$G(i) = H_g\left[\frac{-(i-c)^2}{2\sigma^2}\right] \tag{5.28}$$

$$D(i) = 0.5H_d \times \exp\left(\frac{i-c}{\beta}\right) \times \text{erfc}\left(\frac{i-c}{\sigma\times\sqrt{2}} + \frac{\sigma}{\beta\times\sqrt{2}}\right) \tag{5.29}$$

$$S(i) = 0.5H_s \times \text{erfc}\left(\frac{i-c}{\sigma\times\sqrt{2}}\right) \tag{5.30}$$

$$TS(i) = 0.5H_{ts} \times \left[\text{erfc}\left(\frac{i-c}{\sigma\times\sqrt{2}}\right) - \text{erfc}\left(\frac{i-i_t}{\sigma\times\sqrt{2}}\right)\right] \tag{5.31}$$

其中，$E(i)$ 爲矽的 K 逃離峰 (K escape peak)，一般出現在其高斯分布的左方 1.742 keV 處。H_g 爲高斯高度 (Gaussian height)，c 爲能峰中心的通道位置，σ 爲標準差 (standard deviation)，β 爲指數函數的逆斜率 (inverse slope)，而 H_d、H_s 和 H_{ts} 爲 $D(i)$、$S(i)$ 和 $TS(i)$ 三個函數未疊加前的高度。

由上述的步驟中可得 PIXE 能譜中各元素的特徵 X 光能峰面積，再藉由下述之方式，則可換算成各元素在靶材中的含量。若元素 Z 在基材 M 中的 X 光的產額 (yield or intensity) 爲 $Y(Z,M)$，其可表示爲：

$$Y(Z, M) = Y_{lt}(Z, M) \times C_z \times Q \times f_q \times \Omega \times \varepsilon \times T \tag{5.32}$$

其中，Y_{lt} 爲每 μC 的電荷、單位濃度和立體角下的理論產額。C_z 爲元素 Z 在基材 M 中的實際濃度。Q 爲入射電荷數或入射電流大小，若 Q 爲入射電荷數則 f_q 值爲 1.0，但若 Q 爲入射電流，f_q 則爲將 Q 轉變爲入射電荷數的因子 (factor)。Ω 爲偵檢器的空間立體角。ε 爲偵檢器的偵檢效率 (intrinsic efficiency)。T 爲靶材與偵檢器間的吸收片 (absorber) 之穿透率。爲了分析上的便利，GUPIX 將 f_q 與 Ω 合併成一個與 Z 和 M 無關，但與實驗儀器系統有關的常數 H (instrumental constant)，H 的值可由與實驗相近的標準樣品來獲得。所以上述之式子可改寫爲：

$$C_z = \frac{Y(Z, M)}{Y_{lt}(Z, M) \times H \times Q \times \varepsilon \times T} \tag{5.33}$$

圖 5.47 所示即爲 GUPIXWIN 模擬程式的操作介面，藉由輸入各項參數，即可進行理論與實驗量測結果的擬合工作。

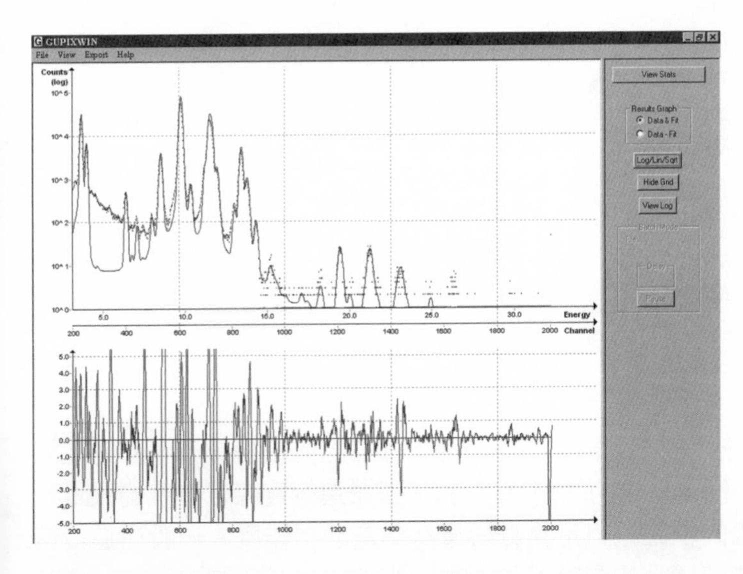

圖 5.47
GUPIXWIN 的電腦模擬操作介面。

(2) 偵檢器校準

在進行 PIXE 能譜分析之前，必須對所量測的能譜進行能量校準 (energy calibration) 與偵檢器能量解析度 (energy resolution) 量測的工作，以便後續的分析之用。表 5.7 所列爲常用的標準放射性射源，利用射源已知的 X 光能量，量測一組不同射線能量 (energy) 與通道數 (channel) 的實驗數據，即可進行測量能譜的能量校準工作。而偵檢器的偵檢效率測定的方法係利用一系列能量不同、但射源活度 (activity) 已知的標準射源，量測其全能峰下的能峰計數，直接求得其相對應能量的偵檢效率。

而對於偵檢器的能量解析度量測，則係利用鐵-55 (^{55}Fe) 的放射性射源來測定。一般定義 X 光偵檢器的能量解析度，以量測鐵-55 射源因衰減 (decay) 成錳-55 所放出能量爲 5.9 keV 的 $K\alpha$ X 光的半高全寬 (full width at half maximum, FWHM) 值。

表 5.7 常用的標準放射性射源。

核種	X 光
^{54}Mn	5.414 ($K\alpha$) 5.496 ($K\beta$)
^{57}Co	6.40 ($K\alpha$) 7.06 ($K\beta$)
^{65}Zn	8.04 ($K\alpha$) 8.90 ($K\beta$)
^{85}Sr	13.38 ($K\alpha$) 15.0 ($K\beta$)
^{88}Y	14.12 ($K\alpha$) 15.85 ($K\beta$)
^{109}Cd	22.1 ($K\alpha$) 25.0 ($K\beta$)
^{113}Sn	24.14 ($K\alpha$) 27.40 ($K\beta$)
^{137}Cs	32.1 ($K\alpha$) 36.6 ($K\beta$)

(3) 標準樣品分析

在 PIXE 的定量分析中，對於許多實驗上的參數 (如：偵檢器的偵檢效率、X 光在樣品與偵檢器間的穿透率，以及偵檢器系統的幾何條件等)，很難進行實際且準確的測量。因此，若要進行樣本中微量元素的準確絕對定量分析會有其實驗困難度。一般在進行待測樣品的測量之前，會先進行標準樣品的測定工作，藉以測定偵檢系統的準確性，同時也可獲得所需的偵檢系統相關參數。而標準樣品的使用，一般常以美國的 NIST (National Institute of Standards and Technology)[75] 所製作的標準樣品爲主。圖 5.48 爲 PIXE 量測 SRM 871 (standard reference material) 樣品的能譜圖，SRM 871 的成分組成爲：銅 (Cu，91.68 wt%)、錫 (Sn，8.14 wt%)、磷 (P，0.082 wt%)、鉛 (Pb，0.01 wt%)、鋅 (Zn，0.025 wt%) 以及鐵 (Fe，$<$ 0.001 wt%)。圖中，鈷 (Co) 的能峰係由於吸收片所使用之鈷薄膜所導致。

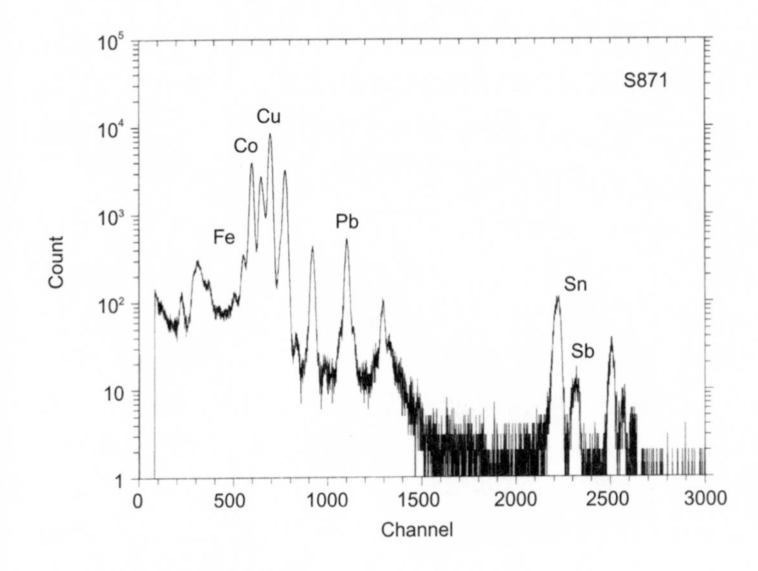

圖 5.48
3.0 MeV 氫離子轟擊 NIST SRM 871 樣品所誘發的 X 光能譜分析圖。

(4) 古物樣品分析

· 古錢幣分析

由於 PIXE 分析具有非破壞性的特點，且其爲多元素分析，在分析上具有相當大的便利性，因此常被使用於考古樣品之分析。圖 5.49 所示爲利用 3.0 MeV 氫離子對明朝萬曆 (西元 1573－1620) 年間的錢幣進行 PIXE 分析的能譜圖[76]，如圖上所標示，利用 GUPIX 分析所量測到的能譜，明朝萬曆錢幣的材質成分包含有：銅 (Cu，67.9 wt%)、鉛 (Pb，9.76 wt%) 、錫 (Sn，0.8 wt%)、鋅 (Zn，19.4 wt%)、鐵 (Fe，0.34 wt%) 以及鎳 (Ni，0.1 wt%)。圖中，氬 (Ar) 和鈷 (Co) 的能峰係分別由於大氣和吸收片所使用之鈷薄膜所導致。藉由這樣的分析方式，Lin 等人分析唐、宋及明朝年代一系列不同時期的古錢幣，

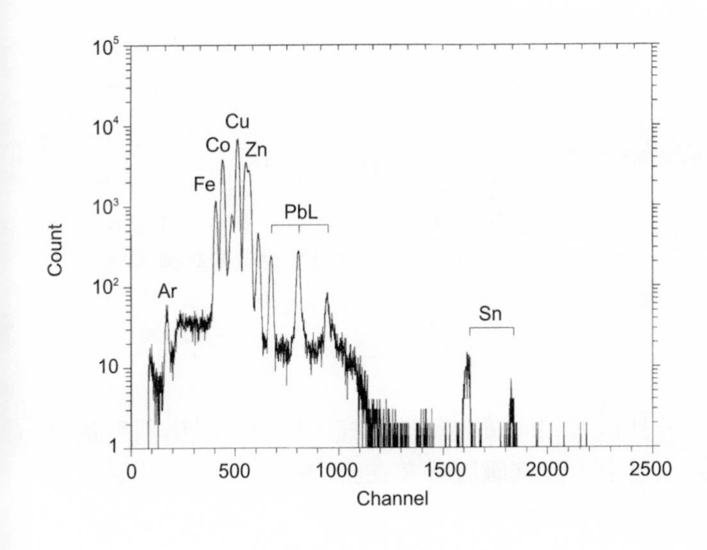

圖 5.49
利用 3.0 MeV 氫離子轟擊明朝萬曆錢幣的 PIXE 能譜分析圖。

發現早期的錢幣係以銅爲主要元素，鋅的含量很少。但在明朝中葉，錢幣中的鋅含量增加，且鉛和錫的含量也相對減少，顯示出其錢幣的鑄作方式有所改變，其材質由青銅轉變爲黃銅[76]。藉由這樣的分析方式，可爲考古學提供強而有力的數據，以幫助考古相關研究之用。

・古陶器破片分析

對於考古分析的樣品，古代陶器的成分鑑定也是相當重要的。圖 5.50 爲利用 3.0 MeV 氫離子對古陶器破片的淡藍色表面進行 PIXE 分析的能譜圖[77]，此一古陶器破片係來自於澎湖海域所發現的沉船「將軍一號」[78] 中的陶瓷器破片，年代屬於明朝末年至清朝年間。由 PIXE 的分析結果顯示，古陶器破片中的成分以矽 (Si)、鋁 (Al) 及鈣 (Ca) 爲主，其成分比例分別爲 62－69%、20－28% 以及 2－8%，在不同樣品間其主要成分的差異不大，顯示其爲相同時期的陶瓷器。此外，在這些樣品亦可發現其成分包含有少量成分的鎂 (Mg)、磷 (P)、鉀 (K)、鈦 (Ti)、錳 (Mn) 和鐵 (Fe)，以及極微量 (百萬分之一等級 (ppm level)) 的成分元素，如：氯 (Cl)、鉻 (Cr)、鈷 (Co)、鎳 (Ni)、銅 (Cu) 和鋅 (Zn)。藉由胎土及釉之主要微量元素如鈣、鉀、鈦、錳、鈷和銣等含量數據，可以作爲日後窯口比對的重要依據。此外，古物中微量元素的變化分析數據 (例如：藍釉其鈷含量較高，而綠釉則銅含量明顯增加)，若結合化學及考古學者的研究，可有助於還原古代釉彩之化學結構式，藉以瞭解古代釉彩的製作過程爲何。這些科學考古的分析數據，有助於幫助考古學者辨識眞仿品和古物修護。

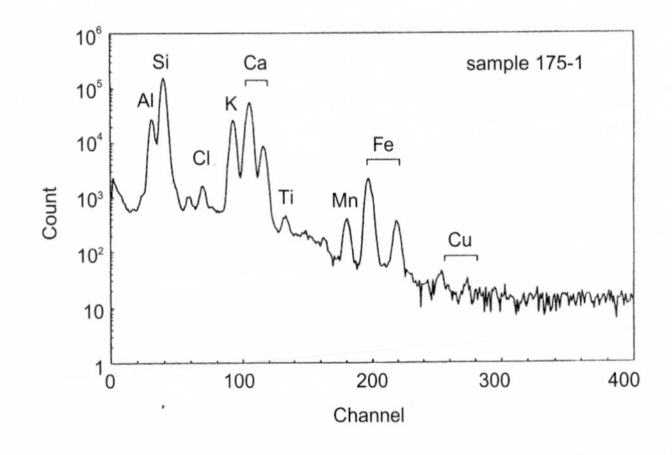

圖 5.50
利用 3.0 MeV 氫離子轟擊古陶器破片的淡藍色表面之 PIXE 能譜分析圖。

(5) 礦物分析

雞血石是辰砂條帶的地開石，由於其色澤如同雞血一樣鮮紅，所以一般俗稱爲雞血石，它主要產於中國浙江省昌化縣的玉岩山，而其礦脈分布在康山岭一帶，因此又被稱爲昌化石。雞血石自中國明朝被發現以來，迄今已有六百多年的光景。雞血石的主要成分爲矽，其石質爲地形石或高岭石，而其中呈現紅色部分的成分爲硫化汞 (HgS)。雞血石的紅色部分除了含有硫化汞外，還含有少量的鐵和鈦，其含量多寡是雞血石呈現不同紅色色塊的主要原因，若含量多則血色呈暗紅色。圖 5.51 和圖 5.52 爲利用 3.0 MeV 氫離子轟擊雞血石的紅色與非紅色部位之 PIXE 能譜圖[79]，在圖中可以明顯地看出，除了雞血石紅色部分的主要成分硫化汞外，還含有鐵、鈦和鈣等元素，但因其含量的不同而導致了雞血石的色澤差異。此外，圖中鋁的能峰係由於吸收片所使用之鋁薄膜所導致。對於礦物的分析，可有助於地質學或地球科學上的研究與應用。此外，PIXE 亦可應用於環境科學上的污染之分析。

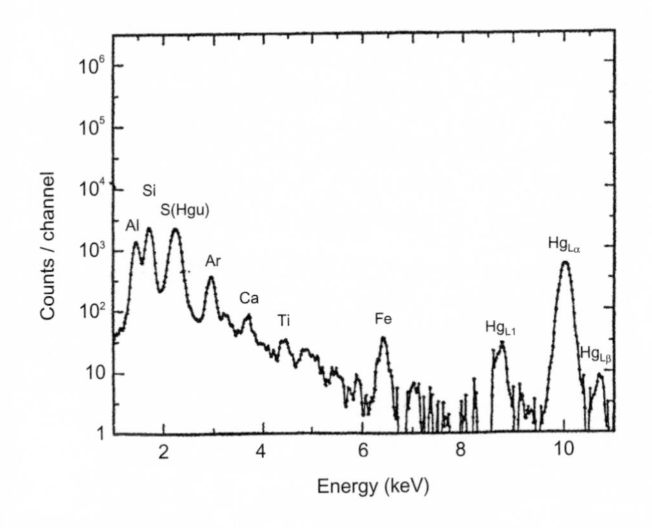

圖 5.51
利用 3.0 MeV 氫離子轟擊雞血石的紅色部位之 PIXE 能譜分析圖。

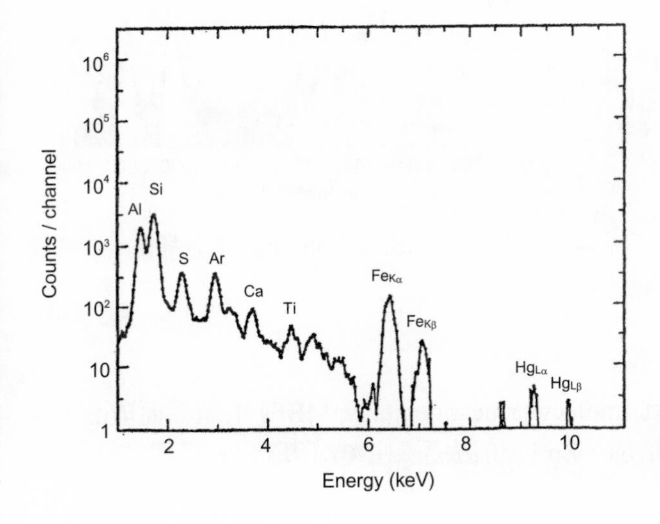

圖 5.52
利用 3.0 MeV 氫離子轟擊雞血石的非紅色部位之 PIXE 能譜分析圖。

(6) 植物樣品分析

玻璃質化 (vitrification or glassification) 常見於草本與木本植物的組織培養過程，玻璃質化的苗芽會擁有玻璃狀透明外觀的莖和葉；已玻璃質化的苗芽，其葉面會產生較薄之臘質層。植物的玻璃質化係由許多種因素所導致，影響包括培植植體形態、生理及生化的變化，是進行組織培養上相當嚴重的問題，常造成繁殖率降低及瓶苗移出的困難，可能會造成商業生產上的嚴重損失。康乃馨又名香石竹，屬石竹科多年生 (或宿根性) 草本植物，以頂芽 (或莖梢) 扦插繁殖栽培爲主，因此，組織培養是康乃馨種苗生產之主要方式；然而嚴重之玻璃質化的問題，卻嚴重影響康乃馨商業化之生產。

圖 5.53 爲利用 3.0 MeV 氬離子轟擊康乃馨 (a) 正常樣品、(b) 玻璃化樣品之 PIXE 能譜分析圖[80]，由實驗的結果顯示，康乃馨中所含的微量金屬成分有：鉀 (K)、鈣 (Ca)、錳 (Mn)、鐵 (Fe) 和鋅 (Zn)，而圖中氬 (Ar) 和釔 (Y) 的能峰係分別由於大氣和使用之內標定染劑所導致。比較一系列的正常和玻璃化康乃馨樣品，發現玻璃化的樣品，其鉀、鈣、錳、鐵和鋅成分高於正常樣品，此一結果顯示，這些在植物中的微量金屬成分確實在康乃馨的玻璃化因素中佔有相當重要的因素。此外，在上述的研究中，同時探討了在低溫效應 (low temperature effect)、茁長素效應 (the effect of auxin) 以及現行和基因的本質效應 (the effect of an active and genetic substance) 的影響下，對於康乃馨中所含的微量金屬成分的差異情形，期以藉由這樣的分析結果，提供對於植物的培育或研究有力的幫助。

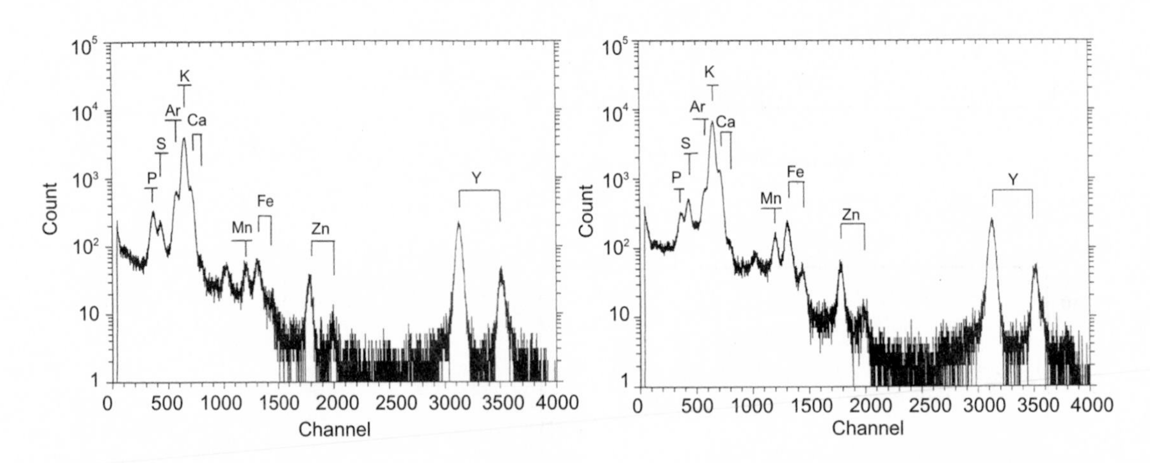

圖 5.53 利用 3.0 MeV 氬離子轟擊康乃馨 (a) 正常樣品、(b) 玻璃化樣品之 PIXE 能譜分析圖。

(7) 電子材料樣品分析

圖 5.54 所示爲利用分子束磊晶系統 (molecular beam epitaxy, MBE) 所製備而成的 Cr-doped ZnO 薄膜。隨著 Cr 摻雜濃度的增加，Zn 的位置逐漸由 Cr 所取代，亦即晶格的轉

變依序為 ZnO → ($ZnO+Cr_2O_3$) → $ZnCr_2O_4$。材料的晶體結構基本上仍是六方 (hexagonal) 結構 (由 ZnO → $ZnCr_2O_4$)，但在外觀上卻呈現 spinel 的幾何形狀，且其化學穩定度也隨之增強；但是其電阻亦會逐漸增加，透明度變差。由圖中可以明顯的看出，隨著製程參數的改變，Cr 和 Zn 的含量比例明顯不同。圖 5.54 中，鎳的能峰係由於吸收片所使用之鎳薄膜所導致。藉由這樣的分析方法，若再搭配標準片的使用，可以精確地定量出各種元素在化合物中成分比例，對於半導體製程或電子材料的相關應用與研發非常有幫助。

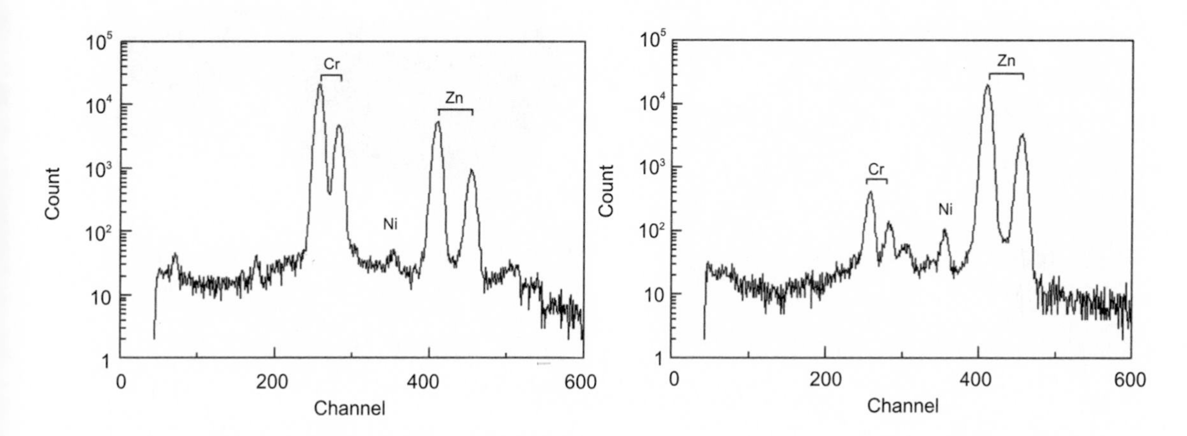

圖 5.54 利用 3.0 MeV 氫離子轟擊 Cr-doped ZnO 薄膜，不同製程條件下之 PIXE 能譜分析圖。

(8) 微射束系統 (microbeam system)

利用小型加速器所產生的離子束對各種樣品進行定性、定量和結構分析，是六、七十年代所逐漸發展的離子束分析技術，偵測元素範圍幾乎涵蓋整個化學週期表，且偵測極限可達百萬分之一 (ppm) 或者更好。約七十年代初，英國 Harwell 實驗室首創第一部核微探針 (nuclear microprobe) 以來，一些科技先進國家的小型加速器實驗室，紛紛投入研究這門新技術，也累積不少經驗與突破，並開闢了很多的新興研究領域。

目前世界上普遍所採用的核微探針有兩種型式，如圖 5.55 所示，一為英國牛津式、另一則為澳洲墨爾本式。其主要差異為前者利用三組四極磁透鏡聚焦 (短焦距)，空間需求較小，且使用個人電腦進行自動化操控與數據擷取分析，故價格較低，僅適用於輕離子 (如氫、氦離子)。後者利用四組四極磁透鏡聚焦 (長焦距)，空間需求較大，且使用工作站進行自動化操控與數據擷取分析，故價格較高，但適用於輕、重離子。中央研究院物理所目前所擁有的微射束系統為英國牛津式核微探針設備，如圖 5.56 所示。

核微探針設備可將離子射束聚焦成直徑約 1－2 μm 的離子束，並結合掃描分析系統來獲取試片內部的微觀資訊，亦即以離子射束在被研究的材料上的某些範圍內掃描。所使用的高能量 (一般為 2－3 MeV) 離子束與材料的各原子進行碰撞散射反應，再配合

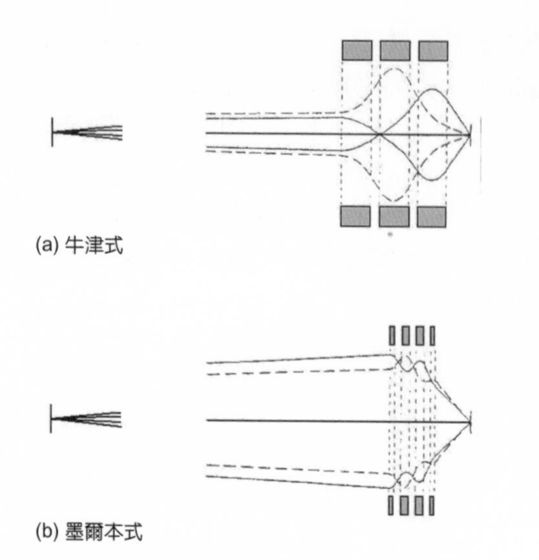

圖 5.55 核微探針成像示意圖。

圖 5.56 中央研究院物理所核微探針設備實體圖。

各種離子束分析技術在掃描區域作二維的材料分析，藉此得到新材料各層面和縱深的化學元素組成分布和相對含量，進而推知其三維空間的結構與分布情形。整個核微探針設備大致可分爲六個組成，如圖 5.57 所示，其分別爲：(1) 射束線：含兩部渦輪分子幫浦及兩部離子幫浦，係爲入射離子保持高眞空環境；(2) 對物狹縫與準直狹縫 (object slit 和 collimator slit)：用來控制射束點大小；(3) 聚焦系統：由三組四極磁透鏡 (triplet) 組成，分別具有將離子束收斂、發散與收斂功能，另澳洲墨爾本式爲四組四極磁透鏡組成 (quadruplet)，分別具有將離子束收斂、發散、收斂和發散功能；(4) 磁掃描線圈：以 3 MeV 的質子 (proton) 入射離子爲例，可對試片做點 (1－2 μm)、線輪廓 (2.5 mm) 或二維點陣 (2.5 mm × 2.5 mm) 區域掃描；(5) 靶室：主要是由靶架、靶操縱器、各式偵檢器及顯微鏡組成，進行各項特定實驗；(6) 數據擷取系統，包括核偵測電子儀器及個人電腦，作爲實驗的控制，和數據的獲取、分析與儲存用。另外値得一提的是，核微探針設備之射束點 (1－2 μm) 較傳統加速器的射束點 (1－2 mm) 小千倍，因此射束線的架設和校正及微調等之精準度要求極爲嚴苛，可謂失之毫釐差之千里，需要具有相當經驗之技術人員方能勝任此工作，且須克服來自幫浦及實驗室地板之震動和雜散交流場之干擾，因此如何作好防震 (或吸震) 及磁場屏蔽爲取得良好射束點之關鍵。

目前，隨著電子元件的微型化與奈米科技的快速發展，微射束系統廣受從事相關研究人員的重視，許多國家型或大學的研究單位紛紛加入微射束研究的行列，例如：新加坡大學的 CIBA (Center for Ion Beam Applications) 實驗室、英國 Surrey 大學的 SIBC (Surrey Ion Beam Center) 實驗室、日本原子力研究開發機構高崎量子應用研究所 (Japan Atomic Energy Agency, Takasaki Advanced Radiation Research Institute)、瑞典 Lund 大學、

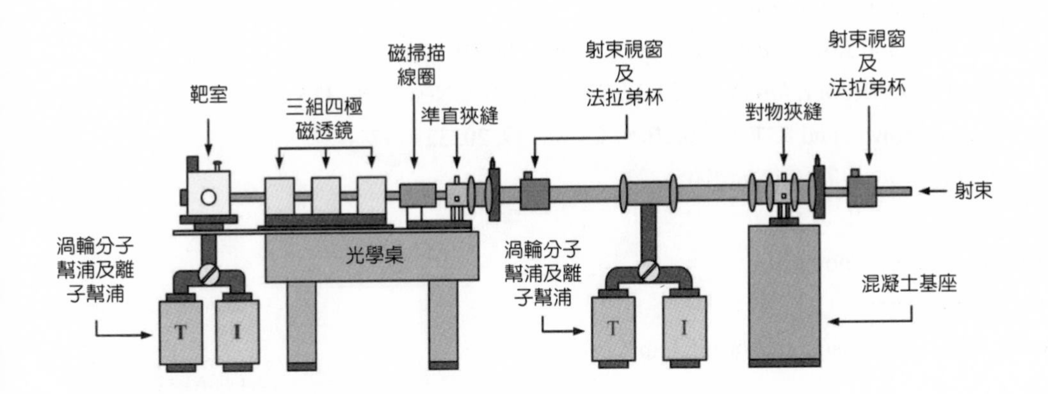

圖 5.57 中央研究院物理所核微探針設備示意圖。

澳洲 Melbourne 大學、德國 Lipezig 大學以及美國的 Sandia 國家實驗室等，希望藉由微射束儀器設備的發展精進，以期進行更多相關的應用與研究。

5.5.4 結語

PIXE 是一種多元素的微量分析技術，具有快速、高靈敏與非破壞性檢測的優點與特性，而其可應用研究領域廣及 (1) 生命科學：細胞與組織內的微量元素分布；(2) 材料科學：新材料內元素空間分布與微電子元件的組成；(3) 環境科學：飛灰與沉積物的元素分析；(4) 地球科學：岩石或礦物不同形成區域的微量元素分析；(5) 考古學：古代冶金技術與陶瓷器製作地點之探討；(6) 工業與技術應用：半導體製程中污染雜質分布；(7) 鑑識科學：刑事鑑定，如毛髮之毒物分析等，可謂相當廣泛，同時兼具學術與工業應用的價值。尤其近年來，奈米科技乃國家科技政策發展的重點之一，而生醫技術不管是在學術研究與產業研發生產上亦日益備受矚目，也因此 PIXE 分析技術和方法日趨重要。對於 PIXE 的相關研究與應用，也是由中低能量級加速器科技推動物理、材料、電子、生醫、考古及環境等科學的跨領域研究之重要橋樑。

參考文獻

1. P. Chakraborty, *Ion Beam Analysis of Surfaces and Interfaces of Condensed Matter Systems*, New York: Nova Science, Preface (2003).
2. F. Adams, L. Van Vaeck, and R. Barrett, *Spectrochimica Acta Part B0*, **60**, 13 (2005).
3. P. Sigmund, in Topics in Applied Physics, Vol. 47, *Sputtering by Particle Bombardment*, R. Behrisch

ed., Springer-Verlag: Berlin, 9 (1981).
4. P. K. Rol, J. M. Fluit, and J. Kistemaker, *J. Physica*, **26**, 1009 (1960).
5. R. G. Wilson and G. R. Brewer, *Ion Beams*, John Wiley & Sons: New York, 325 (1973).
6. H. A. Storms, K. F. Brown, and K. F. Stein, *Anal. Chem.*, **49**, 20232 (1977).
7. N. Winograd, *Anal. Chem.*, **77**, 142A (2005).
8. http://www.cameca.fr/
9. http://www.minisims.com/home.htm/
10. http://www.phi.com/
11. http://www.asi-pl.com/files/pages/shrimp.html/
12. http://www.ion-tof.com/
13. 凌永健, 科儀新知, **11** (2), 36 (1989).
14. 凌永健, 林雨平, 邱奕明, 余周利, 張慧貞, 林正德, 科儀新知, **11** (6), 60 (1989).
15. 凌永健, 林雨平, 邱奕明, 余周利, 張慧貞, 林正德, 科儀新知, **12** (1), 63 (1990).
16. 凌永健, 科儀新知, **12** (2), 20 (1990).
17. 張梁興, 凌永健, 電子發展月刊, **149**, 50 (1990).
18. 陳清源, 麥富德, 凌永健, 科儀新知, **24** (3), 14 (2002).
19. 陳玟吟, 薛映光, 王瓊棋, 凌永健, 科儀新知, **26** (1), 14 (2004).
20. 凌永健,「質分離子顯微術在生物和醫學上的應用」於「質譜分析術專輯」, 初版, 新竹: 國科會精儀中心, **66** (1992).
21. 凌永健,「二次離子質譜儀分析」於「材料分析」, 初版, 新竹: 中華民國材料學會, 383 (1998).
22. http://www.eaglabs.com/
23. http://www.ma-tek.com/
24. http://www.isti.com.tw/
25. P. Van Royen, A. M. dos Santos, E. Schacht, L. Ruys, and L. Van Vaeck, *Appl. Surf. Sci.* **252**, 6992 (2006).
26. W. Y. Chen, Y. C. Ling, B. J. Chen, and C. C. Wang, *Appl. Surf. Sci*,. **252**, 7003 (2006).
27. A. V. Ghule, K. Ghule, C. Y. Chen, W. Y. Chen, S. H. Tzing, H. Chang, and Y. C. Ling, *J. Mass Spectrom.*, **39**, 1202 (2004).
28. W. Y. Chen, C. Y. Chen, K. Y. Hsu, C. C. Wang, and Y. C. Ling, *Appl. Surf. Sci.*, **231**, 845 (2004).
29. M. Inoue, A. Murase, M. Yamamoto, and S. Kubo, *Appl. Surf. Sci.*, **252**, 7014 (2006).
30. A. Benninghoven, P. Bertrand, H.-N. Migeon, and H. W. Werner, ed., *Proceedings of the 12th International Conference on Secondary Ion Mass Spectrometry*, Brussels, Belgium: Elsevier, 5-10 September (1999).
31. H. Geiger and E. Marsden, *Proc. Roy. Soc. A*, **82**, 495 (1909).
32. H. Geiger, *Proc. Roy. Soc. A*, **83**, 492 (1910).

33. E. Rutherford, *Philos. Mag.*, **21**, 669 (1911).
34. H. Geiger and E. Marsden, *Philos. Mag.*, **25**, 604 (1913).
35. N. Bohr, *Philos. Mag.*, **25**, 10 (1913).
36. N. Bohr, *Philos. Mag.*, **30**, 581 (1915).
37. H. Bethe, *Ann. Physik.*, **5** (5), 325 (1930).
38. H. Bethe, *Ann. Physik.*, **5** (5), 293 (1932).
39. N. Bohr, *Mat. Fys. Medd. Dan. Vid. Selsk.*, **18** (8), 1 (1948).
40. U. Fano, *Ann. Rev. Nucl.*, **13**, 1 (1963).
41. J. Lindhard, *Mat. Fys. Medd. Dan. Vid. Selsk.*, **34**, 14 (1965).
42. J. Lindhard and A. H. Sorensen, *Phys. Rev. A*, **53** (4), 2443 (1996).
43. J. F. Ziegler, *J. Appl. Phys./Rev. Appl. Phys.*, **85**, 1249 (1999).
44. A. Sharma, A. Fettouhi, A. Shinner, and P. Sigmund, *Nucl. Instrum. Methods B,* **218**, 19 (2004).
45. J. L'ecuyer, C. Brasssard, and C. Cardinal, *Nucl. Instrum. Methods*, **149**, 271 (1978).
46. D. S. Gemmell, *Rev. Mod. Phys.*, **46** (1), 129 (1974).
47. J. B. Marion and F. C. Young, *Nuclear Reaction Analysis*, 1st ed., North-Holland (1968).
48. W.-K. Chu, J. W. Mayer, and M.-A. Nicolet, *Backscattering Spectroscopy*, 1st ed., Acadamic Press (1978).
49. J. F. Ziegler, J. P. Biersack and U. Littlemark, *The Stopping and Range of Ions in Solids*, 1st ed., Pergamon Press (1985).
50. ICRU-49, Stopping Powers and Ranges for Protons and Alpha Particles, vol. 49 of ICRU Report, International Commission of Radiation Units and Measurements (1993).
51. P. Sigmund, *Stopping of Heavy Ions*, 1st ed., Springer-Verlag (2004).
52. ICRU-73, Stopping of Ions Heavier than Heliums, vol. 73 of ICRU Report, International Commission of Radiation Units and Measurements (2005).
53. P. Sigmund, *Particle Penetration and Radiation Effects*, 1st ed., Springer-Verlag (2006).
54. http://www.sandia.gov/pcnsc/departments/iba/ibatable.html
55. J. F. van der Veen, *Surf. Sci. Rep.*, **5**, 199 (1985).
56. W. C. Turkenburg, W. Soszka, F. W. Saris, H. H. Kersten, and B. G. Colenbrander, *Nucl. Inst. Meth.*, **132**, 587 (1976).
57. D. S. Gemmell, *Rev. Mod. Phys.*, **46**, 129 (1974).
58. J. R. Bird and J. S. Williams, *Ion Beams for Materials Analysis*, Academic Press Australia (1989).
59. Daresbury Lab, www.dl.ac.uk/MEIS
60. IBM, www.research.ibm.com/MEIS
61. 加拿大, http://www.uwo.ca/isw/facilities/tandem/meis.html
62. James F. Ziegler, http://www.srim.org/

63. D. Jalabert, *et al., Physical Review B*, **72**, 115301 (2005).
64. S. A. E. Johansson and T. B. Johansson, *Nucl. Instr. & Meth.*, **142**, 473 (1976).
65. E. T. Williams, *Nucl. Instr. & Meth. B*, **231**, 211 (1984).
66. J. Räisänen, *Nucl. Instr. & Meth. B*, **231**, 220 (1984).
67. G. J. F. Legge, *Nucl. Instr. & Meth. B*, **231**, 561 (1984).
68. H. Bethe, *Ann. Physik*, **5**, 325 (1930).
69. E. Mezbacher and H. W. Lewis, *Handbuch der physik*, **34**, S. Flugge ed., Springerverlag, Berlin, p.166 (1958).
70. W. Brandt and G. Lapicki, *Phys. Rev. A*, **23**, 1717 (1981).
71. R. Rice, G. Basbas, and F. D. McDaniel, *Atom Data Tables*, **20**, 503 (1977).
72. G. Basbaa, W. Brandt, and R. Laubert, *Phys. Rev.*, **A17**, 1655 (1978).
73. J. A. Maxwell, J. L. Campbell, and W. J. Teesdale, *Nucl. Instr. & Meth. B*, **43**, 218 (1988).
74. J. L. Campbell, GUPIX, http://pixe.physics.uoguelph.ca/
75. NIST, National Institute of Standards and Technology, U.S. Department of Commerce, http://www.nist.gov
76. E. K. Lin, C. W. Wang, Y. C. Yu, W. C. Cheng, C. H. Chang, Y. C. Yang, and C. Y. Chang, *Nucl. Instr. & Meth. B*, **99**, 394 (1995).
77. E. K. Lin, C. W. Wang, Y. C. Yu, T. Y. Liu, T. P. Tan, and J. W. Chiou, *Chin. J. Phys*., **35**, 880 (1997).
78. 黃光男, 澎湖將軍一號沈船水下考古展專輯, 國立歷史博物館, 11 月, 108 (2001).
79. E. K. Lin, C. W. Wang, Y. C. Yu, T. Y. Liu, H. S. Cheng, H. X. Zhu, and H. J. Yang, *Int. J. PIXE*, **9**, 423 (1999).
80. H. Y. Yao, E. K. Lin, C. W. Wang, Y. C. Yu, C. H. Chang, Y. C. Yang, and C. Y. Chang, *Nucl. Instr. & Meth. B*, **109/110**, 312 (1996).

第六章　電子束檢測技術

6.1 概述

電子束與材料交互作用產生了許多訊息，提供受檢測材料本身之晶體結構、晶體缺陷、化學成分、化學鍵結等相關資料，這些訊息包括穿透的電子束、彈性電子束、非彈性電子束、二次電子束、背向散射電子、特性 X 光、歐傑電子及螢光等。電子束檢測技術於二十世紀已有相當純熟的發展，而因應近年來 (二十一世紀初期) 奈米系統科學的蓬勃成長，奈米材料之電子束檢測技術更顯不可或缺。本章將介紹八種電子束檢測技術，由各相關內容以了解受檢測材料訊息之分析技術。

首先介紹塊材 (bulk materials) 常用的掃描式電子顯微術 (第 6.2 節)，其主要分析材料之訊號爲二次電子束、背向散射電子、特性 X 光等；近年來場發射掃描式電子顯鏡已逐漸商業化，而廣受半導體薄膜與各種奈米材料研究者的愛好；場發射掃描式電子顯微鏡附加陰極螢光 (cathodoluminescence) 分析 (第 6.9 節)，已成爲光電奈米材料結構分析之重要工具。第 6.3 節則是有關穿透式電子顯微術介紹，此項技術乃材料結構分析必備工具，常用的技術含電子選區繞射、明視野像與暗視野像；高解析電子顯微術亦是原子排列結構分析必備工具；場發射穿透式電子顯微術之應用，已發展出高角度環狀暗視野掃描穿透電子顯微鏡像 (high-angle-annual-dark-field scanning-transmission-electron-microscopy, HAADF-STEM)，作爲原子序對比 (*Z*-contrast) 影像，已廣受奈米結構分析者青睞。

第 6.4 節則是有關能量散佈光譜分析術介紹，本項技術可在掃描式電子顯微鏡或穿透式電子顯微鏡系統執行，近年來場發射槍電子顯微鏡系統已可達到奈米成分分析之水準。電子能量損失光譜分析術 (第 6.5 節) 在場發射穿透式電子顯微鏡系統執行，可以分析輕元素在奈米區域之分布，並可搭配影像顯示元素分布，已爲奈米成分分析必備工具。低能量電子繞射分析術 (第 6.6 節) 則是材料表層之原子排列結構研究之一個非常重要之技術，但研究所涉及範圍則侷限於數十個原子之範圍。反射式高能量電子繞射分析術 (第 6.7 節) 作爲分子束磊晶時，用來即時分析與監控晶體成長之重要技術，由繞射圖樣可以了解晶體表面之平坦度與表面重組之結構，故爲分子束磊晶成長必備工具。第 6.8

第 6.1 節作者爲楊哲人先生。

節則是有關歐傑電子能譜分析術介紹，在奈米區域之定點而不同深度之元素濃度量測，乃為其重要特色。

電子束檢測技術之各項基礎原理已被建立相當完備，各項儀器大都可以透過國科會貴重儀器中心來使用，其功能之發揮對奈米科技研發具有無窮之貢獻。

6.2 掃描式電子顯微術

掃描式電子顯微術 (scanning electron microscopy, SEM) 於 1938 年由 Von Ardenne 開發，其間重要進展為 1960 年 Everhart 及 Thornley 發明二次電子偵測器，至 1965 年首部商用掃描式電子顯微鏡由 Cambridge 公司發表，迄今歷經數十年之發展，因具有試片製作簡易、放大倍率高、解析度 (resolution) 高、景深 (depth of field) 長及可於試片微區形貌觀察中同時且快速提供成分訊息等優點，廣泛被應用於科學、工程及生物等領域之顯微結構分析。表 6.1 為目前常用之光學顯微鏡、掃描式電子顯微鏡及穿透式電子顯微鏡特性說明。

表 6.1 光學顯微鏡、掃描式電子顯微鏡及穿透式電子顯微鏡之特性[1]。

	光學顯微鏡	掃描式電子顯微鏡	穿透式電子顯微鏡
光源	可見光	電子束	電子束
波長	約 5500 Å	0.0707 Å (30 kV)	0.0025 Å (200 kV)
透鏡	光學鏡片	電磁透鏡	電磁透鏡
試片製備	易	易	難
試片厚度	不拘	依試片載台設定	1000 Å 以下
解析度	約 2000 Å	約 30 Å	約 2 Å
景深	約 0.1 μm	約 30 μm	約 1 μm
儀器環境	大氣	粗略真空至超高真空	高真空至超高真空
可提供試片訊息	微米級以上形貌	微米至 50 nm 以上形貌與成分分析	微米至數奈米以上形貌、成分與晶體結構分析

第 6.2 節作者為蕭健男先生。

6.2.1 基本原理

6.2.1.1 電子束與試片之交互作用

掃描式電子顯微鏡之光源為電子槍所發射之電子束，其經加速撞擊試片表面原子並與之交互作用後，於作用容積 (interaction volume) 內產生彈性散射 (elastic scattering) 與非彈性散射 (inelastic scattering)，其中可由掃描式電子顯微鏡偵測分析之訊號為二次電子 (secondary electron)、背向散射電子 (backscattered electron)、X 光及陰極螢光 (cathodoluminescence) 等。

二次電子為試片表層原子價帶及導帶之電子，為非彈性散射形式，能量較低 (< 50 eV)，可清晰呈現試片表面形貌之變化，常應用於材料破斷面觀察，如延性或脆性破裂、破裂韌性 (fracture toughness) 評估及疲勞破裂海灘紋之分析。背向散射電子由入射電子束與原子核產生庫倫作用以彈性散射方式回折，其能量較高，約與入射電子相近，且強度隨試片組成元素之原子序增加，可呈現材料微區不同成分之原子序對比 (atomic number contrast)。電子束所激發之特性 X 光則可應用於微區之成分分析。

6.2.1.2 儀器架構

掃描式電子顯微鏡儀器系統一般可分為三部分：(1) 電子光源、(2) 電子光學系統及 (3) 偵測器，如圖 6.1 所示並分別說明如下[2]。

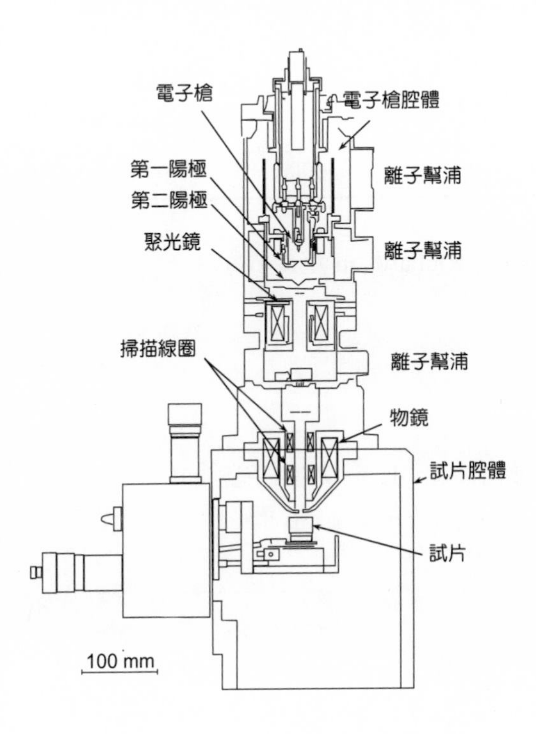

圖 6.1
場發射掃描式電子顯微鏡儀器系統 (Hitachi S-4300 FE-SEM)。

(1) 電子光源

電子槍可分爲熱游離 (thermionic emission) 式與場發射 (field emission) 式二種，其燈絲材料選擇係考慮功函數及高溫、高眞空環境下之電流密度與穩定性等因素。表 6.2 爲電子光源之重要參數。

表 6.2 電子光源重要參數[3]。

特性＼電子槍	熱游離		場發射	
			冷陰極	Schottky
陰極材料	W	LaB_6	W(310)	ZrO/W(100)
功函數 (eV)	4.5	2.4	4.5	2.8
操作溫度 (K)	2700	1700	300	1800
有效電子束尺寸 (d_0, nm)	30000	10000	10	30
最大電子束電流 (i_{max}, nA)	1000	1000	0.2	10
電流密度 (A/cm^2)	3	30	17000	5300
亮度 ($A/cm^2 \cdot sr \cdot kV$)	1×10^4	1×10^5	2×10^7	1×10^7
出口能量分散 (eV)	1.5－2.5	1.3－2.5	0.3－0.7	0.35－0.7
電子束電流穩定度 (%)	1	1	5	2
操作壓力 (Pa)	$\le 1\times10^{-5}$	$\le 1\times10^{-6}$	$\le 1\times10^{-10}$	$\le 1\times10^{-8}$
使用壽命 (hr)	40－100	200－1000	>1000	>1000

傳統使用之熱游離燈絲電流密度 J_c (A/cm^2) 可由 Richardson 定律表示：

$$J_c = A_c T^2 \exp\left(\frac{-E_w}{kT}\right) \tag{6.1}$$

其中，E_w 爲功函數 (work function)，A_c 爲材料常數 ($A/cm^2 \cdot K^2$)，T 爲游離溫度 (K)。依 de Broglie 提出物質波概念，電子波長可描述爲：

$$E = h\nu \text{，} \lambda = \frac{h}{p} \tag{6.2}$$

電子顯微鏡考慮加速電壓 (V) 所產生之電子動能 ($eV = m_0v^2/2$) 與動量 ($P = m_0v = (2m_0eV)^{1/2}$)，波長可表示為 $\lambda = h/(2m_0eV)^{1/2}$，隨加速電壓上升，電子速度增加，依相對論效應 (relativistic effect)，波長可修正為[4]：

$$\lambda = \frac{h}{\left[2m_0eV\left(1+\frac{eV}{2m_0c^2}\right)\right]^{1/2}} \tag{6.3}$$

電子顯微鏡解析度與波長之關係，可由古典雷利準則 (Rayleigh criterion) $r = 0.61\lambda/(\mu \sin\alpha)$ 修改為：

$$r = \frac{0.61\lambda}{\alpha} \tag{6.4}$$

可知傳統電子顯微鏡若加速電壓越高，則電子束波長越短，解析度越高，惟其對真空及環境之要求甚高。

目前常被使用的場發射式掃描式電子顯微鏡電子槍之燈絲 (陰極) 針尖極細，增加電場後，使能障變窄，電子可直接穿隧通過能障離開陰極，並由陽極進行電子束之吸取 (第一陽極與陰極間電壓約 3 kV) 及加速 (第二陽極調控加速電壓，約可升至 30 kV)。場發射式電子槍可視為點光源，球面波方向被侷限，相位接近，波長分布接近 (近單色光)，故相干性 (coherency) 佳，且具有較高亮度 (brightness)，操作時將電子束會聚至奈米級尺度時，電流密度亦較高，可了解材料奈米微區顯微結構變化與其巨觀性質的關係。

場發射掃描式電子顯微鏡 (field emission scanning electron microscope, FESEM) 電子束電流 (beam current) 約 2 nA，電子束尺寸 (probe size) 可會聚至直徑約 10 nm，較 LaB_6 燈絲之 10 μm 及熱游離燈絲之 30 μm 為佳，其功能與特點如下：

1. 電子束相干性佳並可會聚至奈米級尺寸，可得到奈米微區之高解析影像。
2. 能量解析度佳，可提供奈米級微區之 X 光能量散佈分析儀 (X-ray energy dispersive spectrometer, EDS) 成分分析。

(2) 電子光學系統 (electron optical system)

此系統包含電磁透鏡組合，包含聚光鏡 (condenser lens)、物鏡 (objective lens) 與掃描線圈 (scanning coil)。電磁透鏡功能如同光學系統中之玻璃透鏡，調整電磁透鏡電流 (磁場) 可改變其焦距或倍率，一般而言，加速電壓越高則需要較強磁場以偏折電子束。其中聚光鏡之功能係將電子槍發射之電子束進行會聚，而物鏡則再將電子束尺寸縮小並聚焦於試片表面。

與玻璃透鏡相同，電磁透鏡亦具有球面像差 (spherical aberration)、色像差 (chromatic aberration)、繞射像差 (diffraction) 與散光 (astigmatism) 等重要像差，其成因與表示式如表 6.3 所列。其中 d_s 、d_c 及 d_d 分別為球面像差、色像差與繞射像差之最小模糊圓盤直徑 (the disc of least confusion)，d_{ast} 為影像變形程度，C_s、C_c 及 C_d 分別為像差係數，Δf 為散光造成之最大聚焦差異。

表 6.3 電磁透鏡之像差、成因及其表示式。

像差	成因	表示式
球面像差	電子束經物鏡不同位置後聚焦於光軸不同位置	$d_s = C_s\alpha^3/2$
色像差	電壓改變及伴隨之電子通過透鏡速度改變，或透鏡磁場改變	$d_c = (\Delta E/E)C_c\alpha$
繞射像差	電子束繞射效應	$d_d = 1.22\lambda/\alpha$
散光	透鏡磁場不對稱，使焦距不同	$d_{ast} = 2\alpha\Delta f$

電子顯微鏡之實際解析度除前述 Rayleigh 之理論解析度 r_{th} 外，於實務上需考慮球面像差之影響：

$$r = \left(r_{th}^2 + r_{sph}^2\right)^{1/2} \tag{6.5}$$

$$r(\alpha) = \left[\left(0.61\frac{\lambda}{\alpha}\right)^2 + \left(C_s\alpha^3\right)^2\right]^{1/2} \tag{6.6}$$

$$\frac{dr(\alpha)}{d\alpha} = 0 = 2\frac{(0.61\lambda)^2}{\alpha^3} + 6C_s^2\alpha^5 \tag{6.7}$$

可得 α 理想值：

$$\alpha_{opt} = 0.77\frac{\lambda^{1/4}}{C_s^{1/4}} \tag{6.8}$$

若加速電壓 100 kV (λ = 0.037 nm)、C_s = 3 mm，則 α_{opt} 約爲 15 mrads，將之代入上式求 $r(\alpha)$ 之最小値可得：

$$r_{\min} \approx 0.91\left(C_s \lambda^3\right)^{1/4} \tag{6.9}$$

電子束尺寸係由電子束電流與像差所決定，最小電子束尺寸 d_{min} 與最大電子束電流 i_{max} 可以下式表示[5,6]：

$$d_p = \left(d_k^2 + d_c^2 + d_s^2 + d_d^2\right)^{1/2} \tag{6.10}$$

考慮電磁透鏡之各種像差，上式成爲：

$$d_p^2 = \left[\frac{i}{B} + (1.22\lambda)^2\right]\frac{1}{\alpha^2} + \left(\frac{1}{2}C_s\right)^2 \alpha^6 + \left(\frac{\Delta E}{E}C_c\right)^2 \alpha^2 \tag{6.11}$$

對 α 微分時，

$$d_{\min} = 1.29 C_s^{1/4} \lambda^{3/4}\left[7.92\left(\frac{iT}{J_c}\right)\times 10^9 + 1\right]^{3/8} \tag{6.12}$$

$$i_{\max} = 1.26\left(\frac{J_c}{T}\right)\left[\frac{0.51 d^{8/3}}{C_s^{2/3}\lambda^2} - 1\right]10^{-10} \tag{6.13}$$

可知減小球面像差及增加電流密度可減小電子束尺寸，提升解析度。

藉由調整電磁透鏡強度 (strength)、工作距離 (working distance) 與孔徑 (aperture)，可控制光源之電子束尺寸、電子束電流及發散角 (divergence angle) 等參數其分別對應影像之解析度、清晰度及景深 (depth of field) 等重要性質。掃描式電子顯微鏡之電子束尺寸 d (約 5 nm－10 μm)、電子束電流 i (約 1 pA－1 μA) 及發散角 α (約 10^{-4}－10^{-2} sr) 等參數並非各自獨立，可相互關聯決定電子束亮度 β (brightness, A/cm^2·sr)：

$$\beta = \frac{4i}{\pi^2 d^2 \alpha^2} \tag{6.14}$$

掃描線圈一般具有二組，其互爲偏折控制電子束、光軸及物鏡間之關連，以擴大試片表面之掃描範圍。掃描線圈電流與 CRT 對應偏轉線圈電流同步，試片表面任意點經掃描偵測所得到之訊號對應 CRT 亮度。試片掃描範圍 (邊長 l) 與放大倍率 (M) 及 CRT 尺寸 (邊長 L) 有關，$M = L / l$。放大倍率與掃描之面積關係如表 6.4 所示 (假設 CRT 爲 10 cm × 10 cm)。隨放大倍率增加，電子束於試片上之掃描範圍變小，且放大倍率僅由掃描線圈控制 (與物鏡無關)，故於高倍聚焦後，於低倍率觀察不須重新聚焦。

表 6.4 放大倍率與掃描面積之關係 (假設 CRT 爲 10 cm × 10 cm)[1,5,6]。

放大倍率	掃描面積
10×	$(1\ \text{cm})^2$
100×	$(1\ \text{mm})^2$
1000×	$(100\ \mu\text{m})^2$
10000×	$(10\ \mu\text{m})^2$
100000×	$(1\ \mu\text{m})^2$

掃描式電子顯微鏡之景深長，可清楚呈現試片表面近乎三維之立體形貌。電子束可清楚聚焦於試片表面之垂直距離稱爲景深 (D)，如下式所示：

$$\tan\alpha = \frac{r}{D/2} \tag{6.15}$$

$$\frac{D}{2} \cong \frac{r}{\alpha} \tag{6.16}$$

$$D \cong \frac{2r}{\alpha} \tag{6.17}$$

$$\alpha = \frac{R}{WD} \tag{6.18}$$

其中，r 爲電子束半徑，R 爲最後孔徑之半徑，WD 爲工作距離 (物鏡孔徑與試片間之距離)。在特定放大倍率下，欲增加景深，需減小電子束之發散角，此可藉由減小物鏡孔徑或增加工作距離達成，唯解析度將因而降低。

(3) 電子偵測器[1,5,6]

電子偵測器 (electron detector) 可分爲閃爍計數器 (scintillator) 與固態偵測器 (solid state detector)。量較高的背向散射電子訊號收集係以固態偵測器－矽晶偵測器 (Si *pn* junction) 爲主，電子撞擊矽半導體產生電子－電洞對，經外加偏壓形成電流訊號輸出。而閃爍計數器 (Everhart-Thornley 偵測器) 爲最常被使用的電子偵測器，其操作原理可分爲：

1. 二次電子模式：因二次電子能量較低 (< 50 eV)，於法拉弟籠 (Faraday cage) 施予正偏壓 (80－250 V) 可得約 100% 的收集效率。當電子束掃描試片所激發之二次電子爲表面被施以正壓 (10－12 kV) 之 CaF_2+Eu(doped) 閃爍器收集並產生交互作用後轉化爲光子，其經光導管 (light pipe) 以全反射之方式進入光電倍增管 (photomultiplier) 放大訊號 (約 $10^5－10^6$ 倍) 並由 CRT 顯示影像。因此型偵測器收集腔體中所有低能電子之訊號，故三種二次電子 (SE_I、SE_{II} 及 SE_{III}) 及背向散射電子訊號均被收集，Everhart-Thornley 偵測器主要提供材料表面形貌之訊息。
2. 背向散射電子模式：當法拉弟籠被施予偏壓 (–50 V)，所有低能電子 (二次電子) 均被排斥，僅能偵測背向散射電子訊號，其偵測效率相對較低且受試片之傾斜 (tilt) 影響。

6.2.1.3 成像

掃描式電子顯微鏡之成像原理係利用電子槍所發射之電子束，在陽極加速電壓之作用下，經電磁透鏡組成之電子光學系統定義電子束電流、電子束尺寸及發散角等特性參數後，聚焦於試片表面，並藉由掃描線圈控制電子束使其掃描所需觀察範圍。電子束與試片表面交互作用後，於作用容積內產生各種訊號，經適當偵測器接收後由放大器放大，於顯示器對應成像。

6.2.1.4 EDS 成分分析[1,5,6]

EDS 可提供定性及半定量之成分分析，其原理爲試片受電子束碰撞產生之特性 X 光 (characteristic X-rays) 經鈹窗 (beryllium window) 後，到達矽鋰偵測器 (其表層爲鋰擴散層) 時，因離子化而產生電子－電洞對，電子－電洞對的數量與 X 光光子能量成正比。於 77 K 時，矽晶產生一電子－電洞對所需之平均能量爲 3.8 eV，因而矽偵測器所偵測之信號非常微弱。偵測信號經場效電晶體 (field effect transistor, FET) 計數，輸出電壓經過放大，最後由多頻道分析器 (multi-channel analyzer, MCA) 依電壓脈波辨識儲存，可同時計數許不同脈波，同時分析許多元素，並以 X 光光譜的強度－能量圖表示之。

6.2.2 技術規格與特徵

掃描式電子顯微鏡之技術規格可分別考慮高解析分析式、環境式及可攜式等三種應用範疇。

1. 高解析掃描式電子顯微鏡：加速電壓可於 200 V－30 kV 間調整，電子槍需為場發射式，解析度依不同電壓及成像電子種類分別約為 1 nm (30 kV, SE)、2.5 nm (30 kV, BSE) 及 2.0 nm (1 kV, SE)，電子偵測器為 Everhardt-Thornley 二次電子偵測器，系統壓力低於 6×10^{-4} Pa，另外如成分、光譜及結構分析與影像處理軟體則視需求選配。
2. 環境掃描式電子顯微鏡 (environmental scanning electron microscopes, ESEM)：利用可變眞空之功能，可觀察濕式或不導電試片，使非破壞觀察分析成為可能。其技術規格為：加速電壓 200 V－30 kV，電子槍為鎢陰極熱燈絲式，解析度依不同電壓及成像電子種類分別約為高眞空 3 nm (30 kV, SE) 及低眞空 3.5 nm (30 kV, BSE)，系統壓力可分為高眞空模式 (低於 6×10^{-2} Pa)、中度眞空模式 (3－150 Pa) 及粗略眞空模式 (3－500 Pa)。
3. 可攜式掃描式電子顯微鏡 (mini SEM)：加速電壓 500 V－20 kV，電子槍可為鎢絲或場發射式，解析度約為 8 nm，電子偵測器為 Everhardt-Thornley 二次電子偵測器，系統尺寸約 500 mm × 450 mm × 500 mm。

6.2.3 應用與實例

(1) 原子層沉積技術[7]

原子層沉積 (atomic layer deposition, ALD) 技術為精密控制成長奈米級薄膜的製程方法之一，其係利用製程氣體與材料表面進行化學吸附反應，因此種反應具有「自我侷限 (self-limited)」特性，每一次進氣循環的過程，僅形成厚度為一層原子的薄膜，此項特性讓控制鍍膜厚度的精確性可達原子級 (約十分之一奈米) 的尺度。

相較於傳統薄膜製程 (如物理氣相沉積法與化學氣相沉積法)，以 ALD 技術形成的薄膜，其成長過程被侷限在材料表面，使薄膜同時具有大面積、高階梯覆蓋率、高厚度均勻性、低溫製程及原子級膜厚控制等優點，除了可以有效解決超薄高介電材料鍍膜需求外，亦可應用於半導體奈米製程技術之銅擴散阻絕層、複雜的 DRAM 電容結構與微機電元件等技術所需的高深寬比均勻鍍膜製程。

圖 6.2 為以原子層沉積法於 PS 奈米球表面上成長 Al_2O_3 薄膜並施以退火移除 PS 奈米球，藉由掃描式電子顯微鏡景深長之優點，可以清楚評估其近乎三度空間之鍍膜均勻性與高深寬比鍍膜特性。圖 6.3 為以 ALD 於蝴蝶翅膀表面製鍍 Al_2O_3 複製膜後，再於空氣中以 800 °C 退火形成 3D 週期性奈米結構之掃描式電子顯微鏡影像[8]。

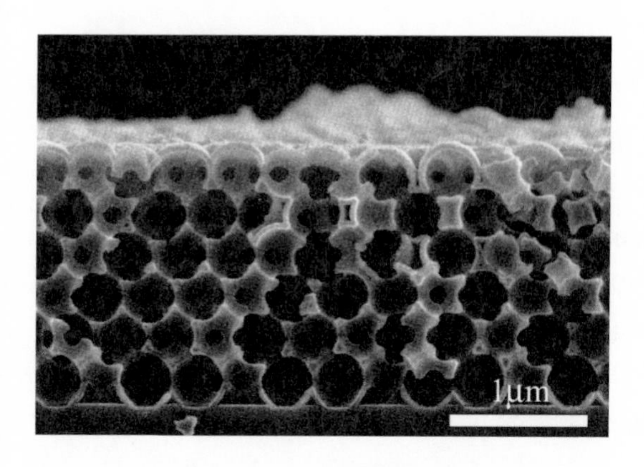

圖 6.2 以原子層沉積法於 PS 奈米球表面成長 Al_2O_3 薄膜後，將奈米球移除所呈現之高深寬比鍍膜特性。

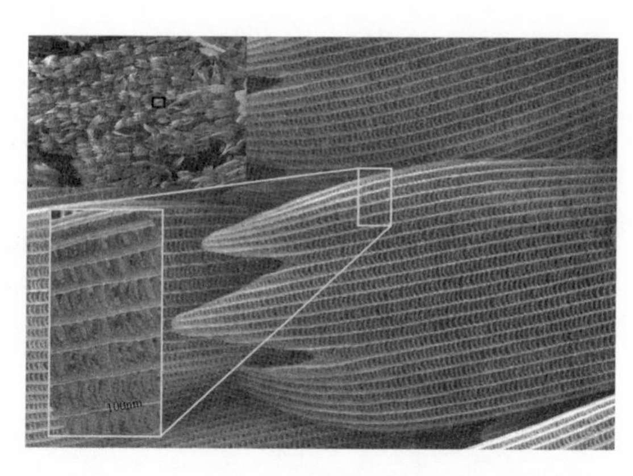

圖 6.3 以 ALD 於蝴蝶翅膀表面製鍍 Al_2O_3 複製膜後，再於空氣中以 800°C 退火形成 3D 週期性奈米結構之掃描式電子顯微鏡影像[8]。

(2) 奈米材料成長[7]

一維奈米材料成長方式可分爲 (1) VLS 機制、(2) 以氧化鋁模板定義及 (3) 直接成長等不同方法。化學束磊晶 (chemical beam epitaxy, CBE) 系統爲直接成長 III-V 族氮化物光電半導體奈米材料之製程方法之一，其以有機金屬氣體爲 III 族原料，以氮氣電漿 (N_2 plasma) 取代氨氣 (NH_3) 作爲 V 族原料，以改善氨氣需高溫裂解之製程條件，並提供足夠及均勻的活化反應物到達反應區。此系統爲超高眞空環境，可降低背景雜質濃度，並輔以反射式高能電子繞射儀即時監控系統，以精密掌控磊晶結構及品質。

圖 6.4 及圖 6.5 爲以化學束磊晶法直接成長 GaN 氮化鎵及 InN 氮化銦等奈米柱陣列爲例，說明以掃描式電子顯微鏡觀察奈米柱陣列之應用。

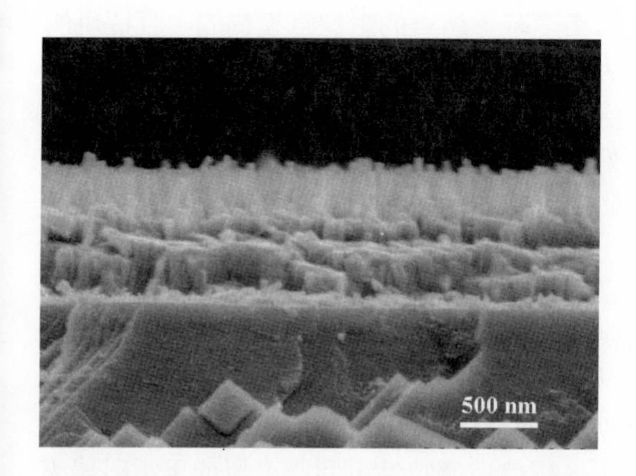

圖 6.4 以化學束磊晶法直接成長之 GaN 氮化鎵奈米柱陣列。

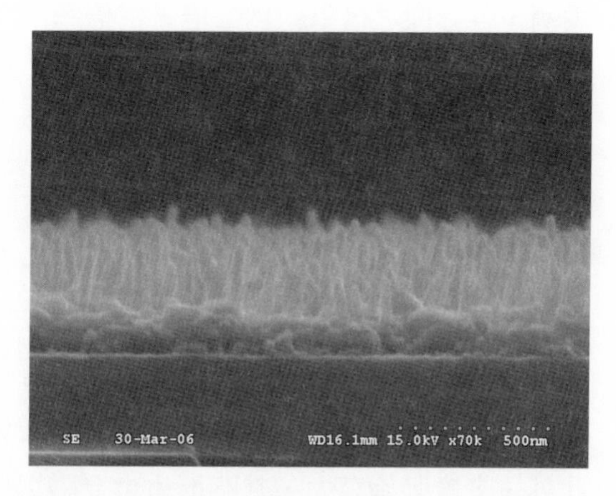

圖 6.5 以化學束磊晶法直接成長之 InN 氮化銦奈米柱陣列。

6.2.4 結語

近年來因高亮度及高電流密度之場發射電子槍與球面像差修正器 (C_s corrector) 之發展應用，大幅提升掃描式電子顯微鏡之影像解析度，除此之外，其系統擴充性佳，可同時提供成分對比、磁性對比 (magnetic contrast)、X 光成分分析、陰極螢光光譜儀 (cathodoluminescence, CL) 及有關晶體結構訊息之電子背向繞射 (electron backscattered diffraction, EBSD) 等奈米微區之形貌、成分與結構訊息，成爲直接觀察奈米材料表面顯微結構普遍常用之分析儀器。而可變眞空式環境掃描式電子顯微鏡之開發亦提供保留試片條件之近乎非破壞分析功能，使其應用領域更趨廣泛 。

6.3 穿透式電子顯微術

6.3.1 簡介

由於材料的機械、化學、光學、電子與磁性等特性，受其微結構、原子排列方式、缺陷等影響甚鉅，因此顯微術一直是一個研究材料特性的重要工具。早在 16 世紀，荷蘭的眼鏡製作師 Hans Lippershey、Hans Janssen、Zacharias Janssen 等人，便分別以一系列的凸透鏡做出世上第一台光學顯微鏡。

經由考慮波的干涉行爲，Abbé 提出了顯微鏡的分辨率與所使用光源的波長之間的相關理論 ($\lambda = d\sin\phi$，其中 λ 爲波長，d 爲可分辨的最小距離，ϕ 爲干涉條紋的夾角)。顯而易見的，縱使我們可以對一個影像無限制地放大，但是所能得到的資訊 (分辨率)，受限於所使用的波長；如果放大的倍率超過了分辨率，我們不會得到有意義的資訊。以圖 6.6 爲例，各影像之倍率約爲二倍，當倍率高於解析度時，所得的影像爲模糊的，且提供的資訊不會比較低倍率的影像多。換言之，放大倍率在顯微術中是沒有意義的，眞正有意義的是該方法的分辨率。

在奈米材料的應用上，爲了要能得到更好的分辨率，使用短波長光源是必須的。在 1928 年，Louis de Brogile 提出了物質波的概念，其理論爲當物質在移動時，其傳遞必具有波的特性，且其波長與其動量成反比 ($\lambda = h/p$)。根據此波－粒二相性 (particle-wave duality)，以及考慮相對論中接近光速之粒子的質量變異，電子束在空間中行進時，其波長約在 pm (10^{-12} m) 等級。使用這樣的物質波，我們可以突破光學顯微鏡的分辨率極限 (~100 nm, 10^{-7} m)，得到解析度更好的影像。

由於電子是帶電荷的粒子，所以電子在空間中的移動路徑會受電場的影響而偏折；此外，考慮勞倫茲力，其路徑也會受磁場偏折。根據這個特性，我們可以使用電磁場來偏折電子束，並得到如同光在凸透鏡中的移動路徑，換言之，我們可以得到作用等同於

第 6.3 節作者爲薛景中先生及廣邦英女士。

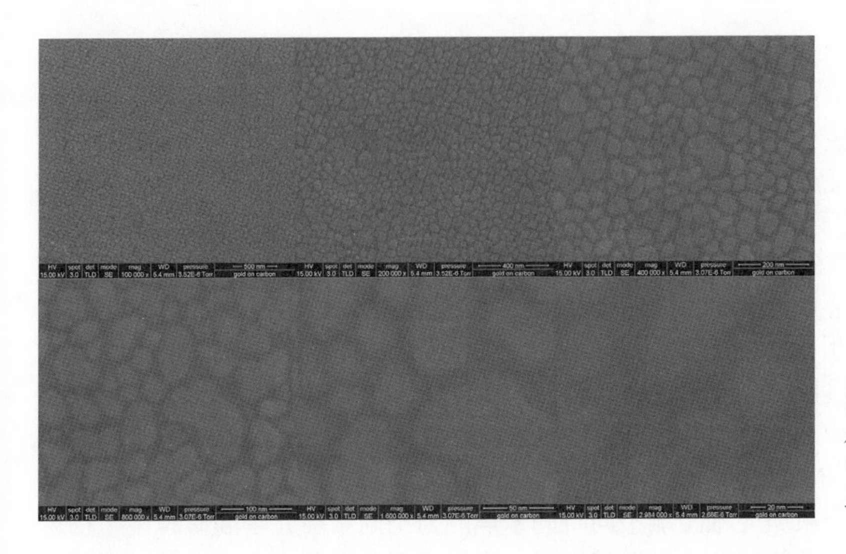

圖 6.6
碳膜上鍍金顆粒的掃描式電子顯微鏡影像，各影像之倍率差約爲二倍。

凸透鏡的電磁透鏡。此外，由於電子束偏折的路徑受電磁場強度控制，所以經由改變電磁透鏡的強度，該透鏡的焦距可以被輕易的改變。在 1931 年，Ernst Ruska 成功地利用電子束與電磁透鏡，製作了第一台穿透式電子顯微鏡 (transmission electron microscope, TEM)。隨後，於 1949 年，Philips 推出了第一台量產的 TEM (EM100)，其解析度達 5 nm。隨著技術的進步，FEI 於 2006 年量產了分辨率優於 0.1 nm 的機台 (Titan)。

除了使用電磁透鏡外，TEM 與傳統光學顯微鏡的基本架構是非常類似的，如圖 6.7 所示。在傳統光學顯微鏡中，來自光源的光經過聚焦鏡 (condenser lens) 聚焦，並在樣品上提供適當的照明條件，穿透樣品的光經過物鏡 (objective lens) 放大後，其影像再經過投

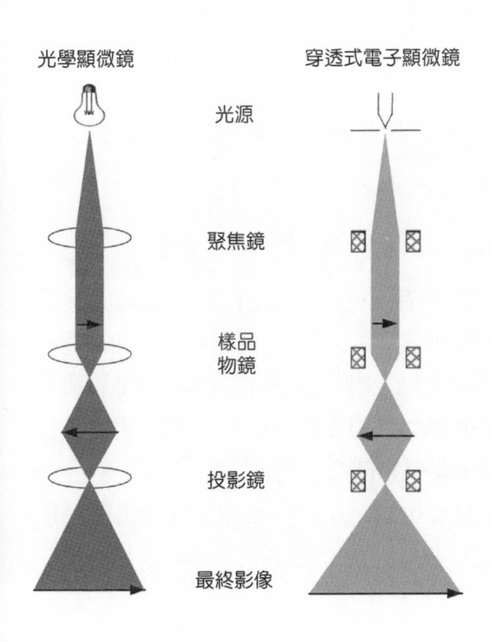

圖 6.7
穿透式電子顯微鏡與光學顯微鏡的結構。

影鏡 (projection lens) 放大，在偵測器上成像。相較於光學顯微鏡，人眼或一般的底片與 CCD 等無法直接偵測電子，所以電子顯微鏡的影像是經由電子束照射在螢光材料上，將電子的能量轉換成光子後，再由偵測器收集。此外，由於電子束易受氣體分子散射，且與固體容易有非彈性的交互作用，所以電子顯微鏡需要在眞空下操作，且樣品必須要極薄 (~100 nm)，以容許電子穿透時僅發生有限的非彈性碰撞。由於光子不具質量，其能量可以轉換成熱，並消散在空間中，所以光學顯微鏡的對比來自光的吸收、反射或相位變化 (phase change)；相反的，電子是具有質量的粒子，不能被消滅，所以電子顯微鏡的對比來自電子的散射、繞射、相位變化等，與吸收無關。

在這些透鏡中，焦距最短的透鏡爲物鏡，因此影像的解析度受物鏡的像差 (aberration) 所控制。如圖 6.8 所示，像差可以分爲色散像差 (chromatic aberration, C_c) 與球面像差 (spherical aberration, C_s) 二種，分別來自透鏡對於不同波長的光波有不同的聚焦能力 (不同焦距)，以及光束與光軸距離不同時的聚焦能力不同。在光學顯微鏡中，物鏡多由一系列的凸透鏡、凹透鏡與非球面透鏡組成，用以修正凸透鏡本身的像差。然而，電磁透鏡僅有凸透鏡 (聚焦) 的作用，因此其像差遠比光學透鏡爲大。爲了改善色散像差 C_c，我們可以使用單光器來分離出特定波長範圍的電子束，避免使用多波長的電子束。對於改善球面像差 C_s，近年來已發展出修正透鏡，但尚未廣泛使用。

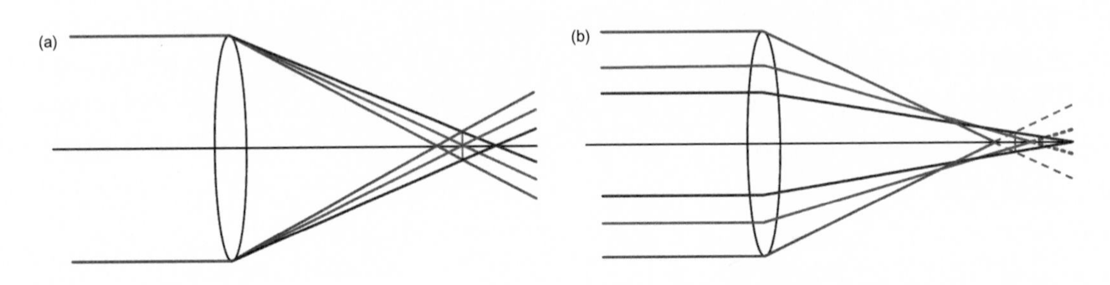

圖 6.8 (a) 色散像差，各光束表示不同波長的光；(b) 球面像差，各光束與光軸的距離不同。

考慮透鏡的像差，我們可以推出顯微鏡的解析度爲 $d = 0.66 \times C_s^{1/4}\lambda^{3/4}$。縱使電子束的波長在 pm ($10^{-12}$ m) 等級，但是電磁透鏡的球面像差 C_s 約在 mm (10^{-3} m) 等級，因此，雖然根據 Abbé 的理論，我們應該可以得到 pm 等級的解析度，目前 TEM 所能達到的解析度約在 0.1 nm 等級。在目前最佳的設計中，減少球面像差 C_s 唯一的方法是減少樣品與透鏡間的距離，但其代價是樣品的傾斜角度較小。以 300 kV 的 FEI Tecnai F30 機台爲例 (波長爲 2.0 pm)，其物鏡可有 Bio-TWIN、TWIN、S-TWIN、U-TWIN 等選擇，其 C_s 依序爲 6.3、2.0、1.2、0.5 mm，所以其極限解析度依序爲 0.31、0.23、0.21、0.17 nm，而樣品的傾斜角度爲 ±80°、±70°、±40°、±24°。

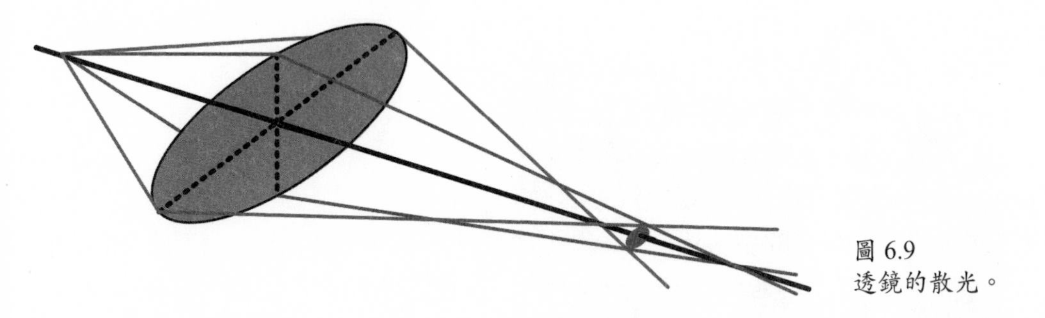

圖 6.9
透鏡的散光。

另一個常見的缺陷是透鏡的散光 (astigmatism，圖 6.9)，其生成原因是透鏡在不同的軸向上有不同的聚焦能力，所以當光束進入透鏡後，無法在焦點上聚集成理想的圓形。在電磁透鏡中，散光是來自磁場的不均勻性，因此可以藉由外加且相互垂直的可微調電磁場修正，將橢圓形的光點修正成圓形的光點。

與掃描式電子顯微鏡 (SEM) 相較，TEM 的電子束必須穿透整個樣品，可以得到包含了樣品內部的資訊，而且影像永遠是三度空間的物件在二維平面上投影的結果，其影像對比以繞射爲主。此外，由於 TEM 使用同調光源 (coherent light) 成像，其光束間的干涉可以產生相差對比 (phase contrast)，並提供原子級的分辨率。在硬體上，因爲 SEM 的電子束不需要穿透樣品，所以在 SEM 上沒有成像用的投影透鏡，而其影像對比來自空間上不同位置之信號強度。若在 TEM 上安裝電子束的掃描線圈與適當的偵測器，TEM 可以當作 SEM 使用；反之，因爲缺乏成像透鏡，SEM 無法取代 TEM。

6.3.2 儀器特徵

相較於傳統的光學顯微鏡，除了必需的眞空系統外，穿透式電子顯微鏡的主要硬體可以分成下面幾個部分討論：光源 (電子槍)、聚焦透鏡 (照明系統)、物鏡及投影透鏡。圖 6.10 爲穿透式電子顯微鏡的照片與硬體區塊示意圖。

(1) 電子槍

爲了產生可以被高電壓加速的自由電子，電子槍可分爲熱游離電子槍 (thermoionic gun) 與場發射電子槍 (field emission gun, FEG) 二類。在導體中，傳導帶總是會有半自由的電子 (quasi-free electrons)，不受原子核限制，並自由地在固體中移動，當這些電子取得足夠的能量時，便能超越一個能障 (energy barrier，即其功函數 work function)，離開固體表面並被高電壓加速，進入電磁透鏡系統。

在熱游離槍的設計中，經由加熱導電的燈絲，電子的動能會隨溫度升高而增加，當電子的動能超過其能障時，電子便會以自由電子的型態離開燈絲。其放射電流正比於

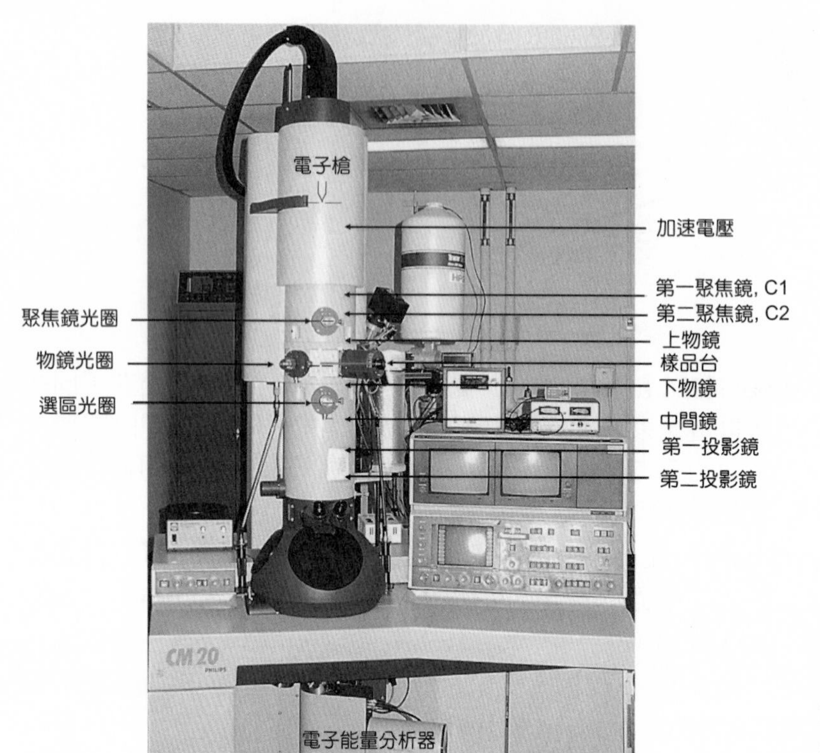

圖 6.10
Philips (現為 FEI) CM20 穿透式電子顯微鏡。

$T^2\exp(-\phi/k_BT)$，其中 ϕ 為燈絲的功函數，k_B 為波茲曼常數。顯而易見的，隨著溫度越高或燈絲的功函數越低，其放射電流越大。常用的燈絲為鎢絲或 LaB_6 單晶，由於 LaB_6 的功函數 2.4 eV 較鎢絲的功函數 4.5 eV 為低，所以 LaB_6 可以在較低的溫度下操作，且電流較高、壽命較長。在高溫下，電子的動能分布較廣，即產生的電子束有較寬的波長分布，考慮電磁透鏡不可避免的色散像差 C_c，在較低溫下操作的 LaB_6 有其顯而易見的優點。

場發射電子槍是使用極細的燈絲，並在其高曲率半徑的尖端造成極強的電場，電子可以直接受此強電場的吸引，離開燈絲並進入系統。常用的 FEG 分為熱場發射、冷場發射與 Schottkey 電子槍。就冷場發射電子槍而言，由於是在室溫下操作，其電子能量分布較小，可以減少電磁透鏡色散像差 C_c 的影響；然而，由於殘餘氣體較易吸附於低溫的燈絲上，所以其真空要求較高且光源穩定度較差。藉由加熱電子槍，我們可以增加其光源穩定度，但缺點是電子能量分布略大。此外，由於電子的放射強度受燈絲的功函數影響，在 Schottkey 電子槍中，燈絲上覆蓋了一層 ZrO 以降低其功函數；雖然其燈絲較粗以致於光束較粗，但其穩定性與效率遠較其他 FEG 為佳。表 6.5 列出了這些電子槍特性的比較。

表 6.5 各式電子槍的特性。

	鎢絲	LaB_6	冷場發射	熱場發射	Schottkey
功函數 (eV)	4.5	2.4	4.5	4.5	2.7
操作溫度 (K)	2800	1800	300	1600	1800
眞空要求 (Pa)	10^{-3}	10^{-5}	10^{-8}	10^{-7}	10^{-7}
能量分布 (eV)	2.3	1.5	0.3－0.7	0.7－1.0	0.7－1.0
發射電流 (A)	$10^{-6}-10^{-7}$	$10^{-6}-10^{-7}$	$10^{-9}-10^{-13}$	$10^{-7}-10^{-12}$	$10^{-7}-10^{-12}$
光束直徑	50 μm	10 μm	5 nm	5 nm	10 nm
200 kV 時亮度($A\cdot m^{-2}\cdot sr^{-1}$)	5×10^5	5×10^6	5×10^8	5×10^8	5×10^8
電流密度 ($A\cdot cm^{-2}$)	5×10^4	10^6	10^{10}	10^{11}	10^{11}
使用壽命 (h)	40－80	500	>1000	>1000	>1000
短時間漂移率	1%	1%	5%	7%	1%
長時間漂移率	1%/h	3%/h	20%/h	6%/h	1%/h
電流效率	100%	100%	0.3%	5%	10%

(2) 照明系統

即便不使用任何的聚焦透鏡，電子束也可以照射在樣品表面上，但其照明區域、照明強度以及光束的收斂角度 (convergence angle) 都將固定而無法調控。爲了要能調變這

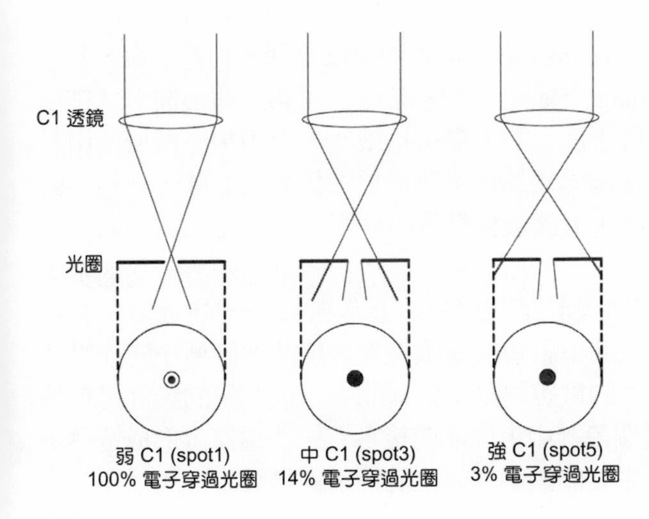

圖 6.11
C1 透鏡強度 (焦距) 與電子束強度的關係。

些參數，目前所使用的照明系統，多採用雙聚焦鏡 (condenser lens) 的設計。在這個設計中，第一聚焦鏡 (first condenser lens, C**1**) 產生電子槍的縮小影像 (de-magnified image)，並通過一個光圈 (aperture)；隨著 C**1** 的強度不同，可調控通過光圈的電流大小，亦即可以控制其照明強度，如圖 6.11 所示。第二聚焦鏡 (second condenser lens, C**2**) 的作用爲放大 C**1** 所產生的影像，並使其照射在樣品上，經由調控 C**2** 的焦距，我們可以控制樣品的照明區域；輔以 C**2** 上的光圈，我們可以進一步地控制照明光束的收斂角度，如圖 6.12 所示。

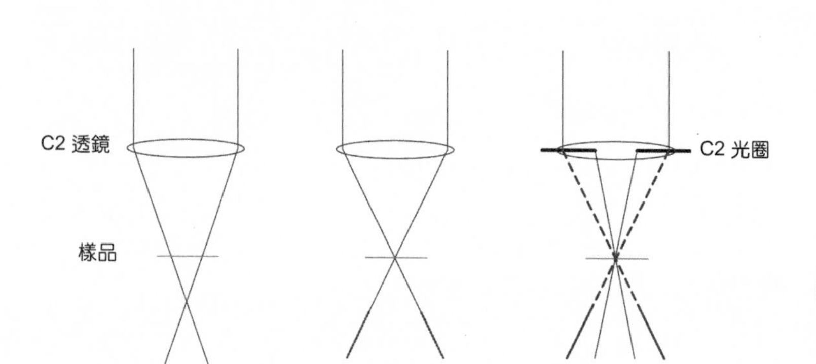

圖 6.12
C**2** 透鏡強度 (焦距) 與樣品照明區域的關係，及 C**2** 光圈對光束收斂角度的影響。

(3) 物鏡

在顯微鏡中，物鏡的作用是產生樣品的第一個影像，這個影像再經由後端的投影系統進一步地放大，因此由物鏡所產生的影像誤差也會被連續地放大，所以物鏡是顯微鏡中最重要的透鏡。由於透鏡的像差會隨焦距的縮短而減少，所以物鏡通常具有比較小的焦距，以避免像差的影響。此外，在電子顯微鏡中，物鏡的強度調整通常只用在對焦 (focus) 上，而不用於倍率的控制，以避免劇烈的電流改變造成溫度的改變。如圖 6.13 所示，當離開樣品的光束進入物鏡後，首先在物鏡的背焦點平面 (back focal plane) 上產生繞射點，在這個平面上的物鏡光圈 (objective aperture) 可以用來限制通過的電子束，並產生對比；在通過焦點後的影像平面上 (image plane)，電子束產生了第一個影像，並被後續的投影鏡放大投射到偵測器上。在影像平面上的光圈可以限制光束的來源區域，由於在這個平面上是放大的樣品影像，所以這個光圈的作用等同於在樣品上放置一個極小的光圈，並有效的限制繞射資訊的來源範圍，因此被稱爲選區光圈 (selected-area aperture) 或繞射光圈 (diffraction aperture)。

在傳統的光學顯微鏡中，基本的物鏡設計是在樣品之後放置單一的強透鏡。在電子顯微鏡中，這種單物鏡設計的缺點爲樣品傾斜角度受限較大、無法得到極小的光點、高角度散射受到限制，以及樣品所感受到的電磁場是不對稱的。目前常用的設計是根據 Riecke 與 Ruska 的對稱物鏡設計，在這個設計中，樣品前後各有一個透鏡，形成雙透鏡 (twin lens) 的系統，如圖 6.14 所示。其主要的缺點爲光束的照射區域較小，所以不適合

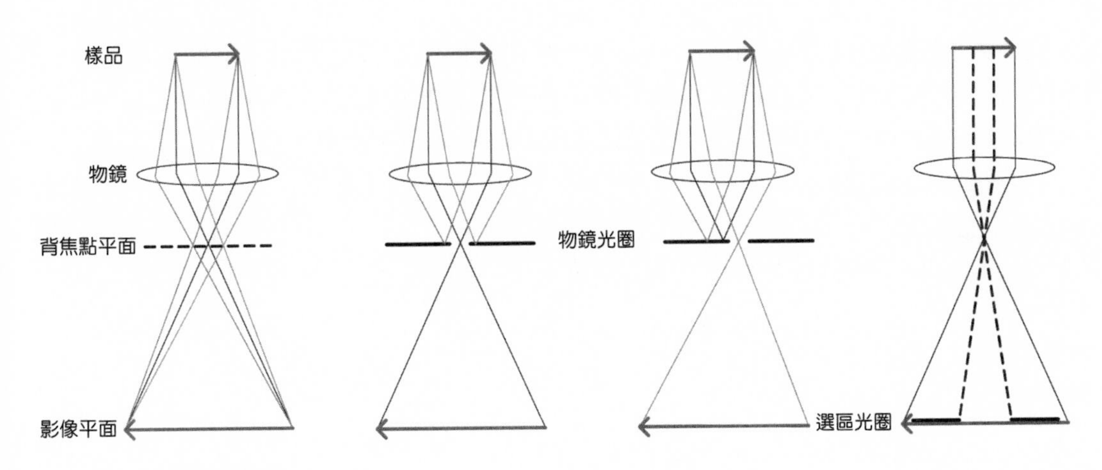

圖 6.13 物鏡與光圈的關係。

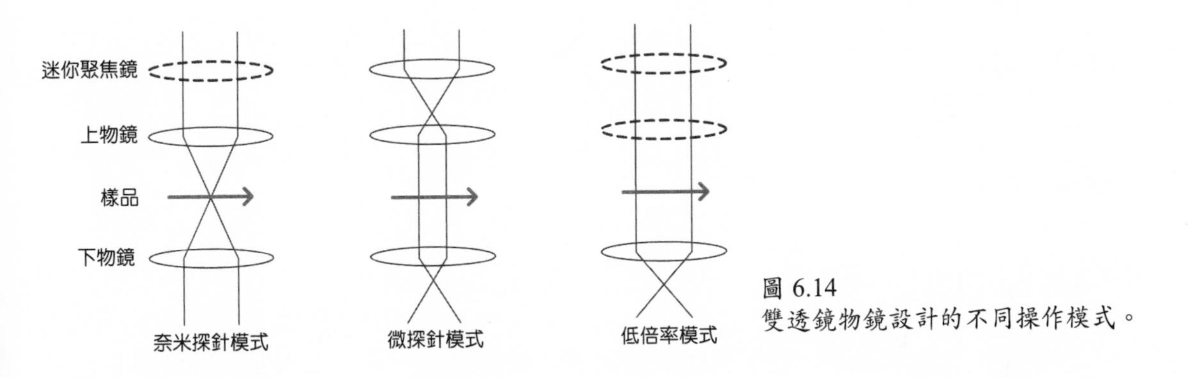

圖 6.14
雙透鏡物鏡設計的不同操作模式。

在極低的倍率下操作，但是這個缺點可以透過關閉樣品前端的電磁透鏡來克服。在中低倍率下，在雙透鏡前端加裝迷你聚焦鏡 (mini-condenser lens) 也可以有限度地增加照明區域。

(4) 投影系統

在電子顯微鏡中，由於樣品與偵測器間的距離是固定的，如果不使用投影系統，單純的物鏡只能提供單一固定的放大倍率；調整物鏡的焦距只能改變聚焦的狀況。當在物鏡後方安裝多個投影透鏡 (projection lens) 時，放大倍率可以由這些透鏡來調控，並使用物鏡來調整焦距。

由於物鏡後方的背焦點平面與影像平面分別提供了樣品的繞射與影像資訊，投影系統的第一個透鏡可以選擇性地聚焦在物鏡後方的不同位置，以便由後方的投影透鏡投射出繞射點或影像，如圖 6.15 所示。這個透鏡又稱爲中間鏡 (intermediate lens)。由於透鏡的像差受放大倍率影響，在中間鏡後方使用一系列較低倍率的透鏡可以幫助抑制像差，並得到更好的影像品質，所以儀器上通常有 2 到 3 個投影鏡對影像做連續地放大。而經由排列組合每個透鏡的強度，我們可以得到像差最小的高倍率影像。

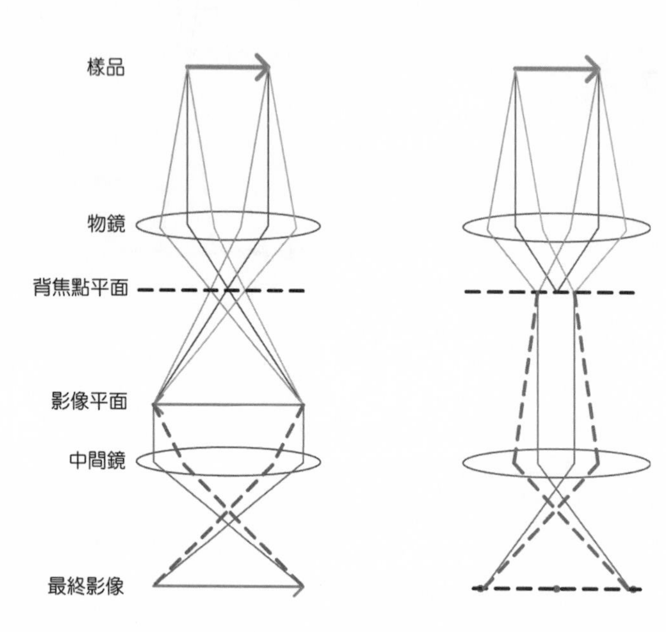

圖 6.15
經由切換中間鏡的強度 (聚焦位置)，我們可以使最終影像爲樣品的影像或繞射圖。

6.3.3 影像的對比

對於任何一個影像，好的解析度只是其中一個要素，另外一個重要的參數是影像的對比，亦即在不同的區域上，有不同的亮度。如果沒有對比，即使解析度再高，因爲影像只有均勻的亮度，我們也無法得到任何資訊。在光學顯微鏡中，對比的主要來源是隨著樣品區域的吸光度不同，所以在影像上產生明暗對比；在電子顯微鏡中，由於電子不能被消滅 (吸收)，所以不會有吸收的對比。在 TEM 中，對比主要來自於電子束的散射 (scattering)、繞射 (diffraction) 與相位差 (phase difference)。

6.3.3.1 質量－厚度對比 (mass-thickness contrast)

對於任何固態樣品，其中必定有原子，而且當電子束穿透樣品時，電子會被原子所散射。如果樣品的不同區域有不同的原子 (質量不同)，或具有相同的原子但堆積的狀況 (厚度) 不同，則不同的區域對電子束會有不同的散射強度。當電子被散射後，其行進路徑會偏離未被散射之光束的路徑，經由物鏡光圈將這些被散射的電子過濾掉，我們便可以產生影像上的對比，如圖 6.16 所示。

圖 6.17 爲高分子聚合物摻雜黏土的 TEM 影像。黏土之元素組成爲矽與氧，其平均

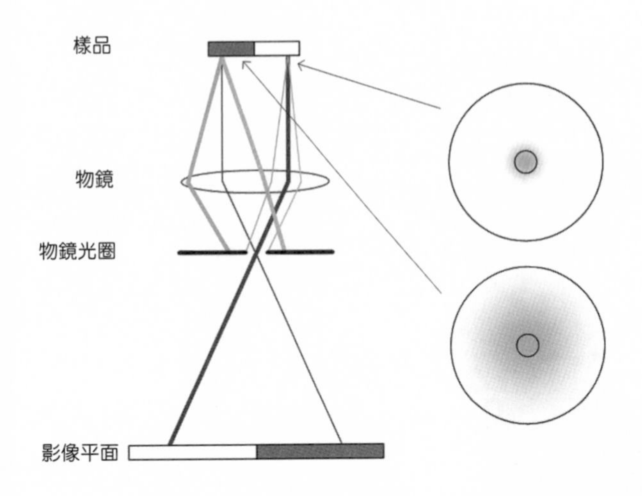

圖6.16 質量－厚度對比：高質量－厚度區的散射較強，電子被光圈過濾，所以影像亮度較低。

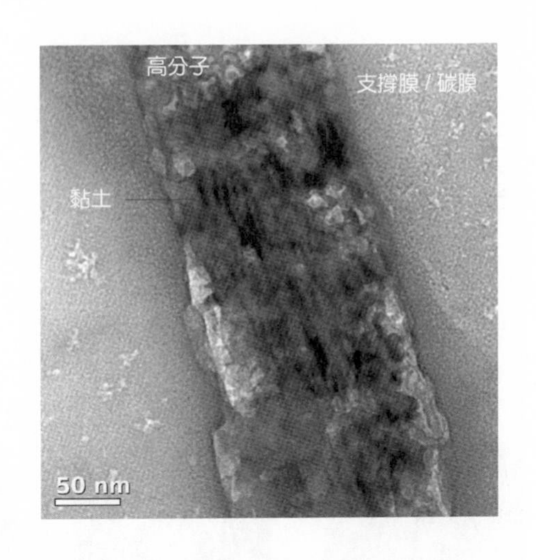

圖 6.17 摻雜黏土的高分子複合材料。

原子量大於高分子 (碳、氫、氧)，因此，我們可以在較亮的主體 (高分子) 中觀察到亮度較低的黏土分布。值得一提的是，樣品不可能漂浮在空間中供我們觀測，所以這個樣品是散佈在約 5－10 nm 厚的碳與約 30－60 nm 厚的高分子 (Formvar) 上。因此在影像的背景上，我們可以看到在連續的高分子膜上鍍有碳膜的顯微結構。

6.3.3.2 繞射對比 (diffraction contrast)

對於有結晶性的樣品而言，部分的電子束會在特定的角度發生繞射現象，其角度由發生繞射的結晶面間距 (d) 與電子束的波長 (λ) 決定，其關係即為 Bragg 方程式 $\lambda=2d\sin\theta$。當一束沿著光軸的平行光穿透樣品並發生繞射時，由於繞射的角度是固定的，其繞射後的光束必為一束不平行於光軸的平行光，並會被物鏡聚焦在背焦點平面上，而且其位置必不落在焦點上，即在背焦點平面上會形成繞射圖案 (diffraction pattern)。根據 Bragg 方程式，我們可以經由分析繞射圖案，推知材料中結晶面的間距，並進一步決定材料的結晶結構特徵。

常見的繞射圖案可以分成二類：點圖案 (spot pattern) 與環圖案 (ring pattern)。對於單晶或晶粒 (grain size) 較大的樣品而言，其結晶平面的方向是有限的，所以其繞射方向是有限的，在這樣的系統中，我們會得到點狀的繞射圖，且點圖案的對稱性是由樣品的結晶平面對稱性決定；對於晶粒較小或是多晶的樣品而言，由於各晶粒間的結晶平面可以有隨機的旋轉關係，所以得到的繞射圖為各晶粒的點圖案經過旋轉後重疊的結果，即環圖案。隨著晶粒的體積縮小，在相同的空間下，我們可以得到更多可能的方向性，所以對於奈米顆粒而言，我們通常能得到完整的環狀圖案，如圖 6.18 所示。

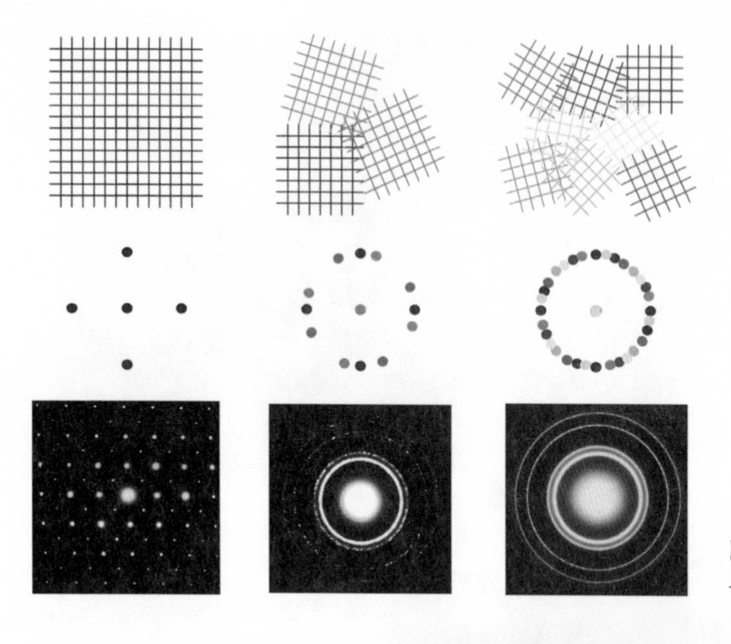

圖 6.18
單晶、多晶與奈米顆粒的繞射圖案。

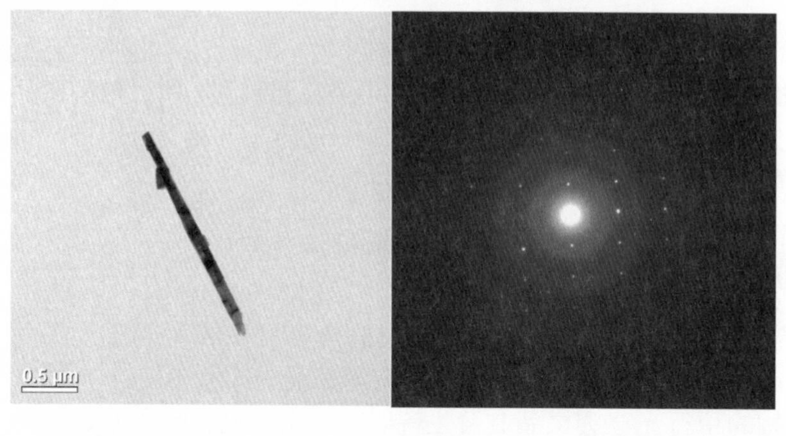

圖 6.19
氧化鋅奈米線的電子顯微鏡影像與繞射圖；繞射圖中模糊的環狀對比來自支撐奈米線的碳膜的散射。

綜合 TEM 所產生的影像與繞射圖，我們可以得到樣品的顯微結構，以及其原子排列方式。以圖 6.19 的氧化鋅奈米線爲例，我們可以得知該樣品爲單晶的 wurtzite 結構。

圖 6.20 是使用 TEM 觀察氧化鈦與氧化錫奈米管所得到的影像。藉由 TEM 的觀察，我們可以確定其奈米管的大小與結構。經由分析其繞射圖，我們可以得知合成出來的奈米管爲多晶的結構，且其結晶相爲 anatase 以及 t-SnO_2。

在 TEM 中，如果是在對焦正確的情況下，照射在樣品上相同位置的電子束，可能會直接穿透或經過繞射，由特定的角度離開樣品，但是這兩種光束最後都會回到影像平面的同一個位置上。換句話說，在對焦正確的狀況下，不論樣品上各區域對電子束的繞射狀況有沒有差異，最後得到的影像是沒有對比的，亦即無法觀察到樣品的結構。爲了要產生影像對比，我們可以在物鏡的背焦點平面上 (即產生繞射圖案的平面)，使用物鏡光

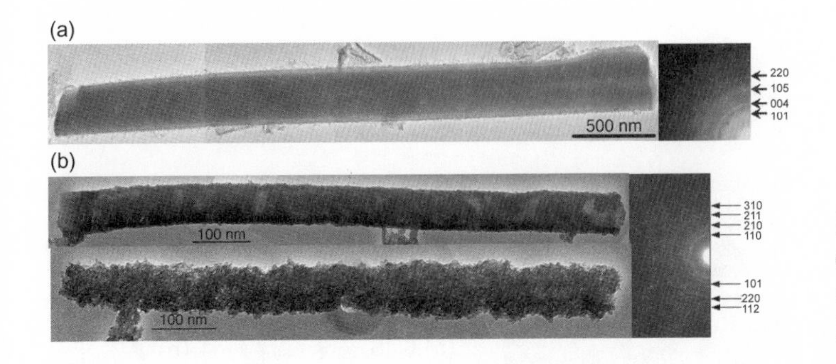

圖 6.20
(a) 氧化鈦與 (b) 氧化錫奈米管／奈米柱的電子顯微鏡影像與繞射圖。

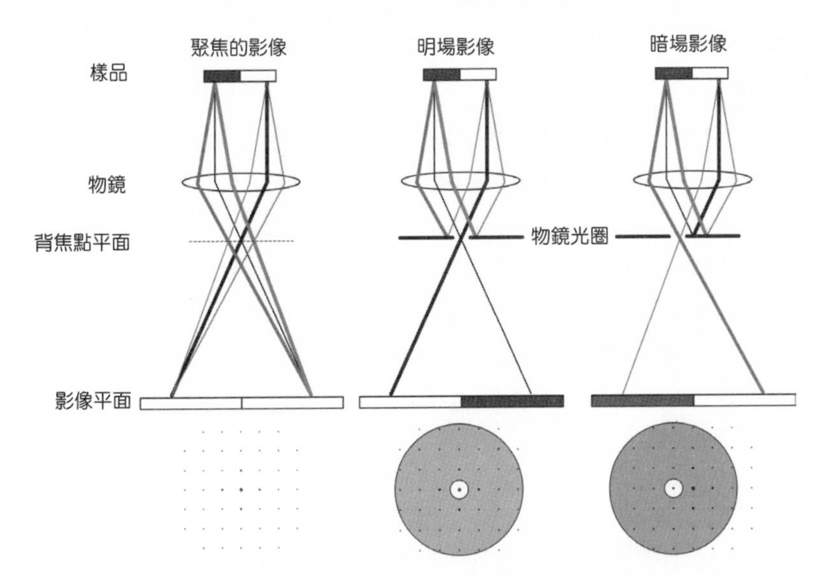

圖 6.21
繞射對比的形成，光束的粗細表示其強度。

圈來排除掉繞射的電子束，或排除掉直接穿透的電子束。經過這樣的過濾後，樣品上繞射能力不同的區域便會在影像平面上有明暗度的差異，供我們分析其顯微結構。這種成像方式稱之爲繞射對比，根據成像所使用的光束爲直接穿透的電子束或繞射的電子束，所得到的影像可分別稱爲明場 (bright field) 與暗場 (dark field) 影像，如圖 6.21 所示。

(1) 明場影像 (bright field image)

當繞射的電子束被物鏡光圈過濾掉，只留下穿透電子束來成像時，樣品繞射較弱的區域或空洞等區域，所有的入射電子都可以達到影像平面成像，就所能觀察到的影像而言，此區域相對明亮；而有樣品或散射較強的區域，會形成較暗的樣品影像出現在較亮的背景上。因此，這個操作模式被稱之爲明場影像。在 TEM 的各種操作模式上，明場影像是最常用的模式。

在這個模式下，如果不考慮因繞射所產生的假影像 (artifact)，所得到的影像是最容易判讀，也是最直觀的。由於 TEM 的分辨率可以輕易達到奈米等級，所以可以清楚的

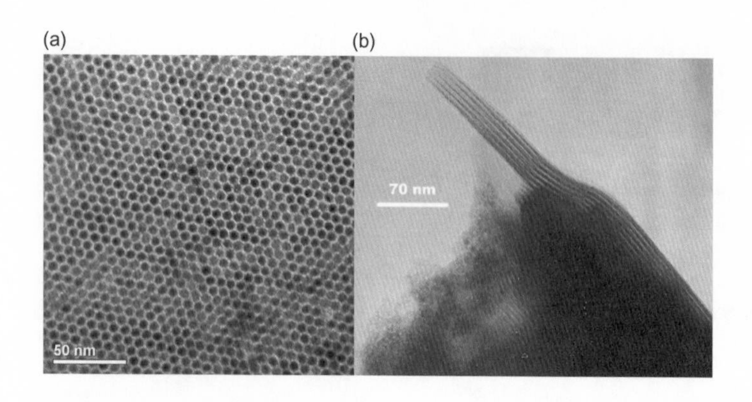

圖 6.22
(a) CdS 奈米柱陣列與 (b) 具有中孔洞結構的鈦釩氧化物。

觀察到數奈米的顯微結構。圖 6.22(a) 爲包覆有界面活性劑的 CdS 奈米柱所形成的陣列。奈米柱的長度約爲 25 nm，直徑約爲 5.5 nm，且形成陣列時，奈米柱之間的間距約爲 0.9 nm。使用 TEM 爲分析工具，這些奈米級的結構都可以輕易的被觀察到。

值得注意的是，由於 TEM 是一種將三度空間的物件投影成二維影像的技術，所以當奈米柱形成陣列，且其長軸平行於觀測用的光束時，其投影的結果使我們觀察不到柱狀的結構，如圖 6.22(a) 所示。但也因爲 TEM 是一種穿透樣品投影的技術，所以我們也可以觀察到樣品內部的結構。圖 6.22(b) 爲具有中孔洞 (mesoporous) 結構的氧化鈦－氧化釩催化劑。即使在樣品的內部分布約 4 nm 的孔洞陣列，使用 TEM 爲分析工具，我們仍然可以清楚的觀察到這些內部的孔洞結構。

(2) 暗場影像 (dark field image)

相似於明場影像，但是將直接穿透的電子束過濾掉，並使用繞射電子束成像時，我們可以得到暗場影像。由於電子束穿透樣品後，電子只有可能是不被樣品繞射而直接穿透，或是被樣品繞射後，形成光束落至特定的位置，所以使用未被繞射的電子束成像的明場影像，大致與使用被繞射電子束成像的暗場影像，形成互補的對比。

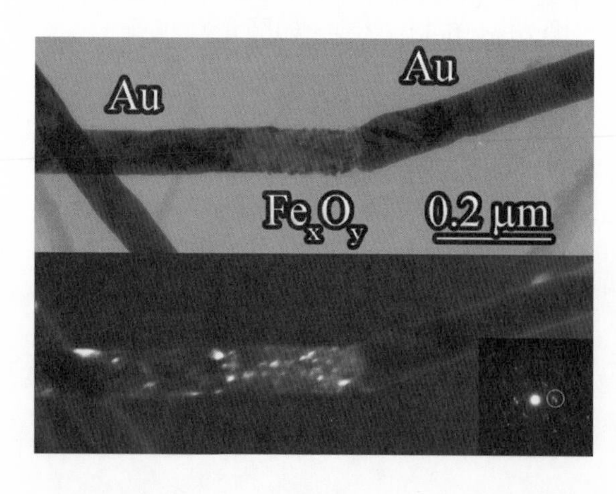

圖 6.23
金－氧化鐵－金奈米線的明場與暗場影像。

對於多晶的樣品而言，由於各晶粒所產生的繞射圖案成環型對稱，且因爲其各結晶面方向性不同，所以不同的晶粒會將電子繞射到不同的位置上，即選擇空間上 (繞射圖案上) 特定的繞射點成像時，只有符合特定方向的晶粒才會在影像中顯現。使用這個技巧，我們可以快速而有效地分辨樣品的結晶區域，並決定奈米顆粒的晶粒大小。

圖 6.23 爲金－氧化鐵－金複合奈米線的明場與暗場 TEM 影像。在此明場影像中，由於金與氧化鐵的繞射強度不同，我們可以清楚地觀察到異質接面 (hetero-junction) 的結構；而在暗場影像中，由於只有產生特定繞射的氧化鐵晶粒會被顯現，我們可以快速且有效的分辨其非晶的區域，並決定氧化鐵的晶粒大小。

(3) 假影像 (image artifact)

經由研究繞射理論，我們可以得到繞射光束的強度爲：

$$I=\left(\frac{\pi t}{\xi_g}\right)\frac{\sin^2(\pi t s_e)}{(\pi t s_e)^2} \tag{6.19}$$

其中，ξ_g 爲消光距離 (extinguish distance)，與樣品本身的繞射強度相關，t 爲樣品的厚度，s_e 爲有效激發誤差 (excitation error)，與樣品的結晶平面和光束間的夾角相關。考慮強度中 $\sin^2(\pi t s_e)$ 的部分，我們可以發現不同樣品位置所得到影像的亮度，會隨著該位置的厚度與樣品的彎曲而改變。由於這些亮度的變化不是樣品顯微結構的眞實資訊，所以被稱爲假影像。

① 等厚度線

對於相同的樣品，即使其繞射強度等都是固定的，只要在不同區域上有不同的厚度，其繞射強度就會隨厚度有週期性的變化，所以在影像上會產生一系列的明暗條紋；在相同厚度的不同位置上，若其他繞射條件是相同的 (即相同的結晶方向性、相同的消光距離等)，我們會得到相同的亮度，所以這種條紋被稱爲等厚度線 (thickness contour)。

除了樣品的厚度資訊外，這些條紋無法提供關於樣品的其他資訊，而影像本身由於是投影的結果，不會包含厚度的資訊，所以我們將其視爲假象。這些條紋僅告訴我們樣品的厚度是不均勻的，且連續性的條紋區域必定有相同的繞射條件 (即屬於同一個晶粒)，而不表示樣品有層狀的結構。圖 6.24 爲氧化鋅薄片的影像與繞射圖形。在暗場影像中，我們可以清楚的看到連續性的等厚度線，所以此樣品必爲單晶 (如同繞射圖所提供的資訊)，且周圍的厚度較中心爲薄。

② 等彎曲線

爲了要讓電子束能穿透樣品，TEM 的試片必須極薄，其厚度通常要求要在 100 nm

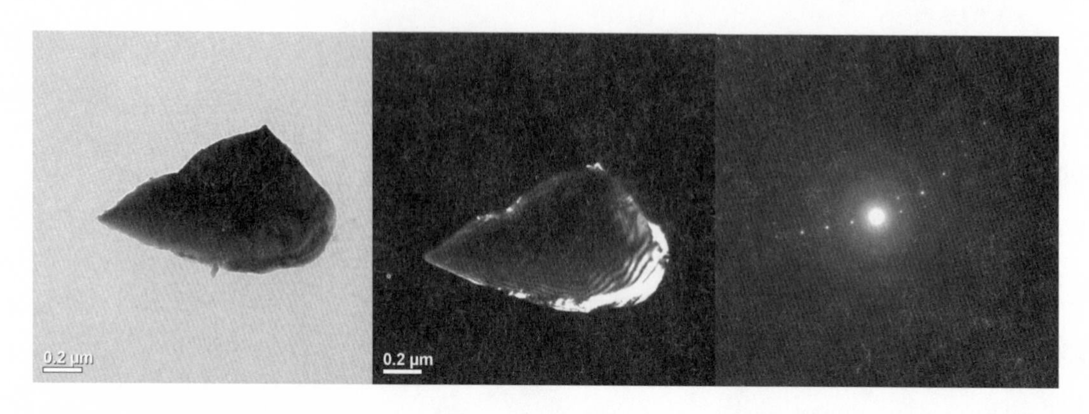

圖 6.24 氧化鋅薄片的 TEM 影像，分別爲明場、暗場與繞射圖。圖上的條紋爲等厚度線，非眞實樣品結構。

以下，所以在樣品的處理過程中，常常會造成試片的彎曲。由於試片的彎曲會改變各區域上結晶面的相關性，即連續性地改變了彎曲區域的有效激發誤差，所以在這個區域上的繞射強度會有週期性的變化。一般而言，在彎曲的過程中，總會有部分區域之結晶面與電子束平行；而在這個區域的二邊通常是對稱的，且均會有完全符合 Bragg 條件的區域，具有特別強的繞射，所以等彎曲線 (bend contour) 通常是成對出現的暗線，且在同一條線上的區域具有相同的彎曲。

圖 6.25 爲不鏽鋼的影像。在這個影像中，我們同時看到等彎曲線與等厚度線二種假象。由於繞射對比所產生的假象，強烈地受光束與樣品間的角度影響，當樣品傾斜角度改變時，這些假像對比會有劇烈的變化。因此，透過改變樣品的傾斜角度，我們可以有效地判斷，所得到的對比爲眞實的顯微結構或是假象。

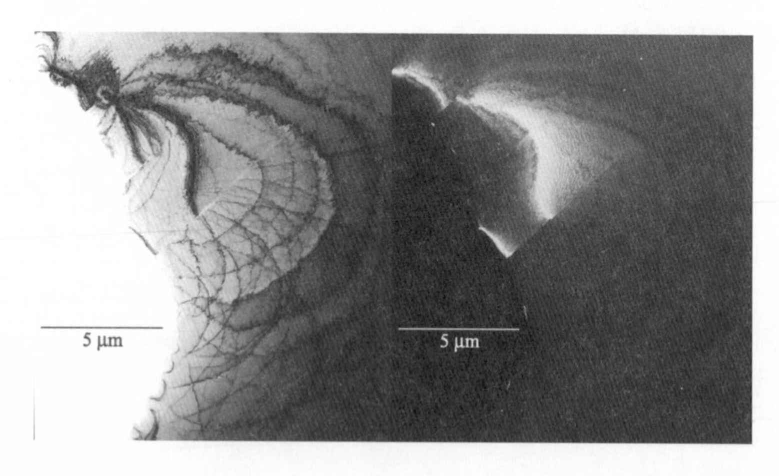

圖 6.25
不鏽鋼的明場與暗場影像。

6.3.3.3 像差對比 (phase contrast)

根據 Abbé 的理論 ($\lambda=d\sin\phi$) 我們可以知道，顯微鏡的解析度除了受光的波長影響外，偵測器可收集到之干涉條紋的角度，也是一個重要的因素。在傳統的電子顯微鏡影像中，爲了要能夠產生對比，我們必須使用物鏡光圈。使用這個光圈的後果是限制了偵測的角度，也就是限制了所能達到的解析度。爲了要能達到更好的解析度，我們必須移除光圈，改以其他的方式來產生對比。

當波在物質中傳遞時，由於在不同位置上，波的傳遞速度不同，所以當一個平行波離開物質時，各個位置上的相位會略有不同。以電子波在固體內的傳遞爲例，考慮原子與原子間的間隙，當電子通過原子的位置時，電子會受到原子核的正電影響而加速 (波長減少)；如果電子通過的是原子間的間隙，其速度較不受影響。所以，當電子束離開樣品時，隨著穿透的位置不同，其電子波會有相位差。

藉由這個相位差，我們可以得到一個干涉的圖案 (interference pattern)，並產生影像的對比。然而，波在物質中散射的向量與入射波的向量互成直角關係，而且散射的向量相對於入射光而言極弱，所以當光束離開物質時，其最終向量趨近於入射光的向量，對比不明顯如圖 6.26 所示。在光學顯微鏡中，我們可以使用 $\lambda/4$ 透鏡使得散射的向量有額

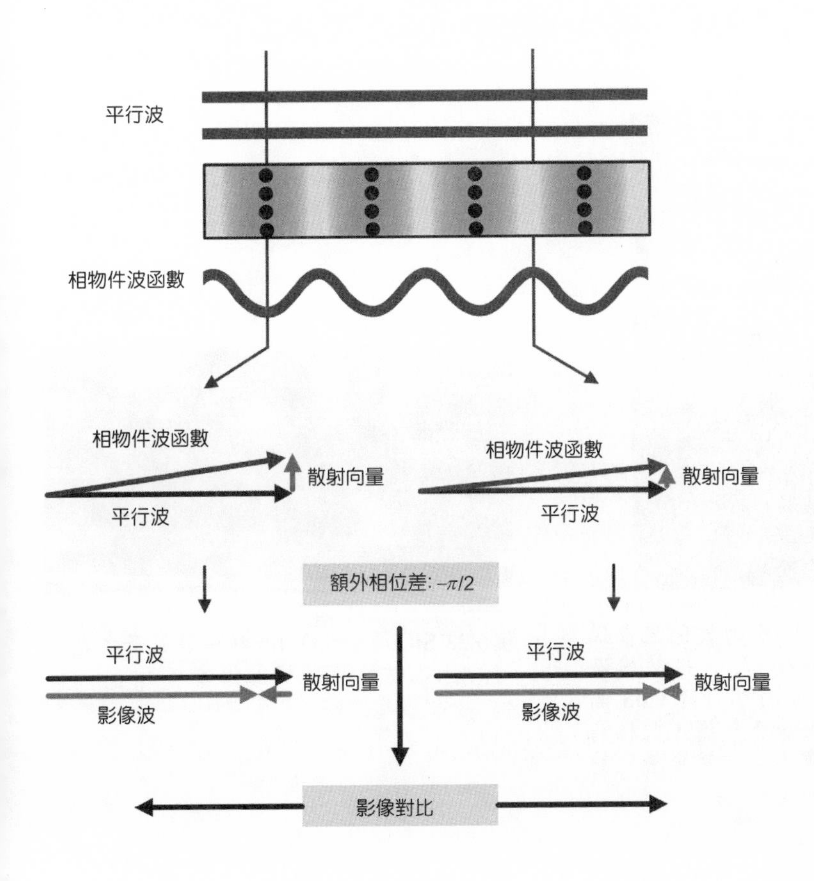

圖 6.26
電子顯微鏡中光束的向量。

外的 –90 度旋轉，讓最終的對比較為明顯；但是在電子顯微鏡中，沒有這樣的透鏡，然而，利用物鏡的不完美性 (C_s) 以及聚焦的誤差，我們可以產生額外的相位差，使得散射的向量有額外的旋轉，產生較明顯的對比。

這種憑藉相位差產生對比的干涉影像，又稱為高解析度電子顯微鏡 (high-resolution electron-microscope, HREM)，圖 6.27 為一些 HREM 的範例。由於所得到的影像是繞射光束與穿透光束間干涉的結果，且繞射光束與穿透光束的關係是由原子的排列方式決定，這樣的干涉圖可以提供原子排列的間距與對稱性的資訊。圖 6.28 之核－殼粒子中，其製程是讓 SiO_2 膠體粒子自組成光子晶體，再利用化學的方法將表面改質成含有 Eu 摻雜的 Y_2SiO_5 結構，我們可以發現核的 SiO_2 是非晶質，而殼的 Y_2SiO_5 具有結晶性，且界面具有擴散層。

相較於傳統 TEM 以繞射對比為主，且僅使用單一的穿透光束或繞射光束成像，HREM 被定義為多光束干涉的影像，如圖 6.29 所示，且影像上任何一個位置的信號強度，受整個樣品所影響。換句話說，影像上的任何一個點，都無法對應到樣品上的特定位置。雖然 HREM 似乎可以提供直觀的原子排列資訊，看起來具有極高的解析度，但是 HREM 不是由其解析度所定義。除了樣品本身會造成光束的相位差之外，儀器的參數也會產生額外的相位差，所以所得到的干涉圖 (HREM 圖) 中，僅有對稱性與間距是眞實的，其餘如對比與影像細節則會隨著拍照的條件而改變。

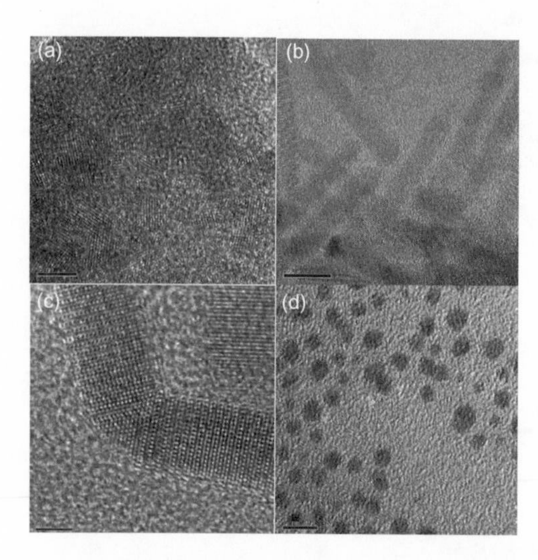

圖6.27 (a) 在非晶質氧化鈦主體中的氧化鈦奈米粒子，(b) CdS 奈米線，其一維結構沿 wurtzite 的 *c* 晶面堆積，(c) 彎曲的 CdS 晶體，中心部分為 zinc blend 結構，長軸為 wurtzite 結構，(d) 包覆有自組織單層膜的金奈米粒子。

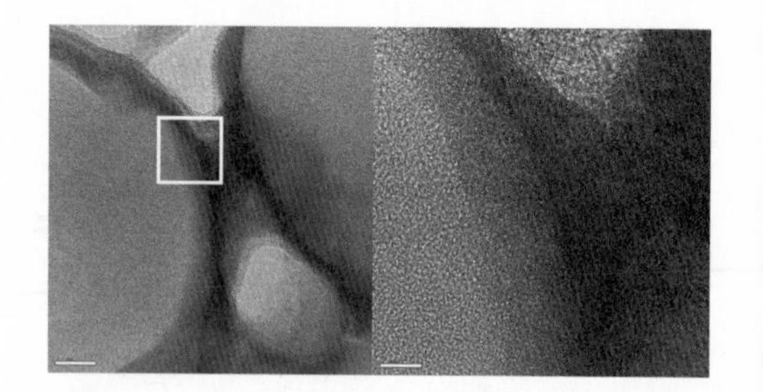

圖6.28 SiO_2@Y_2SiO_5:Eu 核－殼粒子之光子晶體的 HREM 影像。

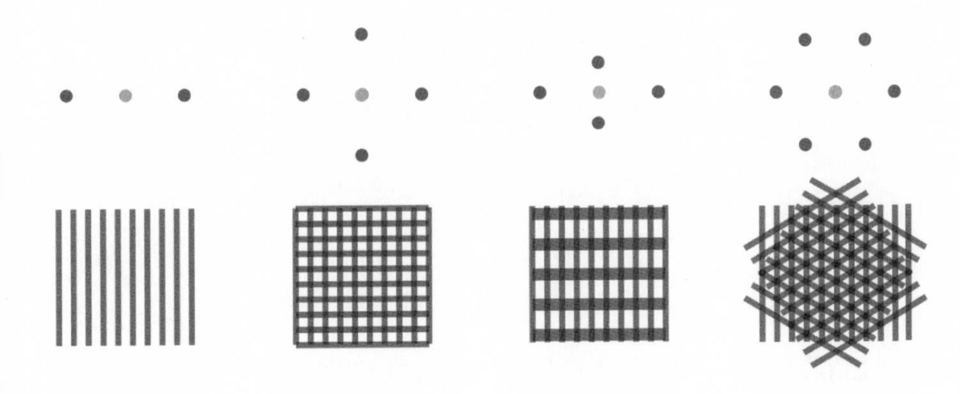

圖6.29 多光束干涉的結果。

對於一個完美物鏡的成像過程，經由分析相鄰的光束在經過透鏡時的路徑差異，我們可以得到在背焦點平面上的波函數為：

$$\psi_f(q) = \int \psi_e(r)\exp(2\pi i q \cdot r) d^2 r \tag{6.20}$$

其中，$\psi_e(r)$ 為以樣品上位置 r 為變數的電子波函數，並可對應到樣品內之位能分布，即原子的分布。這個加權總合的結果，等同於 Fourier 函數，即 $\psi_f = F(\psi_e)$。進一步考慮這些光束聚集到影像平面時的路徑差異，我們得到影像平面的波函數：

$$\psi_i(r) = \int \psi_f(q)\exp(-2\pi i q \cdot r) d^2 q \tag{6.21}$$

其數學上等同於反 Fourier 函數，即 $\psi_i = F^{-1}(\psi_f)$。在完美的影像系統中，最終影像的波函數與樣品的波函數間有 $\psi_i = F^{-1}[F(\psi_e)]$ 的關係，即影像與樣品是直接相關的。但是由於電磁透鏡是不完美的，所以我們無法直接用這個簡單的關係來討論樣品與影像的關係。

考慮一個直接穿透樣品且在透鏡光軸上的電子束與一個繞射的電子束，由於這二個光束間的夾角受 Bragg 條件所控制，必不為 0；即繞射的電子束必定不會在光軸上。考慮透鏡的 C_s，偏離光軸的光束會被聚焦在不為焦點的位置上，即該光束在到達影像平面時，必定與光軸上的光束有相位差。這個相位差可以由公式 (6.22) 來敘述：

$$\chi_s(q) = \frac{\pi}{2} C_s \lambda^3 q^4 \tag{6.22}$$

其中，q 爲繞射平面間距的倒數，與光束間的夾角成正比，且 q 又被稱爲空間頻率 (spatial frequency)。

除了 C_s 之外，改變透鏡的聚焦位置也會對光束的路徑造成改變，並改變其相位，其相位差可由公式 (6.23) 敘述：

$$\chi_D(q) = -\pi\zeta\lambda q^2 \tag{6.23}$$

其中，ζ 爲焦距的偏差值 (失焦值)。綜合這二個相位差的來源，我們可以得到用來敘述物鏡所產生的總相位差爲：

$$\chi(q) = \frac{\pi}{2}C_s\lambda^3 q^4 - \pi\zeta\lambda q^2 \tag{6.24}$$

以 FEI Tecnai F30 (300 kV, S-TWIN 物鏡，C_s = 1.2 mm) 的電子顯微鏡爲例，在不同的失焦值，其物鏡所產生的總相位差如圖 6.30 所示。理想上，我們希望透過電子顯微鏡的設定，將散射波的相位旋轉額外的 –90 度 (–π/2)；考慮 $\chi(q)$，當其最小值出現在 –90 度 (–π/2) 時，其焦距的偏差值爲 $\zeta = \sqrt{C_s\lambda}$，這個失焦值被稱爲 Scherzer 失焦。經由人爲定義一個較寬，但可接受的相位旋轉範圍 $-\pi/3 > \chi(q) > -2\pi/3$，我們得到最佳焦距偏差值 (optimum defocus) 爲：

$$\zeta = \sqrt{\frac{4}{3}C_s\lambda} \tag{6.25}$$

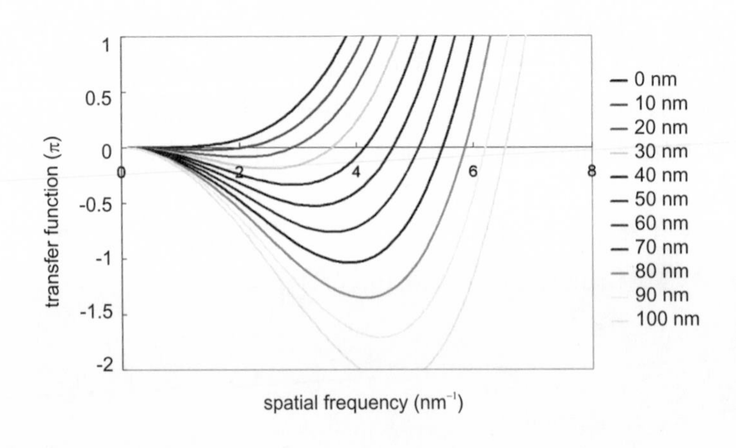

圖 6.30
FEI Tecnai F30 S-TWIN 在不同失焦下，物鏡所產生的總相位差與晶格間距 (即繞射光束角度) 間的關係。

且在這個條件下，有較大範圍的空間頻率能得到可接受的相位差，即可以得到較多的樣品資訊。

由於透鏡的大小是有限的，所以其有效光圈大小是有限的，因此部分的資訊一定會被過濾掉。綜合這個光圈的影響與物鏡所產生的相位差，我們可以得到物鏡對背焦點平面上波函數的轉換函數 (transfer function) 為：

$$T(q)=A(q)\exp[i\chi(q)] \tag{6.26}$$

其中，$A(q)$ 為光圈函數，當散射的向量在 q 以內時為 1，否則為 0。在考慮這個轉換函數對影像的影響後，最終影像的波函數與樣品的波函數間的關係變成 $\psi_i = F^{-1}[T(q)\cdot F(\psi_e)]$。

當一個平行光穿透樣品後，其波函數必定會被樣品所改變，所以樣品的波函數包含了樣品的資訊。對於樣品的波函數，我們可以使用如 Monte-Carlo 計算，考慮每一個入射電子在樣品內的行為、Bloch 波計算，考慮在樣品內波的傳遞、多重切片 (multislice) 進行物理光學的計算等等方式。但是這些方式的計算量相當龐大，必須使用電腦模擬。使用相物件 (phase object) 的簡單模型，我們也可以得到一個近似的解。

考慮樣品中原子的排列，其位能分布必定與原子位置相關，且這個位能會略為改變電子波的相位，所以我們可以把原子視為相物件來處理。由於 TEM 是一種投影的技術，所以在不同位置上的位能，會被投影成在 XY 平面上的位能分布 $\phi[x, y]$。對於一個平行的入射波而言，如圖 6.31 所示，離開樣品時的波函數被位能分布改變成：

$$\psi_e[x,y]=\exp[-i\sigma\phi[x,y]]\approx 1-i\sigma\phi[x,y] \tag{6.27}$$

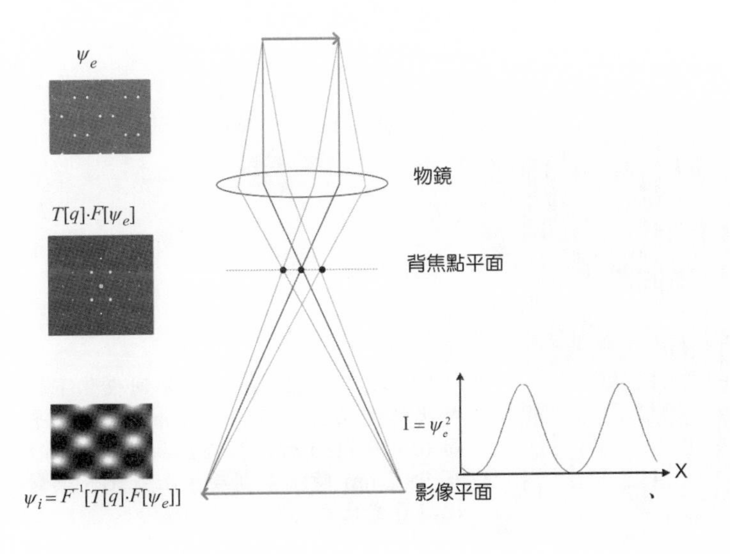

圖 6.31
樣品位能函數與電子顯微鏡中不同位置 (背焦點平面與影像平面) 波函數的關係。

其中，σ 爲交互作用的常數。由於相位的改變值很小，在綜合物鏡的成像過程後，繞射平面的波函數爲：

$$\psi_f[x,y]=T[q]\cdot F[1-i\sigma\phi(x,y)]=[\delta(x,y)-i\sigma F[\phi(x,y)]]\exp[i\chi(q)] \tag{6.28}$$

影像的波函數與樣品的位能分布可以被近似成：

$$\psi_i[x,y]=F^{-1}[T[q]\cdot F[1-i\sigma\phi(x,y)]]=1-i\sigma\phi(x,y)\otimes F^{-1}[\exp[i\chi(q)]] \tag{6.29}$$

而影像的亮度可以被簡化近似成：

$$I[x,y]\approx 1+2\sigma\phi[x,y]\otimes F^{-1}[\sin[\chi(q)]] \tag{6.30}$$

其中，$\sin[\chi(q)]$ 爲對比轉換函數 (contrast transfer function, CTF)。當 CTF < 0 時，受原子位能影響越大的區域，其亮度越低，即原子的位置較其他位置爲暗，稱之爲正對比 (positive contrast)；當 CTF > 0 時，原子的位置較亮，稱爲負對比 (negative contrast)；當 CTF = 0 時，原子不會產生對比。以觀測 Si{111} 平面 (d = 0.3135 nm) 爲例，當聚焦的偏差值在 48.7、73.5 及 98.2 nm 時 (其 CTF 如圖 6.32)，我們可以分別得到正對比、無對比與負對比的影像。對於如 Si{004} 等間距較小 (d = 0.1358，q = 7.365) 的平面而言，由於 CTF 在高空間頻率處，隨空間頻率 (q) 與失焦值 (ζ) 之變化較爲劇烈，所以來自震動、透鏡電流與加速電壓的不穩定性等因素，會使該平面間距的 CTF 無法精確定義，也無法得到明確的對比。這樣的資訊衰減 (damping) 大致爲 q 的指數函數，且限制了機台所能得到有效解析度，且在衰減率達 $1/e$ 時的空間頻率，被稱爲該機台的資訊極限 (information limit)。

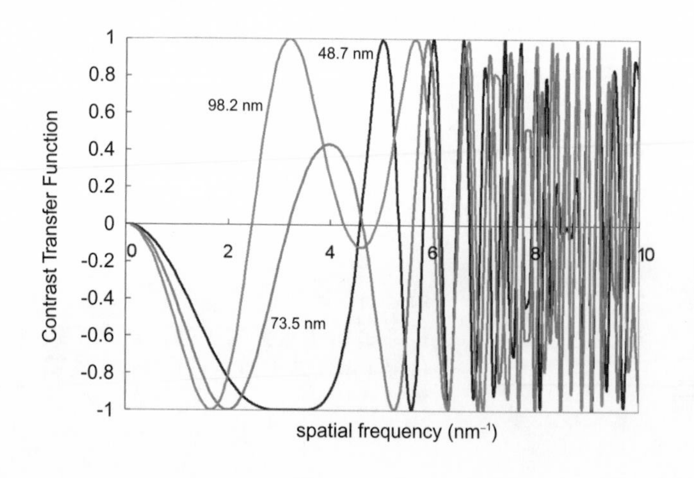

圖 6.32
FEI Tecnai F30 S-TWIN 在不同失焦下的對比轉換函數 (CTF)。對於 Si{111} 平面 (d = 0.3135 nm) 在失焦爲 48.7、73.5 及 98.2 nm 時，分別產生正對比、無對比與負對比的影像。

除了資訊極限外，另一個描述機台特性的極限爲其點解析度 (point resolution)。其定義爲在最佳失焦值下 (即 $\zeta = 1.2\sqrt{C_s\lambda}$)，影像由正對比轉變成負對比，即 CTF = 0 時的空間頻率：

$$q = \left(\frac{16}{3C_s\lambda^3}\right)^{\frac{1}{4}} \tag{6.31}$$

值得注意的是點解析度僅受物鏡的 C_s 與電子束的加速電壓 (即波長) 影響，而沒有考慮機台的穩定度與電子束的同調性 (coherence)。在眞實的環境下，點解析度與資訊極限是同等重要的，超過任何一個極限的資訊，均無法被成功的解析。圖 6.33 是以 Tecnai F30 S-TWIN (C_s = 1.2 mm，λ = 1.97 pm，ζ = 58.3 nm) 爲例，其點解析度爲 0.2 nm；考慮收斂角度爲 0.25 mrad 且聚焦穩定度爲 9 nm 時，其空間衰減曲線與時間衰減曲線可以被計算出來，且其資訊極限爲 0.17 nm。

綜合上面的討論，可發現雖然像差對比能提供原子排列的影像資訊，但是其結果不是直觀的，要正確的討論 HREM 的影像，需要對其理論有深入的了解。在實務上，最快能對影像進行定量分析的作法是計算一系列不同失焦值與不同樣品厚度的地圖，如圖 6.34 爲 CdS 之計算結果，並且將計算的結果與實驗所取得的影像對照，以確定樣品的結構。例如圖 6.35 爲沿著 CdS 奈米柱投影的影像，其奈米柱長度即攝影區域的厚度約爲 23.5 nm，攝影時的失焦約 70 nm。

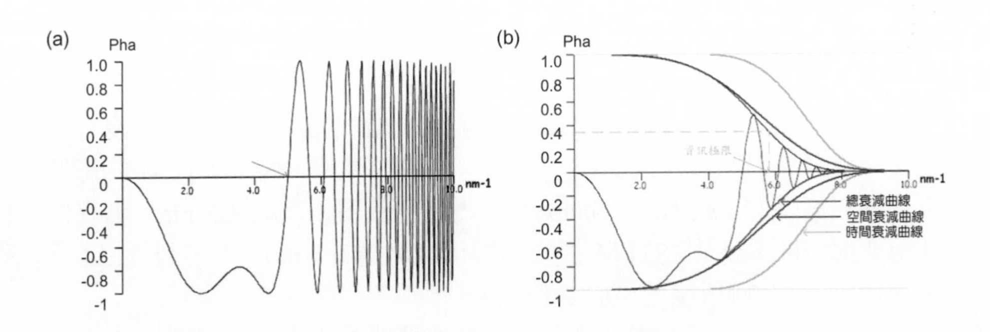

圖6.33 (a) FEI Tecnai F30 S-TWIN 在最佳失焦下的對比轉換函數 (CTF)，(b) 考慮資訊衰減後的 CTF。

圖6.34 沿 zinc blend 結構 CdS 之 (111) 軸成像時，以電腦計算樣品厚度與失焦值對影像的影響。

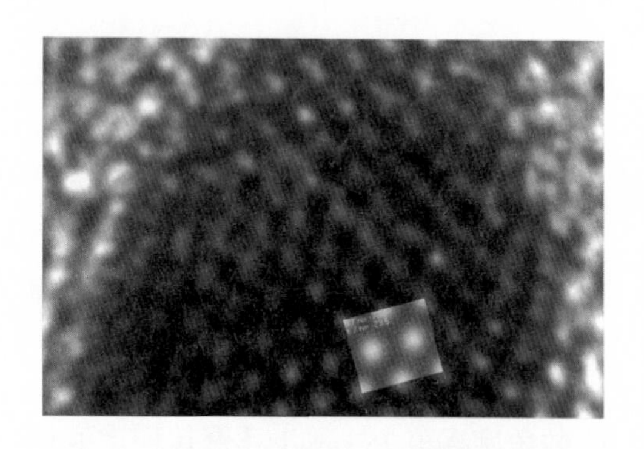

圖6.35 實驗所得之影像與計算結果的比較。

6.3.4 掃描穿透式電子顯微鏡

掃描穿透式電子顯微鏡 (scanning transmission electron microscope, STEM) 相似於掃描式電子顯微鏡 (scanning electron microscope, SEM)，使用一個高度聚焦的電子束，在樣品上面掃描，並將樣品上不同位置所產生的信號，用偵測器紀錄，把不同位置產生的信號強度匯集成圖，讓我們也可以在 TEM 中得到掃描式的影像。與 SEM 相較，因爲 STEM 的加速電壓較高，電子束較不容易被干擾，所以 STEM 的電子探針可以聚焦得比 SEM 小。此外，STEM 使用的信號是穿透樣品的電子束，樣品必須極薄，比較沒有電子在樣品內散射，造成信號放射區域遠大於電子束照射區域的現象，所以 STEM 的影像解析度較 SEM 爲高。以高階的 FEI Nova NanoSEM 爲例，其解析度約 1.2 nm；若在同一機台上加裝 STEM 的附加系統，其 STEM 模式的解析度可達 0.7 nm。對於以 TEM 爲基礎的 STEM，如 FEI Titan，其解析度可小於 0.1 nm。

圖 6.36 比較了在 TEM 與 STEM 中用以成像的資訊之差異。在傳統的 TEM 中 (繞射對比)，我們使用直接穿透的光束或繞射的光束成像。以明場爲例，繞射較弱的區域保有較多的直接穿透電子，所以對比較亮；在 STEM 中，我們可以使用不同位置下穿透電子的強度成像 (STEM-BF)，所以其影像所包含的資訊與 TEM 是完全相同的。然而對於暗場影像而言，由於物鏡光圈不是環形的，在 TEM 暗場影像中選擇繞射點時，我們僅能選取特定方向的繞射點，無法將各方向的繞射資訊同時用來成像；而在 STEM 中，隨著使用圓形的偵測器或環形的暗場偵測器 (annular dark-field detector, ADF detector)，我們可以

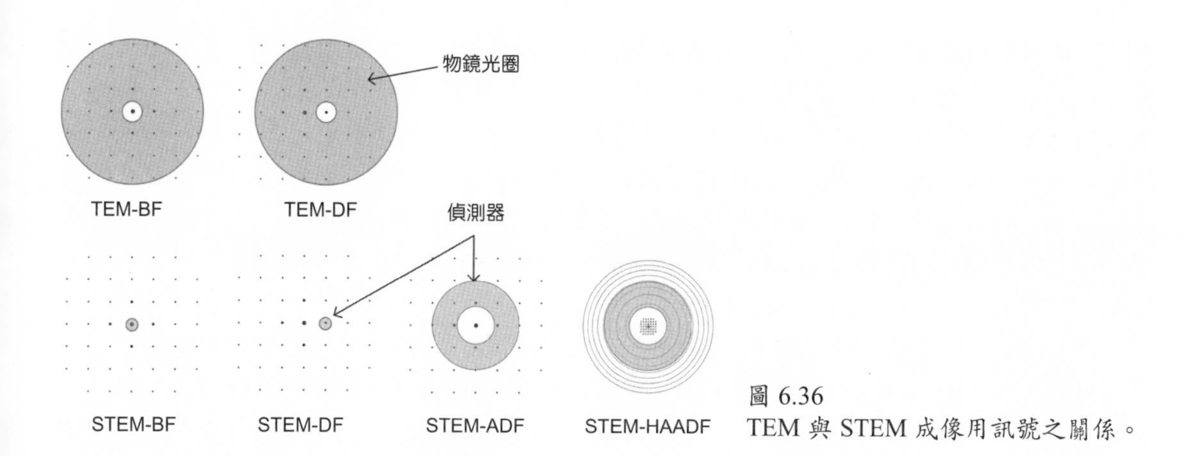

圖 6.36
TEM 與 STEM 成像用訊號之關係。

得到如同 TEM 暗場影像，來自特定繞射點的影像 (STEM-DF)，或是含有所有繞射方向的影像 (STEM-ADF)。對於 TEM，由於受到光圈的限制，我們無法使用高角度散射的電子成像，而高角度的散射強度與樣品的原子量直接相關 (大致與原子序的平方成正比)，所以在 STEM 中使用高角度的散射強度成像時 (使用高角度環狀暗場偵測器，high-angle ADF)，我們可以得到原子序對比 (Z-contrast) 的影像 (STEM-HAADF)，而這種對比是 TEM 所無法提供的。圖 6.37 爲 STEM-HAADF 之範例，由於奈米管內壁之氧化鋯的平均原子量較外層之氧化鈦爲高，所以在影像上產生較亮之對比。

此外，如果使用的試片較厚，電子的非彈性碰撞機率較高，所以離開樣品的電子束會包含多種不同能量 (亦即不同的波長)。對 TEM 而言，使用這樣的光束成像時，會突顯物鏡的色散像差 (C_c) 對影像的影響，造成所得到的影像模糊，嚴重影響解析度。然而，對於 STEM 而言，由於我們只使用散射的強度成像，所以物鏡的色散像差對影像的清晰度不會有影響。換言之，對於較厚的試片，使用 STEM 可以得到比 TEM 更好的影像解析度。

由於 HREM 使用相位差成像，最終的高解析度影像屬於干涉條紋，所以僅有原子排

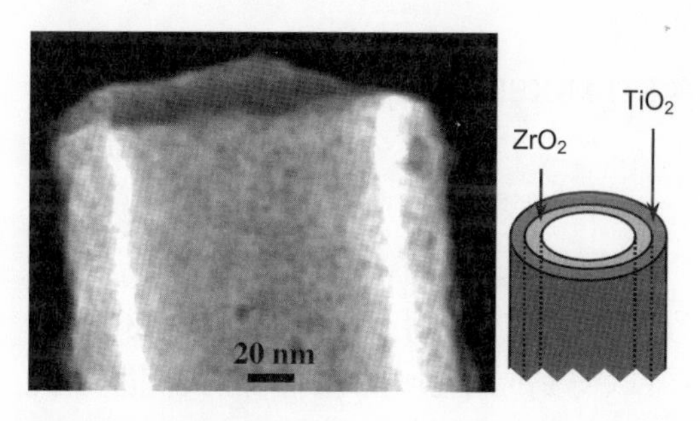

圖6.37 具有氧化鈦殼－氧化鋯內層之奈米管之 STEM-HAADF 影像。

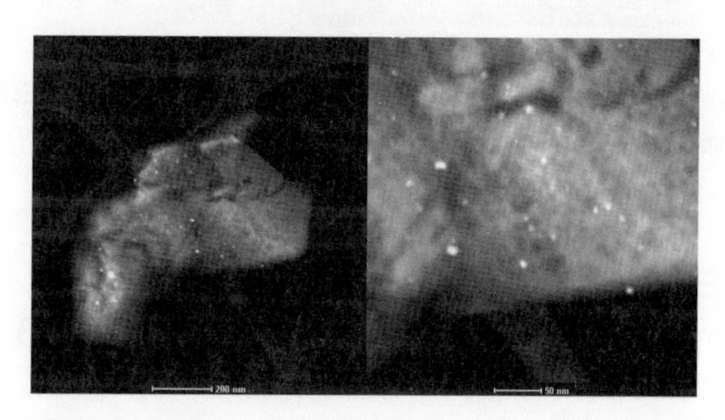

圖6.38 吸附有 Pd 奈米粒子，以 ZSM-5 爲基礎的催化劑之 STEM-HAADF 影像。

列的對稱性與間距是眞實的；而在高解析度的 STEM 中，我們使用極小的電子探針直接成像，所得到的原子排列資訊，不受干涉影響，所以可以得到眞實的原子影像。最後，由於 STEM 是使用高亮度低電流的電子束在樣品上掃描，所以由電子束傳遞到樣品上的能量有足夠的時間可以消散，且相較於傳統 TEM 模式下，樣品所承受的能量密度較高 (相當於在 50 公尺內爆炸的 106 噸的氫彈)，STEM 模式的能量密度較低。因此在 TEM 模式下容易受到電子束照射而破壞的樣品，依然可以在 STEM 模式下觀察，並獲得其顯微結構，如圖 6.38 所示之 ZSM-5 結構。

由於 STEM 是電子束在樣品上掃描的結果，我們可以準確地將電子束照射在指定的樣品區域上，因此在成分分析的應用上 (如 XEDS 與 EELS 等)，我們可以輕易地製作元素分布圖譜。就 SEM 中使用電子探針微分析 (electron probe microanalysis, EPMA) 所得到的元素分布圖譜而言，由於 SEM 的樣品較厚，所以 X 光的放射區域並不受電子探針的大小所控制，一般約在微米等級，所以解析度也在微米左右；但在 STEM 中，樣品必須極薄，因此 X 光的放射區域由電子束的大小控制，所以可以得到奈米等級的空間解析度。圖 6.39 與圖 6.40 爲使用 STEM-XEDS 對元素分布進行分析的範例，使用這個技術，我們可以確認其核－殼結構。

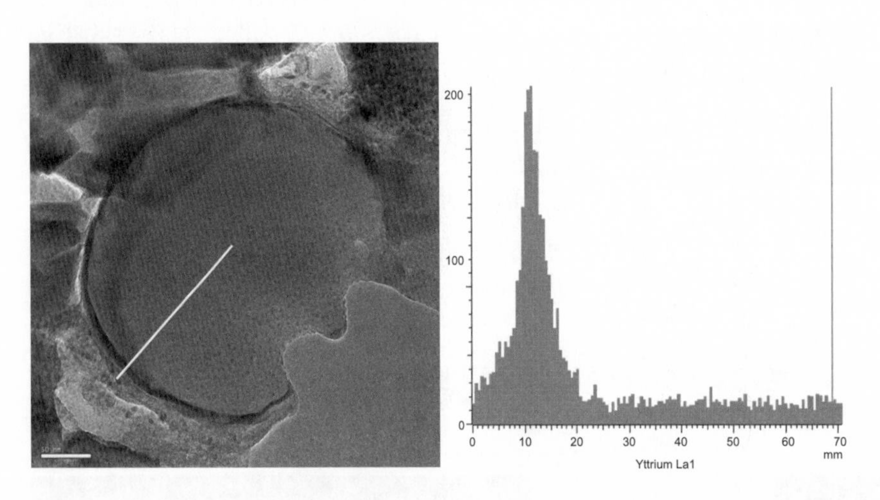

圖 6.39 SiO_2@Y_2SiO_5:Eu 核－殼粒子的 STEM-BF 影像與 STEM-XEDS 中 Y 的信號強度。

6.3.5 結語

使用穿透式電子顯微鏡 (TEM) 作爲分析工具時，可以得到空間解析度極高 (~0.1 nm) 的投影影像；使用相位差成像時，我們甚至可以得到原子排列的對稱性與間距。此外，由於 TEM 是一個投影的技術，相較於其他高空間解析度的檢測方式 (如 SEM、SPM 等)，我們可以由 TEM 的影像得到樣品內部的結構資訊。然而，其對比是來自繞射或相

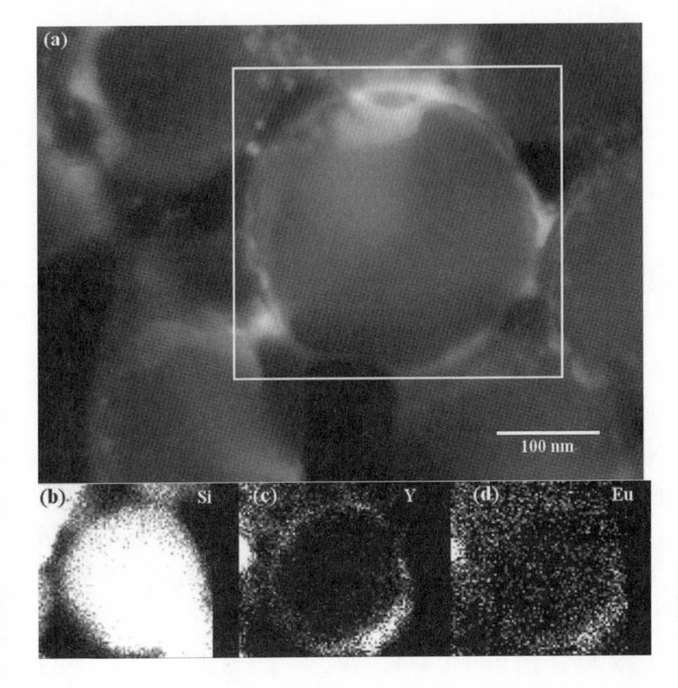

圖 6.40
SiO_2@Y_2SiO_5:Eu 核－殼粒子的 STEM-HAADF 影像與 STEM-XEDS 的元素分布圖。

位差，所以在大多數的情況下，得到的影像可能會有假象出現，且無法直接判讀原子的排列資訊。若要能正確地判讀所得到的影像，對於成像過程的了解與電腦模擬常常是不可或缺的。

6.4 能量散佈分析術

6.4.1 前言

隨著奈米科技與電子顯微鏡技術的發展，微區組成分析扮演一個非常重要的角色，而根據偵測 X 光的分析方法與技術不同，主要分爲能量散佈分析儀 (energy dispersive spectrometer, EDS) 及波長散佈分析儀 (wavelength dispersive spectrometer, WDS) 兩種。

不論是穿透式電子顯微鏡 (transmission electron microscope, TEM) 或掃描式電子顯微鏡 (scanning electron microscope, SEM) 皆可加裝能量散佈分析儀，可藉由電子顯微鏡的電子束找到待分析區域後，進一步利用能量散佈分析儀進行定性或半定量化學成分分析。微區分析的範圍大小與電子束尺寸及試片種類有極大的關係，因此選用不同的電子顯微鏡進行分析，其微區大小會有差異，使用掃描式電子顯微鏡進行分析時，微區範圍可小於 500 nm，而利用穿透式電子顯微鏡可達 200 Å 以下，場發射穿透式電子顯微鏡更可小

第 6.4 節作者爲杜正恭先生。

於 10 Å。

在本章節中將針對能量散佈分析儀進行介紹，並說明運作原理及應用方式。

6.4.2 X 光產生原理

當入射電子束撞擊試片並與試片發生作用時會產生許多的信號，其中可產生連續 X 光和特徵 X 光，如圖 6.41 所示，連續 X 光為入射電子減速所放出的連續光譜，形成背景。而特徵 X 光為特定能階間之能量差，並可藉以分析成分元素。

特徵 X 光的產生是入射電子將原子中的內層電子撞離軌域，此時該原子會處於一個不穩定狀態，因此外層電子會遷移進入內層軌域來保持系統的穩定。由於外層電子能量較高，當外層電子遷移進入內層軌域時會釋放能量，形成特徵 X 光。當 *K* 層原子被撞離軌域，而由 *L* 層的電子遷移進 *K* 層時，稱做 $K\alpha$ X 光；若由 *M* 層的電子遷入時則稱為 $K\beta$ X 光。同樣的，*L* 層的電子被取代時，稱作 *L* X 光；而 *M* 層的電子被取代時，稱作 *M* X 光。較小原子序的元素有較少的內層軌域，也只有較少的 X 光。以碳為例，只有一個 X 光，就是 $K\alpha$ X 光 (282 eV)。相對而言，較大原子序的元素有著較多電子軌域以及較多的 X 光。

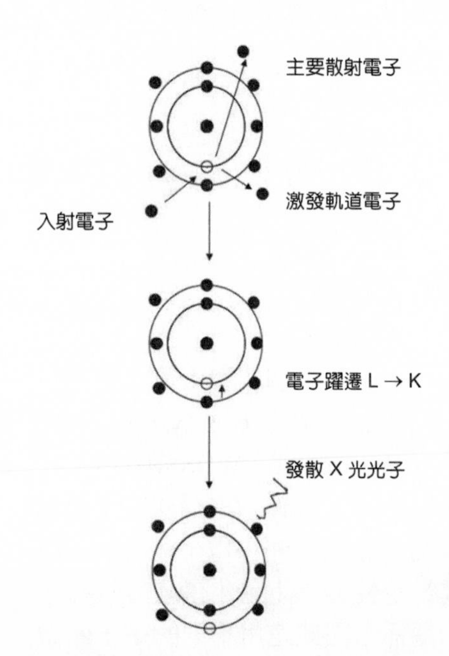

圖 6.41
X 光之形成示意圖。

6.4.3 EDS 儀器架構

能量散佈分析儀之架構示意圖如圖 6.42 所示，主要可分爲固態 X 光偵測器 (solid-state detector)、低溫恆溫器 (cryostat)、窗口 (windows) 與主放大器等，以下將逐一介紹。

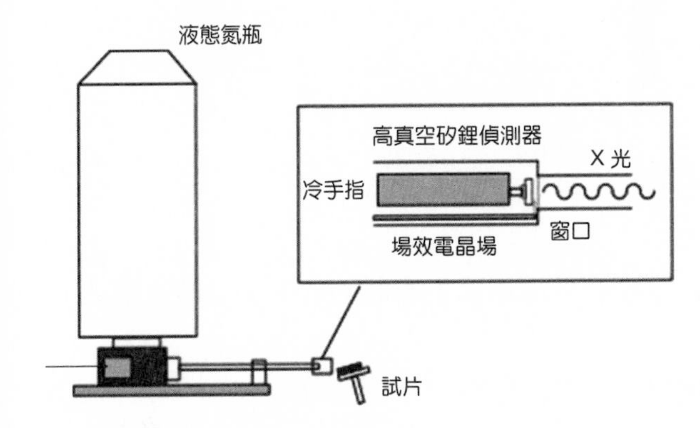

圖 6.42
X 光偵測器示意圖。

(1) 固態 X 光偵測器

固態 X 光偵測器是一個可視爲絕緣的 *p-n* 接面二極體。施加一逆向偏壓於半導體晶體的兩端以分離電子與電洞，防止電子的流動。利用 X 光進入偵測器時激發的電子－電洞對所產生的電流來偵測 X 光能量的大小。由於所能採用的半導體晶體都不盡完美，乃植入鋰原子於矽晶中。選用鋰元素是基於其原子半徑小 (0.06 nm)，可輕易地植入矽晶格中。經鋰原子植入後，固態 X 光偵測器中接面的空乏區就會產生電子－電洞對。因鋰原子小容易擴散，故在常溫或高溫下容易再自矽晶體中往外擴散，因此，一般都必須將植入鋰的矽晶體固態偵測器長期保存在液態氮中，以防止鋰元素的擴散。

如圖 6.43 所示，固態 X 光偵測器大多爲直徑 7 mm、厚 3 mm 的圓柱體，正面鍍 20 nm 的金，背面鍍金 200 nm。此鍍金膜係作爲導電層，一邊接地，另一邊加負偏壓 100－1000 V。X 光在撞擊矽晶體後會產生電子、Auger 電子及二次 X 光。當矽晶體吸收 X 光後，會激發電子進入傳導帶，並在價帶上留下一個電洞。在矽晶體中激發一組電子－電洞對約需要 3.8 eV，因此要知道激發電子－電洞對的總數，只要將 X 光能量除以 3.8 eV 就可計算出。

當產生電子－電洞對的瞬間，在此晶體的反面會產生一個電荷脈衝。由 Si(Li) 偵測器產生的脈波電壓大小會與入射 X 光的能量大小成正比關係。生成一組電子－電洞對所耗費的能量 (3.8 eV) 遠比在氣體比例計算器 (gas proportional counter) 中所需能量 (28 eV) 來得少。就統計學上的觀點來說，較多訊號的產生意味著較佳的解析度。一束能量 4 keV 的 X 光可激發 1050 對的電子－電洞對，換算成電荷量後只等於 1.6×10^{-16} 庫倫的電量。

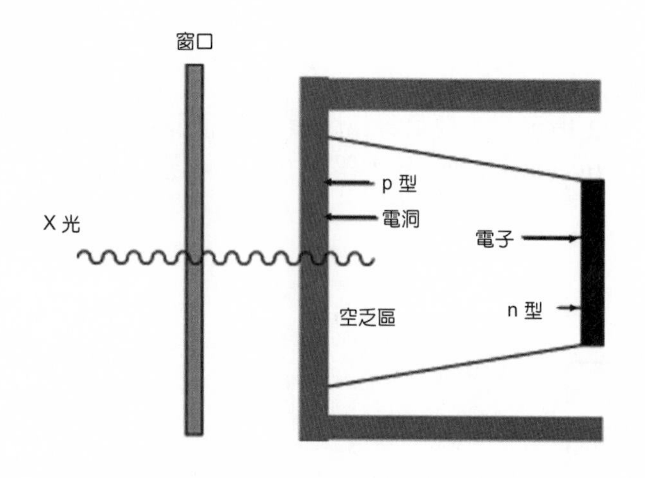

圖 6.43
固態 Si(Li) 偵測器。

這麼微小的訊號至少需要放大約 10^{10} 倍後才能有效運用。但在訊號放大的同時，需要注意使電子雜訊能降低到最低值。

場效應電晶體是一種能將固態 X 光偵測器中的微弱訊號放大的裝置，如圖 6.44 所示。電流脈波是對應於偵測器上的入射 X 光大小而產生，使在經場效應電晶體放大後的輸出訊號中，可見階梯形式的工作電流。階梯的高低正比於入射 X 光的能量。

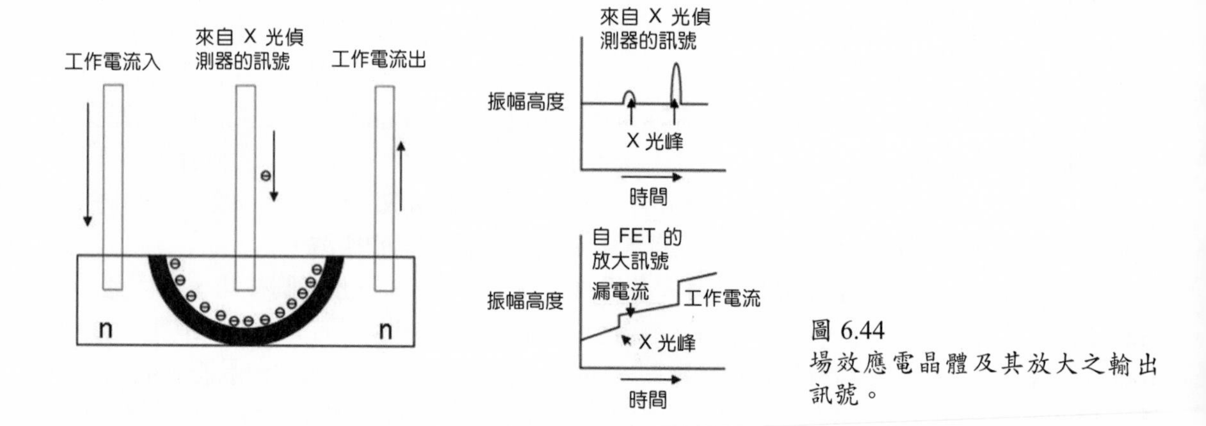

圖 6.44
場效應電晶體及其放大之輸出訊號。

(2) 低溫恆溫器

Si(Li) 偵測器及場效應電晶體都需要保持在液態氮溫度下，以防止熱能所引致的電子雜訊，並降低 Li 原子在偵測器晶體中的遷移現象。偵測器及場效應電晶體是被固定在一根銅棒的一端，銅棒的另一端則是浸入溫度爲 –196 °C 的液態氮中。裝盛液態氮的容器約每隔二、三天就要添加補足。

(3) 窗口

在偵測器上的窗口需要有足夠的強度來承受一大氣壓到 10^{-6} mbar 的壓力差 (試片室釋氣時壓力爲 1 atm，在操作時壓力則爲 10^{-6} mbar)，但同時必須考慮到此窗的厚度不可太大，以免吸收過多原本能量已相當弱的 X 光。X 光偵測器通常有三種窗口設計：鈹窗、有機高分子薄層與無窗式偵測器。

在 EDS 中鈹窗的厚度通常爲 7.8－8 μm，對鈉元素的 $K\alpha$ X 光 (1.041 keV) 來說，可以有 60% 的量穿過一 8 μm 厚的鈹窗，但氧元素的 $K\alpha$ X 光 (0.52 keV) 只有 1% 能通過。而有機高分子薄層，厚度 2－6 μm 的 Mylar (聚乙烯對苯化合物，$C_{10}H_8O_4$) 可以作一具有足夠強度的窗，可允許低能量 X 光穿透，例如原子序大於或等於硼的元素。

無窗式偵測器可使入射的 X 光完全不受窗材料的阻擋而進入偵測器。其主要缺點則在於此偵測器的溫度接近液態氮溫度，污染物容易吸附其上 (如眞空腔體內殘餘氣體和電子束－試片作用產生之氣體)，這些污染層會吸收掉部分的 X 光。無窗式偵測器最大的優點是全部的入射 X 光皆可進入偵測器，使低原子序的元素亦可被偵測到。

(4) 主放大器

主放大器將前放大器輸出的波浪、階梯狀小訊號 (10^{-3} 伏特的範圍) 線性放大，轉換成振幅 10 伏特的獨立正脈波。在轉換的過程中，入射 X 光能量與轉換的脈波高度之間仍保有比例關係。爲了爾後把類比訊號轉換成數位訊號，上述的主放大器轉換過程是必需的。因有獨立的正脈波，才得以進行類比－數位訊號之轉換。從放大器輸出之訊號爲類比訊號，爲了爾後的分析需要，必須將此訊號數位化。數位化可以藉由使用類比－數位轉換器 (ADC) 來達成。從 ADC 輸出的數位訊號傳輸至記憶體中，成爲數字形式的訊號，如圖 6.45 所示。

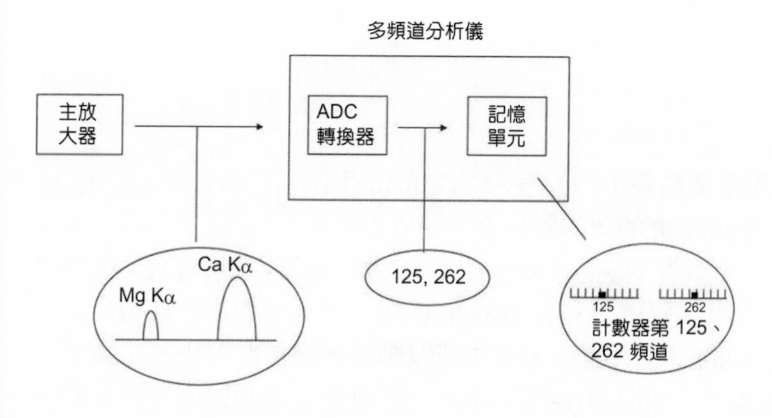

圖 6.45
多頻道分析器。

綜合以上所述，EDS 的分析流程爲試片發出的 X 光進入 Si(Li) 晶體，引發與入射 X 光能量成比例的電荷，這些電荷脈波訊號傳送到前放大器中的場效應晶體裡，轉換成階梯狀的輸出訊號。這些訊號接著便以主放大器進行處理，以線性的方式放大訊號，之後在 ADC 中，類比訊號將被轉化成數位化的數字存放在多頻分析儀的記憶體中，以顯示器呈現 X 光的強度光譜，這種光譜可利用照相技術或繪圖器轉繪至紙張上。

6.4.4 無感時間

系統中的「無感時間 (dead-time)」即爲「實時 (real-time)」與「活時 (live-time)」的差值，所謂的「實時」爲分析過程中實際所花的時間，「活時」則是實時減去 EDS 沒有紀錄下入射 X 光訊號的時間，即「實時」=「活時」+「無感時間」。使用 EDS 時，爲了減少僞像 (artifact)，操作參數常用無感時間小於 30%，計次率 (count rate) 爲 1000－3000 cps。

EDS 系統中通常有三個地方會造成無感時間：

1. 前放大器中的場效應晶體有一重設電壓的動作，在這段時間內沒有接收訊號的動作。
2. 當一脈波到達主放大器時，若前一脈波尙未完成處理動作，脈波鑑別儀會拒絕接收此訊號。
3. ADC 中，在前一訊號還沒有完成數位化時，也會拒絕接收下一個訊號進入。

6.4.5 僞像

當 X 光的產生是由於原子中軌域電子遷移所引發時，其半高寬 (FWHM) 通常在 2 eV 的範圍內。在此半高寬範圍內的 X 光能量散佈導致了高斯曲線。一般 EDS 的能譜中所見峰的 FWHM 都比 2 eV 大得多，也就是說這些峰都存在有 EDS 本身發出的一些僞峰。

(1) 偵測器所造成的僞峰

X 光尖峰的變寬是 EDS 所造成最嚴重的僞值。在圖 6.46 中顯示藉由量測 Mn 的 $K\alpha$ X 光 (5.898 keV) 的 FWHM 來得知 X 光能譜的解析度，原本得到的 FWHM 應爲 2.3 eV，但經由 EDS 的輸出值可見到其半高寬已擴張爲 150 eV。尖峰的變寬同時也導致了尖峰高度的下降，這種尖峰強度的下降使尖峰強度和背景強度 (雜訊) 的比值變小，使得分辨尖峰和背景的工作更難以進行。偵測器所引發的尖峰變寬效應是因爲偵測器中產生電子－電洞對的統計學本質。平均來說，在 Si(Li) 晶體中產生一對電子－電洞對所要耗費的 X 光能量是 3.8 eV。然而 3.8 eV 只是一平均值，稍高或稍低於 3.8 eV 的能量同樣也有可能產生電子－電洞對。

因此兩組能量完全相同的 X 光也會在 Si(Li) 中激發出不同數量的電子－電洞對，這就是造成單一尖峰變寬的原因。除此之外，偵測器中漏電流的不規則變動所引發的雜訊以及場效應電晶體中的熱雜訊等，也都會引發尖峰變寬。

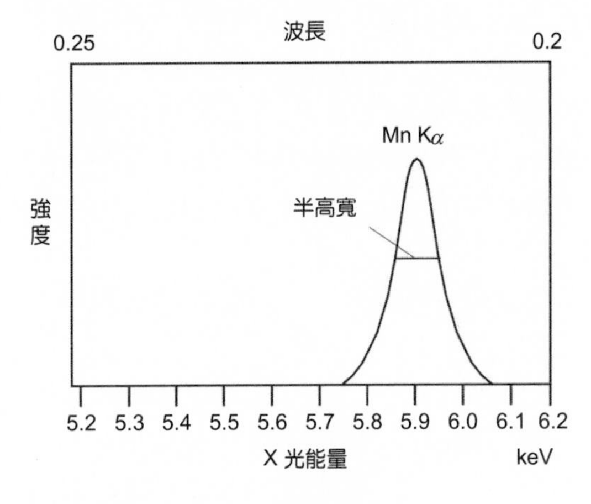

圖 6.46 錳的半高寬幅 (FWHM)。

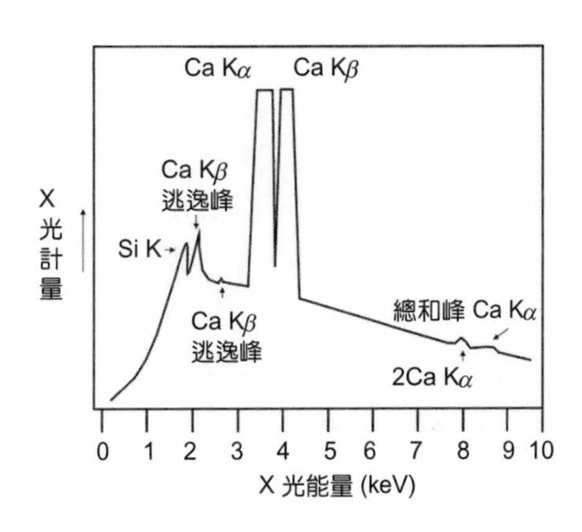

圖 6.47 相應 Ca $K\alpha$ 與 $K\beta$ 的偽峰。

(2) 矽逸離峰

從偵測器本發出的 Si $K\alpha$ X 光會消耗掉一部分原本試片會輸出的 X 光尖峰。這些消耗掉的能量即為激發 Si $K\alpha$ 所需要的能量，因此在原本入射 X 光能量減去發射 Si $K\alpha$ 所需的能量的能譜位置上出現了一個偽峰。

矽逸離峰 (silicon X-ray escape peak) 是其能量等於入射偵測器的 X 光能量減掉矽的 X 光能量所產生的。圖 6.47 為鈣的 X 光光譜，從圖中可以看到 Ca $K\alpha$ (3.692 keV) 及 Ca $K\beta$ (4.012 keV) 的能量峰，而矽逸離峰即是這些能量減去 Si $K\alpha$ X 光的能量後產生的。因此，對 Ca $K\alpha$ 而言，其矽逸離峰會發生於能量為 1.952 keV (3.692 – 1.740)，而對 Ca $K\beta$ 則發生於 2.272 keV (4.012 – 1.740) 時。

矽之 K 層 X 光會逸出的機率與偵測晶體中矽的 X 光產生的位置深度有關。在越深處產生 X 光，則矽的 X 光從偵測器前逸出的機率越小，而且矽逸離峰也會越小。入射於偵測晶體之 X 光角度及能量可決定矽逸離峰的峰值。

(3) 矽峰

很小的矽峰 (silicon peak) 通常會出現在 X 光之光譜中，乃是因為入射 X 光與通過窗口的電子交互作用而產生的。矽原子通常位於偵測晶體中固定的深度 (20 – 200 nm)，若矽之 X 光進入偵測晶體的內部本質區域 (intrinsic zone)，則可能產生電子－電洞對，導致一帶電的脈衝，稱爲矽的 *K* X 光。而此矽的 X 光另一種來源是用來維持掃描式電子顯微鏡以矽爲基本成分 (silicon-based) 之眞空潤滑油以及封劑 (sealants)，如圖 6.48 所示。

(4) 矽與金的吸收邊緣

Si(Li) 之偵測晶體在其前端有一層約 20 nm 厚的鍍金層，以及一層不活化的矽層 (inactive dead layer)，入射之 X 光需通過這層矽，到達較活化的晶體內部。如果 X 光的能量足以將原子中之電子打出來，則金和矽層亦會吸收 X 光。當入射之 X 光能量增加時，則將金或矽原子的軌域電子打出的機率隨之減小。若 X 光的能量增加到一臨界能量 (critical energy)，則將軌域電子打出來的機率會大幅地增加，這種不連續的機率即呈現所謂的吸收邊緣，如圖 6.48 所示。

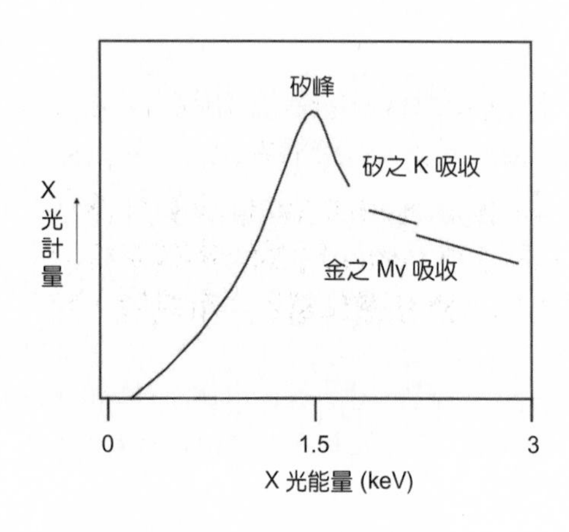

圖 6.48
因矽與金的吸收造成 X 光譜的不連續。

(5) 偵測器週遭的僞峰

由於低能量的 X 光被偵防器窗口吸收，因而未到達偵測器，導致輸出的 X 光光譜中，其斜率從低能量的區域減低至零，其減少的量則與窗口之型式及厚度有關。

(6) 微音 (microphony)

一般而言，馬達或甚至交談所引起的震動都會增加 X 光光譜的雜訊 (noise)。累積於低溫液態氮容器底部的冰，在達到液態氮沸點時，會有冰粒舞動 (ice dance) 的現象，因而導致震動。而在液態氮容器底部的冰也可能隔絕冷手指 (cold finger) 與液態氮，導致偵測器溫度升高，或可能高於正常操作溫度的範圍。

(7) 主放大器造成的僞峰

由主放大器造成的僞像是和積波峰 (sum peaks)。主要放大器的堆積脈衝排除器 (pulse pile-up rejector) 可分辨 X 光脈衝。但此堆積脈衝排除器並不完美，有時不能排除幾乎同時發生的 X 光脈衝。尤其在高計次速率 (high count rates) 時，高於每秒 3000 次特別容易發生，因而導致二個 X 光脈衝被視爲只有一個 X 光脈衝，而其能量則爲二個入射 X 光的能量和。由此得到的光譜中會有和積波峰產生，其能量幾乎等於光譜上兩個能峰之能量總和。圖 6.47 爲鈣的能譜，在此光譜中有兩個小的和積波峰，其中一個的能量等於兩個鈣的 $K\alpha$ X 光的能量和，另一個則等於一個鈣的 $K\alpha$ X 光加上 $K\beta$ X 光的能量。理論上，應該也有一個能量爲二個鈣的 $K\beta$ X 光的能量和的和積波峰，但其能峰高較小。

6.4.6 效率

偵測器的效率是指將射入到窗口的不同 X 光能量轉換成電流脈衝的百分比。通常 Si(Li) 偵測器在 2－20 keV 之能量範圍中，具有將近 100% 的效率。低於 2 keV 的入射 X 光，其能量會被偵測器前的窗口吸收，加上金接觸層 (gold contact layer) 及矽無感層 (silicon dead layer)，X 光能量越低，則越多被吸收。能量在 20 keV 以上的，則效率會降低，這是因爲入射的 X 光太強，以致完全穿過偵測器內部，無法產生電子－電洞對，如圖 6.49 所示。

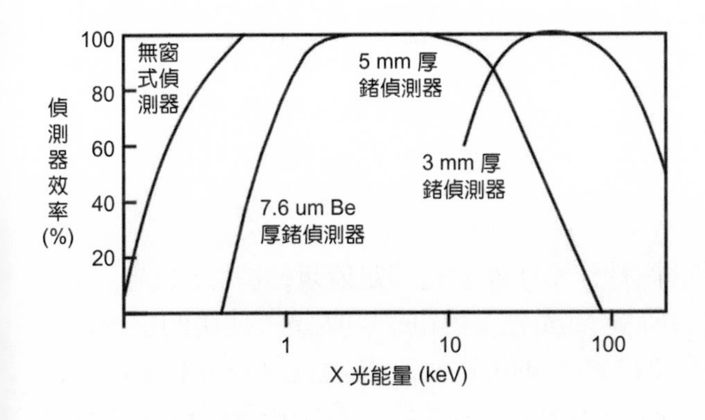

圖 6.49
固態偵測器之效率與 X 光能量的關係。

6.4.7 EDS 量測模式

X 光微分析的三種運作模式爲：面掃描 (raster scanning)、線掃描 (line scanning) 及點計算 (point counting)。

(1) 面掃描

若所量測的試片表面平坦光滑時，可直接利用 X 光影像來判斷元素濃度分布。但必須注意試片的條件以免造成如下的誤差：

1. 當試片表面不規則時，起伏表面的陰影效果會影響元素濃度梯度的對比。
2. 當以微量元素成像時，背景峰值的強度可能會高於元素峰值強度，此時成像的圖是背景造成而非欲測元素的特性 X 光所成的像。

(2) 線掃描

線掃描可由兩種方式運作。一是以試片運作而掃描，電子束固定不動而是以試片座的步進馬達帶動，使試片沿一直線移動而完成線掃描。有一多頻位能記錄器可用來記錄元素分布。另一種線掃描方式是電子束掃描運作，電子束沿特定一軸掃描固定靜止的試片。沿特定方向做掃描後，偵測到的 X 光強度在螢光幕上以 Y 軸表示，故可看出沿此方向之元素濃度變化。再者爲了更容易判讀資料意義，通常將線掃描的濃度變化和電子成像重疊起來觀察。

(3) 點計算

其運作方式爲電子束聚焦於欲分析的區域，將該區域中的各元素特徵 X 光激發，由X光偵測器所接收到的訊號轉換成特徵 X 光能譜，根據特徵 X 光峰之 keV 值定性判斷其可能存在的元素，亦可進行定量之計算組成比例。於下段文章中將詳細說明定性與定量之量測方式。

6.4.8 定性分析

EDS 的定性分析是藉由判斷電子束與試片作用所產生之特定能量的特徵 X 光，來推測其待測區域爲何種元素組成。可得到的特徵 X 光光譜與電子顯微鏡所使用的加速電壓有關，掃描式電子顯微鏡的加速電壓若爲 20 keV，則可得到的 X 光光譜爲 0.1 keV 到 20 keV，而若使用穿透式電子顯微鏡 (100 keV) 則幾乎可得到待測元素中所有的特徵 X 光光譜，但其先決條件必須要知道所用的 X 光偵測器爲何，使用 Si(Li) 偵測器其所能偵測的X光光譜只在 0－40 keV 之間。

典型的 K、L 與 M X 光光譜分別可由圖 6.50 至圖 6.52 觀察。在圖 6.50 中可看到 K 族的特徵 X 光可分爲 $K\alpha$ 與 $K\beta$ X 光，其中 $K\alpha$ X 光爲 L 層原子遷入 K 層軌域，$K\beta$ X 光則爲 M 層原子遷入 K 層軌域，而 $K\alpha$ 與 $K\beta$ X 光比例約爲 10：1。L 族的特徵 X 光可分爲 $L\alpha(1)$、$L\beta_1(0.7)$、$L\beta_2(0.2)$、$L\beta_3(0.08)$、$L\beta_4(0.05)$、$L\gamma_1(0.08)$、$L\gamma_3(0.03)$、$Ll(0.04)$ 與

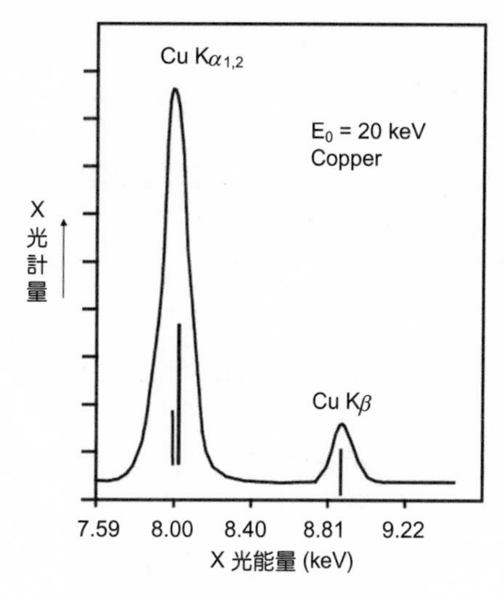

圖 6.50 銅的 K 族 X 光。

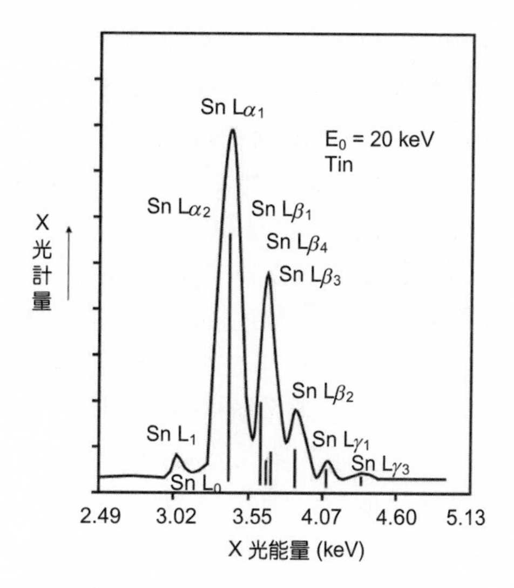

圖 6.51 錫的 L 族 X 光。

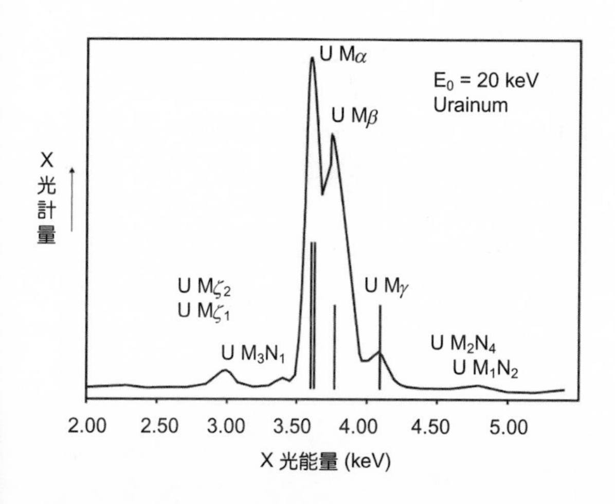

圖 6.52 U 的 M 族 X 光。

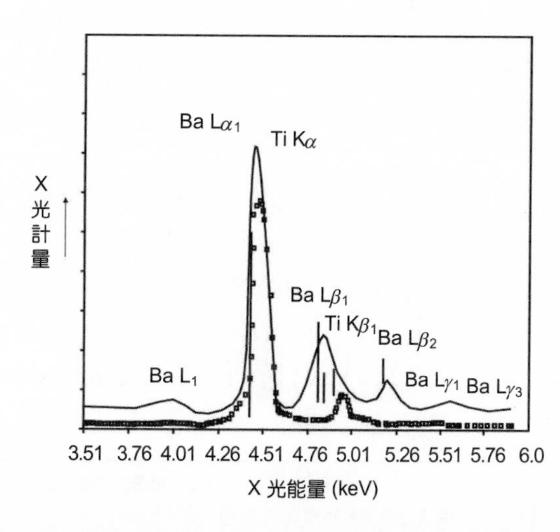

圖 6.53 Ti 的 K 族 X 光與 Ba 的 L 族 X 光光譜。

$L\eta$(0.01)，如圖 6.51 所示；M 族的特徵 X 光可分為 $M\alpha$(1)、$M\beta$(0.6)、$M\gamma$(0.05)、$M\zeta$(0.06) 與 $M_{\text{II}}M_{\text{IV}}$(0.01)，如圖 6.52 所示，其數值表示各特徵 X 光相對強度，但會依不同元素、加速電壓與化學組態而有所改變。

在 EDS 定性分析時需注意以下幾點：

1. 若圖譜中 $K\alpha$ X 光符合該元素的特徵 X 光時，再確認 $K\beta$ X 光也符合該元素之特徵 X 光，而其強度約是 $K\alpha$ X 光的 10－15%。$K\beta$ X 光的能量必須高於 2.3 keV，若低於 2.3 keV 時則可能無法分辨 $K\alpha$ 與 $K\beta$ X 光。

2. 當 K 族 X 光能量大於 8 keV 時，可再觀察 L 族 X 光，若偵測器使用 Be 窗時，L 族 X 光必須約大於 0.9 keV，使用高分薄膜時則只需大於 0.2 keV。
3. 若 K 族 X 光無法觀測到時，則用 L 族 X 光來判斷其元素。
4. 利用 L 族 X 光進行元素分析時，$L\alpha$ X 光的強度爲最強，而 $L\beta_1$、$L\beta_2$、$L\gamma_1$ 的強度次之，Ll 再次之，$L\gamma_3$ 與 $L\eta$ 爲最低，但亦有可能因爲強度太弱而無法觀察。
5. 若可觀察到 L 族 X 光，則在高能量區的光譜中可觀察到 K 族 X 光，但前提是加速電壓必須夠大，且其能量在偵測器的偵測範圍中。
6. La 的 $M\alpha$ X 光能量爲 833 eV，可在 Be 窗系統中偵測到；而 Nb 的 $M\alpha$ X 光能量爲 200 eV，可在高分子窗系統中偵測到。
7. 由於 M 族 X 光大多低於 4 keV，所以 $M\alpha$ 與 $M\beta$ X 光易發生重疊的情況，因此必須再觀察其他三個較低強度的 $M\gamma$、$M\xi$ 與 $M_{II}M_{IV}$。
8. 於 X 光光譜中若可觀察到 $M\alpha$ X 光，則在高能量區可能會觀察到 L 族或是 K 族的 X 光，但並需考慮其加速電壓與偵測器種類。

此外，進行 EDS 分析時可能會發生特徵 X 光能量重疊的現象，在 Ba 與 Ti 的例子中可以得知，如圖 6.53 所示，Ba 的 $L\alpha$ 和 $L\beta_1$ X 光會與 Ti 的 $K\alpha$ 和 $K\beta$ X 光發生重疊。當發生 X 光能譜重疊的現象可能會造成成分的誤判。有時已預期 X 光能譜重疊，但仍然無法順利將波峰分離。欲分析的元素波峰若相差少於 50 eV 時，此時將無法分離此特徵 X 光，因此在欲分析的波峰上必須注意其左右 100 eV 中是否有其他元素的特徵 X 光，以避免發生誤判。當欲分析元素爲少量元素時，而其波峰又出現於主要特徵 X 光之附近 (200 eV 內)，該少量元素將無法被判定。

在低能量光譜的區域中必須注意輕元素的 K X 光會與較重元素的 L 或 M X 光相重疊，如鑑定 O 的成分 (K X 光爲 0.523 keV)，若其主體爲 Cr (L X 光爲 0.571 keV) 或是 V (L X 光爲 0.510 keV) 時則會誤判 O 的含量，如圖 6.54 所示。

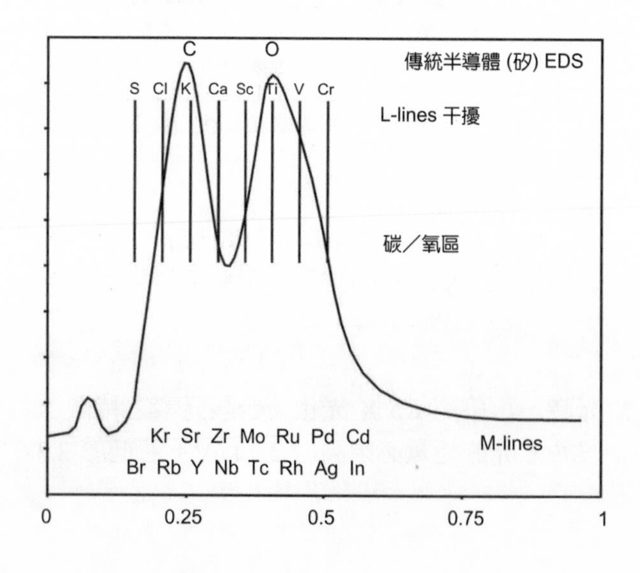

圖 6.54
C 與 O 的 K X 光與其他元素重疊之 X 光光譜。

部分功能性材如 WSi_2、TiN 與 $BaTiO_3$ 皆有特徵 X 光峰相互重疊的情況發生，因此無法準確的瞭解其組成與元素分布，造成實驗或製程上的困難。爲解決此問題，已有學者利用 μcal EDS (microcalorimeter energy-dispersive spectrometer) 的技術來進行量測，該技術提高 EDS 的解析度，使原本相互重疊的特徵 X 光峰分離，達到元素分析的功效。μcal EDS 技術的發展仍然有部分的問題需要克服如微熱量計陣列元件 (microcalorimeter array) 的材料穩定性和系統設計與整合等，但未來 EDS 分析技術的發展上，高解析度的 μcal EDS 將會是一相當重要的技術。

6.4.9 定量分析

定量分析的一般程序如下：

1. 找出欲作定量分析的元素，並以標準試片作爲元素定量分析用。標準試片可以爲純元素、氧化物或包含此元素的化合物。
2. 在相同的量測條件操作下，測量標準試片與待測元素之特徵 X 光波峰強度與背景強度。
3. 校正 X 光記錄器系統的無感時間以量得合適之 X 光波峰強度。
4. 波峰強度扣除背景強度則可得到特徵 X 光之淨強度。
5. 並利用下列公式求得待測試片中該元素之重量比。

$$\frac{C_i}{C_{(i)}} = \frac{I_i}{I_{(i)}} = k_i \tag{6.32}$$

其中，C_i 爲在待測試片中元素 i 的重量比，$C_{(i)}$ 爲在標準試片中元素 i 的重量比，I_i 爲在待測試片中元素 i 的波峰淨強度，$I_{(i)}$ 爲在標準試片中元素 i 的波峰淨強度，$k_{(i)}$ 爲在待測試片中元素 i 的波峰相對強度。

Castaing 於 1949 年曾提出在待測試片中元素的波峰強度和標準試片的波峰強度比 (即峰值相對強度) 近似於元素在待測試片中樣品的重量比。事實上由量測波峰強度所預期的樣品濃度可能與原本已知濃度有些出入。此係原子序效應、吸收效應及 X 光螢光效應的影響。公式 (6.32) 可修改爲：

$$\frac{C_i}{C_{(i)}} = [ZAF]_i \frac{I_i}{I_{(i)}} = [ZAF]_i k_i \tag{6.33}$$

其中，Z_i 爲元素 i 的原子序效應因子，A_i 爲元素 i 的吸收效應因子，F_i 爲元素 i 的螢光效應因子。這些效應的影響皆可利用理論計算而加以修正，稱爲 ZAF 修正。

(1) 原子序修正

由於待測物元素 i 和標準試片中元素 i 的電子運動行為並不完全相同，故需要作原子序的修正 (atomic number correction, Z)，此因子包括電子對試片的穿透因子 (S) 及反射因子 (B)。由於此兩種因子會相互抵銷，故合併起來效應較小。

(2) 吸收修正

吸收修正 (absorption correction, A) 為 ZAF 中重要的因子，吸收效應的修正因子是基於在待測物中的 X 光吸收程度和標準試片中的吸收程度不同而產生的。此修正因子必須考慮試片中元素的質量吸收係數、電子能量及出射角度 (take-off angle)。

(3) 螢光效應修正

待測試片中另一元素 B 所引致的 X 光可能也會激發欲分析的元素 A，因此真正量測到的 A 元素量偏高而相對 B 元素量偏低，故需做螢光效應修正 (fluorescence correction, F)。

(4) ZAF 計算

ZAF 因子的計算早在 50 多年前已被詳細討論，但由於其中所包含的物理理論與數學計算過於艱澀，因此在本章中並不多做詳述，只提其理論概念。

(5) Thin-foil Criterion

在穿透式電子顯微鏡系統中進行 EDS 分析，由於試片厚度相當薄，因此可以忽略吸收效應與螢光效應的影響。藉由 Cliff-Lorimer 法計算待測試片之元素重量百分比，若該試片為二元成分，其計算公式如下：

$$\frac{C_A}{C_B} = k_{AB}\frac{I_A}{I_B} \tag{6.34}$$

其中，C_A 為待測試片中元素 A 之重量比，C_B 為待測試片中元素 B 之重量比，I_A 為待測試片中元素 A 之波峰淨強度，I_B 為待測試片中元素 B 之波峰淨強度，k_{AB} 為 Cliff-Lorimer 因子。其中 k_{AB} 並非一固定常數，其值大小會隨不同的穿透式電子顯微鏡系統與不同的加速電壓而有所改變。在 Cliff-Lorimer 法計算中忽略吸收效應與螢光效應，因此 k_{AB} 的出現與原子序效應有所關聯，至於 k_{AB} 的計算將在後文加以敘述。為求得 C_A 與 C_B 值必須還要另一公式，由公式 (6.34) 與公式 (6.35) 聯立求解即可得 C_A 與 C_B 值。

$$C_A + C_B = 100\% \tag{6.35}$$

由上述公式亦可將二元系統延伸成三元系統的計算，由公式 (6.34)、公式 (6.36) 與公式 (6.37) 即可求得該成分之重量比。

$$\frac{C_B}{C_C} = k_{BC}\frac{I_B}{I_C} \tag{6.36}$$

$$C_A + C_B + C_C = 100\% \tag{6.37}$$

其中 k 因子有下列之關係：

$$k_{AB} = \frac{k_{AC}}{k_{BC}} \tag{6.38}$$

k_{AB} 值可藉由量測已知成分比例之標準試片進行計算，故將公式 (6.34) 改寫為：

$$\frac{C_{(A)}}{C_{(B)}} = k_{AB}\frac{I_{(A)}}{I_{(B)}} \tag{6.39}$$

其中，$C_{(A)}$ 為標準試片中元素 A 之重量比，$C_{(B)}$ 為標準試片中元素 B 之重量比，$I_{(A)}$ 為標準試片中元素 A 之波峰淨強度，$I_{(B)}$ 為標準試片中元素 B 之波峰淨強度。

在相同之操作條件下量測標準試片中元素 A 與 B 之波峰淨強度即可求得 k_{AB} 值，再利用 k_{AB} 值對待測試片中所量測之波峰淨強度進行修正，其元素比例即可得知。

在 Cliff-Lorimer 法中已假設欲分析試片之厚度相當薄，可忽略吸收效應與螢光效應，但當試片太厚，此時必須考慮吸收效應並對 k 值進行修正。一般而言，螢光效應之影響比吸收效應小很多，因此通常在分析過程中可以忽略。

較薄的試片雖然可減少入射電子束所產生的吸收效應與螢光效應，但相對地所得到的波峰強度會減少許多，而造成計算上的誤差。增加試片厚度、加長分析時間或是加大電子束直徑皆可得到較多的 X 光訊號，但也引發吸收效應、試片漂移與空間解析度變差的問題，因此發展高輝度之穿透電子顯微鏡對奈米分析技術是一相當重要之課題。

6.4.10 能量散佈光譜儀之特徵

能量散佈光譜儀具有下例之優點：(1) 分析速度快、(2) 收集試片發出之 X 光的能力佳、(3) 利用較小尺寸的電子束在試片中產生 X 光的可能性，以及 (4) 非破壞性分析。

(1) 分析速度快

EDS 可一次取得完整的 X 光圖譜，而分析時間與電子束－試片作用時間有關，作用時間越短分析速度越快，但相對所得到的訊號也較弱。

(2) 收集試片發出之 X 光的能力佳

EDS 的偵測器可以靠試片非常近，因此有較大收集 X 光的立體角 (0.01－0.1 sr)，也因此可以收集到更多的 X 光，以及較高的計次速度。

(3) 利用較小尺寸的電子束在試片中產生 X 光的可能性

較小尺寸的電子束可使試片有較好的空間解析度 (spatial resolution)，因爲較小尺寸的電子束會使 X 光的逸離體積 (escape volume) 些微變小。在掃描式電顯微鏡中所加裝的 EDS，其所偵測到的訊號爲電子束與厚度較厚的塊材作用所產生的，所以其逸離體積會相當大，因此在空間解析度上無法有顯著提升。但在穿透式電子顯微鏡中，因爲其試片厚度遠小於逸離體積，所以可以假設 EDS 所偵測到的訊號爲電子束在試片中心進行一次散射所產生，因此其空間解析度可以大幅提升。

以理論模擬 (Monte Carlo) 的方式可以知道在不同的電壓與電流下，不同種類與不同厚度的試片所產生 X 光的逸離體積爲多少。因此在掃描式電子顯微鏡的系統上想得到較佳的空間解析度，可先藉由理論模擬來調整其加速電壓與電流的大小。

(4) 非破壞性分析

進行 EDS 分析時是藉由電子束與試片的作用產生特徵 X 光，因此於分析時若試片具有良好的導電性質，電子束並不會造成試片損壞，而此試片在分析後亦可再進行其他不同的實驗或分析。

但在 EDS 分析上仍具有部分缺點：如解析度較差、試片需具有導電性及偵測過程中的僞像。

(1) 解析度較差

X 光能峰的解析度隨著 X 光能量變化，亦會有變動，在 EDS 中約 100－200 eV，在分析上能量接近的 X 光能峰會有重疊的情況。

(2) 試片需具有導電性

由於 EDS 的分析是藉由電子與試片作用，因此試片必須具備有良好的導電性質，故在分析非導體或高分子等材料時必須鍍覆導電層。導電層一般為碳膜，由於碳的原子序較小，當特徵 X 光產生時較不易被導電層吸收，但相對在分析碳的濃度上就會有相當程度的誤差。

(3) 偵測過程中的偽像

EDS 會產生一些額外的能峰，如逸離峰、和積峰與矽峰，以及光譜中不連續的金之吸收峰。而真實的 X 光能峰也被扭曲，如波峰質及半高寬 (FWHM) 都會改變。

6.4.11 EDS 操作參數選擇

1. 加速電壓：加速電壓值必須高於激發 X 光的臨界電壓，而產生 X 光 (*K*、*L*、*M*) 最有效率的加速電壓一般的選擇是 X 光電壓的 2.5－3 倍。
2. 電子束直徑大小：電子束直徑越大，則電子束所含電子越多，而且會有較多 X 光發生。但是太大的電子束尺寸會導致較大的 X 光逸離體積，進而造成空間解析度變差。
3. 試片及偵測器幾何形狀的相互關係：改變工作距離與轉動試片，及調整偵測器與試片之間的距離，會改變偵測器與試片之間的相對位置 (line of sight)、收集 X 光的立體角、偵測器的出射角度 (take-off angle)，這些改變都會影響偵測器收集的 X 光的數量及能量。

偵測器與試片之間的相對位置 (line of sight) 是指 X 光以直線進入偵測器，若試片凸起的部分位於 X 光激發區與偵測器之間，則 X 光不會到達偵測器。如果 X 光直線到達偵測器的路徑受到妨礙，則會有 X 光陰影 (shadow) 的情況發生。當收集 X 光的立體角增加，則到達偵測器的 X 光數量亦會增加。進行 EDS 分析時，通常偵測器可移動至與試片很接近處。偵測器所收集到 X 光的量與試片到偵測器距離的平方成反比。所以在進行 EDS 時，盡量將偵測器移近試片，可增加立體角，但亦需注意，偵測器不可過於靠近，以免造成偵測器窗口的損壞。

出射角度是指試片表面與偵測器中心 line of sight 所夾的角度，如圖 6.55 所示。此出射角度可決定 X 光被試片吸收的量，角度越小，則 X 光行進至試片表面逸出的路徑越長，因此從試片表面釋出的 X 光越少。出射角度可藉由兩種方式增大，第一種方法是將

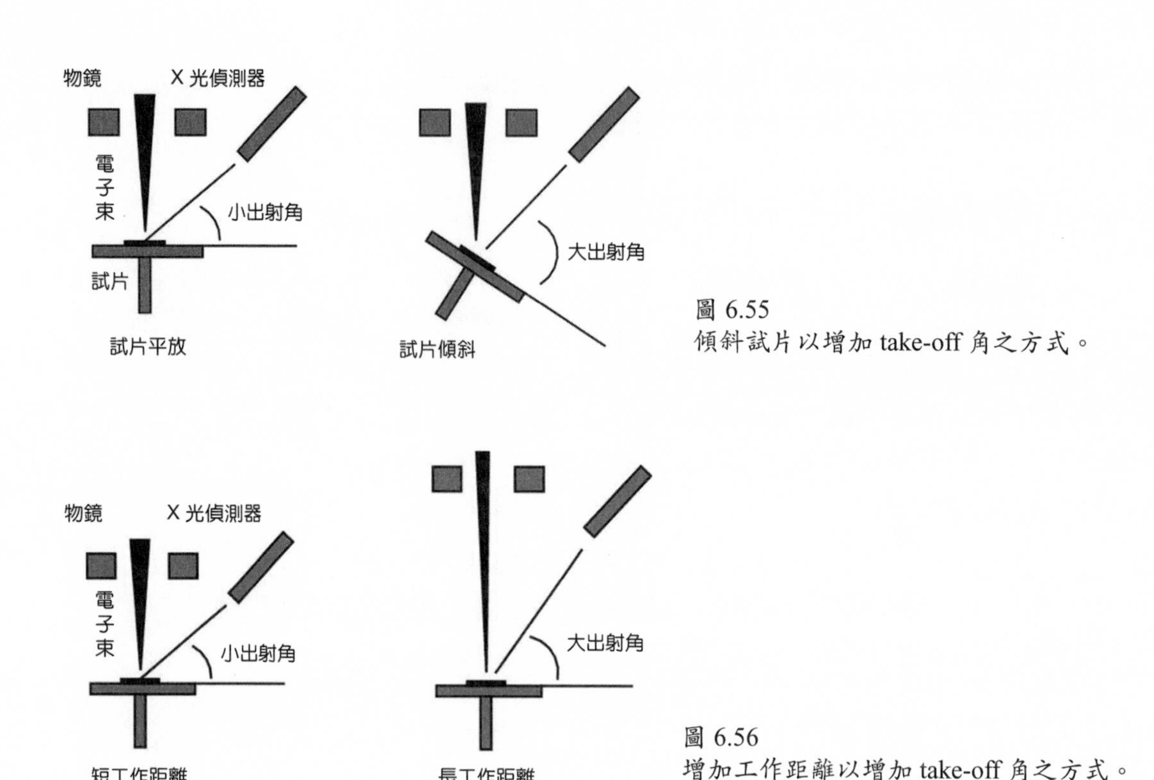

圖 6.55
傾斜試片以增加 take-off 角之方式。

圖 6.56
增加工作距離以增加 take-off 角之方式。

試片傾斜面向偵測器，以縮短 X 光逸出時在試片內所必須行進的距離；第二種方法是增加工作距離 (working distance)，然而增加工作距離會相對減小立體角，導致收集的 X 光能量降低，如圖 6.56 所示。

6.4.12 EDS 實際應用

X 光能譜散佈分析儀可以快速的進行組成分析或是元素分布的量測，因此在許多研究中經常被使用，以下將舉幾個例子說明 EDS 之實際應用。

圖 6.57 為利用高解析穿透式電子顯微鏡所得到的影像，可清楚看到結晶態的 SiC 晶粒，與非晶態的晶界。為瞭解 SiC 之晶界與晶粒成分的差異，分別針對 SiC 之晶界與晶粒進行 EDS 分析，可在圖 6.58(a) 中清楚看到 Al 的特徵 X 光峰，而在圖 6.58(b) 中則 Al 的訊號相對弱很多，其表示大多數的 Al 聚集在 SiC 的晶界上。另一個例子為利用 X 光地圖 (X-ray mapping) 的方式瞭解各種元素濃度分布的情況，顏色越亮的部分表示該區域中欲偵測的元素濃度越高，從圖 6.59 可以觀察到在 BEI (backscattered electron image) 影像中深灰色的區域具有較高濃度的 O 元素，而 BEI 影像中淺灰色的區塊則是較高濃度的 Mn 元素。

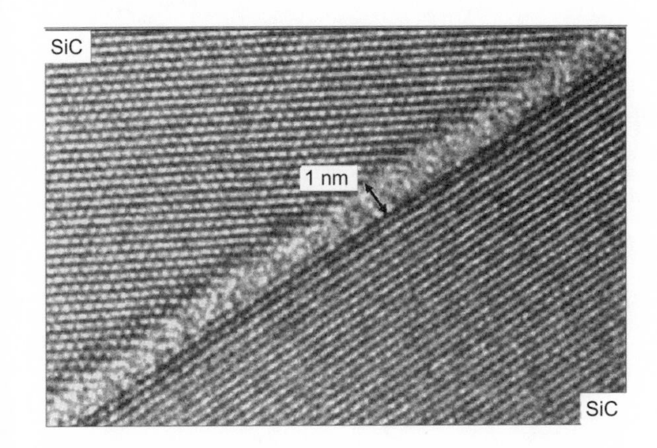

圖 6.57
SiC 晶界之高解析穿透式電子顯微鏡影像。

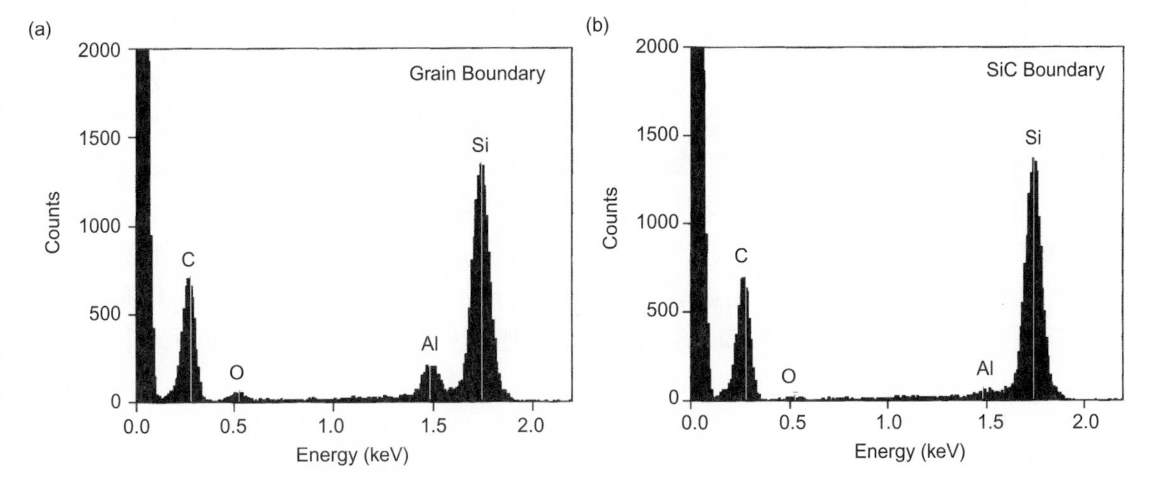

圖 6.58 (a) SiC 晶界之 X 光能譜，(b) 鄰近 SiC 晶粒之 X 光能譜。

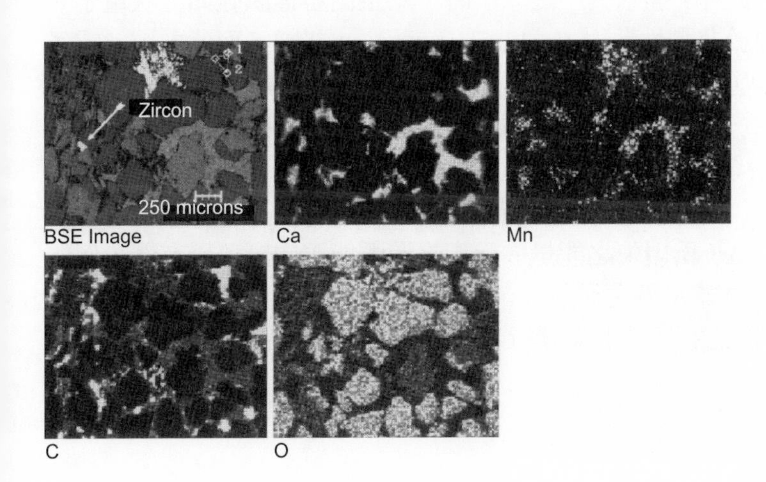

圖 6.59
BEI 影像與各元素之 X 光地圖。

6.4.13 結語

X 光能量散佈分析儀對奈米科技的發展相當重要，由 EDS 的分析可在較短的操作時間內，利用非破壞式的分析方式定性或定量量測待測物之成分及濃度比，此外，亦可藉由線掃描或是面掃描來分析特定元素分布之情況。EDS 的技術發展可促進奈米科技的日益進步，未來，開發性能更好的電子顯微鏡及 X 光偵測器亦是一重要課題，更精良的分析儀器將可提供更多準確的資訊，提升學術與科技界的研發能力。

6.5 電子能量損失能譜分析術

穿透式電子顯微鏡 (TEM) 中的電子能量損失能譜術 (electron energy-loss spectrometry, EELS) 與能量過濾 TEM (energy filter TEM, EFTEM) 具有高空間解析度的分析能力，可以有效地分析輕元素，在奈米材料與元件分析上有許多優點，包括奈米區域元素的鑑定分析與分布，還有電子結構與材料半導體與介電性質的測量。這十年來的 EELS 進展非常迅速，也成為日常例行性的分析方法。然而，雖然 EELS 與 EFTEM 具有強大的功能，但在操作與數據處理上需要對其原理與實務有深入的了解與掌握，才能設定正確的實驗條件，進而得到正確的結果；相對地 X 光 EDS 分析則較為簡易。本節將從非彈性散射原理作簡單的描述，接著敘述 EELS 儀器構造、數據擷取與分析及定量分析，最後針對 EFTEM 加以說明。

6.5.1 電子束與原子之間的作用

當高能量電子束穿過 TEM 試片，撞擊其中之原子時，產生出各種訊號如二次電子、聲子、X 光、Auger 電子，皆屬於非彈性散射 (inelastic scattering) 訊號，而背向散射電子及繞射電子等，為彈性散射之訊號。當非彈性散射訊號產生時，入射電子損失一部分的能量。例如當原子內層軌域之電子被入射電子撞擊離開原子，即原子被游離，此時入射電子損失之能量相當於使原子游離所需之能量，如圖 6.60 所示。因此，若能測量到穿透電子之能量，即可從而得到元素之游離能，而分析出元素之種類。通常入射電子之能量為 E_0，穿透電子之能量 $E_0-\Delta E$，ΔE 為損失之能量。元素之游離能跟內層軌域有關，例如鉑之游離能如表 6.6 所列，以最內層 K 層之游離能最大，次為 L 層與 M 層。各元素各層之游離能亦不盡相同，這也是 EELS 可以用來分析各種元素之基礎。絕大部分的穿透電子並未損失任何能量。

第 6.5 節作者為張立先生。

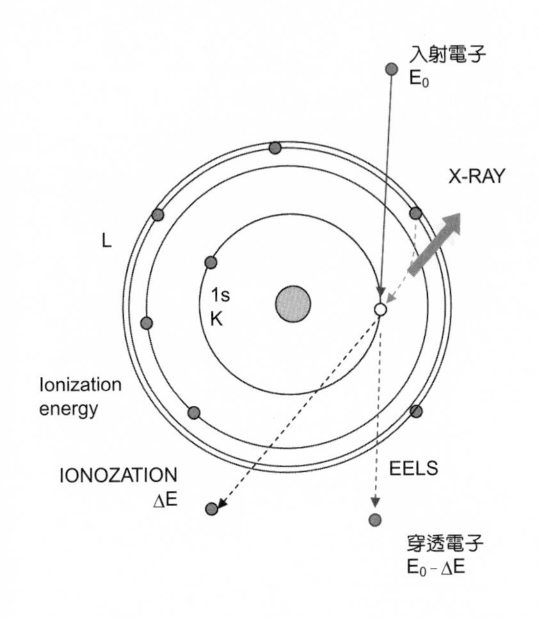

圖 6.60
入射電子 (動能 E_0) 游離原子內層軌域之電子，損失能量 ΔE，剩餘之能量爲 $E_0-\Delta E$。

表 6.6 Pt 元素之游離能與內層軌域之關係。

內層軌域	K	L_I	L_{II}	L_{III}	M_I	M_{II}	M_{II}	M_{IV}	M_V
游離能 (keV)	78.39	13.88	13.27	11.56	3.296	3.026	2.645	2.202	2.212

6.5.2 EELS 構造與偵測原理

EELS 構造在 TEM 依位置可以分爲鏡體內 (in-column) 與鏡體後 (post-column)，鏡體後之 EELS 較爲常見，以 Gatan 公司之產品爲主；鏡體內之 EELS 則以 Zeiss 與 JEOL 之 TEM 爲代表。兩者主要皆以磁場偏折電子 (勞倫茲力 $\mathbf{F} = -e\mathbf{v}\times\mathbf{B}$，$\mathbf{v}$ 爲電子之速度，$\mathbf{B}$ 爲磁場)，能量愈小的電子偏折的程度愈大。Gatan 之 EELS 較爲普及，以下只介紹此種儀器。 穿透電子束先經過入口光圈，經過線圈聚焦調整之後，進入磁稜鏡。以磁稜鏡而言，如圖 6.61 所示，磁場方向 $\mathbf{B}$ 垂直紙面，磁場偏折電子將近 90°，曲率半徑 $R = \gamma m_0 v / eB$ ，其中 B 是磁場，m_0 是電子質量，v 是電子速度，γ 是相對論修正因子。偏折電子撞擊 CCD 之 YAG 螢光板之位置，產生分散 (dispersion)，從 x 軸之座標即可測出穿透電子之能量，例如 $x = 0$ 爲 $E = E_0$ ($\Delta E = 0$)。受到 CCD 尺寸限制，一般可測量的 ΔE 範圍約爲 2000 eV。

EELS 的能量解析度是由電子槍之能量散佈 (energy spread) 決定，而非能譜儀本身。一般而言，熱游離之鎢絲與 LaB_6 約 1－2 eV，ZrO/W Schottky 發射約 0.8－1 eV，冷場發射 ~0.3 eV。EELS 的能量解析度可由零損峰之半高寬得知。

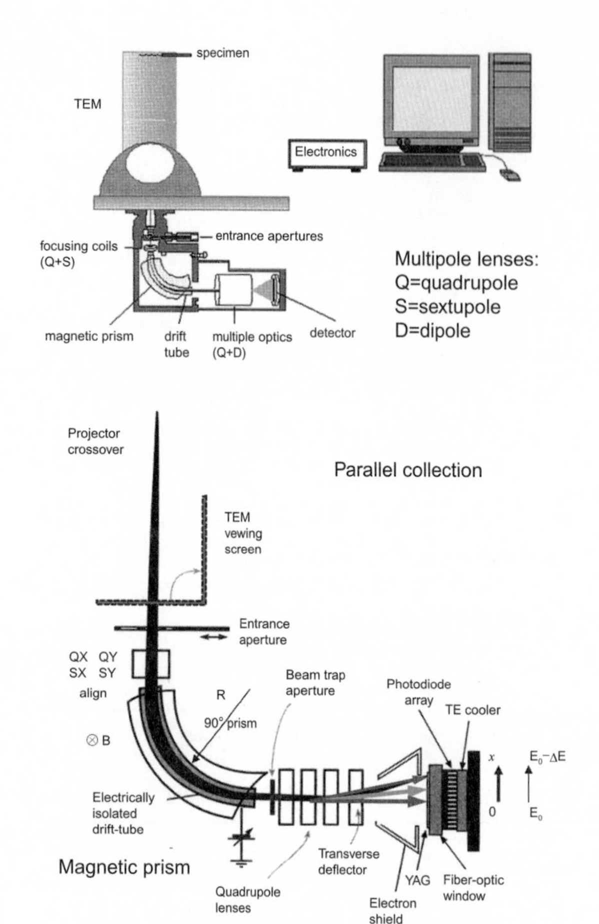

圖 6.61
Gatan Enfina system EELS 儀器與構造示意圖[27]。

EELS 能譜儀極易受到外界的干擾而變得不穩定，特別是電磁干擾、電力、震動。EELS 操作時，通常能量位置要準確，強度要最高。因此調校時，入口光圈位置、*xy* 聚焦、能量發散 (dispersion, eV/channel) 與範圍、暗電流 (dark current) 與增益參考 (gain reference) 都要逐一進行。此外，電子束強度不可超過 CCD 飽和值，以免損傷 CCD。在擷取能譜時，要先決定採用 TEM 影像模式或繞射模式，能量範圍 (如 0－200 eV 或 200－1000 eV)、擷取時間與次數。在繞射模式，則需決定照相長度，由照相長度與入口光圈直徑可以定出收集角 (collection angle)，這是定量分析需要的資訊。繞射模式的空間解析度較佳，若用聚焦之電子束做打點，解析度接近電子束之尺寸，場發射 TEM 可以得到 10 nm 以下之 EELS 能譜。影像模式空間解析度跟入口光圈直徑與影像倍率的比值有關，但是在高倍率與小光圈時，最好的空間解析度約 100 nm，這是因爲色像差的效應造成的偏差，使得旁邊區域之穿透電子有機會進入 EELS 能譜儀之中。

6.5.3 EELS 能譜分析

EELS 能譜可分爲三個區域，如圖 6.62 爲 Si 之 EELS 能譜 (縱軸是對數之強度)，一是零損區，以零損峰 (zero loss peak，$\Delta E = 0$) 爲主，這是強度最強的區域，但在元素分析上，不具任何意義；除了做爲能量解析度測試用之外，只能作爲參考及數據處理之用。第二個區域是低損區 (low loss)，在 $\Delta E < 50$ eV 的範圍，主要呈現電漿子 (plasmon) 峰，還有某些元素之 N 或 M 邊線 (edge)。電漿子以金屬而言，是受到電子束的激發，其中的自由電子集體震盪而產生的量子行爲，電漿子能量 $E_P = \hbar\omega_P$ ，角頻率 $\omega_P = \sqrt{ne^2 / \varepsilon_0 m_0}$ ，n 爲電子密度，ε_0 爲介電常數 (permittivity)。對大部分材料而言，電漿子的能量差異不大，在元素分析的用途不大。然而，電漿子可以用來測量 TEM 試片之厚度 t，$t/\lambda = \ln(I_t / I_0)$，其中 λ 是電子之非彈性碰撞的平均自由路徑，I_t 爲能譜之總強度，I_0 爲零損峰之強度，如圖 6.63 所示。λ 與試片組成與加速電壓有關，一般在 50－200 nm。當試片厚度很薄時，大概會出現一電漿子峰，而很厚時，會有數個電漿子峰出現，都是在整數倍之電漿子峰之能量位置出現，如圖 6.64 所示，因爲發生非彈性散射之次數增加的緣故，亦即多次散射 (plural scattering)。低損區之訊號還可以從中做半導體能隙分析及介電性質分析。

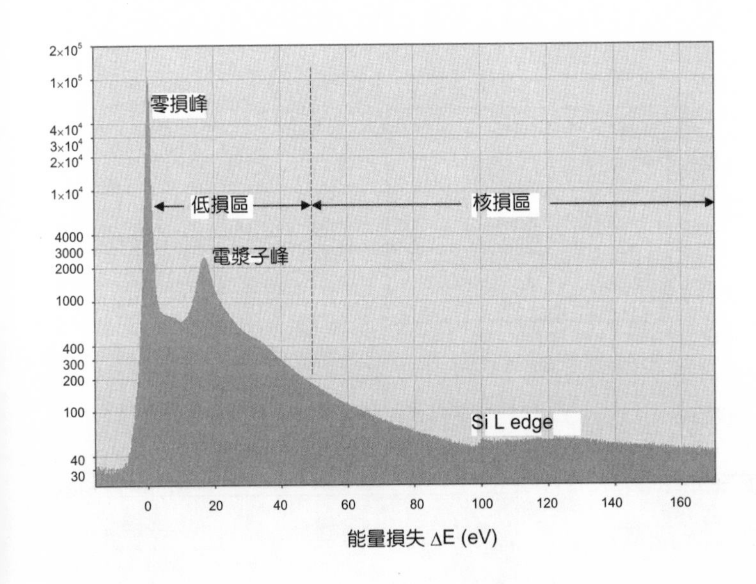

圖 6.62
Si 之 EELS 能譜。

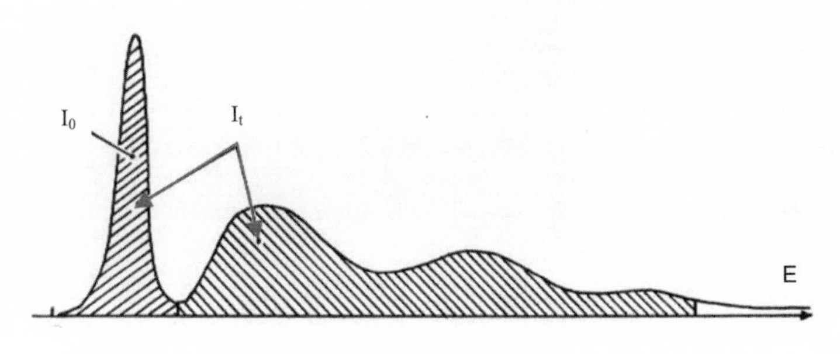

圖 6.63
測量 TEM 試片之厚度所使用的強度。

在 $\Delta E > 50$ eV 的範圍則屬於核損區 (core loss)，是原子內層電子游離所造成的，以鋰 (Li) 元素，K 層游離能約 55 eV，碳約 285 eV。核損區是 EELS 元素分析的主要區域。從核損區的能譜中，可以觀察特定元素之邊線，從而分析出元素之種類，例如圖 6.65 為 BN 之 EELS 能譜，B 之 K 邊線，在 188 eV 附近，而 N 之 K 邊線在 399 eV 附近。圖 6.66 是另一例子，顯示 YBaCuO 高溫超導氧化物中的 O 之 K 邊線、Ba 之 M 邊線、Cu 之 L 邊線。從邊線之能損位置，對照資料庫中的游離能，即可定出元素。相對於 X 光分析 (EDS)，EELS 較容易測定出 He、Li 、Be 等元素。

在每一個邊線的前方 (pre-edge) 都有隨 ΔE 增加而下降之強度變化，這是屬於背景值 (background)，是來自於穿透電子與原子中的電子之間的庫倫作用，致使穿透電子連續損失能量。

K、L、M 等邊線各有其特徵，如圖 6.67 所示，在 EELS 能譜偵測範圍 (0－2000 eV)，輕元素多半會出現 K 邊線，K 近似鋸齒狀 (saw-tooth shape)；3d 過渡金屬則出現 L 邊線，L 較為斜，有些有清楚且很強的雙峰出現，這是白線 (white lines)，係 $2p_{1/2}$ 和 $2p_{3/2}$ 軌域的電子被激發至未填滿之 d 軌域而產生的；重元素以 M 邊線為主，M 延遲上升的形狀為主，有些元素也有白線。

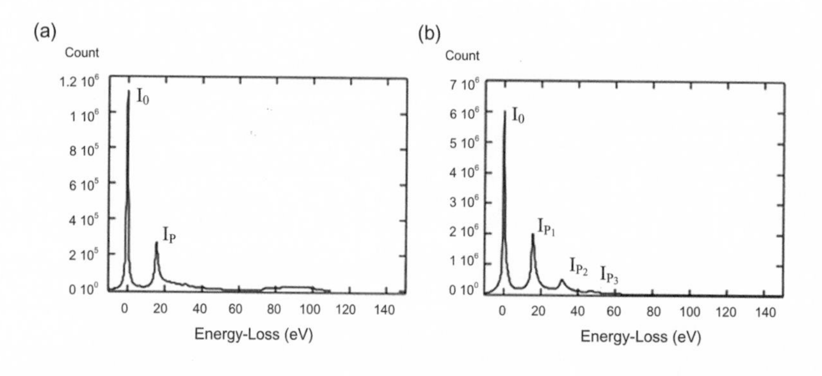

圖 6.64
TEM試片之厚度跟電漿子峰之關係。(a) 很薄之純鋁試片電漿子峰 Ip 在15 eV位置，(b) 較厚之純鋁試片有數個電漿子峰出現[23]。

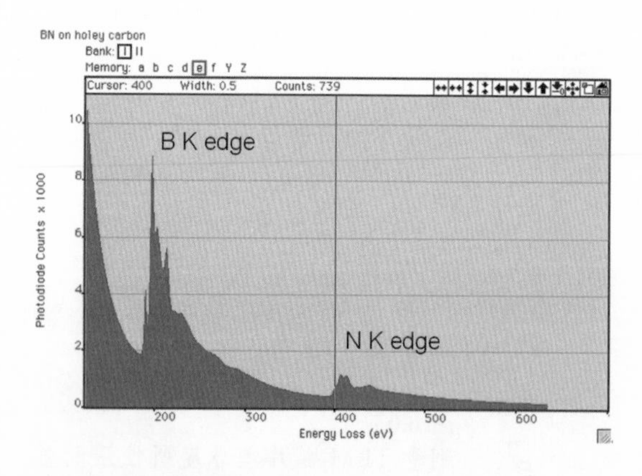

圖 6.65 BN 之 EELS 能譜。

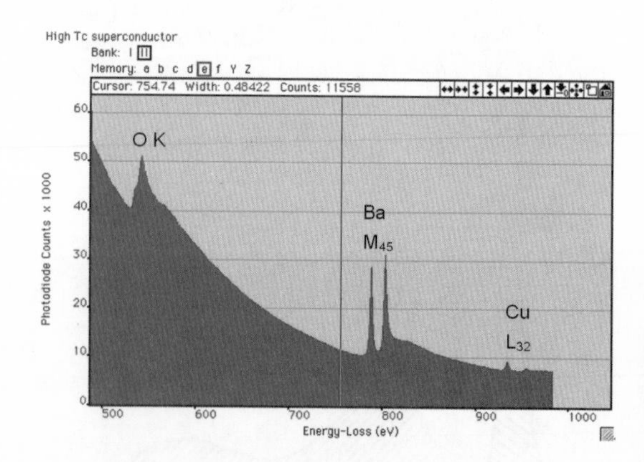

圖 6.66 YBaCuO 之 EELS 能譜。

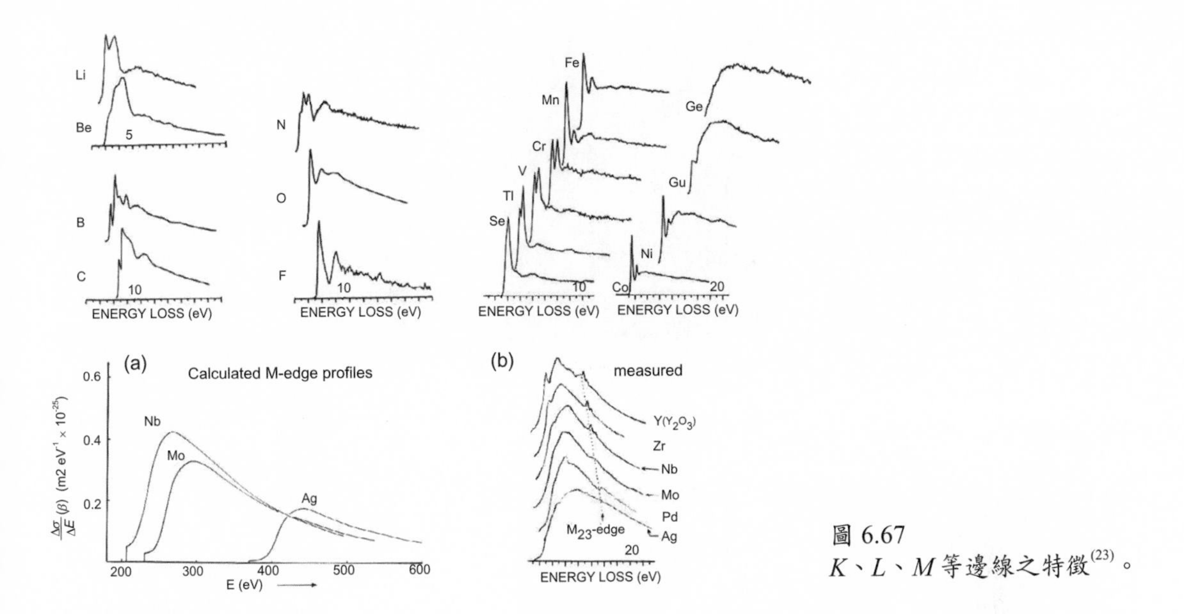

圖 6.67
K、L、M 等邊線之特徵[23]。

6.5.4 定量分析

繞射模式所得出之 EELS 能譜才可進行定量分析。此外，擷取能譜之電子束能量與收集角也需知道。另一方面，能譜需是近似單次散射 (single scattering) 之結果，定量分析才會較爲準確。一般之能譜可用 Fourier-ratio 或 Fourier-log 反卷積法 (deconvolution) 加以處理，得到近似單次散射之能譜，如圖 6.68 是 BN 能譜，經過 Fourier-log 反卷積法處理後，B 和 N 之邊線訊號更爲突顯。多次散射之能譜可能會出現電漿子之訊號，降低躍升比 (jump ratio, S/B)，如圖 6.69 所示，易使邊線訊號被遮掩掉。

當測定出元素之邊線後，即可進行 EELS 定量分析，但是需要先將背景值扣除，如圖 6.70 所示。背景值的扣除通常是用經驗公式以冪次律 (power law) Ae^{-r} 做擬合分析 (fitting)，其中 A 與 r 都爲可調變的參數。可用電腦進行，找出計算的背景之曲線是否符合實驗觀察之變化，若很接近，則將曲線公式外插至邊線區域下方，加以扣除之後，所得到之強度即爲該元素的原子的數目所貢獻之訊號。

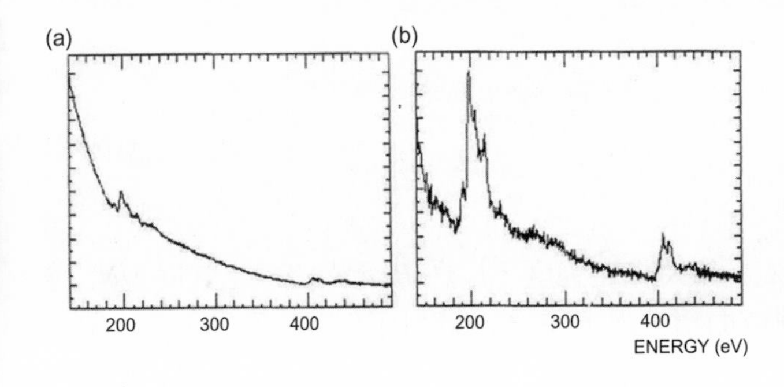

圖 6.68
BN 試片厚度 $t/\lambda = 1.2$、$E_0 = 80$ keV、$\beta = 100$ mrad。(a) 原始之能譜顯示 B 和 N 之邊線；(b) 經過 Fourier-log 反卷積法處理後之能譜[23]。

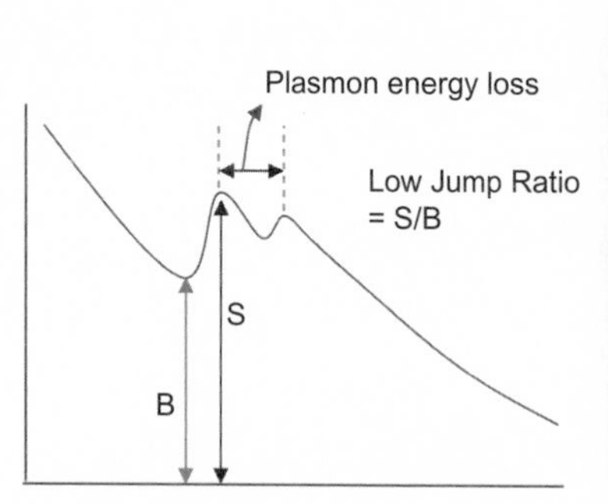

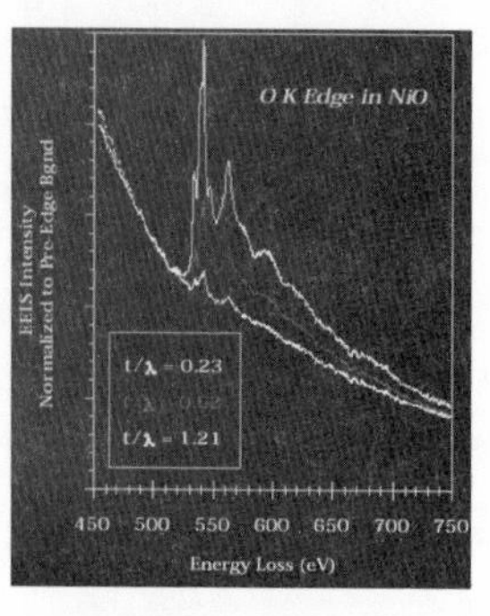

圖 6.69
試片厚度對核損之邊線形狀與高度之影響[28]。

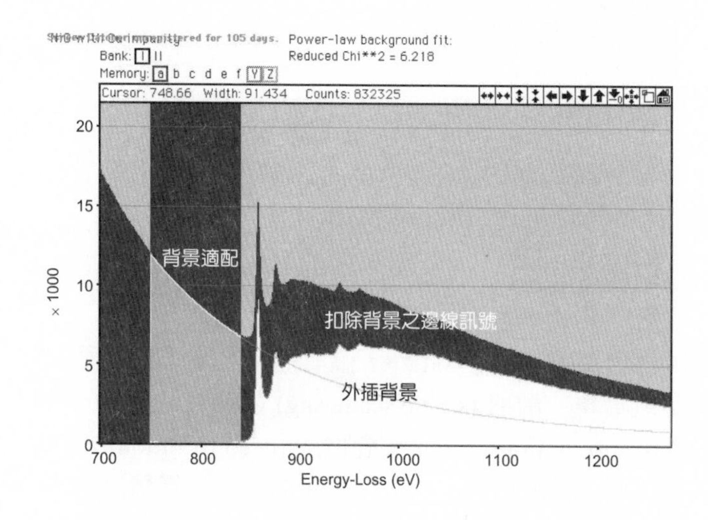

圖 6.70
背景值之適配與扣除。

得到訊號強度 (I_A 或 I_B) 之後，接著可以用下列式子計算原子濃度。如果入射電子束之強度 (I_0) 是已知的話，則可以算出絕對值 N_A 或 N_B；但是 I_0 若不確定，則可算出相對之比值 (N_A/N_B)。

$$I_A = I_0(\beta,\Delta)\, N_A\, \sigma_A(\beta,\Delta) \tag{6.40}$$

$$I_B = I_0(\beta,\Delta)\, N_B\, \sigma_B(\beta,\Delta) \tag{6.41}$$

$$\frac{N_A}{N_B} = \frac{I_A}{I_B}\frac{\sigma_B(\beta,\Delta)}{\sigma_A(\beta,\Delta)} \tag{6.42}$$

其中，I_0 為入射電子束之強度，I_A 為 A 元素邊線之強度，I_B 為 B 元素邊線之強度，N_A 為單位面積中之 A 原子的數目，N_B 為單位面積中之 B 原子的數目，β 為收集半角，Δ 為能

量選取範圍 (energy window)，通常是 20－50 eV，σ 爲游離橫截面積 (cross section)，不同元素、不同之內層軌域有不同之游離橫截面積，可用模擬計算或實驗得到。定量分析的準確性通常在 20% 左右，主要是受到游離橫截面積的準確性影響。

EELS 偵測極限分成最小可偵測到之原子數目 (minimum detectable number of atoms, MDN) 或是最小可偵測到之比值 (minimum detectable fraction, MDF)，入射電子束之強度愈強，MDF 與 MDN 之數值會更小，可到 ppm 或數個原子之程度。

6.5.5 細微結構

在高於游離能的 50 eV 範圍內，如圖 6.71 所示，邊線有細微之結構 (energy-loss near-edge structure, ELNES) 反應出在費米能階 (Fermi level, E_F) 以上電子能態密度 (density of states) 的變化，電子從內層軌域被激發至未佔滿能態 (unoccupied states)，因此跟電子組態有關係。在高於游離能的 50－200 eV 範圍內，則有延伸細微之結構 (extended fine structure, ELEXFS)。ELNES 與 ELEXFS 跟 XANES (X-ray absorption near-edge structure) 與 EXAFS (extended X-ray absorption fine structure) 非常類似，差別是尺寸與能量解析度，X 光束之尺寸大 (~μm－mm) 且能量解析度佳；電子束尺寸小 (~μm－nm)，但是能量解析度差。

圖 6.72(a) 顯示石墨與鑽石之 EELS 能譜，兩者皆爲純碳，但是石墨爲 sp^2 鍵結，而鑽石爲 sp^3 鍵結，兩者之 ELNES 呈現不同的特徵。圖 6.72(b) 爲另一例子，分別是純金屬的銅與氧化銅的能譜，顯示銅的 L 邊線，L 邊線是由 L 層電子被激發脫離 L 層而填補至未填滿傳導帶；因爲金屬銅的 d 軌域已填滿，而氧化銅的則未填滿，說明兩者之電子組態不同，因此有不同的形狀。同樣地，含有 Ti 之氧化物的能譜如圖 6.73 所示，Ti 皆以 +4 價存在，但是在不同的晶體結構，與旁邊的原子鍵結或配位數的差異 (不同的電子組態) 造成 L_3/L_2 邊線有不同的形狀與能量位置。

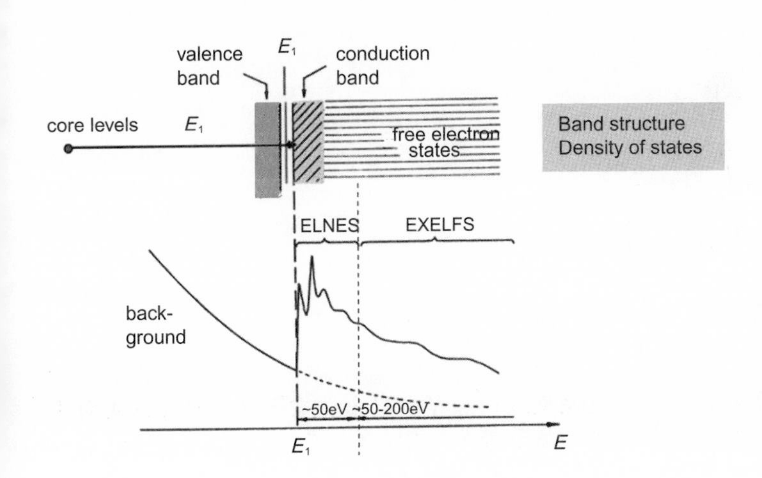

圖 6.71
能譜中邊線細微結構與能帶結構之關係示意圖，原先在原子內層軌域之電子被激發至費米能階之上的空能態[26]。

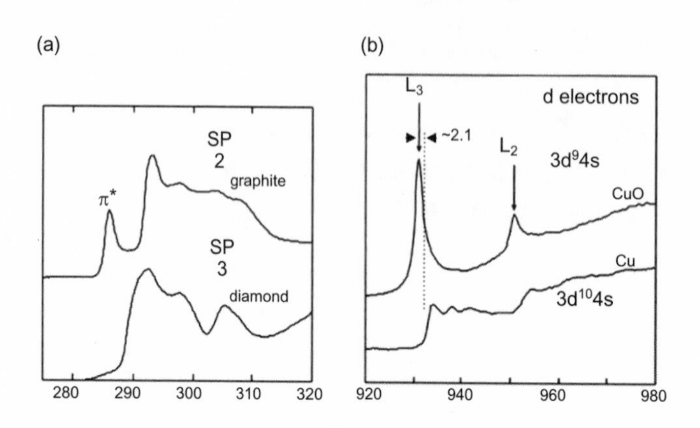

圖 6.72 (a) 石墨與鑽石之 EELS 能譜，(b) 純金屬的銅與氧化銅的能譜[23]。

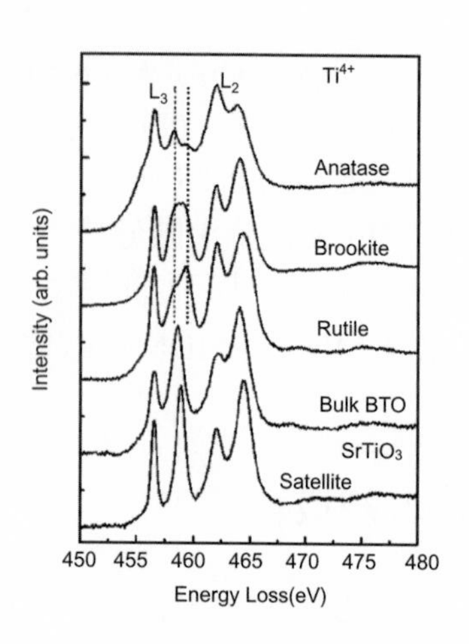

圖 6.73 含 Ti 之氧化物 TiO_2 (anatase, brookite, rutile)、$SrTiO_3$、$BaTiO_3$ 之能譜，顯示 Ti L_3/L_2 邊線，每一氧化物皆有 Ti^{+4} 離子[29]。

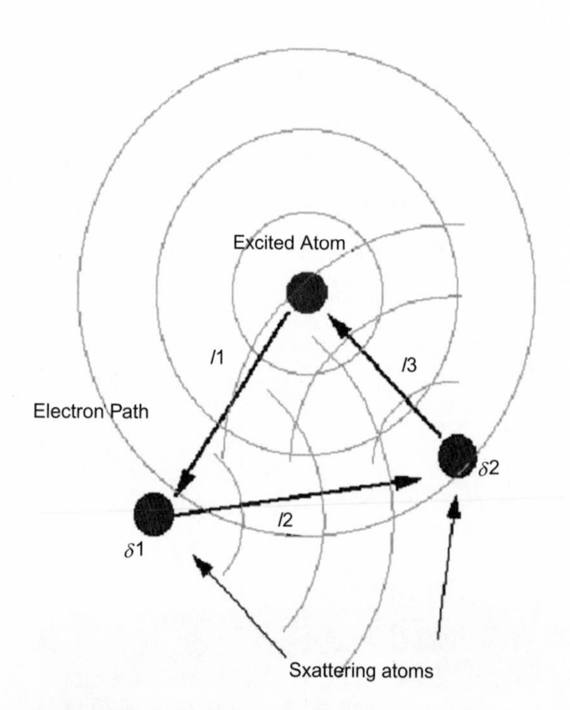

$\Gamma = l1 + \exp(i\delta 1) + l2 + \exp(i\delta 2) + l3$

Constructive interference occurs for $\Gamma = n\lambda$

Destructive interference occurs for $\Gamma = (n+1/2)\lambda$

圖 6.74

從被激發的原子所射出之電子以球面波方式向旁邊的原子前進而受到散射之後，產生干涉。

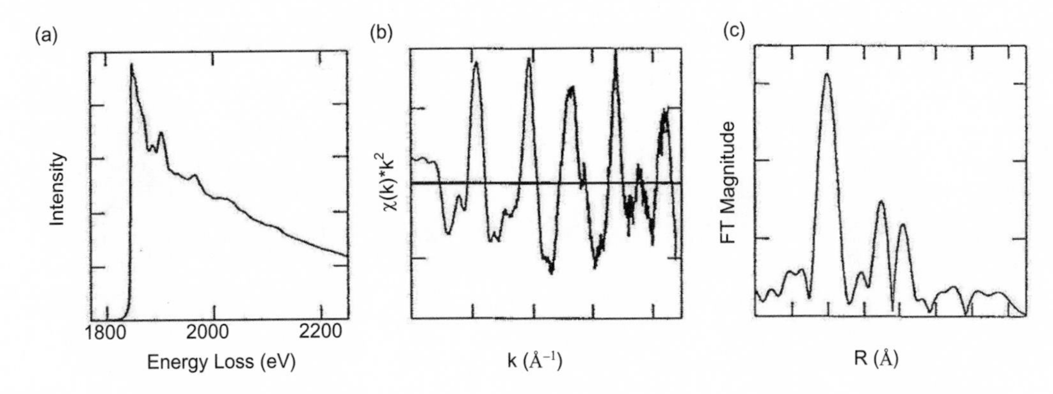

圖 6.75 Si *K*-edge 之 ELEXFS 結構，(a) 去除背景之邊線能譜，(b) 從能譜中延伸之強度變化以 $\chi(k)$ 對波向量 **k** 作圖，(c) 對 $\chi(k)$ 做 Fourier 轉換之徑向函數分布圖[30]。

ELEXFS 主要是被游離出的電子以球面波的形式傳遞至其他相鄰的原子，再反彈回來，如同繞射，互相之間產生建設性與破壞性干涉，如圖 6.74 所示，因此強度上有週期變化，從週期的變化可以得到鍵結長度與配位數等訊息。圖 6.75 是 Si 之 *K* 邊線經過 Fourier 轉換可以得到鍵長 (R)，先扣除背景，接著以一適配的平滑曲線跟有起伏之延伸實驗強度相減，將所得之強度 χ 對波向量 (wave vector, **k**) 作圖，如圖 6.75(b) 所示，再將圖 6.75(b) 做 Fourier 轉換，就可以得到徑向分布函數 (radial distribution function)，其中較強之峰值所對應之 R 即為最近之配位數之距離，也就是鍵長。

6.5.6 能量過濾穿透式電子顯微鏡 (EFTEM)

EFTEM 與 EELS 的構造相似，但是加裝能量狹縫 (energy slit)，可以選擇特定能量的穿透電子以形成影像，從而得到特定元素的分布圖 (map)。如圖 6.76 所示，狹縫位置可以上下移動，狹縫的開口 (Δ) 也可大可小 (Δ 的寬度 5－50 eV)，只讓特定能量與相關範圍的電子經過，如同過濾器一般，最後到達 CCD 相機成像，CCD 為二元之面積，像素從 1024×1024 到 4096×4096。在能量過濾器中有許多透鏡，主要是用來修正像差與聚焦。

EFTEM 的優點是電子束是以較大尺寸直接照射 TEM 試片，不做掃描，因此可以很快的擷取元素分布圖，時間從 1 秒至 1 分鐘，遠比 X 光 EDS 快，減少試片漂移與碳斑的污染。EFTEM 的空間解析度遠比 X 光 EDS 的解析度佳。

EFTEM 是一種電子能譜成像法 (electron spectroscopic imaging, ESI)，有兩種模式呈現元素的二維分布圖：一是元素分布圖 (elemental map)，另一是躍升比圖 (jump ratio map)。元素分布圖又稱三個視窗法 (three-window method)，如圖 6.77 所示，是取兩張邊線前 (pre-edge) 之影像 (分別對應 ΔE_1 和 ΔE_2)，另取一張邊線後 (post-edge) 影像 (對應 Δ

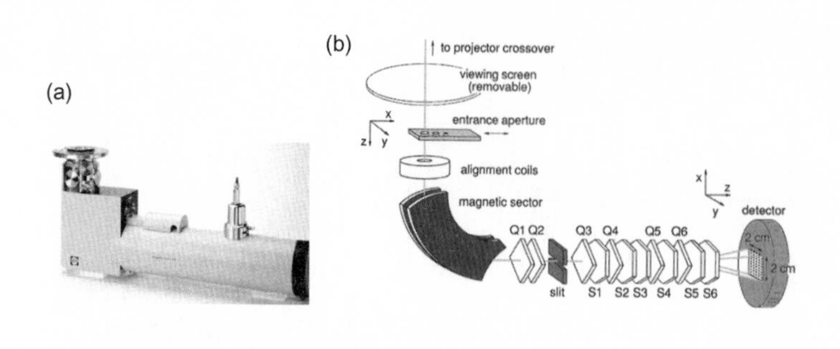

圖 6.76 (a) EFTEM 所用之 Gatan Imaging Filter 裝置，(b) 結構示意圖[27]。

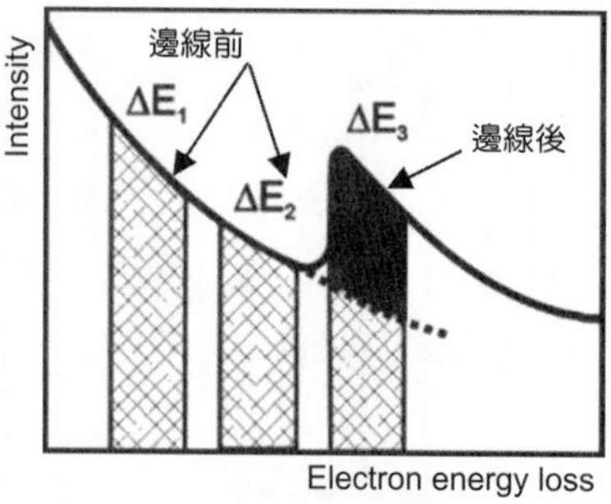

圖 6.77 三個視窗法。

E_3)；兩張邊線前之影像用線性方式得到背景曲線，再外插至邊線後影像之範圍，加以扣除對應之背景之後，得到元素分布圖，其中的強度跟濃度有關，可做定量分析之用，但是在結晶材料之試片容易受到繞射對比的影響而改變強度。躍升比圖只取一張邊線前之影像與一張邊線後之影像，然後將邊線後之影像除以邊線前之影像，即可得到躍升比圖，圖 6.78 顯示 In 元素之分布。躍升比圖可以定性方式觀察元素分布的情形，並且降低繞射對比的影響，但是不能用來做定量分析。以下以三個例子說明 EFTEM 的用途。

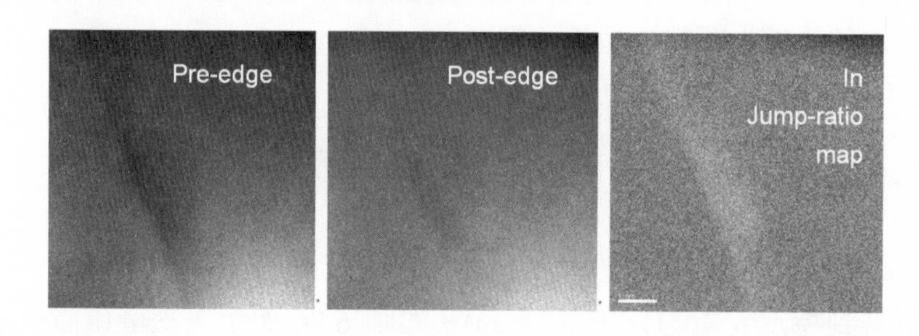

圖 6.78
躍升比圖。在 M 邊線 ΔE 為 443 eV、能量狹縫為 20 eV 時，試片 GaAs 中之 InAs 量子點。

圖 6.79 為 IC 元件的 EFTEM 影像，zero loss image 是以無能量損失之穿透電子形成影像，其他分別是氧、氮、鈦、鋁之成分分布，Ti 有三種的強度分布，較弱之區域對應 N 之區域，故為 TiN，在下方較弱層是 Ti。最強的一層對應有氧分布的區域，是約 10 nm 厚介於有 Ti/TiN 兩層之間的 Ti 氧化層。另外氧的分布很明顯的出現 TiN/Al 界面，也對應 Al 訊號最強之區域，故為 Al_2O_3，而純鋁與矽兩者亦有 Al 之訊號，這個差異是因為 Al 跟 Al_2O_3 的 Al K 邊線之 ΔE 位置不同，能量狹縫的寬度對應 Al_2O_3 較強的訊號範圍。

圖 6.80(a) 為 BF-TEM 影像，顯示 IC 元件中的金屬導線之結構，圖 6.80(b) 為 EFTEM 影像，最亮的區域顯示鈦元素的分布，這是 BF-TEM 影像對比無法呈現的。

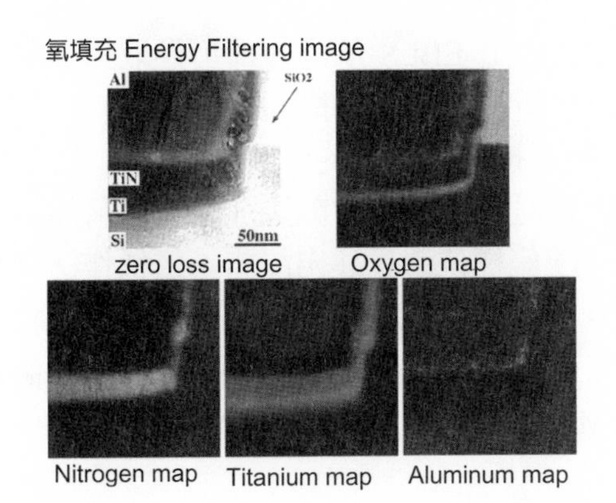

圖 6.79 IC 元件之 EFTEM。

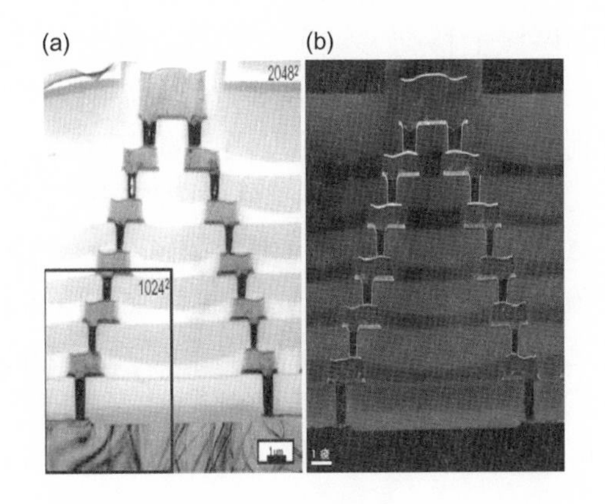

圖 6.80 鋁導線之 EFTEM[31]。

圖 6.81(a) 是合金鋼材的 BF-TEM 影像，無明顯之微觀結構特徵。圖 6.81(b) 為鐵元素的分布，亮區是鐵較高的區域，暗區則是鐵含量偏低之區域。圖 6.81(c) 亮區顯示釩 (V) 元素分布較高之區域，屬於細小顆粒之碳化物 (~50 nm)；圖 6.81(d) 最亮之區域顯示含有高濃度鉻 (Cr) 之大顆粒碳化物分布之區域；次亮之區域則對應到鉬 (Mo) 含量高之碳化物之分布，呈細長條狀 (約 30 nm 寬)。

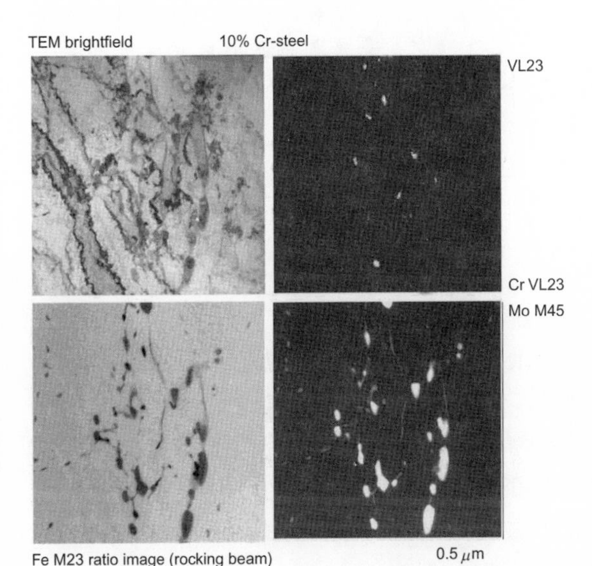

圖 6.81
(a) 10% Cr 合金鋼材之 BF-TEM 影像，(b) 對應之 Fe M23 躍升比圖，(c) V 元素分布重疊圖，(d) 灰色部分為 Mo，較亮部分為 Cr[32]。

除了以 EFTEM 做元素分布圖之外，亦可用 STEM-EELS 方式取得元素分布圖，又稱能譜成像法 (spectrum imaging)，如圖 6.82 所示。在 STEM，電子束以掃描方式在試片表面區域上移動，電子束在每一個位置的穿透狀況經由 EELS 偵測，即可擷取對應的能譜。從每一個能譜中相關的元素游離邊線強度，重新在對應的掃描面積呈現出來，即可得到元素分布圖，並且可做定量的元素分布圖，但是掃描與擷取的時間較長。

在 EFTEM 亦可從位移能量狹縫得到一連串不同能量損失的影像，亦即沿著能量損失 ΔE，選取一組過濾影像，再從每一影像的 (x, y) 座標位置重建出能譜，這種作法又稱成像能譜法 (imaging spectrum)，如圖 6.82 所示；重建出的能譜之能量解析度跟能量狹縫的寬度有關。這種作法也相當耗時，才能取得完整的一組數據，好處是可以得到各個不同位置的定量組成及電子結構。EFTEM 與 STEM-EELS 除了可以得到元素分布圖之外，亦可針對細微結構成像，得到化學鍵之分布圖。

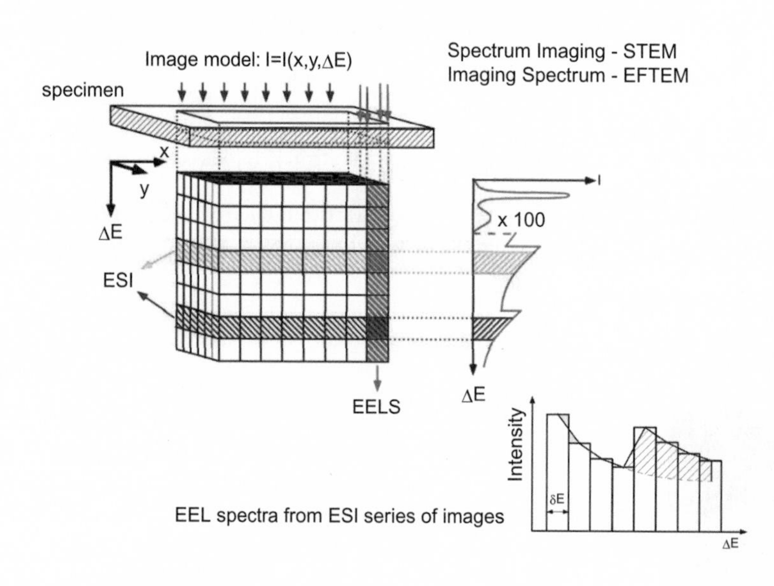

圖 6.82
能譜與元素分布圖形成之方式。STEM 以打點在每一 (x, y) 位置取一能譜，再以特定元素邊線之訊號形成元素分布圖。EFTEM 以平行大面積之電子束照射，取得不同 ΔE 能量損失之過濾影像，再重建出每一 (x, y) 位置之能譜。

6.5.7 空間解析度

EELS 與 EFTEM 空間解析度與非局部化 (delocalization)、物鏡之球面像差與色像差、物鏡光圈之繞射極限、統計上之雜訊、試片之輻射損傷、儀器之穩定性與環境干擾等因子有關，圖 6.83 爲空間解析度跟物鏡光圈半角之關係圖。其中非局部化是物理作用的影響，指的是即使入射電子未眞正碰到原子中的電子，入射電子仍可激發原子中的電子而產生游離，入射電子與原子中的電子可產生激發效應的最短距離是衝擊參數 (impact parameter, β)。EFTEM 有另一額外的因子影響，即狹縫寬度。

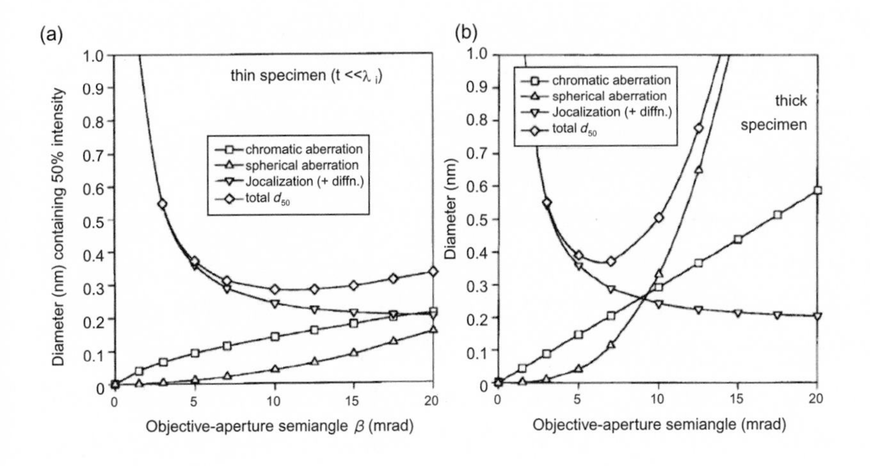

圖 6.83 空間解析度與物鏡光圈半角之關係，球面像差係數 C_s 爲 0.47 mm，色像差係數 C_c 爲 1 mm，能量視窗 Δ 爲 20 eV，能損 ΔE 爲 500 eV，電子束能量 E_0 爲 200 keV[33]。

6.5.8 結語

EELS 及相關方法在奈米檢測上具有強大的功能。EELS 具有高解析之化學成分的分析功能，可以分析 1 nm 區域中的組成，元素偵測範圍幾乎涵蓋週期表上之元素 (除了 H 離子之外)，從 EELS 能譜游離邊線之細微結構，還可擷取許多物理或化學性質相關的訊息。EELS 其他的應用包括奈米區域的半導體能隙測量、介電性質的分析 (Kramers-Kronig analysis)、應變測量等，更進一步可以得到奈米尺寸區域的相關性質之分布圖。新進發展之電子槍單光儀 (monochromator) 可以改進能量解析度至 100 meV 以下，逐漸接近 X 光吸收光譜學之解析度，對測量的準確性與精準度有很大的改善，應用上也更廣泛。若再加上像差修正之透鏡，可以使 < 1 nm 的分析更容易、更有效。

6.6 低能量電子繞射分析術

6.6.1 基本原理

(1) 電子繞射現象

電子繞射現象起源於物質波的概念。量子力學強調物質與波動的二元性 (wave-particle duality)。德布洛依 (Louis de Broglie) 提出物質波的波長爲 $\lambda = h/\pi$，其中 h 爲普朗克 (Planck) 常數，p 爲動量。由此可推導出電子的物質波波長約爲 $\lambda \approx \sqrt{151/E}$ (Å)，其中 E 爲電子能量 (單位：eV)。在德布洛依提出電子繞射的可能性數年後，戴維孫 (Davisson) 與革末 (Germer) 偶然的在 Ni 表面發現了電子的繞射現象，並於 1927 年發表。一個月之

第 6.6 節作者爲白偉武先生及林更青女士。

後，湯姆孫 (Thompson) 與瑞德 (Reid) 利用高能量的電子，也發現了電子的繞射現象。至此，電子繞射得到了實驗的證實，並開啓了電子繞射研究的新紀元。

(2) LEED 的歷史發展與表面分析

由電子的波長公式來看，約 100 eV 的電子具有的波長與一般表面晶格常數接近。由於入射電子與晶體規則排列的原子交互作用，晶格會如光柵一般，對電子產生繞射。此外，對於低能量電子而言，由表面反射的反向彈性散射電子只來自表面很淺的深度，這是因爲低能量電子的非彈性散射 (損失能量) 相當重要。若以 100 eV 的電子爲例，根據逃離深度 (escape depth) 對電子能量的通用曲線來看 (universal curve，不同金屬物質相差不大，如圖 6.84 所示)，電子的逃離深度只約 5 Å。因此，低能量電子繞射儀 (low energy electron diffractometry, LEED) 應該可以做爲表面結構分析的有效工具。

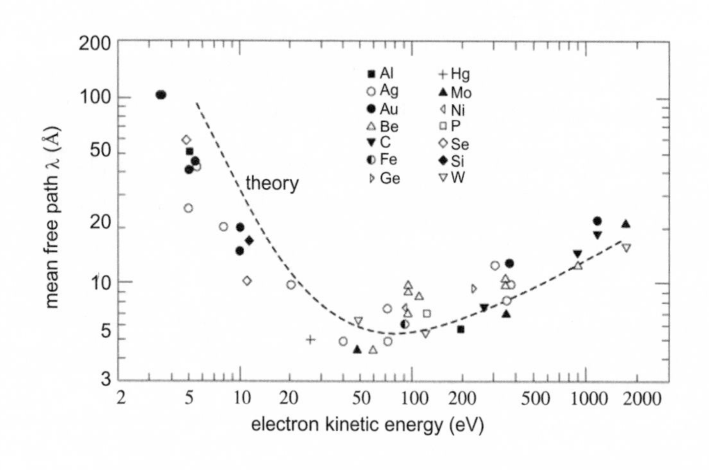

圖 6.84
在一些物質中電子的平均自由徑長，符號爲測量值，虛線爲計算值[34]。

然而，低能量電子繞射約花了將近四十年的時間才成熟到可以做例行表面定性分析的程度，在 60 年代末期，低能量電子繞射的定量理論才逐漸成形。延遲的原因有數個：首先，在實驗上，低能量電子繞射是表面敏感 (surface sensitive) 的技術，需要一個有序且乾淨的表面。這需要一套清潔表面有效的方法，並且要有超高眞空 (ultra high vacuum, UHV, < 10^{-8} Torr) 的技術。這些要求在 60 年代前是很難達到的。此外在早期時，擷取電子繞射的能譜，如電子繞射強度一能量關係 (LEED I-V)，是耗時良久而費工的。因此，有用的好能譜很少，這也限制了理論的發展。在理論上，由於電子與物質的交互作用遠比 X 光與物質的交互作用強烈，X 光的一次散射理論甚至無法定性的解釋 LEED 能譜，這需要更複雜的多次散射理論，也需要足夠的計算能量，這些都延遲了 LEED 的發展。讀者可參閱一些 LEED 早期研究者的回顧文章[35]。

60 年代末期是 LEED 開始有長足進步的時代。LEED 擺脫了許多早期各方存疑的牽絆，逐漸成熟成爲一標準且例行的分析技術。由於其方便性，目前已決定的表面結構絕大部分是由 LEED 得來的，讀者可參閱表面結構資料庫 (surface structure database)[36]。目前 LEED 的發展仍未停止，理論上更有效率的運算法可以處理更大的有序系統或較無序的結構[37]。在實驗上，利用低電流高敏感度的 LEED，可以研究絕緣體表面的結構，或減輕電子引誘脫附 (electron-induced desorption) 的影響。另外，在奈米尺度的區域中取得 LEED 能譜也是將來一個重要的發展方向。

6.6.2 低能量電子繞射的理論

(1) LEED 圖像與表面結構

LEED 繞射圖像可直接提供表面晶格排列對稱性的資訊，這可由電子建設性干涉的條件來看。其基本公式爲：

$$k' - k = G \tag{6.43}$$

其中，k' 爲散射電子的波數 (wave number，$2\pi/\lambda$)、k 爲入射電子的波數、G 爲倒空間的晶格向量。這表示在可加減任一倒晶格 (reciprocal lattice) 的晶格向量之下，入射與反射電子平行表面的波數 (或動量) 是守恆的。

公式 (6.43) 可由考慮電子由兩個晶格原子 (位置爲 x 與 x'；$x' = x+a$，a 爲晶格向量) 的干涉來看；干涉後總振幅爲 $e^{ikx}\cdot e^{ik'x'} + e^{ik(x+a)}\cdot e^{ik'(x'-a)} = e^{ikx}\cdot e^{ik'x'}\ (1+e^{i(k-k')a})$。建設性干涉必須使 $(k - k')a = 2n\pi$，n 爲整數，亦即 $k' - k = G$。公式 (6.43) 也可由一所謂愛華德球 (Ewald sphere) 來理解。愛華德球是畫在倒晶格上的一顆球，其半徑大小等於 k 或 k'。若將 k 的終點設於倒空間的晶格點，並以 k 的起點爲愛華德球的球心，$k' - k$ 向量的終點就落在愛華德球的表面。$k' - k = G$ 的條件即發生在愛華德球與倒晶格相交的點上，此相交點上 k' 的方向就是會有繞射點的方向。因爲倒晶格與晶格的對稱性是一致的，故繞射圖像直接與表面晶格排列對稱性相關。

在二維晶格的情況下，倒晶格爲一系列垂直於表面的倒晶格柱 (reciprocal lattice rod)。若電子爲正向入射，愛華德球如圖 6.85 所示，倒晶格柱與愛華德球相交處即爲電子繞射點的方向。

在考慮原子或分子吸附的情況時，吸附結構可能會排列成與乾淨表面具有不同對稱性的超晶格包 (supercell)。這時，吸附結構會產生等價的區域 (domain)。例如，若有一吸附結構形成 (1×2) 的晶格包在 fcc(111) 的表面上，將會有三個 (1×2) 的區域共存於表面上，各自相交 120 度。此時，三個共存 (1×2) 區域所造成的繞射圖像與一個 (2×2) 單相的繞射圖像是相同的，如圖 6.86 所示。因此，我們通常必須要考慮繞射圖像是否由表面上

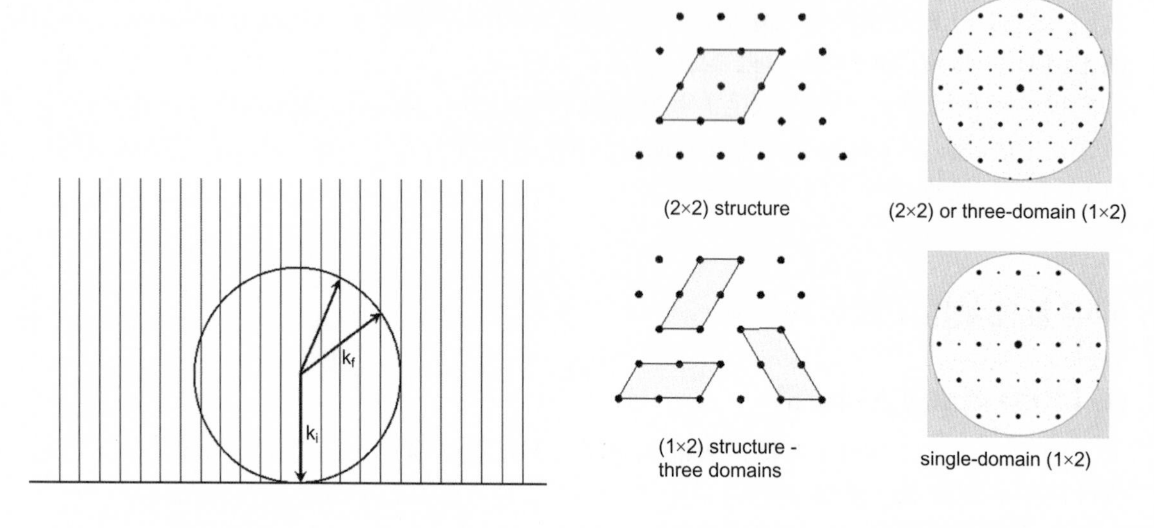

圖 6.85 二維倒晶格柱與正向入射愛華德球。k_i 爲入射電子波數，k_f 爲繞射電子波數。

圖 6.86 (2×2) 及 (1×2) 結構的實空間與倒空間圖。

不同區域的繞射混成所造成，才能正確解讀表面結構實際的對稱性。

(2) Kinematic LEED 理論

當只考慮電子與原子間的一次散射時 (scattering)，稱爲電子繞射的 kinematic 理論。此理論與 X 光繞射的理論相同，但一般而言，是無法正確解釋電子繞射現象的。這是因爲電子與原子的作用截面 (cross-section) 比 X 光強得多，因此多次散射不可忽略。

Kinematic 理論可以用來決定表面結構的對稱性及晶格常數，但無法決定原子所在的位置。在較高能量的電子繞射時，kinematic 理論仍然有用。這是因爲此時一次散射的近似比較可接受，這可以用來簡易的估算，如原子層在垂直表面方向的間距。利用布拉格繞射定律 (Bragg diffraction law)，$2d\sin\theta = n\lambda$，其中 d 爲繞射平面間的距離、θ 爲入射電子與平面的夾角、λ 爲電子波長、n 爲正整數代表繞射序。正向入射時，$2d = n\lambda_n = (n+1)\lambda_{n+1}$，而 λ_n 又與 $\sqrt{E_n}$ 成反比。由此可利用在高能量區域一系列的布拉格繞射峰 (如果明顯的話)，來決定表面原子層的間距 d。

有時，LEED 圖案會有一些由多次散射所產生的繞射點。這可以發生在例如一個分子吸附層的晶格與基底表面的晶格爲非同量 (incommensurate) 的時候。非同量之意，亦即其中一倒空間至少部分的晶格向量 G_1 無法寫成另一倒空間晶格向量 G_2 的線性和。在此情況下，公式 (6.43) 中的 G 應視爲 G_1與 G_2 的線性組合，用以反映多次散射的效應。是碳六十 (C_{60}) 在銀 (100) 上的吸附結構[38] 即是一例。

(3) Dynamical LEED 理論

Dynamical LEED 理論是指電子在多原子間的多次散射 (multiple scattering) 不可忽略，而且電子與單原子間的散射要求相當仔細的描述。若要定量的分析 LEED I-V 數據，dynamical 理論幾乎是不可或缺的。只有很少數的系統，如鋁，多重散射較不重要。由於這兩個因素，一般無法由 LEED I-V 數據直接反推出原子座標 (如，經由傅立葉 (Fourier) 轉換)，而必須先假設一個合理的結構模型，計算理論 LEED I-V 之後，與實驗比較，再逐步優化 (optimize)。

在 LEED 理論中，單原子的散射位能井由「muffin-tin」位能來近似。「muffin-tin」直譯是裝鬆餅的盤子。這種盤子就是有許多規則排列的洞，而洞與洞之間是平的。這就像原子的位能一樣，每個原子就是個彼此不相接的「muffin-tin」球 (洞)，而原子之間的位能是平的。一電子平面波可以分解爲無限個向內 (incoming) 和向外 (outgoing) 球面分波 (spherical partial waves) 的和。當電子與單原子散射，各向外的球面分波會產生其各自的相位移 (phase shift)。這些相位移基本上就描述了 LEED 中電子與單原子的散射行爲。分波相位移可由解原子位能井的量子方程得到，並可重複使用，但是散射行爲就只由分波相位移決定了。實用上，只需取足夠的分波相位移 (如，少於十個) 即可。

有了電子與單原子散射的資訊後，就要處理多重散射的問題了。一般是把系統分成多個散射層 (layer)，每一層可有數個原子層。首先處理在單一散射層內的多重散射，接下來處理在不同散射層間的多重散射。爲了簡化問題，有兩個重要的方法，一個是層數加倍 (layer doubling)，考慮二層散射層間的多重反射，總反射率是一個幾何級數和，可化簡成一簡單型式。利用這個性質，可以把多層的反射反覆的成雙處理並簡化。另外一個簡化是重整化向前散射 (renormalized-forward-scattering)。這是考慮其實電子散射大部分是向前 (forward) 的 (亦即電子行進方向變化小)，而非反向 (backward)。因此，在處理多重散射時，可以先取只有一次反向散射的所有可能性，再取三次反向散射的所有可能性 (非二次，因二次反向電子是往前)，依此類推。同樣的想法也可應用在一個散射層中有數個原子層的情形。

Dynamical LEED 理論相當成功的解釋了 LEED I-V 的實驗。也因爲 LEED 分析結果對結構參數 (即原子位置) 較敏感，而對理論中的假設或簡化比較不敏感。因此，dynamical LEED 理論可成爲表面結構分析的重要理論。我們略過了所有數學程序，有興趣的讀者可參考文獻 39。

LEED 的理論處理低能量電子在物質內的傳播，因此，可以想見 LEED 的理論也會與其他技術的理論有關連。這些包含了如光電子能譜 (photoelectron spectroscopy)、光電子繞射 (photoelectron diffraction)、電子能量損失能譜 (electron energy loss spectroscopy)、X 光吸收微結構 (extended X-ray fine structure, EXFS) 等。如在 EXFS 中，X 光在原子的吸收會被光電子經由鄰近原子反射之後的彼此干涉，而被調制。這好像是在物質內部做 LEED 實驗，但與一般 LEED 實驗不同的是，多次散射在 EXFS 中不重要，因此，鄰近原子的間距可以直接由傅立葉轉換得到。

6.6.3 低能量電子繞射的實驗技術

(1) 樣品處理及眞空條件

在進行 LEED 實驗之前，必須有一適當的眞空系統，維持眞空度在約 2×10^{-10} Torr 以下。如此可儘量避免表面受到污染，而有足夠的時間完成實驗。樣品的製備與處理非常重要。一般金屬樣品可利用離子濺射 (ion sputtering)，並在適當溫度退火 (anneal) 來重整表面。若重複進行此一程序，最終可得到乾淨表面。對某些半導體，如矽 (silicon) 表面，直接加熱較爲適當。另有許多其他表面，如氧化物等無法由濺射退火來處理，則必須嘗試在眞空中直接劈裂 (cleave)。注意，觀察到 LEED 的繞射圖樣並不一定代表表面是乾淨的。因此，LEED 通常也搭配其他的表面化學成分分析技術，最常用者爲歐傑 (Auger) 電子能譜。歐傑能譜約有 < 1% 表面雜質的偵測靈敏度，如果歐傑能譜偵測不到雜質且 LEED 繞射圖像非常明亮且鮮銳，即可進行 LEED 實驗。

(2) LEED 的基本配置

一套 LEED 系統通常包括電子槍、偵測系統、顯像屏幕及資料擷取系統，如圖 6.87 所示。電子槍包含電子源與聚焦電極。電子源可用熱鎢燈絲 (tungsten filament)，或用鑭化硼 (LaB_6) 等。樣品通常接地，電子源爲陰極，其電壓相對樣品爲負 (例如，–10 V 至 –600 V)，使電子由電子源發射，經電極聚焦，加速入射至表面。在偵測系統方面，LEED 通常利用三柵 (three-grid) 或四柵 (four-grid) 的同心半圓球網柵。第一網柵 (最靠近樣品者) 通常也接地，以避免樣品與網柵間產生電場，扭曲電子運動。第二及第三網柵提供一負電壓用以抑制非彈性電子通過，稱爲抑制柵 (suppressor)。第四網柵也是接地，用以避免磷光屏幕 (phosphor screen) 的正高壓影響抑制柵電場。磷光屏幕通常偏壓在 +5 kV 至 +7 kV 以顯示繞射圖樣，屏幕通常發黃綠光 (~560 nm 波長)，以匹配肉眼的最佳靈敏度。LEED 電子束的大小通常是毫米 (mm) 之下，數十微米 (micron) 以上。因此，LEED 偵測的是表面平均的性質，而非單一奈米結構 (若無規則排列的話)。

新型的 LEED 通常用所謂的背視 (reverse-view) 型式。觀察者經由一眞空視窗直接觀測 LEED 圖樣，以避免相當部分的繞射點被樣品及操控器頭遮擋。另外，低能量電子容易受到磁場的偏移，因此需要保護電子的路徑不受影響。這通常是利用漢姆霍茲 (Hemholtz) 線圈，或 μ–金屬 (一種高透磁率的金屬) 來做屏蔽。

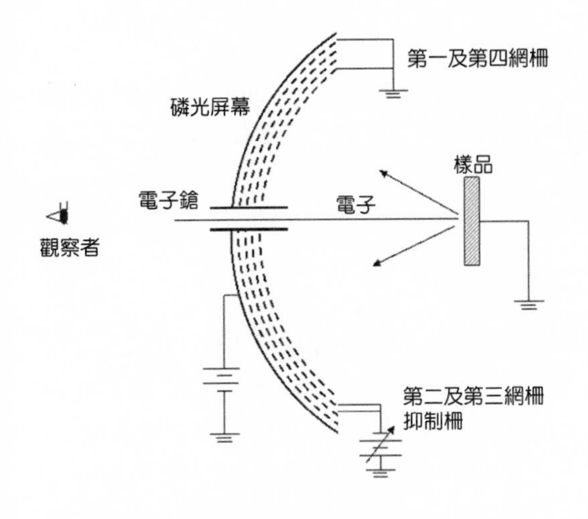

圖 6.87
LEED 繞射儀的簡圖。

(3) LEED 的資料擷取系統

在早期，取 I-V 能譜係利用法拉第盒 (farady cup) 直接量電流。法拉第盒須隨電子入射能量在眞空中移動，非常耗時。之後發展了照相法，繞射點的光度由負片上來讀取。又有利用攝影機 (video camera) 的方法，可直接將電腦與攝影機介面整合，同步分析資料。另有利用位置解析的電子增益板 (position-sensitive detector)，可同時紀錄所有電子入射的事件，並可偵測很小的電流量。目前，CMOS 的照像機也可很簡易的取代傳統負片照相。另用電熱冷卻 (thermoelectric cool) 的相機也可有效降低入射電流，都不失爲簡便的方法。

以照相法爲例，每一繞射點的強度尙須經過重整化 (normalization)。此重整化包含 (1) 光度轉換爲電流的關係，(2) 繞射點在屏幕不同位置的光穿透率，(3) 電流與電子入射能量的關係，(4) 電子入射能量的校正 (如功函數的變化)。這些項目必須事先校正，否則會產生實驗誤差。最後，繞射點的強度須經由電腦程式分析，尤其是背景光度 (如由非彈性散射電子或表面缺陷而來) 必須正確的移除。須注意 LEED I-V結構最優化的結果好壞，有相當程度決定於實驗 I-V 曲線的品質。

通常 I-V 曲線越多越好，每一曲線能量範圍儘量寬，而點距能量不超過 ~1 eV 爲佳。又 LEED 圖像常有對稱點，其 I-V 曲線在正向入射時應該相同。這些對稱點的曲線應予以平均並加以利用，以確定正向入射的調校是否正確。若表面存在不同的區域 (domain)，也必須予以平均。

(4) 高解析繞射點輪廓分析 LEED

除了一般的 LEED 儀器外，另有一款高解析的 LEED，稱爲繞射點輪廓分析 LEED (spot-profile-analysis LEED, SPA-LEED)。SPA-LEED 有特高的電子空間同調性 (coherence)，因此可以偵測實空間內長週期的結構 (可達 1000 Å)，亦即在倒空間內有高解析度。通常 SPA-LEED 的分析是看 (00) 繞射點的詳細輪廓。

SPA-LEED 實體結構與圖 6.87 很不同，在其內部利用八極電鏡 (octopole) 來偏移繞射電子，並用電子 channeltron 來偵測信號，因此不像一般 LEED 可直接觀測到繞射圖樣，只能由掃描全區得到，如 STM 般，讀者可參閱文獻 40。

(5) LEED 的分析方法：強度－能量分析 (LEED I-V)

LEED 的定量分析主要是根據所有繞射點的強度對電子能量關係，稱爲 LEED I-V 分析。通常採正向入射 (normal incidence) 的方式，即電子行進方向與表面垂直。有時採非正向入射可提高原子位置在表面平面 (in-plane) 方向的靈敏度，又可取強度對溫度的關係，可得所謂的表面第拜 (Debye) 溫度。絕大部分的 LEED 定量研究是正向入射的 I-V 分析。圖 6.88 爲作者所取碳六十在銅 (111) 面上的繞射圖樣及 I-V 曲線，繞射點如圖 6.88(a) 中所圈選。

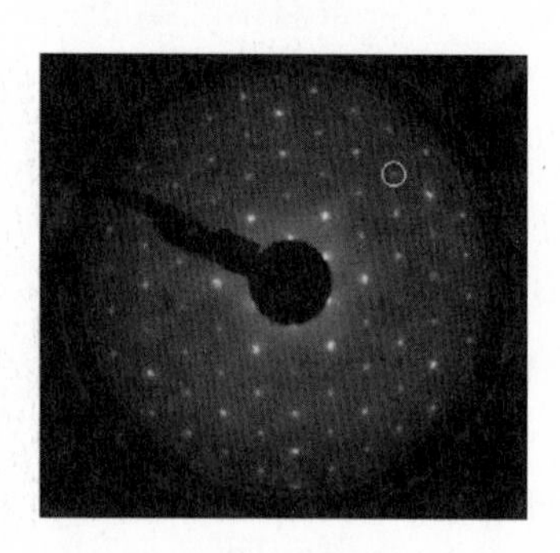
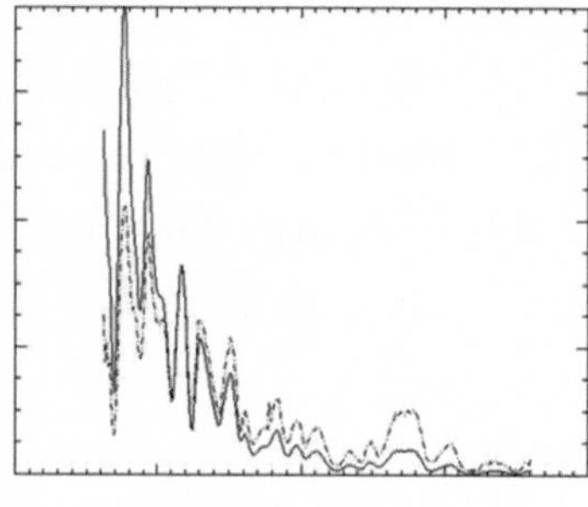

圖 6.88
碳六十 (C_{60}) 在銅 (111) 面上的繞射圖樣及部分 I-V 曲線，繞射點，虛線爲未重整化的數據，實線爲重整化後的數據。

由於利用 LEED 來尋找最佳結構通常是經由比較實驗與理論的 I-V 曲線是否吻合，而吻合良好的程度最好要有客觀的標準，因此有所謂可靠係數 (reliability factor, R factor) 的產生。可靠係數有許多種不同的定義，分別給予 I-V 峰谷的位置、相對強度、峰形對稱性及半高寬等不同程度的重要性。目前一個較爲常用的可靠係數是 Pendry R factor。此可靠係數計算理論與實驗 I-V 曲線對數微分 (logarithmic derivative)，$d(\ln I)/dV$，的差異，因此主要強調 I-V 峰谷的位置。

可靠係數也可作爲自動尋找結構最佳化的一個判定標準。例如廣泛應用的張量 LEED 分析 (tensor LEED) 即可自動變化一參考系統的所有原子座標，以尋求可靠係數最佳 (數值最小) 的結構。如果起始猜想的參考系統爲適當 (即與眞實結構相近)，可靠係數的優化可決定眞實的原子座標，準確至 0.1 Å 以下。可靠係數在 0.2 以下爲佳。若需比較兩個不同參考系統的優劣，二者之間優化後的可靠係數通常至少要有約 15% 至 20% 的差異。參考系統的選取應該盡量從其他的實驗或理論計算中來建構。例如，掃描穿隧顯微術 (scanning tunneling microscopy) 的影像，可提供許多表面結構的有用線索。又例如可

以利用第一原理 (first principles) 計算事先將表面結構的最低能量基態找出來，視為參考系統後，再用 LEED 理論加以優化。

6.6.4 應用與實例

LEED 的主要應用在於決定表面的結構，以下舉一些 LEED 應用上的例子。

(1) 乾淨表面的原子層間距

在表面上的原子，鄰近的原子鍵結數會減少，這造成的結果是第一層與第二層原子層的間距 (d_{12}) 會變小 (仍有少數的例外)。這在比較敞開不平坦的表面，如 bcc(111)、fcc(110) 等更為明顯。而更深的原子層間距 (interlayer spacing)，例如 d_{23}、d_{34} 等，仍有稍許改變，通常會有震盪變化的行為，如 $d_{12} < 0$、$d_{23} > 0$。舉例而言，Cu(110) 的 d_{12} ~8.5%、d_{23} ~2.3%、$|d_{34}| < 1\%$。這類多層間距的震盪變化，在乾淨未重構 (reconstructed) 的表面上，已被 LEED 反覆的驗證。

(2) 表面重構

表面可想像是一個塊材被截開之後的平面，此想像的平面稱為塊材截面 (bulk truncated surface)。實際上，眞實的表面結構與塊材截面常有不同。這是因為表面原子為了尋求更穩定的型態，會重新鍵結，或改變鍵長、鍵角，從而改變了表面的二維對稱性或晶包大小，謂之表面重構 (surface reconstruction)。有些乾淨表面即有重構，這在半導體表面尤其常見，如矽 (111) 上非常有名的 (7×7) 重構。此乃因為半導體的鍵結具有很高的方向性之故。在某些金屬上，表面原子密度會改變，如金 (111) 等，也屬重構。還有當異質原子或分子吸附在表面上，也常會產生重構。

如果表面重構的複雜度高，LEED 分析的困難度也就提高不少。常見的原因包括表面晶包大小變大、表面原子密度是否改變、重構牽涉多少原子層等，這些因素都造成猜測一個合理 LEED 分析初始結構的困難度。這也是為何複雜的 LEED 分析應該要盡量利用其他表面技術或理論計算所得的線索，如前文所述。

在此舉銥 (iridium) Ir(100) 的表面 (1×2) 重構為例，其有三種可能的模型，如圖 6.89

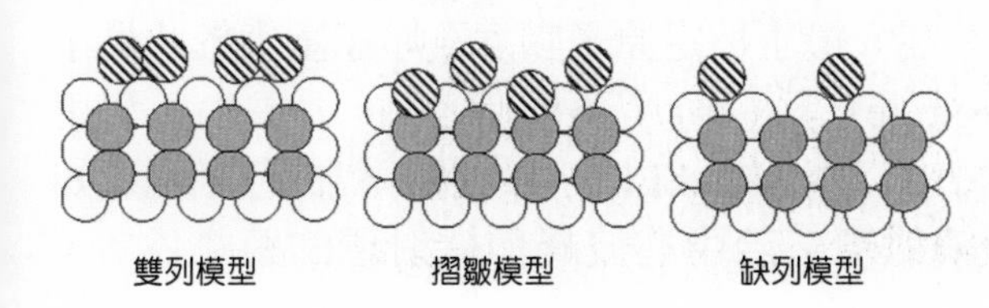

圖 6.89
Ir(100) 表面 (1×2) 重構的可能模型。

所示，分別爲 (a) 雙列模型 (paired row)、(b) 摺皺模型 (buckled surface) 及 (c) 缺列模型 (missing row)。經由 LEED 分析可以決定缺列模型是最正確的結構。

(3) 吸附結構

LEED 也常用來決定吸附 (adsorption) 結構。對原子吸附來說，首先要決定吸附的位置，在 fcc 表面上，主要平面 ({100}、{110}、{111}) 的平面吸附位置如圖 6.90 所示。對分子吸附而言，除了決定分子與表面的鍵結形式之外，尙須決定分子的指向、鍵長等。在此以氧氣 (oxygen) 在銥 Ir(111) 上產生的 (2×2) 吸附結構爲例，其繞射圖像如圖 6.86 所示。在 fcc(111) 表面上的 (2×2) 超晶格有二種可能性，一爲 (2×2) 的單相，另一爲三個區域 (1×2) 相共存的混成相，直接由繞射圖案是無法判別的。首先，假設氧原子的可能吸附位置在 top 或 fcc 或 hcp，另外，考慮 (2×2) 及 (1×2) 的可能性。對 (1×2) 混成相而言，進一步假設三個等效的區域有相同的機率，而且每一個 (1×2) 區域都足夠大 (以避免電子從不同的 (1×2) 區域散射後互相干涉)，並注意有些繞射點會有各相的貢獻 (故需相加平均)。如此，總共有六個可能的組合需要分析。結果顯示，與實驗符合者只有氧原子吸附在 fcc 位置上，但是理論無法分辨 (2×2) 單相或 (1×2) 混相何者爲佳，二個結構都有很好的可靠係數[41]。何者正確，必須再由其他線索來決定，如表面氧原子的覆蓋率 θ；(2×2) 單相很可能是 $\theta = 1/4$，而 (1×2) 是 $\theta = 1/2$。

另外，利用 LEED 強度與溫度的變化，也可研究乾淨或吸附表面的相變。

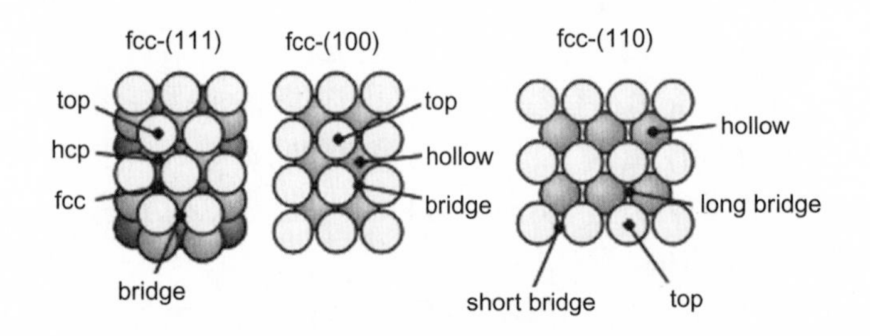

圖 6.90
fcc 表面上高對稱性的吸附位置。

(4) SPA-LEED 的應用：原子島的成長行爲

SPA-LEED 具有很高的動量解析度，可以研究長距結構的分布。在文獻 42 中，利用 SPA-LEED 研究銅在銅 (100) 上的成長與溫度的關係，主要想瞭解銅原子如何在表面上成核 (nucleation)。成核理論中，原子團密度 N 與入射原子通量 (F, flux) 有如下關係，$N \sim F^{p}$，p 與最小的穩定原子團大小 (i+1) 有關。最小穩定原子團意即原子團大於此最小此寸下就會持續成長。在恆穩態 (steady-state) 下，即 N 不變時，$p = i/(i+2)$。利用 $N \sim L^{-2}$，L 爲銅原子團的平均間距，可得 $L \sim F^{-i/2(i+2)}$。SPA-LEED 中，(00) 點的仔細輪廓如圖 6.91，含有一波峰及環繞此峰的一個繞射環。若中心波峰與繞射環的距離爲 S，

$L = 2\pi/S$。取在不同溫度時 L 與 F 的關係，發現最小的穩定原子團在低溫時是二原子團，然後直接變成四原子團，而沒有三原子團。

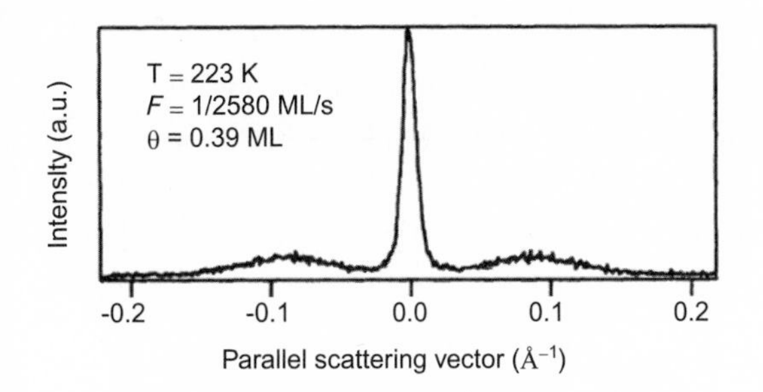

圖 6.91
銅在銅 (100) 上成長的 SPA-LEED 圖[42]。

(5) LEED 可否用於分析奈米結構

LEED 通常適用於分析規則排列的表面結構，另外，LEED 也有用於分析無序 (disordered) 的吸附結構。但是要用 LEED 來分析單一奈米結構的原子排列，仍然是尚未能達到的目標。實驗上，如何在單一奈米結構上取有效的 LEED I-V 能譜是很大的挑戰。理論上，單一奈米結構必須考慮其所有原子數，這很可能超越了一般 LEED 所處理單一晶包內所含的原子數。因此必須要發展更有效率的計算方法，如新近發展的 nanoLEED 程序[37]。

6.6.5 結語

低能量電子繞射經過多年的發展，已經成為決定表面結構一個非常重要的技術。對比較簡單的系統，LEED 分析已可算是例行的工作。在將來，如何將此技術應用到更大的系統，如大分子的吸附、分子／基底間介面結構及重構的問題、奈米結構的分析等，都需要在實驗技術及理論計算上持續的進步。

6.7 反射式高能電子分析術

反射式高能電子繞射 (reflection high-energy electron diffraction, RHEED) 是在分子束磊晶 (molecular beam epitaxy, MBE)[43-45] 成長時應用的重要即時 (*in situ*) 分析與監控的技術。A. Cho 最早使用這種技術來研究分子磊晶的晶體表面狀況[46,47]。之後此技術被發展成分子束磊晶的標準配備裝置，它的幾項重要的應用包括：磊晶基板表面氧化層清除的

第 6.7 節作者為林浩雄先生。

確認、表面平坦度的確認[47]、磊晶層或基板表面原子重組 (surface reconstruction)[48,49] 狀況的研究，以及利用表面重組狀況來確認磊晶成長的條件[47,50]。此外，反射點及繞射圖案強度的振盪現象 (RHEED oscillation) 也被利用來確認成長速率以及成長的模式[51]。RHEED 強度與振盪還被回授控制發展出新的磊晶成長法，即鎖相磊晶法 (phase-locked epitaxy, PLE)[52]。因爲這些即時性 RHEED 技術的發展加上分子流範圍 (molecular flow region) 的傳輸使成長反應較爲簡單，這兩項好處使得分子束磊晶法成爲一種能有效控制複雜結構成長的長晶工具，大量地被應用在元件工程與科學研究之上。

6.7.1 基本原理

反射式高能電子繞射通常被裝設於分子束磊晶成長室的側邊，如圖 6.92 所示。由於基板的正向通常爲 K-cell 所佔據，因此電子槍與螢光幕分別裝設在成長室的左右兩側。位於圖上方的電子鎗能量約 5－40 keV，所發出的電子束以 1－3° 的極小角度擦射到中央的晶體 (基板或成長於基板之上的磊晶層)，經過晶體表面繞射後改變方向，投射到圖下方的螢光幕上面，顯現出繞射的圖案。電子在這種加速能量之下的德布洛伊波長 (de Broglie wavelength, λ) 可由下式估算：

$$\lambda = \frac{1.2247}{\sqrt{V(1+10^{-6}V)}} \tag{6.44}$$

其值約爲 0.017－0.006 nm。這樣的波長遠小於晶體的晶格常數 (例如 GaAs 爲 0.56532 nm)，因此以極小角度擦射中央晶體的電子束僅能探測到晶體最外的幾個原子層。所以

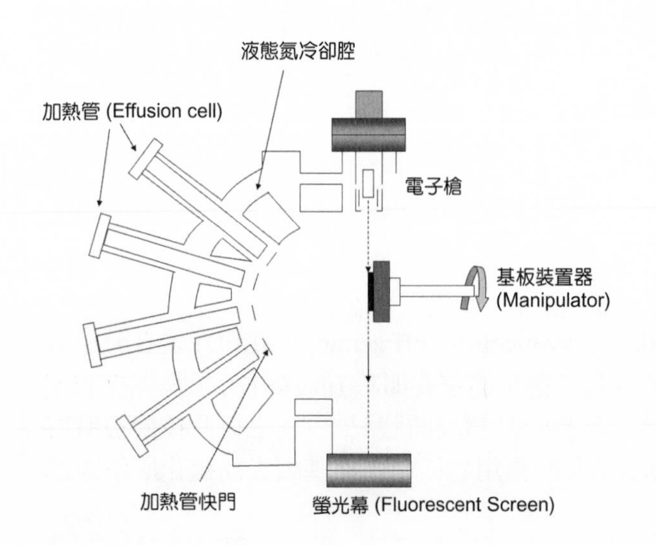

圖 6.92
反射式高能電子繞射裝置的頂視圖。這個繞射裝置被裝在分子束磊晶系統之中。圖上方的電子槍射出的電子束以極小的角度擦射基板或磊晶層晶體，繞射後的電子束投射在圖下方的的螢光幕上顯現出電子繞射的圖案。基板的正前方則爲磊晶成長所用的加熱管、快門等裝置。

RHEED 成為探測晶體表面的重要工具。

以下我們簡短地描述電子繞射的理論，較詳細的分析可以參考文獻 53 。首先假設電子散射的能量損失可以忽略，為彈性的散射。接著我們考慮將電子波入射一個晶體，其散射之後的電子波與晶體的電子分布成線性相關。由於電子來自於原子，原子有周期性的排列，所以我們可以將此晶體的電子分布 $n(r)$ 在傅立葉空間 (reciprocal space；倒置空間) 中以晶體對應的倒置晶格向量 **G** 予以展開如下：

$$n(r) = \sum_G n_G \exp(i\mathbf{G} \cdot \mathbf{r}) \tag{6.45}$$

令散射前後的電子波數向量分別為 **k** 與 **k′**，亦即電子束入射波為 $\exp(i\mathbf{k}\cdot\mathbf{r})$。將電子分布與電子束入射波相乘之後可得到散射波。若我們想求得散射波中波數向量為 **k′** 的波的分量，我們可以乘入 $\exp(-i\mathbf{k}'\cdot\mathbf{r})$ 並對整個空間作積分，此分量的散射強度 F 可如下求得：

$$\begin{aligned} F &= \int dV n(r) \exp[i(\mathbf{k} - \mathbf{k}') \cdot \mathbf{r}] = \int dV n(r) \exp(-i\Delta\mathbf{k} \cdot \mathbf{r}) \\ &= \sum_G \int dV n_G \exp[i(\mathbf{G} - \Delta\mathbf{k}) \cdot \mathbf{r}] \end{aligned} \tag{6.46}$$

上式相當於從與電子分布線性相關的散射強度中求取散射波的相關分量。由此式我們可以看出若要有非零的 F 值則必須 $\mathbf{G} = \mathbf{k}' - \mathbf{k}$。因為是彈性散射，入射與繞射的 **k** 絕對值不變，但是向量方向會因為繞射而改變。由彈性散射條件下的 $\mathbf{G} = \mathbf{k}' - \mathbf{k}$ 關係可以推得晶體繞射的 Bragg's law。在實際求取繞射圖案時，我們可以用入射的 **k** 向量，讓向量尖指到倒置晶格上的一點，然後以其長度作為半徑繞出一個球面，被球面所碰到的倒置晶格點都可以符合這個關係，容許產生繞射的 **k′** 向量。這個球被稱為愛華德球 (Ewald sphere)，而符合繞射條件時，繞射強度可寫為：

$$F_G = \int dV n(r) \exp(-i\mathbf{G} \cdot \mathbf{r}) \tag{6.47}$$

接下來我們來考慮 RHEED 量測所看到的晶體倒置晶格。假若晶體的實空間晶格的單位向量為 **A**、**B**、**C**，倒置晶格的單位向量為 **a**、**b**、**c**，則兩者的關係為：

$$\mathbf{a} = 2\pi \frac{\mathbf{B} \times \mathbf{C}}{\mathbf{A} \cdot \mathbf{B} \times \mathbf{C}} \;\; ; \; \mathbf{b} = 2\pi \frac{\mathbf{C} \times \mathbf{A}}{\mathbf{B} \cdot \mathbf{C} \times \mathbf{A}} \;\; ; \; \mathbf{c} = 2\pi \frac{\mathbf{A} \times \mathbf{B}}{\mathbf{C} \cdot \mathbf{A} \times \mathbf{B}} \tag{6.48}$$

在此我們可以看到，如果晶體的實空間單位向量爲直角坐標系統，轉換到倒置空間後，倒置晶格的單位向量與實空間晶格的單位向量方向不變。若把同方向的實空間單位向量與倒置空間單位向量作內積的話，其值將爲 2π。由於兩個向量的方向相同，此內積值就是兩向量的絕對值乘積，這表示這兩個向量的大小成反比。倒置空間的晶格，基本上就以這三個單位向量建置起來，因爲倒置晶格可視爲眞實空間的傅立葉展開。由公式 (6.46) 可以反求 n_G 如下：

$$n_G = \int dV n(r) \exp(-i\mathbf{G} \cdot \mathbf{r}) \tag{6.49}$$

如果實空間的晶格是無窮大的話，倒置晶格的晶格點將爲數學點，也就是說稍微偏離 G 點時，n_G 立即陡降爲零。一般在作 X 光繞射時，X 光的穿透深度夠深，倒置晶格點可接近爲數學點。不過如果晶體的實空間尺寸大小有限，雖然有周期性，轉換到倒置空間時所進行的傅立葉積分因爲上下限有限，晶格點 G 的附近積分仍會有值，因此可將 G 點視爲擴大成橢球而非數學點，橢球其各軸的大小由公式 (6.48) 可知與在實空間對應方向的晶體大小成反比。也就是晶體在該方向尺寸愈大，則倒置空間該方向的球尺寸就愈小。在 RHEED 的量測中，假設晶體的表面是單原子層級的平坦度，電子只能看到晶體的表面處兩三個原子層的大小。也就是在垂直表面的方向實空間尺寸極小。在此條件下再考慮平面的尺寸無窮大，那麼在倒置空間晶格點會從橢圓變成垂直晶體表面的長線段結構。

圖 6.93 所示是 RHEED 形成繞射圖案的示意圖。平整的晶體表面產生垂直表面的線狀倒置晶格，將入射的電子波數向量 **k** 指向某一線與平面相交之處並以此 **k** 向量的大小值作半徑繞出愛華德球 (Ewald sphere)。以 5 – 40 keV 的電子束而言，**k** 的大小值爲 364 －1046 /nm；我們可以用 GaAs 晶格常數在倒置晶格的對應值 11.1/nm 作爲參照對比，看出這個球的半徑相當大。數學上的球與線相交原本應該只有點，但是電子的能量有不確定性，因此愛華德球會是一個具有厚度的球殼。而晶體本身也有熱振動，倒置晶格因而成爲有半徑的圓柱。假若晶體平行表面的方向也出現缺陷或失序 (disorder)，造成有限的尺寸，倒置晶格也會變成橢圓柱。因此愛華德球與倒置晶格會形成柱狀的交會。球心到這些交會處所形成的向量就是繞射的波數向量，最後就在右側的螢光幕上形成柱狀的圖案。假若晶體的表面不夠平整，如圖 6.94 所示，因爲電子束的入射角很小，就有可能穿透突起的晶體。這相當於讓電子束看到更多的原子層，等於讓垂直平面方向的尺寸變大，所以長線段的圖形會退化成點狀圖形。因此利用 RHEED 的量測可以讓我們直接觀察倒置空間晶格狀態，並從中獲得晶體表面的結構資訊。

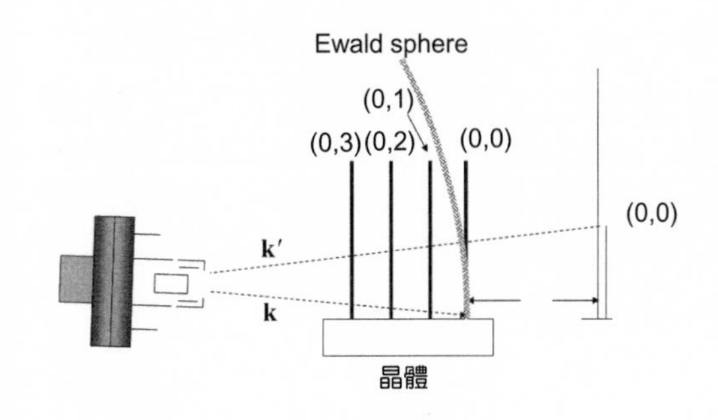

圖 6.93
電子束在倒置空間產生繞射的示意圖。因爲電子束以極小的角度擦射晶體，只能探測到表面一、二層的原子，所以晶體在倒置空間形成柱狀的周期性結構。由於電子束爲彈性散射，繞射前後的波數大小不變。故可用一個愛華德球來決定繞射的圖案。入射的波數向量 **k** 指向倒置晶格的原點，繞出愛華德球。倒置晶格與愛華德球的交點都可以形成繞射，因此在螢幕上形成柱狀的圖案。

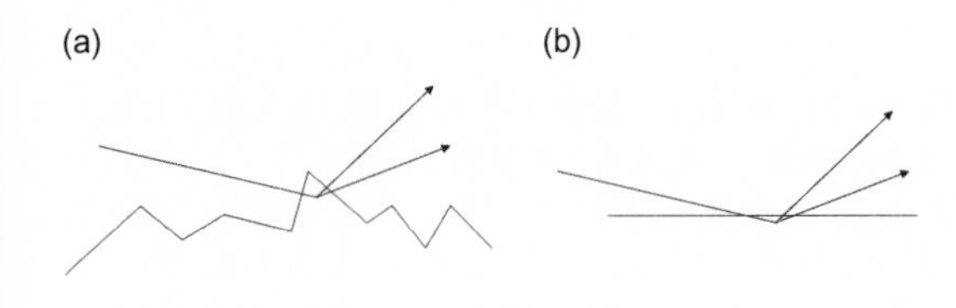

圖 6.94
電子束在 (a) 粗糙的表面與 (b) 平整的表面所形成的繞射。在粗糙的表面等效上可以探測到更多的原子層，因此倒置晶格會由長線段縮短成較短的線段或退化成三維晶體的點狀。

6.7.2 表面重構

由 RHEED 顯示的圖案可以直接分析晶體表面的原子排列方式。許多實驗顯示其排列方式與內部厚層 (bulk) 的原子排列方式不同。基本上是以內部厚層的排列方式爲基礎再重新調整其排列方式，並具有比內部厚層結構更大的周期。所顯示出來的 RHEED 的線狀也會比厚層結構對應的寬度爲密。重構的名稱，以內部厚層結構爲起始，再加上相對於厚層結構的周期調整。例如 GaAs(001) (m×n) 即表示內部厚層結構爲 GaAs(001)，而表層的重組結構的周期 (二維) 爲內部結構的 m 與 n 倍。如果在單位晶胞 (unit cell) 的中心還有一個晶格點，便會加上一個 C，例如 GaAs(001) C(2×8)。如果重構的主軸與內部厚層結構的主軸不平行，也就是相對內部結構發生旋轉，須把旋轉的角度標上，例如：GaAs(111) ($\sqrt{19}\times\sqrt{19}$) R23.5°[47]。

表面重構研究最多的是 GaAs(001) 及 GaAs(111) 面的表面重構。這兩個面都具有極性，亦即 Ga 面與 As 面交互排列。其表面原子的排列會依照當時的溫度與兩種原子的比例而有不同的重構。以下我們舉一個例子[45, 49]：在 GaAs(001) 分子束磊晶的成長時大都爲 As-rich 的狀況，常見的表面重構爲 (2×4) 結構，其模型如圖 6.95 所示。圖中所示爲最接近表面的三層原子。最上層爲兩個 As 原子 (黑) 沿著 [1$\bar{1}$0] 方向形成二聚物鍵結 (dimer)，As 原子往下則沿著 [110] 方向與兩個 Ga 原子 (白) 鍵結。As 原子原本應該往上與兩個 Ga 原子鍵結，但在表層形成二聚物，單向偏移的結果，可以看到沿著 [1$\bar{1}$0] 的周期變成下面厚層結構的兩倍 (可與第二層白色的 Ga 原子對比)。而沿著 [110] 方向則可以看到二聚物排之間有一個溝脊 (trench) 區，少了一層 As 原子與一層 Ga 原子。沿著 [110] 方向可以看到表層的週期爲厚層結構的四倍。因此稱爲 (2×4) 重組結構。表面周期變大的結果導致倒置晶格的周期變小，因此電子束沿著 [110] 方向入射時看到的線狀密度爲兩倍；[1$\bar{1}$0] 方向入射則爲四倍。重構的稱呼大都使用上述的方式，也就是與底下的厚層結構對比，以其倍數描述二維的結構。不同的表面狀況，會出現不同的表面重組結構，因此可以利用表面重構的觀察來確認或進一步調整晶體的成長條件。

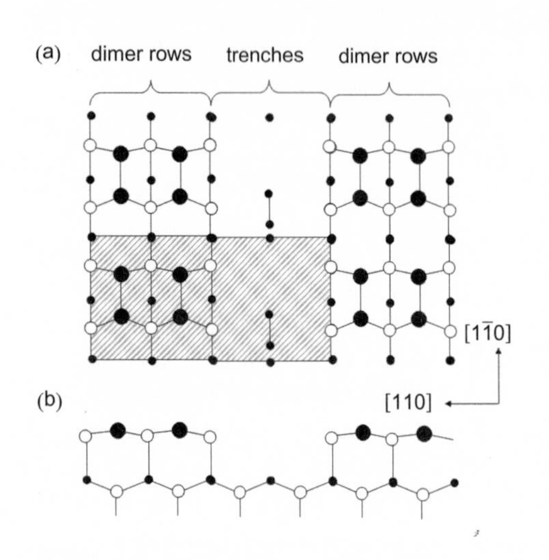

圖 6.95
文獻所提 GaAs (001) 面的表面原子重構的模型，(a) 上視圖，(b) 側視圖。較大的實心圓點爲表層 As 原子，較小的實心圓點爲下一層的 As 原子，空心圓點爲Ga原子。表層 As 原子沿著 [1$\bar{1}$0] 方向形成二聚物鍵結。圖中的斜線區域代表這個表面重組結構的基本周期性單位結構。可以看出沿著 [110] 方向爲底層晶體結構周期的四倍，而沿著 [1$\bar{1}$0] 方向則爲二倍。故此表面重構爲 GaAs (001) (2×4) 結構[45, 49]。

6.7.3 RHEED 振盪現象

RHEED 技術另一個重要的發現就是在進行磊晶成長時圖案的強度會隨著成長而出現振盪現象 (oscillation)。通常所觀測的是 RHEED 圖案中的反射點 (specular point)，繞射線狀圖案也可觀察到強度振盪的現象，但強度較弱，相位也與反射點有所差異。振盪現象的出現是來自於分子束磊晶過程的逐層成長 (layer by layer growth) 現象，即 Frank-van-der-Merwe 模式[54] 的成長。如圖 6.96 所示，在原子層級的平坦度之下，電子的反射最強；開始成長時，在表面出現了一些單層的島狀結構。因爲電子的波長遠小於單層的厚度 (半個晶格常數)，所以會造成表面的反射強度下降。在成長達到半個單層時，島狀結構所造成的階梯最多，表面最爲粗糙，因此反射強度會達到最低點。超過半層之後，島狀結構開始接合填平，表面的粗糙度開始降低，反射強度逐漸回復。當一層長完之後，如果能夠回復原先的平滑，反射強度應可回復到起始的水準，而完成一個周期的振盪。然而，在一層完成之前，有些原子會開始成長第二層，在第二層產生新的島狀結構。因此表面的粗糙度無法回復到原先的強度，所以我們可以看到振幅會逐漸變小。到最後，島狀階梯的出現與填平達到一個平衡，這使得反射強度不再振盪。如果我們在此時停止成長，表層的原子仍然會持續地遷移，填平表面，如果時間夠久，反射強度可以回復到原先的強度。在此對於反射強度與粗糙度的相關性有兩種不同的學說，其一認爲是上下兩層的反射束的干涉造成反射強度的變化，因此強度與單一層的覆蓋率有關[55]。另一則

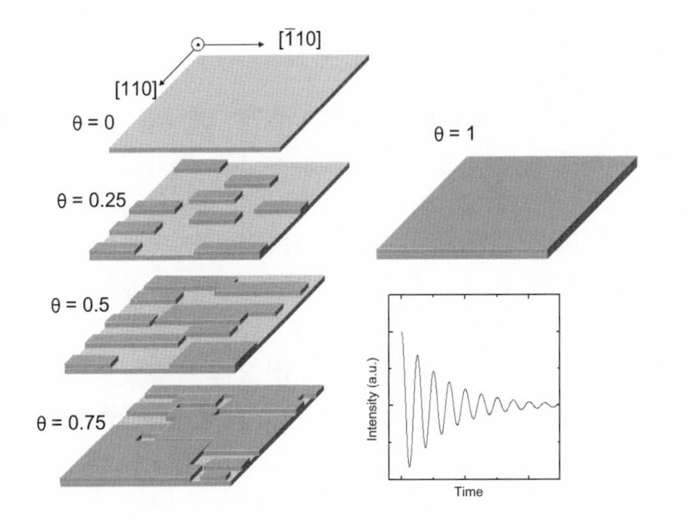

圖 6.96
RHEED 振盪時磊晶層表面狀況的示意圖。當磊晶爲逐層成長時，表面的粗糙度會隨著每一層的成長出現周期性的變化，θ 爲覆蓋率。半層時 ($\theta = 0.5$) 最爲粗糙。長滿一層時 ($\theta = 1$) 會回復平整。RHEED 反射點的強度則會對應粗糙度而上下振盪。在實際的成長時，因爲部分原子會沉積到第二層之上，無法回復到完全的平整，因此 RHEED 振盪會出現振幅隨著時間而衰減的現象。但可由其周期計算出磊晶的成長速率，或直接由振盪觀察來控制成長的原子層數。

認爲是階梯處的散射造成反射強度的變化，因此強度與階梯數有關(56)。因爲階梯與覆蓋率相關聯，故不容易明顯地區分出來，因而至今尚未能獲致較爲明確的結論。

RHEED 振盪的產生源自於逐層的成長所造成的表面粗糙度變化，每一次週期的變化，剛好對應一個單層的成長。在 GaAs 等三五族閃鋅結構 (zincblende) 的成長中，每一單層爲晶格常數的一半。除了可以計數所成長的層數之外，也可以利用周期時間來估算磊晶層的成長速率。這是一個即時量測成長速率與厚度的方法。然而由於前述的振盪振幅衰減，在三五族的成長中，常常只有十數周期的振盪。所量得的成長速率經常是成長起始瞬間的成長速率，有些成長源有起始暫態 (transient state) 的現象。尤其是分子束磊晶的成長是以快門 (shutter，裝置在 K-cell 前的金屬擋板) 的開啓作爲起始。快門的開啓常會對 K-cell 的散熱造成改變，使溫度有瞬間的暫態變化。僅量測起始瞬間的成長速率，有可能對於較厚層的成長會造成誤差。另外由於此振盪現象源於逐層成長，但磊晶成長不一定會出現逐層成長。有些磊晶成長使用偏斜晶面的基板 (miscut wafer)，晶面的偏斜會在表面產生如梯田狀的階梯層。若階梯層夠窄，隨著成長溫度的上升，原子的表面遷移長度會逐漸變長。當遷移長度超過階梯的寬度，成長模式會由逐層成長的模式變成階梯流動的成長模式 (step-flow growth mode)(57)，也就是原子跑到階梯邊緣嵌入造成階梯的移動。在這種狀況下，RHEED 振盪的現象將會隨溫度的上升進入階梯流動模式而消失(58)。

6.7.4 磊晶的應用

由於 RHEED 觀測到的是晶體的表面，我們可以藉由 RHEED 圖案來辨識磊晶成長前與成長時的晶體表面狀態。磊晶所使用的基板，經過大氣的暴露，通常表面會形成氧化物，在成長前必須予以清理，以避免非均質的成核。以 GaAs 的成長爲例，通常利用加熱分解的方式去除表層的氧化物。在氧化物尙未清理時的表面因爲氧化物的覆蓋，電子束無法探測到底層的晶體結構，表層的氧化物又非晶體結構，無法看到點狀或線狀的電子繞射。將基板逐步加溫，到了 580 °C 左右，隨著氧化物的分解，點狀的圖案將會出現。由於在眞空中的表面溫度量測不易，有的工作者就同時利用此現象作爲基板溫度的檢查點。有些基板的表面氧化物較薄，例如 InP 基板在室溫階段就可以觀察到基板的晶體結構，但可以利用表面重組圖案的出現來確認表面的清理狀況。在氧化物尙未去除之前，只能看到對應內部厚層結構的線狀周期圖案，但是氧化物除去之後，表層原子出現新的重組周期，於是就可以觀察到重組的圖案。利用 RHEED 圖案的觀察可以確認表面氧化物的去除，這是分子束磊晶技術的一項重要優勢。有機金屬化學沉積法因爲不是操作在分子流的眞空區域 (molecular flow region)，無法使用 RHEED 技術來即時確認基板表面的狀況。

除了用來觀察基板表面的處理狀況之外，RHEED 圖形也可用來觀察基板與磊晶層的表面平整度。如前所述，當晶體的表面不平整時，入射的電子束等效上可以觀察到多層的原子結構，因此會看到點狀的 RHEED 圖案。但是在成長緩衝層之後，表面逐漸平坦化，RHEED 圖案也逐漸轉化成線狀，但仍可看到點狀的殘影。最後在極爲平坦的狀況下，RHEED 圖案完全變成線狀，僅留下一個反射點 (specular point)。這一個反射點的強度可以對應磊晶表面的粗糙度，並在逐層成長時發生前節所討論的週期性振盪 (RHEED oscillation) 的現象。

平坦度的觀察與確認，對於成長量子井結構尤其在控制介面的平坦度時相當地重要。在 RHEED 振盪的觀察中，可以知道逐層成長時表面會愈來愈粗糙，造成振幅的衰減。但是停止成長時，表面原子仍然會繼續遷移找到更穩定的位置使自由能降低，因此表面會愈來愈平整，而反射點的強度也會逐漸變強回復原來的平整度。因此成長量子井時，可以藉由停止成長來獲得高度平整的量子井與位障層的介面[59]。停止成長的時間可以由反射點強度的觀察來決定。近年來使用分子束磊晶成長自組成量子點 (self-assembled quantum dot) 也成爲一個重要的技術。最常見的成長是在 GaAs 磊晶層上成長 InAs，利用兩者間的 7% 晶格不匹配度造成 Stranski-Kastanov 模式的成長[60]。InAs 厚度在達到 1.7 個單層時會因爲到達臨界應變能量而開始捲曲形成量子點的結構[61]。結構雖然變形但是仍然沒有出現缺陷。但持續沉積 InAs 在達到相當於 3 個單層的沉積量之後，便會開始出現量子點合併 (coalescent quantum dot) 等大型具有缺陷的結構。在實際的磊晶控制上，因爲厚度的控制需要有相當的準確度，才能重複觀察或成長這一段 1.7 到 3 個單層成長的現象。除了降低成長的速率之外，大都利用 RHEED 圖案來決定實際的成長時間。在達到臨界厚度之前，RHEED 圖案是代表平坦表面的線狀，開始出現量子點之後，就會因爲表面平坦度的破壞，而出點狀的三維倒置晶格點的結構。使用 RHEED 觀察成長可以迅速地重複先前的量子點成長條件，降低成長的困難度。

晶體的表面重組結構與晶體的成長條件有關，在 GaAs 類三五族材料的成長時，與溫度、入射的五族分子束、三族分子束的通量都有相關性，因此可以建立一個表面重組的相圖，並可用以確認成長的條件。Cho 及 Panish 都對 As_2/Ga 分子束通量比例與溫度對 GaAs(001) 表面重組結構的關係建立了相圖[47,50]。圖 6.97 爲 Panish 的相圖[50]。他們發現將 As_2/Ga 分子束比例由高變低或把溫度由低變高時會使表面結構由 C(2×8) 轉變成 C(8×2)。其中 C(2×8) 的表面狀況爲 As 原子過量因此被稱爲 As-stablized，而 C(8×2) 則爲 Ga 原子過量，稱爲 Ga-stablized。在轉換的中間則會出現一個中間的 (3×1) 狀態。如果把基板的 [110] 方向朝向電子束並把 As_2/Ga 分子束比例由高變低，我們將會看到 RHEED 圖案由二倍的線狀 C(2×8) 變成三倍的線狀 (3×1)，最後變成四倍的線狀 C(8×2)。

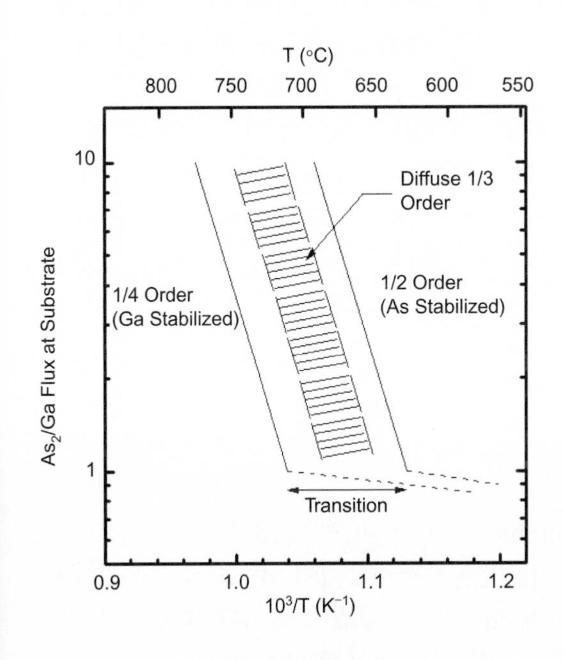

圖 6.97
Panish 所提出的 GaAs 磊晶成長時表面重組相圖。橫軸爲溫度的倒數，縱軸爲 As_2 與 Ga 分子束通量的比值。左邊爲 Ga-rich 的 C(8×2) 重組結構 (四倍線狀)，右邊爲 As-rich 的 (2×4) 重組結構 (二倍線狀)。中間則爲 (3×1) 重組結構。由表面重組狀態的觀察，可以應用來確認或調整磊晶時的成長條件[50]。

利用表面重組圖案的觀察可以調整並確認長晶的條件。As_2/Ga 分子束比例與成長溫度對於磊晶成長都是重要的長晶條件。在傳統的三五族化合物半導體磊晶中，通常是以五族元素過量的方式成長。其成長的溫度會使三族元素的黏著係數 (sticking coefficient) 接近一，而五族元素過量。未能與三族元素形成鍵結的五族元素則會蒸發脫離表面，形成良好的表面。如果三族元素過量，則會因爲過低的蒸氣壓，使三族元素在表面形成殘留的金屬液滴。因而可以利用上述的 RHEED 表面重組結構相圖來控制五族與三族的分子束通量比例。實際上五三族分子束通量比例還會影響到表面原子的遷移能力。較低的分子束通量比例可以延伸表面三族原子的遷移長度，但也會提高三族原子的脫離率。遷移長度的增加，可以改善晶體的結構，減少缺陷的發生改善光電特性。同時也可以減少五族元素的消耗量，並降低材料所帶來的雜質。然而在一些高應力的假晶性成長中，則需要較大的五三族分子束通量比例，以降低原子的遷移能力以避免結構的崩解。然而這些成長條件都需要正確的分子束通量比例，表面重組圖案的相圖可以提供一個即時的參照，可以增進磊晶成長的正確性與再現性。

6.7.5 結語

在本文中我們對反射式高能電子繞射術的基本原理做了扼要的介紹，從中我們可以了解如何由繞射圖案觀察了解晶體的表面狀況，包括表面的平坦度、表面重組的結構、以及反射點強度的振盪。在應用方面，我們以三五族化合物半導體 GaAs 類材料的分子束磊晶成長爲例，介紹如何使用反射式高能電子繞射術來觀察磊晶基板表面氧化層清除，利用表面平坦度的觀察來成長自組成量子點結構，利用晶體表面原子重組來控制成長條件，利用繞射圖案強度來控制量子井界面的成長，利用強度的振盪現象來確認成長速率以及成長的模式。反射式高能電子繞射術已經成爲分子束磊晶成長時應用的重要即時分析工具，對於成長的監控與成長的觀察都具有重要性。此技術使得分子束磊晶法成爲一種能有效控制複雜結構成長的長晶工具，因而大量地被應用在元件工程與科學研究。

6.8 奈米歐傑電子能譜表面分析技術

奈米級歐傑電子能譜儀 (nano-Auger electron microscope) 與微米級歐傑電子能譜儀的差別有二項：(一) 奈米級的空間解析度。其中掃描式電子顯微鏡 (SEM) 影像的空間解析度可達 6 nm，歐傑電子影像的空間解析度可達 8 nm；(二) 擷取數據速度很快。因速度快，能在適當時間內完成化學元素的空間分布圖，也就是歐傑地圖 (Auger map)。

爲使使用者進一步瞭解奈米級歐傑電子能譜儀，以下介紹歐傑電子能譜在表面分析技術的一些基本觀念以及應用。

6.8.1 表面分析的基本觀念

第 6.8 節作者爲黃振昌先生、陳銘宇先生及吳坤益先生。

6.8.1.1 表面訊號

分析技術的第一個重要觀念是訊號從那裡來。若能控制量測的訊號，是從材料表面來的，此技術就是表面分析技術。問題是離表面原子層多深的訊號才算是表面訊號？嚴格來說，只有來自表面最外層原子的訊號，才可視爲表面訊號，但在實際應用層面，材料表面可分兩類：(1) 在眞空中製備的單晶表面，(2) 傳統的多晶 (polycrystalline) 或是非晶形 (amorphous) 表面。

以在超眞空中製備的單晶表面而言，若在載入歐傑電子能譜儀前不經過空氣，此表面很乾淨，理論上從表面最外面 2 層原子取得的訊號，才可視爲表面訊號，當訊號逃離深度 (escape depth) 比 2 層原子深，視爲已測到材料內部 (bulk) 的訊號。爲什麼這樣定義呢？理由有二項：(1) 表面最外 2 層原子的排列方式與較深層原子的排列方式不同，(2) 表面最外 2 層原子的電子結構 (electronic structure) 與材料內部的電子結構不同。以此觀點，似乎可將材料表面細分爲二層：(1) 表面 2 層原子所構成的近似兩度空間的薄層，(2) 表面 2 層以下的材料內部。以 GaAs(110) 表面爲例，如圖 6.98 所示[61, 62]，最外層的 Ga 和 As 原子重組，有壓彎 (buckling) 現象，最外第 2 層的 Ga 和 As 原子也有微量的壓彎現象。而第三層原子大致與深層原子的排列相同。

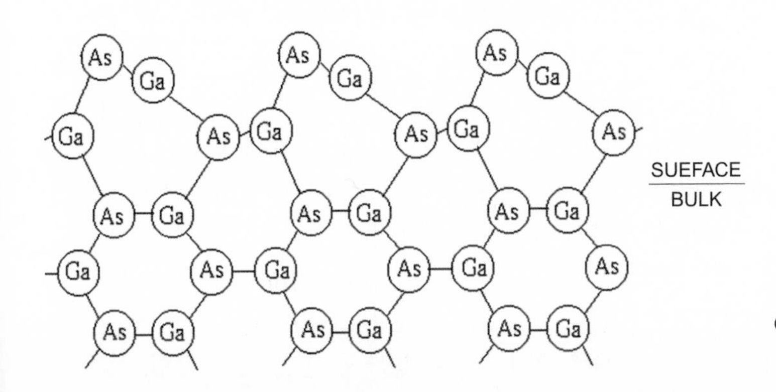

圖 6.98
GaAs(110) 平面的原子結構側視圖。

就傳統的多晶或是非晶形表面而言，因不是在超高眞空製備的表面，在放入歐傑電子能譜儀前需經過空氣，材料表面都已氧化或受汙染，在分析前需以 Ar 離子轟擊，將材料表面清乾淨，但受離子轟擊的材料表面已無規則排列，表面訊號的定義較模糊。表面分析有個概念，稱爲逃離深度 (escape depth)，用來定義電子自表面逃離的深度，通常以此來界定電子訊號是否來自表層。電子在材料的逃離深度與電子能量有關，和材料種類較無關，其關係參見圖 6.99 的通同曲線 (universal curve)[63, 64]。當電子能量在 ~50－100 eV 時，電子的逃離深度約 0.5 nm，相當於 3 層原子厚度；當電子能量增高爲 ~500 eV 時，電子的逃離深度約 1 nm，相當於 6 層原子厚度。因此選取不同能量的歐傑電子當作訊號源，可取得來自不同表面深度的化學元素的資訊。

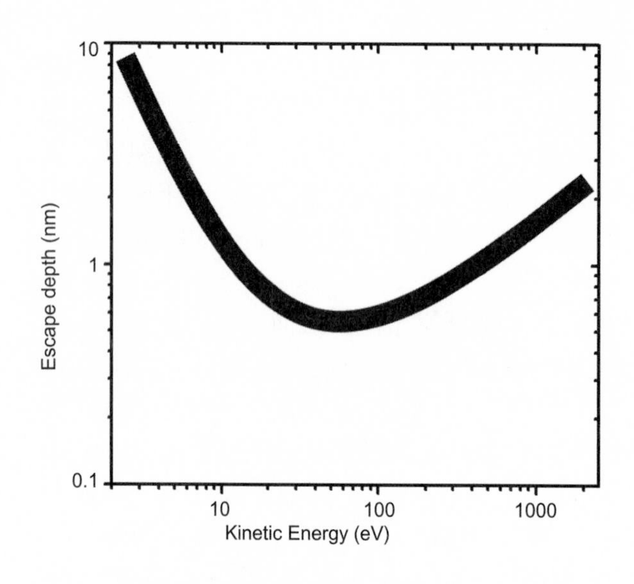

圖 6.99
電子的逃離深度與能量的關係曲線示意圖。

6.8.1.2 材料表面的生命期

表面分析技術的另一個重要觀念是材料表面有生命期，乾淨的材料表面在 1×10^{-6} Torr 真空中，1 秒鐘會吸附一層氣體分子，爲方便計算氣體吸附量，稱此量爲 1 L (1 Langmuir)。依此可知在 1×10^{-10} Torr 真空下，材料表面在 1×10^{4} 秒鐘 (約 2 小時 50 分鐘) 後會吸附一層氣體分子。通常在抽真空時，會先用若氮氣淨化 (purging)，若氮氣純度爲 99.9%，在 1×10^{-10} Torr 真空下的氧和氮比，可簡單估計爲 1:1000，若定義 0.1% 的氧覆蓋 (coverage) 爲汙染，假設氧和氮對基材的吸附能力相同，則在 1×10^{-10} Torr 真空下，乾淨的材料表面的生命期約只有 2 小時 50 分鐘。因表面分析量測都需在材料未受污染前完成，材料表面的生命期越長越好。舉例來說，當真空度只有 1×10^{-9} Torr 時，材料表面的生命期約 17 分鐘，一般取數據的時間都比這久，1×10^{-9} Torr 的真空度是不合乎實驗需求的。因此，歐傑電子能譜儀有兩個必要的研發方向，一爲提升真空度，另一爲增強歐傑電子訊號，縮短量測時間。

6.8.1.3 表面分析技術的研發目標

表面分析技術的研發目標是，要在某一時間、某一奈米區域，量測材料的化學狀態，換句話說，表面分析技術要有好的時間解析度、空間解析度以及能量解析度。其中時間解析度的目標是希望能量測化學反應，但因化學反應的速率太快，目前的技術能力遙不可及，傳統的表面分析儀器，以追求空間解析度以及能量解析度爲兩項目標。以歐傑電子能譜儀的發展來看，儀器的設計著重在增加歐傑電子訊號強度，以便提升空間解析度，目前空間解析度已能提升到 8 nm。另一種常用的 X 光電子能譜儀 (X-ray photoemission; ESCA) 則著重在增加電子能量解析度，以便準確鑑定材料元素的化學態。

本文以 ULVAC-PHI 公司的奈米級歐傑電子能譜儀 PHI 700 爲例，說明儀器的設計如何增加歐傑電子訊號強度[65]。PHI 700 機型的電子能量分析器 (electron energy analyzer) 請參見圖 6.100 所示。

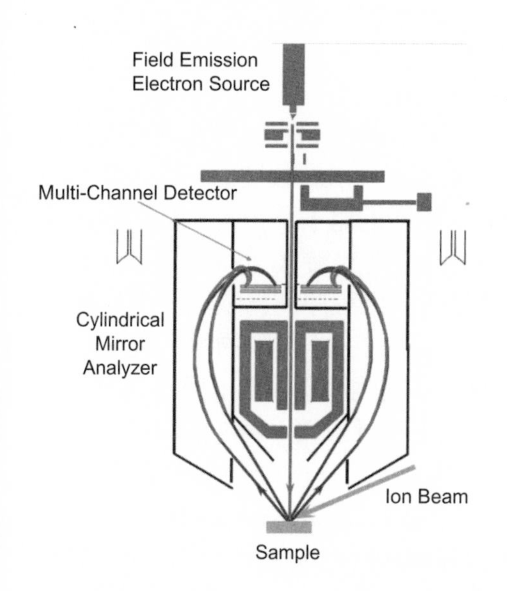

圖 6.100
PHI 700 機型的電子能量分析器簡圖。(感謝 ULVAC-PHI 公司同意引用此資料)。

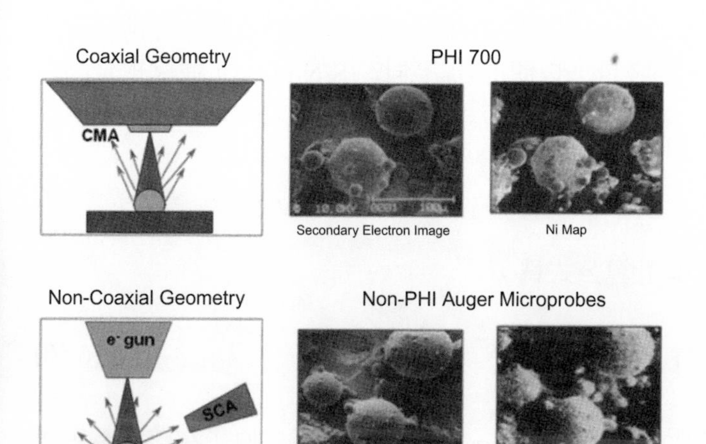

圖 6.101
PHI700 機型的同軸圓柱狀鏡面分析器與非同軸分析器的比較。(感謝 ULVAC-PHI公司同意引用此資料)。

爲增加歐傑電子訊號強度，PHI700 使用場發射電子源、多槽偵測器 (multi-channel detector) 以及同軸圓柱狀鏡面分析器 (coaxial cylindrical mirror analyzer, coaxial CMA)[65]。此種設計電子槍與圓柱狀鏡面分析器 (CMA) 同軸，有兩個優點：(一) 當電子束與試片呈

一傾斜角度 (tilt angle) 時，仍具有高強度訊號，可保持高靈敏度。(二) SEM 影像以及歐傑影像的清晰度都比非同軸的設計好，請參見圖 6. 101 所示。

6.8.2 歐傑電子能譜儀的基本觀念

(1) 歐傑電子訊號

歐傑電子能譜儀 (Auger electron spectroscopy) 是量測來自材料中化學元素的歐傑電子訊號。歐傑電子的產生，可用電子或光子將原子的電子激發出到激發態，進入眞空，被激發的電子會留下空缺，稱爲電洞 (hole)，此時在高能階的電子不穩定，會跳到電洞位置，並以兩種方式釋放出所多出來的能量差：第一種方式爲放出 X 光，另一方式爲激發另一個電子，逃逸到眞空，此被激發電子稱爲歐傑電子，此程序稱爲歐傑程序 (Auger process)。舉個例子，若 Si 的 1*s* 電子首先被激發留下空缺，在 2*s* 能階的電子跳下到 1*s* 能階空缺的同時，將另一 2*p* 電子激發離開材料進入眞空，則此被激發電子稱爲 Si $KL_1L_{2,3}$ 歐傑電子，其中 K 代表主量子數 n 爲 1 的 1*s* 電子，L 代表主量子數 n 爲 2 的電子，L_1 代表 2*s* 電子，$L_{2,3}$ 代表 2*p* 電子。

每個化學元素有很多具不同能量的歐傑電子。以 Si 爲例，除 Si $KL_1L_{2,3}$ 歐傑電子外，若 2*s* 電子跳下到 1*s* 能階空缺的同時，將 3*s* 電子激發離開材料進入眞空，則此進入眞空的歐傑電子稱爲 Si *KLM* 歐傑電子，其中 M 代表主量子數 n 爲 3 的電子。不同的歐傑電子，因激發機率不同，訊號強弱有別，但都攜帶此 Si 原子的化學狀態資訊，通常我們以具最高強度的歐傑電子來分析該元素的數量，以便提升訊雜比 (S/N ratio)，並縮短量測時間。

(2) 歐傑電子能量的鑑定

歐傑電子能量的理論計算較難，其計算公式爲：

$$E_{ABC} = E_A - E_B - E_C - F(BC:x) + R_x^{in} + R_x^{ex} \tag{6.50}$$

其中，E_{ABC} 爲某一原子的 *ABC* 歐傑電子的能量，E_A、E_B、E_C 分別爲該原子在核心電子能階 (core level) A、B 以及 C 的束縛能 (binding energy) 的絕對值，$F(BC:x)$ 爲在 B 和 C 核心電子能階上的電洞彼此間的作用能 (interaction energy)，R_x^{in} 爲原子內部因有電洞在核心電子能階上，造成同一原子內電子間的鬆弛能量 (intra-atomic relaxation energy)，R_x^{ex} 爲因有電洞在核心電子能階上，造成位於不同原子位置的電子間的鬆弛能量 (extra-atomic relaxation energy)[66]。因計算誤差大，歐傑電子能量的鑑定都以實驗量測的能譜爲準。

(3) 歐傑電子能譜的鑑定

不同的化學元素所激發的歐傑電子能量不同，歐傑電子能譜儀技術就是利用此特點，量測並鑑定在材料表面的化學元素種類。以 Si 爲例，Si 元素有 *KLL*、*KLM*、*KMM*、*KLV*、*KVV* 等歐傑電子，每個 Si 的歐傑電子的能量是固定不變的，不會因電子槍的電子束能量不同而改變，因此很容易藉此特性鑑定元素是否是 Si 元素。

當要確定元素是純元素或是以化合物態存在，也可由歐傑電子能譜鑑定，因元素在化合態時，其歐傑電子能量會與純元素不同，此能量位移的現象稱爲化學位移 (chemical shift)。但一般不以歐傑電子的化學位移當作標準的化學位移量，原因有：(一) 歐傑電子訊號的能量寬度太大，(二) 歐傑電子的化學位移量是由三個能階的位移量，經計算求得的。習慣上化學位移量的測定以 X 光光電子能譜儀直接測到的單一能階化學位移量爲準，它有兩項優點：(一) 能量解析度佳，(二) 因是單一能階化學位移量，較易與理論計算比較。

(4) 歐傑電子能譜的定量分析

歐傑電子的訊號微弱，其定量以微分的歐傑訊號爲主，歐傑電子能譜的定量分析 (quantitative analysis) 是採用相對敏感度分析法 (relative sensitivity factor analysis)[67,68]，將從試片取得的微分歐傑訊號強度與標準試片的互相比較，可求出化學濃度數據。其作法介紹如下。要測在試片中元素 A 的濃度 X_A，只須將試片取得的元素 A 歐傑訊號強度 I_A 與純元素 A 的 I_A 互相比較，即可求得 ：

$$X_A = \frac{I_A}{I_{\text{pure } A}} \tag{6.51}$$

爲避免每一次實驗都要準備各元素的標準試片，一般商業機器都已預先將純標準試片的歐傑訊號強度與銀標準試片 351 eV 的 *MNN* 歐傑電子強度比較，此相對值就是元素對銀的相對敏感度因子 (relative sensitivity factor, S)。因此 X_A 可表示爲：

$$X_A = \frac{I_A}{S_A I_{Ag}} \tag{6.52}$$

在實際應用面，若能測量試片中的所有元素歐傑訊號強度 I_i，每次實驗並不需要測銀標準試片的 351 eV 的 *MNN* 歐傑電子強度，因 X_A 可表示爲：

$$X_A = \frac{\frac{I_A}{S_A}}{\sum_i \frac{I_i}{S_i}} \tag{6.53}$$

(5) 歐傑電子能譜的綜覽掃描 (survey scan)

在 PHI 700 的作法是用 Ar 濺鍍槍 (sputtering gun)，以 3 kV、15 mA 的離子束，對 1－6 mm^2 面積的材料表面轟擊，取得乾淨表面，並依放大倍率需求，調整電子束的能量以及電流，量測試片中所有元素的歐傑電子訊號。一般而言，當放大倍率大於 30000 倍時，電子束的能量要高達 20 keV 以上，電流要小於 2 nA，此時才可取得奈米影像；當放大倍率小於 30000 倍時，電子束的能量爲 5 或 10 keV、可增加電流到爲 10 nA，以便增加歐傑訊號強度，縮短每點的量測時間。

(6) 歐傑電子能譜的縱深分析

歐傑電子能譜的縱深分析 (depth profiling) 的目的，是要量測在某一定點上不同材料深度的元素濃度。在 PHI 700 的作法是由先用 SEM 觀察材料表面，選一觀察點，用 Ar 濺鍍槍，以 3 kV、15 mA 的離子束，將材料打薄，並量測試片中的所有元素歐傑電子訊號強度。實驗的原始數據爲：歐傑訊號強度 (intensity) 對濺鍍時間 (sputtering time) 作圖，縱深分析在資料處理方面常將此原始數據改爲：原子濃度 (atomic concentration) 對深度 (depth) 作圖。

PHI 700 機型提供一種功能，稱爲電腦輔助旋轉縱深分析技術 (compucentric Zalar rotation depth profiling)，此技術能降低在濺鍍時，因離子束入射所造成的材料表面粗糙度。如圖 6.102 所示，在離子束濺鍍時，選一定點，繞此定點旋轉試片 (Zalar rotation)，此方法是由電腦控制，在旋轉時會稍微沿 x、y 軸水平移動試片。此技術可降低濺鍍產生的表面粗糙度，提升數據的準確性。

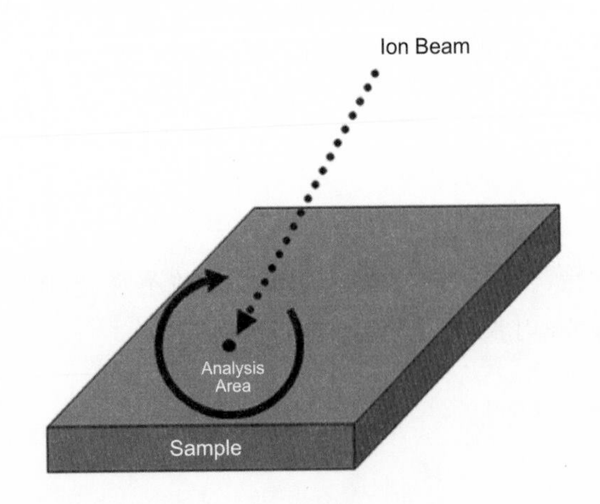

圖 6.102
PHI 700 機型的電腦輔助旋轉縱深分析方位圖。(感謝 ULVAC-PHI 公司同意引用此資料)。

6.8.3 奈米歐傑電子能譜儀在表面分析的應用實例

6.8.3.1 奈米鑽石尖狀結構的化學成分分析實例

(1) 微米大小區域的化學成分分析

奈米鑽石尖狀結構的製備流程，敘述如下：首先將微米大小的鑽石顆粒撒在鋁片上，並電鍍鎳，將鑽石顆粒鑲在鋁片上，再用微波電漿化學氣相沉積法，在微米大小的鑽石顆粒上面，長奈米鑽石尖狀結構(69)。圖 6.103 中的 SEM 影像顯示用鎳電鍍鑲在鋁片上的微米大小鑽石顆粒，藉著量測 C *KLL* 歐傑電子，可以區分經微波電漿化學氣相沉積製程，在微米大小的鑽石顆粒上長的是鑽石，但在鎳上長的是石墨。

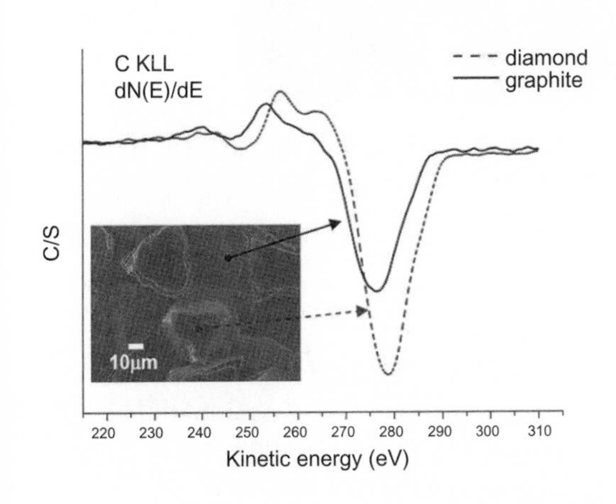

圖 6.103 微米大小鑽石顆粒被鎳鑲在鋁片上，經微波電漿化學氣相沉積製程後的 SEM 影像與 C *KLL* 歐傑電子能譜。在微米大小鑽石顆粒上長的是鑽石，但在鎳上長的是石墨。

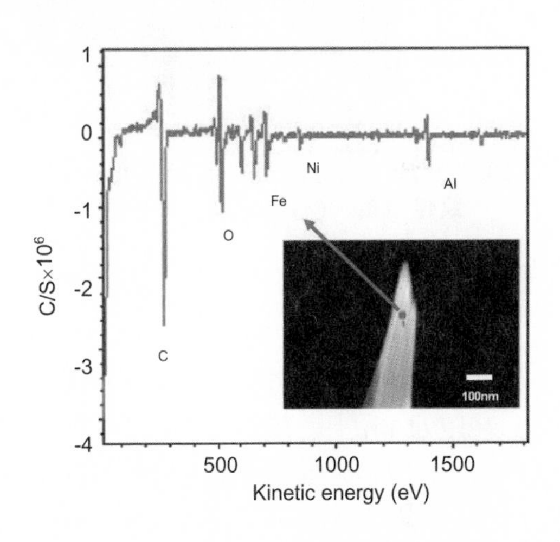

圖 6.104 奈米鑽石尖狀結構的 SEM 影像 (10^6 倍) 與歐傑電子的縱覽掃描圖。

(2) 奈米大小區域的化學成分分析

若使用高倍率的 SEM 影像功能，可看出在微米大小鑽石顆粒上長的鑽石是奈米鑽石尖狀結構，如圖 6.104 所示。PHI 700 機型容許我們選取某一定點，執行歐傑電子能譜的綜覽掃描，鑑定在此定點的所有化學元素。如圖 6.104 所示，奈米鑽石尖狀結構上有 C、O、Ni、Fe 等元素，此顯示在微波電漿化學氣相沉積時，Ni 以及 Fe 會被電漿轟擊到奈米鑽石尖狀結構上面。

6.8.3.2 奈米大小區域的歐傑地圖實例

(1) 氧化鋅 (ZnO) 的尖塔狀結構

PHI 700 機型可直接量測奈米結構的歐傑地圖，圖 6.105 是氧化鋅 (ZnO) 尖塔狀結構的 SEM 影像以及歐傑地圖。此氧化鋅尖塔狀結構係由化學氣相沉積法合成的，選用 20 萬倍的放大倍率，使用 25 kV 以及 1 nA 的電子束，可取得 Zn 以及 O 的歐傑地圖，其清晰度與 SEM 影像相近，此功能提供奈米結構的化學元素分布。

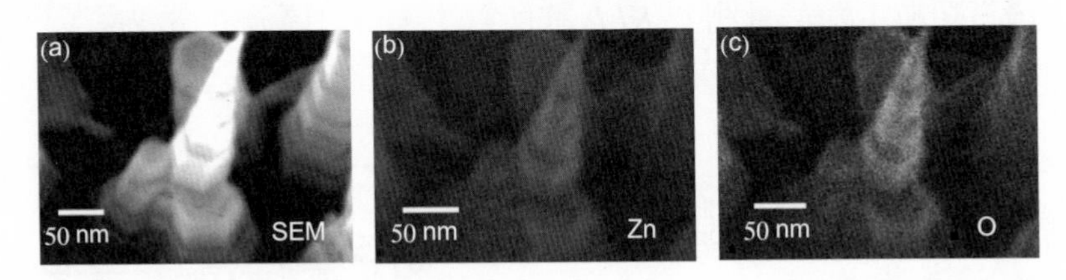

圖 6.105 由化學氣相沉積法合成的氧化鋅 (ZnO) 尖塔狀結構，其 (a) SEM 影像以及 (b) Zn、(c) O 的歐傑地圖。(感謝清華大學材料系陳力俊特聘講座教授同意引用此數據)。

(2) 10 nm 厚度的 HfO_2 結構

10 nm 厚的 HfO_2 薄膜是以分子束磊晶 (molecular beam epitaxy) 法，於室溫鍍非晶形 HfO_2 在矽 (100) 上。量測時，將此試片的橫切面立起來，使用 25 kV 以及 2 nA 的電子束直接量測 Hf 以及 Si 的歐傑地圖。圖 6.106 顯示，10 nm 厚的 HfO_2 結構雖可見，但有雜訊干擾，為降低雜訊，可增加量測時間，取得較佳的訊雜比。

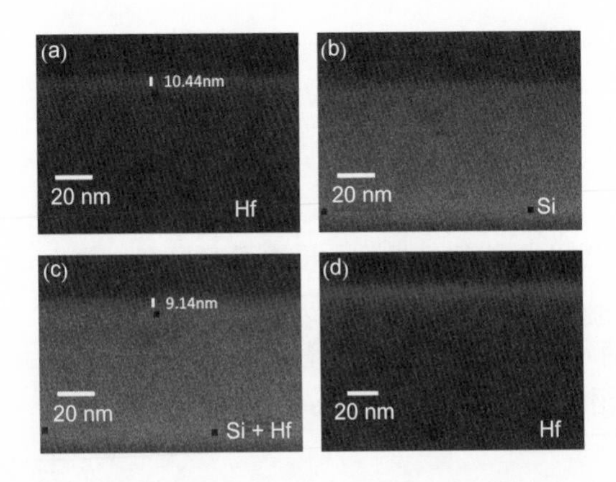

圖 6.106
奈米厚的 HfO_2 薄膜的 (a) Hf、(b) Si、(c) Si+Hf 以及 (d) Hf (較佳的訊雜比) 的歐傑地圖。(感謝清華大學物理系郭瑞年講座教授同意引用此數據)。

6.8.3.3 奈米大小區域的縱深分析實例

奈米級歐傑電子能譜儀與一般微米級歐傑電子能譜儀的縱深分析相似，差別有二項：一爲觀察的表面區域，直徑可達 8 nm 大小；另一爲電腦輔助旋轉縱深分析技術，可提高縱深分析的準確度。圖 6.107 爲 100 nm 厚度的 SiO_2/Si 標準試片的元素縱深分布圖 (depth profiles)。以 PHI 700 機型量測的 Si 以及 O 縱深分布曲線很清晰。

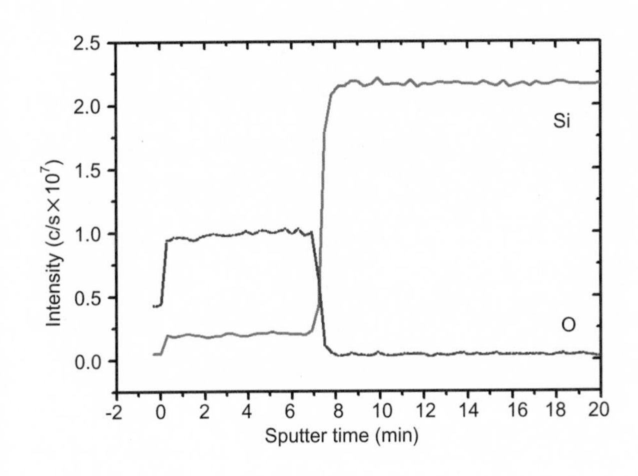

圖 6.107
100 nm 厚度的 SiO_2/Si 的元素縱深分布圖。

誌謝

感謝 ULVAC-PHI 公司提供儀器資料、清華大學材料系陳力俊特聘講座教授實驗室以及清華大學物理系郭瑞年講座教授實驗室提供數據。也謝謝清華大學貴儀中心蔡靜雯小姐以及 ULVAC-PHI 公司葉上遠先生在量測的幫助。

6.9 陰極螢光光譜分析術

6.9.1 基本原理

陰極螢光 (cathodoluminescence, CL) 顧名思義是一種樣品因陰極射線 (電子束) 而產生的螢光行爲。樣品與電子束交互作用之後，會因爲電子束中的電子非彈性碰撞散射 (inelestic scattering) 的緣故獲得能量。此時樣品中獲得能量的電子會產生能階躍遷，由基態 (ground states) 提升到受激態 (excited states)，最後再以電磁波的形式釋放出能量並且回到基態，這種激發能量來源是電子束的螢光就稱爲陰極螢光。樣品與電子束交

第 6.9 節作者爲許志偉先生及林麗瓊女士。

互作用產生螢光，再經由收光器收集之後，最後通過光譜分析儀而完成。一般而言，名詞上的差異主要是代表激發源不同，例如：以光作爲激發源就稱爲光激螢光光譜 (photoluminescence, PL)。日常生活中，映像管電視其實本質上就是一種陰極螢光。所以在實務上，只要有電子發射源 (作爲激發源)、眞空腔體 (電子束不適合在大氣環境下工作) 再加上光譜量測設備就算是陰極螢光光譜儀。

近年來，有鑑於電子顯微鏡規格與技術的進步，電子顯微鏡本身即可提供陰極螢光光譜儀一個完美的工作環境。特別是與掃描式的電子顯微鏡 (掃描式 (SEM) 及掃描穿透式電子顯微鏡 (S-TEM)) 做結合，可以達到最佳的效果。圖 6.108 爲一典型掃描式電子顯微鏡 (SEM) 與陰極螢光光譜儀結合的裝置圖。首先，由於電子束動能極大 (千伏等級)，一般方法難以量測的寬能隙物質，例如氮化鋁、鑽石等，不會有因爲激發能量不足而無法量測的問題。再者，利用電子顯微鏡中電磁透鏡與掃描線圈的幫助，探測電子束可以被聚焦到奈米的尺度，並且在樣品表面做 *x-y* 方向的掃描。正因如此，陰極螢光光譜分析技術具有像電子顯微鏡般針對特定區域作顯微分析的能力。對於含有多重發光源的樣品可以個別分析出發光源的位置及其所對應的波長。此外，多層結構之半導體量子井與量子點不同層之間常因各種因素而表現出不同的光學特性，這些縱深方面的差異 (depth profile) 可以藉由調控電子束的穿透深度來分析。以上所提是其他螢光光譜分析技術，例如 PL 或電致螢光 (electroluminescence, EL)，所難以達成的。因此，在材料科學、礦物學及半導體物理的研究實務上，各種源自於樣品的化學成分組成、相分離或結構缺陷所造成的光學性質差異都可以藉由陰極螢光光譜來研究。

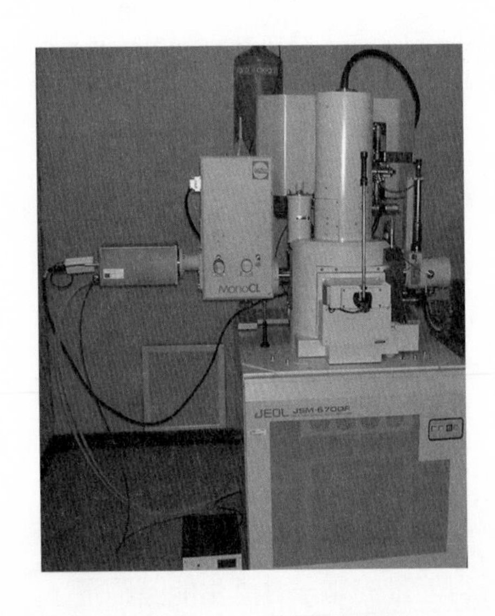

圖 6.108
陰極螢光光譜儀與掃描式電子顯微鏡 (JEOL, JSM-6700F) 結合的照片。本機台配備有可降溫之樣品載台。

6.9.2 技術規格與特徵

陰極螢光光譜儀在規格方面，原則上與一般的光譜儀並無二致。主要是由激發源、收光器、單光儀 (monochrometer)、訊號放大器與訊號處理軟體所組成。目前市面上已有可與電子顯微鏡相容的套裝陰極螢光光譜儀，其主要架構如圖 6.109 所示。分析過程是讓收集到的螢光通過單光儀，使得不同波長的光分散開來。再利用訊號放大器分別將不同波長的光作訊號放大，最後再將訊號傳入電腦做最終處理就可以得到訊號強度對於波長的譜圖。若需要更進一步精密、詳盡的光學特性分析，則需要可調控溫度與激發功率的功能。這些需求可以藉由低溫樣品載台搭配適當的加速電壓與探測電流來達成。雖然說激發強度正比於電壓與電流的乘積 ($P \propto I \cdot V$)，但是因為改變加速電壓會改變電子束的穿透深度，操作者需考量樣品的均勻度與實際情況來決定，以避免深層訊號的干擾。

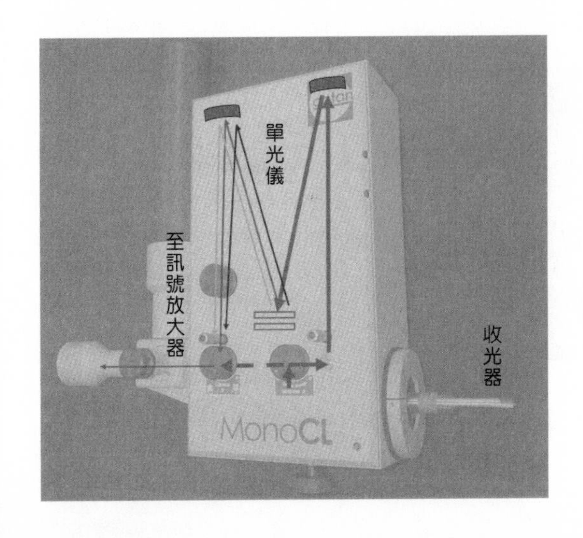

圖 6.109
陰極螢光光譜儀之主要架構。收光器將收集到的光導入單光儀，使用者可以選擇是否要讓收集到的光通過光柵來進行分光，最後由單光儀出來的光再送進訊號放大器。

(1) 激發源

如前所言，陰極螢光的激發源為電子。若儀器是與電子顯微鏡結合，激發源即為電子顯微鏡之探測電子束，而探測電子束的規格即取決該電子顯微鏡之電子槍的技術規格。若是一般掃描式電子顯微鏡 (SEM) 則其加速電壓通常小於 30 kV；穿透式電子顯微鏡則在數百 kV 的能量範疇。探測電子束的加速電壓 (accelerating voltage)、電流值 (probe current) 為主要可調變的參數。加速電壓大致上決定了電子束的穿透深度 (penetration depth)，加速電壓與探測電流的乘積代表激發功率 (excitation power)。而電子顯微鏡中的電磁線圈與掃描線圈決定了分析區域的大小，換言之也就是放大倍率 (magnification)。要注意的是，電子束對於樣品的穿透深度、激發體積 (excitation volume) 與幾何形狀會因為元素組成、密度差異而有所不同。

(2) 收光器

這個零組件是陰極螢光光譜儀最特別的地方。考慮到電子束入射方向與收光器收光效率的關係，收光器的結構基本是一個頂部穿孔的拋物面鏡，如圖 6.110 所示。藉由此拋物面鏡搭配極短的間距可以將大部分散射的螢光收集起來。爲了降低螢光散射所造成的訊號強度損失，收光器到樣品表面的距離愈短愈好。若同時間想得到高品質的樣品表面影像，則電子顯微鏡本身最好是搭配 semi-in-lens 或 in-lens 的二次電子偵測器，以免二次電子被收光器所阻擋。絕大多數與電子顯微鏡結合的系統，收光器都設計爲可伸縮式的，需使用時才移動至定位。收光器內部有高品質的光學鍍膜，可以減低光在通往單光儀的路徑中所可能產生的散失。一般的收光器末端會有一凸透鏡，可以將收集到的螢光聚焦射入單光儀的入口狹縫 (entrance slit)。若有需要，也可以加裝濾鏡組 (RGB, bandpass filters)。唯系統必須先做好規劃，一旦組裝完成後，光學透鏡組不易更動。

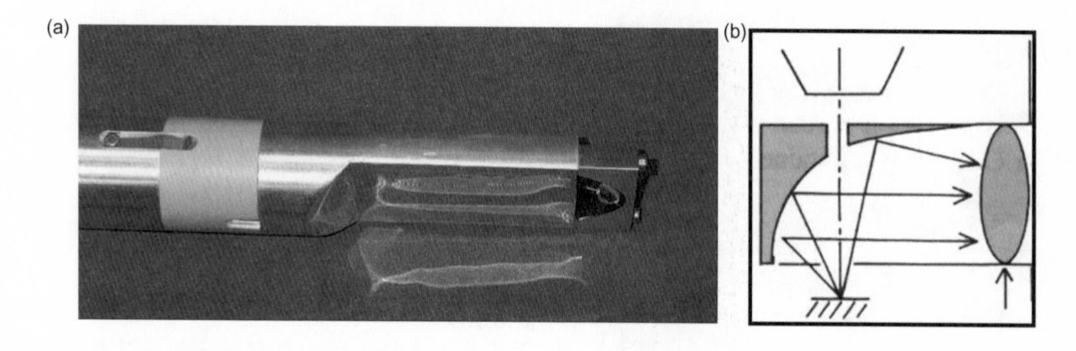

圖 6.110 (a) 與掃描式電子顯微鏡結合之陰極螢光光譜儀所採用的收光器的實體照片。(b) 收光過程圖解示意圖。

(3) 單光儀

從收光器收集到的螢光會被匯集入單光儀。單光儀主要是利用光柵 (grating) 的繞射分光原理，將不同波長的光區分開來。分散的能力基本上與光柵上溝槽的密度成正比，數學關係式爲 $d\lambda/dx \propto 1/n$ (n = grooves/mm)。例如，溝槽密度爲 1800/mm 的分散力爲 1.8 nm，則溝槽密度爲 1200/mm 的光柵其分散力爲 2.7 nm。但是，溝槽密度高的光柵可分析的波長範圍較小。考量到使用上的方便性與廣泛性，單光儀之中多半會搭配不同溝槽密度與具有不同強化波長 (blazed wavelength) 的光柵，以針對不同的需要作調整，其詳細規格如表 6.7 所示[70]。唯整體光譜解析度仍須考量狹縫大小、狹縫至光柵的距離等因素，在此不多加詳述。另一方面，使用者可以選擇是否讓收光器收集到的螢光通過光柵分析。若讓收集到的螢光通過光柵，則只有選定的特定波長的光可以通過並進入最後的訊號放大器，僅選定特定波長的光所產生的陰極螢光影像稱爲單光模式 (monochromatic mode)；若是不通過光柵而將收集到的光直接進入訊號放大器的話，則稱爲泛光模式 (panchromatic mode)。泛光模式多半是因爲樣品只有單一波段螢光，爲了增強影像的對比而使用。

表 6.7 單光儀中各式光柵的詳細規格[70]。

Lines /mm	Disperision nm/mm	Blaze wavelength nm	Suitable range nm	Optimized for
1200	2.7	500	300－1200	Visible (standard)
1200	2.7	750	450－1200	Visible
1200	2.7	1000	600－1200	Red/IR
1200	2.7	250	160－600	UV/Blue
1200	2.7	300	180－720	UV/Blue
1200	2.7	400	240－960	Blue
1800	1.8	250	160－600	UV/Visible
1800	1.8	500	300－800	Visible
2400	1.35	300	180－600	UV/Visible
600	5.4	1600	960－3800	IR
600	5.4	1000	600－2400	Red/IR
600	5.4	800	480－1900	Visible/IR
600	5.4	300	180－720	Blue
300	10.8	300	180－720	Blue
150	21.6	500	300－1200	Visible
150	21.6	300	180－720	Blue

(4) 訊號放大器

訊號放大器一般是採用光電倍增管 (photo-multiplier tube, PMT) 搭配一個手動遠端控制器 (manual remote unit, MRU)。光電倍增管的規格種類很多，製造商備有多種訊號放大器供選擇，不同的規格具有不同的靈敏度及適用波長，如圖 6.111 所示[70]。使用者應依照實際需求作適當的選擇以達最佳分析效果。MRU 的功能是用來調整光電倍增管的偏壓，以便取得適當的訊雜比 (signal-to-noise ratio)。此外，陰極螢光影像的亮度以及對比也是透過 MRU 來控制。若有必要，硬體上也可以容許安裝多個訊號放大器。另外一種選擇是以電荷耦合元件 (CCD) 或二極體陣列 (diode array) 取代光電倍增管，如圖 6.112 所示[70]。其最大的優點是可以在同一時間記錄由光柵分出來不同波長的光，大幅縮減實驗所需等待的時間並可避免樣品在長時間電子束的作用之下產生質變。

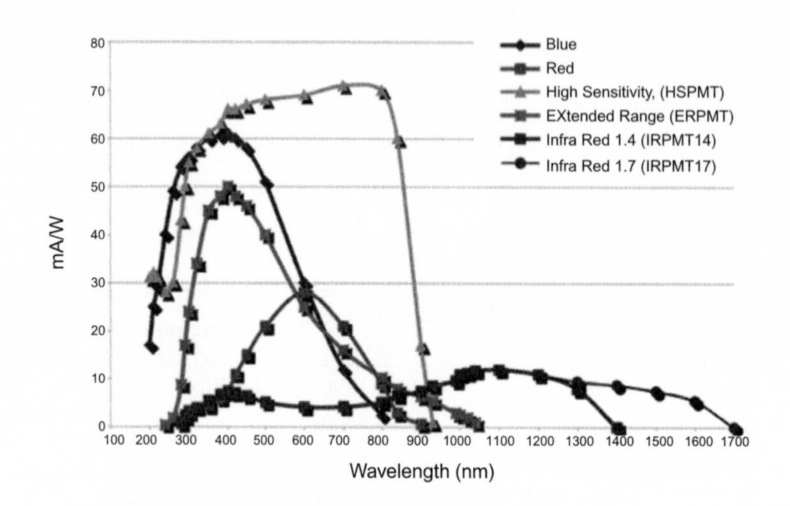

圖 6.111
不同波長的光對於不同型光電倍增管的反應圖。

圖 6.112
搭配有 CCD 的單光儀。

(5) 訊號處理軟體

DigitalMicrograph™ 軟體除了可以即時處理儀器傳送進來的訊號並同步顯示之外，還提供了許多後處理的功能，例如：多重顯示、疊圖、訊號分析等。一般而言，光柵的控制與訊號放大器也都是連結到 DigitalMicrograph™。將實驗結果儲存為 DigitalMicrograph Format (.dmf) 可以將連接到軟體的實驗參數同時記錄下，以便後續處理。

(6) 樣品載台

爲因應激發源爲電子束的緣故，樣品載台必須置放在眞空環境中。一個簡單的眞空腔體可以容納電子槍、樣品載台與收光器在其中，基本上就足夠了。若是與電子顯微鏡結合的話，則電子顯微鏡本身已提供極爲良好的工作環境與樣品載台。然而，一般電子顯微鏡的樣品載台並不具有調變溫度的功能。若需要更深入的研究材料的光學特性或是雜質、缺陷引起的詳細光學特性，則必須備有樣品冷卻載台。圖 6.113 所示爲一與電子顯微鏡腔體相容的低溫樣品載台。冷卻源是採用通入液態氮或液態氦來達到冷卻樣品的目的。載台上並連接有加熱線圈與控溫系統來達到調變溫度的功能，可容許的操作溫度爲 4 K－300 K。

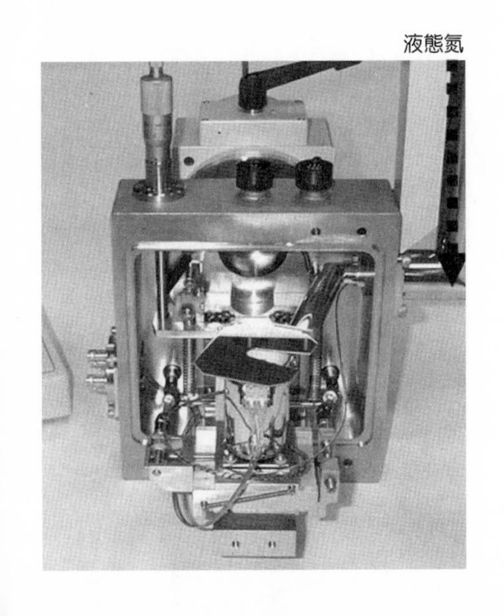

圖 6.113
與掃描式電子顯微鏡相容的的低溫樣品載台。

6.9.3 應用與實例

陰極螢光光譜搭配電子顯微鏡比其他的光譜分析儀器具有諸多的優勢，例如：具有普遍適用性、發光位置的影像分析與光譜特徵之縱深分析，上述優點可以說是完美地結合了電子顯微鏡的高激發能量、良好的空間及光譜解析度才得以達成。以下皆是針對其他光譜分析技術較難達成的實例，包括：超寬能隙材料、奈米級結構缺陷的光學性質、多層量子井結構之縱深分析以及單一半導體奈米線之光學特性。

(1) 超寬能隙材料之光學特性

利用陰極螢光技術來研究超寬能隙材料的光學性質比其他技術方便。例如鑽石、氮化鋁等物質，其能隙都在 6 eV 以上，換算成電磁波波長均小於 210 nm。現實上，要有效獲得如此短波長的光是不容易的，一般實務上是採用準分子雷射 (excimer laser) 作爲激發源，如：ArF、F_2，才能滿足激發能量上的需求。這類的雷射成本高、維護不易，不適合一般實驗室採用。相對的，利用陰極螢光技術則可以滿足激發能量的需求。利用搭配有陰極螢光光譜儀的掃描式電子顯微鏡，我們可以得到表面影像及螢光光譜。甚至我們可以利用鎖定電子束位置功能來激發選定的位置。

圖 6.114 所示爲將電子束鎖定在單一氮化鋁奈米柱上所得到的螢光光譜。樣品是以

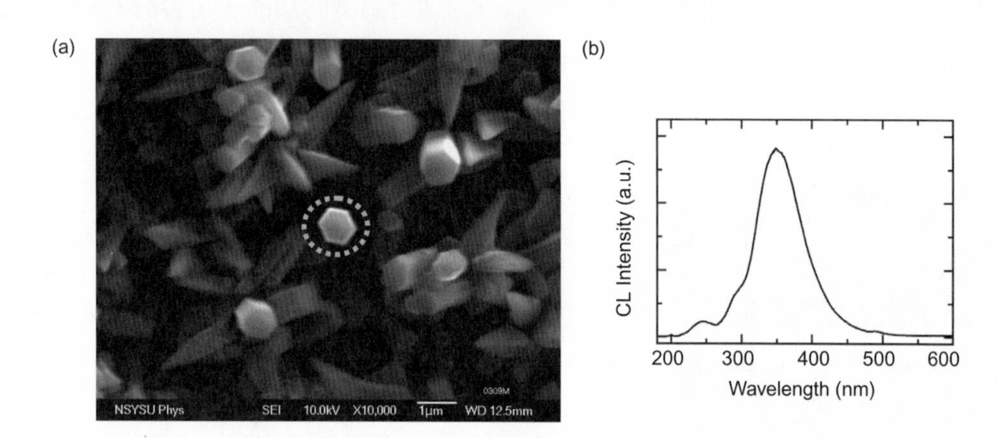

圖 6.114 (a) 氮化鋁奈米柱之表面影像，圓圈爲電子束鎖定之激發位置。(b) 收集到的陰極螢光光譜。

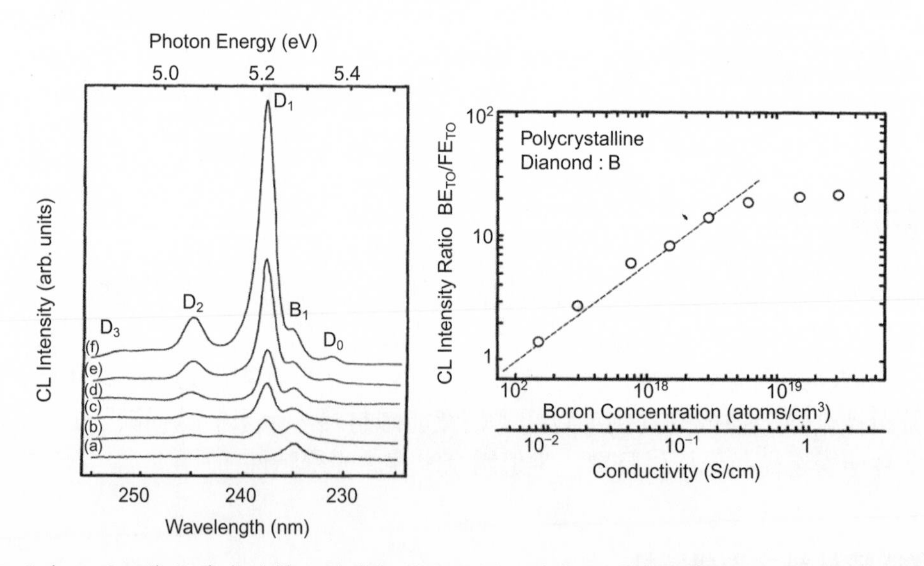

圖 6.115 具有不同硼摻雜濃度的鑽石的陰極螢光光譜。其中硼的摻雜濃度分別爲：(a) 未摻雜；(b) 1.5×10^{17} cm^{-3}，(c) 3×10^{17} cm^{-3}，(d) 7.5×10^{17} cm^{-3}，(e) 1.5×10^{18} cm^{-3}，(f) 3×10^{18} cm^{-3} (72)。

化學氣相沉積法合成的氮化鋁奈米柱[71]，其中代表氮化鋁能隙 6.2 eV 的螢光訊號也出現在光譜中。而圖 6.115 所示爲利用陰極螢光光譜儀來量測化學氣相沉積法合成並摻雜有不同濃度硼的鑽石所得到的結果[72]。硼對於鑽石而言是扮演受體 (acceptor) 的角色，硼的存在會將原本主要是自由激子 (free exciton) 復合的形式轉變成受縛激子 (bounded exciton) 復合。本實例清楚的顯示出不同的硼摻雜濃度對於鑽石之螢光特性的影響。一般而言，能隙附近激子再結合 (excitonic recombinations) 行爲的改變必須在低溫的環境之下與良好的光譜解析度才能夠觀察得到。由此可知，陰極螢光光譜同時兼有激發超寬能隙物質與詳細研究螢光特性的能力。

(2) 半導體薄膜內的缺陷與其光學特性

除了少部分超寬能隙的半導體之外，大部分的半導體都可以採用雷射作爲激發源來研究其光學特性。然而，絕大部分的樣品都是不完美的，其中可能有相當多的結構缺陷。這些結構缺陷可能扮演著侷限中心 (trapping centers)、位能井 (potential wells) 而影響原本的光學性質。當樣品受激發之後，被激發的電子在不同的環境中會有不同的再結合路徑 (recombination pathways)，進而放出不同能量的光，甚至不以電磁波形式釋放掉能量。想要詳盡地研究結構缺陷與其對應之光學特性，則儀器必須具有良好的光譜及空間解析度。一般光學量測系統通常不具有顯像功能，即使有，也無法達到奈米級的解析度。陰極螢光光譜搭配掃描式電子顯微鏡就成了最佳的選擇。

圖 6.116(a) 爲一 6×6 μm^2 的氮化鎵薄膜與其對應之陰極螢光光譜 (圖 6.116(g))，由光譜中可以清楚看到有 3.47、3.41、~3.3 與 3.29 eV 的特徵譜線[73]。若更進一步利用單光模式的分析方法，鎖定特殊能量的光來分析的話，我們可以很清楚的看到特定能量的發光位置與某些結構缺陷的所在位置是一致的，如圖 6.116(b) 至圖 6.116(e) 所示。搭配高解析度的電子顯微鏡分析，可以進一步瞭解這些結構缺陷的種類。這些結構缺陷反映

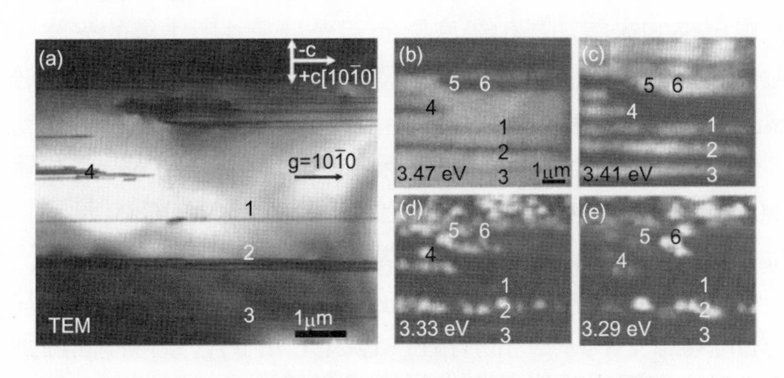

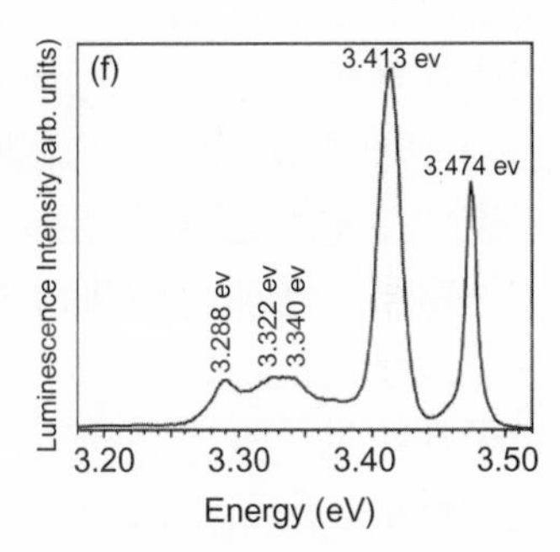

圖 6.116 氮化鎵薄膜的陰極螢光光譜分析結果。(a) TEM 影像，(b) 鎖定 3.47 eV 的光得到的影像，(c) 鎖定 3.41 eV 的光得到的影像，(d) 鎖定 3.33 eV 的光得到的影像，(e) 鎖定 3.29 eV 的光得到的影像，(f) 全區域的陰極螢光光譜[77]。

在光學性質上則是扮演著類似位能井的角色，而不同的結構缺陷分別具有不同的侷限能量 (localization energy)，使得被激發的電子會因爲再結合所在的環境不同而釋出不同的能量。陰極螢光光譜具優越的平面空間解析度，可以準確的提供奈米級結構缺陷所造成的螢光特徵差異，這是其他技術所無法達到的。

(3) 半導體多層量子井之縱深分析

半導體多層量子井的結構在光電產業中扮演著極爲重要的角色，例如雷射二極體 (laser diodes, LD)、發光二極體 (light emitting diodes, LED) 都是多層量子井的結構。一般來說元件發光的位置取決於量子井的能隙，而量子井的能隙則取決於其組成半導體的混合比例。就以 InGaN/GaN 量子井爲例，該化合物的能隙 ($In_{1-x}Ga_xN$) 可以概略表示爲$E_g = 3.4x+0.7(1-x)-bx(1-x)$，其中 x 爲 Ga 的含量比例，3.4 與 0.7 分別是 GaN 與 InN 的能隙，b 則是所謂的漂移係數 (bowing parameter)。然而，目前要在較高 In 的比例情況之下，合成出高品質的 InGaN 合金並不容易。因爲在高溫環境之下，InN 容易裂解，且 InN 與 GaN 彼此間的溶解度不高，這兩項因素侷限了 In 的含量。此外，量子井與基板間的晶格常數差異所產生的應力也會影響到 In 的含量與分布。所以，在一般 InGaN/GaN 多層量子井的結構中，相分離的情況相當普遍，層與層之間也可能存在著明顯的差異。

陰極螢光光譜是以光學的方法來研究這些差異的最佳選擇。藉由調變加速電壓來改變電子束的穿透深度，我們可以觀察到不同層的量子井的螢光特徵。圖 6.117 所示爲二個 InGaN/GaN 多層量子井的 LED 結構[74]。唯一的差異在於左邊的 LED 結構在底部多了一層低 In 含量的 InGaN/GaN (紫光；合成溫度在 745 °C)，此外再加上五層合成條件都相同、In 含量約爲 16% 的 InGaN/GaN 量子井 (綠光；合成溫度在 680 °C)。圖 6.118 利用 EL (electroluminescence) 來測試這兩個 LED 樣品，發現樣品 A 的發光位置在 540 nm 左右，而樣品 B 則有 505 與 590 nm 雙主峰的情況[73]。圖 6.119 則是一般 PL 所量測到的螢光光譜[73]。樣品 A 表現出來的是單純五層 InGaN/GaN 的訊號；相反地，樣品 B 儘管也有相同五層的 InGaN/GaN，其表現出來的光譜卻是由最底層的紫光量子井所主導的光譜。原因就在於紫光量子井的合成溫度高，其結晶品質較好、發光效率佳。除此之外，關於樣品 B 其他五層量子井的相關訊息，並無法更進一步得知。圖 6.120 爲樣品 B 在不同的電子束加速電壓之下所得到的陰極螢光光譜[73]。我們可以看到原本波峰從 530 nm 左右隨著加速電壓的增加而移動到 560 nm。這個結果清楚的顯現出較下方的 InGaN/GaN 量子井的 In 含量比上方的還要高，而 In 含量的增加是因爲底部的紫光量子井的存在對上方的綠光量子井產生了張力 (tensile strain)，進而產生所謂的 indium pulling effect[75]。隨著量子井層數的增加，離紫光量子井愈遠的愈感受不到張力的存在，也因此 In 的含量慢慢回歸到正常發綠光的範圍。這個例子清楚的展現出陰極螢光光譜除了優越的平面解析度之外，也具有強而有力的縱深分析能力。

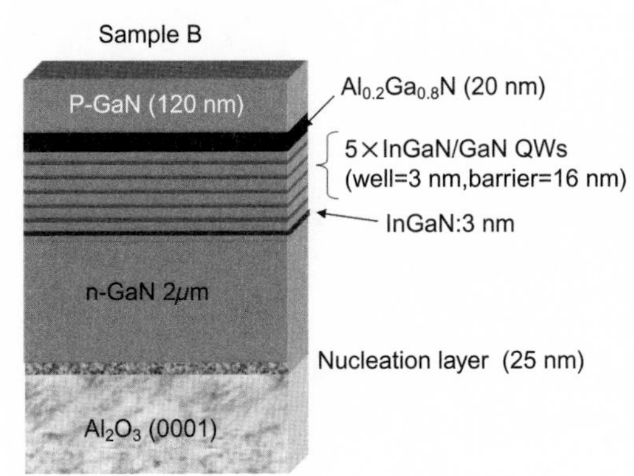

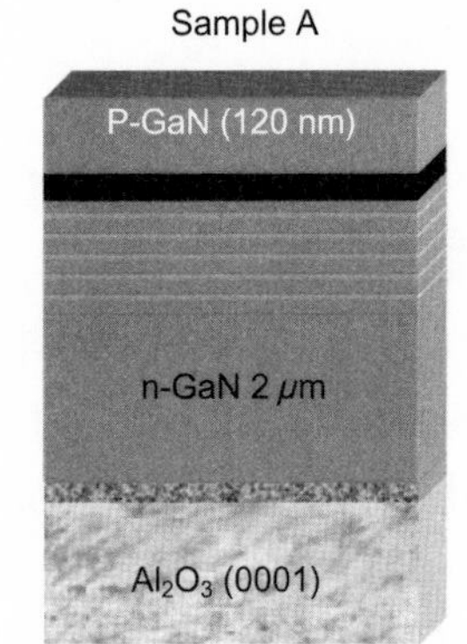

圖 6.117
InGaN/GaN 多層量子井之 LED 結構示意圖。兩者間唯一的差異在於樣品 B 的結構中多插入一層紫光量子井，而樣品 A 沒有。

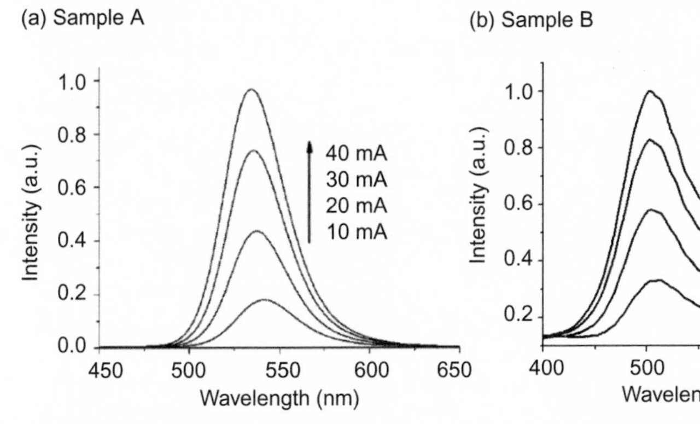

圖 6.118
樣品 A 與 B 的電致發光 (EL) 光譜圖[74]。

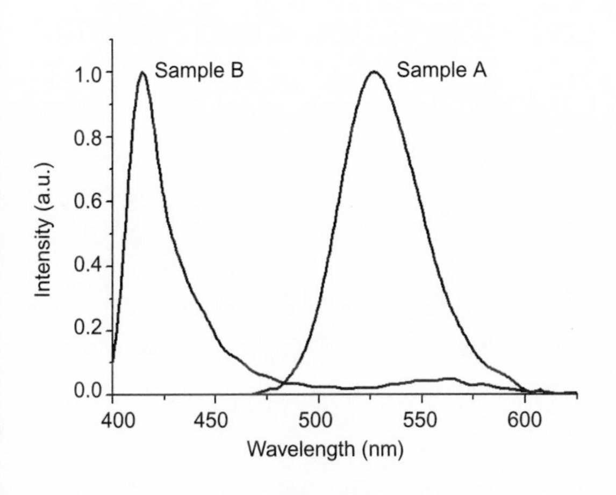

圖 6.119 樣品 A 與 B 的光激螢光 (PL) 光譜圖[74]。

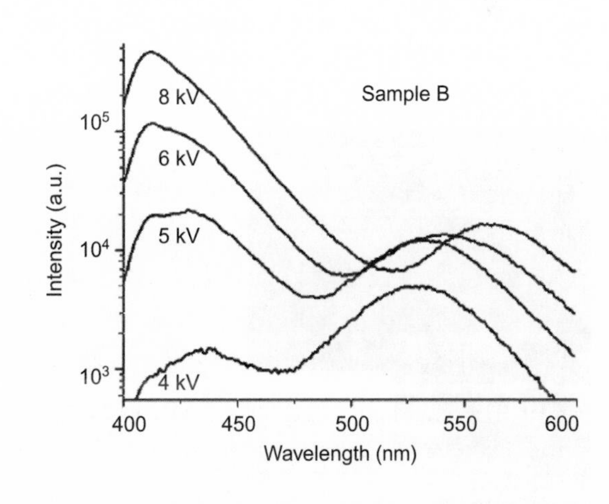

圖 6.120 樣品 B 在不同的電子束加速電壓之下所得到的陰極螢光光譜圖[74]。

(4) 半導體奈米線

近年來一維奈米材料的研究非常興盛，尤其是半導體奈米線更是受到廣泛的注意。然而，隨著尺度的不斷縮小與表面積不斷的增加，當材料小到某種程度的時候，其各種性質都會產生差異。就光學性質而言，一般的光譜儀很難同時達到空間解析與光譜量測，而利用陰極螢光光譜儀來研究一維奈米材料的光學性質是相當適合的。

圖 6.121 爲單一氮化鎵奈米線的 SEM 照片與其陰極螢光光譜。其製程是利用金作爲催化劑，透過「汽－液－固」成長機制 (vapor-liquid-solid mechanism) 來達到晶體的非等向性成長 (anisotropic growth)(76)，由於金屬並不具有螢光性質，我們可以從圖 6.121 陰極螢光影像中清楚的看見，發光的部分是集中在氮化鎵奈米線的部位，奈米線末端的金屬催化劑並不會放光。値得一提的是，在螢光光譜中只見到 band-edge emission 而沒有 yellow-band emission，顯見氮化鎵晶體的品質很高。

被鎵離子轟擊過的氮化鎵奈米線經過適當的退火 (annealing) 之後，氮化鎵晶體會產生相變化(77)。半導體結構上的轉變會直接影響到能隙的大小。氮化鎵晶體由原本的六方晶系轉變爲立方晶系，能隙也由原本六方晶系的 3.4 eV 降到立方晶系的 3.3 eV。變溫陰極螢光光譜量測結果如圖 6.122(a) 所示，符合半導體能隙隨溫度變化經驗式 (Varshni equation) 的預測，搭配 TEM 分析，幾乎可以確認晶體的相轉換是存在的。運用陰極螢光光譜儀的單光模式影像 (鎖定在 3.3 eV 成像) 與二次電子表面影像對比，如圖 6.122(b) 與圖 6.122(c) 所示，可以讓我們清楚的觀察到大部分的氮化鎵被轉換成立方晶系的氮化鎵。

另一方面，氧化鋅奈米線同樣也是受到高度關注的材料，當我們進一步量測不同直徑的氧化鋅奈米線的陰極螢光光譜，如圖 6.123 所示，我們發現奈米線所放出的能量隨著直徑的縮小有越來越大的趨勢(78)。更進一步的分析發現，氧化鋅奈米線能量變化的幅

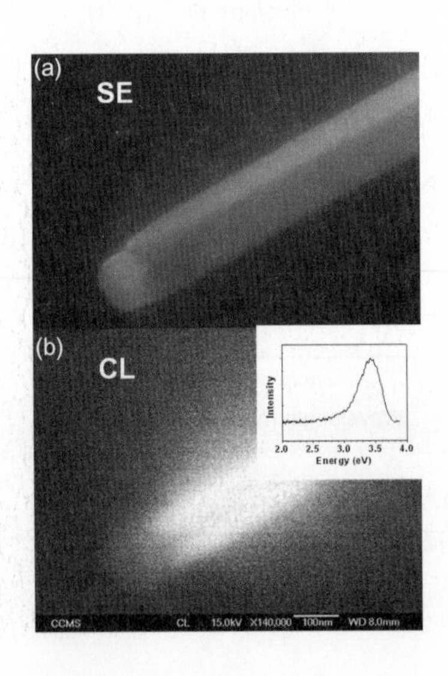

圖 6.121
(a) 單一氮化鎵奈米線的 SEM 影像與其對應之 (b) 陰極螢光影像，本影像是在泛光模式之下得到的。(b) 的插圖是此單一奈米線的陰極螢光光譜。

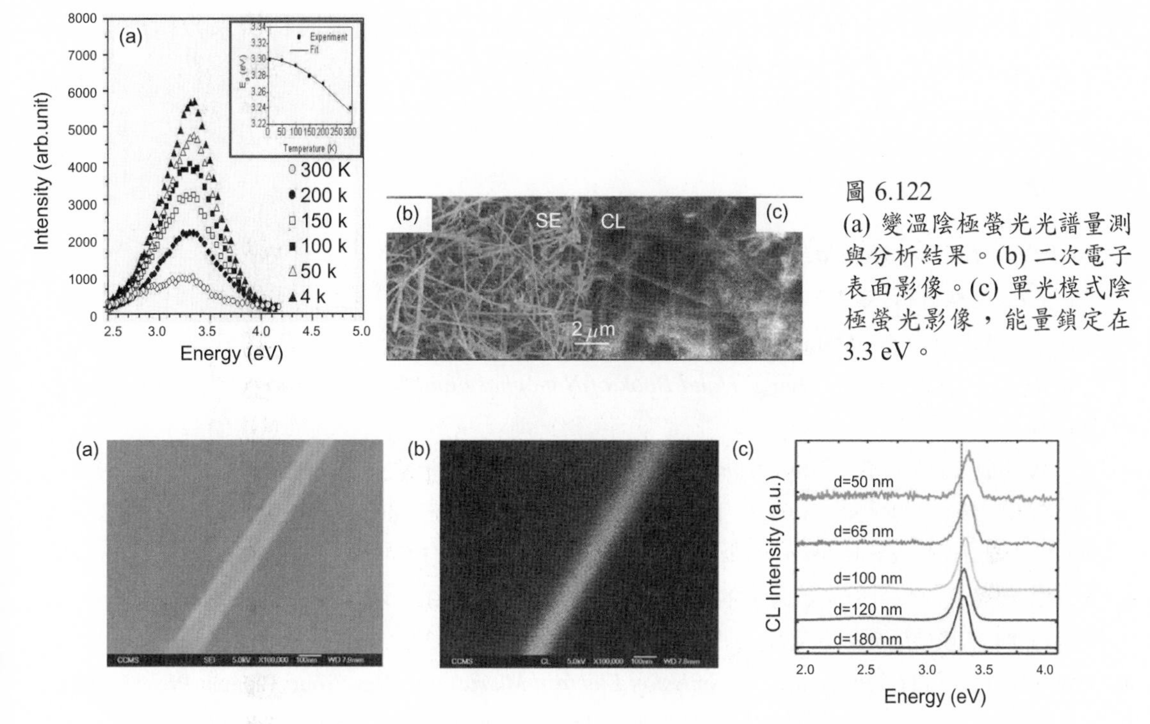

圖 6.122
(a) 變溫陰極螢光光譜量測與分析結果。(b) 二次電子表面影像。(c) 單光模式陰極螢光影像，能量鎖定在 3.3 eV。

圖 6.123 (a) 單一氧化鋅奈米線之表面影像。(b) 單一氧化鋅奈米線之陰極螢光影像，本圖爲泛光模式。(c) 不同直徑之單一氧化鋅奈米線陰極螢光光譜圖。

度比起量子侷限化效應 (quantum confinement effect) 所預期的大得多。這種能量上顯著的改變最有可能是起因於表面原子的比例大幅的增加。由於表面原子的鍵結形式與其電子結構都與其塊材不同，若是這些高比例的表面原子鍵結展現出來的是具有螢光性質的能態 (radiative surface recombination)，則其所導致的表面效應 (surface effect) 可能比起量子侷限化效應所造成的影響還要來得大。這是研究者將一維奈米材料推向實際應用的同時不得不注意的議題。

6.9.4 結語

電子顯微術搭配陰極螢光光譜術是一個功能非常強大的組合與分析技術，它結合了電子顯微術優越的解析度與光譜掃描成像的功能。半導體成分組成、結構缺陷與其所對應的螢光特性，都可以透過本技術分析出來。在現今追求節能的產業趨勢之下，高效能光電半導體元件的重要性扮演著極爲關鍵的角色。本技術可以提供奈米級缺陷與相分離所產生螢光特徵差異的直接證據。對於製程方面，本技術則可以提供正向的回饋訊息，幫助釐清問題之所在，進而達到改善的目的。由上述多種優點可知，本技術提供了詳細的顯微光譜與影像的分析功能，成功的擴展了原本電子顯微術只被利用來分析形貌、元素組成、晶體結構及電子能態等較廣爲人知的功能。

參考文獻

1. 陳力俊等, 材料電子顯微鏡學, 新竹: 國科會精儀中心 (1994).
   汪建民編, 材料分析, 新竹: 中國材料科學學會 (1998).
2. Hitachi, S-4300 Service Manual (2000).
3. Z. L. Wang, Y. Lin, and Z. Zhang, *Hand Book of Nanophase and Nanostructured Materials*, Springer (2002).
4. D. B. Williams and C. B. Carter, *Transmission Electron Microscopy*, New York: Plenum Press (1996).
5. J. I. Goldstein, D. E. Newbury, P. Echlin, D. C. Joy, C. Fiori, and E. Lifshin, *Scanning Electron Microscopy and X-Ray Microanalysis*, New York: Plenum Press (1981).
6. 伍秀菁, 汪若文, 林美吟編, 光學元件精密製造與檢測, 新竹: 國研院儀科中心 (2007).
7. 蕭健男, 柯志忠, 游智傑, 卓文浩, 陳峰志, 台灣奈米會列, **15**, 52 (2008).
8. D. B. Williams and C. B. Carter, *Transmission Electron Microscopy*, New Your: Plenum Press (1996).
9. B. Fultz and J. M. Howe, *Transmission Electron Microscopy and Diffractometry of Materials*, 2nd ed., Berlin: Springer (2002).
10. M. D. Graef, *Introduction to Conventional Transmission Electron Microscopy*, Cambridge: University Press (2003).
11. P. W. Hawkes and J. C. H. Spence, *Science of Microscopy*, Berlin: Springer (2007).
12. R. E. Lee, Scanning *Electron Microscopy and X-Ray Microanalysis*, New Jersey: PTR Prentice Hall, Inc. (1993).
13. J. I. Goldstein, D. E. Newbury, D. C. Joy, C. E. Lyman, P. Echlin, E. Lifshin, L. Sawyer, and J. R. Michael, *Scanning Electron Microscopy and X-Ray Microanalysis*, 3rd ed., New York: Kluwer Academic/Plenum Publishers (2003).
14. J. I. Goldstein, *Scanning Electron Microscopy and X-Ray Microanalysis*, New York: Plenum Press (1981).
15. J. A. Chandler, *X-Ray Microanalysis in Electron Microscope*, Amsterdam: North-Holland (1981).
16. P. Echlin, C. E. Fiori, J. Goldstein, D. C. Joy, and D. E. Newbury, *Advanced Scanning Electron Microscopy and X-Ray Microanalysis*, New York: Plenum Press (1987).
17. C. E. Lyman, D. E. Newbury, J. Goldstein, and D. B. Williams, *Scanning Electron Microscopy, X-Ray Microanalysis, and Analytical Electron Microscopy, A laboratory Workbook*, New York: Plenum Press (1990).
18. D. B. Williams and C. B. Carter, *Transmission Electron Microscopy*, 2nd ed., New York: Plenum Press

(1996).
19. 汪建民編, 材料分析, 四版, 新竹: 中國材料科學學會, 151 (2005).
20. D. A. Wollman, K. D. Irwin, G. C. Hilton, L. L. Dulcie, D. E. Newbury, and J. M. Martinis, *Journal of Microscopy*, **188**, 58 (1997).
21. X. F. Zhang, Q. Yang, L. C. D. Jonghe, and Z. Zhang, *Journal of Microscopy*, **207**, 58 (2002).
22. R. B. Mott and J. J. Friel, *Journal of Microscopy*, **193**, 2 (1998).
23. R. F. Egerton, *Electron Energy-Loss Spectroscopy in the Electron Microscope*, New York: Plenum (1996).
24. D. B. Williams and C. B. Carter, *Transmission Electron Microscopy: A Textbook for Materials Science*, Springer (2004).
25. C. C. Ahn, *Transmission Electron Energy Loss Spectrometry in Materials Science and the EELS Atlas*, 2nd ed., Wiley-VCH (2005).
26. L. Reimer, *Energy-Filtering Transmission Electron Microscopy*, Springer Verlag (1995).
27. Gatan, Inc: http://www.gatan.com/
28. Nestor, Lecture Note, Argonne National Laboratory, http://tpm.amc.anl.gov/Lectures/
29. J. Zhang, A. Visinoiu, F. Heyroth, F. Syrowatka, M. Alexe, D. Hesse, and H. S. Leipner, *Phys. Rev. B*, **71**, 064108 (2005).
30. P. Rez, "Energy Loss Fine Structure" in *Transmission Electron Energy Loss Spectrometry* in Materials Science and the EELS Atlas, 2nd ed., Wiley (2005).
31. H. Zhang, *Applied Materials*, USA.
32. http://www.felmi-zfe.tugraz.at
33. R. F. Egerton and P. A. Crozier, *Micron.*, **28**, 117 (1997).
34. A. Zangwill, *Physics at surfaces*, Cambridge university press (1988), and references therein.
35. *Surf. Sci.*, 299/300 (1994), special issue "the first thirty years", pp. 358, 375, 447, 487.
36. NIST surface structure database: version 5.0, see http://www.nist.gov/srd/nist42.htm.
37. G. M. Gavaza, Z. X. Yu, L. Tsang, C. H. Chan, S. Y. Tong, and M. A. van Hove, *Phys. Rev. Lett.*, **97**, 055505 (2006); *Phys. Rev. B*, **75**, 235403 (2007).
38. C. L. Hsu and W. W. Pai, *Phys. Rev. B*, **68**, 245414 (2003)
39. M. A. Van Hove, W. H. Weinberg, and C.-M. Chan, *Low-Energy Electron Diffraction*, Springer Verlag series in surface sciences 6 (1986).
40. P. Zahl and M. Horn-von Hoegen, *Rev. Sci. Instru.*, **73**, 2958 (2002).
41. C. -M. Chan and W. H. Weinberg, *J. Chem. Phys.*, **71**, 2788 (1979).
42. J. -K. Zuo, J. F. Wendelken, H. Durr, and C. -L. Liu, *Phys. Rev. Lett.*, **72**, 3064 (1994).
43. M. A. Herman and H. Sitter, *Molecular Beam Epitaxy*, 2nd ed., Berlin Heidelberg New York: Springer-Verlag (1996).

44. M. B. Panish and H. Temkin, *Gas source molecular beam epitaxy*, Berlin Heidelberg, New York: Springer-Verlag (1993).
45. B. A. Joyce and T. B. Joyce, *J. of Crystal Growth*, **264**, 605 (2004).
46. A. Y. Cho, *J. Appl. Phys*., **41**, 2780 (1970).
47. A. Y. Cho, *J. of Vac. Sci. and Tech*., **8**, S31 (1971).
48. B. A. Joyce, J. A. Neave, P. J. Dobson, and P. K. Larsen, *Phys. Rev. B*, **29**, 814 (1984).
49. M. Itoh, G. R. Bell, B. A. Joyce, and D. D. Vvedensky, *Surf. Sci*., **464**, 200 (2000).
50. M. B. Panish, *J. Electrochem. Soc*., **127**, 2729 (1980).
51. J. H. Neave, B. A. Joyce, P. J. Dobson, and N. Norton, *Appl. Phys. A*, **31**, 1 (1983).
52. T. Sakamoto, H. Funabashi, K. Ohta, T. Nakagawa, N. J. Kawai, T. Kojima, and Y. Bando, *Superlattices and Microstructures*, **1**, 347 (1985).
53. C. Kittel, *Introduction to solid state physics*, 8th ed., New York: Wiley, Ch. 2 (2005).
54. J. A. Venables, G. D. T. Spiller, and M. Hanbuecken, *Rep. Prog. Phys*., **47**, 399 (1984).
55. W. Braun, L. Daweritz, and K. H. Ploog, *Phys. Rev. Lett*., **80**, 4935 (1998).
56. U. Korte and P. A. Maksym, *Phys. Rev. Lett*., **78**, 2831 (1997).
57. M. Shinohara and N. Inoue, *Appl. Phys. Lett*., **66**, 1936 (1995).
58. J. H. Neave, P. J. Dobson, B. A. Joyce, and J. Zhang, *Appl. Phys. Lett*., **47**, 400 (1985).
59. M. Tanaka and H. Sakaki, *J. Cryst. Growth*, **81**, 153 (1987).
60. D. Leonard, K. Pond, and P. M. Petroff, *Phys. Rev. B*, **50**, 11687 (1994).
61. L. Smit, T. E. Derry, and J. F. Van Der Veen, *Surf. Sci*., **150**, 245 (1985).
62. R. M. Feenstra, Joseph A. Stroscio, J. Tersoff, and A. P. Fein, *Phys. Rev. Lett*., **58**, 1192 (1987).
63. C. R. Brundle, *Surface Science*, **48**, 99 (1975).
64. M. P. Seah and W. A. Dench, *Surf. Interface Anal*., **1**, 2 (1979).
65. 奈米級歐傑電子能譜儀 PHI 700 操作手冊, ULVAC-PHI。
66. F. A. Settle, ed, "*Handbook of Instrumental Techniques for Analytical Chemistry*", Prentice-Hall, Inc., (A Simon & Schuster Company, New Jersey) p. 795.
67. L. E.Davis, N. C. MacDonald, P. W. Palmberg, G. E. Riach and R. E. Weber, "*Handbook of Auger Electron Spectroscopy*", 2nd ed., Physical Electronics Industries Inc., Minnesota (1976).
68. D. Briggs and M. P. Seah, eds., "*Practical Surface Analysis by Auger and X-ray Photoelectron Spectroscopy*", p. 202, New York: Wiley (1983).
69. M. Y. Chen, "*Thermal spreading and field emission applications of nanoscale diamond tips*", Ph.D. dissertation, National Tsing Hua University (2007).
70. Official website of Gatan Inc., http://www.gatan.com
71. S. C. Shi, S. Chattopadhyay, C. F. Chen, K. H. Chen, and L. C. Chen, *Chem. Phys. Lett*,. **418**, 152 (2006).

72. H. Kawarada, H. Matsuyama, Y. Yokota, T. Sogi, A. Yamaguchi, and A. Hiraki, *Phys. Rev. B*, **47**, 3633 (1993).
73. R. Liu, A. Bell, F. A. Ponce, C. Q. Chen, J. W. Wang, and M. A. Khan, *Appl. Phys. Lett.*, **86**, 021908 (2005).
74. C. F. Huang, T. Y. Tang, J. J. Huang, W. Y. Shiao, C. C. Yang, C. W. Hsu, and L. C. Chen, *Appl. Phys. Lett.*, **89**, 051913 (2006).
75. M. Hao, H. Ishikawa, T. Egawa, C. L. Shao, and T. Jimbo, *Appl. Phys. Lett.*, **82**, 4702 (2003).
76. C. K. Kuo, C. W. Hsu, C. T. Wu, Z. H. Lan, C. Y. Mou, C. C. Chen, Y. J. Yang, and K. H. Chen, *Nanotechnology*, **17**, S332 (2006).
77. S. Dhara, A. Datta, C. T. Wu, Z. H. Lan, K. H. Chen, Y. L. Wang, C. W. Hsu, C. H. Shen, L. C. Chen, and C. C. Chen, *Appl. Phys. Lett*,. **84**, 5473 (2004).
78. C. W. Chen, K. H. Chen, C. H. Shen, A. Ganguly, L. C. Chen, J. J. Wu, W. I. Wen, and W. F. Pong, *Appl.Phys. Lett.*, **88**, 241905 (2006).

第七章　探針檢測技術

7.1 概述

掃描探針式顯微術有別於傳統的光學顯微術及電子顯微術，是在上一世紀末所發展出來的一系列新類型的顯微技術。該顯微技術起源於 1981 年的掃描穿隧顯微術 (scanning tunneling microscopy, STM)，並於 1985 年繼原子力顯微術 (atomic force microscopy, AFM) 之後大量衍生，其操作模式被廣泛應用在量測光、熱、電、磁等其他物性，因此也快速發展出各種操作模式的顯像與量測技術；目前統稱爲掃描探針式顯微術。

此類技術乃利用探針和樣品表面之間不同的作用力爲基礎：如利用摩擦作用的側向力顯微術 (lateral force microscopy, LFM)、利用近場效應的近場光學顯微術 (near-field scanning optical microscopy, NSOM)、利用靜電作用的靜電力顯微術 (electrostatic force microscopy, EFM)、利用磁交互作用的磁力顯微術 (magnetic force microscopy, MFM)、利用表面熱傳導差異的掃描熱力顯微術 (scanning thermal microscopy, SThM)、利用表面位能差異的掃描電位顯微術 (scanning Kelvin microscopy, SKM) 及利用電容效應的掃描電容顯微術 (scanning capacitance microscopy, SCM) 等，都是利用回饋機制所操控之掃描探針的方式，來取得樣品表面特性的訊息，並藉由三維影像的方式來呈現。這些顯微術的發展，對奈米尺寸樣品的量測產生了革命性的影響，可說是近年來奈米科技蓬勃發展的催生劑。

掃描探針式顯微術的共通特點都是利用一極纖細的探針，與樣品產生近距離的作用，並在樣品表面上逐線地來回掃描，以呈現樣品表面特性的形貌。其主要結構可大致分爲探針與樣品、信號偵測與放大系統、回饋電路、電腦控制與顯示，以及掃描與步進器等幾個部分。以 AFM 爲例，其探針是由類似金字塔的針尖附在微細的懸臂樑前端所組成。懸臂樑像個極軟的彈簧，其彈性係數極小，能感測原子間的作用力大小，當探針尖端與樣品表面接觸時，針尖原子與樣品表面原子的作用力便會使探針在垂直方向 (Z 方向) 偏移。當電腦控制 X、Y 軸驅動器進行樣品掃描時，樣品表面的高低起伏將使探針作上下偏移，藉著偵測偏移量的變化，並利用回饋電路控制 Z 軸驅動器調整探針與樣品距

第 7.1 節作者爲張嘉升先生。

離，使探針在掃描過程中保持固定的原子力。如此一來，每個在樣品 X-Y 平面上的點，都有一相對應的探針高度，便可形成一幅二維函數圖形，也就是掃描範圍的等原子力圖像，該圖像一般等同於樣品的表面形貌。由於驅動及調控樣品的壓電材料具有小於 0.01 nm 的精密度，樣品表面高度的變化在 AFM 的量測中可達原子級，然而在 X-Y 方向上則受到探針幾何形狀與大小的限制，通常約在幾個奈米的解析度。至於其他以特定的作用力為顯像基礎的顯微術，多半以 AFM 為基本架構進行增添或改裝，而且在掃描過程中，一般都會同時擷取 AFM 影像及展現樣品表面特性的影像。

掃描探針式顯微術的解析度不像傳統的顯微術受制於繞射極限，而是取決於探針與樣品的作用尺度，其解析度一般可達奈米甚至原子尺寸。大多數的掃描探針式顯微術，其探針與樣品的材質不受限制，都可直接在大氣下操作，甚至推展至液體環境中，因此也適用於生物實驗。除了顯像與量測，探針對樣品的交互作用可用來製作奈米結構、進行表面修飾，或操控表面原子與分子。以下我們將請國內知名的專家學者，就幾項掃描探針式顯微術中的重要技術詳細說明，包括：掃描穿隧顯微術 (STM)、原子力顯微術 (AFM)、磁力顯微術 (MFM)、近場光學顯微術 (NSOM) 及其他掃描探針顯微術。

7.2 掃描穿隧顯微術

自從 Binnig 和 Rohrer 在 1982 年發明掃描穿隧顯微儀 (scanning tunneling microscope, STM) 後[1]，STM 已成為表面科學、材料科學等領域非常重要的研究工具。其原因在於 STM 具有原子尺度的空間解析度，科學家可以利用它研究原子及分子在表面的排列結構及動態行為[2]、原子尺度的磊晶成長[3]、相變行為[4] 與電性量測[5]，甚至可以利用 STM 中的探針操控表面原子的位置[6]、分解分子及合成人造分子[7]。由於 STM 的發明，人們對微觀世界的現象得以更深入地了解，而現在奈米科學與技術能有如此蓬勃發展，也與其有直接的關連。Binnig 和 Rohrer 因發明 STM 在 1986 年獲得諾貝爾物理獎。

7.2.1 基本原理

STM 的基本原理來自於量子力學中的穿隧現象 (tunneling phenomenon)[8]。如圖 7.1 所示，當粒子如電子具有動能 E，行進時遇到一位能障礙 V_0 而且 V_0 大於 E 時，在古典力學中電子會被位能障礙全反射。但在量子力學中，由於電子具有波性，當電子的波長與位能障礙寬度 D 接近時，電子有機會可以穿過位能障礙而不被反射，這就是所謂的穿隧現象。一般可以利用金屬觀察到穿隧現象。根據自由電子氣體模型 (free electron gas model)，金屬中電子能態可以從低能量填到費米能階 (Fermi level)。在費米能階的電子要

第 7.2 節作者為蘇維彬先生。

克服一位能障礙，即功函數 (work function)，才能離開金屬，如圖 7.2(a) 所示。若在金屬加上電場，位能障礙的寬度就會變小如圖 7.2(b) 所示，當電場強到使寬度與電子的波長接近時，電子可以穿過位能障礙而離開金屬，這種穿隧現象稱作場發射 (field emission)。另外一種穿隧現象是將兩塊金屬靠近彼此到數埃 (ångström, Å) 的距離，並在兩者之間加一電壓，使兩者的費米能階 (Fermi level, E_F) 有一電位差如圖 7.3 所示。從圖 7.3 可以知道，費米能階較低的金屬可以提供空的能態密度 (density of states) 讓費米能階較高的金屬的電子得以穿隧而入，進而產生穿隧電流 (tunneling current, I)。穿隧電流遵循下列方程式：

$$I \propto \int_0^{eV} \rho_1(E_f - eV + \varepsilon)\rho_2(E_f + \varepsilon)T(E_f - eV + \varepsilon)d\varepsilon \tag{7.1}$$

其中，V 為偏壓強度，ρ_1、ρ_2 為兩金屬的能態密度，T 是穿隧機率並遵循下列方程式：

$$T(E) \propto \exp\left[-2\sqrt{\frac{2mE}{\hbar^2}}s\right] \tag{7.2}$$

其中，s 為兩金屬之間的距離。

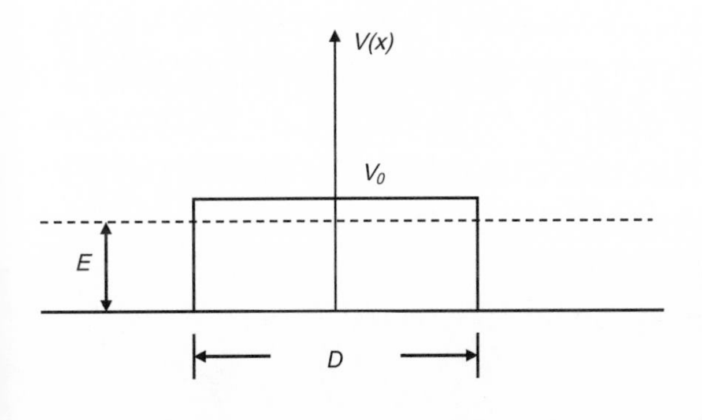

圖 7.1
位能障礙。在古典力學中，粒子的動能低於位能障礙會被全反射。

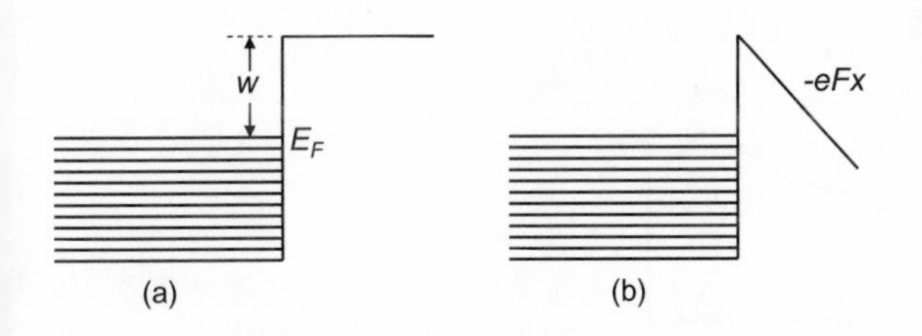

圖 7.2
(a) 金屬中電子的能階。E_F 是費米能階，W 是功函數。(b) 位能被外加電場改變。

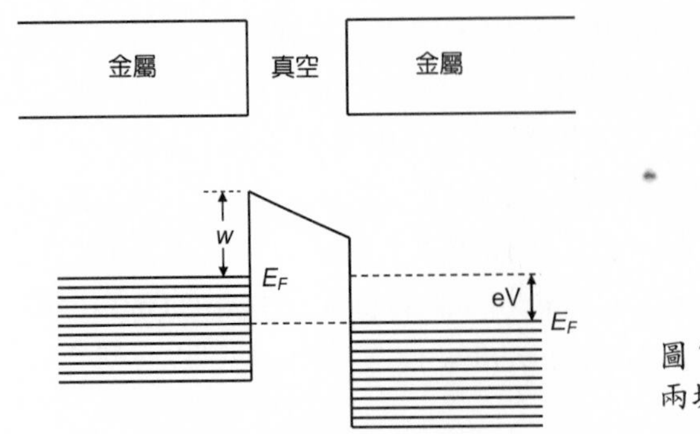

圖 7.3
兩塊金屬互相靠近並加上電壓才可產生穿隧電流。

STM 即是根據此穿隧電流現象而發展出來的技術，其工作原理如圖 7.4 所示。在 STM 的結構中，我們將其中一金屬做成尖銳的探針，然後將探針連接在一壓電陶瓷掃描頭 (piezoelectric-ceramic scanner) 上。此掃描頭會帶動探針左右掃描及上下移動。若在探針及樣品 (導體或半導體) 之間加一電壓並利用微調步進器 (stepper) 將探針帶到靠近表面小於 10 Å 的距離時，就會有穿隧電流產生。此電流經由一前級放大器 (pre-amplifier) 放大後再送到一回饋 (feedback) 電路中。此回饋電路會控制掃描頭的上下移動以使探針在掃描時保持固定的穿隧電流。若樣品表面有影響穿隧電流的因素，如高低起伏的表面形貌，就會在探針掃描時反映出來。因此若能記錄探針掃描的軌跡，也就可呈現表面的形貌。當探針的尖端只有一顆原子時，穿隧電流只從這個原子流動，便可觀察到表面原子的排列結構。圖 7.5(a) 是利用 STM 觀察矽 (111) 7×7 表面原子排列結構的影像，其中每一亮點即代表一個原子的所在。此外，根據公式 (7.2)，穿隧電流會隨探針與樣品之間的距離即穿隧間隙 (tunneling gap) 而指數衰減。根據估計，距離每增加 1 Å，穿隧電流會衰減十倍。因此 STM 對樣品表面的起伏相當靈敏。圖 7.5(b) 是利用 STM 觀察銀 (111) 面的表面態 (surface state) 電子因被缺陷散射所形成干涉波紋的影像，波紋高低差約只有 0.02 Å，因此利用 STM 可以偵測表面微弱的起伏。

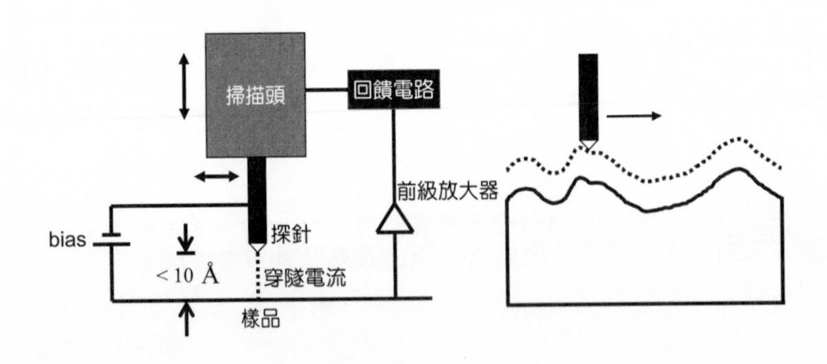

圖 7.4
STM 工作原理示意圖。

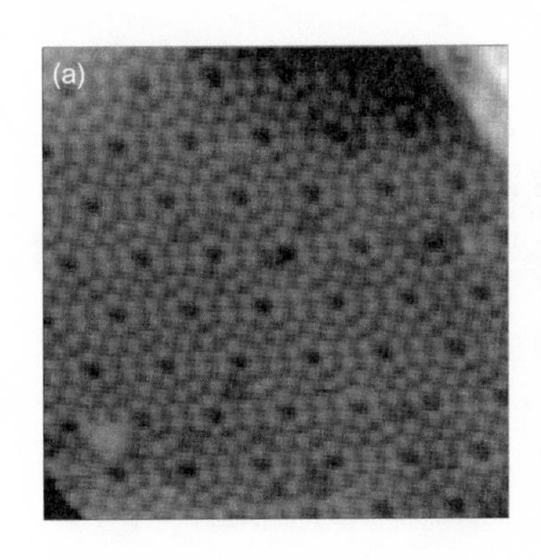

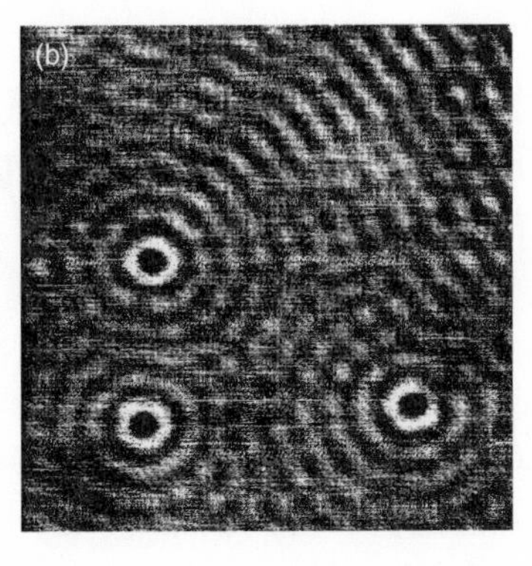

圖 7.5
STM 影像。(a) 矽 (111) 7×7 表面，(b) 銀 (111) 面的表面態電子受到缺陷散射產生的干涉波紋。

STM 除了可以觀察表面的結構外，還具有探測表面電性結構 (electronic structure) 的功能。其原理是根據公式 (7.2)，穿隧電流正比於樣品及探針的能態密度的乘積並對電壓所引起的費米能階差 eV 作積分。一般而言，公式 (7.2) 中的穿隧機率 T 及探針的能態密度可以視爲常數，因此

$$\frac{dI}{dV} \propto \rho_s(E_f - eV) \tag{7.3}$$

其中，ρ_s 爲樣品的能態密度。所以若能量測能態密度在能量的分布，就可得知樣品的電性結構。在技術上，有兩種方式可以用來量取能態密度。一種是將回饋電路關閉，然後改變電壓紀錄電流的變化而得到 I-V 能譜 (spectrum)。I-V 能譜經微分後就可得到能態密度在能量的分布，進而得到電性結構。另一種則是將回饋電路打開，將因電壓改變導致的電流變化反映到探針的高度而得到 Z-V 能譜，微分此能譜亦可等效地得到能態密度分布。結合 STM 的掃描機制與量取能譜的功能可以發展出稱爲掃描穿隧能譜術 (scanning tunneling spectroscopy, STS) 的技術[5]。利用 STS 我們可以在觀察表面形貌的同時量取能譜，因此可以精確的觀察表面局部的電性結構。此外，也可將表面形貌每個位置所量取的能譜微分，然後將某一能量的微分能譜強度 (即能態密度) 在空間的分布予以呈像而得到能譜影像 (spectral mapping)。所以利用 STS 我們不僅得到表面形貌，還可以得到與形貌相關的不同能量的能態密度空間分布的訊息。

前面提到，爲了得到能態密度在能量的分布，需要將取到的 I-V 或 Z-V 能譜微分。微分的方法除了單純數值微分外，還可結合鎖相放大器 (lock-in amplifier) 達成。其原理爲在電壓上加一微小的弦波電壓，其頻率高於回饋電路的反應時間，也就是回饋電路不會感應到電壓調變 (modulation) 所產生的電流調變，因此表面形貌的影像不會因微小電壓的引入而受到影響。電流的調變經前級放大器放大後送到鎖相放大器，其功能可以偵測到因電壓調變所產生的電流變化量，因此其輸出量即是電流對電壓的微分。因此我們可以在量取 I-V 或 Z-V 能譜的同時，也紀錄鎖相放大器輸出量隨電壓變化的能譜。此能

譜會直接對應到 *I-V* 或 *Z-V* 能譜的數值微分能譜。一般而言，利用鎖相放大器所得的微分能譜其訊噪比會比數值微分好。此外，在技術上可以在觀察表面形貌的同時量取鎖相放大器的輸出量並加以呈像，所得影像即是某一能量的能態密度在空間的分布。此方法的優點在於不需要量取能譜就可得到能譜影像。

7.2.2 儀器結構

STM 的儀器結構主要包括五個部分：(1) 掃描頭、(2) 控制系統、(3) 步進器、(4) 避震系統與 (5) 探針，以下分別逐一說明。

(1) 掃描頭

掃描頭的材料一般是壓電陶瓷。此種材料在有電位差的情況下會產生形變，其形變量會與電位差呈線性正比。常用的掃描頭是管狀，如圖 7.6 所示。管壁內外會鍍上金屬作爲電極，但內外壁不導通，外壁電極分成四極，當內外壁有電位差時就會導致掃描頭縱向位移。當相對的外壁電極接上極性相反的電壓 (相對內壁) 時，一極會收縮，另一極則會伸長，於是導致掃描頭產生橫向位移。同樣地，在另一組相對的電極接上極性相反的電壓也可產生橫向位移，但兩組方向彼此垂直，因此利用外壁的四極可以產生面積掃描，這是 STM 可以成像的基本機制。另外回饋電路會控制內壁的電壓，使掃描頭在掃描時作適當的伸縮以維持固定的穿隧電流。一般而言，提供掃描頭的電壓是 100－200 伏特的高電壓。要驅動如圖 7.6 所示的掃描頭則需要五組高電壓。

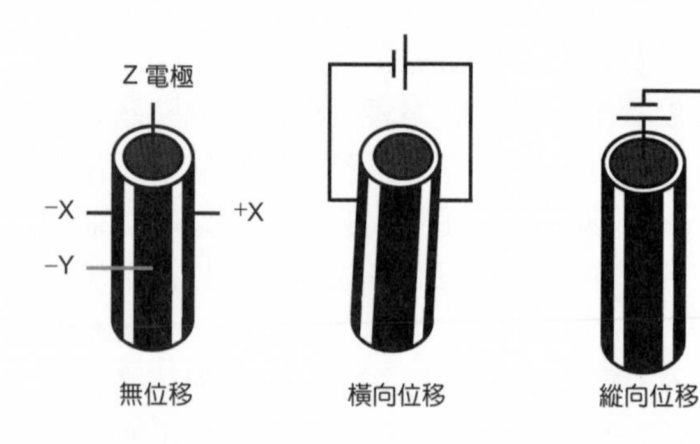

圖 7.6
可接五組電壓的壓電陶瓷管。當外壁相對電極接上極性相反的電壓可使陶瓷管產生橫向位移。當內外壁有電位差則使陶瓷管產生縱向位移。

(2) 控制系統

STM 的控制系統是由電流放大器、對數放大器 (logarithmic amplifier)、回饋電路、高壓放大器 (high-voltage amplifier)、數位－類比轉換器 (digital-to-analog converter)、類

比－數位轉換器 (analog-to-digital converter) 及電腦所組成。電流放大器可將奈安培 (nano ampere) 等級的穿隧電流放大成電壓，放大倍率一般在 10^7-10^9 伏特／安培。由於穿隧電流與穿隧間隙成指數變化，因此在電流轉成電壓訊號後，會再經一對數放大器使電壓訊號與穿隧間隙成線性關係。回饋電路則是將放大後的電壓與一參考電壓 (即所設定的電流) 比較，若兩者差值過大，回饋電路會控制在掃描頭產生縱向位移的高壓，進而調整穿隧電流，使差值變很小，也就是使實際電流十分接近設定電流。高壓放大器則是將類比訊號放大成高電壓以提供掃描頭橫向掃描及縱向位移。電腦則內建軟體程式控制掃描頭的橫向掃描，並讀取縱向位移的類比訊號，且隨掃描時的變化將此變化成像，所得影像即是表面形貌。由於電腦只提供及接收數位訊號，所以要控制掃描頭的橫向位移還需要數位－類比轉換器將數位訊號轉換成類比訊號，然後送到高壓放大器將此訊號放大成高電壓。此外，電腦要讀取縱向位移的類比訊號則需要類比－數位轉換器將類比訊號轉換成數位訊號。

(3) 步進器

一般而言，掃描頭的縱向移動範圍約 1 至 2 μm，當探針與樣品的距離超過此範圍時就無法利用掃描頭帶探針接近樣品以產生穿隧電流，因此在 STM 中有步進器的設計。步進器可以用來移動樣品或掃描頭。一般步進器的行程可達數釐米，因此可以利用步進器使探針遠離樣品，如此在更換樣品時才不致撞到探針而使針尖損壞。當我們要將探針帶近樣品，步驟上可以用目測的方式利用步進器先將探針帶近，然後再用自動控制的方式逐漸將探針帶近以產生穿隧電流。其方法是首先控制系統會使掃描頭伸長以偵測是否有穿隧電流，若沒有則使掃描頭縮回，然後使步進器走一步。在沒有產生電流時，控制器會控制掃描頭與步進器不斷重複上述步驟，如此可以控制探針在不致撞到樣品的情形下逐漸減少探針與樣品之間的距離，直到最後掃描頭伸長時可以產生穿隧電流，此時控制器會控制掃描頭不再伸長以維持所設定的電流。到此步驟就可以開始掃描擷取影像。此外，爲了不使探針在自動接近樣品時撞到樣品，步進器一步行程必須要小於掃描頭的縱向移動範圍。

(4) 避震系統

由於產生穿隧電流時，穿隧間隙只有數埃，環境的振動極容易改變這麼微小的間距，進而使電流不穩定，如此就無法得到清楚的影像與能譜，因此在 STM 的結構中有避震系統的設計以衰減外界的振動。一般避震系統是以彈簧和磁鐵構成。彈簧將 STM 主體懸吊，磁鐵則靠近 STM 主體中專爲避震設計的銅塊。選擇適當的彈簧懸吊 STM 主體可以使彈簧的共振頻率 (resonance frequency) 只有數赫茲 (Hz)，如此可以濾掉高於共振頻率的振動，但接近共振頻率的振動還是可以傳入 STM。磁鐵的功用就是爲了進一步衰減接近共振頻率的振動。根據電磁學，當一導體在磁場中運動，若有磁通量的改變時，導體的內部會產生渦電流 (eddy current)，此渦電流會與磁場作用產生與運動相反的阻尼力 (damping force) 進而減低導體運動的速度。因此當有振動傳入導致 STM 主體移動時，磁鐵會在銅塊產生渦電流及阻尼力，迅速地使 STM 主體回到原來平衡的位置，如此振動就無法傳到探針與樣品，穿隧電流就可因此穩定。除了利用彈簧和磁鐵避震，還可以用充氣避震系統 (pneumatic vibration isolation system) 隔絕震動。例如在超高眞空低溫 STM 的設計中，爲了使低溫能達到最低，通常不用彈簧和磁鐵的設計，因此就會將 STM 連同眞空腔體 (chamber) 放在充氣避震系統上。

(5) 探針

探針是 STM 最關鍵的部分，探針的尖銳度會決定 STM 影像的解析度與品質。一般製作探針的材料是鎢 (tungsten)，鎢的探針通常是以化學蝕刻 (chemical etching) 方法製作。如圖 7.7 所示，將鎢線及一導線浸入氫氧化鈉溶液，然後在鎢線與導線間加一直流電壓且正極在鎢線。如此在液面附近的鎢線就會開始被蝕刻而逐漸變細，浸入溶液的部分則不會有反應。當被蝕刻的部分變細到無法承受下方鎢線的重量時，鎢線就會斷裂成兩段，此時要迅速將電壓關閉，以免針尖繼續受到蝕刻而變鈍。根據經驗，利用這方法所製作的鎢針通常可以得到清晰的影像。此外，探針完成後要用去離子水清洗，以免氫氧化鈉殘留在針尖。

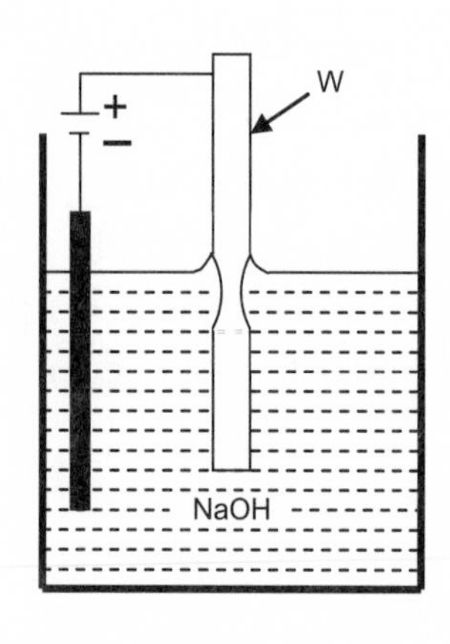

圖 7.7
電化學蝕刻法製作鎢針示意圖。

7.2.3 超高眞空低溫 STM

由於 STM 是研究物質表面的技術，因此需要乾淨的表面作爲研究的起點。在空氣中，一般物質的表面會吸附氣體或與氧氣反應形成氧化層，所以如果要用 STM 在空氣中觀察表面就只能選擇鈍性 (inert) 物質，如金、石墨 (graphite)。在超高眞空系統中，由於

其眞空度在 10^{-11}–10^{-10} Torr，可以準備出乾淨的表面並可維持長時間不被氣體吸附，因此一般 STM 的研究都在超高眞空的環境下進行。然而也可在有控制的環境，如水溶液或充滿特定氣體的腔體中進行。以下將著重在超高眞空 STM 的討論。

如前所述，STM 除了可以觀察表面形貌，還可以進行能譜量測以探索電性結構。因此許多透過電性而呈現的物理現象就可利用能譜量測而了解。溫度是影響電性量測的主要因素，因爲由它引起的熱效應 (thermal effect) 會減低能譜的能量解析度，進而模糊甚至掩蓋隱含在能譜中的物理訊息。減低熱效應的方法是將 STM 冷卻到低溫，其方法是將 STM 連接到一超高眞空相容的致冷器，並在 STM 周圍裝設熱屏蔽 (thermal shielding) 以隔絕外界的熱幅射。當致冷器裝入液氦，除了冷卻 STM，蒸發的冷氦氣也會冷卻熱屏蔽，如此可以冷卻 STM 到接近 4.2 K。根據筆者的經驗，在如此低的溫度下所量取的能譜其雜訊非常低，是室溫 STM 量取的能譜所無法達到的。此外有些物理現象也必須在很低溫才觀察得到，例如電子在表面的波動行爲[9]、近藤效應 (Kondo effect)[10]、超導等現象[11, 12]。因此利用低溫 STM 將有助於我們探索更多的物理現象。

7.2.4 場發射 STM

在 STM 中，當所加的電壓使探針的費米能階高於樣品的費米能階但低於樣品的眞空能階 (vacuum level) 時，探針的電子會直接穿隧到樣品而形成電流。這是一般 STM 的操作模式。當所加的電壓使探針的費米能階高於樣品的眞空能階時，探針會處於場發射狀態。此時穿隧間隙會存在由鏡像位能 (image potential) 與外加電位疊加所形成的位能井，井中會存在量子化的駐波態 (quantized standing-wave states)，如圖 7.8 所示。探針中因場發射而離開探針的電子會先穿隧到駐波態而在穿隧間隙中來回振動，經過一生命期 (life time) 後才會進入樣品。由於探針處於場發射狀態，因此稱這種操作模式爲場發射 STM。穿隧間隙中的駐波態可以利用量取 Z-V 能譜而觀察到[13, 14]，例如圖 7.9(a) 是在銀 (111) 面所取的能譜，可以明顯看到四個階梯的特徵，每個階梯特徵對應到一個駐波態。將能譜微分後，階梯特徵變成尖峰的特徵，造成能譜呈現振盪，如圖 7.9(b) 所示。這種振盪的現象其實在 1966 年 Gundlach 就已預測[15]，後人爲了紀念他就稱這現象爲 Gundlach 振盪。利用場發射 STM 所產生的 Gundlach 振盪可用於量測薄膜的功函數與奈米尺度呈像技術。

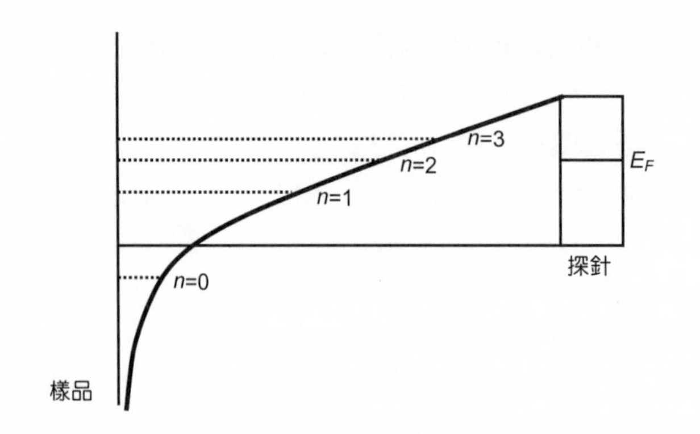

圖 7.8
穿隧間隙中鏡像位能與外加電位疊加形成的位能井。電子在此位能井中形成量子化的駐波態。

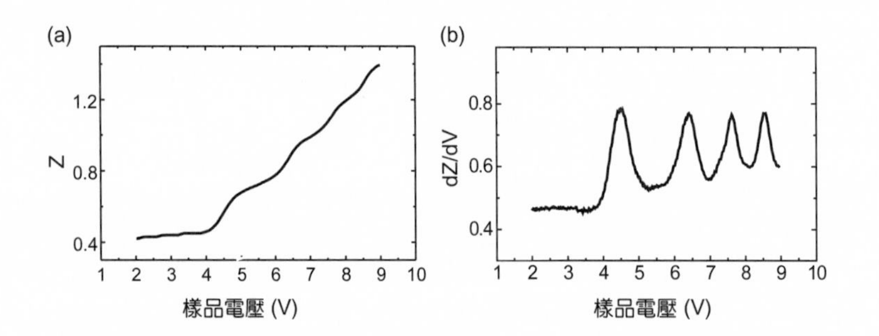

圖 7.9
(a) 在銀 (111) 面量測的 *Z-V* 能譜，量測範圍在費米能階以上 2－9 電子伏特，能譜中顯現階梯特徵。(b) 微分能譜，階梯特徵變成尖峰特徵。

7.2.5 應用與實例

(1) 二維奈米鉛量子島之成長過程

在半導體上成長出具有原子平整度 (atomic flatness) 的金屬薄膜，多年來一直是重要的研究領域，其原因不僅是基於科學上的興趣與探索，也因爲這方面的研究亦具有應用上的價值。然而由於在金屬／半導體界面存在著不可避免的應力 (stress)，因此金屬經常會形成三維的山丘結構而非平坦的薄膜。基於此原因，在半導體上產生平坦的金屬薄膜在過去是一困難的目標，直到 Smith 等人利用低溫蒸鍍再回溫的方法[16]，成功地將具有原子平整度的銀薄膜成長在砷化鎵 (110) 表面，這方面的研究才出現突破。

此外，這種方法會使銀薄膜具有七個原子層的臨界厚度 (critical thickness)，也就是即使銀的蒸鍍量低於七個單層 (monolayer, ML)，薄膜的厚度依然是七個原子層，只是薄膜會有空洞出現。這種新的成長行爲在兩年後由 Zhang 等人的理論計算得到合理的解釋[17]，他們認爲這種成長模式起源於量子尺寸效應 (quantum size effect)，也就是銀薄膜中的電子波向量在垂直表面方向被量子化 (quantized) 而在薄膜中形成量子井能態 (quantum-well states)。此種效應會驅使銀原子排列成平坦的表面，並且由於金屬／半導體界面存在電荷轉移 (charge transfer) 進而導致銀薄膜具有臨界厚度。Zhang 等人將此種因電子而產生的成長行爲稱作「electronic growth」，以有別於傳統成長模式[18]。

爾後 Gavioli 等人發現利用相同的方法也可在矽 (111) 7×7 表面成長出平坦並具有臨界厚度的銀薄膜，更進一步證實低溫蒸鍍是在半導體上形成平坦薄膜的有效方法[19]。其原因在於低溫可以抑制原子的動能，而使薄膜在開始形成階段是由奈米的原子團所組成。之後隨著回溫，由原子團形成的薄膜會逐漸轉變爲具有晶格結構的薄膜。其間，量子尺寸效應因爲薄膜晶格化而顯現，進而驅使薄膜在回溫後具有均勻而且特定的厚度。最近 Budde 等人利用 spot-LEED 觀察鉛在低溫中矽 (111) 7×7 表面的成長，發現鉛可以直接形成表面平坦且邊緣陡峭的島嶼結構[20]。這些鉛島的厚度都是七個原子層，而且隨著蒸鍍量的增加，島的厚度不變，只有面積隨之增加，呈現二維的成長行爲。這些成長的特徵反映出鉛島的形成機制亦是起源於量子尺寸效應。然而由於鉛島可以不需要回溫就直接形成，表示量子尺寸效應並不全然要在薄膜結構中才可展現。因此鉛島的形成過程必定不同於銀在砷化鎵 (110) 與矽 (111) 7×7 表面的成長過程。

爲了證實 Budde 等人的觀察結果，我們利用低溫 STM 觀察鉛島的成長[21−24]。圖 7.10(a) 是蒸鍍量 3.2 ML (monolayer) 的鉛在 208 K 的矽 (111) 7×7 表面所形成的表面形貌影像。在鉛島產生之前，約有 2 ML 的鉛消耗在形成鉛的潤濕層 (wetting layer)，剩餘的鉛才在潤濕層上形成鉛島。這些鉛島的邊緣陡峭並且表面平坦，厚度的量測亦顯示七個原子層厚的鉛島佔有最高的比例，如圖 7.10(b) 所示。因此 STM 的觀察與 Budde 等的 spot-LEED 觀察一致。然而，除了 7 層外，圖 7.10(b) 顯示還有 4、5、6、8、9 層厚的鉛島存在。這些厚度的島雖然是少數，但卻反映鉛島的成長並不像 spot-LEED 觀察的只有單一厚度。圖 7.10(c) 顯示鉛島的平均面積會隨蒸鍍量的增加而線性增加，表示鉛島具有二維成長的行爲，這點與 spot-LEED 的觀察一致。二維成長正是造成鉛島的邊緣陡峭並且表面平坦的原因，而其中的物理機制即是前述的量子尺寸效應。爲了證實量子尺寸效應的確存在於鉛島中，我們利用 STS 量測鉛島的電性。

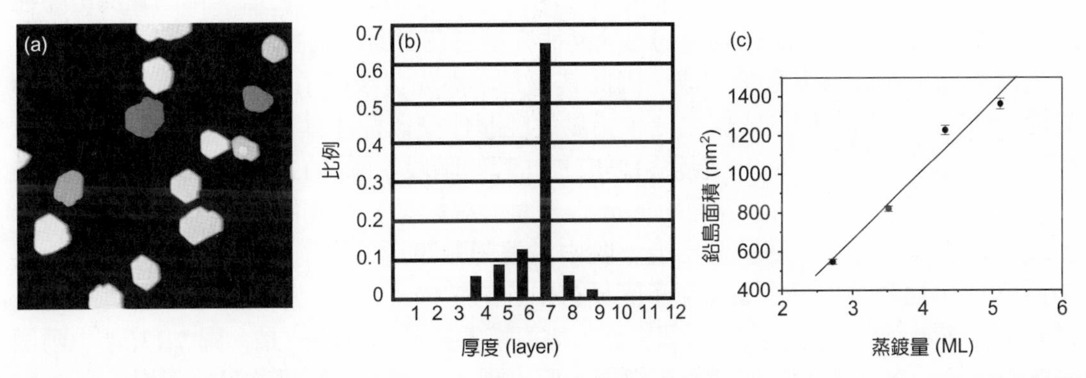

圖 7.10 (a) 鉛島在表面形成的 STM 影像，(b) 不同厚度鉛島的比例分布圖，(c) 鉛島平均面積與蒸鍍量之關係圖。

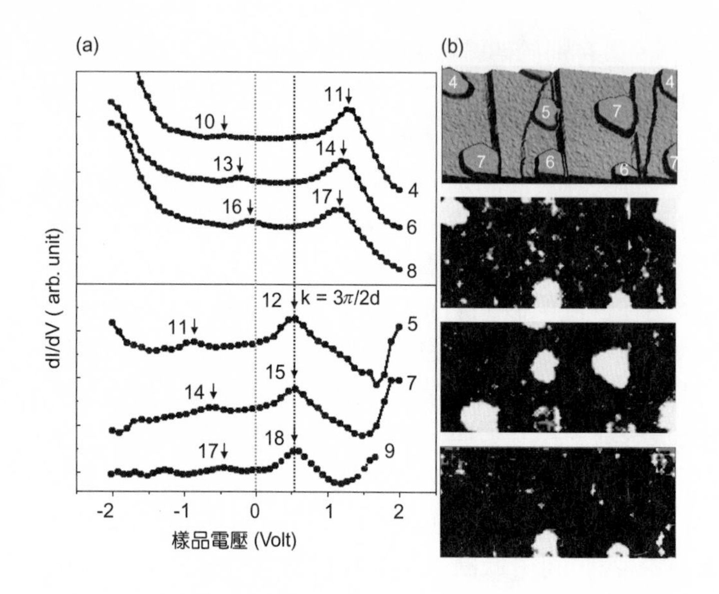

圖 7.11
(a) 不同厚度鉛島的 *dI/dV-V* 能譜，(b) 最上圖是表面形貌，其餘是不同能量的能譜影像。

圖 7.11(a) 是對 4–9 層厚的鉛島進行能譜量測的 *dI/dV-V* 曲線。右側的數字代表鉛島厚度，而所對應的每條曲線中可觀察到兩個尖峰的特徵，尖峰之間的能量差會隨著鉛島厚度的增加而減少。電子在垂直於鉛島表面的方向可被視爲局限在一維的量子井 (quantum well) 中。根據量子力學，井中所形成的量子態之間的能量差亦會隨著井的寬度的增加而減少。既然量子井的寬度應正比於鉛島的厚度，所觀察到的尖峰特徵即是鉛島中的量子井能態，箭頭左側的數字則爲所對應的量子數。因此可證實量子尺寸效應的確存在於鉛島中。圖 7.11(b) 爲利用 STS 技術直接呈現量子井能態在空間的分布，最上圖爲表面形貌圖，數字代表鉛島的厚度。當電壓爲 1.28 V，即接近 4 和 6 層的能態時，能譜影像 (第二圖) 中在 4 和 6 層鉛島的位置有明顯的能態密度出現，其餘的鉛島則無此情形，證明此量子井能態只存在相對應的鉛島中。當電壓爲 0.56 V，即接近 5 和 7 層的能態時，能譜影像 (第三圖) 亦呈現此能態只出現在 5 和 7 層鉛島的位置。第四圖爲電壓在 –0.36 V 時的能譜影像，6 層鉛島中的另一能態亦呈現在對應的位置。

由於鉛島是在低溫下直接形成，因此其成長必然先從成核 (nucleation) 開始。然而在先前的研究中並無解釋於成核之後，鉛島是經歷什麼過程才具有多原子層的厚度。爲了探索這個過程，可利用 STM 觀察鉛島成長的起始階段。圖 7.12 是蒸鍍量 2.32 ML 的鉛在 170 K 的矽 (111) 7×7 表面所形成的表面形貌影像，在此條件下，除了有鉛島形成，我們亦觀察到有原子團結構出現。圖中沿著箭頭跨過一原子團與島的形貌曲線 (圖 7.12(b))，顯示島具有平坦表面而原子團具有山丘的結構。這個觀察表示平坦的島有可能是從原子團演變而來。爲了證實這個看法，需直接觀察原子團的成長。圖 7.13(a) 中兩個原子團經過第一次 0.02 ML 的微量蒸鍍後，原子團 **1** 已轉變成平坦的島，但原子團 **2** 依然保持山丘結構只是高度變高，如圖 7.13(b) 右方高度分布圖所示。再經過一次 0.02 ML

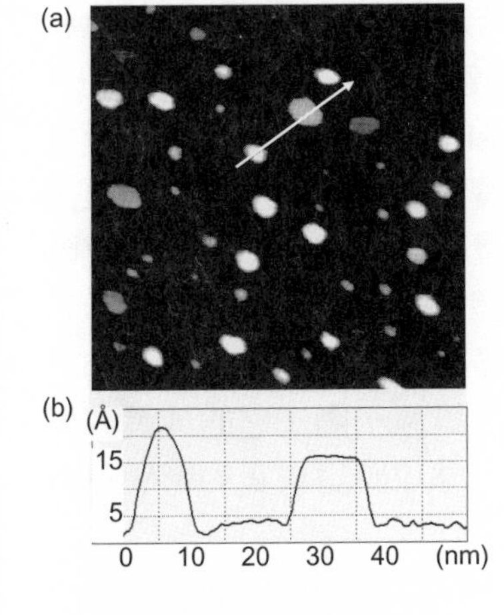

圖 7.12
(a) 鉛島形成初期的 STM 影像，顯示原子團與島共存於表面。
(b) 沿著箭頭的高度變化。

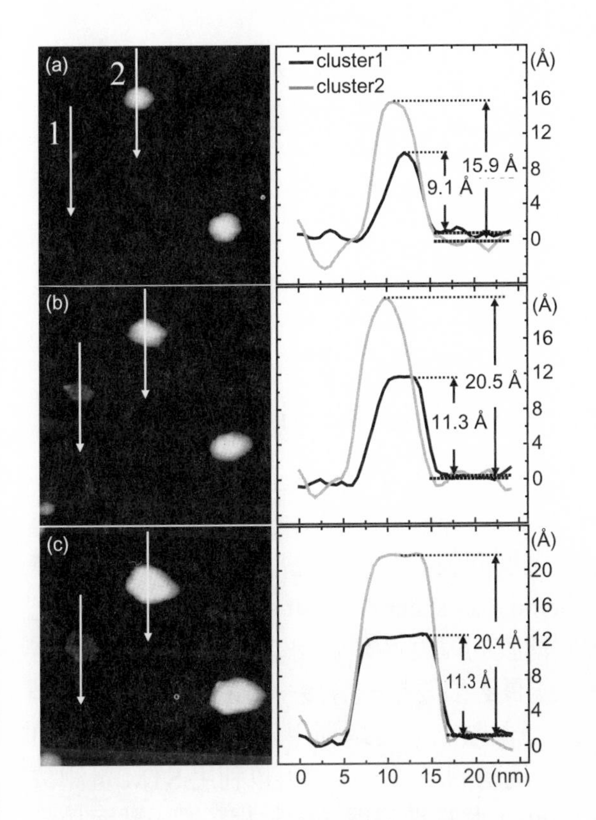

圖 7.13
(a) 剛形成的兩個鉛原子團。(b)、(c) 經過兩次 0.02 ML蒸鍍，原子團轉變成島嶼。右側曲線爲沿著箭頭的高度變化。

的蒸鍍後，原子團 **2** 也轉變成平坦的島，如圖 7.13(c) 所示，因此島嶼的確是從原子團轉變而來。

圖 7.14 爲分析數百個原子團與島的直徑和高度，並以高度對直徑作圖的統計結果。圖中顯示原子團 (+ 符號) 的高度正比於直徑，表示原子團是以三維模式成長。此外，島

(o 符號) 的高度對應到與直徑無關的數種原子層數 (3–7)，顯示前述的二維成長。既然原子團是島的前身，因此鉛島的形成過程存在三維到二維的成長轉變 (growth transition)[23]。之前的文獻已指出鉛在室溫的矽 (111) 7×7 表面是遵循 Stransi-Krastanov (SK) 成長模式[25]，也就是在潤濕層形成後再以三維模式成長。雖然我們的實驗是在低溫下進行，但是成核後的原子數量還太少，以致無法產生夠強的量子尺寸效應以影響成長，因此在這階段依然是 SK 的三維成長模式。然而當原子數量多到足以引發量子尺寸效應時，三維到二維的成長轉變就會發生，因此使三維的原子團蛻變成具有多原子層的二維鉛量子島。此外，成長轉變亦反映一有趣的訊息：即使是一奈米尺寸的三維原子團，它的成長亦可以被量子尺寸效應所影響。這並不遵循著一般的觀念：量子尺寸效應對成長的影響只能展現在薄膜結構中，如銀在砷化鎵 (110) 面上形成的薄膜。

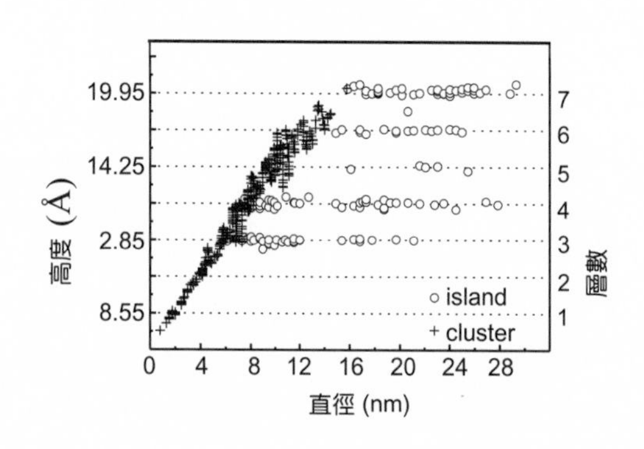

圖 7.14
原子團與島的高度對直徑的分布圖，顯示有三維到二維的成長轉變。

(2) 場發射 STM 於金屬薄膜功函數量測與奈米尺度成像技術之應用

當金屬薄膜的厚度在奈米的尺度時，薄膜的電性結構會受到量子尺寸效應的影響。這效應會使薄膜的物理性質如單層間距 (interlayer spacing)[26] 或電阻率[27] 隨薄膜的厚度而改變。最近的研究亦顯示量子尺寸效應會引發金屬薄膜的功函數隨厚度而變化[28]。薄膜功函數的量測一般可以利用光電子能譜 (photoemission spectroscopy)。然而此技術是以光激發出電子，所用光源會涵蓋整個薄膜，因此薄膜的厚度必須要均勻，否則所量測的結果是多種厚度的功函數的平均值。所以薄膜的成長必須要是一層接一層的模式 (layer-by-layer mode)，才適合用光電子能譜。爲了克服這個限制，可以利用局部探測技術 (local probe technique)，如 STM，此技術不需要薄膜是均勻的成長。人們可以利用 STM 量測電子穿隧所面對的位能障礙 (apparent barrier height)，此物理量與功函數相關[29]。然而量測誤差高達 0.3 eV (electron volt)，精確度遠低於光電子能譜。另一種選擇則是利用場發射 STM 觀察 Gundlach 振盪。我們發現利用 Gundlach 振盪的尖峰特徵可以對金屬薄膜的功函數作精確量測，其誤差可低於 0.02 eV，精確度直逼光電子能譜[30]。以下以銀薄膜作爲呈現 Gundlach 振盪量測功函數的例子。

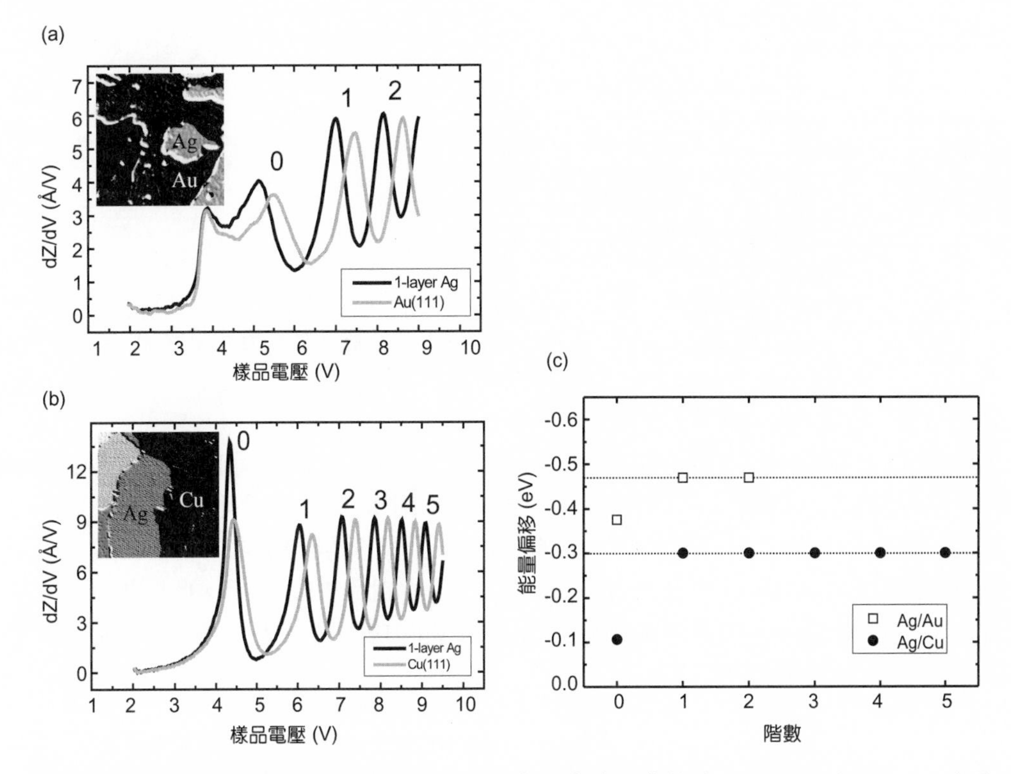

圖 7.15 (a)、(b) 成長於金 (111) 和銅 (111) 面的銀薄膜及基材的 Gundlach 振盪。(c) 能量偏移對 Gundlach 振盪尖峰階數作圖，呈現常數能量偏移的現象。

我們將銀鍍在金 (111) 和銅 (111) 表面以形成銀薄膜，然後在薄膜與基材上觀察 Gundlach 振盪，如圖 7.15(a) 和 7.15(b) 所示，圖中的數字表示 Gundlach 振盪尖峰的階數 (order)。可以明顯看到相對於基材的尖峰位置，銀的尖峰都往低能量偏移。圖 7.15(c) 是銀／金與銀／銅兩系統的能量偏移對階數作圖。此圖顯示除了零階外，高階的能量偏移呈現一常數值。爲何零階的能量偏移會不同於高階？當探針的費米能階接近樣品的眞空能階時，能譜顯現零階尖峰，而此時的位能井是鏡像位能與外加電位的疊加。當探針的費米能階高於樣品的眞空能階時，能譜顯現高階尖峰，此時鏡像位能的貢獻可以忽略，因此位能井接近三角形。所以由於不同的位能形式，造成零階與高階的能量偏移量不同。此外，我們也藉由改變場發射電流進而改變電場，以了解能量偏移是否會隨電場改變。圖 7.16(a) 是銀／銅系統的零階與壹階的能量偏移對電場作圖，ΔE 是壹階與貳階尖峰的能量差，其 3/2 次方正比與電場。此圖顯示壹階幾乎不隨電場變化但零階卻明顯隨電場改變。常數能量偏移的出現代表探針在薄膜與在基材所形成的電場相同，因此兩者的三角形電位的斜率相同，所以常數能量偏移就直接等於薄膜與基材的功函數差異，如圖 7.16(b) 所示。由此結論可以從圖 7.15 知道銀／金與銀／銅系統的功函數差異分別是 0.47 與 0.3 eV，所以只要知道基材的功函數就可得知薄膜的功函數。

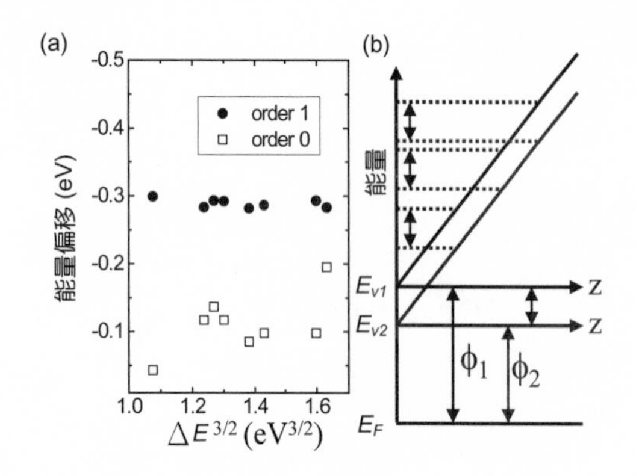

圖 7.16
(a) 0 階與 1 階的能量偏移對電場作圖，(b) 探針在薄膜與基材的位能圖。

既然 Gundlach 振盪形成一系列的尖峰，因此可以清楚的定出尖峰的位置，所以薄膜的功函數可精確量測。這個方法可用來量測某些奈米結構的功函數的微細差別。例如已知鈷在室溫的銅 (111) 面上可以成長出三個原子層的三角形島嶼結構，如圖 7.17 中影像所示。我們觀察影像中的島 A 與島 B 的 Gundlach 振盪如圖 7.17 所示。此圖顯示兩者的尖峰有 0.1 eV 的能量偏移，代表這兩個鈷島有 0.1 eV 的功函數差異。這微小的差異可歸諸島 A 與島 B 有不同的堆疊次序(31)。

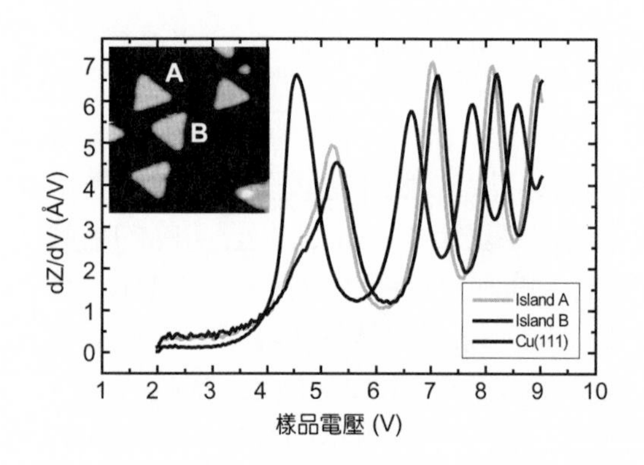

圖 7.17
成長在銅 (111) 面鈷島與基材的 Gundlach 振盪。

此外，Gundlach 振盪的尖峰強度其實會受到一穿透背景 (transmission background) 的影響。Su 等人觀察成長於矽 (111) 7×7 表面的銀薄膜的 Gundlach 振盪，發現穿透背景與表面的電子穿透率有關，並且與尖峰強度呈現互補現象，也就是穿透背景愈強則尖峰強度愈弱，反之亦然(32)。我們在金 (111) 表面觀察 Gundlach 振盪亦發現此互補現象。圖 7.18(a) 是金 (111) 的表面形貌，它是由白與灰十字所標示的 fcc 與 hcp 區域及呈現亮線的隆起區域所組成的表面。圖 7.18(e) 是在這三個區域觀察的 Gundlach 振盪，此圖顯示尖峰位置雖然相同，但強度卻隨區域改變。隆起區域在尖峰之間的谷底具有較高的強度，但尖峰強度則在 fcc 與 hcp 區域較高。因此隆起區域具有較高的穿透背景，且根據 Su 等人的結論，這代表此區域的電子穿透率較高。圖 7.18(b) 是能量在尖峰 **1** 與尖峰 **2** 之間的谷底的能譜影像，顯示與圖 7.18(a) 相同的對比。圖 7.18(c) 是能量在尖峰 **1** 的能譜影像，顯示與圖 7.18(b) 相反的對比，此對比反轉則源自互補現象。能譜影像進一步證實不同位置的 Gundlach 振盪其強度差異的確存在。圖 7.18(d) 是能量在尖峰 **2** 的能譜影像，此圖顯示在虛線以上的 fcc 與 hcp 區域的尖峰強度較高，代表電子穿透率亦會隨兩者的方位而改變。金 (111) 表面的例子說明當表面有奈米尺度的電子穿透率變化，則可利用 Gundlach 振盪予以成像，因此可以應用至奈米尺度的成像技術。

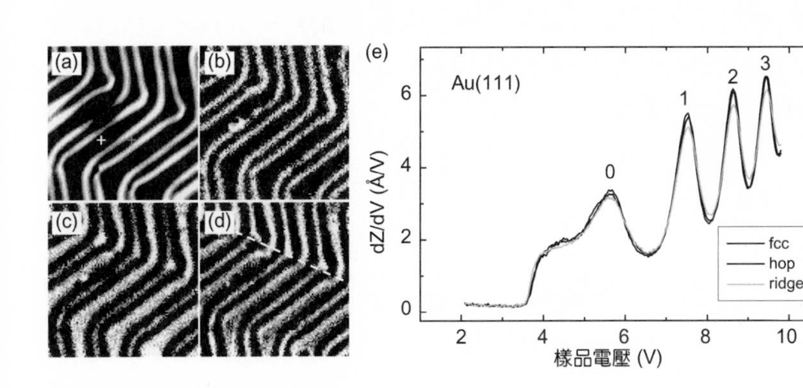

圖 7.18
(a) 金 (111) 面表面形貌。(b)、(c)、(d) 不同能量的能譜影。(e) 不同區域的 Gundlach 振盪。

7.2.6 結語

西諺有云：seeing is believing，即眼見爲憑。STM 的發明讓科學家可以直接觀察原子尺度世界的各種現象，不僅豐富了表面科學的知識，也因直接眼見，可以減少許多理論的猜測與推論。一個著名的例子是矽 (111) 7×7 表面的原子排列結構。在 1959 年低能量電子繞射 (low energy electron diffraction, LEED) 技術就已發現 7×7 的結構，但因結構複雜，無法從繞射圖案定出原子排列結構。在 1960、1970 年代許多理論模型被提出，但都沒有足夠的實驗證據以決定那個模型是正確的。直到 STM 發明後，直接觀察到表面每個晶胞 (unit cell) 有 12 顆矽原子，才使 7×7 的結構逐漸明朗，最後由 Takayanagi 等人提出 DAS 模型，才將此結構的原子排列完全決定，此模型也推翻了過去的諸多模型。所以這是一個以眼見爲憑才解決的例子，也說明 STM 的重要性。STM 在問世之後，後人不斷增加其功能，從最初只能觀察室溫的表面形貌，到後來可以在 0.3 K 的環境下觀察高溫超導體，甚至可以結合強磁場與磁針研究磁性物質，因此如今的 STM 已具有多面向探索不同物質各種現象的能力。尤其在奈米科學與技術蓬勃發展的今天，STM 將會繼續是一功能強大且重要的研究技術。

7.3 原子力顯微術

掃描探針顯微術 (scanning probe microscopy, SPM) 爲奈米級微小區域量測之極佳檢測工具。起源於 1982 年，IBM 科學家 Binning 和 Rohrer 首先發明了掃描穿隧電流顯微術 (scanning tunneling microscopy, STM)(33) 來觀察表面原子影像，進而陸續衍生了如原子力顯微術 (atomic force microscopy, AFM)、近場掃描光學顯微術 (SNOM)、磁力顯微術 (MFM)、電力顯微術 (EFM)、掃描電容顯微術 (SCM) 等各種型式量測微小區域內之熱、光、電、磁等表面物理特性的技術，此 SPM 技術的運用如雨後春筍般的出現於材料、電機、機械、化工、生物及醫學等不同領域。其中，原子力顯微術爲一表面形貌成像技術，其他後續衍生 SPM 相關技術均架構於 AFM 的基礎原理。因此，本文將針對原子力顯微術的原理、架構特徵及應用作一簡要介紹。

7.3.1 前言

顯微成像術 (microscopic imaging) 在科學發展上一直扮演著重要的角色並且伴隨著醫學與生物學的發展而相互成長，舉凡物理、化學、醫學及各種工程的應用都與其息息相關。顯微術，顧名思義，係指可以將人眼所無法看見的微小結構，以技術性的方法，顯微放大該區域樣品表面的實空間影像 (real-space image)。過去幾世紀以來，科學家發明了許多各式各樣顯微術，如光學顯微術 (optical microscopy, OM)、電子顯微術 (electron microscopy, EM)。這些顯微術的發明，幫助人類了解了許多大自然的生命現象，更改變了人們的生活方式。然而，人們有無窮的求知慾，想要探索更細微的生命現象與更微小的結構所產生的新穎現象，驅使更高解析顯微技術不斷地被開發。

掃描式探針顯微術在先進的顯微術中是很特殊的一項先進顯微術。其特點是以一支末端極尖的探針在很接近樣品表面的情況下進行掃描及局部量測，解析度主要取決於針尖的大小，最佳情況可達原子級解析。掃描式穿隧顯微術是其中最早發展出來的技術。1982 年，IBM 之 Zurich 實驗室的 G. Binnig 與 H. Rohrer 利用壓電陶瓷管來控制微量的位移，並利用電子的量子穿隧效應 (electron tunneling effect) 來作爲金屬探針及樣品表面間距離的回饋控制，以獲得導體或是半導體表面的原子級解析度。

1985 年，Binng、Quate 和 Gerber 發明了原子力顯微術(34)，此技術係克服 STM 量測僅限於導體樣品的缺點而衍生的技術，其原理是利用一極柔軟懸臂探針與樣品表面之間微小的原子間力作爲成像參考訊號，遂使非導體也可用掃描式探針顯微術來觀測，此項發明突破了樣品表面特性量測的瓶頸，並可在大氣、真空、常溫、低溫甚至液體環境中操作，用途更加廣泛。之後，便衍生出許多以 AFM 爲基礎的 SPM 相關技術，使用不同的結構特性之探針，利用不同的量測方式，可「同時」量取樣品表面極小區域內的熱、光、力、電與磁等表面物理特性。

第 7.3 節作者爲楊志文先生與洪紹剛先生。

1990 年後，由於電腦運算與控制技術的提升，AFM 除了表面形貌量測功能外，更具有了多元化的能力，如高速即時動態掃描成像、表面奈米粒子操縱、表面奈米結構元件製作等，開展 AFM 更廣泛的應用領域。

7.3.2 基本原理

原子力顯微術之量測原理如圖 7.19 所示，乃利用微懸臂探針 (microfabricated cantilever) 靠近樣品表面時，探針末端原子與樣品表面原子所產生的原子間交互作用力 (此交互作用力與距離相關)，此交互作用力造成探針運動特性改變，以一偵測系統 (detection system) 量取微懸臂探針受作用力後所造成的訊號變化，再將此訊號處理後輸入回饋系統 (feedback system) 以維持探針與樣品間等作用力，進而量得樣品表面形貌。

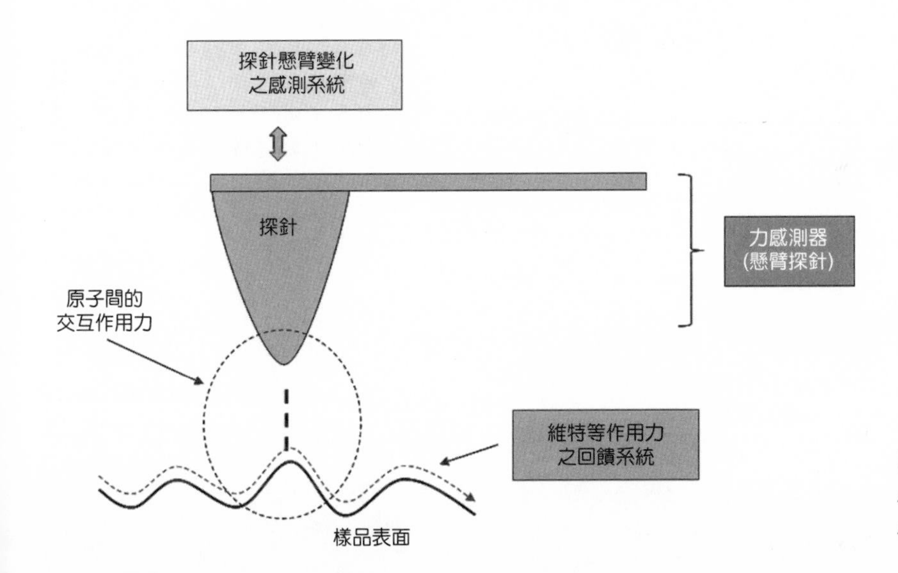

圖 7.19
原子力顯微術之量測原理示意圖。

探針末端原子與待測樣品表面原子間所產生的交互作用力，會隨著不同距離、探針特性的差異以及樣品表面性質等等因素而有所變化。一般可將這些原子間作用力分爲兩類：短程力 (short-range forces) 與長程力 (long-range forces)。短程力的作用範圍小，牽涉到的原子數少；長程力作用的範圍較遠，所以牽涉到的原子數也較多。長程力的來源最普遍存在的是凡得瓦爾力，圖 7.20 爲典型針尖與表面間的交互作用力與距離的關係示意圖，主要是依據凡得瓦爾力，簡化表示探針與表面原子間的交互作用力。一般眞實的量測環境下，除了凡得瓦爾力 (Van der Waals forces) 之外，尚有其它的長程力涉入，如表面有電荷累積或磁性材料時，探針便會感受到靜電力 (electrostatic forces) 或靜磁力 (magnetic forces) 的長程作用力；濕度高的操作環境下，樣品表面常會覆蓋一層很薄的水膜，因此，當探針接觸到這層水膜瞬間，會產生一股很強的虹吸力 (capillary forces) 將探針拉到接觸樣品表面，此強大的吸引力非常容易造成 AFM 探針操作上的不穩定，因此原子力顯微儀的操作方式需避開或降低虹吸力的影響。圖 7.20 表示，當探針由遠處接近樣品表面的過程中，彼此間先發生吸引力作用，而此吸力區由小逐漸變大，繼而當距離更為接近時，此吸引力會變小，斥力隨距離減少急劇上升，此時的探針已與樣品表面接觸了，所以交互作用轉變成斥力。

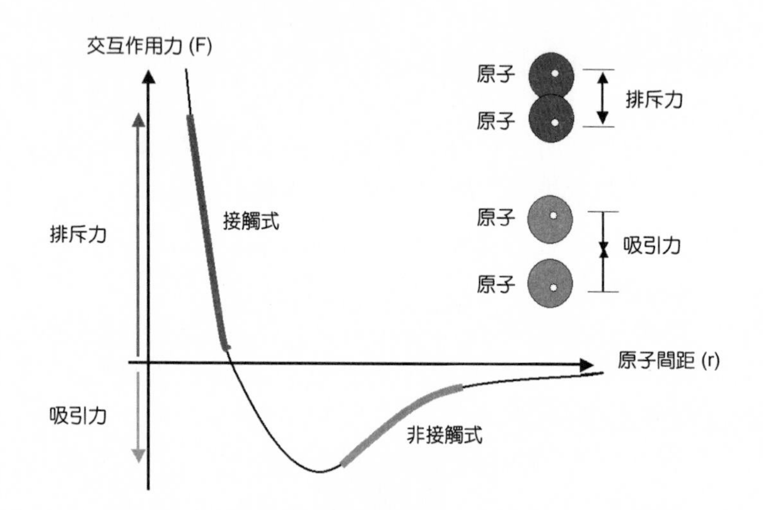

圖 7.20
兩原子間的距離與交互作用力的關係示意圖。凡得瓦爾力隨兩原子之間的距離而改變，當兩原子的電子雲互相接觸時會產生排斥力，當距離拉遠時，會因彼此的電子與原子核相吸而產生吸引力。

為簡化說明探針與表面間的交互作用情況，暫不考慮其他交互作用力，僅以凡得瓦爾力簡化說明探針針尖的原子與樣品表面原子的交互作用特性，可根據 Lennard-Jones pair-potential energy function 的描述，兩原子之間的位能與原子間距離呈現著如下的關係 (35)：

$$E^{pair}(r) = 4\varepsilon\left[\left(\frac{\sigma}{r}\right)^{12} - \left(\frac{\sigma}{r}\right)^{6}\right] \tag{7.4}$$

其中，σ 為原子的半徑，r 為兩原子間的距離，ε 為介電常數 (permittivity)，作用力 (F) 與距離 (r) 的關係函數可藉由上述位能函數的負梯度 ($F = -\nabla E$) 推得兩原子間的距離與交互作用力的關係，如圖 7.20 所示，利用原子間的吸引力與排斥力的作用，可將 AFM 選擇操作於三種基本的操作模式：

(1) 利用原子間短程斥力的變化來量測表面形貌的方式，稱為接觸式 (contact mode)，探針與樣品表面的距離約為數個 Å，其 $(1/r)^{12}$ 項描述了短程吸引力區的變化特性。

(2) 利用原子間長程吸引力的變化來量測表面形貌的方式，稱為非接觸式 (non-contact mode)，探針與樣品表面的距離約為數十個到數百個 Å，其 $(1/r)^{12}$ 項描述了短程排斥力區的變化特性。

(3) 使懸臂樑產生上下擺動輕敲於樣本表面，再藉由振幅的改變來量測表面形貌的方式，稱為輕敲模式 (tapping mode)，此名稱已為 Veeco 公司的專利。由於受到吸力與斥力的交互作用，也稱為半接觸式 (intermittent-contact mode 或 semi-contact mode)。

接觸式 AFM 是當探針「直接接觸」樣品表面，利用探針與樣品間作用力造成懸臂探針之彎曲偏折 (cantilever deflection) 變化，作為距離的回饋參數，進而獲得表面形貌訊息。雖然探針距離樣品很近，可以有很高的空間解析度，但由於探針一直接觸樣品表面，在掃描的過程，探針與樣品表面間會有很強的側向力 (lateral forces)，因此，對於樣品表面非常容易造成影響或傷害，甚至影響探針的壽命與特性，所以這個模式適用於較軟的懸臂探針 (彈力常數 ~0.1 N/m)。

輕敲式 AFM 是利用壓電制動器 (piezo actuator) 將探針懸臂樑持續激振於其共振頻率附近之一固定頻率，並產生一固定之懸臂探針振動振幅。在探針接近探測表面的過程中，因探針與樣品表面之間的作用力造成懸臂探針之共振頻率的漂移，因而造成懸臂探針振幅的變化。在掃描的過程中，回饋系統使懸臂探針振動振幅保持在一設定值，如此便可取得物體表面形貌。這個模式也稱為振幅調制模式 (amplitude-modulation mode, AM mode)。它的力靈敏度 (force sensitivity) 與品質因子 (quality factor, Q-factor) 是相關的。

非接觸模式為當探針以較小的振動振幅接觸樣品表面，利用探針與樣品間作用力造成懸臂探針之共振頻率的變化，作為距離的回饋參數，進而獲得表面形貌訊息，亦稱為頻率調制模式 (frequency-modulation mode, FM mode)[36,37]。FM-AFM 普遍應用於真空環境高解析成像，已可在真空環境中解析出硬質平坦表面上的原子級結構。在 FM 模式下，探針懸臂樑一直被激振在共振頻率處。當探針與樣品表面接近時，針尖與樣品表面原子間之作用力便會造成此探針懸臂之共振頻率的漂移，且此頻率的改變 (Δf) 與作用力梯度 ($-\partial F_{ts}/\partial z$) 是成正比的。在真空中，由於探針懸臂 Q 值極大，所以會有很高的力梯度靈敏度。

在不同操作模式下，探針掃描樣本表面的示意如圖 7.21 所示。在接觸模式下，懸臂探針以非振動之靜態方式直接接觸待測樣品表面，故又稱為靜態力模式 (static-force mode)；而非接觸式與輕敲式兩種模式是以驅使懸臂探針持續進行垂直樣品表面方向之變曲運動，亦又稱為動態力模式 (dynamic-force mode)。

AFM 操作於真空環境下，對於硬質平坦物質的表面，許多的研究團隊已成功地展示 AFM 原子級的解析能力[36,37]。然而，許多軟性物質如生物分子是非常柔軟的，若操作於 AFM 的接觸模式下，過大的側向力在掃描的過程中很容易對生物分子造成傷害或變形。輕敲式是 AFM 最廣泛使用的模式[38]。它可以很有效地減少側向力的影響，施以較小的作用力 (相較於接觸式) 對軟性物質或輕微吸附於表面的奈米物質進行解析成像。最近，國外某些實驗室利用所謂的頻率調制模式 AFM (frequency-modulation AFM, FM-AFM)[39,40] 工作於液體中，已成功地獲得表面分子級與原子級的解析度[41,43]，並已應用於某些生物分子高解析表面結構的研究。

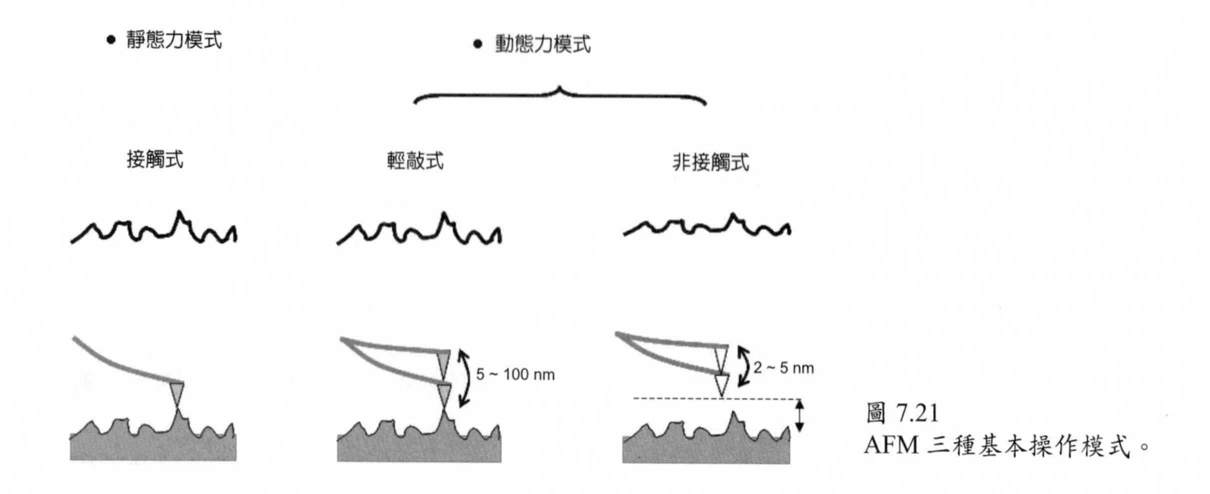

圖 7.21
AFM 三種基本操作模式。

7.3.3 系統特徵與技術規格

原子力顯微術之量測系統如圖 7.22 所示，乃利用微懸臂探針靠近樣品表面時，探針末端原子與樣品表面原子所產生的原子間交互作用力 (此交互作用力與距離相關)，此交互作用力造成探針運動特性改變，以一偵測系統量取微懸臂探針受作用力後所造成的運動特性變化，而偵測系統將所量得之訊號經過訊號處理器後輸入回饋控制系統，回饋系統 (feedback system) 藉由施加電壓於壓電晶體掃描器 (piezoelectric scanner) 產生適當的高度位移以保持固定探針的運動變化量，即是保持探針與樣品表面固定的作用力與高度，最後，記錄掃描過程中壓電晶體掃描器之回饋高度值便能量得樣品表面之形貌。

因此，一般商用 AFM 之系統架構可將系統區分成三個主要特徵：(1) 原子間作用力感測器－微懸臂，感測懸臂探針與樣本表面間之原子作用力，(2) 懸臂變化量感測器，感測探針尖受到作用力時所造成之懸臂運動狀態改變；(3) 三維精密位移掃描系統，由回饋

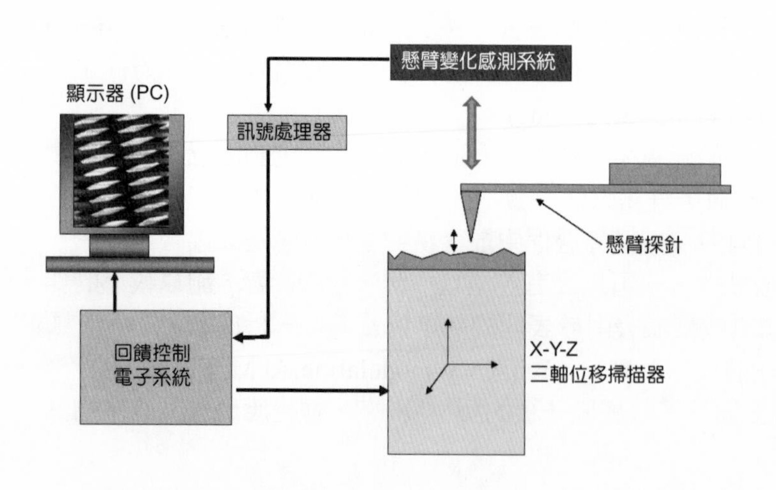

圖 7.22
AFM 系統架構圖。

電路與壓電晶體精密位移掃描器所組成之回饋系統，此子系統控制掃描過程中探針與樣品表面間固定之距離，進而獲得樣品表面形貌訊息。

7.3.3.1 原子間作用力感測器－微懸臂

探針尖的原子與樣品表面原子間所產生的原子間作用力可改變探針懸臂的運動狀態，即於靜態模式下，探針尖受力時，懸臂會產生微量的彎曲偏折；而於動態模式下，懸臂的振幅、頻率、相位，也會因受到原子間作用力而改變。

AFM 所使用之探針其材料為矽材 (Si 或 Si_3N_4)，其製備方法乃是利用成熟的半導體蝕刻製程技術[44]，製作成一微小懸臂 (長度約 125 μm–450 μm)，並在懸臂之末端蝕刻出針尖，其針尖大小約 10–30 nm，如圖 7.23 所示 (資料來源為 μmash 公司所提供)，藉由懸臂探針的三維結構：長 (L)、寬 (W)、厚度 (T)，透過公式：

$$k = \frac{EWT^3}{4L^3} \tag{7.5}$$

其中，E 為探針材料之楊氏係數。可以約略得知懸臂探針之彈力常數 k，進而估算其共振頻率 ω。圖 7.23 所示之懸臂探針，其彈力常數約 20–60 N/m，共振頻率較高約 200–400 kHz，針尖的大小約 10–20 nm，適用於一般動態模式使用；而接觸模式所適用的探針之彈力常數 k 約為 0.1 N/m。

微懸臂探針受作用力所造成的訊號變化，其偵測的方式大致可分為光學式偵測與非光學式偵測兩種。光學式偵測方式有光干涉 (optical interferometry)[45,46]、光槓桿偏折 (optical-beam deflection)[47,48] 及國人 (中研院技術移轉原力精密儀器) 自行研發之光散像式 (astigmatism)[49]；非光學偵測方式有壓電效應 (piezo-electric effect)[50-52]、壓阻效應 (piezo-

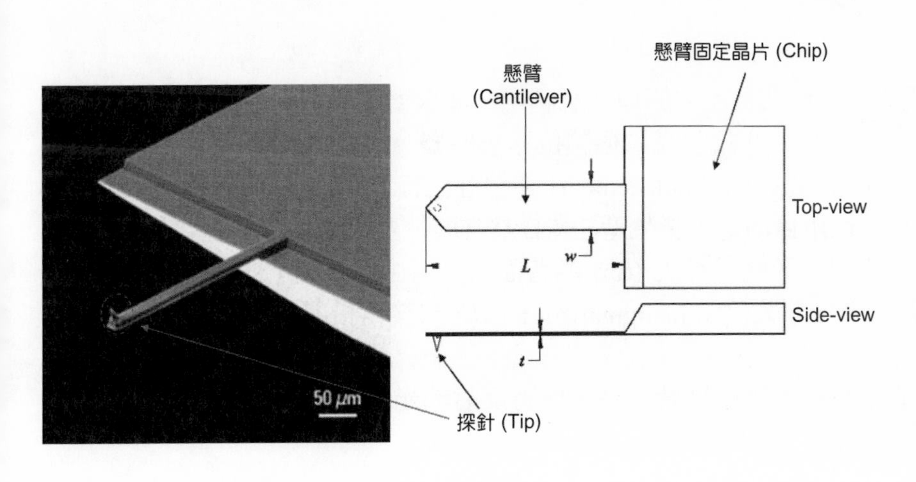

圖 7.23 一般所使用探針的外觀、規格與物理特徵。

resistance effect)[53] 等。光槓桿偏折偵測爲目前商用型 AFM 最普遍使用的量測機制；而新型的光像散偵測機制亦在此作一簡要的介紹。

以光槓桿原理爲例，係利用一雷射光及一四象限光二極體位移感測器 (position sensitive photon-diode detector, PSPD detector)，即可同時偵測出懸臂垂直方向與水平方向角度偏折及線性位移的變化量。它有能力感測到次原子級的距離變化，可以「懸臂偏折量」、「振幅」、及「相位差」或「共振頻率變化」等物理量呈現。

首先簡介光槓桿偏折偵測機制。圖 7.24 爲光槓桿方式之原理示意圖。光槓桿方式的主要技術特徵，係利用一雷射光及一四象限光二極體位移感測器，即可同時偵測出懸臂 (cantilever) 於垂直方向與水平方向角度偏折的變化量。也就是利用一雷射光源，透過一聚焦透鏡，將雷射光聚焦於懸臂針尖 (tip) 的背面處，再由該背面 (通常鍍有一層反射材料) 將雷射光反射至 PSPD 光位移感測器。由於針尖的原子與樣品表面的原子所發生的原子間作用力會讓懸臂產生微量的角度偏折，透過從懸臂反射的雷射光點 (反應懸臂角度偏移的訊息)，四象限 PSPD 位移感測器即可檢測出針尖微量的位移變化。當探針懸臂受到垂直作用力 (vertical forces) 的影響，懸臂產生垂直方向偏折位移量，因而造成雷射光點在垂直方向上的變動，如圖 7.24(a) 所示之結果，其 PSPD 四象限的訊號處理如下列之公式：

$$\Delta I_{vertical} = \left(I_A + I_B\right) - \left(I_C + I_D\right) \tag{7.6}$$

若是探針懸臂受到側向作用力，懸臂產生水平方向的偏折位移量，因而造成雷射光點在水平方向上的變動，如圖 7.24(b) 所示之結果，其 PSPD 四象限的訊號處理如下列之公式：

$$\Delta I_{horizpntal} = \left(I_A + I_B\right) - \left(I_C + I_D\right) \tag{7.7}$$

圖 7.25 所示爲光像散偵測機制之原理示意圖。光像散偵測機制的主要技術特徵係利用一雷射光、光像散元件及一四象限光二極體位移感測器，即可同時偵測出懸臂於垂直方向與水平方向角度偏折 (angular displacement) 與線性位移 (linear displacement) 的變化量。此光路量測系統乃採用目前已大量生產之 CD/DVD 讀寫頭，利用一雷射光源，透過一聚焦透鏡，將雷射光聚焦於懸臂針尖 (tip) 的背面處，再由該背面 (通常鍍有一層反射材料) 將雷射光反射至一光像散元件 (astigmatism lens)，最後再投射至 PSPD 位移感測器的中心位置。

當雷射光恰好聚焦於探針微懸臂背面時，此時反射於光偵測器 (photosensor) 之光點

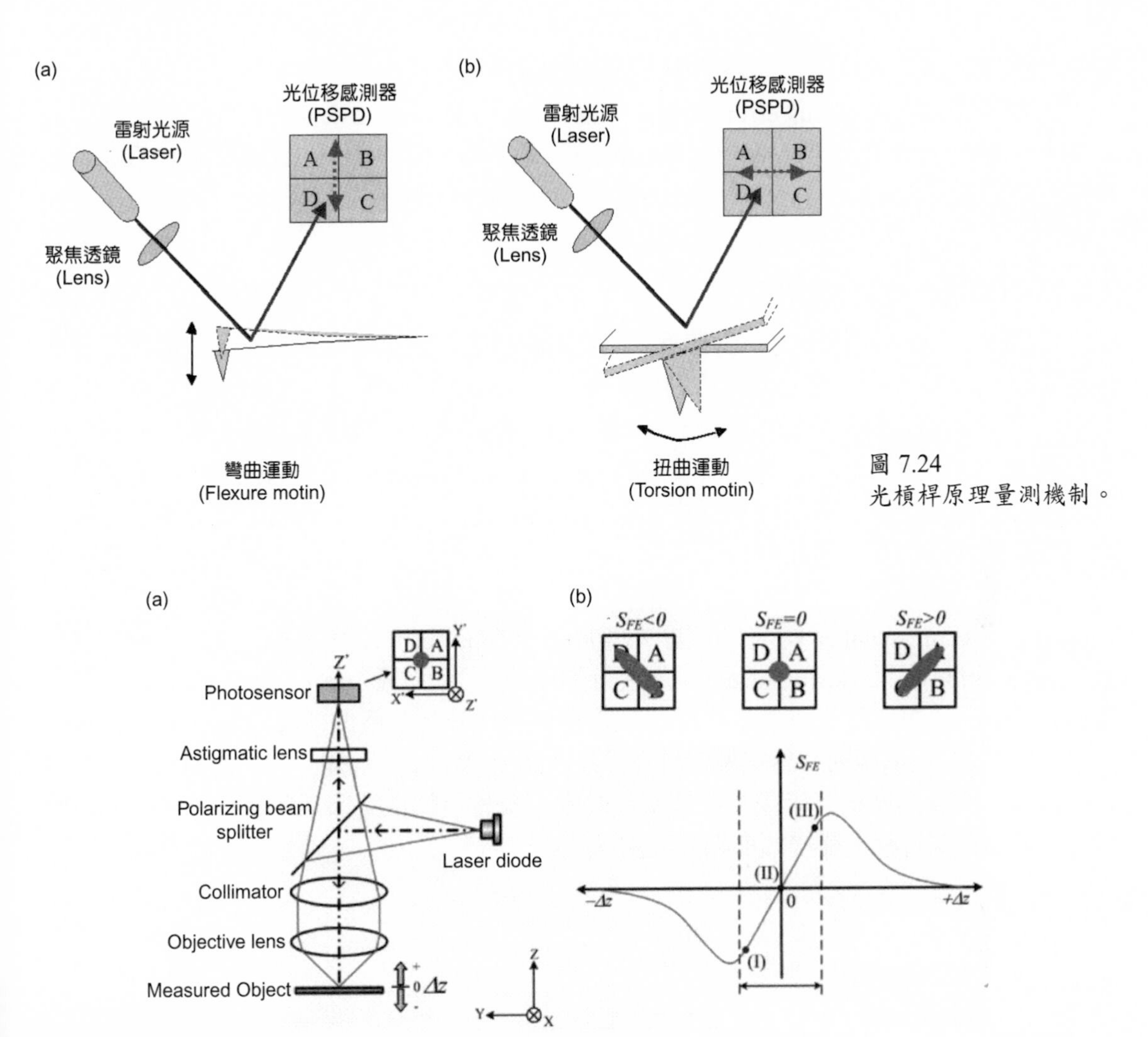

圖 7.24
光槓桿原理量測機制。

圖 7.25 光像散原理量測機制。(a) 典型之光像散偵測光路。X-Y-Z 定義爲物體表面位置，而 Z 軸爲雷射之光軸，X'-Y'-Z'定義爲光偵測器之位置。(b) 聚焦誤差訊號 (focus error signal) 與離焦距離 (defocus distance) 的關係曲線，即不同的離焦位置相對應於不同的光點形狀。

形狀爲正圓形；一旦微懸臂產生形變，造成聚焦面過高或過低時，經過像散元件之後的光點形狀便產生變化，其形狀將變爲拉長形之橢圓，如圖 7.25(b) 所示。當探針懸臂產生垂直方向之偏折形變，此時因聚焦面的差異將造成雷射光點形狀的改變，光偵測器量測光點形狀的變化稱爲聚焦誤差訊號 (focus error signal, S_{FES})，其定義爲：

$$S_{\mathrm{FES}} = (S_A + S_C) - (S_B + S_D) \tag{7.8}$$

其中，S_A、S_B、S_C、S_D 分別表示 PSPD 四象限的訊號光電流放大訊號。

此聚焦誤差訊號 (focus error signal) 與離焦距離 (defocus distance) 的關係爲一典型的 S 曲線，如圖 7.25(b) 所示，其中間某一區段爲線性變化區，可利用此線性區作爲高度或垂直距離的量測。

7.3.3.3 三維精密位移掃描器

AFM 的回饋系統係使用一精密電子回饋電路搭配壓電晶體掃描器，負責微調探針與樣品間距，其作法可根據光槓桿機制所偵測之訊號 (懸臂偏折量、振幅、相位差、共振頻率)，迅速回饋且控制掃描器 (scanner) 產生一 ΔZ (探針的垂直高度) 的位移，將探針的受力狀態，回復至原先所設定的預設值 (setpoint)，使得探針於掃描過程中，一直維持在等作用力的條件之下。將掃描過程中所取得的 ΔZ 逐一成像，就構成了表面形貌影像。此壓電晶體掃描頭是利用此材料之壓電效應，其特點是只須施加普通電壓源即可提供小於 1 Å 的微小位移變化，因此可作爲精密位移裝置。而 AFM 掃描頭的外型一般有 tube-scanner 或 flexure-scanner 兩種，如圖 7.26 所示。Tube-scanner 所進行的運動爲彎曲運動 (bending motion)，而 flexure-scanner 所進行的運動是平面運動 (in-plane motion)。目前最普遍的模式是以壓電陶瓷管鍍上金屬，然後在外壁均分爲四極做平行於樣品表面 (x 和 y 方向) 的掃描；內壁相對於外壁做探針及樣品間距 (z 方向) 的調變。掃描的範圍是由陶瓷管的長度、管壁的厚度、管徑及所加電壓的大小及材料特性等因素所決定，一般都可達幾十微米的掃描行程。掃描頭前端可放置探針或樣品。

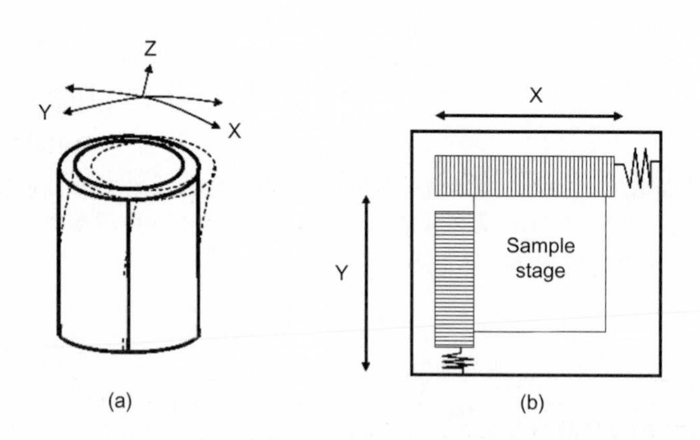

圖 7.26
(a) Tube-scanner，(b) Flexure-scanner。

7.3.3.4 空間解析度

AFM 的空間解析度 (spatial resolution) 主要取決於三個因素：(1) 探針尖的大小 (tip size)、(2) 減小掃描範圍及 (3) 減小掃描器的掃描行程。

(1) 探針尖的大小：AFM 形貌是探針形狀與樣品表面結構彼此卷積 (convolution) 所得到的結果，因此愈尖細的探針愈能反應樣品表面的眞實形貌。
(2) 減小掃描範圍：在同樣的掃描條數 (sampling line) 下，較小的掃描範圍更能反應更細微的形貌，如 256×256 的掃描點陣解析度下，1 μm^2 的掃描面積比 5 μm^2 的掃描面積更能解析出表面的細微結構。
(3) 減小掃描器的掃描行程：即使用小行程之掃描器，因爲在同樣的驅動電壓下，小行程之掃描器可以有較小的移動位移量，如此便能進行較小區域的細微訊息取像。

7.3.3.5 力學特性量測功能

(1) 定性分析

• 側向力顯微術 (lateral force microscopy, LFM)[54]

對於接觸模式 AFM，懸臂探針以直接接觸樣品表面進行掃描工作的同時，因表面形貌變化造成探針懸臂作垂直樣品表面的彎曲運動外，另一方面，由於樣品表面的摩擦係數或樣品高度改變時，「同時」會造成探針懸臂作左右側向的扭曲運動 (torsion motion)，因此可藉由四象限的 PSPD 訊號 $\Delta I_{horizontal}$ 追蹤與紀錄，可量得探針懸臂背面之反射光束在 PSPD 上的左右偏移量，進而反應材料的摩擦特性。此模式又稱側向力顯微術，可應用於樣品結構成分區分、表面潤滑特性分析、表面摩擦力量測等，其量測模式如圖 7.27 所示。

• 力調變顯微術 (force modulation microscopy, FMM)[55]

力調變顯微術是研究材料表面上不同硬度 (剛性) 和彈性區域的技術。如圖 7.28 所示，操作於接觸模式下，同時施加一 AC 交流訊號至掃描器，使掃描器產生一微小的激

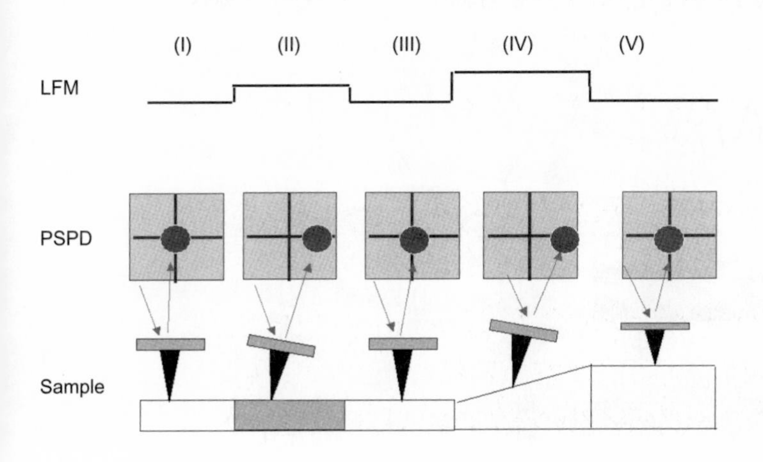

圖 7.27
側向力顯微術之成像原理示意圖。

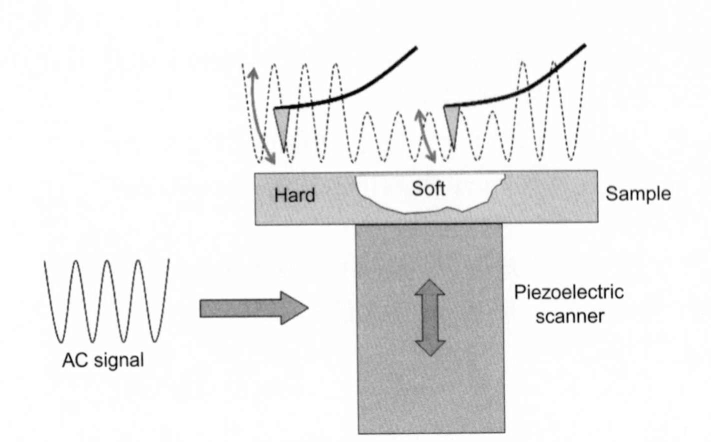

圖 7.28
力調變顯微術之成像原理示意圖。

振，再量測探針掃描樣本表面時的振幅變化。由於材料軟硬性質不同時，探針的振動振幅會產生變化，材料較硬的區域，所量得探針振幅較大；較軟區域由於探針尖端可能會沒入樣品表面造成懸臂振盪能量消散 (energy dissipation)，使得振幅較小 (相較於較硬區域)。此模式可應用於材料結構成分區分，或材料彈性係數的定性分析等，可以檢測複合物、橡膠和聚合物中不同成分的特性，測定聚合物的均勻性及驗明不同材料的污染情形。

• 相位成像技術 (phase imaging)

相位成像技術促進了 AFM 輕敲式的應用。因它透過輕敲模式掃描過程中振動之懸臂的相位變化來檢測表面組成、黏附性、摩擦、黏彈性和其性質的變化，其特性是可更清晰觀察表面結構且不受高度起伏的影響，因此，經常可提供更高解析度的影像細節。如圖 7.29 所示，其原理是在輕敲式的操作模式下，透過壓電片驅動懸臂探針產生垂直樣品表面的上下振動，使懸臂在一已知共振頻率下，以固定的振幅掃描樣本表面，當經過表面上不同材質的區域時 (即黏彈特性差異)，其懸臂振動的相位會產生偏移，利用相位

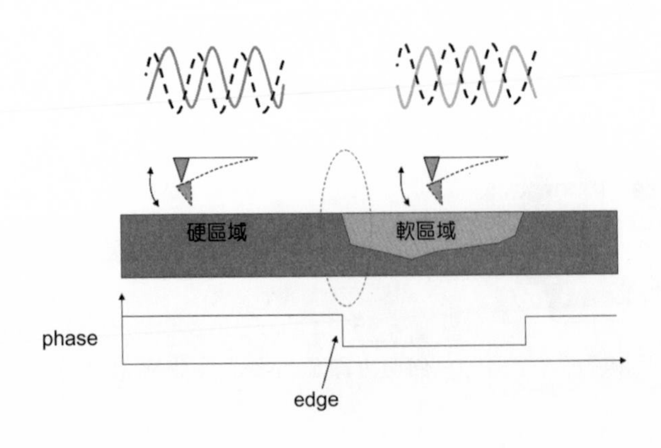

圖 7.29
相位成像技術之成像原理示意圖。

鎖定偵檢器 (phase-lock detector) 可測得相位差的變化量，相位差之變化對材料性質的區分相當敏感，因此可應用於材料成分區分、表面黏彈性的定性分析等。

(2) 定量分析：力－距離曲線的量測

量測樣品表面特定點之探針樣品間力場交互作用，進而瞭解表面特性分布，其作法乃控制掃描器作 z 方向 (垂直於樣品表面方向) 的來回運動，以改變探針與樣品表面間的距離，記錄懸臂的垂直方向偏移量 (cantilever deflection) 與掃描器移動距離 (scanner z-position) 之間的關係圖，稱為力－距離曲線或力圖 (force-distance curve, force curve)，如圖 7.30 所示。在大氣中，當探針與樣本的距離縮短但彼此間未接觸，懸臂並未產生任何變化，所以受力為零，如圖中 **1** 處。當距離縮小至某一程度時，樣品上的一層薄水層因毛細現象產生一吸引力，使懸臂瞬間下彎，所紀錄到的懸臂偏移變化為下降曲線，如圖中的 **2** 處，也稱為 snap-in point，此時懸臂與樣品呈接觸狀態。當探針繼續接近樣品表面，由於原子間的排斥現象，懸臂所受的排斥力就愈大，懸臂向上偏折的彎曲程度也愈大，所以紀錄到懸臂偏移變化為上升曲線，如圖中的 **3** 處。當探針開始遠離樣品，懸臂的受力也會下降，待探針遠離樣品表面超過懸臂受力總和為零位置時，若樣品表面對探針的吸附力仍大於懸臂彈性恢復力，探針尖端會黏著在樣品的表面，此時總淨力為吸附力，如圖中的 **4** 處。若探針繼續遠離樣品表面，當懸臂的彈性恢復力大於表面附著力時，懸臂會瞬間彈離物體表面，回復至原先狀態，如圖中的 **5** 處，也稱為 snap-out point。

根據以上所量得之力圖曲線，量測未受力處 **1** 與回饋設定值之差異值可求得探針懸臂之彈性恢復力 (cantilever spring force)；量測回饋設定值與探針彈離表面處 **4** 之差異值，可求得總接觸力 (total contact force)；量測未受力處 **1** 與探針彈離表面處 **4** 之差異值，可求得樣品表面對探針之吸附力 (tip-sample adhesion force)。

上述之力圖量測模式是架構於懸臂探針作非振動之靜態接觸模式下所量得之力圖。

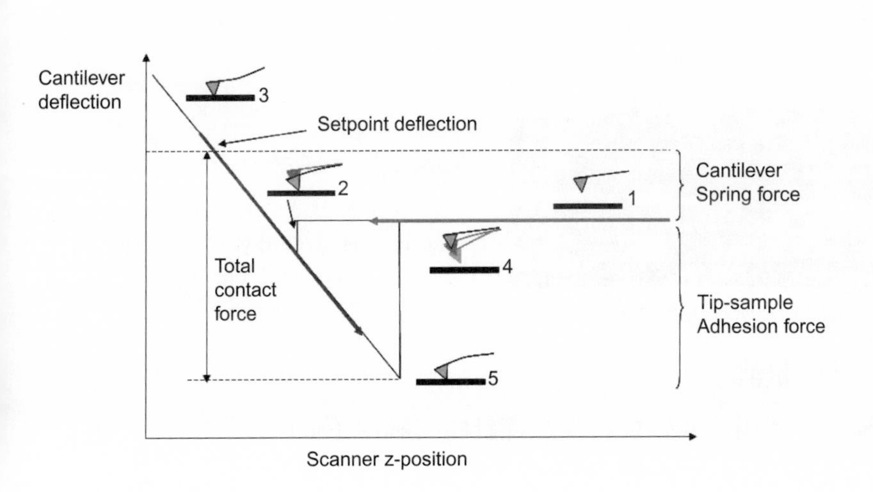

圖 7.30 懸臂的垂直偏移量與探針樣品間距關係圖。

另外，懸臂探針若爲持續振動之動態模式時，其振動振幅、相位、共振頻率均會隨著探針樣品間距改變 (交互作力改變) 而產生改變，亦稱爲另一種力圖曲線，通稱「力譜量測 (force spectroscopy)」。

7.3.4 應用與實例

AFM 由於不限於導電材料，又可以施以很小的作用力觀測軟性物質，所以應用的範圍涵蓋材料、機械、化學、化工、生物、甚至醫學領域的奈米級表面結構成像，可以提供待測物體表面的粗糙度、剖面高度等形貌訊息。此外亦可提供表面材料組成特性區分、表面材料物理性質量測、生命科學領域、表面特性與分子間作用力檢測，以及 AFM 奈米加工術等多元化的應用，以下便針對這些應用作一簡述。

7.3.4.1 表面材料組成特性區分

AFM 除了具有能夠定量地提供樣品表面三維形貌的量測功能外，在其架構原理下所進行的量測功能，如 LFM、FMM 及相位成像，這些量測模式可對樣品的表面組成、軟硬度、黏彈性、黏附性、摩擦特性等性質進行定性地檢測區分，對於識別表面污染物、複合材料的不同組成以及表面黏彈性或硬度不同的區域，可以較爲靈敏地反應這些區域的成分組成及特性變化。其中，以相位成像技術彌補了 FMM 與 LFM 方法中可能引起樣品損傷或產生較低解析度的不足，經常可以提供較高解析度的影像細節，可以更清晰地觀察表面完好結構且較不受高度起伏的影響。圖 7.31 表示利用輕敲式 AFM 量測膠原蛋白 (collagen) 表面形貌結構與相位影像，樣品萃取自老鼠尾巴的膠原蛋白，此蛋白質的表面結構特徵有一緊密固定周期的間距，約 67 nm。比較圖 7.31(a) 與 (b)，可以明顯發現在相位成像訊號方面，可能由於表面黏彈特性的差異，可以反應出表面較多的細節，提供樣品表面更多元的資訊。

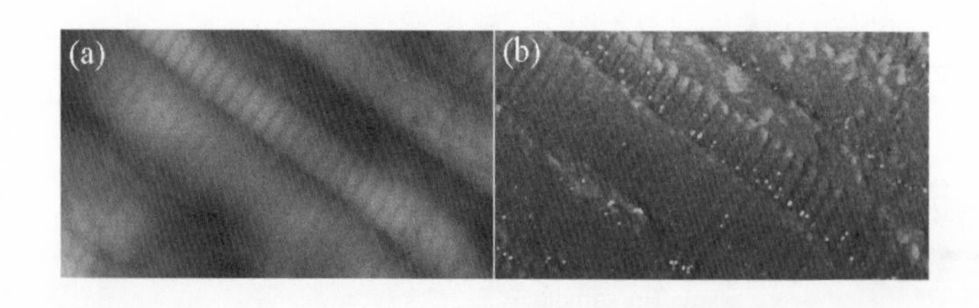

圖 7.31
(a) 利用輕敲式 AFM 量測膠原蛋白 (collagen) 表面形貌結構與 (b) 相位影像，掃描範圍 2 μm×1 μm。

7.3.4.2 表面材料物理性質量測

在 AFM 原理架構下，使用不同結構特性之探針時，利用不同的量測方式，可「同時」量取樣品表面極小區域內的熱、光、力、電、磁等表面物理特性，可獲得更爲客觀的研究證據。如將探針鍍上導電層或磁膜，利用所謂的舉起模式 (lift mode) 量測方式，便可對導電或磁性材料進行量測，「同時」獲得表面之三維形貌與電／磁訊息影像，對材料表面之電性或磁性更客觀的研究探討，此量測特性進而衍生爲所謂的靜電力顯微術 (EFM)[24] 與磁力顯微術 (MFM)[25]。如圖 7.32(a) 與 (b) 所示，利用鍍上磁膜之磁性探針，量取硬碟片表面同一區域的三維高度形貌與磁性記錄區域之磁性區域影像；若是改以可收光或可導光之光波導結構探針，可「同時」取得發光材料表面之三維形貌與近場光學訊息，有效突破光學繞射極限的限制，即所謂的近場光學顯微術 (SNOM)。以上這些技術均是架構於 AFM 原理所衍生之各式新型掃描探針顯微術，進而可以量測待測物體表面之各種物理量。

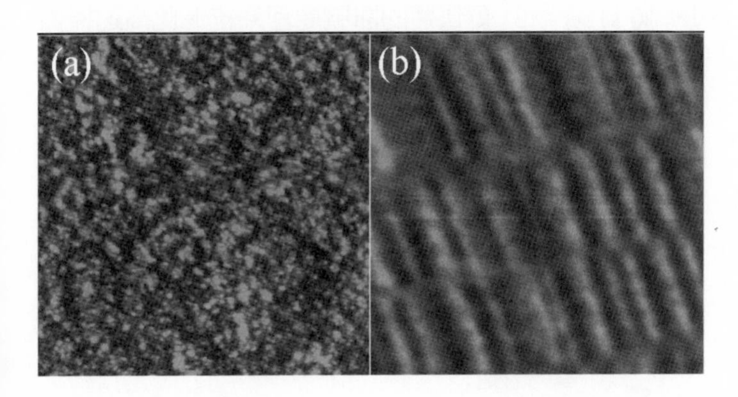

圖 7.32
(a) 與 (b) 分別表示在硬碟表面同一區域進行形貌訊息與磁性訊息的成像，掃描範圍 3 μm×3 μm。

7.3.4.3 生命科學領域

(1) 生理環境下高解析結構成像量測

AFM 另一特點爲可進行液體環境的成像，此一極佳的優點使得 AFM 對許多生物分子的結構研究是相當有利的研究工具。例如，大氣下生物分子常因脫水狀態使其失去原有的生理行爲特性，因此能夠在其生理環境中進行直接觀察，便能了解其眞實生理結構特性，進而解開許多生命科學的謎團。圖 7.33 是利用輕敲式 AFM 對 DNA 於液體中進行成像。其作法是將 DNA 鋪平於雲母表面，由於 DNA 與雲母均爲帶負電性之表面會互相排斥，必須先以化學方式 (APTES) 修飾雲母表面，再將 DNA 固定於雲母表面，最後將探針與 DNA 樣品放置水中進行成像，此量測環境便希望能模擬 DNA 之眞實生理環境而進行成像量測。許多的實驗結果已證實，DNA 置於大氣下所量得之高度遠低於液體環境中之結果，且已有研究提出，使用頻率調制模式 AFM 於液體中量得 DNA 的高度相當接近於眞實高度，約 2 nm (眞實高度取自 X 光晶體量測技術)[26]。此外，最近 Yamada 研究團隊利用頻率調制模式 AFM[40-42]，操作於液體中，在平坦雲母表面成功獲得原子級與生物分子分子級的解析能力，顯見 AFM 已能在液體操作環境下得到原子級的解析能力，提供更細微的表面形貌訊息。

(2) 高速掃描成像，即時動態行爲觀察[59,60]

AFM 的成像過程是將每一點的訊號透過線掃描 (raster scanning) 的方式，一條一條的剖面線累積而成，需要等待時間 (一般約 3－5 分鐘)，不同於光學系統量測之即時成像，因此若能夠有效提升掃描速度，縮短成像時間，便能進行較即時的動態行爲觀察。近年來，AFM 的成像速度已朝向視訊化成像 (video-rate imaging) 之高速 AFM 發展方面努力，已達到圖像解析度 256×256、每秒鐘 25 張圖的成像速度，顯示 AFM 具有可即時動態解析成像的能力，其關鍵性技術的突破主要有三項：(1) 使用非常細小的懸臂 (長／寬／高約爲 25 μm / 10 μm / 1 μm，一般的商用探針約 350 μm / 50 μm / 4 μm)；(2) 設計更快速反應的掃描器 (> 60 kHz，一般約 < 10 kHz)；(3) 更快速的訊號處理系統。此高速掃描的特性可應用於蛋白質二維晶體結構的崩解過程觀察、蛋白質與 DNA 的交互作用研究、生物分子馬達的轉變過程等動態行爲特性量測。

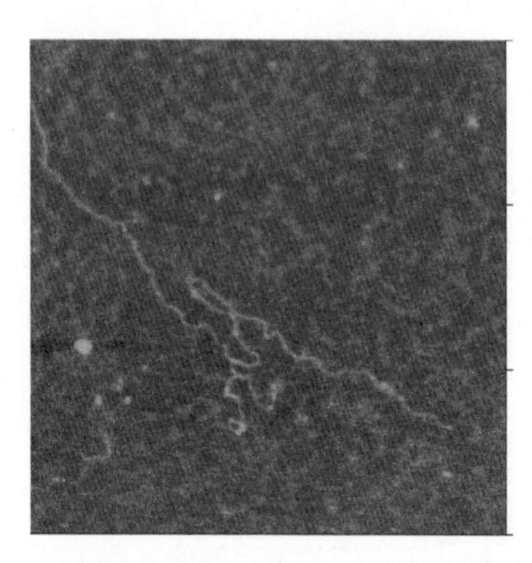

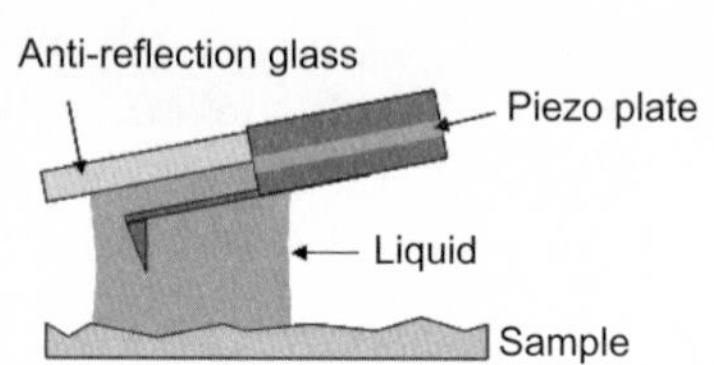

圖 7.33
利用輕敲式 AFM 進行液體環境下 DNA 形貌成像。掃描範圍 3 μm×3 μm。

7.3.4.4 力譜檢測樣品表面特性與分子間作用力[29,31]

AFM 另一重要應用即爲分子間作用力的檢測。AFM 形貌量測所應用的原理是探針與樣品間的交互作用力，不同的探針與樣品表面特性，就會有不同的交互作用力，造成不同的力圖曲線變化。因此，特定點區域所量測的力圖曲線，藉由量測懸臂偏折變化 (cantilever deflection) 得知探針與樣品表面間的作用力。如單純的疏水性表面 (石墨)，典型力圖曲線如圖 7.34(a) 所示。若表面爲親水性或電荷累積或磁性材料之特性，其間存在很明顯的長程作用力，如黏附力、彈力、靜電力或靜磁力等，如圖 7.34(b) 和 (c) 所示，藉以揭示某定區域的物理化學與機械性質。另外，假使將探針用特定分子或基團修飾，沾附某特定分子並接觸另一生物分子時，再將探針抽離其表面，在抽離的過程中，可觀察懸臂之偏折變化，進而量得彼此間的交互作用力，利用此力圖分析技術便能得到某特定分子間的作用力或鍵的強度，如圖 7.34(d) 和 (e) 所示可量測蛋白質折疊結構 (protein folding) 之作用力、蛋白質與 DNA 間作用力等。

此外，於液體環境操作時，不同的溶液 pH 值變化或濃度高低[64,65]也會呈現不同的力圖曲線變化，因此透過調制這些參數可有效改變力圖曲線的斜率以得到較高的力靈敏度 (force sensitivity)，進而可以得到更高解析的影像。

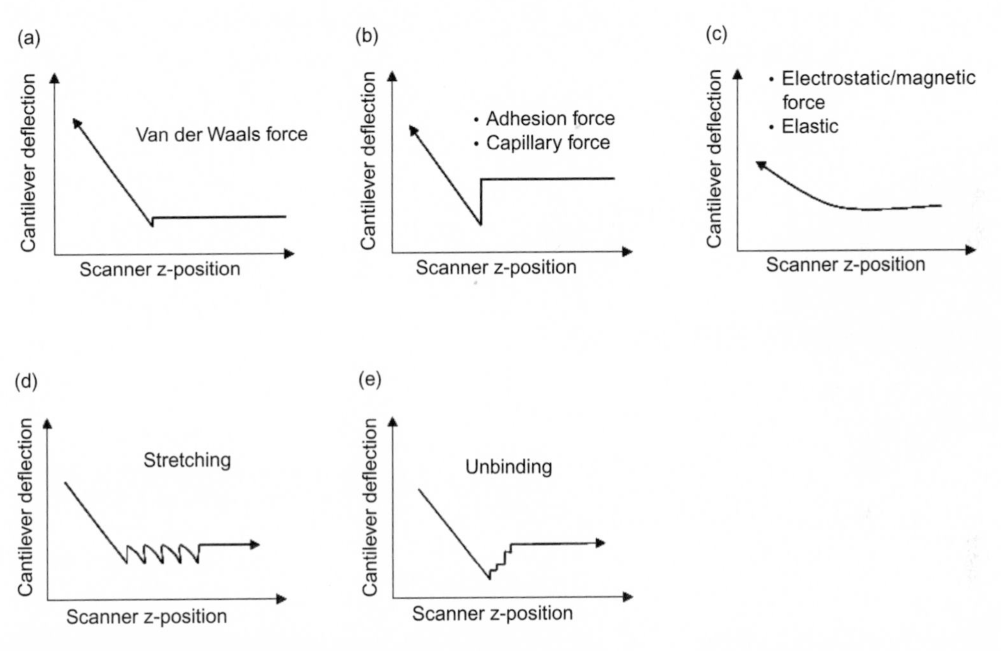

圖 7.34 五種典型的探針與樣品間的交互作用力圖曲線。

7.3.4.5 AFM 奈米加工術

AFM 除了應用於表面量測外，也可藉由控制探針與樣品間的交互作用，使樣品表面產生改變，達到所謂的「奈米加工」技術，可製出許多不同形式的奈米級結構的微小元件，其作法相當多。

(1) 利用機械力原理，控制探針直接與樣品表面接觸，施加不同的接觸力對表面進行作用，當探針在適當之操作條件下，可對表面的奈米粒子進行操縱 (manipulation)[66]，或利用相對於樣品表面較硬的探針，施以探針較大的作用力刻畫樣品，製作出溝槽、凹洞等結構[67]。

(2) 利用電場氧化方式，在探針上外加一特定偏壓，則探針和樣品表面間所產生之強大電場可分解吸附於樣品表面的水膜，使樣品表面產生氧化反應以改變樣品表面，此作法可用來製作奈米級氧化物結構[68,69]。圖 7.35 所示乃筆者利用此原理在矽表面所產生的點陣結構。

(3) 此外，亦可利用 AFM 探針製作記憶儲存裝置，如 IBM 所發表的「Millipede 計畫」中[70]，可控制一千隻探針對樣品表面進行個別熱機械力寫入，製作出容量高達 500 Gb/in^2 的記憶儲存裝置。

(4) 另外，Mirkin 研究團隊利用 AFM 探針製作出非常小的奈米墨水筆 (dip-pen nanolithography)，其作法是先將探針沾附高分子後，移動探針將高分子轉移到基板上，直接進行圖案的書寫，可製作出線寬小於 50 nm 的奈米結構[71,72]。

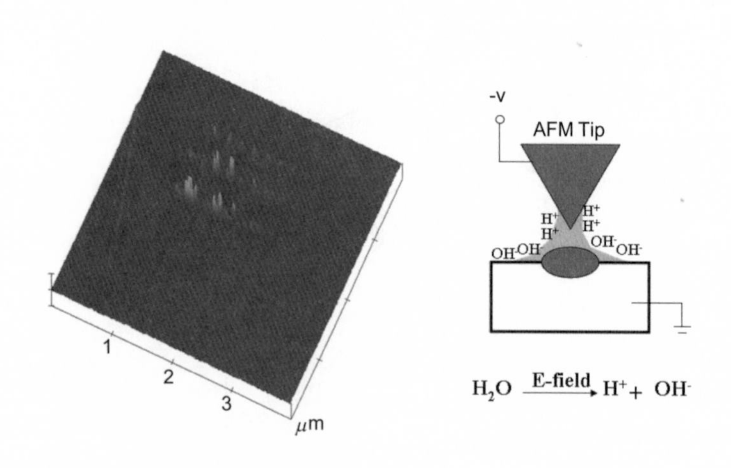

圖 7.35
利用導電 AFM 探針對矽表面進行奈米氧化作用，製作奈米點陣列。

7.3.5 結論

由以上所述，可了解 AFM 具有原子級高解析度、操作環境簡單、液體中操作、應用領域廣泛等多種優點。除了單純進行尺寸與形態上的量測及材料組成定性區分外，具有良好的影像解析度與液體中操作的能力，非常適合生物樣本的觀測，能直接觀察生物分子較眞實的生理特性，更重要的，高速掃描成像能力亦提供了生物樣品即時與動態行爲分析的可行性。另外，其力學量測的能力，更可幫助了解生物結構、表面彈性或黏彈特性，甚至分子之間作用力的關係，此技術有助於生命科學及相關領域的基礎研究。

7.4 近場光學顯微術

7.4.1 基本原理與歷史

(1) 近場光學顯微原理

奈米光子學 (nano-photonics) 在奈米科技中受到廣泛的重視與應用，由於光子被侷限在遠小於波長範圍內，使得介尺度 (mesoscale) 效應得以較顯著的行爲表現出來，比起一般塊材的光子性質，奈米結構有高的光轉換效率、可控制的介電參數。這些特性使得如半導體量子點、奈米金屬顆粒有很好的表現，得以取代一般有機發光分子。另一方面，光子在小於半波長的週期結構中，會形成所謂的光子能隙 (photonic bandgap)[73]，使光子無法穿透。這種週期結構有很多應用，如取代一般光纖的光子晶體光纖與一般光學波導之光子晶體波導等，它們能提供傳統光子在塊材中所無法達到的光傳播特性。

在這樣的奈米光子學中，一個重要且基本的問題爲如何去觀察光子在奈米結構中的分布，我們知道一般使用透鏡的光學顯微鏡會受限於光學繞射限制 (diffraction limit)，根據雷利準則 (Rayleigh criterion) 的定義，其光學空間解析度的極限是 $0.61\lambda/\mathrm{NA}$，其中 NA 爲數值口徑，λ 爲波長，在空氣中數值口徑小於 1，能看到的解析度極限約爲半個波長，以可見光而言，其解析度極限約爲 250 nm，因此我們以一般的光學技術是看不到的一百奈米以下結構的光學性質。但是所謂繞射限制是遠場光學 (far-field optics，光學的成像位置遠大於入射波長) 的必然結果，在近場光學中 (near-field optics，光學的成像位置小於入射波長)，所謂繞射限制是不存在的。

要瞭解近場光學的特徵，我們可以根據傅氏光學[74]原理簡要說明。對於一個大小爲 a、光場分布爲 $I(r,z=0)=\exp[-(2r/a)^2]$ 的點光源，如圖 7.36(a) 所示，若將其橫向座標 r 作傅立葉轉換：$A(k_r)=\exp(-k^2a^2)$，其橫向波向量將是一延展很廣的函數，如圖 7.36(b) 所示。根據傅氏光學原理，這個點光源的傳播等同於具有這些橫向波向量 ($A(k_r)$) 的平面光波同時傳遞，在 z 位置時的光場分布爲這些個別的平面波傳遞到該位置時的線性加成：$I(r,z)=\sum_{k_r=-\infty}^{k_r=\infty}A(k_r)\exp(ik_rr)\exp(ik_zz)$，$k_z$ 爲傳播方向之波向量。但這些平面波的傳遞需滿足動量守恆要件 $\mathbf{k}_0=\mathbf{k}_z+\mathbf{k}_r$ ($\mathbf{k}_0$ 爲眞空波向量)，即 $k_0^2=k_r^2+k_z^2$ 或 $k_z=\sqrt{k_0^2-k_r^2}$，當一遠小於光波長之點光源 ($a<<\lambda$)，其相對應的橫向波向量 (k_r) 會有非常多的部分大於 k_0，因此使得傳播方向的 k_z 爲虛數，形成 $I(z)\propto\exp(-|k_z|z)$ 形式，無法傳播出去，這些無法傳遞的波稱爲光學漸逝波 (evanescent wave)，其特徵是具有超高的橫向波向量，但在數波長範圍內即消失，如圖 7.36(d) 所示。相對於高橫向波向量的平面波，當 $k_r<k_0$ 時，傳播方向的 k_z 爲實數，光波可傳播出去 (propagation wave)，因此當我們以一透鏡在遠場 ($z>>\lambda$) 收集這些傳遞波時，我們僅能收到 $k_r<k_0$ 的平面波，其經透鏡成像就是一般的我們所看到的繞射圖樣或 Airy pattern。

第 7.4 節作者爲魏培坤先生。

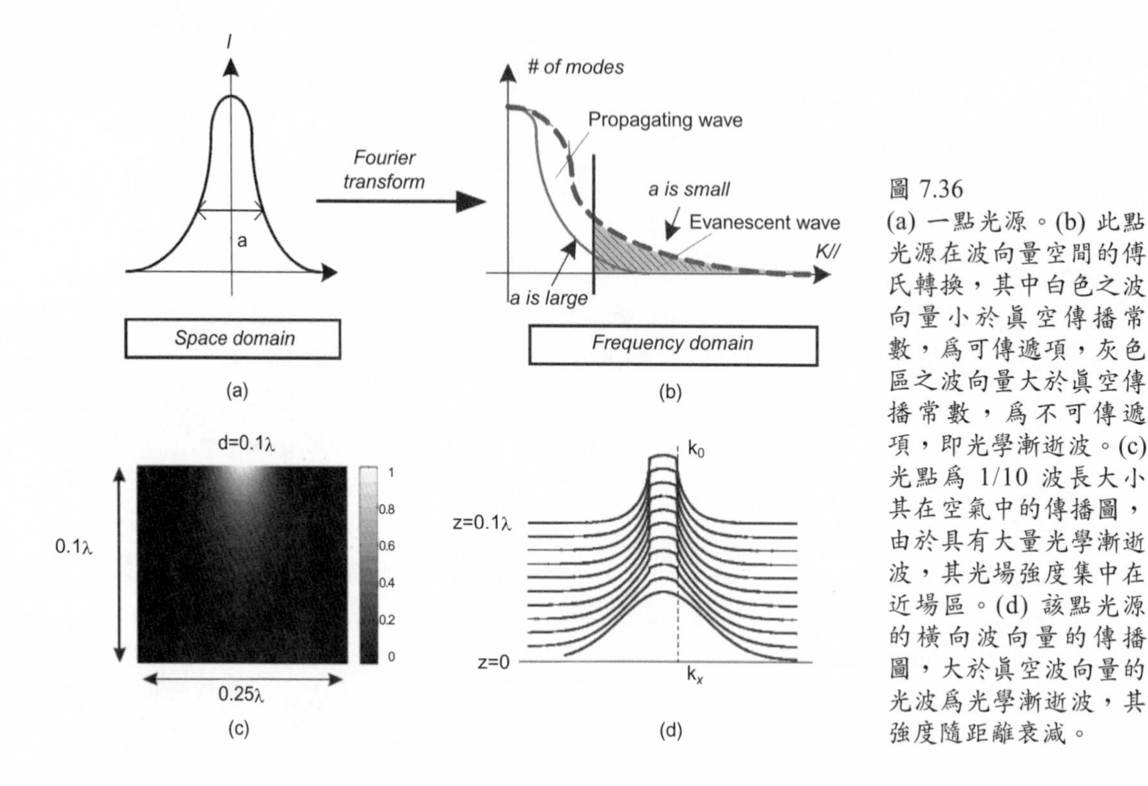

圖 7.36
(a) 一點光源。(b) 此點光源在波向量空間的傅氏轉換，其中白色之波向量小於真空傳播常數，爲可傳遞項，灰色區之波向量大於眞空傳播常數，爲不可傳遞項，即光學漸逝波。(c) 光點爲 1/10 波長大小其在空氣中的傳播圖，由於具有大量光學漸逝波，其光場強度集中在近場區。(d) 該點光源的橫向波向量的傳播圖，大於眞空波向量的光波爲光學漸逝波，其強度隨距離衰減。

高的橫向波向量是達到高空間解析度的要件，它與顯微系統解析度的關係可以從近代物理中的測不準原理 (principle of uncertainty) 來計算。測不準原理提出：一個粒子 (光子) 所能被測得的位置準確度 Δr 無法小於 $\Delta r = \hbar/\Delta p$，$\Delta p$ 同時是粒子所能被測得的動量準確度，光子之橫向動量標準差爲 $\langle \Delta p \rangle_{\text{lateral}} = (2/2\pi)\hbar k_r$。一般光學顯微系統的橫向解析是收集 2π 角的光子，其 $k_r < k_0$，因此在物平面的位置誤差爲：

$$\langle \Delta r \rangle_{\text{lateral}} = \frac{\hbar}{\langle \Delta p \rangle_{\text{lateral}}} = \frac{\lambda}{2} \tag{7.9}$$

所以傳統透鏡顯微系統的解析度限制爲光波波長的一半，此顯微系統雖然可以分辨 1 μm 大小的細菌，但是無法分辨最大的病毒 (~0.25 μm)。將光學顯微鏡的光源波長縮短，雖然可以增加解析度，但是細胞組織在紫外線、X 光下會被破壞。原子力顯微鏡 (atomic force microscopy, AFM) 與電子顯微鏡 (scanning electron microscopy, SEM) 可以達到奈米等級的解析度，但是光學顯微系統具有其他顯微系統無法達到的優點，例如非破壞性與螢光標定等，光學顯微系統仍然是生物微觀量測上最重要的工具。

傳統透鏡顯微系統的解析度限制是因爲橫向波向量的限制在眞空波向量內，但如果我們在近場中收集高橫向波向量的平面波或使其與物質作用後再於遠場中收集訊號，則因爲此大於眞空波向量的利用，我們將可以得到超過繞射限制的超高光學解析度。通常奈米材料的定義範圍爲 1 nm－100 nm 大小，若將此大小視爲一發光體，則其在傅氏光學中其相對應橫向波向量會有很大部分是光學漸逝波，無法傳播出去，因此使用遠場光學是無法窺知其全貌的，需使用近場光學才能有效研究有關奈米材料的光學特性。

(2) 發展歷史

英國的 E. H. Synge[75] 及美國的 O'Keefe 分別在 1928 及 1956 年即已經提出利用近場光學的概念來超越繞射極限空間解析度的方法，他們的作法爲在近場中 (遠小於一個波長的距離) 做光學偵測，以避免在大於一個波長的距離後由於光學漸逝波現象而失去具有高橫向波向量的光波。在光波物理上橫向波向量的值越高，其空間解析度越好，但受限於當時的工程技藝與實驗技巧，一直無法驗證此概念。一直到 1972 年 E. A. Ash 與 G. Nichols 才以微波證實了在近場中可達到約 1/60 波長的空間解析度[76]，這算是近場光學顯微術原理的首次實驗證明。後來他們想以可見光波長來進行近場顯微觀測的實驗，但仍受限於無法有效控制保持 1/10 波長 (~50 nm) 的近場距離，而未能實現。

當 1982 年第一台掃描穿隧顯微鏡 (scanning tunneling microscope, STM) 問世之後，當時同在瑞士 IBM 研究中心的 D. W. Pohl 即瞭解到可應用 STM 的技術來解決近場光學顯微鏡的技術問題。於是在 1982 至 1988 年之間，在德國馬克士普朗克 (MPI) 研究中心的 Fisher、瑞士 IBM 研究中心的 Pohl，以及美國康乃爾大學的 Lewis 等人[77-79]分別以 STM 之探針控制技術來進行場光學顯微鏡的製作，利用玻璃細管 (micropipette) 熔拉成錐形，再鍍上鋁膜形成具有奈米尺寸光學孔隙的探針，並配合壓電陶瓷管來精確控制及掃動此一近場光學探針於樣品表面上約數個奈米的高度，可說是近場光學顯微鏡之初步成功雛形。

另一方面，隨著原子力顯微鏡發展出來之後，在 1992 年美國 AT&T 實驗室的 Eric Betzig 提出利用錐形光纖探針與剪力式顯微鏡 (shear force microscope)[80] 的技術來做爲近場光學顯微鏡中奈米光學探針與距離回饋控制，證實可獲得極穩定及重複性佳的近場光學影像。其明顯的優點在於可同時獲得樣品表面之近場光學顯微影像以及幾何形貌的原子力顯微影像，兩者由互相獨立的檢測方式同時取得，提供極有效的對照及研究參考。

7.4.2 儀器架構

前段敘述近場的光學原理，介紹超高空間解析度的光學影像來自具有超高的橫向波向量及其在近場下的交互作用。要產生超高的橫向波向量，可以藉由一出口大小遠小於波長的奈米光學探針來產生點光源，或者以此具奈米口徑的探針收集在近場下具高橫向波向量的光學訊號，此探針與樣品表面作用需在遠小於波長的距離中，因其所得到的訊號爲探針針頭下之單點結果，欲形成影像需藉由 x-y 面的掃描，因此稱之掃描式近場光學顯微鏡 (scanning near-field optical microscope, SNOM)[81,82]。SNOM 在操作原理上類似 AFM，但訊號以近場光學爲主。一個 SNOM 主要由二個系統組成：(1) 近場光學成像系統：此系統核心爲一奈米光學探針，用以產生奈米大小的出光點或收光點，另外包括光源、光子偵測等儀器與透鏡、濾光片等光路設計部分。(2) 奈米距離回饋與掃描系統：此部分核心爲探針針頭與樣品表面的距離控制機制，將探針保持在近場之下操作，另外同步進行 x-y 面掃描，形成奈米級的表面形貌與光學影像。隨著技術的進步與新的光學理論出現，目前 SNOM 被區分成兩種不同的架構，一種爲具有奈米口徑探針的近場光學顯微鏡 (aperture SNOM)，另一種爲無口徑奈米探針的近場光學顯微鏡 (apertureless SNOM)。

(1) 奈米口徑探針式近場顯微鏡

具有奈米口徑光學探針的觀念是利用金屬將光場束縛在一透明的奈米導光區中，最簡單的作法爲將一金屬薄膜挖出一奈米空洞，但因爲配合壓電陶瓷管來精確控制及掃動，因此必須做成探針形式。此類探針發展從早期的玻璃細管、玻璃角錐進展到光纖探針與透明口徑的 AFM 探針等。透明口徑 AFM 探針的製造成本與技術難度高，目前大部分實驗室使用上仍以光纖探針爲主。光纖探針在製造法上主要分成兩種。一種爲熱拉法，如圖 7.37(a) 所示，其工作原理爲使用一玻璃毛細管拉引機 (micropipette puller)，利用鎢絲或 CO_2 雷射加熱光纖，直接拉斷成一細長錐狀形光纖探針，如圖 7.37(b) 所示。這種作法簡單，奈米光纖表面平滑，出口口徑可以藉由加熱溫度、拉力等因素加以控制。但因爲拉出之錐狀區太過細長，錐狀角太小 (一般 $< 5°$)，其光子與外披覆金屬的作用區太長，導致光出口穿透率太低 ($10^{-5}-10^{-6}$) 是其主要缺點。另一種作法爲濕蝕刻法，如圖 7.38(a) 所示，以氫氟酸對玻璃進行蝕刻作用，並利用油層形成一新月形液面來控制錐狀形的產生，形成針尖，如圖 7.38(b) 所示。此方法較適合大量製造，而且錐狀區短，錐狀角大 (一般 $> 20°$)，因此光的出口穿透率相對高 ($10^{-3}-10^{-4}$)，但蝕刻作用後的表面粗糙是

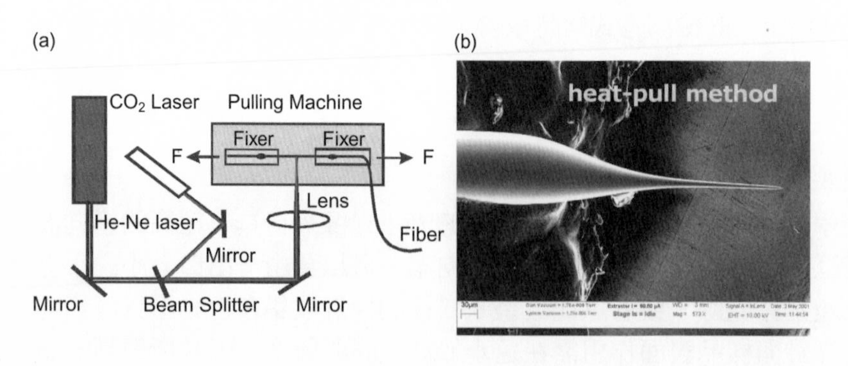

圖 7.37
(a) 以熱拉法 (heat & pull) 製作奈米光纖探針之示意圖，(b) 由熱拉法製作成的錐狀形光纖探針之電子顯微鏡圖，其特徵爲具光滑表面，但針尖錐狀區長。

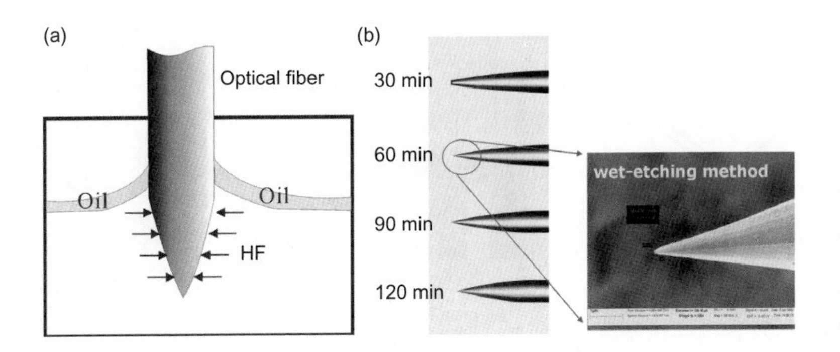

圖 7.38
(a) 以濕蝕刻法製作奈米光纖探針之示意圖。(b) 一種由新式的光纖終端蝕刻法製作出的光纖，其不同時間的蝕刻結果與電子顯微鏡圖。

其主要缺點，目前有一些參考作法[83,84]，可以進一步改善蝕刻表面粗糙的問題。

這些錐狀形光纖探針製作完後，需要在外面蒸鍍上一層數百奈米厚的金屬鋁，由平的一端耦合入光束，利用金屬將光場侷限在針尖出口處。這層金屬的使用非常重要，光纖導光區僅能將光束縛在約 $\lambda_0/2n$ 的大小，其中 n 為光纖的折射率。無金屬披覆的光纖探針其解析度約僅有 1/3 個光波長，而金屬披覆的光纖探針其解析度極限為金屬集膚深度 (skin depth) 的兩倍，約為 15 nm，一般都可以到達 50 nm，為傳統光學顯微鏡解析度的 1/20－1/10。

光纖探針與透明口徑 AFM 探針操作上主要差異點在其探針與樣品表面的距離控制機制方面。AFM 探針的振動方向為上下，一般利用 AFM 的輕敲式 (tapping mode) 操作模式，可以控制針頭在數奈米距離內，敲打力道在數奈米牛頓以下。而光纖探針的振動方向為左右，因此一般使用的方法為剪力回饋法，此方法為利用一壓電晶體將光纖探針作左右振動，當此奈米出口靠近樣品表面時，會因為兩表面間的微摩擦力或黏滯阻力造成振動幅度的衰減，利用此衰減的振動訊號，可將探針的奈米出口與樣品保持在 10 nm 內，而此剪力的大小約為數奈米牛頓[85]。另外此振動幅度為奈米級，需要非常靈敏的偵測技術。目前在偵測方面，又可分成光學式與及非光的壓電式兩種。其中光學式方法之一如圖 7.39(a) 所示，利用針頭晃動時針尖的角度變化，以類似 AFM 工作原理將光點的振動角度讀出[86]。非光的壓電式方法如圖 7.39(b) 所示，利用一共振的微型石英音叉，將探針所感應的力道，以壓電效應轉換成電壓形式，經放大後讀出[87]。此微型音叉方法除了架構簡單，也相當程度避免量測振動幅度所需的外加雷射，及其對針頭附近所造成的強光學背景，因此是目前最被廣泛使用的近場距離控制技術。

(2) 無口徑奈米探針近場顯微鏡

一般以光纖探針形成奈米口徑去讀取近場光學訊號的機制，我們稱為奈米口徑探針的近場光學顯微鏡 (aperture SNOM)，此種技術受限於金屬的集膚深度，其解析度約在 20 nm 左右，無法再提升。但新近的一種奈米光學檢測技術利用 AFM 或 STM 的探針，以表面散射或針尖的場增強效應可以將光學解析度進一步提升到數奈米，此技術稱為無口徑

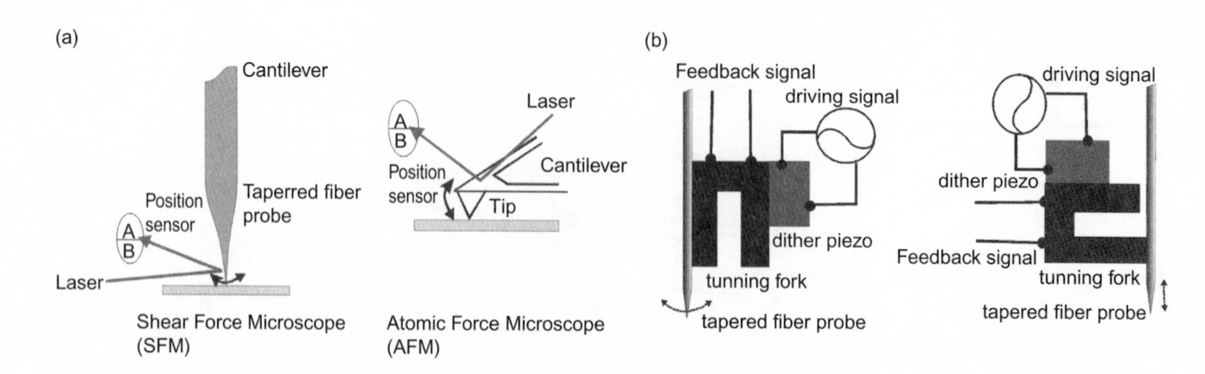

圖 7.39 (a) 光學式方法應用在量測光纖探針 (shear-force mode) 與透明口徑 AFM 探針 (tapping mode) 振動振幅的示意圖。(b) 微型音叉方法應用在量測光纖探針之剪力式與輕敲式振動振幅的架構圖。

奈米探針近場顯微鏡 (apertureless SNOM)。圖 7.40 顯示一種表面散射式的架構[88]，此方法原理爲樣品表面若具有奈米尺度的發光區，由近場光學原理，其具有相當程度的光學漸逝波，並且強度在表面會隨著距離快速減弱，因此藉由 AFM 探針在 z 軸距離上作週期位置調變 (tapping mode)，可將光學漸逝波進行散射場的強度調變，利用鎖相放大器可以將此週期變化的散射光訊號讀出。另一方面，一般遠場光學訊號在樣品表面上並不隨著距離變化，利用此 z 軸調變技術，可以避免遠場光學的背景干擾，而僅讀出具高空間波向量的近場訊號，此被散射的光區與針尖大小有關，不需具有口徑，因此解析度可以不受集膚深度限制。

另一種無口徑奈米探針近場顯微鏡爲場增強式[89]，因爲光的電場在金屬針尖部分會因爲尖端效應 (tip-enhancement effect) 感應出侷限性的增強輻射場，此部分也可以用來當作一點光源來掃描樣品，如圖 7.40(b) 所示。此侷限化的增強場與入射光的極化有關 (光場偏振方向需與探針方向平行)，其解析度由針尖大小決定。但因爲相對於此點光源同時存在有一非常大的背景光，其在探針針尖附近與樣品表面間的干涉、繞射形成複雜的光場分布，若以一般線性光學量測技術，則此強背景不易被分離出來，而且容易因表面形貌差異形成一些假的光學影像。因此場增強式技術主要應用在一些非線性光學作用上，如二次諧波 ($I \propto |E|^2$) 或拉曼散射 (Raman scattering, $I \propto |E|^4$) 等，這些非線性光學影像，除了侷限場的近場訊號強度相對於背景値可以被提高外，並且因其訊號波長與入射光波長不同，可以利用光學濾波片去除背景光場的干擾。目前此技術常應用在量測奈米尺度下的拉曼散射訊號，有非常不錯的結果[90]。

不需要製作複雜的光纖探針，使用商用的 AFM 儀器即可進行奈米級的光學偵測，因此無口徑奈米探針近場顯微鏡在近來頗受到重視。圖 7.41 顯示我們在同時利用奈米口徑探針式近場顯微鏡和無口徑奈米探針近場顯微鏡量測雷射光打入金屬奈米結構中，在結構表面產生表面電漿子波 (surface plasmon wave) 的干涉情形[91]。表面電漿子波爲一種

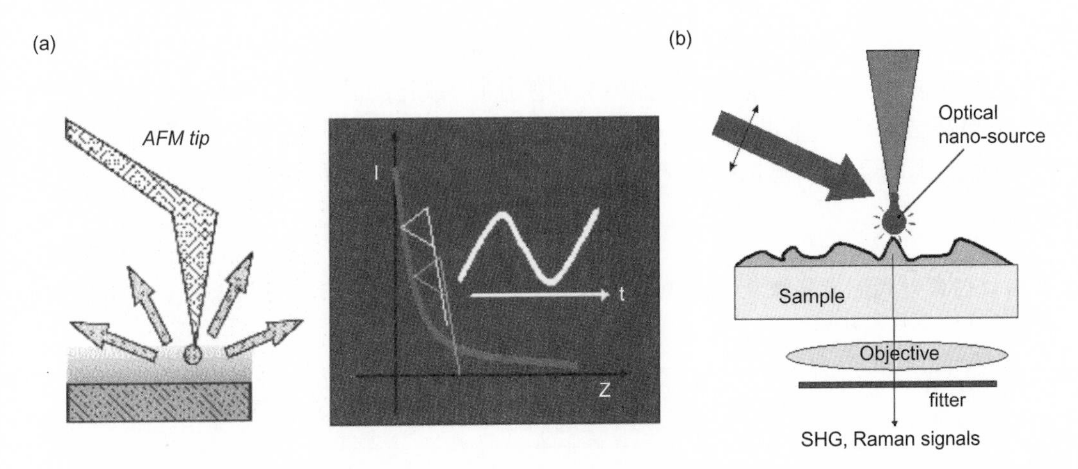

圖 7.40 (a) 表面散射式近場光檢測示意圖，此方法利用 AFM 探針將光學漸逝波散射。藉由探針在 z 軸上的位置調變，以鎖相放大技術將散射的光學漸逝波訊號讀取出來。(b) 一垂直極化光場在金屬針尖部分可以感應出奈米級區域的局部強光場，此侷限化的場增強效應可用來當作一點光源掃描樣品。

光學漸逝波，其強度在表面隨著距離減弱，因此可以以一 AFM 探針散射此光波，利用一光纖收光經鎖相放大器處理後，可得到此光學漸逝波的分布情形。圖 7.41(a) 爲金屬膜表面圖像，我們以近場技術量測兩奈米夾縫間的表面電漿子波的干涉[92]，圖 7.41(b) 爲理論預期的表面電漿子波分布情形，圖 7.41(c) 爲奈米口徑探針式近場顯微鏡的結果，可以看出一些干涉條紋，圖 7.41(d) 爲無口徑奈米探針近場顯微鏡的結果，比起奈米口徑探針式近場顯微鏡其光學解析度要好很多。雖然無口徑奈米探針近場顯微鏡在架構與解析度

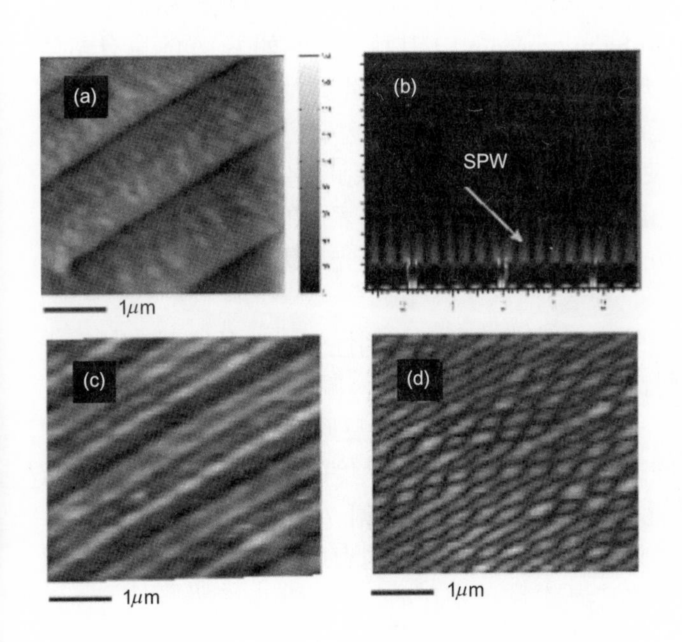

圖 7.41
(a) 奈米金屬夾縫的表面圖像。(b) 理論預期的表面電漿子波分布情形。(c) 奈米口徑探針式近場顯微鏡的掃描結果。(d) 無口徑奈米探針近場顯微鏡的掃描結果，比起奈米口徑探針式近場顯微鏡其光學解析度要好得多。

上比奈米口徑探針式近場顯微鏡好，但不論表面散射式或針尖場增強式皆存在強大的背景光，因此其在使用上會比較限制在一些特別應用上，如表面散射式適合在有大量光學漸逝波存在的區域，場增強式適合在一些非線性光學作用的量測等。表 7.1 為我們對奈米口徑探針式近場顯微鏡與無口徑奈米探針近場顯微鏡在各方面的優缺點比較。

表 7.1 奈米口徑探針式近場顯微鏡 (aperture SNOM) 與無口徑奈米探針近場顯微鏡 (apertureless SNOM) 的優缺點比較。

	奈米口徑探針式 SNOM	無口徑奈米探針
解析度	50 nm (typical) 17 nm (theoretical limit)	10 nm (typical) 1 nm (reported)
Mechanism	Confined field in nano metallic holes	Field enhancement, scattering
探針	Tapered fiber coated with Al	AFM tip, STM tip
Tip/sample regulation	Shear force feedback (lateral force)	Tapping mode
背景光源 (non-evanescent wave)	Small, linear optics are preferred	Large, need z-modulation, nonlinear optical effects are preferred

7.4.3 應用與實例

掃描式近場光學顯微鏡為結合奈米光學探針、近場距離控制技術與配合點對點掃描成像的一種掃描探針顯微術 (scanning probe microscopy)，其特徵說明如下。(1) 具有超高的光學解析度：其空間解析能力與波長無關，僅與探針出口或針尖大小有關。(2) 表面化的光學影像：因為具超高解析能力的光波僅存在約等於口徑大小的近場內，因此近場光學影像為表面數十奈米厚的影像。(3) 使用距離控制技術保持探針針尖與樣品表面距離，在點對點形成近場光學影像時，也可由距離回饋機制得到樣品表面的高低圖像，因此一般近場光學掃描顯微鏡會同時提供樣品表面奈米級的高低圖與光學影像，這對我們判斷樣品的特性有非常大的幫助。

近場光學掃描顯微鏡除了前述特性外，還有一非常重要的性質，即其保存了光的遠場特性。光學顯微術的重要性在於其對比多樣化 (吸收、螢光、偏光、相位) 與物質交互作用具有特徵化 (吸收光譜、螢光光譜、拉曼散射光譜與時域反應等)，近場光學保留了這些光學的特性，使我們可以藉由不同的光學訊號瞭解奈米尺度的物質特性。根據不同光學架構可以形成不同形式的掃描式近場光學顯微鏡，例如圖 7.42 顯示穿透、收光、反射等不同形式的近場光學顯微鏡。另外，根據不同的應用也有所謂的螢光近場光學顯微術、偏光近場光學顯微術、近場拉曼散射顯微術等不同名詞。這些架構與應用組合成不同型式的近場光學顯微鏡。以下我們就介紹兩種不同的近場光學顯微鏡，一種爲穿透式的偏光調變 SNOM，可以應用在薄膜元件的結晶特性量測，另一種爲收光式的差分 SNOM，可以量測發光區的近場分布與計算光學波導的折射率。

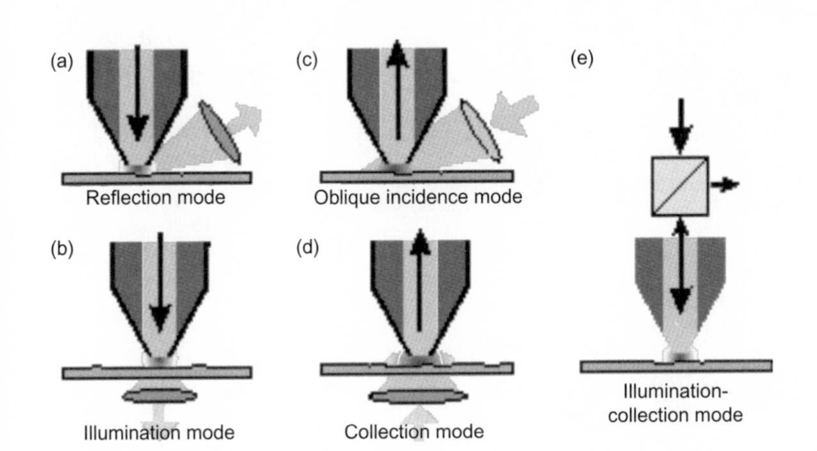

圖 7.42
不同型式的掃描式近場光學架構圖。

(1) 穿透式偏光近場顯微術

穿透式近場顯微術爲利用奈米探針產生的點光源，直接對樣品進行近場掃描，一般使用在讀取奈米級的吸收與螢光影像上。此架設如果結合偏光，可以進一步研究樣品表面的微小結晶特性，這對有機分子薄膜等的研究有很好的價值。薄膜元件在近代光電子產品中扮演重要的角色，一般薄膜製程如眞空蒸鍍、旋轉塗佈等，雖然大部分形成無特定排列狀態的膜層。但隨著一些處理，如基板加熱、高溫退火、電場或磁場極化等，會形成次微米級的結晶性區塊。這種微小區塊以傳統光學顯微技術是無法觀察得到其小區域的特性，而使用如 AFM 等掃描探針顯微技術，雖然可以得到薄膜表面的形貌，但缺乏薄膜光學特徵與分子排列資訊。

穿透式偏光近場顯微術爲將入射光以一線性偏光形式進行 ω 週期性轉動，(ω 大於光纖探針的點掃描頻率)，當不同角度的線偏光與固定排列方向的分子作用後，不同角度的吸收會在時間軸上反映出來，如圖 7.43 所示。在時間軸上的振幅變化在數學上可換算爲其雙色性比值 (dichroic ratio, $\gamma = ac/dc$)，此比值與分子排列的程度有關，而時間上峰值出現的位置則可以推得其排列的方向。因爲偏光爲週期性轉動，以一鎖相放大器鎖在 ω 頻率可以讀取此隨時間變化訊號，放大器讀到的振幅與 γ 值有關，而相位值則相關於分子排列的方向[93]。

在實驗上，穿透式偏光近場顯微術的架構如圖 7.44 所示，先將一具線性偏光雷射以四分之一波長板變成圓形極化，以一光學 chopper 調制入射光以讀取 dc 值，另外將另一光學 chopper 的截斬片換置成一線性偏光片，藉由此 chopper 的轉動，控制線性偏光的

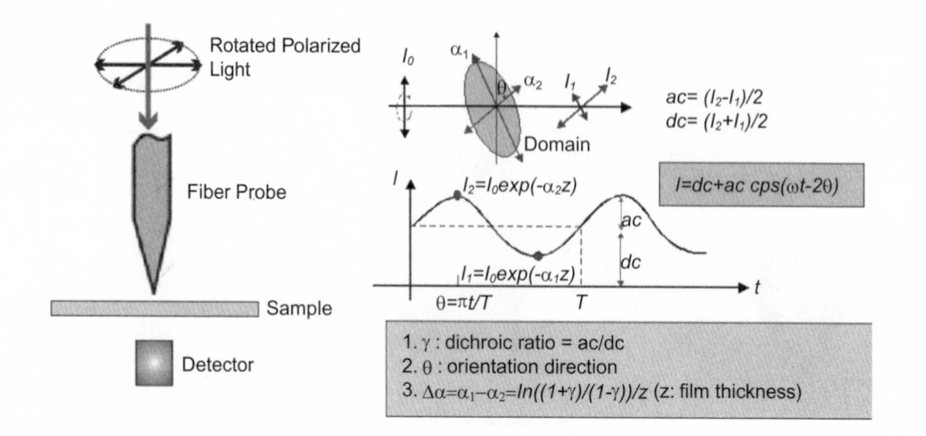

圖 7.43
偏光調變的基本理論。將線性偏光以週期性轉動，結晶區對吸收差異在時間上反映出來。時間軸上的 ac 與 dc 比值可以分析分子排列的程度，而時間軸上峰值出現的位置則可以得知其排列方向。

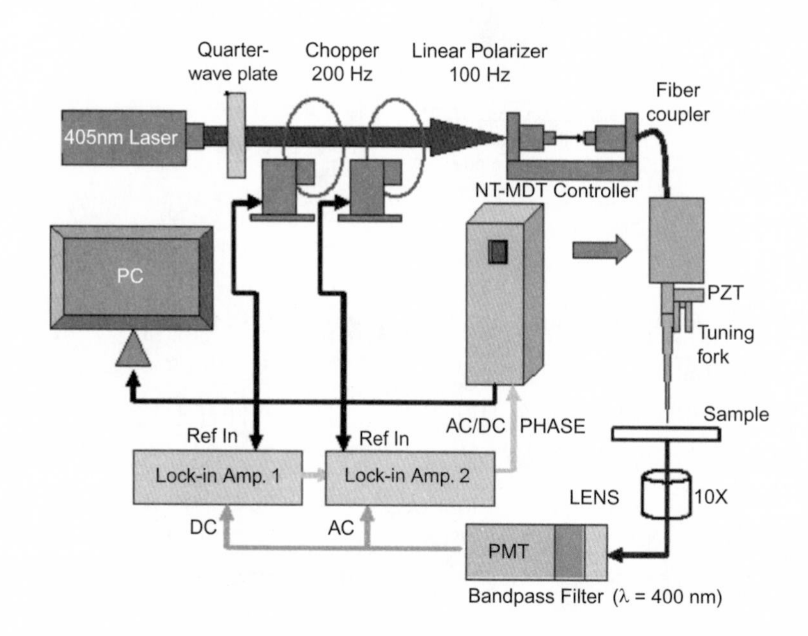

圖 7.44
偏光調變近場光學顯微鏡的架構圖。

轉動方向與週期，此偏光調變訊號以光纖耦合器進入奈米探針，在針頭產生一隨著時間變化其偏振方向的奈米光點，此光點藉由微型音叉距離控制方法，將探針對樣品進行掃描，光點經與樣品表面作用後，由一物鏡收光，光電倍增管轉換成光電流訊號，以鎖相放大器讀取 *ac*、*dc* 與相位值。讀取出的 *ac*/*dc* 值即爲雙色性比值，而相位值的 1/2 即爲相對的排列方向。

利用前述的偏光改良技術結合 SNOM 可以將薄膜中具排列的次微米區塊清楚顯現出來，因爲使用 *ac*/*dc* 爲對比，材料的平均吸收效應被去除，僅有不同程度的排列區塊會被顯示出來。如圖 7.45 的例子，這是一種經特別處理的 Alq3 (tris(8-hydroxy-quinoline) aluminum) 分子薄膜[94]。在圖 7.45(c) 表面圖像上顯示有一些凸起，一般凸起位置的吸收

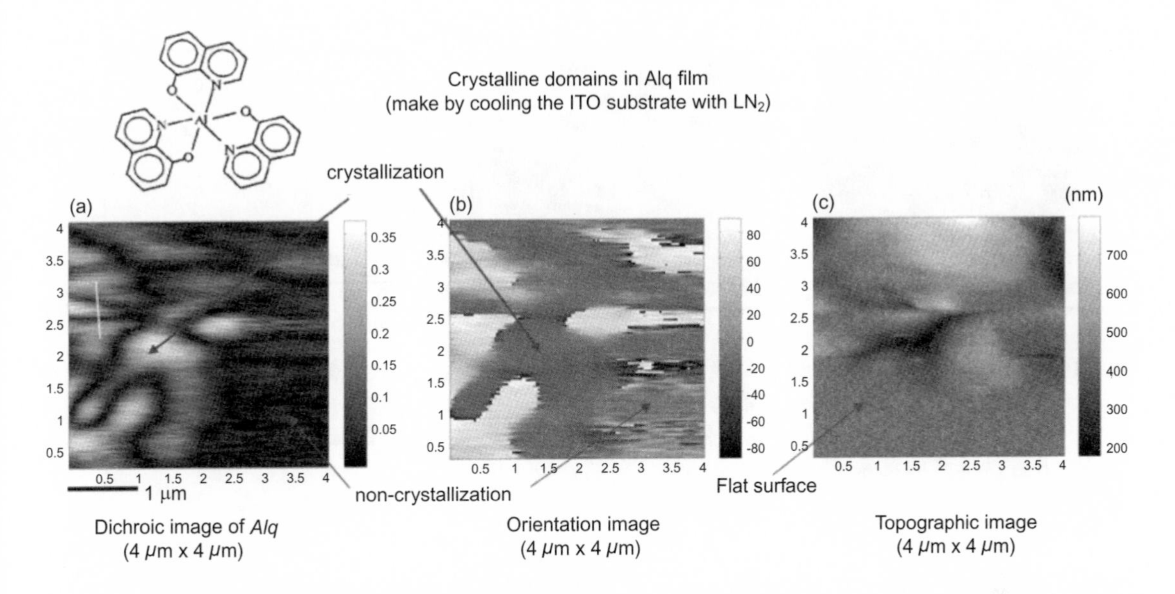

圖 7.45 (a) Alq3 的結晶影像 (亮暗度顯示其排列程度)，結晶區類似條紋狀，右下部分暗區，顯示此部分無結晶。(b) 偏光調變近場光學顯微鏡之相位圖，顯示每一結晶區的排列方向，右下部分無結晶，因此無固定相位。(c) 表面高低圖像。

厚度較大，因此吸收較強，但由圖 7.45(a) 的雙色性比值影像 (顯示排列程度)，可以看到結晶區與表面圖像是完全不同的，結晶區類似條紋狀，右下部分爲暗區，顯示此部分無結晶。由圖 7.45(b) 相位值可以進一步得知每一結晶區的排列方向，右下部分無結晶，因此無固定相位。

偏光調變近場光學顯微鏡的架構使它在研究數十奈米至數百奈米具有分子排列的薄膜特性上非常有用，而這樣的尺度經常出現在很多重要有機分子薄膜上。例如 NPB (*N*,*N'*-bis(naphthalen-1-yl)-*N*,*N'*-bis(phenyl)benzidine)、PPV 等[95]都觀測到其結晶區大部分爲次微米的大小。此技術也可以進一步與其他光學技術結合，例如螢光光譜。藉由偏光調變 SNOM 的結晶研究配合近場區域化的光譜量測，可以同時觀測到奈米結晶區對螢光的表現，這種研究是一般技術所無法達到的。圖 7.46 爲 $In_xGa_{1-x}N$ 的研究結果[96]，原子力表面圖像上，顯示 InGaN 的瑕疵所造成的奈米級粗糙表面，以偏光調變近場光學顯微鏡研究後，其雙色性比值圖可以看出這些粗糙表面爲非常小的結晶區塊。進一步將光纖探針固定在不同位置上，研究發出的螢光光譜與結晶化程度關係，可以看出結晶化越高，其發光亮度越高且有紅位移的現象。

(2) 收光式差分近場顯微鏡

收光式近場顯微術係利用奈米探針的奈米口徑，直接量取樣品上的近場分布，一

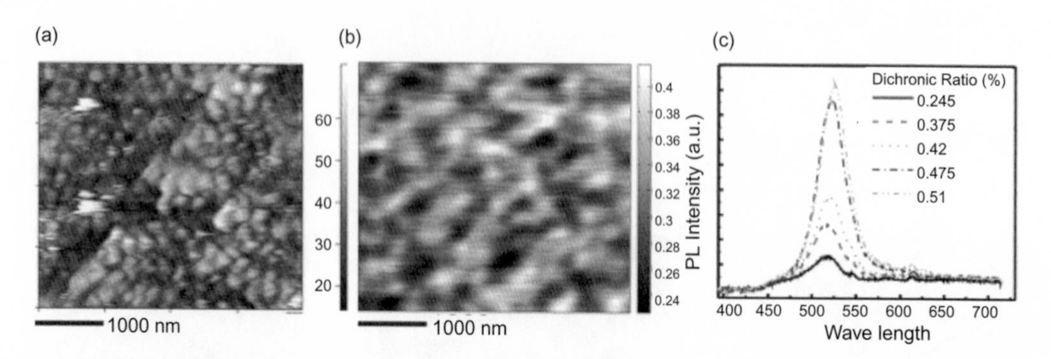

圖 7.46 (a) 由偏光調變近場光學顯微鏡所量測到的 $In_xGa_{1-x}N$ ($x = 0.18$) 表面圖像，顯示瑕疵所造成的奈米級粗糙表面，(b) 結晶影像可以看出非常小的結晶區塊。(c) 將光纖探針固定在不同位置上，同時量測奈米區域的螢光光譜與結晶程度，發現結晶程度越高，其發光亮度越高且有紅位移的現象。

般使用在讀取奈米發光區的近場影像、光波導上的光學漸逝波分布與金屬表面上電漿子波的傳遞等。除了一般的近場影像，另外還可利用干涉、鎖相放大等技術，進一步得到近場光的相位、差分等訊號，這些光學影像配合光波導理論，可運用在量測光學波導的導光行爲上[97,98]。在本文中，我們介紹一種利用收光式近場顯微術來計算微小區域折射率的分布。折射率分布是光學元件中根本的特徵，知道折射率分布將可由波動方程式計算出光波在其中的所有傳播行爲，因此如何準確量測折射率在光學領域中是相當重要的課題。一般單模光學波導，其波導的大小約在幾個微米左右，要量測其折射率的空間分布非常困難，目前大部分波導折射率的重建技術爲反推法，假定一已知的折射率分布模型，藉由量測到的等效折射率與光場分布，去擬合 (fitting) 模型中的參數。此方法對未知的光波導或二維分布 (需要多個參數) 有適用上的問題。但是如果我們從波動方程式中去推導，發現藉由準確量測其光場與一次及二次微分場分布並直接計算回去，可以重建折射率，不需要使用任何的折射率分布模型。

$$\Delta n(x,y) \approx -\frac{1}{2}\frac{(\sqrt{I})''}{n_s k^2 \sqrt{I}} + \Delta n_{\mathrm{eff}} = -\frac{1}{4n_s k^2}\left[\frac{I''}{I} - \frac{1}{2}\frac{(I')^2}{I^2}\right] + \Delta n_{\mathrm{eff}} \tag{7.10}$$

在傳統上使用光學顯微鏡其光學解析度不夠進行微分場處理，因此之前的研究在折射率重建過程中都必須使用數值性的微分，二次的數值微分造成相當大的雜訊。但利用收光式差分近場顯微鏡，除了提高空間解析度至奈米級，也同時解決了前述一次與二次微分光場的問題。圖 7.47 爲此收光式差分近場顯微系統的示意圖，利用光纖探針特有的奈米級空間解析度，可以準確量測光波導中次微米解析度的光場分布，同時因爲奈米光纖在距離控制上使用橫向運動的剪力回饋，這些微小振動的探針會對量測光場進行調

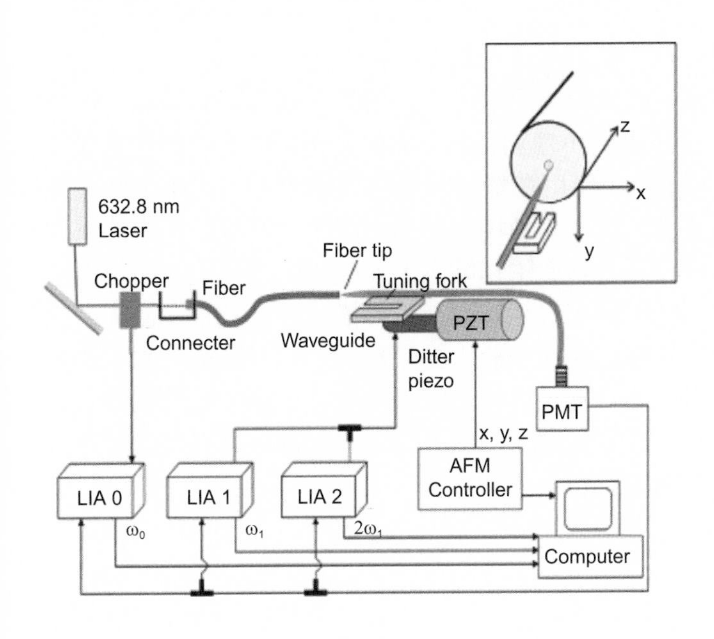

圖 7.47
收光式差分近場光學顯微鏡的架構圖，量測樣品為一紅光單模光纖。

變：

$$I[x(t)] \approx I[x(0)] + \Delta x I_x[x(0)] \sin \omega_1 t + \frac{1}{4} \Delta x^2 I_{xx}[x(0)] \cos 2\omega_1 t \tag{7.11}$$

因此搭配鎖在該振動頻率的一倍頻與二倍頻的鎖相放大器，進一步可同時直接量測出光場的一次與二次微分場，如圖 7.48 所示。利用這些準確量測到的光場分布，代入公

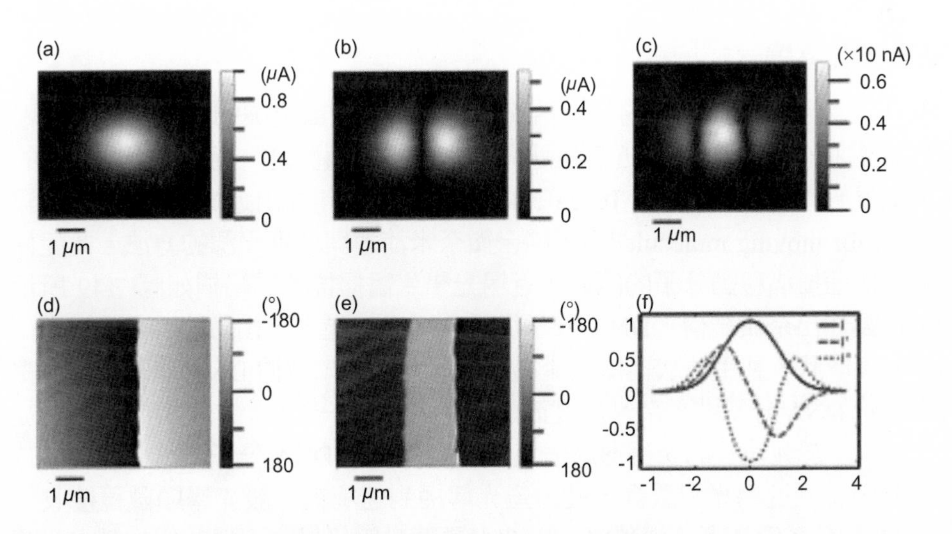

圖 7.48 由收光式差分近場光學顯微鏡量測到的 (a) 近場光強度分布，(b) 近場光之一階微分強度分布及其 (d) 相位，(c) 近場光之二階微分強度分布與 (e) 相位，(f) 量測到的光場、一階微分場、二階微分場的剖面分布。

式 (7.10) 中可以直接重建折射率的分布[99]。

掃描式近場光學顯微術除了穿透、收光還有反射、全反射等多種不同的架設，但在架構上如圖 7.42 所示，其核心部分是不變的，差別在於不同的光路系統設計與其對量測訊號的處理。目前 SNOM 在應用上比較多使用在量測薄膜在次微米下的光學影像與特徵、光場在光波導上的傳播與分布情形、光學漸逝場尤其是金屬奈米尺度結構中的表面電漿子波、光子能隙結構中的光場分布等。對於生物觀測，一般預期提高光學解析度應當會有非常重大的突破與應用價值，但經這十幾年的發展，掃描式近場光學顯微術並沒有提供很令人滿意的解答，這主要的問題出現在一般生物體是會動的而且需在水中環境下生存。掃描式近場光學顯微術的掃描速率慢，得到一張影像需數分鐘，對於動的活體有應用上的困難。另外，水中環境使其探針振動受到很大的阻力，探針與樣品的距離控制不易且作用力量變大，細胞等生物表面容易被刮破。

7.4.4 新近發展

利用奈米探針在近場下掃描樣品，在即時影像與液體環境中有其應用上的限制，因此最近出現一些新的近場光學顯微科技，嘗試利用近場的原理，但不使用奈米探針掃描的方法，希望能在生物分子奈米尺度光學量測上有所突破。這些新發展的技術如近場光學掃描器、表面電漿子顯微術與近場的超級透鏡等，它們的特徵爲捨去奈米掃描探針機制，利用一些特別的光學技術產生具高橫向波向量的光波，在近場與樣品作用，再經傳統具高解析度的光學顯微鏡放大後成像。

(1) 近場光學掃描器

如何快速得到超高解析度的分子結構，是科學界亟欲突破的問題。一般遠場光學顯微鏡解析度極限約爲 250 nm，近年迅速發展的原子力顯微鏡、近場光學顯微鏡的解析度雖高，仍受限於掃描速度。J. O. Tegenfeldt 等人在 2001 年提出近場光學生醫掃描器 (near-field scanner for moving molecule)[100]，結合微奈米流道與近場光源的方法。此元件具有超高解析度與快速掃描移動分子的能力。近場光學生醫掃描器的結構如圖 7.49 所示，使用奈微米製程製作出奈微結構，DNA 分子從微流道入口進入，由於 DNA 分子未受外力時會捲曲如毛線球狀，利用柱狀結構使流場產生壓力梯度，拉伸 DNA 分子成一直線狀。被拉伸的直線狀 DNA 分子進入奈米尺度流道，流道中有一金屬奈米狹縫，以雷射從流道背面照明狹縫，小於光波長的狹縫形成一道近場光源。當 DNA 分子非常靠近狹縫時，分子上的螢光分子受到近場光源激發，發出螢光傳播到遠場被一般光學顯微鏡接收。隨著時間演進，DNA 分子會逐漸流過狹縫，因此光學顯微鏡可以收到隨時變的螢光訊號，不同鹼基分子接上不同的螢光染劑發出不同波段的螢光，此螢光訊號和鹼基分子有關，可以

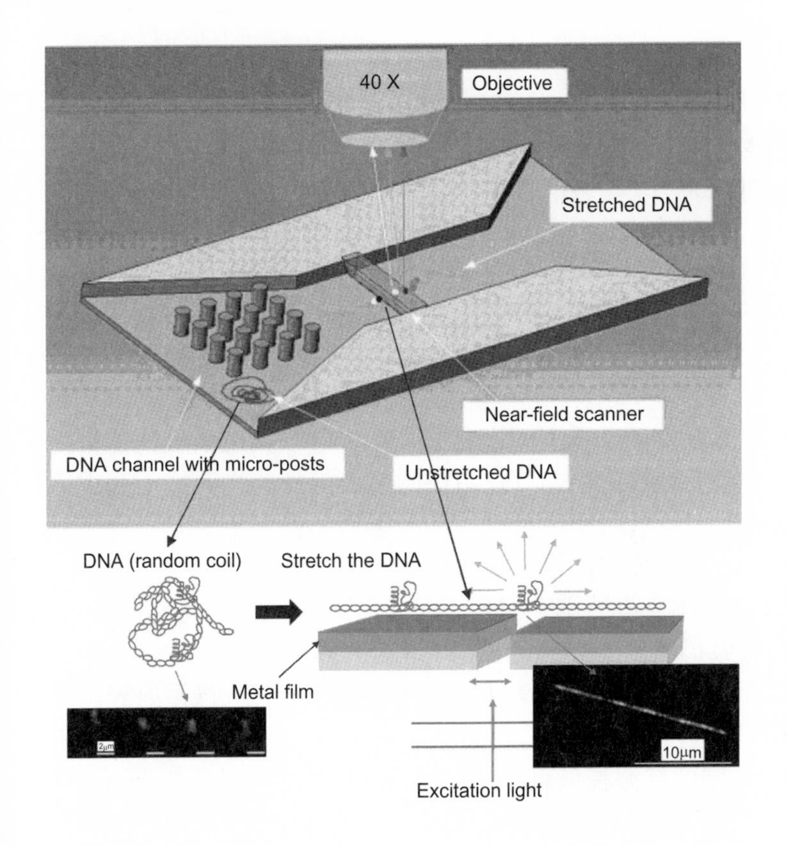

圖 7.49
近場光學生醫掃描器的示意圖。此元件之工作原理爲拉伸 DNA 分子成一直線狀，以奈米金屬狹縫形成一道近場光源，激發螢光螢光訊號，得到小於繞射的光學解析度。

測得 DNA 分子序列。

近場光學生醫掃描器的原理和掃描式近場光學顯微鏡恰好相反。近場光學顯微鏡使探針保持與樣品固定高度，掃描樣品而得到光學訊號，所以掃描速度受到限制，使得其在生醫活體尤其是在水溶液中的量測上受到很大的侷限。近場光學生醫掃描器則是利用奈微米流道，自然而然的使分子流過且非常靠近近場光源，所以資料讀取速度取決於生物分子在流道中速度，光學解析度則由金屬奈米狹縫大小、生物分子與狹縫距離決定，惟此種技術僅適用在 DNA 等可以被拉長掃描的生物分子上。

(2) 表面電漿子顯微術

根據 Rayleigh criterion 的定義，光學空間解析度的極限是 $0.61\lambda/\mathrm{NA}$，其中 NA 爲數值口徑 ($\mathrm{NA} = n\sin\theta$)，空氣折射率爲 1，因此數值口徑小於 1，我們所能看到的解析度極限約爲半個波長。但提高折射率 n 值，可以提高數值口徑，增加光學解析度，因此在生物觀測上，常會使用油鏡 ($n \sim 1.5$) 或水鏡 ($n = 1.33$) 來增加影像解析度。但提高 n 值並非是容易的，目前都在 2 以下，要提高光學解析度到數十奈米，則 n 值必須在 5 以上，這對一般材料是不可能達成的。但使用表面電漿子波，其等效化的折射率值可以有很大的調整空間。表面電漿子波的產生，可以利用三稜鏡將光照射在金屬上，因爲光與金屬表面的導電電子耦合，在相匹配條件 (phase matching condition) 下形成所謂的表面電漿子。表面電漿子只沿著金屬表面傳遞，在深度方向爲光學漸逝場 (近場光學的特徵)，因此又稱爲二維光 (two-dimensional light)，其光場所看到的折射率值爲

$$n_{\text{eff}} = \sqrt{\frac{\varepsilon_m \varepsilon_d}{(\varepsilon_m + \varepsilon_d)}} \tag{7.12}$$

其中，ε_m 爲金屬的介電係數，其值爲負，ε_d 爲表面物質的介電係數，其值爲該物質折射率的平方。一般表面電漿子在激發上，其金屬的負介電係數遠大於外部物質的正介電係數，因此其等效折射率值相當外部物質折射率，且其傳播距離長。但當金屬的負介電係數與外部物質的正介電係數相當時，此等效折射率值會變得相當大，傳播損失也增大。美國馬里蘭大學的 Igor Smolyaninov 等人發展出一種利用表面電漿子 (surface plasmon) 的近場光學顯微術[101]，即利用此等效折射率值變大的概念。Smolyaninov 的做法是將一片表面鍍了金的薄玻璃板置於樣品底下，然後滴一滴甘油在樣品上，接著以綠雷射光由玻璃下方三稜鏡照射，在金屬層激發出表面電漿子，如圖 7.50 所示。由於在此波長下，表面電漿子波的等效折射率約爲 7，因此其波長只有雷射光波長的七分之一，約爲 70 nm，理論上可以解析出 50 nm 的光學影像。但如何將此影像讀出，該研究小組利用甘油滴在金屬膜上形成一拋物面，以幾何光學原理來反射表面電漿子波並使其放大樣品影像，爲

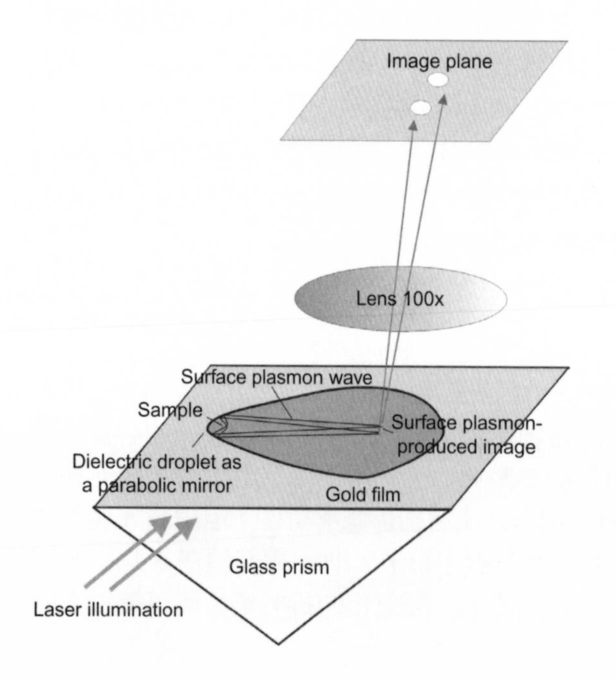

圖 7.50
表面電漿子顯微術之示意圖。雷射光由玻璃下方三稜鏡照射，在薄金層激發出表面電漿子，在約 500 nm 波長下產生具高折射率的表面電漿子波，利用外部物質與金屬接觸間的拋物界面，以幾何光學原理來反射表面電漿子波並放大樣品影像，再由一般光學顯微鏡加以觀測。

了擷取經電漿子波放大的影像，利用奈米級不規則的金屬表面結構，將部分的光散射，由一般光學顯微鏡加以觀測。實驗上證明可解析間距約 150 nm 的洞孔影像點，但影像因爲景深很短而有相當的扭曲，需要利用數值運算加以重建。研究人員相信解析度還可能進一步推進到 10 nm。這種簡單利用金在綠光下與油具有近似大的介電係數產生具高折射率的表面電漿子與二級放大的技巧，可以達成一種不需電子顯微鏡但卻利用電子波來增加解析度的方法。

(3) 近場的超級透鏡

近場光學的一個重要假設爲具高橫向波向量的光波在物質中傳播爲光學漸逝波，因此僅能在近場環境下被偵測，達到高的空間解析度。但這樣的假設是針對折射率爲正的右手物質 (right-handed)，自然界的透明物質都是折射率爲正的右手材料，因此這種說法是成立的。但近年來，一些對奈米金屬／介電質結構的研究顯示，在金屬與介質形成的奈米結構中，在特性光波長下，其折射率可以爲負值，此種物質稱爲左手材料 (left-handed) 或超穎物質 (metamaterial)[102]，它們具有很多特別的光學特徵，其中之一是對光學漸逝波的傳遞。2000 年英國的 John Pendry 指出負折射材料能放大光學漸逝波[103]，理論上他並預測由這種材料製成的超級透鏡能將光學漸逝波由物體表面傳出，再由一般顯微鏡匯聚成像。它可以直接將奈米光點，在理論上以無漸逝場的方式，完全成像在物質的另一側，沒有所謂繞射限制。

在理論預測發表後，已經有許多超級透鏡問世並成功地傳遞光學漸逝波，不過一直未能達成最關鍵的步驟，將光學漸逝波轉成傳遞波形式加以觀測。最近加州大學柏克萊分校的 Xiang Zhang 等人則採用在石英基板上以銀及氧化鋁組成的三維彎曲堆疊[104]。利用這種人造奈米結構形成的超穎材料，如圖 7.51 所示爲近場透鏡，其圓柱狀幾何結構能將物體發出的光學漸逝波向外導引，其圓柱內的奈米影像在圓柱外的成像區會被放大，類似前述電漿子波成像的放大技巧，將此放大後的奈米影像再利用一般光學顯微鏡分辨，能得到超越繞射極限的放大影像。Zhang 則以其三維超級透鏡爲刻在系統表面上的字造影，解析度爲 130 nm。雖然造影的對象都內建於系統中，但實際上物體只要近到透鏡能捕獲到其光學漸逝波就能製作出眞正具有放大功能的超級透鏡。超級透鏡與傳統透鏡最大的不同處，在於它的解析度幾乎不受光學繞射極限的限制，因此未來或許能用來觀察蛋白質、病毒及 DNA 的光學影像。

7.4.5 結論

在奈米光學偵測技術中，需要具有大於眞空波向量的橫向波向量與可以量測到光學漸逝波訊號的近場量測技術，掃描式近場光學顯微術爲目前應用最成功的一種科技，它結合奈米光學探針與 AFM 的探針掃描機制，可以同時得到高解析度的表面圖像與光學影像，因此在奈米科技的領域裡日漸受到重視，世界上一些著名的成功實驗包括：單一染料分子的螢光近場顯微光學影像、單一分子及單一蛋白質的近場光化學及超快光學動態測量、線性量子半導體結構的近場光學影像及光譜分析、首次區域性 (100 nm) 拉曼光譜在鑽石表面上的量測、18 nm 直徑的銀顆粒形成顆粒串之區域性共振的近場顯微影像光譜，以及高達 45 至 100 Gbit/inch^2 之近場光學超高密度記憶儲存等，皆獲得許多前所未能測得或應用到之物理及光學訊息。另一方面，掃描式近場光學顯微術在即時影像與液體環境中有其使用上的限制，因此難以應用在高解析度活體生物影像上。但近場光學顯微術的概念並非僅存在於掃描式近場光學顯微鏡中，最近的研究顯示，不使用奈米探針而利用一些特別的新光學技術，也可以產生具高橫向波向量的光波，在近場樣品作用後，再經傳統具高解析度的光學顯微鏡放大後成像。這些新近發展的成果，如近場光學掃描器、表面電漿子顯微術與近場的超級透鏡等，都是奈米光學偵測技術中令人期待的未來之星。

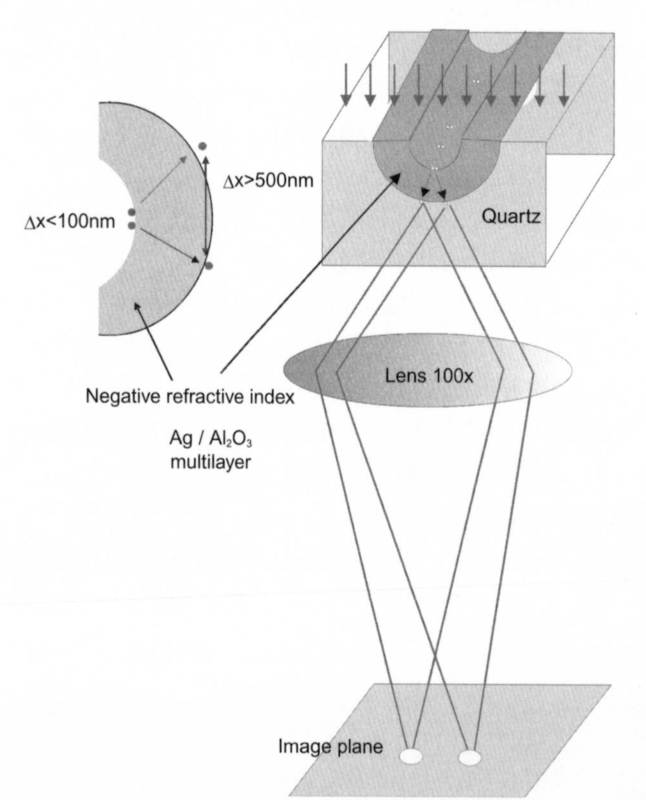

圖 7.51
近場光學超級透鏡的示意圖。利用在石英基板上以多層奈米厚度的銀及氧化鋁組成的三維彎曲堆疊的超穎材料，將圓柱內奈米影像以點對點成像在圓柱外區，因切線方向動量守恆，圓柱內影像在圓柱外會被分開，當其距離大於光學繞射限制時，利用一般光學顯微鏡可以分辨，因此能得到超越繞射極限的放大影像。

7.5 磁力顯微術

7.5.1 歷史介紹

爲了解「磁力顯微術 (magnetic force microscopy, MFM)」的發展歷史，我們須先了解整個「掃描探針式顯微鏡 (scanning probe microscope, SPM)」的發展史。1980 年代初期時，美國 IBM 公司位於瑞士蘇黎世實驗室的科學家賓伊 (G. Binnig) 和勞爾 (H. Rohrer) 與他們的同事發明一項創新的顯微鏡，名叫「掃描穿隧式顯微鏡 (scanning tunneling microscope, STM)」[105,106]，讓人們可觀察奈米尺寸的結構與電性，以進行有系統的研究，奈米技術才眞正被實現。掃描穿隧式顯微鏡 (STM) 的原理是利用一根鎢金屬製成的探針，掃描物體表面後顯出表面的影像，就如同人造衛星在太空中環繞探測地球表面一樣。當探針在極靠近物體表面時，加上低電壓於探針上，針尖上的電子就會跳到物體表面上，我們稱之爲穿隧電流 (tunneling current)，這就是量子穿隧效應，也是此顯微鏡命名的由來。掃描穿遂顯微鏡 (STM) 使用穿隧電流爲回饋控制 (feedback control) 的信號，因此提供非常好的空間解析度。由於物體表面高度的不同而造成穿隧電流的變化，高的地方穿隧電流變大，低的地方穿隧電流變小，藉由電流量大小的控制，我們可以得到物體表面原子排列的形貌。這個形貌高度差僅數原子的高度，故掃描穿隧式顯微鏡的發明是顯微鏡技術的一大進展，也成爲往後奈米技術中無可比擬的主要工具。

但是被觀察的物體最好是半導體或金屬材料，因爲絕緣體材料不導電，無法提供穿隧電流。1985 年，賓伊 (G. Binnig) 轉至美國史丹福大學，與同事奎特 (C. Quate) 發明「原子力顯微鏡 (atomic force microscope, AFM)」[107]。原子力顯微鏡是利用由矽晶片 (Si wafer) 所製成的探針，當探針極靠近樣品表面時，探針與樣品表面間會產生交互作用力，這交互作用力包含來自原子的排斥力與吸引力，故我們透過原子的排斥力與吸引力爲回饋控制，在物體表面高的地方，探針與物體之間產生排斥力，低的地方則爲吸引力，故控制此二力即取得物體表面的形貌與表面的顯微結構。原子力顯微鏡能觀察到奈米尺度的物體，甚至可看到原子，但原子力顯微鏡所觀察的樣品不受限於導電性，不僅是半導體或金屬材料，也可爲絕緣體材料，甚至能在大氣環境或液面下操作。故現在生物樣品的觀察，大量利用到原子力顯微鏡，所以原子力顯微鏡的應用範圍更大，對奈米技術的影響更深。

1987 年，美國 IBM 公司位於紐約實驗室的兩位科學家馬丁 (Y. Martin) 和維克馬辛罕 (H. K. Wickramasinghe)，將鐵線以化學腐蝕的方法製成鐵針，再以螺線圈 (coil) 磁化鐵針作爲磁性的探針，利用原子力顯微的非接觸式振動與靜位操作模式 (non-contact dynamic and static modes) 量測方式，觀察到磁性薄膜表面上的磁力線或磁力強度的分布，故稱此爲「磁力顯微術 (magnetic force microscopy, MFM)」[108]，或稱此顯微鏡爲「磁力顯微鏡 (MFM)」。當磁性探針及靠近樣品表面時，探針與樣品表面的磁區會產生磁性交互作用

第 7.5 節作者爲馬遠榮先生。

力，這交互作用力包含來自磁性的排斥力與吸引力，因同性相斥與異性相斥，故我們透過磁的排斥力與吸引力爲回饋控制，所以可在物體表面藉由排斥力與吸引力而了解表面磁區的的分布[109,110]，控制此二力即取得物體表面的磁性顯微結構影像。

掃描穿隧式顯微鏡、原子力顯微鏡與磁力顯微鏡都是利用一根探針探測樣品表面的高低變化與形貌結構，或表面磁化結構，所以我們將這一類的顯微鏡歸類爲掃描探針顯微鏡。目前磁力顯微鏡所使用的磁力探針，多半是於錐形 (或金字塔型) 上蒸鍍一層磁性物質，這磁性物質可依需求，分爲軟磁 (soft magnetism) 或硬磁 (hard magnetism) 二種。

7.5.2 操作原理

由於磁力顯微鏡 (MFM) 的操作原理是架構於原子力顯微鏡，所以我們再一次簡介原子力顯微鏡的操作原理。原子力顯微鏡是利用雷射光束打在探針懸臂的背面，由於懸臂的背面上鍍有一層光滑如鏡的金屬膜，多半爲金 (Au) 或鋁 (Al)，可將雷射光反射至光二極體偵測器 (photodiode detector) 上，如圖 7.52 所示。所以二極體偵測器便可將所反射雷射光的訊息傳遞至電腦，藉由電腦與周邊設備爲回饋控制，藉此操控探針。

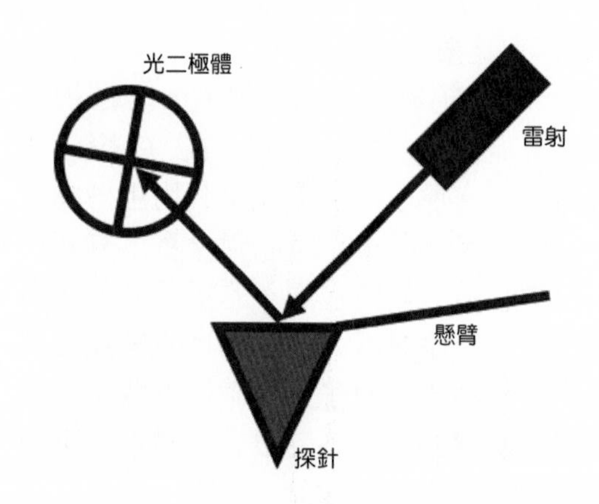

圖 7.52
原子力顯微鏡 (AFM) 的操作原理。

當探針針尖非常接近樣品表面時，會受到兩者之間的相互交互作用力，如排斥力 (repulsive force)、吸引力 (attractive force) 與凡得瓦爾力 (van der Waals force) 等。圖 7.53 爲樣品和探針針尖之間位能與距離的關係圖，如圖所示，當樣品和探針針尖之間距離極小時，且樣品和探針針尖之間的位能對距離微分爲負數時，樣品和探針針尖之間爲排斥力 (如紅色區域所示)，當樣品和探針針尖之間距離稍大時，且樣品和探針針尖之間的位能對距離微分爲正數時，樣品和探針針尖之間爲吸引力 (如藍色區域所示)，但當樣品和探針針尖之間的位能對距離微分爲零時，意即爲樣品和探針針尖之間爲凡得瓦爾力。樣品和探針針尖之間的排斥力與吸引力會造成探針懸臂的彎曲或歪斜，而探針懸臂的彎曲

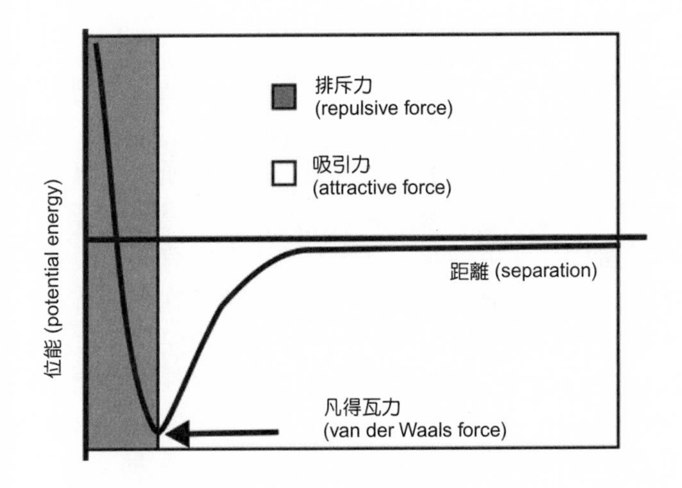

圖 7.53
樣品和探針針尖之間位能與距離的關係。

或歪斜反應出樣品表面的形貌與高低落差，因光二極體偵測器上接收到的雷射光束在不同位置，可轉換成樣品表面高低影像圖形。

原子力顯微鏡在不同的回饋模式下，發展出三種掃描模式：(1) 接觸模式 (contact mode)、(2) 非接觸模式 (non-contact mode) 與 (3) 輕敲模式 (tapping mode) 又稱間歇接觸模式 (intermittent contact) 等。

(1) 接觸模式

當探針針尖與樣品表面處於輕微的物理性接觸，或距離在數埃間，可視爲接觸模式，如圖 7.54 所示。當針尖掃描樣品表面時，探針針尖的彈性係數應比樣品的有效彈性係數低，意即探針針尖比樣品軟，這樣才不會在掃描時造成樣品的損害，但生物樣品都相當軟，彈性係數非常低，所以探針針尖接易造成生物樣品損傷。靠著針尖與樣品表面原子間的排斥力或間歇地凡得瓦爾力作用，造成探針懸臂被彎曲或歪斜，藉由彎曲量或歪斜量，電腦紀錄樣品表面高低起伏形態的變化，進而轉換成影像輸出。在極小的距離下，排斥力變化量大，所以接觸模式的原子力顯微鏡影像有較高的解析度。

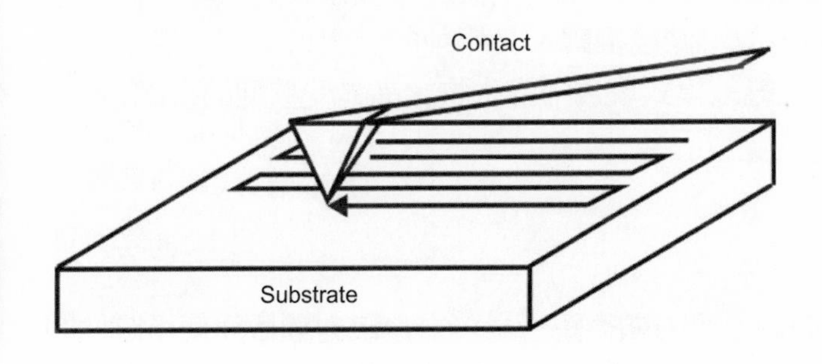

圖 7.54
接觸模式的掃描方式。

(2) 非接觸模式

探針針尖與樣品表面並未接觸，針尖與樣品表面原子間靠凡得瓦爾力和長距離的吸引力，這能保持探針針尖和樣品的完整性，不會在掃描時被破壞，如圖 7.55 所示。但在極小的距離下，凡得瓦爾力和長距離的吸引力的變化量很小，所以非接觸模式的原子力顯微鏡影像的解析度較差，且影像易受外在雜訊的干擾與樣品表面吸附水膜的影響，使得非接觸模式於大氣下不被採用。非接觸模式利用懸臂的震盪方式，又分有定力模式 (constant force mode) 與定高度模式 (constant height mode) 兩種。定力模式是在掃描時監視懸臂的共振振幅或共振頻率的變化，再以回饋電路控制探針上下移動，並保持共振振幅或共振頻率的恆定，紀錄上下的移動 (X、Y) 對應高度變化 (Z) 的回饋訊號，得以描述表面幾何形貌影像。定高度模式為在掃描過程中，探針在設定高度上恆定，回饋電路控制監視紀錄探針的共振振幅或共振頻率的改變，來描述樣品表面高低起伏形貌影像。

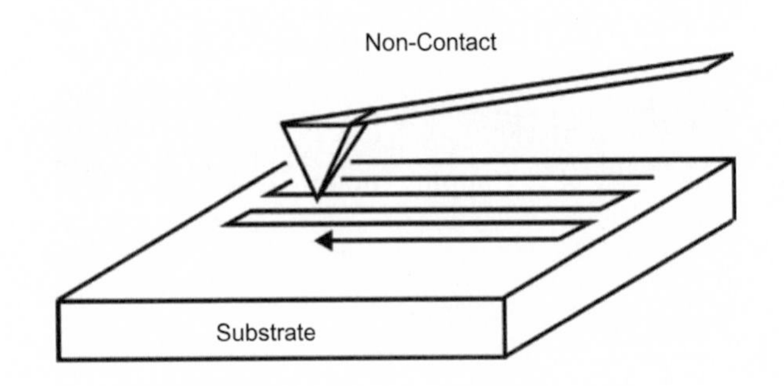

圖 7.55
非接觸模式的掃描方式。

(3) 輕敲模式

類似非接觸模式，利用懸臂的震盪特性，將懸臂的震盪頻率定在其自然共振頻率。當探針針尖每一次震盪至波谷時會輕敲到樣品表面，由於樣品地表高低起伏形貌，使得懸臂的共振振幅與頻率改變，反映出探針針尖與樣品表面間的距離，再利用回饋電路控制監視這些變化來描述樣品表面高低起伏形態，所以這個模式稱為輕敲模式，如圖 7.56 所示。接觸模式的缺點為容易造成生物樣品損傷，而非接觸模式的缺點為容易受外在雜訊與樣品表面吸附水膜的干擾，輕敲模式可去除接觸模式與非接觸模式的缺點。因輕敲模式使探針針尖僅接觸少數樣品表面，故可減少損害，又輕敲的針尖可突破水膜，所以不受表面吸附水膜的干擾，這些因素使輕敲模式成為掃描生物樣品最受歡迎的模式。

7.5.3 磁針與磁力來源

磁力顯微鏡 (MFM) 的操作原理如同原子力顯微鏡一樣，只是磁力顯微鏡使用磁性的探針。將原子力顯微鏡探針表面蒸鍍 (coating) 一層具有鐵磁性的薄膜，例如鍍上一層有

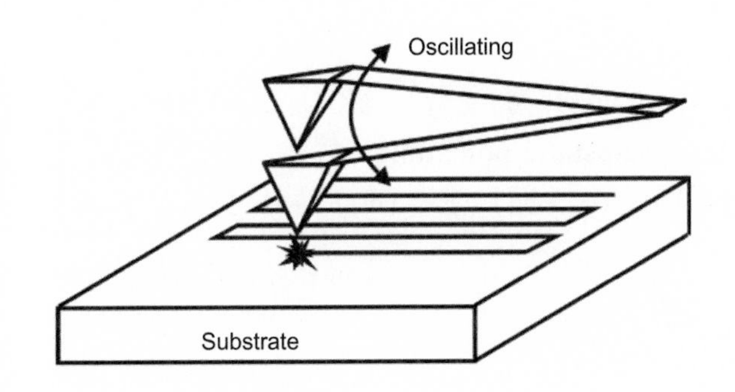

圖 7.56
輕敲模式的掃描方式。

磁性鈷鉻合金 (CoCr)，厚度約為 20 nm，作為磁性探針。磁性探針的磁化量 (或稱為磁化強度) 方向垂直於樣品表面，圖 7.57 為二維磁性探針平面圖，假設其磁化量之方向為向上，因其磁性薄膜鍍於磁性探針兩側邊，如圖 7.57 中紅色線所示，每一側邊的磁性薄膜的磁化量 (M) 之方向為沿著表面薄膜，所以其磁化量之方向可分為水平 (M_x) 與垂直 (M_y) 兩分量。由於水平分量相互抵銷，所以只剩下垂直分量之總和，這是為什麼磁性的探針的磁化量之方向為垂直於樣品表面的原因。也因磁性探針的磁化量方向為垂直於樣品表面，故與磁性樣品間產生磁力的吸引力和排斥力也僅限於垂直於樣品表面的方向，因與平行於樣品水平方向的磁化分量作用為零。

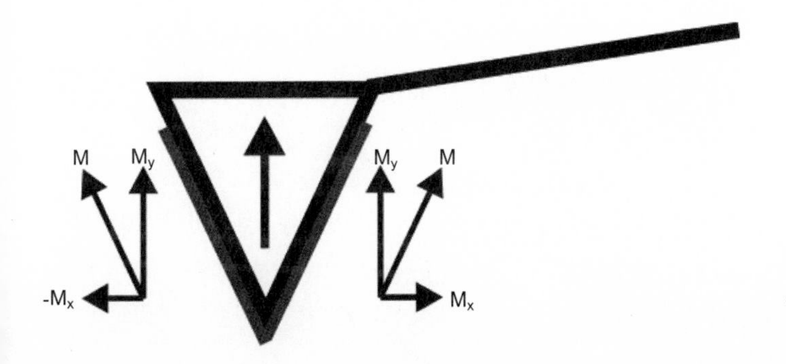

圖 7.57
磁性探針之磁化方向。

由於磁力屬於長距離的作用力，磁力顯微鏡的掃描模式操作原理採用原子力顯微鏡的非接觸模式，所以磁力顯微鏡影像的解析度僅能達 50 nm 左右。因磁性的探針與磁性樣品間的磁作用力造成探針懸臂彎曲，彎曲的程度可藉由雷射光反射到光二極體偵測器 (photodiode detector) 上，而進一步描繪出磁性樣品表面磁性分布的影像。磁力顯微鏡的掃描過程分為兩個階段。第一階段，先利用原子力顯微鏡接觸模式或輕敲模式得到磁性樣品的形貌，並將形貌儲存記憶體中。第二階段，將回饋電路關閉，沿著先前儲存的形貌掃描，並提升高度大約 80 至 100 nm，成為非接觸模式，再紀錄磁作用力於探針懸臂彎曲的訊號，所以短距離的原子作用力不會影響磁力顯微鏡影像，除非表面高低起伏大，以致造成磁性探針與樣品間有接觸的機會，才會有原子作用力影響磁力顯微鏡影像的情況發生。

若磁性樣品的表面磁化量爲 M_1，磁針針尖的磁化量爲 M_2，磁性樣品至磁針針尖的距離爲 r，兩者間必會互相產生靜磁電位 (magnetostatic potential)，就像兩電荷間互相產生靜電電位 (electrostatic potential)。由於靜電電位 (ϕ_E) 與其電場 (E) 的關係爲：

$$\mathbf{E} = -\nabla \phi_E \tag{7.13}$$

所以對電場外積爲零：

$$\nabla \times \mathbf{E} = -\nabla \times \nabla \phi_E = 0 \tag{7.14}$$

意即爲無垂直電場方向的值。對於磁性樣品而言，因無電流流動，故：

$$\nabla \times \mathbf{M}_1 = 0 \tag{7.15}$$

由公式 (7.13) 與公式 (7.14)，我們可推得靜磁電位與表面磁化量關係爲：

$$\mathbf{M}_1 = -\nabla \phi_{M_1} \tag{7.16}$$

由普瓦松方程式 (Poisson's equation) 可知電場與電荷密度 (charge density, ρ_E) 關係：

$$\nabla \cdot \mathbf{E} = \frac{\rho_E}{\varepsilon_0} \tag{7.17}$$

所以我們可得靜電電位與電荷密度關係：

$$\nabla \cdot (-\nabla \phi_E) = -\nabla^2 \phi_E = \frac{\rho_E}{\varepsilon_0} \tag{7.18}$$

同理，我們可得靜電電位與磁電荷密度 (magnetic charge density, ρ_M) 關係：

$$\nabla \cdot (-\nabla \phi_M) = -\nabla^2 \phi_M = \nabla \cdot \mathbf{M}_1 = \frac{\rho_M}{\varepsilon_0} \tag{7.19}$$

但由於無電流流動，依據拉普拉斯定律 (Laplace's equation)，磁電荷密度會消失：

$$\nabla^2 \phi_M = 0 \tag{7.20}$$

因此，這樣的結果無法解釋無電流流動的情況，所以我們必須以磁矩 (magnetic moment) 取代磁電荷密度來解釋靜磁電位，以避開無電流的問題。

由於磁矩與電流 (I) 和電流流經的封閉面積 (**S**) 有關，公式如下：

$$\mathbf{m} = I\mathbf{S} \tag{7.21}$$

而電流流經的封閉面積 (**S**) 與電流流經的封閉路徑 (l) 有關，公式如下：

$$\mathbf{S} = \frac{1}{2}\oint_C \mathbf{r}_l \times d\mathbf{l} \tag{7.22}$$

所以磁矩為

$$\mathbf{m} = \frac{1}{2} I \oint_C \mathbf{r}_l \times d\mathbf{l} \tag{7.23}$$

每個磁矩所產生的磁性向量電位 (magnetic vector potential ≡ **A**) 為

$$\mathbf{A} = \frac{\mu_0}{4\pi} \frac{\mathbf{m} \times \mathbf{r}}{r^3} \tag{7.24}$$

其中，$r_l << r$。所以我們對磁性向量電位外積可得磁場：

$$\begin{aligned} \mathbf{B} &= \nabla \times \mathbf{A} \\ &= \frac{\mu_0}{4\pi} \nabla \times \left(\frac{\mathbf{m} \times \mathbf{r}}{r^3} \right) \end{aligned} \tag{7.25}$$

由於向量的內積外積交換公式：

$$\nabla \times (\mathbf{F} \times \mathbf{G}) = \mathbf{F}(\nabla \cdot \mathbf{G}) - \mathbf{G}(\nabla \cdot \mathbf{F}) \tag{7.26}$$

所以公式 (7.25) 為

$$\mathbf{B} = \frac{\mu_0}{4\pi}\nabla\times\left(\frac{\mathbf{m}\times\mathbf{r}}{r^3}\right)$$

$$= \frac{\mu_0}{4\pi}\left[\mathbf{m}\left(\nabla\cdot\frac{\mathbf{r}}{r^3}\right) - \frac{\mathbf{r}}{r^3}(\nabla\cdot\mathbf{m})\right] \tag{7.27}$$

由於公式 (7.27) 的第一項爲零，如下：

$$\left(\nabla\cdot\frac{\mathbf{r}}{r^3}\right) = \frac{3}{r^3} - \mathbf{r}\cdot\frac{3\mathbf{r}}{r^5} = 0 \tag{7.28}$$

公式 (7.27) 可改寫爲

$$\mathbf{B} = -\frac{\mu_0}{4\pi}\frac{\mathbf{r}}{r^3}(\nabla\cdot\mathbf{m})$$

$$= \frac{\mu_0}{4\pi}\left[\frac{3(\mathbf{m}\cdot\mathbf{r})\mathbf{r}}{r^5} - \frac{\mathbf{m}}{r^3}\right] \tag{7.29}$$

由於磁化量是整體磁矩總合的表現，故我們可定義爲：

$$\mathbf{m} = \mathbf{M}dv \tag{7.30}$$

其中，dv 爲磁化強度的單位體積，所以磁矩總合可爲磁化強度與其單位體積的積分：

$$\sum\mathbf{m} = \int\mathbf{M}dv \tag{7.31}$$

最後我們可得從磁矩總合而來的總磁場：

$$\mathbf{B}_{\text{total}} = \frac{\mu_0}{4\pi}\int\left[\frac{3(\mathbf{M}_1\cdot\mathbf{r})\mathbf{r}}{r^5} - \frac{\mathbf{M}_1}{r^3}\right]dv \tag{7.32}$$

因我們設磁性薄膜樣品的磁化量爲 $\mathbf{M}_1$，所以公式 (7.32) 可改寫如下：

$$\mathbf{B}_{\text{sample}} = \frac{\mu_0}{4\pi}\int\left[\frac{3(\mathbf{M}_1\cdot\mathbf{r})\mathbf{r}}{r^5} - \frac{\mathbf{M}_1}{r^3}\right]dv \tag{7.33}$$

從公式 (7.31) 我們可以得到磁性探針的磁矩總合：

$$\sum \mathbf{m}_{\text{tip}} = \int \mathbf{M}_2 dv_{\text{tip}} \tag{7.34}$$

並且可產生的磁場為 $\mathbf{H}_{tip}(=\mathbf{B}/\mu_0)$，所以磁性薄膜樣品與磁性探針間的磁能為 U：

$$U = \frac{1}{2}\int_V \mathbf{H}_{\text{tip}} \cdot \mathbf{B}_{sample} dv \tag{7.35}$$

而磁能密度為 u：

$$u = \frac{U}{V} = \frac{1}{2}\mathbf{H}_{\text{tip}} \cdot \mathbf{B}_{sample} \tag{7.36}$$

所以我們從磁能可得到磁力為

$$\mathbf{F} = \nabla U \tag{7.37}$$

這裡磁力磁性探針是所感受的力，故磁力正比磁能的梯度：

$$F \propto \nabla(\mathbf{H}_{\text{tip}} \cdot \mathbf{B}_{sample}) \tag{7.38}$$

由於 $\mathbf{H}_{\text{tip}}$ 與梯度無關，所以磁力正比可以改寫成

$$F \propto (\mathbf{H}_{\text{tip}} \nabla)\nabla_{sample} \tag{7.39}$$

磁性薄膜樣品與磁性探針間的作用力，僅存在於 Z 軸方向上，依照公式 (7.33)、公式 (7.35) 與公式 (7.37)，我們可得到磁力為

$$F \propto -\frac{\mathbf{M}_1 \cdot \mathbf{M}_2}{Z^4} \tag{7.40}$$

從虎克定律可以知道：$F = -kx$，其中，x 為懸臂彎曲值、k 為彈性係數，所以磁性探針受的力為

$$F = -kx = -c\frac{\mathbf{M}_1 \cdot \mathbf{M}_2}{Z^4} \tag{7.41}$$

其中，c 值為常數。假如已知磁性探針的彈性係數 k 值與磁性薄膜樣品與磁性探針間的距離 (於 Z 軸上)，就可知磁性薄膜樣品與磁性探針間磁化量的交互作用。

以上為靜力模式 (static mode)，只考慮磁性探針受磁性薄膜樣品的磁力而彎曲的程度。如果採用動力模式 (dynamic mode)，磁性探針是處於振動的狀況下，就像輕敲的模式，磁針感應到的作用力為磁力的梯度：

$$\frac{\partial F}{\partial Z} = -\frac{4c\mathbf{M}_1 \cdot \mathbf{M}_2}{Z^5} \tag{7.42}$$

或為

$$\frac{\partial F}{\partial Z} = -\frac{4cM_1M_2\cos\theta}{Z^5} \tag{7.43}$$

其中，θ 為 M_1 和 M_2 的夾角。

7.5.4 磁力與磁力顯微鏡影像模式

若只考慮於 Z 軸上，磁性薄膜樣品與磁性探針間磁力梯度 ($\partial F/\partial z$) 的變化量，我們可以有三種不同的變化量：(1) 相位變化量 ($\Delta\phi$)、(2) 振幅變化量 (ΔA) 及 (3) 頻率變化量 ($\Delta\omega$)，說明如下。

(1) 相位變化量 ($\Delta\phi$)

$$\Delta\phi \approx \frac{Q}{k}\frac{\partial F}{\partial z} \tag{7.44}$$

其中，相位 (ϕ) 的變化量 ($\Delta\phi$) 是指磁性探針的彎曲度，基本上用於靜力模式。Q 為探針的品質因子 (quality factor)，相位的變化量僅反應所能偵測的磁力梯度 ($\partial F/\partial z$) 的變化量，故磁針反應磁力訊號的敏感度需要變化量大的磁力梯度 ($\partial F/\partial z$)。

(2) 振幅變化量 (ΔA)

$$\Delta A \approx \left(\frac{2AQ}{3\sqrt{3}k}\right)\frac{\partial F}{\partial z} \tag{7.45}$$

其中，振幅 (A) 的變化量 (ΔA) 是指磁性探針彎曲度與振幅的乘積，僅能用於動力模式。因振幅的變化量包含磁力梯度，如同將磁力梯度放大，故磁針反應磁力訊號的敏感度極大。若磁針振幅越大，一點微小的磁力梯度變化，即可顯示於磁力顯微鏡影像中。

(3) 頻率變化量 (Δω)

$$\Delta\omega \approx -\frac{\omega}{2k}\frac{\partial F}{\partial z} \tag{7.46}$$

其中，頻率 (ω) 的變化量 ($\Delta\omega$) 是指磁性探針彎曲度與頻率的乘積，僅能用於動力模式。因頻率的變化量包含磁力梯度，也如同將磁力梯度放大，故磁針反應磁力訊號的敏感度極大。若頻率越快，一點微小的磁力梯度變化，即可顯示於磁力顯微鏡 (MFM) 影像中。

磁性樣品薄膜離磁性探針一相當的高度 (Δz)，當磁化方向平躺於薄膜的各磁區表面，如圖 7.58 之箭號所示，各磁區內 (或樣品內) 磁力線的方向是由箭尾走向箭頭，而磁區外 (或樣品外) 磁力線的方向是由箭頭走向箭尾。於樣品內箭頭對箭頭處，磁力線因

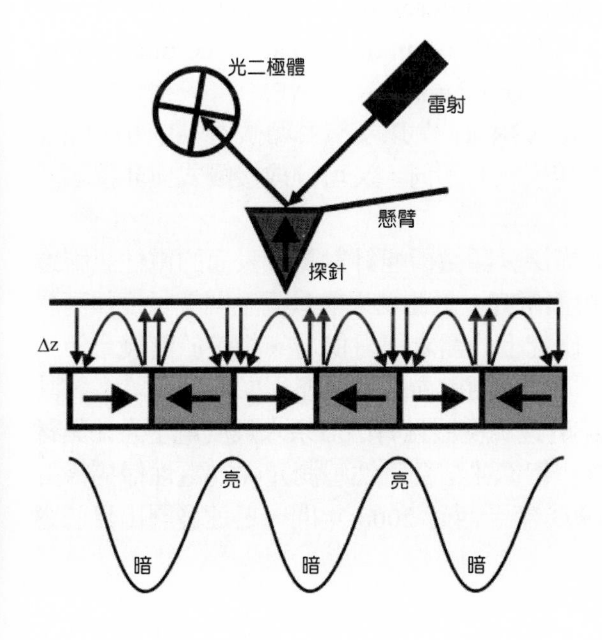

圖 7.58
磁力顯微鏡成像原理與灰階模式。

互相排斥而擠出樣品外，反之，箭尾對箭尾處，磁力線則從樣品外進入。依公式 (7.32) 可知，磁針感應到的磁力梯度變化是從磁性樣品磁力線的分布而來，所以磁性探針感受的梯度變化，可提供磁力顯微鏡影像所需。無論磁力顯微鏡影像爲靜力模式或是動力模式，是用相位變化量 ($\Delta\phi$)、振幅變化量 (ΔA)，還是頻率變化量 ($\Delta\omega$) 來成像，灰階模式 (grey scale) 爲磁力顯微鏡 (MFM) 影像成像的原則。意即，當磁性探針與磁性樣品薄膜間的磁力爲排斥力時，磁力顯微鏡影像所顯示爲亮，爲吸引力時，磁力顯微鏡影像所顯示爲暗，藉由亮與暗的程度來顯示磁性樣品薄膜表面磁性結構，例如磁區分布與磁力方向。

7.6 其他掃描探針顯微術

從前面幾節所討論，可知只要改變探針及相對的偵測機制，便可得到樣品的其他特性。在發展趨勢上，基本上都是以原子力顯微術爲基礎，使用類似的懸臂樑式探針，而得到奈米尺度的表面形貌及表面特性。以下對幾種常用於半導體元件檢測的電性掃描探針顯微術，包括掃描電容顯微術、掃描電流顯微術、電力顯微術，以及應用於鐵電材料的壓電力顯微術，說明其技術特色、操作原理、應用實例與技術沿革。

7.6.1 電性掃描探針顯微術

電性掃描探針顯微術 (electrical scanning probe microscopy, E-SPM) 係指應用於電性分析的掃描探針顯微術，主要包括掃描電容顯微術 (scanning capacitance microscopy, SCM)[111]、掃描電流顯微術 (conductive atomic force microscopy, C-AFM)[112]、掃描展阻顯微術 (scanning spreading resistance microscopy, SSRM)[113] 以及電力顯微術 (electric force microscopy, EFM)[114] 等幾個技術領域，依操作模式的不同，又可分成接觸式與非接觸式兩大類。

對電子材料與元件而言，接觸式電性掃描探針顯微術能針對試片表面的電性訊號進行二維 (two dimensional, 2D) 掃描偵測、分析與研究，量測結果兼具高空間解析度與高訊號靈敏度等優點，因此其在工業應用與學術研究上的需求與日俱增。相較於前幾章節所介紹的各項掃描探針顯微術，接觸式電性掃描探針顯微術的發展歷程顯然短了許多，其肇始可追溯到西元 1985 年，由於半導體工業的蓬勃發展且有感於奈米尺度電子元件與材料檢測的強烈需求，以原子力顯微術作爲核心架構並結合電性感測元件的電性掃描探針顯微術逐漸受到產學界的重視，並在西元 1993 年至西元 2008 年間，迅速發展出目前應用於半導體工業的各項電性掃描探針顯微術。

第 7.6 節作者爲張茂男先生與林鶴南先生。

就基本架構而言，不論掃描電容顯微術、掃描電流顯微術或掃描展阻顯微術，都包括接觸式原子力顯微鏡系統、導電探針與電性感測單元等三部分，如圖 7.59 所示。接觸式原子力顯微鏡主要用於提供材料表面形貌，以及確保探針與試片表面維持穩定的接觸，表面形貌感測機制如第本章 7.3 節所述，在此不再贅述。電性訊號的感測元件則依所欲偵測的訊號種類與範圍而有所不同。導電探針材質一般皆以矽探針爲主體，經過鉑銥 (PtIr)、鉻鈷 (CrCo) 或導電鑽石鍍膜製程處理以提供其導電性，探針懸臂必須有適當的力常數 (force constant)，力常數值通常爲幾個牛頓／米 (N/m)，藉由圖 7.59 的架構，接觸式電性掃描探針顯微術即可同步取得材料表面形貌與對應的電性訊號影像。

至於非接觸式電性掃描探針顯微術，則以電力顯微術爲代表，其顧名思義，便是測量樣品與探針之間的電交互作用力，主要應用於薄膜電荷量測、表面電位量測、半導體材料元件分析等等，由於電力是一種遠距作用力，因此除了力的來源不一樣外，其偵測原理與非接觸式原子力顯微術或磁力顯微術基本上相同。

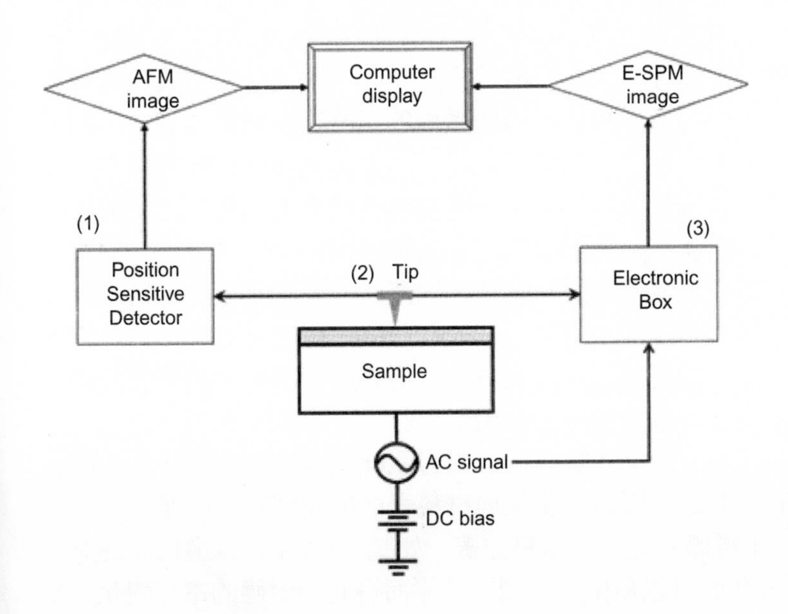

圖 7.59
接觸式電性掃描探針顯微鏡系統包括 (1) 接觸式原子力顯微鏡系統、(2) 導電探針與 (3) 電性感測單元等三部分。

7.6.2 掃描電容顯微術

1989 年，C. C. Williams [115] 等人將掃描電容技術成功應用於觀察半導體載子濃度的分布，其探針掃描模式爲接觸式，由於二維載子濃度分布對於元件與相關製程設計十分重要，因此，掃描電容顯微術分析技術開始受到世人廣泛的注意。掃描電容顯微術的優點在於可直接取得電性訊息，且其訊號具有多元性以及高靈敏度，其主要應用領域爲分析金屬－二氧化矽－半導體場效電晶體 (metal-oxide-semiconductor field-effect transistor, MOSFET) 的電性接面 (electrical junction)、等效通道長度 (effective channel length)、二

維自由載子濃度 (2D free carrier concentration) 分布與局部電荷 (local charge) 分布的量測[116-121]，其他延伸的應用範圍包括鐵電材料特性[122]、表面陷阱缺陷[123]、三五族氮化物[124]、介電層品質[125-127] 與摻雜活化／去活化 (dopant activation/deactivation) 行爲[128] 等。在掃描電容顯微術的諸多應用中，自由載子濃度輪廓 (carrier concentration profile) 的量測無疑是最重要也最普遍的一項，早期的研究發展皆以此爲重點，因此，相關的研究報告與技術討論也最多。自由載子濃度分布對雙極性場效電晶體 (bipolar junction transistor, BJT) 及金屬－二氧化矽－半導體場效電晶體等元件的運作效能及電性均具有決定性的影響，若能精確得知自由載子濃度的二維分布輪廓，對元件的設計與特性分析將有莫大助益。

長久以來，研究人員利用半導體材料的電容－電壓 (C-V) 關係已瞭解許多半導體的重要特性[129]，其中由電容－電壓曲線的變化而得到關於載子濃度的訊息是最爲人熟知的，所以掃描電容顯微術的主要用途也在載子濃度分布這方面。由於導電探針與矽晶片表面接觸形成了微小的金屬－二氧化矽－半導體 (MOS) 結構，如圖 7.60 所示，掃描電容顯微術系統在試片端所加的直流偏壓類似於金屬－二氧化矽－半導體元件的閘極電壓 (gate bias)，所偵測的訊號爲探針和樣品表面間的電容訊號變化量 (ΔC) 與引起該變化的調制電壓 (modulation bias, ΔV) 比值，當調制電壓很小的時候，此比值的意義就同等於電容－電壓曲線的斜率 (即 dC/dV)，因此掃描電容顯微術的訊號亦被稱爲微分電容訊號 (differential capacitance signal)。在理論上，如果待測材料的表面電容是電壓的函數，就可以利用掃描電容顯微術來分析其特性，換言之，表面電容特性會因所施加電壓而改變的材料，就能被偵測到微分電容訊號。在實際操作上，我們通常在試片端施加一固定頻率的微小交流電壓以作爲調制電壓，並使探針和試片之間產生一個交互電場，自由載子被交互的吸引或排斥，如圖 7.61 所示，產生累聚 (accumulation) 或空乏 (depletion) 的現象，而該交流電壓的頻率則回饋至系統的鎖相放大器中，再藉由鎖相放大器在探針端偵測到相應的電容變化量，並將微分電容訊號放大輸出至電腦中。當探針在試片表面上進行掃描時，此機制持續運作並將每一個接觸點的微分電容訊號記錄下來，再結合接觸式原子力顯微術所記錄的表面形貌影像，即可同步呈現材料表面形貌與對應的微分電容影像。從傳統金屬－二氧化矽－半導體的電容－電壓曲線，如圖 7.62 中可以發現，在某一個固定的直流偏壓點 (V_{dc}) 上，我們可以藉由輸入調制電壓而得到相對應的電容變化，根據圖中電容－電壓曲線的特性，可以發現除了所選擇的調制電壓大小會影響微分電容訊號的強度之外，直流偏壓點的設定也十分重要，即使輸入相同的調制電壓，在不同的直流偏壓點所得到的微分電容訊號強度也不同，載子濃度愈高，所得到的電容變化愈小。利用固定調制電壓的方式而得到微分電容值並加以成像的方式稱爲掃描電容顯微術的定電壓掃描量測模式，這也是較常使用的操作分析模式；反之，若以相同的電容變化值測量出其所對應的調制電壓值並加以成像，則稱爲定電容掃描量測模式，如圖 7.63 所示，載子濃度愈高，所得到的調制電壓愈大。

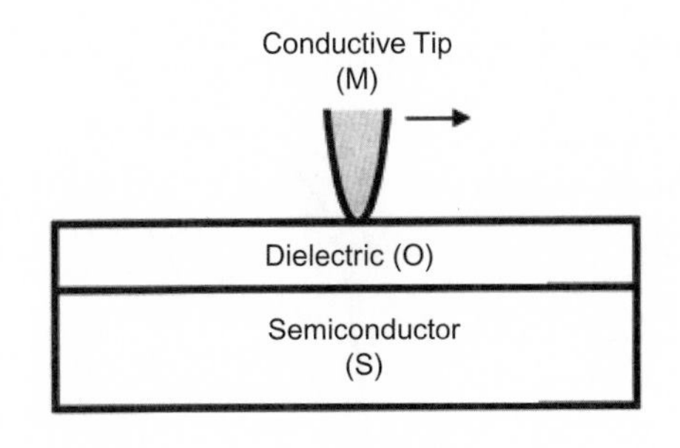

圖 7.60
導電探針尖與矽晶片表面接觸形成了微小的金屬－二氧化矽－半導體 (MOS) 結構。

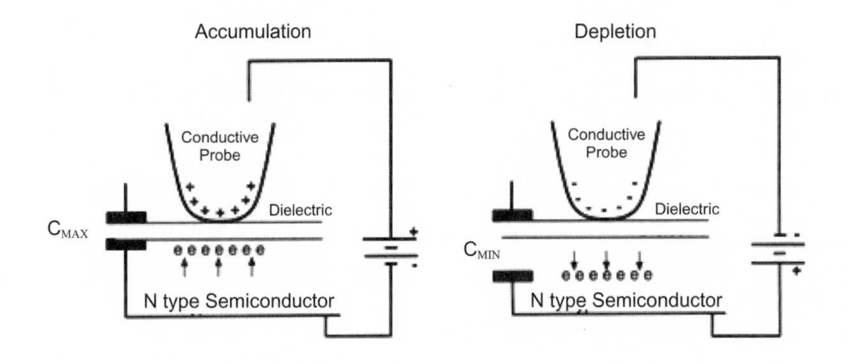

圖 7.61
自由載子因固定頻率的調制電壓而被交互的吸引或排斥，表面電容因而產生週期性的變化。

一般而言，在不考慮溼度與表面缺陷影響的理想條件下，微分電容訊號主要受樣品內部的電性參數影響，但仍可能會受試片表面條件的影響而改變，因此我們必須搭配試片表面的微觀形貌來分析其數據，這也說明了同步取得表面形貌與微分電容影像的重要性。關於試片表面狀況對微分電容訊號的影響，我們將稍後再做討論。現在以載子濃度爲例，說明載子濃度與微分電容訊號強度的關係。當試片中存在載子濃度不同的區域，在相同的調制電壓下會反應出不同的電容變化量，圖 7.62 與圖 7.63 分別爲 p 型與 n 型半導體典型的高頻電容－電壓關係圖。圖 7.62 顯示在定電壓掃描量測模式下，高載子濃度區所對應的電容變化量比低載子濃度區的變化量來得小，亦即低載子濃度區所測到的微分電容訊號較大；反之，高載子濃度區所測到的微分電容訊號較小，若在定電容掃描量測模式下，其結論恰好相反，如圖 7.63 所示。值得注意的是在圖 7.62 與圖 7.63 的微分電容訊號相位不同，因 p 型半導體的電容－電壓曲線爲負斜率，故其微分電容訊號相位爲負；而 n 型半導體電容－電壓曲線爲正斜率，故其微分電容訊號相位爲正。藉此原理，掃描電容顯微術可以很容易辨識試片中載子的極性，而且可用以觀察 pn 接面 (p-n junction)。對於摻雜均勻但介電層 (如二氧化矽 (SiO_2)) 厚度不同的情況而言，若施以相同的調制電壓 (即定電壓掃描量測模式)，在介電層較厚的區域，其對應的空乏區電容變化量較小，所測得的微分電容訊號也較小；反之，在介電層較薄的區域，其對應的空乏區電容變化量較大，所測得的微分電容訊號也較大。以圖 7.64 的試片爲例，該試片表面凸

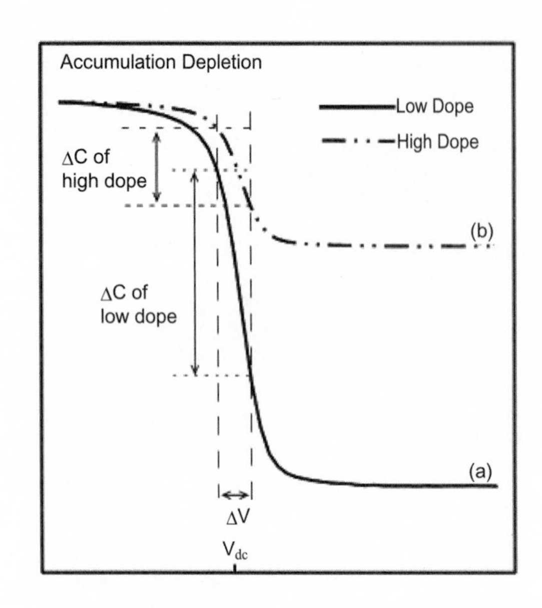

圖 7.62 由傳統的金屬－二氧化矽－半導體之高頻電容－電壓曲線可得知定電壓模式的微分電容訊號與載子濃度的關係，對 p 型半導體而言，其微分電容訊號相位爲負。

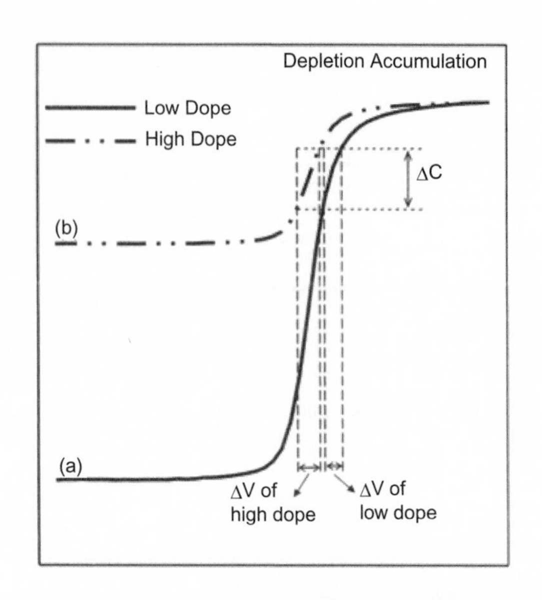

圖 7.63 由傳統的金屬－二氧化矽－半導體之高頻電容－電壓曲線可得知定電容模式的微分電容訊號與載子濃度的關係，對 n 型半導體而言，其微分電容訊號爲正相位。

起的部分爲二氧化矽較厚的區域，其他部分則爲二氧化矽較薄的區域，圖 7.64(a) 與 (b) 分別爲該試片的表面形貌與微分電容影像，由表面形貌與微分電容影像的比較，可以明顯發現在二氧化矽較厚的區域，其對應的微分電容訊號較弱，從表面電容的觀點來看，總電容 $C(V)$ 可以表示爲：

$$\frac{1}{C(V)}=\frac{1}{C_D(V)}+\frac{1}{C_{ox}}=\frac{1}{C_D(V)}+\frac{1}{\left(\frac{\varepsilon_0\varepsilon_{ox}}{d_{ox}}\right)} \tag{7.47}$$

其中，C_{ox} 爲氧化層電容、$C_D(V)$ 爲空乏區電容、d_{ox} 爲二氧化矽厚度、ε_0 爲自由空間介電常數 (free-space permittivity)、ε_{ox} 爲二氧化矽介電常數。當 d 很小時，$C_d(V)$ 對 $C(V)$ 的影響就愈大，亦即電壓對電容的影響也愈明顯，微分電容訊號愈大；當 d 增加時，$C_d(V)$ 對 $C(V)$ 的影響就愈小，亦即電壓對電容的影響也隨之降低，微分電容訊號愈小；當 d 很大時，公式 (7.47) 便可簡化成 $C \cong C_{ox}$，在此極端狀況下，表面電容已非電壓的函數，所以無法偵測到任何微分電容訊號。除此之外，如果二氧化矽與矽基材介面處有缺陷存在而產生陷阱電荷 (trapped charges)，介面陷阱電荷的存在將使電容－電壓曲線產生變化，導致在某個偏壓操作點上的微分電容訊號強度產生明顯變化，因此，當掃描電容顯微術

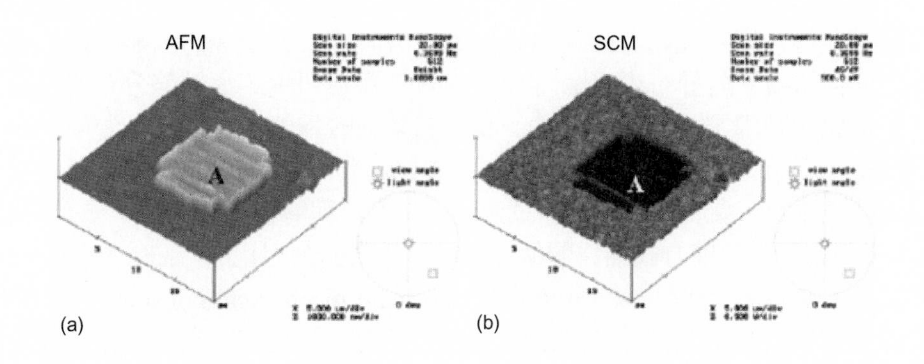

圖 7.64 試片的 (a) 表面形貌與 (b) 其對應的微分電容影像。在二氧化矽較厚的區域 A，其對應的微分電容訊號較弱。

的導電探針掃描過這個區域時，便可以由影像的對比變化來辨識出該區域的分布範圍，例如以掃描電容顯微術分析微量金屬污染引起的介面缺陷分布[130]。綜合上述，對矽基材料而言，掃描電容顯微術的微分電容特性主要受下列四個因素影響：(1) 載子的極性與濃度、(2) 介電層的厚度、(3) 介電層品質及 (4) 介電層與基材的介面 (interface) 狀況，所以這四項因素也成為掃描電容顯微術在矽基材料上的基本應用方向。簡而言之，掃描電容顯微術可說是對半導體材料電容－電壓曲線斜率的一種度量，並將訊號值以影像的方式呈現出來，使操作者能很快的由影像對比瞭解試片表面的介電層特性、載子濃度分布或 *pn* 接面狀況。

掃描電容顯微鏡主要包括三部分：(1) 接觸式原子力顯微鏡、(2) 超高頻共振電容感測器 (ultra-high-frequency resonant capacitance sensor)、(3) 導電探針。接觸式原子力顯微鏡使用紅光半導體雷射作為其表面成像機構，其波長範圍通常在 670 nm 左右，輸出功率約為 1 mW，其他技術規格與特色請參考 7.3 節。超高頻共振電容感測器的共振頻率範圍在 890 MHz－1050 MHz，調制電壓通常在 1 伏特左右，但由於電場效應的影響，調制電壓在 0.6 伏特以下可獲得較佳的空間解析度，其對電容變化的靈敏度可達 10^{-19} F/$\sqrt{\text{Hz}}$，所能感測的載子濃度範圍介於 10^{15} cm^{-3}－10^{18} cm^{-3}。導電探針通常使用鉑銥或鉻鈷鍍膜，金屬鍍膜的材質要有良好的導電性，此外，由於探針會在試片表面長時間進行掃描，因此探針鍍膜的耐磨損能力，亦為金屬鍍膜材料的一大考慮因素。針尖曲率半徑依鍍膜製程能力的不同，通常在 10 nm 至 50 nm 之間，針尖曲率半徑的大小是限制影像空間解析度的主要因素之一。

一般的掃描探針顯微術大多不需要特別的試片製備，然而試片製備的困難度高卻是掃描電容顯微術的特色之一。基於不同的實驗目的，其試片製備的要求也有所不同，基本上，依觀測面的不同，可將試片種類分為橫截面試片及平面試片兩大類。就平面試片而言，在試片的準備上較為簡單，只要注意試片基板的串聯電阻是否過大以及試片電極接觸是否良好即可，因爲這兩者都會造成偏壓參數設定及調整上的困難，更甚者將導致無法偵測到任何訊號。對於有表面圖形 (pattern) 或用於研究平面缺陷分布的試片，其試片大多以平面試片製備方式完成。橫截面試片的製備較爲繁複且困難，原則上必須要能將試片的橫截面平坦化 (表面粗糙度必須小於 0.1 nm)，並接好試片電極，乾淨、平坦、無損傷是試片表面的三大要求。橫截面試片的製作方法與傳統穿透式電子顯微術 (詳第六章第三節) 橫截面試片製備方式頗爲類似，至於試片表面平坦化的方法，除了一般的機械研磨處理之外，還要配合化學機械研磨拋光 (chemical mechanical polishing, CMP) 法以達到更好的效果。由於載子濃度分布狀況的量測是目前掃描電容顯微術最被看好的應用方向，而此類試片的製備方式多屬於橫截面試片，其製備流程大致有以下五個步驟：

1. 將試片對貼，這個步驟的目的在維持切片時的穩定度並增加可量測區域。
2. 以鑽石切割機 (diamond saw) 將對貼好的試片切片。
3. 研磨橫截面，同時將試片適度薄化，薄化的程度依試片需求而定。
4. 拋光處理。由於研磨時在試片表面產生的刮痕會影響量測結果，所以要加上化學機械研磨拋光的步驟，以便得到更平整的表面，對於觀察微區載子濃度分布或電性接面的試片而言，此步驟十分重要。
5. 最後以導電膠將試片固定於金屬基座上即可用來進行量測。

任何量測技術的發展，都是經過許多研究人員的共同努力而成，掃描電容顯微術也不例外。在掃描電容顯微術發展初期，試片製備對微分電容訊號的影響是當時首要面對的問題，在義大利國家研究委員會 (CNR) 微電子與微系統研究所 (Institute for Microelectronics and Microsystems) 的 Dr. Filippo Giannazzo 等人以掃描電容圖譜 (scanning capacitance spectroscopy, SCS) 解釋了試片表面狀況對微分電容訊號的影響[131]，如果試片表面存在明顯的陷阱電荷，將會導致掃描電容圖譜出現遲滯現象與微分電容訊號再現性不良，而這些結果通常肇因於試片製備。微分電容訊號的解釋對分析結果有決定性的影響。在奧地利維也納技術大學 (Vienna University of Technology, TU Vienna) 的 J. Smoliner 完整解釋了微分電容訊號的非單調行爲 (non-monotonic behavior)[132]，理論與實驗結果顯示，微分電容訊號的特性行爲與直流偏壓點的選擇息息相關，以定電壓掃描量測模式爲例，在某些情況下，低載子濃度區所測到的微分電容訊號反而較小。

掃描電容顯微術量測結果的正確性是一個普遍性的問題，在台灣新竹科學園區國家奈米元件實驗室的研究團隊成功證實了掃描電容顯微術的光擾效應 (photoperturbation effect) 導致錯誤的量測結果[133]。爲同步取得表面形貌與微分電容訊號分布影像，掃描電容顯微術在進行微分電容訊號掃描的同時，提供表面形貌的光束偏折感測機制也持續運作著。由於原子力顯微鏡使用紅光半導體雷射作爲其表面成像機構，當紅光雷射的雜散光 (stray light) 照射到掃描區域的試片表面，一部分被矽基材料吸收而在材料中產生額外的電子－電洞對 (electron-hole pair)，光擾效應便因而產生。光擾效應不單影響微分電容影像對比，還對電性接面的分析結果產生明顯的影響，因此降低了分析結果的正確性。

既然光擾效應的本質爲材料的光學吸收，因此，當我們改變掃描區域的等效光強度，即可藉此比較出光擾效應對量測結果的影響，同時也可進一步驗證掃描電容顯微術的光擾效應。光擾效應實際上可分爲兩部分：光電壓效應 (photovoltaic effect) 與載子注入效應 (current injection effect)，其對量測的影響層次各不相同，但對於電性接面的分析而言，兩項效應通常同時存在。以下將針對這兩種不同的光擾效應加以說明。

(1) 光電壓效應

當光學吸收所產生的電子－電洞對因 *p-n* 接面的電場牽引，而分別向空乏區的兩側移動時，電洞會移向 *p* 型的方向，而電子則移向 *n* 型區域的方向，這些載子將與空間電荷 (space charge) 相互抵消而導致接面電位差與電場強度下降，也因此產生較窄的 *p-n* 接面影像，此現象稱爲掃描電容顯微術的光電壓效應。以一電性接面影像爲例，圖 7.65(a) 與 (b) 爲同一 *p-n* 接面分別在高、低光擾條件下所取得的微分電容影像，實驗結果證實所掃描到的電性接面寬度會隨著光擾強度的增加而變窄，這就是光擾引致光電壓效應的作用結果。

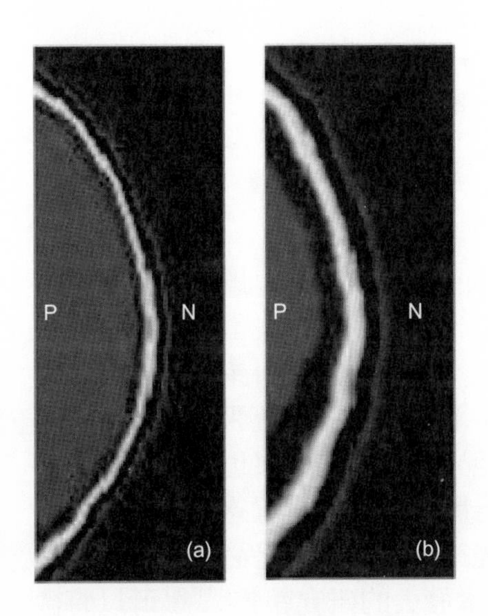

圖 7.65
同一 *p-n* 接面在 (a) 高光擾與 (b) 低光擾條件下所取得的微分電容影像，圖中白色帶狀區爲空乏區。

(2) 載子注入效應

持續而穩定的光擾強度所伴隨的光學吸收，可能導致掃描區域的等效載子濃度提高，進而造成所測得的微分電容訊號強度下降。由於光學吸收的效率與材料的特性有關，能隙 (energy band gap) 愈小的材料對光擾愈敏感，通常光擾引起的載子注入效應對半導體材料中的高載子濃度區域而言是可以忽略的。以載子濃度均勻分布的矽基板爲例，圖 7.66(a) 與 (b) 分別為分別為高光擾與低光擾條件下的微分電容訊號分布，實驗結果證實隨著光擾強度的增加，微分電容訊號強度明顯隨之下降，此現象為掃描電容顯微術的光擾引致載子注入效應。

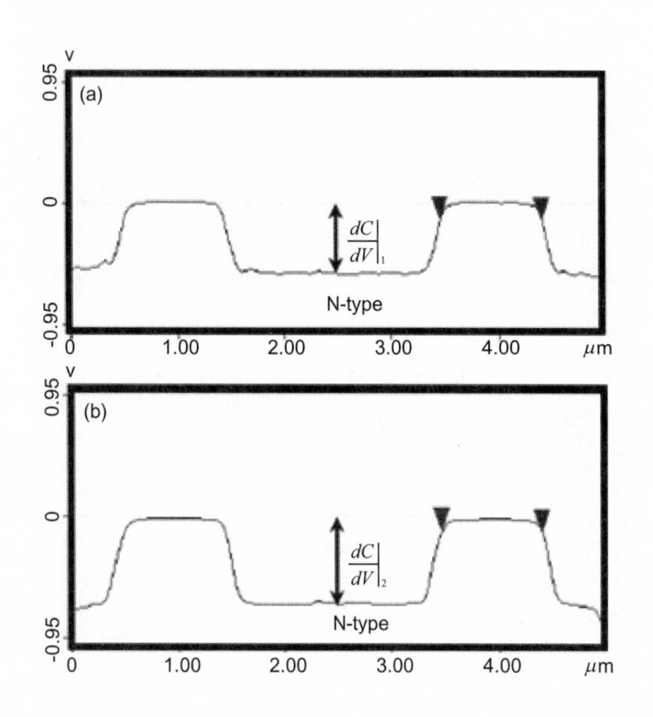

圖 7.66
p 型矽基板在 (a) 高光擾與 (b) 低光擾條件下的微分電容訊號強度，後者之微分電容訊號較強。

光擾效應的解決之道有三，說明如下。(1) 新的表面形貌感測機構。既然光擾來源為原子力顯微鏡的紅光雷射光源與待測材料對紅光的吸收，若採用長波長雷射光作為光束偏折感測機構，由於長波長雷射具有較低能量的光子，不易使待測材料產生光學吸收現象，將可有效避免光擾效應的發生，同時亦可兼顧同步取得表面形貌資訊的要求。雷射光波長愈長，所能適用的半導體材料範圍也愈廣，避免光擾效應的效果也愈佳。然而，改變雷射光源就必須面對光束偏折感測系統的架構整合問題，例如位置感測元件的規格必須配合新的雷射光源，此外，就操作面而言，新的光束校準系統也是必需的。另一個方式就是完全改變原子力顯微鏡的成像機構，根據日本發表的研究報告[134]，可以將微小的音叉結構放置於懸臂上，藉由音叉結構感測懸臂因試片表面形貌引起的變化，如此一來，完全不需要依賴任何光學架構即可取得試片的表面形貌，自然也就無所謂光擾問題。(2) 改變操作模式。此法就是進行非同步掃描，其操作模式十分類似於靜電力顯微術或磁力顯微術的操作方式。由於要在有限的系統空間內，將原子力顯微鏡的紅光雷射束徑聚焦成遠小於 40 mm (傳統一字型懸臂的寬度) 的光點有其困難，加上雜散光反射至試片表面掃描區域的問題以及修改儀器設計的困難，因而採用兩階段掃描的操作模式，於第一階段先以接觸式原子力顯微術的功能，取得所需的表面形貌，在第二階段將雷射光源關閉，進行微分電容訊號的掃描。此法的優點是無須改變目前常用的光束偏折感測系統，只需調整控制系統的功能即可。而其最大的缺點就是非同步掃描，對於奈米尺度的分析區域而言，非同步掃描的微分電容影像與表面形貌影像間將可能存在位置偏差，因而導致某些分析工作的困難。(3) 抑制雜散光。要避免光學吸收的發生，除了去除干擾光源或更換光源之外，將到達試片表面的光學路徑加以攔截，亦十分有效。就此觀點而言，以增加懸臂的寬度最爲直接可行，此種做法就好比在下雨天撐傘一般，例如前翼式懸臂導電探針，如圖 7.67 所示[135]，該型探針可利用前翼懸臂結構阻擋直射雷射光束及抑制其雜散光進入試片表面的掃描區域，爲試片上的掃描範圍提供一個有效暗區，當光擾強度被抑制到可忽略的程度時，其測量結果便與理想狀況無異。

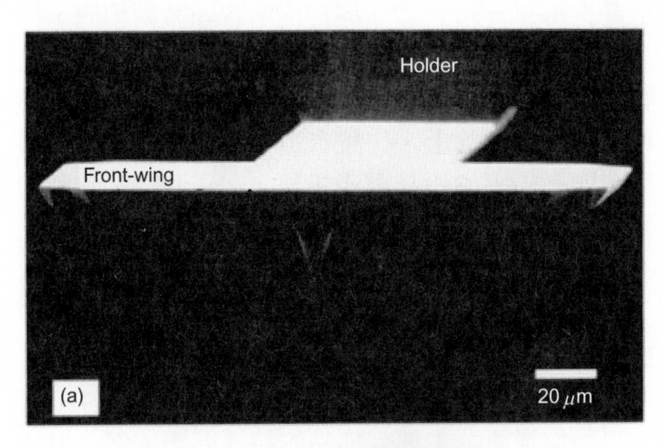

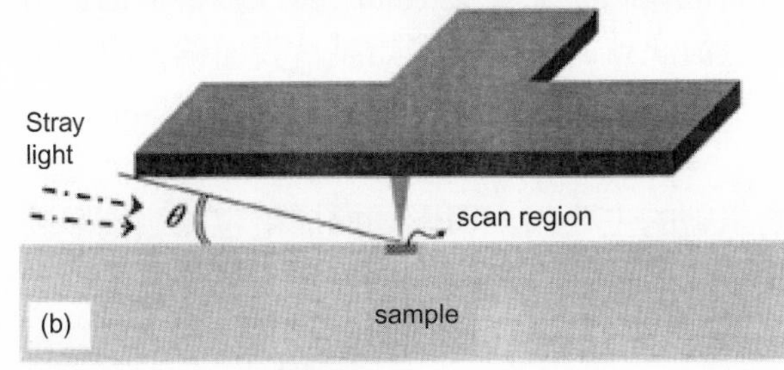

圖 7.67
應用於接觸式電性掃描探針顯微術的前翼式懸臂導電探針，其前翼結構具有降低光擾影響的功能。

7.6.3 掃描電流顯微術

掃描電流顯微術可說是奈米化的電流－電壓 (I-V) 量測技術，主要用於量測試片表面導通電流 (conductive current) 的分布，特別是應用於觀察與分析矽基元件中的介電層漏電流 (leakage current) 分布與研究其崩潰 (breakdown) 特性[136]，此外亦可應用於微小接觸點的開路與斷路判別，相較於掃描電容顯微術，其應用領域顯然單純許多。由於介電層崩潰特性對元件效能的影響十分明顯，因此，具有高空間解析度的掃描電流顯微術經常被用於觀察介電層崩潰強度的均勻性，並以電流－電壓特性曲線進一步分析介電層表面不同區域的差異，近年來，掃描電流顯微術技術也被應用在奈米結構的載子傳輸特性研究。除了自由載子濃度輪廓之外，介電層的崩潰特性對金屬－二氧化矽－半導體場效電晶體的電性效能亦十分重要，掃描電流顯微術早期的應用發展亦皆以介電層的特性分析為重點，由於掃描電流顯微術係藉由奈米尺度的導電探針尖與試片表面接觸並取得電流-電壓特性曲線以深入了解介電層崩潰機制，因此特別側重定點量測功能，這與以影像分析為主的掃描電容顯微術有很大的不同。

對大多數電子元件領域的研究人員而言，利用電流與電壓的關係了解電子材料的特性已是習以為常，電流－電壓特性曲線除了可直接提供元件操作特性的重要訊息之外，由電流－電壓曲線的變化而得到關於介電層品質的訊息亦是為人所熟知的(137)，因此，掃描電流顯微術的主要用途也在介電層品質的相關研究上(138)。與掃描電容顯微術相同，掃描電流顯微術的導電探針與矽晶片表面的接觸亦如圖 7.60 所示，其在試片端所加的直流偏壓亦類似於金屬－二氧化矽－半導體元件的閘極電壓，導電探針如同可移動式的閘極電極，其所偵測的訊號為材料表面的導通電流。理論上，如果有載子自待測材料表面傳導至導電探針端，就有機會利用掃描電流顯微術來偵測其電流訊號。在量測時，我們通常在試片端施加一固定的直流電壓，隨著探針在試片表面上的掃描，持續紀錄每一個接觸點的電流訊號，再結合接觸式原子力顯微術所記錄的表面形貌影像，即可同步呈現材料表面形貌與對應的電流分布影像。

不論是介電層漏電流影像的觀察或是定點電流－電壓特性分析，在量測後都會對分析區域造成損傷，也就是說掃描電流顯微術對介電層的分析多屬於破壞性量測。在不考慮溼度與表面缺陷影響的理想條件下，表面電流訊號主要受樣品的特性影響，但仍可能因探針與試片表面的接觸面積改變而影響電流訊號的大小，例如試片表面輪廓導致等效接觸面積的變化，因此我們必須搭配試片表面的微觀形貌來分析其數據，這與掃描電容顯微術的同步量測要求大同小異。

對介電層而言，影響掃描電流顯微術訊號的主要因素與影響掃描電容顯微術訊號的因素十分雷同，分別為：(1) 介電層的厚度、(2) 介電層品質及 (3) 介電層與基材的介面狀況，所以這幾項因素亦為掃描電流顯微術在分析介電層上的基本應用方向。

就電流－電壓特性的量測結果而言，掃描電流顯微術通常與傳統的電流－電壓量測結果一致，唯一不同的是掃描電流顯微術所測得的崩潰電壓 (breakdown voltage) 通常小於傳統量測方式所得的數值，這是由於導電探針的點接觸面積遠小於傳統電極的面積，在其他物理條件相同的情況下，導電探針尖的等效電場強度將大於傳統量測時的電場強度，因此，對於崩潰電場強度一定的介電層而言，掃描電流顯微術在比較低的電壓即可使介電層達到崩潰條件。此外，也由於點接觸面積極小，所以導電探針尖的電流密度亦高，使得掃描電流顯微術擁有較佳的電流靈敏度(139)。

除了與傳統電流－電壓量測相同的功能之外，電流分布統計也是掃描電流顯微術的主要特點之一，利用電流分布統計亦可迅速分析表面電流分布與介電層品質的均勻性。以圖 7.68(a) 與 (b) 的電流分布圖爲例，我們可統計圖中每個電流值出現的測量點數並將結果作圖，如圖 7.68(c) 所示，由電流分布統計圖的半高寬 (full width at half maximum, FWHM) 即可看出表面電流分布的均勻性，如果介電層的崩潰強度分布愈佳，其表面電流分布統計圖的半高寬也愈小；反之，當表面電流分布統計圖的半高寬愈大，表示電流分布的均勻性愈差，這種結果可能導因於崩潰電流的出現。

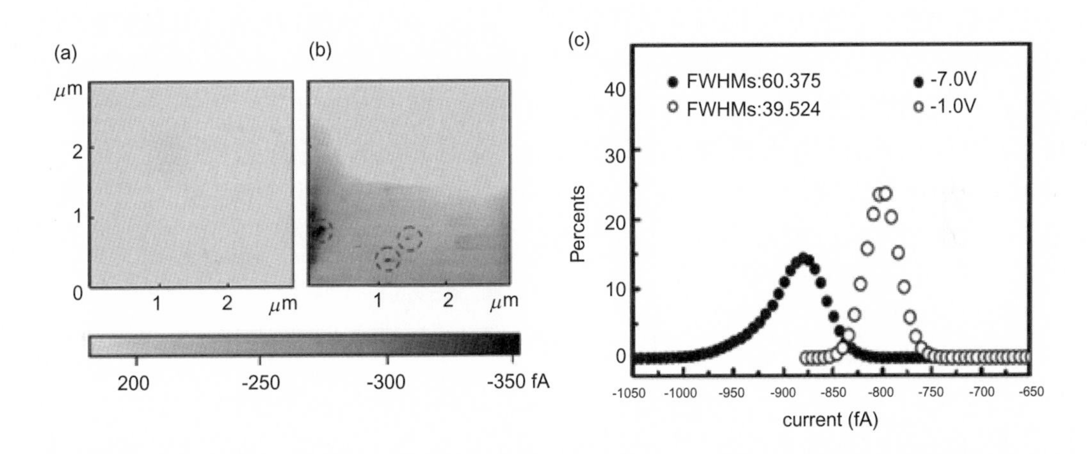

圖 7.68 薄氧化層在試片偏壓爲 (a) −1 伏特與 (b) −7 伏特的表面電流分布圖。(c) 爲其對應的電流分布統計圖，其半高寬分別爲 39.524 fA 與 60.375 fA，電壓愈大，除了表面電流增加之外，其分布也愈不平均，其統計結果的半高寬值也愈大。

掃描電流顯微鏡主要包括三部分：(1) 接觸式原子力顯微鏡；(2) 低電流感測器；(3) 導電探針。除了低電流感測器之外，其餘兩部分幾乎與掃描電容顯微術無異，在此不再贅述。低電流感測器主要的電流偵測範圍在 100 飛安培 (fA) 到 1 微安培 (μA) 之間，試片端的直流電壓通常在 10 伏特以下，但爲獲得較佳的空間解析度，可在訊雜比 (signal to noise ratio) 可接受的前提下，盡量降低直流偏壓以降低電場效應的影響。此外，由於探針會在試片表面長時間進行掃描，因此探針鍍膜的耐磨損能力亦爲金屬鍍膜材料的一大考慮因素。針尖曲率半徑依鍍膜製程能力的不同，通常在 10 nm 至 50 nm 之間，針尖曲率半徑的大小與材質，是影響掃描電流顯微術訊號的主要因素之一。此外，由於掃描電流顯微術主要用於偵測微小電流，爲取得較佳的訊雜比，適當的電磁防護措施是必要的，良好的接地端亦有助於降低雜訊層級，通常電流雜訊值皆可控制在 20 fA 以下。

由於掃描電流顯微術與掃描電容顯微術在主要架構上大同小異，既然源自原子力顯微術成像機構的光擾效應已對掃描電容顯微術的分析結果產生十分關鍵的影響，對掃描電流顯微術而言，光擾效應的影響亦不可忽略[140]。以薄氧化層試片為例，當掃描電流顯微術在試片端施加固定的直流偏壓 (V_{total})，試片上的氧化層與空乏區會分別承受固定的電壓降 (voltage drop)，其電壓降分布可以公式 (7.48) 表示。

$$V_{\text{total}} = V_{\text{ox}} + V_D \tag{7.48}$$

其中，V_{ox} 為氧化層上的電壓降；V_{D} 為表面空乏區 (depletion region) 的電壓降。當光學吸收所產生的電子－電洞對因表面空乏區的電場牽引，而分別向空乏區的兩側移動時，多數載子會移向矽基板的方向，而少數載子則移向試片表面，這些載子將與空間電荷相互抵消而導致表面空乏區的電位差與電場強度下降，這就是光擾所引致的光電壓效應。理論上，在外加偏壓不變的情況下 (即 V_{total} 為定值)，如果表面空乏區的電壓降改變，則氧化層也必然產生相應的電壓降變化，就光擾而言，其產生的光電壓效應，可減少表面空乏區的電壓降，而改變的電壓降值將轉嫁到氧化層上，使得氧化層承受更大的電壓降與電場，因此可將公式 (7.48) 的關係改寫為公式 (7.49)。

$$V_{\text{total}} = V'_{\text{ox}} + V'_{\text{D}} = \left(V_{\text{ox}} + V_{\text{pv}}\right) + \left(V_{\text{D}} - V_{\text{pv}}\right) \tag{7.49}$$

其中，V_{pv} 為光擾引起的光電壓。對於相同的薄氧化層試片，光擾明顯導致漏電流訊號更容易出現，如圖 7.69 所示。在一定的光擾程度下，厚度不同的氧化層，其量測結果受光擾影響的程度亦不相同，氧化層上的電場強度可以公式 (7.50) 表示。

$$E_{\text{ox}} = \frac{V'_{\text{ox}}}{d} = \frac{V_{\text{ox}} + V_{\text{pv}}}{d} \tag{7.50}$$

其中，E_{ox} 為跨在氧化層上的電場。由公式 (7.50) 可知，相同的光電壓效應對於較厚的氧化層影響較小，因為其所造成的氧化層電場變化相對較小，所以導致的電流－電壓曲線變動也較小，比較圖 7.69 中兩片氧化層厚度不同試片的測量結果即可驗證此一推論。由於光擾對氧化層表面電流訊號的出現有直接的影響，因此其對電流分布統計結果也會產生直接的影響。圖 7.70 為光擾與非光擾量測條件下所得的電流分布統計曲線，其半高寬各約為 1.265 pA 與 0.322 pA。除了影響半高寬之外，也可發現曲線峰值往高電流值位移的情形，這些結果都證實光擾已經導致表面電流分布的明顯變化。此外，半高寬的數值也與選用的直流偏壓值相關，因此，針對不同直流偏壓下的半高寬數值進行比較分析，其結果亦如圖 7.70 所示，由圖中可清楚看到隨著直流偏壓的增加，光擾對半高寬的影響也愈明顯，這是因為光電壓與直流偏壓產生加成作用的關係，導致氧化層承受更大的電壓降，進而導致電流分布差異變大所致。

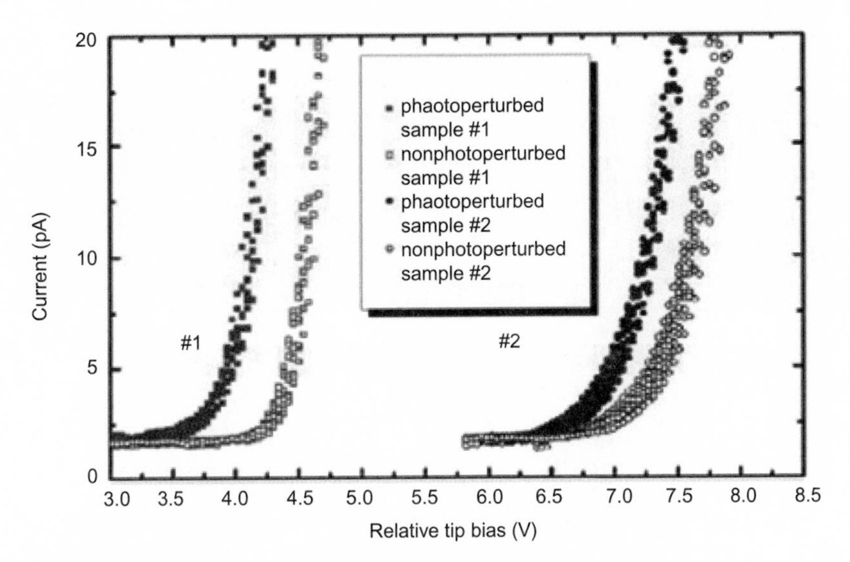

圖 7.69 在光擾與非光擾條件下，於氧化層厚度分別爲 2.5 nm (sample #1) 以及 5 nm (sample #2)的試片表面上測得的電流－電壓曲線。

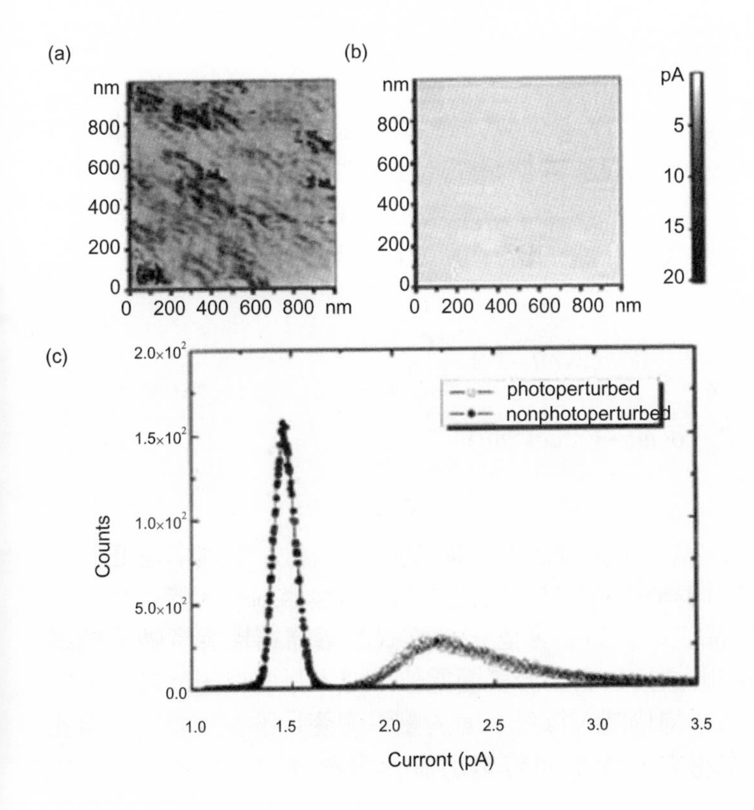

圖 7.70
高介電材料 (HfO_2) 薄膜在 (a) 光擾與 (b) 非光擾量測條件下所得的電流分布統計曲線。

7.6.4 電力顯微術

電力顯微術最早是由 Y. Martin 等人於 1988 年所發明[114]，目前量測模式大多利用兩段掃描，使用鍍有導電薄膜之矽探針，第一段掃描以輕敲式 (tapping mode) 原子力顯微術得到表面形貌，於探針折回時，將探針抬高於試片表面約 10–50 nm，並在探針與樣品間加上偏壓，使兩者產生電作用力，然後沿著第一段掃描得到的表面形貌，進行第二段等距離掃描，便可取得電力影像。

探針與樣品間的電作用力 F 主要有庫倫力及電容力兩種，其數學表示：

$$\begin{aligned} F &= \frac{Q_s Q_t}{4\pi\varepsilon_0 z^2} + \frac{1}{2}(V - V_s)^2 \frac{\partial \mathrm{C}}{\partial \mathrm{z}} = \frac{Q_s(-Q_s + CV)}{4\pi\varepsilon_0 z^2} + \frac{1}{2}(V - V_s)^2 \frac{\partial \mathrm{C}}{\partial \mathrm{z}} \\ &= \frac{-Q_s^2}{4\pi\varepsilon_0 z^2} + \frac{Q_s CV}{4\pi\varepsilon_0 z^2} + \frac{1}{2}(V - V_s)^2 \frac{\partial \mathrm{C}}{\partial \mathrm{z}} \end{aligned} \tag{7.51}$$

其中，Q_s 及 Q_t 分別為樣品與探針之電荷，z 及 C 分別為探針與樣品之距離與電容，V 為施加於探針相對於樣品間電壓，V_s 為樣品相對於探針之表面電位。探針電荷來源是由於感應及電容電荷，而施加電壓可為直流或交流，關於詳細說明，可參考文獻 141。要注意的是，施加於探針上產生電力作用的電壓，與加在探針陶瓷震盪片上使產生共振的電壓，兩者是互相獨立的。

一般而言，這兩種作用力會有一項是主要來源。如果樣品有殘餘電荷，則庫倫力為主要作用力，可在第二段掃描時，施加直流電壓於探針上，然後測量探針共振頻率或相位的變化，與 7.5 節磁力顯微術偵測方式相同。如果樣品沒有殘餘電荷，而有表面電位，則會在第二段掃描時，施加交流電壓方式，此時作用力可表示如下：

$$\begin{aligned} F &= \frac{1}{2}(V - V_s)^2 \frac{\partial \mathrm{C}}{\partial \mathrm{z}} = \frac{1}{2}(V_{\mathrm{ac}} \cos\omega t - V_s)^2 \frac{\partial \mathrm{C}}{\partial \mathrm{z}} \\ &= \frac{1}{2}(V_s^2 - 2V_s V_{\mathrm{ac}} \cos\omega t + V_{\mathrm{ac}}^2 \cos^2 \omega t) \frac{\partial \mathrm{C}}{\partial \mathrm{z}} \end{aligned} \tag{7.52}$$

再以鎖相放大器測量與施加電壓同頻率的探針反射光訊號振幅，在電壓頻率遠低於探針共振頻率時，此振幅訊號正比於同頻率作用力，也就是上式中包含 $\cos\omega t$ 的第二項，因此也正比於 V_s，因此可得到樣品表面電位影像圖，此模式的儀器結構示意圖繪於圖 7.71。不過要說明的是，所得到的影像只是正比於表面電位，並不是眞正表面電位。此外，以此種交流模式測量，在第二段掃描時，探針上面的壓電陶瓷片不施加電壓，因此探針在同頻率的振動乃來自電作用力。如果同時施加直流電壓 $V_{\mathrm{dc}} \cos\omega t$ 及交流電

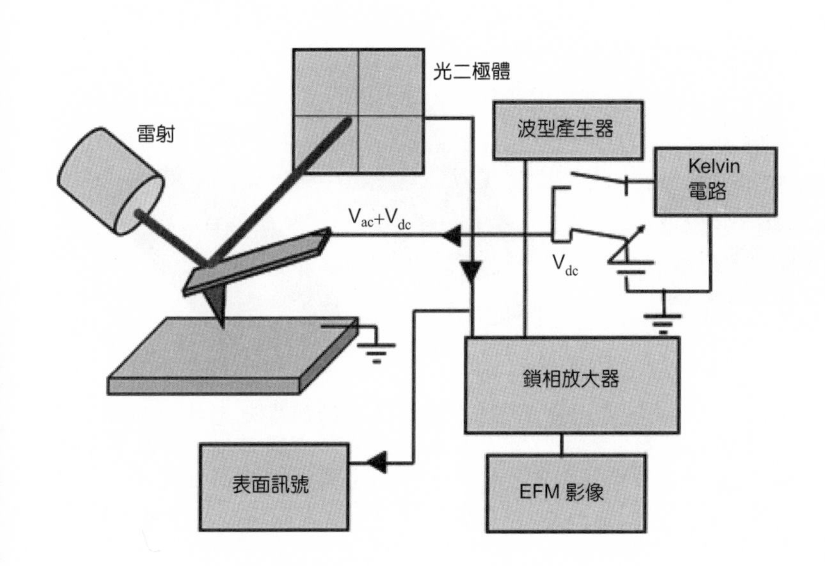

圖 7.71
交流式電力顯微術儀器結構示意圖。

壓 $V_{ac}\cos\omega t$，則方程式 (7.52) 中包含 $\cos\omega t$ 的第二項會產生 $(V_{dc}-V_s)$ 係數，再加入一組控制電路，在掃描過程中調整 V_{dc}，使得鎖相放大器所測得的同頻率訊號為零，並且紀錄 V_{dc}，便可得到眞正表面電位影像，此技術又稱為掃描表面電位顯微術 (scanning surface potential microscopy, SSPM) 或凱文力顯微術 (Kelvin probe force microscopy, KFM)[142]。

電力顯微術所使用探針與一般輕敲式原子力顯微術相同，不過在探針表面鍍有導電金屬薄膜，如金或白金等等，所施加的直流或交流電壓約在數伏特，交流電壓頻率一般選擇在接近探針共振頻率，約是數十至數百 kHz，這樣探針受到電作用力時振幅會最大，可得到最大的訊號。不過如果要對電作用力做定量分析，則交流電壓頻率必須選擇遠小於探針共振頻率，但遠大於取得表面形貌影像的回饋控制電路頻寬，所以約是數 kHz 至數十 kHz。

在圖 7.72 中看到的是在矽基板表面氧化矽薄膜中的鈷奈米粒子存有靜電荷的結果[143]，(a) 為表面形貌影像，(b) 為電力影像，左圖及右圖是在探針上分別施加直流 +1 V 及 −1 V 所得到的結果，從圖中可看出表面形貌在有電荷之處並無特別，由於正電壓影像為亮，負電壓影像為暗，所以得知為正電荷，並可經由詳細分析得到電荷電量。在圖 7.73 中看到的是在多層薄膜太陽能電池元件上加有工作電壓的結果[144]，右圖為縱剖面的表面形貌影像，左圖為在探針上施加交流電壓的所得到的電力影像，可觀察到表面電位在不同層的分布，此實驗結果可作為元件設計上的依據。

7.6.5 壓電力顯微術

材料中，機械能與電能互換的現象稱為壓電效應 (piezoelectric effect)，具有壓電特性

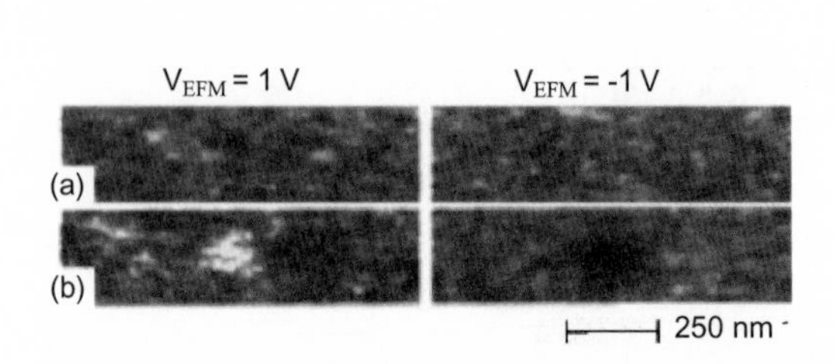

圖 7.72 矽基板表面氧化矽薄膜中的鈷奈米粒子存有靜電荷的結果，(a) 為表面形貌影像，(b) 為電力影像，左圖及右圖是在探針上分別施加直流 +1 V 及 −1 V 所得到的結果[143]。(Reused with permission from American Institute of Physics.)

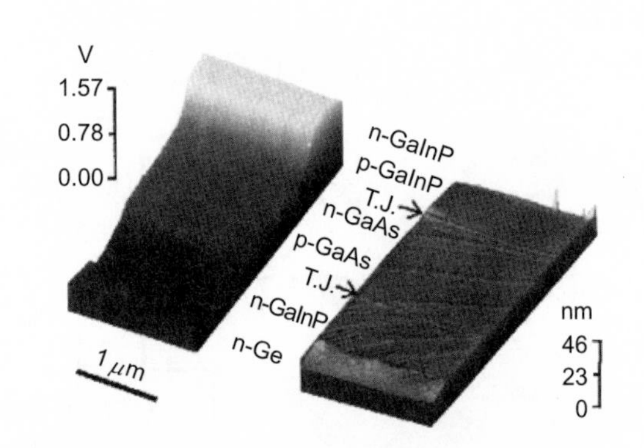

圖 7.73 多層薄膜太陽能電池元件上加有工作電壓的結果，右圖為縱剖面的表面形貌影像，左圖為在探針上施加交流電壓所得到的電力影像[144]。(Reused with permission from American Institute of Physics.)

的材料，主要是因為晶格內部原子的特殊排列方式，使材料本身具有應力場與電場耦合的特性。由於機械能和電能互換方向不拘，因此壓電效應分為正壓電效應及逆壓電效應兩種，前者由機械能轉為電能，後者則是電能轉為機械能。而鐵電 (ferroelectric) 材料則是具有自發性極化特性的壓電材料，可經由電場改變其鐵電疇 (ferroelectric domain) 的方向，由於在其高密度非揮發性記憶體及其他元件的應用，是目前相當熱門的材料。

在鐵電薄膜上，區域性鐵電疇 (ferroelectric domain) 因極化 (polarization) 方向及程度的不同，其壓電反應也不相同，以接觸式原子力顯微術探針施加電場，利用逆壓電效應所產生的形變，觀察薄膜上殘留或人工製作的鐵電疇分布及方向，最早是由 F. Saurenbach 等人在 1990 年於文獻報導[145]，稱為壓電力顯微術 (piezoresponse force microscopy, PFM)。其儀器結構示意圖如圖 7.74 所示，主要是利用鍍有導電薄膜之矽探針，以接觸式在鐵電或壓電樣品上掃描，樣品下方有一底電極，並在探針與底電極間施加一交流電壓，由於逆壓電效應，樣品會產生同頻率的微小位移，這也使得探針以相同頻率及振幅震盪，將探針反射光訊號送入鎖相放大器，紀錄同頻率振幅，便可得到表面極化影像。除了取得樣品極化影像外，也可定點改變電壓，測量遲滯曲線 (hysteresis curve)，並進而得到 d_{33} 壓電係數 (piezoelectric coefficient)，如以下方程式所示：

$$d_{33} = \frac{\Delta l}{V_{ac}} = \frac{D \cdot V_{pr}}{V_{ac}} \tag{7.53}$$

其中，Δl 為探針位移振幅，V_{ac} 為施加交流電壓振幅，V_{pr} 為探針位移電壓訊號振幅，D 為四象限光電偵測器的靈敏度 (detector sensitivity)，要注意的是 D 對每支探針都不同，細

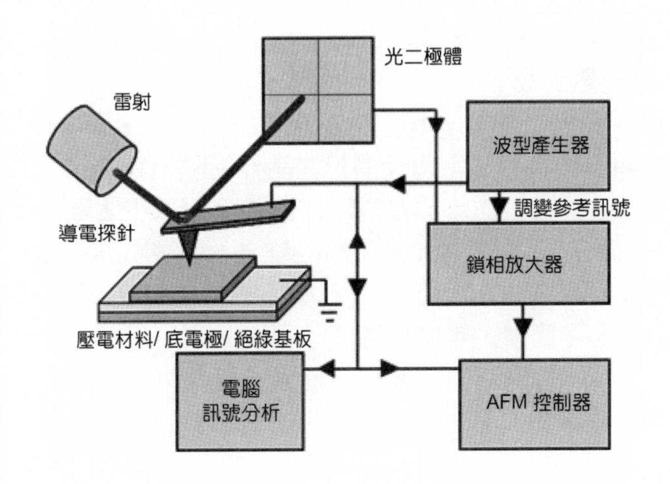

圖 7.74
壓電力顯微術儀器結構示意圖。

節可參考文獻 146。除了測量樣品的正向形變外，也可同時測量探針的側向 (扭轉) 位移訊號，也就是樣品的側向位移，進而得到逆壓電效應所產生的側向形變。不過要注意的是探針的側向位移只能沿一個方向，因此不在此方向的樣品側向位移，訊號便很微弱，此外要定量測量側向位移較為困難。

壓電力顯微術所用的矽探針必須具備良好的導電性，一般是在探針表面鍍上導電金屬薄膜，最好是金或白金，如果要定量作壓電係數測量，這點更是重要，主要是因為鐵電材料具有極高的介電常數 (dielectric constant)，只要探針上有層氧化層，便會產生極大壓降，進而降低訊號[146]。此外，探針彈簧常數 (spring constant) 最好要大於 1 N/m，可減

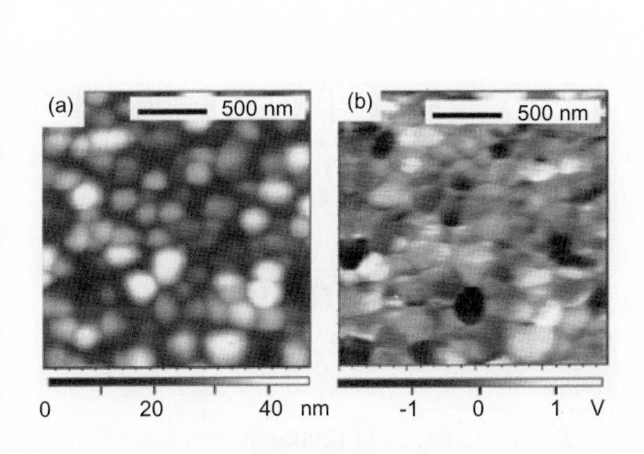

圖 7.75 鉍鐵氧化物薄膜 (a) 表面形貌及 (b) 壓電影像，其鐵電疇大小與晶粒分布一致，(b) 中具有強烈亮暗對比的區域，代表極化方向垂直於表面，並互為反方向[147]。

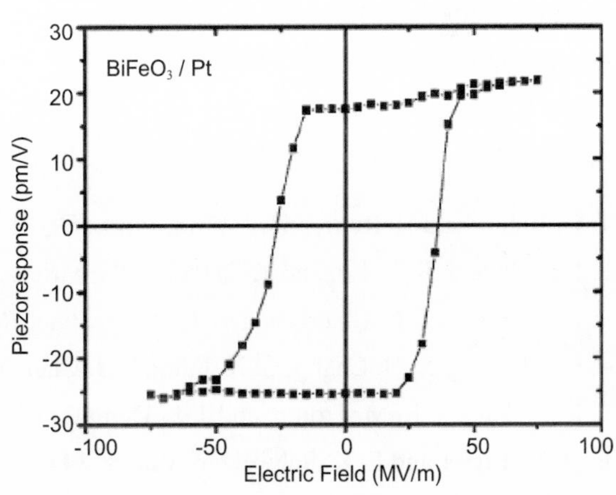

圖 7.76 鉍鐵氧化物薄膜壓電反應對極化電場的遲滯曲線，其 d_{33} 壓電係數約為 20 pm/V[147]。

少探針和樣品間的靜電力干擾，交流電壓頻率需遠小於探針共振頻率，但遠大於取得表面形貌影像的回饋控制電路頻寬，一般都是數 kHz。

在圖 7.75 看到的是在鐵電材料鉍鐵氧化物 (BFO) 薄膜上的結果[147]，(a) 爲表面形貌影像，(b) 爲壓電效應影像，在 (b) 清楚顯示出各個鐵電疇被晶粒的晶界侷限，其中具有強烈亮暗對比的區域，代表極化方向垂直於薄膜表面，並互爲反方向，而對比不明顯區域便是極化方向較爲平行於表面。另外在圖 7.75 中有對比強烈的晶粒上，作定點測量壓電反應對極化電場的遲滯曲線，其結果顯示如圖 7.76 所示，可看出這些晶粒的 d_{33} 壓電係數約爲 20 pm/V，若是在對比微弱晶粒上作測量，壓電係數便小很多。利用這樣的微觀分析技術，可對鐵電材料特性作深入分析，並進而改善製程。此外，鐵電材料已被廣泛應用在微機電元件上，微觀分析技術越發重要，與一般巨觀量測壓電係數的雙干涉儀比較，壓電力顯微術更具有極大優勢。

7.6.6 結語

以上簡單介紹了幾種常用於電性檢測的掃描探針顯微術，這些都是建構於接觸式或非接觸式原子力顯微術，其中掃描電容顯微術、掃描電流顯微術及電力顯微術可應用於半導體材料與元件分析，而壓電力顯微術可用於鐵電及壓電材料分析。不過在一般中低價位的商用儀器，可能不具備這些電性量測功能。但除了掃描電容顯微術需要使用靈敏的電容測量裝置外，其他幾項顯微技術，只要在一般的原子力顯微鏡上外接電流放大器或鎖相放大器，便可達到這些功能。以類似的外加儀器觀念所創造出來的各種掃描探針顯微術，在文獻中所記載已有數十種之多，這也突顯了其所具有的簡便及多樣性，更讓掃描探針顯微術成爲奈米檢測技術中不可或缺的一環。

參考文獻

1. G. Binnig and H. Rohrer, *Rev. Mod., Phys.*, **59**, 615 (1987).
2. I. S. Hwang, R. L. Lo, and T. T. Tsong, *Phys. Rev. Lett.*, **78**, 4797 (1997).
3. I. S. Hwang, T. C. Chang, and T. T. Tsong, *Phys. Rev. Lett.*, **80**, 4229 (1998).
4. I. S. Hwang, S. H. Chang, C. K. Fang, L. J. Chen, and T. T. Tsong, *Phys. Rev. Lett.*, **93**, 106101 (2004).
5. R. J. Hamers, R. M. Tromp, and J. E. Demuth, *Phys. Rev. Lett.*, **56**, 1972 (1986).
6. D. M. Eigler and E. K. Schweizer, *Nature*, **344**, 524 (1990).
7. S. W. Hla, L. Bartels, G. Meyer, and K. H. Rieder, *Phys. Rev. Lett.*, **85**, 2777 (2000).
8. S. Gasiorowicz, *Quantum Physics*, New York: Wiley, 84 (1974).
9. M. F. Crommie, C. P. Lutz, and D. M. Eigler, *Nature*, **363**, 524 (1993).
10. V. Madhavan, W. Chen, T. Jamneala, M. F. Crommie, and N. S. Wingreen, *Science*, **280**, 567 (1998).

11. Y. Guo, Y. F. Zhang, X. Y. Bao, T. Z. Han, Z. T., L. X. Zhang, W. G. Zhu, E. G. Wang, Q. Niu, Z. Q. Qiu, J. F. Jia, Z. X. Zhao, and Q. K. Xue, *Science*, **306**, 1915 (2004).
12. D. Eom, S. Qin, M. Y. Chou, and C. K. Shih, *Phys. Rev. Lett.*, **96**, 027005 (2006).
13. G. Binnig, K. H. Frank, H. Fuchs, N. Garcia, B. Reihl, H. Rohrer, F. Salvan, and A. R. Williams, *Phys. Rev. Lett.*, **55**, 991, (1985).
14. R. S. Becker, J. A. Golovchenko, and B. S. Swartzentruber, *Phys. Rev. Lett.*, **55**, 987 (1985).
15. K. H. Gundlach, *Solid-State Electron.*, **9**, 949 (1966).
16. A. R. Smith, K. J. Chao, Q. Niu, and C. K. Shih, *Science*, **273**, 226 (1996).
17. Z. Zhang, Q. Niu, and C. K. Shih, *Phys. Rev. Lett.*, **80**, 5381 (1998).
18. A. Zangwill, *Physics at Surfaces*, New York: Cambridge University Press, 428 (1988).
19. L. Gavioli, K. R. Kimberlin, M. C. Tringides, J. F. Wendelken, and Z. Zhang, *Phys. Rev. Lett.*, **82**, 129 (1999).
20. K. Budde, E. Abram, V. Yeh, and M. C. Tringdes, *Phys. Rev. B*, **61**, R10602 (2000).
21. W. B. Su, S. H. Chang, W. B. Jian, C. S. Chang, L. J. Chen, and T. T. Tsong, *Phys. Rev. Lett.*, **86**, 5115 (2001).
22. S. H. Chang, W. B. Su, W. B. Jian, C. S. Chang, L. J. Chen, and T. T. Tsong, *Phys. Rev. B*, **65**, 245401 (2002).
23. W. B. Su, S. H. Chang, H. Y. Lin, Y. P. Chiu, T. Y. Fu, C. S. Chang, and T. T. Tsong, *Phys. Rev. B*, **68**, 033405 (2003).
24. W. B. Su, H. Y. Lin, Y. P. Chiu, H. T. Shih, T. Y. Fu, Y. W. Chen, C. S. Chang, and T. T. Tsong, *Phys. Rev. B*, **71**, 073304 (2005).
25. H. H. Weitering, D. R. Heslinga, and T. Nibma, *Phys. Rev. B*, **45**, 5991 (1992).
26. A. Crottini, D. Cvetko, L. Floreano, R. Gotter, A. Morgante, and F. Tommasini, *Phys. Rev. Lett.*, **79**, 1527 (1997).
27. M. Jałochowski, H. Knoppe, G. Lilienkamp, and E. Bauer, *Phys. Rev. B*, **46**, 4693 (1992).
28. J. J. Paggel, C. M. Wei, M. Y. Chou, D. -A. Luh, T. Miller, and T. -C. Chiang, *Phys. Rev. B*, **66**, 233403 (2002).
29. J. F. Jia, K. Inoue, Y. Hasegawa, W. S. Yang, and T. Sakurai, *Phys. Rev. B*, **58**, 1193 (1998).
30. C. L. Lin, S. M. Lu, W. B. Su, H. T. Shih, B. F. Wu, Y. D. Yao, C. S. Chang, and T. T. Tsong, *Phys. Rev. Lett.*, **99**, 216103 (2007).
31. A. L. Vázquez de Parga, F. J. García-Vidal, and R. Miranda, *Phys. Rev. Lett.*, **85**, 4365 (2000).
32. W. B. Su, S. M. Lu, C. L. Lin, H. T. Shih, C. L. Jiang, C. S. Chang, and T. T. Tsong, *Phys. Rev. B*, **75**, 195406 (2007).
33. G. Binnig, H. Rohrer, C. H. Gerber, and E. Weibel, *Phys. Rev. Lett.*, **50**, 120 (1983).
34. G. Binnig, C. F. Quate, and C. H. Gerber, *Phys. Rev. Lett.*, **56**, 930 (1986).

35. Lennard-Jones, J. E. Cohesion. *Proceedings of the Physical Society*, **43**, 461 (1931).
36. S. Morita, R. Wiesendanger, and E. Meyer, *Noncontact Atomic Force Microscopy*, Berlin: Springer-Verlag (2002).
37. F. J. Giessible, *Science*, **267,** 68 (1995).
38. P. K. Hansma, J. P. Cleveland, and M V. Elings , *Appl. Phys. Lett.*, **64,** 1738 (1994).
39. T. R. Albrecht, P. Grütter, D. Horne, and D. Rugar, *J. Appl. Phys.* **69**, 668 (1991).
40. F. J. Giessible, *Rev. Mod. Phys*., **75**, 949 (2003).
41. T. Fukuma, K. Kobayashi, K. Matsushige, and H. Yamada, *Appl. Phys. Lett.*, **86**, 193108 (2005).
42. T. Fukuma, K. Kobayashi, K. Matsushige, and H. Yamada, *Appl. Phys. Lett.*, **87**, 034101 (2005).
43. T. Fukuma, M. Kimura, K Kobayashi, K. Matsushige K, and H. Yamada, *Rev. Sci. Instrum.*, **76**, 053704 (2005).
44. "原子力顯微鏡矽質探針之製程與量測技術", 計畫編號 IC930011, 經濟部九十三年度科技研究發展專案.
45. G. Meyer and N. M. Amen, *Appl. Phys. Lett.,* **53**, 1045 (1988).
46. S. Alexander, L. Hellemans, O. Marti, J. Schneir, V. Elings, P. K. Hansma, M. Longmire, and J. Gurley, *J. Appl. Phys.*, **65**, 164 (1989).
47. Y. Martin, C. C. Williams, and H. K. Wickramasinghe, *J. Appl. Phys*., **61**, 4723 (1987).
48. R. Erlandsson, G. M. McClelland, C. M. Mate, and S. Chiang, *J. Vac. Sci., Technol. A*, **6**, 266 (1988).
49. E. T. Hwu, K. Y. Huang, S. K. Hung, and I.-S. Hwang, *J. J. Appl. Phys.*, Part 1, **45**, 2368 (2005).
50. E. Betzig, P. L. Finn, and J. S. Weiner, *Appl. Phys. Lett.*, **60**, 2484 (1992).
51. P. Günther, U. C. Fischer, and K. Dransfeld, *Appl. Phys. B: Photophys. Laser Chem.*, **48**, 89 (1989).
52. R. W. Stark and W. M. Heckl, *Review of Scientific Instruments*, **71**, 3104 (2000)
53. F. Ho and Y. Yamamoto, *J. Vac. Sci. Technol. B*, **16** (1), 43 (1998).
54. R. W. Carpick, D. F. Ogletree, and M. Salmeron, *Appl. Phys. Lett.*, **70**, 24 (1997)
55. P. Maivald, H. J. Butt, S. A. C. Gould, C. B. Prater, B. Drake, J. A. Gurley, V. B. Elings, and P. K. Hansma, *Nanotechnology*, **2**, 103 (1991).
56. D. W. Pohl, *Advances in Optical and Electron Microcopy*, 243 (1990).
57. Y. Martin and H. K. Wickramasinghe, *Appl. Phys. Lett.*, **50**, 1455 (1987).
58. C. W. Yang, I. S. Hwang, Y. F. Chen, C. S. Chang, and D. P. Tsai, *Nanotechnology*, **18**, 084009 (2007).
59. M. J. Rost, L. Crama, H. ter Horst, P. Han, W. van Loo, and J. W. M. Frenken, *Review of Scientific Instruments*, **76**, 053710 (2005).
60. G. E. Fantner, G. Schitter, J. H. Kindt, I. W. Rangelow, and P. K. HansmaM, *Ultramicroscopy*, **106**, 881 (2006).
61. H. B. Li, M. Carrion, A. F. Oberhauser, P. E. Marszalek, and J. M. Fernandez, *Nature Structural Biology*, **7**, 1117 (2000).

62. M. Carrion-Vazquez, P. E. Marszalek, A. F. Oberhauser, and J. M. Fernandez, *PNAS*, **96** (20), 11288 (1999).
63. A. Janshoff, M. Neitzert, Y. Oberdörfer, and H. Fuchs, *Angew. Chem. Int. Ed.*, **39**, 3212 (2000).
64. D. J. Müller, D. Fotiadis, S. Scheuring, S. A. Müller, and A. Engel, *Biophysical Journal*, **76**, 1101 (1999).
65. B. Cappella and G. Dietler, *Surface Science Reports*, **34**, 1 (1999).
66. T. Junno, K. Deppert, L. Montelius, and L. Samuelson, *Appl. Phys. Lett.*, **66** (26), 26 (1995).
67. L. L. Sohn and R. L. Willett, *Appl. Phys. Lett.*, **67**, 1552 (1995).
68. J. A. Dagata, J. Schneir, H. H. Harary, C. J. Evans, M. T. Postek, and J. Bennett, *Appl. Phys. Lett.*, **56**, 2001 (1990).
69. C.-F. Chen, S.-D Tzeng, H.-Y. Chen, and S. Gwo, *Optics Lett.*, **30**, 652 (2005).
70. P. Vettiger, M. Despont, U. Drechsler, U. Dürig, W. Häberle, M. I. Lutwyche, H. E. Rothuizen, R. Stutz, R. Widmer, and G. Binnig, *IBM J. of Res. and Dev.*, **44**, 323 (2000).
71. R. D. Piner, J. Zhu, F. Xu, S. Hong and C. A. Mirkin, *Nature*, **283**, 661 (1999).
72. H. Zhang, S.-W. Chung, and C. A. Mirkin, *Nano. Lett.*, **3**, 43 (2003).
73. J. D. Joannopoulos, R. D. Meade, and S. N. Winn, *Photonic crystals: Molding the flow of light*, Princeton, United Kingdom (1995).
74. J. W. Goodman, *Introduction to Fourier Optics*, McGraw-Hill (1996).
75. E. H. Synge, “A suggested method for extending microscopic resolution into the ultramicroscopic region”, The London, Edinburgh, and Dublin Philosophical Magazine and *Journal of Science*, **6**, 7th series: 356 (1928)
76. E. A. Ash and G. Nicholls, *Nature*, **237**, 510 (1972).
77. D. W. Pohl, W. Denk, and M. Lanz, Appl. *Phys. Lett.*, **44**, 651 (1984).
78. D. W. Pohl, “Optical near-field scanning microscope”, U.S. Patent 4,604,520 (1983).
79. A. Lewis, M. Isaacson, A. Murray, and A. Harootunian, *Biophysical Journal*, **41**, 405a (1983).
80. E. Betzig, P. L. Finn, and J. S. Weiner, *Appl. Phys. Lett.*, **60**, 2484 (1992).
81. S. Kawata, *et al.*, *Near-field optics and surface plasmon polariton*, Springer (2001).
82. B. Hecht, B. Sick, U. P. Wild, V. Deckert, R. Zenobi, O. J. F. Martin, and D. W. Dieter, *J. Chem. Phys.*, **18**, 112 (2000).
83. R. Stöckle, Ch. Fokas, V. Deckert, R. Zenobi, B. Sick, B. Hecht, and U. P. Wild, *Appl. Phys. Lett.*, **75** (2), 160 (1999).
84. P. K. Wei, Y. C. Chen, and H. L. Kuo, *J. of Microscopy*, **210**, Pt3, 334 (2003).
85. P. K. Wei and W. S. Fann, *J. Appl. Phys.*, **87**, 2561 (2000).
86. P. K. Wei and W. S. Fann, *J. Appl. Phys.*, **84**, 4655 (1998).
87. D. P. Tsai and Y. Y. Lu, *Appl. Phys. Lett.*, **73**, 2724 (1998).

88. T. Y. Yang, G. A. Lessard, and S. R. Quake, *Appl. Phys. Lett.*, **76**, 17 (2000).
89. A. Bouhelier, M. Beversluis, A. Hartschuh, and L. Novotny, *Phys. Rev. Lett.*, **90**, 013903 (2003).
90. A. Hartschuh, E. J. Sánchez, X. S. Xie, and L. Novotny, *Phys. Rev. Lett.*, **90**, 095503 (2003).
91. H. Raether, *Surface Plasmons*, Berlin: Springer (1988).
92. P. K. Wei, H. L. Chou, and W. S. Fann, *Opt. Express*, **10**, 1418 (2002).
93. P. K. Wei, S. Y. Chiu, and W. L. Chang, *Review of Scientific Instrument*, **73** (7), 2624 (2002).
94. J. J. Chiu, W. S. Wang, C. C. Kei, C. P. Cho, T. P. Perng, S. Y. Chiu, and P. K. Wei, *Appl. Phys. Lett.*, **83**, 4607 (2004).
95. P. K. Wei, Y. F. Lin, W. S. Fann, Y. Z. Lee, and S. A. Chen , *Physical Review B*, **63**, 045417 (2001).
96. T. Y. Lin, P. K. Wei, E. H. Lin, T. L. Tseng, and R. Chang, *Electrochemical and Solid-State Letters*, **10**, 217 (2007).
97. J. W. P. Hsu, *Materials Science and Engineering R-Reports*, **33**, 1 (2001).
98. S. Fan and J. D. Joannopoulos, *Appl. Phys. Lett.*, **75**, 3461 (1999).
99. W. S. Tsai, W. S. Wang, and P. K. Wei, *Appl. Phys. Lett.*, **91**, 061123 (2007).
100. J. O. Tegenfeldt, O. Bakajin, C. F. Chou, *et al.*, *Phys. Rev. Lett.*, **86**, 1378 (2001).
101. I. I. Smolyaninov, J. Elliott, and A. V. Zayats, *Phys. Rev. Lett.*, **94**, 057401 (2005).
102. W. J. Padilla, D. N. Basov, and D. R. Smith, *Materials Today*, **9**, 28 (2006).
103. J. B. Pendry, *Phys. Rev. Lett.*, **85**, 3966 (2000).
104. Z. W. Liu, H. Lee, Y. Xiong, C. Sun, and X. Zhang, *Science*, **315**, 1686 (2007).
105. G. Binning, H. Rohrer, Ch. Gerber and E. Weibel, *Phys. Rev. Lett.*, **49**, 57 (1982).
106. G. Binning, H. Rohrer, Ch. Gerber and E. Weibel, *Phys. Rev. Lett.*, **50**, 120 (1983).
107. G. Binning, C. F. Quate, and Ch. Gerber, *Phys. Rev. Lett.*, **56**, 930 (1986).
108. Y. Martin, and H. K. Wickramasinghe, *Appl. Phys. Lett.*, **50**, 1455 (1987).
109. Y. Martin, D. Rugar, and H. K. Wickramasinghe, *Appl. Phys. Lett.*, 52, 244 (1988).
110. H. J. Mamin, D. Rugar, J. E. Stern, R. E. Fontana, Jr., and P. Kasiraj, *Appl. Phys. Lett.*, 55, 318 (1989).
111. J. R. Matey and J. Blanc, *J. Appl. Phys*., **57**, 1437 (1985).
112. S. J. O'Shea, R. M. Atta, M. P. Murrell, and M. E. Welland, *J. Vac. Sci. Technol. B*, **13**, 1945 (1995).
113. J. N. Nxumalo, D. T. Shimizu, and D. J. Thomson, *J. Vac. Sci. Technol. B*, **14**, 386 (1996).
114. Y. Martin, D. W. Abraham, and H. K. Wickramasinghe, *Appl. Phys. Lett.*, **52**, 1103 (1988).
115. C. C. Williams, J. Slinkman, W. P. Hough, and H. K. Wickramasinghe, *Appl. Phys. Lett.*, **55**, 1662 (1989).
116. J. Isenbart, A. Born, and R. Wiesendanger, *Appl. Phys. A*, **72** (Suppl.), S243 (2001).
117. W. K. Chim, K. M. Wong, Y. L. Teo, Y. Lei, and Y. T. Yeow, *Appl. Phys. Lett.*, **80**, 4837 (2002).
118. M. L. O'Malley, G. L. Timp, S. V. Moccio, J. P. Garno, and R. N. Kleiman, *Appl. Phys. Lett.*, **74**, 272 (1999).

119. K. Kimura, K. Kobayashi, K. Matsushige, K. Usuda, and H. Yamada, *Appl. Phys. Lett.*, **90**, 083101 (2007).
120. C. Y. Nakakura, D. L. Hetherington, M. R. Shaneyfelt, P. J. Shea, and A. N. Erickson, *Appl. Phys. Lett.*, **75**, 2319 (1999).
121. J. W. Hong, S. M. Shin, C. J. Kang, Y. Kuk, Z. G. Khim, and S.-I. Park, *Appl. Phys. Lett.*, **75**, 1760 (1999).
122. C. C. Leu, C. Y. Chen, C. H. Chien, M. N. Chang, F. Y. Hsu, and C. T. Hu, *Appl. Phys. Lett.*, **82**, 3493 (2003).
123. Y. Naitou, H. Arimura, N. Kitano, S. Horie, T. Minami, M. Kosuda, H. Ogiso, T. Hosoi, T. Shimura, and H. Watanabe, *Appl. Phys. Lett.*, **92**, 012112 (2008).
124. X. Zhou, E. T. Yu, D. I. Florescu, J. C. Ramer, D. S. Lee, S. M. Ting, and E. A. Armour, *Appl. Phys. Lett.*, **86**, 202113 (2005).
125. W. Brezna, M. Fischer, H. D. Wanzenboeck, E. Bertagnolli, and J. Smoliner, *Appl. Phys. Lett.*, **88**, 122116 (2006).
126. Y. Naitou, A. Ando, H. Ogiso, S. Kamiyama, Y. Nara, K. Nakamura, H. Watanabe, and K. Yasutake, *Appl. Phys. Lett.*, **87**, 252908 (2005).
127. G. H. Buh, H. J. Chung, C. K. Kim, J. H. Yi, I. T. Yoon, and Y. Kuk, *Appl. Phys. Lett.*, **77**, 106 (2000).
128. E. Bruno, S. Mirabella, G. Impellizzeri, F. Priolo, F. Giannazzo, V. Raineri, and E. Napolitani, *Appl. Phys. Lett.*, **87**, 133110 (2005).
129. M. N. Chang, C. Y. Chen, W. W. Wan, and J. H. Liang, *Appl. Phys. Lett.*, **84**, 4705 (2004).
130. M. N. Chang, C. Y. Chen, F. M. Pan, T. Y. Chang, and T. F. Lei, *Electrochem. Solid State Lett.*, **5**, G69 (2002).
131. D. Goghero, V. Raineri, and F. Giannazzo, *Appl. Phys. Lett.*, **81**, 1824 (2002).
132. J. Smoliner, B. Basnar, S. Golka, E. Gornik, B. Löffler, M. Schatzmayr, and H. Enichlmair, *Appl. Phys. Lett.*, **79**, 3182 (2001).
133. M. N. Chang, C. Y. Chen, F. M. Pan, J. H. Lai, W. W. Wan, and J. H. Liang, *Appl. Phys. Lett.*, **82**, 3955 (2003).
134. Y. Naitou, A. Ando, H. Ogiso, S. Kamiyama, Y. Nara, K. Yasutake, and H. Watanabe, *J. Appl. Phys.*, **101**, 083704 (2007).
135. 美國專利: USP 7,210,340b2.
136. M. Porti, M. Nafría, M. C. Blüm, X. Aymerich, and S. Sadewasser, *Appl. Phys. Lett.*, **81**, 3615 (2002).
137. D. K. Schroder, *Semiconductor Material and Device Characterization*, 2nd ed., New York: Wiley, 224 (1998).
138. M. Porti, M. Nafria, and X. Aymerich, *Proc. IRPS*, 156 (2001).
139. C. Sire, S. Blonkowski, M. J. Gordon, and T. Baron, *Appl. Phys. Lett.*, **91**, 242905 (2007).

140. M. N. Chang, C. Y. Chen, M. J. Yang, and C. H. Chien, *Appl. Phys. Lett.*, **89**, 133109 (2006).
141. 曾賢德, 果尚志, 物理雙月刊, **25** (5), 632 (2003).
142. M. Nonnenmacher, M. P. O'Boyl, and H. K. Wickramasinghe, *Appl. Phys. Lett.*, **58**, 2921 (1991).
143. D. M. Schaadt, E. T. Yu, S. Sankar, and A. E. Berkowitz, *Appl. Phys. Lett.*, **74**, 472 (1999).
144. C. Ballif, H. R. Moutinho, and M. M. Al-Jasssim, *J. Appl. Phys.*, **89**, 1418 (2001).
145. F. Saurenbach and B. D. Terris, *Appl. Phys. Lett.*, **56**, 1703 (1990).
146. H.-N. Lin, S.-H. Chen, S.-T. Ho, P.-R. Chen, and I.-N. Lin, *J. Vac. Sci. Technol. B*, **21**, 916 (2003).
147. Y.-H. Lee, J.-M. Wu, Y.-C. Chen, Y.-H. Lu, and H.-N. Lin, *Electrochem. Solid State Lett.*, **8**, F43 (2005).

第八章　其他檢測技術

8.1 中子繞射散射技術

8.1.1 中子繞射簡介

中子繞射的可行性於 1936 年被提出，並於同年經實驗驗證。當時距離中子被發現的 1932 不過短短的四年。之後於 1940 年代，於美國 Oak Ridge 與 Argonne 等國家實驗室開始建構原子反應爐 (nuclear reactor) 以產生實驗所需之中子。到了 1950 年代，建構原子反應爐以產生中子束並應用於材料科學的研究浪潮已經傳播到歐洲、印度、澳洲以及遠東。因此，中子散射 (neutron scattering) 技術以及其在材料科學的應用上，逐漸發展成一種非常重要的方法與工具。即使如此，中子束在世界上依然是比較稀少的資源，因爲中子束目前只產生於反應爐與散裂中子源 (spallation source)，無法像其他光源 (例如 X 光) 一樣的普及。其中，散裂中子源又稱爲新一代中子源，現今美、歐、日正投入巨大的人力物力建構中，目前並不十分普遍。對於中子散射過去的發展歷史，有興趣的讀者可參考 G. E. Bacon 在 1986 年的回顧[1]。

從原子反應爐核分裂所產生之中子具有 MeV 數量級的能量，此時之中子稱爲快中子 (fast neutron)，並不適合用來從事中子散射實驗，所以必須先經過石墨 (graphite)、輕水 (light water) 或重水 (heavy water) 的減速 (modulation)。之後隨著中子束能量 E 的不同，一般有超熱中子 (epithermal neutron, $E > 0.4$ eV)、高溫下之熱中子 (hot neutron, $E \sim 200$ meV)、熱中子 (thermal neutron, $E \sim 25$ meV) 及冷中子 (cold neutron, $E < 10$ meV) 的區別。普通的中子散射實驗通常使用熱中子與冷中子。經過減速後的中子束是等向性的 (isotropic)，並且具多種能量，非單一波長 (wavelength)，故須經過準直儀 (collimator) 與單色儀 (monochromator) 的作用以從反應爐中引出所需要能量的中子束。至於準直儀與單色儀的選取須考慮後段散射儀 (spectrometer) 的種類與需求來做決定，也須考慮反應爐心所產生的中子通量 (neutron flux)，而這又牽涉到反應爐的的設計。

另外，在中子磁性散射 (magnetic scattering) 的實驗中，有時須考慮使用偏極化 (polarized) 中子，以獲得更確切的散射數據 (data)。此時在中子束路徑上就必須加裝極

第 8.1 節作者爲張烈錚先生。

化儀 (polarizer) 與分析儀 (analyzer)。現今比較先進的中子反應爐已可達到 57 MW 以上的功率，並產生中子通量 10^{15} 中子·s^{-1}·cm^{-2} 以上。當然這樣的反應爐具有非常昂貴的建造與維護費用，僅有經濟大國可負擔得起。現今世界上最先進的中反應爐位於歐洲法國 Grenoble 的 Institut Laue-Langevin (通常簡寫成 ILL)，主要由法國、德國與英國共同出資並營運。關於反應爐、準直儀、單色儀、極化儀與分析儀等硬體的概略介紹，可參考中子散射的相關書籍[2-4]。

中子散射可分爲非彈性散射 (inelastic scattering) 與彈性散射 (elastic scattering) 兩種。一般中子繞射 (neutron diffraction) 只考慮在散射過程中中子束於不同角度的強度 (intensity) 變化，並不考慮其能量的變化。從這個角度來看，中子束用於晶格 (lattice) 繞射的原理與一般實驗室中的 X 光繞射是相類似的，前提是不考慮牽涉到中子自旋 (spin) 的磁性繞射 (magnetic diffraction)。本文將只著重於中子的彈性散射，中子繞射部分則於奈米材料的檢測作說明。

8.1.2 技術規格與特徵

自由中子 (free neutron) 爲非穩定核種，半衰期約 12 分鐘，質量與質子相近，因其爲費米子 (fermion)，故帶有 $h/2$ (h 爲蒲朗克常數 (Planck's constant)) 的自旋磁矩 (spin moment)。從其波動性來看 ($h^2/2m\lambda^2 = k_BT$，k_B 爲波茲曼常數 (Boltzmann's constant)、m 爲中子質量、λ 爲波長、T 爲溫度)，其波長與能量的關係爲 λ (Å) = 9.0446(E (meV))$^{-1/2}$，與溫度的關係爲 1 meV ~ 11.605 K。在冷中子與溫中子的能量範圍，中子波長大約落在 1 Å 到 10 Å 之間，與一般物質的晶格常數 (lattice constant) 相近，非常適合用於奈米材料的研究。

與 X 光繞射實驗相比，因爲中子束的強度較 X 光弱，所以一般而言，中子繞射實驗需要較大量的樣品，另外也需較長的實驗時間來讀取數據，這些因素增加了中子繞射實驗的局限性。畢竟很多時候大量樣品的取得並不容易，又在有限中子源的存在下，較長的實驗時間使得中子源顯得更加稀少。因此改良散射儀以期增加中子束強度來縮短實驗時間與所需樣品分量，一直是中子儀器科學家 (instrument scientist) 的努力方向。圖 8.1 爲 ILL 的中子繞射散射儀 D20 的示意圖。D20 爲一高中子通量強度的二軸繞射儀 (two-axis diffractometer)，其偵測儀 (detector) 覆蓋繞射角度範圍達 153.6°，並可同時偵測 1536 位置的中子繞射情況，最高中子通量可達 10^8 ns^{-1}cm^{-2}。一般情況而言，在此高中子強度之下，一組繞射數據的讀取只需要幾分鐘，並對較小樣品的中子繞射實驗增加了其可能性[5]。

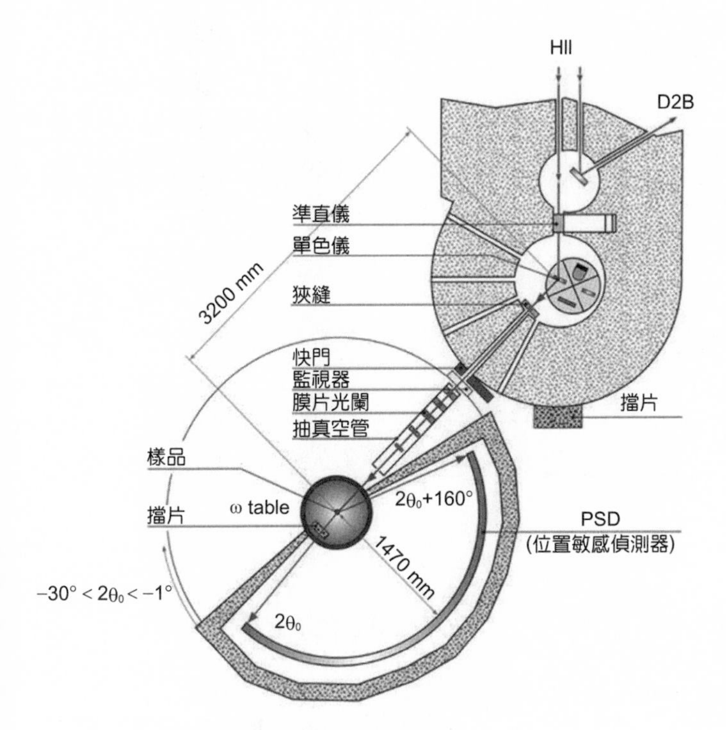

圖 8.1
ILL 的中子繞射散射儀 D20 的示意圖[5]。

從另一角度來說，中子繞射也有 X 光繞射沒有的許多優點。

1. 中子具高穿透性，一般直接與元素原子核直接作用，所以對電子數目較少的元素，如碳、氧等，其散射敏感度較 X 光強很多。故對於有機材料、高分子與物質氧含量的研究，有 X 光難以達到的靈敏度。至於一些對中子高吸收性的核種，如氫、硼等元素，可以其低吸收性的同位素來取代而加以克服。
2. 因爲中子高穿透性以及不帶電荷的特性，實驗時樣品所在環境的多樣化較 X 光繞射實驗容易達成，例如低溫、加壓、高磁場等，這對物質物理特性的研究助益極大。利用此種高穿透性以及不帶電荷的特性，也較 X 光以及電子繞射更能深入物質內部來研究物質的深層結構。
3. 中子帶 1/2 自旋磁矩，所以除了與原子核作用外，還可以與磁性物質的未成對電子與未填滿軌域電子作用而產生繞射。幸運的是這種中子磁散射與中子原子核散射的強度相近，所以很適合用來研究磁性物質的磁特性與磁結構 (magnetic structure)，這項優點是 X 光繞射技術所沒有的。中子散射技術因此成爲研究磁性材料最有效的工具。

8.1.3 基本原理

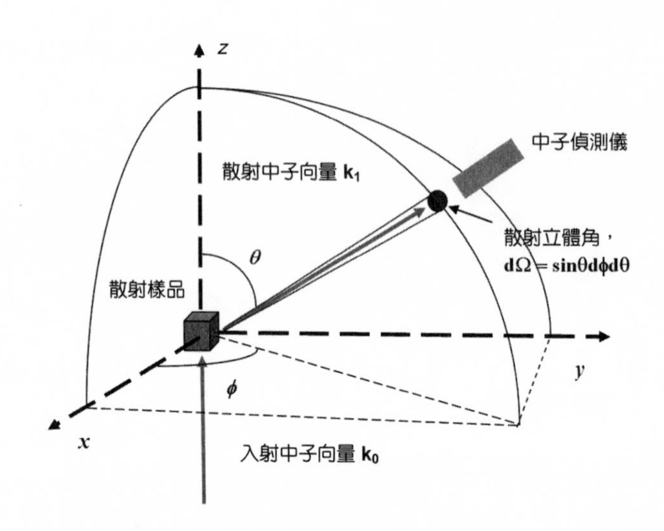

圖 8.2
中子散射幾何示意圖。

一般的中子散射實驗如圖 8.2 所示。一中子束平面波入射向量爲 $\mathbf{k}_0$，並沿著 z 軸方向，經一實驗樣品散射後具散射向量 $\mathbf{k}_1$，並在散射立體角 $\Omega d\Omega$ 的位置被中子偵測儀偵測到。假如我們定義入射中子束具均勻通量 Φ (每單位面積單位時間通過的中子數)，而在散射樣品中有 N 個原子或散射點與中子發生散射，則散射截面 (cross section) σ 與散射立體角 Ω 間的關係 $d\sigma/d\Omega$= 散射入立體角 $\Omega d\Omega$ 的中子數總入射中子數，可寫成

$$\left(\frac{d\sigma}{d\Omega}\right)_{\mathbf{k}_0\sigma_0\lambda_0\rightarrow\mathbf{k}_1\sigma_1\lambda_1} = \frac{1}{N\Phi\cdot\Delta\Omega} W_{\mathbf{k}_0\sigma_0\lambda_0\rightarrow\mathbf{k}_1\sigma_1\lambda_1} \tag{8.1}$$

其中，σ_0、σ_1 指散射前後中子的自旋狀態，λ_0、λ_1 爲散射前後散射樣品的狀態，$W_{\mathbf{k}_0\sigma_0\lambda_0\rightarrow\mathbf{k}_1\sigma_1\lambda_1}$ 指每秒鐘從 $\mathbf{k}_0\sigma_0\lambda_0$ 散射到 $\mathbf{k}_1\sigma_1\lambda_1$ 的中子數目。使用費米黃金規則 (Fermi's golden rule)：

$$W_{\mathbf{k}_0\lambda_0\sigma_0\rightarrow\mathbf{k}_1\lambda_1\sigma_1} = \frac{2\pi}{\hbar}\left|\left\langle\mathbf{k}_1\sigma_1\lambda_1\right|V\left|\mathbf{k}_0\sigma_0\lambda_0\right\rangle\right|^2 \rho_{\mathbf{k}_1\sigma_1}(E_1) \tag{8.2}$$

其中，V 爲中子與散射樣品交互作用時的位能，$\rho_{\mathbf{k}_1\sigma_1}(E_1)$ 爲散射後能量狀態的能量 E 密度。在經過散射能量的計算[2,6]，則可得到中子散射的主要公式 (master formula)：

$$\left(\frac{d^2\sigma}{d\Omega dE}\right)_{\mathbf{k}_0\to\mathbf{k}_1}=\left(\frac{1}{N}\right)\frac{k_1}{k_0}\left(\frac{m}{2\pi\hbar^2}\right)\sum_{\lambda_0\sigma_0}p_{\lambda_0}p_{\sigma_0}\times\sum_{\lambda_1\sigma_1}\left|\left\langle\mathbf{k}_1\sigma_1\lambda_1\right|V\left|\mathbf{k}_0\sigma_0\lambda_0\right\rangle\right|^2\delta\left(E+E_{\lambda_0}-E_{\lambda_1}\right)\tag{8.3}$$

其爲解釋中子散射實驗結果的基礎。其中，P_{λ_0}、P_{σ_0} 指其發生的機率。更完整嚴密的推導可參考文獻 2、6。

若將原子核散射當做一個點散射，則其散射位能 $V(\mathbf{r})=2\pi\hbar^2/m\sum_i b_i\delta(\mathbf{r}-\mathbf{R}_i)$，此又稱爲費米假位能 (Fermi pseudopotential)，其中 b 爲散射長度 (scattering length)，只與原子核的種類有關；而 $\mathbf{r}$ 與 $\mathbf{R}$ 分別表示散射時中子與原子核的位置。又如前所述，我們只考慮彈性散射，即繞射的情形，也暫時不考慮中子的偏極化，則上式可被簡化爲：

$$\frac{d\sigma}{d\Omega}(\mathbf{Q})=\sum_{ij}\left\langle b_i^* b_j e^{-i\mathbf{Q}\cdot\mathbf{R}_i}e^{i\mathbf{Q}\cdot\mathbf{R}_j}\right\rangle\tag{8.4}$$

其中 $\mathbf{Q}=\mathbf{K}_0-\mathbf{K}_1$，稱爲散射向量 (scattering vector)，其值 $|\mathbf{Q}|=(4\pi/\lambda)\sin\theta$。若我們再予以簡化不考慮同位素的分布，則針對 b 這種原子核繞射爲[7]：

$$\frac{d\sigma}{d\Omega}(\mathbf{Q})=\langle b\rangle^2\left|\sum_i e^{-i\mathbf{Q}\cdot\mathbf{R}_i}\right|^2\tag{8.5}$$

此時的 i 爲加入晶格中不同位置的 b 原子核，b 的值可由查表得知，至於那些原子核繞射峰可出現於那些種類的晶格結構中，詳細的規則與計算可見於一般固態物理的教科書[8]。

再回到主要公式 (8.3) 來討論中子磁性繞射的情形，這是中子繞射技術的強項與唯一性，如前所述中子磁性繞射主要是利用中子帶 1/2 自旋。同樣的在繞射情況下我們不考慮能量的變化，而且也暫時不考慮極化中子的散射。與原子核繞射不同的是在原子中磁性的分布主要來自於外層未塡滿的電子雲，其具有結構以及方向性。一樣從散射位能開始，我們考慮一中子具自旋狀態 $\boldsymbol{\sigma}$ 與具有動量 $\mathbf{p}$、自旋 $\mathbf{s}$ 的電子交互作用。其對應的磁矩 (magnetic moments) 爲 $-\gamma\mu_N\boldsymbol{\sigma}$ 與 $-2\mu_B\mathbf{s}$，γ 爲一常數 1.9132，而 μ_N 與 μ_B 分別爲原子核與波耳 (Bohr) 磁子 (magneton)。根據普通量子力學所述[9]，則標準的交互作用位能爲：

$$V(\mathbf{r})=-\gamma\mu_N 2\mu_B\boldsymbol{\sigma}\cdot\left(\text{curl}\,\frac{\mathbf{s}\times\hat{\mathbf{r}}}{r^2}+\frac{1}{\hbar}\frac{\mathbf{p}\times\hat{\mathbf{r}}}{r^2}\right)\tag{8.6}$$

則

$$\left\langle\mathbf{k}_1\right|V\left|\mathbf{k}_0\right\rangle=4\pi\gamma\mu_N 2\mu_B\boldsymbol{\sigma}\cdot\mathbf{D}_\perp\left(\mathbf{k}_0-\mathbf{k}_1\right)\tag{8.7}$$

其中

$$\mathbf{D}_{\perp}(\mathbf{Q}) = \sum_{\mathrm{i}} \left[\hat{\mathbf{Q}} \cdot \left(\mathbf{s}_i \times \hat{\mathbf{Q}} \right) + \frac{i}{\hbar Q} \left(\mathbf{p}_{\mathrm{i}} \times \hat{\mathbf{Q}} \right) \right] e^{i\mathbf{Q}\cdot\mathbf{r}_i} \tag{8.8}$$

爲磁交互作用運算子 (magnetic interaction operator)。再來須考慮中子的自旋狀態，對於使用非偏極化的中子束繞射，則公式 (8.3) 可簡化爲：

$$\frac{d\sigma}{d\Omega}(\mathbf{Q}) = \frac{1}{N}(\gamma r_0)^2 \left| \langle \mathbf{D}_{\perp}(\mathbf{Q}) \rangle \right|^2 \tag{8.9}$$

其中，r_0 爲電子半徑。

現在再重新探討公式 (8.8) 的意義，$\mathbf{D}_{\perp}(\mathbf{Q})$ 事實上是指繞射磁性物質垂直 **Q** 方向的磁矩的傅立葉轉換 (Fourier transformation)，而第一項來自自旋磁矩，第二項爲軌道磁矩 (orbital moment)，計算合併後，

$$\mathbf{D}_{\perp}(\mathbf{Q}) = \mathbf{D}(\mathbf{Q}) - \left[\mathbf{D}(\mathbf{Q}) \cdot \hat{\mathbf{Q}} \right] \hat{\mathbf{Q}} \tag{8.10}$$

其詳細的解釋可參考文獻 2、3 及 10。到目前爲止，我們還缺 **D(Q)** 來完成中子磁性繞射的計算公式。考慮在一磁性散射晶體中，具有 d 種磁性物質而呈現 l 的晶格周期位置，則

$$\langle \mathbf{D}(\mathbf{Q}) \rangle = \sum_{l} \sum_{d} f_d(\mathbf{Q}) \langle \boldsymbol{\mu}_d \rangle \mathrm{e}^{\mathrm{i}\mathbf{Q}\cdot(l+d)} \mathrm{e}^{-W_d(\mathbf{Q})} \tag{8.11}$$

其中 $f_d(\mathbf{Q})$ 稱爲磁性形狀因子 (magnetic form factor)，與原子中的磁性分布情況有關，爲磁性分布的傅立葉轉換，在一般的情形下我們取兩項近似來作計算，

$$f_d(\mathbf{Q}) = \langle j_0(Q) \rangle + \left(1 - \frac{2}{g} \right) \langle j_2(Q) \rangle \tag{8.12}$$

其中 $\langle j_1(Q) \rangle = 4\pi \int_0^{\infty} j_1(Qr) R^2(r) r^2 dr$，$j_1(Qr)$ 爲球面貝索函數 (spherical Bessel functions)、$R^2(r)$ 爲徑向密度分布 (radial density distribution)；而公式 (8.11) 中，$e^{-\mathrm{W}_d(\mathbf{Q})} = e^{-\frac{1}{2}\langle [\mathbf{Q}\cdot\mathbf{u}_d]^2 \rangle}$ 稱爲迪拜－華勒因子 (Debye-Waller factor)，爲考慮原子在晶格上熱振動所做的修正項。

另外，在計算繞射峰強度時，常須再考慮重複因子 (multiplicity factor)，其起源於不同的晶格面但產生同樣的繞射，特別當樣品爲粉末 (powder) 時。羅倫茲因子 (Lorentz factor) 起源於實驗儀器上的非完美，譬如偵測儀的偵測口具有寬度等因素。吸收因子 (absorption factor) 與樣品中不同元素的中子吸收係數，以及中子在發生繞射前在樣品中所行經的路徑有關，細節可參考文獻 10、11。

以中子磁性繞射的定量分析解析物質的磁結構 (magnetic structure)，常常不是一件容易的工作，特別當遇到不相稱的 (incommensurate) 繞射情形時，此時磁結構的晶格尺寸與化學晶格尺寸之間的比例甚至爲無理數。且磁結構常常爲螺旋或正弦波的形式，更增加其解析上的困難度。而繞射樣品的型式粉末或單晶 (single crystal) 對磁結構的分析各有其優點，粉末樣品通常較易製備，並且在繞射實驗時可同時得到不同繞射角度的結果，但有時會產生多種磁結構都滿足實驗結果的情形，此時若有單晶來做確認即可解決此種困擾。目前常用的輔助電腦軟體有 GSAS 或 FullProf，前者較易上手使用，但有較大的功能限制；後者功能完備但參數太多不容易使用。解析磁結構因此需要一定的經驗，不論是軟體的使用或者是物理上的了解。

8.1.4 應用與實例

現以 1994 年被發現而一度很熱門的磁性超導體 (magnetic superconductor) RENi_2B_2C (RE 爲釔或稀土元素 (rare earth)) 系列材料爲例，說明中子繞射技術對於奈米尺寸研究的功用。RENi_2B_2C 爲體心長方晶系 (body-centered tetragonal structure) 結構，RE-C 與 Ni_2-B_2 層夾雜沿著 c 軸方向，空間群 (space group) 爲 $I4/mmm$。其中當 RE 爲 Y、Lu、Dy、Ho、Er 及 Tm 時具超導性；當 RE 爲 Dy、Ho、Er 及 Tm 時具超導與磁性共存的現象。一般而言，超導狀態與磁性狀態是不共存的，因爲磁性狀態下產生的不對稱性作用易使超導態下的古柏對 (Cooper pair) 電子解離而破壞了超導態。所以磁性超導性質的研究一直是超導體研究的一門重要課題。人們希望藉此磁性超導性質的研究來進一步了解超導性的基本物理原理。而一般實驗室磁性測量的設備只提供磁性巨觀上的行爲，例如電阻、磁化率、磁滯曲線、磁性以及比熱等，眞正能深入物質以進行奈米級的研究，中子繞射技術是最有效的方法之一。

$TmNi_2B_2C$ 在 11 K 溫度以下爲超導體，而在 1.5 K 溫度時具有磁相變。因爲自然界存在多量 B 爲 ^{10}B，對中子具有很強的吸收性，所以在樣品製備時須以其同位素 ^{11}B 代替。中子繞射實驗在 ILL 的 D1B 繞射儀進行，並使用波長 2.524 Å 來執行粉末繞射實驗[(12)]。D1B 與前面所述的 D20 構造非常相似，只是其偵測儀所涵蓋的角度爲 80°。圖 8.3 爲 $TmNi_2B_2C$ 在 5 K 與 1.2－5 K 的繞射圖形。在 5 K 的時候，雖然 $TmNi_2B_2C$ 已經爲超導體，但尚未到達磁性有序 (magnetic ordering) 的狀況，所以此時所呈現的基本上是原子核的繞射情形。在 1.2 K 時，$TmNi_2B_2C$ 不僅爲超導態，而且已經過磁相變而具有特定的磁性有序，此時來自原子核的繞射依然存在。所以我們將 1.2 K 與 5 K 的繞射圖形 (pattern) 相減，而得純粹來自磁性有序的繞射圖形，如圖 8.3(b)，以利更進一步的分析。

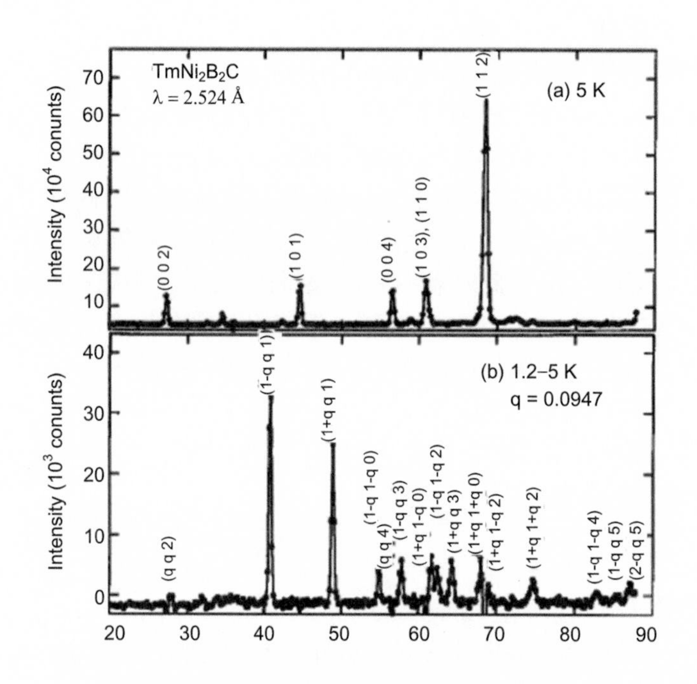

圖 8.3
(a) $TmNi_2B_2C$ 於 5 K 的中子繞射圖形，此時爲純粹原子核繞射；(b) 1.2–5 K，此時圖形純粹來自於磁性排序。

圖 8.3(a) 的繞射峰可根據體心結構，而依 $h+k+l=$ 偶數 (even) 的規則來進行標誌 (index)[8]，並可計算出 $TmNi_2B_2C$ 的晶格常數爲 $a=b=3.49$ Å，$c=10.628$ Å。圖 8.3(b) 的純粹磁性繞射峰則可標誌爲沿著 (110) 方向進行 ($q\ q\ 0$) 的調整 (modulation)，而 $q=0.0947$。此時我們已完成定性上的分析，但尚須提出磁結構的模型 (model)，並進行定量的計算。首先我們發現在 l 的標誌並不須作調整，所以可推測沿著 c 軸方向的磁矩方向與長度不變。而沿著 a、b 方向，所有的標誌都進行 $\pm q$ 的調整，所以我們可猜想磁矩在 ab 平面上的進行調整，從 a 或 b 任一軸來看，這個調整具有 $1/q$ 的晶格長度。所以我們立即可根據這些線索而提出兩種可能的情況。第一，磁矩在角錐的表面並沿著 (110) 方向繞著 c 軸進動，則因其在 c 軸方向投影量爲常數，並沿著 (110) 方向進行調整，確符合我們的觀察。這個模型主要是磁矩長度不變，但其方向一直改變。第二，將磁矩的方向固定在 c 軸方向，但磁矩的長度沿著 (110) 的方向以正弦波的形式變化，如圖 8.4 所示。這個模型主要是磁矩方向不變，而改變磁矩的長度。對於第二個模型，我們可以將其寫成：

$$\mathbf{m}_n=\frac{1}{2}\cos(\mathbf{q}\cdot\mathbf{r}_n)|\mathbf{m}_n|\hat{\mathbf{z}} \tag{8.13}$$

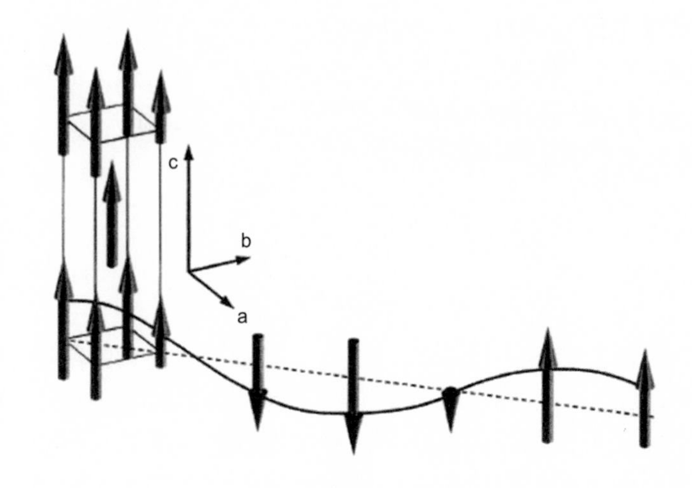

圖 8.4
$TmNi_2B_2C$ 在低溫時 (溫度小於 1.5 K) 的磁結構。磁矩的方向固定在 c 軸方向，但磁矩的長度沿著 (110) 的方向以正弦波的形式變化[12]。

其中，$\mathbf{m}_n$ 表示第 n 個磁矩，其的所在位置為 $\mathbf{r}_n$。將公式 (8.13) 代入磁性繞射式子中，以計算其每一個繞射峰強度[12]。計算的結果與觀察到的情形如表 8.1 所列。

表 8.1 $TmNi_2B_2C$ 在 1.2 K 時中子繞射實驗值 (I_{obs}) 與計算值 (I_{calc}) 的比較。
中子波長 $\lambda = 2.524$ Å、$q = 0.0947$。

2θ	$(h\,k\,l)$	I_{obs}	I_{calc}
27.92	$(q\,q\,2)$	816±234	710
40.79	$(1-q\,q\,1)$	11 724±243	16 132
48.87	$(1+q\,q\,1)$	11 342±232	10 700
54.95	$(1-q\,1-q\,0)$	2347±237	2315
56.97	$(q\,q\,4)$	−619±529	44
57.84	$(1-q\,q\,3)$	3458±255	4231
61.68	$(1+q\,1-q\,0)$	4006±297	4055
62.50	$(1-q\,1-q\,2)$	2899±280	2871
64.34	$(1+q\,q\,3)$	3986±286	3808
68.08	$(1+q\,1+q\,0)$	2913±1500	—[a]
	$(1+q\,1-q\,2)$	—	—
74.70	$(1+q\,1+q\,2)$	3136±358	2226
82.90	$(1-q\,1-q\,4)$	1521±372	1078
85.38	$(1-q\,q\,5)$	1201±406	1088
87.11	$(2-q\,q\,0)$	2596±398	2245

[a]這兩個峰在 1.2 K－5 K 時產生太大的誤差，故於計算時不予列入。

結果顯示實驗值與計算值相當程度的吻合，同時我們得到 Tm^{3+} 的磁矩約為 3.74 μ_B，這個值大約只有 Tm^{3+} 自由離子 (free-ion) 狀態時的一半。猜測原因可能為溫度不夠低，磁矩未飽和，以及晶場效應 (crystal-field effect) 的影響。至於先前所提的第一個模型，因其實驗值 (I_{obs}) 與計算值 (I_{calc}) 不合，所以我們於此不做討論。

如前所敘，粉末繞射爲得到磁結構最簡便的方法，而其缺點爲可能存在一個模型以上的滿足解使磁結構難以唯一確定，此時以單晶針對特殊方向來做繞射將可有很大的幫助。磁結構所決定的是在晶格尺寸大小的磁矩排列，其尺寸遠小於奈米所定義的大小，所以散射的研究方式是研究奈米甚至未來次奈米所不可或缺。

8.1.5 結語

當物質的尺寸縮小成奈米級，唯一能做微觀上檢測的方法只有依賴不同種類的散射技術，例如電子束、離子束、光子束 (包括 X 光源) 與中子束等。而不同種類的散射技術各有其優缺點與局限性，中子束的昂貴與不普遍性正是此種檢測技術的最大缺點。世界上可進行中子散射實驗的實驗室屈指可數，但這些設施一般是對外開放申請的，因此通常都須於使用設施前半年到一年提出計畫書來申請使用的分配時間，並與其他來自不同國家與實驗室的計畫書共同接受委員會的審查與評估，以決定下一中子束週期所要進行的實驗時間表。所以對於沒有中子束使用經驗者，要申請到中子實驗的機會比較小，因爲很難找出非用中子束來進行實驗不可，以及如何進行實驗的理由來說服審查委員。此時找有中子束使用經驗者討論或共同寫計畫書將有顯著的幫助。

中子束實驗一般都在設備完善的國家級實驗室中進行，通常實驗全程都有該儀器的儀器科學家幫忙，所以實驗者的實驗構想與實驗後的數據分析才是最重要的部分。台灣雖然從 50 年前就有中子反應爐設置於新竹國立清華大學校園內，可是長久以來就只用於從事核能安全與保健、同位素製造等，對於材料科學的應用一直欠缺。而在 1990 年代由核能研究所提出的 TRR-2 (Taiwan Research Reactor-2) 計畫，亦於跨入 21 世紀後被終止否決。幸運的是台灣在澳洲興建的中子三軸散射儀即將完成，而根據合約，台灣保證將可分配到此中子三軸散射儀 70% 的使用時間，同時這些三軸散射儀的使用時間可以用來交換其他散射儀的使用時間。這對於台灣而言是個普及中子束散射技術以及從事奈米檢測的利多消息。

中子散射技術對於材料科學的研究有著其他方法難以取代的能力與唯一性，特別現今材料科學研究的主流來到了奈米的尺寸，這也是歐、美、日等許多先進國家一直投入大筆研究經費於這個領域，甚至於過去幾年開始投入於散裂中子源興建的原因。因此即使台灣無資源興建自己的新中子反應爐或新一代中子源來從事材料科學的研究，也應在這一波世界科技升級中多投入些人力物力以趕上先進科技的潮流。

8.2 奈米壓痕儀

隨著電子、醫學和光學等高精密度元件的廣泛應用，以及電磁資料儲存系統、汽車零組件、甚至許多消費性的電子產品均要求其結構表面的材料特性堅固又耐用，尤其利用半導體微製程製造的積體電路晶片和微機電元件，如電容式指紋感測晶片[13]、觸控式面板[14]、微型加速規[15] 以及數位微掃描面鏡 (digital micromirror device, DMD)[16]，爲了降低結構受到外力的破壞並達到最佳化的設計，必須針對薄膜的機械特性有所了解並予以特性化，如材料的破裂強度、塑性變形、摩擦效應以及疲勞壽命等。因此如何準確的量測材料結構的表面機械特性使其滿足應用上的需求，便是一項相當重要的工作。然而，當薄膜結構的物理行爲在奈米尺度的情況下，其機械特性的量測就必須面臨許多困難，尤其在原子級尺度之下的結構表面性質，如硬度 (hardness) 和彈性係數 (elastic modulus)，都可能會影響材料本身的電、熱、磁、光學等特性，因此如何在奈米尺度之下正確的檢測結構機械性質，便是一項很重要的研究與挑戰[17-19]。

目前可用來進行奈米表面機械性質的檢測技術以奈米壓痕儀 (nanoindentor) 爲主，其特性爲具有低負載的力量輸出，以及奈米位移的感測機制，同時配合開放式的空間以及一些配套的量測與控制系統，可以進行溫度及濕度等環境因素對材料機械性質影響之評估等等。另一方面，利用奈米壓痕儀量測薄膜機械性質比起其他方式具有多項優點，包括可直接針對塊材的小區域表面積進行壓痕測試，同時透過壓痕設備軟硬體的設定，可以一次量測多點以得到可信度較高的量測值；對於半導體製程製作之薄膜特性量測，不需將底部的基材去除，同時可直接進行晶圓級的試片量測，達到線上即時檢測之功能；另一方面，透過負載施加在微製程所製造的微結構，如微懸臂樑、微橋式結構或是薄板形結構，根據力與位移的量測值，便可以得到材料的彈性模數、破裂強度、殘餘應力等機械特性[20-24]。

就整個負載測試範圍而言，圖 8.5 顯示出奈米壓痕儀與現有一般的微硬度計 (microhardness) 或是其他測試系統 (universal testing system) 的差異性，由該圖顯示奈米壓痕儀除了可以應用在部分巨觀行爲的量測之外，還可以滿足微米甚至奈米尺度的量測需求，尤其在薄膜材料特性量測方面具有方便性與多樣性，而且國際標準規範 ISO/DIS 14577-1.2、-2.2 及 -3.2，已針對材料在巨觀及微觀 (微奈米) 的維度情況下，將壓痕技術視爲必備的量測方式[25]。因此，爲了使研究人員能夠充分利用該儀器的特性與優點進行相關測試，本文在第 8.2.1 節將首先介紹一般奈米壓痕儀的基本原理；第 8.2.2 節將針對該儀器的技術規格與特徵進行說明；第 8.2.3 節介紹該系統的量測功能與應用，並針對一般半導體薄膜材料的實測結果進行探討；第 8.2.4 節便針對上述內容作一結論。

第 8.2 節作者爲鄭慶福先生。

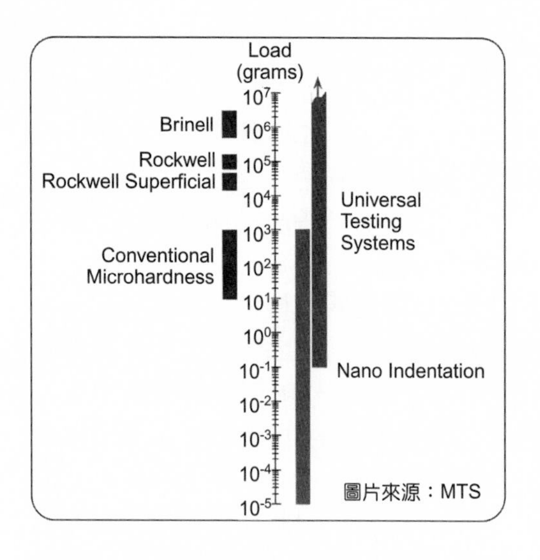

圖 8.5
奈米壓痕儀與一般材料測試系統之負載量測範圍比較圖。

8.2.1 基本原理

以壓痕方式量測材料機械性質為目前材料測試中較為簡單且廣泛使用之方法，只要將待測的塊材或是利用微製程成長或沉積之薄膜，置於奈米壓痕儀之鑽石探頭底下，然後設定壓痕深度或施加負載便可以執行壓痕試驗。其中，一般奈米壓痕儀的系統組成主要包含三個部分：移動試片的定位平台或載具、負載施加傳輸裝置及位移感測元件。其系統的整個主要架構如圖 8.6 所示 (以 MTS 製造的奈米壓痕儀為例)，其量測原理主要是利用輸入電流的大小來控制負載框架 (load frame) 上方磁力產生器 (coil/magnet assembly) 的輸出，並且利用交流電提供週期性的應力負載，然後透過兩組彈簧 (leaf spring) 所固定的桿件，經由探頭 (indenter) 將負載施加在可自動定位之 *x-y-z* 平台 (*x-y-z* table) 的待測物件 (sample) 上。在桿件移動過程中，透過電容式感測器 (capacitance gauge) 量測因位移而產生的電容改變量。因此，在壓痕過程中記錄桿件的施力大小及所感測的位移量，

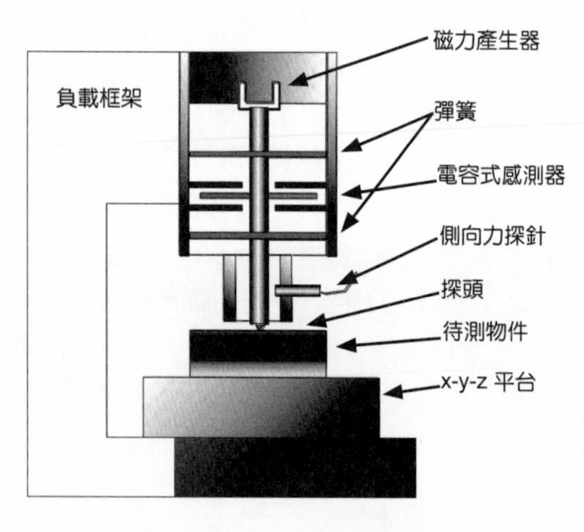

圖 8.6
奈米壓痕儀的系統組成及其架構 (以 MTS 製造的機台為例)。。

如此便可以得到在負載施加過程中的力與位移關係圖。至於圖 8.6 中標示的側向力探針 (lateral force probe) 裝置主要是用來進行試片之刮痕測試，在壓痕測試過程中則未使用到該側向力感測元件。

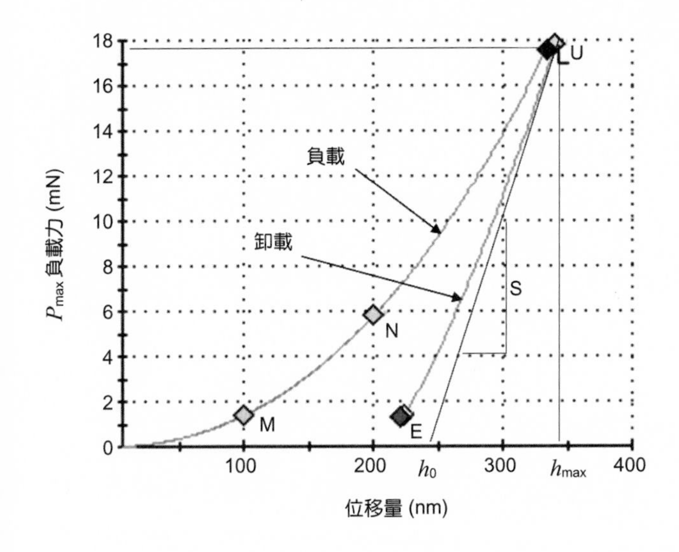

圖 8.7
壓痕測試過程中，典型的負載隨壓痕深度變化之關係圖。

根據上述的量測機制，在壓痕過程中可以得到負載隨壓痕深度變化之關係，典型的量測結果如圖 8.7 所示，由該結果我們可以分別得到最大負載 P_{max} 及其相對應之壓痕深度值 h_{max}，以及在初始卸載過程中的接觸剛性 (stiffness) $S=dP/dh$ 及其線性延伸曲線到達負載為零的位移量 h_0。上述各個量測值的物理意義可利用圖 8.8 之壓痕狀態來表示，當奈米壓痕儀的探頭壓入薄膜時，試片表面會同時產生彈性與塑性變形，其中由探頭與薄膜面積接觸的深度 h_c 所代表的是塑性變形區域，該現象會造成材料產生永久變形或硬化，如圖 8.9 所示為鋁合金經壓痕過後殘餘的壓痕變形圖；另一方面，深度 h_s 則是代表彈性變形區域，也就是在卸載之後，材料的可回復位移量。因此根據參考文獻 17、26，可以經由圖 8.8 中探頭深度 h_c 所投影的截面積 A 得到關係式 (8.14)。

$$S=\frac{dP}{dh}=\frac{2\beta}{\sqrt{\pi}}E_r\sqrt{A} \tag{8.14}$$

其中，E_r 為複合彈性模數 (reduced modulus)，A 為探頭在塑性變形區域所投影的面積，其值為壓痕深度的函數，β 係數則決定於探頭的幾何形狀。此外，彈性位移主要由探頭與薄膜兩者之形變量共同產生，因此複合彈性模數又可表示為公式 (8.15)。

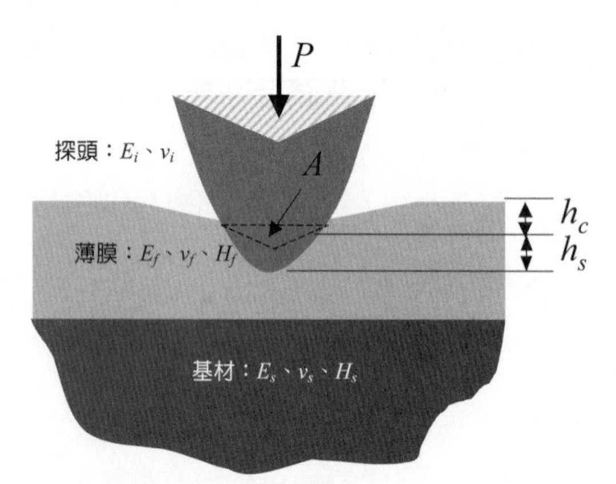

圖 8.8
壓痕過程中，材料產生形變之狀態圖。

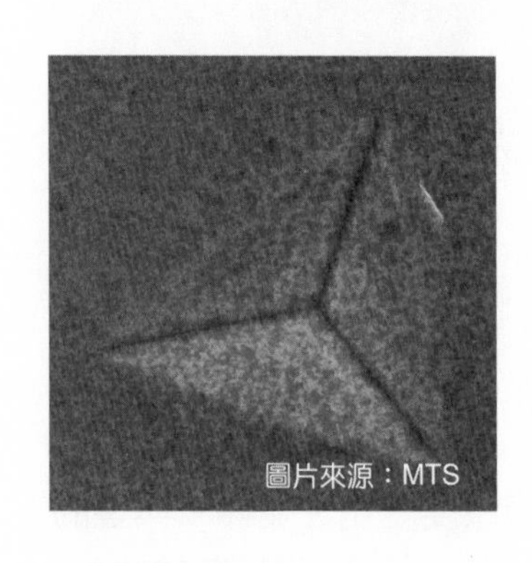

圖 8.9
鋁合金經壓痕過後殘餘的形變圖。

$$\frac{1}{E_r}=\frac{(1-\nu_f^2)}{E_f}+\frac{(1-\nu_i^2)}{E_i} \tag{8.15}$$

其中，E_f 和 υ_f 分別為試片材料的彈性係數和浦松比，E_i 和 υ_i 為探頭的彈性係數和浦松比。因此經由實驗量測的參數值 S、A 及 β 值帶入公式 (8.14) 便可以計算出複合彈性模數，再將該值以及試片材料的浦松比和探頭的楊氏係數及浦松比代入公式 (8.15)，便可以得到試片材料的彈性模數。

另一方面，公式 (8.14) 的接觸面積 A 與對應的壓痕深度 h_c 具有特定的關係式，可由探頭的型式與幾何尺寸推算得到。因此，一旦經由量測結果計算出 h_c 之後，其所對應的面積 A 即可決定，進而得到材料的壓痕硬度 (H) 為：

$$H=\frac{P_{\max}}{A} \tag{8.16}$$

經由上述的量測方式所得到的楊氏係數與硬度，一般係指該壓痕深度所對應的量測值，然而許多薄膜材料甚至奈米結構的機械特性會隨著厚度的位置而有所不同，例如利用濺鍍 (sputtering) 方式沉積的金屬薄膜材料，在堆疊過程中由於受到原子持續的撞擊效應，導致材料的緻密性會隨著堆疊的厚度而有所不同，相對的機械特性也會有所差異，一般而言越接近底材部分的材料緻密性越高，機械強度也較佳。因此若要量測材料的機械特性隨著厚度變化的情形，利用單點壓痕測試法便要多次設定不同的壓痕位置與深度進行測試，造成測試上極為複雜，因此便有連續剛性量測技術 (continuous stiffness measurement, CSM) 的提出以解決上述的缺點，簡單的說，只要透過一個壓痕點的測試結果，便可以得到材料性質隨壓痕深度變化的情形[26-28]。

連續剛性量測技術主要是將圖 8.6 所示之奈米壓痕儀建構成動態響應的物理模型，如圖 8.10 所示及其等效示意如圖 8.11，利用一個類似簡諧波的負載經由桿件的傳遞施加在試片上，然後透過振動學上的微分方程理論，找出方程式的特別解，因此在同一次壓痕測試過程中，可以在不同的壓痕深度進行連續的剛性量測。如圖 8.10 所示，當一物件具有質量 (M)，受到一個負載 $F(t)$ 作用時，其控制方程式可以公式 (8.17) 表示：

$$M\ddot{Z} + D\dot{Z} + KZ = F(t) \tag{8.17}$$

其中，K 為接觸剛性 (S)、框架剛性 (K_f) 以及支撐彈簧剛性 (K_s) 所產生的一個等效剛性。C 則為探頭 (D_i) 以及試片本身的阻尼 (D_s) 所造成的等效阻尼。因此當試片受到一個簡諧負載為：

$$F(t) = P_0 e^{i\omega t} \tag{8.18}$$

可以假設公式 (8.17) 的特別解為：

$$X(t) = X_0 e^{i(\omega t - \phi)} \tag{8.19}$$

換言之，位移的頻率 (ω) 可視為與施加負載的頻率相同，但是兩者之間會有相位差 (ϕ) 的存在。因此，將特別解代入公式 (8.17) 可以得到其解為：

$$\left|\frac{P_0}{X_0}\right| = \sqrt{\left(K - M\omega^2\right)^2 + \left(\omega D^2\right)} \tag{8.20}$$

$$\tan\phi = \frac{\omega D}{K - M\omega^2} \tag{8.21}$$

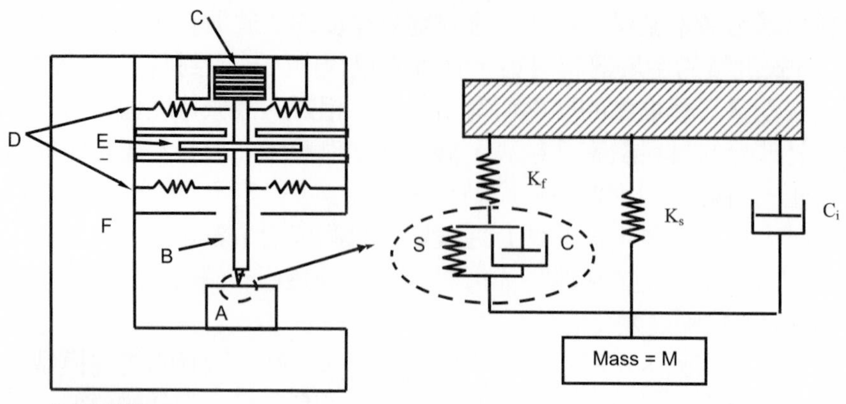

A. 待測物件
B. 探頭桿件、質量 M
C. 負載施力線圈
D. 支撐彈簧、剛性 K_s
E. 電容式位移感測器、阻尼係數 C_i
F. 負載框架、剛性 $K_f=1/C_f$

圖 8.10
奈米壓痕儀之物理模型及其等效示意圖。

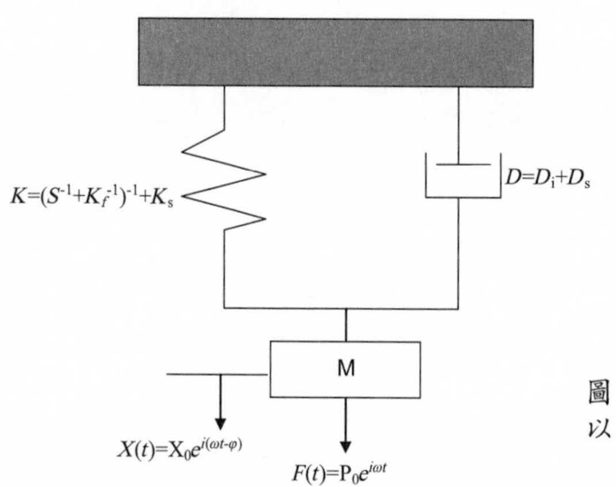

圖 8.11
以圖 8.10 之物理模型再經簡化後之等效示意圖。

經由公式 (8.20) 與公式 (8.21) 可以同時解出系統的等效剛性 (K) 和等效阻尼 (D)；同時，接觸剛性 (S) 與試片本身的阻尼 (D_s) 便可以表示如下：

$$S = \left[\frac{1}{\frac{P_0}{X_0}\cos\phi - (K_s - M\omega^2)} - \frac{1}{K_f} \right]^{-1} \tag{8.22}$$

$$D_s\omega = \frac{P_0}{X_0}\sin\phi - D_i\omega \tag{8.23}$$

因此，假設奈米壓痕試驗機的系統參數 K_f、M、K_s、D_i 及負載操作頻率 ω 為已知，經由公式 (8.22) 和公式 (8.23) 便可以計算出接觸剛性 (S) 和試片本身的阻尼 (D_s)。一旦得到接觸剛性 (S) 的值，則公式 (8.14) 的複合彈性模數就可以在不同的負載情況下連續計算出來。相關理論及資料亦可參考 MTS Systems Corporation 出版的 TestWorks4 Software for Nanoindentation Systems 系統簡介及操作手冊。

8.2.2 技術規格與特徵

根據壓痕測試原理及其量測特性，奈米壓痕儀的主要關鍵技術在於利用致動元件產生微小的力量輸出以及透過感測元件量測微小的位移量，以達到奈米等級的量測結果；同時配合精密定位平台及探頭的設計可以進行多項附加功能的量測，包括附加側向力感測器的設置，可以進行材料表面的刮痕測試，如圖 8.12 所示，藉由壓痕深度與作用力 (正向力、橫向力及側向力) 之間的量測結果，可以了解材料的表面摩擦特性，或是判斷奈米深度的脆性及展延特性。因此，根據 ISO 14577 的規範以及目前使用端對於奈米壓痕儀的系統規格要求，大致可歸納如下：

(1) 高精密負載輸出元件：考量雜訊的影響下，負載源提供探頭的力量儘可能小於數個微牛頓 (μN)，以量測材料在數個奈米深度的表面機械特性。其中該負載源可以利用磁力、靜電力或是壓電的方式產生。
(2) 高解析度位移感測元件：由於探頭的位移必須滿足在數個奈米 (nm) 之內，因此其量測解析度必須小於 1 nm。目前該感測元件大都以電容式感測機制為主。

(a)

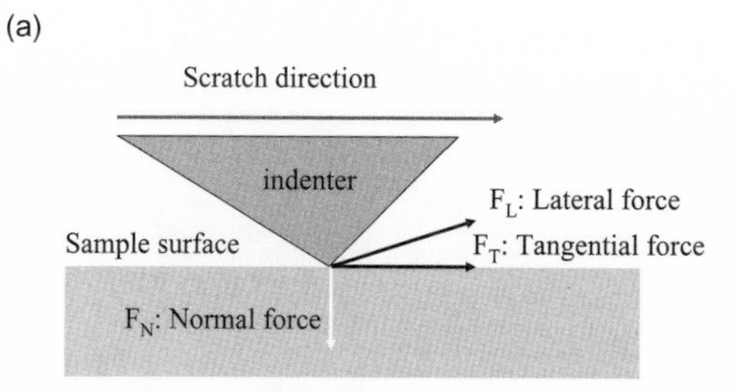

(b)

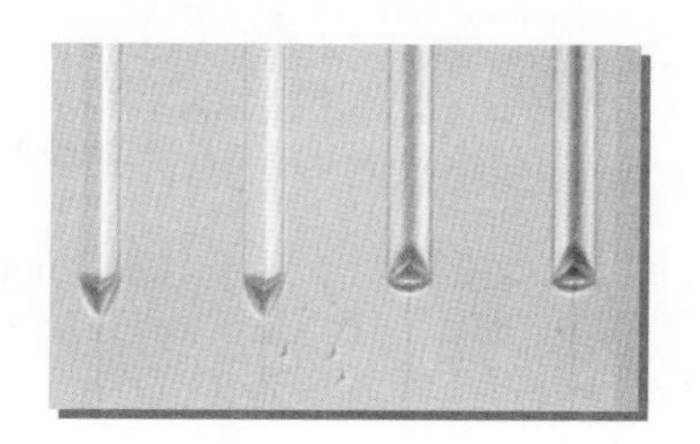

圖 8.12
利用奈米壓痕儀進行之 (a) 刮痕測試示意圖及 (b) 其典型的刮痕測試結果。

(3) 符合標準規範的探頭：目前壓痕測試用的探頭主要有三種形式，包括 Knoop、Berkovich 以及 Vickers，其幾何及相對應的角度關係如圖 8.13 所示；在計算接觸面積 A 時，必須針對使用的探頭幾何進行分析，如 Vickers 的 β 係數 1.012，Berkovich 的 β 係數爲 1.034。

(4) 精密定位平台：可用於承載並固定試片之載具，並經由兩軸以上的精密馬達控制平台帶動試片的移動，同時配合上方的顯微鏡組進行壓痕點的定位。一般定位精密度必須控制在 ±1.5 μm 以內，確保壓痕位置在合理的區域；該平台必須能滿足小試片 (數個公分大小) 與大尺寸 (如晶圓大小) 的固定模式，以及在有限的空間進行移動與定位。

(5) 溫度變化感應機制：在進行壓痕測試之前，必須針對環境溫度變化造成熱漂移的影響進行評估，尤其對於具有高熱膨脹係數的試片影響較大。一般而言熱漂移的設定必須愈小越好，但實際上必須考量測試環境之溫度變化量，其設定值一般在 0.02 nm/s 情況下對量測值影響較小。

(6) 振動量感應機制：外部振動源對於系統而言可視爲雜訊的一環，因此機台放置地點最好位於地下室或建築物最底層較佳，以減少建築物以及地板震動對量測結果之影響。

(7) 控制軟硬體：主要包含電腦及電源控制器等相關軟硬體，可進行各項測試參數之輸入及控制，以及量測結果之資料處理與分析。

(8) 壓痕形貌量測模組：一般搭配具有原子力顯微鏡 (AFM) 功能的探針進行壓痕後的表面形場量測，其掃描解析度必須在奈米等級以下。

(a)

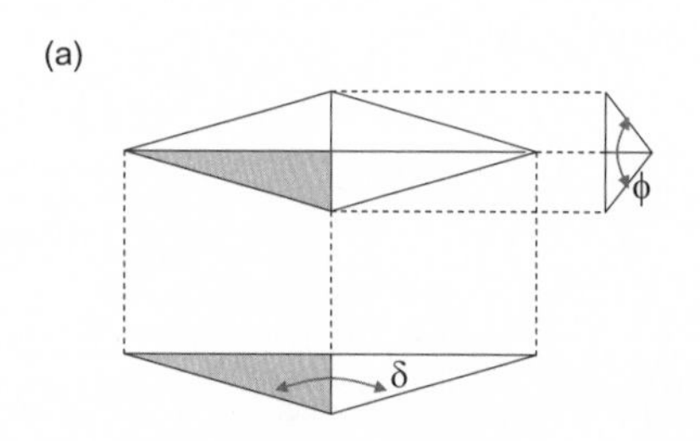

(b)

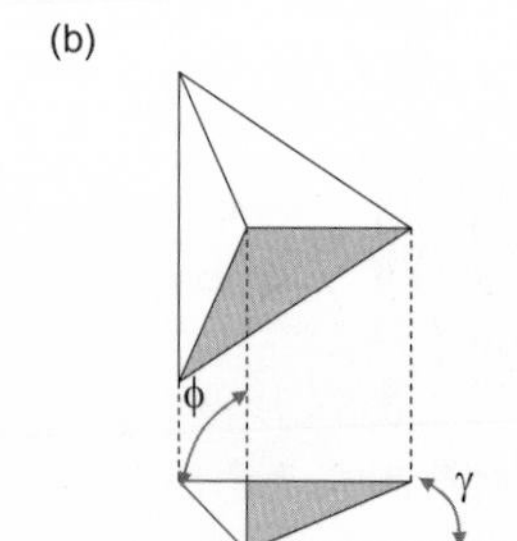

(c)

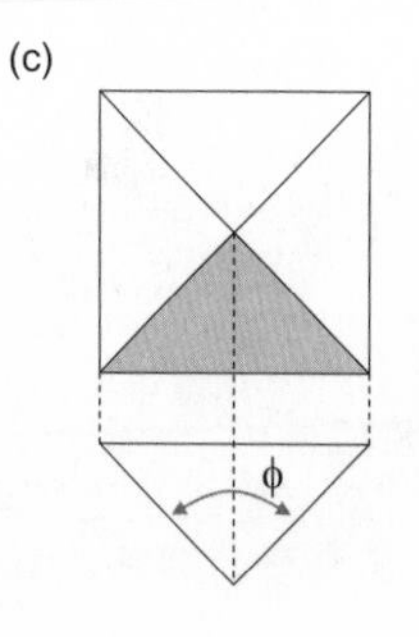

圖 8.13
壓痕測試使用的三種典型探頭型式：(a) Knoop: δ = 172.5°、ϕ = 130°，(b) Berkovich: γ = 12.95°、ϕ = 65.3°，(c) Vickers: ϕ = 136°。

(9) 高剛性的框架系統設計：由於測試系統的框架穩定性會直接影響量測的準確性，因此整個架構的設計必須符合高剛性、不易變形、低的環境 (如溫度變化) 響應特性。

(10) 高穩定性的防震平台：測試環境的震動是目前影響量測誤差的最大因素之一，因此壓痕測試儀一般均必須搭配高穩定性的防震桌平台。

(11) 環境控制箱：該控制箱除了可以隔絕外部噪音之外，並可以減少測試系統在封閉空間之內的溫度漂移，同時搭配恆溫恆濕的控制設計，可以進行環境效應對材料性質的影響評估。

綜合上述內容，只是用於評估奈米壓痕儀性能的必要性與附加功能的要求，唯目前開發奈米壓痕儀的廠商在評估市場效益及其研發效能上均有所不同，尤其受限於各家專利權及技術授權的保護，因此各家廠商所製造的奈米壓痕儀規格及其功能也有所差異。其中目前製造可應用在奈米級量測技術的壓痕儀主要有兩家廠商，包括 MTS Systems 公司所生產的 Nano Indenter G200[29] 以及 Hysitron 公司所製造的 TriboIndentor [30]，其測試系統分別如圖 8.14 所示，茲將上述兩家製造的規格整理於表 8.2 所列。

根據表 8.2 所列之系統規格及使用功能，其技術特徵可歸納如下：

(1) 具有大位移之探頭模組，適用於量測具有大變形之材料，如高分子材料或是塊材等，反之，奈米級厚度之薄膜則適用於低負載、高位移解析度之探頭模組。

(2) 應用 CSM 及 nanoDMA 模組，可在一次單點壓痕過程中得到材料機械性質隨壓痕深度變化之關係。

(3) 透過高倍率顯微鏡組，並配合高精密的 XY 定位平台，可以精確的設定壓痕位置。

(4) 經由軟硬體的設定，可以進行單點或是陣列式的多點測試，以提高測試效率。

(5) 選用側向力量測模組 (LFM)，可以進行刮痕測試。

(6) 透過真空吸附裝置 (vacuum chuck) 可以提高試片在固定時的完整性及方便性，並避免試片在黏著過程中造成毀損。

(7) 具有晶圓級尺寸之精密定位平台，不需破壞或切割試片便可以達到線上即時檢測之功

圖 8.14 (a) MTS Systems 公司[29]以及 (b) Hysitron 公司[30]所製造之之奈米壓痕儀。

能。

(8) 搭配有限單元 (FEM) 分析軟體及 AFM 量測模組，可增加實驗與分析結果驗證之正確性。

(9) 利用溫控系統 (variable temperature system) 或是加熱冷卻平台 (heating & cooling stage) 可以進行環境效應對量測結果之評估。

8.2.3 應用與實例

目前爲止，奈米壓痕儀的功能可以從事數百多種以上的量測應用。其中針對薄膜材料的機械特性量測方面，大致可歸納爲下列幾項：(1) 硬度及楊氏係數，(2) 潛變量測，(3) 薄膜的應力－應變性質，(4) 薄膜的破裂韌性，(5) 多週次的疲勞測試，(6) 硬度、楊氏係數、剛性與壓痕深度的關係，(7) 側向力的刮痕量測，(8) 衝擊測試，(9) 摩擦力測試，(10) 微懸臂樑、微橋式及薄板等各式奈微結構之彎曲剛性與扭轉剛性測試。

壓痕儀在相關產業的量測及應用範例方面，包括：

1. 半導體產業：微製程製作之薄膜的機械性質及積體層之間的黏著力量測。
2. 資料儲存系統：光碟片及硬碟表面的硬度及摩擦力量測。
3. 生醫材料：應用在人體之生化材料的表面性質量測，如牙齒或是骨頭相容之填充物。
4. 奈微機電系統 (MEMS/NEMS)：懸臂樑的彎曲剛性測試。
5. 精密加工機具：滑動機構之潤滑表面的摩擦力量測。
6. 高分子材料：利用動態連續量測技術量測環氧樹脂之黏彈係數。
7. 複合材料：測試纖維與環氧樹脂之間的界面黏著特性。
8. 奈米材料或保護層：用於表面塗抹之奈米材料的硬度及摩擦力測試。

近年來，由於奈米壓痕儀在半導體薄膜的量測越來越廣泛，如圖 8.15 所示爲壓痕儀應用在 IC 薄膜電路[31] 與輸出電極板 (pad) 的機械特性量側，尤其許多研究也顯示出 IC 薄膜 (如具有低介電常數的材料) 的電性與機械特性之間存在著特定的關係。此外，金屬導體層與保護層 (passivation layer) 的機械特性則分別主導了特殊 IC 晶片 (如接觸式的電

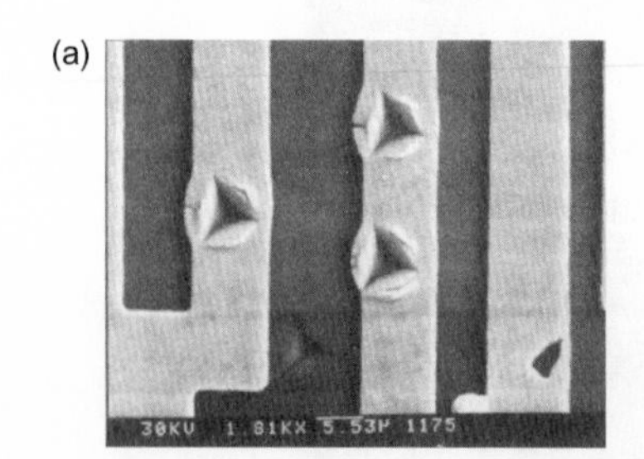

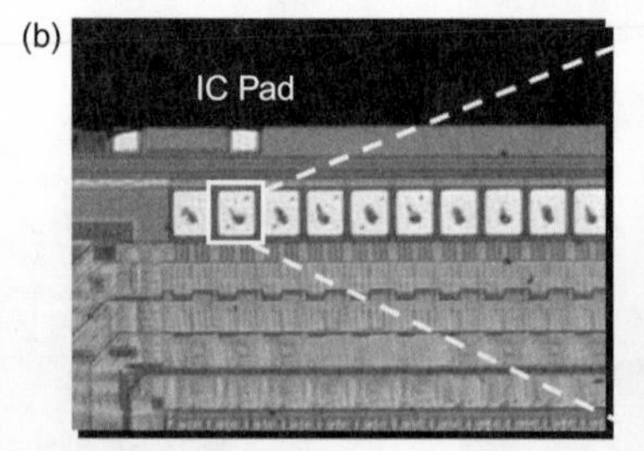

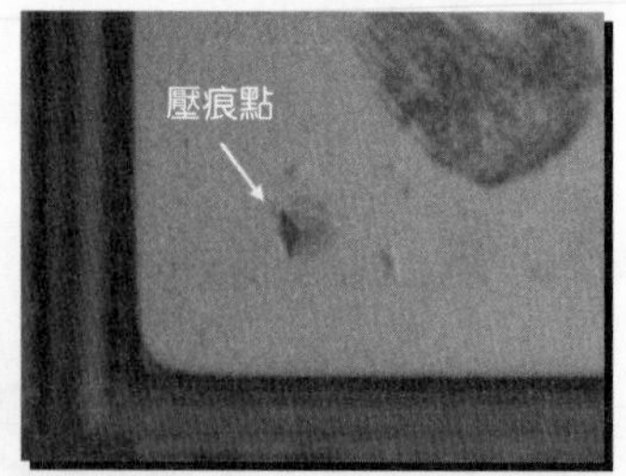

圖 8.15 壓痕儀應用在 (a) IC 薄膜電路 (圖片來源：MTS Nano Indenter XP 簡介資料) 與 (b) 輸出電極板 (pad) 的典型壓痕測試結果。

表 8.2 MTS Systems 公司與 Hysitron 公司所製造之奈米壓痕儀規格比較[29, 30]。

型號	Nano Indenter® G200	TriboIndentor
廠商	MTS (USA)	Hysitron (USA)
Displacement resolution	< 0.01 nm	0.002 nm
Total indenter travel	1.5 mm	N/A
Maximum indentation depth	> 500 μm	80 μm
Load application	Coil/magnet assembly	Electrostatic actuation
Displacement measurement	Capacitance gauge	Capacitive transducer
Loading capability	• Max. load: 500 mN • Max. load with DCM option: 10 mN • Max. load with high-load option: 10 mN • Load resolution: 50 nN • Contact force <1.0 μN • Load frame stiffness ≅ 5×10^6 N/m	• Max. load: 500 mN • Max. load with high-load option: 1.2 N • Max. load with low-load option: 30 mN • Load resolution with high-load option: 500 nN • Load resolution with low-load option: 1 nN
Indentation placement	• Useable sample area: 100×100 mm • Position control: Automated remote with mouse • Positional accuracy: 1 μm	• X and Y stages Travel: 150 mm × 150 mm Resolution: 50 nm Encoder Resolution: 500 nm • Z stage Travel: 50 mm Resolution: 3 nm
Optics specifications:	• Video screen: 25 × (×objective) • Objective: 10 × & 40 ×	• Max field of view: 560 µm × 420 µm • Min field of view: 80 µm × 60 µm • Magnification: 500× –3500×
Available testing modes	• Quasi-static and dynamic nanoin denation • Mechanical probing • Scratch testing and coefficient of friction measurement • Nanomechanical microscopy	• Quasistatic nanoindentation • Scratch testing • ScanningWear™
Options & Upgrades	• Continuous stiffness Measurement (CSM) • Lateral force measurement (LFM) • Dynamic contact module (DCM) • High load capability • High performance tables • Software upgrade (FEM) • Variable temperature system	• 3D OmniProbe® • Acoustic emission • AFM • Feedback control • Heating & cooling stage • Modulus mapping • Multi-range nanoprobe • nanoDMA® • Vacuum chuck

容感測指紋辨識晶片) 與微機電元件 (如微掃描面鏡與微型加速規) 在應用上的可靠度及其使用壽命。有鑑於此，以下將針對目前應用於半導體元件及微機電系統的薄膜測試結果進行彙整，並以筆者使用 MTS 奈米壓痕儀 (Nano Indenter XP) 的經驗，探討在測試過程中可能影響量測精確值的因素及其注意事項，並且從微觀的角度去探討壓痕過程中探頭與試片之間的界面摩擦效應，提供後續相關研究人員使用參考。

實例中將針對四種在微電子及微機電元件中常使用的薄膜材料，包括二氧化矽 (SiO_2)、氮化矽 (Si_3N_4)、鋁 (Al) 和鎳 (Ni) 在矽 (Si) 基材上以不同的製程方式製作，如表 8.3 所列，然後將製作完成的晶片切成大小約為 1 cm × 1 cm 的試片，並分別黏著於測試平台上進行奈米壓痕測試。另一方面，為了比較塊材與薄膜材料在壓痕試驗過程中的差異，亦針對約 500 μm 厚的 (100) 單晶矽晶片以及 2000 μm 厚的鋁塊材進行相同之壓痕測試。同時為了能夠準確的量測薄膜厚度小於 1 μm 之機械性質，在實驗過程中選定解析度較為精密的動態接觸量測模組配合 CSM 連續剛性量測原理進行楊氏係數量測，即在同一次壓痕深度測試過程中，得到薄膜楊氏係數隨壓痕深度變化的情形，如圖 8.16 所示分別

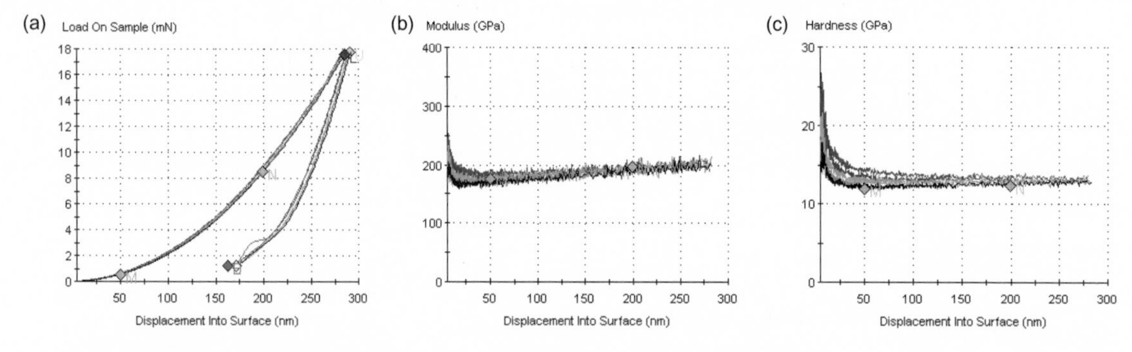

圖 8.16 標準試片 (100) 單晶矽之壓痕量測結果：(a) 負載隨壓痕深度變化之情形，(b) 楊氏係數隨壓痕深度變化之情形，(c) 硬度隨壓痕深度變化之情形。

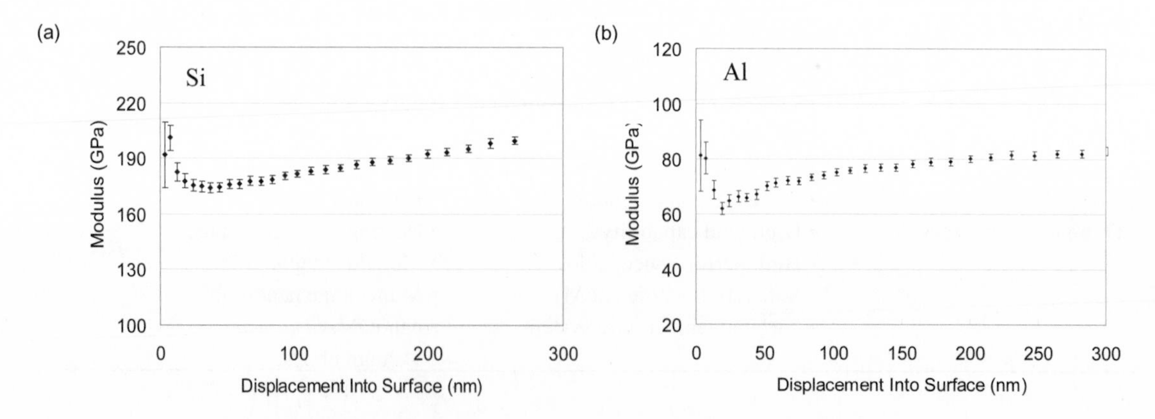

圖 8.17 (a) 單晶矽與 (b) 鋁錠塊材的壓痕結果經內建軟體分析之結果。

爲標準試片 (100) 單晶矽的典型量測結果，其中圖 8.16(a) 爲六個壓痕點的壓痕深度隨負載變化情形，圖 8.16(b) 與圖 8.16(c) 分別爲硬度與楊氏係數隨壓痕深度變化關係圖，透過該系統的內建軟體 (Analyst) 可將量測數據轉換成 Excel 資料檔以便於後續多點測試結果的彙整與比較，如圖 8.17 爲針對矽晶片及鋁塊材的多點壓痕資料彙整成圖表之實例。

表 8.3 薄膜製程方式及其厚度。

薄膜材料	製程方式	厚度 (μm)
SiO_2	Wet-thermal	1
	PECVD	2－6
Si_3N_4	LPCVD	0.8
Al	Evaporation	1
Ni	Evaporation	1
	Electroplating	2－10

試片準備過程中需注意一些事項，包括待測試片的表面粗糙度要越小越好，以在數個奈米左右較符合壓痕測試規範，當表面粗糙度較大時，對於淺層之壓痕深度的量測值影響越大，如圖 8.18 所示爲 10 μm 厚之電鍍鎳的楊氏係數量測結果，由於其表面粗糙度大約爲 ±0.5 μm，造成其量測振幅變化非常劇烈，進而影響數據的擷取與判斷。另外，試片的表面必須清洗乾淨，過多的微小顆粒容易造成實驗失敗或是實驗結果差異性較大。試片表面的氧化層生成必須去除，以減少氧化層對量測結果之影響，通常可以利用氫氟酸 (HF) 或是氫氟酸和氟化氨的混合液 (BOE) 稍微浸泡一下，以去除該氧化層。黏貼或放置試片過程宜牢固，減少黏著材料之阻尼效應或是以機械方式固定造成滑動產生的影響。

設定壓痕點及量測過程中的環境效應也會影響量測值，如陣列式的多點壓痕測試，必須設定點與點之間隔爲壓痕深度的 20 倍以上，避免經壓痕過後的形變場影響後續相鄰

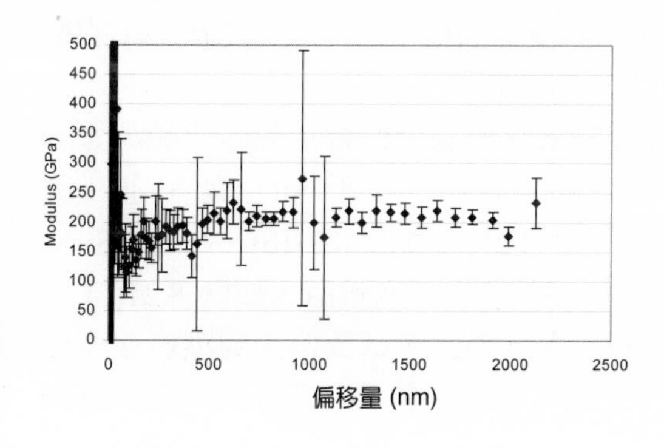

圖 8.18
10 μm 厚之電鍍鎳的楊氏係數量測結果。

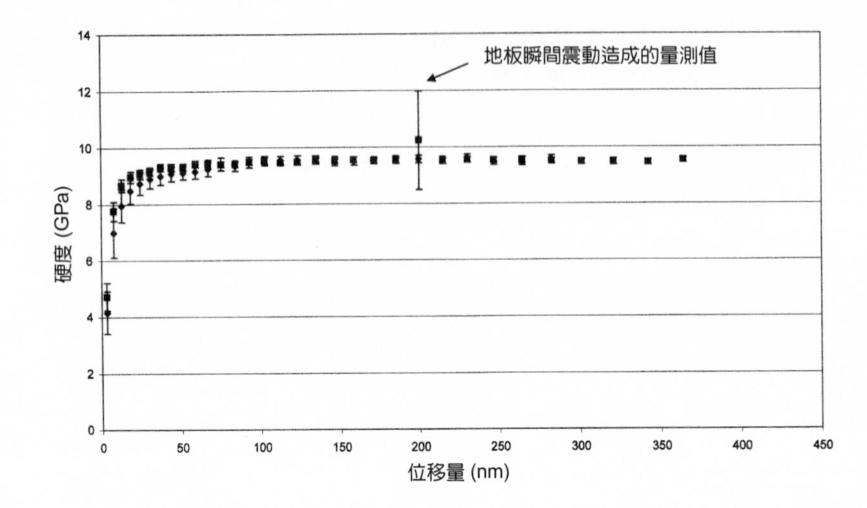

圖 8.19
標準試片熔融石英玻璃受地板突然震動的硬度量測結果。

之待測壓痕點的材料特性。壓痕深度的設定必須小於薄膜厚度的 10%，以減少基材效應的影響。熱漂移的設定值宜越小越好，然其執行關鍵受限於量測環境溫度的穩定度，因爲溫度變化越大，材料熱漲冷縮現象越明顯，進而影響量測過程中力與位移的精確度，因此測試空間的空調穩定性必須越高越好。探頭的壓痕頻率必須依照系統的設定值，任意修改容易造成測試失敗或是降低量測結果的可靠度，尤其對於具有高黏彈係數的高分子薄膜材料的壓痕頻率不宜設定太高。地板或是環境造成的外部振動源都可視爲雜訊的來源，如圖 8.19 所示爲標準試片熔融石英玻璃 (fused silica) 的硬度量測結果，在壓痕深度 200 nm 產生的巨大振幅就是受到地板瞬間振動產生的誤差值，因此量測過程中必須盡量確保振動源的穩定性。

排除並降低上述的相關影響因子，針對 SiO_2、Si_3N_4、Al 和 Ni 等四種薄膜材料進行壓痕測試，其結果分別如圖 8.20 所示之楊氏係數隨壓痕深度變化的關係，其中每一種材料量測結果均包含十個壓痕點以上。由實驗結果顯示出，四種薄膜材料的楊氏係數均會隨著壓痕深度的增加而呈現不同的遞增或遞減的趨勢。其中探頭尖端的銳度與薄膜表面粗糙度會造成剛開始進行淺層壓痕時的楊氏係數有劇烈的變化，尤其一般的探頭形狀在加工過程中，其前端部分大都無法達到理想化的銳角形狀，而是帶有弧度的鈍角，如圖 8.21(a) 所示，因此在淺層壓痕時，塑性變形所對應的投影面積 (A)，與公式 (8.14) 的實際理論結果會有較大的差異，進而造成量測結果產生劇烈變化，如圖 8.21(b) 所示之示意圖。另一方面，由實驗結果也顯示出基材的效應會隨著壓痕深度的增加而越明顯，如圖 8.17 所示之矽基材的楊氏係數量測值範圍約爲 170－200 GPa，均大於 SiO_2 與 Al 膜，因此造成薄膜的楊氏係數隨壓痕深度的增加而遞增，如圖 8.21(a) 與圖 8.21(b)。反之，Si_3N_4 的楊氏係數遠大於矽基材，因此其楊氏係數則隨壓痕深度的增加而遞減，如圖 8.21(c) 所示。至於 Ni 膜的楊氏係數與矽基材不會有太大的差異，因此其楊氏係數隨壓痕深度變化的情形便不明顯，如圖 8.21(d)。綜觀上述，較合理的楊氏係數選取範圍大約爲壓痕深

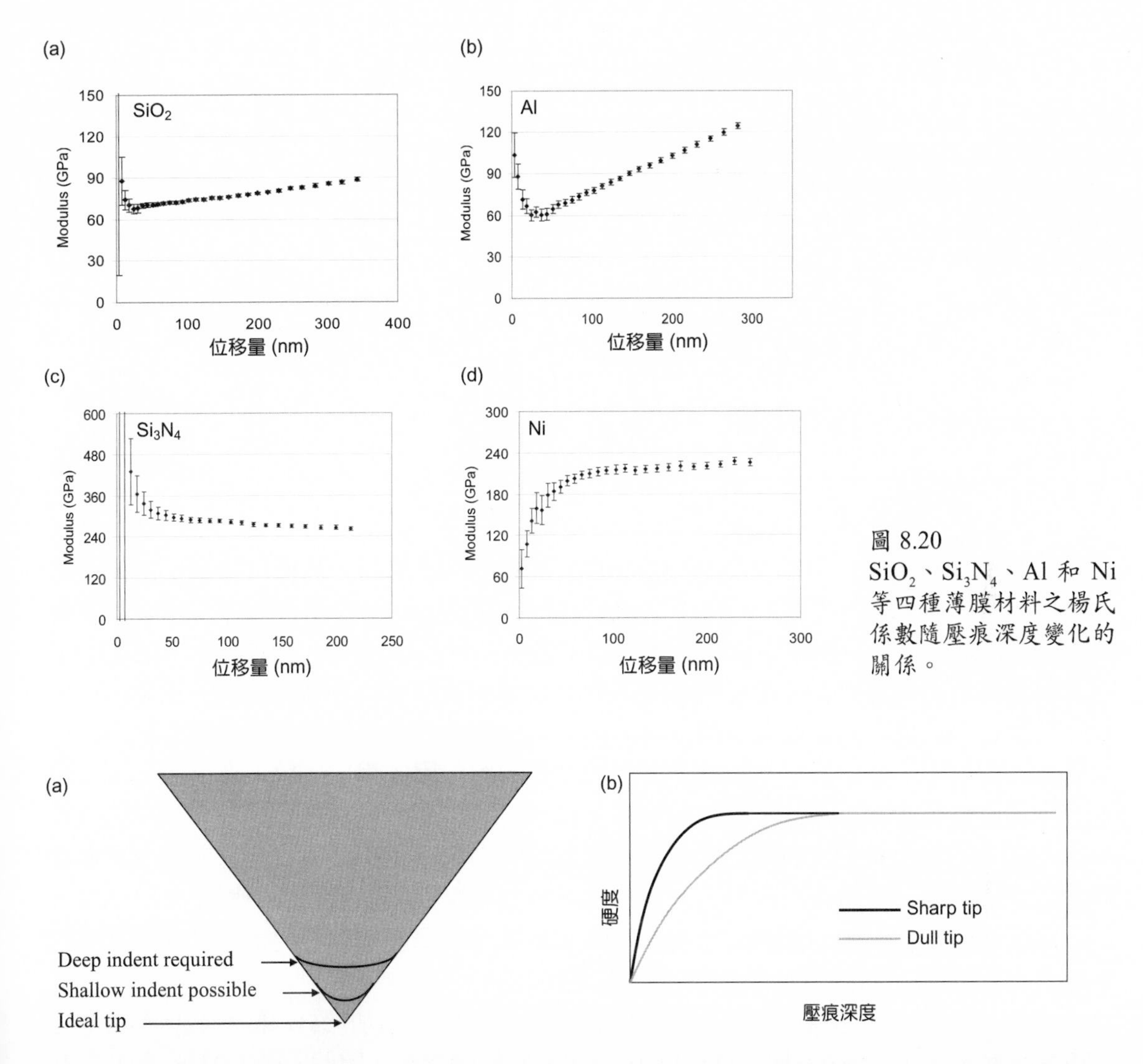

圖 8.20
SiO_2、Si_3N_4、Al 和 Ni 等四種薄膜材料之楊氏係數隨壓痕深度變化的關係。

圖 8.21 探頭幾何效應之影響：(a) 理想探頭與經加工過後之尖端形狀示意圖，(b) 銳度對壓痕結果之影響示意圖。

度在薄膜厚度的 5% 到 10%，而經由上述的壓痕深度範圍所得到的 SiO_2 (thermal wet)、Si_3N_4、Al 和 Ni (evaporation) 的楊氏係數平均值分別爲 74 GPa、283 GPa、72 GPa 和 205 GPa，單晶矽及鋁塊材方面，其楊氏係數則分別爲 180 GPa 及 73 GPa。綜合相關實驗結果，針對不同微製程製作之薄膜，其楊氏係數與硬度的量測結果分別匯整如表 8.4 所列，由表 8.4 可知，利用熱氧化成長的 SiO_2，相較於 PECVD 沉積的方式，具有較優越的機械性質，也顯示其材料的緻密性越好，相對的代表其介電特性越佳。

表 8.4 半導體製程之薄膜機械性質量測結果。

材料	楊氏係數 E (GPa)	硬度 H (GPa)
SiO_2 (Thermal)	74	9.4
SiO_2 (PECVD)	68	8.8
Si_3N_4 (LPCVD)	283	26.9
Al (Evaporation)	72	0.83
Al (Bulk)	73	0.38
Ni (Evaporation)	205	5.2
Ni (Electroplating)	202	4.1
Si (Bulk)	180	12.9

從另一觀點來看，由圖 8.17(a) 單晶矽的實驗結果顯示出，其楊氏係數依然隨著壓痕深度的增加而增加，而圖 8.17(b) 鋁塊材在壓痕深度到達 200 nm 以後，楊氏係數則隨壓痕深度的增加而呈現較爲穩定的値。因此，由圖 8.17 可以發現，對於較偏脆性的矽晶片與較偏延性的鋁塊材，在量測結果的趨勢上有著明顯的差異存在。此外，由單晶矽的量測結果可以發現，即使沒有基材效應的影響，其楊氏係數依然隨著壓痕深度的增加而呈現遞增的情形，顯示出存在影響量測値的其他效應。因此爲了了解上述的影響因子爲何，本文從壓痕過程的簡易模型中，如圖 8.22 所示的其他效應之探頭與材料界面之間所產生的作用力情形，發現在以往的壓痕測試當中，均忽略了探頭與材料之間界面的滑動摩擦效應，尤其在剛卸載的瞬間，上述的效應會影響壓痕測試過程中力與位移的斜率，進而影響材料楊氏係數的量測値。因此，爲了驗證界面摩擦效應對楊氏係數量測結果的影響，以下將透過實例的實驗結果做簡單的說明。

首先，圖 8.23 所示爲典型的 SiO_2 薄膜在壓痕過程中，施加於材料的負載與壓痕深度的關係。其中爲了證明在卸載過程中界面摩擦效應的確存在，因此將圖 8.23(a) 剛卸載時

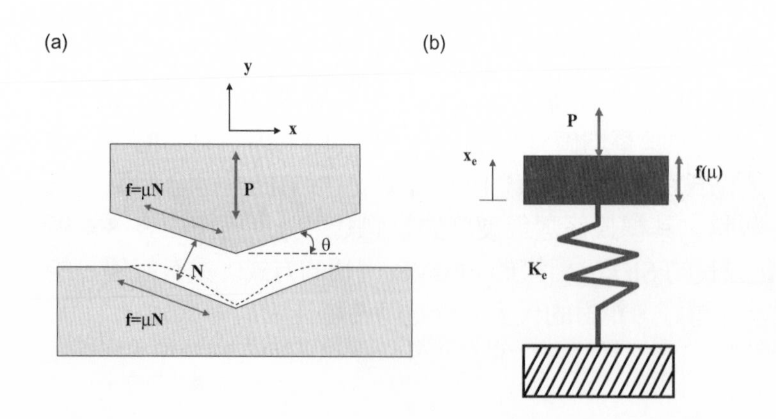

圖 8.22
壓痕測試過程中 (a) 探頭與材料界面之作用力狀態及其 (b) 機械模型。

的部分區域放大爲如圖 8.23(b)，再將其框線區域再放大爲圖 8.23(c)。由圖中可以發現在剛卸載時產生一小段的斜率 **1** (線段 A 到 B)，即 slop**1** = ($Load_A$－$Load_B$) / ($Deformation_A$－$Deformation_B$)，與之後的卸載路徑 (或爲斜率 **2**) 會有某種程度的差別，推測其原因可能在剛卸載的那一段期間，由於探頭受到材料彈性回復變形的夾擠推升作用，造成探頭往上產生位移，並且由於正向力 (N) 的作用造成兩者之間的界面產生摩擦力，如圖 8.22 所示一樣，其中探頭在 y 方向受到材料彈性變形產生的作用力可表示爲 ($N\cos\theta - f\sin\theta$)。因此，當材料彈性回復力在水平 x 方向對探頭所造成的力 ($N\sin\theta$) 大於摩擦產生的水平分力 ($f\cos\theta$) 時，理論上探頭與材料之間爲動摩擦效應影響，即材料壓痕在彈性回復過程中，探頭與材料之間界面有滑動現象。此時探頭所受到的回復力 P_k 可表示爲 $N(\cos\theta - \mu_k\sin\theta)$。另一方面，當彈性回復力小於摩擦力時，則探頭與材料之間爲靜摩擦效應影響，即探頭與材料之間界面沒有滑動現象，因此探頭受到的彈性回復力 P_s 爲 $N(\cos\theta - \mu_s\sin\theta)$，其中 μ_k 與 μ_s 分別爲探頭與材料接觸界面之間的動摩擦係數與靜摩擦係數，且 $\mu_s > \mu_k$。因此，在相同的彈性變形量 (X) 情況下，當探頭與材料界面有滑動現象時所量測的斜率 (P_k/X) 會大於沒有滑動位移時所量測的斜率 (P_s/X)，造成圖 8.23 在剛卸載後會有一小段 AB 由於滑動摩擦效應產生的斜率，而此斜率的改變就會造成理論上彈性模數計算的誤差。至於卸載初始斜率的值可由圖 8.23 放大圖的 A 點及 B 點所量測到的負載及位移量的大小計算得到，其大小則由探頭與材料之間界面的正向力以及摩擦係數大小決定。

由上述的例子說明及相關實驗結果可知，卸載時材料初始回復剛性 (P/X) 會隨著界面摩擦效應的變化而產生不同的值，如圖 8.24 則是針對不同的材料量測到的初始斜率 (AB 段) 隨壓痕深度變化的情形，由圖可以發現較偏脆性材料的 SiO_2、Si_3N_4、Si 均會有兩段式斜率產生，至於偏延性材料的鋁膜或鋁塊材則沒有上述的現象產生。因此當脆性薄膜材料的量測值 (P/X) 代入公式 (8.22) 與公式 (8.23) 時，會造成斜率 (S) 的理論計算

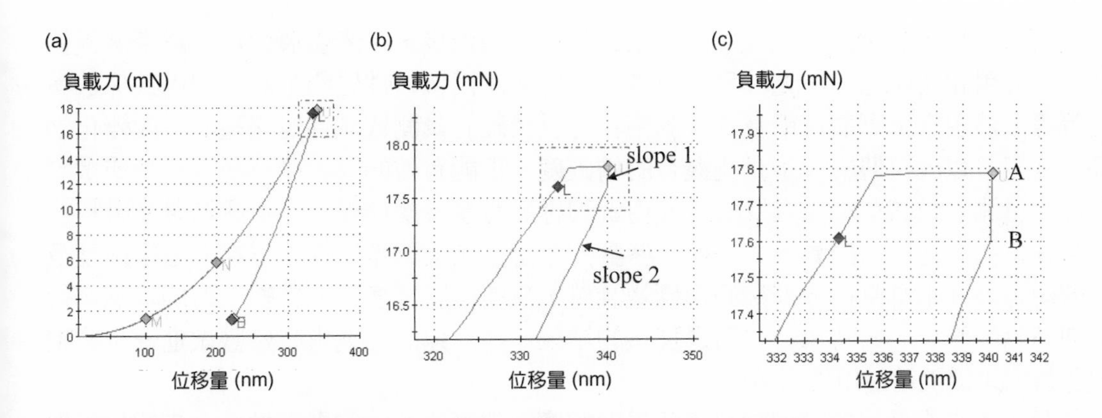

圖 8.23 熱成長二氧化矽薄膜的壓痕測試結果：(a) 負載與壓痕深度關係圖，(b) 圖 (a) 方塊區域放大圖，(c) 圖 (b) 方塊區域放大圖。

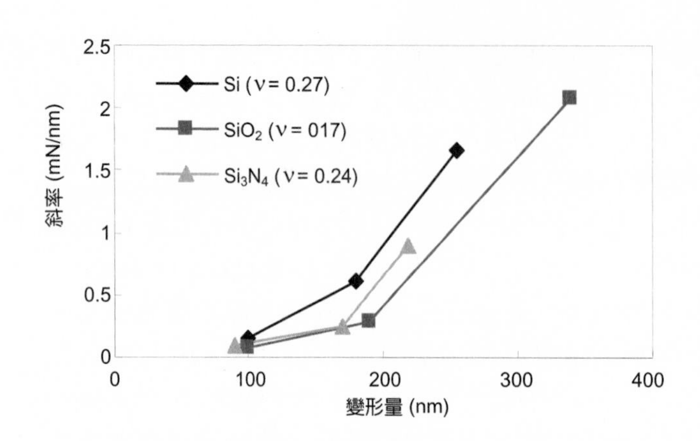

圖 8.24
針對 Si、SiO_2 以及 Si_3N_4 三種材料在壓痕過程中，剛卸載時瞬間所量測到的初始斜率。

值與實際值有所差異，進而利用公式 (8.14) 和公式 (8.15) 計算材料楊氏係數時，會造成量測結果有某種程度的誤差。尤其從實驗結果可知，摩擦效應會產生較大之卸載初始斜率，因此由理論分析所得到的楊氏係數會比實際值大，這點或許也可以說明爲何許多研究利用其他量測方法，如彎曲樑測試法與振動響應頻率方式[20, 21, 32]，針對薄膜楊氏係數所量測的值會小於壓痕測試法。至於如何修正界面摩擦效應所產生的影響，受限於探頭與材料界面的摩擦係數大小很難判斷，因此目前尙無法有效的進行定量的修正，而且除了前述有關在卸載時所產生的摩擦效應會對量測結果有影響之外，實際上在負載施加過程中只要探頭與材料界面之間有接觸滑動的情形即會有摩擦效應的影響。因此，如何有效的修正摩擦效應的影響，以得到較爲準確的薄模機械性質，則有待更進一步的分析與探討。有關此部分更詳細的實驗結果與分析，可參考筆者發表之相關文獻 33－35。

8.2.4 結語

隨著奈米科技的發達以及微感測及微致動技術的進步，奈米壓痕儀已成爲奈米級檢測技術的實用化技術之一，尤其目前已廣泛應用在薄模機械性質的量測，如楊氏係數與硬度等等。藉由奈米壓痕技術及其量測平台可以精確的量測機械性質隨壓痕深度變化之關係，不僅可以改善傳統大型量測機台的精確度，更能有效的進行微小薄膜試片或微機電元件的量測。唯該量測工具受限於使用者的專業背景及操作模式，量測結果及資料的解讀往往會因人而有所差異，尤其機台參數的設定、環境的穩定性、材料表面粗糙度及基材效應等等，都會直接或間接的影響量測值，目前也有許多研究針對上述的效應進行分析與理論的修正，同時筆者也透過實驗的結果，將上述的相關影響參數做進一步的說明與改善，以提供給使用端參考。

此外，本文亦針對探頭與材料接觸界面的摩擦效應所產生的影響做進一步的分析與探討，經由實驗結果發現摩擦效應的確存在於探頭與材料的接觸界面，進而造成薄膜機械特性量測的誤差，而且隨著材料性質的不同，其影響程度也有所差異，尤其對於偏脆性材料的影響較為顯著，而且壓痕深度越深，影響程度越大，唯如何修正或減少界面摩擦效應的影響，有待後續相關研究人員的共同努力參與，使整個壓痕儀系統的使用及其理論更為完善。

8.3 表面輪廓儀

8.3.1 前言

物體表面形貌是指物體與周圍物體之間的分界面，包括形狀、表面紋路與表面粗糙度等訊號以及表面浮凸、溝槽與刮傷劃痕等項多種綜合特徵所組合而成。就一實體物體表面而言，其表面特徵是由機械加工、電化學表面處理、奈米表面處理或表面鍍層等製作或加工過程對於物體形貌的改變[36]。因此物體表面形貌即與加工種類或與加工過程中製程參數的掌握程度有著密切相關性，更重要的是其決定物體的物理、化學與機械等特性。例如在機械零組件的應用方面，零組件的表面形貌狀況將對其磨耗、密封、潤滑、公差配合、疲勞與精密傳動等產生不同的機械特性表現，同時也影響著物體的熱傳導性、導電性與腐蝕等物理特性，進而影響組件或儀器系統等項特性。藉由工程應用的角度觀察，對於物件表面形貌量測將是應用該物體特性的基礎，因此，發展多項表面形貌的量測方法與儀器有其意義。

近年來，由於儀器設備與量測技術的進步發展，使得定量的表面立體形貌量測已經廣泛應用在科學、工程與工業等方面，根據實際特性需求而選擇各種量測方法以滿足其所需表面形貌狀況精確度。表面形貌量測可分為接觸式與非接觸式[37]。其中接觸式表面形貌為探針型表面輪廓量測，其藉由接觸物體表面的量測探針其機械位移改變而獲得被測物件的表面資訊。較常見表面輪廓量測其量測機制為，當探針接觸著物件表面並沿著表面移動，過程中因物體表面輪廓條件不同，使得探針在垂直於被測物體表面上方產生細微的上下移動，藉著與探針連動線性可變差分變壓器 (linear variable differential transformer, LVDT) 將細微的位移訊號轉換成電訊號並加以放大，並經由濾波電路處理將固定頻率範圍外的非量測訊號雜訊去除，其可將物體的表面輪廓資訊以圖形輸出呈現。非接觸式表面形貌量測是指把經過聚焦的光束作為光學顯微鏡，並藉由各種光學原理檢測被測物體表面形貌對聚焦光學系統中的微小間距變化。光學顯微鏡可區為幾何光學顯微鏡與物理光學顯微鏡，其分別應用成像原理以及光學干涉原理檢測物體表面形貌。表 8.5 彙整接觸式 (探針型) 與非接觸式 (光學顯微鏡) 表面形貌量測以及掃描式電子顯微鏡 (scanning electron microscope, SEM)[38,39] 等儀器分析特性。

第 8.3 節作者為潘漢昌先生。

表 8.5 接觸式與非接觸式表面形貌量測特性[40]。

	探針型	光學顯微鏡	掃描式電鏡
垂直量測解析度	高	高	較高
垂直量測範圍	大	小	較小
水平量測解析度	中等	高	較高
水平量測範圍	高	中等	較低
量測型式	接觸	非接觸	非接觸
分析樣品準備時間	短	稍長	較長
量測時間	長	短	短
儀器成本	中等	中等	較高
樣品表面傾斜影響	無	有	有
環境影響	中等	高	較高
樣品表面反射影響	無	有	無
樣品表面導電性	無	有	有
表面損傷	輕微	無	無
應用範圍	汽車、機械製造	光學元件、塗層、生物工程	光學元件、電子材料、生物工程

8.3.2 表面測量相關的發展

表面量測最早可追溯到 300 多年前首次發明的顯微鏡，當時透過顯微鏡僅可觀察物體的表面形貌，無法獲得其定量的表面高度資訊。光譜反射 (optical spectral reflectance) 同樣是早期的表面量測技術，此法雖可以獲得物體的表面粗糙度 (root-mean-square roughness)，但該量測方法無法提供定量的表面形貌與表面影像等資訊。1930 年代，探針型表面輪廓儀的發明問世使得表面形貌量測進入新紀元，穿透式電子顯微鏡 (tansmission electron microscope, TEM) 與掃描式電子顯微鏡也在同時期發展[41,42]。

隨後在 1960 年代中期，干涉顯微鏡 (interference microscope) 與掃描穿透式電子顯微鏡 (scanning transmission electron microscope, STEM)[43] 相繼問世，這些分析技術仍無法充分提供物體的定量表面形貌量測資訊，其原因爲缺乏適當的分析技巧以及受限於當時電腦對數據處理能力不足等因素。在 1960 年代末期，由 Williamson 與 Peklenik 兩位學者提出探針型式的表面形貌量測系統原型[44]，隨後 Sayles 與 Thomas 學者在 1976 年發表更具實用的探針型式的表面形貌量測系統，在 1972 年時，Young 學者依據 1966 年場發射原理發展出位相儀 (topographies)，在 1970 初期則有掃描式電子顯微鏡的發展，其藉由一對立體影像形式的結合而計算表面高度。

光學聚焦檢測儀是目前常見的商用光學表面形貌量測工具之一，這類型的表面形貌量測儀，分別在 1957 年時由 Minsky 學者及 1968 年 Dupuy 學者各提出表面量測與二維輪廓量測。包括三維立體量測，許多光學聚焦的量測技術在 1980 早期已完整建立，其中干涉儀 (interferometer) 是其中一種可能性最高的採用表面定量量測光學儀器，在這段時間許多根據光學干涉理論的表面定量量測技術被發展。在 1981 年 Binning 與 Rohrer 學者共同發表掃描式穿遂顯微鏡 (scanning tunneling microscope, STM)，隨後在 1986 年發展原子力顯微鏡 (atomic force microscopy, AFM)[45,46]，這兩項重要發明促進三維立體量測分析與技術，這兩種儀器的特殊性在於其在水平與垂直量側方向具有奈米或次奈米級 (sub-nanometer) 的解析度，同時在表面形貌特徵上具有原子或分子級解析度，STM 與 AFM 則分別可量測導電與非導電樣品表面形貌。

因表面輪廓儀具有定量形貌量測的特性，在進行樣品分析時可具有原子等級到機械加工組件較寬廣的量測範圍。因此，爲了解表面輪廓儀的基本原理與特性，表面形貌量測的應用與發展即扮演重要的一環。

8.3.3 探針型表面輪廓量測

(1) 探針型表面輪廓儀的構造與測量原理

探針型表面輪廓儀的基本結構示意圖如圖 8.25 所示。在量測過程中，樣品固定於 X 方向驅動的移動平台上方，並沿著 X 方向移動，經由位移感測器紀錄可得到樣品的位移距離。杆桿一端的探針在量測過程中始終保持接觸被測樣品表面，此時探針隨著樣品表面輪廓的起伏使其上下起伏移動，而由杆桿中心的支撐點連動另一端的線性可變差分變壓器將所產生的上下位移轉換爲電訊號輸出，顯示該探針發生位移而偏離其原始位置。此訊號經由數位處理放大並由數位類比轉換處理後，經由處理器由控制電路輸出調整 Z 方向移動平台進行較大幅度的上下移動，同時以鈦酸鋯鉛 ($PbZrTiO_3$, PZT) 壓電陶瓷輔助進行較細微的位移調整，最後使得杆桿回復爲平衡狀態。其中，由線性可變差分變壓器的位移零點位置作爲判別杆桿是否回復至平衡位置，位於樣品載台下方的繞射光柵 (grating) 干涉位移感測器元件偵測樣品載台的上下移動距離，而該移動距離即爲樣品表面輪廓在其探針量測位置時其在 Z 方向的位移變化。該位移變化量經由光電訊號電路處理，可獲得一 Z 座標的位移變化，此時結合樣品載台的 X 座標，最後極可以描繪量測樣品的表面輪廓形貌。

(2) 光柵位移量測的光學原理與系統架構

圖 8.26 所示爲光柵干涉位移量測儀光學原理示意圖[47]，藉由具有高亮度、高單色

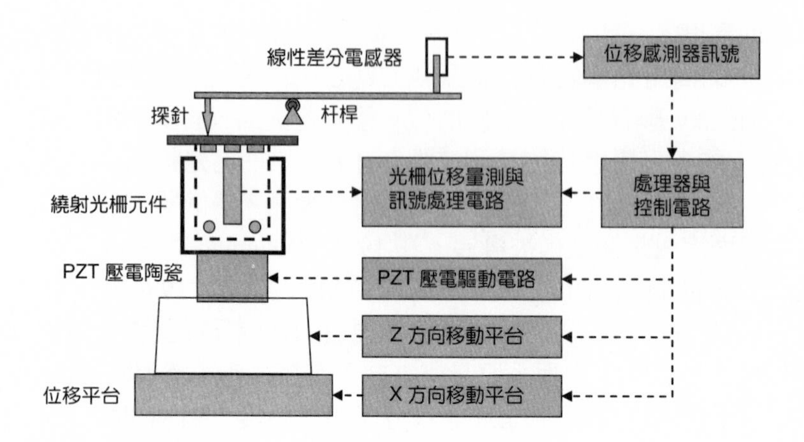

圖 8.25
探針型表面輪廓儀的基本結構示意圖。

性、高方向性與高相干性等特性的 Nd:YAG (neodymium doped yttrium aluminum garnet，摻釹釔鋁石榴石) 雷射作爲光柵干涉儀的光源，當其系統運作時，由雷射產生器發出雷射光源的入射到反射光柵時，經由反射光柵的作用產生繞射現象後形成 (1+) 與 (1–) 兩道繞射光束，接著通過安置於兩側的稜鏡，並將 (1+) 與 (1–) 繞射光束反射回到反射光柵鏡上另一個位置，此時再經過二次繞射作用，使其產生 (1+, 1+) 與 (1–, 1–) 兩束繞射光，當其入射於擺放垂直於 X 軸方向的光電感測器時形成數道干涉條紋。在圖 8.26 中，當反射光柵沿著 Z 軸方向作上下位移時，將引起該干涉條紋的相位移 (phase shift)，如果該系統將光柵設置固定於測量的光學平台時，此干涉條紋的變化即反應待測樣品其實際位移量。在光柵移動時，干涉條紋發生相位移現象，光柵干涉位移量測儀是以其中的光柵常數 (grating constant) 作爲量測基準，因此位移量測儀是由其光柵的有效長度作爲測量範圍，

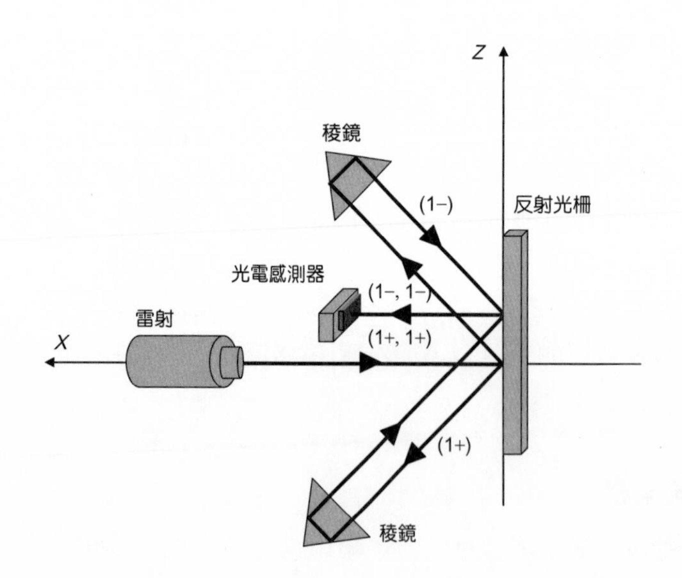

圖 8.26
繞射光柵位移量測系統架構。

其解析度則取決於光柵柵距 (pitch) 所產生的繞射條紋的平均作用。此光柵干涉位移量測儀具有訊雜比高與較佳抗環境干擾因素等特性，特別適用於樣品表面輪廓精密量測。

(3) 應用探針型表面輪廓量測薄膜應力

在半導體、顯示器、微機電系統或薄膜濾光片等製程中所沉積的薄膜常因高溫製程影響造成薄膜或其與基板之間產生殘留應力，當薄膜應力過高時將在微觀結構上發生變形、微裂痕或薄膜剝離等現象，嚴重時更將導致元件損壞和失去既有功能，因此，精確得評估薄膜因變形所產生的應力將可提高製程穩定性與元件特性[48]。

應用探針型表面輪廓量測薄膜應力的步驟爲：量測原始基板的曲率 (curvature)，接著量測已成長薄膜之基板其相同位置的曲率，藉由兩次量測所測得的曲率值變化，經由曲板方法 (bending plate method)[49] 以及已知的薄膜與基板材料特性即可以計算。爲了獲得準確的薄膜應力值，此法最重要的測量參數爲在初始狀態與薄膜沉積後基板的曲率半徑 (radius of curvature) 變化，假設基板高度可以表示隨著沿基板方向的距離成一連續方程式 ，在基板上任一位置的曲率半徑可藉由方程式 (8.24) 表示：

$$R(x)=\frac{(1+y'^2)^{\frac{3}{2}}}{y''} \tag{8.24}$$

其中，$y'=dy/dx$、$y''=d^2y/dx^2$。假設初始狀態爲一平坦基板，此時薄膜應力可經由公式 (8.25) 計算而得：

$$\sigma=\frac{1}{6}\left(\frac{1}{R_{\text{posl}}}-\frac{1}{R_{\text{pre}}}\right)\frac{E\cdot t_s^2}{(1-v)t_s} \tag{8.25}$$

其中，σ 爲沉積後薄膜應力 (dyn/cm^2)、R_{pre} 爲沉積前，基板曲率半徑、R_{posl} 爲沉積後基板曲率半徑、E 爲楊氏模數、v 爲浦松 (Poisson) 比、t_s 爲基板厚度、t_f 爲薄膜厚度。

經探針型表面輪廓掃瞄後，其量測結果可以由最小平方 (least square) 法符合五階多項式，經由微分與二次微分使方程式成爲 $y'(x)$ 與 $y''(x)$，將此關係式帶入公式 (8.24)，即可計算掃描距離沿基板方向在薄膜沉積前後的曲率半徑，接著將兩個半徑值帶入公式 (8.25) 計算，可獲得在鍍膜前後的薄膜應力，兩個應力之間的差異大小即表示爲薄膜承受的應力值，其中應力值正負號分別表示爲張應力與壓應力。

8.3.4 非接觸式表面形貌量測

在探針型表面形貌量測中，探針直接接觸量測；例如生物試片等奈米結構表面，容易損壞試片表面形貌，造成永久的機械破壞，而無法測得眞實的表面形貌。因此，藉由光、聲、電等或結合某兩種訊號可達到非接觸式表面形貌量測。其中光學法是目前最廣泛使用的非接觸式表面形貌量測。

8.3.4.1 光學顯微鏡法

光學顯微鏡法是由聚焦光束進行量測或瞄準物體，藉著各種光學原理檢測被測物體表面形貌對於所測得聚焦光束的微小距離變化的一種量測技術，光學量測有利用成像原理檢測物體表面形貌的幾何光學顯微鏡，其可細分爲共軛成像與離焦誤差檢測等方法，而利用干涉原理成像技術則稱爲物理光學顯微鏡。

(1) 幾何光學顯微鏡[50]

共軛成像法：共軛成像原理主要是由如圖 8.27 所示光源、被測物與偵測器等三項物體其所在位置互相形成對應的共軛位置，量測過程中光源經光學系統成爲光點並聚焦於被測物表面，經反射作用將被測物成像於偵測器上，當被測物表面與光點重疊時，在偵測器上具有最小的影像，此時偵測器接受到最大的光能量；相對地，當被測物表面偏離光點時，在偵測器內的成像將隨之增大，同時偵測器所測得的能量減少。因此，在量測過程中，藉由維持偵測器測得最大光強度以控制被測物被測表面與光點的重合，此時測量偵測器所改變的位移量，其變化量即可用以描繪被測物的表面形貌。

離焦誤差檢測法：其原理是將被測物表面因偏離聚焦物鏡時所產生的微小離焦量，轉換爲光電感測器中偵測光斑強度、形狀或面積等變化量，藉著光電感測器所轉換輸出

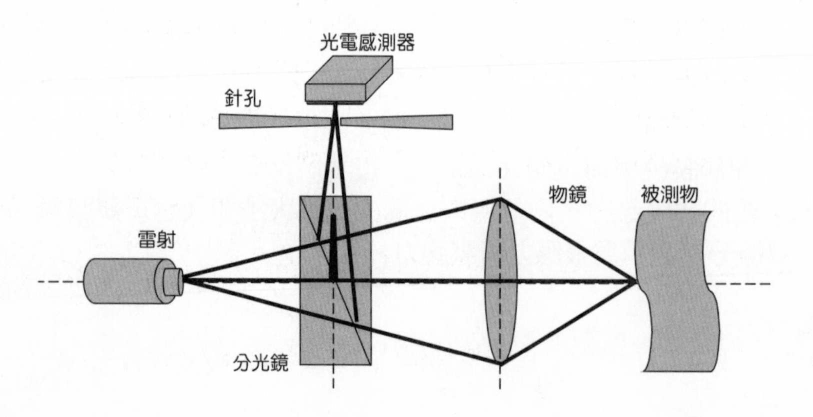

圖 8.27
共軛成像法示意圖。

的電子訊號作進一步處理，而獲得被測物件的表面形貌。量測過程中，依聚焦物鏡的操作狀態不同，離焦誤差檢測法可區分爲靜態離焦法與動態離焦法兩種。臨界角法、傅科刀口法 (Foucault knife-edge method)、像散法 (astigmatism method) 與偏心光束法 (eccentric beam method) 等都常被運用於離焦誤差檢測法作爲非接觸式的表面形貌檢測，離焦誤差檢測法所使用的光學系統簡單，具有操作方便性，在垂直方向解析度可達奈米 (nano meter) 等級。

(2) 物理光學顯微鏡

外差光學干涉顯微鏡：爲一項已發展相當成熟的精密光學量測技術，該光學系統架設中採用兩組頻率相差甚小的同調 (coherent) 光源，其中一道光源經由顯微鏡內物鏡聚焦於待測物表面作爲量測光源，另一道光源保持相同距離光程，作爲參考光源。當待測物體表面形貌變化高低改變時，將使得參考光源與量測光源之間光程差異產生變化，藉著鎖相放大器等以光學分析相位差異性，即可獲得待測物表面形貌。外差光學干涉儀中常最常使用具有高同調性的氦氖 (He-Ne) 雷射光源，在光學系統中主要將所產出雷射光分引成量測與參考兩道光源，依據量測方式不同可分爲量測與參考光源平行與垂直兩類系統架設。

平行型外差光學干涉儀在進行表面形貌量測時，會將雷射光源分爲大小不同但中心重合的兩道光源聚焦於量測表面，其中較大的光點作爲參考光源，另一小光點爲量測光源。平行型光學系統中，因參考與量測光源相互平行且同一軸向，對於量測的外界環境，如震動干擾等，或系統中架設光學元件的機械結構體的平行度等問題，對於奈微米尺寸的量測並不適用。

圖 8.28 爲採用具有雙聚焦透鏡的平行型外差光學干涉儀，其中雙聚焦透鏡的材質爲使用雙折射晶體與光學等級玻璃相互黏接而成，當光通過雙聚焦透鏡時將產生不同的焦距，因此當雷射光源通過雙聚焦透鏡時，投射出較長的光源可照射於量測物表面作爲參考光源，短焦距光源則同時也聚焦於量測物表面作爲量測光源。雙聚焦透鏡在垂直方向的量測解析度可達 0.1 nm，該系統具有系統裝置與架構簡單的優點，且所使用的雷射光源可接受稍高的頻率差異，然而其中參考光源是藉由雙聚焦透鏡離焦偏振分量，因此無法獲得過大的參考光源面積。

圖 8.29 爲雙焦點平行型外差光學干涉儀，系統中同軸雷射光源經過擴束與縮束等作用，以同一軸向入射於物鏡，其中經擴束的光源大小接近物鏡孔徑，且聚焦於量測物表量形成量測光源，另一縮束光源被物鏡聚焦於物體表面形成較大的光點作爲參考光源。雙焦點平行型外差光學干涉儀的解析度取決系統本身的雜訊，約爲 0.01 nm，系統中光源大小受到擴束與縮束限制而無法獲得較大的參考光源，因此該系統無法量測表面形貌變化較大的物件。

圖 8.30 顯示採用中空環形物鏡進行分光，使得經過該透鏡後可以獲得同一軸向的兩

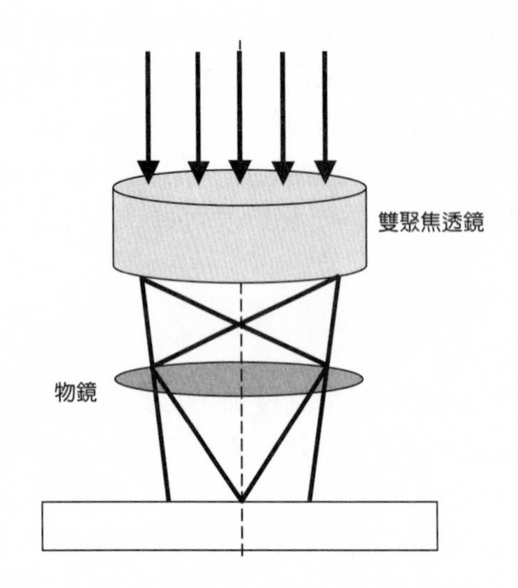

圖 8.28 雙聚焦透鏡平行型外差光學干涉儀。

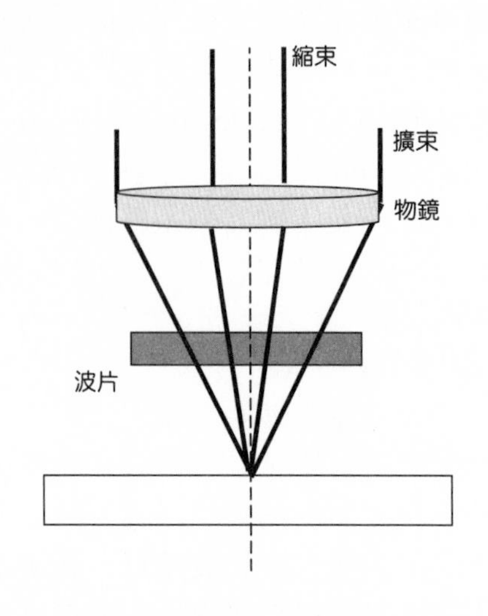

圖 8.29 雙焦點平行型外差光學干涉儀。

道大小光源，依環形物鏡的光學規格設計，參考光源可以縮束為約直徑兩微米，然而，中空環形物鏡的幾何形狀加工精準度不易掌控，且光學規格的石英材質加工不易，增加中空環形物鏡光學干涉儀的製作困難。

圖 8.31 所示的光學干涉儀使用兩道非同軸光源，其中一束光源經過物鏡聚焦入射於分光鏡上，再經分光鏡反射投射在待測物表面形成測量的光點，另一道垂直光源直接入射，透過分光鏡投射於待測物表面成為參考光源。該干涉儀在光源部分使用到兩個不同

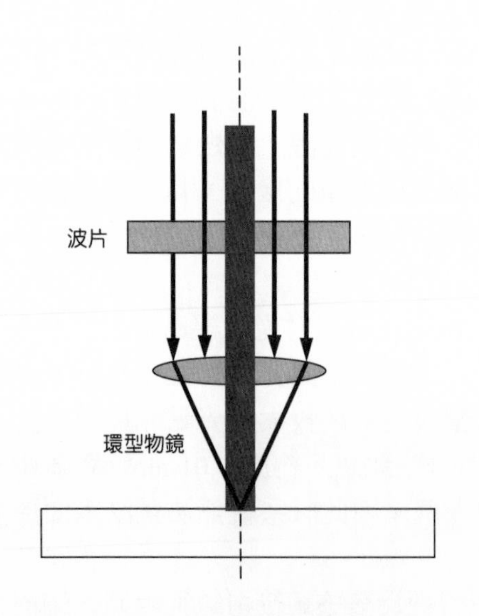

圖 8.30 中空環形物鏡光學干涉儀。

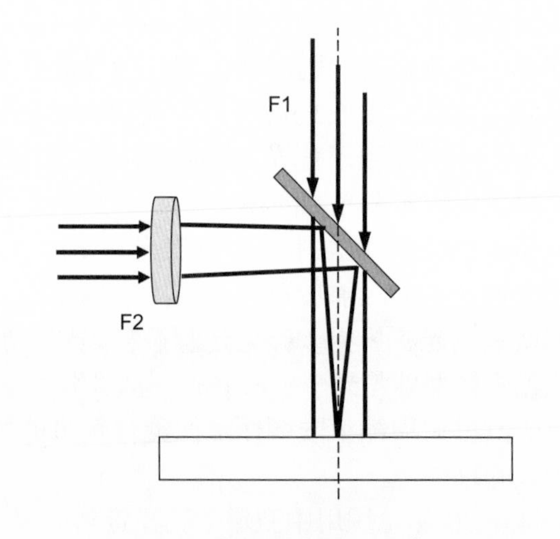

圖 8.31 雙光源光學干涉儀。

的雷射光源，因此量測時容易受到外界環境因素的干擾，例如開放空間中的溫度、空氣流動與溼度，以及光學系統的機械結構穩定度與環境中的低頻震動都將產生某程度的訊號漂移，一般雙光源光學干涉儀對於量測物理表面形貌的解析度可達 5 nm。

圖 8.32 所示爲加州大學勞倫斯國家實驗室 (Lawrence Livermore National Laboratory) 的 Gary E. Sommargren 教授所發表的 Straightness of travel interferometer 專利中 (美國專利 4787747)[51]，採用渥拉斯頓稜鏡 (Wollaston prism) 爲光學元件架設的非同軸干涉儀，該光學系統在表面形貌上的量測解析度可達 0.1 nm。

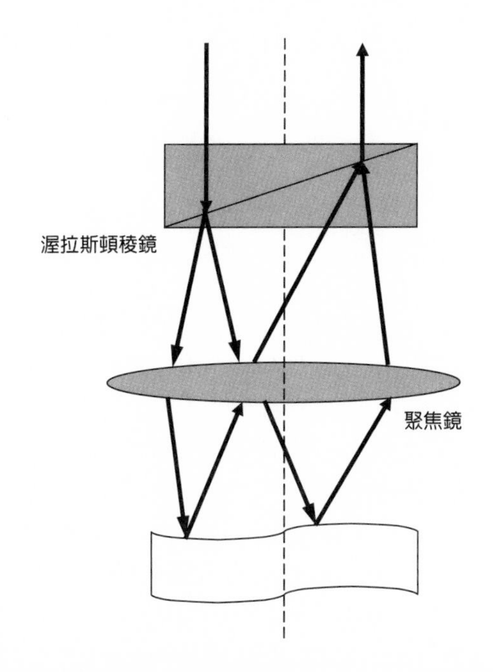

圖 8.32
渥拉斯頓稜鏡干涉儀。

外差光學干涉儀雖可以達到奈米等級的表面形貌量測，但在光學系統中雷射光源本身在雙縱向模 (longitudinal mode) 間的互相耦合性會產生測量誤差，利用 Zeeman 雙頻雷射外差干涉儀 (heterodyne interferometer) 可改善所述的測量誤差，該系統是由兩束頻率稍微不同的雷射光疊加產生干涉，以獲得差頻訊號，由此差頻訊號中的相位變化就能得到待測物表面形貌。

微分光學干涉顯微鏡 (differential interference contrast microscopy)[52] 如圖 8.33 所示，該光學系統將光源分成兩道同調光，並投射於待測物表面形成兩個相互接近的光點，因受到物體表面形貌的高低變化，該兩相近光點產生干涉作用形成特定的相位差，藉由測得的相位差即可經光電轉換獲得被測物體實際的表面形貌。微分光學干涉顯微鏡是運用共光路光學系統，其特色爲不需額外的參考平面，以及較佳的抗外界環境干擾等，在表面形貌量測時可獲得高達 0.1 nm 的解析度。該系統以兩鄰近光點因被測物表面形貌變化的斜率所產生的相位差，進而計算斜率變化的積分面積，因沒有額外的參考平面，該量測方法將產生累積誤差。

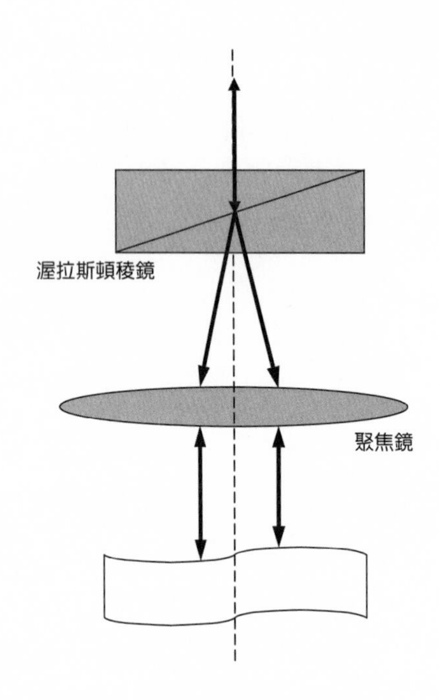

圖 8.33
微分光學干涉顯微鏡。

8.3.4.2 干涉顯微鏡法

干涉顯微鏡的原理爲使用同調光源產生干涉的方法，將相位差或光程差轉換爲振幅 (光強度) 變化，因採用多點光源量測，所以可以同時獲得被測物體之單位面積內表面形貌特徵。

麥克森干涉儀 (Michelson interferometer)：一道平行光束經過顯微鏡物鏡的聚焦作用後經分光鏡後分爲兩束，其中一光源入射於參考平面鏡後再被反射，另一道入射於待測物體表面被反射，兩道反射光束重新回到分光鏡時產生干涉，其中經過物體表面的光束因物體表面的高低起伏變化，使其光程產生變化，藉由此干涉條紋即可測得物體表面形貌，因此麥克森干涉儀常用於顯微放大，並可測得物體表面的微觀結構。

白光干涉儀 (Mirau interferometer)：其操作的基本原理爲採用具有連續波長之頻譜，使得干涉條紋具同調長度較短的特性。系統中光源經過顯微鏡聚焦後入射透過參考鏡，部分透光經分光板投射於待測物表面，並被反射回到顯微鏡的視野中，另外一部分光源被分光板反射入射於參考鏡後，同樣的再被反射回到顯微鏡的視野中，兩道被反射的光束則在該顯微鏡的視野中相互產生干涉。

在進行表面形貌分析或高階量測時，較常使用白光光源，在量測過程中，當發生干涉時，可明顯的由目鏡觀察到數道彩色干涉條紋。由於白光的同調長度較短，對於量測中干涉條紋出現的條件相當嚴格。在垂直方向高度量測時，較常使用壓電材料晶體推動試片的高度位置，當試片表面某個位置的高度滿足干涉條件時，則記錄當時推動壓電晶體的壓電值與試片表面位置，可將試片的表面形貌量出來，並進行表面粗糙度分析、微小元件表面形貌量測等。

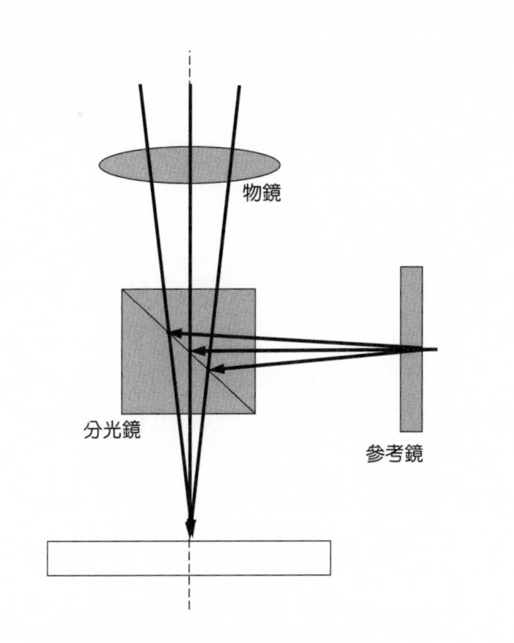

圖 8.34 麥克森干涉儀系統架構示意圖。

物鏡
參考鏡
分光板

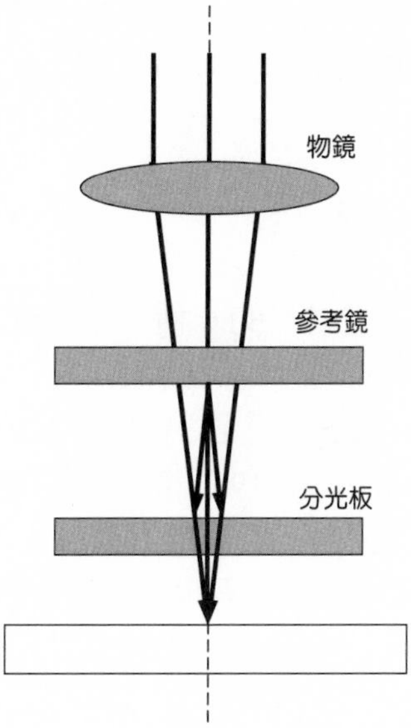

圖 8.35 Mirau 白光干涉儀系統架構示意圖。

8.3.5 結論

本節介紹接觸式探針表面輪廓量測與非接觸式表面形貌光學量測兩種物體微觀形貌顯微技術。依據待測物體的表面物化特性選擇適當的分析方法，減少在量測過程中探針接觸時對於表面形貌的機械破壞，方能量測觀察到原始的微觀形貌。隨著光學顯微技術中使用同調性高的單波長雷射，干涉顯微術的光源可選擇白光光源，再配合目前的數位影像處理與演算法可以進行全彩套色 (color mapping)，增加表面形貌影像的彩色感，提高影像微觀立體鮮明度與細緻度。

8.4 石英振盪器在奈米表面吸附分析之應用

當材料的結構或尺寸小於 100 nm 的範疇，其比表面積會比傳統材料大很多，所以表面的吸附反應會大幅地影響奈米材料的特性，藉由精密的微量天平可以用以判斷分析奈米材料的表面吸附特性。石英振盪器常用於眞空薄膜蒸鍍製程，作爲監控薄膜厚度變化及停鍍時間點設定之用，由於質量增加對石英振盪頻率變化的影響非常明顯，所以也逐漸被應用在奈米材料表面吸附分析。

8.4.1 基本原理

石英是壓電材料的一種，當表面導入電壓形成電場後，使石英晶片感應而產生週期振盪，振盪模式可分爲彎曲 (flexture)、展延 (extensional)、面剪變 (face shear) 與厚度剪變 (thickness shear) 等模式，如圖 8.36 所示。利用石英晶體振盪來量測薄膜沉積的重量或厚度是 Sauerbrey 在 1957 年首先提出[53]，他發現當微量的物質均勻地沉積在晶體表面上時，晶體的振盪頻率會線性地減少，其關係可表示如下[54]：

其中，Δf_m 與 Δm 分別爲頻率與吸住物質重量變化、f_0 爲初始頻率、S 爲石英表面有效面

$$-\Delta f_m = \frac{4 f_0^2}{R_q S} \cdot \Delta m \tag{8.26}$$

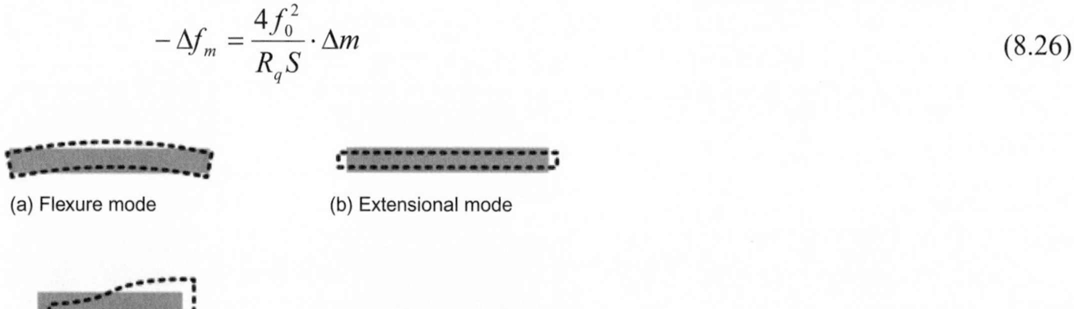

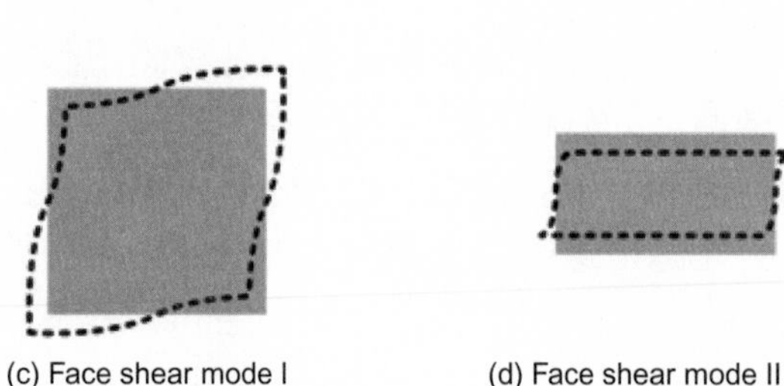

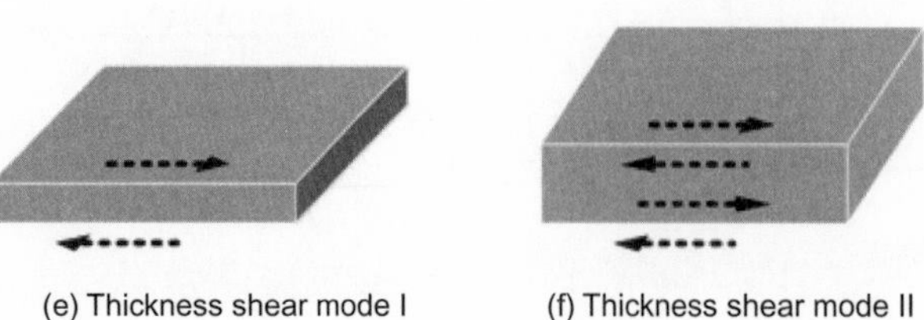

圖 8.36
石英晶體振盪模式。

第 8.4 節作者爲柯志忠先生。

積、橫向聲阻抗 (transverse acoustic impedance) R_q 為 8.862×10^6 kg/m^2。

隨著振盪模式與頻率範圍需求的改變如表 8.6 所列[55]，所適用的石英晶體切割方式也會有不同的選擇，其晶體指向如圖 8.37 所示。若考量溫度對於振盪頻率的影響，AT-cut 的頻率溫度係數較小，所以常用於鍍膜製程。其他石英切割方式對於溫度的靈敏度很大，如圖 8.38 所示，所以不適合用以量測薄膜厚度或微小質量變化。

表 8.6 石英晶體切割方式與振盪模式及適用頻率之對照[55]。

切割方式	振盪模式	適用頻率 (Hz)
AT	厚度剪變	0.5－250
BT	厚度剪變	1－30
CT	面剪變	300－1000
DT	面剪變或 width shear	200－750

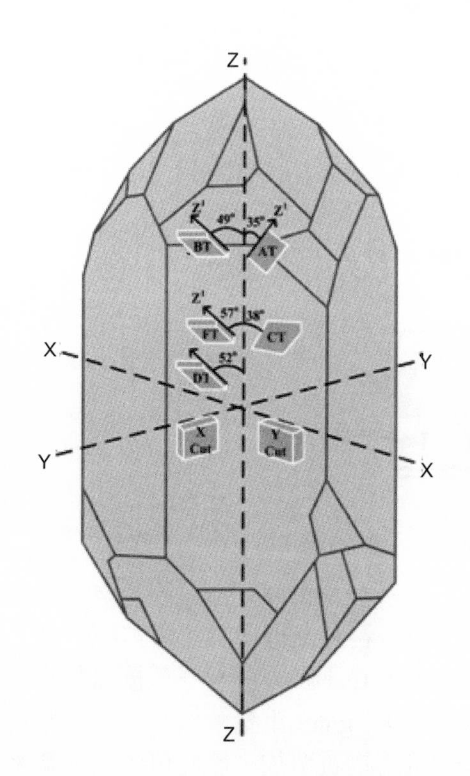

圖 8.37 不同切割方式的石英晶體指向。

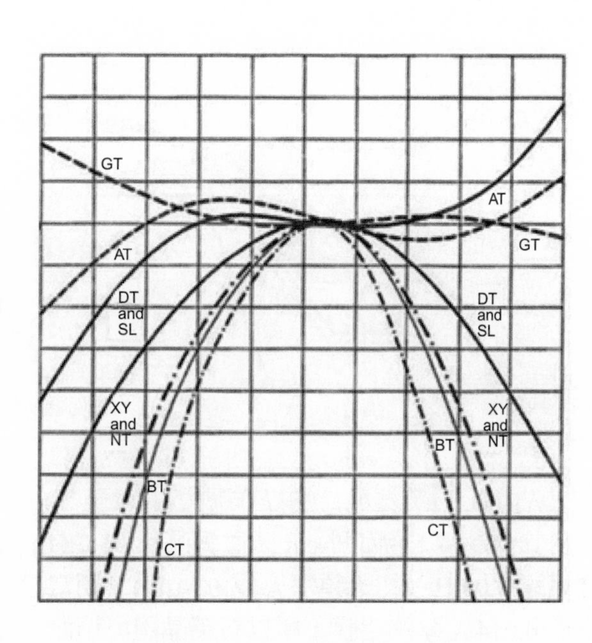

圖 8.38 溫度對石英晶體振盪頻率關係[55]。

8.4.2 技術規格與特徵

目前市面上販賣的石英片其結構如圖 8.39 所示[56]，在晶體上下表面製鍍電極，電極材料隨著製程需要可選擇不同金屬，最常見的是金電極，若製程的熱負載大 (如電漿製程) 則會選擇銀作為電極，如果製程材料容易產生薄膜應力，則建議選擇合金電極。當然在鍍覆金屬電極前必須先上一層附著層，以增加電極與石英表面的附著力，常見的附著層材料為鉻。石英振盪片操作頻率以 5 MHz 與 6 MHz 最常見。由於部分鍍膜製程會產生大量的熱，造成石英片溫度升高，為了將避免溫度造成振盪頻率漂移，石英片載座必須以冷卻水降溫，如圖 8.40 所示[57]，並且利用襯墊 (shield) 擋住熱輻射，避免直接照射。

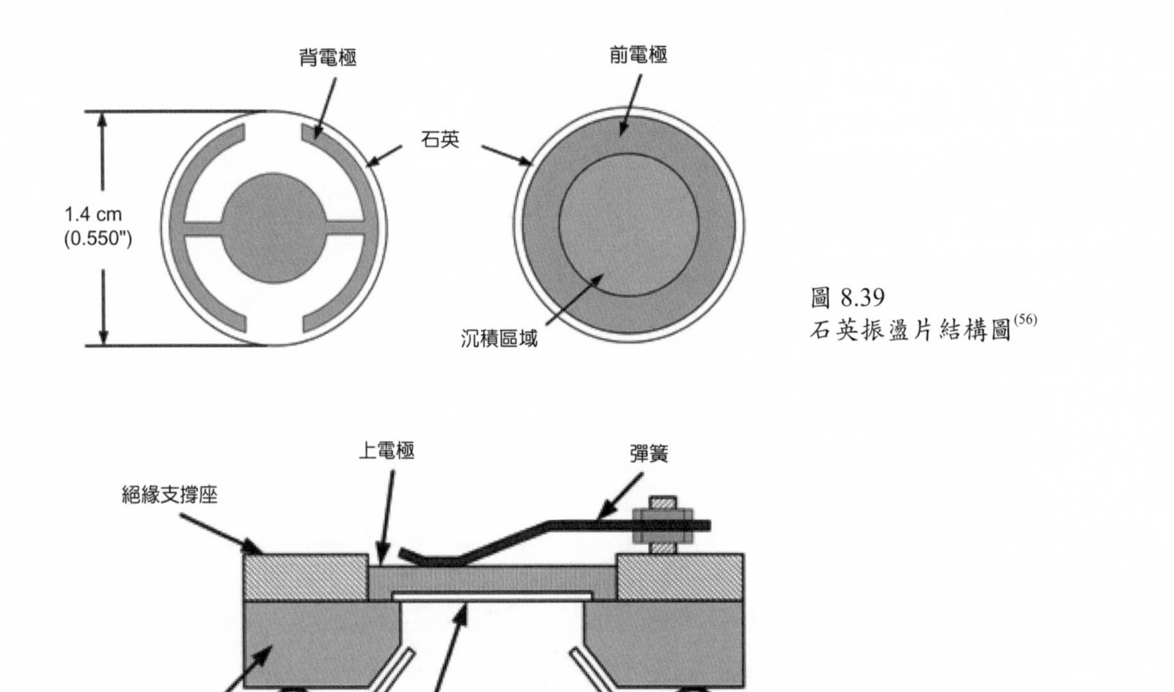

圖 8.39
石英振盪片結構圖[56]

圖 8.40
石英片載座示意圖[57]

AT-cut 石英振盪片的操作溫度在 0 至 50 °C 之間，若要進行高溫鍍膜監控，則必須改用其他晶片，例如 Y-cut 磷酸鈣晶片 ($GaPO_4$) 可在 970 °C 下操作[58]。石英振盪頻率解析度可達 0.03 Hz (初始頻率 f_0 為 6 MHz)，相當於 3.75×10^{-10} g/cm 重量解析度，換算厚度相當於 0.014 Å 厚的鋁膜，所以石英晶體可偵測到極微量的物質增加，因此可應用在奈米材料或製程中的微小重量變化。

8.4.3 應用與實例

(1) 奈米薄膜厚度監控

由於石英晶體的振盪頻率對於質量的變化非常靈敏，所以非常廣泛地應用在奈米薄膜的厚度與質量變化監測，而鍍膜技術中以原子層沉積製程 (atomic layer deposition, ALD) 對厚度的要求最高。ALD 係利用前驅物氣體與基板表面所產生的自我侷限 (self-limiting) 交互反應，當反應氣體與基板表面形成單層化學吸附後，反應氣體不再與表面反應，則沉積薄膜的質量會達到飽和 (saturation)[59]。例如在氧化鋁 ALD 反應中，當三甲基鋁 (trimethylalumnum, TMA) 通入反應腔體，圖 8.41(a) 所示石英振盪片會偵測到重量增加，但當反應達到飽和時則重量不再增加，接著當水氣通入反應腔體時，也會偵測到類似的薄膜重量變化，藉由反覆地通入三甲基鋁與水氣，薄膜厚度因而呈現線性增加的趨勢，如圖 8.41(b) 所示。

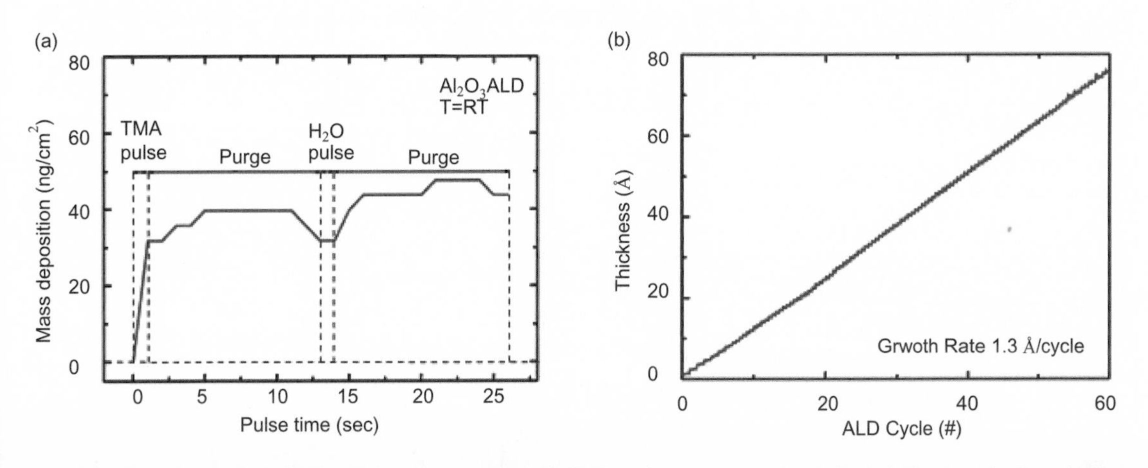

圖 8.41 室溫下成長在成長 Al_2O_3 的 (a) 薄膜質量增加與 (b) 60 次循環後厚度變化。成長溫度爲室溫，進氣時間 (TMA/purge/H_2O/purge) 爲 1/10/1/10 秒。

(2) 奈米結構表面吸附分析

BET (Brunauer-Emmett-Teller) 方法是常見的表面吸附分析技術，係以平衡壓力變化量測物質的吸附量，所以量測靈敏度會受限於壓力計的精準度。石英振盪片的重量解析度可達 10^{-10} g/cm^2，所以適合表面吸附分析量測。由於奈米結構具有非常大的比表面積，常用以量測吸附特性，其中以奈米碳管及奈米線最常見，如圖 8.42 所示，單壁奈米碳管可以增加異丙醇蒸氣對石英片振盪的頻率變化[60]。另外，氧化鋅奈米線表面易吸收氨氣而改變石英晶體振盪頻率，並隨著濃度增加而增加頻率偏移，如圖 8.43 所示[61]。

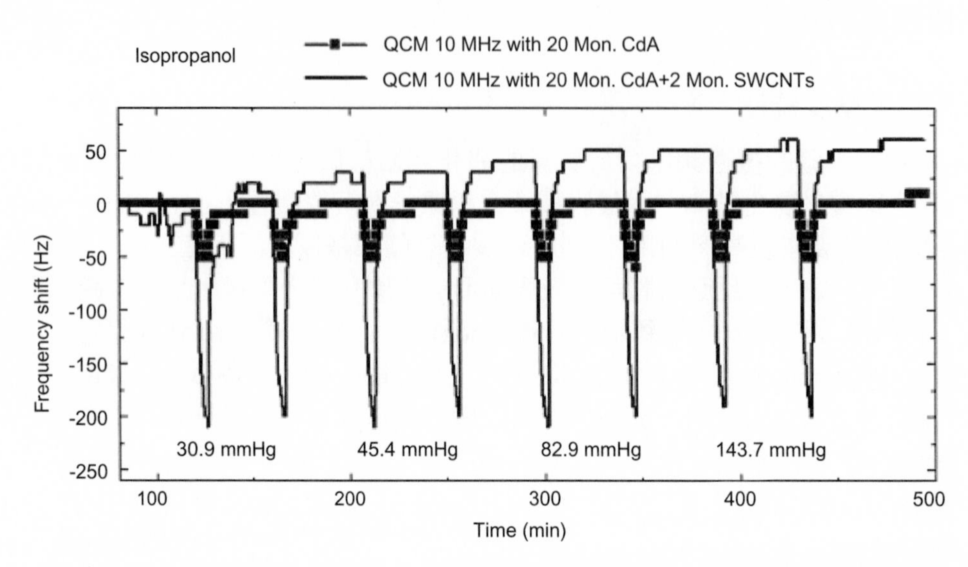

圖 8.42 不同濃度異丙醇蒸氣對附著單壁奈米碳管與 20 層 cadmium arachidate 之石英晶體振盪頻率之影響[60]。

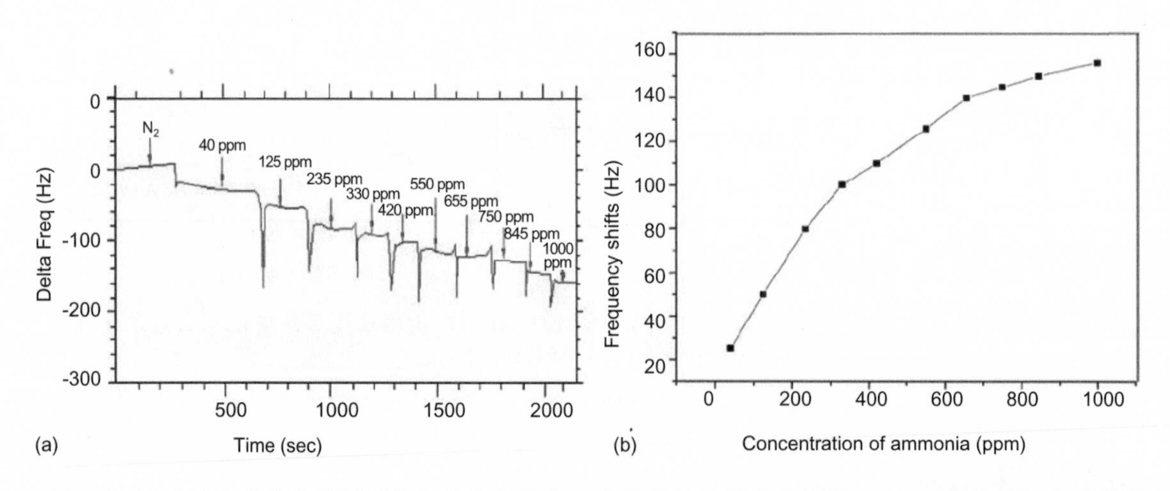

圖 8.43 (a)不同濃度氨氣對附著氧化鋅奈米線之石英晶體振盪頻率之影響、(b) 石英晶體振盪頻率漂移與氨氣濃度之關係[61]。

8.4.4 結語

石英晶體有彎曲、展延、面剪變與厚度剪變等振盪模式，其振盪頻率對於物質的吸附非常靈敏 (約 3.75×10^{-10} g/cm)，所以適合用來監控奈米薄膜成長，以及分析奈米結構的表面吸附特性，顯示奈米材料可應用於氣體感測器。

8.5 微懸臂樑於奈微米檢測之應用

8.5.1 微懸臂樑簡介

懸臂樑是一種類似跳水板的結構，其一端點被固定而無法任意移動與轉動；反之，另一端點不受任何束縛，而可以移動與轉動，如圖 8.44 所示。由於懸臂樑結構的特性，當其受圖 8.44(a) 之靜力 (static load) F 作用時，其自由端會產生靜態形變，因此可根據自由端的形變量，評估作用力的大小，或者結構的剛性[62]。另外，當懸臂樑受圖 8.44(b) 之動力 (dynamic load) $F\sin(\omega t)$ 作用時，其自由端會產生動態形變，根據此特性，當懸臂樑受到一特定頻率的動力作用時，即會產生相同頻率的振動；而懸臂樑在不同頻率的動力作用下的振幅 (或稱之爲頻率響應)，也可以被利用來檢視結構的機械特性，例如剛性或阻尼[63]。微懸臂樑則是利用奈、微米加工製程所製造，其結構可縮小至微米甚至奈米等級[64]，因此微懸臂樑具有許多優點，例如敏感度佳，以及和奈微米等級的測試樣本 (如薄膜和生醫試片) 尺寸相容等特色。其實，過去微懸臂樑結構已成功地應用於原子力顯微術[65-73]，近年來，微懸臂樑測試結構受到各界更多的重視，廣泛應用於不同的領域[74-84]。

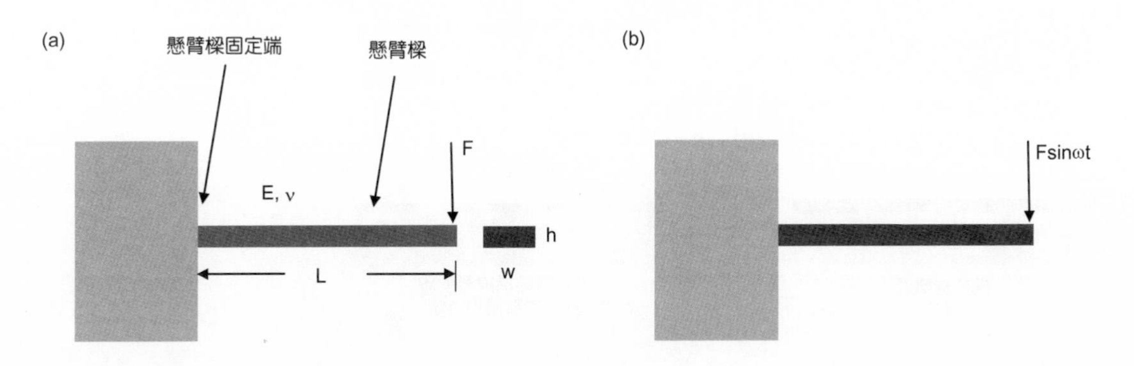

圖 8.44 懸臂樑結構受 (a) 靜力作用與 (b) 動力作用之示意圖。

兩種典型的微懸臂樑如圖 8.45 所示，其中圖 8.45(a) 爲固定在矽晶片的二氧化矽微懸臂樑[74]，圖 8.45(b) 爲固定在矽晶片的多晶矽 (poly-silicon) 微懸臂樑[85]。目前爲止，關於微懸臂樑的材料及製程，除了圖 8.45 所示的兩種類型外，還有許多不同的方式，例如高分子或金屬微懸臂樑及其製程[86,87]。受限於篇幅，本文主要以圖 8.45 所示的微懸

第 8.5 節作者爲方維倫先生及蔡欣昌先生。

臂樑作爲介紹微懸臂樑製程技術的實例，在此筆者仍要強調一點，其他薄膜材料的微懸臂樑，仍可透過類似的製程來完成。圖 8.46 爲圖 8.45 微懸臂樑的製造方式，其中圖 8.46(a) 爲體型微加工製程 (bulk micromachining)[88]。首先，將二氧化矽成長 (growth) 或沉積 (deposition) 在矽晶片表面，此步驟將決定微懸臂樑的厚度。然後，利用黃光微影 (photolithography) 及隨後的二氧化矽薄膜蝕刻，定義微懸臂樑的長度和寬度，最後將矽基材蝕刻，即可懸浮出如圖 8.45(a) 所示之二氧化矽微懸臂樑。另外，圖 8.46(b) 爲面型

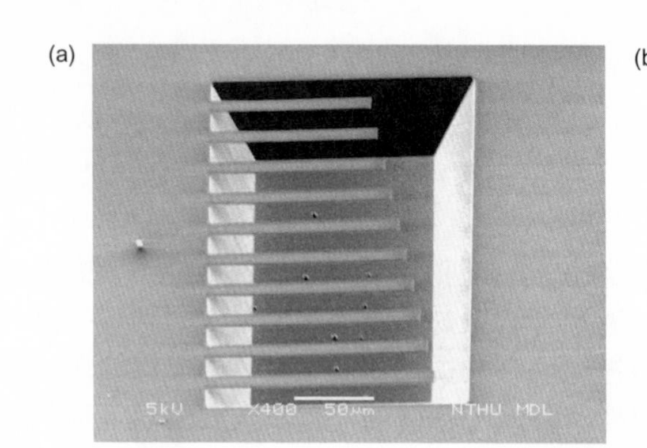

圖 8.45 固定在矽晶片的 (a) 二氧化矽微懸臂樑與 (b) 多晶矽微懸臂樑。

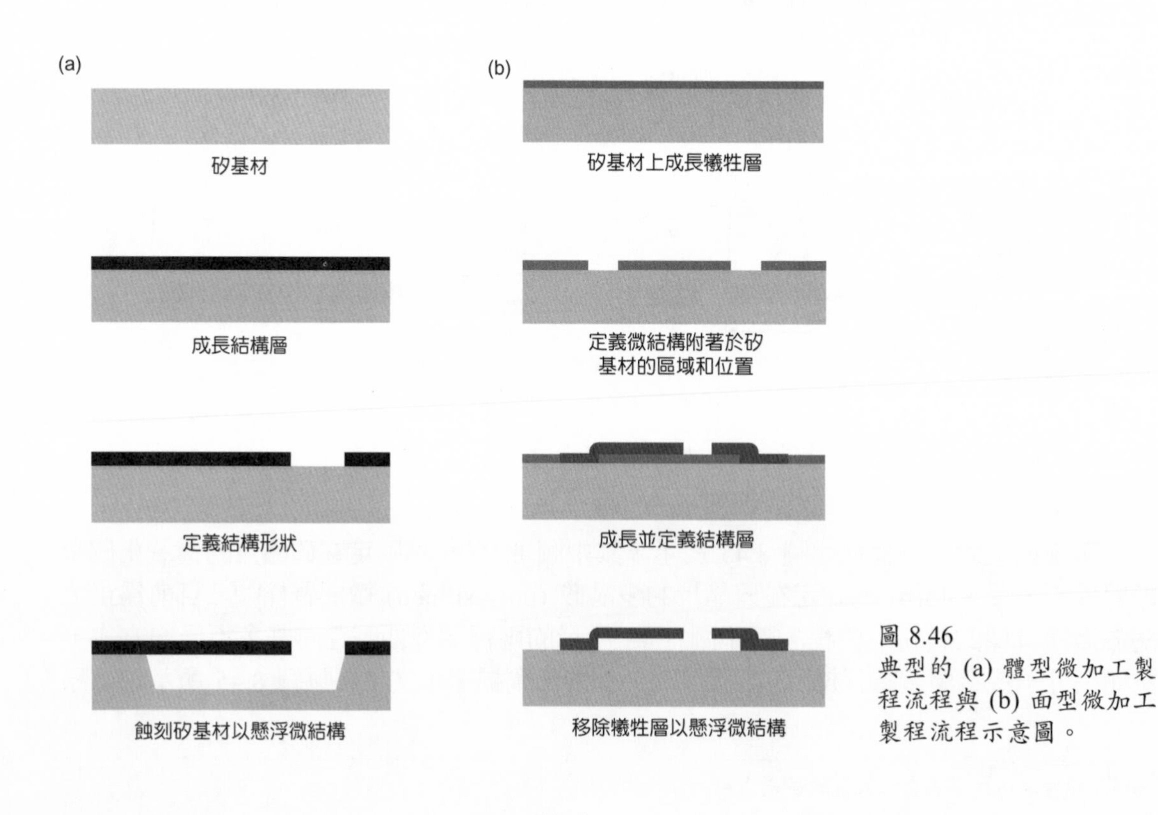

圖 8.46
典型的 (a) 體型微加工製程流程與 (b) 面型微加工製程流程示意圖。

微加工製程 (surface micromachining)[89]。首先，將二氧化矽沉積在矽晶片表面，然後利用黃光微影及隨後的二氧化矽薄膜蝕刻，定義微懸臂樑附著 (anchor) 於矽基材的區域和位置，接著將多晶矽沉積在矽晶片表面，並決定微懸臂樑的厚度，隨後利用黃光微影及蝕刻，定義多晶矽微懸臂樑的長度和寬度。最後，將二氧化矽薄膜 (或稱爲犧牲層) 蝕刻，即可懸浮出如圖 8.45(b) 所示之多晶矽微懸臂樑。由於上述製程都已非常成熟，因此製造微懸臂樑是相當簡單的技術。

本文將介紹如何根據上述靜力或動力測試的概念，應用微懸臂樑來進行奈微米級試片之檢測，並以 (一) 薄膜材料機械性質量測及 (二) 生醫檢體量測作爲實例來說明。

8.5.2 微懸臂樑靜態測試

誠如第一節所述，微懸臂樑可透過靜力的作用，在自由端產生靜態形變，並藉此來量測薄膜或結構的機械性質。本節將先簡述此受力－形變的原理，然後進一步舉出數個應用實例。根據材料力學的原理，當圖 8.47 中長度爲 L、寬度爲 w、厚度爲 h 的懸臂樑受到彎曲力矩 M 的作用時，會產生彎曲變形，且懸臂樑彎曲形變的曲率半徑爲 ρ，該彎曲力矩 M 和形變曲率半徑 ρ 的關係可表示爲：

$$\rho = \frac{EI}{M} \tag{8.27}$$

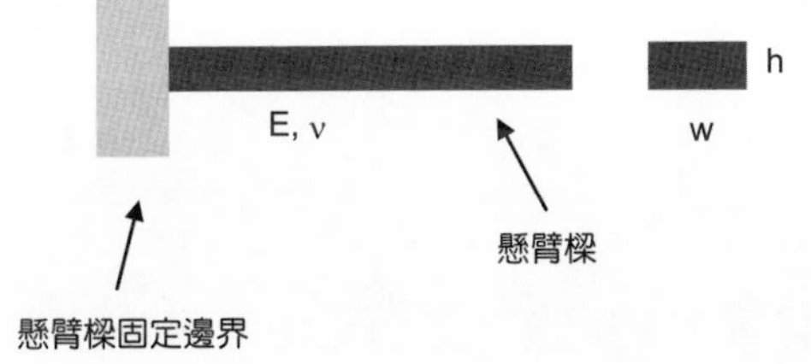

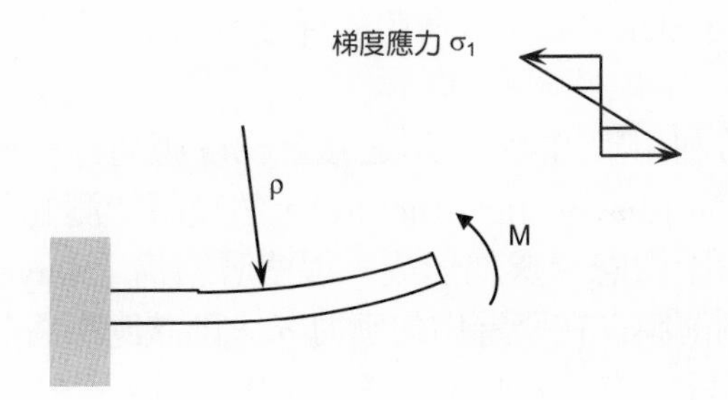

圖 8.47
典型懸臂樑受梯度應力變形示意圖。

其中，E 爲懸臂樑材料的楊氏係數，I 爲懸臂樑截面的慣性矩 (moment of inertia)，可表示爲：

$$I = \frac{wh^3}{12} \tag{8.28}$$

一般而言，懸臂樑的尺寸可由製程決定，所以公式 (8.28) 的慣性矩 I 通常爲已知的參數，因此公式 (8.27) 可用來量測懸臂樑的材料特性，和結構受外力－形變之間的關係。例如，如果材料特性 E 也爲已知參數，則可藉由量測形變曲率半徑 ρ，來決定彎曲力矩 M 的大小，以下爲三個應用實例。

8.5.2.1 殘餘應力

由半導體或微機電製程所製備的薄膜，通常都會由於製程的因素，使得這些沉積或成長在底材表面的薄膜產生殘餘應力 (residual stress)[90,91]。一般而言，殘餘應力可分爲「均勻應力 (uniform stress, σ_0)」和「梯度應力 (gradient stress, σ_1)」兩種類型[92]，其中殘餘均勻應力還可再分爲壓應力或張應力。這些不同類型的應力，將對微懸臂樑造成不同型式的形變，藉此可測得這些不同類型的殘餘應力大小。本小節擬介紹兩項相關的技術。

第一個例子爲殘餘梯度應力的量測[92]。若利用存在殘餘梯度應力的薄膜製作微懸臂樑，則當微懸臂樑自矽晶片懸浮後，殘餘梯度應力可由薄膜釋出，使微懸臂樑受到一等效彎曲力矩的作用，產生如圖 8.47 所示之彎曲形變[92]。根據公式 (8.27) 得知梯度應力 σ_1 和微懸臂樑彎曲形變曲率半徑 ρ 的關係爲：

$$\sigma_1 = \frac{Eh}{2\rho} \tag{8.29}$$

因此，如果微懸臂樑的厚度 h 以及薄膜材料的楊氏係數 E 爲已知，則可藉由量測微懸臂樑形變曲率半徑 ρ 來決定薄膜梯度應力 σ_1 的大小。圖 8.48 所示爲一應用實例，該微懸臂樑由 2 μm 厚的熱成長二氧化矽薄膜組成，其楊氏係數爲 66 GPa，由於測得之懸臂樑曲率半徑爲 23800 μm，因此根據公式 (8.29) 得知此二氧化矽薄膜的梯度應力 σ_1 爲 2.71 MPa[85]。

第二個例子爲殘餘均勻應力的量測[93]。若利用圖 8.48 所示之殘餘梯度應力已釋放的彎曲微懸臂樑 (曲率半徑爲 ρ)，作爲診斷結構 (diagnostic structure)，然後將待測的薄膜鍍在該診斷結構的表面，於是待測薄膜和診斷微懸臂樑就形成一根雙層結構 (bilayer structure) 微懸臂樑。如圖 8.49 所示，假如待測薄膜存在殘餘均勻應力 σ_0，則該應力將對雙層微懸臂樑施加一等效彎曲力矩，使得微懸臂樑的彎曲曲率半徑，由單層診斷結構的

ρ ，變成雙層結構的 ρ_1 。根據 Gardner 提出的公式如下[94]：

$$\sigma_0 = \frac{E_d h_d^2}{6h_f(1-\nu_d)}\left(\frac{1}{\rho_1}-\frac{1}{\rho}\right) \tag{8.30}$$

其中，υ 表示浦松比 (Poisson's ratio)，下標 d 和 f 分別是指診斷微懸臂樑和待測薄膜。因此，當診斷微懸臂樑和待測薄膜的厚度，以及診斷微懸臂樑的材料特性爲已知，則可藉由量測微懸臂樑曲率半徑的變化來決定待測薄膜均勻應力 σ_0 的大小。如圖 8.50 所示爲一應用實例，圖 8.50(a) 爲數根由圖 8.48 所示的二氧化矽微診斷微懸臂樑，經由化學氣相沉積一層待測的 150 Å 類鑽石薄膜 (diamond like carbon, DLC) 後，所形成的雙層結構如圖 8.50(b) 所示。從電子顯微鏡照片裡可以很明顯觀察到，由於類鑽石薄膜釋放的殘餘壓應力，致使雙層結構產生向下的彎曲形變。由鍍膜前微檢測樑的起始形變量，和鍍膜後雙層結構的形變量相比較，即可得知鍍膜的殘餘壓應變大小爲 0.0175。

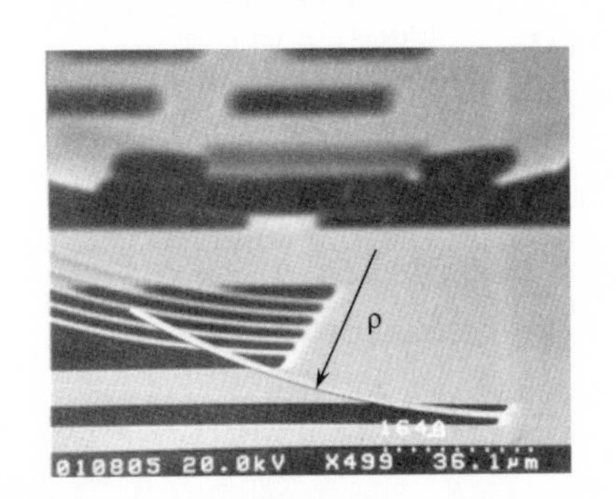

圖 8.48 二氧化矽薄膜之微懸臂樑電子顯微鏡照片[85]。

(a)

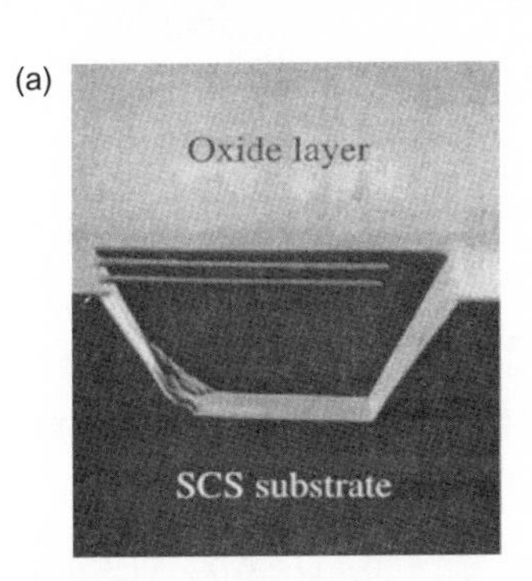

(b)

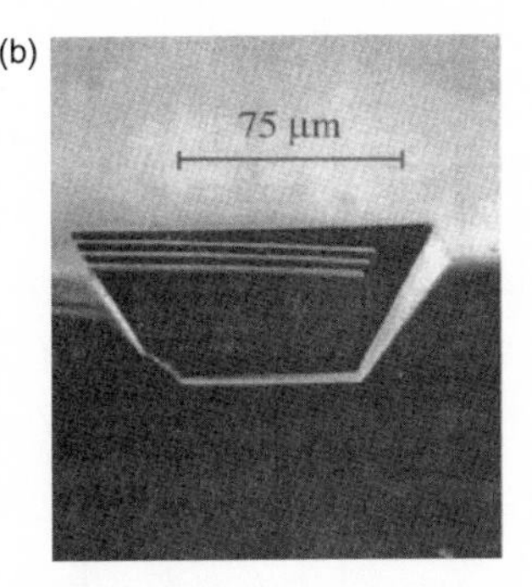

圖 8.50 (a) 二氧化矽單層與 (b) 經由化學氣相沉積一層待測的 DLC，所形成的雙層結構之電子顯微鏡照片。

(a)

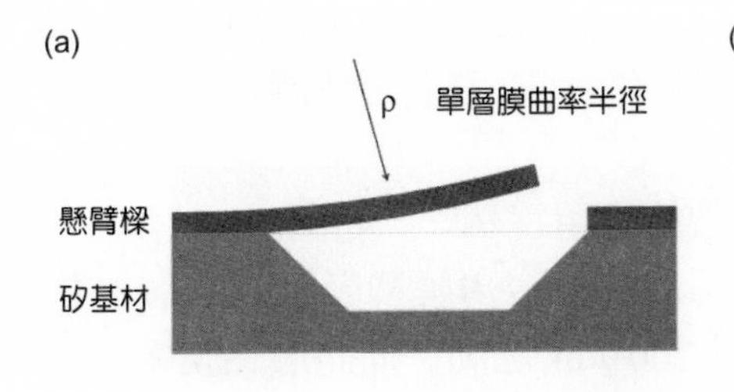

(b)

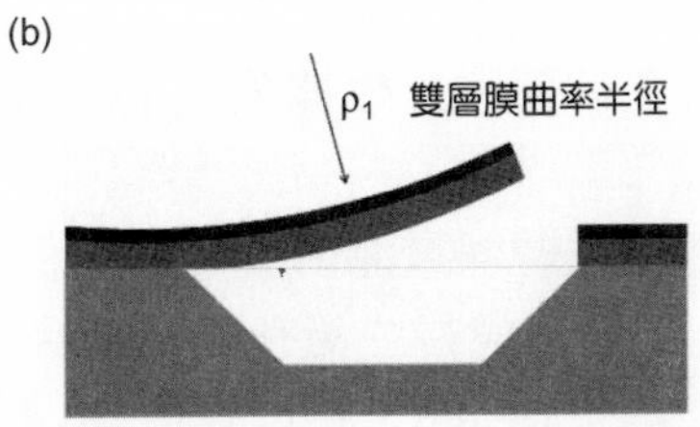

圖 8.49
(a) 單層與 (b) 雙層之結構微懸臂樑之示意圖。

8.5.2.2 熱膨脹係數

薄膜材料的熱膨脹係數 (coefficient of thermal expansion, CTE) 是一項影響半導體或微機電元件性能的機械常數，例如由熱應力所引起的元件可靠度問題[95,96]，或者是對於溫度響應的元件，如溫度感測器、熱致動器等而言[97,98]，熱膨脹係數對元件的設計十分重要。本節將介紹如何進一步利用上一節的微懸臂樑受力－形變的技術，量測薄膜材料的熱膨脹係數[99]。基本上，利用微懸臂樑量測薄膜熱膨脹係數的機制，非常相似於上一節的薄膜殘餘應力量測，同樣只要將熱膨脹係數所引發的物理現象，經由微懸臂樑診斷結構轉換爲可量測的物理量 (例如形變量、曲率半徑) 即可。唯一的差別是，量測殘餘應力時不需外界提供能量或作用力，只要將殘餘應力釋出，即可使微懸臂樑形變；然而，量測熱膨脹係數時，卻需要透過外界提供能量，才能使微懸臂樑產生形變。因此主要利用圖 8.49 所示之雙層薄膜微懸臂樑，說明量測薄膜熱膨脹係數的方法。

利用圖 8.49 雙層薄膜微懸臂樑作爲量測熱膨脹係數的測試結構之概念如下。將熱膨脹係數待測的薄膜，鍍在熱膨脹係數已知的單層薄膜微懸臂樑上，便形成該雙層薄膜微懸臂樑測試結構。由於二層薄膜彼此間具有不同的熱膨脹係數，因此只要對此雙層薄膜微懸臂樑施加熱量，便會使上下兩層薄膜產生不同的膨脹量，進而對雙層薄膜微懸臂樑產生彎曲力矩，造成此微懸臂樑產生彎曲形變，其彎曲曲率半徑將由未加熱前的 ρ，如圖 8.49 所示，變成加熱後的 ρ_1。藉由檢測此雙層薄膜微懸臂樑之曲率半徑改變量，即可量測此兩層薄膜的熱膨脹係數差異值，如果選擇熱膨脹係數爲已知的薄膜作爲底層結構，則可據此測得上層待測薄膜的熱膨脹係數。根據 Timoshenko 雙層材料結構樑熱形變的推導結果得知[100]，在溫度變化爲 ΔT 的情形下，雙層材料結構樑曲率變化量 $1/\Delta\rho$，與雙層薄膜的熱膨脹係數差值 $\Delta\alpha_f$ 的關係，可表示爲：

$$\frac{1}{\Delta\rho} = \frac{6 \cdot \Delta T \cdot \Delta\alpha_f \cdot (1+m)^2}{h \cdot \left[3 \cdot (1+m)^2 + (1+m \cdot n)\left(m^2 + \dfrac{1}{m \cdot n} \right) \right]} \tag{8.31}$$

其中，m 與 n 分別爲待測薄膜與已知熱膨脹係數薄膜之厚度比值與楊氏係數比值，而 h 爲兩層薄膜之厚度和。在公式 (8.31) 中，如果 m、n、h 爲已知，ΔT 爲控制參數的情況下，則由實驗量測 $1/\Delta\rho$，即可求出 $\Delta\alpha_f$ 之值。一般而言，底層微懸臂樑多選用製程簡單且材料特性已熟知的二氧化矽薄膜，根據公式 (8.31) 即可順利萃取上層待測薄膜的熱膨脹係數。

以下將介紹一個利用微懸臂樑量測薄膜熱膨脹係數的應用實例[99]，如圖 8.51 所示，該實驗的試片是由鋁 (Al) 和熱成長二氧化矽薄膜所組成的雙層薄膜微懸臂樑。該二氧化矽薄膜微懸臂樑厚度約爲 1.13 μm，長度介於 40 到 200 μm 之間；而該層鋁膜厚度爲 0.5 μm，是利用蒸鍍 (evaporation) 的方式，在壓力爲 10^{-3} Torr 下，以 12–15 Å/s 的速率沉積。圖 8.51 也顯示了整個檢測設備的示意圖，包括光學干涉儀、加熱板、熱電偶及加熱腔。其中加熱板用來改變微懸臂樑的溫度情況，熱電偶用來確保加熱板溫度與微懸臂樑表面溫度的一致性，而加熱腔則可以維持加熱過程中溫度的穩定性，使其不致受到外界的影響，光學干涉儀則用來量測微懸臂樑的形變。圖 8.52 爲雙層薄膜 (Al/SiO_2) 微懸臂樑在 30 °C 及 100 °C 時的形變曲線圖，將檢測到的曲率半徑代入公式 (8.31) 之後，可以得到 SiO_2 和 Al 薄膜的熱膨脹係數差爲 20.55×10^{-6}/°C，配合已知的 SiO_2 熱膨脹係數後，可萃取出 Al 膜的熱膨脹係數約爲 20.30×10^{-6}/°C，根據文獻記載，塊材 Al 金屬的熱膨脹係數爲 23×10^{-6}/°C[99]。

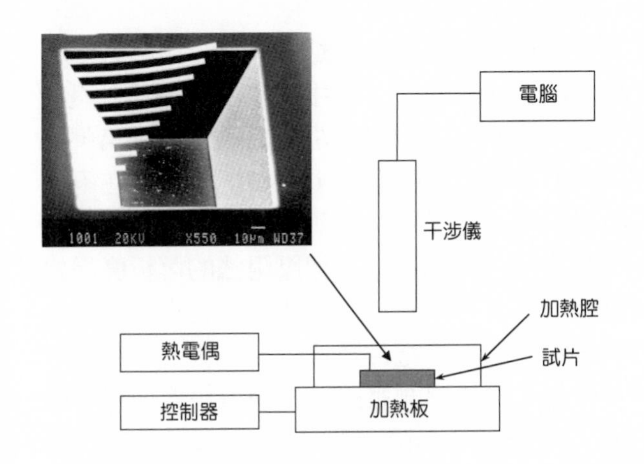

圖 8.51
利用微懸臂樑量測薄膜熱膨脹係數的實驗架設示意圖。

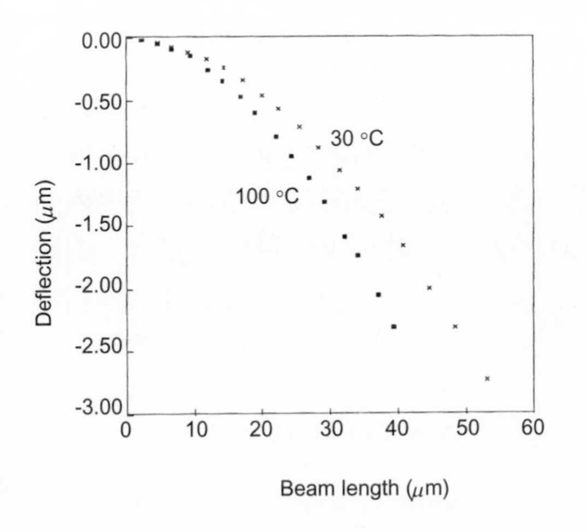

圖 8.52
雙層薄膜 (Al/SiO_2) 微懸臂樑在 30 °C 及 100 °C 時的形變曲線圖。

8.5.2.3 生醫感測

感測生物分子的方法有許多種，例如 ELISA 酵素免疫分析法 (enzyme-linked immunoassay, ELISA)[101] 為生醫晶片應用方法之一。但 ELISA 法需要利用螢光染劑標定生物分子，才可以進行判斷生物生子是否存在。近幾年發展出許多不需要標定生物分子即可偵測生物分子的技術，例如利用原子力顯微鏡和微懸臂樑偵測等[102, 103-108]。利用微懸臂樑偵測生物分子的方法廣受許多科學家青睞，此方式利用配體 (ligands) 附著在懸臂樑診斷結構的表面，當受體 (receptor) 和配體連接後會產生表面應力，此表面應力如同第 8.5.2.1 節的薄膜殘餘應力，將造成剛性很小的微懸臂樑診斷結構產生彎曲形變，再藉由量測微懸臂樑的形變來偵測生物分子。

目前，量測微懸臂樑彎曲形變的方法有許多種，例如光學、壓阻、電容和金氧半場效電晶體 (MOSFET) 等[103-108]。上述各種方法都有許多優缺點，其中光學法無法單一與懸臂樑整合，使得量測模組無法縮小到晶片等級，成為所謂實驗室晶片 (lab on a chip)，且有雷射對準和能量消耗的問題。另外，在偵測時有環境上的限制，例如不能應用在不透明和混濁的溶液環境中，會引起雷射光的散射現象。但光學法的解析度比其他方法好，大約在 10 nm 左右。壓阻法可以整合電路，使整體感測器減小。但壓阻法的解析度需要高於 50 nm，否則在進行少量生物分子測量時可能會有問題。電容法量測生物分子易受環境的影響，因為各種溶液擁有各自的介電常數，不同介電常數會造成偵測上的問題。然而利用金氧半場效電晶體偵測方法有許多優點，例如感測電路與結構可以做成單一晶片、偵測時也不會受環境變化影響、解析度可以達到 5 nm，缺點為製程較其他方法複雜。以下將詳細敘述各種方法。

(1) 光學法[103,104]

利用圖 8.46(a) 之體型微加工製程做出的懸臂樑其量測架構如圖 8.53 所示。光學偵測生物分子的方法和原子力顯微鏡原理一樣[102]，需利用一個外接式光學量測系統，無法單一與懸臂樑整合輸出讀值。原理如圖 8.53 所示，當生物分子與懸臂樑結合，產生表面應力使懸臂樑彎曲，雷射光射至懸臂樑反射至位置偵測器，計算出懸臂樑形變量，由懸臂樑形變量換算生物分子黏附在臂上的實際量。

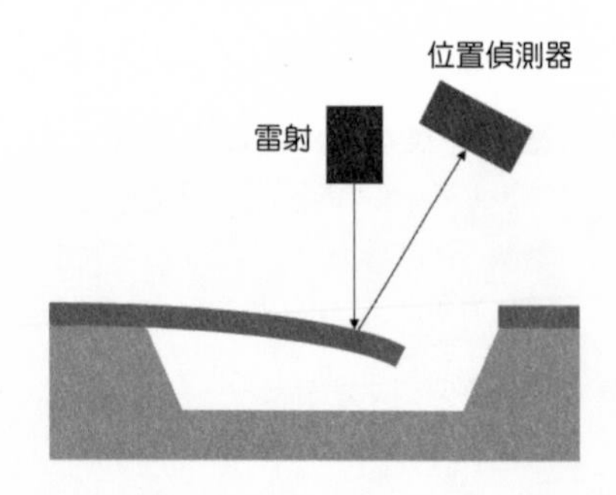

圖 8.53
光學法偵測生物分子結構示意圖。

(2) 壓阻法[105,106]

透過圖 8.46(b) 之面型微加工技術，將壓阻材料製作在懸臂樑根部，如圖 8.54 所示，因為這個位置可以產生最大應力，當生物分子與懸臂樑結合產生表面應力使懸臂樑彎曲時，根部電阻產生變化，進而可偵測出生物分子數量。

(3) 電容法[107]

利用圖 8.46(b) 之面型微加工技術製作出雙層多晶矽懸臂樑結構，如圖 8.55 所示，這兩層多晶矽作為平行電容板上下電極。當生物分子與懸臂樑結合，懸臂樑產生形變，兩平行電容板間距也隨之靠近，形成電容變化。電容公式為：

$$C = k\frac{\varepsilon_0 A}{Z} \tag{8.32}$$

其中，C 為電容，k 為絕緣常數，ε_0 為介電常數，A 為平行板面積，Z 為兩平板間距離。由於介電常數 ε_0 會隨環境而不同，所以當進行生物偵測實驗時，環境液體不同在偵測上會有誤差。

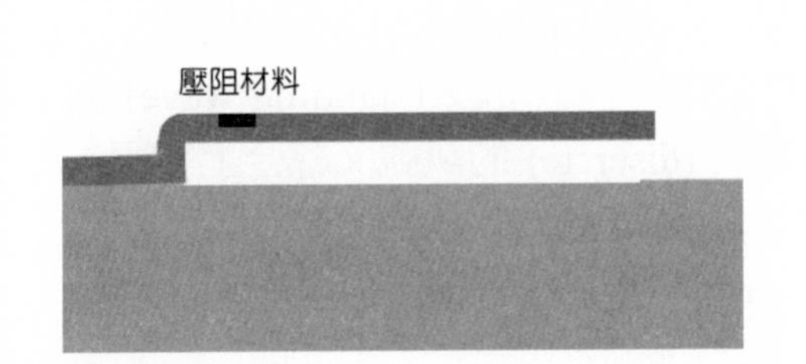

圖 8.54 壓阻法偵測生物分子結構示意圖。

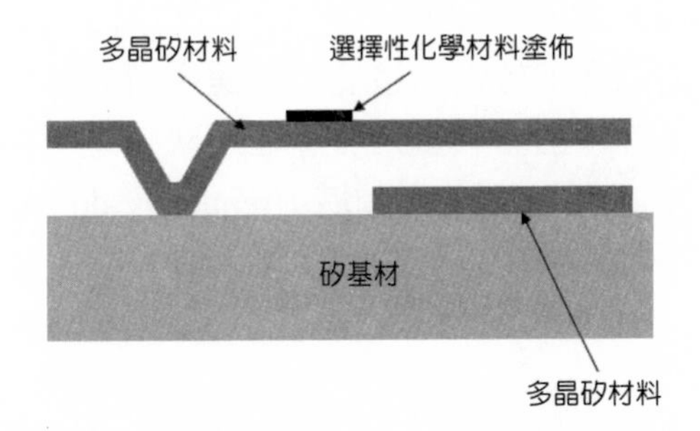

圖 8.55 電容法偵測生物分子結構示意圖。

(4) 金氧半場效電晶體 MOSFET[108]

透過微機電技術製作出微懸臂樑，並將 MOSFET 設計在懸臂樑根部位置，如圖 8.56(a) 所示，因為當懸臂樑形變時，此位置受到最大應力。透過陣列式懸臂樑之設計，可以同時量測多組數據，並取其中一懸臂樑作為參考，藉此去除系統中的雜訊。另外，用來吸附生物分子的懸臂樑，其表面會沉積金薄膜作為工作電極，至於不吸附生物分子的懸臂樑，則會在其表面沉積氮化矽薄膜作為參考電極。生物實驗方面利用配體與金薄膜結合，然後加入受體和配體連結。此後，產生表面應力，使得懸臂樑彎曲。懸臂樑彎曲會造成 MOSFET 的源極 (source)、汲極 (drain) 和閘極 (gate) 間所受應力增加，所以阻值會上升，流經其間的電流變小，利用此原理進行生物分子偵測，如圖 8.56(b)–(c) 所示。

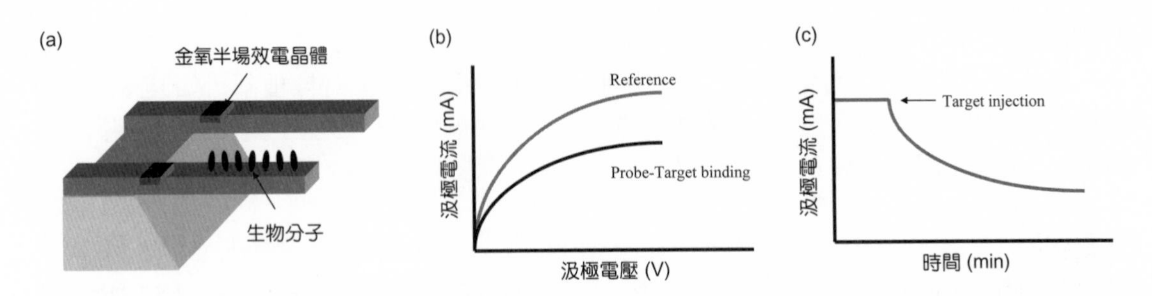

圖 8.56 (a) 金氧半場效電晶體法偵測生物分子結構示意圖，(b) 汲極電壓對電流曲線圖，(c) 時間對汲極電流曲線圖。

8.5.3 微懸臂樑動態測試

上文已介紹如何利用微懸臂樑受靜力的作用而形變，來量測薄膜或結構的機械性質。本節將進一步探討利用微懸臂樑受動力的作用和動態響應，量測薄膜或結構的機械性質，並舉出應用實例。根據振動學的原理，當圖 8.44 中長度為 L、寬度為 w、厚度為 h 的懸臂樑，受到週期性作用力 $F\sin\omega t$ (諧調力，harmonic load) 的作用時，會產生頻率也為 ω 的動態響應，當作用力的頻率和微懸臂樑的共振頻率相同時，微懸臂樑動態響應的振幅會被放大，也使得動態系統的輸出，無論是致動位移或感測訊號都顯著地增加[63]。另外，由於共振只發生在某些特定頻率 (可參考物理教科書關於駐波 (standing wave) 的描述)[109]，因此對頻域 (frequency domain) 而言是個離散 (discrete) 的訊號。綜合上述兩項因素，共振具有高靈敏度、高解析度及易於量測的優點，再加上微懸臂樑在試片製作上並不繁複，使得微懸臂樑共振頻率常被用來萃取 (extract) 許多微結構或薄膜的諸多特性[110]。

對於圖 8.44 所示長度為 L、寬度為 w、厚度為 h，截面慣性矩 I 如公式 (8.28) 所示之懸臂樑，若將其視為無阻尼效應之連續系統，其第一彎曲模態 (bending mode) 之共振頻率，與結構幾何尺寸及機械性質的關係如下[111]：

$$f_1 = \frac{3.515}{2\pi}\sqrt{\frac{EI}{DwhL^4}} \tag{8.33}$$

其中，E 和 D 分別為懸臂樑材料的楊氏係數和密度。理論上，當忽略空氣的阻尼效應時，懸臂樑的第一彎曲模態共振頻率應等於公式 (8.33) 中的 f_1。如第 8.5.2 節所述，懸臂樑的尺寸可由製程決定，所以公式 (8.33) 的 L、w、h、I 通常為已知的幾何參數，亦即公式 (8.33) 可用來量測懸臂樑的材料特性 E、D，和結構第一彎曲模態共振頻率 f_1 之間的關係。因此，如果懸臂樑材料的密度 D 為已知參數，則可藉由量測共振頻率 f_1 決定楊氏係

數 E 的大小。利用相同的概念，可進一步以微懸臂樑作爲診斷結構，並將待測樣品附著於其表面，藉由微懸臂樑共振頻率 f_1 的改變，即可根據公式 (8.33) 的關係來萃取樣品的特性，以下列舉三個應用實例來說明。

(1) 楊氏係數

楊氏係數 E 或稱之爲彈性模數 (elastic modulus)，是一個相當重要的材料機械性質，它會直接影響結構受力－形變的關係，例如上節公式 (8.27)、公式 (8.29) 至公式 (8.30) 都可以發現楊氏係數 E。因此，爲了預估機械元件甚至系統的性能，必須具備相關材料的楊氏係數 E。對於傳統的塊材 (bulk material) 而言，已有標準的測試方法與試片，且相關的材料機械性質資料庫也已建立[62]。反之，對於薄膜材料而言，其機械性質的量測仍面臨許多挑戰。1979 年，Peterson 利用低壓化學氣相沉積及濕蝕刻技術製作多晶矽的微懸臂樑，然後施加週期性變化的靜電力負載於微懸臂樑上以驅動微懸臂樑產生週期性運動，然後由雷射光量測系統量測微懸臂樑的動態響應，接著再由微結構的共振頻率配合已知的結構幾何尺寸，得到多晶矽薄膜的楊氏係數[74]。繼 Peterson 利用靜電力驅動微懸臂樑來萃取薄膜的彈性係數之後，Zhang 等人也利用同樣的萃取機制在眞空下量測單晶矽的楊氏係數及殘餘應力[75]，而 Kiesewetter 等人則在 1992 年時，更進一步分別使用三種不同的激發機制來驅動微懸臂樑，並量測比較在三種不同激發機制所量測的結果差異[76]。

本節將舉例說明如何實際利用微懸臂樑共振的技術，量測薄膜材料的楊氏係數 E。首先進一步將公式 (8.33) 加以整理後，可得到材料楊氏係數 E 與第一彎曲模態共振頻率 f_1 的關係式，

$$E = \frac{48\pi^2}{12.355} \cdot \frac{L^4}{h^2} \cdot D \cdot f_1^2 \tag{8.34}$$

由於楊氏係數待測的薄膜是以圖 8.46 所示之製程，製造成測試用微懸臂樑，因此其長度 L 及厚度 h 已由製程所定義，且可以透過商用儀器及成熟的技術，測得這些幾何參數。另外，利用微量天平可測得薄膜的質量，輔以前述已測得之薄膜幾何尺寸所計算出的薄膜體積，即可獲得薄膜密度 D。最後，只要能測得微懸臂樑第一彎曲模態共振頻率 f_1，即可由公式 (8.34) 來決定薄膜楊氏係數 E。

本文介紹如圖 8.57 所示之測試裝置，用來量測微懸臂樑的共振頻率[112]，主要包括微懸臂樑晶片、眞空腔、微懸臂樑激振 (excitation) 裝置、微懸臂樑動態響應量測裝置，及一些週邊的電子儀器，如示波器、頻譜分析儀及訊號產生器等，整個量測系統皆置於隔震桌上以阻絕外界的振動干擾。關於激振裝置，主要是利用壓電式換能器產生簡諧波，以便強制微懸臂樑產生振動，由於此激振方式對微懸臂樑材料沒有特殊的要求 (例如導電或磁性薄膜)，所以測試過程中也不會對試片產生其他影響 (如加熱效應、空氣耦合等)。

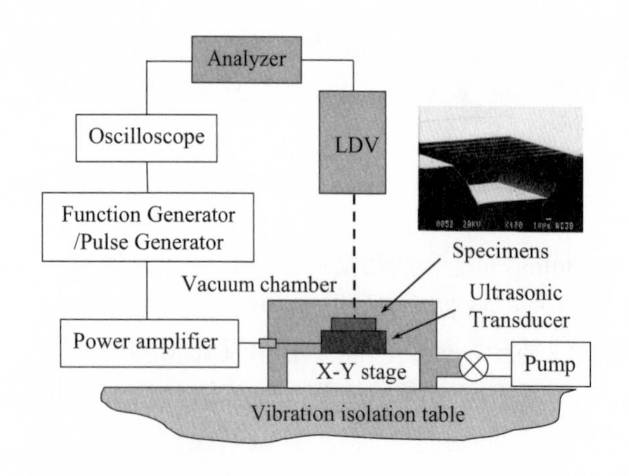

圖 8.57
量測微懸臂樑共振頻率的實驗架設示意圖。

關於動態響應量測裝置，主要是顯微鏡型雷射都卜勒測振儀 (laser Doppler vibrometer, LDV)，利用雷射光感測物體運動所產生的都卜勒效應，以非接觸方式量測物體的動態響應。此外，由於其最小檢測振動量可達奈米，最高檢測振動頻率可達 MHz，量測的雷射光點經由顯微鏡聚焦後，光點直徑最小可達 1–2 μm，因此雷射都卜勒測振儀很適合微懸臂樑的動態響應量測。至於測試流程，先由壓電式換能器驅動微懸臂樑產生振動，然後由雷射都卜勒測振儀量測其振動頻率。其中，微懸臂樑試片置放於壓電式換能器上，並置於一個可調整壓力至 mTorr 範圍的眞空腔中，因此可以充分除去空氣阻尼的效應。由於雷射都卜勒測振儀的雷射光可穿透眞空腔的玻璃視窗，因此可順利測得眞空腔內微懸臂樑的動態特性。

圖 8.58 所示爲典型的微懸臂樑頻率響應量測結果，圖中顯示了數個頻率響應峰值，分別表示微懸臂樑前 4 個彎曲模態共振頻率 ($f_1 - f_4$)，以及微懸臂樑第一個扭轉模態 (torsional mode) 共振頻率 f_T。根據圖 8.58 的量測結果，可決定微懸臂樑的共振頻率 f_1，據此，針對厚度爲 1.01 μm 而長度分別爲 170–200 μm 的 4 種熱成長二氧化矽微懸臂樑，進行共振頻率量測，然後進一步由公式 (8.34) 獲得熱成長二氧化矽薄膜的楊氏係數和樑的長度的關係，如圖 8.59 所示。由於上述二氧化矽薄膜以及 4 種不同長度的微懸臂樑，

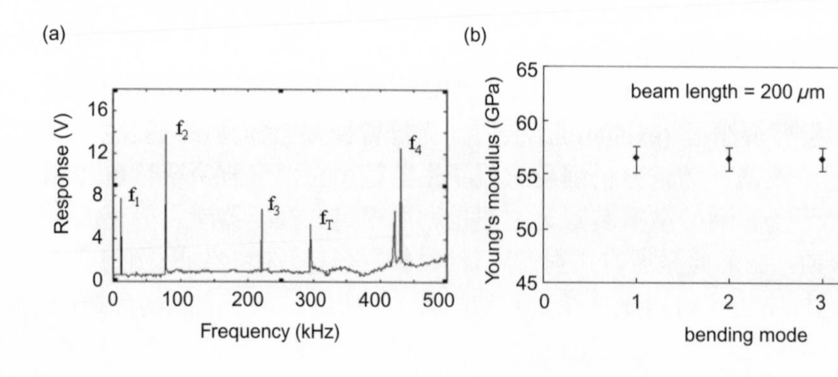

圖 8.58
(a) 典型的微懸臂樑頻率響應量測結果，(b) 在不同微懸臂量長度下楊氏係數萃取結果。

是同一批量製程所製造，且是在同一個微懸臂樑測試晶粒 (chip) 內，理論上應該具有相同的楊氏係數。由圖 8.59 之量測結果顯示，在不同微懸臂量長度下，其楊氏係數萃取結果爲 56.69 ± 0.24 GPa，因此除了具有高重現性也符合上述預期。

(2) 剪力模數和浦松比

為了完整地掌握薄膜材料機械性質，除了楊氏係數外，還有另外兩個重要的參數，分別是剪力模數 G (shear modulus) 和曾經出現在公式 (8.30) 的浦松比 υ。例如設計微結構的扭轉剛性時，即需要剪力模數；當結構的力學特性要以二維或三維來探討時，則蒲松比便是不可忽略的參數。本小節接著將介紹，如何利用微懸臂樑共振的技術，量測薄膜材料的剪力模數 G 和浦松比 υ [110]。對於長度爲 L、寬度爲 w、厚度爲 h 之懸臂樑，若將其視爲無阻尼效應之連續系統，其剪力模數 G 和第一扭轉模態共振頻率 f_{T}，與結構幾何尺寸及薄膜密度 D 的關係如下[113]：

$$G = \frac{4}{3C} \cdot \frac{L^2(w^2 + h^2)}{h^2} \cdot D \cdot f_{\mathrm{T}}^2 \tag{8.35}$$

其中，C 爲懸臂樑的寬度及截面積的幾何常數。和量測楊氏係數 E 時的概念相同，由於測試用微懸臂樑的長度、寬度及厚度等幾何參數，以及薄膜密度 D，皆可被準確的測得，因此，只要能測得微懸臂樑第一扭轉模態共振頻率 f_{T}，即可由公式 (8.35) 來決定薄膜剪力模數 G。對於均質等向性 (homogeneous isotropic) 材料而言，其浦松比 υ 與楊氏係數 E、剪力模數 G 的關係式如下[114]：

$$\upsilon = \frac{E}{2G} - 1 \tag{8.36}$$

因此將公式 (8.34) 的楊氏係數 E 與公式 (8.35) 的剪力模數 G 代入公式 (8.36) 中，即可導出均質等向性材料之浦松比。換言之，透過量測微懸臂樑彎曲及扭轉共振頻率，即可測得楊氏係數 E、剪力模數 G 與浦松比 υ 三個重要的薄膜材料參數。

關於應用實例，本小節同樣利用圖 8.57 所示之測試裝置來量測微懸臂樑的共振頻率，根據 圖 8.58 所示之典型的微懸臂樑頻率響應量測結果得知，除了可測得彎曲模態共振頻率外，同時也測得了微懸臂樑扭轉模態共振頻率 f_{T}。將測試結果代入公式 (8.35)，即可決定剪力模數 G，如圖 8.60(a) 所示，並透過公式 (8.36) 決定浦松比 υ，如圖 8.60(b) 所示。

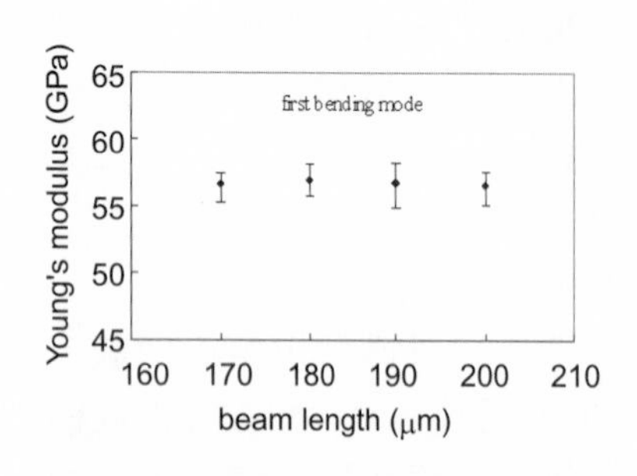

圖 8.59 熱成長二氧化矽薄膜的楊氏係數和樑長度的關係。

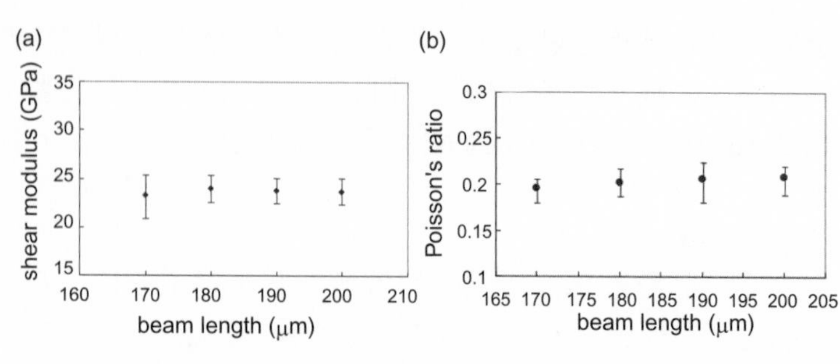

圖 8.60 透過計算後得 (a) 剪力模數、(b) 浦松比與懸臂樑長度之關係。

(3) 生醫感測

微懸臂樑共振頻率 f_1，可以被利用來量測生物分子量。其概念是以微懸臂樑作爲診斷結構，藉由待測樣品附著於其表面所造成共振頻率 f_1 的改變，萃取樣品的特性。以文獻 115 爲例，作者利用微機電技術將壓電材料 (PZT) 與懸臂樑整合，偵測生物分子，原理如圖 8.61(a) 所示，在微懸臂樑前方利用製程技術，定義容易吸附生物分子的特殊材料區域，進行生物分子偵測時，生物分子只會結合在這個區域。生物分子與懸臂樑結合前後，懸臂樑的共振頻率會改變，透過改變量可以計算出生物分子數量。如圖 8.61(b) 所示的概念圖，其爲一根使用 SOI (silicon on insulator) 晶片所製作的微懸臂樑，透過膜層堆疊在壓電材料上下方分別拉出導線，作爲致動與感測壓電材料的導線。在感測方面製作振盪電路，可以致動壓電材料亦可感測訊號，間接量測共振頻率的改變。

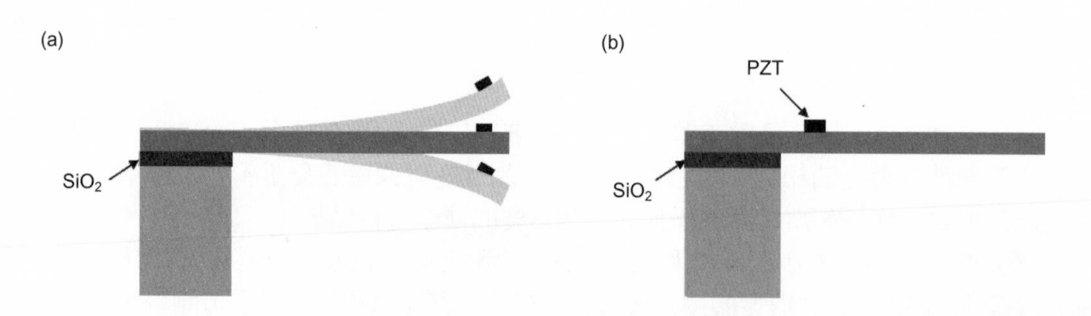

圖 8.61 (a) 共振頻法偵測生物分子之微懸臂樑，(b) 微機電技術整合 PZT 壓電材料和微懸臂樑之生物感測器。

8.5.4 注意事項

根據上文的介紹得知，微懸臂樑的量測技術仍需要透過力學的模型，如公式 (8.27) 至公式 (8.34)，來萃取待測的參數。因此，以下將舉例說明一些在製程或者是測試的過程中可能會影響這些力學模型正確性的因素，提醒讀者未來若考慮採用微懸臂樑量測技術時，必須注意這些相關問題。

(1) 結構幾何外形

爲了簡化力學模型，第二節的公式推導，主要是針對截面形狀爲矩形，且沿著懸臂樑長度方向，其截面形狀及面積均不會改變的理想結構。但眞實情況下，受限於微加工製程的特性，微懸臂樑的幾何外形一般均與理想結構有若干差異。例如，黃光微影會因爲曝光顯影造成線寬誤差，而蝕刻製程則由於蝕刻液選擇比、蝕刻方向性等因素，改變微懸臂樑的幾何外形。以下舉例說明以 ⟨100⟩ 晶格方向之單晶矽晶片作爲基材，然後以如圖 8.46(a) 所示之製程，由非等向性蝕刻技術 (anisotropic etching) 製造二氧化矽薄膜微懸臂樑，其幾何外形和理想結構之間的差異[116]。一般而言，矽基材的蝕刻液也會蝕刻二氧化矽。如果以 ⟨100⟩ 晶格方向之單晶矽晶片作爲基材時，蝕刻液將沿著二氧化矽微懸臂樑長度方向蝕刻矽基材，然後由微懸臂樑的頂端，逐漸地將二氧化矽薄膜結構自晶片懸浮。由於被懸浮的二氧化矽薄膜，其表面將遭受蝕刻液的腐蝕，因此製程完成後，二氧化矽微懸臂樑的厚度會沿著長度方向變化，如圖 8.62 所示，其中虛線表示理想結構的幾何外形。這厚度及形狀上的差異，對於微懸臂樑的剛性及共振頻率所產生的影響，將是一個不可忽略的因素。此問題可以透過製程的方式，例如蝕刻液的選擇、⟨111⟩ 晶格方向之單晶矽晶片[116]，或者是修正力學模型的方式，加以改善。

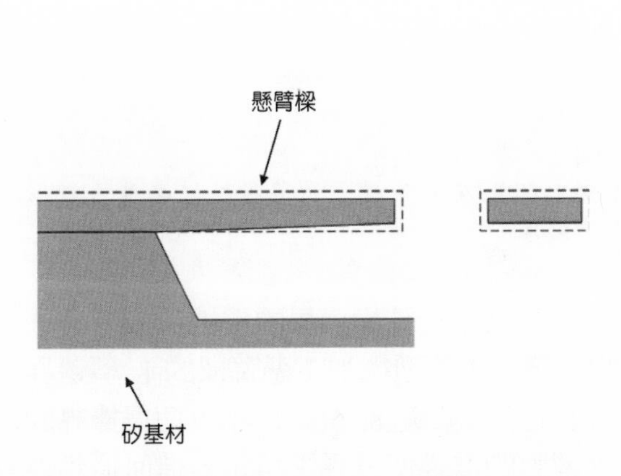

圖 8.62 製程完成後二氧化矽微懸臂樑的厚度沿著長度方向變化之示意圖，虛線表示理想結構的幾何外形。

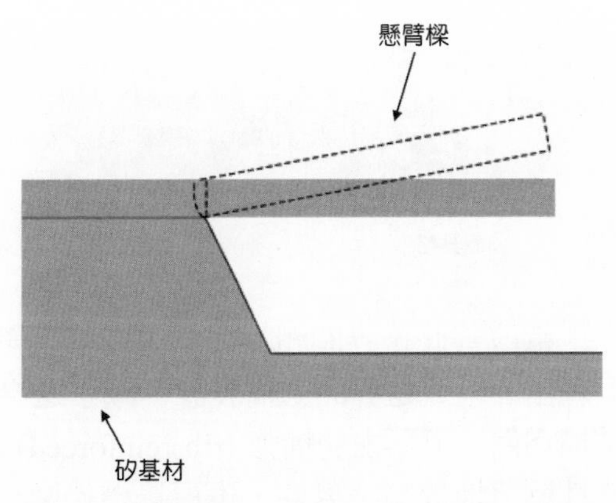

圖 8.63 邊界旋轉使微懸臂樑產生向上傾斜出平面形變之示意圖。

(2) 邊界條件

在上節說明由於微製程加工所造成的微懸臂樑幾何外形誤差來源之後，本節另外也針對圖 8.46 之微加工製程所製作之微懸臂樑，其邊界對於力學模型之差異加以探討。首先，如圖 8.46(a) 所示由體型微加工方式製造的微懸臂樑，與圖 8.44 之理想的懸臂樑模型相較，圖 8.44 之懸臂樑固定端邊界爲完全拘束之狀態，然而圖 8.46(a) 之微懸臂樑其邊界之上表面仍然未受拘束，而呈現可變形之狀態，造成該微懸臂樑產生一邊界旋轉的效應[92]。此邊界旋轉效應造成的影響，可以從殘餘應力的釋放明顯地觀察到[92]，例如，若以具有殘餘張應力的薄膜製造微懸臂樑，則對結構而言，將因爲殘餘張應力由微懸臂樑的自由端釋放，使其長度縮短。另外在微懸臂樑的邊界上，由於底端被矽基材固定，因此無法自由位移，但是微懸臂樑邊界之頂端爲自由不受拘束的狀態，在殘餘張應力釋放後會縮短，造成如圖 8.63 所示之邊界旋轉，使微懸臂樑產生向上傾斜的出平面形變[92]。反之，此邊界旋轉的效應會使得釋放殘餘張壓力的微懸臂樑產生向下傾斜的出平面形變。

另外一個例子是如圖 8.46(b) 所示之面型微加工方式製造的微懸臂樑。在圖 8.46(b) 面型微加工製程中，微機械結構是仰賴薄膜的堆疊與蝕刻，才達到結構懸浮的目的。如圖 8.64 所示，其中薄膜結構藉由錨點 (anchor) 附著在矽基材，微懸臂樑的根部則固定於一 L 型之階梯結構 (step)。與圖 8.44 之理想的懸臂樑模型相較，此 L 型邊界可視爲一撓性支撐結構，當懸臂樑受軸向力與側向力作用時，皆會因爲邊界的撓性產生額外的形變，使得微機械結構的剛性大幅下降，以致影響微機械結構的機械特性。

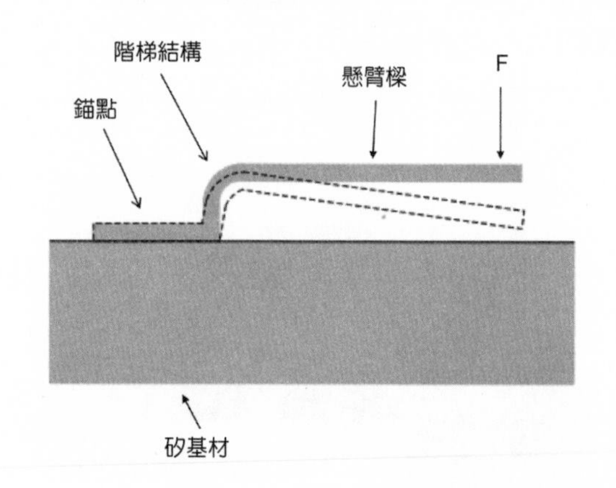

圖 8.64
藉由錨點附著在矽基材上的薄膜結構受外力變形之示意圖。

欲改善此邊界問題，可透過力學理論模型的修正來考量結構邊界的撓性。或者，亦可藉由製程或邊界的結構設計，減小邊界效應的影響。以面型微加工懸臂樑的 L 型邊界結構爲例，可藉由肋補強 (rib reinforced) 之結構設計[117]，如圖 8.65(a) 所示，使得邊界的剛性顯著地提高；另外，也可以透過製程，利用薄膜的堆疊使邊界平坦化，進而達到邊界強化的效果[118]，如圖 8.65(b) 所示。此外更可藉由在已平坦化的邊界上，再堆疊另一層結構層，而進一步提高邊界的強度[117]，如圖 8.65(c) 所示。

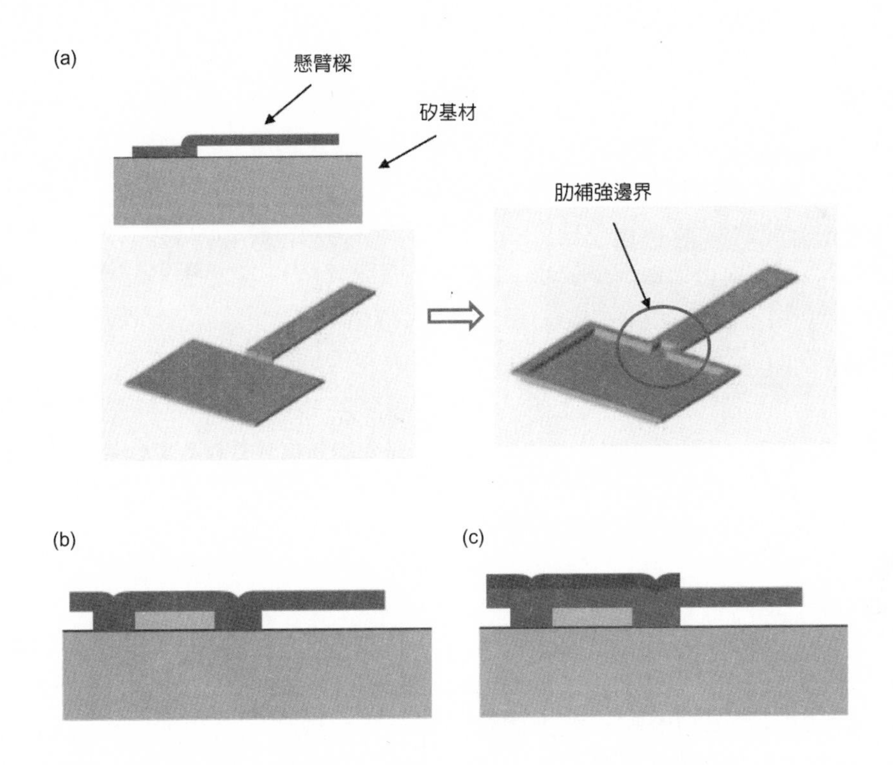

圖 8.65 以面型微加工懸臂樑的 L 型邊界結構使用 (a) 肋補強、(b) 邊界平坦化、(c) 在已平坦化的邊界上，再堆疊另一層結構層提高邊界的強度之示意圖。

(3) 作用力

微懸臂樑的作用力也可能會引起一些額外的效應，而這些效應並未在力學模型中加以考慮，因而影響量測結果。例如，量測薄膜熱膨脹係數時，採用升溫方式的作用力會造成薄膜楊氏係數的改變，而影響公式 (8.31) 的 n 值。以下將利用微懸臂樑共振法數種不同的激振力，進一步說明因激發機制的不同而造成萃取結果的差異。(1) 靜電力：如圖 8.66 所示爲一靜電驅動的基本架構，其中微懸臂樑是可動電極，固定電極則附著於基材，由於靜電力是靜電電極距離的非線性函數，因此微懸臂樑被驅動時 (尤其是在共振態具大位移時)，靜電力將是位置的非線性函數，而對整個微結構動態系統產生額外的彈簧效應，進而造成微結構共振頻率發生飄移[117]。(2) 聲波：聲波激振需要空氣作爲介質，因此爲了具備較佳的能量傳遞效率，通常是在常壓下測試。然而對於微結構而言，在大氣壓下振動，空氣會衍生複雜的等效質量、彈簧以及空氣阻尼等問題，而影響公式 (8.33) 的準確性。(3) 磁力：需要額外鍍上感磁材料，使分析模型變成較複雜的雙層薄膜微懸臂樑，且驅動的電磁線圈會產生焦耳熱效應，影響微機械結構的共振頻率[117]。反之，以第 8.5.3 節所介紹的壓電式換能器作爲激振源，則可以完全避免靜電力、聲波及磁力所引發的問題。

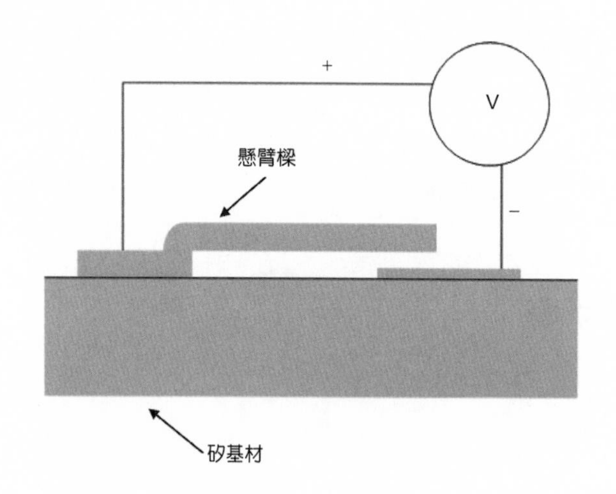

圖 8.66
靜電驅動微懸臂樑之實驗架設示意圖。

8.5.5 結論

利用奈、微加工製程所製造的微懸臂樑，其結構可縮小至微米甚至奈米等級，因此敏感度佳，和薄膜及生醫等奈微米級試片也有良好的尺寸相容性。另外，微懸臂樑也具備力學分析模型相當簡單的優點。過去微懸臂樑結構已成功地應用於原子力顯微術，近年來，微懸臂樑測試結構受到各界更多的重視，廣泛應用於不同的領域。本文介紹如何利用靜力或動力測試的概念，應用微懸臂樑來進行奈微米級試片之檢測，並以 (一) 薄膜材料機械性質量測及 (二) 生醫檢體量測，作爲實例來說明。最後也簡單地介紹一些在製程或者是測試的過程中，可能會影響微懸臂樑力學模型正確性的因素，提醒讀者注意這些相關問題。希望未來能將微懸臂樑技術，更廣泛地應用在奈微米領域的測試。

8.6 光散射法測定粒徑與 Zeta 電位

8.6.1 簡介

動態光散射術 (dynamic light scattering, DLS) 又稱爲準彈性光散射術 (quasi-elastic light scattering, QELS) 或光子相關性光譜術 (photon correlation spectroscopy, PCS)，是一種使用光散射且非破壞性地分析溶液中固體粒徑 (一般在 1 nm 到 5 μm 之間) 的技術。由於固體的粒徑遠小於所用光束的直徑 (~ mm)，所得到的資料必定包含大量的粒子，所以可以快速 (~ min) 的提供樣品大小分布的統計資料。

在溶液中的固體粒子，由於受到溶劑分子運動的影響，必定會有布朗 (Brownian) 運動發生，而其運動速度會受到溫度、溶液黏度以及粒子大小影響。當光束照射在這個系

第 8.6 節作者爲薛景中先生與陳映伃小姐。

統上時，必定會發生 Rayleigh 散射現象，經由分析散射的光，我們可以得到固體在該系統中的擴散係數，並從而推知其粒子大小。由於固體在液體中運動時，通常會有一溶劑緊密吸附於固體上，並與固體一起運動，因此使用 DLS 所測得之粒徑通常比乾燥時使用顯微鏡所觀測到的數值略大，所以 DLS 的粒徑被稱爲第二粒子大小 (secondary particle size) 或液體動態大小 (hydro-dynamic size)。

對於有機高分子物質而言，其粒徑受分子量與主鏈結構摺疊方式的影響，經由量測其在溶液中的粒子大小，我們也可以直接測得其分子量的分布。

在膠態溶液的穩定度與研究奈米粒子表面的特性上，溶液中粒子表面的 zeta 電位是非常重要的參數。結合電泳 (electrophoresis) 與光散射，我們可以分析粒子在電場中運動時對入射光造成都卜勒 (Doppler) 位移或相位的變化，測定其泳動速率，並決定其 zeta 電位，這樣的技術稱爲雷射都卜勒速度法 (laser Doppler velocimetry, LDV) 與相位分析光散射法 (phase analysis light scattering, PALS)。

8.6.2 光散射

在 1871 年，John William Strutt (即 Rayleigh 爵士) 經由研究光的散射，提出對於光波長遠大於粒子直徑的系統而言，其散射強度 (I) 爲：

$$I = I_0 \frac{1+\cos^2\theta}{2R^2}\left(\frac{2\pi}{\lambda}\right)^4\left(\frac{n^2-1}{n^2+2}\right)^2\left(\frac{d}{2}\right)^6 \tag{8.37}$$

其中，I 爲散射光的強度，I_0 爲入射光的強度，θ 爲散射光與入射光間的夾角，R 爲偵測器與粒子的距離，λ 爲光的波長，n 爲粒子的折射率及 d 爲粒子的直徑。經由量測並分析散射光的強度、波長或極性的變化，我們可以得知樣品的粒子直徑、折射率等重要參數。

使用如雷射等單頻且同調 (coherent) 的光束照射在懸浮於溶液中的粒子上時，由於粒子在溶液中進行擴散型的布朗運動，所以粒子與偵測器間的距離會隨時間不停的改變。由於散射光之間可能會有加成性或破壞性干涉 (constructive or destructive interference)，而產生一個根據時間變化而看似隨機變化的散射強度，如圖 8.67 所示。

散射強度變化 (fluctuation) 的衰減時間 (decay time) 包含粒子擴散速度及粒徑大小的資訊。對於較小的粒子，由於其移動速度較高，所以散射強度的衰減速度較快。爲了要解析散射強度變化的衰減時間，常用的作法爲使用分光儀 (spectrum analyzer) 的頻率領域 (frequency domain) 方法，以及使用相關器 (correlator) 的時間領域 (time domain) 方法。一般而言，時間領域的方法較有效率且較常被使用。

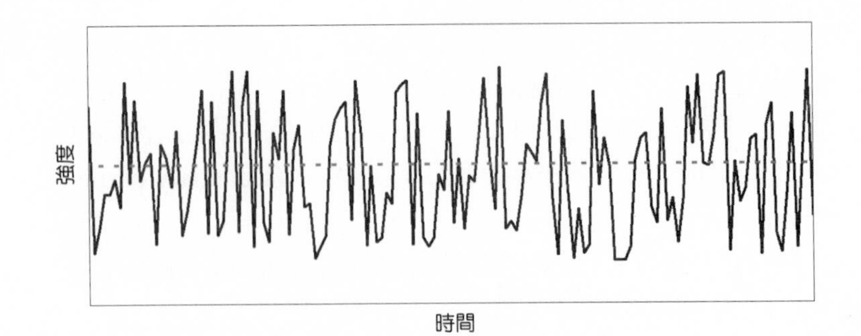

圖 8.67
散射光強度與時間的關係。

8.6.2.1 儀器特徵

圖 8.68 爲使用時間領域方法的光散射系統之內部結構，以及進行 DLS 量測時，光束路徑的示意圖。根據 Rayleigh 散射的關係式，散射強度與粒徑的六次方成反比，因此對於奈米粒子而言，其散射強度極弱，所以訊雜比 (S/N ratio) 不佳。爲了能得到較佳的信號，我們可經由增加雷射的功率而增加散射的強度，因此目前的儀器多使用 30－50 mW 的半導體雷射，並配合光束衰減器以調控光束強度。此外，散射強度與波長的四次方成反比，所以將傳統 650 nm 的紅光雷射更換爲 532 nm 的綠光雷射時，對散射強度也略有幫助 (相同功率下，約 2.2 倍的散射強度)。除了增加散射光的強度外，將光子偵測器由光電倍增管 (photo-multiplier tube, PMT) 更換爲雪崩光二極體 (avalanche photo diode, APD)，也可以提供約 10 倍的信號強度。以目前的儀器設計，即便是濃度僅 9.2 mg/mL 的 lysozyme (直徑約 3.3 nm)，也可以輕易的分析，並且僅需約 0.5 mg 的樣品。

在儀器上，另一個重要的部分爲樣品溫度的控制。由於溶液的黏度以及粒子的布朗運動受溫度影響甚鉅，所以必須嚴格控溫。早期的溫控設計是使用外部的恆溫循環水槽，目前的設計爲了節省空間，多採用內建之熱電偶與 Peltier 半導體冷卻器。

圖 8.68
Brookhaven 90Plus 動態光散射系統結構圖。

8.6.2.2 自相關法

在統計學上，隨機行爲的自相關函數 (auto-correlation function, ACF) 常被用來敘述在不同時間時行爲間的相關性。以圖 8.69 爲例，原始資訊爲一個隱藏有 sine 函數的隨機數列，經由 ACF 分析後，我們可以得到其 sine 函數的資訊。換句話說，如果二個變數或信號是高度相關的，我們可以經由其中一個數值的變化，預測另一個數值的變化。在數學上，相關性的定義是數值乘積的平均，所以自相關是數值與其延遲後所得數值乘積的平均：

$$C^2(\tau)=\frac{\langle I(t)I(t+\tau)\rangle}{\langle I(t)^2\rangle} \tag{8.38}$$

其中，$C^2(\tau)$ 爲第二階 ACF (second order ACF)，τ 爲信號延遲時間，$I(t)$ 爲時間 t 時的散射強度，$I(t+\tau)$ 爲時間 $t+\tau$ 時的散射強度。

在儀器信號的處理上，我們可以使用光學的自相關器 (auto-correlator)，其基本原理是將光束以分光器 (beam splitter) 分成均等的兩道光束，其中一道光束直接由反射鏡送往聚焦鏡，另一道光束則經過一個可移動位置的反射鏡，送往聚焦鏡，如圖 8.70 所示。經由改變可移動之反射鏡的位置，改變光束的移動距離，進而改變其進入聚焦鏡的時間，因此，在到達聚焦鏡時，二道光束間有精確定義的時間差。聚焦鏡將這二個光束聚焦在一個非線性晶體 (non-linear crystal) 上，產生倍頻 (frequency doubled) 的第三束光，且被偵測器所偵測與放大。當二道光束在時間上完全重合時，信號必定最強；隨著延遲時間

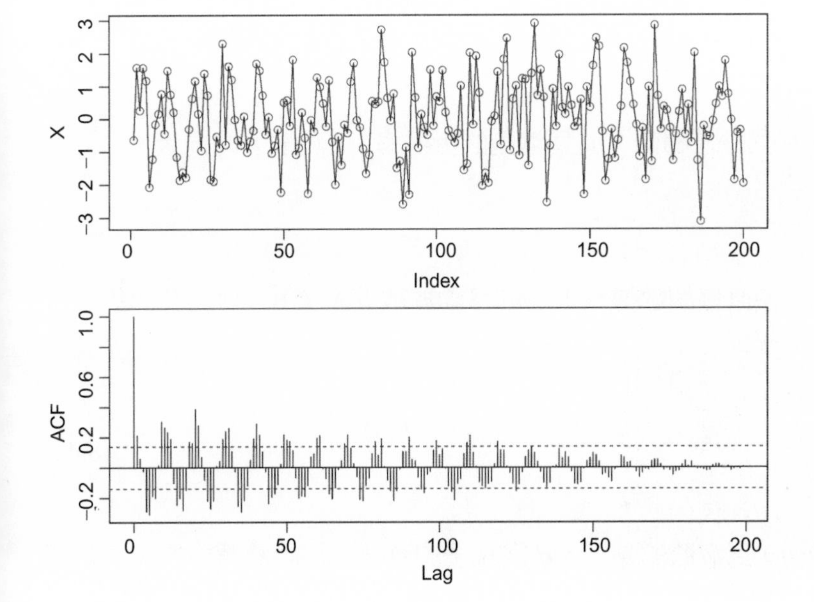

圖 8.69
含有 sine 函數的隨機數列與其自相關函數。

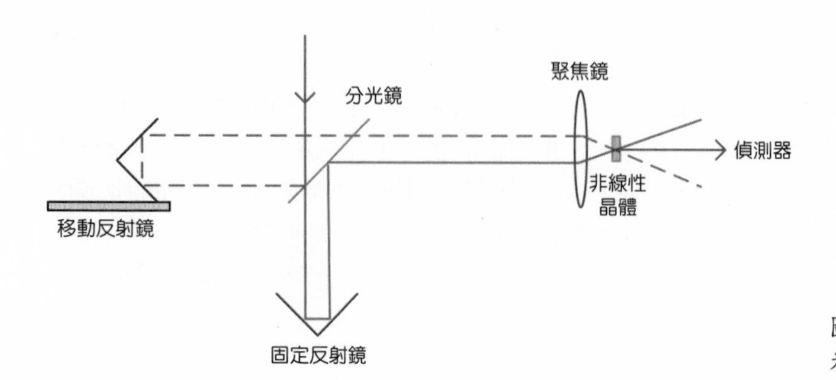

圖 8.70
光學自相關器的結構。

的增加，光束的相關性變差，且偵測到的 ACF 信號強度會隨時間增加而成指數的衰減 (exponential decay) 到背景值。

ACF 的衰減速率必定與粒子的移動相關，對於單一分布 (monodisperse) 的堅固球狀粒子而言，其衰減函數為單一的指數函數。使用 Siegert 方程式，我們可以得到二階 ACF 與一階 ACF 的關係為：

$$C^2(\tau)=1+\beta\left[C^1(\tau)\right]^2 \tag{8.39}$$

其中，β 為與光學系統相關的參數，且 $C^1(\tau)\propto\exp(-\Gamma\tau)$，其中 Γ 為衰減速率，其數值可由公式 (8.40) 求出：

$$\Gamma=Dq^2=D\left[\frac{4\pi n_0}{\lambda}\sin\left(\frac{\theta}{2}\right)\right]^2 \tag{8.40}$$

其中，D 為移動擴散速率，其與粒徑相關，n_0 為溶劑的折射率，q 為散射的向量。

8.6.2.3 粒徑大小

在 DLS 的分析技術中，最直接的數據為上述的移動擴散速率 (D)。對於圓形的粒子而言，使用 Stokes-Einstein 方程式：

$$D=\frac{kT}{3\pi\eta d} \tag{8.41}$$

其中，k 為 Boltzmann 常數，η 為液體的黏度，d 為粒子的直徑。假設液體中的粒子為圓

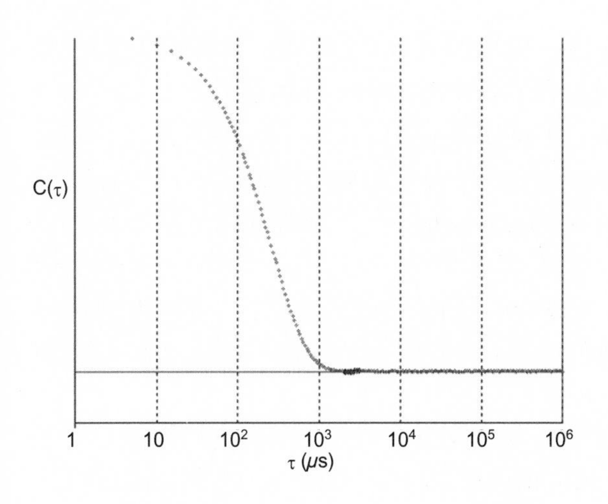

圖 8.71
聚苯乙烯 (polystyrene) 乳膠 (latex) 在水中的自相關函數與粒徑分布。

形的球體，我們可以經由 DLS 得到其直徑。圖 8.71 為使用此技術測定分散在水中，聚苯乙烯的粒徑分布。其自相關函數為典型的指數衰減函數，經由分析其衰減速率，我們可以得到其擴散速率為 5.57×10^{-8} cm^2/s、球體直徑為 88 nm。對於其他形狀的粒子而言，球體通常可以作為一個近似的參考值，然而對於柱狀的結構 (尤其當其長寬比大於 5 時)，上述的考慮不再適用，且必須另外發展適當的計算模型。在不考慮粒子的形狀時，使用前述方法所得到的粒子直徑又稱為等效球體直徑 (equivalent sphere diameter, ESD)。

8.6.2.4 分子量

對於高分子樣品而言，由於其擴散速率受其分子量影響，常使用 Mark-Houvwink-Sakurada (MHS) 經驗式：$D = KM^a$ 估計其分子量，其中 K 與 a 是隨高分子種類、溶劑

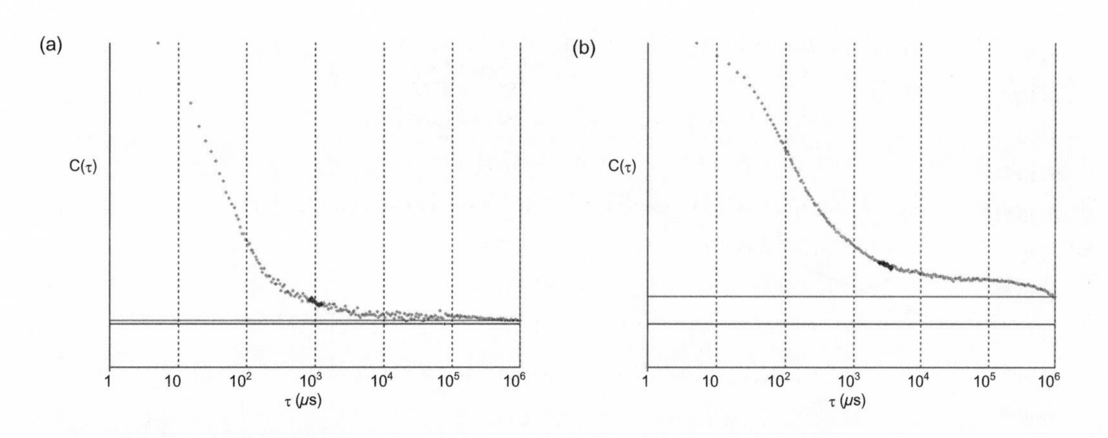

圖 8.72 烯基烷酮 (polyvinylpyrrolidone, PVP) 在水中光散射的 ACF，(a) K30，(b) K85-95。

種類與溶液溫度改變的常數。對於球形蛋白質、線形與有分支的醣類，以及常見的合成分子而言，這些常數可以用查表的方式取得；對於未知的系統，使用已知分子量的高分子製作校正曲線，也可以快速取得這些常數。圖 8.72 為使用 DLS 分析 PVP 高分子的範例，對於在 25 °C 水中的 PVP 而言，其 MHS 經驗式為 $D = 1.00\times10^{-7}\ M^{-0.5}$，對於 K30 的樣品而言，其粒子在水溶液中的擴散速率為 $2.26\times10^{-7}\ cm^2/s$，其對應的粒子直徑為 21.7 nm，所測得的分子量為 1.96×10^4；對於 K85-95 的樣品而言，其粒子在水溶液中的擴散速率為 $7.33\times10^{-8}\ cm^2/s$，其對應的粒子直徑為 66.9 nm，所測得的分子量為 1.86×10^6。使用 DLS 所測得之分子量較文獻所報導的數值略有差異 (40 K 與 1.3 M)，但是對於使用 MHS 經驗式的方式而言，其結果是可接受的。

另一個決定分子量的方法是使用 Debye 圖，分析在固定條件下散射強度與高分子濃度的關係。由於所使用的是不隨時間變化的平均散射強度，所以此方法被歸類於靜態光散射 (static light scattering)。其計算過程是使用公式 (8.42) 及公式 (8.43)：

$$\frac{Kc}{\Delta R}=\frac{1}{M}+2A_2c \tag{8.42}$$

$$K=\frac{2\pi^2}{\lambda^4 N_A}\left(n\frac{dn}{dc}\right)^2 \tag{8.43}$$

其中，c 為高分子的濃度，K 為 Debye 常數、N_A 為 Avogadro 常數，ΔR 為溶液與溶劑的 Reyleigh 散射強度的差值且與散射強度成正比，A_2 為一個第二階的 virial 係數。圖 8.73 為使用此方法分析 PEG 分子量的範例，經由其截距可以得到其分子量為 37 K，經由斜率

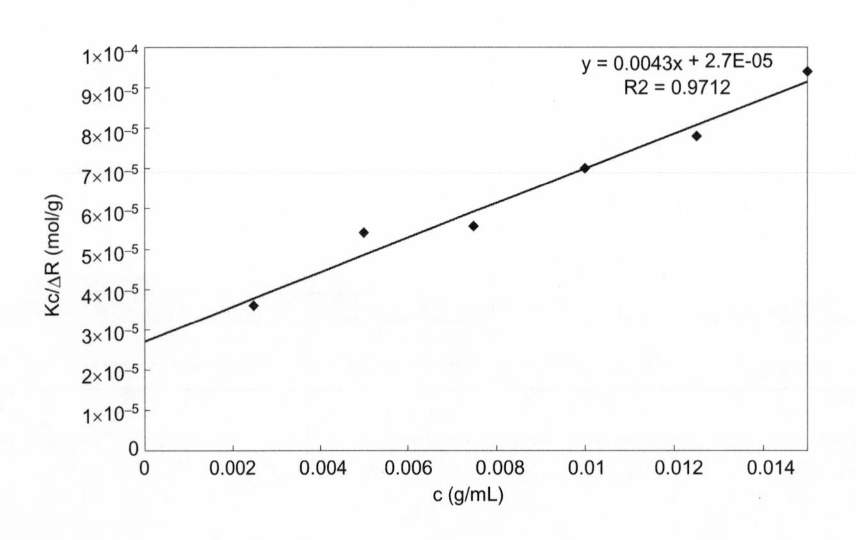

圖 8.73
不同濃度的 PEG 水溶液的 Debye 圖。

得到 A_2 為 2.15×10^{-3}。根據熱力學的關係，第二階 virial 係數 (A_2) 代表了高分子的溶解度且與溶劑的組成相關，一般而言，當 $A_2 > -0.8\times10^{-4}$ (mol·mL/g^2) 時其溶解度過高，當 $A_2 < -8\times10^{-4}$ (mol·mL/g^2) 時其溶解度過低，而在中間的範圍內，高分子較易結晶。

8.6.2.5 多重粒子大小的分布

在前面的討論中，我們假設系統內只有單一粒徑的粒子，但是在大多數的系統中，我們必須處理具有不同粒徑粒子的混合系統。由於粒徑不同，所以系統內的粒子具有不同的擴散速率，故其散射強度隨時間衰減的速率必不相同。使用 ACF 分析散射結果時，我們要處理的 ACF 變成個別粒子 I 的 ACF 之加總，即：

$$C^1(\tau) = \sum_{i=1}^{n} c_i(\tau)\exp(-\Gamma\tau) = \int c_i(\tau)\exp(-\Gamma\tau)d\Gamma \tag{8.44}$$

使用數學方法分析這個 Laplace 函數時，由於邊界條件的不確定性、信號的雜訊與基線的漂移、溶液中的灰塵等等因素，在實務上相當困難。目前常用的方式為累積量分析 (cumulant analysis) 與使用函數配適 (fitting)。

累積量分析的優點在於不對系統做任何假設，僅僅是對收集到的訊號做數學上的處理，並求得其平均分布的狀況。對於粒徑分布有限的樣品而言，這個方法可以快速的評估其真實的分布狀況。然而對於多重分布且範圍極大的樣品而言，由於我們僅考慮其平均值，而散射強度與粒子直徑的六次方成反比，極微量的大粒子的散射強度可能比大量的小粒子為高，並造成平均值較真實為高，所以結果會失真，因此只能以函數配適的方式處理。

(1) 累積量分析

使用 Taylor 數列，我們可以把 ACF：$C^1(\tau) = \int c_i(\tau)\exp(-\Gamma\tau)d\Gamma$ 由對數的形態轉換成多項式：

$$C^1(\tau) = \exp(-\overline{\Gamma}\tau)\left(1 + \frac{\mu_2}{2!}\tau^2 - \frac{\mu_3}{3!}\tau^3 + \cdots\right) \tag{8.45}$$

其中，$\overline{\Gamma} = \overline{D}q^2$ 為平均衰減時間，$\mu_2 = (\Gamma - \overline{\Gamma})^2 = (D^2 - \overline{D}^2)q^4$ 表達了與平均值的差異。在實務上，我們通常定義 $\mu_2/\overline{\Gamma}^2$ 為第二級多重分布指數 (second order polydispersity index)，用來描述系統內衰減時間 (即擴散速率與粒徑) 的分布狀況。對於接近單一分布 (monodisperse) 的系統而言，其數值接近 0；對於分布範圍較小的系統，其數值可能在 0.02－0.08 之間；對於分布範圍越大的系統，這個沒有單位的數值會越大，且只有在分布範圍極大的系統中，才會開始使用第三級的多重分布指數 μ_3。

此外，由於我們是經由量測其光散射來分析系統中粒子的平均擴散速率，所得到的結果是依據粒子散射強度加權的平均值。對於粒徑爲 d 的粒子而言，其散射強度正比於其數量 N、質量 M 的平方，以及其受粒徑與散射向量影響的形狀係數 $P(d,q)$。對於所量測到的平均擴散係數 $\overline{D}$ 而言，我們可以透過對所有粒子加總的方式來敘述，即：

$$\overline{D}=\frac{\sum DNM^2P(d,q)}{\sum NM^2P(d,q)} \tag{8.46}$$

對於粒徑遠小於光的波長 (例如 <60 nm)，以及散射角度爲 0 時，$P(d,q)=1$，且可以消去。在這個情況下，$\overline{D}=(\sum DNM^2)/(\sum NM^2)$，而平均粒徑 $1/\overline{d}=[\sum(1/d)NM^2]/(\sum NM^2)$。由於質量 M 與 d^3 成正比，所以我們得到以散射強度加權的平均粒徑爲 $d_i=(\Sigma Nd^6)/(\Sigma Nd^5)$。對於較直觀的數量平均、面積平均與重量平均而言，我們依序有 $d_n=(\Sigma Nd)/(\Sigma N)$、$d_a=(\Sigma Nd^3)/(\Sigma Nd^2)$ 與 $d_w=(\Sigma Nd^4)/(\Sigma Nd^3)$ 的關係。一般而言 $d_n \le d_a \le d_w \le d_i$，且等號只有在 $P(d,q)=1$ 時成立。

爲了要能描述粒徑的分布，我們必須選定一個函數來敘述粒徑的分布狀況。由於其應用範圍較廣，常用的函數爲：

$$dS=\left\{\frac{1}{\ln\sigma_g\sqrt{2\pi}}e^{-\left(\frac{\ln d(-\ln d_M)^2}{\ln\sigma_g\sqrt{2}}\right)^2}\right\}d(\ln d) \tag{8.47}$$

其中，d_M 爲粒徑中數 (50% 的粒子高於此數值，50% 低於此數值)，σ_g 爲幾合上的標準差 (geometric standard deviation, GSD)。圖 8.74 爲使用累積量分布分析圖 8.71 的自相關函數的結果，其平均粒徑爲 d_i= 87.8 nm、d_w= 86.5 nm、d_a= 86.0 nm、d_n= 85.0 nm，多重分布指數爲 0.010。

(2) 配適分析

在實驗數值的分析上，另一個常用的方法便是配適分析。經由假設樣品內有一系列不同的粒徑大小，並且各自有其特徵的 ACF，最後所測得的 ACF 將是所有子 ACF 的加總。目前常用的方法是由 Grabowski 與 Morrison 所提出的無負數限制的最小平方差 (non-negatively constrained least squares, NNLS) 演算法。這個方法假設所有子 ACF 都是正值 (即最終的 ACF 必定是子 ACF 加總的結果)，且相鄰直徑間的信號強度比例是固定的，最後在配適過程中，使用最小平方差來比較並取得最佳的配適結果。圖 8.75 爲使用配適分析圖 8.71 的自相關函數的結果，其平均粒徑爲 88.1 nm。即使是直徑僅數奈米的微胞，DLS 也能成功的分析，如圖 8.76 所示。

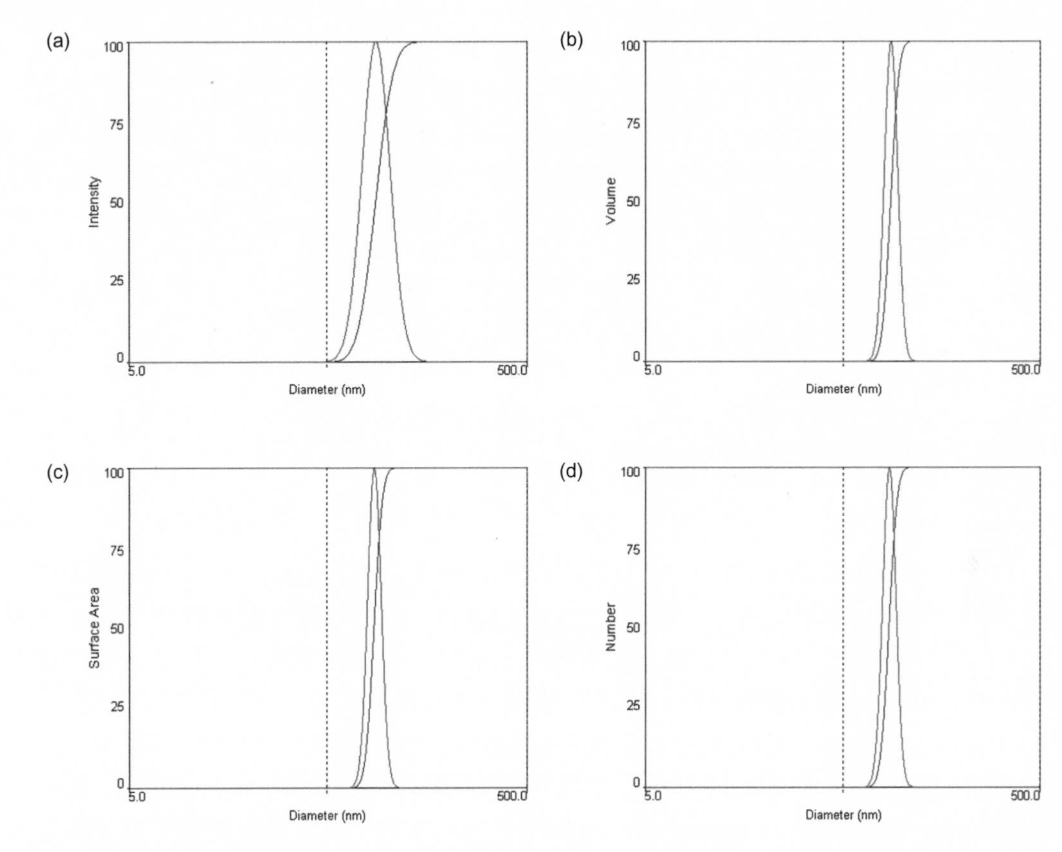

圖 8.74 聚苯乙烯 (polystyrene) 乳膠在水中的粒徑分布。(a) 散射強度、(b) 體積、(c) 表面積與 (d) 數量加權的分布圖。

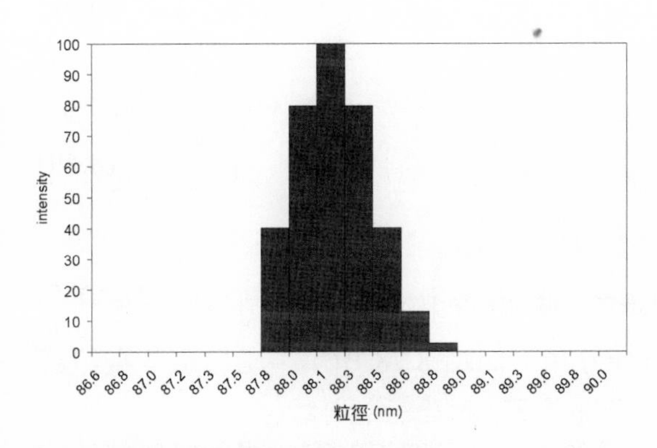

圖 8.75 聚苯乙烯 (polystyrene) 乳膠在水中的粒徑分布。

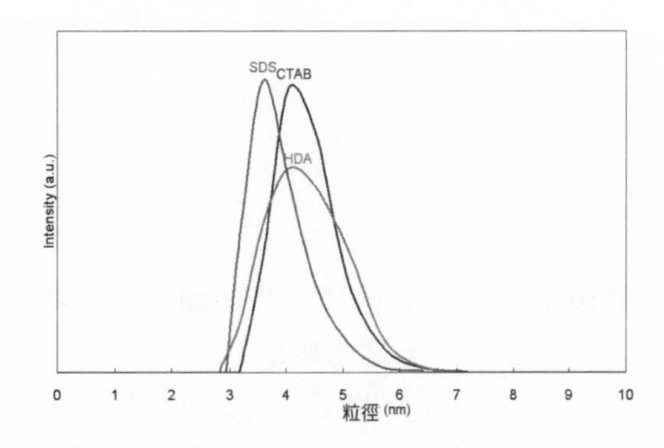

圖 8.76 水溶液中由 sodium dodecylsulfate (SDS)、cetyltrimethylammonium bromide (CTAB)、hexadecylamine (HDA) 等界面活性劑所形成的微胞大小。

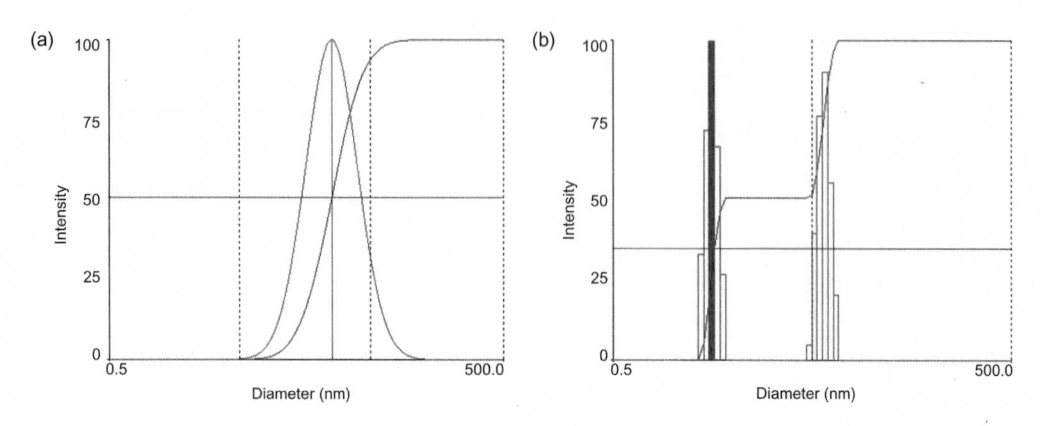

圖 8.77 氧化矽奈米粒子在 THF 中的粒徑分布。

以粒徑分布較廣的氧化矽奈米粒子分散於四氫呋喃 (THF) 爲例，使用累積量分析可得其平均粒徑爲 25.4 nm，且其多重分布指數達 0.234，表示其粒徑分布範圍極大，如圖 8.77(a) 所示。將相同的 ACF 以配適分析處理時，我們可以清楚的發現其粒徑分布主要在 15.6 nm，而在55 nm 附近有奈米粒子團聚的粒徑分布，如圖 8.77(b) 所示。

對於粒徑分布極小的樣品而言，強度加權的分布與數量加權的分布相當接近，可以直接換算；但是對於有多重粒徑分布的樣品而言，要改變分布圖的加權方式時，額外的處理是必需的。於 1908 年，Gustav Mie 解出了不同粒徑的不同粒子對光的散射強度與吸收強度的關係 (Mie 係數) 分別爲：

$$Mie_{散射} = \frac{8}{3}\left(\frac{\pi d}{\lambda}\right)^4 \mathrm{Re}\left[\left(\frac{\boldsymbol{n}^2 - 1}{\boldsymbol{n}^2 + 2}\right)^2\right] \tag{8.48}$$

$$Mie_{吸收} = \frac{4\pi d}{\lambda} \mathrm{Im}\left[\frac{\boldsymbol{n}^2 - 1}{\boldsymbol{n}^2 + 2}\right] \tag{8.49}$$

其中 $\boldsymbol{n} = n - ik$ 爲使用複數形態表達的粒子折射率。使用這個係數，我們可以將強度加權的粒徑分布，換算爲數量、表面積、體積等粒徑分布，如圖 8.78 所示；由於這些數值爲粒徑的 1－3 次方關係，所以其數值會隨不同的加權方式而改變。

對於粒徑小於 60 nm 的粒子而言，Mie 係數等於 1，且與折射率無關；對於其他的粒子而言，折射率是必需的。對於未知的樣品而言，如果是不吸收光的白色不透明粒子，其 n 大約在 1.55－1.65 之間，k 爲 0；對於強烈吸光的黑色樣品，使用 $n \sim 1.84$、$k \sim 0.85$ 通常可以得到合理的結果。

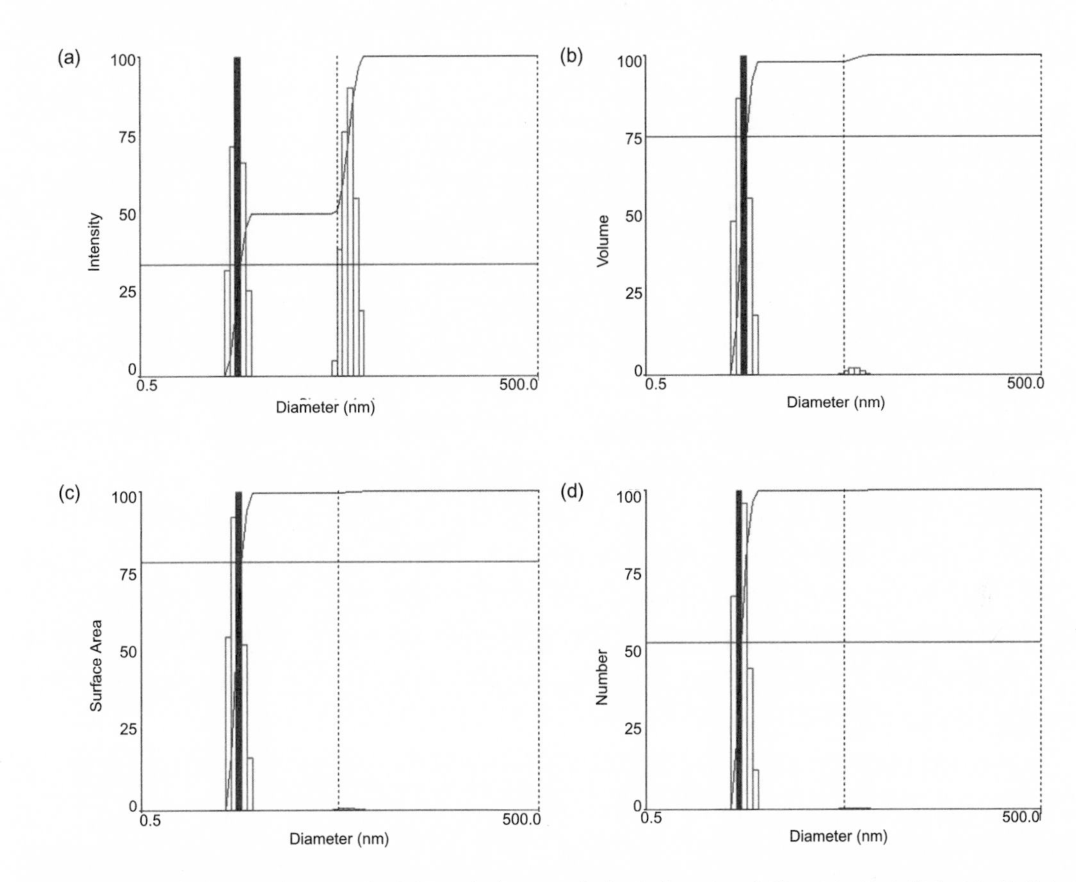

圖 8.78 氧化矽奈米粒子在 THF 中的粒徑分布，(a) 散射強度、(b) 體積、(c) 表面積與 (d) 數量加權的分布圖。

8.6.3 電泳光散射法

任何分散在溶液中的固體表面必定會與溶劑發生交互作用，並造成其表面帶電。這些交互作用包括選擇性離子吸附 (由於正離子較容易水合並留在溶液中，這個交互作用通常使固體表面帶負電)、表面官能基的游離 (如蛋白質中的酸基與胺基之酸鹼平衡)，以及離子的不平衡水解 (如金屬氧化物與鹵素銀的水合反應)。

在電解質溶液中，固體表面的電荷會吸引相反電荷的離子 (counter ion) 並排斥相同電荷的離子 (co-ion)，因此，在接近固體表面的範圍，其離子的分布與溶液整體的離子分布是不同的。這個分布可以用 Debye 電雙層 (electrical double layer) 來敘述，在距離表面 x 處的電位可被估算為 $\psi = \psi_0 e^{-\kappa x}$，而其厚度可由 Debye 距離 κ 估算：

$$\kappa^{-1} = \sqrt{\frac{\varepsilon kT}{q_e^2 \sum_i N_i Z_i^2}} \tag{8.50}$$

其中，ε 爲溶液的絕對介電常數 (permittivity)，k 爲 Boltzmann 常數，q_e 爲電子電量，N_i 與 Z_i 分別爲 I 離子的數量與電荷數。顯而易見的，當溶劑中電解質的濃度越高，電雙層的厚度越薄。

在電雙層中，離固體表面較近的離子 (約 1 nm 以內，受離子與溶劑分子的大小決定)，受表面吸引極強，在動力學上這些離子可以被視爲粒子的一部分。換言之，在這個距離內的溶液黏度遠高於整體溶液的黏度，而我們將這個黏度瞬變的平面稱爲切變平面 (shear plane)，如圖 8.79 所示；在切變平面上的電位則被稱爲 zeta 電位。

考慮粒子間的 van der Waals 力必定是相吸引的，且其作用力的強度約隨距離的 6－7 次方反比；在熱力學上，小粒子希望能聚集成大粒子而降低其表面能，所以當電雙層較薄且粒子的表面電荷的排斥力小於吸引力時，粒子便會團聚而沉降。因此，表面電位的強度對於奈米分散系統的穩定性而言，是非常重要的參數。由於電雙層是隨機的動態結構，在實務上我們不易直接穿透電雙層量測固體的表面電位，所以我們通常量測並討論切變平面上的 zeta 電位。

由於切變平面內的離子可以被視爲粒子的一部分，所以當粒子受到電場的影響泳動時，粒子的遷移率 (mobility, μ_e) 可以由其移動速率 V 與電場強度 E 測出：$V = \mu_e E$，且其遷移率是受切變平面上的 zeta 電位 (ζ) 控制。隨著電位的正負號不同，粒子會移向相反電性的電極，且隨著電位越強，移動速率越高。然而，電位與遷移率之間的數學關係，

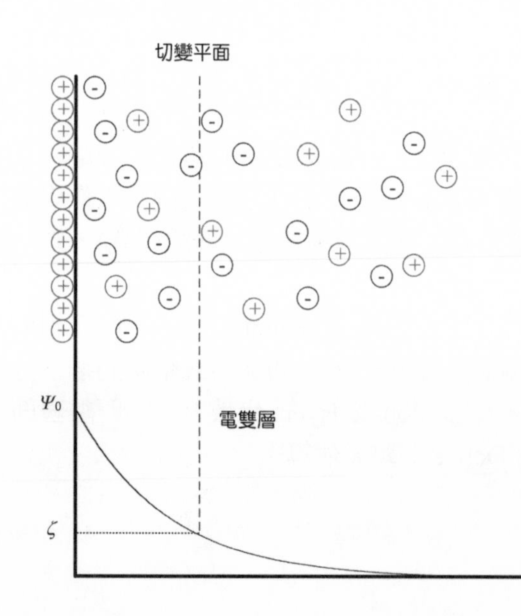

圖 8.79
電雙層與切變平面的示意圖。

受所使用的理論模型影響甚鉅。常用的二個模型為 Hükel 與 Smoluchowski 模型，而這二個模型分別代表了二個不同極端的狀況。

當 $\kappa r << 1$ 時 (r 為粒子半徑)，Hükel 極限是成立的，且 $\mu_e = 2\varepsilon\zeta/3\eta$，其中 η 是溶液的黏度；相反的，當 $\kappa r >> 1$ 時，我們使用 Smoluchowski 極限，$\mu_e = \varepsilon\zeta/3\eta$。對於大部分的奈米粒子而言，其粒徑約在 100 nm，如果考慮 10^{-3} M KCl 的溶液，其 $\kappa r \sim 10$，所以我們通常假設並使用 Smoluchowski 極限來分析 zeta 電位。此外，經由增加電解質的濃度，我們可以有效的增加 κr 並確認 Smoluchowski 極限是有效的分析模型。

8.6.3.1 雷射都卜勒速度法

當雷射光穿過因電泳而移動的粒子時，被散射的光束必定會有都卜勒位移的現象，且其頻率變化 $\Delta f = V/\lambda$。考慮在電場中移動的粒子的散射，我們得到 $\Delta f = \mathbf{q}\cdot\mathbf{V} = qV\cos\phi$，其中，**q** 為散射向量，**V** 為電場向量，對於電場向量與入射光成垂直的系統而言，q 與 V 的夾角 $\phi = \theta/2$，而 θ 為散射角。對於常用的 660 nm 的紅光雷射光源在水溶液 ($n = 1.332$) 中散射，且散射角為 15° 時，我們得到 $\Delta f = 0.513\times10^6\mu_e E$。對於一般的電泳粒子而言，其頻率變化約在 100 Hz 以內，而所使用光束的頻率則在 10^{14} Hz 範圍，即我們所需要偵測的變化量僅 10^{-12}，這樣的直接量測顯然是不可行的。實務上，我們使用光學的外插裝置 (heterodyne)，將一個以 250 Hz 調變的 (modulated) 參考光束與散射光束合併後，使用偵測器分析，如圖 8.80 所示。

圖 8.80
Brookhaven ZetaPlus/ZetaPALS 系統結構圖。

由於參考光束具有 250 Hz 的調變，如果散射光束沒有頻率的改變，其功率光譜的峰值會出現在 250 Hz處；當有頻率的改變時，合成的都卜勒位移變成是以 250 Hz 為參考點移動，而偵測 250 Hz 中 100 Hz 的變化當然是可行的。圖 8.81 為使用這個方法分析水溶

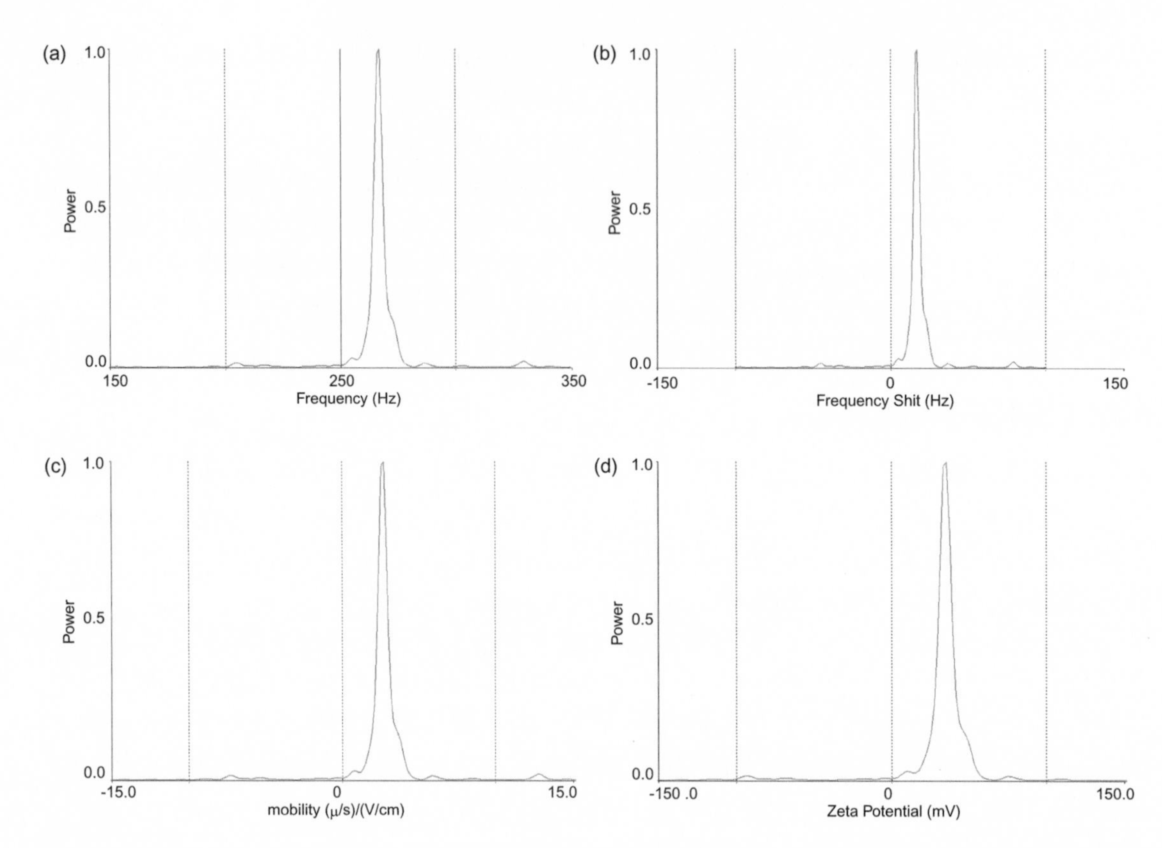

圖 8.81 使用 LDV 方法測得之 Al_2O_3 粒子的強度分布圖，(a) 頻率、(b) 都卜勒位移頻率、(c) 遷移率與 (d) zeta 電位。

液 (pH = 3) 中氧化鋁粒子的範例，在 12.15 V/cm 的電場下，偵測到的頻率為 267.11 Hz，移動了 17.11 Hz，所以其電泳遷移率為 2.75×10^{-8} m^2/s·V，而 zeta 電位為 +35.3 mV。

8.6.3.2 相位分析光散射法

使用雷射都卜勒速度法 (LDV) 時，以在 10 V/cm 的電場下產生 1 Hz 的都卜勒位移時，我們最多可以量測到約 0.2×10^{-8} m^2/s·V 的遷移率。考慮 Smoluchowski 極限 $\mu_e = \varepsilon\zeta / \eta$，對於大多數以水溶液為基礎的系統而言 ($\varepsilon = 78.5\varepsilon_0$、$\eta = 0.89$ mP)，其對應到的 zeta 電位為 2.6 mV，即最小偵測極限為 2.6 mV 的 zeta 電位，對於 zeta 電位小於這個數值的樣品而言，LDV 無法提供有效的結果。此外，對於低介電常數的有機溶劑而言 (如 THF，$\varepsilon = 7.58\varepsilon_0$、$\eta = 0.49$ mP)，我們的量測極限變為 14.6 mV；對於高黏度的有機溶劑而言 (如乙二醇，$\varepsilon = 38.66\varepsilon_0$、$\eta = 21.831$ mP)，我們的量測極限變為 128 mV。很明顯的，LDV 在這些系統中不適用。理論上，我們可以經由增加電場的方式來量測到更小的遷移率，即更小的 zeta 電位，但是增加電場同時會增加電極的極化現象，且電流較高亦減小了有效的電場強度，此外溶液的加熱現象較嚴重而熱對流會干擾遷移率的量測，所以單純的增加電壓是不可行的。

所幸，都卜勒頻率變化不是唯一的量測方式。當一個都卜勒信號與一個有 90° 相差的參考光束比較時，光束頻率的變化同時會改變二個光束的相位差，且散射光束的相位與時間的關係 ($Q(t)$) 與電場變動 ($E(t)$) 的關係為：

$$\langle Q(t)-Q(0)\rangle = \langle A\rangle q\mu_e \int_0^t E(t)dt \tag{8.51}$$

其中 〈A〉 為散射光強度。對於一個 sine 的外加電場而言，其積分為 $\langle Q(t)-Q(0)\rangle = \langle A\rangle q\mu_e \{\cos(\phi)-\cos(\omega t+\phi)\}/\omega$，$\omega$ 是電場的頻率。使用這個相位分析光散射 (phase analysis light scattering, PALS) 的方式，我們可以量測到 10^{-12} $m^2/s{\cdot}V$ 的遷移

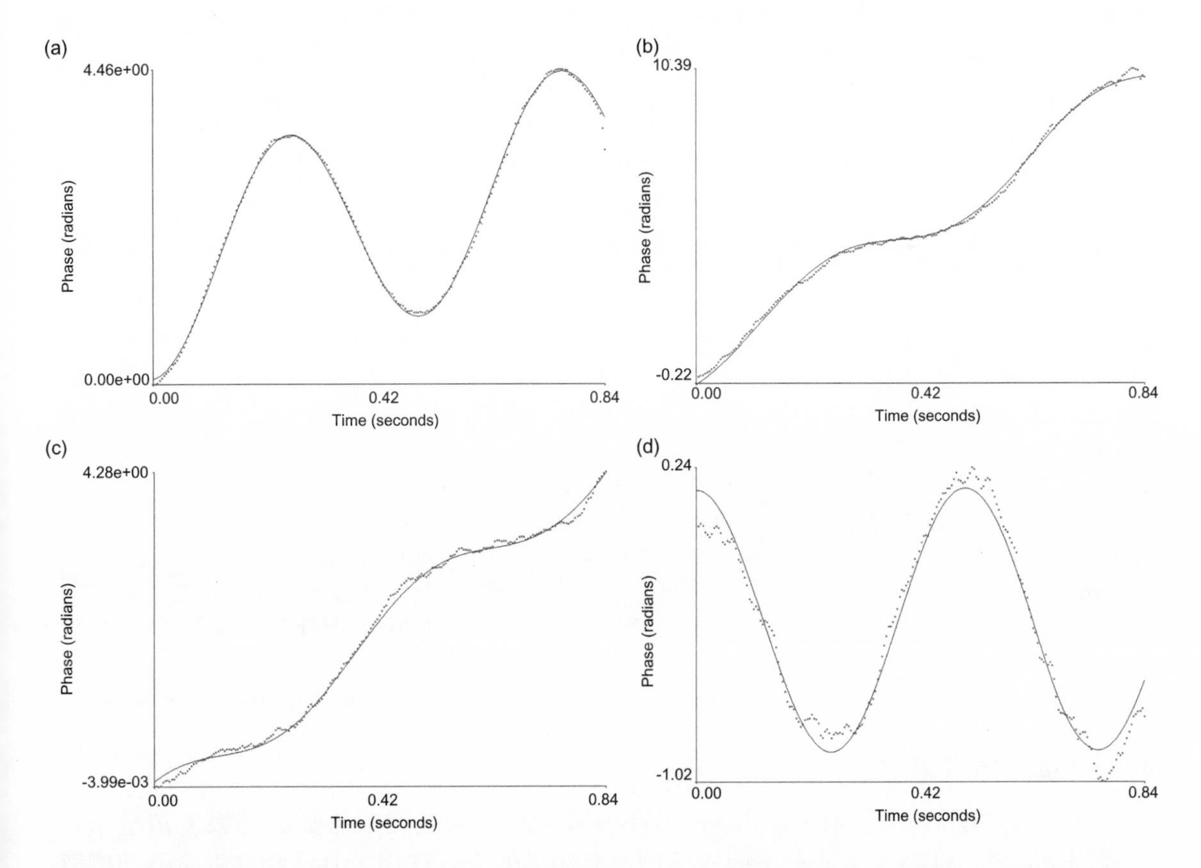

圖 8.82 (a) 水溶液中的氧化矽，(b) THF 中的氧化矽，(c) 經 8 個碳的直鏈修飾的氧化矽在THF 中，(d) 經 7 個碳的直鏈修飾的氧化矽在 THF 中所得到的 AWPD。

率，即便是電位極弱的樣品，我們也能精確量測。圖 8.82 爲不同表面官能基的氧化矽奈米粒子在不同溶劑下所測得的強度加權相位差異 (amplitude weighted phase difference, AWPD)。無修飾的氧化矽在水、THF 中，電場強度 26.4 V/cm 時，其遷移率分別爲 0.33、0.017×10^{-8} $m^2/s\cdot V$，而 zeta 電位爲 26.9、12.1 mV。同樣在 THF 中，表面修飾爲 8 個碳的直鏈與 7 個碳的直鏈時，電場強度 26.5、23.6 V/cm，其遷移率分別爲 –0.14、–0.13×10^{-8} $m^2/s\cdot V$，而 zeta 電位爲 –10.0、–10.6 mV。値得一提的是所得到的 AWPD 的基線 (baseline) 常常會有漂移的現象，這個漂移通常來自粒子的群體運動，或是因爲溫度不均勻所造成的對流。在數據處理上，可以線性移除或是經由改變參考頻率來移除。

由於在水溶液中奈米粒子的表面電位受環境的 pH 影響極大，一般而言，在 pH 越高時，其表面電位越負；而 pH 越低，其表面電位越正。在特定的 pH 時，粒子的表面可能是不帶電的，此 pH 便是粒子的等電位點 (isoelectric point, IEP)。當環境的 pH 在 IEP 附近時，由於粒子間的靜電排斥力極弱，所以容易團聚並沉澱，即不穩定的膠態溶液。經由量測在不同 pH 時的 zeta 電位，我們可以得到溶液穩定度的資訊。圖 8.83 爲使用這個技術分析氧化鋁以及不同大小的氧化矽粒子的範例。由於氧化矽的 IEP < 2，不在檢測的範圍內，所以無法看到電位的符號反轉；對於氧化鋁，其 IEP 約爲 8.2，所以在中性環境下，氧化鋁將較容易團聚。此外，對於分散在有機溶劑中的無機粒子，我們通常必須加入分散劑以增加粒子表面的電位，並增加其穩定度。分析 zeta 電位與分散劑濃度的關係，可以幫助我們選擇適當的分散劑添加量。

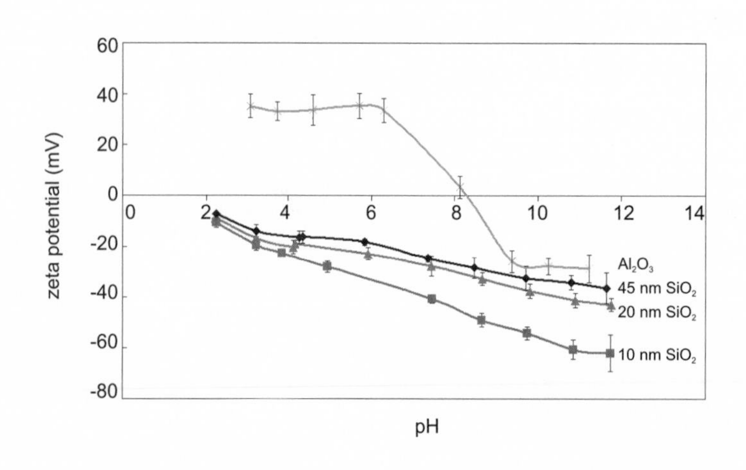

圖 8.83
氧化鋁與不同大小的氧化矽粒子在不同 pH 下的 zeta 電位。

8.6.3.3 電滲透現象

前面所討論的電泳漂移是假設粒子在無限大的自由空間中移動的結果。當粒子在有限的空間中電泳時，由於粒子與樣品槽壁有額外的交互作用，其泳動速率會隨與槽壁的距離改變而改變，且粒子會受槽壁上的電位影響，而有額外沿 *z* 軸的電滲透 (electro-

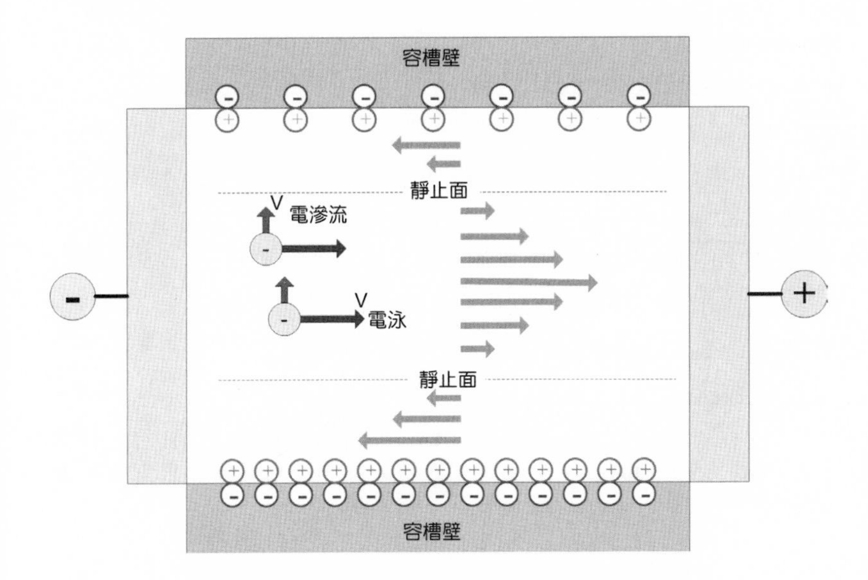

圖 8.84
受樣品槽影響的電泳速率分布。

osmosis) 遷移率。圖 8.84 爲此現象的示意圖，由於底部的負電較頂部強，吸引較多的正離子，所以當帶負電的粒子發生電泳移動時，底部的遷移速率較慢。此外，帶負電的粒子會有沿 z 軸向上遷移的趨勢。

爲了克服這個問題，我們可以使用較大的樣品槽，確保偵測的區域與槽壁有足夠的距離，而不受電滲透影響，其缺點是需要較大量的樣品。另一個解決的方式是在離樣品槽壁不同的區域，測定多個電泳遷移率，並找到一個不受電滲透影響的靜止面，經由分析靜止面上的遷移率來決定粒子的 zeta 電位。圖 8.85 爲在毛細管樣品槽 (間距爲 2 mm) 中分析氧化鋯粒子的結果，在靜止層上 (粗線位置)，其 zeta 電位爲 –47.9 mV。

使用毛細管的另一個優點是可以測定樣品槽壁本身的 zeta 電位。Mori 與 Okamoto 推導了在不同位置 (z，以中心點爲 0) 上粒子的遷移率爲：

$$\mu(z) = A\mu_0\left(\frac{z}{b}\right)^2 + \Delta\mu_0\left(\frac{z}{b}\right) + (1-A)\mu_0 + \mu_P \tag{8.52}$$

其中，$A = [(2/3) - (0.42/k)]^{-1}$ 且 k 是與樣品槽形狀相關的常數，μ_P 爲粒子眞實的遷移率，$\Delta\mu_0$ 爲上壁與下壁遷移率的差，μ_0 爲上壁與下壁遷移率的合。使用具有已知遷移率的參考粒子，並對實測曲線配適，我們可以求出樣品槽的 zeta 電位。以圖 8.85 爲例，其上壁與下壁的 zeta 電位分別爲 –110.8 與 –78.6 mV。使用這個方法，並把樣品槽的表面換成吸附在矽晶片上具有不同表面官能基的自組織單層膜 (self-assembly monolayers, SAMs)，我們可以量測不同官能基對表面特性的影響，如圖 8.86 所示，並進一步探討這些官能基與金屬氧化物粒子的交互作用。

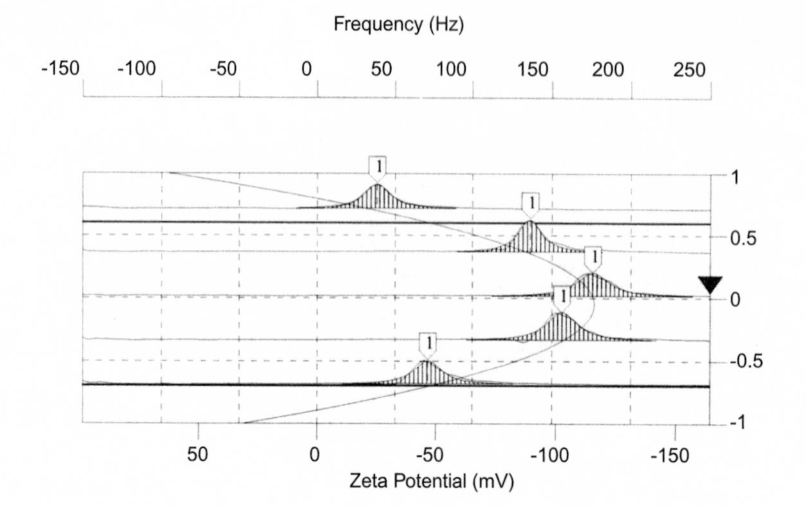

圖 8.85
氧化鋯粒子在 pH=11 的溶液中，在毛細管中電泳的速率。

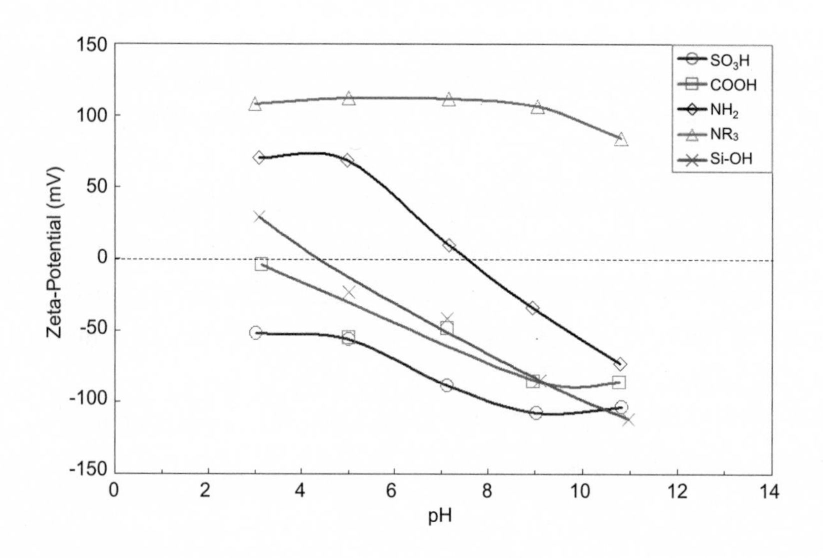

圖 8.86
矽晶片上不同自組織單層膜的 zeta 電位。

8.6.4 結語

使用光散射法，我們可以在不破壞樣品的情況下，快速的量測粒子在環境中的粒徑，且所得到的數值是一個統計的結果。對於高分子而言，這個技術也可以測定其絕對分子量。結合了電泳環境下粒子的遷移速率，我們可以定量的量測其表面的 zeta 電位，並研究膠態系統的穩定性，以及粒子間交互作用的可能性。

8.7 BET 比表面積分析法

8.7.1 簡介

近年來隨著奈米科技的蓬勃發展，發展各種新型奈米材料的合成方法是現今重要的研究題材之一。在探索材料合成方法的過程中，搭配快速且準確的鑑定方式，才能更切實地製作出高效能的奈米材料，以及建立最佳化的合成條件。常用來鑑定粉體形奈米材料的方法有電子顯微鏡 (electron microscope) 及 X 光粉末繞射儀 (X-ray powder diffractrometer)。雖然電子顯微鏡提供了材料的直接影像，卻只能觀測極小的區域，有時因爲觀測者的主觀性，導致常有被質疑的情形發生。相對地，X 光繞射圖譜則可提供較客觀的樣品鑑定訊息，包含晶體的晶相與結晶相尺度，但是卻無法得知所製成之材料的眞實表面積及表面性質。然而有效表面積的量測對於發展奈米觸媒的研究，有著絕對的重要性。本文便針對 BET 比表面積 (BET specific surface area) 的量測法作一簡要的敘述，並提出一些實際的研究案例，以幫助讀者更快明白此分析技術之應用。

在介紹分析儀器原理之前，首先對材料的比表面積作一簡易的定義。一般而言，材料比表面積的定義值必須是一不隨著量改變而變化之數值，所以材料比表面積的表示法是單位重量 (通常以克爲單位) 下材料所具有的表面積大小，這數值可作爲各種材料相互比較的依據，並且提供在觸媒反應研究上重要物理量與反應活性的資料。

有基本的認知後，接下來思考材料的表面積與那些因素有關。基本上材料表面積會因爲：(1) 顆粒尺度 (particle size)、(2) 顆粒幾何形狀及 (3) 孔洞性質的不同而有差異，下文將分別敘述各因素之重要性。

(1) 顆粒尺度

考量一最簡單的球形材料且球半徑一致設定爲 r、材料密度爲 ρ，經由簡易幾何學的推導：每一克材料表面積 S = 總表面積／質量 = $4\pi r^2/(4/3\pi r^3\cdot\rho) = 3/r\cdot\rho$。此公式顯示：單位克數之材料所具有的表面積與其粒徑成反比。

例如氧化矽的密度爲 2.2 $cm^3\cdot g^{-1}$，當製作出的材料顆粒大小爲 10 nm，則表面積 S 爲 14.5 $m^2\cdot g^{-1}$。當顆粒大小爲 100 nm 時，表面積相對地減少 10 倍爲 1.45 $m^2\cdot g^{-1}$。綜合來說，對無孔洞性的粒子而言，顆粒半徑大小是決定表面積最重要之因素。相對地，材料的密度愈大時，則表面積也會變小。此公式可作爲大略判斷合成出的奈米材料表面積應該落在的範圍，並辨別鑑定上是否有不合理的誤差發生。

(2) 顆粒幾何形狀

顆粒的幾何形狀對表面積大小的影響度較不明顯，通常只是一個微小的修正項。舉

第 8.7 節作者爲林弘萍先生。

例來說，一個固定質量的顆粒，球體與正立方體間的表面積便有些許差異。由幾何上的推導，$M_{球} = M_{立方體}$、$(V\rho)_{球} = (V\rho)_{立方體}$，其中，$V$ 爲體積及 ρ 爲密度。

$$l_{立方體}^3 = \frac{4}{3}\pi r_{球}^3 \quad (體積相同\rightarrow質量相等) \tag{8.53}$$

$$l_{立方體} = \sqrt[3]{\frac{4\pi}{3}} r_{球} = 1.61 r_{球} \tag{8.54}$$

$$S_{立方體} \times \frac{l_{立方體}}{6} = S_{球} \times \frac{r_{球}}{3} \tag{8.55}$$

因此，$S_{立方體} / S_{球} = 2r_{球} / l_{立方體}$。由公式 (8.54) 可得到 $2r_{球}/ l_{立方體} \doteqdot 1.25$，所以

$$S_{立方體} = 1.25 S_{球} \tag{8.56}$$

從公式 (8.56) 即能得知，粒子幾何形狀對表面積大小只有些微影響。在實際的應用例子，通常粒子的尺寸與形狀也並非均一，因此幾何形狀的考量幾乎會被忽略，但有時也仍可被提出稍做討論。

(3) 孔洞性

奈米顆粒若具有孔洞性，表面積大小可藉由簡易的幾何推理便可精確估計。而對於具有孔洞性的顆粒則無法用一般幾何推論，而且也因孔洞的存在，顆粒總表面積會變大許多。所以有些密度低之孔洞材料的表面積有時可達 2000 $m^2 \cdot g^{-1}$。也因爲孔洞材料具有高表面積，常被用於與接觸面積息息相關之異相催化觸媒方面的應用。孔洞材料的表面積來源除了顆粒的外表面積，更多是來自於大的內表面積 (總表面積 = 外表面積 + 內表面積)。

8.7.2 氣體吸附行爲與等溫吸附脫附曲線

在談論材料表面積的量測方法之前，應該先對材料與氣體間的吸附模式有所了解。氣體與材料表面存在有吸附作用力，而依據吸附力的強弱可分爲化學吸附與物理吸附。一般而言，材料與氣體之間必定存在物理吸附的作用，就吸附過程的能量圖來看 (圖 8.87(a))，物理吸附則因無活化能的存在，使得氣體吸附可快速達成，也因爲物理吸附能

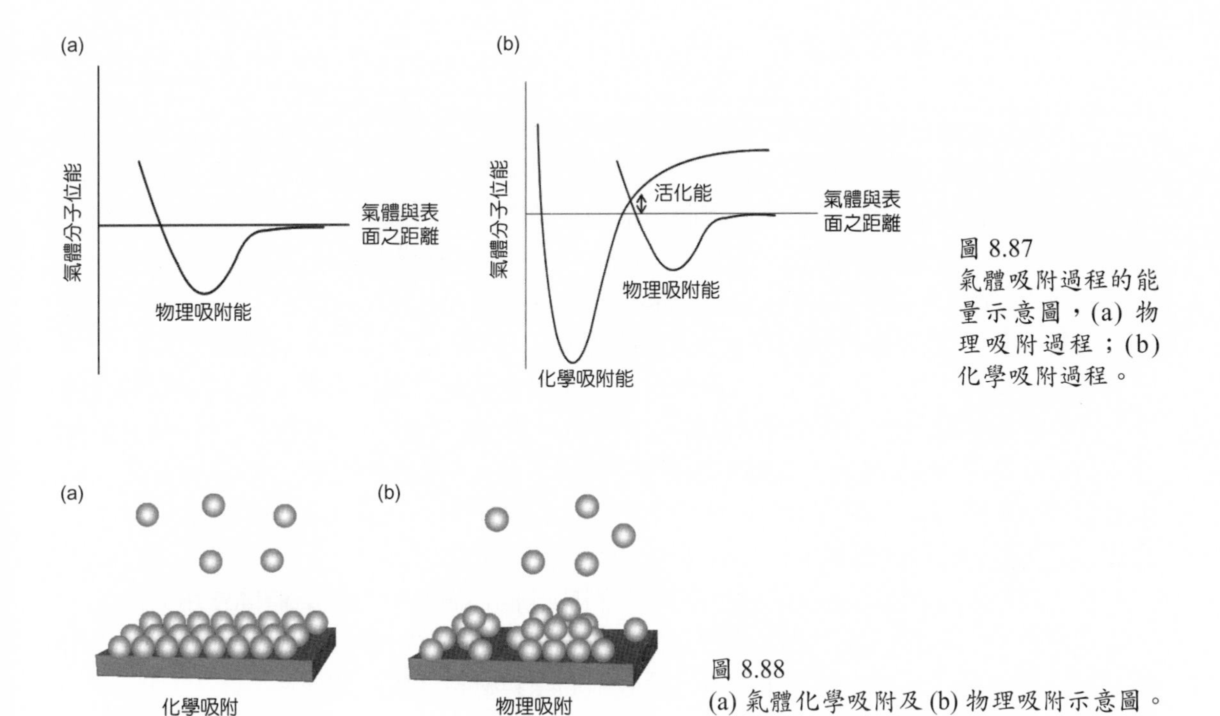

圖 8.87
氣體吸附過程的能量示意圖，(a) 物理吸附過程；(b) 化學吸附過程。

圖 8.88
(a) 氣體化學吸附及 (b) 物理吸附示意圖。

量不大，氣體與材料間的作用呈現可逆性的吸附與脫附行爲。也因這些特點，物理吸附常被用於測量材料表面積，而且材料的吸附、脫附曲線皆可被測得，即能得到材料表面積、孔洞尺度及形狀之訊息。

相對於物理吸附，化學吸附的發生是先經過一物理吸附後，再越過活化能，最後達到氣體與材料表面有強的化學鍵生成 (圖 8.87(b))，化學吸附之氣體吸附熱大都大於 25 kJ $\cdot mol^{-1}$，吸附行爲呈現不可逆的現象。也因爲此類型的吸附需要越過一活化能狀態，所以通常發生在高溫的條件下，且吸附速率較慢。

由於材料與氣體間的吸附模式有所不同，被吸附氣體分子在材料表面的覆蓋形式也有所差異。化學吸附因爲有很大的吸附能，所以吸附的氣體會先達到幾乎完整的單層覆蓋，如圖 8.88(a) 所示；相對地，物理吸附的氣體覆蓋行爲，即使在單層覆蓋的吸附壓力下，也不會形成完整單層吸附，而是呈現多層吸附的現象，如圖 8.88(b) 所示。本文係以氣體物理吸附的行爲模式來量測材料之表面積。

材料表面積的測量，一般是藉由材料在各種相對壓力條件下對氣體分子吸附量的量測，再與氣體吸附理論所推得的公式結合而得出。

依照直觀的想法，不難理解氣體在材料表面的吸附量 (可用重量或標準狀態下之體積或莫耳數表示) 是與溫度、壓力以及氣體和材質表面作用力等因素有關。因此氣體在材料表面的吸附量可轉成下列之數學函數來表達：

$$W = f(P, T, E) \tag{8.57}$$

其中，P 爲氣體壓力、T 爲溫度、E 爲氣體與材質表面作用力大小。對於相同材質與平衡狀態的條件，E 將視爲一個定值，所以氣體吸附量 W 可簡化爲 $f(P, T)$。爲使此方程式成爲單一變數而能被測量，量測材料表面積都是設定在固定溫度下，如此，W 即可再簡化爲 $f(P)$，成爲單一變數的函數。也就是在定溫下，材料的氣體吸附量 $W = f(P)$，$f(P)$ 函數即是通稱的等溫吸附脫附曲線 (adsorption-desorption isotherm)。

實驗操作上要得到材料的等溫吸附脫附曲線，是經過在不同的氣體壓力下對材料之氣體吸附量的測量，即可得到待測材料之等溫吸附脫附曲線。在等溫吸附脫附曲線圖中，縱軸是氣體吸附量，橫軸是氣體的相對壓力 (相對壓力 P/P_0 = 氣體壓力／飽和氣體壓力。例如氮氣在 77 K 溫度下，飽和氣體壓力爲 1.0 atm，當量測的壓力爲 0.4 atm 時，其相對壓力值即爲 0.4)，待得出此等溫吸附脫附曲線後，再結合適當的吸附理論所建立之公式，進而獲得材料表面積。

至於材料的等溫吸附脫附曲線，則因材料的孔洞性質及材料與氣體間作用力的差，呈現出不相同的吸附。由文獻上的資料彙集，等溫吸附脫附曲線大致上可分爲五種型態，如圖 8.89 所示。下文將簡單敘述各種吸附曲線與材料性質的關係。

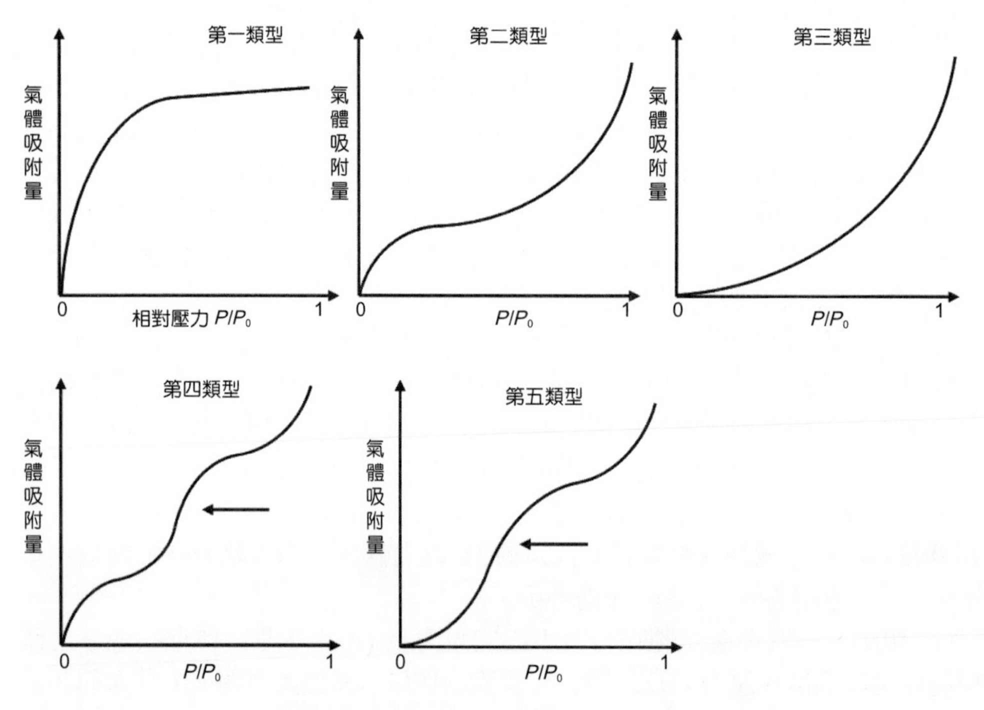

圖 8.89 各種類型之等溫氣體吸附曲線。

第一類型吸附曲線通常發生於具化學吸附或者是具有微孔洞 (< 2.0 nm) 的材料。由於化學吸附或微孔洞都會對氣體產生大的吸附能，因此在低相對壓力的狀態下，便會達到飽和吸附量，當達到飽和吸附量後，吸附量值隨壓力的增加便沒有太大的增高。

第二類型吸附曲線是無孔洞性粉體的特徵，隨著相對壓力的增加吸附量緩和地上升，直到快接近相對壓力趨近於 1.0 時，則會有多層的吸附現象發生，這是因為在相對壓力趨近於 1.0 時，大量的氣體分子會凝結成為液態的結果。

第三類型吸附曲線的來源，則是由於氣體與材料間的作用力小於氣體與氣體間的作用力。所以當壓力逐漸升高，吸附量的增加主要是來自於多層氣體吸附，而不是來自材料與氣體間的吸附。此種吸附曲線鮮少遇到，通常多半發生在表面極性低的材料 (例如疏水性高的有機材料、金屬表面)。

第四類型吸附曲線則發生於具有中孔洞 (2.0 – 50.0 nm) 的材料，此種材料的吸附特質與第二類型吸附相近，只是在中段相對壓力值時 ($P/P_0 \approx 0.2$–0.9)，則有一突然上升吸附量 (如箭頭所示)，此段吸附是來自孔洞材料的毛細吸附行為所造成的。當實驗量測得到這類型的吸附曲線，表示合成出的材料具有中孔洞，而孔洞的大小則可由毛細凝結現象發生的相對壓力推得。在高的相對壓力下表示材料的孔洞大，相對地，在低相對壓力時發生，材料的孔洞較小。此部分的探討將不在此文中詳加敘述，只是給予讀者淺顯的概念。

第五類型吸附曲線是表材料具有中孔洞結構，且材料表面與氣體的作用力小於氣體間的相互吸引力，所以低壓區域的吸附行為和第三類型的材料相同，但在中段相對壓力時，也會出現額外的毛細凝結現象，而有一陡峭的吸附量 (如箭頭所示)。

一般而言，材料的等溫吸附曲線皆屬於此五種類型中的一型，所以當測量出材料的氣體吸附脫附曲線，也大略可知道材料是否具有孔洞性及材料表面的特性。

8.7.3 BET 表面積的量測原理

接下來介紹材料表面積量測最常使用的理論。量測材料表面積最常用的是以物理吸附的模式進行測量，這是因為物理吸附相較於需克服活化能的化學吸附，可快速地達到吸附平衡，而高效率地得到材料表面積的資料。對於物理吸附，其材料表面吸附能與氣體分子間的作用力能相差不是太大，所以在相對低壓時，吸附發生在能量最有利的吸附位置。但隨著壓力的升高，吸附並不只會在能量有利之位置進行，也將出現在能量較低的位置。在表面完全被覆蓋之前，形成第二層或更多層之吸附會自然發生。事實上並不存在一壓力值時表面完全被單層物理吸附的分子所覆蓋。

如何以物理吸附法求出吸附體的表面積？在 1938 年，Brunaner、Emmett 以及 Teller 三位科學家建構出多層物理吸附架構，在其所提的 BET (Brunaner, Emmett, and Teller) 理論中存在的假設為：(1) 無論是那一層的吸附氣體分子，與氣相的氣體分子之間存在著動

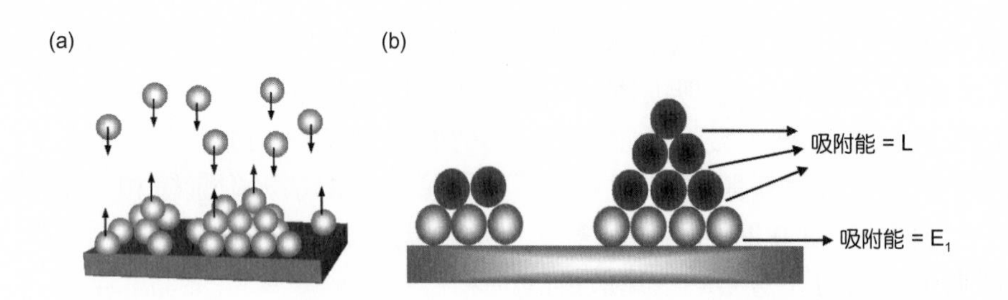

圖 8.90
(a) 物理吸附狀態下，氣體分子與表面吸附氣體間之動態平衡關係；(b) BET 模式對各層吸附能之定義說明圖。

態平衡之狀況，如圖 8.90(a) 所示，也就是各層的氣體吸附速率與脫附速率相等。(2) 假設第 2 層以後的氣體吸附行為與氣體分子之液化過程相同，如圖 8.90(b) 所示，所以它的吸附物理參數，包括吸附氣體的垂直振動頻率 ν、氣體分子吸附熱 E (此時 $E_2 = E_3 = \cdots = E_n = L$ (氣體分子液化熱)) 及氣態分子的被吸附機率 A 值皆視為相同。

從動力學的角度分析氣體吸附速率，氣體需與未被佔據的吸附位置碰撞才會進一步發生吸附作用，當然並不是每一次的碰撞都會造成吸附，所以需乘上發生的機率值 (設定為 A)，因此吸附速率以下列的式子描述：

$$\text{氣體吸附速率} = k \cdot P \cdot \theta_0 \cdot A \tag{8.58}$$

其中，$k \cdot P$ 為單位面積內氣體分子碰撞材料表面的頻率，θ_0 為未被佔據之吸附位置的比率。相對地，氣體的脫附速率則可簡單地思考，被吸附於表面的氣體分子在材料表面上會振動的運動模式，當振動往材料的表面垂直方向且具有足夠克服表面吸附能的能量時，吸附的氣體分子便會脫離材料表面，就能量大於吸附能的機率外 Boltzman 的能量分布考量，整體便能以下列式子表達：

$$\text{氣體脫附速率} = N_m \theta_1 \nu_1 e^{-E/RT} \tag{8.59}$$

其中，N_m 為完全單層吸附之氣體分子數目，θ_1 為被吸附氣體所覆蓋面積的比例，ν_1 為吸附氣體垂直於表面的振動頻率，E 為氣體吸附能。依照上述的推理，以動力平衡的情況下建立出各吸附層和外界壓力的關係式。首先，由第一層的吸附脫附速率相同的條件下得出：

$$N_m \theta_1 \nu_1 e^{\frac{-E_1}{RT}} = kp\theta_0 A_1 \tag{8.60}$$

第二層的平衡關係式：

$$N_m \theta_2 \nu_2 e^{\frac{-E_2}{RT}} = kp\theta_1 A_2 \tag{8.61}$$

第 n 層的通式爲：

$$N_m\theta_n v_n e^{\frac{-E_2}{RT}} = kp\theta_{n-1}A_n \tag{8.62}$$

如上述的 BET 理論第 2 項假設，除第一層吸附氣體具有特異性外，其他層的吸附行爲與吸附參數皆爲相同，因此可再簡化成：

$$N_m\theta_2 ve^{\frac{-L}{RT}} = kP\theta_1 A \tag{8.63}$$

$$N_m\theta_3 ve^{\frac{-L}{RT}} = kP\theta_2 A \tag{8.64}$$

$$N_m\theta_n ve^{\frac{-L}{RT}} = kP\theta_{n-1} A \tag{8.65}$$

再經過整理後，得出：

$$\frac{\theta_1}{\theta_0} = \frac{kPA_1}{N_m v_1 e^{-L/RT}} = \alpha \tag{8.66}$$

$$\frac{\theta_2}{\theta_1} = \frac{kPA}{N_m ve^{-L/RT}} = \beta \tag{8.67}$$

$$\frac{\theta_3}{\theta_2} = \frac{kPA}{N_m ve^{-L/RT}} = \beta \tag{8.68}$$

$$\frac{\theta_n}{\theta_{n-1}} = \frac{kPA}{N_m ve^{-L/RT}} = \beta \tag{8.69}$$

然後得到下列的關係式：

$$\theta_1 = \alpha\theta_0 \tag{8.70}$$

$$\theta_2 = \beta\theta_1 = \alpha\beta\theta_0 \tag{8.71}$$

$$\theta_3 = \beta\theta_2 = \alpha\beta^2\theta_0 \tag{8.72}$$

$$\theta_n = \beta\theta_{n-1} = \alpha\beta^2\theta_0 \tag{8.73}$$

求出平衡狀態下所吸附的總氣體分子數爲：

$$N = N_m\theta_1 + 2\,N_m\theta_2 + \cdots + n\,N_m\theta_n = N_m(\theta_1 + 2\theta_2 + \cdots + n\theta_n) \tag{8.74}$$

$$\begin{aligned}\frac{N}{N_m} &= \alpha\theta_0 + 2\alpha\beta\theta_0 + 3\alpha\beta^2\theta_0 + \cdots + n\alpha\beta^{n-1}\theta_0 \\ &= \alpha\theta_0\,(1 + 2\beta + 3\beta^2 + \cdots + n\beta^{n-1})\end{aligned} \tag{8.75}$$

由於 α、β 皆屬於常數，可寫出之間的關係爲：$\alpha = C\beta$ 。

$$C \text{ 值則被定義爲：}\ \frac{A_1 v_2}{A_2 v_1} = e^{\frac{E_i - L}{RT}} = C \tag{8.76}$$

將 $\alpha = C\beta$ 代入上式中，得到：

$$\frac{N}{N_m} = C\theta_0(\beta + 2\beta^2 + 3\beta^3 + \ldots\ldots + n\beta^n) \tag{8.77}$$

數學運算已知：

$$\sum_{n=1}^{\infty} n\beta^n = \beta + 2\beta^2 + \ldots\ldots + n\beta^n = \frac{\beta}{(1-\beta)^2} \tag{8.78}$$

$$\frac{N}{N_m} = \frac{C\theta_0\beta}{(1-\beta)^2} \tag{8.79}$$

基本上所有氣體吸附機率的總合爲 1。則

$$1 = \theta_1 + \theta_2 + \theta_3 + \cdots + \theta_n \tag{8.80}$$

$$\theta_0 = 1 - (\theta_1 + \theta_2 + \ldots.. + \theta_n) = 1 - \sum_{n=1}^{\infty}\theta_n \tag{8.81}$$

將公式 (8.81) 代入公式 (8.79) 中得到：

$$\frac{N}{N_m} = \frac{C\beta}{(1-\beta)^2}(1 - \sum_{n=1}^{\infty}\theta_n) \tag{8.82}$$

由公式 (8.73) $\theta_n = C\beta^{n-1}\theta_0$ 代入公式 (8.82) 之中，得到：

$$\frac{N}{N_m} = \frac{C\beta}{(1-\beta)^2}(1-\alpha\theta_0\sum_{n=1}^{\infty}\beta^{n-1}) \tag{8.83}$$

再由 $\alpha = C\beta$ 代進上式之中，公式再轉成：

$$\frac{N}{N_m} = \frac{C\beta}{(1-\beta)^2}(1-C\theta_0\sum_{n=1}^{\infty}\beta^{n}) \tag{8.84}$$

由數學的計算：

$$\sum_{n=1}^{\infty}\beta^n = \beta+\beta^2+\cdots+\beta^n = \frac{\beta}{1-\beta} \tag{8.85}$$

經整理後則成為：

$$\frac{N}{N_m} = \frac{C\beta}{(1-\beta)^2}\left[1-C\theta_0\frac{\beta}{1-\beta}\right] \tag{8.86}$$

與公式 (8.79) 相比較，便能求得：

$$1 = \frac{1}{\theta_0}\left(1-C\theta_0\frac{\beta}{1-\beta}\right) \tag{8.87}$$

$$\theta_0 = \frac{1}{1+C\beta/(1-\beta)} \tag{8.88}$$

將公式 (8.88) 代入公式 (8.86) 之中，則

$$\frac{N}{N_m} = \frac{C\beta}{(1-\beta)(1-\beta+C\beta)} \tag{8.89}$$

從上式，當 $\beta = 1$ 時，$N/N_m \to \infty$；此現象發生的情況是在氣體壓力 $P = P_0$ 時，氣體分子便能無限地在材料表面液化而吸附在表面上。

$$由\ \frac{\theta_n}{\theta_{n-1}} = \frac{kPA}{N_m \nu e^{-L/RT}} = \beta$$

公式 (8.69) 以 $\beta = 1$ 和 $P = P_0$ 代入得到：

$$1 = \frac{kP_0A}{N_m \nu e^{-L/RT}} \tag{8.90}$$

再由公式 (8.69)／公式 (8.90) 得到 $\beta = P/P_0$，將 $\beta = P/P_0$ 代進公式內得到：

$$\frac{N}{N_m} = \frac{C\left(\frac{P}{P_0}\right)}{\left(1-\frac{P}{P_0}\right)\left(1-\frac{P}{P_0}+\frac{CP}{P_0}\right)} \tag{8.91}$$

而以可被測量的重量比 W/W_m 取代 N/N_m，再經過處理便得到最後的結果：

$$\frac{1}{W\left(\frac{P_0}{P}-1\right)} = \frac{1}{W_mC} + \frac{C-1}{W_mC}\left(\frac{P}{P_0}\right) \tag{8.92}$$

依照 BET 理論，可藉由做出 $1/W[(P_0/P)-1]$ 對 P/P_0 之線性圖，斜率爲 $s = (C-1)/(W_mC)$，截距爲 $i = 1/W_mC$，結合斜率 (s) 與截矩 (i) 便可推得材料表面積。

$$W_m = \frac{1}{s+i} \ \rightarrow\ 材料表面積 = \frac{W_mN\sigma}{M}$$

其中，σ 爲每個吸附氣體之表面積，N 爲亞佛加厥常數，M 爲氣體分子量。且材料對吸附氣體的吸附常數 C 也可求得：$C = (s/i) + 1$。

由公式 (8.76) 得知 C 值與 $\exp^{(E-L)/RT}$ 成正比，隨著材料表面與氣體吸附間的吸附能 (E) 提高，C 值則會明顯增大，而吸附能一般是取決於材料表面的極性，極性愈大的表面其 C 值會愈高，所以可由 C 值的大小粗略了解材料表面的性質。

8.7.4 BET 理論適用之範圍

雖然 BET 理論早在六十多年前已被推導出，此理論卻具有相當高的精準度和簡易處理性，至今仍最被廣泛使用於量測材料的表面積。原理上 BET 式可適用於所有相對壓力範圍。但考量實際應用的情形，量測範圍在 $0.05 \le P/P_0 \le 0.35$ 的條件下，BET 理論於材料表面積的量測有著極高的準確度。

爲何 BET 理論在 P/P_0 於 0.05 至 0.35 之間最爲準確呢？有三個主要原因：(1) 對有 C 大於或等於 3 的材料，在此相對壓力的區間內，吸附氣體的量 W 會比 W_m 的值高，所以分析數據時 W_m 是落在測量的範圍內，換言之是以內插法求得 W_m 的值。(2) BET 理論假設材料表面的吸附力是均一化，且被吸附於表面的氣體間不存在有作用力，但事實上卻有氣體相互作用力及不均一性的存在，而對於高吸附力的表面作用點則會在 $P/P_0 < 0.05$ 的條件下即與氣體達到完全的吸附，留下的作用點反而呈現較爲均一的吸附能，也較合乎 BET 理論的假設。(3) BET 理論將第一層以上的氣體吸附能皆視爲氣體液化能，但是材料表面的極化力卻可影響到表面數層氣體的吸附能，在此影響下，當吸附層數不多時，各層的吸附能反而趨向一致化，也就是說 C 值是一常數，相對地當相對壓力 P/P_0 增高超過 0.35 以上，吸附層數便會大幅增加反而導致 C 值不再是一固定值，造成了大的偏差。

總而言之，BET 理論是一方便且準確度高的材料表面積量測方法，不同的材料或許適用的相對壓力範圍會有擴大或縮小的情形發生，若是如此則需改變量測數據的位置，並檢查所取的資料是否合乎 BET 理論的預測。通常可檢查對 P/P_0 線形圖的偏差度 (R^2)，至少應在 $R^2 \ge 0.95$ 以上才有較好的準確度。

8.7.5 快速估計材料表面積－單點法

另外也可利用單點量測即可求得表面積值，此方法具有快速而簡單化之優點，但卻存在些許的誤差度。建議只當作快速判斷材料表面積的依據，避免直接作爲報告或論文之數據。

對於 C 值大的材料由公式 (8.91) 得到： $s/i = C-1$；C 值大於 1 許多時，則 $s >> i$，因此截距便可忽略不計，BET 公式即可簡化爲：

$$\frac{1}{W\left(\frac{P_0}{P}-1\right)} = \frac{C-1}{W_mC} = \frac{P}{P_0} \tag{8.93}$$

而 $(C–1)/C \approx 1$，最後便可簡化成 $W_m = W(1-P/P_0)$，由 BET 公式整理為：

$$W_m = \left(\frac{P_0}{P}-1\right)\left[\frac{1}{C}+\frac{C-1}{C}\left(\frac{P}{P_0}\right)\right] \tag{8.94}$$

再與單點法求出的 $(W_m)_{sp}$ 相比，得到 $(W_m)_{sp}$ 和 BET 法求得的 $(W_m)_{mp}$ 之間的偏差值與 P/P_0 的關係式：

$$\frac{(W_m)_{mp}-(W_m)_{sp}}{(W_m)_{mp}} = \frac{1-\dfrac{P}{P_0}}{1+\dfrac{(C-1)P}{P_0}} \tag{8.95}$$

當 C 值為 100，取 $P/P_0 = 0.3$ 的測量值，其偏差只有 0.02。由上述的單點法得知 $W_m = 0.7W_{0.3}$，再依據單位的轉換即可得到簡易快速的公式以求得材料表面積為：材料表面積 ≈ (吸附氮氣的體積，STP) $_{P/P0=0.3} \times 3$。假設材料在 $P/P_0 = 0.3$ 的狀態下，吸附 $x\ cm^3 \cdot g^{-1}$ 的氮氣，即可推得其單層吸附氣的表面積為：$0.7 \times (x\ cm^3/\ 22.4\ L \times 1000\ cm^3/L) \times 16.2 \times 10^{-20}\ m^2/$ 個 $\times 6.0 \times 10^{23}/mol \approx x \cdot 3\ m^2 \cdot g^{-1}$

舉一實際的例子，有一中孔洞材料其氮氣吸附脫附的等溫曲線如圖 8.91(a)，明顯地可以看出此材料在 P/P_0 約為 0.7 時存在毛細凝結吸附，屬第四類型的中孔洞吸附行為。取 $P/P_0 \approx 0.05$ 到 0.35 之間所分析的資料，經過數值轉換後再做 $1/V(P_0/P–1)$ 對 P/P_0 的圖，從圖 8.91(b) 得知此樣品的量測資料皆呈一直線，標準偏差低，合乎 BET 理論的預測。

分析後得到 C 值為 63，BET 表面積為 $1802\ m^2 \cdot g^{-1}$。$P/P_0 = 0.3$ 時的氣體吸附量為 585

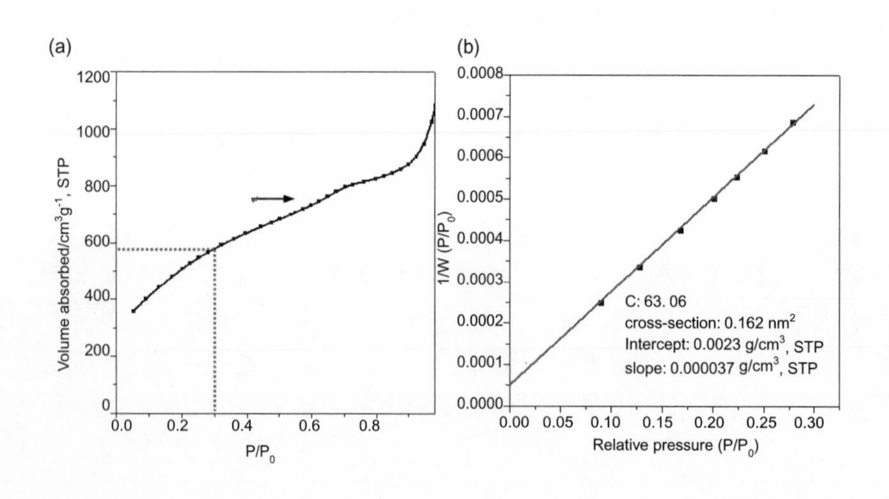

圖 8.91
(a) 中孔洞材料之氮氣吸附脫附圖及 (b) $1/V(P_0/P-1)$ 對 P/P_0 之線性關係圖。

$cm^3 \cdot g^{-1}$，STP，以單點法求出此材料表面積約爲 1755 $m^2 \cdot g^{-1}$ 做比較，印證了當材料 C 值大的情況下，材料的表面積以 BET 方式或單點法估計，彼此間的差距不大。

如果待測的孔洞材料其孔洞大小在 3.0 nm 以下時，由氮氣吸附脫附儀取得的量測數值所畫出 $1/V(P_0/P-1)$ 對 P/P_0 的線性圖，則較會發生大的線性偏離度，此時則可刪除部分偏離較大的數據，重新得出偏離度較低的線性圖，即可得到較爲精確且合理的 BET 表面積。建議對於孔洞性質相近的材料，在相同的 P/P_0 範圍內取得量測數值，才能有系統地得到可相互比較的 BET 表面積數據。

8.7.6 實際量測過程與注意事項

現今常用於分析材料表面積的儀器大多是量測氣體吸附體積，而氣體吸附體積值皆是以標準狀態 (S.T.P.) 下呈現，若要轉換成莫耳數則由吸附氣的體積以標準狀態下 1 莫耳氣體所佔的體積 22.4 升。由文獻上得知一個氮氣分子的表面積爲 16.2 平方埃 (Å^2)，經過簡單的單位轉換即可求得每莫耳氮氣的表面積爲 9.72×10^4 m^2/mol。

氮氣是最常被用於分析材料表面積之氣體，除了是因爲其來源最易取得外，也因它和多種材料間的作用力適中，使得 BET 理論中的 C 值大小分布於 30 到 300 之間，在此範圍內氮氣分子的截面積值不易受到材料的作用力或彼此間的排斥而改變，所以呈現一個定值。在氮氣的沸點溫度下，其截面積定爲 16.2 Å^2。相對地，若氣體與材料間的作用力過大或太小 (C 值 > 1000 或 C 值 < 30)，則氣體截面積會有所變化，造成量測的表面積便有所偏差。

實際量測材料表面積是稱取適當重量的材料，置入樣品管中，待去除材料吸附的水氣或其他氣體後，求得材料的實際重量，再安裝於分析儀器內。而現今的儀器已採用自動化分析，並不需再去記錄平衡壓力值以及吸附量。整體而言，最常發生誤差的程序是在材料重量的測量。樣品取量大時是可避免重量之量測誤差，卻也造成吸附氣體注入量加大才能達到吸附平衡，反而存在加長了分析所需的時間及增加氣體用量的缺點；反觀，若樣品取量太少，分析時間短，所需氣體少，但測量重量上的誤差會增大，造成量測出的表面積值過大或太小。大致上，每種類型的分析儀器皆有其適當的取樣重量，例如某一廠牌分析儀器便會建議 (樣品量) × (預估的表面積值) = 40 –100 m^2。所以當待測樣品預估其表面積爲 1000 $m^2 \cdot g^{-1}$ 時，樣品稱取量當值則爲 4.0 – 10.0 mg。

此外，因爲樣品的稱取量只有幾毫克，些微的重量增加或減少都會導致測量的誤差，在稱取程序時需要戴上手套，以避免手上的油漬沾於分析管上，增加了樣品重量，測量出的材料表面積值會偏低。至於在除氣過程後，回充氣體至分析管中時也需注意到回填氣的種類。一般是用氮氣，氮氣之氣體密度與空氣相同，所以氣體重量差異小，不會造成誤差。但若是以氦氣 (He) 之低密度氣體，則會使回填氣體重較原來的空氣重量少了大約幾毫克，都會造成 10－20% 的偏差。更值得注意的是，回填氣體壓力需要接近 1

大氣壓，儘量不要有過大的差異，這些都將導致測量出的表面積有大的偏離。建議使用儀器自動充填氣體的功能即可，若用手動方式則需要注意壓力值。

事實上，以 BET 理論結合氣體吸附數據所求得的表面積值仍會有相當的誤差發生。一般可能有近 15% 的誤差，因此當比較表面積大小時，在此範圍內即不一定表示材料存在差異性。較合宜的比較是對於同材質的材料，測量不同製作方法所得的材料之表面積，以更能了解何種反應條件對材料表面積的影響，且儘量避免只做一、二個樣品即做出判定。客觀地比較出材料表面積趨勢是較爲妥當的分析過程。

8.7.7 結論

藉由氣體的等溫吸附脫附曲線，配合 BET 理論或單點法，提供了材料表面積的分析方法，再結合其他分析資料 (XRD 圖譜、TEM 觀測) 才能建立出完整材料分析的資訊，正確的物性量測對材料製程的改善或相關的應用是絕對重要的指標。

參考文獻

1. G. E. Bacon edited, *Fifty years of neutron diffraction: the advent of neutron scattering*, Bristol: A. Hilger, published with the assistance of the International Union of Crystallography (1986).
2. K. Skoeld and D. L. Price edited, *Methods of Experimental Physics*, volume 23-part A, Neutron Scattering, Academic Press, Inc. (1986).
3. G. E. Bacon, *Neutron Diffraction*, 3rd ed., Oxford University Press (1975).
4. W. G. Williams, *Polarized Neutrons*, Oxford University Press (1988).
5. ILL D20 網站: http://www.ill.eu/d20/home/
6. S. W. Lovesey, *Theory of Neutron Scattering from Condensed Matter*, volume 1, Oxford University Press (1984).
7. T. Brueckel, G. Heger, D. Richter and R. Zorn (editors), *5th Laboratory Course-Neutron Scattering*, Forschungszentrum Juelich (2001).
8. C. Kittle, *Introduction to Solid State Physics*, 8th ed., John Wiley & Sons (2005).
9. R. Shankar, *Principles of Quantum Mechanics*, Plenum Press (1980).
10. K. Skoeld and D. L. Price edited, *Methods of Experimental Physics*, volume 23-part C, Neutron Scattering, Academic Press, Inc. (1986).
11. B. D. Cullity, *Elements of X-ray Diffraction*, 2nd ed., Addison-Wesley publishing company, Inc (1978).
12. L. J. Chang, C. V. Tomy, D. M. Paul, and C. Ritter, *Phys. Rev. B*, **54**, 9031 (1996).
13. http://www.lightuning.com.tw/

14. http://www.jtouch.com.tw/
15. http://www.analog.com/en/
16. http://www.dlp.com/
17. W. C. Oliver and C. J. Mchargue, *Thin Solid Film*, **161**, 117 (1988).
18. M. Qin, M. C. Poon, and C. Y. Yuen, *Sensors and Actuators*, **87**, 90 (2000).
19. H. D. Espinosa, M. Fischer, E. Herbert, and W. C. Oliver, "Identification of residual stress state in an RF-MEMS device" , Web "www.mts.com/nano/MEMS_development.htm".
20. T. P. Weihs, S. Hong, J. C. Bravman, and W. D. Nix, *Mat. Res. Soc. Symp. Proc.*, **130**, 87 (1989).
21. S. Johansson and J. A. Schweitz, *J. Appl. Phys.*, **63**, 4799 (1988).
22. R. P. Vinci and Bravman, "Mechanical testing of thin films", *IEEE Transducers '91*, *Solid-State Sensor and Actuators*, Yokohama, Japan, pp. 943-948 (1991).
23. T. Y. Zhang, Y. J. Su, C. F. Qian, M. H. Zhao, and L. Q. Chen, *Acta Mater.*, **48**, 2843 (2000).
24. C. J. Wilson, A. Ormeggi, and M. Narbutovskih, *J. Appl. Phys.*, **79**, 2386 (1996).
25. ISO/DIS 14577-1.2,-2.2,-3.2: Metallic materials-Instrumented indentation test for hardness and materials parameters- Part 1: test method, Part 2:Verification and calibration of testing machines, Part 3: Calibration of reference blocks.
26. W. C. Oliver and G. M. Pharr, *J. Mater. Res.*, **7**, 564 (1992).
27. S. A. Syed Asyf, K. J. Wahl, and R. J. Colton, *Rev. Sci. Inst.*, **70**, 2408 (1999).
28. B. Borovsky and J. Krim, *Journal of Applied Physics*, **90**, 6391 (2001).
29. http://www.mtsnano.com/
30. http://www.hysitron.com/
31. S. Roy, S. Furukawa, H. Miyajima, and M. Mehregany, *Mat. Res. Soc. Sym.*, **356**, 573 (1995).
32. D. Herman, M. Gaitan, and D. DeVoe, "MEMS test structure for mechanical characterization of VLSI thin films", *Proc. Society of Experiment Mechanics; Mechanics and Measurement Symposium*, Portland Oregon (2001).
33. 鄒慶福, 平坦微機械結構之設計、製造與測試, 國立清華大學博士論文 (2003).
34. 鄒慶福, 方維倫, 界面摩擦效應對奈米壓痕試驗之影響, 中華民國力學學會第二十六屆全國力學會議, 雲林虎尾 (2002).
35. C. Tsou, C. Hsu, and W. Fang, *Sensors and Actuators: A*, **117**, 309 (2005).
36. W. F. Smith and J. Hashemi, *Foundations of Materials Science and Engineering*, McGraw-Hill Science (2005).
37. M. Ohring, *The Materials Science of Thin Films*, Academic Press (2001).
38. L. B. Freund and S. Suresh, *Thin Film Materials: Stress, Defect Formation and Surface Evolution*, Cambridge University Press (2004).
39. M. Pelliccione and T.-M. Lu, *Evolution of Thin Film Morphology: Modeling and Simulations*,

Springer (2007).

40. K. J. Stout and L. Blunt, *Three-Dimensional Surface Topography*, Butterworth-Heinemann, (2000).
41. D. B. Williams and C. B. Carter, *Transmission Electron Microscopy: A Textbook for Materials Science*, Springer (2004).
42. R. F. Egerton, *Physical Principles of Electron Microscopy: An Introduction to TEM, SEM, and AEM*, Springer (2008).
43. S. L. Flegler, J. W. Heckman and K. L. Klomparens, *Scanning and Transmission Electron Microscopy: An Introduction*, Oxford University Press (1993).
44. J. Peklenik, "New developments in surface characterization and measurements by means of random process analysis", *Proceedings of the Institute of Mechanical Engineers*, **82**, 108 (1968).
45. G. Kaupp, *Atomic Force Microscopy, Scanning Nearfield Optical Microscopy and Nanoscratching: Application to Rough and Natural Surfaces*, Springer (2006).
46. G. Binnig and H. Rohrer, *Reviews of Modern Physics*, **59** (3), Part I, 615 (1987).
47. E. G. Loewen and E. Popov, *Diffraction Gratings and Applications*, New York: Marcel Dekker (1997).
48. M. Zecchino and T. Cunningham, *Thin Film Stress Measurement Using Dektak Stylus Profilers*, Veeco Instruments Inc. (2004).
49. K. Gottfried, J. Kriz, T. Werninghaus, M. Thumer, C. Kaufmann, D. R. T. Zahn, and T. Geßsner, *Materials Science & Engineering. B*, **46**, 171 (1997).
50. F. Rost and R. Oldfield, *Photography with a Microscope*, Cambridge University Press (2000).
51. G. E. Sommargren, and P. S. Young, *Straightness of travel interferometer*, US patent 4787747 (1988).
52. Mrs H Bradbury, *Introduction to Light Microscopy*, Garland Science (1998).
53. G. Sauerbrey, *Phys. Verhandl.*, **8**, 193 (1957).
54. C. D. Stockbridge, *Vacuum Microbalance Techniques*, New York: Plenum Press, **5**, 209 (1966).
55. E. A. Gerber and R. A. Sykes, *Proceeding of the IEEE*, **54**, 103 (1966).
56. C. S. Lu and O. Lewis, *J. Appl. Phys.*, **43**, 4385 (1972).
57. H. Thanner, P. W. Krempl, W. Wallnöfer, and P. M. Worsch, *Vacuum*, **67**, 687 (2002).
58. L. I. Maissel and R. Glang, *Handbook of Thin FilmTechnology*, New York: McGraw-Hill, 1-111 (1970).
59. M. Leskela and M. Ritala, *Angew. Chem. Int. Ed.*, **42**, 5548 (2003).
60. M. Penza, G. Cassano, P. Aversa, A. Cusano, A. Cutolo, M. Giordano, and L. Nicolais, *Nanotechnol.*, **16**, 2536 (2005).
61. X. Wang, J. Zhang, and Z. Zhu, *Appl. Surf. Sci.*, **252**, 2404 (2006).
62. J. M. Gere, *Mechanics of materials*, 6th ed, California: Books/Cole (2004).
63. S. S. Rao, *Mechanical Vibrations*, 6th ed., Singapore: Pearson Prentice Hall (2005).
64. T. Namazu, Y. Isono, and T. Tanaka, "Nano-Scale Bending Test of Si Beam for MEMS," *IEEE MEMS 2000*, Miyazaki, Japan, Jan., 205 (2000).

65. D. M. Eigler and E. K. Schweizer, *Nature*, **344**, 524 (1990).
66. G. Binning and C. F. Quate, *Phys. Rev. Lett.*, **56**, 930 (1986).
67. J. S. Villarubia, *Surface Science*, **321**, 287 (1994).
68. E. C. W. Leung, P. Markiewicz, and M. C. Goh, *Journal of Vacuum Science & Technology B*, **15**, 181 (1997).
69. A. A. Bukharaev, N. V. Berdunov, D. V. Ovchinnikov, and K. M. Salikhov, *Scanning Microscopy*, **12**, 225 (1998).
70. L. S. Dongmo, J. S. Villarrubia, S. N. Jones, T. B. Renegar, M. T. Postek, and J. F. Song, *Ultramicroscopy*, **85**, 141 (2000).
71. U. Hübner, W. Morgenroth, S. Bornmann, H.-G. Meyer, Th. Sulzbach, B. Brendel, and W. Mirandé, "Determination of the AFM Tip-shape with Well-known Sharp-edged Calibration Structures: Actual State and Measuring Results," *Proceedings 3rd International Conference of the European Society for Precision Engineering and Nanotechnology*, Eindhoven, May, pp. 509-512 (2002).
72. S. Xu, A. Nabil, and G. Y. Liu, "Characterization of AFM Tip Using Nanograting," *48th Int. Symposium of the American Vacuum Society*, San Francisco, USA, Oct., 175 (2001).
73. D. L. Sedin and K. L. Rowlen, *Applied Surface Science*, **182**, 40 (2001).
74. K. E. Petersen and C. R. Guarnieri, *Journal of Applied Physic*, **50**, 6761 (1979).
75. L. M. Zhang, D. Uttamchandani, and B. Culshaw, *Sensors and Actuators A*, **29**, 79 (1991).
76. L. Kiesewetter, J.-M. Zhang, D. Houdeau, and A. Steckenborn, *Sensors and Actuators A*, **35**, 153 (1992).
77. T. P. Weihs, S. Hong, J. C. Bravman, and W. D. Nix, *Journal of Materials Research*, **3**, 931 (1988).
78. W. D. Nix, *Metallurgical Transaction A*, **20A**, 2217 (1989).
79. C. Serre, A. P. Rodriguez, J. R. Morante, P. Gorostiza, and J. Esteve, *Sensors and Actuators A*, **67**, 215 (1998).
80. S. Sundararajan and B. Bhushan, *Sensors and Actuators A*, **101**, 338 (2002).
81. X. Li and B. Bhushan, *Surface and Coatings Technology*, **163-164**, 521 (2003).
82. K. P. Larsen, A. A. Rasmussen, J. T. Ravnkilde, M. Ginnerup, and O. Hansen, *Sensors and Actuators A*, **103**, 156 (2003).
83. M. A. Haque and M. T. A. Saif, *Journal of Microelectromechanical Systems*, **10**, 146 (2001).
84. M. A. Haque and M. T. A. Saif, *Society for Experimental Mechanics*, **43**, 248 (2003).
85. S. Lucas, K. Kis-Sion, J. Pinel, and O. Bonnaud, *Journal of Micromechanics and Microengineering*, 7, 159 (1997).
86. T. B. Bailey and J. E. Hubbard, *Journal of Guidance, Control, and Dynamics*, **8**, 605 (1985).
87. J. Engel, J. Chen, and C. Liu, *Appl. Phys. Lett.*, **89**, 221907 (2006).
88. S. C. H. Lin and I. Pugacz-Muraszkiewicz, *Journal of Applied Physics*, **43**, 2922 (1972).

89. H. C. Nathanson, and R. A. Wickstrom, *Appl. Phys. Lett.*, **7**, 84 (1965).
90. J. A. Thornton and D. W. Hoffman, *Thin Solid Films*, **171**, 5 (1989).
91. W. Fang and J. A. Wickert, *Journal of Micromechanics and Microengineering*, **4**, 116 (1994).
92. W. Fang and J. A. Wickert, *Journal of Micromechanics and Microengineering*, **6**, 301 (1996).
93. W. Fang and J. A. Wickert, *Journal of Micromechanics and Microengineering*, **5**, 276 (1995).
94. D. S. Gardner and P. A. Flinn, *IEEE Transactions on Electron Devices*, **35**, 2160 (1988).
95. D. Gerth, D. Katzer, and M. Krohn, *Thin Solid Films*, **208**, 67 (1992).
96. M. S. Jackson and C-Y Li, *Acta. Metall.*, **30**, 1993 (1982).
97. S.-T. Hung, S.-C. Wong, and W. Fang, *Sensors and Actuators A*, **84**, 70 (2000).
98. W.-C. Chen, C.-C. Chu, J. Hsieh, and W. Fang, *Sensors and Actuators A*, **103**, 48 (2003).
99. W. Fang, H. C. Tsai, and C. Y. Lo, *Sensors and Actuators A*, **77**, 21 (1999).
100. S. Timoshenko, *Journal of the Optical Society of America*, **11**, 233 (1925).
101. E. Eteshola and D. Leckband, *Sensors and Actuators B*, **72**, 29 (2001).
102. G. Binnig, C. F. Quate, and Ch. Gerber, *Phys. Rev. Lett*, **56**, 930 (1986).
103. G. Wu, R. H. Datar, K. M. Hansen, T. Thundat, R. J. Cote, and A. Majumdar, *Nature Biotechnology*, **19**, 856 (2001).
104. J. Fritz, M. K. Baller, H. P. Lang, H. Rothuizen, P. Vettiger, E. Meyer, H.-J. Güntherodt, Ch. Gerber, and J. K. Gimzewski, *Science*, **288**, 316 (2000).
105. H. Jensenius, J. Thaysen, A. A. Rasmussen, L. H. Veje, O. Hansen, and A. Boisen, *Appl. Phys. Lett.*, **76**, 2615 (2000).
106. S. C. Minne, S. R. Manalis, and C. F. Quate, *Appl. Phys. Lett.*, **67**, 3918 (1995).
107. C. L. Britton Jr., R. L. Jones, P. I. Oden, Z. Hu, R. J. Warmack, S. F. Smith, W. L. Bryan, and J. M. Rochelle, *Ultramicroscopy*, **82**, 17 (2000).
108. G. Shekhawat, S.-H. Tark, and V. P. Dravid, *Science*, **311**, 1592 (2006).
109. H. Benson, *University Physics*, Revised edition, New York: Wiley (1995).
110. H.-C. Tsai, and W. Fang, *Sensors and Actuators A*, **103**, 377 (2003).
111. S. Timoshenko, *Vibration problems in engineering*, 4th edition, New York: John Wiley & Sons (1976).
112. W.-P. Lai and W. Fang, *Journal of Vacuum Science and Technology A*, **19**, 1224 (2001).
113. L. Meirovitch, *Analytical method in vibration*, 1st edition, New York: MacMillan (1962).
114. F. P. Beer, and E. R. Johnson Jr., *Mechanics of Materials*, 2nd edition, New York: McGrew-Hill (1992).
115. Y. Lee, G. Lim, and W. Moon, *Sensors and Actuators A*, **130-131**, 105 (2006).
116. H.-H. Hu, H.-Y. Lin, W. Fang, and B. C. S. Chou, *Sensors and Actuators A*, **93**, 258 (2001).
117. H. C. Tasi, *Characterization of Mechanical Properties of Thin films Using Micromachined Structures*, Ph.D. dissertation, National Tsing Hua Univ. (2003).

118. J. J.-Y. Gill, L. V. Ngo, P. R. Nelson, and C.-J. Kim, *Journal of Microelectromechanical Systems*, **7**, 114 (1998).
119. B. Dahneke ed., *Measurements of Suspended Particles by Quasi-Elastic Light Scattering*, New York: Wiley (1983).
120. S.-H. Chen, B. Chu, and R. Nossal ed., *Scattering Techniques Applied to Supermolecular and Nonequilibrium Systems*, New York: Plenum Press (1981).
121. R. J. Hunter, *Zeta Potential in Colloid Science: Principles and Applications*, Academic Press (1981).
122. F. F. McNeil-Watson, W. Tscharnuter, and J. Miller, *Colloids and Surfaces A*, **140**, 53 (1998).
123. S. Lowell, *Introduction to powder surface area*, New York: Wiley (1979).
124. P. Atkins and J. de Paula, *ATKINS' Physical Chemistry*, Oxford New York: Oxford University, 7th ed., Chapter 28 (2002).

第九章　前瞻性奈米檢測技術

想要呈現「前瞻性奈米檢測技術」這個領域並非易事，主因是如何界定「前瞻性」一詞。就讓我們先對前瞻性的技術做一些簡介，我們會先介紹一些尚未被普遍使用的技術，也許在不久的將來這些技術將會成為支持奈米科學或奈米技術最有力的工具。如此一來我們要討論的內容便會與先前章節所介紹過的尖端技術有所交集；本章的重點將放在具有未來性的技術上。

近十年來奈米科學以及奈米技術的實際應用不斷地被廣泛討論，然而現今已知的奈米技術卻遲遲未建立一個物理以及化學性質的資料庫，造成此種現象的原因在於欠缺了許多不同尺寸的資料。尺寸因素在奈米科學及技術中扮演著舉足輕重的角色，幾乎所有的物質特性都會隨著尺寸的改變而改變。如今在某些尺寸和化學環境下的奈米團簇 (nano-cluster) 已經有資料庫可以找到它們的性質，但相對於整體奈米結構的性質來說，這些資料庫便是小巫見大巫了。因此便有許多人對於了解在不同尺寸下單一奈米結構的性質有著濃厚的興趣，所以相對於其他的技術而言，我們將重點放在那些適用在特定尺寸下的前瞻性技術。

9.1 結構顯微術

9.1.1 遠場光學奈米顯微術

西元 1873 年德國科學家 Ernst Abbe 發現利用透鏡所構成的光學顯微鏡會有繞射極限的問題產生，也就是說光學顯微鏡由於無法避免光的波動性質所造成的繞射，所以其空間解析度極限只能達到二分之一個波長。然而近來較為流行的螢光顯微術已經可以突破繞射極限的限制，相較於掃描式電子或探針顯微術，螢光顯微術用於奈米檢測上的優點在於不會傷害生物的樣本，因此此種顯微術便成為許多研究致力的目標。

第九章作者為達哈瓦先生、劉志毅先生、劉全璞先生及曾永華先生。

(1) 受激發射損耗 (STED) 顯微術與基態損耗 (GSD) 顯微術

相對於常用的掃描式雷射顯微鏡或光學顯微鏡，受激發射損耗 (stimulated emission depletion, STED) 顯微術與基態損耗 (ground state depletion, GSD) 顯微術可以克服繞射極限的限制。掃描式共軛焦雷射顯微術是將雷射光聚焦在被螢光染色的樣品上，使其發出螢光以利偵測，由於雷射光聚焦的最小範圍大致等於光的波長，因此解析度大約只能到達一個雷射光的波長。STED 顯微術則是利用脈衝雷射去激發螢光，並隨即射入另一道脈衝雷射，而第二道脈衝可將被第一道脈衝所激發的電子數目「損耗」(也就是讓部分電子藉由受激發射跳到一個較低的能態，因而喪失產生螢光的能力)，藉此縮小感光部分以提高解析度[1]。其中損耗雷射 (即第二道脈衝) 是採用一種環狀聚焦的方式，因此二道雷射光疊加後會使得中間區域的光強度最弱因而形成一個暗點；此暗點的大小仍被繞射極限所限制，且暗點的光強度分布是由中心 (光強度最弱) 向外連續變化的。因爲損耗雷射會使得幾乎所有被第一道雷射所激發的電子過早回到基態而無法產生螢光 (此時稱螢光分子處於暗狀態 B)，所以只有暗點的中心附近的一小塊區域可有效的激發螢光 (此時稱螢光分子處於亮狀態 A)，並利用時間閘顯微鏡偵測。文獻指出 STED 顯微鏡的空間解析能力較掃描式共軛焦雷射顯微鏡還要好十二倍。STED 是第一個利用飽和可逆光學的螢光轉移 (reversible saturable optical fluorescence transitions, RESOLFT) 所發展出的顯微術。在理想的情況下，利用 RESOLFT 的概念所發展的各式顯微術，其空間解析度的改善程度均可利用適當的方程式加以計算。GSD 顯微術則是另一個以 RESOLFT 爲基礎所發展出來的顯微術，此技術是先將偏離中心區域的基態電子激發到一穩定的激發能階，因此偏心區域的基態電子密度將低於中心區域；緊接著再射入另一道脈衝光用以產生螢光，因偏心區域的基態電子密度較低，所以產生的螢光較弱，藉此增進解析度[2]。

由圖 9.1 可知：(a) 典型的單點掃描式 STED 顯微鏡乃是射入一聚焦雷射光，再疊加一個甜甜圈型 (環形) 的 STED 雷射光，STED 光可使激發的分子迅速回到基態，如此甜甜圈區域便不會產生螢光。因此，發射螢光的點可以比繞射極限還要小，如 20 nm，利用此 20 nm 的光源掃描樣品獲取測量的數據並繪出一個次繞射極限的圖像。(c) 以 RESOLFT 爲基礎所發展出的各式的螢光顯微術，均需要用到螢光分子的兩個狀態 (亮狀態 A 及暗狀態 B)。相較於 STED 以及 GSD 爲利用光物理性質的變遷，去改變分子的變狀態，(d) 光敏定位顯微術 (PALM) 以及隨機光學重建顯微術 (STORM) 則是利用光化學性質的變遷 (也就是分子內的原子重組、鍵結形成或鍵結斷裂)，去改變狀態。

爲了加快影像擷取速度，可將前述的單點掃描方式改成多點平行掃描，圖 9.1(e) 顯示多點平行掃描方式的 RESOLFT 工作原理：將許多道光源同時射入，使樣品表面入射光強度的空間分布函數 $I(r)$ 呈現週期性變化。而樣品上的螢光分子可藉由光源照射使其在亮狀態 (A 狀態) 與暗狀態 (B 狀態) 互相轉換；其中入射光最弱的區域 (稱爲零點) 內的螢光分子在 A 狀態，其餘區域內的螢光分子則在 B 狀態 (原因請參考前述 STED 的工作原理)。而 A 狀態的分子所發出的螢光可藉由透鏡聚焦而被攝影機所接收。若 $I(r)$ 之週期

大於 $\lambda/2n$ (繞射極限)，則每個零點的螢光影像就不會互相重疊，在攝影機擷取一段適當時間後，每個零點的影像就可變的足夠清晰，再配合樣品掃描，即可得到樣品的形貌。

相較於單點掃描，多點平行掃描因爲可以同步接收許多個零點影像，所以可大幅縮短偵測時間。若以零點的大小做區分，RESOLFT 可區分爲兩類：其中零點小的以 STED 或 GSD 爲代表 (設計概念如圖 9.1(e) 左邊所示)，所偵測到的影像就是所有零點影像的組合，而此類顯微鏡的解析度由零點大小決定。另一類則以 SPEM 爲代表 (設計概念如圖 9.1(e) 右邊所示)，其零點區域大，因此大部分的螢光分子都處在 A 狀態，而剩餘的區域則可由許多小區域構成，而每個小區域內的螢光分子都在 B 狀態。在攝影機擷取影像後，再經由電腦分析計算出每個小區域所構成的影像。而爲了確保每個小區域的影像不會互想重疊而無法分辨，因此 SPEM 的 $I(r)$ 之週期也必須大於 $\lambda/2n$。最終樣品的影像就是所有小區域影像的組合，而解析度由小區域的大小決定。此種顯微術的其影像擷取方

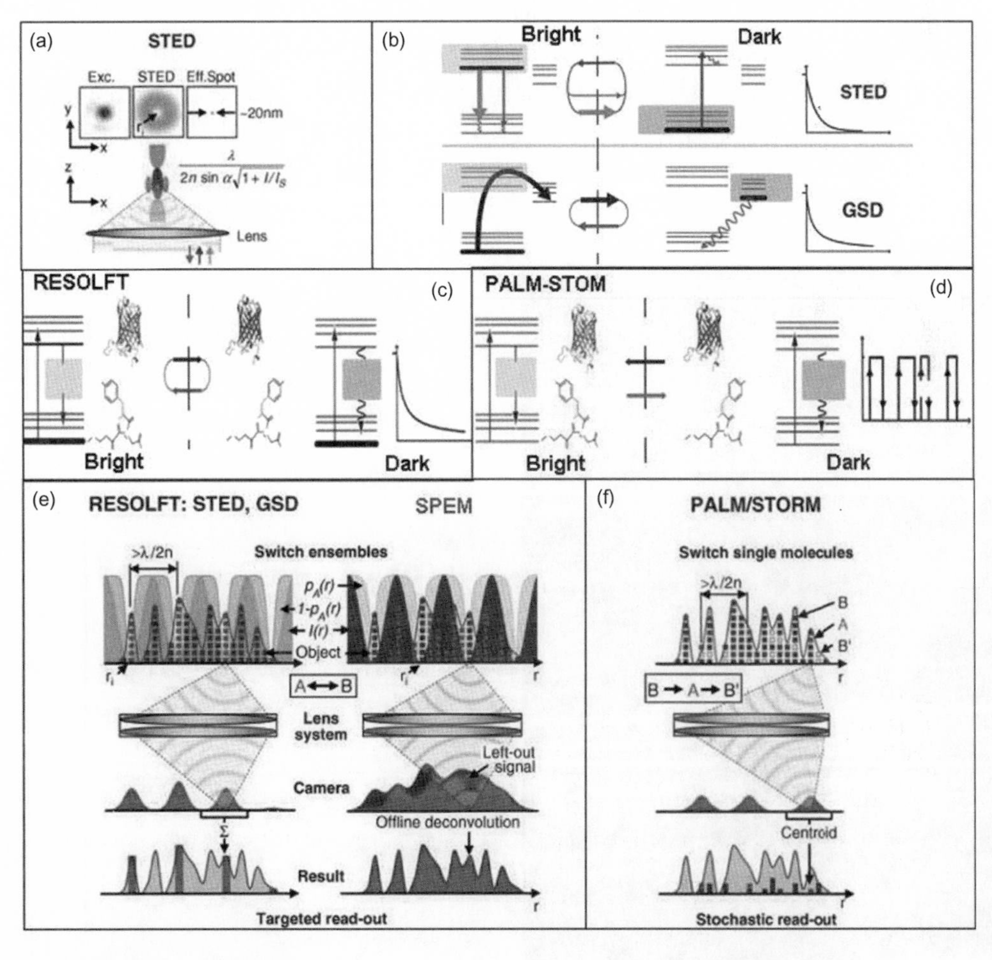

圖 9.1 螢光奈米顯微術[3]。

式及其工作原理均較單點掃描顯微術複雜，但是因爲 A 狀態的分子數目多，所以擷取每組零點影像所需要的時間較短，因此只需要較少的時間就可得到樣品的影像。

(2) 光敏定位顯微術 (PALM) 與隨機光學重建顯微術 (STORM)

光敏定位顯微術 (photoactivatable localization microscopy, PALM)[4,5] 以及隨機光學重建顯微術 (stochastic optical reconstruction microscopy, STORM)[6] 是以 RESOLFT (請參考上一節) 概念爲基礎所發展出的顯微術。其工作原理如圖 9.1(f) 所示，此種顯微術入射的光源很微弱，因此只能隨機讓少量且稀疏分布的螢光分子團處於亮狀態 A，其餘皆處於暗狀態 B。狀態 A 的分子團所發出的螢光可藉由透鏡聚焦而被攝影機所擷取，之後再利用統計學擬合的方式找出所擷取出的螢光光點的中心位置。因爲狀態 A 的分子團分布稀疏，所以大部分的分子團之間的間距會大於 $\lambda/2n$ (繞射極限)。爲了避免讓處於狀態 A 的分子團的數目過多，造成相互干擾而影響解析度，任何一個處於狀態 A 的分子團在其影像被擷取之後，都需要讓它回到狀態 B (STORM) 或將它漂白而跳到另一狀態 B' (PALM)，使其不再發螢光。經過長時間偵測後，樣品的影像可由所有偵測到的光點的中心位置組合而成。這兩種技術所得到的影像均不受繞射極限的限制，其解析度與偵測每個光點時所得到的光子數目的 0.5 次方成正比。圖 9.2 爲各式螢光顯微術的一些樣本比較

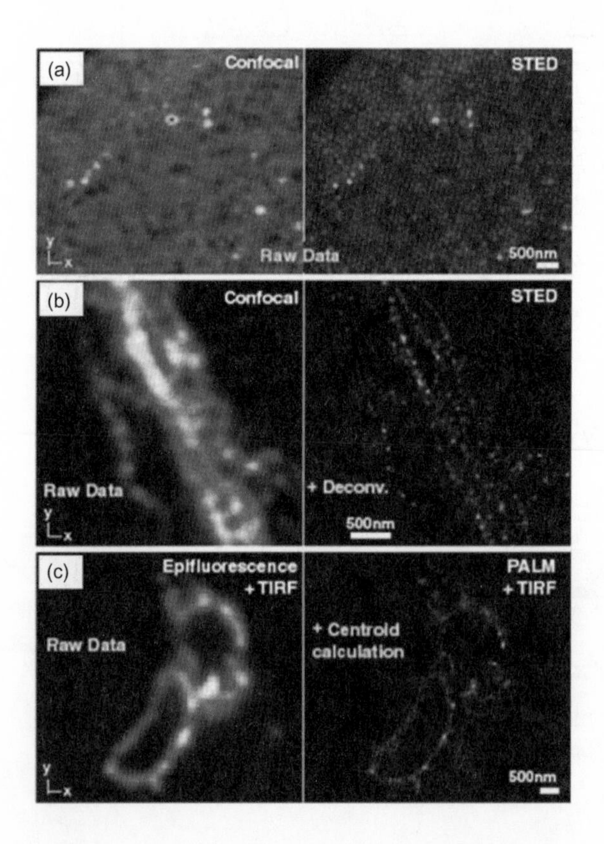

圖 9.2
各式顯微技術的樣本比較圖[3]。

圖。

從圖 9.2 可知：(a) 不同於共軛焦顯微鏡的圖像，STED 的圖像顯示出二氧化矽奈米球的自組排列結構，而每一奈米球都包含有螢光核。(b) 左圖是利用共軛焦顯微鏡所拍到的人類神經母細胞，右圖是利用 STED 在經過處理後所展示的影像，其解析度達到 20 到 30 nm 之間。(c) Epi-螢光以及 PALM 的比較圖，樣本爲經過冷凍處理的哺乳動物細胞，並經過消毒以及螢光標記，而兩種圖像都由內全反射螢光顯微術 (total internal reflection fluorescence microscope, TIRF) 紀錄。PALM 的解析範圍爲 20 到 60 nm 之間，而個別的蛋白質尺寸爲 2 nm[3]。

近來由於在遠場螢光顯微術的進步，使得空間平面上的解析度可以達到將近一個分子的大小，約 20 到 30 nm 之間，但是擷取 3D 的奈米顯微影像至今仍是一個挑戰。最近有報告提出 3D-STORM[7]，此法是利用反覆、隨機的光閘探針偵測樣品，同時可以達到高精確度的 3D 定位，且利用這些探針無需以往的掃描樣本方式就能建構出 3D 圖像。圖 9.3 爲 3D-STORM 的過程概述[7]，圖 9.4 則爲樣本展視圖。

由圖 9.3 可知，(a) 利用個別螢光進行 3D 的定位並以略圖來表示其原理，在 z 軸上放置一螢光物體，再利用橢圓的圓柱型透鏡形成像路徑，其中 EMCCD 是指電子加乘電荷耦合裝置 (electron multiplying charge-coupled device)。右邊則是在不同 z 軸的位置上的螢光圖像。(b) Alexa647 分子所繪出的曲線圖形，W_x 與 W_y 對 z 的位置呈現函數關係。每一點的數據都是經過測量六個分子後所得的平均值，且數據是用 defocusing 函數去擬合。(c) 單一分子的 3D 圖像，利用反覆在同一個分子上標記的方式，直到標記 145 次之

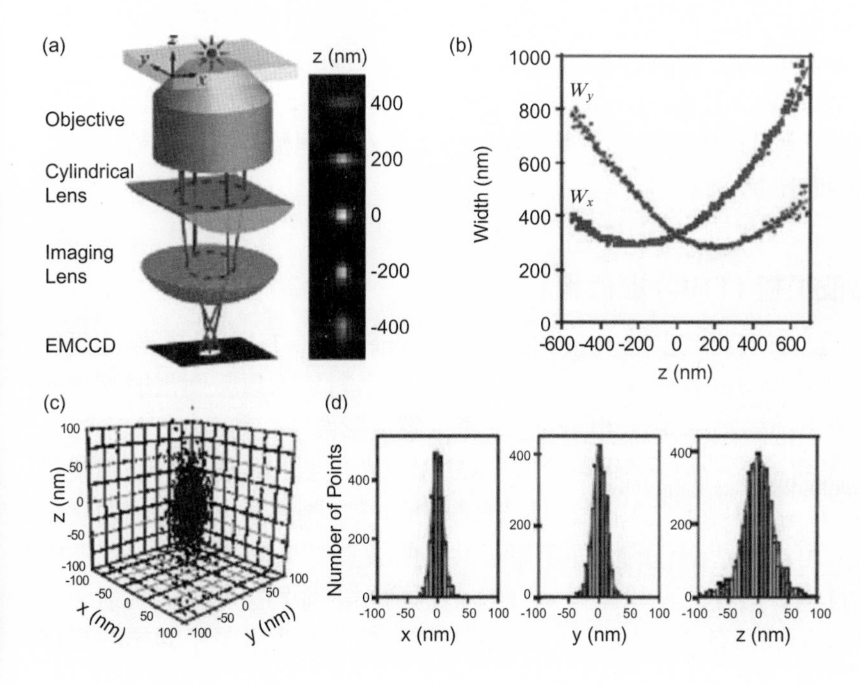

圖 9.3
3D-STORM 概述[7]。

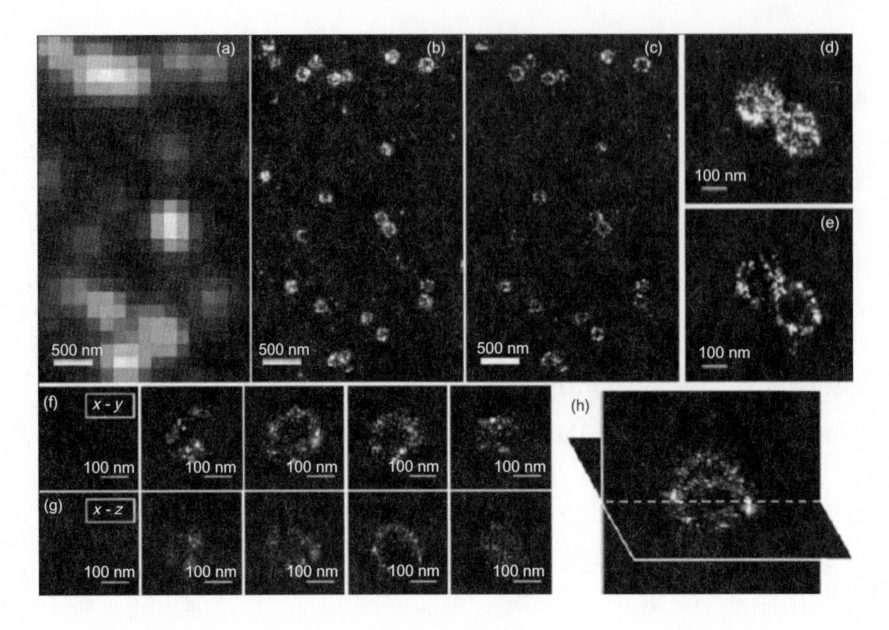

圖 9.4
在細胞內網格蛋白 (clathrin) 包覆一個細胞核的 3D-STORM 圖[7]。

後再將全部的點建構出完整的 3D 圖像 (左圖)，透過長條圖 (右圖) 可發現 *x*、*y*、*z* 軸的分布符合高斯分布，*x* 的標準差為 9 nm、*y* 的標準差為 11 nm、*z* 的標準差為 22 nm[7]。

圖 9.4 為在細胞內網格蛋白 (clathrin) 包覆一個細胞核的 3D-STORM 圖。(a) 為直接在 BS-C-1 細胞上利用網格蛋白進行抗體螢光染色，(b) 為在相同區域，不同 *z* 軸位置的 2D-STORM 圖。(c) 相同區域的 *x-y* 橫切面圖 (50 nm 厚)，在細胞膜內發現具有環狀結構的 CCPs (clathrin-coated pits)。(d) 為兩個相近的 CCPs 之 2D-STORM 放大圖，(e) 此兩個 CCPs 的 *x-y* 的橫切面 (100 nm 厚) 的 3D-STORM 圖。(f) 為 *z* 方向 50 nm 厚，CCPs 的一系列 *x-y* 橫切面圖像，(g) 為在 *y* 方向 50 nm 厚，CCPs 的一系列 *x-z* 橫切面圖像，(h) 為 *x-y* 橫切面與 *x-z* 橫切面所構成的 3D 圖像，圖中顯示出包覆在細胞核外的內網格蛋白的螢光圖呈現一半圓形籠狀的結構[7]。

(3) 雷射掃描式三次諧波振盪 (THG) 顯微術

圖 9.5(a) 為雷射掃描式三次諧波振盪 (third-harmonic generation, THG) 顯微鏡的工作原理，它可以用來顯示高解析度的生物樣本。本設備使用精密對焦的短脈衝雷射光來產生三次諧波的光，並把所有掃描點的光資訊收集起來產生數位影像[8]。

奈米級的貴金屬在表面電漿子共振作用下可以被當作奈米尺度的共振腔，而電漿子的共振可產生三次諧波的光學激發，此效應近似於光學中的三次諧波產生器。例如當銀奈米粒子被泡在水裡時，可得到藍紫色的表面電漿子共振的波長[9-11]。在非線性活體顯影時，為使穿透深度加大且減少潛在的光學傷害，THG 的激發雷射都為近紅外光雷射。尤其一般生物組織的光學穿透波段落於 1200－1300 nm[10,11]，對於表面電漿子共振波長為

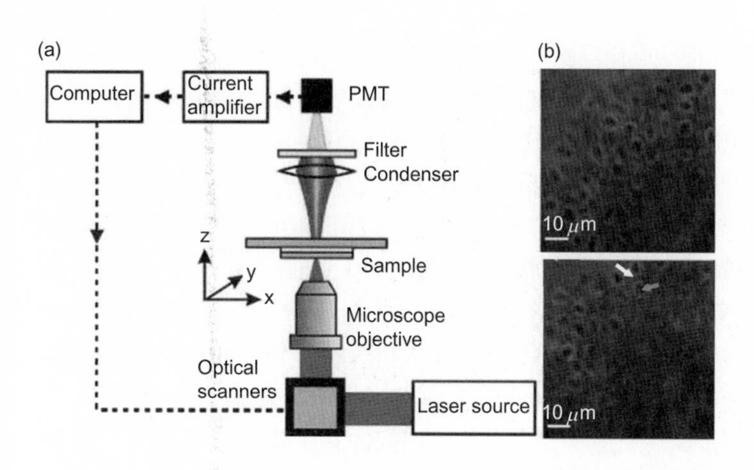

圖 9.5
(a) THG 顯微鏡的工作原理[8]，(b) 樣品分析結果[9]。

410 nm 的 THG 而言，相對應的近紅外光波長爲 1230 nm，剛好符合生物組織的穿透波段。相對來說，具有 520－560 nm 表面電漿子共振波長的金奈米粒子而言，相對應的波長卻是 1560－1680 nm[12]，更糟的是水對此波段的光具有很強的吸收率，所以金奈米粒子並不適合用來做活體生物顯影。近期的研究顯示出具有 410 nm 表面電漿子共振波長的銀奈米粒表現出了極佳的 THG 共振[10,11]，所以對於 THG 顯影而言，銀奈米粒子是理想的對比粒子。

圖 9.5(b) 爲添加 6% 的乙酸溶液後使用 THG 顯微鏡照出倉鼠口腔的黏膜層在不同深度的活體表面圖。鱗片狀細胞的胞核 (nucleus) 形態可以使用 THG 顯微鏡被清楚地觀察 (使用白色箭頭標示)，灰色箭頭所示爲細胞交界 (intercellular junctions)[9]。

9.1.2 原子探針斷層掃描 (APT)

對於特性長度小於 100 nm 的邏輯元件、記憶元件和資料儲存感測器而言，需要有次奈米尺度之結構及化學組成的分析技術。可以達到次奈米尺度的分析技術中，最爲知名的二種技術分別爲穿透式電子顯微鏡 (transmission electron microscopy, TEM) 與二次離子質譜儀 (secondary ion mass spectrometer, SIMS)，其中前者可同時觀察結構和化學組成，而後者則僅用於觀察化學組成；以上二個技術都尙未做到 3D 分析。對於在多層結構中具有 1 nm 界面粗糙度中間層的微結構分析，或摻雜物在奈米結構物中的擴散及分布觀察，至今爲止仍然沒有普遍被接受的技術。

而由原子探針斷層掃描 (atom probe tomography, APT) 所製出的 3D 成分圖具有非常高敏感度，可達 10 appm (atomic parts per million)[13,14]。其原理爲偵測樣品表面由高電場所激發出的離子；爲了產生高電場，樣品表面通常會做成尖銳的針頭。被激發的離子會被投影到一個位置敏感的感測器 (position-sensitive detector, PSD) 以便記錄它們的位置。利用飛行時間式 (time-of-flight, TOF) 質量分析器量測離子的質量與電量比値以辨別離子

的種類 (含同位素)。近來此技術有很大的進展，如使用雷射脈衝來影響時控電場增強的蒸發，而觀測的立體角可再增加約 20 倍，另外樣本的製備也有革命性的進展。因爲資料型式包含上億個原子的 3D 位置和原子的種類 (含同位素)，因此可以呈現許多不同型式的結果。只要單純計算原子的數量就可得到在某個亞體積和形狀之下的元素濃度，所以樣品中任意方向的濃度分布圖都可獲得，即便是圓形放射圖。也可以用來呈現等濃度輪廓圖，以及在樣品內任何介面的元素分布。爲了瞭解材料有序性、摻雜物的交互作用、團簇的產生和初期的析出物，可以製作出原子空間分布函數。以上對於材料設計的改進來說，都是重要的參數。APT 在分析設備的獨特點爲：(a) 空間解析度爲三度 (~ 0.2 nm)，(b) 分析敏感度 (10 appm)，(c) 高偵測效率 (> 50%)，並且能偵測所有元素，(d) 對所有元素有相同效率，(e) 組成成分並不需事先知道。以上特性使得 APT 在微電子工業是一個很好的工具。APT 的工作原理與特定樣品的測量結果如圖 9.6 所示。

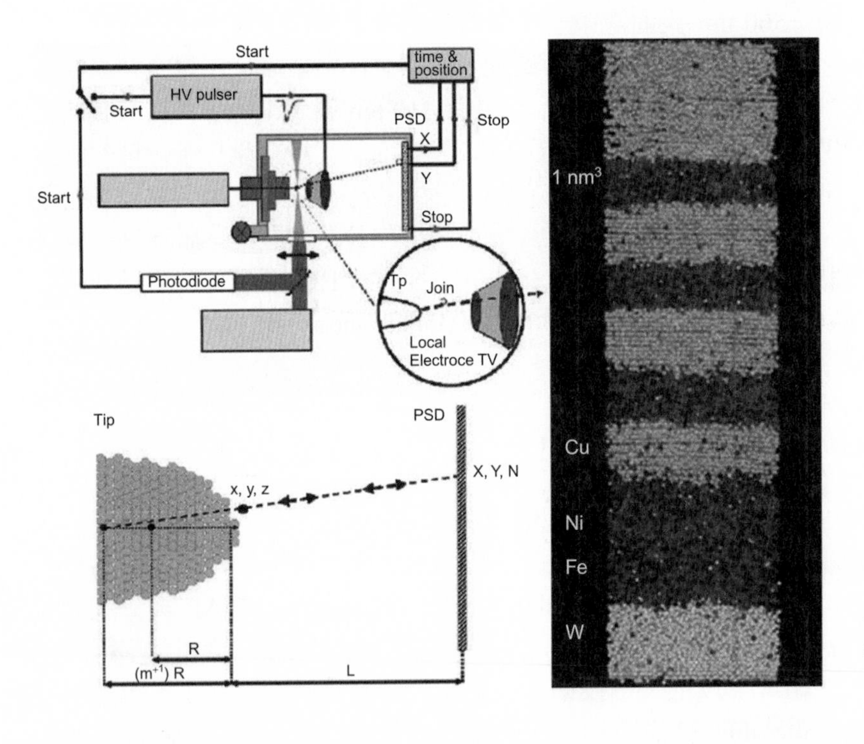

圖 9.6
APT 的工作原理和樣本狀況：3D 微結構顯示出多層結構[15]。

9.1.3 高角度環狀暗場 (HAADF) 掃描穿透式電子顯微鏡斷層掃描

在生物科技中，傳統電子斷層掃描使用明場對比，但明場影像並不適合用來觀察材料樣本，因爲繞射或菲涅耳條紋 (Fresnel fringes) 會造成非單調性的對比，所以必須使用不同的對比機制。其中一個適合的機制爲原子序對比的影像 (Z-contrast imaging)，利用掃描穿透式電子顯微鏡 (scanning transmission electron microscopy, STEM) 並結合一個高角度環狀偵測器收集高角度的散射電子來成像。此顯微鏡使用一個比較大內徑的 STEM 偵測器，即高角度環狀暗場偵測器 (high angle annular dark field, HAADF)，來收集非布拉格散射的電子。所以 HAADF 影像裡沒有或僅有很小的繞射效應，訊號強度和 Z^2 成正比。對於斷層影像而言，此顯影技術有很理想的效果，因爲它可以產生和厚度有很強線性對比的資訊。圖 9.7(a) 爲 HAADF 原理示意圖。

下文舉出一個例子說明 HAADF 的用途：磁性細菌在磁性晶體的內細胞鏈條上生長，生長的方式爲順著強化它們生物活動的方向。因爲它們和火星隕石 ALH-84001 上的磁鐵礦的 3D 圖形很類似，所以這些樣品受到了相當大的關注。研究顯示只有生物性的磁鐵礦的生長方式類似這樣的 3D 圖形。若使用 2DTEM 來檢視以此樣品，結論並不明確。若使用 HAADF STEM 的斷層攝影的 3D 圖，則結論很明確。微晶因爲比其他的殘餘細胞具有強原子序而具有較大的原子序對比，所以很適合重建影像。圖 9.7(b) 爲以 HAADF 所得到的細菌菌株 MV-1 影像，它很類似隕星磁鐵礦[17]。

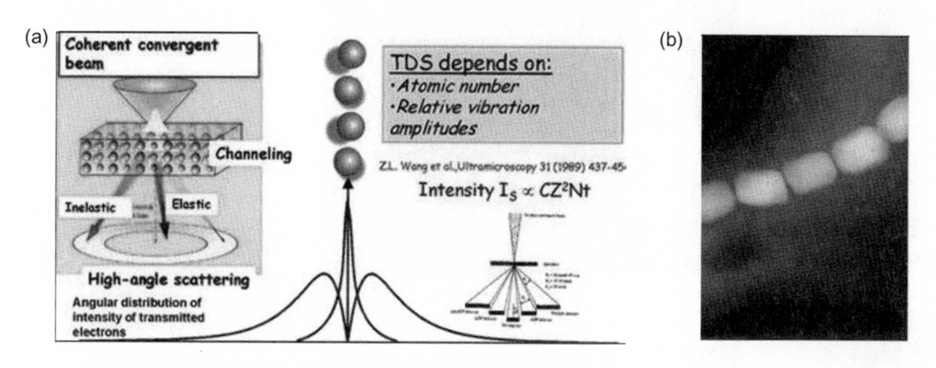

圖 9.7 (a) HAADF 顯影技術原理圖示[16]，(b) 火星隕石 ALH-84001 上的細菌圖[17]。

9.2 結構特性分析術

9.2.1 電子奈米繞射

在 STEM 中，若場發射源使用一個小但高亮度的光源時，可以得到局部半徑小於 1 nm 的電子繞射圖案。因爲打到樣本的電子束可預期是同調性的，因而圖案裡有很好的繞射結果，並提供了關於樣本結構的詳細資訊。

使用奈米尺寸的電子束探針，可以得到二種繞射圖案，其中之一爲收斂束電子繞射 (convergent-beam electron diffraction, CBED)，另一種爲平行光擇區電子繞射。過去十年以來，CBED 在應力的量化分析、對稱分析 (點缺陷分析) 或結構因子解析方面的應用有了巨大的進展[18,19]。將電子束聚焦到前物鏡的對焦平面上，可得到平行光之奈米電子繞射圖。在以上情況之下，可以調變聚光鏡的光圈來調整平行電子束的大小。利用 STEM 使用小光圈可以得到最小的電子束。圖 9.8(a) 爲 JEOL 2010FEG 使用 NBD 模式所得之電子束大小。此點有一 1 nm 半高寬的尖銳點和一些繞射造成的繞射波。圖 9.8(b) 爲對結晶催化奈米粒子作電子繞射所得到的圖案。此技術所得到的繞射圖案比以往的技術所得到的圖案含有更多的資訊，因而它可以作爲一個很好媒介來描述奈米結構。電子繞射的一個重要應用爲利用漫散射來描述奈米結構的動態變化。相較於 X 光繞射和中子繞射，電子繞射的小電子束對於一些複雜材料中單晶繞射現象的探測有較大的優勢。圖 9.8(c) 即爲一個範例[20]。奈米電子繞射的量化分析需要兩項要素：(1) 電子繞射強度的正確量測與 (2) 理論模擬。CCD 元件技術的進展和電子能量過濾器使得第一項要素成爲可能。若想要量化這些繞射圖案所代表的意義，如圖 9.8(d) 所示，須要結合結構模型和第一原理 (ab-initio) 模擬方法來做計算。

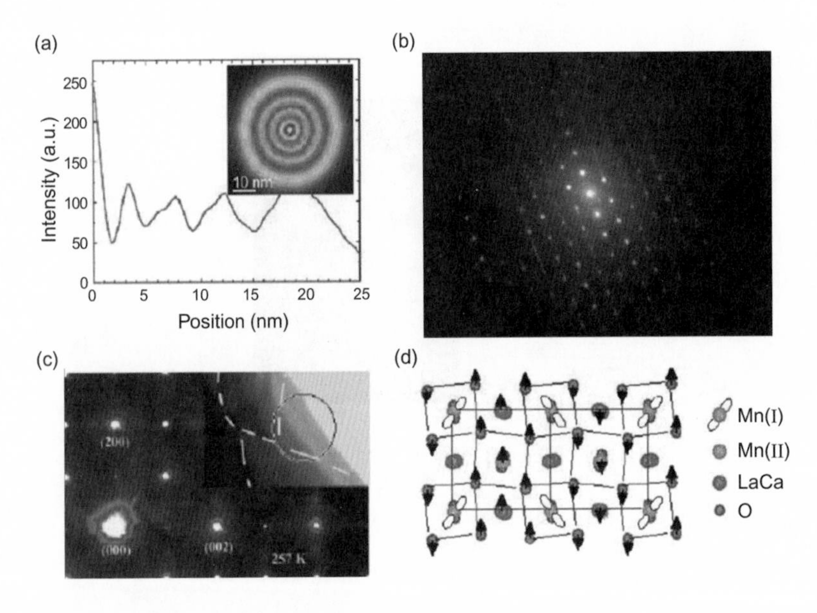

圖 9.8
(a) 使用平行電子束產生的奈米尺寸電子束，(b) 結晶催化奈米粒子的奈米電子繞射，(c) 巨大磁性電阻氧化物的奈米電子繞射，(d) 從 (a) 得到的結構模型[21]。

9.3 光學性質分析術

9.3.1 近場掃描光學奈微術 (NSON)

目前科學界對於單一量子結構的了解已經有很大的進展，例如以自旋或光子爲基礎的量子計算和利用量子位元來儲存訊息等。想要全面性的探索單一光子和單一或多電子自旋動力學，需要全面了解與電子能帶結構相關的物質光學性質。至今爲止，此類研究的成果很少，最主要的困難在於如何偵測單一奈米結構的光學特性[22]。

近場光學顯微術 (near-field scanning optical nanoscopy, NSON) 可以處理尺寸小於光學

繞射極限的光學影像。這是由於近場光學顯微鏡的影像解析度是由掃描探針 (如光纖) 針頭洞孔大小所決定，且洞孔小於繞射極限的緣故。進一步則可結合掃描探針和一般光學顯微鏡的鏡頭來增加信號收集效率。因爲 NSON 的測量尺度爲幾微米到幾十奈米之間，其解析度在 SEM 和 micro-PL 之間，因此 NSON 可以補足後兩者偵測不足之處。總而言之，發展近場光學顯微術的目的在於偵測次繞射極限的尺度。

例如，若要研究一些少量的量子點，因爲量子點的密度很高，故需要次微米級的光學解析度，而近場光學顯微術就具有此解析度。圖 9.9 顯示當採用近場量測時，針尖探測的區域明顯地縮小。若探針和樣本的距離拉大時，則得到很寬的頻譜而且無法偵測到樣品產生的螢光。相對來說，當偵測距離小到 0.02 μm 時，則可以清楚地量測到單一量子點所造成的尖銳螢光頻譜。藉由系統性的收集樣品表面上所得到的近場光譜，則可以繪出螢光頻譜的空間分布圖。

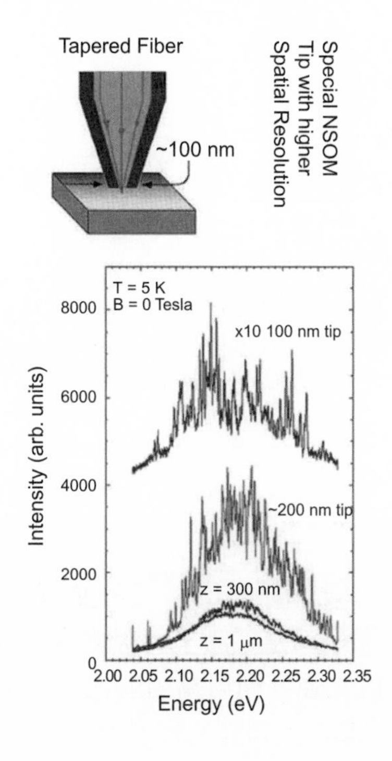

圖 9.9
近場掃描光學顯微鏡的探針圖示，改變探針和樣本表面的隙縫所得到的各個 CdSe 奈米結構之螢光頻譜[23]。

9.3.2 自旋體旋進的激發探測研究

近年來，科學界對於自旋極化半導體元件及將自旋應用於量子的儲存與計算的關注度增高。這類研究需要了解物質自旋的穩定度，也就是說，物質自旋可維持多久而不改變其狀態。而藉由研究電子自旋的旋進隨時間的變化，可以了解電子自旋的同調性[24,25]。附帶一提，電子自旋只有兩種狀態 (spin up and spin down)，此二狀態的能量會簡併，但當通入磁場時，自旋能階會劈裂。

此研究是將一道圓偏振的脈衝光射入樣品，藉此將樣品的電子激發到導電帶因而產生電子－電洞對，同時入射光子會將一部分的角動量傳遞給電子－電洞對，因而改變其自旋的旋進。此種旋進可藉由加入磁場並射入另一道時間延滯且具有線偏振的脈衝光來偵測。這是由於第二道光 (偵測光) 的偏振方向會受到樣品電子的磁場影響而改變 (法拉第效應)。藉由射入具有不同時間延滯的偵測光並觀察其偏振方向的變化，就可以偵測出自旋體的旋進隨時間的變化。過去的研究已經指出，電洞在這類系統中不會旋進，因此此種偵測方式等同於偵測電子自旋的旋進。此外，若其自旋的旋進在室溫下仍可維持，則這個技術也可應用於化學合成的量子點，如圖 9.10 所示。

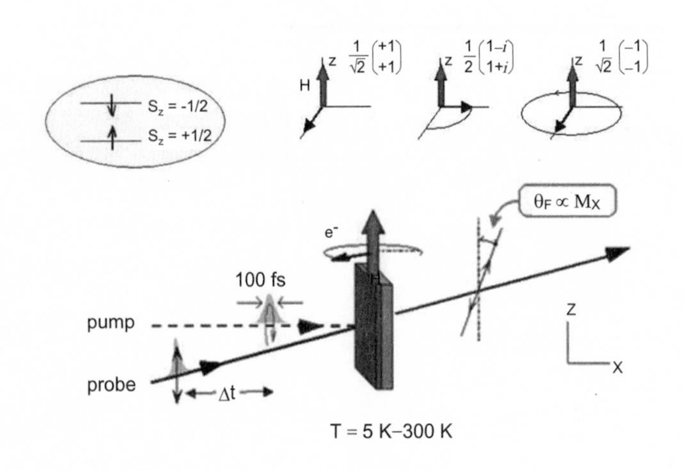

圖 9.10
自旋體旋進的激發探測的概圖。左上角小圖說明自旋能階的劈裂狀態。此種設計是利用量子力學的概念去瞭解拉莫爾旋進和法拉第旋轉的機制[23]。

9.3.3 法拉第旋轉之時間解析

利用一個激發探測光學偵測系統，一道 100 fs 的圓偏極脈衝光可在一磁性的異質結構樣品上激發出上自旋 (spin up) 或下自旋 (spin down) 的激子。這些激子可輕微的干擾過渡金屬的磁矩。這種干擾可使樣品的磁化強度改變，而磁化強度則可藉由射入另一道時間延遲的線偏振光 (偵測光) 並量測偵測光的法拉弟旋轉而測得，如圖 9.11 所示[26]。

9.3.4 發冷光的上轉換之時間分析

已知的非線性光學現象如「上轉換 (upconversion)」或「和頻振盪 (sum frequency generation)」被用來時間分析一個半導體量子結構發出的冷光 (luminescence)。上轉換意指將兩個不同波長的光射入一個非線性晶體，藉此產生新的光子，而此新光子的能量等

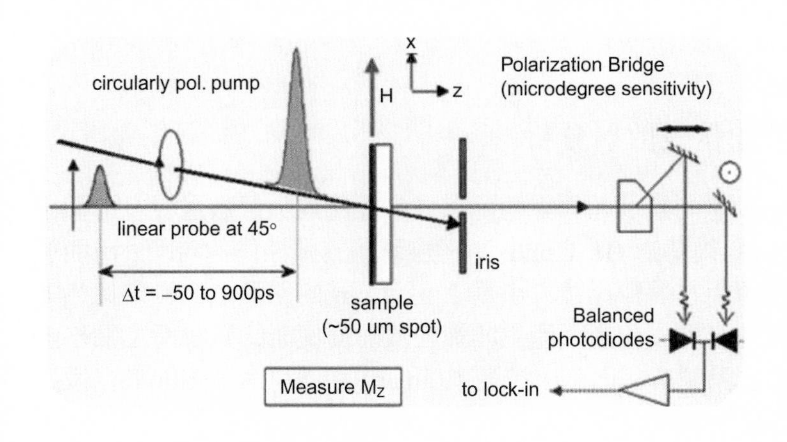

圖 9.11
時間解析法拉第旋轉量測之實驗設計概要圖[23]。

於兩道入射光子能量的總和。這樣的過程只會發生在兩道入射光的光子在空間上相互重疊，更重要的是時間上也互相重疊。

因此，利用超快雷射射入一道 ~100 fs 的「質問脈衝光」來探測所激發之冷光，且此脈衝光的時間延遲是可以被控制的。圖 9.12 概略的顯示當一個脈衝光 (淺灰色) 射入樣品時，可選擇性的將上自旋或下自旋的激子激發到特定的量子結構體。激子的生命期約 20 ps，且當激子湮滅時會發出冷光。這些冷光可用另一道脈衝偵測光 (深灰色) 與其產生和頻振盪來解析，其時間解析度爲 ~100 fs。偏極化分析可直接偵測自旋翻轉散射率。

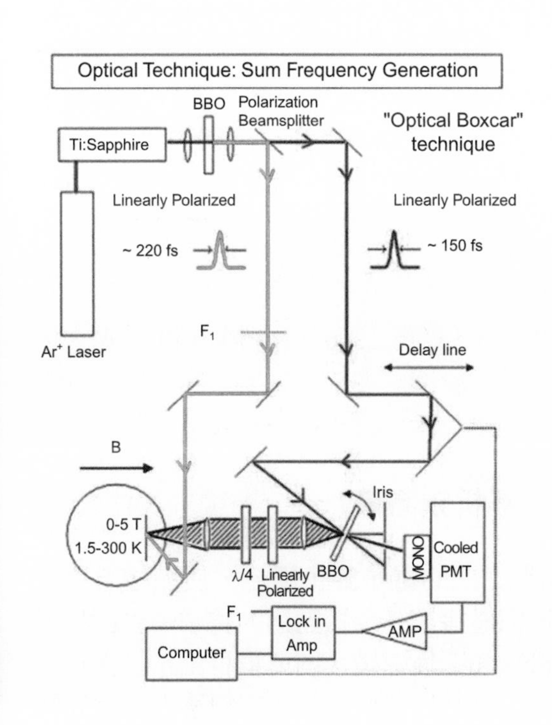

圖 9.12
時間分析光子發冷光光譜術的上轉換之圖解[23]。

9.4 彈性特性分析術

9.4.1 侷限的聲頻聲子：低頻拉曼散射分析

一個自由的彈性球體其振動態的最低頻與聲速除以球半徑爲同一個數量級，這個經典的彈性力學問題已經在 1882 年被蘭姆 (H. Lamb) 以考慮球體的彈性爲各向同性時而解決。九十年後，這樣的結果被應用在解釋尺寸大小爲 2 至 4 nm 的鉛顆粒之異常比熱上[27]。當光入射到一個奈米團簇時，可以和團簇產生非彈性散射而使光的頻率產生偏移，而偏移量等於一個奈米團簇的振動頻率。因此，拉曼 (Raman) 和布里侖 (Brillouin) 散射是研究這類的效應很有力的方法。

侷限在金屬表面或半導體奈米團簇表面的聲頻聲子會反映在材料的低頻振動譜上。拉曼有效的球狀運動會與物體的膨脹及材料的種類相關，同時物體的膨脹及材料的種類不同也會造成不同的橫波聲速 (v_t) 與縱波聲速 (v_l)。描繪這些模式的特性可用兩個係數 l 與 n 來描述，其中 l 爲角量子數，n 是 branch number，其中 $n = 0$ 代表表面模式。根據拉曼散射幾何學，表面 quadrupolar 模式 ($l = 2$，本徵頻率 η_2^s) 出現在垂直 (VV) 和水平 (VH) 極化，表面球體模式 ($l = 0$，本徵頻率 ξ_0^s) 只出現在 VV 極化。金奈米團簇嵌入結晶 Al_2O_3 本體是一個典型的被討論例子[28]。爲了計算在 Al_2O_3 本體的金奈米團簇之表面 ($n = 0$，$l = 0$、2) 球體模式，本徵頻率因考慮彈性體近似小型團簇 (核－殼模型) 的極限，所以被設定爲 $\eta_2^s = 0.84$ 與 $\xi_0^s = 0.40$。表面 quadrupolar 模式相當於 $l = 0$ 與 2 是透過假設

$$\omega_0^s = \frac{\xi_0^s v_l}{Rc} \tag{9.1}$$

$$\omega_2^s = \frac{\eta_2^s v_t}{Rc} \tag{9.2}$$

其中，c 爲眞空中的光速，在金金屬中 v_l 爲 3240 m/s、v_t 爲 1200 m/s。圖 9.13 爲退火後樣品的詳細低頻拉曼光譜分析。

9.4.2 奈米團簇的振動態之同步激發－時間解析頻譜儀

使用超快雷射脈衝激發金屬粒子，會因晶格之間的電子聲子耦合，使晶格溫度迅速上升。在雷射脈衝激發之下，材料會膨脹，因而激發出各種振動態的聲子。藉由比對大量的實驗與力學計算結果，如果已知粒子的形狀和彈性係數，則可推算出粒子大小；同理，如果粒子的大小與形狀已知則可推算出粒子的彈性係數。科學界對後者非常感興

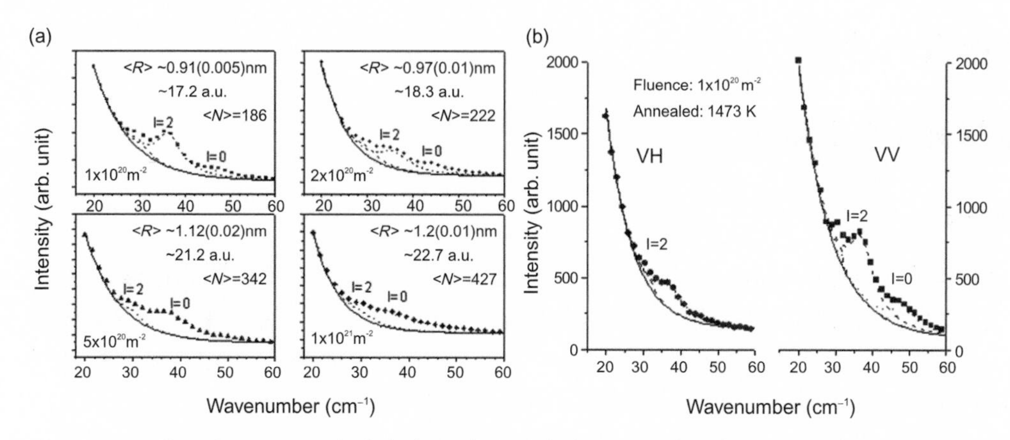

圖 9.13 (a) 量測嵌入 Al_2O_3 內的金奈米團簇尺寸的低頻拉曼研究，(b) 垂直 (VV) 和 水平 (VH) 爲其中一具有球狀結構的奈米團簇之實驗結果[28]。

趣，因爲只有極少數的技術可以精確的量測到奈米物質的彈性係數[29,30]。

在最近關於量測金奈米柱 (nanorods) 的彈性係數研究中，發現其楊氏係數 (Young's modulus) 和縱向聲速都遠低於測量金塊材所得的值[31]。這是一個不尋常的結果，因爲通常一維奈米結構硬度會高於塊材[29,30]。而這樣的結果也提供科學家一些未來值得研究的方向。首先，研究微粒不同的形狀與結構 (例如：單晶與雙晶 (twinned) 對比、立方與 boxes 對比) 可能可以了解關於這些特徵如何影響奈米材料的特性，如圖 9.14 所示。第二個有趣的應用是檢測奈米粒子陣列中粒子相互的影響，這些實驗近來也已有研究論文發表[32]。例如，當用雷射加熱粒子，會使粒子產生微小的振動，而此振動又與粒子間的交互作用十分敏感。因此這類實驗可能可以提供粒子間交互作用的資訊。第三，最近也發表了振動撞擊對單一粒子的影響[32]。這些測量結果指出振動會有均勻的時間相位散失，而這樣的結果提供了粒子如何和四周環境產生交互作用的資訊。

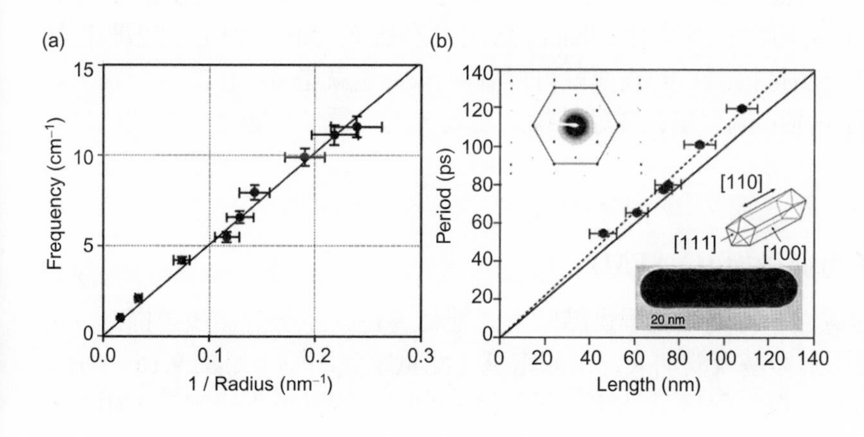

圖 9.14
(a) 使用時間解析頻譜儀解析球狀且沒有結構缺陷的金奈米團簇，(b) 使用 TEM 解析有自然缺陷的金奈米碳管[34]。

9.5 電子與電的特性分析術

9.5.1 表面探針顯微技術

(1) 凱文探針顯微術

凱文探針顯微術 (Kelvin probe microscopy) 是用來量測探針與樣品間的接觸電位差[35]。現今，凱文探針顯微鏡使用兩階段式 (two-pass) 探測技術。第一階段採用一般半接觸式 (semi-contact mode) 的原子力顯微術探測方式偵測物體的表面結構；第二次量測是利用第一次的測量資訊，讓樣品表面與探針維持同一高度去檢測試片表面的電位 $\Phi(x)$。在第二次探測的期間，在探針上施加電壓，此電壓包含 DC 與 AC 兩部分，其方程式如下：

$$V_{\mathrm{tip}} = V_{\mathrm{dc}} + V_{\mathrm{ac}}\sin(\omega t) \tag{9.3}$$

由於探針未接觸到試片，所以針尖與試片形成一個電容，而針尖電壓 (V_{tip}) 與電容力 (F_{cap}) 之關係式爲：

$$F_{\mathrm{cap}}(\omega) = \frac{1}{2}[V_{\mathrm{tip}} - \Phi(x)]^2 \frac{dC}{dz} \tag{9.4}$$

其中，$C(z)$ 爲表面－針尖之電容大小。一次諧波力爲：

$$F_{\mathrm{cap}}(\omega) = \frac{1}{2}\left[\frac{dC}{dz}\left(V_{\mathrm{dc}} - \Phi(x)\right)V_{\mathrm{ac}}\right]\sin(\omega t) \tag{9.5}$$

此力會造成探針懸臂產生適當的振動。由方程式 (9.5) 可知當 $V_{\mathrm{dc}} = \Phi(x)$ 時，此振動會有最小的振幅，換言之，利用適當的回饋 (feedback) 機制去改變 V_{dc} 的電位，直到振動振幅最小就可得到 $\Phi(x)$。進一步掃描試片的表面就可得到 $V_{\mathrm{dc}}(x)$ (也就是 $\Phi(x)$) 的分布圖，如圖 9.15 所示。如果沒有特別的偏壓加在樣品與探針之間，則此電位分布爲接觸電位分布圖。

(2) 單分子傳導－原子力顯微術 (C-AFM)

若想要測量分子的電性，可先用化學鍵結的方式連結導電的原子力顯微鏡探針、待測分子與基板，之後在探針與基板間加入適當的電壓，測量電流即可，如圖 9.16 所示。此種測量方法的優點在於，探針與樣品及樣品與基板之間的接觸點爲化學鍵結，相較於

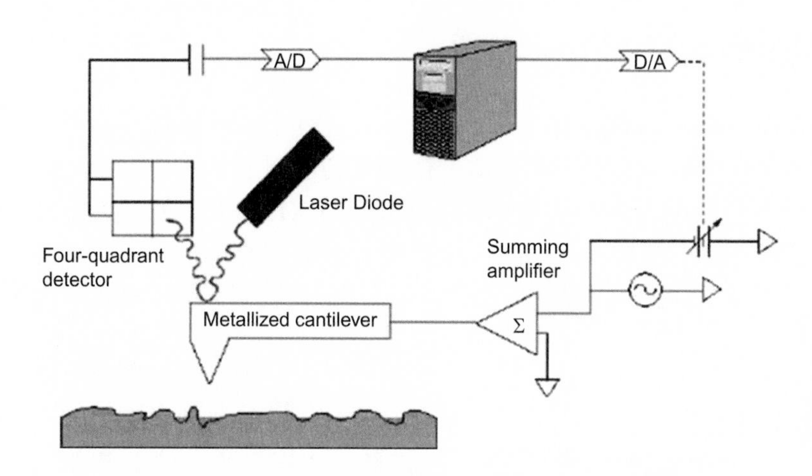

圖 9.15
凱文探針顯微術用於繪製奈米結構接觸式電位分布圖的概要圖[36]。

一般非鍵結方式的直接接觸量測，前者的接觸點遠較後者穩固，又因爲不當的接觸方式很容易在接觸點形成大電阻因而使樣品電性量測失真，所以利用鍵結當接觸點所做出的電性量測不但較爲精確且實驗的重複性也較高。而且這方法應該可以用來測量許多不同種類的分子，因此爲分子電學的發展開創了新的方向[37]。

由圖 9.16 可知，辛烷硫 (octanethiols) 的硫原子 (深灰點) 可與金原子 (淺灰點) 形成鍵結，故可以用來連接底層的金箔，其上方爲一單層 (monolayer) 的辛基 (黑點)。1,8-octanedithiol 的第二個硫原子則藉由與 C-AFM 的金探針形成鍵結而相互連接。圖 9.16(b) 爲根據 (a) 圖所示儀器量測到的 *I-V* 曲線。在多次量測後，發現用此法量測出的 *I-V* 曲線只有 5 種類型，即 $NI(V)$，其中 N 可以爲整數 1、2、3、4、5，$I(V)$ 爲一個基礎量測出的值。圖 9.16(c) 爲對 (b) 圖的曲線分別除以 1、2、3、4 和 5 之圖。圖 9.16(d) 爲使用一除數使任何曲線和基準曲線具有最小方差所得到的統計圖[37]。

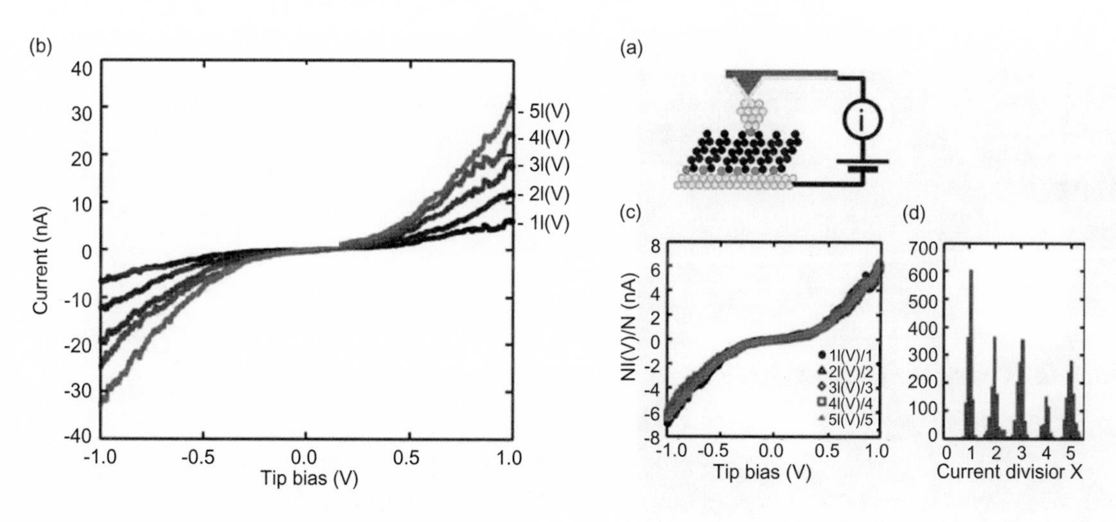

圖 9.16 C-AFM 的實作概要圖與分析結果。

9.5.2 延伸能量損失精細結構 (EXELFS) 顯微術

延伸能量損失精細結構 (extended energy loss fine structure, EXELEFS) 顯微術是利用電子的波動性質來了解材料成分和結構的電子顯微術。在適當的情況下，此法可用來偵測某一特定原子的種類和分布。但是因爲在能量損失能譜中的 EXELFS 信號是很微弱的，所以要得到良好的測量訊號並不容易，比如說汙染和輻射破壞均會產生雜訊而干擾量測。這項技術所使用的偵測器爲光二極體陣列，能量損失電子會直接入射到此陣列上，因而被偵測。

這種電子顯微鏡是將 100 keV 的電子聚焦在試片上，電子在試片內的非彈性碰撞會產生能量損失，藉由偵測能量損失的能譜，則可得到試片的成分、介電特性和原子間距離的資訊。因爲入射電子可能會游離試片中的原子，且每種元素電子的束縛能都不相同，因此可以用來瞭解材料的特性。游離化邊緣的強度正比於元素的濃度，因此可以用來估算試片的成分。因爲內層軌道游離出的電子波會和鄰近原子的反射波互相干涉而產生振盪，從這些振盪的傅立葉分析可以得到鄰近原子的數量和距離。EXELFS 特別適合用來研究輕元素的非晶結構，這種顯微鏡也可能提供非常高的空間解析度 (< 10 nm)[38]。

9.5.3 X 光光電子能譜術 (XPS) 微探針

X 光微探針 (microprobe) 具有高靈敏度，因此可應用在 X 光光電子能譜術 (X-ray photoelectron spectroscopy, XPS) 用來增加其效能。XPS 是一種高性能的微觀區域光譜術，也可做深度剖面分析、絕緣分析及機器試片裝卸，對現今的實驗室而言爲一種新世代的表面分析儀器。

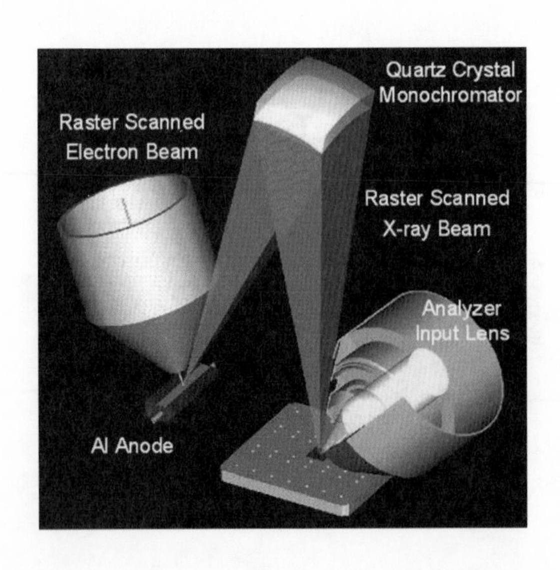

圖 9.17
掃描式 X 光微探針 (SXM) 技術的設計概念圖。

掃描式 X 光微探針 (scanning X-ray microprobe, SXM) 技術的特徵包含：(a) 小於 9 mm 直徑 X 光光束探針，(b) 完整的 XPS 系統，例如光譜、深度剖面分析與測繪，以及 (c) 分析薄膜深度剖面的高性能 XPS 儀器，如圖 9.17 所示。

微區域光譜術和高效能的薄膜分析能力開啓 XPS 表面分析的新領域。完整的自動化系統使 XPS 更加容易操作並增加日常測量的重複性，而有較大的試片平台才能夠分析工業界較大的試片或許多較小的試片。

9.6 磁性特性分析術

最近幾年，應用同步輻射來研究磁性材料有非常大的進展，高亮度的光束能研究較小或十分稀薄的試片。由於 X 光的準直性和同調性，使得其散射波具有高向量解析度，因而可精確解析磁性調變。進一步來說，同步輻射具有定義明確的偏極化特性，並伴隨著相對容易的操作和分析，因此被用來研究各種磁化狀態。人們可以藉由調整入射光子的能量使其接近試片組成元素的吸收 (共振)，以研究異質結構中各個成分對磁性的貢獻。在 0.5－15.0 keV 的區間調整光子能量，可清楚區別表面效應、界面效應、塊材效應以及其他新的且與磁力直接相關的效應。

9.6.1 硬 X 光光激發

X 光與物質的交相作用是藉由其與物質內電子的電荷和磁矩產生散射，此外，X 光也可被物質吸收並引起電子激發和光電效應。其中，電荷散射扮演主要的角色，也是用 X 光研究凝態物質的基礎。而磁矩所造成的散射雖然小，但已經足夠提供許多磁性結構的有用資訊。調整 X 光的能量使其與選定的磁態產生共振則可以增強量測的靈敏度，這種增強靈敏度的方式擴展了 X 光在磁性研究上的應用，無論是吸收 (X 光磁圓偏振二向性，X-ray magnetic circular dichroism, XMCD)[39] 或散射 (X 光共振磁散射，X-ray resonant magnetic scattering) 方面。此技術也可應用在多層界面磁性粗糙度研究[40]。而散射輻射的偏極化分析[41] 或總和原理應用在自旋－軌道劈裂的二向性吸收光譜[42] 則可幫助區別自旋與軌道對特定元素磁矩的貢獻。因此這種技術是一種獨特的散射與光譜技術。

通常使用同步輻射研究奈米磁性時，所使用的光波爲軟 X 光[41]，這是由於對大部分的材料而言，共振偶極躍遷在這個能量範圍會接近帶有大磁距的電子態 (例如過渡金屬的 $2p$-$3d$ 態與稀土元素的 $4d$-$4f$ 態)；而硬 X 光則使用在電子態帶有較小但仍有足夠強度的磁矩 (例如，過渡金屬的 $1s$-$4p$ 態，稀土元素的 $2p$-$5d$ 態)。雖然在實驗上的困難度較高，但利用硬 X 光去做研究卻有獨特的優點；有較高穿透能力的硬 X 光能夠研究物質內層的結構和界面 (例如薄膜異質結構)。軟 X 光測量則是對表面靈敏的測量工具，而且必須在超高真空下執行；相較於此，硬 X 光的強大穿透力使其可以偵測塊材而不需要高真空的環境。此外，硬 X 光因為有較短的波長，所以可藉由繞射方式偵測晶體與人造週期奈米結構的磁性有序程度。

與磁性散射相關的各式偏極化行為可被使用來偵測材料的磁性有序程度，例如反鐵磁 (anti-ferromagnetic) 結構可用線偏振的輻射來研究，當 X 光射入一個被磁化的試片，且此試片具有磁晶不對稱性時，由於線性的磁力二向性 (magnetic linear dichroism, MLD) 效應[43]，試片對平行和垂直的線偏振 X 光吸收能力不同而產生反差，這樣的技術可以用來描繪交換偏移 (exchange-biased) 系統中的反鐵磁疇域影像[44]。在繞射方面，反鐵磁有序程度會反映在磁性的布拉格繞射波向量上。利用同步輻射所產生的高強度 X 光並配合磁散射共振增強效應，人們就可以利用 X 光磁散射偵測反鐵磁系統。圓偏振 (circularly polarized, CP) 輻射在研究反鐵磁材料是有效用的，而鐵磁性結構也可以用 CP 輻射來研究。在吸收方面，XMCD 的吸收對比是來自於 X 光螺旋度與試片磁化的平行和非平行校準。量測自旋－軌道劈裂核層的吸收對比 (例如過渡金屬 L_2 和 L_3 的邊緣)，就可擷取元素特徵磁矩在吸收過程中的最終態 (包括自旋和軌道兩部分)。此種對比結合聚焦 X 光就可描繪奈米結構的鐵磁疇域 (ferromagnetic domain) 影像[45]。脈衝性質的同步輻射源擴展了時變現象研究的可能性，而其中一個吸引人的能力就是可同時達到高的空間解析度 (~5 nm) 和時間解析度 (~1 ps)。圖 9.18 為一個典型的激發探測實驗，這類型的實驗設計提供了研究磁化反轉動力學的新方法。在這個例子中，利用電流信號產生過渡磁場並射入一道同步的 X 光脈衝，藉此研究成長在共平面波導頂端的透磁合金 (permalloy) 的磁性動力學[46]。

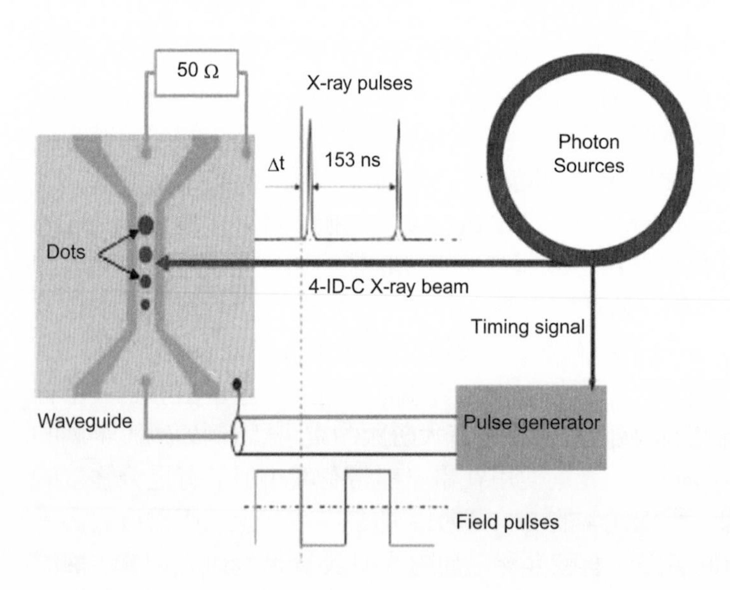

圖 9.18
典型的光子激發探測實驗概圖[46]。

9.7 結語

量測與瞭解奈米材料的物理與化學性質對奈米科技的發展有著重大的影響。而想要探測這些性質，則必須要有適當的檢測技術；但是由於檢測技術的不足，人們對奈米材料的瞭解受到相當的限制，也因而限制了奈米科技的進展。因此，人們不斷的努力去開發新的奈米檢測及分析技術。相信這些新技術的發展將可以幫助人們瞭解奈米材料的特性，進而利用這些特性開發新式的產品，藉以改善人們的生活。

參考文獻

1. S. W. Hell and J. Wichmann, *Opt. Lett.*, **19**, 780 (1994).
2. S. W. Hell and M. Kroug, *Appl. Phys. B*, **60**, 495 (1995).
3. S. W. Hell, *Science*, **316**, 1153 (2007).
4. E. Betzig, G. H. Patterson, R. Sougrat, O. W. Lindwasser, S. Olenych, J. S. Bonifacino, M. W. Davidson, J. Lippincott-Schwartz, and H. F. Hess, *Science*, **313**, 1642 (2006).
5. S. T. Hess, T. P. K. Girirajan, and M. D. Mason, *Biophys. J.*, **91**, 4258 (2006).
6. M. J. Rust, M. Bates, and X. Zhuang, *Nat. Methods*, **3**, 793 (2006).
7. B. Huang, W. Wang, M. Bates, and X. Zhuang, *Science*, **319**, 810 (2008).
8. D. Yelin and Y. Silberberg, *Opt. Express*, **5**, 169 (1999).
9. S.-P. Tai, W.-J. Lee, D.-B. Shieh, P.-C. Wu, H.-Y. Huang, C.-H. Yu, and C.-K. Sun, *Opt. Express*, **14**, 6178 (2006).
10. T.-M. Liu, S.-P. Tai, C.-H. Yu, Y.-C. Wen, S.-W. Chu, L.-J. Chen, M.-R. Prasad, K.-H. Lin, and C.-K. Sun, *Appl. Phys. Lett.*, **89**, 043122 (2006).
11. S.-P. Tai, Y. Wu, D.-B. Shieh, L.-J. Chen, K.-J. Lin, C.-H. Yu, S.-W. Chu, C.-H. Chang, X.-Y. Shi, Y.-C. Wen, K.-H. Lin, T.-M. Liu, and C.-K. Sun, *Adv. Mater*., **19**, 4520 (2007)
12. M. Lippitz, M. A. V. Dijk, and M. Orrit, *Nano Lett.*, **5**, 799 (2005).
13. M. K. Miller, A. Cerezo, M. G. Hetherington, and G. D. W. Smith, *Atom Probe Field Ion Microscopy*, Oxford, UK: Oxford Univ. Press (1996).
14. T. F. Kelly and M. K. Miller, *Rev. Sci. Instrum.*, **78**, 031101 (2007).
15. B. Gault, M. P. Moody, D. W. Saxey, J. M. Cairney, Z. Liu, R. Zheng, R. K. W. Marceau, P. V. Liddicoat, L. T. Stephenson, and S. P. Ringer, "*Atom Probe Tomography at the University of Sydney*" , *Advances in Materials Research*, **10**, 187, Springer Berlin Heidelberg (2008).
16. SOLANO 2007, http://videolectures.net/slonano07_ceh_hsi/
17. P. R. Buseck, R. E. Dunin-Borkowski, B. Devouard, R. B. Frankel, M. R. McCartney, P. A. Midgley, M. Posfai, and M. Weyland, *Proc. Nat. Acad. Sci.*, **99**, 13490 (2001).

18. L. Wu, Y. Zhu, and J. Tafto, *Phys. Rev. Lett.*, **85**, 5126 (2000).
19. J. M. Zuo, M. Kim, M. O'keeffe, and J. Spence, *Nature*, **401**, 49 (1999).
20. J. Zuo and J. Tao, *Phys. Rev. B Rapid Comm.*, **63**, 060407-1 (2001).
21. J. M. Zuo, R. Twesten, B. Q. Li, J. Tao, Y. F. Shi, J. Bording, H. Chen, and I. Petrov, *Microsc. Microanal.*, **8** (Suppl. 2), 658CD (2002).
22. Y. Matsumoto and T. Takagahara, *Semiconductor Quantum Dots*, Springer (2002).
23. http://www.physics.ucsb.edu/~awschalom/
24. S. Ghosh, W. H. Wang, F. M. Mendoza, R. C. Myers, X. Li, N. Samarth, and D. D. Awschalom, *Nature Mat.*, **5**, 261 (2006).
25. D. Gershoni, Long live the spin, *Nature. Mat.*, **5**, 255 (2006).
26. B. Beschoten, E. Johnston-Halperin, D. K. Young, M. Poggio, J. E. Grimaldi, S. Keller, S. P. DenBaars, U. K. Mishra, E. L. Hu, and D. D. Awschalom, *Phys. Rev. B*, **63**, R121202 (2001).
27. E. Duval, A. Boukenter, and B. Champagnon, *Phys. Rev. Lett.*, **56**, 2052 (1986).
28. S. Dhara, B. Sundaravel, T. R. Ravindran, K. G. M. Nair, C. David, B. K. Panigrahi, P. Magudapathy, and K. H. Chen, *Chem. Phys. Lett.*, **399**, 354 (2004).
29. M. M. J. Treacy, T. W. Ebbesen, and J. M. Gibson, *Nature*, **381**, 678 (1996).
30. E. W. Wong, P. E. Sheehan, and C. M. Lieber, *Science*, **277**, 1971 (1997).
31. M. Hu, P. Hillyard, G. V. Hartland, T. Kosel, J. Perez-Juste, and P. Mulvaney, *Nano Lett.*, **4**, 2493 (2004).
32. W. Y. Huang, W. Qian, and M. A. El-Sayed, *Nano Lett.*, **4**, 1741 (2004).
33. M. A. van Dijk, M. Lippitz, and M. Orrit, *Acc. Chem. Res.*, **38**, 594 (2005).
34. G. V. Hartland, *Annu. Rev. Phys. Chem.*, **57**, 403 (2006)
35. M. Nonnenmacher, M. P. O'Boyle, and H. K. Wickramasinghe, *Appl. Phys. Lett.*, **58**, 2921 (1991).
36. http://courses.washington.edu/overney/KelvinProbe&SMM.pdf
37. X. D. Cui, A. Primak, X. Zarate, J. Tomfohr, O. F. Sankey, A. L. Moore, T. A. Moore, D. Gust, G. Harris, and S. M. Lindsay, *Science*, **294**, 571 (2001).
38. S. Muto and T. Tanabe, *J. Appl. Phys.*, **93**, 3765 (2003).
39. G. Schutz, W. Wagner, W. Wilhelm, P. Kienle, R. Zeller, R. Frahm, and G. Materlik, *Phys. Rev. Lett.*, **58**, 737 (1987).
40. D. R. Lee, S. K. Sinha, C. S. Nelson, J. C. Lang, C. T. Venkataraman, G. Srajer, and R. M. Osgood III, *Phys. Rev. B*, **68**, 224410 (2003).
41. D. Gibbs, G. Grubel, D. R. Harshman, E. D. Isaacs, D. B. McWhan, D. Mills, and C. Vettier, *Phys. Rev. B*, **43**, 5663 (1991).
42. C. T. Chen, Y. U. Idzerda, H. -J. Lin, N. V. Smith, G. Meigs, E. Chaban, G. H. Ho, E. Pellegrin, and F. Sette, *Phys. Rev. Lett.*, **75**, 152 (1995).

43. J. Stohr, H. A. Padmore, S. Anders, T. Stammler, and M. R. Scheinfein, *Surf. Rev. Lett.*, **5**, 1297 (1998).
44. A. Scholl, J. Stohr, J. Luning, J. W. Seo, J. Fompeyrine, H. Siegwart, J.-P. Locquet, F. Nolting, S. Anders, E. E. Fullerton, M. R. Scheinfein, and H. A. Padmore, *Science*, **287**, 1014 (2000).
45. S.-B. Choe, Y. Acremann, A. Scholl, A. Bauer, A. Doran, J. Stohr, and H. A. Padmore, *Science*, **304**, 420 (2004).
46. G. Srajer, L. H. Lewis, S. D. Bader, A. J. Epstein, C. S. Fadley, E. E. Fullerton, A. Hoffmann, J. B. Kortright, K. M. Krishnan, S. A. Majetich, T. S. Rahman, C. A. Ross, M. B. Salamon, I. K. Schuller, T. C. Schulthess, and J. Z. Sun, *J. Magn. Magn. Mater.*, **307**, 1 (2006).

中文索引

CHINESE INDEX

六劃

七劃

八劃

九劃

十劃

十一劃

十二劃

十三劃

十四劃

十五劃

十六劃

十七劃

十八劃

英文索引

ENGLISH INDEX

A

B

C

D

E

F

G

H

I

L

M

N

O

P

Q

R

S

T

U

W

X

Z

奈米檢測技術

Advanced Nano-Scale Inspection Technology

發 行 人／蔡定平
發 行 所／財團法人國家實驗研究院儀器科技研究中心
新竹市科學工業園區研發六路 20 號
電話：03-5779911 轉 303、304
傳眞：03-5789343
網址：http://www.itrc.org.tw
編　　輯／伍秀菁・汪若文
美術編輯／吳振勇

初　　版／中華民國九十八年四月
行政院新聞局出版事業登記證局版臺業字第 2661 號

定　　價／精裝本　新台幣 950 元
平裝本　新台幣 800 元
郵撥戶號／00173431 財團法人國家實驗研究院儀器科技研究中心

打　　字／原意數位有限公司 03-6577180
印　　刷／昆毅彩色製版股份有限公司 02-29718809

ISBN 978-986-81409-5-0 (精裝)
ISBN 978-986-81409-4-3 (平裝)

國家圖書館出版品預行編目資料

奈米檢測技術 = Advanced Nano-Scale Inspection Technology / 伍秀菁, 汪若文編輯. -- 初版. -- 新竹市：國研院儀器科技研究中心, 2009.04

面；　公分

含參考書目及索引

ISBN 978-986-81409-4-3 (平裝). -- ISBN 978-986-81409-5-0 (精裝)

1. 奈米技術

440.7　　98003256